수리물리학 I

Mathematical Physics I

곽종훈 지음

북스힐

머리말

> 만물의 영장이라 부르는 인간의 정의는 기본적으로 창조적이며 도구를 사용할 줄 안다는 점입니다. 뉴턴이 위대한 점은 사과나무 아래에서 얻은 번뜩이는 **영감**을 구현하기 위한 **수학적인 도구**이자 **언어**인 미적분학을 창조하여 물리학의 새 지평을 넓혔다는 것입니다. -CHK-

이 책은 저자가 지난 30여 년간 대학 강단에서 물리학을 전공하는 학생들을 가르치며 쌓아온 경험과 강의 노트를 바탕으로, 물리학에서 다루는 많은 문제를 수리물리학의 관점에서 깊이 있고 다양한 내용으로 확장하여 저술하였습니다.

물리학이 자연 현상을 관찰하고 가설을 세우는 직관의 영역(영감)이라면, 수학은 그 가설을 증명하고 논리를 구축하는 엄밀함의 영역(도구이자 언어)입니다. 수리물리학은 바로 이 두 학문이 만나는 교차로이며, 이 책은 그 교차로에서 물리학을 공부하고자 하는 독자들의 든든한 길잡이가 되기를 희망합니다.

저자는 KAIST에서 1988년 약관 28세의 나이로 박사학위를 받은 이후 수많은 물리 문제와 연구 논문들을 접하면서 경험한 수학적 어려움을 잘 알기에 물리학을 전공하는 후학들에게 가능하면 쉽게 물리학의 도구인 수리물리학을 이해할 수 있도록 저술하였습니다. 저자의 경험에 의하면, 어려운 물리 문제를 푸는 일 단계 방법은 많은 물리학자가 풀어놓은 풀이 과정을 따라서 공부하여 몸소 체득하는 것입니다. 단순히 공식을 대입하여 문제를 푸는 것이 아니라 풀이 과정을 반복 학습하는 동안 풀이 과정에 숨어 있는 물리학의 개념을 이해하고 체화하는 것입니다. 이러한 방법의 장점은 풀이 과정에서 떠오르는 새로운 풀이 방법을 고안하거나, 다른 물리 문제에도 적용하여 문제 해결 능력을 키울 수 있다는 것입니다. 본 저서에서는 가능하면 많은 물리 문제(예제)와 풀이 과정을 제시하여 학생들이 직접 경험하고 새로운 영감을 얻을 수 있도록 구성하였습니다. 본문에서 다루지 못한 문제들은 연습문제에 실었으니 독자들이 스스로 풀이 과정을 탐구하시기를 바랍니다. 자세한 풀이 과정은 추후 출간될 예정입니다.

수리물리학 I의 구성과 내용은 다음과 같습니다.

1장에서는 수리물리학을 공부하기 위해 기초가 되는 미적분과 무한급수에 대해 다루었습니다. 미분적분학은 또 다른 책으로 구성할 만큼 방대하지만 본 교재가 추구하는 방향에 맞추어 간단하게 소개하는 정도만 다루었으며, 대신에 미적분과 관련한 많은 물리 예제와 풀이 과정을 제시하여 미적분의 이해와 응용에 중점을 두었습니다. 또한, 물리 문제의 해석 해를 구하기 어려운 경우 때때로 무한급수 전개로 해를 구하는 것이 편리하므로 이에 중점을 두어 다루었습니다.

2장에서는 여러 물리 현상을 기술하는데 필요한 스칼라 장과 벡터장(함수)의 개념을 쉽게 이해할 수 있도록 구성하였습니다. 일상에서 흔히 경험하는 '공이 아래로 굴러간다', '깊은 산속 옹달샘에서 물이 퐁퐁 쏟아 오른다', '회오리바람이 분다' 등의 물리 현상을 벡터의 관점에서 해석할 때 필수적인 그래디언트(gradient, 최대 공간 기울기), 다이버전스(divergence, 발산)와 컬(curl, 순환)의 개념을 직관적으로 이해할 수 있도록 하였습니다. 수리물리학이 추구하는 엄밀성을 충족하기 위해 벡터 연산과 관련한 여러 정리의 증명도 첨부하였으나 증명 부분은 띄어 넘어서 공부를 하셔도 큰 지장은 없을 것입니다. 부록 2.1에 매쓰매티카와 같은 수학 프로그램을 사용하여 간단한 벡터장의 모양을 그림으로 표현하여 시각적으로 이해하도록 하였으며, 부록 2.2에서는 3차원 유크리드 공간에서 운동하는 입자의 나선 운동이나, 입자의 운동과 무관한 곡선의 기하학적 특성을 다룰 때 필요한 미분 기하학을 소개하여 깊이 있는 지식을 원하는 독자들의 요구에도 맞추었습니다.

3장에서는 물리 문제를 푸는데 필수적인 데카르트 좌표계, 원통 좌표계, 구 좌표계 등의 직교 곡선 좌표계를 소개합니다. 2장에서 공부한 벡터 미분 연산자를 각각의 직교 곡선 좌표계에 맞게 변환하는 방법과 다양한 응용문제와 풀이 과정을 제시하여 벡터장들의 개념을 구체화하도록 구성하였습니다. 부록 3.1에서는 자코비안 행렬을 도입하여 직교 곡선 좌표계의 변환 관계를 깊이 있게 다루었습니다.

4장에서는 행렬 연산의 대표적인 응용 분야 가운데 하나인 연립선형 방정식의 해와 고전 역학과 양자역학 등의 고유치 문제의 해(고유치와 고유 벡터)를 구하는 과정에 대해 중점적으로 다루었습니다. 양자역학 또는 행렬 역학 등을 제대로 공부하기 위해서는 고유치와 고유 벡터들로 구성된 벡터 공간의 개념을 잘 이해할 필요가 있습니다. 독자들의 이해를 돕기 위해 연립선형 방정식과 벡터 선형 변환의 유사성을 추상적인 n차원의 벡터 공간의 변환으로 확장하고, 행렬의 대각화 과정에도 지면을 할애하였습니다. 대각 행렬의 특성을 이용하면 복잡한 선형 변환을 단순화하거나 연립 미분 방정식의 해를 단순화하여 쉽게 구할 수 있으며, 또한 양자역학계의 에너지 준위와 파동함수의 계산에도 핵심적인 도구로 사용할 수 있습니다.

5장에서는 물리 문제의 거의 모든 것이라 할 만큼의 큰 비중을 갖는 미분 방정식의 해를 구하는 다양한 방법들을 소개합니다. 특별히 물리학의 3대 역학인 고전 역학, 전자기학, 양자역학의 대표적인 미분 방정식들을 선별하여 자세한 풀이 과정을 제시하였습니다. 수리물리학 I에서 지면상 다루지 못한 특수 함수와 관련된 미분 방정식은 곧이어서 출간될 수리물리학 II에서 다루도록 합니다.

수리물리학 II의 구성을 간략히 소개하면 다음과 같습니다. 라플라스 변환과 푸리에 변환인 적분 변환, 복소 함수론, 특수 함수와 관련된 미분 방정식의 급수 해와 특수 함수, 라그랑지안과 해밀토니안과 연관된 변분론 등으로 구성이 될 것입니다.

수리물리학 I을 집필하면서 지면상 다 싣지 못한 문제나 부족한 부분에 대해서는 오로지 저자의 무지와 책임이므로 독자 여러분들의 많은 이해를 바랍니다. 본 저서가 물리학에 입문하는 후학들이나 대학원생 또는 물리학 관련 분야에 종사하는 연구원들에게 물리학을 이해하고 주어진 문제를 해결하는 데 많은 도움이 되기를 간절히 바랍니다.

2025년8월
영남대학교 자연과학대학 물리학과
곽 종 훈

차 례

3장 직교 곡선 좌표계

5장 미분 방정식

1장

수리물리학의 기초

수리물리학 (mathematical physics)는 물리학을 공부하고 이해하는데 있어서 필수적인 수학을 다루는 응용 학문이다. 물리학의 수많은 개념과 현상들을 제대로 이해하기 위해서는 다양한 수학적 지식과 계산 능력이 요구된다.

1장에서는 수리물리학의 여러 수학적인 기법을 배우기에 앞서 기초가 되는 미분, 적분, 편미분, 멱급수와 테일러 전개 등의 기초에 대해 간략하게 다룬다.

1.1 미분 (Differentiation, Derivative)

주어진 함수 $y=f(x)$가 독립 변수 x의 특정 범위 (정의역)에서 연속이며 미분 가능하다고 가정한다. 그림 1.1과 같이 독립 변수가 x일 때 함수는 $f(x)$이며, x의 증가분이 Δx인 $x+\Delta x$에서 함수는 $f(x+\Delta x)$이며 평균 기울기 (average slope)는 다음과 같이 정의한다.

$$\frac{\Delta f}{\Delta x}=\frac{f(x+\Delta x)-f(x)}{(x+\Delta x)-x}=\frac{f(x+\Delta x)-f(x)}{\Delta x}$$

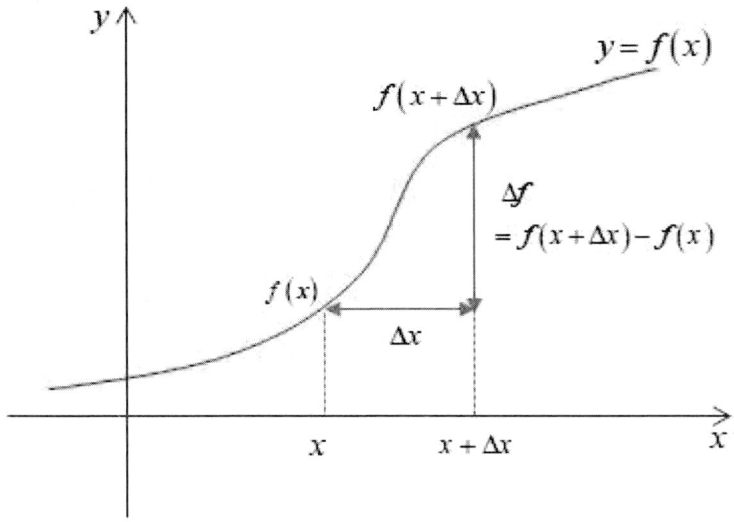

그림 1.1 $y = f(x)$의 Δx에 대한 Δf의 변화량.

평균 기울기의 정의에서 x의 미소 변화량 Δx의 극한 $\Delta x \to 0$에 대한 기울기를 미분(또는 도함수)라 하며 다음과 같이 표기한다.

$$y' = \frac{dy}{dx} = \frac{df}{dx} = \lim_{\Delta x \to 0} \frac{f(x + \Delta x) - f(x)}{\Delta x}$$

즉, 미분은 임의의 점 x에서 함수 $y = f(x)$의 기울기와 같다. 미분 (또는 도함수)의 기호는 $y' = \frac{dy}{dx} = \frac{df}{dx}$ 등으로 다양하게 표현할 수 있다.[1)]

1) 공간 변수 x에 대한 미분은 y' 또는 $\frac{dy}{dx}$로 나타내며, 시간 t에 대한 미분은 $\dot{y}$ 또는 $\frac{dy}{dt}$로 표기한다.

- <u>미분의 특성</u>

주어진 정의역 (x의 구간)에서 미분 가능한 함수 $f(x)$와 $g(x)$에 대해 미분의 기본 특성은 다음과 같이 주어진다.

(1) $\dfrac{d}{dx}[cf(x)] = c\dfrac{df}{dx}$ (c : 상수)

(2) 선형 결합 (linear combination)

$$\frac{d}{dx}[c_1 f(x) + c_2 g(x)] = c_1\frac{df}{dx} + c_2\frac{dg}{dx} \quad (c_1,\ c_2 : \text{상수})$$

(3) 라이프니츠 (Leibniz) 규칙

$$\frac{d}{dx}[f(x)g(x)] = \frac{df}{dx}g + f\frac{dg}{dx} = f'g + fg'$$

(4) $\dfrac{d}{dx}\left(\dfrac{f}{g}\right) = \dfrac{f'g - fg'}{g^2}$, $(g \neq 0)$

(4)의 특성은 (3)의 Leibniz 규칙에서 $g(x) \to \dfrac{1}{g(x)}$로 치환하면 아래와 같이 쉽게 증명이 된다.

$$\begin{aligned}\frac{d}{dx}\left[f(x)\frac{1}{g(x)}\right] &= \frac{df}{dx}\frac{1}{g} + f\frac{d}{dx}\left(\frac{1}{g}\right)\\ &= \frac{f'}{g} + f\frac{d}{dg}\left(\frac{1}{g}\right)\frac{dg}{dx} = \frac{f'}{g} - \frac{f}{g^2}g'\\ &= \frac{f'g - fg'}{g^2}\end{aligned}$$

[예제 1.1] Leibniz 규칙 $(fg)' = f'g + fg'$을 도함수 (미분)의 정의를 사용하여 증명하라.

[풀이]

$$\frac{d}{dx}(fg) = \lim_{\Delta x \to 0} \frac{f(x+\Delta x)g(x+\Delta x) - f(x)g(x)}{\Delta x}$$
$$= \lim_{\Delta x \to 0} \frac{f(x+\Delta x)g(x+\Delta x) - f(x)g(x) + f(x+\Delta x)g(x) - f(x+\Delta x)g(x)}{\Delta x}$$
$$= \lim_{\Delta x \to 0} \frac{f(x+\Delta x)\left[g(x+\Delta x) - g(x)\right] + g(x)\left[f(x+\Delta x) - f(x)\right]}{\Delta x}$$

이므로

$$\frac{d}{dx}(fg) = \lim_{\Delta x \to 0} \frac{g(x)\left[f(x+\Delta x) - f(x)\right]}{\Delta x} + \lim_{\Delta x \to 0} \frac{f(x+\Delta x)\left[g(x+\Delta x) - g(x)\right]}{\Delta x}$$
$$= f'g + fg'$$

■

- **합성함수의 미분: 연쇄 법칙 (chain rule)**

함수 $g(x)$는 독립 변수 (independent variable) x에 따라 함숫값이 달라지는 종속 변수 (dependent variable)이다. 합성함수는 함수 $g(x)$를 (*새로운*) 독립 변수로 하여 구성한 함수 $f(g)$이다. 함수 $y(x)$는 두 함수 g와 f가 연쇄적으로 (chain-like) 주어질 때, y를 g와 f의 합성함수 (composite function 또는 a function of a function)이라 한다. 합성함수는

$$y(x) = f(g(x)) \equiv (f \circ g)(x)$$

와 같이 정의한다.

합성함수는 정의역 내의 한 점 x에 대응하는 내부 함수 $g(x)$의 값 (=상수 c)을 사용하여 외부 함수 $f(c)$를 연산하면 또 다른 상수를 생성하므로, 모든 x 구간에 대응하는 함수

$y(x)$가 생성된다.

예를 들면, 정의역 내의 여러 점 $x_0, x_1, x_2, \cdots$에 대응하는 내부함숫값은 각각 $g(x_0)=c_0$, $g(x_1)=c_1$, $g(x_2)=c_2$, $\cdots$로 각각 상수들이며, 이 내부함숫값에 대응하는 외부(합성) 함숫값 $f(g(x_0))=f(c_0)$, $f(g(x_1))=f(c_1)$, $f(g(x_2))=f(c_2)$, $\cdots$ 역시 상수이므로 합성함수는 정의역 내의 모든 x에 대응하는 또 다른 함수 $y(x)$이다.

두 함수 g와 f의 연쇄적인 함수가 합성함수이므로 합성함수의 미분법을 연쇄 법칙 (chain rule)이라 하며 다음의 규칙을 따른다.

$u=g(x)$라 치환하면

$y=f(g(x))=f(u)$ 이므로

$$\frac{dy}{dx}=\frac{df(u)}{dx}=\frac{df(u)}{dx}\frac{du}{du}=\frac{df(u)}{du}\frac{du}{dx}\equiv\frac{df(g)}{dg}\frac{dg}{dx}$$

$$\therefore\ \frac{dy}{dx}\equiv\frac{df(g)}{dg}\frac{dg}{dx}$$

[참고] 합성함수의 미분법인 연쇄 법칙을 반대로 적용한 것이 치환적분법이다.

> **[예제 1.2]** 합성함수 $y=f(g(x))$의 미분법인 연쇄 법칙 $\frac{dy}{dx}=\frac{df}{dg}\frac{dg}{dx}$를 도함수 (미분)의 정의를 사용하여 증명하라.

[풀이]

$$\frac{dy}{dx}=\frac{df}{dx}=\lim_{\Delta x\to 0}\frac{f(g(x+\Delta x))-f(g(x))}{\Delta x}$$

$g(x)\equiv u$라 두면 $g(x+\Delta x)-g(x)=\Delta u$이므로 $g(x+\Delta x)=g(x)+\Delta u=u+\Delta u$가 된다.

$$\frac{df}{dx} = \lim_{\triangle x \to 0} \frac{f(u+\triangle u) - f(u)}{\triangle x} \frac{\triangle u}{\triangle u}$$

$$= \lim_{\triangle x \to 0} \frac{f(u+\triangle u) - f(u)}{\triangle u} \frac{\triangle u}{\triangle x}$$

$\triangle x \to 0$이면 $\triangle u \to 0$이므로

$$\frac{df}{dx} = \lim_{\triangle x \to 0,\ \triangle u \to 0} \frac{f(u+\triangle u) - f(u)}{\triangle u} \frac{\triangle u}{\triangle x}$$

$$\therefore \frac{dy}{dx} = \frac{df}{dx} = \frac{df}{du}\frac{du}{dx} = \frac{df}{dg}\frac{dg}{dx}$$

■

[**예제 1.3**] 합성함수 $y = f(g(h(x)))$의 미분 $\dfrac{dy}{dx}$를 구하라.

[**풀이**]

$u = g(h(x))$, $v = h(x)$라 두고 연쇄 법칙을 계속 적용한다.

$$\frac{dy}{dx} = \frac{d}{dx}f(g(h(x))) = \frac{d}{dx}f(u) = \frac{df(u)}{du}\frac{du}{dx}$$

$$= \frac{df(u)}{du}\frac{dg(v)}{dx} = \frac{df(u)}{du}\frac{dg(v)}{dv}\frac{dv}{dx}$$

$$\therefore \frac{dy}{dx} = \frac{df(u)}{dg}\frac{dg(v)}{dh}\frac{dh}{dx}$$

■

[**예제 1.4**] $f(x) = \sin\sqrt{x^2+1}$ 의 미분 $\dfrac{df}{dx}$ 을 구하라.

[**풀이**]

$u = \sqrt{x^2+1}$ 로 치환하면 $f(x) = \sin\sqrt{x^2+1} = \sin u$ 이므로

$$\begin{aligned}\frac{df(u)}{dx} &= \frac{df}{du}\frac{du}{dx} \\ &= \frac{x}{\sqrt{x^2+1}}\cos u \\ &= \frac{x}{\sqrt{x^2+1}}\cos\sqrt{x^2+1}\end{aligned}$$

■

[**예제 1.5**] $x\sin x = t$ 의 미분 $\dfrac{dx}{dt}$ 를 구하라.

[**풀이**]

양변을 x에 대해 미분한다.

$$\frac{d}{dx}(x\sin x) = \frac{dt}{dx}$$

$$\Rightarrow \sin x + x\cos x = \frac{dt}{dx}$$

$$\therefore \frac{dx}{dt} = \frac{1}{\frac{dt}{dx}} = \frac{1}{\sin x + x\cos x}$$

■

• 음 함수 (陰 函數, implicit function)의 미분

독립 변수 x에 대한 (종속) 함수 y가 x만의 함수로 명백하게 (explicitly) 표현되는 함수인 $y=f(x)$ 형태를 양함수(陽函數; explicit function)라 한다. 반면에 독립 변수 x와 (종속) 함수 y가 혼합되어있는 함수 $f(x,y)=0$ 형태를 음함수(陰函數; implicit function)라 한다.

$$\begin{cases} y=f(x) \ : & \text{양함수 (explicit function)} \\ f(x,y)=0: & \text{음함수 (implicit function)} \end{cases}$$

※ [참고] 음함수 $f(x,y)=0$에 대한 미분 $\dfrac{df}{dx}$는 2장에서 다루는 전 미분(全微分, total derivative)의 개념을 사용하면 $df(x,y)=\dfrac{\partial f}{\partial x}dx+\dfrac{\partial f}{\partial y}dy=0$이다.

양변을 x에 대해 미분하면 $\dfrac{df}{dx}=\dfrac{\partial f}{\partial x}+\dfrac{\partial f}{\partial y}\dfrac{dy}{dx}=0$이므로 $\dfrac{dy}{dx}=-\dfrac{\dfrac{\partial f}{\partial x}}{\dfrac{\partial f}{\partial y}}$가 된다.

> **[예제 1.6]** 다음 음함수의 미분을 구하라.
>
> (1) $x^2+y^2=1$, (2) $y^2=4x$, (3) $x^3+y^3-3xy=0$

[풀이]

(1) 양변을 x에 대해 미분하고 연쇄 법칙을 적용한다.

$$\begin{aligned}\frac{d}{dx}(x^2+y^2-1)&=2x+\frac{dy^2}{dx}=2x+\frac{dy^2}{dy}\frac{dy}{dx}\\&=2x+2y\frac{dy}{dx}=0\end{aligned}$$

$$\therefore \frac{dy}{dx}=-\frac{x}{y}$$

(2) 양변을 x에 대해 미분하고 연쇄 법칙을 적용한다.

$$\frac{d}{dx}(y^2-4x)=\frac{dy^2}{dx}-4=\frac{dy^2}{dy}\frac{dy}{dx}-4$$
$$=2y\frac{dy}{dx}-4=0$$

$$\therefore\ \frac{dy}{dx}=\frac{2}{y}$$

(3) 양변을 x에 대해 미분하고 연쇄 법칙을 적용한다.

$$\frac{d}{dx}(x^3+y^3-3xy)=3x^2+\frac{dy^3}{dx}-3y-3x\frac{dy}{dx}$$
$$=3x^2+3y^2\frac{dy}{dx}-3y-3x\frac{dy}{dx}=0$$

$$\therefore\ \frac{dy}{dx}=\frac{y-x^2}{y^2-x}=\frac{x^2-y}{x-y^2}$$

[별해] (3)을 전 미분을 사용하여 구해보자.

$$f(x,y)=x^3+y^3-3xy=0$$

$$df=\frac{\partial f}{\partial x}dx+\frac{\partial f}{\partial y}dy$$
$$=(3x^2-3y)dx+(3y^2-3x)dy=0$$

양변을 dx로 미분하면 $\frac{dy}{dx}=\frac{x^2-y}{x-y^2}$이므로 같은 결과이다.

■

- **매개 변수 함수 (媒介變數 函數, parametric function)의 미분**

매개 변수 함수는 두 개 이상의 함수가 같은 변수를 매개로 하는 함수를 뜻한다. 예를 들면 두 함수 $x=f(t)$, $y=g(t)$는 시간 t를 매개 변수로 연결된 함수이다. 매개 변수 함수의 미분은 다음과 같이 주어진다.

$$\frac{dy}{dx}=\frac{\frac{dy}{dt}}{\frac{dx}{dt}}=\frac{g'}{f'}$$

여기서 $f'(t)\neq 0$이며 $\frac{dx}{dt}=\frac{df}{dt}\equiv f'(t)$, $\frac{dy}{dt}=\frac{dg}{dt}\equiv g'(t)$이다.

> **[예제 1.7]** 시간 t를 매개 변수로 하는 두 함수 $x=A\cos\omega t$, $y=A\sin\omega t$ 에 대한 미분 $\frac{dy}{dx}$를 구하라. 단, A는 진폭, ω는 각 진동수로 상수들이다.

[풀이]

매개 변수 함수의 미분 공식을 사용한다.

$$\frac{dx}{dt}=-\omega A\sin\omega t,\quad \frac{dy}{dt}=\omega A\cos\omega t$$

$$\Rightarrow \therefore \frac{dy}{dx}=\frac{\frac{dy}{dt}}{\frac{dx}{dt}}=-\frac{\cos\omega t}{\sin\omega t}=-\frac{x}{y}$$

[별해]

매개 변수 t를 소거하면 $x^2+y^2=A^2(\cos^2\omega t+\sin^2\omega t)=A^2$와 같이 음함수 형태가 된다.[2] 양변을 x에 대해 미분하면 같은 결과를 얻는다. ■

---

2) 매개 변수를 소거한 방정식은 역학 등에서 주로 입자의 궤도를 결정짓는 궤도 방정식이 된다.

- <u>밑 (base)이 a인 로그 (log) 함수의 자연로그 (ln) 함수 변환</u>

밑이 a인 로그 함수를 밑이 e인 로그 함수로 변환은 다음과 같다.

$$\log_a x = \frac{\log_b x}{\log_b a} = \frac{\log_e x}{\log_e a}$$
$$\therefore \log_a x = \frac{\ln x}{\ln a}$$

여기서 $\log_e x \equiv \ln x$, $\log_e a \equiv \ln a$이다.

- <u>지수 e의 정의:</u>

$$\lim_{x\to\infty}\left(1+\frac{1}{x}\right)^x \equiv e,\ \text{또는}\ \lim_{x\to 0}(1+x)^{\frac{1}{x}} \equiv e$$

여기서 지수 e는 $e \simeq 2.71828\cdots$의 값을 갖는다.

- <u>로그 함수 (log function)의 미분</u>

로그 함수 $f(x)=\ln x$ 미분을 도함수의 정의로부터 구해보자.

$$\begin{aligned}\frac{df(x)}{dx} &= \frac{d\ln x}{dx} = \lim_{\Delta x\to 0}\frac{\ln(x+\Delta x)-\ln x}{\Delta x}\\ &= \lim_{\Delta x\to 0}\frac{\ln\left(1+\frac{\Delta x}{x}\right)}{\Delta x} = \lim_{\Delta x\to 0}\ln\left(1+\frac{\Delta x}{x}\right)^{\frac{1}{\Delta x}}\\ &= \lim_{\Delta x\to 0}\ln\left(1+\frac{\Delta x}{x}\right)^{\frac{x}{\Delta x}\frac{1}{x}} = \ln e^{\frac{1}{x}} = \frac{1}{x}\end{aligned}$$

$$\therefore \frac{d\ln x}{dx} = \frac{1}{x}$$

- <u>지수 함수 (exponential function)의 미분</u>

지수 함수 $f(x) = e^{ax}$, (a: 상수)의 미분을 도함수의 정의로부터 구해보자.

$$\frac{df(x)}{dx} = \frac{de^{ax}}{dx} = \lim_{\Delta x \to 0} \frac{e^{a(x+\Delta x)} - e^{ax}}{\Delta x}$$

$$= \lim_{\Delta x \to 0} \frac{e^{ax}\left(e^{a\Delta x} - 1\right)}{\Delta x} = e^{ax} \lim_{\Delta x \to 0} \frac{\left(e^{a\Delta x} - 1\right)}{\Delta x}$$

$e^{a\Delta x} - 1 = t$로 치환하면 $e^{a\Delta x} = 1 + t$이며 $a\Delta x = \ln(1+t)$가 된다.

한편 $\Delta x = \dfrac{\ln(1+t)}{a} \to 0$이면 $t \to 0$이다.

$$\frac{df(x)}{dx} = e^{ax} \lim_{\Delta x \to 0} \frac{\left(e^{a\Delta x} - 1\right)}{\Delta x} = e^{ax} \lim_{t \to 0} \frac{at}{\ln(1+t)}$$

$$= ae^{ax} \lim_{t \to 0} \left[\ln(1+t)^{\frac{1}{t}}\right]^{-1}$$

지수 e의 정의는 $\lim_{t \to 0} (1+t)^{\frac{1}{t}} = e\ (\simeq 2.71828\cdots)$이므로

$$\frac{df(x)}{dx} = ae^{ax} \lim_{t \to 0} \left[\ln(1+t)^{\frac{1}{t}}\right]^{-1}$$

$$= ae^{ax}(\ln e)^{-1} = ae^{ax}$$

$$\therefore \ \frac{de^{ax}}{dx} = ae^{ax}$$

[예제 1.8] 다음 함수의 미분을 구하라.

(1) $\dfrac{d\log_a x}{dx}$, (2) $\dfrac{da^x}{dx}$

[풀이]

(1) $\log_a x = \dfrac{\log_e x}{\log_e a} = \dfrac{\ln x}{\ln a}$ 이므로

$$\frac{d\log_a x}{dx} = \frac{d}{dx}\left(\frac{\ln x}{\ln a}\right) = \frac{1}{\ln a}\frac{d\ln x}{dx} = \frac{1}{x\ln a}$$

$$\therefore \frac{d\log_a x}{dx} = \frac{1}{x\ln a}$$

(2) $\dfrac{da^x}{dx} = \lim_{\Delta x \to 0}\dfrac{a^{(x+\Delta x)} - a^x}{\Delta x} = a^x \lim_{\Delta x \to 0}\dfrac{\left(a^{\Delta x} - 1\right)}{\Delta x}$

$a^{\Delta x} - 1 = t$ 라 두면 $\log_a a^{\Delta x} = \log_a(1+t)$ 또는 $\Delta x = \log_a(1+t)$이다.

$\Delta x \to 0$이면 $t \to 0$이므로

$$\frac{da^x}{dx} = a^x \lim_{t \to 0}\frac{t}{\log_a(1+t)} = a^x \lim_{t \to 0}\left[\log_a(1+t)^{\frac{1}{t}}\right]^{-1}$$

$$= a^x\left[\log_a e\right]^{-1} = a^x\left[\frac{\log_e e}{\log_e a}\right]^{-1}$$

$$\equiv a^x \ln a$$

$$\therefore \frac{da^x}{dx} = a^x \ln a$$

■

- <u>삼각 함수 (trigonometric function)의 미분</u>

삼각 함수에 대한 미분은 증명 없이 주요 공식들을 나열한다.

$$\frac{d\sin x}{dx} = \cos x, \qquad \frac{d\cos x}{dx} = -\sin x$$

$$\frac{d\tan x}{dx} = \sec^2 x, \qquad \frac{d\sec x}{dx} = \sec x \tan x$$

$$\frac{d\cot x}{dx} = -\csc^2 x, \qquad \frac{d\csc x}{dx} = -\csc x \cot x$$

여기서 $\sec x = \dfrac{1}{\cos x}$, $\csc x = \dfrac{1}{\sin x}$, $\cot x = \dfrac{1}{\tan x}$ 이다.

[**주의**]: 삼각 함수가 $y = f(x)$형이 아니라 $y = f(kx)$, (k: 상수)인 경우의 미분 $\dfrac{dy}{dx} = \dfrac{df(kx)}{dx}$은 다음과 같다.

$kx = \theta$로 치환하면 $dx = \dfrac{d\theta}{k}$ 이므로

$$\frac{dy}{dx} = \frac{df(kx)}{dx} = k\frac{df(\theta)}{d\theta}$$

가 된다. 예를 들면 $y = \sin kx$의 미분은 $kx = \theta$로 치환하면 $dx = \dfrac{d\theta}{k}$ 이므로

$$\frac{dy}{dx} = \frac{d\sin kx}{dx} = k\frac{d\sin\theta}{d\theta} = k\cos\theta$$

$$\therefore \ \frac{d\sin kx}{dx} = k\cos kx$$

- <u>역 삼각 함수 (inverse trigonometric function)의 미분</u>

역 삼각 함수의 미분을 예제를 통해 미분 과정을 알아본다.

> **[예제 1.9]** 다음 역 삼각 함수들의 미분을 구하라.
>
> (1) $\frac{d\sin^{-1}x}{dx}$, (2) $\frac{d\cos^{-1}x}{dx}$, (3) $\frac{d\tan^{-1}x}{dx}$.

[풀이]

(1) $y=\sin^{-1}x$라 두면 $x=\sin y$이다. 양변을 y에 대해 미분하자.

$\frac{dx}{dy}=\frac{d\sin y}{dy}=\cos y$이므로

$$\frac{d\sin^{-1}x}{dx}\equiv\frac{dy}{dx}=\frac{1}{\frac{dx}{dy}}=\frac{1}{\cos y}$$

$$=\frac{1}{\sqrt{1-\sin^2 y}}=\frac{1}{\sqrt{1-x^2}}$$

$$\therefore\ \frac{d\sin^{-1}x}{dx}=\frac{1}{\sqrt{1-x^2}}$$

(2) $y=\cos^{-1}x$라 두면 $x=\cos y$이다. 양변을 y에 대해 미분하자.

$\frac{dx}{dy}=\frac{d\cos y}{dy}=-\sin y$이므로

$$\frac{d\cos^{-1}x}{dx}=\frac{dy}{dx}=\frac{1}{\frac{dx}{dy}}=-\frac{1}{\sin y}$$

$$=-\frac{1}{\sqrt{1-\cos^2 y}}=-\frac{1}{\sqrt{1-x^2}}$$

$$\therefore \quad \frac{d\cos^{-1}x}{dx} = -\frac{1}{\sqrt{1-x^2}}$$

(3) $y=\tan^{-1}x$라 두면 $x=\tan y$이다. 양변을 y에 대해 미분하자.

$\frac{dx}{dy} = \frac{d\tan y}{dy} = \frac{d}{dx}\left(\frac{\sin y}{\cos y}\right)$이며 $\left(\frac{f}{g}\right)' = \frac{f'g-fg'}{g^2}$ 규칙을 이용하면

$$\frac{dx}{dy} = \frac{d\tan y}{dy} = \frac{d}{dx}\left(\frac{\sin y}{\cos y}\right)$$

$$= \frac{\cos^2 y + \sin^2 y}{\cos^2 y} = \frac{1}{\cos^2 y}$$

$x=\tan y$이므로 $\cos y = \frac{1}{\sqrt{1+x^2}}$, $\sin y = \frac{x}{\sqrt{1+x^2}}$을 사용한다.

$$\frac{d\tan^{-1}x}{dx} = \frac{dy}{dx} = \frac{1}{\frac{dx}{dy}}$$

$$= \cos^2 y = \frac{1}{1+x^2}$$

$$\therefore \quad \frac{d\tan^{-1}x}{dx} = \frac{1}{1+x^2}$$

■

- **쌍곡선 함수 (hyperbolic function)의 정의와 미분**

쌍곡선 함수의 기본형은 다음과 같이 정의한다.

$$\sinh x = \frac{e^x - e^{-x}}{2}, \quad \cosh x = \frac{e^x + e^{-x}}{2},$$
$$\tanh x = \frac{e^x - e^{-x}}{e^x + e^{-x}}$$

쌍곡선 함수의 주요 관계식 가운데 하나인 쌍곡선 방정식 $\cosh^2 x - \sinh^2 x = 1$을 쉽게 증명할 수 있다. 쌍곡선 함수의 역수형은 다음과 같다.

$$\operatorname{csch} x = \frac{1}{\sinh x}, \quad \operatorname{sech} x = \frac{1}{\cosh x},$$
$$\coth x = \frac{1}{\tanh x}$$

쌍곡선 함수의 미분은 다음과 같이 주어진다.

$$\frac{d\sinh x}{dx} = \cosh x, \quad \frac{d\cosh x}{dx} = \sinh x,$$
$$\frac{d\tanh x}{dx} = \operatorname{sech}^2 x$$

- **쌍곡선 함수와 삼각 함수와의 관계**

$x \to i\theta$로 치환하면 쌍곡선 함수와 사인 함수의 관계식을 얻는다.

$$\sinh(i\theta) = i\sin\theta, \quad \cosh(i\theta) = \cos\theta,$$
$$\tanh(i\theta) = i\tan\theta$$

- 역 쌍곡선 함수 (inverse hyperbolic function)의 미분

> [예제 1.10] 다음 역 쌍곡선 함수들의 미분을 구하라.
>
> (1) $\dfrac{d\sinh^{-1}x}{dx}$, (2) $\dfrac{d\cosh^{-1}x}{dx}$, (3) $\dfrac{d\tanh^{-1}x}{dx}$

[풀이]

(1) $y=\sinh^{-1}x$라 두면 $x=\sinh y$이다. 양변을 y에 대해 미분하자.

$\dfrac{dx}{dy}=\dfrac{d\sinh y}{dy}=\cosh y$이므로

$$\frac{d\sinh^{-1}x}{dx}=\frac{dy}{dx}=\frac{1}{\frac{dx}{dy}}=\frac{1}{\cosh y}$$

$$=\frac{1}{\sqrt{1+\sinh^2 y}}=\frac{1}{\sqrt{1+x^2}}$$

$$\therefore\ \frac{d\sinh^{-1}x}{dx}=\frac{1}{\sqrt{1+x^2}}$$

(2) $y=\cosh^{-1}x$라 두면 $x=\cosh y$이다. 양변을 y에 대해 미분하자.

$\dfrac{dx}{dy}=\dfrac{d\cosh y}{dy}=\sinh y$이므로

$$\frac{d\cosh^{-1}x}{dx}=\frac{dy}{dx}=\frac{1}{\frac{dx}{dy}}=\frac{1}{\sinh y}$$

$$=\frac{1}{\sqrt{\cosh^2 y-1}}=\frac{1}{\sqrt{x^2-1}}$$

$$\therefore\ \frac{d\cosh^{-1}x}{dx}=\frac{1}{\sqrt{x^2-1}}$$

(3) $y = \tanh^{-1}x$라 두면 $x = \tanh y$이다. 양변을 y에 대해 미분하자.

$\frac{dx}{dy} = \frac{d\tanh y}{dy} = \frac{d}{dx}\left(\frac{\sinh y}{\cosh y}\right)$이며 $\left(\frac{f}{g}\right)' = \frac{f'g - fg'}{g^2}$ 규칙을 이용하면

$$\frac{dx}{dy} = \frac{d\tanh y}{dy} = \frac{d}{dx}\left(\frac{\sinh y}{\cosh y}\right)$$

$$= \frac{\cosh^2 y - \sin^2 y}{\cosh^2 y} = \frac{1}{\cosh^2 y}$$

이다. 관계식 $\cosh^2 x - \sinh^2 x = 1$의 양변을 $\cosh^2 x$으로 나누어 정리하면 $\frac{1}{\cosh^2 x} = 1 - \tanh^2 x$이 된다.

$$\frac{d\tanh^{-1}x}{dx} = \frac{dy}{dx} = \frac{1}{\frac{dx}{dy}} = \cosh^2 y$$

$$= \frac{1}{1 - \tanh^2 y} = \frac{1}{1 - x^2}$$

$$\therefore \frac{d\tanh^{-1}x}{dx} = \frac{1}{1 - x^2}$$

■

1.2 적분 (Integration)

1.1절에서 정의한 미분 $\frac{dy}{dx}=f(x)$은 5장에서 다루는 변수 분리형 미분방정식 (separable differential equation)의 일종이다. 양변을 변수 분리하면 $dy=f(x)dx$이 되며 양변을 각각의 변수에 대해 적분하면 다음과 같다.

$$y(x)=\int f(x)dx+c$$

여기서 $y(x)$를 원시 함수 (primitive function), $f(x)$를 피적분 함수 (integrand function)라 하며 c는 적분 상수 (integration constant)이다.

- <u>기본 적분 (적분 상수 생략)</u>

수리물리학을 공부하는데 자주 등장하는 기본 적분들을 나열한다.

$$\int x^n dx=\frac{x^{n+1}}{n+1} \quad (n\neq -1)$$

$$\int \frac{1}{x}dx=\ln|x|$$

$$\int \frac{1}{x^n}dx=\frac{x^{1-n}}{1-n} \quad (n\neq 1)$$

$$\int e^{\alpha x}dx=\frac{1}{\alpha}e^{\alpha x}$$

$$\int \sin kx\,dx=-\frac{1}{k}\cos kx$$

$$\int \cos kx\,dx=\frac{1}{k}\sin kx$$

$$\int \sec^2 kx\,dx=\frac{1}{k}\tan kx$$

$$\int \csc^2 kx\,dx=-\frac{1}{k}\cot kx$$

- 치환 적분 (integration by substitution)

1.1절에서 합성함수의 미분법을 연쇄 법칙 (chain rule)이라 한다. 연쇄 법칙을 반대로 적용한 것이 치환 적분이다.

> **[예제 1.11]** 다음 적분을 치환 적분으로 계산하라.
>
> (1) $\int (x^2+1)^3 x dx$, (2) $\int x \sin x^2 dx$,
>
> (3) $\int \frac{1}{2x+1} dx$, (4) $\int \frac{2x}{x^2+1} dx$

[풀이]

(1) $\int (x^2+1)^3 x dx$의 피적분 함수의 $x^2+1=t$로 치환하면 $2xdx=dt$가 된다.

$$\therefore \int (x^2+1)^3 dx = \int \frac{1}{2} t^3 dt = \frac{1}{8} t^4 = \frac{1}{8}(x^2+1)^4$$

(2) $\int x \sin x^2 dx$의 피적분 함수의 $x^2=t$로 치환하면 $2xdx=dt$이 된다.

$$\therefore \int x \sin x^2 dx = \int \frac{1}{2} \sin t\, dt = -\frac{1}{2} \cos t = -\frac{1}{2} \cos x^2$$

(3) $\int \frac{1}{2x+1} dx$의 피적분 함수의 $2x+1=t$로 치환하면 $2dx=dt$가 된다.

$$\therefore \int \frac{1}{2x+1} dx = \int \frac{1}{2t} dt = \frac{1}{2} \ln|t| = \frac{1}{2} \ln|2x+1|$$

(4) $\int \frac{2x}{x^2+1} dx$의 피적분 함수의 $x^2+1=t$로 치환하면 $2xdx=dt$가 된다.

$$\therefore \int \frac{2x}{x^2+1} dx = \int \frac{1}{t} dt = \ln|t| = \ln|x^2+1|$$

■

[예제 1.12] 고전역학의 일-에너지 정리 (work-energy theorem)를 기술하라.

(힌트: 일 $W=\int_{x=0}^{x} F dx$의 정의에서 연쇄 법칙을 적용한다.)

[풀이]

고전역학의 일 W와 힘 $F=m\frac{dv}{dt}$의 관계는 다음과 같이 정의된다.

$$W=\int_{x=0}^{x} F dx=\int_{x=0}^{x} m\frac{dv}{dt}dx$$

피적분 함수 $\frac{dv}{dt}dx$를 연쇄 법칙을 사용하면 $\frac{dv}{dt}dx=\frac{dx}{dt}\frac{dv}{dx}dx=v\frac{dv}{dx}dx\equiv vdv$가 된다. 즉, 연쇄 법칙으로부터 x에 대한 적분은 속력 v에 대한 적분으로 치환된다.

$$\begin{aligned} W&=\int_{x=0}^{x} F dx=\int_{x=0}^{x} m\frac{dv}{dt}dx \\ &=\int_{x=0}^{x} mv\frac{dv}{dx}dx=\int_{v_o=0}^{v} mvdv \\ &=\frac{1}{2}mv^2-\frac{1}{2}mv_o^2 \end{aligned}$$

$$\therefore\ W=\frac{1}{2}mv^2-\frac{1}{2}mv_o^2\equiv\Delta K$$

여기서 $K=\frac{1}{2}mv^2$은 운동 에너지이며 $K_o=\frac{1}{2}mv_o^2$은 $x=0$에서 운동 에너지이며 $\Delta K=K-K_o$이다.

이 정리를 일-에너지 정리라 하며 질량 m인 물체에 가한 힘 $F=m\frac{dv}{dt}$가 한 일의 결과 운동 에너지 변화 $W=\Delta K$가 일어난다. ■

[예제 1.13] 상대론적 운동량 (relativistic momentum) $p(v)$와 상대론적 힘 (relativistic force) $F(v)$는 속력 v의 함수로 다음과 같이 주어진다.

$$p(v) = mv = \frac{m_o v}{\sqrt{1-\frac{v^2}{c^2}}}$$

$$F(v) = \frac{dp}{dt} = \frac{d}{dt}\left(\frac{m_o v}{\sqrt{1-\frac{v^2}{c^2}}}\right)$$

여기서, m_o는 정지 질량 (rest mass), m은 상대론적 질량, v는 입자의 속력, c는 광속이다.

상대론적 역학 (relativistic mechanics)의 일-에너지 정리로부터 아인슈타인의 질량-에너지 등가 (mass-energy equivalence) 식을 유도하라.

[풀이]

일은 $W = \int_{x=0}^{x} F(v)dx = \int_{x=0}^{x} \frac{dp}{dt}dx$ 이므로 피적분 함수 $\frac{dp}{dt}dx$를 연쇄 법칙을 사용하여 정리하면

$$\begin{aligned}\frac{dp(v)}{dt}dx &= \frac{dp(v)}{dv}\frac{dv}{dt}dx = \frac{dp(v)}{dv}\frac{dv}{dx}\frac{dx}{dt}dx \\ &= \frac{dp(v)}{dv}v\frac{dv}{dx}dx = \frac{dp(v)}{dv}vdv\end{aligned}$$

가 된다. 상대론적 운동량 $p(v)$의 미분 $\frac{dp(v)}{dv}$를 계산하면

$$\frac{dp(v)}{dv} = \frac{d}{dv}\left(\frac{m_o v}{\sqrt{1-\frac{v^2}{c^2}}}\right) = \frac{m_o}{\sqrt{1-\frac{v^2}{c^2}}} + \frac{m_o\frac{v^2}{c^2}}{\left(1-\frac{v^2}{c^2}\right)^{\frac{3}{2}}} = \frac{m_o}{\left(1-\frac{v^2}{c^2}\right)^{\frac{3}{2}}}$$

이므로 피적분 함수는 $\frac{dp(v)}{dt}dx = \frac{dp(v)}{dv}vdv = \frac{m_o v}{\left(1-\frac{v^2}{c^2}\right)^{\frac{3}{2}}}dv$가 된다.

$$W = \int_{x=0}^{x} F(v)dx = \int_{v=0}^{v} \frac{m_o v}{\left(1-\frac{v^2}{c^2}\right)^{\frac{3}{2}}}dv$$

치환 적분을 사용하여 일 W를 계산한다. $1-\frac{v^2}{c^2}=t$로 치환하면 $-\frac{2v}{c^2}dv = dt$이므로

$$W = -\int_{t=1}^{1-\frac{v^2}{c^2}} \frac{m_o c^2}{2t^{\frac{3}{2}}}dt = \left[\frac{m_o c^2}{\sqrt{t}}\right]_{t=1}^{1-\frac{v^2}{c^2}}$$

$$= m_o c^2 \left[\frac{1}{\sqrt{1-\frac{v^2}{c^2}}} - 1\right]$$

$$\therefore \quad \boxed{W = \frac{m_o c^2}{\sqrt{1-\frac{v^2}{c^2}}} - m_o c^2 \equiv mc^2 - m_o c^2 \equiv K}$$

고전역학의 일-에너지 정리와 같이 상대론적인 일-에너지 정리도 입자에 가해진 힘이 한 일은 운동 에너지 K로 변환됨을 보여 준다. 따라서 상대론적 전체 에너지 (relativistic total energy) E는

$$\boxed{E = m_o c^2 + K \equiv mc^2}$$

로 주어진다. 여기서 $E_o = m_o c^2$는 정지 질량 에너지이다. 이 식은 아인슈타인의 질량-에너지 등가 (mass-energy equivalence)를 나타낸다. ■

- <u>부분 적분 (integration by parts)</u>

Leibniz 규칙 $(fg)' = f'g + fg' \Rightarrow \frac{d}{dx}(fg) = \frac{df}{dx}g + f\frac{dg}{dx}$ 을 사용하여 부분 적분에 대한 공식을 유도한다. 양변을 변수 분리한 다음 x에 대해 적분하면 $d(fg) = \frac{df}{dx}gdx + f\frac{dg}{dx}dx \Rightarrow \int d(fg) = \int f'gdx + \int fg'dx$이므로 부분 적분 공식을 얻는다.

$$\boxed{\int f'(x)g(x)\,dx = f(x)g(x) - \int f(x)g'(x)\,dx}$$

[예제 1.14] 다음 적분을 부분 적분으로 계산하라. (적분 상수는 무시한다.)

(1) $\int \ln x\,dx$, (2) $\int e^x \sin x\,dx$, (3) $\int e^{2x}(x^2+1)dx$

[풀이]

(1) $\int \ln x\,dx = x\ln x - \int x\frac{1}{x}dx = x\ln x - x$

(2)
$$\begin{aligned} I = \int e^x \sin x\,dx &= e^x \sin x - \int e^x \cos x dx \\ &= e^x \sin x - \left[e^x \cos x + \int e^x \sin x\,dx\right] \\ &= e^x \sin x - \left[e^x \cos x + I\right] \end{aligned}$$

$$\therefore\ I = \frac{1}{2}e^x(\sin x - \cos x)$$

(3)
$$\begin{aligned} \int e^{2x}(x^2+1)dx &= \frac{e^{2x}}{2}(x^2+1) - \int \frac{e^{2x}}{2}2xdx \\ &= \frac{e^{2x}}{2}(x^2+1) - \left[\frac{e^{2x}}{2}x - \int \frac{e^{2x}}{2}dx\right] \\ &= \frac{e^{2x}}{2}(x^2+1) - \frac{e^{2x}}{2}x + \frac{e^{2x}}{4} = e^{2x}\left(\frac{x^2}{2} - \frac{x}{2} + \frac{3}{4}\right) \end{aligned}$$ ■

- <u>삼각 함수 치환</u>

> **[예제 1.15]** 다음 적분을 삼각 함수 치환으로 계산하라.
>
> (1) $\int \frac{dx}{\sqrt{a^2-x^2}}$, (2) $\int \frac{dx}{a^2+x^2}$, (3) $\int \sqrt{a^2-x^2}\,dx$

[풀이]

(1) $x = a\sin\theta$로 치환하면 $dx = a\cos\theta\, d\theta$이므로

$$I = \int \frac{dx}{\sqrt{a^2-x^2}} = \int \frac{a\cos\theta\, d\theta}{a\cos\theta} = \theta = \sin^{-1}\left(\frac{x}{a}\right)$$

$$\therefore \int \frac{dx}{\sqrt{a^2-x^2}} = \sin^{-1}\left(\frac{x}{a}\right)$$

(2) $x = a\tan\theta$로 치환하면 $dx = a\frac{d\theta}{\cos^2\theta}$ 이므로

$$I = \int \frac{dx}{a^2+x^2} = \int \frac{a\,d\theta}{a^2(1+\tan^2\theta)\cos^2\theta} = \frac{\theta}{a} = \frac{1}{a}\tan^{-1}\left(\frac{x}{a}\right)$$

$$\therefore \int \frac{dx}{a^2+x^2} = \frac{1}{a}\tan^{-1}\left(\frac{x}{a}\right)$$

(3) $I = \int \sqrt{a^2-x^2}\,dx = \int a^2\cos^2\theta d\theta = a^2 \int \frac{1+\cos 2\theta}{2} d\theta \quad (\Leftarrow x = a\sin\theta)$

$$= a^2\left[\frac{\theta}{2} + \frac{\sin 2\theta}{4}\right] = a^2\left[\frac{1}{2}\sin^{-1}\left(\frac{x}{a}\right) + \frac{\sin\theta\cos\theta}{2}\right]$$

$$= a^2\left[\frac{1}{2}\sin^{-1}\left(\frac{x}{a}\right) + \frac{x}{2a}\sqrt{1-\left(\frac{x}{a}\right)^2}\right]$$

$$\therefore I = \frac{a^2}{2}\sin^{-1}\left(\frac{x}{a}\right) + \frac{x}{2}\sqrt{a^2-x^2}$$

■

[**예제 1.16**] 용수철 상수가 k인 용수철에 질량 m인 물체가 단조화 운동을 하고 있다. (예제 1.16 그림) 에너지 보존 법칙 $\frac{1}{2}mv^2 + \frac{1}{2}kx^2 = E$ (=상수)를 사용하여 물체의 운동을 기술하라. 단, 물체와 바닥 면의 마찰은 무시한다.

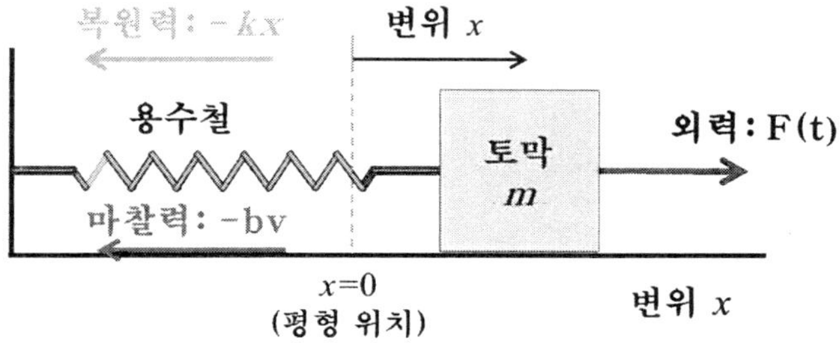

예제 1.16 그림.

[풀이]

에너지 보존 법칙 $\frac{1}{2}mv^2 + \frac{1}{2}kx^2 = E$에서 물체의 속력 $v = \frac{dx}{dt}$로 나타내면

$$v = \frac{dx}{dt} = \pm\sqrt{\frac{2}{m}\left(E - \frac{1}{2}kx^2\right)} = \pm\sqrt{\frac{2E}{m}\left(1 - \frac{k}{2E}x^2\right)}$$

가 되어 변수 분리형 미분 방정식이 된다. 양변을 변수 x와 t로 분리하고 양변을 적분한다.

$$\int \frac{dx}{\sqrt{1 - \frac{k}{2E}x^2}} = \pm\sqrt{\frac{2E}{m}}\int dt$$

$x = \sqrt{\frac{2E}{k}}\sin\theta$로 치환하면 $dx = \sqrt{\frac{2E}{k}}\cos\theta\, d\theta$이며 $\sqrt{1 - \frac{k}{2E}x^2} = \cos\theta$이므로 양변을 치환 적분한다.

$$좌변 = \int \frac{dx}{\sqrt{1-\frac{k}{2E}x^2}} = \int \frac{\sqrt{\frac{2E}{k}}\cos\theta}{\cos\theta}d\theta = \sqrt{\frac{2E}{k}}\,\theta$$

$$= \sqrt{\frac{2E}{k}}\sin^{-1}\left(\sqrt{\frac{k}{2E}}\,x\right)$$

$$우변 = \pm\sqrt{\frac{2E}{m}}\,t$$

양변을 비교하여 정리하면 다음과 같다.

$$\Rightarrow \sin^{-1}\left(\sqrt{\frac{k}{2E}}\,x\right) = \pm\sqrt{\frac{k}{m}}\,t \equiv \pm\omega t$$

$$\therefore \boxed{x = \pm\sqrt{\frac{2E}{k}}\sin(\omega t) \equiv \pm A\sin(\omega t)}$$

여기서 $A = \sqrt{\frac{2E}{k}}$는 진폭 (amplitude)이며 $\omega = \sqrt{\frac{k}{m}}$는 각 진동수 (angular frequency)이다. 즉, 용수철-질량 계의 질량 m인 물체의 운동은 최대 진폭 $\pm A$ 사이에서 단조화운동 (simple harmonic motion)을 한다.

한편, (최대) 진폭 $A = \sqrt{\frac{2E}{k}}$에서 전체 역학 에너지 $E = \frac{1}{2}kA^2$을 얻는다.

■

[예제 1.17] 질량 m인 입자에 가해지는 힘이 다음과 같을 때 물체의 운동을 기술하라.

(1) $F = F_o =$상수, (2) $F = F(x)$, (3) $F = F(t)$

[풀이]

뉴턴의 운동 법칙은 질량 m인 입자에 가해지는 힘 F에 의해 가속도 a인 운동, 즉 $F = ma = m\dfrac{dv}{dt}$의 운동을 한다.

(1) $F = F_o =$**상수의 경우**

등가속 운동 $\left(a \equiv \dfrac{F_o}{m} = \text{상수}\right)$을 한다. $m\dfrac{dv}{dt} \equiv F_o$이므로 변수 분리형 미분 방정식이다. 양변을 변수 v와 t로 분리하고 양변을 적분한다.

$$\int_{v_o}^{v} dv = \int_0^t \frac{F_o}{m} dt$$

$$\therefore\ v = v_o + \frac{F_o}{m} t$$

한편 속력은 $v = \dfrac{dx}{dt} = v_o + \dfrac{F_o}{m} t$이므로 변수 x와 t로 분리하고 양변을 적분한다.

$$\int_{x_o}^{x} dx = \int_0^t \left(v_o + \frac{F_o}{m} t\right) dt$$

$$\therefore\ x = x_o + v_o t + \frac{1}{2}\frac{F_o}{m} t^2$$

속력 v와 변위 x 식에서 시간 t를 소거하면 등가속 운동에서 잘 알려진 관계식 $v^2 - v_o^2 = 2\dfrac{F_o}{m}(x - x_o) = 2a(x - x_o)$을 얻는다.

(2) $F=F(x)$로 위치 x만의 함수의 경우

운동 방정식은 $m\frac{dv}{dt}=F(x)$이다. 변수 분리형 미분 정식으로 나타내기 위해 연쇄 법칙을 사용하면 $m\frac{dv}{dt}=m\frac{dv}{dx}\frac{dx}{dt}=mv\frac{dv}{dx}=F(x)$가 되어 변수 분리형이 된다. 양변을 변수 v와 x로 분리하고 양변을 적분한다.

$$\int_{v_o}^{v} mvdv = \int_{x_o}^{x} F(x)dx$$

$$\Rightarrow \begin{cases} \text{좌변} = \int_{v_o}^{v} mvdv = \frac{1}{2}mv^2 - \frac{1}{2}mv_o^2 \equiv K - K_o \\ \text{우변} = \int_{x_o}^{x} F(x)dx \end{cases}$$

여기서 $K=\frac{1}{2}mv^2$은 운동 에너지 (kinetic energy)이다.

우변 적분 $\int_{x_o}^{x} F(x)dx$를 계산하기 위해 보존력 (conservative force) $F(x)$와 위치 에너지 $U(x)$의 관계를 미분 형 (differential form)과 적분 형 (integral form)으로 다음과 같이 정의하자. 3)

$$\boxed{F(x) = -\frac{dU}{dx}} \quad \text{: 미분 형}$$

$$\boxed{\int dU = -\int F(x)dx} \quad \text{: 적분 형}$$

우변 적분은 적분 형 관계식을 사용하면 $\int_{x_o}^{x} F(x)dx = -\int_{U(x_o)}^{U(x)} dU \equiv U(x_o) - U(x)$

---

3) 보존력장에서 힘과 퍼텐셜 에너지 U의 관계식 $\mathbf{F} = -\nabla U$는 2장 벡터해석에서 자세하게 다룬다.

이 된다. 양변을 비교하면 $K+U(x)=K_o+U(x_o)\equiv E(=일정)$인 역학적 에너지 보존 법칙을 얻는다.

즉, 힘이 $F=F(x)$로 위치 x만의 함수의 경우 힘은 위치 에너지 $U(x)$로 표현 가능하며, 또한 역학적 에너지도 보존된다.

(3) $F=F(t)$로 시간만의 만의 함수의 경우

운동 방정식은 $F=m\dfrac{dv}{dt}=F(t)$이므로 변수 분리형이다.

양변을 변수 v와 t로 분리하고 양변을 적분한다.

$$\int_{v_o}^{v} m dv = \int_0^t F(t)dt$$

$$\Rightarrow \begin{cases} 좌변 = \int_{v_o}^{v} m dv = mv - mv_o \equiv p - p_o = \Delta p \\ 우변 = \int_0^t F(t)dt \equiv I \end{cases}$$

여기서 $p\equiv mv$는 질량 m인 입자의 운동량이며 $I\equiv \int_{t=0}^{t} F(t)\,dt$는 입자에 가해지는 충격량 (impulse)으로 정의한다.

즉, 힘이 시간만의 함수 $F(t)$일 때 짧은 시간 간격 동안 물체에 가해지는 힘의 적분은 충격량이 되어 물체의 운동량 변화를 만드는 운동량-충격량 정리 (momentum-impulse theorem) $\Delta p=p-p_o\equiv\int_0^t F(t)dt$를 얻는다.

■

1.3 편 미분 (偏 微分; Partial Derivatives)

- <u>다변수 함수 (多 變數 函數)의 미분</u>
  (Differentiations of multi-variable function; Partial derivatives)

$y=f(x)$는 독립 변수 (x)가 한 개인 함수이며 이때의 미분 $y'=\dfrac{df}{dx}$을 상 미분 (ordinary derivative)이라 한다. 그러나 독립 변수가 2개 이상인 다변수 함수 (multi-variable function)의 미분을 편미분 (partial derivative)이라 하며 미분 기호는 상 미분 d와 달리 편미분 기호 ∂로 나타낸다. (∂는 라운드 (round)로 읽음).

다변수 함수에 대한 편미분의 정의도 상 미분의 정의와 같이 사용할 수가 있으나 특정 변수에 대해 편 미분할 때 특정 변수 이외의 나머지 변수들은 상수 취급을 하여야 한다.

예를 들면, 단일 변수 함수 $y=f(x)$의 x에 대한 상 미분의 정의는

$$\frac{dy}{dx}=\frac{df(x)}{dx}=\lim_{\triangle x\to 0}\frac{f(x+\triangle x)-f(x)}{\triangle x}$$

이지만, 2 변수 함수 $z=f(x,y)$의 x에 대한 편미분의 정의는

$$\frac{\partial z}{\partial x}=\frac{\partial f(x,y)}{\partial x}=\lim_{\triangle x\to 0}\frac{f(x+\triangle x,y)-f(x,y)}{\triangle x}\Leftarrow(y\text{는 상수 취급})$$

이다. 같은 방법으로 y에 대한 편미분의 정의는 다음과 같다.

$$\frac{\partial z}{\partial y}=\frac{\partial f(x,y)}{\partial y}=\lim_{\triangle y\to 0}\frac{f(x,y+\triangle y)-f(x,y)}{\triangle y}\Leftarrow(x\text{는 상수 취급})$$

다변수 함수의 고 계 (higher order) 상 미분과 편미분의 예는 다음과 같다.

$y=f(x)$: 단일 변수 함수

[예] $y^{(1)}=y'=\dfrac{dy}{dx}=\dfrac{df}{dx}$, $y^{(2)}=y''=\dfrac{d^2y}{dx^2}=\dfrac{d^2f}{dx^2}$, $y^{(3)}=\dfrac{d^3f}{dx^3}$, $\cdots$

$z=f(x,y)$: 2 변수 함수

[예] $\dfrac{\partial z}{\partial x}=\dfrac{\partial f}{\partial x}$, $\dfrac{\partial^2 z}{\partial x\partial y}=\dfrac{\partial^2 f}{\partial x\partial y}$, $\dfrac{\partial^3 z}{\partial y^3}=\dfrac{\partial^3 f}{\partial y^3}$, $\cdots$

$w=f(x,y,z,t)$: 4 변수 함수

[예] $\dfrac{\partial w}{\partial x}=\dfrac{\partial f}{\partial x}$, $\dfrac{\partial^2 w}{\partial y\partial x}=\dfrac{\partial^2 f}{\partial y\partial x}$, $\dfrac{\partial^3 w}{\partial x\partial y\partial t}=\dfrac{\partial^3 f}{\partial x\partial y\partial t}$, $\cdots$

[예제 1.18] 2 변수 함수 $f(x,y)=x^3y^2$의 편미분을 구하라.

(1) $\dfrac{\partial f}{\partial x}$, (2) $\dfrac{\partial f}{\partial y}$, (3) $\dfrac{\partial^2 f}{\partial x\partial y}$, (4) $\dfrac{\partial^2 f}{\partial y^2}$

[풀이]

(1) $\dfrac{\partial f}{\partial x}=\dfrac{\partial}{\partial x}(x^3y^2)=y^2\dfrac{\partial}{\partial x}(x^3)=3x^2y^2$

(2) $\dfrac{\partial f}{\partial y}=\dfrac{\partial}{\partial y}(x^3y^2)=x^3\dfrac{\partial}{\partial y}(y^2)=2yx^3$

(3) $\dfrac{\partial^2 f}{\partial x\partial y}=\dfrac{\partial}{\partial x}\left(\dfrac{\partial f}{\partial y}\right)=\dfrac{\partial}{\partial x}(2yx^3)=2y\dfrac{\partial}{\partial x}(x^3)=6x^2y$

(4) $\dfrac{\partial^2 f}{\partial y^2}=\dfrac{\partial}{\partial y}\left(\dfrac{\partial f}{\partial y}\right)=\dfrac{\partial}{\partial y}(2yx^3)=2x^3\dfrac{\partial}{\partial y}(y)=2x^3$

■

[**예제** 1.19] 어떤 파동 함수가 $E(x,\,t)=A\cos(\omega t-kx)$로 주어진다.
다음의 편미분을 구하고 파동 방정식을 유도하라.

(1) $\dfrac{\partial^2 E}{\partial x^2}$, (2) $\dfrac{\partial^2 E}{\partial t^2}$, (3) $\omega = kc$이며 $\omega^2 = k^2c^2$의 조건과 (1)과 (2)의 결과를 이용하여 파동 방정식 (波動 方程式; wave equation)을 유도하라.

여기서, ω는 파동의 각 진동수 (angular frequency), k는 파수 (波數, wave number), c는 광속이다.

[풀이]

(1) $$\frac{\partial^2 E(x,\,t)}{\partial x^2} = \frac{\partial}{\partial x}\left[\frac{\partial}{\partial x}A\cos(\omega t-kx)\right] = A\frac{\partial}{\partial x}\,[k\sin(\omega t-kx)]$$
$$= Ak\frac{\partial}{\partial x}\,[\,\sin(\omega t-kx)] = -Ak^2\cos(\omega t-kx)$$

(2) $$\frac{\partial^2 E(x,\,t)}{\partial t^2} = \frac{\partial}{\partial t}\left[\frac{\partial}{\partial t}A\cos(\omega t-kx)\right] = A\frac{\partial}{\partial t}\,[-\omega\sin(\omega t-kx)]$$
$$= -A\omega\frac{\partial}{\partial t}\,[\,\sin(\omega t-kx)] = -A\omega^2\cos(\omega t-kx)$$

(3) $\omega^2 = k^2c^2$의 관계식을 이용하면 (1)$\times c^2$ =(2)이므로 다음의 파동 방정식을 얻는다.

$$\boxed{\frac{\partial^2 E(x,\,t)}{\partial x^2} - \frac{1}{c^2}\frac{\partial^2 E(x,\,t)}{\partial t^2} = 0}$$

위의 파동 방정식은 빛의 파동을 기술하는 파동 방정식 또는 맥스웰 파동 방정식 (Maxwell wave equation)이다.

빛의 파동 방정식은 파동 함수 $E(x,\,t)$를 공간 x에 대한 2계 편미분과 시간 t에 대한 2계 편미분으로 구성된다.

■

- 다변수 함수의 전 미분 (全微分; total differential or derivatives)

단일 변수 함수 $y=f(x)$에 대한 미분 (미소 증분)은 $dy(x)=df(x)=\frac{df}{dx}dx$로 주어진다. 즉, 미소 증분 $dy=df$는 독립 변수 x의 증분 dx에 기울기 (1계 도함수) $\frac{df}{dx}$를 곱한 (선형 근사) 형태로 표현한다. 그러나 독립 변수가 2개 이상인 다변수 함수에 대한 전 미분 (total differential)은 모든 (개별) 독립 변수의 증분에 대한 다변수 함수의 증분을 모두 고려하여야 한다. 즉, 독립 변수 하나만의 증분을 고려한 편미분과 달리 모든 변수의 증분을 함께 생각해야 한다. 주어진 영역에서 모든 변수에 대해 편미분 가능하고 모든 편미분이 연속 함수인 전 미분 가능 함수 (totally differentiable function)에 대한 전 미분의 정의는 다음과 같다.

2 변수 함수 $f(x,y)$의 전 미분

$$df(x,y)=\frac{\partial f}{\partial x}dx+\frac{\partial f}{\partial y}dy$$

3 변수 함수 $f(x,y,z)$의 전 미분

$$df(x,y,z)=\frac{\partial f}{\partial x}dx+\frac{\partial f}{\partial y}dy+\frac{\partial f}{\partial z}dz$$

일반적으로 n개의 독립 변수 $q_1, q_2, q_3, \cdots, q_n$을 갖는 함수 $f(q_1, q_2, q_3, \cdots, q_n)$에 대한 전 미분 df는 다음과 같이 정의한다.

$$\begin{aligned} df &= \frac{\partial f}{\partial q_1}dq_1+\frac{\partial f}{\partial q_2}dq_2+\frac{\partial f}{\partial q_3}dq_3+\cdots+\frac{\partial f}{\partial q_n}dq_n \\ &= \sum_{i=1}^{n}\frac{\partial f}{\partial q_i}dq_i \end{aligned}$$

[예제 1.20] 2 변수 함수 $f(x,y)$에서 $x=x(t)$, $y=y(t)$는 t의 함수이다. 즉, t는 매개변수이다. $\frac{df}{dt}$를 구하라.

[풀이]

2 변수 함수 $f(x,y)$의 전 미분은 정의에 따라

$$df = \frac{\partial f}{\partial x}dx + \frac{\partial f}{\partial y}dy$$

이 된다. 한편 $x(t)$와 $y(t)$는 t를 매개변수로 하는 단일 변수 함수이므로 (전) 미분은 각각

$$dx = \frac{dx(t)}{dt}dt, \quad dy = \frac{dy(t)}{dt}dt$$

이므로 $x(t)$와 $y(t)$의 (전) 미분을 $f(x,y)$의 전 미분에 대입한다.

$$\begin{aligned} df &= \frac{\partial f}{\partial x}dx + \frac{\partial f}{\partial y}dy \\ &= \frac{\partial f}{\partial x}\frac{dx}{dt}dt + \frac{\partial f}{\partial y}\frac{dy}{dt}dt \\ &= \left(\frac{\partial f}{\partial x}\frac{dx}{dt} + \frac{\partial f}{\partial y}\frac{dy}{dt}\right)dt \end{aligned}$$

양변을 t에 대해 (상) 미분하면 $\frac{df}{dt}$는 다음과 같다.

$$\therefore \frac{df}{dt} = \frac{\partial f}{\partial x}\frac{dx}{dt} + \frac{\partial f}{\partial y}\frac{dy}{dt}$$

■

[**예제 1.21**] $x = A\cos\omega t$, $y = A\sin\omega t$이며 2 변수 함수 $f(x, y) = x^2 + y^2$이다. 예제 1.20의 결과를 참고하여 $\dfrac{df}{dt}$를 구하라. 단, A, ω는 상수이다.

[**풀이**]

$f(x, y) = x^2 + y^2$의 전 미분 df는 정의에 따라

$$df = \frac{\partial f}{\partial x}dx + \frac{\partial f}{\partial y}dy = 2xdx + 2ydy$$

이다. $x = A\cos\omega t$, $y = A\sin\omega t$는 시간 t를 독립 변수로 하는 (단일 변수의) 매개변수 함수이므로 각각의 (전) 미분은

$$dx = \frac{dx}{dt}dt = -\omega A\sin\omega t\,dt$$
$$dy = \frac{dy}{dt}dt = \omega A\cos\omega t\,dt$$

이므로 $f(x, y) = x^2 + y^2$의 전 미분 df에 대입하면 다음과 같다.

$$\begin{aligned} df &= 2xdx + 2ydy \\ &= -2\omega A^2 \sin\omega t\cos\omega t\;dt + 2\omega A^2 \sin\omega t\cos\omega t dt \\ &= 0 \end{aligned}$$

$$\therefore \frac{df}{dt} = 0$$

[**별해**] 2 변수 함수 $f(x, y) = x^2(t) + y^2(t)$는 시간 t를 매개 변수로 하는 함수이다. 매개 변수 t를 소거하면 $f(x, y) = A^2(\cos^2\omega t + \sin^2\omega t) = A^2 =$상수이므로 $\dfrac{df}{dt} = 0$이 된다.

■

[**예제 1.22**] 2 변수 함수 $f(x,y)$에 대해 $x=x(s,t)$, $y=y(s,t)$는 s, t를 새로운 독립 변수로 하는 2 변수 함수이다.
즉, 함수 $f(x,y)$는 $x=x(s,t)$, $y=y(s,t)$로 구성된 합성함수이다.
$\dfrac{\partial f}{\partial s}$와 $\dfrac{\partial f}{\partial t}$를 구하라.

[**풀이**]

복합적인 합성함수의 전 미분이라서 무척 어렵게 느껴질 수가 있으나 전 미분의 정의를 사용하여 외부 함수에서 내부 함수로 한 단계씩 계산해 보자.

[**1단계**] $f(x,y)$의 전 미분을 구한다.

$$df(x,y)=\frac{\partial f}{\partial x}dx+\frac{\partial f}{\partial y}dy$$

[**2단계**] $x=x(s,t)$, $y=y(s,t)$의 전 미분을 구한다.

$$dx=\frac{\partial x}{\partial s}ds+\frac{\partial x}{\partial t}dt$$
$$dy=\frac{\partial y}{\partial s}ds+\frac{\partial y}{\partial t}dt$$

[**3단계**] [2단계]의 결과를 [1단계]에 대입하여 새로운 독립 변수의 미분 ds와 dt로 분류한다.

$$\begin{aligned}df(x,y)&=\frac{\partial f}{\partial x}dx+\frac{\partial f}{\partial y}dy\\&=\frac{\partial f}{\partial x}\left(\frac{\partial x}{\partial s}ds+\frac{\partial x}{\partial t}dt\right)+\frac{\partial f}{\partial y}\left(\frac{\partial y}{\partial s}ds+\frac{\partial y}{\partial t}dt\right)\\&=\left(\frac{\partial f}{\partial x}\frac{\partial x}{\partial s}+\frac{\partial f}{\partial y}\frac{\partial y}{\partial s}\right)ds+\left(\frac{\partial f}{\partial x}\frac{\partial x}{\partial t}+\frac{\partial f}{\partial y}\frac{\partial y}{\partial t}\right)dt\end{aligned}$$

$$\therefore\ df(x,y)=\left(\frac{\partial f}{\partial x}\frac{\partial x}{\partial s}+\frac{\partial f}{\partial y}\frac{\partial y}{\partial s}\right)ds+\left(\frac{\partial f}{\partial x}\frac{\partial x}{\partial t}+\frac{\partial f}{\partial y}\frac{\partial y}{\partial t}\right)dt$$

[4단계] 2 변수 함수 $f(x,y)$는 x, y의 함수인 동시에 s, t의 함수이다.
즉, $f(x,y)=f(s,t)$이므로 $f(s,t)$의 전 미분을 구한다.

$$df(s,t)=\frac{\partial f}{\partial s}ds+\frac{\partial f}{\partial t}dt$$

[5단계] [3단계]와 [4단계]에서 구한 함수 $f(x,y)=f(s,t)$의 전 미분을 비교한다.

$$\therefore \begin{cases} \dfrac{\partial f}{\partial s}=\dfrac{\partial f}{\partial x}\dfrac{\partial x}{\partial s}+\dfrac{\partial f}{\partial y}\dfrac{\partial y}{\partial s} \\ \dfrac{\partial f}{\partial t}=\dfrac{\partial f}{\partial x}\dfrac{\partial x}{\partial t}+\dfrac{\partial f}{\partial y}\dfrac{\partial y}{\partial t} \end{cases}$$

■

[예제 1.23] $f(x,y)$는 2 변수 함수이며 $x=r\cos\theta$, $y=r\sin\theta$도 2 변수 함수이다. $\dfrac{\partial f}{\partial r}$와 $\dfrac{\partial f}{\partial \theta}$를 구하라.

[풀이]

[예제 1.22]의 결과를 사용하자. $s\to r$, $t\to\theta$로 치환하면 다음과 같다.

$$\frac{\partial f}{\partial r}=\frac{\partial f}{\partial x}\frac{\partial x}{\partial r}+\frac{\partial f}{\partial y}\frac{\partial y}{\partial r}=\frac{\partial f}{\partial x}\cos\theta+\frac{\partial f}{\partial y}\sin\theta$$

$$\frac{\partial f}{\partial \theta}=\frac{\partial f}{\partial x}\frac{\partial x}{\partial \theta}+\frac{\partial f}{\partial y}\frac{\partial y}{\partial \theta}\equiv-\frac{\partial f}{\partial x}r\sin\theta+\frac{\partial f}{\partial y}r\cos\theta$$

■

[예제 1.24] 전자기파동 방정식

파동 방정식 $\frac{\partial^2\Psi}{\partial x^2}-\frac{1}{v^2}\frac{\partial^2\Psi}{\partial t^2}=0$의 파동 함수 $\Psi=\Psi(x,t)$는 x와 t의 2 변수 함수이다. 새로운 운동 좌표 (moving coordinates) $\begin{cases}\xi=x-vt\\ \eta=x+vt\end{cases}$를 사용하여 운동 좌표로 파동 방정식을 변환하고 파동 함수 $\Psi=\Psi(\xi,\eta)$를 구하라.

여기서 v는 파동의 속력 (speed of wave)이다.

[풀이]

새로운 운동 좌표계의 파동 함수를 $\Psi=\Psi(\xi,\eta)$라 두자.

$\Psi=\Psi(\xi,\eta)$는 $\xi=\xi(x,t)$, $\eta=\eta(x,t)$로 구성된 합성함수이다. [예제 1.22]의 결과를 참고하고 x와 t의 1계 편미분을 ξ와 η의 편미분으로 변환하면 다음과 같다.

$$\frac{\partial\Psi}{\partial x}=\frac{\partial\Psi}{\partial\xi}\frac{\partial\xi}{\partial x}+\frac{\partial\Psi}{\partial\eta}\frac{\partial\eta}{\partial x}=\frac{\partial\Psi}{\partial\xi}+\frac{\partial\Psi}{\partial\eta}$$

$$\frac{\partial\Psi}{\partial t}=\frac{\partial\Psi}{\partial\xi}\frac{\partial\xi}{\partial t}+\frac{\partial\Psi}{\partial\eta}\frac{\partial\eta}{\partial t}=-v\frac{\partial\Psi}{\partial\xi}+v\frac{\partial\Psi}{\partial\eta}$$

$$\Rightarrow\begin{cases}\dfrac{\partial}{\partial x}=\dfrac{\partial}{\partial\xi}+\dfrac{\partial}{\partial\eta}\\[2ex] \dfrac{\partial}{\partial t}=-v\dfrac{\partial}{\partial\xi}+v\dfrac{\partial}{\partial\eta}\end{cases}$$

2계 편미분 $\frac{\partial^2\Psi}{\partial x^2}$을 위의 $\frac{\partial}{\partial x}$를 사용하여 ξ와 η의 편미분으로 계산한다.

$$\frac{\partial^2\Psi}{\partial x^2}=\frac{\partial}{\partial x}\left(\frac{\partial\Psi}{\partial x}\right)=\frac{\partial}{\partial x}\left(\frac{\partial\Psi}{\partial\xi}+\frac{\partial\Psi}{\partial\eta}\right)$$

$\Phi\equiv\frac{\partial\Psi}{\partial\xi}+\frac{\partial\Psi}{\partial\eta}$로 치환하면 $\frac{\partial^2\Psi}{\partial x^2}=\frac{\partial}{\partial x}\left(\frac{\partial\Psi}{\partial\xi}+\frac{\partial\Psi}{\partial\eta}\right)\equiv\frac{\partial\Phi}{\partial x}$가 된다.

$\dfrac{\partial\Phi}{\partial x}\left(=\dfrac{\partial^2\Psi}{\partial x^2}\right)$는 위의 $\dfrac{\partial}{\partial x}=\dfrac{\partial}{\partial\xi}+\dfrac{\partial}{\partial\eta}$를 대입하여 ξ와 η의 편미분으로 나타내면

$$\frac{\partial\Phi}{\partial x}=\frac{\partial\Phi}{\partial\xi}\frac{\partial\xi}{\partial x}+\frac{\partial\Phi}{\partial\eta}\frac{\partial\eta}{\partial x}=\frac{\partial\Phi}{\partial\xi}+\frac{\partial\Phi}{\partial\eta}$$

이다. $\Phi\equiv\dfrac{\partial\Psi}{\partial\xi}+\dfrac{\partial\Psi}{\partial\eta}$를 대입하여 정리하면 다음과 같다.

$$\begin{aligned}\frac{\partial^2\Psi}{\partial x^2}&=\frac{\partial\Phi}{\partial x}=\frac{\partial\Phi}{\partial\xi}+\frac{\partial\Phi}{\partial\eta}\\&=\frac{\partial}{\partial\xi}\left(\frac{\partial\Psi}{\partial\xi}+\frac{\partial\Psi}{\partial\eta}\right)+\frac{\partial}{\partial\eta}\left(\frac{\partial\Psi}{\partial\xi}+\frac{\partial\Psi}{\partial\eta}\right)\\&=\frac{\partial^2\Psi}{\partial\xi^2}+2\frac{\partial^2\Psi}{\partial\xi\partial\eta}+\frac{\partial^2\Psi}{\partial\eta^2}\end{aligned}$$

여기서 $\dfrac{\partial^2\Psi}{\partial\xi\partial\eta}=\dfrac{\partial^2\Psi}{\partial\eta\partial\xi}$이다.

같은 방법으로 $\dfrac{\partial}{\partial t}=-v\dfrac{\partial}{\partial\xi}+v\dfrac{\partial}{\partial\eta}$을 사용하여 2계 편미분 $\dfrac{\partial^2\Psi}{\partial t^2}$을 계산한다.

$$\frac{\partial^2\Psi}{\partial t^2}=\frac{\partial}{\partial t}\left(\frac{\partial\Psi}{\partial t}\right)=\frac{\partial}{\partial t}\left(-v\frac{\partial\Psi}{\partial\xi}+v\frac{\partial\Psi}{\partial\eta}\right)$$

$\Theta\equiv-v\dfrac{\partial\Psi}{\partial\xi}+v\dfrac{\partial\Psi}{\partial\eta}$로 치환하면 $\dfrac{\partial^2\Psi}{\partial t^2}=\dfrac{\partial\Theta}{\partial t}=-v\dfrac{\partial\Theta}{\partial\xi}+v\dfrac{\partial\Theta}{\partial\eta}$가 된다. Θ를 대입하여 정리하면 $\dfrac{\partial^2\Psi}{\partial t^2}$는 다음과 같이 주어진다.

$$\frac{\partial^2\Psi}{\partial t^2}=v^2\left(\frac{\partial^2\Psi}{\partial\xi^2}-2\frac{\partial^2\Psi}{\partial\xi\partial\eta}+\frac{\partial^2\Psi}{\partial\eta^2}\right)$$

위의 결과를 종합하면 $\dfrac{\partial^2 \Psi}{\partial x^2}$ 와 $\dfrac{\partial^2 \Psi}{\partial t^2}$ 를 운동 좌표 ξ와 η의 편미분으로 변환하면 다음과 같다.

$$\begin{cases} \dfrac{\partial^2 \Psi}{\partial x^2} = \dfrac{\partial^2 \Psi}{\partial \xi^2} + 2\dfrac{\partial^2 \Psi}{\partial \xi \partial \eta} + \dfrac{\partial^2 \Psi}{\partial \eta^2} \\ \dfrac{\partial^2 \Psi}{\partial t^2} = v^2\left(\dfrac{\partial^2 \Psi}{\partial \xi^2} - 2\dfrac{\partial^2 \Psi}{\partial \xi \partial \eta} + \dfrac{\partial^2 \Psi}{\partial \eta^2}\right) \end{cases}$$

파동 방정식 $\dfrac{\partial^2 \Psi}{\partial x^2} - \dfrac{1}{v^2}\dfrac{\partial^2 \Psi}{\partial t^2} = 0$에 대입하면 두 좌표계의 파동 방정식은

$$\frac{\partial^2 \Psi}{\partial x^2} - \frac{1}{v^2}\frac{\partial^2 \Psi}{\partial t^2} \equiv 4\frac{\partial^2 \Psi}{\partial \xi \partial \eta} = 0$$

이다. 즉, 운동 좌표계에서의 파동 방정식은 다음과 같이 주어진다.

$$\therefore \boxed{\frac{\partial^2 \Psi}{\partial \xi \partial \eta} = 0}$$

운동 좌표계 (ξ, η)의 파동 방정식의 해를 구해보자.

$$\frac{\partial^2 \Psi}{\partial \xi \partial \eta} = \frac{\partial}{\partial \xi}\left(\frac{\partial \Psi}{\partial \eta}\right) = 0$$

파동 방정식의 우변이 0이므로 괄호 안의 편미분 $\dfrac{\partial \Psi}{\partial \eta}$는 ξ와 무관한 η만의 함수이므로

$$\frac{\partial \Psi}{\partial \eta} \equiv \Xi(\eta)$$

라 두자. 변수 분리한 후 적분하면

$$\Psi(\xi, \eta) = \int \Xi(\eta)d\eta + f(\xi) \equiv f(\xi) + g(\eta)$$

이 된다. 여기서 $f(\xi)$는 적분 상수이며 $g(\eta) = \int \Phi(\eta)d\eta$이다.

파동 함수 $f(\xi)$, $g(\eta)$에 운동 좌표 $\begin{cases} \xi = x - vt \\ \eta = x + vt \end{cases}$를 대입하면 원래의 파동 방정식의 해를 얻으며, 이 해를 **달랑베르 해** (D'Alembert solution)라 한다.

$$\boxed{\frac{\partial^2 \Psi}{\partial\xi\partial\eta} = 0} \Rightarrow \boxed{\Psi(\xi, \eta) = f(x - vt) + g(x + vt)}$$

여기서 파동 함수 $f(x - vt)$는 오른쪽으로 진행하는 파동 (right traveling wave)이며 $g(x + vt)$는 왼쪽으로 진행하는 파동 (left traveling wave)을 나타낸다.

■

[※ 주의] 달랑베르 해는 파동 방정식의 가장 일반적인 해의 형태이다.

파동을 기술하는 주요 변수들은 시간 영역의 각 진동수 $\omega\left(= 2\pi\nu = \dfrac{2\pi}{T}\right)$와 공간 영역의 파수 $k\left(= \dfrac{2\pi}{\lambda}\right)$로 기술이 되며, 두 영역은 파동의 속력 v와 $\omega = kv$ 또는 $v = \nu\lambda$ 관계로 연결된다. 여기서 ν는 진동수, T는 주기, λ는 파장이다. 달랑베르 해의 파동의 변수 $x \pm vt$는 $k(x \pm vt) = kx \pm kvt = kx \pm \omega t$ 또는 $kx \pm \omega t = 2\pi\left(\dfrac{x}{\lambda} \pm \dfrac{t}{T}\right)$ 등으로 다양하게 표현이 될 수 있다. 따라서 달랑베르의 해에 따라 다음과 같은 형태의 파동 함수는 항상 파동 방정식을 만족한다. 예를 들면, $\sin(kx \pm \omega t) = \sin 2\pi\left(\dfrac{x}{\lambda} \pm \dfrac{t}{T}\right)$, $e^{i(kx \pm \omega t)}$, $\ln(x \pm vt)$, $\sinh(x \pm vt)$, $\cdots$와 같은 형태의 파동은 파동 방정식을 만족한다.

[예제 1.25] 입자의 파동 방정식

전자 (electrons)와 같은 입자 (particle)의 파동 함수가 $\Psi(x,t)=\Psi_o e^{\frac{i}{\hbar}(px-Et)}$ 로 주어진다고 하자. 여기서 $\hbar=h/2\pi$, h는 플랑크 상수 (Planck constant), E는 입자의 에너지, p는 입자의 운동량이다. 입자의 에너지와 운동량은 $E=\dfrac{p^2}{2m}$의 관계가 있다. 이 관계식을 이용하여 입자의 파동 방정식을 구하라.

[풀이] 2계 편미분 $\dfrac{\partial^2\Psi}{\partial x^2}$와 1계 편미분 $\dfrac{\partial\Psi}{\partial t}$을 구하자.

$$\frac{\partial\Psi}{\partial x}=\frac{i}{\hbar}p\Psi_o e^{\frac{i}{\hbar}(px-Et)}=\frac{i}{\hbar}p\Psi$$

$$\Rightarrow\ \frac{\partial^2\Psi}{\partial x^2}=\left(\frac{i}{\hbar}p\right)^2\Psi=-\frac{p^2}{\hbar^2}\Psi$$

$$\frac{\partial\Psi}{\partial t}=-\frac{i}{\hbar}E\Psi_o e^{\frac{i}{\hbar}(px-Et)}=-\frac{i}{\hbar}E\Psi$$

$$\therefore\ \begin{cases}\dfrac{\partial^2\Psi}{\partial x^2}=-\dfrac{p^2}{\hbar^2}\Psi\\[2mm]\dfrac{\partial\Psi}{\partial t}=-\dfrac{i}{\hbar}E\Psi\end{cases}$$

입자의 에너지와 운동량 관계식 $E=\dfrac{p^2}{2m}$을 사용하면 퍼텐셜 에너지 $V(x)=0$인 자유 입자 (free particle)에 대한 입자의 파동 방정식 (Schrödinger wave equation)을 얻는다.

$$\therefore\ \boxed{-\frac{\hbar^2}{2m}\frac{\partial^2\Psi}{\partial x^2}=i\hbar\frac{\partial\Psi}{\partial t}}$$

■

1.4 무한급수 전개 (Infinite Series Expansion)

물리학의 문제는 대부분 미분, 적분 그리고 미분방정식을 푸는 문제로 귀결되는 경우가 많다. 적분 계산이나 미분방정식을 풀면 해석적인 해 (analytic solutions)로 주어지는 경우보다 무한급수 해 (infinite series solution), 근사해 (approximate solution) 또는 수치해 (numerical solutions)로 풀어야 하는 경우가 흔하다. 해석 해를 구하기 어려운 경우 주로 사용하는 방법 가운데 하나가 주어진 함수나 해를 무한급수 전개 (infinite series expansions)로 해를 구하는 것이 편리할 때가 있다.

급수 전개에 필요한 기초적인 용어를 먼저 간략히 소개한다.

- 단항 식 (monomial): cx^n

  변수 x의 x^n과 상수 계수 c의 곱으로 이루어진 한 개의 식을 단항 식이라 한다. 여기서 멱 수 (power) $n\ (\geq 0)$은 0 또는 양의 정수이다.

  단항 식과 단항 식의 곱 또한 단항 식이 된다.

  [예] $2x \times 3y^2 = 6xy^2$, $3 \times 5 = 10$, $\cdots$

- 다항 식 (polynomial): $c_0 + c_1 x + c_2 x^2 + \cdots + c_n x^n = \sum_{k=0}^{n} c_k x^k$ (n: 유한)

  단항 식들의 유한한 (finite) 합으로 구성된 식으로 x^k의 멱 수 k는 정수이며 $0 \leq k \leq n =$ 유한이다.

  변수가 x, y, z 등 다변수들의 다항 식도 가능하다.

  [예] $2x^2 y + 3$, $-3xy + xz + 5$, $\cdots$

- 다항 식의 종류

  ◦ **이항식** (binomial):

  두 항으로 구성된 다항 식

  [예] $ax + b$, $ax^2 + bx$, $\cdots$ (a, b : 상수)

∘ **삼항식** (trinomial):

세 항으로 구성된 다항 식

[예] ax^3+bx^2+cx, ax^2+bx+c, $\cdots$ (a, b, c : 상수)

∘ **4항 식 이상의 다항식**:

4항 다항식 (four-term polynomial), 5항 다항식 (five-term polynomial) 등으로 부른다.

∘ **다항 식의 차수** (degree of polynomial):

다항 식 중 변수 x의 최고 멱 수를 다항 식의 차수 (degree of polynomial)라 한다. 변수가 x, y 등 다 변수로 다항 식이 구성된 경우 변수들의 곱의 멱 수들의 합이 최고 항이 차수가 된다.

[예] $x^3y^2+3xy+5$: 차수가 5(=3+2)인 3항 식

- <u>무한급수 (infinite series):</u>

다항 식의 항이 무한개인 급수를 무한급수라 하며 주로 **멱 급수** (power series), **테일러 급수** (Taylor series), **로랑 급수** (Laurant series) 전개가 물리학에서 많이 사용된다. 멱 급수와 테일러 전개는 x^n의 멱 수가 0 또는 양의 정수 (즉, $n \geq 0$)만 허용이 되나 로랑 급수는 음의 멱 수도 허용이 된다.

이 외에도 함수가 주기 함수 (periodic function)에 대해 사용하는 **푸리에 급수** (Fourier series) 역시 무한급수의 일종으로 sine과 cosine 함수로 표현된다.

일반적으로, 무한급수 전개는 실수 변수 x만 아니라 복소수 변수 $z=x+iy$에 대해서도 급수 전개가 가능하다. 복소수에 대한 무한급수 전개와 로랑 급수는 7장의 복소수 함수론에서 자세히 다루기로 하고 1장에서는 실수 변수에 대해서만 다루도록 한다.

1.4.1 멱 급수 전개 (Power Series Expansion)와 수렴 판정

어떤 함수 $f(x)$를 $x=0$ 근처에서 (무한) 멱 급수로 나타내면

$$f(x)=c_0+c_1x+c_2x^2+c_3x^3+\cdots\equiv\sum_{n=0}^{\infty}c_nx^n$$

와 같다.[4] 여기서 c_n $(n\geq 0)$은 x와 무관한 상수 계수이다. $x=x_o$ 근처에서 멱 급수 전개는

$$f(x)=c_0+c_1(x-x_o)+c_2(x-x_o)^2+c_3(x-x_o)^3+\cdots\equiv\sum_{n=0}^{\infty}c_n(x-x_o)^n$$

가 된다. 멱 급수 전개에서 가장 중요한 것 중 하나가 무한급수의 수렴 (convergence)과 발산 (divergence) 여부를 판정하는 것이다. 수렴과 발산을 판정하는 방법으로는 ① 달랑베르 (D'Alembert)의 **비율 판정법** (ratio test), ② 코오시 (Cauchy)의 **근 판정법** (root test), ③ **비교 판정법** (comparison test), ④ **적분 판정법** (integral test) 등이 있다.
이 가운데 비율 판정법이 대표적으로 많이 사용된다.

① 비율 판정법 (ratio test)

멱 급수의 인접한 항의 비의 $n\to\infty$의 극한을 L이라 하면 L의 값에 따라 수렴 여부를 판정하는 방법을 비율 판정법이라 한다.

$$L\equiv\lim_{n\to\infty}\left|\frac{c_{n+1}x^{n+1}}{c_nx^n}\right|=\begin{cases}<1: & \text{수렴}\\ >1 \text{ or } \infty: & \text{발산}\\ =1: & \text{판정 보류}\end{cases}$$

4) 실수 변수 x 대신 복소수 $z=x+iy$로 대체한 복소수 멱 급수 전개도 가능하다.

$L<1$인 경우 멱 급수는 절대 수렴 (absolute convergence)한다.

$L>1$ 또는 $L=\infty$인 경우 발산 (diverge)하며, $L=1$인 경우 비율 판정법으로는 수렴 여부를 판단할 수 없으므로 판정보류 (inconclusive)라 하며 세심한 주의가 필요하다. 인접한 항의 계수 비 $\left(\frac{c_n}{c_{n+1}}\right)$의 $n\to\infty$의 극한을 수렴 구간 (interval of convergence) 또는 수렴 반경 (radius of convergence) R이라 한다. [5)]

$$R=\lim_{n\to\infty}\left|\frac{c_n}{c_{n+1}}\right|$$

따라서 멱 급수의 인접한 항의 비의 $n\to\infty$의 극한 L은

$$L=\lim_{n\to\infty}\left|\frac{c_{n+1}}{c_n}x\right|=\frac{|x|}{R}=\begin{cases}<1: & \text{수렴}\\ >1 \text{ or } \infty: & \text{발산}\\ =1: & \text{판정보류}\end{cases}$$

이 된다. $L<1$의(절대) 수렴의 경우 $|x|<R$이므로 수렴 구간 (또는 수렴 반경)은 $-R<x<R$이 된다. $L>1$인 경우, 즉 $|x|>R$ 구간에서는 발산한다. $L=1$인 경우, 즉 $x=\pm R$에서는 수렴할 수도 있고 발산할 수도 있어서 주의가 필요하다.

위의 결과로부터 수렴 반경 R은 다음 세 경우 가운데 하나이다.

(i) $\mathrm{R}=0$인 경우: 멱 급수는 $x=0$에서만 수렴하며 $x\neq 0$에서는 발산한다.

(ii) $0<\mathrm{R}<\infty$인 경우: $0<|x|<R$ 구간에서 수렴한다.

(iii) $\mathrm{R}=\infty$인 경우: 멱 급수는 모든 x에서 절대 수렴한다.

---

5) 수렴 반경이라는 용어가 암시하듯 2차원 평면에서는 수렴 원이 존재한다. 복소수 $z=(x,y)=x+iy$의 무한급수의 수렴성을 다룰 때는 수렴 반경, 실수 x의 멱 급수에서는 수렴 구간이 정확한 용어이지만, 흔히 수렴 반경으로 혼용한다.

② **근 판정법** (root test)

무한 멱 급수의 n번째 항의 n제곱근의 극한을 L이라 하면

$$L=\lim_{n\to\infty}\sqrt[n]{|c_n x^n|}=\begin{cases} <1: & \textbf{수렴} \\ >1 \text{ or } \infty: & \textbf{발산} \\ =1: & \textbf{판정 보류} \end{cases}$$

을 근 판정법이라 한다. 수렴 반경 R을 $\lim_{n\to\infty}\sqrt[n]{|c_n|}\equiv\dfrac{1}{R}$로 정의하면 근 판정법은

$$L=\lim_{n\to\infty}\sqrt[n]{|c_n|}\,|x|\equiv\frac{|x|}{R}=\begin{cases} <1: & \textbf{수렴} \\ >1 \text{ or } \infty: & \textbf{발산} \\ =1: & \textbf{판정 보류} \end{cases}$$

이 되어 비율 판정법과 같다. 절대 수렴의 경우 $L<1$이므로 $|x|<R$이며 수렴 구간(또는 수렴 반경)은 $-R<x<R$이 된다. $|x|>R$ 구간에서는 발산하며, $x=\pm R$에서는 수렴할 수도 있고 발산할 수도 있어서 주의가 필요하다.

③ **비교 판정법** (comparison test)

멱 급수 $\sum_{n=1}^{\infty}b_n x^n$, $(b_n x^n>0)$가 수렴하는 멱 급수라 가정하면, 미지의 멱 급수 $\sum_{n=1}^{\infty}c_n x^n$의 n항과 수렴하는 급수임을 알고 있는 n항을 비교하여 $|c_n x^n|\le b_n x^n$이면 $\sum_{n=1}^{\infty}c_n x^n$은 절대 수렴한다. 한편, $\sum_{n=1}^{\infty}b_n x^n$, $(b_n x^n>0)$이 발산하는 급수인 경우 $|c_n x^n|\ge b_n x^n$ 이면 $\sum_{n=1}^{\infty}c_n x^n$은 발산한다.

④ **적분 판정법** (integral test)

무한급수 $\sum_{n=1}^{\infty} c_n$의 계수 $c_n(>0)$은 양의 실수이며 단조 감소한다고 가정한다. 이산 계수 $c_n(>0)$을 연속 함수 계수 $f(n)$로 대체하면 $f(n) \equiv c_n$은 구간 $[1, \infty)$에서 양수이며 연속으로 감소하는 함수이다. 이산 계수들의 합은 그림 1.2와 같이 직사각형 막대의 면적 (밑변 1×높이 c_n)의 합과 같으며 연속 함수인 $f(n) \equiv c_n$ 계수의 면적은 정적분 $\int_1^{\infty} f(t)dt$와 같다. 여기서 적분 구간 $[1, \infty)$는 수열의 합이 $n \geq 1$임을 고려한다.

그림 1.2(a)를 참고하면 $\int_1^{\infty} f(t)dt < \sum_{n=1}^{\infty} f(n) = \sum_{n=1}^{\infty} c_n$이 된다.

그림 1.2(b)는 $\sum_{n=1}^{\infty} f(n) - f(1) = \sum_{n=1}^{\infty} c_n - c_1 < \int_1^{\infty} f(t)dt$가 되므로

$\int_1^{\infty} f(t)dt < \sum_{n=1}^{\infty} c_n < \int_1^{\infty} f(t)dt + c_1$이다. 따라서 적분 판정법은 다음과 같다.

$$\begin{cases} \int_1^{\infty} f(t)dt = \text{유한} \Rightarrow \sum_{n=1}^{\infty} c_n = \text{수렴} \\ \int_1^{\infty} f(t)dt = \text{무한} \Rightarrow \sum_{n=1}^{\infty} c_n = \text{발산} \end{cases}$$

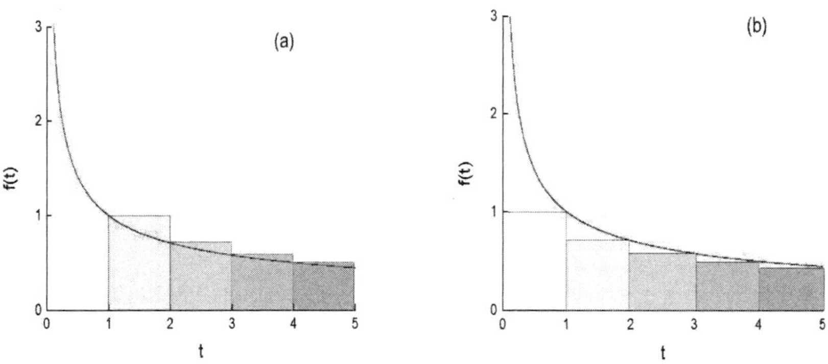

그림 1.2 적분 판정법. 직사각형 막대의 면적의 합과 적분에 의한 면적 비교.

- <u>p-급수 판정법 (p-series test)</u>

물리학에서 유용한 무한급수 가운데 하나가 p-급수이다. p-급수는 다음과 같이 정의한다.

$$\sum_{n=1}^{\infty} \frac{1}{n^p}, \ (p > 0)$$

p-급수의 수렴 여부는 적분 판정법을 사용하면 쉽게 증명된다.

$$\sum_{n=1}^{\infty} \frac{1}{n^p} = \begin{cases} \textbf{수렴:} & p > 1 \\ \textbf{발산:} & p \le 1 \end{cases}$$

[증명]

적분 판정법에 따라 p-급수의 이산 계수 $\frac{1}{n^p}(>0)$을 연속 함수 계수 $f(n)$으로 대체하면 $f(n) = \frac{1}{n^p}$은 구간 $[1, \infty)$에서 양수이며 연속으로 감소하는 함수이다. $p \neq 1$인 경우 정적분 $\int_1^{\infty} f(t)dt$를 계산하면 다음과 같다.

$$\int_1^{\infty} f(t)dt = \int_1^{\infty} \frac{1}{t^p} dt = \left. \frac{1}{(1-p)t^{p-1}} \right|_{t=1}^{\infty}$$

$p > 1$인 경우 $\int_1^{\infty} f(t)dt = \frac{1}{p-1} =$ 유한이므로 수렴한다. $0 < p < 1$인 경우와 $p = 0$인 경우 $\int_1^{\infty} f(t)dt = \infty$이므로 발산한다. $p = 1$인 조화급수의 경우 $\int_1^{\infty} f(t)dt = \int_1^{\infty} \frac{1}{t^1} dt = \ln t \Big|_{t=1}^{\infty} = \infty$이므로 발산한다. ■

[예제 1.26] 다음 급수들의 수렴 여부를 판정하라.

$$(1)\ \sum_{n=1}^{\infty}\frac{1}{n},\quad (2)\ \sum_{n=1}^{\infty}\frac{1}{n^2},\quad (3)\ \sum_{n=1}^{\infty}\frac{1}{n^3},\quad (4)\ \sum_{n=1}^{\infty}\frac{1}{n^{1/2}}$$

[(2)~(3)번은 리만-제타 함수[6] (Riemann-Zeta function) $\zeta(p), (p>1)$의 일종이다.]

[풀이]

(1) 먼저 비율 판정법을 사용하면 $L=\lim_{n\to\infty}\left|\frac{c_{n+1}}{c_n}\right|=\lim_{n\to\infty}\left|\frac{n}{n+1}\right|=1$이므로 판정 보류이므로 다른 판정법을 사용한다.

적분 판정법을 사용하자. $f(n)=c_n=\frac{1}{n}$로 두면 양수이며 단조 감소한다.

$\int_1^{\infty}f(t)dt=\int_1^{\infty}\frac{1}{t}dt=[\ln(t)]_1^{\infty}=\infty$이므로 조화급수 $\sum_{n=1}^{\infty}\frac{1}{n}$은 발산한다.

[별해] p-급수 판정법에 따라 $p=1$이므로 발산한다.

(2) 비율 판정법을 사용하면 $L=\lim_{n\to\infty}\left|\frac{c_{n+1}}{c_n}\right|=\lim_{n\to\infty}\left|\frac{n^2}{(n+1)^2}\right|=1$이므로 판정 보류이다. 적분 판정법을 사용하자. $f(n)=c_n=\frac{1}{n^2}$로 두면 양수이며 단조 감소한다.

$\int_1^{\infty}f(t)dt=\int_1^{\infty}\frac{1}{t^2}dt=\left[-\frac{1}{t}\right]_1^{\infty}=1$이므로 $\sum_{n=1}^{\infty}\frac{1}{n^2}$은 수렴한다.

[별해] p-급수 판정법에 따라 $p=2\ (>1)$이므로 수렴한다.

---

6) 리만-제타 함수 $\zeta(p), (p>1)$는 p-급수의 일종이며 $p>1$일 때 수렴한다. p가 짝수일 때 몇 개의 값은 $\zeta(2)=\frac{\pi^2}{6}$, $\zeta(4)=\frac{\pi^4}{90}$, $\zeta(6)=\frac{\pi^6}{945}$,…로 주어진다. 6장의 푸리에 급수에서 $\zeta(2), \zeta(4)$ 등이 나타난다.

(3) 적분 판정법을 사용하자.

$$\int_1^{\infty} f(t)dt = \int_1^{\infty} \frac{1}{t^3}dt = \left[-\frac{1}{2t^2}\right]_1^{\infty} = \frac{1}{2} = \text{유한이므로 } \sum_{n=1}^{\infty} \frac{1}{n^3} \text{은 수렴한다.}$$

[별해] p-급수 판정법에 따라 $p=3\,(>1)$이므로 역시 수렴한다.

(4) 비율 판정법을 사용하자.

$L = \lim_{n\to\infty}\left|\frac{c_{n+1}}{c_n}\right| = \lim_{n\to\infty}\left|\frac{n^{1/2}}{(n+1)^{1/2}}\right| = 1$이므로 판정 보류이다.

적분 판정법을 사용하면 $\int_1^{\infty} f(t)dt = \int_1^{\infty} \frac{1}{t^{1/2}}dt = \left[2t^{1/2}\right]_1^{\infty} = \infty$이므로

$\sum_{n=1}^{\infty} \frac{1}{n^{1/2}}$은 발산한다.

[별해] p-급수 판정법에 따라 $p=\frac{1}{2}\,(<1)$이므로 발산한다.

■

- **교대 급수 판정법 (Alternating Series Test)**

교대 급수는 인접한 항들이 양수와 음수가 교대로 나열된 급수 $\sum_{n=1}^{\infty}(-1)^{n+1}c_n$ 또는 $\sum_{n=1}^{\infty}(-1)^{n}c_n$이다. 교대 급수의 각 항의 절댓값들의 극한이 0으로 접근하면 수렴한다.

즉, $|c_{n+1}| \le |c_n|$이고 $\lim_{n\to\infty} c_n \to 0$이면 $\sum_{n=1}^{\infty}(-1)^{n+1}c_n$는 수렴한다.

- **절대 수렴과 조건 수렴 급수**

$$\sum_{n=1}^{\infty} c_n = \text{수렴 and } \sum_{n=1}^{\infty}|c_n| = \text{수렴} \Rightarrow \boxed{\sum_{n=1}^{\infty} c_n = \text{절대수렴}}$$

$$\sum_{n=1}^{\infty} c_n = \text{수렴 and } \sum_{n=1}^{\infty}|c_n| = \text{발산} \Rightarrow \boxed{\sum_{n=1}^{\infty} c_n = \text{조건수렴}}$$

무한급수와 모든 항의 절댓값을 취한 무한급수가 동시에 수렴하는 경우를 절대 수렴 (absolute convergence)이라 한다.

무한급수는 수렴하지만 모든 항의 절댓값을 취한 급수는 발산하는 경우, 즉 절대 수렴하지 않는 급수를 **조건 수렴** (conditionally convergence)라 한다.

예를 들면, 교대 조화급수 $\sum_{n=1}^{\infty}\frac{(-1)^{n+1}}{n}$은 $|c_{n+1}| \le |c_n| \Rightarrow \frac{1}{n+1} < \frac{1}{n}$이며 $\lim_{n\to\infty} c_n = \lim_{n\to\infty}\frac{1}{n} \to 0$이므로 수렴한다. 교대 조화급수 $\sum_{n=1}^{\infty}\frac{(-1)^{n+1}}{n}$의 모든 항의 절댓값을 취한 급수는 $\sum_{n=1}^{\infty}\frac{1}{n}$인 조화급수이며 p-급수 판정법에 따라 $p=1$이므로 발산한다.

따라서 교대 조화급수 $\sum_{n=1}^{\infty}\frac{(-1)^{n+1}}{n}$은 조건 수렴한다.

[예제 1.27] 다음 멱 급수의 수렴 여부를 판정하고 수렴 구간을 구하라.

(1) $\sum_{n=1}^{\infty} \frac{x^{n+1}}{n}$, (2) $\sum_{n=1}^{\infty} (-1)^{n+1} \frac{x^n}{n^2}$, (3) $\sum_{n=1}^{\infty} (-1)^{n+1} \frac{x^n}{n!}$

[풀이]

(1) 비율 판정법을 사용한다.

$$L = \lim_{n\to\infty} \left| \frac{c_{n+1}x^{n+1}}{c_n x^n} \right| = \lim_{n\to\infty} \left| \frac{\frac{x^{n+2}}{n+1}}{\frac{x^{n+1}}{n}} \right| = \lim_{n\to\infty} \left| \frac{n}{n+1} x \right| = \frac{|x|}{R}$$

이므로 $L<1$인 경우 즉, $|x|<R$인 경우 절대 수렴한다. 수렴 구간 (반경)은

$$R = \lim_{n\to\infty} \left| \frac{c_n}{c_{n+1}} \right| = \lim_{n\to\infty} \left| \frac{n+1}{n} \right| = 1$$

이 된다. 수렴 반경 $R=1$ (즉, $x=\pm 1$)에서는 멱 급수의 수렴성 여부는 주의가 필요하다.

$x=1$로 두면 멱 급수는 $\sum_{n=1}^{\infty} \frac{1}{n} = \frac{1}{1} + \frac{1}{2} + \frac{1}{3} + \cdots$이며 조화급수 (harmonic series)이다. p-급수 판정법에 따라 $p=1$이므로 발산한다.

$x=-1$로 두면 멱 급수는 $\sum_{n=1}^{\infty} \frac{(-1)^{n+1}}{n} = \frac{1}{1} - \frac{1}{2} + \frac{1}{3} - \frac{1}{4} + \cdots$는 교대 조화급수 (alternating harmonic series)이다. 교대 급수 판정법에 따라

$|c_{n+1}| \le |c_n| \Rightarrow \frac{1}{n+1} < \frac{1}{n}$이며 $\lim_{n\to\infty} c_n = \lim_{n\to\infty} \frac{1}{n} \to 0$이므로 수렴한다.

따라서 수렴 구간은 $-1 \le x < 1$이다.

(2) 비율 판정법을 사용하면

$$L=\lim_{n\to\infty}\left|\frac{c_{n+1}x^{n+1}}{c_n x^n}\right|=\lim_{n\to\infty}\left|\frac{(-1)^{n+2}\dfrac{x^{n+1}}{(n+1)^2}}{(-1)^{n+1}\dfrac{x^n}{n^2}}\right|$$

$$=\lim_{n\to\infty}\left|-\frac{n^2}{(n+1)^2}x\right|=\frac{|x|}{R}$$

이므로 $L<1$인 경우 즉, $|x|<R$인 경우 절대 수렴한다. 수렴 구간 (반경)은

$$R=\lim_{n\to\infty}\left|\frac{c_n}{c_{n+1}}\right|=\lim_{n\to\infty}\left|\frac{\dfrac{(-1)^{n+1}}{n^2}}{\dfrac{(-1)^{n+2}}{(n+1)^2}}\right|=\lim_{n\to\infty}\left|-\frac{(n+1)^2}{n^2}\right|=1$$

이므로 $|x|<1$ 또는 $-1<x<1$에서는 절대적으로 수렴한다.

수렴 반경 $R=1$ (즉, $x=\pm1$)에서는 멱 급수의 수렴성 여부는 주의가 필요하다.

$x=1$로 두면 멱 급수는 $\displaystyle\sum_{n=1}^{\infty}\frac{(-1)^{n+1}}{n^2}=1-\frac{1}{2^2}+\frac{1}{3^2}-\frac{1}{4^2}+\cdots$이다. 교대 급수 판정법에 따라 $|c_{n+1}|\le|c_n|\Rightarrow\dfrac{1}{(n+1)^2}<\dfrac{1}{n^2}$이며 $\displaystyle\lim_{n\to\infty}c_n=\lim_{n\to\infty}\frac{1}{n^2}\to0$이므로 절대 수렴한다.

$x=-1$로 두면 멱 급수는 $\displaystyle\sum_{n=1}^{\infty}\frac{(-1)^{2n+1}}{n^2}=-\left(1+\frac{1}{2^2}+\frac{1}{3^2}+\frac{1}{4^2}+\cdots\right)$이다.

p-급수 판정법에 따라 $p=2(>1)$이므로 절대 수렴한다.

따라서 수렴 구간은 $\boxed{-1\le x\le1}$ 이다.

(3) 비율 판정법을 사용하면

$$L=\lim_{n\to\infty}\left|\frac{c_{n+1}x^{n+1}}{c_n x^n}\right|=\lim_{n\to\infty}\left|\frac{(-1)^{n+2}\dfrac{x^{n+1}}{(n+1)!}}{(-1)^{n+1}\dfrac{x^n}{n!}}\right|=\lim_{n\to\infty}\left|-\frac{1}{(n+1)}x\right|=0$$

이므로 수렴한다. 수렴 반경은

$$R=\lim_{n\to\infty}\left|\frac{c_n}{c_{n+1}}\right|=\lim_{n\to\infty}\left|\frac{\dfrac{(-1)^{n+1}}{n!}}{\dfrac{(-1)^{n+2}}{(n+1)!}}\right|=\lim_{n\to\infty}|-(n+1)|=\infty$$

이므로 멱 급수 $\sum_{n=1}^{\infty}(-1)^{n+1}\dfrac{x^n}{n!}$는 모든 x에서 절대 수렴한다.

■

1.4.2 테일러 급수 전개 (Taylor Series Expansion)

본 절에서는 멱 급수의 무한급수 전개 가운데 중요한 테일러 급수 (Taylor series)와 맥크로린 급수 (Maclaurin series)에 대해 알아본다. 주어진 함수 $f(x)$는 구간 $x_1 \le x \le x_2$에서 연속이며 무한히 미분 가능하다고 할 때 $x = x_o$ 근방에서 무한 멱 급수로 나타내면 다음과 같다.

$$f(x) = c_0 + c_1(x - x_o) + c_2(x - x_o)^2 + c_3(x - x_o)^3 + \cdots \equiv \sum_{n=0}^{\infty} c_n (x - x_o)^n$$

여기서 c_n $(n \ge 0)$은 x와 무관한 상수 계수이다.

- **계수 $c_n (n \ge 0)$ 구하기**

함수 $f(x) = \sum_{n=0}^{\infty} c_n (x - x_o)^n$를 n계 미분 $\dfrac{d^n f}{dx^n} \equiv f^{(n)}(x)$, $(n \ge 0)$을 구한 다음 $x = x_o$을 대입하면 계수 c_n $(n \ge 0)$을 구할 수 있다. 계수를 차례로 구하면 다음과 같다.

(i) $x = x_o \Rightarrow \ \therefore \ c_0 = f(x_o)$

(ii) $f'(x) = c_1 + 2c_2(x - x_o) + 3c_3(x - x_o)^2 + 4c_4(x - x_o)^3 + \cdots$

$x = x_o \Rightarrow \ \therefore \ c_1 = f'(x_o)$

(iii) $f''(x) = 2c_2 + 2 \cdot 3c_3(x - x_o) + 3 \cdot 4c_4(x - x_o)^3 + \cdots$

$x = x_o \Rightarrow \ \therefore \ c_2 = \dfrac{1}{2} f''(x_o)$

(iv) $f^{(3)}(x) = 1 \cdot 2 \cdot 3c_3 + 2 \cdot 3 \cdot 4c_4(x - x_o) + \cdots$

$x = x_o \Rightarrow \ \therefore c_3 = \dfrac{1}{3!} f^{(3)}(x_o)$

$\vdots$

같은 방법으로 일반화하면 계수 $c_n\ (n \geq 0)$은 다음과 같다.

$$\therefore\ c_n = \frac{1}{n!} f^{(n)}(x_o)$$

- **테일러 급수** (Taylor series)

계수 $c_n\ (n \geq 0)$을 대입한 멱 급수를 테일러 급수 (Taylor series)라 한다.

$$f(x) = f(x_o) + f^{(1)}(x - x_o) + \frac{1}{2!} f^{(2)}(x_o)(x - x_o)^2 + \frac{1}{3!} f^{(3)}(x_o)(x - x_o)^3 + \cdots$$

$$\equiv \sum_{n=0}^{\infty} \frac{1}{n!} f^{(n)}(x_o)(x - x_o)^n$$

여기서 $f^{(0)}(x) = f(x)$, $0! = 1$, $f^{(n)}(x_o) = \left.\frac{d^n f(x)}{dx^n}\right|_{x = x_o}$ 이다.

- **맥클로린 급수** (Maclaurin series)

$x(= x_o) = 0$ 근처에서의 테일러 급수전개를 맥클로린 급수라 한다.

$$f(x) = f(0) + f^{(1)} x + \frac{1}{2!} f^{(2)}(0) x^2 + \frac{1}{3!} f^{(3)}(0) x^3 + \cdots$$

$$\equiv \sum_{n=0}^{\infty} \frac{1}{n!} f^{(n)}(0) x^n$$

테일러 전개와 맥클로린 전개의 응용은 대수 함수, 삼각 함수, 쌍곡선 함수, 로그 함수 등의 무한급수 전개에 사용된다.

[예제 1.28] 다음 지수 함수들을 맥클로린 급수전개하고 수렴 반경을 구하라.

(1) $f(x)=e^x$, (2) $f(x)=e^{-x}$, (3) $f(x)=e^{ix}$, (4) $f(x)=e^{-ix}$

[풀이]

위의 지수 함수들은 공통으로 $f(x)=e^{\alpha x}$ 형이므로 $f(x)$의 n계 미분 $f^{(n)}(x)$, $(n \geq 0)$을 구하면 $f^{(n)}(x)=\alpha^n e^{\alpha x}$이며 $f^{(n)}(0)=\alpha^n$이다.

따라서 맥클로린 급수는 다음과 같이 주어진다.

$$f(x)=e^{\alpha x}=1+\alpha x+\frac{1}{2!}\alpha^2 x^2+\frac{1}{3!}\alpha^3 x^3+\cdots=\sum_{n=0}^{\infty}\frac{1}{n!}\alpha^n x^n$$

(1) $\alpha=+1$, (2) $\alpha=-1$, (3) $\alpha=+i$, (4) $\alpha=-i$를 대입하면 각 지수 함수의 매클로린 급수를 얻는다.

(1) $f(x)=e^x=1+x+\dfrac{x^2}{2!}+\dfrac{x^3}{3!}+\cdots=\displaystyle\sum_{n=0}^{\infty}\frac{x^n}{n!}$

(2) $f(x)=e^{-x}=1-x+\dfrac{x^2}{2!}-\dfrac{x^3}{3!}+\cdots=\displaystyle\sum_{n=0}^{\infty}(-1)^n\frac{x^n}{n!}$

(3) $f(x)=e^{ix}=1+ix-\dfrac{x^2}{2!}-i\dfrac{x^3}{3!}+\cdots=\displaystyle\sum_{n=0}^{\infty}i^n\frac{x^n}{n!}$

(4) $f(x)=e^{-ix}=1-ix-\dfrac{x^2}{2!}+i\dfrac{x^3}{3!}+\cdots=\displaystyle\sum_{n=0}^{\infty}(-i)^n\frac{x^n}{n!}$

수렴 반경은 $R=\displaystyle\lim_{n\to\infty}\left|\frac{c_n}{c_{n+1}}\right|=\lim_{n\to\infty}\left|\frac{n+1}{\alpha}\right|=\infty$이므로 위의 지수 함수의 맥클로린 급수는 모든 x에 대해 절대 수렴한다.

■

[예제 1.29] [예제 1.28]의 결과를 사용하여 다음 삼각 함수와 쌍곡선 함수의 맥클로린 전개를 구하라.

(1) $\sinh x = \dfrac{e^x - e^{-x}}{2}$, (2) $\cosh x = \dfrac{e^x + e^{-x}}{2}$

(3) $\sin x = \dfrac{e^{ix} - e^{-ix}}{2i}$, (4) $\cos x = \dfrac{e^{ix} + e^{-ix}}{2}$,

[풀이]

[예제 1.28]의 (1)과 (2)의 결과를 사용하여 쌍곡선 함수의 맥클로린 급수를 구한다.

(1) $\sinh x = \dfrac{e^x - e^{-x}}{2} = x + \dfrac{x^3}{3!} + \dfrac{x^5}{5!} + \cdots = \sum_{n=0}^{\infty} \dfrac{x^{2n+1}}{(2n+1)!}$

(2) $\cosh x = \dfrac{e^x + e^{-x}}{2} = 1 + \dfrac{x^2}{2!} + \dfrac{x^4}{4!} + \cdots = \sum_{n=0}^{\infty} \dfrac{x^{2n}}{(2n)!}$

[예제 1.28]의 (3)과 (4)의 결과를 사용하여 삼각 함수의 맥클로린 급수를 구한다.

(3) $\sin x = \dfrac{e^{ix} - e^{-ix}}{2i} = x - \dfrac{1}{3!}x^3 + \dfrac{1}{5!}x^5 - \dfrac{1}{7!}x^7 + \cdots = \sum_{n=0}^{\infty} (-1)^n \dfrac{x^{2n+1}}{(2n+1)!}$

(4) $\cos x = \dfrac{e^{ix} + e^{-ix}}{2} = 1 - \dfrac{1}{2!}x^2 + \dfrac{1}{4!}x^4 - \dfrac{1}{6!}x^6 + \cdots = \sum_{n=0}^{\infty} (-1)^n \dfrac{x^{2n}}{(2n)!}$

■

[참고] $\sinh(-x) = -\sinh x$나 $\sin(-x) = -\sin x$와 같이 $f(-x) = -f(x)$인 좌우 반 대칭함수를 기함수 (홀수 함수, odd function)라 한다. $\cosh(-x) = +\cosh x$나 $\cos(-x) = +\cos x$와 같이 $f(-x) = +f(x)$인 좌우 대칭함수를 우함수 (짝수 함수, even function)라 한다. 즉, $f(-x) = \sigma f(x)$일 때 $\sigma = \pm 1$은 함수의 홀짝성 (parity)을 나타낸다.

- <u>오일러 공식 (Euler's formula)</u>

삼각 함수의 맥클로린 급수를 이용하여 오일러 공식을 얻을 수 있다.

$$
\begin{aligned}
e^{ix} &= 1+ix-\frac{x^2}{2!}-i\frac{x^3}{3!}+\cdots \\
&= \left(1-\frac{x^2}{2!}+\frac{x^4}{4!}-\frac{x^6}{6!}+\cdots\right) \Leftarrow \text{실수부 (real part)} \\
&\quad +i\left(x-\frac{x^3}{3!}+\frac{x^5}{5!}-\frac{x^7}{7!}+\cdots\right) \Leftarrow \text{허수부 (imaginary part)} \\
&\equiv \cos x + i\sin x
\end{aligned}
$$

$\therefore$ $\boxed{e^{ix} = \cos x + i\sin x}$: 오일러 공식 (Euler formula)

같은 방법으로

$$
\begin{aligned}
e^{-ix} &= 1-ix-\frac{x^2}{2!}+i\frac{x^3}{3!}+\cdots \\
&= \left(1-\frac{x^2}{2!}+\frac{x^4}{4!}-\frac{x^6}{6!}+\cdots\right) \Leftarrow \text{실수부 (real part)} \\
&\quad -i\left(x-\frac{x^3}{3!}+\frac{x^5}{5!}-\frac{x^7}{7!}+\cdots\right) \Leftarrow \text{허수부 (imaginary part)} \\
&\equiv \cos x - i\sin x
\end{aligned}
$$

$\therefore$ $\boxed{e^{-ix} = \cos x - i\sin x}$: 오일러 공식 (Euler formula)

- <u>드므아브르 정리 (De Moivre theorem)</u>

삼각 함수의 오일러 공식을 이용하여 드므아브르 정리를 얻는다.

$$
e^{\pm in\theta} = \begin{cases} (e^{\pm i\theta})^n = (\cos\theta \pm i\sin\theta)^n \\ \cos n\theta \pm i\sin n\theta \end{cases}
$$

$\therefore$ $\boxed{(\cos\theta \pm i\sin\theta)^n = \cos n\theta \pm i\sin n\theta}$

[예제 1.30] $n=2$일 때 드므아브르 정리를 이용하여 삼각 함수의 두 배각 공식을 유도하라.

[풀이]

$n=2$일 때 드므아브르 정리는 $(\cos\theta+i\sin\theta)^2=\cos2\theta+i\sin2\theta$ 이므로 좌변과 우변을 전개하여 실수부와 허수부를 비교한다.

$$\begin{cases} \text{좌변} = \cos^2\theta - \sin^2\theta + 2i\cos\theta\sin\theta \\ \text{우변} = \cos2\theta + i\sin2\theta \end{cases}$$

실수부와 허수부는 각각 $\cos2\theta$와 $\sin2\theta$의 두 배각 공식이 된다.

$$\therefore \begin{cases} \cos2\theta = \cos^2\theta - \sin^2\theta \\ \sin2\theta = 2\cos\theta\sin\theta \end{cases}$$

■

[예제 1.31] 다음 함수 $f(x)$의 맥클로린 급수를 구하고 수렴 반경을 구하라.

(1) $f(x)=\ln(1+x)$, (2) $f(x)=\dfrac{1}{1-x}$, (3) $f(x)=\dfrac{1}{1+x}$

[풀이]

(1) $f(x)=\ln(1+x)$의 n계 미분 $f^{(n)}(x)$, $(n\ge 0)$을 구하면 다음과 같다.

$$f^{(1)}(x)=\frac{1}{1+x},\ f^{(2)}(x)=-\frac{1}{(1+x)^2},\ f^{(3)}(x)=\frac{2!}{(1+x)^3},\ \cdots,$$

$$\therefore\ f^{(n)}(x)=(-1)^{n-1}\frac{(n-1)!}{(1+x)^n}$$

맥클로린 급수를 얻기 위해 $f^{(n)}(0)$을 구하면 $f^{(n)}(0)=(-1)^{n-1}(n-1)!$이므로

$f(x) = \ln(1+x)$의 맥클로린 급수 $f(x) = \sum_{n=0}^{\infty} \frac{1}{n!} f^{(n)}(0) x^n$는 다음과 같이 주어진다.

$$\therefore \ \ln(1+x) = x - \frac{x^2}{2} + \frac{x^3}{3} - \frac{x^4}{4} + \cdots = \sum_{n=1}^{\infty} (-1)^{n-1} \frac{x^n}{n}$$

수렴 반경은 $R = \lim_{n\to\infty} \left| (-1) \frac{n+1}{n} \right| = 1$이므로 $|x| < 1$에서 절대 수렴한다.

(2)와 (3)의 $f(x)$는 $f(x) = \frac{1}{1+\alpha x}$, $(\alpha = \pm 1)$형이므로 $f^{(n)}(x)$와 $f^{(n)}(0)$을 구하면 다음과 같다.

$$f^{(1)}(x) = -\frac{\alpha}{(1+\alpha x)^2}, \ f^{(2)}(x) = \frac{2!\,\alpha^2}{(1+\alpha x)^3}, \ f^{(3)}(x) = -\frac{3!\,\alpha^3}{(1+\alpha x)^4}, \ \cdots,$$

$$\therefore \ f^{(n)}(x) = (-1)^n \frac{n!\,\alpha^n}{(1+\alpha x)^{n+1}} \quad \Rightarrow \quad f^{(n)}(0) = (-1)^n n!\,\alpha^n$$

맥클로린 급수는 $f(x) = \sum_{n=0}^{\infty} \frac{1}{n!} f^{(n)}(0) x^n = \sum_{n=0}^{\infty} (-1)^n \alpha^n x^n$와 같이 주어진다.

(2) $\alpha = -1$이므로 $f(x) = \frac{1}{1-x} = 1 + x + x^2 + x^3 + \cdots = \sum_{n=1}^{\infty} x^n$

(3) $\alpha = +1$이므로 $f(x) = \frac{1}{1+x} = 1 - x + x^2 - x^3 + \cdots = \sum_{n=1}^{\infty} (-1)^n x^n$

(2)와 (3)의 수렴 반경은 $\alpha = \pm 1$일 때 $R = \lim_{n\to\infty} \left| \frac{c_n}{c_{n+1}} \right| = \lim_{n\to\infty} \left| -\frac{1}{\alpha} \right| = 1$이므로 $|x| < 1$에서 절대 수렴한다.

■

- 이항 정리 (Binomial theorem)

테일러 급수와 맥클로린 급수의 중요한 응용 가운데 하나가 이항 정리이다.
함수 $f(x)=(1+x)^m$ 의 맥클로린 급수를 이항 정리 (또는 이항 급수)라 한다.
여기서 m은 양과 음의 정수뿐만 아니라 분수 등도 허용된다.
$f(x)=(1+x)^m$ 의 $f^{(n)}(x)$와 $f^{(n)}(0)$을 구하면 다음과 같다.

$$f^{(1)}(x)=m(1+x)^{m-1},\quad f^{(2)}(x)=m(m-1)(1+x)^{m-2},$$

$$f^{(3)}(x)=m(m-1)(m-2)(1+x)^{m-3},\ \cdots$$

$$\Rightarrow f(0)=1,\ f^{(1)}(0)=m,\ f^{(2)}(0)=m(m-1),$$

$$f^{(3)}(0)=m(m-1)(m-2),\quad \cdots$$

따라서 이항 급수 또는 이항 정리는 다음과 같다.

$$(1+x)^m=1+mx+\frac{m(m-1)}{2!}x^2+\frac{m(m-1)(m-2)}{3!}x^3+\cdots$$

$$=\sum_{n=0}^{\infty}\frac{1}{n!}\frac{m!}{(m-n)!}x^n\equiv\sum_{n=0}^{\infty}{}_mC_n\,x^n$$

여기서 ${}_mC_n=\begin{pmatrix}m\\n\end{pmatrix}\equiv\frac{1}{n!}\frac{m!}{(m-n)!}$는 이항 계수 (binomial coefficient)이다. 비율 판정법을 사용하면 $L=\lim_{n\to\infty}\left|\frac{\frac{m!}{(n+1)!(m-n-1)!}x^{n+1}}{\frac{m!}{n!(m-n)!}x^n}\right|=\lim_{n\to\infty}\left|\frac{m-n}{n+1}x\right|=|x|$이다.

$L<1$인 경우 즉, $|x|<1$인 경우 절대 수렴한다.

1.4.3 멱 급수 전개의 응용

멱 급수 전개의 물리학 응용은 함수의 미소 변화의 근삿값 계산, 전기 쌍극자에 의한 전기 퍼텐셜 계산, 단진자 운동, 극한 계산, 미분과 적분 계산, 미분 방정식의 멱 급수해, 초월 함수의 근삿값 등등 매우 다양하다.

본 절에서는 물리학에서 흔히 접하는 대표적인 몇 가지 응용을 예제를 통하여 알아본다.

[예제 1.32] 그림과 같이 반지름 R, 질량 M인 지구의 중심 O에서 $r(=R+h)$의 거리에 있는 질량 m인 물체에 작용하는 만유인력 $F(r)$과 퍼텐셜 에너지 $U(r)$은 다음과 같이 주어진다.

$$F(r)=-\frac{GMm}{r^2}=-\frac{GMm}{(R+h)^2}$$

$$U(r)=-\frac{GMm}{r}=-\frac{GMm}{R+h}$$

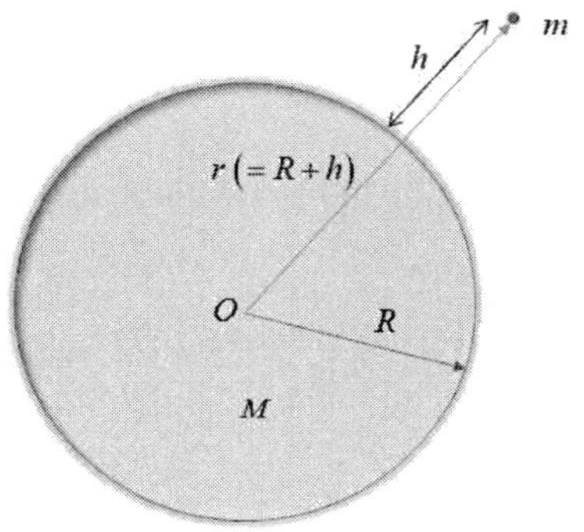

예제 1.32 그림.

여기서 G는 만유인력 상수, h는 지표면에서 질량 m인 물체까지의 높이이다.

$R \gg h$인 근사와 이항 정리를 사용하여 $F(r)$과 $U(r)$의 근사 식을 표현하라.

[풀이]

만유인력과 중력 위치 에너지는 두 물체 사이의 거리 r에 $F(r) \propto \frac{1}{r^2}$, $U(r) \propto \frac{1}{r}$과 같이 반비례한다. $R \gg h$인 근사에서 $\frac{1}{r}=\frac{1}{R+h}$과 $\frac{1}{r^2}=\frac{1}{(R+h)^2}$은 이항 정리를 사용하여 다음과 같이 근사할 수 있다.

$$\frac{1}{r}=\frac{1}{R+h} \simeq \frac{1}{R}\left[1-\frac{h}{R}\right]=\frac{1}{R}-\frac{h}{R^2}$$

$$
\begin{aligned}
\frac{1}{r^2} &= \frac{1}{(R+h)^2} = \frac{1}{R^2}\frac{1}{\left(1+\dfrac{h}{R}\right)^2} \\
&= \frac{1}{R^2}\left[1-2\frac{h}{R}+\frac{(-2)(-3)}{2!}\left(\frac{h}{R}\right)^2+\cdots\right] \\
&\simeq \frac{1}{R^2}\left[1-2\frac{h}{R}\right] \simeq \frac{1}{R^2} \quad (\because R^3 \ggg h)
\end{aligned}
$$

이 근사 관계식들을 중력과 위치 에너지에 대입하면 근사 식을 얻는다.

$$
F(r) = F(R+h) = -\frac{GMm}{r^2} \simeq -\frac{GMm}{R^2} \equiv -mg
$$

여기서 중력과 중력 가속도의 근사 식 $F(R+h) \simeq -mg$와 $g \simeq \dfrac{GM}{R^2}$는 $h \ll R$인 지표면 근처에서만 성립하는 식임을 유의하자.

한편 퍼텐셜 에너지 $U(r) = U(R+h)$의 근사 식은 다음과 같다.

$$
\begin{aligned}
U(r) = U(R+h) &= -\frac{GMm}{r} \simeq -\frac{GMm}{R} + \frac{GMm}{R^2}h \\
&\equiv U(R) + mgh
\end{aligned}
$$

여기서 $U(R) = -\dfrac{GMm}{R}$은 지표면 $(r=R)$의 (정확한) 중력 위치 에너지 식이다. $R+h$와 R의 위치 에너지 차이를 $\Delta U = U(R+h) - U(R)$라 두면 근사 관계 식을 얻는다.

$$
\therefore\ \Delta U(r) = U(r) - U(R) \simeq mgh\ (>0)
$$

즉, $\Delta U \simeq mgh$는 지표면을 기준으로 하는 상대적인 위치 에너지의 차이임을 유의하자.

[예제 1.33] 아인슈타인의 특수 상대성 이론 (Einstein's special theory of relativity)에 따르면 정지 질량 (rest mass) m_o인 입자가 속력 v로 운동할 때 입자의 상대론적 에너지 (total relativistic energy) 또는 질량-에너지 등가 법칙 (energy-mass equivalence)는 다음과 같이 주어진다.

$$E = \frac{m_o c^2}{\sqrt{1-\frac{v^2}{c^2}}} \equiv mc^2$$

여기서 c는 광속이며 상대론적 질량 m은 $m = m_o / \sqrt{1-\frac{v^2}{c^2}}$ 로 정의된다.

$v \ll c$를 가정하고 상대론적 에너지를 이항 정리를 사용하여 나타내어라.

[풀이]

$x \equiv -\frac{v^2}{c^2}$로 치환하면 상대론적 에너지는 $E = m_o c^2 (1+x)^{-\frac{1}{2}}$ 형태가 된다.

$(1+x)^m$의 이항 급수는 다음과 같이 주어진다.

$$\begin{aligned}(1+x)^m &= 1 + mx + \frac{m(m-1)}{2!}x^2 + \frac{m(m-1)(m-2)}{3!}x^3 + \cdots \\ &= \sum_{n=0}^{\infty} \frac{1}{n!}\frac{m!}{(m-n)!}x^n \equiv \sum_{n=0}^{\infty} {}_mC_n x^n\end{aligned}$$

상대론적 에너지 $E = m_o c^2 (1+x)^{-\frac{1}{2}}$는 $m = -\frac{1}{2}$에 해당하므로 이항 계수는

$${}_{-\frac{1}{2}}C_n = \begin{pmatrix} -\frac{1}{2} \\ n \end{pmatrix} = \frac{\left(-\frac{1}{2}\right)!}{n!\left(-\frac{1}{2}-n\right)!}$$

이다. 여기서 계승 (factorial)은 다음과 같이 주어진다.

$$\left(-\frac{1}{2}\right)! = \left(-\frac{1}{2}\right)\left(-\frac{3}{2}\right)\left(-\frac{5}{2}\right)\cdots$$

$$\left(-\frac{1}{2}-n\right)! = \left(-\frac{1}{2}-n\right)\left(-\frac{3}{2}-n\right)\left(-\frac{5}{2}-n\right)\cdots$$

$$n! = n(n-1)(n-2)(n-3)\cdots 3 \cdot 2 \cdot 1$$

따라서 처음 몇 항의 이항 계수를 계산하면 다음과 같다.

$$n=0: \quad {}_{-\frac{1}{2}}C_0 = 1$$

$$n=1: \quad {}_{-\frac{1}{2}}C_1 = \frac{-\frac{1}{2}}{1} = -\frac{1}{2}$$

$$n=2: \quad {}_{-\frac{1}{2}}C_2 = \frac{\left(-\frac{1}{2}\right)\left(-\frac{3}{2}\right)}{2!} = \frac{3}{8}$$

$$n=3: \quad {}_{-\frac{1}{2}}C_3 = \frac{\left(-\frac{1}{2}\right)\left(-\frac{3}{2}\right)\left(-\frac{5}{2}\right)}{3!} = -\frac{5}{16}$$

가 된다. $x=-\dfrac{v^2}{c^2}$ 을 대입하면 상대론적 에너지 $E=m_oc^2(1+x)^{-\frac{1}{2}}$ 의 이항 급수는 다음과 같다.

$$\therefore\ E = m_oc^2\left[1-\frac{1}{2}\left(-\frac{v^2}{c^2}\right)+\frac{3}{8}\left(-\frac{v^2}{c^2}\right)^2-\frac{5}{16}\left(-\frac{v^2}{c^2}\right)^3+\cdots\right]$$

$$= m_oc^2+\frac{1}{2}m_ov^2+\frac{3}{8}m_ov^2\frac{v^2}{c^2}+\frac{5}{16}m_ov^2\left(\frac{v^2}{c^2}\right)^2+\cdots$$

$E_o \equiv m_o c^2$를 정지 질량 에너지 (rest mass energy), $K \equiv E - E_o$를 운동 에너지 (kinetic energy)라 하면 상대론적 운동 에너지는

$$
\begin{aligned}
K &= \frac{1}{2}m_o v^2 + \frac{3}{8}m_o v^2 \frac{v^2}{c^2} + \frac{5}{16}m_o v^2 \left(\frac{v^2}{c^2}\right)^2 + \cdots \\
&= \frac{1}{2}m_o v^2 \left[1 + \frac{3}{4}\frac{v^2}{c^2} + \frac{5}{8}\frac{v^4}{c^4} + \cdots\right]
\end{aligned}
$$

가 된다. $\frac{v}{c} \ll 1$를 가정하면 상대론적 운동 에너지는 근사적으로

$$
\boxed{K \simeq \frac{1}{2}m_o v^2}
$$

가 되어 고전 물리학적 운동 에너지와 같게 된다.

[이항 급수의 첫 번 근사 식 구하기]

$(1+x)^m$의 이항 급수는 $x \ll 1$인 경우 근사적으로 $(1+x)^m \simeq 1 + mx$로 표현할 수 있다. $E = m_o c^2 (1+x)^{-\frac{1}{2}} \simeq m_o c^2 \left(1 - \frac{1}{2}x\right)$이므로 $x = -\frac{v^2}{c^2} (\ll 1)$을 대입하면 상대론적 에너지는 $E = m_o c^2 \left(1 - \frac{v^2}{c^2}\right)^{-\frac{1}{2}} \simeq m_o c^2 + \frac{1}{2}m_o v^2$이다. 따라서 $K \equiv E - E_o \simeq \frac{1}{2}m_o v^2$를 얻는다.

■

[예제 1.34] 미분 방정식의 급수 해

1계 미분 방정식 $\frac{dy}{dx} = \alpha y$ (α : 상수)의 해를 구하라.

단, 경계조건은 $y(x=0) = y_o =$ 상수이다.

[풀이]

미분 방정식의 멱 급수 해를

$$y = c_0 + c_1 x + c_2 x^2 + c_3 x^3 + \cdots = \sum_{n=0}^{\infty} c_n x^n$$

라 두자. 1계 미분 $\frac{dy}{dx}$은 다음과 같다.

$$\frac{dy}{dx} = c_1 + 2c_2 x + 3c_3 x^2 + 4c_4 x^3 + \cdots = \sum_{n=1}^{\infty} n c_n x^{n-1}$$

$\frac{dy}{dx}$와 멱 급수 해 y를 미분 방정식에 대입하면 다음과 같다.

$$\text{좌변} = \frac{dy}{dx} = c_1 + 2c_2 x + 3c_3 x^2 + 4c_4 x^3 + \cdots$$

$$\text{우변} = \alpha y = \alpha(c_0 + c_1 x + c_2 x^2 + c_3 x^3 + \cdots)$$

좌변과 우변의 x의 같은 멱 수 (power) 항을 비교하여 계수 c_n, $(n \geq 0)$을 구한다.

$$x^0 : \quad c_1 = \alpha c_0$$

$$x^1 : \ 2c_2 = \alpha c_1 \Rightarrow \therefore c_2 = \frac{\alpha}{2} c_1 = \frac{\alpha^2}{2} c_0$$

$$x^2 : 3c_3 = \alpha c_2 \Rightarrow \therefore c_3 = \frac{\alpha}{3}c_2 = \frac{\alpha^3}{3!}c_0$$

$$x^3 : 4c_4 = \alpha c_3 \Rightarrow \therefore c_4 = \frac{\alpha}{4}c_3 = \frac{\alpha^4}{4!}c_0$$

$$\vdots$$

따라서 n항의 계수는 $c_n = \dfrac{\alpha^n}{n!}c_0$이므로 멱 급수 해는

$$\begin{aligned} y &= c_0 + c_1 x + c_2 x^2 + c_3 x^3 + \cdots \\ &= c_0\left[1 + \alpha x + \frac{\alpha^2}{2!}x^2 + \frac{\alpha^3}{3!}x^3 + \cdots\right] \end{aligned}$$

이 된다. 이 식은 $e^{\alpha x}$의 맥클로린 급수와 같으므로 1계 미분 방정식 $\dfrac{dy}{dx} = \alpha y$의 멱 급수 해는

$$y = c_0\left[1 + \alpha x + \frac{\alpha^2}{2!}x^2 + \frac{\alpha^3}{3!}x^3 + \cdots\right] \equiv c_0 e^{\alpha x}$$

이다. 경계조건 $y(x=0) = y_o$를 사용하면 $c_0 = y_o$이므로 $y = y_o e^{\alpha x}$이다.

[별해] 변수 분리형 미분 방정식이므로 양변을 변수 분리하고 적분한다.

$$\frac{dy}{y} = \alpha dx \Rightarrow \int_{y_o}^{y} \frac{dy}{y} = \int_0^x \alpha dx$$

$$\begin{cases} \text{좌변} = [\ln y]_{y_o}^{y} = \ln y - \ln y_o = \ln \dfrac{y}{y_o} \\ \text{우변} = \alpha x \end{cases}$$

$$\Rightarrow \ln \frac{y}{y_o} = \alpha x \qquad \therefore \boxed{y = y_o e^{\alpha x}}$$

변수 분리형 미분 방정식은 5장 미분 방정식에서 자세히 다룬다. ■

[예제 1.35] 맥클로린 급수: 단진자의 운동 방정식

예제 1.35 그림과 같이 질량을 무시할 수 있는 길이 L인 줄에 질량 m인 물체가 매달려 단진자 운동을 한다. 뉴턴의 운동 법칙을 사용하여 진자의 운동 방정식이 2계 미분 방정식 $\frac{d^2\theta}{dt^2}+\omega^2\theta=0$이 됨을 보여라. 여기서 θ는 단진자가 연직 방향과 이루는 각이며 $\theta \ll 1$를 가정한다. 단, $\omega=\sqrt{\frac{L}{g}}$은 각 진동수, g는 중력 가속도이다.

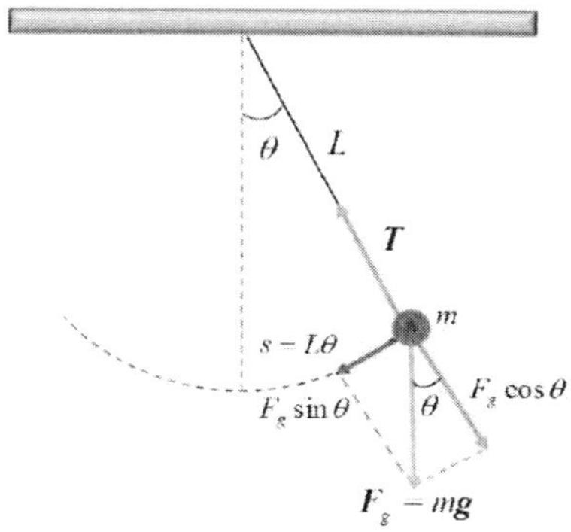

예제 1.35 그림.

[풀이]

예제 1.35 그림과 같이 단진자가 수직 방향과 θ의 각을 이룰 때 질량 m인 물체에 작용하는 힘은 수직 아래 방향으로 $\boldsymbol{F}_g=m\boldsymbol{g}$의 중력과 진자의 길이 방향으로 장력 $\boldsymbol{T}$가 작용한다. 중력은 그림과 같이 두 수직 성분으로 분해된다.

$F_g\cos\theta\,(=mg\cos\theta)$ 성분은 장력과 크기가 같으면서 힘의 방향은 반대이므로

$$T\equiv F_g\cos\theta=mg\cos\theta$$

가 된다. 장력의 수직 방향 성분 $F_g\sin\theta\,(=mg\sin\theta)$은 진자를 평형 위치 $(\theta=0)$로 되돌아가게 하는 복원력 (음의 부호)가 된다. 평형 위치에서부터 호의 길이는 $s=L\theta$이므로 질량 m의 가속도는 $a=m\frac{d^2s}{dt^2}=mL\frac{d^2\theta}{dt^2}$이다.

뉴턴의 운동 법칙을 적용하면 θ에 대한 2계 미분 방정식을 얻는다.

$$m\frac{d^2 s}{dt^2} = mL\frac{d^2\theta}{dt^2} = -F_g \sin\theta = -mg\sin\theta \;\Leftarrow (-\text{부호는 복원력의 방향})$$

$$\Rightarrow \frac{d^2\theta}{dt^2} = -\frac{g}{L}\sin\theta \equiv -\omega^2 \sin\theta$$

$$\therefore\; \frac{d^2\theta}{dt^2} + \omega^2 \sin\theta = 0$$

여기서 $\omega = \sqrt{\frac{L}{g}}$ 은 각 진동수이다. 위의 미분 방정식은 비선형 미분 방정식 (nonlinear differential equation)으로 학부 수준에서 다루기가 쉽지 않다.

그러나 진자가 $\theta \ll 1$로 매우 작은 범위에서 단진자 운동을 한다고 가정하면 $\sin\theta$를 맥클로린 전개하면 근사적으로

$$\sin\theta = \theta - \frac{1}{3!}\theta^3 + \frac{1}{5!}\theta^5 - \cdots \simeq \theta$$

이므로 단진자의 운동 방정식은 다음과 같이 선형 2계 미분 방정식으로 주어진다.

$$\therefore\; \frac{d^2\theta}{dt^2} + \omega^2\theta = 0$$

선형 2계 미분 방정식의 해는 5장에서 다루는 미정 계수법이나 미분 연산자법 등으로 구할 수가 있다.

■

[선택] 비선형 미분 방정식 $\frac{d^2\theta}{dt^2}+\omega^2\sin\theta=0$ 풀이 과정 엿보기: 타원 적분 [7)]

비선형 미분 방정식의 $\sin\theta$를 맥크로린 전개하면 $\sin\theta=\theta-\frac{1}{3!}\theta^3+\frac{1}{5!}\theta^5+\cdots$이므로

$$\frac{d^2\theta}{dt^2}+\omega^2\sin\theta=\frac{d^2\theta}{dt^2}+\omega^2\left(\theta-\frac{1}{3!}\theta^3+\frac{1}{5!}\theta^5+\cdots\right)=0$$

이 된다. 선형 2계 미분 방정식 $\frac{d^2\theta}{dt^2}+\omega^2\theta=0$와 달리 θ의 고차의 멱 수를 포함하는 비선형 미분 방정식이다. 해를 구하기 위해 연쇄 법칙을 사용하여 변수 분리형 미분 방정식으로 변환하자. $\frac{d^2\theta}{dt^2}$는 연쇄 법칙을 사용하면 $\frac{d^2\theta}{dt^2}=\frac{d}{dt}\left(\frac{d\theta}{dt}\right)=\frac{d\dot{\theta}}{dt}=\frac{d\dot{\theta}}{d\theta}\frac{d\theta}{dt}=\dot{\theta}\frac{d\dot{\theta}}{d\theta}$ 이므로 다음과 같은 변수 분리형 (비선형) 미분 방정식이 된다.

$$\frac{d^2\theta}{dt^2}+\omega^2\sin\theta=0 \iff \dot{\theta}\frac{d\dot{\theta}}{d\theta}=-\omega^2\sin\theta$$

여기서 $\dot{\theta}=\frac{d\theta}{dt}$이다. 양변을 변수 분리한 후 적분하면

$$\int_{\dot{\theta}_M}^{\dot{\theta}}\dot{\theta}\,d\dot{\theta}=-\omega^2\int_{\theta_M}^{\theta}\sin\theta\,d\theta$$

$$\Rightarrow\ \frac{1}{2}\left(\dot{\theta}^2-\dot{\theta}_M{}^2\right)=\omega^2(\cos\theta-\cos\theta_M)$$

---

7) 타원 적분 (elliptic integral) 등 고급 수학을 사용하여 풀어야 한다. 타원 적분은 타원의 둘레 길이 계산에서 유래한다.

이며, θ_M은 진자의 최대 회전 각이며 그 지점에서 각속도는 $\dot{\theta}_M = 0$이 된다.

$\dot{\theta} = \dfrac{d\theta}{dt}$ 이므로 위의 식을 정리하면 다음과 같다.

$$\frac{d\theta}{dt} = \pm\sqrt{2}\,\omega\sqrt{\cos\theta - \cos\theta_M} \quad \Leftarrow \left(\dot{\theta}_M \equiv 0\right)$$

위의 미분 방정식도 변수 분리형이므로 양변을 변수 분리한 다음 적분한다. 적분 구간으로 $\theta = 0$일 때 시간 $t = 0$, 최대 회전 각 θ_M에 도달할 때 시간을 t로 취하면

$$\int_0^{\theta_M} \frac{d\theta}{\sqrt{\cos\theta - \cos\theta_M}} = \pm\sqrt{2}\,\omega\int_0^t dt = \pm\sqrt{2}\,\omega t$$

이 된다. 단진자의 주기 (period)를 T라 하면 진자가 $\theta = 0$에서 θ_M에 도달할 때까지 걸리는 시간 t는 $t = \dfrac{T}{4}$가 된다. 즉, 위의 적분을 풀면 진자의 주기 T를 구할 수 있다.

$$\begin{cases} \text{좌변} = \displaystyle\int_0^{\theta_M} \frac{d\theta}{\sqrt{\cos\theta - \cos\theta_M}} \\ \text{우변} = \pm\sqrt{2}\,\omega\,\dfrac{T}{4} \end{cases}$$

좌변의 적분을 풀기 위해 $\sin\left(\dfrac{\theta}{2}\right) \equiv \sin\left(\dfrac{\theta_M}{2}\right)\sin\phi$로 치환하고 양변의 미분을 구하면 다음과 같다.

$$\frac{1}{2}\cos\left(\frac{\theta}{2}\right)d\theta = \sin\left(\frac{\theta_M}{2}\right)\cos\phi\, d\phi \;\Rightarrow\; d\theta = 2\frac{\sin\left(\dfrac{\theta_M}{2}\right)\cos\phi}{\cos\left(\dfrac{\theta}{2}\right)}d\phi$$

분모 항은 $\cos\left(\frac{\theta}{2}\right)=\sqrt{1-\sin^2\left(\frac{\theta}{2}\right)}=\sqrt{1-\sin^2\left(\frac{\theta_M}{2}\right)\sin^2\phi}$ 이므로

$$d\theta=2\frac{\sin\left(\frac{\theta_M}{2}\right)\cos\phi}{\cos\left(\frac{\theta}{2}\right)}d\phi=2\frac{\sin\left(\frac{\theta_M}{2}\right)\cos\phi}{\sqrt{1-\sin^2\left(\frac{\theta_M}{2}\right)\sin^2\phi}}d\phi$$

한편, 좌변의 피적분 함수의 분모 항 $\sqrt{\cos\theta-\cos\theta_M}$은 $\cos\theta=1-2\sin^2\left(\frac{\theta}{2}\right)$, $\cos\theta_M=1-2\sin^2\left(\frac{\theta_M}{2}\right)$와 $\sin\left(\frac{\theta}{2}\right)\equiv\sin\left(\frac{\theta_M}{2}\right)\sin\phi$를 이용하면 다음과 같이 주어진다.

$$\sqrt{\cos\theta-\cos\theta_M}=\sqrt{2}\sqrt{\sin^2\left(\frac{\theta_M}{2}\right)-\sin^2\left(\frac{\theta}{2}\right)}=\sqrt{2}\sin\left(\frac{\theta_M}{2}\right)\cos\phi$$

$\sin\left(\frac{\theta}{2}\right)\equiv\sin\left(\frac{\theta_M}{2}\right)\sin\phi$의 치환에 대해 적분 구간은 $0\le\theta\le\theta_M\Rightarrow 0\le\phi\le\frac{\pi}{2}$로 치환된다. 위의 치환 관계식들을 적분 식에 대입하여 정리하면 단진자의 주기 T는

$$T=\frac{4}{\sqrt{2}\,\omega}\int_0^{\theta_M}\frac{d\theta}{\sqrt{\cos\theta-\cos\theta_M}}=\frac{4}{\omega}\int_0^{\frac{\pi}{2}}\frac{d\phi}{\sqrt{1-\sin^2\left(\frac{\theta_M}{2}\right)\sin^2\phi}}$$

로 주어진다. 분모 항의 $\sin^2\left(\frac{\theta_M}{2}\right)\equiv k^2$ 으로 치환하면 단진자의 주기는 다음과 같이 주어진다.

$$T=\frac{4}{\omega}\int_0^{\frac{\pi}{2}}\frac{d\phi}{\sqrt{1-k^2\sin\phi}}$$

이제 제1종 불완전 타원 적분 (incomplete elliptic integral of the first kind)을

$$F(k|\Phi)=\int_0^{\Phi}\frac{d\phi}{\sqrt{1-k^2\sin^2\phi}}$$

와 같이 정의한다. 적분 구간이 $\Phi=\dfrac{\pi}{2}$ 일 때의 타원 적분을 제1종 완전 타원 적분 (complete elliptic integral of the first kind)이라 한다.[8)]

$$F\left(k|\Phi=\frac{\pi}{2}\right)=\int_0^{\frac{\pi}{2}}\frac{d\phi}{\sqrt{1-k^2\sin^2\phi}}$$

따라서 단진자의 주기 T는 제1종 완전 타원 적분으로 표현된다.

$$T=\frac{4}{\omega}\int_0^{\frac{\pi}{2}}\frac{d\phi}{\sqrt{1-k^2\sin\phi}}\equiv\frac{4}{\omega}F\left(k|\frac{\pi}{2}\right)$$

$\sin^2\left(\dfrac{\theta_M}{2}\right)\equiv k^2$ 이므로 진자의 최대 진동 각 $\theta_M\ll 1$인 경우, 즉 $\theta_M\simeq k\simeq 0$인 경우 $F\left(k=0|\dfrac{\pi}{2}\right)=\dfrac{\pi}{2}$ 이 되어 단진자의 주기 T_o는 우리가 잘 알고 있는 결과와 같다.

$$\therefore\quad T_o=\frac{4}{\omega}F\left(k|\frac{\pi}{2}\right)=\frac{4}{\omega}\times\frac{\pi}{2}=\frac{2\pi}{\omega}$$

작은 진폭 주기 T_o와의 비 $\dfrac{T}{T_o}$는 $\theta_M\simeq 10^\circ$ 에서 $\dfrac{T}{T_o}\simeq 1.0019$ 가 된다.

---

8) 제1종 완전 타원 적분은 저자에 따라 $F\left(k,\dfrac{\pi}{2}\right)=F(k)=K(k)$와 같이 다양하게 표현된다.

[참고] 제2종 타원 적분 (incomplete elliptic integral of the second kind)은 타원의 둘레를 구하는 적분과 연관이 있으며 다음과 같이 정의한다.

$$E(k|\Phi)=\int_0^{\Phi}\sqrt{1-k^2\sin^2\phi}\,d\phi$$

여기서 $0 \le k=\sin\left(\frac{\theta_M}{2}\right)\le 1$이다. 적분 구간이 $\Phi=\frac{\pi}{2}$일 때 제2종 완전 타원 적분이며 $E\left(k|\Phi=\frac{\pi}{2}\right)=\int_0^{\frac{\pi}{2}}\sqrt{1-k^2\sin^2\phi}\,d\phi$ 로 주어진다. 그림 1.3은 제1종 완전 타원 적분 $F\left(k|\Phi=\frac{\pi}{2}\right)$와 제2종 완전 타원 적분 $E\left(k|\Phi=\frac{\pi}{2}\right)$를 k에 대해 그린 그림이다. $k=0$에서 두 타원 적분 값은 $\frac{\pi}{2}$이다. $k\to 1$에서 $F\left(k\to 1|\Phi=\frac{\pi}{2}\right)\to\infty$이며 $E\left(k\to 1|\Phi=\frac{\pi}{2}\right)\to 1$이다.

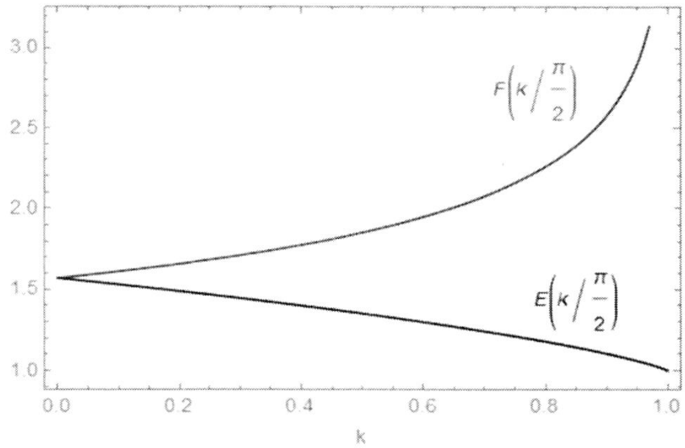

그림 1.3 제1종 완전 타원 적분과 제2종 완전 타원 적분

[예제 1.36] 이항 정리: 전기 쌍극자와 영의 이중 슬릿 실험

예제 1.36 그림은 (a) 전기 쌍극자와 (b) 영 (Young)의 이중 슬릿 실험에 대한 개략도를 나타내고 있다.

(1) 두 점 전하 $+q$, $-q$의 전기 쌍극자에 의해 관측점 P에서의 전기 퍼텐셜 $V(r,\theta)$를 구하라. 단, $r \gg d$를 가정한다.

(2) 영의 이중 슬릿 실험에서 두 점 광원 S_1, S_2에서 출발한 파장 λ인 두 광파가 스크린 위의 관측점 P에 도달하여 보강 간섭할 때 두 광파의 경로 차 $\Delta\left(=r_2-r_1\right)$를 구하고 밝은 간섭무늬가 형성되는 높이 y를 구하라. 단, $L, r \gg d, y$를 가정한다.

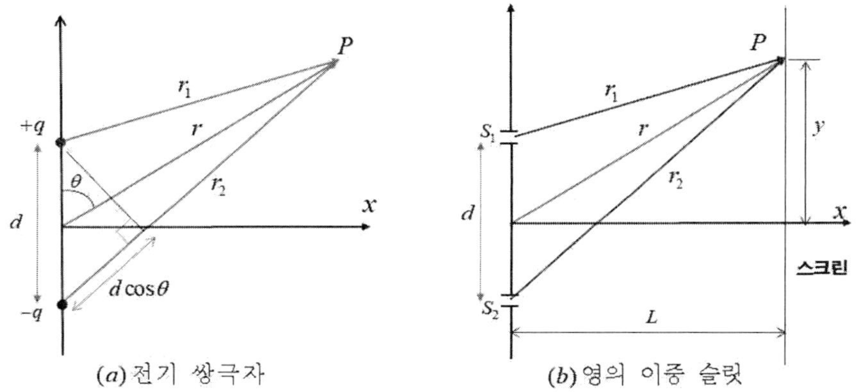

예제 1.36 그림.

[풀이]

(1) 예제 1.36 그림 (a)를 참고하면 두 점 전하 $+q$, $-q$에 의해 P점에 형성되는 전기 퍼텐셜 $V(r,\theta)$은 다음과 같이 주어진다.

$$V(r,\theta)=\frac{q}{4\pi\epsilon_o}\left(\frac{1}{r_1}-\frac{1}{r_2}\right)$$

두 점 전하에서 관측점 P까지 거리 r_1, r_2를 r, d, θ로 나타내기 위해 코사인

법칙[9]을 사용하면 $r_1 = r\sqrt{1+\left(\frac{d}{2r}\right)^2 - \frac{d}{r}\cos\theta}$, $r_2 = r\sqrt{1+\left(\frac{d}{2r}\right)^2 + \frac{d}{r}\cos\theta}$ 이다.

따라서 P점에 형성되는 전기 퍼텐셜 $V(r,\theta)$은 다음과 같이 주어진다.

$$V(r,\theta) = \frac{q}{4\pi\epsilon_o}\left(\frac{1}{r_1} - \frac{1}{r_2}\right)$$
$$= \frac{q}{4\pi\epsilon_o r}\left(\frac{1}{\sqrt{1+\left(\frac{d}{2r}\right)^2 - \frac{d}{r}\cos\theta}} - \frac{1}{\sqrt{1+\left(\frac{d}{2r}\right)^2 + \frac{d}{r}\cos\theta}}\right)$$

$r \gg d$ 또는 $\frac{d}{r} \ll 1$를 가정하고 이항 정리를 사용하여 처음 두 번째 항까지만 고려하면

$\left[1+\left(\frac{d}{2r}\right)^2 \mp \frac{d}{r}\cos\theta\right]^{-\frac{1}{2}} \simeq \left(1 \mp \frac{d}{r}\cos\theta\right)^{-\frac{1}{2}} \simeq 1 \pm \frac{d}{2r}\cos\theta$가 된다.

따라서 전기 쌍극자의 원거리 전기 퍼텐셜 $V(r,\theta)$는 근사적으로 다음과 같다.

$$V(r,\theta) = \frac{q}{4\pi\epsilon_o}\left(\frac{1}{r_1} - \frac{1}{r_2}\right) \simeq \frac{qd\cos\theta}{4\pi\epsilon_o r^2} \equiv \frac{p\cos\theta}{4\pi\epsilon_o r^2}$$

여기서 $p = qd$는 전기 쌍극자 모멘트이며, $V(r,\theta)$는 r^2에 반비례한다.

(2) 예제 1.36 그림 (b)의 영의 실험 장치에서 두 점 광원 S_1, S_2에서 출발한 두 광파가 스크린 위의 관측점 P에 도달할 때 두 광파의 경로 차 Δ는 다음과 같다.

$$\Delta = \overline{S_2P} - \overline{S_1P} = r_2 - r_1$$

거리 r_1, r_2는 피타고라스 정리를 사용하면 다음과 같이 주어진다.

---

9) $\boldsymbol{A}+\boldsymbol{B} = \boldsymbol{C} \Rightarrow \boldsymbol{C}\cdot\boldsymbol{C} = C^2 = (\boldsymbol{A}+\boldsymbol{B})\cdot(\boldsymbol{A}+\boldsymbol{B}) = A^2 + B^2 + 2AB\cos\theta$을 코사인 법칙이라 한다.

$$r_1 = \sqrt{L^2 + \left(y - \frac{d}{2}\right)^2} = L\sqrt{1 + \left(\frac{y - d/2}{L}\right)^2}$$
$$r_2 = \sqrt{L^2 + \left(y + \frac{d}{2}\right)^2} = L\sqrt{1 + \left(\frac{y + d/2}{L}\right)^2}$$

$L \gg d,\ y$를 가정하고 이항 정리를 사용하여 처음 두 번째 항까지만 고려하면

$$r_1 = L\sqrt{1 + \left(\frac{y - d/2}{L}\right)^2} \simeq L\left[1 + \frac{1}{2}\left(\frac{y - d/2}{L}\right)^2\right]$$
$$r_2 = L\sqrt{1 + \left(\frac{y + d/2}{L}\right)^2} \simeq L\left[1 + \frac{1}{2}\left(\frac{y + d/2}{L}\right)^2\right\}$$

이므로 경로 차 Δ는 근사적으로 다음과 같다.

$$\Delta = r_2 - r_1 \simeq L\left[1 + \frac{1}{2}\left(\frac{y + d/2}{L}\right)^2\right] - L\left[1 + \frac{1}{2}\left(\frac{y - d/2}{L}\right)^2\right]$$
$$= \frac{1}{2}\left(\frac{y + d/2}{L}\right)^2 - \frac{1}{2}\left(\frac{y - d/2}{L}\right)^2 = \frac{yd}{L}$$

파장 λ인 두 광파가 스크린 위의 관측점 P에 도달하여 보강 간섭할 조건은 경로 차 Δ가 파장의 정수배일 때이다. 즉, $\Delta = m\lambda,\ (m = 0,\ \pm 1,\ \pm 2, \cdots)$이므로 스크린의 중심 $(m = 0)$에서 m번째 밝은 무늬의 위치 y_m은 $\Delta = \dfrac{yd}{L} = m\lambda$에서 다음과 같이 주어진다.

$$\therefore\ y_m = m\frac{L\lambda}{d}$$

인접한 밝은 무늬 사이의 간격은 $y_{m+1} - y_m = \dfrac{L\lambda}{d}$가 된다.

■

[예제 1.37] 플랑크의 흑체 복사 이론 (Black body radiation theory)에 따르면 흑체에서 방출되는 스펙트럼 에너지 밀도 (energy density per unit frequency)는 $u(\nu,\ T)=\dfrac{8\pi h\nu^3}{c^3}\dfrac{1}{e^{h\nu/(k_BT)}-1}$로 주어진다. (예제 1.37 그림)

여기서 h는 플랑크 상수, ν는 진동수, k_B는 볼츠만 상수, T는 절대 온도이다.

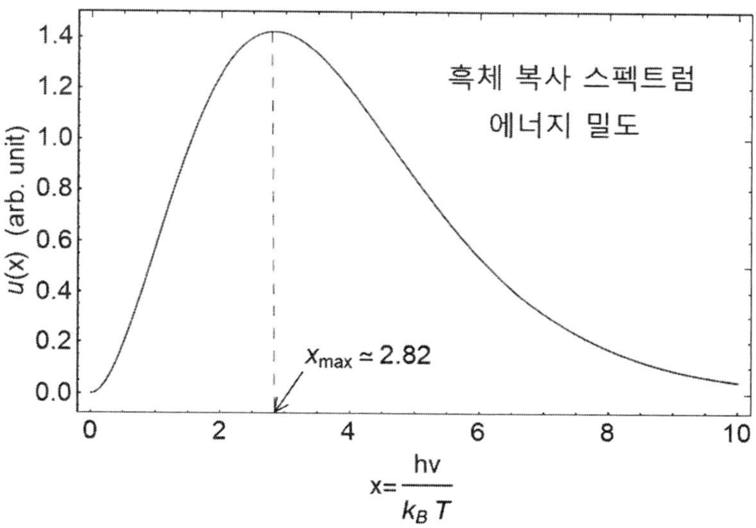

예제 1.37 그림 흑체 복사 스펙트럼.

(1) 스펙트럼 에너지 밀도 $u(\nu,\ T)$를 모든 진동수 ν에 대해 적분한 총 복사 에너지 $U(T)=\int_0^\infty u(\nu,\ T)d\nu$를 구하라. (슈테판-볼츠만 법칙)

(2) $u(\nu,\ T)$를 ν에 대해 미분하여 최대가 되는 진동수 $\nu_{\max}$를 구하라. (빈의 변위 법칙)

[풀이]

(1) 총 복사 에너지 $U(T)=\int_0^\infty u(\nu,\ T)d\nu$를 구하기 위해 편의상 $x=\dfrac{h\nu}{k_BT}$라 두면

$d\nu=\dfrac{k_BT}{h}dx$이므로

$$U(T) = \frac{8\pi h}{c^3}\int_0^\infty \frac{\nu^3}{e^{h\nu/(k_B T)}-1}d\nu = \frac{8\pi}{(hc)^3}(k_B T)^4\int_0^\infty \frac{x^3}{e^x-1}dx$$

가 된다. 피적분 함수는 $\dfrac{x^3}{e^x-1} = \dfrac{x^3 e^{-x}}{1-e^{-x}}$이므로 $(1-e^{-x})^{-1}$을 급수 전개하면

$$\frac{x^3}{e^x-1} = \frac{x^3 e^{-x}}{1-e^{-x}} = x^3 e^{-x}(1+e^{-x}+e^{-2x}+e^{-3x}+\cdots) = x^3\sum_{n=1}^{\infty}e^{-nx}$$

이다. 무한급수의 수렴성을 알아보기 위해 비율 판정법을 사용하면

$$L = \lim_{n\to\infty}\left|\frac{x^3 e^{-(n+1)x}}{x^3 e^{-nx}}\right| = \lim_{n\to\infty}\left|e^{-x}\right| = e^{-x}$$

이다. $x=0$을 제외하면 $x = \dfrac{h\nu}{k_B T} > 0$이므로 $L = e^{-x} < 1$로서 절대 수렴한다. 한편 $x \to 0$인 극한의 경우 $L = \lim\limits_{x\to 0} e^{-x} = 1$ 이므로 수렴 여부를 살펴보아야 한다. 피적분 함수 $\dfrac{x^3}{e^x-1}$의 분모와 분자는 각각 0인 부정형 $\left(\dfrac{0}{0}\right)$이므로 로피탈 정리(L'Hospital theorem)를 사용하면 $\lim\limits_{x\to 0}\dfrac{x^3}{e^x-1} = \lim\limits_{x\to 0}\dfrac{3x^2}{e^x} = 0$이므로 $x=0$에서도 수렴한다. 따라서 총 복사 에너지는

$$\begin{aligned} U(T) &= \frac{8\pi}{(hc)^3}(k_B T)^4\int_0^\infty \frac{x^3}{e^x-1}dx \\ &= \frac{8\pi}{(hc)^3}(k_B T)^4\sum_{n=1}^{\infty}\int_0^\infty x^3 e^{-nx}dx \end{aligned}$$

이며 부분 적분을 연속으로 사용하면 다음과 같다.

$$\int_0^{\infty} x^3 e^{-nx} dx = \left[-\frac{e^{-nx}}{n} x^3 \right]_0^{\infty} + \frac{3}{n} \int_0^{\infty} x^2 e^{-nx} dx = \frac{3}{n} \int_0^{\infty} x^2 e^{-nx} dx$$

$$= \left[-\frac{3e^{-nx}}{n^2} x^2 \right]_0^{\infty} + \frac{3!}{n^2} \int_0^{\infty} x e^{-nx} dx = \frac{3!}{n^2} \int_0^{\infty} x e^{-nx} dx$$

$$= \frac{3!}{n^2} \left[-\frac{e^{-nx}}{n} x \right]_0^{\infty} + \frac{3!}{n^3} \int_0^{\infty} e^{-nx} dx = \frac{3!}{n^4}$$

따라서 총 복사 에너지는

$$U(T) = \frac{8\pi}{(hc)^3} (k_B T)^4 \sum_{n=1}^{\infty} \int_0^{\infty} x^3 e^{-nx} dx$$

$$= 3! \frac{8\pi}{(hc)^3} (k_B T)^4 \sum_{n=1}^{\infty} \frac{1}{n^4}$$

이 된다. $\sum_{n=1}^{\infty} \frac{1}{n^4}$ 는 리만-제타 함수 $\zeta(p=4)$로 p-급수의 일종이며 $p>1$이므로 수렴하며 $\zeta(4) = \frac{\pi^4}{90}$ 이다. 즉, $\sum_{n=1}^{\infty} \frac{1}{n^4} = \zeta(4) = \frac{\pi^2}{90}$ 이므로 총 복사 에너지는[10] 다음과 같다.

$$U(T = 3! \frac{8\pi}{(hc)^3} (k_B T)^4 \sum_{n=1}^{\infty} \frac{1}{n^4} = \frac{8\pi^3 k^4}{15 h^3 c^3} T^4 \equiv \sigma T^4$$

여기서 $\sigma = \frac{8\pi^3 k^4}{15 h^3 c^3}$ 는 슈테판-볼츠만 상수이다. 즉, $U(T)$는 절대 온도 T의 4승에 비례하며, 슈테판-볼츠만 법칙 (Stefan-Boltzmann law)이라 한다.

---

10) 무한급수 전개 방법 대신 직접 적분을 사용하면 $\int_0^{\infty} \frac{x^3}{e^x - 1} dx = \frac{\pi^4}{15}$ 이어서 총 복사 에너지 $U(T) = \frac{8\pi^3 k^4}{15 h^3 c^3} T^4 \equiv \sigma T^4$로 같은 결과가 된다.

(2) $u(\nu, T)$를 $x = \dfrac{h\nu}{k_B T}$로 치환하면 다음과 같다.

$$u(x, T) = \frac{8\pi}{(hc)^3}(k_B T)^4 \frac{x^3}{e^x - 1}$$

x에 대한 미분은 미분 공식 $\left(\dfrac{g(x)}{f(x)}\right)' = \dfrac{g'f - gf'}{f^2}$를 이용하면

$$\frac{du}{dx} = \frac{8\pi}{(hc)^3}(k_B T)^4 \frac{(3x^2 - x^3)e^x - 3x^2}{(e^x - 1)^2}$$

이다. $x > 0$에 대해 최대가 되는 $x_{\max}$은 $(3x^2 - x^3)e^x - 3x^2 = 0$ 또는 $3 - 3e^{-x} = x$의 근이 된다.[11]

Mathematica의 수치 해석 프로그램인 NSolve 명령어를 사용하면 다음과 같이 최대가 되는 근 $x_{\max}(\simeq 2.82)$을 구할 수 있다.

```
NSolve[3(1 - e^-x) - x == 0, x]
x → 2.8214393721220787≃2.82
```

따라서 흑체에서 방출되는 스펙트럼 에너지 밀도 $u(\nu, T)$가 최댓값을 갖는 진동수 $\nu_{\max}$는 다음과 같이 주어진다.

$$\nu_{\max} = \frac{2.82\,k_B}{h} T$$

---

11) 이러한 형태의 방정식은 초월 방정식 (transcendental equation) $W(x)e^{W(x)} = x$ 형태이며, 해는 램버트 W 함수 (Lambert W function)로도 알려져 있다. [G. Y. Kim and C. H. Kwak, J. Opt. 22, 095502 (2020).]

이 관계식은 빈의 변위 법칙 (Wien' displacement law)으로 알려져 있다. 파장으로 변환하면 $\lambda_{\max} = \dfrac{c}{\nu_{\max}}$ (c : 광속)이므로

$$\lambda_{\max} T = \frac{hc}{2.82\, k_B} = 2.89 \times 10^{-3}\ (\mathrm{m}\ ^\circ\mathrm{K})$$

이 된다. 빈의 변위 법칙은 흑체의 일종인 태양, 별, 용광로, 인간, 우주 등에서 방출되는 전자기 스펙트럼 중 최대의 세기를 갖는 파장 $\lambda_{\max}$을 측정하여 흑체의 표면 온도를 구하는 데 사용된다.

Mathematica 프로그램으로 흑체 스펙트럼 에너지 밀도 $u(x) \propto \dfrac{x^3}{e^x - 1}$를 그리는 명령어는 다음과 같다. (예제 1.37 그림 참고)

```
Plot[x^3/(Exp[x] - 1), {x, 0, 10}, Frame → True, FrameLabel → {"x=hν/(k_B T)", "u(x)    (arb. unit)"},
 FrameStyle → Directive[Black, 18], PlotStyle -> {Thickness[0.003], Hue[2 / 3], Red}]
```

■

[예제 1.38]

파동 광학의 근거리 회절 (near-field diffraction or Fresnel diffraction) 현상은 다음의 프레넬 적분 (Fresnel integral)을 사용하여 설명한다.

$$\int_0^s e^{i\pi\frac{x^2}{2}}dx = \int_0^s \left[\cos\left(\pi\frac{x^2}{2}\right) + i\sin\left(\pi\frac{x^2}{2}\right)\right]dx \equiv C(s) + i\,S(s)$$

$$\Rightarrow \begin{cases} C(s) = \displaystyle\int_0^s \cos\left(\frac{\pi}{2}x^2\right)dx: \text{프레넬 코사인 적분} \\ S(s) = \displaystyle\int_0^s \sin\left(\frac{\pi}{2}x^2\right)dx : \text{프레넬 사인 적분} \end{cases}$$

프레넬 코사인 적분 (Fresnel cosine integral) $C(s)$와 사인 적분 (Fresnel sine integral) $S(s)$를 무한 멱 급수로 구하라. 단, $-\infty \le s \le \infty$이다.

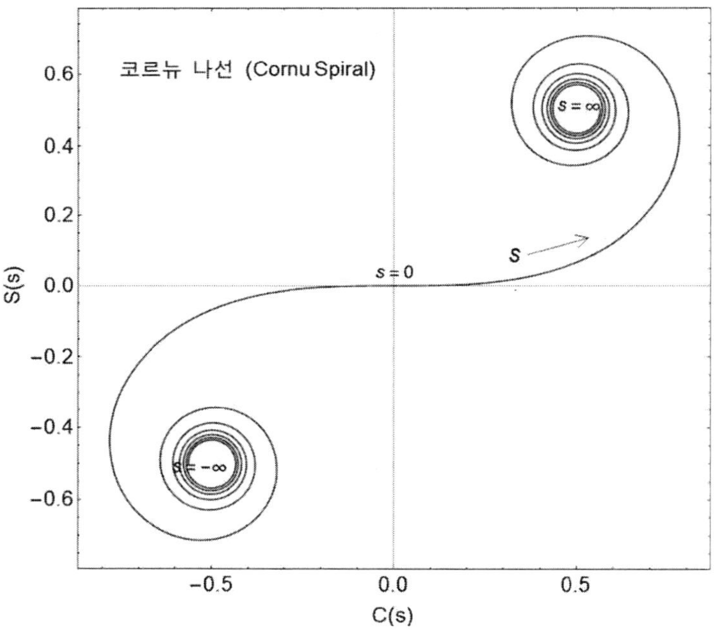

예제 1.38 그림. 프레넬 코사인과 사인 적분의 코르누 나선.

[풀이]

프레넬 코사인 적분과 사인 적분을 멱 급수로 계산하기 위해 피적분 함수를 멱 급수로 표현하면 다음과 같다.

$$\cos\left(\frac{\pi}{2}x^2\right)=1-\frac{1}{2!}\left(\frac{\pi}{2}\right)^2x^4+\frac{1}{4!}\left(\frac{\pi}{2}\right)^4x^8-\frac{1}{6!}\left(\frac{\pi}{2}\right)^6x^{12}+\cdots$$
$$=\sum_{n=0}^{\infty}\frac{(-1)^n}{(2n)!}\left(\frac{\pi}{2}\right)^{2n}x^{4n}$$

$$\sin\left(\frac{\pi}{2}x^2\right)=\frac{\pi}{2}x^2-\frac{1}{3!}\left(\frac{\pi}{2}\right)^3x^6+\frac{1}{5!}\left(\frac{\pi}{2}\right)^5x^{10}-\frac{1}{7!}\left(\frac{\pi}{2}\right)^7x^{14}+\cdots$$
$$=\sum_{n=0}^{\infty}\frac{(-1)^n}{(2n+1)!}\left(\frac{\pi}{2}\right)^{2n+1}x^{4n+2}$$

따라서 프레넬 적분은 무한 멱급수의 적분과 같으므로 다음과 같이 계산된다.

$$C(s)=\int_0^s\cos\left(\frac{\pi}{2}x^2\right)dx=\sum_{n=0}^{\infty}\frac{(-1)^n}{(2n)!}\left(\frac{\pi}{2}\right)^{2n}\int_0^s x^{4n}dx$$
$$=\sum_{n=0}^{\infty}\frac{(-1)^n}{(2n)!}\left(\frac{\pi}{2}\right)^{2n}\frac{s^{4n+1}}{4n+1}$$

$$S(s)=\int_0^s\sin\left(\frac{\pi}{2}x^2\right)dx=\sum_{n=0}^{\infty}\frac{(-1)^n}{(2n+1)!}\left(\frac{\pi}{2}\right)^{2n+1}\int_0^s x^{4n+2}dx$$
$$=\sum_{n=0}^{\infty}\frac{(-1)^n}{(2n+1)!}\left(\frac{\pi}{2}\right)^{2n+1}\frac{s^{4n+3}}{4n+3}$$

멱 급수전개에 의한 프레넬 코사인 적분 $C(s)$와 사인 적분 $S(s)$의 계산 결과도 무한급수이므로 수렴 여부를 비율 판정법을 사용하자.

비율 판정법은 프레넬 적분의 멱 급수 가운데 n번째 항과 $n+1$번째 항의 비의 절댓값을 구하고, $n\to\infty$의 극한의 값을 L이라 하면 L의 값에 따라 수렴 여부를 판정한다.

$C(s)$에 대해 계산하면

$$L=\lim_{n\to\infty}\left|\frac{\dfrac{(-1)^{n+1}}{(2n+2)!}\left(\dfrac{\pi}{2}\right)^{2n+2}\dfrac{s^{4n+5}}{4n+5}}{\dfrac{(-1)^{n}}{(2n)!}\left(\dfrac{\pi}{2}\right)^{2n}\dfrac{s^{4n+1}}{4n+1}}\right|$$

$$=\lim_{n\to\infty}\left|-\frac{1}{(2n+2)(2n+1)}\left(\frac{\pi}{2}\right)^{2}\frac{4n+1}{4n+5}s^{4}\right|=0$$

이며, 수렴 반경은 $R=\infty$이므로 모든 s에 대해 절대 수렴한다. 같은 방법으로 $S(s)$에 대해서도 $L=0$, $R=\infty$이며 모든 s에 대해 절대 수렴한다.

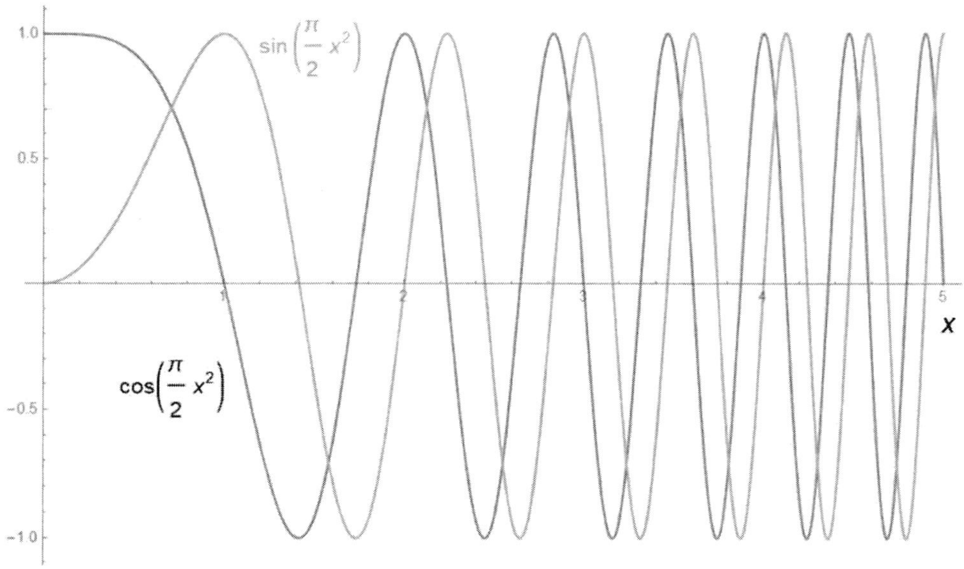

그림 1.4 프레넬 적분 $C(s)$와 $S(s)$의 피 적분 함수.

이제 프레넬 적분 $C(s)$와 $S(s)$의 피 적분 함수인 $\cos\left(\dfrac{\pi}{2}x^2\right)$와 $\sin\left(\dfrac{\pi}{2}x^2\right)$를 Mathematica를 사용하여 그림으로 그려 보면 그림 1.4와 같다. 기존의 코사인과 사인 함수와 달리 x가

증가할수록 극값 ± 1이 되는 x의 위치는 $\cos\left(\frac{\pi}{2}x^2\right)$에서는 $x_n = \sqrt{2n}\ \ (n=0, 1, 2, 3, \cdots)$이며, $\sin\left(\frac{\pi}{2}x^2\right)$에서는 $x_n = \sqrt{2n+1}\ \ (n=0, 1, 2, 3, \cdots)$이 되어 n이 증가할수록 주기가 점점 좁혀진다.

이제 프레넬 적분 $C(s)$와 $S(s)$를 Mathematica를 사용해서 그림으로 그려 보자. 프레넬 적분은 교대 급수이며 모든 $s\ (-\infty \le s \le \infty)$에 대해 수렴하므로 멱 급수에 의한 프레넬 적분은 무한개의 멱 급수가 필요하다. 유한개의 멱 급수 합의 경우 발산할 수 있다. Mathematica 프로그램에는 프레넬 적분이 내장 함수 (built-in function)로 지정이 되어있으므로 다음과 같은 명령어를 수행하면 그림 1.5와 같은 프레넬 사인 적분 $C(s)$와 코사인 그래프를 그릴 수 있다.

```
Plot[{FresnelS[s], FresnelC[s]}, {s, -5, 5}]
```

프레넬 코사인 적분 $C(s)$와 사인 적분 $S(s)$는 매개변수 $s\ (-\infty \le s \le \infty)$의 함수이므로 s를 소거한 그림을 매개 변수 그림 (parametric plot)이라 한다.[12] 아래의 Mathematica 프로그램을 사용하면 매개 변수 s를 소거한 그림을 얻는다.

```
ParametricPlot[{FresnelC[x], FresnelS[x]}, {x, -5, 5}, Frame → True, FrameLabel → {"C(s)", "S(s)"},
 FrameStyle → Directive[Black, 18], PlotStyle -> {Thickness[0.003], Hue[2/3], Red}]
```

예제 1.38 그림은 프레넬 적분 $C(s)$와 $S(s)$의 매개변수 그림이며 파동 광학의 회절의 코르누 나선 (Cornu spiral)을 나타낸다. $s \to \pm\infty$일 때 각각 ± 0.5로 수렴한다.

12) 매개 변수 그림은 물리학에서 자주 등장하는 그림으로 물체의 궤도 (orbit)를 그릴 때 흔히 사용한다. 예를 들면, 입자의 운동이 $x = A\cos(\omega t)$와 $y = A\sin(\omega t)$일 때 시간 t가 매개 변수이며 t를 소거하면 $x^2 + y^2 = A^2 =$ 상수로 궤도 방정식은 원이 된다.

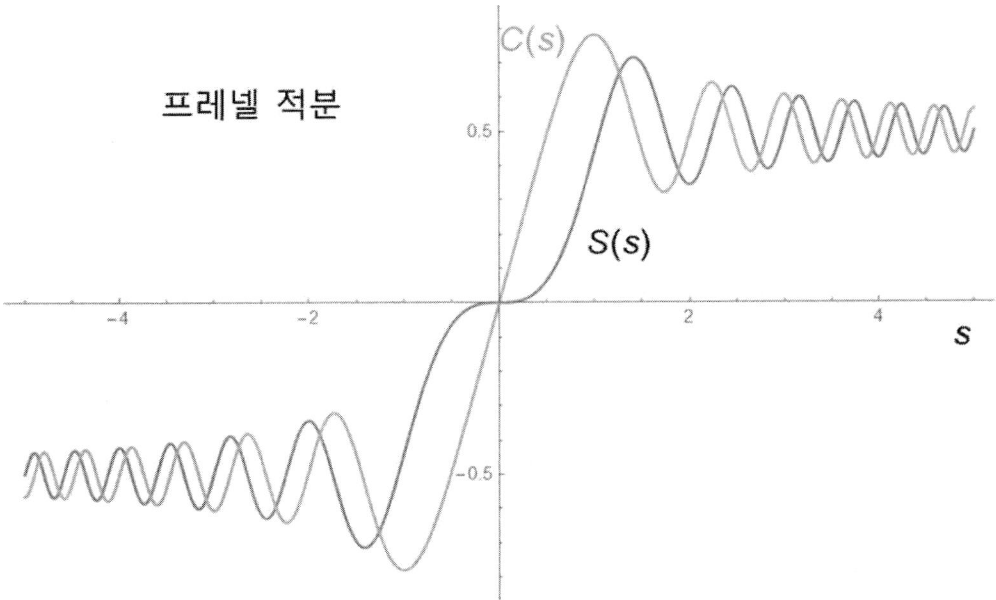

그림 1.5 프레넬 코사인 적분 $C(s)$와 사인 적분 $S(s)$.

■

1장. 연 습 문 제

1.1 미분

1.1 도함수의 정의를 사용하여 다음 함수들의 도함수를 구하라.

(1) $y=\dfrac{1}{x+1}$, $(x\neq -1)$ (2) $y=\sqrt{x+1}$, (3) $y=ax^2+bx+c$, $(a, b, c:$ 상수$)$

1.2 다음 역삼각함수의 미분이 다음과 같음을 보여라.

(1) $\dfrac{d\csc^{-1}x}{dx}=-\dfrac{1}{x\sqrt{x^2-1}}$, (2) $\dfrac{d\sec^{-1}x}{dx}=\dfrac{1}{x\sqrt{x^2-1}}$,

(3) $\dfrac{d\cot^{-1}x}{dx}=-\dfrac{1}{x^2+1}$.

1.3 쌍곡선 함수의 정의를 사용하여 다음 관계식을 증명하라.

(1) $\sinh 2x=2\sinh x\cosh x$, (2) $\cosh 2x=\cosh^2 x+\sinh^2 x$,

(3) $\sinh^2 x=\dfrac{\cosh 2x-1}{2}$, (4) $\cosh^2 x=\dfrac{\cosh 2x+1}{2}$,

(5) $\cosh^2 x-\sinh^2 x=1$, (6) $\tanh^2 x=1-\mathrm{sech}^2 x$,

(7) $\tanh 2x=\dfrac{2\tanh x}{1+\tanh^2 x}$, (8) $\sinh(x+y)=\sinh x\cosh y+\cosh x\sinh y$,

(9) $\cosh(x+y)=\cosh x\cosh y+\sinh x\sinh y$,

(10) $\tanh\dfrac{x}{2}=\dfrac{\cosh x-1}{\sinh x}=\dfrac{\sinh x}{\cosh x+1}$.

1.4 다음 함수의 미분을 구하라. 단, a, b는 상수이다.

(1) $\dfrac{e^{ax}(a^2x^2-2ax+2)}{a^3}$, (2) $x^{n+1}\left[\dfrac{\ln x}{n+1}-\dfrac{1}{(n+1)^2}\right]$, (3) $\ln|\ln x|$,

(4) $\dfrac{a\sin(bx)-b\cos(bx)}{a^2+b^2}e^{ax}$, (5) $\dfrac{a\cos(bx)+b\sin(bx)}{a^2+b^2}e^{ax}$

1.5 다음 함수의 미분을 구하라.

(1) $\dfrac{1}{3}e^{x^3}(x^3-1)$, (2) $x+\dfrac{1}{2}\ln|x^2-1|$,

(3) $\dfrac{2}{a}\tan^{-1}\left(\sqrt{e^{ax}-1}\right)$, (4) $\ln\left(x+\sqrt{x^2-1}\right)$

1.6 다음 함수의 미분을 구하라.

(1) $\dfrac{\ln[\cosh(ax)]}{a}$, (2) $\dfrac{\ln[\sinh(ax)]}{a}$, (3) $x-\dfrac{2}{a}\ln|e^{ax}-1|$,

(4) $\dfrac{1}{a}\ln\left[\tanh\left(\dfrac{a}{2}x\right)\right]$, (5) $\dfrac{2}{a}\tan^{-1}(e^{ax})$

1.7 사인 함수와 쌍곡선 함수의 정의를 사용하여 다음 관계식을 증명하라. (단, $i=\sqrt{-1}$ 이다.)

(1) $\sin(x+iy)=\sin x\cosh y+i\cos x\sinh y$,

(2) $\cos(x+iy)=\cos x\cosh y-i\sin x\sinh y$.

(3) $|\sin(x+iy)|^2=\sin^2 x+\sinh^2 y$,

(4) $|\cos(x+iy)|^2=\cos^2 x+\sinh^2 y$.

1.8 (1) 시간 t를 매개 변수로 하는 두 함수 $x=v_o t$, $y=y_o-\dfrac{g}{2}t^2$에 대한 미분이 $\dfrac{dy}{dx}=-\dfrac{g}{v_o^2}x$임을 보여라. 여기서 v_o, y_o, g는 상수이다.

(2) (1)의 미분 결과를 변수 분리한 다음 적분하여 운동 방정식을 구하여 그림으로 그리고 물리적 의미를 설명하라. 단, $x\geq 0$, $0\leq y\leq y_o$이다.

1.9 어떤 물체의 변위가 $x = x_o e^{-bt}\cos\omega t$로 주어진다. 변위 $x(t)$가 모든 시간 t에 대해 미분 방정식 $\frac{d^2x}{dt^2} + A\frac{dx}{dt} + Bx = 0$을 만족할 때 계수 A, B를 구하라. 여기서 x_o, b, ω는 상수이다.

[힌트] 변위의 미분을 구하여 대입한 후 코사인 항과 사인 항들을 각각 비교한다.

1.10 중심력 $F(r)$에서 운동하는 질량 m인 입자의 지름 성분 (radial component) 운동 방정식이 $m\left[\frac{d^2r}{dt^2} - r\left(\frac{d\theta}{dt}\right)^2\right] = F(r)$로 주어지며 각운동량 보존 식 $r^2\frac{d\theta}{dt} = l =$ 상수가 성립한다. $r = \frac{1}{u}$로 치환하고 $\frac{d\theta}{dt} = lu^2$과 연쇄 법칙을 이용하여 지름 방향 운동 방정식이 $\frac{d^2u}{d\theta^2} + u = -\frac{F(u^{-1})}{ml^2u^2}$가 됨을 보여라.

1.11 (1) 시간 t를 매개 변수로 하는 두 함수 $x = Ae^{-\alpha t}\cos\omega t$, $y = Ae^{-\alpha t}\sin\omega t$에 대한 미분이 $\frac{dy}{dx} = \frac{-\omega x + \alpha y}{\omega y + \alpha x}$임을 보여라. 단, A는 진폭, $\alpha\,(> 0)$는 감쇠 상수, ω는 각 진동수로 상수들이다.

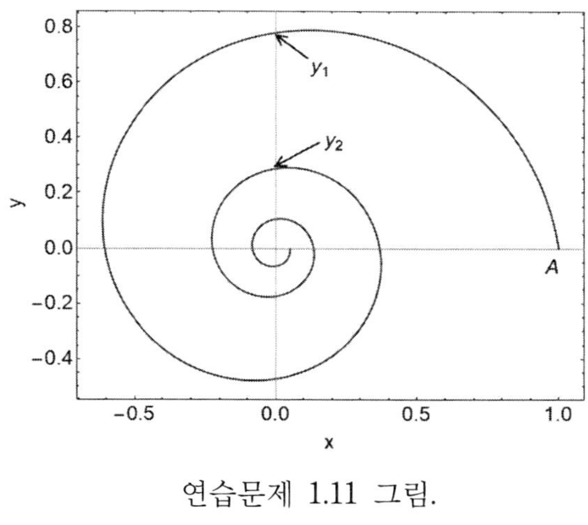

연습문제 1.11 그림.

(2) 시간 $t \geq 0$일 때 운동 (또는 궤도)가 연습문제 1.11 그림과 같을 때 운동을 설명하고 y_1과 y_2를 A, α, ω로 구하라.

1.2 적분

1.12 다음 적분을 부분 적분을 사용하여 구하라. 단, 적분 상수 C는 무시한다.

(1) $\int x^2 e^{ax} dx$, (a : 상수), (2) $\int x^n \ln x \, dx$, (3) $\int \frac{dx}{x \ln x}$,

(4) $\int e^{ax} \sin(bx) dx$, (a, b : 상수) (5) $\int e^{ax} \cos(bx) dx$, (a, b : 상수)

1.13 다음 적분을 치환 적분을 사용하여 구하라. 단, 적분 상수 C는 무시한다.

(1) $\int x^5 e^{x^3} dx$, (힌트: $u = x^3$) (2) $\int \frac{x^2 + x - 1}{x^2 - 1} dx$, (힌트: $u = x^2 - 1$)

(3) $\int \frac{dx}{\sqrt{e^{ax} - 1}}$, (힌트: $u = \sqrt{e^{ax} - 1}$) (4) $\int \frac{dx}{\sqrt{x^2 - 1}}$ (힌트: $x = \cosh u$)

1.14 다음 적분을 치환 적분을 사용하여 구하라. 단, 적분 상수 C는 무시한다.

(1) $\int \tanh(ax) dx$, (2) $\int \frac{1}{\tanh(ax)} dx$, (3) $\int \frac{1 + e^{ax}}{1 - e^{ax}} dx$,

(4) $\int \frac{1}{\sinh(ax)} dx$, (5) $\int \frac{1}{\cosh(ax)} dx$

[힌트]: $u = e^{ax}$ 로 치환.

1.15 수직 방향으로 운동하는 질량 m인 물체에 작용하는 힘은 중력 mg와 속력 v의 함수인 공기 저항력의 합인 $F(v)$이며 운동 방정식은 $m\frac{dv}{dt} = F(v)$이다. 물체의 운동 시간은 적분 $t = \int \frac{m}{F(v)} dv$로 주어진다.

다음의 공기 저항력 $F(v)$에 대해 적분을 하여 물체의 속력을 구하라.
각각의 경우 $t \to \infty$일 때 속력인 종말 속력 (terminal speed) $v_{종말}$은 얼마인가?

(1) $F(v) = mg - bv$ (자유 낙하할 때)

(2) $F(v) = mg - cv^2$ (자유 낙하할 때)

(3) $F(v) = mg + cv^2$ (물체가 위로 운동할 때)

단, g는 중력 가속도, b, c는 저항 계수이며, 아래 방향을 $+y(>0)$로 하며 초기 속력은 0이라 가정한다.

1.16 어떤 물리계의 역학적 에너지 보존 법칙이 $\frac{1}{2}mv^2 + \frac{1}{2}kx^2 = E$이다. 속력 $v = \frac{dx}{dt}$로부터 운동 시간은 적분 $t = \int \frac{dx}{\sqrt{(2E/m) - (k/m)x^2}}$로 주어진다.
치환 적분을 사용하여 물체의 변위 $x(t)$를 구하라.
계산 편의상, $\omega = \sqrt{\frac{k}{m}}$, $A = \sqrt{\frac{2E}{k}}$라 둔다.

1.3 편미분

1.17 다음 함수의 전 미분을 구하라. 단, $r = \sqrt{x^2 + y^2 + z^2}$이다.

(1) $f(x, y, z) = \frac{1}{\sqrt{x^2 + y^2 + z^2}}$, (2) $f(x, y, z) = \frac{1}{x^2 + y^2 + z^2}$,

(3) $f(x, y, z) = \sqrt{x^2 + y^2 + z^2}$, (4) $f(x, y, z) = x^2 + y^2 + z^2$,

(5) $f(x, y, z) = \ln\sqrt{x^2 + y^2 + z^2}$

1.18 시간 t를 매개변수로 하는 두 함수 $x = Ae^{-\alpha t}\cos\omega t$, $y = Ae^{-\alpha t}\sin\omega t$에 대해 함수 $f(x, y) = x^2 + y^2$가 있다.

(1) $\frac{df}{dt}$를 구하라.

(2) 단위 질량 $m=1$인 입자의 운동 에너지 $K=\frac{1}{2}\left(\dot{x}^2+\dot{y}^2\right)$의 시간 변화를 구하라. 단, $\dot{x}\equiv\frac{dx}{dt}$, $\dot{y}\equiv\frac{dy}{dt}$를 나타낸다.

1.19 파동 방정식 $\frac{\partial^2\Psi}{\partial x^2}-\frac{1}{v^2}\frac{\partial^2\Psi}{\partial t^2}=0$이 있다. 여기서 Ψ는 파동 함수, v는 파동의 속력이다. 다음 파동 함수들이 파동 방정식을 만족하기 위한 조건을 구하라.

(1) $\Psi(x,t)=\ln(kx+\omega t)$, (2) $\Psi(x,t)=\cosh\left(\frac{2\pi}{\lambda}x+\frac{2\pi}{T}t\right)$.

1.4 무한 급수 전개

1.20 (1) $f(x)=\frac{1}{x}$을 $x=1$ 근방에서 테일러 전개하고 비율 판정법을 사용하여 수렴 구간을 구하라.

(2) $f(x)=\sin x$를 $x=\frac{\pi}{2}$ 근방에서 테일러 전개하여 $\cos\left(x-\frac{\pi}{2}\right)$임을 보이고, 수렴 반경 R과 수렴 범위를 구하라.

(3) $f(x)=\frac{1}{1+x}$을 $x=1$ 근방에서 테일러 전개하고 수렴 구간을 구하라.

1.21 2 원자 분자의 퍼텐셜은 Morse 함수 $V(x)=V_o\left[e^{-2(x-x_o)/a}-2e^{-(x-x_o)/a}\right]$로 주어진다. (연습문제 1.21 그림) 여기서 x는 원자 간의 거리이며 V_o, a는 상수이며 x_o는 평형점에서 두 원자 간의 거리이다.

(1) 힘 $F(x)=-\frac{dV}{dx}=0$인 위치 x를 구하고 그 점에서 퍼텐셜은 얼마인가?

(2) 퍼텐셜 $V(x)$와 힘 $F(x)$를 x_o 근방에서 테일러 전개를 구하고 $x-x_o\ll a$인 근사를 사용하여 $(x-x_o)/a$의 최소 멱 수로 구하라.

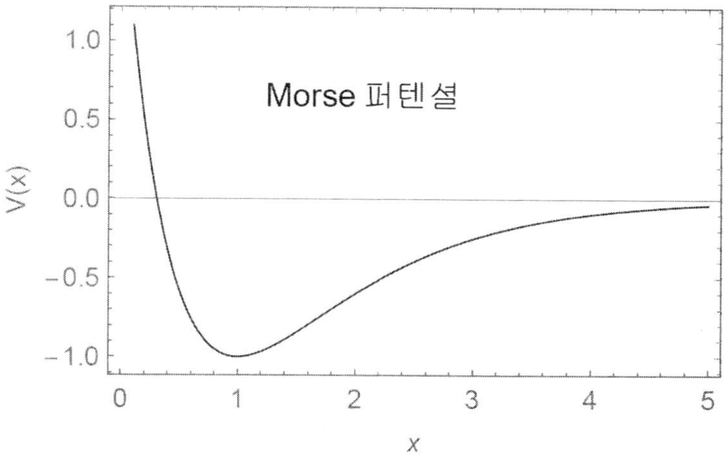

연습문제 1.21 그림. (편의상, $x_o = a = 1$로 두었다.)

1.22 다음 극한값을 맥클로린 전개를 사용하여 구하라. 단, $a > 0$인 실수이다.

(1) $\lim_{x \to 0} \frac{1 - \cos ax}{x^2}$, (2) $\lim_{x \to 0} \frac{\sin ax}{x}$, (3) $\lim_{x \to 0} \frac{\ln(1 + ax)}{x}$

1.23 멱 급수 전개로 다음 적분을 a^5 항까지 구하라. 단, $a \ll 1$이다.

(1) $\int_0^a e^{x^2} dx$, (2) $\int_0^a \frac{\sin(x^2)}{x^2} dx$,

(3) $\int_0^a \sqrt{1 - x^2}\, dx$, (4) $\int_0^a \frac{\ln(1 + x^2)}{x^2} dx$

1.24 적분 판정법을 사용하여 다음 p-급수가 수렴인지 발산인지 판별하라.

(1) $\sum_{n=1}^{\infty} \frac{1}{n^{1/2}}$, (2) $\sum_{n=1}^{\infty} \frac{1}{n}$,

(3) $\sum_{n=1}^{\infty} \frac{1}{n^{3/2}}$, (4) $\sum_{n=1}^{\infty} \frac{1}{n^2}$

1.25 **[선택] 타원의 둘레 구하기: 타원 적분**

$x = a\cos\theta$, $y = b\sin\theta$ 는 타원 방정식 $\dfrac{x^2}{a^2} + \dfrac{y^2}{b^2} = 1$을 만족한다. 여기서 a는 단축, b는 장축으로 $b \geq a$이다.

(1) 타원의 둘레 $C = 4bE\left(k^2|\Phi = \dfrac{\pi}{2}\right)$가 됨을 보여라. 여기서 $E\left(k^2|\Phi = \dfrac{\pi}{2}\right)$는 제2종 완전 타원 적분 $E\left(k|\Phi = \dfrac{\pi}{2}\right) = \int_0^{\pi/2} \sqrt{1 - k^2\sin^2\theta}\, d\theta$이다.

$0 \leq k \leq 1$일 때 k는 a와 b로 어떻게 표현되는가?

[힌트] 타원의 미소 선분은 $ds = \sqrt{dx^2 + dy^2} = \sqrt{1 + \left(\dfrac{dy}{dx}\right)^2}\, dx$이다.

(2) $\sin\theta = t$로 치환하여 제2종 완전 타원 적분 $E(k) = \int_0^1 \dfrac{\sqrt{1 - k^2t^2}}{\sqrt{1 - t^2}} dt$이 됨을 보여라.

(3) 제2종 완전 타원 적분을 멱 급수로 전개하여 계산하면

$$E(k) = \frac{\pi}{2}\left[1 - \sum_{n=1}^{\infty}\left(\frac{(2n-1)!!}{(2n)!!}\right)^2 \frac{k^{2n}}{2n-1}\right]$$

임을 보여라. 여기서 $n!!$은 이중 팩토리얼 (double factorial)이며 n이 짝수 (even)인 경우 $n!! = n(n-2)(n-4)\cdots 4 \cdot 2$이며 홀수 (odd)인 경우 $n!! = n(n-2)(n-4)\cdots 3 \cdot 1$이며 $0!! = 1$로 정의한다.

1.26 미분 방정식 $\dfrac{d^2y}{dx^2} - a^2y = 0$의 해를 멱 급수로 구하려고 한다. 여기서, $a(\neq 0)$는 실수이다. 멱 급수 해를 $y = c_0 + c_1x + c_2x^2 + c_3x^3 + c_4x^4 + \cdots = \sum_{n=0}^{\infty} c_nx^n$라 두자. 단, $c_0 \neq 0$, $c_1 \neq 0$이다.

(1) 미분 방정식에 대입하여 x의 같은 멱 수들을 비교하여 계수 c_n $(n \geq 2)$을 c_0와 c_1으로 나타내어라.

(2) 멱 급수 해를 구하라.

(3) (2)의 해를 쌍곡선 함수 $\sinh(ax)$와 $\cosh(ax)$의 맥클로린 전개와 비교하여 멱 급수 해를 구하라.

1.27 연습문제 1.26에서 $a = ik$로 대체하면 미분 방정식은 $\dfrac{d^2 y}{dx^2} + k^2 y = 0$가 된다.

(1) 연습문제 1.26과 같은 방법으로 멱 급수 해를 구하라.

(2) (1)의 멱 급수 해가 $y = c_0 \cos(kx) + \dfrac{c_1}{k} \sin(kx)$임을 보여라.

2장

벡터해석

2.1 벡터의 기본 특성

물리학을 공부하는 많은 학생에게는 스칼라 (scalar)와 벡터 (vector)는 이미 일반물리학에서 배운 익숙한 내용이라고 생각한다. 본 절에서는 벡터 해석 (vector analysis)의 핵심적인 벡터 미분 연산자 (vector differential operators)의 개념을 이해하는데 필요한 내용 위주로 간략하게 요약해서 설명한다.

- 스칼라 (scalar)

물리량을 크기 (magnitude)로만 표현할 수 있는 물리량을 스칼라라 한다. 크기는 양의 값뿐만 아니라 음의 값도 가질 수 있다.

[예] 길이 (length), 거리 (distance), 온도 (temperature), 압력 (pressure), 면적 (area), 질량 (mass), 시간 (time), 속력 (speed), 에너지 (energy), …

- <u>벡터 (vector)</u>

주어진 물리량을 다루는데 크기 (magnitude)뿐만 아니라 방향 (direction)까지 고려하여 표현하는 물리량을 벡터라 한다.

[예] 변위 (displacement), 속도 (velocity), 가속도 (accelerator), 힘 (force), 중력 (gravitational force), 운동량 (linear momentum), 각운동량 (angular momentum), 전기장 (electric field), 자기장 (magnetic field), …

위에서 언급한 스칼라와 벡터를 포함하여 물리학에서 다루는 수많은 물리량은 넓은 의미에서 텐서 (tensor)의 일종이다. 표 2.1에 물리량과 텐서와의 관계를 나타내었다. 예를 들면, 스칼라는 랭크 (rank)가 0인 텐서 (상수)이며 벡터는 랭크가 1인 텐서, 행렬은 랭크가 2인 텐서의 일종이다.

텐서 표현의 아래 첨자 $ijkl\cdots$들은 3차원 물리량을 다루는 경우 $i, j, k, l, \cdots = x, y, z$ 또는 $i, j, k, l, \cdots = 1, 2, 3$을 나타낸다. 벡터의 경우 $x_i\,(i = x, y, z)$는 각 방향의 성분이며, 랭크가 2인 텐서인 행렬의 행렬 표현 $a_{ij}\,(i, j = x, y, z)$는 행렬 성분을 나타낸다.

표 2.1 물리량과 텐서 표현.

텐서의 랭크 (rank of tensor)	텐서의 표기 (예)	텐서의 명칭
0	$c\,(=$ 상수$)$	스칼라 (랭크 0인 텐서)
1	$x_i\,(i = x, y, z)$	벡터 (랭크 1인 텐서)
2	$a_{ij}\,(i, j = x, y, z)$	행렬 (랭크 2인 텐서)
3	$\chi_{ijk}\,(i, j, k = x, y, z)$	랭크 3인 텐서
4	$\chi_{ijkl}\,(i, j, k, l = x, y, z)$	랭크 4인 텐서
⋮	⋮	⋮

2.1.1 벡터의 표현

- 벡터 A의 표현

물리량 A가 벡터이면 벡터의 표현 방법은 주로 화살표 $(\overrightarrow{A})$나 볼드체 $(\boldsymbol{A})$로 표시한다. 이때 벡터의 크기 (magnitude) A는 절댓값으로 $|\overrightarrow{A}| \equiv A$ 또는 $|\boldsymbol{A}| \equiv A$로 표기한다.

- 단위 벡터 (unit vector)

크기가 1인 방향 벡터를 단위 벡터 (unit vector)라 하며 $\boldsymbol{a}$ 또는 $\hat{a}$로 표기한다.
단위 벡터 $\hat{a}$은 a 캐럿 (caret) 또는 hat a로 읽는다.
단위 벡터는 차원이 없는, 즉 무 차원 (dimensionless)의 물리량이다.
그림 2.1과 같이 벡터 $\boldsymbol{A}$는 $\boldsymbol{A} = \overrightarrow{A} = A\boldsymbol{a} = A\hat{a}$와 같이 다양하게 표현한다.
즉, 벡터 $\boldsymbol{A}$는 화살의 크기 (스칼라) A와 단위 벡터의 곱으로 나타낸다.
따라서 단위 벡터는 $\boldsymbol{a} = \hat{a} = \dfrac{\overrightarrow{A}}{A} = \dfrac{\boldsymbol{A}}{A}$와 같이 다양한 표현이 가능하다.

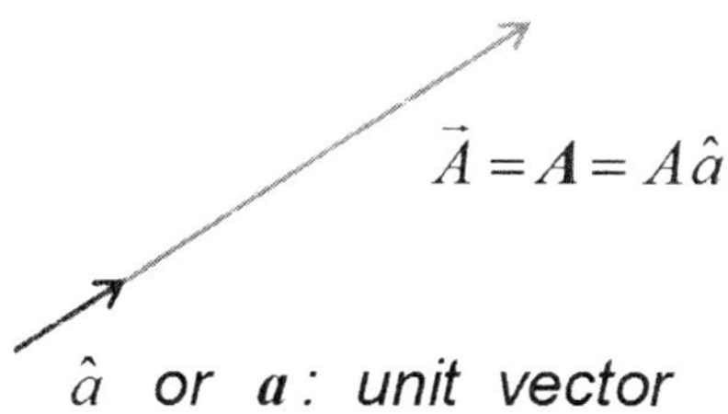

그림 2.1 벡터와 단위 벡터.

본 교재에서는 별다른 언급이 없는 한 벡터를 볼드체 $\boldsymbol{A}$, 단위 벡터를 $\hat{a}$, $\hat{x}$, $\hat{y}$, $\hat{z}$, …등으로 표기하도록 한다.

- <u>벡터의 성분 (components)</u>

그림 2.2와 같이 3차원 공간에서 벡터는 $\boldsymbol{A}=A_x\hat{x}+A_y\hat{y}+A_z\hat{z}$ 또는 $\boldsymbol{A}=(A_x, A_y, A_z)$로 표현할 수 있다. 여기서, $A_i\,(i=x,y,z)$는 벡터의 성분 (component)이며 $\hat{x}, \hat{y}, \hat{z}$는 단위 벡터들이다.
벡터 $\boldsymbol{A}$의 크기는 $A=|\boldsymbol{A}|=\sqrt{A_x^2+A_y^2+A_z^2}$ 와 같이 주어진다.

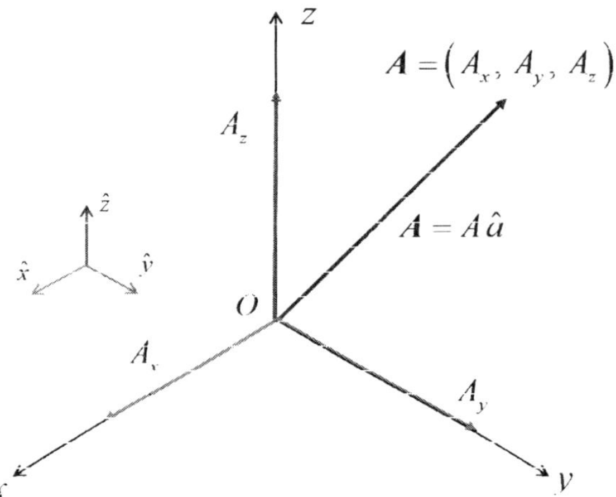

그림 2.2 직교 좌표계에서 벡터의 표기와 성분들.

- <u>벡터의 합과 차 (vector addition and subtraction)</u>

두 벡터 $\boldsymbol{A}, \boldsymbol{B}$의 덧셈 (합)은 $\boldsymbol{A}+\boldsymbol{B}=\boldsymbol{B}+\boldsymbol{A}$와 같이 교환 법칙 (commutative law)가 성립한다.
세 벡터 $\boldsymbol{A}, \boldsymbol{B}, \boldsymbol{C}$의 덧셈은 $(\boldsymbol{A}+\boldsymbol{B})+\boldsymbol{C}=\boldsymbol{A}+(\boldsymbol{B}+\boldsymbol{C})=(\boldsymbol{A}+\boldsymbol{C})+\boldsymbol{B}$와 같이 결합 법칙 (associative law)이 성립한다.
뺄셈 (차)은 $\boldsymbol{A}-\boldsymbol{B}=\boldsymbol{A}+(-\boldsymbol{B})$로 연산한다. 즉, 벡터 $\boldsymbol{A}$와 음의 벡터 $-\boldsymbol{B}$의 덧셈이 된다. 여기서 음의 벡터 $-\boldsymbol{B}$는 벡터 $\boldsymbol{B}$와 크기는 같으면서 방향이 반대인 벡터이며 교환 법칙이 성립한다.

[예제 2.1] 두 벡터 $\boldsymbol{A}, \boldsymbol{B}$의 합에 대한 교환 법칙 $\boldsymbol{A}+\boldsymbol{B}=\boldsymbol{B}+\boldsymbol{A}$를 벡터의 성분을 이용하여 증명하라.

[풀이]

두 벡터 $\boldsymbol{A}, \boldsymbol{B}$를 성분으로 나타내면

$$\boldsymbol{A}=A_x\hat{x}+A_y\hat{y}+A_z\hat{z},$$

$$\boldsymbol{B}=B_x\hat{x}+B_y\hat{y}+B_z\hat{z}$$

이므로 벡터 합 $\boldsymbol{A}+\boldsymbol{B}$, $\boldsymbol{B}+\boldsymbol{A}$는 성분의 합으로 나타내면 다음과 같다.

$$\begin{aligned}\boldsymbol{A}+\boldsymbol{B}&=\left(A_x\hat{x}+A_y\hat{y}+A_z\hat{z}\right)+\left(B_x\hat{x}+B_y\hat{y}+B_z\hat{z}\right)\\&=\left(A_x+B_x\right)\hat{x}+\left(A_y+B_y\right)\hat{y}+\left(A_z+B_z\right)\hat{z}\end{aligned}$$

$$\begin{aligned}\boldsymbol{B}+\boldsymbol{A}&=\left(B_x\hat{x}+B_y\hat{y}+B_z\hat{z}\right)+\left(A_x\hat{x}+A_y\hat{y}+A_z\hat{z}\right)\\&=\left(B_x+A_x\right)\hat{x}+\left(B_y+A_y\right)\hat{y}+\left(B_z+A_z\right)\hat{z}\\&\equiv\left(A_x+B_x\right)\hat{x}+\left(A_y+B_y\right)\hat{y}+\left(A_z+B_z\right)\hat{z}\end{aligned}$$

$$\therefore\ \boldsymbol{A}+\boldsymbol{B}=\boldsymbol{B}+\boldsymbol{A}$$

■

[참고] 세 벡터 $\boldsymbol{A}, \boldsymbol{B}, \boldsymbol{C}$의 덧셈의 결합 법칙 $(\boldsymbol{A}+\boldsymbol{B})+\boldsymbol{C}=\boldsymbol{A}+(\boldsymbol{B}+\boldsymbol{C})=(\boldsymbol{A}+\boldsymbol{C})+\boldsymbol{B}$와 벡터의 차 $\boldsymbol{A}-\boldsymbol{B}=\boldsymbol{A}+(-\boldsymbol{B})$에 대해서도 예제 2.1과 같은 방법으로 증명할 수 있다.

- **벡터의 방향 여현 (directional cosines)**

그림 2.3과 같이 벡터 $\boldsymbol{A}$의 직교 좌표 x, y, z의 성분을 A_x, A_y, A_z이다. 벡터 $\boldsymbol{A}$와 x축이 이루는 각을 α, y축과 이루는 각을 β, z축과 이루는 각을 γ라 하면 벡터 $\boldsymbol{A}$의 성분 A_x, A_y, A_z는 다음과 같이 주어진다.

$$A_x = A\cos\alpha,\ A_y = A\cos\beta,\ A_z = A\cos\gamma$$

이때 방향 여현 l_j, $(j = x, y, z)$는 다음과 같이 정의한다.

$$l_x = \frac{A_x}{A} = \frac{A_x}{\sqrt{A_x^2 + A_y^2 + A_z^2}} \equiv \cos\alpha$$
$$l_y = \frac{A_y}{A} = \frac{A_y}{\sqrt{A_x^2 + A_y^2 + A_z^2}} \equiv \cos\beta$$
$$l_z = \frac{A_z}{A} = \frac{A_z}{\sqrt{A_x^2 + A_y^2 + A_z^2}} \equiv \cos\gamma$$

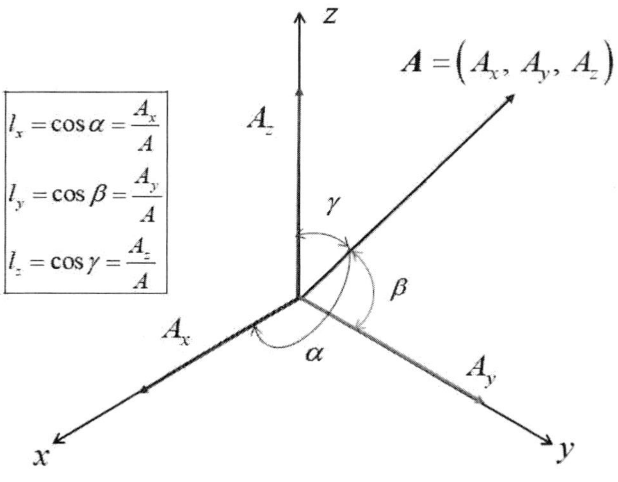

그림 2.3 벡터 $\boldsymbol{A}$와 방향 여현.

[예제 2.2] (1) 벡터 $\boldsymbol{A}$의 단위 벡터 $\hat{a}$를 방향 여현 l_j, $(j=x, y, z)$로 나타내어라.

(2) $l_x^2+l_y^2+l_z^2=\cos^2\alpha+\cos^2\beta+\cos^2\gamma=1$임을 보여라.

[풀이]

(1) 벡터 $\boldsymbol{A}$를 성분으로 나타내고 방향 여현의 정의 $l_j=\dfrac{A_j}{A}$, $(j=x, y, z)$를 사용하면 다음과 같이 주어진다.

$$\begin{aligned}\boldsymbol{A}&=A_x\hat{x}+A_y\hat{y}+A_z\hat{z}\\&=A\left(\frac{A_x}{A}\hat{x}+\frac{A_y}{A}\hat{y}+\frac{A_z}{A}\hat{z}\right)\\&=A\left(l_x\hat{x}+l_y\hat{y}+l_z\hat{z}\right)\end{aligned}$$

한편 벡터 $\boldsymbol{A}$를 단위 벡터 $\hat{a}$로 나타내면 $\boldsymbol{A}=A\hat{a}$이다. 위의 결과를 비교하면 단위 벡터를 방향 여현으로 나타내면 다음과 같다.

$$\therefore\ \hat{a}=l_x\hat{x}+l_y\hat{y}+l_z\hat{z}$$

(2) 방향 여현의 정의 $l_j=\dfrac{A_j}{A}=\cos\alpha_j$, $(j=x, y, z)$에 따라 $\displaystyle\sum_{j=x,y,z} l_j^2$을 연산한다.

$$l_x^2+l_y^2+l_z^2=\frac{A_x^2+A_y^2+A_z^2}{A_x^2+A_y^2+A_z^2}\equiv\cos^2\alpha+\cos^2\beta+\cos^2\gamma=1$$

$$\therefore\ l_x^2+l_y^2+l_z^2=\cos^2\alpha+\cos^2\beta+\cos^2\gamma=1$$

■

- <u>위치 벡터와 상대 위치 벡터 (relative position vector)</u>

원점에서 두 점의 위치 벡터를 $\boldsymbol{r} = x\hat{x} + y\hat{y} + z\hat{z}$과 $\boldsymbol{r}' = x'\hat{x} + y'\hat{y} + z'\hat{z}$이라 하자. 위치 벡터 $\boldsymbol{r}' = (x', y', z')$인 점에서 바라본 다른 위치 벡터 $\boldsymbol{r} = (x, y, z)$인 점까지의 위치 벡터를 상대 위치 벡터 (relative position vector) $\boldsymbol{R}$이라 한다.
그림 2.4를 참고하면 상대 위치 벡터는 $\boldsymbol{R} = \boldsymbol{r} - \boldsymbol{r}'$로 주어지며 $\boldsymbol{R}$을 성분으로 나타내면 다음과 같이 주어진다.

$$\boldsymbol{R} = \boldsymbol{r} - \boldsymbol{r}' = (x - x')\hat{x} + (y - y')\hat{y} + (z - z')\hat{z}$$

상대 위치 벡터의 크기 R과 단위 벡터 $\hat{R}$은 각각 다음과 같다.

$$R = |\boldsymbol{R}| = |\boldsymbol{r} - \boldsymbol{r}'| = \sqrt{(x - x')^2 + (y - y')^2 + (z - z')^2}$$

$$\hat{R} = \frac{\boldsymbol{R}}{R} = \frac{\boldsymbol{r} - \boldsymbol{r}'}{|\boldsymbol{r} - \boldsymbol{r}'|}$$

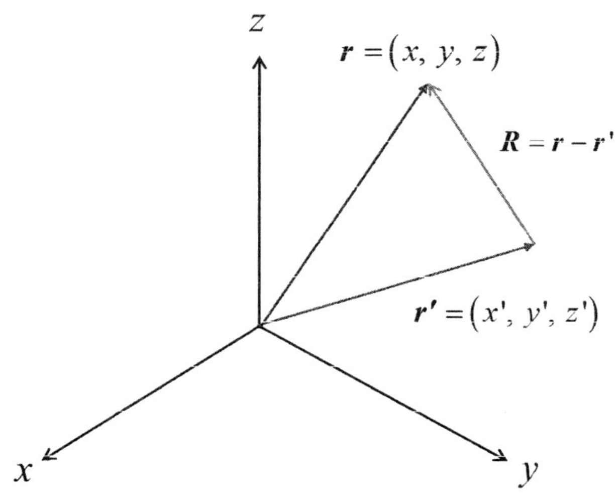

그림 2.4 상대 위치 벡터 $R = \boldsymbol{r} - \boldsymbol{r}'$.

2.1.2 벡터의 곱셈

- 스칼라 곱 (scalar product or inner product or dot product)

그림과 같이 두 벡터 $\boldsymbol{A}, \boldsymbol{B}$가 이루는 각이 θ일 때 $\boldsymbol{A}, \boldsymbol{B}$의 스칼라 곱 (scalar product)은 $\boldsymbol{A} \cdot \boldsymbol{B} \equiv AB\cos\theta$로 정의한다.
여기서 $A = |\boldsymbol{A}|$, $B = |\boldsymbol{B}|$는 벡터의 크기이며 $0 \le \theta \le \pi$이다.

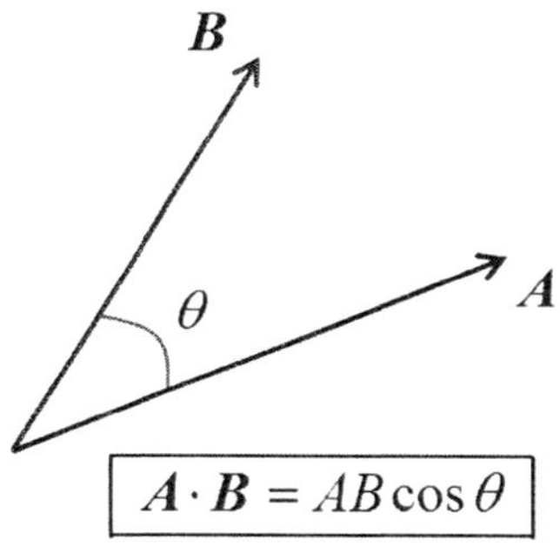

두 벡터의 스칼라 곱.

- 직교 벡터 (orthogonal or perpendicular vectors)

두 벡터 $\boldsymbol{A}, \boldsymbol{B}$의 스칼라 곱이 0일 때 벡터 $\boldsymbol{A}, \boldsymbol{B}$는 직교 벡터 (orthogonal vectors) 또는 수직 벡터 (perpendicular vectors)라고 한다.

즉, $\boldsymbol{A} \cdot \boldsymbol{B} = AB\cos\theta = 0$이므로 직교 벡터의 조건은 $\theta = \dfrac{\pi}{2}$이다.

- 크로네커 델타함수 (Kronecker delta function)

물리학에서 중요한 축약 기호 가운데 하나가 크로네커 델타함수 δ_{ij}이며, 랭크가 2인 텐서의 일종이다. 여기서 아래 첨자는 $i, j = 1, 2, 3$ 또는 $i, j = x, y, z$를 나타내며 δ_{ij}는 다음과 같이 정의한다.

$$\delta_{ij} = \begin{cases} 1 & \text{for i} = \text{j} \\ 0 & \text{for i} \neq \text{j} \end{cases}$$

- <u>직교 단위 벡터의 스칼라 곱</u>

단위 벡터 $\hat{x}, \hat{y}, \hat{z}$은 직교 좌표계 (orthogonal coordinate system)의 단위 벡터이므로 같은 단위 벡터의 사이 각은 $\theta = 0$이지만, 다른 단위 벡터 간의 사이 각은 모두 $\theta = \frac{\pi}{2}$이다.

따라서 직교 좌표계의 단위 벡터 $\hat{x}, \hat{y}, \hat{z}$의 스칼라 곱은 다음과 같다.

$$\hat{x} \cdot \hat{x} = \hat{y} \cdot \hat{y} = \hat{z} \cdot \hat{z} = 1$$

$$\hat{x} \cdot \hat{y} = \hat{y} \cdot \hat{z} = \hat{z} \cdot \hat{x} = 0$$

직교 좌표계의 단위 벡터 $\hat{x}, \hat{y}, \hat{z}$는 $\hat{x} \equiv \hat{x}_1$, $\hat{y} \equiv \hat{x}_2$, $\hat{z} \equiv \hat{x}_3$로 표현하면 크로네커 델타함수 δ_{ij} $(i, j = 1,2,3)$와 같은 축약 기호로 스칼라 곱을 간단히 표기할 수 있다.
직교 좌표계의 단위 벡터 $\hat{x}, \hat{y}, \hat{z}$에 대한 위의 6개의 스칼라 곱 연산은 단위 벡터를 $\hat{x} \equiv \hat{x}_1$, $\hat{y} \equiv \hat{x}_2$, $\hat{z} \equiv \hat{x}_3$로 나타내면 축약해서 한 개의 수식으로 표현할 수 있다.

$$\hat{x}_i \cdot \hat{x}_j = \delta_{ij} \quad (i, j = 1, 2, 3)$$

$i = j$인 경우 같은 단위 벡터의 스칼라 곱 (사이 각 $\theta = 0$)은 $\delta_{ii} = 1$이며, $i \neq j$인 경우 서로 수직 (직교)인 단위 벡터 (사이 각 $\theta = \frac{\pi}{2}$)의 스칼라 곱이므로 $\delta_{ij,(i \neq j)} = 0$이 된다.

[예제 2.3] 스칼라 곱과 크로네커 델타함수

두 벡터 $\boldsymbol{A}$와 $\boldsymbol{B}$는 각각 다음과 같이 주어진다.

$$\boldsymbol{A} = A_1\hat{x}_1 + A_2\hat{x}_2 + A_3\hat{x}_3 \equiv \sum_{i=1,2,3} A_i\hat{x}_i,$$

$$\boldsymbol{B} = B_1\hat{x}_1 + B_2\hat{x}_2 + B_3\hat{x}_3 \equiv \sum_{j=1,2,3} B_j\hat{x}_j$$

(1) 두 벡터의 스칼라 곱 $\boldsymbol{A}\cdot\boldsymbol{B}$를 크로네커 델타함수를 사용하여 표현하라.

(2) 벡터 $\boldsymbol{A}$의 크기는 $A=\sqrt{\boldsymbol{A}\cdot\boldsymbol{A}}$ 임을 보여라.

[풀이]

(1) 크로네커 델타함수를 사용하면 $\hat{x}_i \cdot \hat{x}_j = \delta_{ij}\ \ (i, j = 1, 2, 3)$이므로 두 벡터의 스칼라 곱 $\boldsymbol{A}\cdot\boldsymbol{B}$는 다음과 같다.

$$\begin{aligned}\boldsymbol{A}\cdot\boldsymbol{B} &= \left(A_1\hat{x}_1 + A_2\hat{x}_2 + A_3\hat{x}_3\right)\cdot\left(B_1\hat{x}_1 + B_2\hat{x}_2 + B_3\hat{x}_3\right)\\ &= \left(\sum_{i=1,2,3} A_i\hat{x}_i\right)\cdot\left(\sum_{j=1,2,3} B_j\hat{x}_j\right)\\ &= \sum_{i,j=1,2,3} A_iB_j\,\hat{x}_i\cdot\hat{x}_j = \sum_{i,j=1,2,3} A_iB_j\,\delta_{ij} = \sum_{i=1,2,3} A_iB_i\end{aligned}$$

(2) $$\begin{aligned}\boldsymbol{A}\cdot\boldsymbol{A} &= \left(A_1\hat{x}_1 + A_2\hat{x}_2 + A_3\hat{x}_3\right)\cdot\left(A_1\hat{x}_1 + A_2\hat{x}_2 + A_3\hat{x}_3\right)\\ &= \left(\sum_{i=1,2,3} A_i\hat{x}_i\right)\cdot\left(\sum_{j=1,2,3} A_j\hat{x}_j\right) = \sum_{i,j=1,2,3} A_iA_j\,\hat{x}_i\cdot\hat{x}_j\\ &= \sum_{i,j=1,2,3} A_iA_j\delta_{ij} = \sum_{i=1,2,3} A_iA_i = \sum_{i=1,2,3} A_i^2 = |\boldsymbol{A}| = A^2\end{aligned}$$

이다. 따라서 $A=\sqrt{\boldsymbol{A}\cdot\boldsymbol{A}}$ 이다.

■

- **벡터 곱 (vector product or cross product)** [13]

벡터 곱은 외적 (cross product)라고도 하며 두 벡터 $\boldsymbol{A}, \boldsymbol{B}$의 벡터 곱과 크기는 다음과 같이 정의된다.

$$\boldsymbol{C} = \boldsymbol{A} \times \boldsymbol{B} : \text{벡터 곱}$$
$$|\boldsymbol{C}| = |\boldsymbol{A} \times \boldsymbol{B}| = AB\sin\theta : \text{벡터 곱의 크기}$$

여기서 θ는 두 벡터 $\boldsymbol{A}, \boldsymbol{B}$가 이루는 각이며 $0 \leq \theta \leq \pi$이다.

그림 2.5와 같이 벡터 곱 $\boldsymbol{C}$의 방향은 오른나사 법칙을 따라 엄지손가락을 제외한 오른손의 네 손가락을 벡터 $\boldsymbol{A}$로 향하고 벡터 $\boldsymbol{B}$ 방향으로 감아쥘 때 엄지손가락 방향이 $\boldsymbol{C}$의 방향이다. 따라서 벡터 곱 $\boldsymbol{C}$ 의 방향은 벡터 $\boldsymbol{A}$와 $\boldsymbol{B}$에 항상 수직이다. 그러나 벡터 $\boldsymbol{A}$와 $\boldsymbol{B}$는 수직이 아닐 수도 있음을 주의하자.

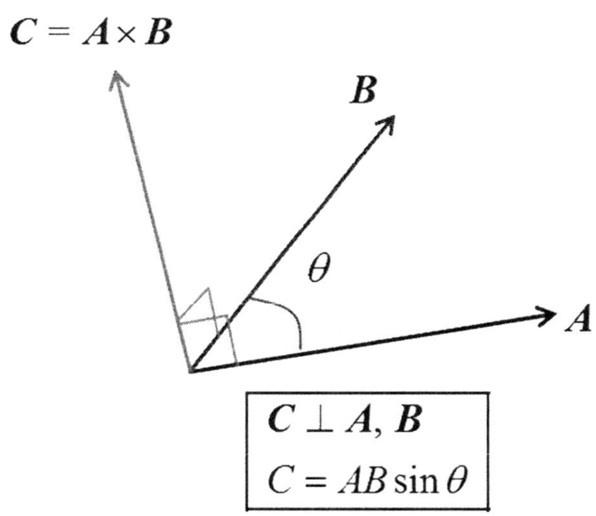

그림 2.5 두 벡터 $\boldsymbol{A}$와 $\boldsymbol{B}$의 벡터 곱과 방향.

13) 스칼라 곱 (scalar product)과 벡터 곱 (vector product)이 의미하는 바와 같이 두 벡터의 연산 결과 스칼라를 만들면 (produce) 스칼라 곱, 결과가 벡터가 되면 벡터 곱이 된다.

두 벡터 $\boldsymbol{A}, \boldsymbol{B}$의 벡터 곱의 크기 $|\boldsymbol{C}| = |\boldsymbol{A} \times \boldsymbol{B}| = AB\sin\theta$는 그림 2.6과 같이 두 벡터와 이들을 평행이동하여 만든 평행 사변형의 면적과 같다.
즉, 평행 사변형의 밑변 길이는 A이며 높이는 $B\sin\theta$이므로 면적은 $|\boldsymbol{C}| = |\boldsymbol{A} \times \boldsymbol{B}| = AB\sin\theta$이다.

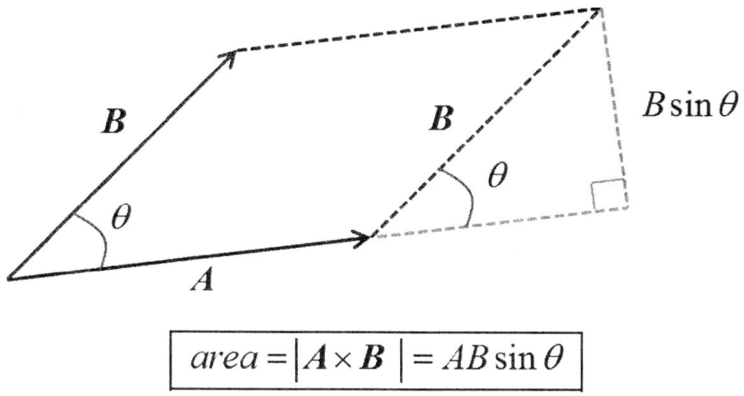

그림 2.6 두 벡터 $\boldsymbol{A}$와 $\boldsymbol{B}$의 벡터 곱의 크기.

단위 벡터들의 벡터 곱은 벡터 곱의 정의에 따라 다음과 같이 주어진다. 즉, 같은 단위 벡터의 벡터 곱은 사이 각이 $\theta = 0$이므로 0이며, 다른 단위 벡터들의 사이 각은 $\theta = \frac{\pi}{2}$이므로 오른나사 법칙을 따라 방향이 결정된다.

$$\hat{x} \times \hat{x} = \hat{y} \times \hat{y} = \hat{z} \times \hat{z} = 0$$

$$\hat{x} \times \hat{y} = \hat{z}, \quad \hat{y} \times \hat{z} = \hat{x}, \quad \hat{z} \times \hat{x} = \hat{y}: \ \text{cyclic order}$$

$$\hat{y} \times \hat{x} = -\hat{z}, \ \hat{z} \times \hat{y} = -\hat{x}, \ \hat{x} \times \hat{z} = -\hat{y}: \ \text{anti}-\text{cyclic order}$$

따라서 벡터 곱 $\boldsymbol{A} \times \boldsymbol{B}$는 단위 벡터들의 벡터 곱을 이용하면 다음과 같다.

$$\boldsymbol{A}\times\boldsymbol{B}=\left(A_x\hat{x}+A_y\hat{y}+A_z\hat{z}\right)\times\left(B_x\hat{x}+B_y\hat{y}+B_z\hat{z}\right)$$
$$=\left(A_yB_z-A_zB_y\right)\hat{x}+\left(A_zB_x-A_xB_z\right)\hat{y}+\left(A_xB_y-A_yB_x\right)\hat{z}$$

한편 단위 벡터들의 벡터 곱의 특성을 이용하면 $\boldsymbol{A}\times\boldsymbol{B}=-\boldsymbol{B}\times\boldsymbol{A}$이 되어 벡터 곱은 반 교환적 (anti-commutative)이다.

4장의 행렬 연산에서 공부하는 행렬식 (determinant) 관계를 이용하면 두 벡터 $\boldsymbol{A}$, $\boldsymbol{B}$의 벡터 곱은 다음과 같이 표현할 수도 있다.

$$\boldsymbol{A}\times\boldsymbol{B}=\begin{vmatrix}\hat{x} & \hat{y} & \hat{z}\\ A_x & A_y & A_z\\ B_x & B_y & B_z\end{vmatrix}$$
$$=\left(A_yB_z-A_zB_y\right)\hat{x}+\left(A_zB_x-A_xB_z\right)\hat{y}+\left(A_xB_y-A_yB_x\right)\hat{z}$$

- <u>레비치비타 기호 (함수) (Levi-Civita symbol)</u>

크로네커 델타함수 δ_{ij}와 함께 중요한 축약 기호는 레비치비타 기호 ϵ_{ijk}이며, 랭크가 3인 텐서의 일종이다. 여기서 아래 첨자는 $i,j,k=1,2,3$ 또는 $i,j,k=x,y,z$를 나타낸다. ϵ_{ijk}는 다음과 같이 정의한다.

$$\epsilon_{ijk}=\begin{cases}+1 & \text{if (i,j,k) is (1,2,3), (2,3,1) or (3,1,2)}\\ -1 & \text{if } (i,j,k) \text{ is (2,1,3), (3,2,1) or (1,3,2)}\\ 0 & \text{otherwise(i = j or j = k or i = k or i = j = k)}\end{cases}$$

ϵ_{ijk}의 아래 첨자 ijk의 순서가 $123=231=312$와 같이 순환순서 (cyclic order)일 때 $\epsilon_{ijk}=+1$이 되며, $132=213=321$와 같이 반 순환순서 (anti-cyclic order)일 때 $\epsilon_{ijk}=-1$이 된다. 두 개 또는 세 개의 아래 첨자가 같은 경우는 $\epsilon_{ijk}=0$이 된다. ϵ_{ijk}는 선형 대수학에서 벡터 곱을 연산할 때 편리하게 사용된다.

직교 좌표계의 단위 벡터를 $\hat{x} \equiv \hat{x}_1$, $\hat{y} \equiv \hat{x}_2$, $\hat{z} \equiv \hat{x}_3$로 나타내면 레비치비타 기호 ϵ_{ijk}와 같은 축약 기호로 단위 벡터의 벡터 곱을 간단히 한 개의 수식으로 표기할 수 있다.

$$\hat{x}_i \times \hat{x}_j = \epsilon_{ijk}\,\hat{x}_k$$

- <u>스칼라 3중 곱과 벡터 3중 곱</u>

세 벡터 $\boldsymbol{A}, \boldsymbol{B}, \boldsymbol{C}$의 3중 곱의 결과가 스칼라 또는 벡터냐에 따라 스칼라 3중 곱 (scalar triple product)과 벡터 3중 곱 (vector triple product)으로 분류할 수 있다.

$$\boldsymbol{A} \cdot (\boldsymbol{B} \times \boldsymbol{C}) : \text{스칼라 3중 곱}$$
$$\boldsymbol{A} \times (\boldsymbol{B} \times \boldsymbol{C}) : \text{벡터 3중 곱}$$

스칼라 3중 곱은 다음과 같이 행렬식 (determinant)으로 표현할 수 있다.

$$\boldsymbol{A} \cdot (\boldsymbol{B} \times \boldsymbol{C}) = \begin{vmatrix} A_x & A_y & A_z \\ B_x & B_y & B_z \\ C_x & C_y & C_z \end{vmatrix}$$

또한, 스칼라 3중 곱의 계산은 다음과 같은 순환순서 관계도 성립한다.

$$\boldsymbol{A} \cdot (\boldsymbol{B} \times \boldsymbol{C}) = \boldsymbol{C} \cdot (\boldsymbol{A} \times \boldsymbol{B}) = \boldsymbol{B} \cdot (\boldsymbol{C} \times \boldsymbol{A})$$
$$(\boldsymbol{B} \times \boldsymbol{C}) \cdot \boldsymbol{A} = (\boldsymbol{A} \times \boldsymbol{B}) \cdot \boldsymbol{C} = (\boldsymbol{C} \times \boldsymbol{A}) \cdot \boldsymbol{B}$$

벡터 3중 곱은 *BAC-CAB* rule이라 부르는 다음 관계식이 성립한다.

$$\boldsymbol{A} \times (\boldsymbol{B} \times \boldsymbol{C}) = \boldsymbol{B}(\boldsymbol{A} \cdot \boldsymbol{C}) - \boldsymbol{C}(\boldsymbol{A} \cdot \boldsymbol{B})$$ [예제 2.5 참고]

[예제 2.4] 예제 2.4 그림과 같이 세 벡터 $\mathbf{A}, \mathbf{B}, \mathbf{C}$ 로 이루어진 평행 6면체 (parallelepiped)의 부피는 스칼라 3중 곱 $\mathbf{A} \cdot (\mathbf{B} \times \mathbf{C})$와 같음을 보여라.

단, $0 \leq \phi < \dfrac{\pi}{2}$ 이다.

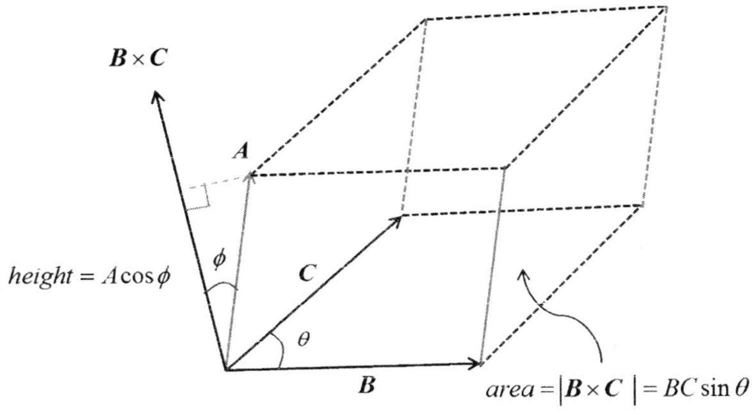

예제 2.4 그림.

[풀이]

예제 2.4 그림과 같이 벡터B, C로 이루어진 밑면의 면적은 벡터 곱의 정의에 따라 $|B \times C| = BC \sin\theta$이다. 벡터 곱 $B \times C$는 벡터 B, C로 이루어진 평면에 수직이므로 평행 6면체의 높이는 $A\cos\phi$이다. 따라서 평행 6면체의 부피는 다음과 같다.

$$\underbrace{A\cos\phi}_{\text{높이}}\ \underbrace{|B \times C|}_{\text{면적}} = \mathbf{A} \cdot (B \times C)$$

여기서 ϕ는 벡터 $\mathbf{A}$와 벡터 곱 $B \times C$가 이루는 각이며, $0 < \cos\phi \leq 1$ 또는 $0 \leq \phi < \dfrac{\pi}{2}$ 이어야 양의 부피를 갖는다. 모든 ϕ에 대해 위의 관계식이 성립하려면 평행 6면체의 부피는 스칼라 3중 곱의 절댓값 $|\mathbf{A} \cdot (B \times C)|$과 같다.

■

> [예제 2.5] 벡터 3중 곱은 $\boldsymbol{A}\times(\boldsymbol{B}\times\boldsymbol{C})=\boldsymbol{B}(\boldsymbol{A}\cdot\boldsymbol{C})-\boldsymbol{C}(\boldsymbol{A}\cdot\boldsymbol{B})$와 같음을 증명하라. 이 규칙을 *BAC-CAB* rule이라 한다.

[풀이]

그림. 2.7과 같이 임의의 세 벡터 $\boldsymbol{A},\boldsymbol{B},\boldsymbol{C}$를 $\boldsymbol{B}=B_x\hat{x}$, $\boldsymbol{C}=C_x\hat{x}+C_y\hat{y}$, $\boldsymbol{A}=A_x\hat{x}+A_y\hat{y}+A_z\hat{z}$과 같이 택하면 $\boldsymbol{B}\times\boldsymbol{C}=B_x\hat{x}\times\left(C_x\hat{x}+C_y\hat{y}\right)=B_xC_y\hat{z}$이며 $\boldsymbol{A}\times(\boldsymbol{B}\times\boldsymbol{C})=-A_xB_xC_y\hat{y}+A_yB_xC_y\hat{x}$이다.

한편,$\boldsymbol{A}\cdot\boldsymbol{B}=A_xB_x$, $\boldsymbol{A}\cdot\boldsymbol{C}=A_xC_x+A_yC_y$이며 $A_yC_y=\boldsymbol{A}\cdot\boldsymbol{C}-A_xC_x$이다.

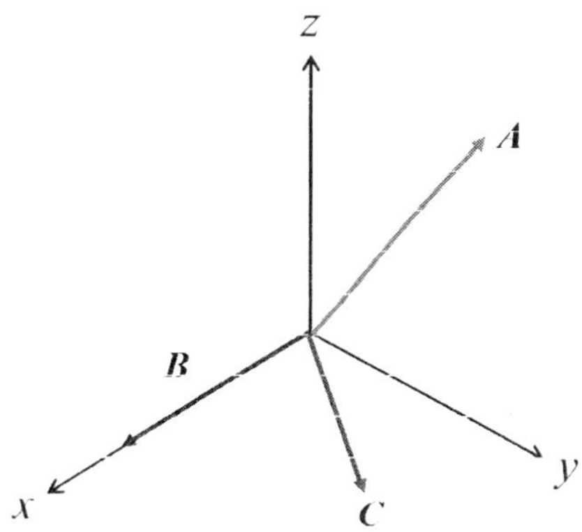

그림 2.7 임의의 세 벡터.

$$\begin{aligned}\boldsymbol{A}\times(\boldsymbol{B}\times\boldsymbol{C}) &= -A_xB_xC_y\hat{y}+A_yB_xC_y\hat{x}\\ &= -(\boldsymbol{A}\cdot\boldsymbol{B})C_y\hat{y}+B_x\left[(\boldsymbol{A}\cdot\boldsymbol{C})-A_xC_x\right]\hat{x}\\ &= B_x(\boldsymbol{A}\cdot\boldsymbol{C})\hat{x}-\left[(\boldsymbol{A}\cdot\boldsymbol{B})C_y\hat{y}+(\boldsymbol{A}\cdot\boldsymbol{B})C_x\hat{x}\right]\\ &= \boldsymbol{B}(\boldsymbol{A}\cdot\boldsymbol{C})-\left[C_x\hat{x}+C_y\hat{y}\right](\boldsymbol{A}\cdot\boldsymbol{B})\\ &= \boldsymbol{B}(\boldsymbol{A}\cdot\boldsymbol{C})-\boldsymbol{C}(\boldsymbol{A}\cdot\boldsymbol{B})\end{aligned}$$

$$\therefore\ \boldsymbol{A}\times(\boldsymbol{B}\times\boldsymbol{C})=\boldsymbol{B}(\boldsymbol{A}\cdot\boldsymbol{C})-\boldsymbol{C}(\boldsymbol{A}\cdot\boldsymbol{B})$$

■

[주의]: 스칼라 3중 곱은 $\boldsymbol{A}\cdot(\boldsymbol{B}\times\boldsymbol{C})=(\boldsymbol{B}\times\boldsymbol{C})\cdot\boldsymbol{A}$와 같이 교환 법칙이 성립하지만 벡터 3중 곱은 $\boldsymbol{A}\times(\boldsymbol{B}\times\boldsymbol{C})\neq(\boldsymbol{B}\times\boldsymbol{C})\times\boldsymbol{A}$임을 주의하자.

2.2 벡터 함수의 미분

독립 변수가 x인 스칼라 함수 $f(x)$의 미분은 $\dfrac{df}{dx}=\lim\limits_{\Delta x \to 0}\dfrac{f(x+\Delta x)-f(x)}{\Delta x}$로 정의된다. 비슷한 방법으로 독립 변수가 $\sigma\,(=x \text{ or } y \text{ or } z \text{ or } t, \cdots)$인 벡터 함수를

$$\boldsymbol{F}(\sigma)=F_x(\sigma)\,\hat{x}+F_y(\sigma)\,\hat{y}+F_z(\sigma)\,\hat{z}$$

라 하면 벡터 함수의 미분은 다음과 같이 주어진다.

$$\begin{aligned}\frac{d\boldsymbol{F}(\sigma)}{d\sigma}&=\lim_{\Delta\sigma\to 0}\frac{\boldsymbol{F}(\sigma+\Delta\sigma)-\boldsymbol{F}(\sigma)}{\Delta\sigma}\\&=\frac{dF_x(\sigma)}{d\sigma}\hat{x}+\frac{dF_y(\sigma)}{d\sigma}\hat{y}+\frac{dF_z(\sigma)}{d\sigma}\hat{z}\end{aligned}$$

- <u>벡터 함수의 미분 관계식</u>

독립 변수가 σ인 스칼라 함수 $f(\sigma)$와 벡터 함수 $\boldsymbol{A}(\sigma), \boldsymbol{B}(\sigma)$에 대해 다음과 같은 미분 관계식이 성립한다. (증명은 생략한다.)

$$(1)\quad \frac{d}{d\sigma}(\boldsymbol{A}+\boldsymbol{B})=\frac{d\boldsymbol{A}}{d\sigma}+\frac{d\boldsymbol{B}}{d\sigma}$$

$$(2)\quad \frac{d}{d\sigma}(f\boldsymbol{A})=\frac{df}{d\sigma}\boldsymbol{A}+f\frac{d\boldsymbol{A}}{d\sigma}$$

$$(3)\quad \frac{d}{d\sigma}(\boldsymbol{A}\cdot\boldsymbol{B})=\frac{d\boldsymbol{A}}{d\sigma}\cdot\boldsymbol{B}+\boldsymbol{A}\cdot\frac{d\boldsymbol{B}}{d\sigma}$$

$$(4)\quad \frac{d}{d\sigma}(\boldsymbol{A}\times\boldsymbol{B})=\frac{d\boldsymbol{A}}{d\sigma}\times\boldsymbol{B}+\boldsymbol{A}\times\frac{d\boldsymbol{B}}{d\sigma}$$

[예제 2.6] 어떤 입자의 위치 벡터는 시간의 함수로 다음과 같이 주어진다.

$$\boldsymbol{r}(t) = x(t)\hat{x} + y(t)\hat{y} + z(t)\hat{z}$$

(1) 속도 $\boldsymbol{v}(t)$와 가속도 $\boldsymbol{a}(t)$를 구하라.

(2) $\dfrac{d(\boldsymbol{r} \times \boldsymbol{v})}{dt} = \boldsymbol{r} \times \boldsymbol{a}$임을 보여라. 여기서 $\boldsymbol{a}(t) = \dfrac{d\boldsymbol{v}}{dt}$이다.

[풀이]

(1) 속도 $\boldsymbol{v}(t) = \dfrac{d\boldsymbol{r}}{dt}$의 정의를 사용하면 속도는 다음과 같다.

$$\boldsymbol{v}(t) = \frac{d\boldsymbol{r}(t)}{dt} = \frac{dx(t)}{dt}\hat{x} + \frac{dy(t)}{dt}\hat{y} + \frac{dz(t)}{dt}\hat{z}$$

가속도는 $\boldsymbol{a}(t) = \dfrac{d\boldsymbol{v}}{dt}$이므로 속도를 대입하면 다음과 같다.

$$\begin{aligned} \boldsymbol{a}(t) &= \frac{d}{dt}\boldsymbol{v}(t) = \frac{d}{dt}\left(\frac{d}{dt}x(t)\hat{x} + \frac{d}{dt}y(t)\hat{y} + \frac{d}{dt}z(t)\hat{z}\right) \\ &= \frac{d^2x(t)}{dt^2}\hat{x} + \frac{d^2y(t)}{dt^2}\hat{y} + \frac{d^2z(t)}{dt^2}\hat{z} \end{aligned}$$

(2) 벡터 함수의 미분 관계식 $\dfrac{d}{d\sigma}(\boldsymbol{A} \times \boldsymbol{B}) = \dfrac{d\boldsymbol{A}}{d\sigma} \times \boldsymbol{B} + \boldsymbol{A} \times \dfrac{d\boldsymbol{B}}{d\sigma}$을 사용한다.

$$\begin{aligned} \frac{d(\boldsymbol{r} \times \boldsymbol{v})}{dt} &= \frac{d\boldsymbol{r}}{dt} \times \boldsymbol{v} + \boldsymbol{r} \times \frac{d\boldsymbol{v}}{dt} \\ &= \underbrace{\boldsymbol{v} \times \boldsymbol{v}}_{=0} + \boldsymbol{r} \times \boldsymbol{a} = \boldsymbol{r} \times \boldsymbol{a} \end{aligned}$$

■

- **벡터 함수의 편미분 (partial derivative of vector function)**

벡터 함수 $\boldsymbol{A} = \boldsymbol{A}(x,y,z)$가 한 개 이상의 스칼라 독립 변수 (즉, x, y, z)를 갖는 벡터 함수라고 하자. 독립 변수가 두 개 이상인 함수에 대한 미분은 상 미분과 구분하여 편미분 (partial derivatives)이라 부르며 미분 기호는 $\dfrac{\partial}{\partial \sigma}$로 표현한다. 상 미분과의 차이점은 독립 변수가 여러 개이므로 특정 독립 변수에 대해 미분하는 동안 나머지 독립 변수들은 상수로 취급하여야 한다. 예를 들면, 벡터 함수 $\boldsymbol{A} = \boldsymbol{A}(x,y,z)$를 x에 대해 편 미분하는 경우 다른 독립변수들 y, z는 상수로 취급한다. 즉,

$$\frac{\partial \boldsymbol{A}}{\partial x} = \lim_{\triangle x \to 0} \frac{\boldsymbol{A}(x+\triangle x, y, z) - \boldsymbol{A}(x, y, z)}{\triangle x}$$

스칼라 곱과 벡터 곱의 벡터 함수들에 대한 편미분의 관계식들은 다음과 같이 쓸 수 있다.

$$\frac{\partial(\boldsymbol{A} \bullet \boldsymbol{B})}{\partial x} = \frac{\partial \boldsymbol{A}}{\partial x} \bullet \boldsymbol{B} + \boldsymbol{A} \bullet \frac{\partial \boldsymbol{B}}{\partial x}$$

$$\frac{\partial(\boldsymbol{A} \times \boldsymbol{B})}{\partial x} = \frac{\partial \boldsymbol{A}}{\partial x} \times \boldsymbol{B} + \boldsymbol{A} \times \frac{\partial \boldsymbol{B}}{\partial x}$$

위의 관계식을 이용하여 고계 편미분들을 계산할 수 있다.

예를 들면, 2계 편미분 $\dfrac{\partial^2 (\boldsymbol{A} \bullet \boldsymbol{B})}{\partial x \partial y}$는 다음과 같이 계산한다.

$$\frac{\partial^2 (\boldsymbol{A} \bullet \boldsymbol{B})}{\partial x \partial y} = \frac{\partial}{\partial x}\left[\frac{\partial(\boldsymbol{A} \bullet \boldsymbol{B})}{\partial y}\right] = \frac{\partial}{\partial x}\left[\frac{\partial \boldsymbol{A}}{\partial y} \bullet \boldsymbol{B} + \boldsymbol{A} \bullet \frac{\partial \boldsymbol{B}}{\partial y}\right]$$

$$= \frac{\partial^2 \boldsymbol{A}}{\partial x \partial y} \bullet \boldsymbol{B} + \frac{\partial \boldsymbol{A}}{\partial y} \bullet \frac{\partial \boldsymbol{B}}{\partial x} + \frac{\partial \boldsymbol{A}}{\partial x} \bullet \frac{\partial \boldsymbol{B}}{\partial y} + \boldsymbol{A} \bullet \frac{\partial^2 \boldsymbol{B}}{\partial x \partial y}$$

- <u>벡터의 미분 (differential of vectors)</u>

물리학에서 다루는 벡터 함수는 대개 3차원 공간 좌표 x, y, z와 시간 t를 동시에 다룰 때가 많다. 벡터 함수 $\boldsymbol{A}(x, y, z, t)$를 표현하는 방법은 두 가지가 있다. 하나는 성분별로 나타내거나, 벡터 함수 형태로 나타낼 수 있다.

$$\boldsymbol{A} = \begin{cases} A_x \hat{x} + A_y \hat{y} + A_z \hat{z} & : \text{성분 별} \\ \boldsymbol{A}(x, y, z, t) & : \text{벡터 함수} \end{cases}$$

여기서 함수 $A_i\,(i = x, y, z)$는 i 성분이지만 공간 좌표 x, y, z와 시간 t의 함수 $A_i = A_i\,(x, y, z, t)$이다. 벡터 함수 $\boldsymbol{A}$에 대한 미분은 위의 두 가지 표현 방식에 따라 다음과 같이 쓸 수 있다.

$$\begin{cases} d\boldsymbol{A} = dA_x \hat{x} + dA_y \hat{y} + dA_z \hat{z} \\ d\boldsymbol{A} = \dfrac{\partial \boldsymbol{A}}{\partial x} dx + \dfrac{\partial \boldsymbol{A}}{\partial y} dy + \dfrac{\partial \boldsymbol{A}}{\partial z} dz + \dfrac{\partial \boldsymbol{A}}{\partial t} dt \end{cases}$$

여기서 두 번째 미분 $d\boldsymbol{A}$는 벡터 함수 $\boldsymbol{A}(x, y, z, t)$의 모든 독립 변수 (x, y, z, t)에 대해 편 미분하였음으로 전 미분 (total differential)이라 한다.
두 벡터 함수의 스칼라 곱과 벡터 곱의 미분은 다음 관계식이 성립한다.

$$d(\boldsymbol{A} \cdot \boldsymbol{B}) = d\boldsymbol{A} \cdot \boldsymbol{B} + \boldsymbol{A} \cdot d\boldsymbol{B}$$
$$d(\boldsymbol{A} \times \boldsymbol{B}) = d\boldsymbol{A} \times \boldsymbol{B} + \boldsymbol{A} \times d\boldsymbol{B}$$

[예제 2.7] 그림과 같은 2차원 평면 극 좌표계에서 입자가 xy 평면상에서 일정한 각속도 ω로 등속 원운동을 하고 있다.

입자의 위치 벡터는 $\boldsymbol{r} = r\cos\omega t\,\hat{x} + r\sin\omega t\,\hat{y} \equiv r\hat{r}$로 주어진다. 여기서 r은 반지름, $\hat{r}$은 반지름 방향의 단위 벡터이며 $\hat{\theta}$은 접선 방향의 단위 벡터이다.

(1) 서로 수직인 두 단위 벡터 $\hat{r}$과 $\hat{\theta}$을 구하고, 시간 미분 $\dfrac{d\hat{r}}{dt}$, $\dfrac{d\hat{\theta}}{dt}$을 $\hat{r}$과 $\hat{\theta}$로 나타내어라.

[힌트: $\hat{\theta}$를 $\hat{\theta} = a(t)\hat{x} + b(t)\hat{y}$라 두고 단위 벡터의 직교 조건 사용]

(2) 속도 $\boldsymbol{v} = \dfrac{d\boldsymbol{r}}{dt}$와 가속도 $\boldsymbol{a} = \dfrac{d\boldsymbol{v}}{dt}$를 구하고 $\hat{r}$과 $\hat{\theta}$로 나타내어라.

(3) 운동량 $\boldsymbol{p} = m\boldsymbol{v}$과 각운동량 $\boldsymbol{L} = \boldsymbol{r} \times \boldsymbol{p}$를 구하라.

(4) 힘 $\boldsymbol{F} = \dfrac{d\boldsymbol{p}}{dt} = m\boldsymbol{a}$와 토크 (회전력) $\boldsymbol{\tau} = \boldsymbol{r} \times \boldsymbol{F}$를 $\hat{r}$ 또는 $\hat{\theta}$로 유도하라.

(5) $\boldsymbol{\tau} = \boldsymbol{r} \times \boldsymbol{F} = \dfrac{d\boldsymbol{L}}{dt}$임을 보여라.

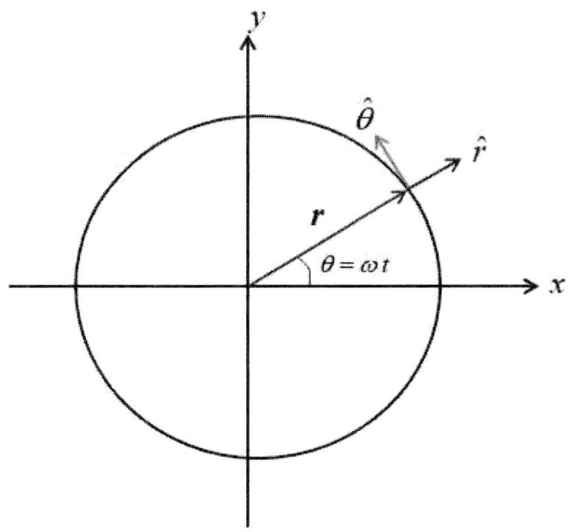

예제 2.7 그림.

[풀이]

(1) 반지름 방향의 단위 벡터 $\hat{r}$은 $\hat{r} \equiv \dfrac{\boldsymbol{r}}{r} = \cos\omega t\,\hat{x} + \sin\omega t\,\hat{y}$과 같이 주어진다.

$\hat{r}$에 수직인 단위 벡터 $\hat{\theta}$은 직교 조건 $\hat{r} \cdot \hat{\theta} = 0$과 $\hat{\theta} \cdot \hat{\theta} = 1$ 조건을 만족하여야 한다.

단위 벡터 $\hat{\theta}$을 $\hat{\theta} = a(t)\,\hat{x} + b(t)\,\hat{y}$라 두면 계수 $a(t)$, $b(t)$는 다음 두 방정식을 동시에 만족한다.

$$
\begin{aligned}
\hat{r} \cdot \hat{\theta} &= \left[\cos\omega t\,\hat{x} + \sin\omega t\,\hat{y}\right] \cdot \left[a(t)\,\hat{x} + b(t)\,\hat{y}\right] \\
&= a(t)\cos\omega t + b(t)\sin\omega t = 0 \\
\hat{\theta} \cdot \hat{\theta} &= \left[a(t)\hat{x} + b(t)\hat{y}\right] \cdot \left[a(t)\hat{x} + b(t)\hat{y}\right] \\
&= a^2(t) + b^2(t) = 1
\end{aligned}
$$

적절한 해는 $a(t) = -\sin\omega t$, $b(t) = \cos\omega t$ 임을 알 수 있다.[14] 따라서 예제 27 그림의 2차원 평면 극 좌표계 (polar coordinate system)의 단위 벡터들은 다음과 같이 주어진다.

$$
\begin{aligned}
\hat{r}(t) &= \cos\omega t\,\hat{x} + \sin\omega t\,\hat{y} \\
\hat{\theta}(t) &= -\sin\omega t\,\hat{x} + \cos\omega t\,\hat{y}
\end{aligned}
$$

단위 벡터의 시간 미분 $\dfrac{d\hat{r}}{dt}$, $\dfrac{d\hat{\theta}}{dt}$을 구하면 다음과 같다.

$$
\begin{aligned}
\frac{d\hat{r}}{dt} &= -\omega\sin\omega t\,\hat{x} + \omega\cos\omega t\,\hat{y} \equiv \omega\,\hat{\theta}, \\
\frac{d\hat{\theta}}{dt} & -\omega\cos\omega t\,\hat{x} - \omega\sin\omega t\,\hat{y} \equiv -\omega\,\hat{r}
\end{aligned}
$$

---

14) $a(t) = +\sin\omega t$, $b(t) = -\cos\omega t$ 도 해가 될 수 있으나 시계 방향의 접선 단위 벡터가 된다.

(2) 입자의 위치 벡터가 $\boldsymbol{r} = r\cos\omega t\,\hat{x} + r\sin\omega t\,\hat{y} \equiv r\hat{r}$이므로 속도는 다음과 같다.

$$\boldsymbol{v} = \frac{d\boldsymbol{r}}{dt} = -r\omega\sin\omega t\,\hat{x} + r\omega\cos\omega t\,\hat{y}$$

$$= r\omega(-\sin\omega t\,\hat{x} + \cos\omega t\,\hat{y}) \equiv r\omega\,\hat{\theta}$$

속도의 크기는 $v = r\omega$이며 방향은 $\hat{\theta}$ 이므로 원의 접선 방향이며 접선 속도가 된다. 입자의 가속도는 다음과 같다.

$$\boldsymbol{a} = \frac{d\boldsymbol{v}}{dt} = -r\omega^2(\cos\omega t\,\hat{x} + \sin\omega t\,\hat{y})$$

$$\equiv -r\omega^2\,\hat{r} = -\omega^2\boldsymbol{r}$$

가속도의 크기는 $a = r\omega^2 = v\omega$이며 방향은 원의 중심을 향하는 $(-\hat{r})$ 방향이므로 구심 가속도 (centripetal acceleration)가 된다.

(3) $\boldsymbol{r} = r\hat{r}$와 $\boldsymbol{v} = r\omega\,\hat{\theta}$ 를 운동량 $\boldsymbol{p} = m\boldsymbol{v}$ 과 각운동량 $\boldsymbol{L} = \boldsymbol{r} \times \boldsymbol{p} = \boldsymbol{r} \times m\boldsymbol{v}$ 에 대입하여 계산하면 다음을 얻는다.

$$\boldsymbol{p} = m\boldsymbol{v} = mr\omega\,\hat{\theta}$$

$$\boldsymbol{L} = \boldsymbol{r} \times m\boldsymbol{v} = (r\,\hat{r}) \times (mr\omega\,\hat{\theta}) = mr^2\omega\,\hat{z}$$

여기서 각운동량 벡터에서 단위 벡터들의 벡터 곱 $\hat{r} \times \hat{\theta}$은 벡터 곱의 정의에 따라 $\hat{r} \times \hat{\theta} = \hat{z}$ 가 된다. (선) 운동량 벡터는 원의 접선 방향으로 크기 $p = mv$의 운동량을 가진다.

반면에 각운동량 벡터의 크기는 $L = |\boldsymbol{L}| = mr^2\omega = mrv$이며 방향은 위치 벡터와 운동량 벡터에 각각 수직인 z방향이다.

(4) 힘 벡터는 운동량 벡터의 미분 $\boldsymbol{F}=\dfrac{d\boldsymbol{p}}{dt}$과 질량 m=일정한 경우[15] $\boldsymbol{F}=m\boldsymbol{a}$의 두 개의 정의가 있다. (2)와 (3)에서 구한 $\boldsymbol{a}=-r\omega^2\,\hat{r}$와 $\boldsymbol{p}=mr\omega\,\hat{\theta}$를 사용하면 힘은 다음과 같이 두 개의 표현이 가능하다.

$$\boldsymbol{F}=\begin{cases} m\boldsymbol{a}=-mr\omega^2\,\hat{r} \\ \dfrac{d\boldsymbol{p}}{dt}=mr\omega\dfrac{d\hat{\theta}}{dt} \end{cases}$$

두 관계식을 비교하면 $\dfrac{d\hat{\theta}}{dt}=-\omega\,\hat{r}$을 (1)에서 구한 단위 벡터의 시간 미분과 같은 결과를 얻는다.

힘 벡터의 방향은 원의 중심을 향하는($-\hat{r}$) 방향이며 구심력이며 크기는 $mr\omega^2$이다, 토크 $\boldsymbol{\tau}=\boldsymbol{r}\times\boldsymbol{F}$는 위에서 구한 힘을 사용하면 다음과 같이 주어진다.

$$\boldsymbol{\tau}=\boldsymbol{r}\times\boldsymbol{F}=(r\hat{r})\times(-mr\omega^2\,\hat{r})=-mr^2\omega^2\,\hat{r}\times\hat{r}=0$$

즉, 같은 단위 벡터들의 벡터 곱은 0이므로 토크 벡터 역시 0이 된다.

[주의]: 토크가 모든 힘에 대해 항상 0이 되는 것이 아니라 예제 2.7과 같이 힘이 중심력(central force)인 (즉, $\boldsymbol{F}(r)\equiv F(r)\,\hat{r}$) 경우에만 $\boldsymbol{\tau}=0$이 된다.

(5) 각운동량의 시간 미분을 구하면 다음과 같이 주어진다.

---

15) 로켓 발사와 같이 로켓의 질량이 시간이 지나면서 연료를 소모하는 경우 로켓의 질량 m은 상수가 아니라 시간의 함수가 된다. 이 경우 뉴턴의 법칙은 $\boldsymbol{F}=m\boldsymbol{a}$가 아니라 $\boldsymbol{F}=\dfrac{d\boldsymbol{p}}{dt}=\dfrac{d(m\boldsymbol{v})}{dt}$가 된다.

$$\frac{d\boldsymbol{L}}{dt}=\frac{d(\boldsymbol{r}\times\boldsymbol{p})}{dt}=\frac{d\boldsymbol{r}}{dt}\times\boldsymbol{p}+\boldsymbol{r}\times\frac{d\boldsymbol{p}}{dt}$$

$$=\boldsymbol{v}\times(m\boldsymbol{v})+\boldsymbol{r}\times\boldsymbol{F}=\boldsymbol{r}\times\boldsymbol{F}\quad(\because \boldsymbol{v}\times\boldsymbol{v}=0)$$

토크가 $\boldsymbol{\tau}=\boldsymbol{r}\times\boldsymbol{F}$ 이므로 다음 관계식이 성립한다.

$$\therefore\ \boldsymbol{\tau}=\begin{cases}\boldsymbol{r}\times\boldsymbol{F}\\ \dfrac{d\boldsymbol{L}}{dt}\end{cases}$$

■

[※ 참고]: 병진 운동에 대한 뉴턴의 운동 법칙이 $\boldsymbol{F}=\dfrac{d\boldsymbol{p}}{dt}$인 것처럼 회전 운동에 대한 뉴턴의 운동 법칙은 $\boldsymbol{\tau}=\dfrac{d\boldsymbol{L}}{dt}$이 된다.

- $\boldsymbol{F}=\dfrac{d\boldsymbol{p}}{dt}=0$인 경우 운동량 $\boldsymbol{p}=$일정이므로 운동량 보존 법칙이 성립한다.
- $\boldsymbol{\tau}=\dfrac{d\boldsymbol{L}}{dt}=0$ 또는 $\boldsymbol{F}(r)\equiv F(r)\hat{r}$인 중심력인 경우

  $\boldsymbol{\tau}=\boldsymbol{r}\times\boldsymbol{F}=rF(r)\hat{r}\times\hat{r}\equiv 0$이며 $\boldsymbol{\tau}=\dfrac{d\boldsymbol{L}}{dt}=0\Rightarrow\boldsymbol{L}=$일정이므로 각운동량 보존 법칙이 성립한다.[16)]

- <u>직교 좌표계와 극 좌표계의 변환 및 미분</u>

데카르트 좌표계 (Cartesian coordinate system) (x, y, z)는 정지 (또는 고정) 좌표계 (fixed coordinate system)이며 단위 벡터들 $\hat{x}, \hat{y}, \hat{z}$은 시간에 무관한 벡터들이므로

16) 예제 2.7과 같이 구심력의 경우 (중심력의 일종) 토크 $\tau=\dfrac{dL}{dt}=0$이므로 $L=$상수가 되어 각운동량이 보존된다.

$\frac{d\hat{x}}{dt} = \frac{d\hat{y}}{dt} = \frac{d\hat{z}}{dt} = 0$ 이 된다.

그러나, 3장에서 공부할 구(면) 좌표계 (r, θ, ϕ)나 원통 좌표계 (ρ, ϕ, z) 등의 곡선 좌표계 등은 운동 좌표계 (moving coordinate system)이며 단위 벡터들은 시간에 따라 변하는 벡터이므로 시간 미분은 0이 아님을 주의하자.

데카르트 좌표계 (x, y)와 평면 극 좌표계 (r, θ)의 단위 벡터들의 변환 관계식을 다음과 같이 도입하자.[17)]

$$\begin{cases} \hat{x} = \cos\theta\,\hat{r} - \sin\theta\,\hat{\theta} \\ \hat{y} = \sin\theta\,\hat{r} + \cos\theta\,\hat{\theta} \end{cases}$$

$$\begin{cases} \hat{r} = \cos\theta\,\hat{x} + \sin\theta\,\hat{y} \\ \hat{\theta} = -\sin\theta\,\hat{x} + \cos\theta\,\hat{y} \end{cases}$$

극 좌표계 (r, θ)의 단위 벡터 $\hat{r}$, $\hat{\theta}$를 시간에 대해 미분하면 다음과 같다.

$$\frac{d\hat{r}}{dt} = -\sin\theta\frac{d\theta}{dt}\,\hat{x} + \cos\theta\frac{d\theta}{dt}\,\hat{y} \equiv \frac{d\theta}{dt}\hat{\theta}$$

$$\frac{d\hat{\theta}}{dt} = -\cos\theta\frac{d\theta}{dt}\,\hat{x} - \sin\theta\frac{d\theta}{dt}\,\hat{y} \equiv -\frac{d\theta}{dt}\hat{r}$$

예제 2.7과 같이 각 거리가 $\theta = \omega t$로 주어지는 경우 단위 벡터의 시간 미분은 다음과 같이 주어진다.

$$\frac{d\hat{r}}{dt} = \frac{d\theta}{dt}\hat{\theta} = \omega\,\hat{\theta},$$
$$\frac{d\hat{\theta}}{dt} = -\frac{d\theta}{dt}\hat{r} = -\omega\,\hat{r}$$

---

17) 데카르트 좌표계와 극 좌표계의 변환 관계는 3장 직교 곡선 좌표계에서 다루는 계량 계수 (길이 인자)를 사용하여 자세히 다룬다.

극 좌표계의 단위 벡터들의 스칼라 곱과 벡터 곱은 각각 다음과 같다.

$$\hat{r} \cdot \hat{\theta} = (\cos\theta\,\hat{x} + \sin\theta\,\hat{y}) \cdot (-\sin\theta\,\hat{x} + \cos\theta\,\hat{y})$$
$$= -\cos\theta\sin\theta + \cos\theta\sin\theta = 0$$

$$\hat{r}\times\hat{\theta} = (\cos\theta\,\hat{x} + \sin\theta\,\hat{y}) \times (-\sin\theta\,\hat{x} + \cos\theta\,\hat{y})$$
$$= \cos^2\theta\,\hat{z} + \sin^2\theta\,\hat{z} = \hat{z}$$

> **[예제 2.8]** 2차원 평면 극 좌표계에서 벡터 함수가 $\boldsymbol{A}(t) = A_r(t)\hat{r} + A_\theta(t)\hat{\theta}$와 같이 주어진다고 할 때 $\dfrac{d\boldsymbol{A}}{dt}$를 구하라.

[풀이] 극 좌표계 (r, θ)의 단위 벡터들은 운동 좌표계이므로 $\dfrac{d\hat{r}}{dt} = \dfrac{d\theta}{dt}\hat{\theta}$, $\dfrac{d\hat{\theta}}{dt} = -\dfrac{d\theta}{dt}\hat{r}$ 관계식을 이용한다.

$$\begin{aligned}
\frac{d\boldsymbol{A}(t)}{dt} &= \frac{dA_r}{dt}\hat{r} + A_r\frac{d\hat{r}}{dt} + \frac{dA_\theta}{dt}\hat{\theta} + A_\theta\frac{d\hat{\theta}}{dt} \\
&= \frac{dA_r}{dt}\hat{r} + A_r\frac{d\theta}{dt}\hat{\theta} + \frac{dA_\theta}{dt}\hat{\theta} - A_\theta\frac{d\theta}{dt}\hat{r} \\
&= \left(\frac{dA_r}{dt} - A_\theta\frac{d\theta}{dt}\right)\hat{r} + \left(\frac{dA_\theta}{dt} + A_r\frac{d\theta}{dt}\right)\hat{\theta}
\end{aligned}$$

■

[예제 2.9] 벡터 함수가 $\boldsymbol{A} = \boldsymbol{A}(x, y, z, t)$이며 $x = x(t),\ y = y(t),\ z = z(t)$는 시간 t의 함수이다.

$\dfrac{d\boldsymbol{A}}{dt} = \dfrac{\partial \boldsymbol{A}}{\partial t} + \dfrac{\partial \boldsymbol{A}}{\partial x}\dfrac{dx}{dt} + \dfrac{\partial \boldsymbol{A}}{\partial y}\dfrac{dy}{dt} + \dfrac{\partial \boldsymbol{A}}{\partial z}\dfrac{dz}{dt}$임을 보여라.

[풀이]

벡터 함수 $\boldsymbol{A} = \boldsymbol{A}(x, y, z, t)$를 성분별로 나타내고 전 미분을 성분별로 나타내면 다음과 같이 주어진다.

$$\boldsymbol{A} = A_x(x, y, z, t)\,\hat{x} + A_y(x, y, z, t)\,\hat{y} + A_z(x, y, z, t)\,\hat{z}$$

$$\Rightarrow d\boldsymbol{A} = dA_x\,\hat{x} + dA_y\,\hat{y} + dA_z\,\hat{z}$$

각 성분에 대한 전 미분은 $dA_i = \dfrac{\partial A_i}{\partial x}dx + \dfrac{\partial A_i}{\partial y}dy + \dfrac{\partial A_i}{\partial z}dz + \dfrac{\partial A_i}{\partial t}dt\ \ (i = x,\ y,\ z)$ 이므로 각 성분의 전 미분을 대입한다.

$$\begin{aligned} d\boldsymbol{A} &= dA_x\,\hat{x} + dA_y\,\hat{y} + dA_z\,\hat{z} \\ &= \left[\frac{\partial A_x}{\partial t}dt + \frac{\partial A_x}{\partial x}dx + \frac{\partial A_x}{\partial y}dy + \frac{\partial A_x}{\partial z}dz\right]\hat{x} \\ &\quad + \left[\frac{\partial A_y}{\partial t}dt + \frac{\partial A_y}{\partial x}dx + \frac{\partial A_y}{\partial y}dy + \frac{\partial A_y}{\partial z}dz\right]\hat{y} \\ &\quad + \left[\frac{\partial A_z}{\partial t}dt + \frac{\partial A_z}{\partial x}dx + \frac{\partial A_z}{\partial y}dy + \frac{\partial A_z}{\partial z}dz\right]\hat{z} \end{aligned}$$

전 미분 $d\boldsymbol{A}$를 독립 변수들의 미분 $dt,\ dx,\ dy,\ dz$ 별로 묶어서 정리하고 다음 미분 관계식 $\dfrac{\partial \boldsymbol{A}}{\partial q_i} = \dfrac{\partial A_x}{\partial q_i}\hat{x} + \dfrac{\partial A_y}{\partial q_i}\hat{y} + \dfrac{\partial A_z}{\partial q_i}\hat{z},\ \ (q_i = x, y, z, t)$을 이용한다.

$$
\begin{aligned}
d\boldsymbol{A} = & \left[\frac{\partial A_x}{\partial t} \hat{x} + \frac{\partial A_y}{\partial t} \hat{y} + \frac{\partial A_z}{\partial t} \hat{z} \right] dt \\
& + \left[\frac{\partial A_x}{\partial x} \hat{x} + \frac{\partial A_y}{\partial x} \hat{y} + \frac{\partial A_z}{\partial x} \hat{z} \right] dx \\
& + \left[\frac{\partial A_x}{\partial y} \hat{x} + \frac{\partial A_y}{\partial y} \hat{y} + \frac{\partial A_z}{\partial y} \hat{z} \right] dy \\
& + \left[\frac{\partial A_x}{\partial x} \hat{z} + \frac{\partial A_y}{\partial z} \hat{y} + \frac{\partial A_z}{\partial z} \hat{z} \right] dz \\
& \equiv \frac{\partial \boldsymbol{A}}{\partial t} dt + \frac{\partial \boldsymbol{A}}{\partial x} dx + \frac{\partial \boldsymbol{A}}{\partial y} dy + \frac{\partial \boldsymbol{A}}{\partial z} dz
\end{aligned}
$$

즉, 전 미분 $d\boldsymbol{A}(x, y, z, t)$는 다음과 같이 주어진다.

$$
d\boldsymbol{A} = \frac{\partial \boldsymbol{A}}{\partial t} dt + \frac{\partial \boldsymbol{A}}{\partial x} dx + \frac{\partial \boldsymbol{A}}{\partial y} dy + \frac{\partial \boldsymbol{A}}{\partial z} dz
$$

양변을 시간 t에 대해 미분하면 $\dfrac{d\boldsymbol{A}}{dt}$는 다음과 같다.

$$
\therefore \frac{d\boldsymbol{A}}{dt} = \frac{\partial \boldsymbol{A}}{\partial t} + \frac{\partial \boldsymbol{A}}{\partial x}\frac{dx}{dt} + \frac{\partial \boldsymbol{A}}{\partial y}\frac{dy}{dt} + \frac{\partial \boldsymbol{A}}{\partial z}\frac{dz}{dt}
$$

■

[※ 주의] 위의 식은 비압축성 유체 (incompressible fluid)를 다루는 유체 역학 (fluid dynamics) 등에서 중요한 식이다. 위의 식은 2.3절에서 다루는 벡터 미분 연산자인 그래디언트 (∇: gradient) 연산자로 간단하게 표현할 수도 있다.

$$
\begin{aligned}
\frac{d\boldsymbol{A}}{dt} &= \frac{\partial \boldsymbol{A}}{\partial t} + \frac{\partial \boldsymbol{A}}{\partial x}\frac{dx}{dt} + \frac{\partial \boldsymbol{A}}{\partial y}\frac{dy}{dt} + \frac{\partial \boldsymbol{A}}{\partial z}\frac{dz}{dt} \\
&\equiv \frac{\partial \boldsymbol{A}}{\partial t} + \boldsymbol{v} \cdot \nabla \boldsymbol{A}
\end{aligned}
$$

여기서 $\boldsymbol{v} = v_x \hat{x} + v_y \hat{y} + v_z \hat{z}$는 유체의 속도이며 $\nabla \equiv \hat{x}\dfrac{\partial}{\partial x} + \hat{y}\dfrac{\partial}{\partial y} + \hat{z}\dfrac{\partial}{\partial z}$이다.

2.3 그래디언트 (gradient; ▽) 연산자

물리학에서 다루는 대부분의 물리 현상은 **장** (마당 장: 場, field)의 개념을 사용하여 다룬다. 장은 스칼라 장 (scalar field)과 벡터장 (vector field)으로 분류할 수 있다. 스칼라 장은 온도 분포와 같이 크기만 있는 함수 공간을 말하며 벡터장은 전기장 (electric field), 자기장 (magnetic field), 중력장 (gravitational field)과 같이 크기와 방향이 있는 함수 공간을 말한다.

물리학에서는 장의 개념을 주로 사용하지만, 수리물리학에서 장은 함수 (function)와 같이 취급한다. 즉, 물리학에서 벡터장, 스칼라 장은 각각 수학적으로는 벡터 함수, 스칼라 함수에 해당한다.

스칼라 장 및 벡터장을 기술하는데 필요한 핵심적인 벡터 미분 연산자 (vector differential operators)는 다음의 세 종류가 있다.[18]

∇ : 그래디언트 (gradient) ⇒ (스칼라 장의) **최대 공간 기울기**

$\nabla\cdot$: 다이버전스 (divergence) ⇒ (벡터 장의) **발산**

$\nabla\times$: 컬 (curl) ⇒ (벡터 장의) **회전** (순환)

그래디언트 연산자 (∇)는 스칼라 함수 $f=f(x,y,z)$에 대한 미분 연산자이며, 다이버전스 연산자 ($\nabla\cdot$)와 컬 연산자 ($\nabla\times$)는 벡터 함수 $\boldsymbol{A}=\boldsymbol{A}(x,y,z)$에 대한 미분 연산자이다.

스칼라 함수 $f=f(x,y,z)$에 대한 그래디언트 연산자 (∇)는 저자에 따라 나블라 (nabula), 그래드 (grad) 또는 델 (del)이라 부르며, $\nabla f\equiv grad\,f\equiv del\,f$로 표현하기도 한다. 벡터 함수 $\boldsymbol{A}=\boldsymbol{A}(x,y,z)$에 대해 다이버전스 연산자 ($\nabla\cdot$)는 $\nabla\cdot\boldsymbol{A}\equiv div\boldsymbol{A}$로 표현하며, 컬 연산자 ($\nabla\times$)는 $\nabla\times\boldsymbol{A}\equiv curl\,\boldsymbol{A}\equiv rot\,\boldsymbol{A}$로 쓰기도 한다. 본 교재에서는 ∇f, $\nabla\cdot\boldsymbol{A}$, $\nabla\times\boldsymbol{A}$로 통일하여 쓰기로 한다.

---

18) Gradient (그래디언트)의 사전적 의미는 기울기, 경사, 구배 등의 의미를 가지며, divergence (다이버전스)는 발산, curl (컬)은 회전 (rotation)을 뜻한다.

- <u>그래디언트 연산자 (∇)와 스칼라 함수의 전 미분</u>

그래디언트 (grad) 또는 델 (del) 연산자 ∇의 개념을 알아보기 위해 위치의 함수인 스칼라 함수 (또는 장) $f=f(x,y,z)$를 생각하자. 그림 2.8과 같이 점 P에서 스칼라 함수 $f=f(x,y,z)$와 미소 변위 벡터 $d\boldsymbol{r}$인 점 Q에서 함수 변화를 $f+df$라 하자.

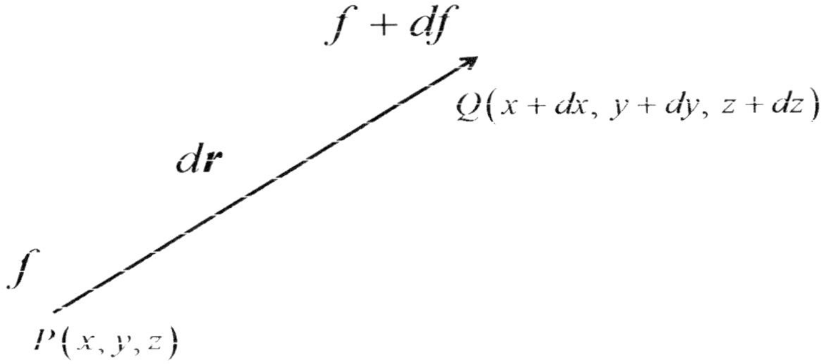

그림 2.8 스칼라 함수 $f(x,y,z)$의 미소 변화 $f+\Delta f$.

스칼라 함수 $f=f(x,y,z)$의 미분 변화 (differential change) df는 전 미분 (total differential)을 사용하면 다음과 같이 주어진다.

$$df=\frac{\partial f}{\partial x}dx+\frac{\partial f}{\partial y}dy+\frac{\partial f}{\partial z}dz$$

- <u>그래디언트 연산자 (∇) 또는 델 연산자 (del operator)의 정의</u>

그래디언트 연산자 (∇)를 다음과 같이 정의하자.

$$\nabla\equiv\hat{x}\frac{\partial}{\partial x}+\hat{y}\frac{\partial}{\partial y}+\hat{z}\frac{\partial}{\partial z}$$

위치 벡터 $\boldsymbol{r}=x\hat{x}+y\hat{y}+z\hat{z}\equiv r\hat{r}$의 미분 $d\boldsymbol{r}$은 $d\boldsymbol{r}=\hat{x}dx+\hat{y}dy+\hat{z}dz\equiv dr\,\hat{r}$

이며 $\hat{r}$은 미소 변위 벡터 $d\boldsymbol{r}$ 방향의 단위 벡터이다.

스칼라 함수의 미분 변화 df는 그래디언트 연산자 (∇)와 변위 벡터의 미분 변화 $d\boldsymbol{r}$의 정의를 사용하면 다음과 같이 스칼라 곱 형태로 주어진다.

$$\begin{aligned} df &= \frac{\partial f}{\partial x}dx + \frac{\partial f}{\partial y}dy + \frac{\partial f}{\partial z}dz \\ &= \underbrace{\left(\hat{x}\frac{\partial f}{\partial x} + \hat{y}\frac{\partial f}{\partial y} + \hat{z}\frac{\partial f}{\partial z}\right)}_{\nabla f} \bullet \underbrace{(\hat{x}\,dx + \hat{y}\,dy + \hat{z}\,dz)}_{d\boldsymbol{r}} \\ &\equiv \nabla f \bullet d\boldsymbol{r} = \nabla f \bullet \hat{r}dr \end{aligned}$$

$$\therefore\ df = \nabla f \bullet d\boldsymbol{r} = \nabla f \bullet \hat{r}\,dr$$

여기서 스칼라 함수 $f = f(x, y, z)$의 ∇f 연산자는 다음과 같다.[19)]

$$\boxed{\nabla f \equiv \hat{x}\frac{\partial f}{\partial x} + \hat{y}\frac{\partial f}{\partial y} + \hat{z}\frac{\partial f}{\partial z}}$$

- 방향 도함수 (directional derivative)의 정의

스칼라 함수의 미분 변화 df를 dr로 미분하면 다음과 같이 주어진다.

$$df = \nabla f \bullet \hat{r}dr \ \Rightarrow\ \frac{df}{dr} = \nabla f \bullet \hat{r}$$

이때 $\dfrac{df}{dr}$을 방향 도함수 (directional derivative)라 정의한다.

---

19) 함수 $f = f(x, y, z)$는 스칼라이지만 ∇f는 벡터임을 유의하자.

즉, 방향 도함수 $\dfrac{df}{dr}$는 단위 벡터 $\hat{r}$과 ∇f 벡터와의 스칼라 곱 $\dfrac{df}{dr} \equiv \hat{r} \cdot \nabla f$로 주어지며, 임의의 $\boldsymbol{r}$ 벡터 방향으로의 기울기를 뜻한다.

- ∇f의 물리적 의미

∇f의 물리적 의미를 알아보기 위해 다음의 두 특별한 경우를 생각하자.

(1) $f(\boldsymbol{r}) = c =$ 일정한 면 (constant surface)

스칼라 함수 $f(\boldsymbol{r})$이 일정한 값 (스칼라) c를 갖는 면을 생각하자.
그림 2.9와 같이 임의의 원점 O에서 일정한 값 c를 갖는 면 위의 두 변위 벡터 $\boldsymbol{r}$과 $\boldsymbol{r} + d\boldsymbol{r}$을 생각하자.

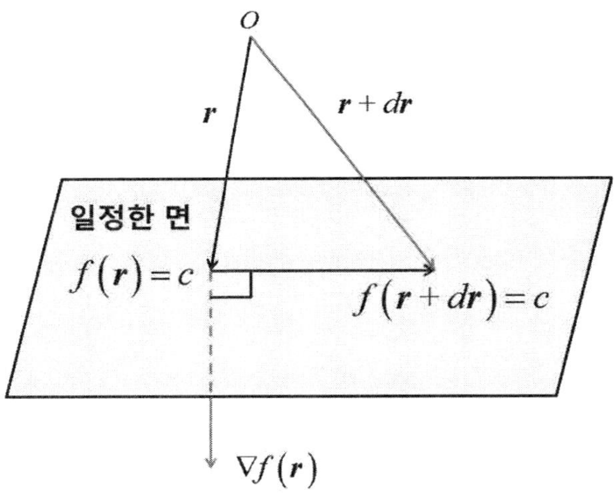

그림 2.9 일정한 스칼라값을 갖는 면 위의 두 스칼라 함수 $f(\boldsymbol{r})$과 $f(\boldsymbol{r} + d\boldsymbol{r})$.

이때 각 변위 벡터 $\boldsymbol{r}$과 $\boldsymbol{r} + d\boldsymbol{r}$에서 스칼라 함수들은 서로 같으므로 $f(\boldsymbol{r}) = f(\boldsymbol{r} + d\boldsymbol{r}) = c$이다.
따라서 스칼라 함수의 미분 변화 df는 다음 두 가지 표현이 가능하다.

$$df = \begin{cases} f(\boldsymbol{r}+d\boldsymbol{r}) - f(\boldsymbol{r}) = c - c = 0 \\ \nabla f \cdot d\boldsymbol{r} \end{cases}$$

$$\Rightarrow \therefore\ \nabla f \perp d\boldsymbol{r}$$

∇f의 방향은 스칼라 함수 $f(\boldsymbol{r})$이 일정한 면에 항상 수직이다.

위의 결과로부터 ∇f의 첫 번째 중요한 특성을 알 수 있다.
예를 들면, 물체에 작용하는 중력 $\boldsymbol{F}(\boldsymbol{r})$의 방향은 중력 위치 에너지 $U(r)$이 같은 면에 대해 항상 수직인 사실과 연관된다. 즉, $\boldsymbol{F}(\boldsymbol{r}) = -\nabla U(r)$이다.

(2) 다른 일정한 값을 가지며 인접한 두 평면

그림 2.10과 같이 임의의 원점 O에서 $\boldsymbol{r}$인 위치에 있는 일정한 면 $f(\boldsymbol{r}) = c_1$과 인접한 $\boldsymbol{r} + d\boldsymbol{r}$인 위치에 있는 또 다른 일정한 면 $f(\boldsymbol{r}+d\boldsymbol{r}) = c_2$을 생각하자.
여기서 두 상수는 $c_1 \neq c_2$이다.
스칼라 함수의 미분 변화 df는 다음 두 가지 표현이 가능하다.

$$df = \begin{cases} f(\boldsymbol{r}+d\boldsymbol{r}) - f(\boldsymbol{r}) = c_2 - c_1 \neq 0 \\ \nabla f \cdot d\boldsymbol{r} = |\nabla f||d\boldsymbol{r}|\cos\theta = |\nabla f| dr\cos\theta \end{cases}$$

여기서 θ는 $f(\boldsymbol{r}) = c_1$인 면에 수직인 $\nabla f(\boldsymbol{r})$ 벡터와 다른 일정한 면 $f(\boldsymbol{r}+d\boldsymbol{r}) = c_2$로 향하는 미소 변위 $d\boldsymbol{r}$과 이루는 사잇각이며, $|d\boldsymbol{r}| = dr$이다.
위의 두 관계식으로부터 방향 도함수는 다음과 같이 주어진다.

$$\frac{df}{dr} = |\nabla f|\cos\theta \ \Rightarrow \ \therefore\ \frac{df}{dr} \leq |\nabla f| \quad (\because \cos\theta \leq 1)$$

θ는 $\nabla f(\boldsymbol{r})$과 미소 변위 $d\boldsymbol{r}$과 이루는 사잇각이므로 $\cos\theta = 1$ 또는 $\theta = 0$일 때

방향 함수는 $\dfrac{df}{dr} = |\nabla f|$와 같다. 즉, 함수 $f(\boldsymbol{r})$의 변화 방향 $d\boldsymbol{r}$이 $\nabla f(\boldsymbol{r})$ 방향과 같을 때 방향 도함수 $\dfrac{df}{dr}$는 최댓값 $|\nabla f|$가 된다.

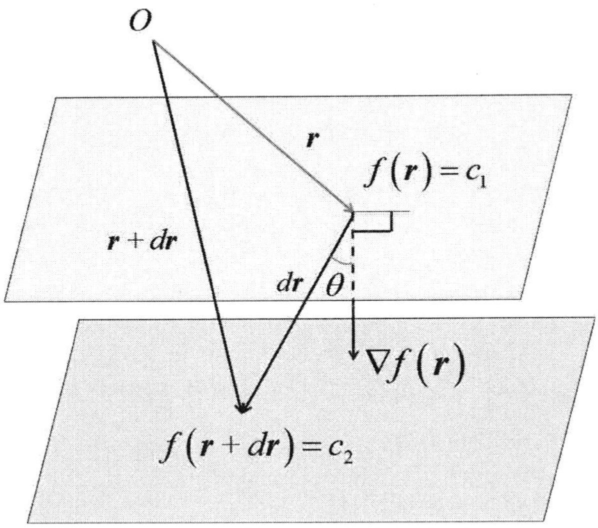

그림 2.10 다른 일정한 값 ($c_1 \neq c_2$)을 가지며 인접한 두 평면 위의 스칼라 함수.

위의 결과로부터 우리는 ∇f의 두 번째 중요한 특성을 알 수 있다.

> 방향 도함수는 $\dfrac{df}{dr} = |\nabla f|\cos\theta \le |\nabla f|$로 주어지며, $\theta = 0$일 때 $\dfrac{df}{dr}$는 $\boldsymbol{r} = r\hat{r}$ 방향으로 최대의 기울기를 가지며 크기는 $|\nabla f|$이다.
> 따라서 ∇f 벡터는 함수 $f(r)$이 최대 변화율 (maximum rate of change)을 갖는 방향이며 크기는 방향 도함수 가운데 최대이다.

[예제 2.10] 그림과 같은 동심 구 껍질 (concentric spherical shell)의 함수는 $f(x,y,z)=\sqrt{x^2+y^2+z^2}\equiv r=\text{const.}$로 주어진다. ∇f를 구하라.

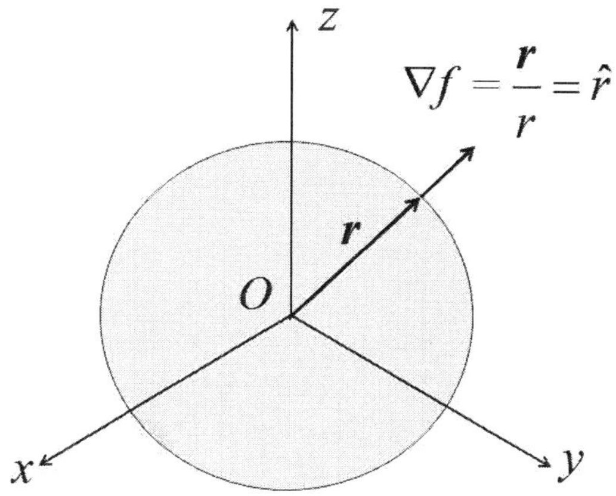

예제 2.10 그림.

[풀이]

∇f의 정의와 연쇄 규칙을 사용한다.

$$
\begin{aligned}
\nabla f &= \hat{x}\frac{\partial f}{\partial x} + \hat{y}\frac{\partial f}{\partial y} + \hat{z}\frac{\partial f}{\partial z} \\
&= \hat{x}\frac{\partial f}{\partial r}\frac{\partial r}{\partial x} + \hat{y}\frac{\partial f}{\partial r}\frac{\partial r}{\partial y} + \hat{z}\frac{\partial f}{\partial r}\frac{\partial r}{\partial z} \\
&= \frac{1}{\sqrt{x^2+y^2+z^2}}\left(x\hat{x} + y\hat{y} + z\hat{z}\right) \\
&= \frac{\boldsymbol{r}}{r} = \hat{r}
\end{aligned}
$$

∇f의 크기는 $|\nabla f| = 1$이며, 방향은 동심 구면에 수직으로 구 외부를 향하고 있다.

■

> **[예제 2.11]** 스칼라 함수가 $f(x, y, z) = \frac{1}{r} = \frac{1}{\sqrt{x^2+y^2+z^2}}$ 로 주어진다.
>
> ∇f를 구하라.

[풀이] ∇f의 정의와 연쇄 규칙을 사용한다.

$$
\begin{aligned}
\nabla f &= \hat{x}\frac{\partial f}{\partial x} + \hat{y}\frac{\partial f}{\partial y} + \hat{z}\frac{\partial f}{\partial z} \\
&= \hat{x}\frac{\partial}{\partial r}\left(\frac{1}{r}\right)\frac{\partial r}{\partial x} + \hat{y}\frac{\partial}{\partial r}\left(\frac{1}{r}\right)\frac{\partial r}{\partial y} + \hat{z}\frac{\partial}{\partial r}\left(\frac{1}{r}\right)\frac{\partial r}{\partial z} \\
&= -\frac{1}{r^2}\left[\hat{x}\frac{x}{r} + \hat{y}\frac{y}{r} + \hat{z}\frac{z}{r}\right] = -\frac{\boldsymbol{r}}{r^3} = -\frac{\hat{r}}{r^2}
\end{aligned}
$$

■

> **[예제 2.12]** 어떤 스칼라 퍼텐셜 에너지가 $U(x, y, z) = -\frac{K}{r} = -\frac{K}{\sqrt{x^2+y^2+z^2}}$
>
> 로 주어진다. 힘 $\boldsymbol{F}(r) = -\nabla U(r)$를 구하라. 단, K는 상수이다.

[풀이]

예제 2.11의 결과를 사용하면 $\nabla\left(\frac{1}{r}\right) = -\frac{\boldsymbol{r}}{r^3} = -\frac{\hat{r}}{r^2}$이다. 힘과 위치 에너지와의 관계식으로부터 힘은 다음과 같이 주어진다.

$$\therefore\ \boldsymbol{F}(r) = -\nabla U(r) = -\frac{K}{r^2}\hat{r}$$

힘의 크기는 $|\boldsymbol{F}(r)| = F(r) = \frac{K}{r^2}$이며, 만유인력의 경우 $K = Gm_1m_2$, 쿨롱의 힘인 경우 $K = \frac{q_1q_2}{4\pi\epsilon_o}$이다. 힘의 방향은 $K > 0$일 때 $-\hat{r}$으로 인력이며 $K < 0$일 때 $+\hat{r}$ 방향으로 척력이다.

■

[예제 2.13] (1) 1차원의 용수철의 스칼라 퍼텐셜 에너지가 $U(x) = \frac{1}{2}kx^2$로 주어진다. 힘 $\boldsymbol{F}(x)$를 구하고 힘의 방향을 결정하라.

(2) 3차원의 용수철의 퍼텐셜 에너지가 $U(r) = \frac{1}{2}kr^2$이다. 힘 $\boldsymbol{F}(r)$을 구하라. 단, $k(>0)$는 용수철 상수이며 $r = \sqrt{x^2+y^2+z^2}$ 이다.

[풀이]

(1) 힘과 위치 에너지와의 관계식 $\boldsymbol{F}(r) = -\nabla U(r)$을 사용하여 힘을 구한다.

$$\boldsymbol{F}(r) = -\nabla U(r) = -\left(\hat{x}\frac{\partial}{\partial x} + \hat{y}\frac{\partial}{\partial y} + \hat{z}\frac{\partial}{\partial z}\right)\left(\frac{1}{2}kx^2\right) = -kx\hat{x}$$

$$\therefore\ \boldsymbol{F}(x) = -kx\hat{x}$$

이 힘은 훅의 법칙 (Hooke's law)에 따른 복원력이다. 복원력의 크기는 $F = kx$이며 힘의 방향은 $-\hat{x}$ 방향을 향한다.

(2) ∇U의 정의에 따라 연쇄 규칙을 사용하여 구한다.

$$\begin{aligned}\nabla U &= \hat{x}\frac{\partial U}{\partial x} + \hat{y}\frac{\partial U}{\partial y} + \hat{z}\frac{\partial u}{\partial z} \\ &= \frac{1}{2}k\left(\hat{x}\frac{\partial r^2}{\partial x} + \hat{y}\frac{\partial r^2}{\partial y} + \hat{z}\frac{\partial r^2}{\partial z}\right) \\ &= k\left(x\hat{x} + y\hat{y} + z\hat{z}\right) = k\boldsymbol{r}\end{aligned}$$

따라서 힘은 $\boldsymbol{F}(r) = -\nabla U(r)$이므로 $\boldsymbol{F}(r) = -k\boldsymbol{r} = -kr\hat{r}$이다.

■

2.4 다이버전스 (divergence: ▽ ·) 연산자

물리학을 포함한 자연에서 관측하는 벡터장들 가운데 발산 (diverge)하는 벡터장이나 수렴 (converge)하는 벡터장과 같이 벡터장의 근원 (source)을 이해하기 위해서는 벡터장의 발산 (divergence)의 개념을 이해할 필요가 있다.[20]

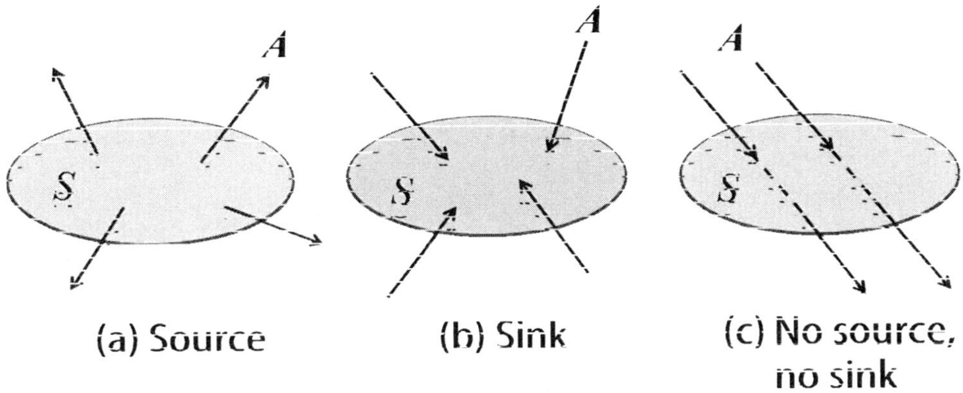

그림 2.11 벡터장 $\boldsymbol{A}$의 발산 원 (source)과 수렴 원 (sink). (S는 닫힌 곡면).

그림 2.11 (a)는 닫힌 곡면 (폐 곡면; closed surface) S에서 밖으로 발산하는 벡터장 $\boldsymbol{A}$를 만들어 내는 근원이므로 발산 원 (source)라 한다. 그림 2.11 (b)는 닫힌 곡면 S 안으로 수렴하는 벡터장 $\boldsymbol{A}$를 만들므로 수렴 원 (흡수원, sink)라고 부른다. 그림 2.11 (c)는 수렴도 발산도 하지 않는 (no source and no sink) 벡터장 $\boldsymbol{A}$를 나타낸다.

벡터장의 선속 (다발, line flux)는 유체의 흐름 (fluid flow)과 유사성이 있어서 벡터장을 기술하는데 편리하다. 그림 2.11 (a)와 같이 닫힌 곡면 S로 둘러싸인 벡터장 $\boldsymbol{A}$를 생각하자. 발산 원 (source)의 세기는 폐 곡면 S를 통과하는 알짜 흐름 (net flow)의 양과 같다.

그림 2.12는 폐 곡면 S에서 발산하는 벡터장 $\boldsymbol{A}$와 미소 면적 벡터 $d\boldsymbol{s}$의 관계를 보여주고 있다. 벡터장 $\boldsymbol{A}$를 유체 밀도 (fluid density), $d\boldsymbol{s} = ds\hat{s}$를 미소 면적 벡터, ds는 폐 곡면 S에서의 미소 면적, $\hat{s}$는 면적 단위 벡터라고 하자. 벡터장 $\boldsymbol{A}$는 미소 면적 벡터

20) 벡터장의 수렴은 음의 발산을 뜻한다.

$\boldsymbol{ds}$에 평행한 성분 $A_{\parallel} = A\cos\theta$와 수직 성분 $A_{\perp} = A\sin\theta$로 분해가 되며 평행한 성분만이 미소 면적을 통과한다. 미소 면적 벡터에 수직 성분 $A_{\perp}$은 미소 면적 ds를 통과하지 못하므로 알짜 미소 흐름의 양은 0이 된다.

따라서 미소 면적 ds를 통과하는 알짜 미소 흐름의 양 (net differential flux)은 $A_{\parallel}ds = A\cos\theta\, ds \equiv \boldsymbol{A} \cdot \boldsymbol{ds}$와 같다.

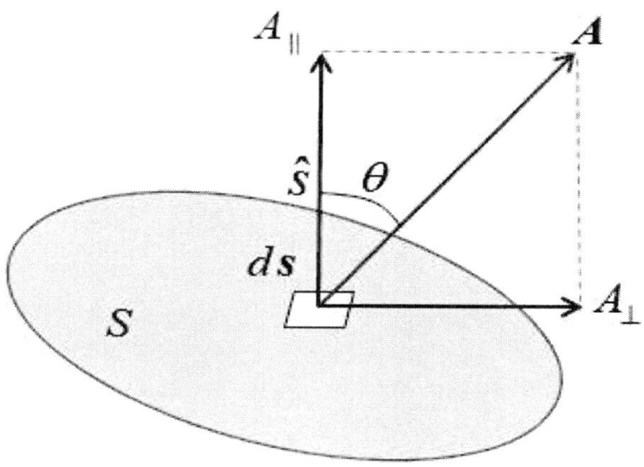

그림 2.12 폐 곡면 S에서 미소 면적 벡터 $\boldsymbol{ds}$를 통과하는 벡터장 $\boldsymbol{A}$.

전체 폐 곡면 S를 통과하는 전체 알짜 흐름의 양 (total net flux)은 알짜 미소 흐름의 양 $\boldsymbol{A} \cdot ds$를 폐 곡면 전체 면적에 대해 적분한 값과 같다.

$$\oint_S \boldsymbol{A} \cdot \boldsymbol{ds} = \begin{cases} > 0: & \text{source} \\ < 0: & \text{sink} \\ \ \ 0: & \text{no source/no sink} \end{cases}$$

여기서 $\oint_S \boldsymbol{A} \cdot \boldsymbol{ds}$는 폐 곡면의 전체 면적 S에 대한 순환 적분 (cyclic integral) 또는 폐 적분 (closed integral)을 뜻한다.[21)]

예를 들면 점 a에서 점 b까지 함수 $f(x)$의 선적분 (line integral)은 $\int_a^b f(x)dx$로 나타낸다. 그러나 $a=b$인 경우와 같이 시작점과 끝점이 같은 순환 적분은 $\oint_C f(x)dx$로 나타낸다. 여기서 C는 닫힌 경로 (폐 경로, closed path)를 뜻한다.[22)]

전체 알짜 흐름의 양인 순환 적분 $\oint_S \boldsymbol{A} \cdot d\boldsymbol{s}$의 값이 양 (>0)일 때 폐 곡면 S 내부에는 발산하는 벡터 $\boldsymbol{A}$의 발산 원 (source)이 있다고 말하며, 음 (<0)일 때는 수렴 원 (흡수원, sink)이라고 한다.

폐 곡면 S에 의해 둘러싸인 부피를 V라고 하면, 단위 체적당 전체 알짜 흐름의 양 (total flux per unit volume)을 다음과 같이 정의한다.

$$\frac{\oint_S \boldsymbol{A} \cdot d\boldsymbol{s}}{V}$$

이 물리량은 벡터장 $\boldsymbol{A}$의 근원인 발산 원 밀도 (source density) 또는 수렴 원 밀도 (sink density)이다.

부피 $V \to 0$인 극한의 경우, 발산 원 밀도 또는 수렴 원 밀도의 한 점에서의 점 관계식 (point relation)을 얻게 되며, 이 값을 벡터장 $\boldsymbol{A}$의 발산 (divergence) $\nabla \cdot \boldsymbol{A}$ 또는 $div\boldsymbol{A}$라 하며 다음과 같이 정의한다.

$$\nabla \cdot \boldsymbol{A} = div\boldsymbol{A} \equiv \lim_{V \to 0} \frac{\oint_S \boldsymbol{A} \cdot d\boldsymbol{s}}{V}$$

21) 2차원과 3차원 폐 곡면의 순환 적분은 기호로 각각 $\oiint_S \boldsymbol{A} \cdot d\boldsymbol{s}$와 $\oiiint_V \boldsymbol{A} \cdot d\boldsymbol{v}$로 쓰기도 한다.

22) 예를 들면 어린이 놀이 공원의 순환 열차는 출발점과 종점이 같은 닫힌 경로 C를 따라 운행한다. 이때 순환 열차가 한 일은 $W = \oint_C \boldsymbol{F} \cdot d\boldsymbol{r}$로 표현한다.

- $\nabla \cdot \boldsymbol{A}$의 유도 (Derivation of $\nabla \cdot \boldsymbol{A}$)

그림 2.13과 같이 미소 직육면체인 폐 곡면을 통해 발산하는 벡터장 $\boldsymbol{A}$의 전체 흐름의 양을 계산하자.

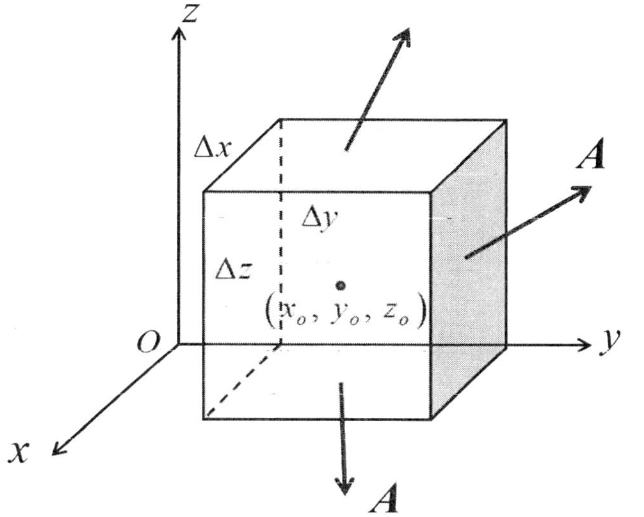

그림 2.13 $\nabla \cdot \boldsymbol{A}$를 유도하기 위한 직육면체로 구성된 폐 곡면.

직육면체이므로 6개의 미소 면적을 통과하는 전체 흐름의 양 (total flux)은 각 면적을 지나는 흐름의 양의 합과 같다.

$$\text{전체 흐름} = \oint_S \boldsymbol{A} \cdot d\boldsymbol{s}$$

$$= \int_{\text{앞면}} + \int_{\text{뒤면}} + \int_{\text{왼쪽면}} + \int_{\text{오른쪽면}} + \int_{\text{위면}} + \int_{\text{아래면}} \boldsymbol{A} \cdot d\boldsymbol{s}$$

직육면체의 중심 (x_o, y_o, z_o)에 대해 벡터장 $\boldsymbol{A}$를 테일러 급수 전개하면 다음과 같다.

$$
\begin{aligned}
\boldsymbol{A}(x,y,z) = \boldsymbol{A}(x_o, y_o, z_o) & \\
&+ (x - x_o)\left[\frac{\partial \boldsymbol{A}}{\partial x}\right]_{(x_o,\, y_o,\, z_o)} \\
&+ (y - y_o)\left[\frac{\partial \boldsymbol{A}}{\partial y}\right]_{(x_o,\, y_o,\, z_o)} \\
&+ (z - z_o)\left[\frac{\partial \boldsymbol{A}}{\partial z}\right]_{(x_o,\, y_o,\, z_o)} \\
&+ (\text{2계 편미분 이상 고차 항}) \cdots
\end{aligned}
$$

앞면을 통과하는 흐름의 양 $\int_{\text{앞면}} \boldsymbol{A} \cdot \boldsymbol{ds}$ 을 계산하자.

직육면체의 중심 (x_o, y_o, z_o)에서 앞면 ($+x$축)을 통과하는 벡터장은 $\boldsymbol{A}_x(x_o, y_o, z_o) = A_x(x_o, y_o, z_o)\hat{x}$ 이며 앞면의 위치는 $x = x_o + \frac{\Delta x}{2}$ 또는 $x - x_o = \frac{\Delta x}{2}$ 이다. 미소 면적 벡터는 $\boldsymbol{ds}_{\text{앞면}} = \Delta y \Delta z \hat{x}$ 이므로[23] 다음과 같이 주어진다.

$$
\begin{aligned}
\int_{\text{앞면}} \boldsymbol{A} \cdot \boldsymbol{ds} &= \Delta y \Delta z \left[A_x(x_o, y_o, z_o) + \frac{\Delta x}{2} \frac{\partial A_x}{\partial x}\Big|_{(x_o,\, y_o,\, z_o)} \right] \\
&+ O(\Delta x \Delta y \Delta z)
\end{aligned}
$$

여기서, 직육면체의 중심 (x_o, y_o, z_o)에서 앞면 (x축)을 향하는 벡터장 성분 A_x만 고려하므로 $y = y_o$와 $z = z_o$이며, $O(\Delta x \Delta y \Delta z)$는 $\Delta x \Delta y \Delta z$ 이상을 포함하는 고차 항을 나타낸다.

같은 방법으로 뒷면을 통과하는 흐름의 양 $\int_{\text{뒷면}} \boldsymbol{A} \cdot \boldsymbol{ds}$을 계산하자.

직육면체의 중심 (x_o, y_o, z_o)에서 뒷면 ($-x$축)을 통과하는 벡터장은

23) 미소 면적 벡터의 방향은 직육면체를 팽창시킨다고 할 때 면적이 증가하는 방향이다.

$A_x(x_o, y_o, z_o) = -A_x(x_o, y_o, z_o)\hat{x}$이며 뒷면의 위치는 $x = x_o - \frac{\Delta x}{2}$ 또는 $x - x_o = -\frac{\Delta x}{2}$ 이다. 뒷면의 면적 벡터는 $ds_{뒤면} = -\Delta y \Delta z \hat{x}$이므로 다음과 같이 주어진다.

$$\int_{뒷면} \boldsymbol{A} \cdot \boldsymbol{ds} = \Delta y \Delta z \left[-A_x(x_o, y_o, z_o) - \frac{\Delta x}{2} \left(-\left[\frac{\partial A_x}{\partial x} \right]_{(x_o, y_o, z_o)} \right) \right] + O(\Delta x \Delta y \Delta z)$$

따라서 앞면과 뒷면을 통과하는 흐름의 합은 다음과 같다.

$$\int_{앞면+뒷면} \boldsymbol{A} \cdot \boldsymbol{ds} = \Delta x \Delta y \Delta z \left[\frac{\partial A_x}{\partial x} \right]_{(x_o, y_o, z_o)} + O'(\Delta x \Delta y \Delta z)$$

같은 방법으로 나머지 다른 면적에 대해서도 계산하면 다음과 같다.

$$\int_{직육면체\ 전체면} \boldsymbol{A} \cdot \boldsymbol{ds} = \Delta x \Delta y \Delta z \left(\left[\frac{\partial A_x}{\partial x} \right]_{(x_o, y_o, z_o)} + \left[\frac{\partial A_y}{\partial y} \right]_{(x_o, y_o, z_o)} + \left[\frac{\partial A_z}{\partial z} \right]_{(x_o, y_o, z_o)} \right) + O''(\Delta x \Delta y \Delta z)$$

미소 직육면체의 부피는 $\Delta V = \Delta x \Delta y \Delta z$이므로 발산의 정의 $\nabla \cdot \boldsymbol{A}$를 사용하면 다음의 결과를 얻는다.

$$\nabla \cdot \boldsymbol{A} = \lim_{\Delta V \to 0} \frac{\oint_S \boldsymbol{A} \cdot d\boldsymbol{s}}{\Delta V}$$

$$= \left(\frac{\partial A_x}{\partial x} + \frac{\partial A_y}{\partial y} + \frac{\partial A_z}{\partial z} \right) + \lim_{\Delta V \to 0} \frac{O''(\Delta x \Delta y \Delta z)}{\Delta x \Delta y \Delta z}$$

여기서 $O''(\Delta x \Delta y \Delta z)$ 항들은 $\Delta V = \Delta x \Delta y \Delta z \sim \Delta^3$ 이상의 항들을 포함하므로 $\Delta V = \Delta x \Delta y \Delta z \to 0$인 경우 $\lim_{\Delta x \Delta y \Delta z \to 0} \frac{O''(\Delta x \Delta y \Delta z)}{\Delta x \Delta y \Delta z} \to 0$이 되므로 벡터장 $\boldsymbol{A}$의 발산량 $\nabla \cdot \boldsymbol{A}$는 다음과 같이 주어진다.

$$\nabla \cdot \boldsymbol{A} = div\, A = \frac{\partial A_x}{\partial x} + \frac{\partial A_y}{\partial y} + \frac{\partial A_z}{\partial z} = \begin{cases} > 0 : \text{source} \\ < 0 : \text{sink} \\ \;\;0 : \text{no source, no sink} \end{cases}$$

벡터장 $\boldsymbol{A}$의 발산량 $\nabla \cdot \boldsymbol{A}$가 양이면 발산 원 (source), 음이면 수렴 원 (sink), 0인 경우는 발산 원과 수렴 원이 없다 (no source/no sink)고 한다. 여기서 $\nabla \cdot \boldsymbol{A}$는 스칼라이다.

[※ 주의] 데카르트 좌표계 (x, y, z)에서는 발산에 대한 위의 관계식 $\nabla \cdot \boldsymbol{A}$는 그래디언트 연산자 ∇와 벡터장 $\boldsymbol{A}$와 스칼라 곱과 같이 표현할 수도 있다. 즉,

$$\nabla \cdot \boldsymbol{A} = \left(\hat{x}\frac{\partial}{\partial x} + \hat{y}\frac{\partial}{\partial y} + \hat{z}\frac{\partial}{\partial z} \right) \cdot \left(\hat{x}A_x + \hat{y}A_y + \hat{z}A_z \right)$$

$$= \frac{\partial A_x}{\partial x} + \frac{\partial A_y}{\partial y} + \frac{\partial A_z}{\partial z}$$

이 관계식은 데카르트 좌표계 (x, y, z)에서만 성립하며 구 좌표계 (r, θ, ϕ)와 원통 좌표계 (ρ, ϕ, z)와 같은 곡선 좌표계에서는 성립하지 않는다.

- 가우스 (또는 발산) 정리 (Gauss or Divergence Theorem)

가우스 정리는 폐 곡면 S에 의해 둘러싸인 부피 V에 대한 벡터장 $\boldsymbol{A}$ 의 발산 적분은 폐 곡면 S에 대한 면적 적분과 같다.
역으로 폐 곡면 S에 대한 면적 적분을 부피 V에 대한 발산 적분으로 바꾸어 쓸 수 있는 중요한 정리이다.[24)]

$$\int_V \nabla \cdot \boldsymbol{A}\, dv \equiv \oint_S \boldsymbol{A} \cdot d\boldsymbol{s}$$

여기서 dv는 미소 부피, $d\boldsymbol{s}$는 미소 면적 벡터를 나타낸다.

[증명]

그림 2.14와 같이 중심이 (x_o, y_o, z_o)이며 각 변의 길이가 Δx, Δy, Δz인 미소 직육면체에서 발산하는 벡터장 $\boldsymbol{A}$를 $\boldsymbol{A} = A_x \hat{x} + A_y \hat{y} + A_z \hat{z}$라하고 가우스 정리의 좌변 항을 계산하자.

$$\int_V \nabla \cdot \boldsymbol{A}\, dv = \int_V \left(\frac{\partial A_x}{\partial x} + \frac{\partial A_y}{\partial y} + \frac{\partial A_z}{\partial z} \right) dxdydz$$

그림 2.14를 참고하면 미소 면적 벡터 $d\boldsymbol{s}$는 6면에 대해 다음과 같이 주어진다.

---

24) 정확한 표현은 $\iiint_V \nabla \cdot \boldsymbol{A}\, dv \equiv \oiint_S \boldsymbol{A} \cdot d\boldsymbol{s}$ 와 같이 3중 적분과 2중 순환 적분을 사용하여야 하지만 표현의 간편성을 위해 본 교재에서는 $\int_V \nabla \cdot \boldsymbol{A}\, dv \equiv \oint_S \boldsymbol{A} \cdot d\boldsymbol{s}$ 로 쓰기로 한다.

$$ds_{앞면} = +\Delta y \Delta z\,\hat{x}, \qquad ds_{뒷면} = -\Delta y \Delta z\,\hat{x},$$

$$ds_{오른쪽면} = +\Delta z \Delta x\,\hat{y}, \quad ds_{왼쪽면} = -\Delta z \Delta x\,\hat{y},$$

$$ds_{윗면} = +\Delta x \Delta y\,\hat{z}, \qquad ds_{아랫면} = -\Delta x \Delta y\,\hat{z}$$

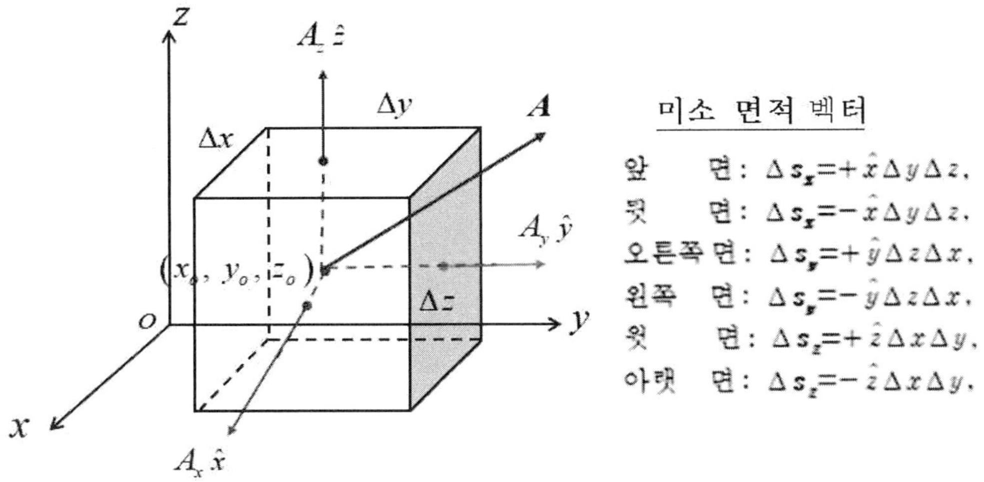

그림 2.14 미소 직육면체 내에서 발산하는 벡터장 $\boldsymbol{A}$와 미소 면적 벡터 Δs.

$\dfrac{\partial A_x}{\partial x}$ 에 대한 첫 번째 적분을 계산하자.

$$\int_V \frac{\partial A_x}{\partial x}\,dxdydz = \int_{z_o-\frac{\Delta z}{2}}^{z_o+\frac{\Delta z}{2}} \int_{y_o-\frac{\Delta y}{2}}^{y_o+\frac{\Delta y}{2}} \int_{x_o-\frac{\Delta x}{2}}^{x_o+\frac{\Delta x}{2}} \frac{\partial A_x}{\partial x}\,dxdydz$$

$$= \int_{z_o-\frac{\Delta z}{2}}^{z_o+\frac{\Delta z}{2}} \int_{y_o-\frac{\Delta y}{2}}^{y_o+\frac{\Delta y}{2}} \left[A_x\left(x_o+\frac{\Delta x}{2}, y, z\right) - A_x\left(x_o-\frac{\Delta x}{2}, y, z\right)\right] dydz$$

$$= \int_{z_o-\frac{\Delta z}{2}}^{z_o+\frac{\Delta z}{2}} \int_{y_o-\frac{\Delta y}{2}}^{y_o+\frac{\Delta y}{2}} \left[A_{x,앞면}\left(x_o+\frac{\Delta x}{2}, y, z\right) - A_{x,뒷면}\left(x_o-\frac{\Delta x}{2}, y, z\right)\right] dydz$$

여기서 $\frac{\partial A_x}{\partial x}dx = dA_x$를 사용하였다. 피적분 함수의 첫째 항과 둘째 항은 각각 앞면 $\left(x_o + \frac{\Delta x}{2}, y, z\right)$과 뒷면 $\left(x_o - \frac{\Delta x}{2}, y, z\right)$에서의 벡터장의 x 성분이다.

같은 방법으로 나머지 적분을 계산하면 다음과 같이 주어진다.

$$\begin{aligned}&\int_V \frac{\partial A_y}{\partial y}\, dxdydz \\ &= \int_{z_o-\frac{\Delta z}{2}}^{z_o+\frac{\Delta z}{2}} \int_{x_o-\frac{\Delta x}{2}}^{x_o+\frac{\Delta x}{2}} \left[A_{y,\text{오른쪽면}}\left(x, y_o+\frac{\Delta y}{2}, z\right) - A_{y,\text{왼쪽면}}\left(x, y_o-\frac{\Delta y}{2}, z\right)\right] dxdz\end{aligned}$$

$$\begin{aligned}&\int_V \frac{\partial A_z}{\partial z}\, dxdydz \\ &= \int_{y_o-\frac{\Delta y}{2}}^{y_o+\frac{\Delta y}{2}} \int_{x_o-\frac{\Delta x}{2}}^{x_o+\frac{\Delta x}{2}} \left[A_{z,\text{윗면}}\left(x, y, z_o+\frac{\Delta z}{2}\right) - A_{z,\text{아랫면}}\left(x, y, z_o-\frac{\Delta z}{2}\right)\right] dxdy\end{aligned}$$

벡터장 $\boldsymbol{A}$와 미소 면적 벡터 ds의 스칼라 곱은 다음과 같이 주어진다.

$$\begin{aligned}\boldsymbol{A} \cdot ds &= \left(A_x \hat{x} + A_y \hat{y} + A_z \hat{z}\right) \cdot \begin{bmatrix} \hat{x}\left(ds_{\text{앞면}} - ds_{\text{뒷면}}\right) \\ +\hat{y}\left(ds_{\text{오른쪽면}} - ds_{\text{왼쪽면}}\right) \\ +\hat{z}\left(ds_{\text{윗면}} - ds_{\text{아랫면}}\right) \end{bmatrix} \\ &= A_x\left(ds_{\text{앞면}} - ds_{\text{뒷면}}\right) + A_y\left(ds_{\text{오른쪽면}} - ds_{\text{왼쪽면}}\right) + A_z\left(ds_{\text{윗면}} - ds_{\text{아랫면}}\right)\end{aligned}$$

이 관계식을 이용하여 위의 세 적분 결과를 더 하면 다음과 같은 가우스 정리를 얻는다.

$$\int_V \nabla \cdot \boldsymbol{A} dv = \int_V \left[\frac{\partial A_x}{\partial x} + \frac{\partial A_y}{\partial y} + \frac{\partial A_z}{\partial z} \right] dxdydz$$

$$= \int_{S_{\text{앞면}}} \boldsymbol{A} \cdot d\boldsymbol{s} + \int_{S_{\text{뒷면}}} \boldsymbol{A} \cdot d\boldsymbol{s} + \int_{S_{\text{오른쪽면}}} \boldsymbol{A} \cdot d\boldsymbol{s} + \int_{S_{\text{왼쪽면}}} \boldsymbol{A} \cdot d\boldsymbol{s}$$

$$+ \int_{S_{\text{윗면}}} \boldsymbol{A} \cdot d\boldsymbol{s} + \int_{S_{\text{아랫면}}} \boldsymbol{A} \cdot d\boldsymbol{s}$$

$$= \oint_S \boldsymbol{A} \cdot d\boldsymbol{s}$$

$$\therefore \quad \boxed{\int_V \nabla \cdot \boldsymbol{A}\, dv = \oint_S \boldsymbol{A} \cdot d\boldsymbol{s}}$$

■

[예제 2.14] 맥스웰 방정식 가운데 전기장과 자기장에 대한 미분 형 가우스 법칙 (differential form of Gauss law)은 다음과 같이 주어진다.

$\nabla \cdot \boldsymbol{D} = \rho$: Gauss law for electric field

$\nabla \cdot \boldsymbol{B} = 0$: Gauss law for magnetic field

가우스 (발산) 정리를 사용하여 적분 형 (integral form)을 구하라. 여기서 $\boldsymbol{D}$는 전기 변위 (electric displacement), $\boldsymbol{B}$는 자기유도 (magnetic induction)이며, ρ는 전하 밀도 (charge density)이다.

[풀이]

전기장에 대한 가우스 법칙 $\nabla \cdot \boldsymbol{D} = \rho$의 양변에 부피 V에 대한 적분을 한 후 가우스 (발산) 정리를 적용한다.

$$\begin{cases} \text{좌변} = \int_V \nabla \cdot \boldsymbol{D}\, dv = \oint_S \boldsymbol{D} \cdot d\boldsymbol{s} \\ \text{우변} = \int_V \rho dv = Q \end{cases}$$

$$\therefore \oint_S \boldsymbol{D} \cdot d\boldsymbol{s} = Q: \text{ 전기장의 가우스 법칙 (적분 형)}$$

여기서 Q는 총 전하이다.

자기장에 대한 가우스 법칙 $\nabla \cdot \boldsymbol{B} = 0$에도 같은 방법을 사용한다.

$$\begin{cases} \text{좌변} = \int_V \nabla \cdot \boldsymbol{B}\, dv = \oint_S \boldsymbol{B} \cdot d\boldsymbol{s} \\ \text{우변} = 0 \end{cases}$$

$$\therefore \oint_S \boldsymbol{B} \cdot d\boldsymbol{s} = 0: \text{ 자기장의 가우스 법칙 (적분 형)}$$

■

[예제 2.15] 발산과 가우스 정리

(1) 위치 벡터 $\boldsymbol{r} = x\hat{x} + y\hat{y} + z\hat{z}$에 대한 $\nabla \cdot \boldsymbol{r}$을 구하라.

(2) 스칼라 함수 $f(r)$에 대한 $\nabla \cdot [\boldsymbol{r}f(r)]$을 구하라.

(3) 스칼라 함수 $f(r)$와 벡터 함수 $\boldsymbol{A} = A_x\hat{x} + A_y\hat{y} + A_z\hat{z}$의 곱에 대한 $\nabla \cdot (f\boldsymbol{A})$를 구하라.

(4) 반지름 r의 구 $x^2 + y^2 + z^2 = r^2$로 둘러싸인 폐 곡면 S가 있다. 단위 벡터 $\hat{r} = \dfrac{\boldsymbol{r}}{r}$의 면 적분 $\oint_S \hat{r} \cdot ds$.을 구하라.

[풀이]

임의의 벡터장 $\boldsymbol{A}$의 발산량 $\nabla \cdot \boldsymbol{A} = \dfrac{\partial A_x}{\partial x} + \dfrac{\partial A_y}{\partial y} + \dfrac{\partial A_z}{\partial z}$를 사용한다.

(1) $$\nabla \cdot \boldsymbol{r} = \left(\hat{x}\frac{\partial}{\partial x} + \hat{y}\frac{\partial}{\partial y} + \hat{z}\frac{\partial}{\partial z}\right) \cdot (x\hat{x} + y\hat{y} + z\hat{z}) = 3$$

(2) $$\nabla \cdot [\boldsymbol{r}f(r)] = \left(\hat{x}\frac{\partial}{\partial x} + \hat{y}\frac{\partial}{\partial y} + \hat{z}\frac{\partial}{\partial z}\right) \cdot [xf(r)\hat{x} + yf(r)\hat{y} + zf(r)\hat{z}]$$

$$= \frac{\partial}{\partial x}[xf(r)] + \frac{\partial}{\partial y}[yf(r)] + \frac{\partial}{\partial z}[zf(r)]$$

$$= 3f(r) + x\frac{\partial f(r)}{\partial x} + y\frac{\partial f(r)}{\partial y} + z\frac{\partial f(r)}{\partial z}$$

$$= 3f(r) + \frac{x^2 + y^2 + z^2}{r}\frac{df(r)}{dr}$$

$$= 3f(r) + r\frac{df(r)}{dr}$$

위의 계산 과정에 위치 벡터의 크기 $|\boldsymbol{r}| = r = \sqrt{x^2 + y^2 + z^2}$와 미분에 대한 다음과 같은 연쇄 법칙을 사용하였다.

$$\frac{\partial f(r)}{\partial x} = \frac{\partial r}{\partial x}\frac{df(r)}{dr} = \frac{\partial\sqrt{x^2+y^2+z^2}}{\partial x}\frac{df(r)}{dr}$$

$$= \frac{x}{\sqrt{x^2+y^2+z^2}}\frac{df(r)}{dr} = \frac{x}{r}\frac{df(r)}{dr}$$

같은 방법으로 $\frac{\partial f(r)}{\partial y} = \frac{y}{r}\frac{df(r)}{dr}$, $\frac{\partial f(r)}{\partial z} = \frac{z}{r}\frac{df(r)}{dr}$가 된다.

(3) $\nabla \cdot (f\boldsymbol{A}) = \frac{\partial(fA_x)}{\partial x} + \frac{\partial(fA_y)}{\partial y} + \frac{\partial(fA_z)}{\partial z}$

$$= \frac{\partial f}{\partial x}A_x + \frac{\partial f}{\partial y}A_y + \frac{\partial f}{\partial z}A_z + f\left(\frac{\partial A_x}{\partial x} + \frac{\partial A_y}{\partial y} + \frac{\partial A_z}{\partial z}\right)$$

$$= \nabla f \cdot \boldsymbol{A} + f\nabla \cdot \boldsymbol{A}$$

(4) (1)에서 구한 위치 벡터 $\boldsymbol{r} = x\hat{x} + y\hat{y} + z\hat{z}$의 $\nabla \cdot \boldsymbol{r} = 3$이다.

반지름 r의 구면 위에서 r=상수이므로 $\nabla \cdot \boldsymbol{r} = \nabla \cdot r\hat{r} = r\nabla \cdot \hat{r} = 3$이다.

따라서 $\nabla \cdot \hat{r} = \frac{3}{r}$ 이다.

가우스 정리 $\int_V \nabla \cdot \hat{r}\, dv = \oint_S \hat{r} \cdot d\boldsymbol{s}$를 적용하면 다음과 같이 주어진다.

$$\oint_S \hat{r} \cdot d\boldsymbol{s} = \int_V \nabla \cdot \hat{r}\, dv = \int_V \frac{3}{r} dv \quad (\because\ r = \text{상수})$$

$$= \frac{3}{r}\int_V dv = \frac{3}{r} \times \frac{4\pi}{3} r^3 = 4\pi r^2$$

즉, $\oint_S \hat{r} \cdot ds$는 반지름 r인 구의 표면적이다.

2.5 컬 (curl: $\nabla\times$) 연산자

자연에서 관측하는 벡터장들은 2.4절에서 다룬 발산 또는 수렴하는 벡터장뿐만 아니라 토네이도나 용오름 또는 회오리바람과 같이 회전하는 소용돌이 형태의 벡터장을 이해할 필요가 있다. 벡터장의 소용돌이 또는 순환 (circulation) 현상을 알아보자. 설거지나 목욕을 한 후 싱크대나 욕조의 배수구를 열고 물이 배수구를 통해 빠져나갈 때 물의 모양을 관찰하면 물은 배수구 주위를 순환하는 것을 쉽게 관찰할 수 있다.

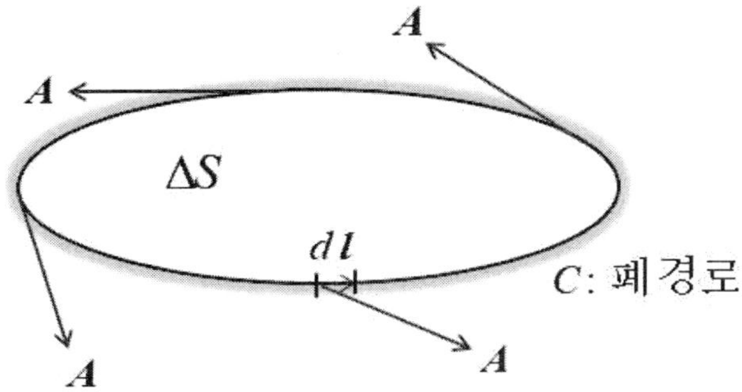

그림 2.15 순환하는 벡터장 $\boldsymbol{A}$.

그림 2.15는 배수구 주위를 순환하는 물의 흐름을 나타낸다. 순환하는 물의 흐름을 벡터장 $\boldsymbol{A}$라 하자. ΔS는 닫힌 순환 경로 (폐 경로, closed loop) C로 둘러싸인 면적을 나타내며, $d\boldsymbol{l}$은 닫힌 순환 경로 C상의 미소 선분 벡터를 나타낸다. 벡터장 $\boldsymbol{A}$와 미소 선분 벡터 $d\boldsymbol{l}$에 의한 미소 순환 (微小 循環; differential circulation)을 d(순환)$=\boldsymbol{A}\cdot d\boldsymbol{l}$로 정의하자. 따라서 임의의 닫힌 경로 C 전체에 대한 알짜 순환 (total or net circulation)은 다음과 같이 순환 적분 (폐 적분)으로 주어진다.

$$\text{알짜 순환} = \oint_C \boldsymbol{A}\cdot d\boldsymbol{l}$$

폐 경로 C로 둘러싸인 면적 ΔS로 나눈 알짜 순환, 즉 단위 면적당 알짜 순환 (net

circulation per unit surface area)는 다음과 같다.

$$\text{단위 면적당 알짜 순환} = \frac{\text{알짜 순환}}{\Delta S} \equiv \frac{\oint_C \boldsymbol{A} \cdot dl}{\Delta S}$$

면적 ΔS를 0인 극한으로 보내는 경우 한 점에서의 점 관계식 (a point relation)을 얻는다. 극한의 한 점에서 알짜 순환의 방향은 단위 면적 벡터 $\hat{s}$과 같다. 따라서 면적 $\Delta S \to 0$일 때의 극한의 순환 (limit of circulation) 벡터 $\boldsymbol{C}$는 다음과 같이 주어진다.

$$\boldsymbol{C} \equiv \lim_{\Delta S \to 0} \frac{\oint_C \boldsymbol{A} \cdot dl}{\Delta S} \hat{s}$$

여기서, $\hat{s}$은 면적 $\Delta S \to 0$의 극한에서 단위 면적 벡터이다.

그림 2.16은 폐 경로 C를 같은 테두리로 하는 다양한 면적 ΔS_i $(i = 0, 1, 2, \cdots)$를 나타낸다. 폐 경로 C를 오므려서 0의 극한으로 보내면 면적 ΔS_i의 극한도 $\Delta S_i \to 0$이 되어 단위 면적 벡터 $\hat{s}$ $(i = 0, 1, 2, \cdots)$는 모든 가능한 방향을 따라 변화한다. 단위 면적 벡터 $\hat{s}$ $(i = 0, 1, 2, \cdots)$의 방향에 따라 알짜 순환의 극한 벡터 $\boldsymbol{C}_i = \lim_{\Delta S_i \to 0} \frac{\oint_C \boldsymbol{A} \cdot dl}{\Delta S_i} \hat{s}_i$, $(i = 0, 1, 2, \cdots)$의 크기와 방향도 다양하게 변하게 된다.

이 중에서 알짜 순환의 최대 크기와 방향을 갖는 벡터를 $\boldsymbol{C} \equiv \max[\boldsymbol{C}_i]$, $(i = 0, 1, 2, \cdots)$라 할 때, 이 벡터 물리량을 벡터장 $\boldsymbol{A}$의 컬 (curl of vector field $\boldsymbol{A}$)이라고 한다. 즉, $\nabla \times \boldsymbol{A}$는 한 점에서 최대의 순환 (또는 회전)을 갖는 벡터장 $\boldsymbol{C}$를 뜻하며 다음과 같이 정의된다.

$$\nabla \times \boldsymbol{A} \equiv \text{curlA} = \max[\text{C}_i] = \max\left[\lim_{\Delta S_i \to 0} \frac{\oint_C \boldsymbol{A} \cdot dl}{\Delta S_i} \hat{s}_i\right], \quad (i = 0, 1, 2, \cdots)$$

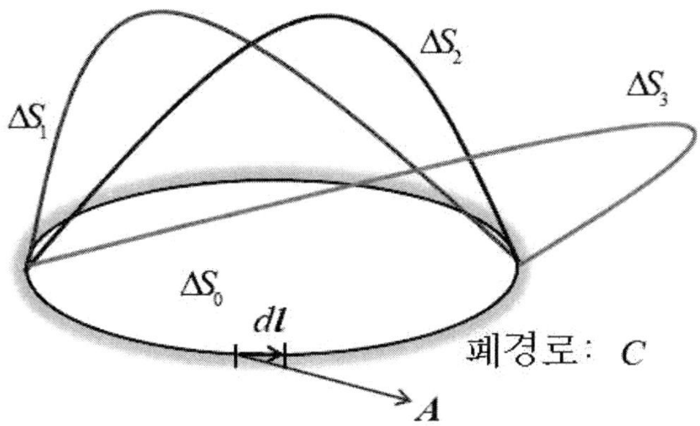

그림 2.16 폐 경로 C를 둘러싸는 다양한 면적.

- <u>벡터장 $\boldsymbol{A}$의 컬 표현: $\nabla \times \boldsymbol{A}$</u>

데카르트 좌표계에서 벡터장에 대한 $\nabla \times \boldsymbol{A}$의 수학적 표현은 행렬식으로 다음과 같이 주어진다.

$$\nabla \times \boldsymbol{A} \equiv curl\boldsymbol{A} = \begin{vmatrix} \hat{x} & \hat{y} & \hat{z} \\ \frac{\partial}{\partial x} & \frac{\partial}{\partial y} & \frac{\partial}{\partial z} \\ A_x & A_y & A_z \end{vmatrix}$$
$$= \left(\frac{\partial A_z}{\partial y} - \frac{\partial A_y}{\partial z}\right)\hat{x} + \left(\frac{\partial A_x}{\partial z} - \frac{\partial A_z}{\partial x}\right)\hat{y} + \left(\frac{\partial A_y}{\partial x} - \frac{\partial A_x}{\partial y}\right)\hat{z}$$

[※ **주의**] 벡터 곱은 $\boldsymbol{A} \times \boldsymbol{B} = -\boldsymbol{B} \times \boldsymbol{A}$이지만 벡터 미분 연산자인 컬의 경우에는 $\nabla \times \boldsymbol{A} \neq -\boldsymbol{A} \times \nabla$이다.

- 스토크스 정리 (Stokes Theorem)

스토크스 정리는 폐 경로 C로 둘러싸인 면적 S에 대한 $\nabla \times \boldsymbol{A}$ 적분은 폐 경로 C에 대한 벡터장 $\boldsymbol{A}$의 순환 적분 (선 적분)과 같다.
역으로 폐 경로 C에 대한 $\boldsymbol{A}$의 순환 적분을 경로 C에 의해 둘러싸인 면적 S에 대한 $\nabla \times \boldsymbol{A}$ 적분으로 바꾸어 쓸 수 있다.

$$\int_S \nabla \times \boldsymbol{A} \bullet d\boldsymbol{s} = \oint_C \boldsymbol{A} \bullet d\boldsymbol{l}$$

여기서, $d\boldsymbol{s}$ 는 미소 면적 벡터, $d\boldsymbol{l}$은 닫힌 순환 경로 (폐 경로) C상의 미소 선분 벡터를 나타낸다.

[증명]

그림 2.17과 같이 폐 경로 C로 둘러싸인 곡면 S와 미소 면적 벡터 $d\boldsymbol{s}$ 를 생각하자. 폐 경로 C를 xy 평면으로 투영한 폐 경로를 C_{xy}라하고 C_{xy} 내부에 바둑판과 같이 무수히 많은 미소 직사각형 폐 경로 중에서 하나를 선택하여 스토크스 정리의 우변 항을 계산하자. xy 평면에서 벡터장은 $\boldsymbol{A} = A_x \hat{x} + A_y \hat{y}$ 이며, 그림 2.17 (b)를 참고하면 미소 직사각형 경로에 대한 순환 적분은 다음과 같다.

$$\oint_{\text{직사각형 경로}} \boldsymbol{A} \bullet d\boldsymbol{l} = \oint_{\text{직사각형 경로}} (A_x dx + A_y dy)$$
$$= \int_{\text{경로}1} + \int_{\text{경로}2} + \int_{\text{경로}3} + \int_{\text{경로}4} (A_x dx + A_y dy)$$

먼저 피 적분 함수 $A_x dx$의 적분을 살펴보면 경로 2와 경로 4의 적분은 $dx = 0$ 이므로 0이 된다. 즉,

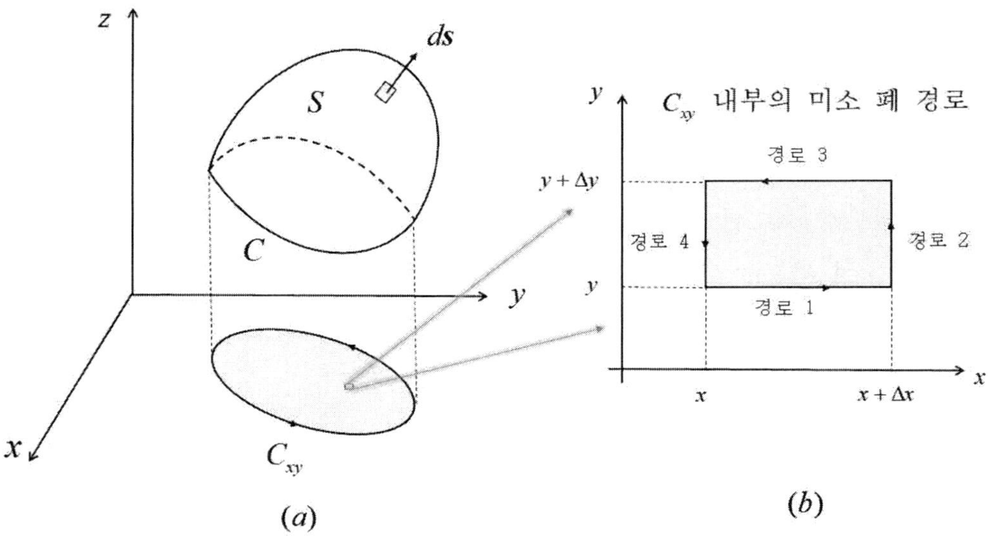

그림 2.17 폐 경로 C로 둘러싸인 곡면 S와 미소 면적 벡터 ds.

(a) 폐 경로 C가 xy 평면으로 투영된 폐 경로 C_{xy},

(b) C_{xy} 내의 수많은 미소 직사각형 폐 경로 가운데 하나를 확대.

$$\int_{경로2} A_x(x+\Delta x, y)dx + \int_{경로4} A_x(x,y)dx = 0 \quad (\because\ dx = 0)$$

따라서 피 적분 함수 $A_x dx$의 적분 가운데 0이 아닌 적분은 다음과 같다.

$$\begin{aligned}\oint_{직사각형\,경로} A_x dx &= \int_{경로1} A_x(x, y)\,dx + \int_{경로3} A_x(x, y+\Delta y)\,dx \\ &= \int_x^{x+\Delta x} A_x(x, y)\,dx + \int_{x+\Delta x}^{x} A_x(x, y+\Delta y)\,dx\end{aligned}$$

위 식의 두 번째 적분의 적분 경로를 바꾸면 다음과 같다.

$$\oint_{\text{직사각형 경로}} A_x dx = \int_x^{x+\Delta x} \left[A_x(x, y) - A_x(x, y+\Delta y) \right] dx$$

$$= -\int_x^{x+\Delta x} \left(\frac{\partial A_x(x, y)}{\partial y} \Delta y \right) dx \Leftarrow \text{편미분의 정의}$$

$\Delta y \to 0$인 극한에서 $\Delta y \to dy$가 되므로 위의 적분은 다음과 같이 쓸 수 있다.

$$\oint_{\text{직사각형 경로}} A_x dx = -\lim_{\Delta y \to 0} \int_x^{x+\Delta x} \left(\frac{\partial A_x(x, y)}{\partial y} \Delta y \right) dx$$

$$\equiv -\int_y^{y+\Delta y} \int_x^{x+\Delta x} \frac{\partial A_x(x, y)}{\partial y} dxdy$$

같은 방법으로 두 번째 피 적분 함수 $A_y dy$의 적분을 살펴보면 경로 1과 경로 3의 적분은 $dy = 0$ 이므로 0이 된다. 즉,

$$\int_{\text{경로1}} A_y(x, y) dy + \int_{\text{경로3}} A_y(x, y+\Delta y) dy = 0 \quad (\because\ dy = 0)$$

따라서 피 적분 함수 $A_y dy$의 적분 가운데 0이 아닌 적분은 다음과 같다.

$$\oint_{\text{직사각형 경로}} A_y dy = \int_{\text{경로2}} A_y(x+\Delta x, y) dy + \int_{\text{경로4}} A_y(x, y) dy$$

$$= \int_y^{y+\Delta y} A_y(x+\Delta x, y) dy + \int_{y+\Delta y}^{y} A_y(x, y) dy$$

위 식의 두 번째 적분의 적분 경로를 바꾸면 다음과 같다.

$$\oint_{\text{직사각형 경로}} A_y dy = \int_y^{y+\Delta y} [A_y(x+\Delta x, y) - A_y(x,y)]\, dy$$
$$= \int_y^{y+\Delta y} \left(\frac{\partial A_y(x,y)}{\partial x} \Delta x \right) dy$$

$\Delta x \to 0$인 극한에서 $\Delta x \to dx$가 되므로 위의 적분은 다음과 같이 쓸 수 있다.

$$\oint_{\text{직사각형 경로}} A_y dy = \lim_{\Delta x \to 0} \int_y^{y+\Delta y} \left(\frac{\partial A_y(x,y)}{\partial x} \Delta x \right) dy$$
$$\equiv \int_y^{y+\Delta y} \int_x^{x+\Delta x} \frac{\partial A_y(x,y)}{\partial x} dx\, dy$$

피 적분 함수 $A_x dx$와 $A_y dy$에 대한 두 적분 결과를 더 하면 다음과 같다.

$$\oint_{\text{직사각형 경로}} \boldsymbol{A} \cdot d\boldsymbol{l} = \oint_{\text{직사각형 경로}} (A_x dx + A_y dy)$$
$$= \int_y^{y+\Delta y} \int_x^{x+\Delta x} \left[\frac{\partial A_y(x,y)}{\partial x} - \frac{\partial A_x(x,y)}{\partial y} \right] dx\, dy$$

피적분 함수는 $\nabla \times \boldsymbol{A}$의 z 성분과 같으므로 $\frac{\partial A_y(x,y)}{\partial x} - \frac{\partial A_x(x,y)}{\partial y} \equiv [\nabla \times \boldsymbol{A}]_z$이며, $dx\,dy$는 미소 면적 벡터 $d\boldsymbol{s}$의 z 성분과 같으므로 $dx\,dy \equiv ds_z$가 된다. 즉,

$$\oint_{\text{직사각형 경로}} \boldsymbol{A} \cdot d\boldsymbol{l} = \int_y^{y+\Delta y} \int_x^{x+\Delta x} \left[\frac{\partial A_y(x,y)}{\partial x} - \frac{\partial A_x(x,y)}{\partial y} \right] dx dy$$
$$= \int_y^{y+\Delta y} \int_x^{x+\Delta x} [\nabla \times \boldsymbol{A}]_z\, dx dy$$
$$= \int_y^{y+\Delta y} \int_x^{x+\Delta x} [\nabla \times \boldsymbol{A}]_z\, ds_z$$

xy 평면으로 투영한 폐 경로 C_{xy} 내부에 바둑판과 같이 무수히 많은 미소 직사각형 폐 경로에 대한 순환 적분을 계산하면 인접한 직사각형 (선)적분들은 반대 방향으로 순환하여 상쇄되므로 최외곽의 폐 경로 C_{xy} 에 대한 적분이 된다. 즉,

$$\oint_{C_{xy}} \boldsymbol{A} \cdot d\boldsymbol{l} = \oint_{S_z} [\nabla \times \boldsymbol{A}]_z \, ds_z$$

여기서 S_z는 xy 평면으로 투영된 폐 경로 C_{xy} 로 둘러싸인 면적이다.

같은 방법으로 yz 평면으로 투영된 폐 경로 C_{yz} 와 xz 평면으로 투영된 폐 경로 C_{xz} 에 대한 선적분들은 각각 다음과 같이 쓸 수 있다.

$$\oint_{C_{yz}} \boldsymbol{A} \cdot d\boldsymbol{l} = \oint_{S_x} [\nabla \times \boldsymbol{A}]_x \, ds_x$$

$$\oint_{C_{zx}} \boldsymbol{A} \cdot d\boldsymbol{l} = \oint_{S_y} [\nabla \times \boldsymbol{A}]_y \, ds_y$$

따라서 각 폐 경로의 선 적분 합은 다음과 같이 주어진다.

$$\begin{aligned}\oint_C \boldsymbol{A} \cdot d\boldsymbol{l} &= \oint_{C_{xy}} \boldsymbol{A} \cdot d\boldsymbol{l} + \oint_{C_{xz}} \boldsymbol{A} \cdot d\boldsymbol{l} + \oint_{C_{yz}} \boldsymbol{A} \cdot d\boldsymbol{l} \\ &= \int_{S_z} [\nabla \times \boldsymbol{A}]_z \, ds_z + \int_{S_y} [\nabla \times \boldsymbol{A}]_y \, ds_y + \int_{S_x} [\nabla \times \boldsymbol{A}]_x \, ds_x \\ &= \int_S \nabla \times \boldsymbol{A} \cdot d\boldsymbol{s}\end{aligned}$$

여기서 임의의 곡면 S에 대해 미소 면적 벡터 $d\boldsymbol{s}$는 $d\boldsymbol{s} = \hat{n}\,ds = ds_x \hat{x} + ds_y \hat{y} + ds_z \hat{z}$ 이며 $\hat{n}$은 미소 면적 요소 (differential area element)에 수직 또는 법선 (normal line)의

단위 벡터이다. 각 미소 면적은 $ds_x = dydz,\ ds_y = dzdx,\ ds_z = dxdy$로 정의한다. 따라서 다음의 스토크스 정리가 증명된다.

$$\therefore \boxed{\int_S \nabla \times \boldsymbol{A} \bullet d\boldsymbol{s} = \oint_C \boldsymbol{A} \bullet d\boldsymbol{l}}$$

■

[※ 주의]

스토크스 정리의 좌변은 $\iint_S \nabla \times \boldsymbol{A} \bullet d\boldsymbol{s}$와 같이 2중적분으로 표현하는 것이 정확한 표현이지만 본 교재에서는 간단히 $\int_S \nabla \times \boldsymbol{A} \bullet d\boldsymbol{s}$로 쓰기로 한다.

즉, 적분 영역 (면적) S와 미소 면적 벡터 $d\boldsymbol{s}$가 면적 적분 (즉, 2중적분)의 의미를 내포하기 때문이다. 같은 논리로 앞에서 다룬 가우스 정리는 $\iiint_V \nabla \bullet \boldsymbol{A}\, dv = \oiint_S \boldsymbol{A} \bullet d\boldsymbol{s}$로 쓰는 것이 정확한 표현이지만 $\int_V \nabla \bullet \boldsymbol{A}\, dv = \oint_S \boldsymbol{A} \bullet d\boldsymbol{s}$와 같이 간략히 쓰기로 한다.

[예제 2.16] 맥스웰 방정식 가운데 암페어 법칙과 패러데이 법칙의 미분 형은 다음과 같이 주어진다.

$$\begin{cases} \nabla \times \boldsymbol{H} = \boldsymbol{J} & : \text{Ampere law} \\ \nabla \times \boldsymbol{E} = -\dfrac{\partial \boldsymbol{B}}{\partial t} & : \text{Faraday law} \end{cases}$$

스토크스 정리를 사용하여 적분 형으로 표현하라.

여기서 $\boldsymbol{H}$ 는 자기장 (magnetic field), $\boldsymbol{J}$ 는 전류 밀도 벡터 (current density vector), $\boldsymbol{B}$는 자기유도 (magnetic induction), $\boldsymbol{E}$는 전기장 (electric field)이다.

[풀이]

미분 형 암페어 법칙과 패러데이 법칙의 양변에 스토크스 정리를 적용한다.

$$\begin{cases} \text{좌변} = \int_S \nabla \times \boldsymbol{H} \cdot d\boldsymbol{s} = \oint_l \boldsymbol{H} \cdot d\boldsymbol{l} \\ \text{우변} = \int_S \boldsymbol{J} \cdot d\boldsymbol{s} = I \end{cases}$$

$$\therefore \oint_l \boldsymbol{H} \cdot d\boldsymbol{l} = I : \text{ 적분 형 암페어 법칙}$$

$$\begin{cases} \text{좌변} = \int_S \nabla \times \boldsymbol{E} \cdot d\boldsymbol{s} = \oint_l \boldsymbol{E} \cdot d\boldsymbol{l} \equiv emf\ [V] \\ \text{우변} = -\int_S \dfrac{\partial \boldsymbol{B}}{\partial t} \cdot d\boldsymbol{s} = -\dfrac{d}{dt}\int_S \boldsymbol{B} \cdot d\boldsymbol{s} \end{cases}$$

$$\therefore \oint_l \boldsymbol{E} \cdot d\boldsymbol{l} = -\frac{d}{dt}\int_S \boldsymbol{B} \cdot d\boldsymbol{s} \equiv -\frac{d\Phi_B}{dt} : \text{ 적분 형 패러데이 법칙}$$

여기서 $emf\ [V] = \oint_l \boldsymbol{E} \cdot d\boldsymbol{l}$는 유도된 기전력이며, $\Phi_B = \int_S \boldsymbol{B} \cdot d\boldsymbol{s}$는 자기 선속이다.

적분 형 패러데이 법칙의 음(-)의 부호는 렌츠 법칙 (Lenz law)으로 외부 자기 선속의 변화를 감소시키는 방향으로 전류가 유도됨을 뜻한다.

■

[예제 2.17] 적분 형 암페어 법칙

일정한 전류 I가 흐르는 무한 직선 도선 주위에 형성되는 자기장 벡터 $\boldsymbol{H}(x,y)$를 암페어 법칙의 적분 형을 사용하여 직교 좌표 (x, y)로 구하라.

단, 도선에 흐르는 전류의 방향은 $+z$ 방향으로 전류 밀도 벡터는 $\boldsymbol{J} = J\hat{z}$ 이며 크기는 $J = \dfrac{I}{\pi a^2}$, a는 도선의 반지름이며, 평면 극좌표의 단위 벡터는 $\hat{r} = \cos\theta\,\hat{x} + \sin\theta\,\hat{y}$, $\hat{\theta} = -\sin\theta\,\hat{x} + \cos\theta\,\hat{y}$이다. (예제 2.17 그림.)

[힌트] 자기장 $\boldsymbol{H}$ 의 방향은 $\boldsymbol{H}(x, y) = H(x, y)\hat{\theta}$라 가정한다.

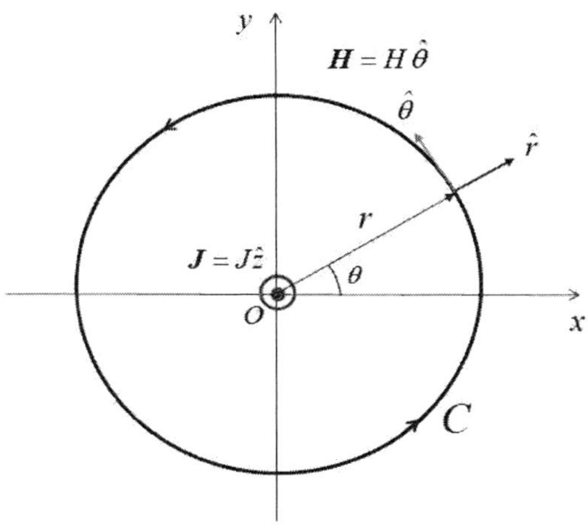

예제 2.17 그림.

[풀이]

적분 형 암페어 법칙 $\oint_C \boldsymbol{H} \cdot d\boldsymbol{l} = I$을 사용하자. 여기서 폐 경로 C는 반지름 r인 원 둘레로 반시계방향이며, 전류 I는 폐 경로 C 내부를 지나는 전류이다. 미소 선분 벡터는 예제 2.17 그림을 참고하면 미소 선분 벡터는 $d\boldsymbol{l} = r d\theta \hat{\theta}$이며 접선 방향이다. 자기장 벡터를 $\boldsymbol{H}(x, y) = H_r(x, y)\hat{r} + H_\theta(x, y)\hat{\theta}$라 가정하면 반지름방향의 자기장 $H_r(x, y)\hat{r}$은 미소 선분 벡터와 수직이므로 암페어 법칙에 기여가 없다. 따라서

$\boldsymbol{H} \cdot dl = H_\theta r d\theta$이므로 적분 형 암페어 법칙 $\oint_C \boldsymbol{H} \cdot dl = I$에 대입하여 좌변의 적분을 계산한다.

$$\oint_C \boldsymbol{H} \cdot dl = \int_0^{2\pi} H_\theta r d\theta = H_\theta r \int_0^{2\pi} d\theta = 2\pi r H_\theta \equiv I$$

$$\Rightarrow H_\theta(r) = \frac{I}{2\pi r}$$

한편 반지름 방향 성분은 $H_r(x, y) = 0$이므로 $\boldsymbol{H}(x, y) = H_\theta(x, y)\hat{\theta}$이다.

$$\therefore \ \boldsymbol{H}(r) = \frac{I}{2\pi r}\hat{\theta}$$

여기서 자기장 벡터는 평면 극 좌표계로 나타낸 것이므로 데카르트 좌표계 x, y로 변환하자. 평면 극 좌표계에서 $x = r\cos\theta$, $y = r\sin\theta$이므로 반지름은 $r = \sqrt{x^2 + y^2}$ 이다. 단위 벡터 $\hat{\theta}$을 x, y로 나타내면 다음과 같다.

$$\hat{\theta} = -\sin\theta\,\hat{x} + \cos\theta\,\hat{y} = -\frac{y}{r}\hat{x} + \frac{x}{r}\hat{y}$$

자기장 벡터를 직교 좌표 (x, y)로 표현하면 다음과 같다.

$$\boldsymbol{H}(x,y) = \frac{I}{2\pi r}\hat{\theta} = \frac{I}{2\pi r}\left(-\frac{y}{r}\hat{x} + \frac{x}{r}\hat{y}\right) = \frac{I}{2\pi(x^2+y^2)}(-y\hat{x} + x\hat{y})$$

$$\therefore \ \boldsymbol{H}(x,y) = \frac{I}{2\pi}\frac{-y\hat{x} + x\hat{y}}{x^2+y^2}$$

여기서 반지름 $r = \sqrt{x^2 + y^2} \to 0$인 경우 자기장은 발산함을 주의하자. ■

[예제 2.18] 패러데이의 전자기 유도 법칙

전기 전도도 (electric conductivity)가 σ인 전도성 매질에 시간에 따라 변하는 외부 자기장 $\boldsymbol{B}(t)$가 매질의 한쪽 면에 가해지고 있다. (예제 2.18 그림 (1))

(1) 전도성 매질에 소용돌이 전류가 생성되는 이유를 설명하라.
소용돌이 전류 (eddy current) 또는 와전류 (渦 電流)라 부른다.

(2) 소용돌이 전류가 기계 장치에 미치는 영향을 줄일 방법은 무엇인가?

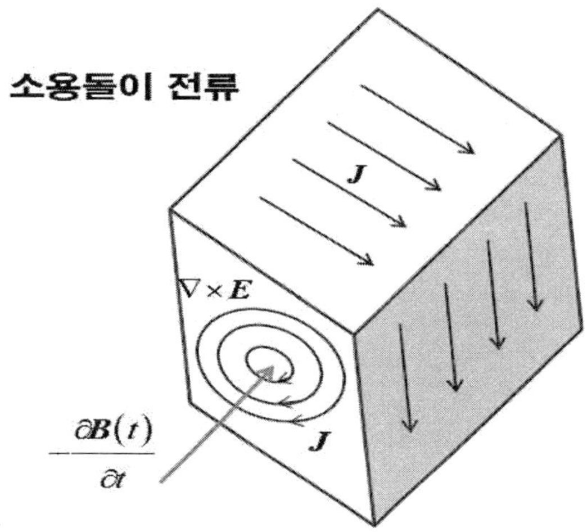

예제 2.18 그림 (1).

[풀이]

(1) 패러데이의 전자기 유도 법칙 $\nabla \times \boldsymbol{E} = -\dfrac{\partial \boldsymbol{B}}{\partial t}$의 물리적인 해석은 우변 항의 시간 종속 자기장 $\boldsymbol{B}(t)$의 변화가 원인이 되어 금속과 같은 전도성 매질에 순환하는 전기장 $\boldsymbol{E}(t)$ (즉, 좌변 항의 $\nabla \times \boldsymbol{E}$)가 만들어진다는 것이다.
이때 순환하는 전기장의 방향은 우변의 음(-)의 부호인 렌츠 법칙에 따라 정해진다.
전도성 매질의 전기 전도도를 σ라 하면 옴의 법칙 (Ohm's law)[25]에 따라 전류 밀도 (current density)는 $\boldsymbol{J} = \sigma \boldsymbol{E}$ 로 주어진다.

---

25) 옴의 법칙은 $V = IR$이지만, 전류 밀도 표현 $J = \sigma E$ 역시 옴의 법칙이 된다.
$I = JA$ (A: 도선의 단면적), $V = El$ (l: 도선의 길이), 저항 $R = \dfrac{l}{\sigma A}$로 두면 $J = \sigma E$가 된다.

따라서 $-\dfrac{\partial B}{\partial t}$에 의해 전도성 매질에 순환하는 전기장 $\nabla \times \boldsymbol{E}$가 만들어지고 옴의 법칙에 따라 순환하는 전류인 소용돌이 전류 $\nabla \times \boldsymbol{J} = \sigma \nabla \times \boldsymbol{E}$가 만들어진다.

(2) 소용돌이 전류가 금속성 도체에 미치는 영향은 내부 저항 R이 주울 열 (Joule's heat) $P = IV = I^2R$을 발생시키게 된다.

주울 열을 최소화시키기 위해 예제 2.18 그림 (1)처럼 금속 직육면체 한 개로 설계하기보다 예제 2.18 그림 (2)와 같이 작은 직육면체 여러 개를 위와 아래로 붙여서 설계하면 두 면이 맞닿은 면에는 반대 방향의 소용돌이 전류가 흘러 주울 열을 상쇄할 수가 있다.

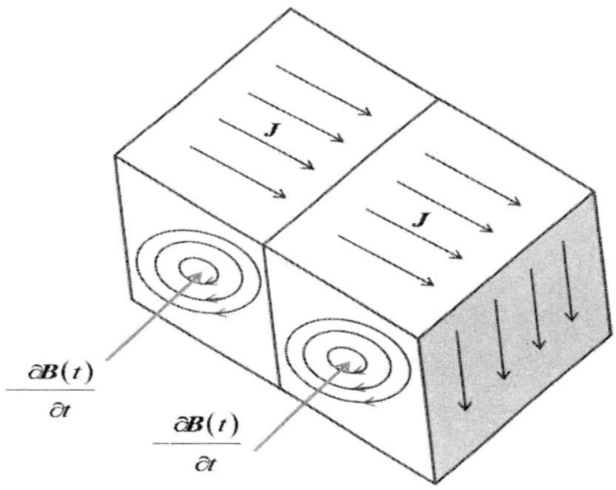

예제 2.18 그림 (2).

■

[예제 2.19] 위치 벡터 $\boldsymbol{r}$에 대한 $\nabla\times\boldsymbol{r}$을 구하라. 예제 2.15 (1)의 $\nabla \cdot \boldsymbol{r} = 3$과 비교하라.

[풀이]

$$\nabla\times\boldsymbol{r} = \begin{vmatrix} \hat{x} & \hat{y} & \hat{z} \\ \dfrac{\partial}{\partial x} & \dfrac{\partial}{\partial y} & \dfrac{\partial}{\partial z} \\ x & y & z \end{vmatrix}$$

$$= \left(\frac{\partial z}{\partial y} - \frac{\partial y}{\partial z}\right)\hat{x} + \left(\frac{\partial x}{\partial z} - \frac{\partial z}{\partial x}\right)\hat{y} + \left(\frac{\partial y}{\partial x} - \frac{\partial x}{\partial y}\right)\hat{z} = 0$$

즉, 위치 벡터 $\boldsymbol{r}$은 소용돌이 벡터 또는 순환하는 벡터장이 아님을 뜻한다.
예제 2.15 (1)에서 위치 벡터 $\boldsymbol{r}$의 발산은 $\nabla \cdot \boldsymbol{r} = 3$이며 양의 값이므로 위치 벡터 $\boldsymbol{r}$은 (3차원으로) 발산하는 벡터장이다.

■

[※ 참고] 벡터장 $\boldsymbol{A}$의 컬과 발산이 각각 0인 경우 벡터장 $\boldsymbol{A}$는 다음과 같이 부른다.

$\nabla\times\boldsymbol{A} = 0 \Rightarrow \boldsymbol{A}$: 비회전적 (irrotational) $\nabla \cdot \boldsymbol{A} = 0 \Rightarrow \boldsymbol{A}$: 솔레노이달 (solenoidal or source − free)

[예제 2.20] 강체의 회전

그림과 같이 원뿔 형태의 강체 (rigid body)가 일정한 각속도 $\boldsymbol{\omega}$로 회전하고 있다. 강체의 접선 속도가 $\boldsymbol{v}$일 때 $\nabla\times\boldsymbol{v}$를 각속도 $\boldsymbol{\omega}$로 구하라. 단, 접선 속도는 $\boldsymbol{v}=\boldsymbol{\omega}\times\boldsymbol{r}$이다.

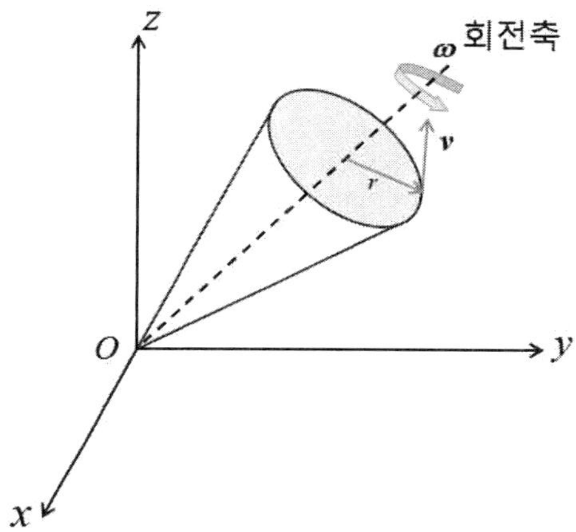

예제 2.20 그림.

[풀이]

강체의 접선 속도가 $\boldsymbol{v}=\boldsymbol{\omega}\times\boldsymbol{r}$이므로 $\nabla\times\boldsymbol{v}$를 계산한다.

$$\nabla\times\boldsymbol{v}=\nabla\times(\boldsymbol{\omega}\times\boldsymbol{r})\equiv\nabla_{\omega}\times(\boldsymbol{\omega}\times\boldsymbol{r})+\nabla_{r}\times(\boldsymbol{\omega}\times\boldsymbol{r})$$

여기서 미분 연산자 $\nabla_{\omega}\times$와 $\nabla_{r}\times$의 아래 첨자는 각각 ω와 r에 대한 미분 연산자를 의미한다. $\nabla_{\omega}\times$와 $\nabla_{r}\times$의 연산에 벡터 3중 곱의 BAC-CAB rule $\boldsymbol{A}\times(\boldsymbol{B}\times\boldsymbol{C})=\boldsymbol{B}(\boldsymbol{A}\cdot\boldsymbol{C})-\boldsymbol{C}(\boldsymbol{A}\cdot\boldsymbol{B})$을 적용하면 4개 항으로 나누어진다.

$$\begin{aligned}\nabla\times\boldsymbol{v}&=\nabla_{\omega}\times(\boldsymbol{\omega}\times\boldsymbol{r})+\nabla_{r}\times(\boldsymbol{\omega}\times\boldsymbol{r})\\&=(\boldsymbol{r}\cdot\nabla_{\omega})\boldsymbol{\omega}-\boldsymbol{r}(\nabla_{\omega}\cdot\boldsymbol{\omega})+\boldsymbol{\omega}(\nabla_{r}\cdot\boldsymbol{r})-(\boldsymbol{\omega}\cdot\nabla_{r})\boldsymbol{r}\end{aligned}$$

각속도 $\boldsymbol{\omega} = \omega_x \hat{x} + \omega_y \hat{y} + \omega_z \hat{z}$ =상수 (일정)이므로 4개 항에 대입하여 계산한다.

$$\text{첫째항} = (\boldsymbol{r} \cdot \nabla_\omega)\boldsymbol{\omega} = \left(x\frac{\partial}{\partial x} + y\frac{\partial}{\partial y} + z\frac{\partial}{\partial z}\right)(\omega_x \hat{x} + \omega_y \hat{y} + \omega_z \hat{z}) = 0$$
$$(\because \omega_i = \text{일정})$$

$$\text{둘째항} = \boldsymbol{r}(\nabla_\omega \cdot \boldsymbol{\omega}) = \boldsymbol{r}\left(\frac{\partial \omega_x}{\partial x} + \frac{\partial \omega_y}{\partial y} + \frac{\partial \omega_z}{\partial z}\right) = 0$$
$$(\because \omega_i = \text{일정})$$

$$\text{세째항} = \boldsymbol{\omega}(\nabla_r \cdot \boldsymbol{r}) = \boldsymbol{\omega}\left(\frac{\partial x}{\partial x} + \frac{\partial y}{\partial y} + \frac{\partial z}{\partial z}\right) = 3\boldsymbol{\omega}$$

$$\text{네째항} = (\boldsymbol{\omega} \cdot \nabla_r)\boldsymbol{r} = \left(\omega_x \frac{\partial}{\partial x} + \omega_y \frac{\partial}{\partial y} + \omega_z \frac{\partial}{\partial z}\right)(x\hat{x} + y\hat{y} + z\hat{z})$$
$$= \omega_x \hat{x} + \omega_y \hat{y} + \omega_z \hat{z} = \boldsymbol{\omega}$$

$$\Rightarrow \nabla \times \boldsymbol{v} = \nabla_\omega \times (\boldsymbol{\omega} \times \boldsymbol{r}) + \nabla_r \times (\boldsymbol{\omega} \times \boldsymbol{r})$$
$$= (\boldsymbol{r} \cdot \nabla_\omega)\boldsymbol{\omega} - \boldsymbol{r}(\nabla_\omega \cdot \boldsymbol{\omega}) + \boldsymbol{\omega}(\nabla_r \cdot \boldsymbol{r}) - (\boldsymbol{\omega} \cdot \nabla_r)\boldsymbol{r}$$
$$= 0 + 0 + 3\boldsymbol{\omega} - \boldsymbol{\omega} = 2\boldsymbol{\omega}$$
$$\therefore \nabla \times \boldsymbol{v} = 2\boldsymbol{\omega}$$

강체의 접선 속도 $\boldsymbol{v}$의 컬 또는 회전 $(\nabla \times \boldsymbol{v})$은 각속도의 2배이며 접선 속도 $\boldsymbol{v}$는 회전(순환)적 (rotational)이다. 또는 $\boldsymbol{\omega} = \frac{1}{2} \nabla \times \boldsymbol{v}$ $(\neq 0)$이다.

[참고] $\nabla \times \boldsymbol{v} = 2\boldsymbol{\omega}$에 스토크스 정리를 적용하면 접선 속력 $v = r\omega$를 얻는다.

$$\text{좌변} = \int_S \nabla \times \boldsymbol{v} \cdot d\boldsymbol{s} = \int_S 2\boldsymbol{\omega} \cdot d\boldsymbol{s} = 2\omega\pi r^2$$
$$\text{우변} = \oint_C \boldsymbol{v} \cdot d\boldsymbol{l} = \oint_C v r d\theta = 2\pi r v$$
$$\therefore v = r\omega$$

■

[요약] 맥스웰 방정식의 미분 형과 적분 형을 정리하면 다음과 같다.

맥스웰 방정식 (미분형)	
$\nabla \cdot \boldsymbol{D} = \rho$	: 가우스 법칙 (*Gauss law*)
$\nabla \cdot \boldsymbol{B} = 0$	: 가우스 법칙 (*No magnetic monopole*)
$\nabla \times \boldsymbol{E} = -\dfrac{\partial \boldsymbol{B}}{\partial t}$	: 패러데이 법칙 (*Faraday law*)
$\nabla \times \boldsymbol{H} = \boldsymbol{J} + \dfrac{\partial \boldsymbol{D}}{\partial t}$	: 암페어 법칙 (*Ampere law*)

여기서 $\boldsymbol{D} = \epsilon \boldsymbol{E}$는 전기 변위 (electric displacement), $\boldsymbol{B} = \mu \boldsymbol{H}$는 자기유도 (magnetic induction), $\boldsymbol{J}$는 전류 밀도 (current density), ρ는 전하 밀도 (electric charge density), ϵ은 유전율 (dielectric constant), μ는 투자율 (magnetic permeability)이다.

맥스웰 방정식 (적분형)	
$\oint_S \boldsymbol{E} \cdot d\boldsymbol{s} = \dfrac{Q}{\epsilon}$	: 가우스 법칙
$\oint_S \boldsymbol{B} \cdot d\boldsymbol{s} = 0$	: *No magnetic monopole*
$\oint_C \boldsymbol{E} \cdot d\boldsymbol{l} = -\dfrac{d}{dt}\int_S \boldsymbol{B} \cdot d\boldsymbol{s}$	: 패러데이 법칙
$\oint_C \boldsymbol{H} \cdot d\boldsymbol{l} = I_{전도} + I_{변위}$	: 암페어 법칙

여기서 $Q = \int_V \rho dv$는 전하 (electric charge), $I_{전도} = \int_S \boldsymbol{J} \cdot d\boldsymbol{s}$는 전도 전류 (conduction current), $I_{변위} = \epsilon \dfrac{d}{dt}\int_S \boldsymbol{E} \cdot d\boldsymbol{s}$는 변위 전류 (displacement current)이다.

2.6 벡터 미분 연산자들의 계산

2.6.1 단일 그래디언트 연산자 (single del operations)

f와 g는 스칼라 함수, $\boldsymbol{A}$와 $\boldsymbol{B}$는 벡터 함수라 하자. 각각은 위치 $\boldsymbol{r}=(x, y, z)$의 함수이며, 다음의 벡터 연산 관계식들이 성립한다.

(1) $\nabla(f+g)=\nabla f+\nabla g$

(2) $\nabla \cdot(\boldsymbol{A}+\boldsymbol{B})=\nabla \cdot \boldsymbol{A}+\nabla \cdot \boldsymbol{B}$

(3) $\nabla \times(\boldsymbol{A}+\boldsymbol{B})=\nabla \times \boldsymbol{A}+\nabla \times \boldsymbol{B}$

(4) $\nabla(fg)=(\nabla f)g+f(\nabla g)$

(5) $\nabla \cdot(f\boldsymbol{A})=(\nabla f) \cdot \boldsymbol{A}+f\nabla \cdot \boldsymbol{A}$

(6) $\nabla \times(f\boldsymbol{A})=(\nabla f) \times \boldsymbol{A}+f\nabla \times \boldsymbol{A}$

(7) $\nabla \times(\boldsymbol{A} \times \boldsymbol{B})=\nabla_A \times(\boldsymbol{A} \times \boldsymbol{B})+\nabla_B \times(\boldsymbol{A} \times \boldsymbol{B})$

(8) $\nabla(\boldsymbol{A} \cdot \boldsymbol{B})=(\boldsymbol{B} \cdot \nabla)\boldsymbol{A}+\boldsymbol{B} \times(\nabla \times \boldsymbol{A})+(\boldsymbol{A} \cdot \nabla)\boldsymbol{B}+\boldsymbol{A} \times(\nabla \times \boldsymbol{B})$

(9) $\nabla \cdot(\boldsymbol{A} \times \boldsymbol{B})=(\nabla \times \boldsymbol{A}) \cdot \boldsymbol{B}-(\nabla \times \boldsymbol{B}) \cdot \boldsymbol{A}$

벡터 연산 관계식 (1)~(7)은 자명하므로 증명은 생략한다.
(7)~(9) 관계식은 일부 증명을 하거나 힌트를 제시한다.

(7) $\nabla \times(\boldsymbol{A} \times \boldsymbol{B})=\nabla_A \times(\boldsymbol{A} \times \boldsymbol{B})+\nabla_B \times(\boldsymbol{A} \times \boldsymbol{B})$

[증명]

$\nabla \times(\boldsymbol{A} \times \boldsymbol{B})=\nabla_A \times(\boldsymbol{A} \times \boldsymbol{B})+\nabla_B \times(\boldsymbol{A} \times \boldsymbol{B})$이므로 벡터 3중 곱에 대한 *BAC-CAB* rule $\boldsymbol{A} \times(\boldsymbol{B} \times \boldsymbol{C})=\boldsymbol{B}(\boldsymbol{A} \cdot \boldsymbol{C})-\boldsymbol{C}(\boldsymbol{A} \cdot \boldsymbol{B})$를 적용한다.
여기서 $\nabla_A \times$ 연산자는 벡터 $\boldsymbol{A}$에 대한 미분 연산자이며 $\boldsymbol{B}$는 상수로 간주한다. 같은

방법으로 $\nabla_B \times$는 $\boldsymbol{B}$에 대한 미분 연산자이며 $\boldsymbol{A}$는 상수로 취급한다.

$$\nabla_A \times (\boldsymbol{A} \times \boldsymbol{B}) = (\boldsymbol{B} \cdot \nabla_A)\boldsymbol{A} - \boldsymbol{B}(\nabla_A \cdot \boldsymbol{A})$$

$$\nabla_B \times (\boldsymbol{A} \times \boldsymbol{B}) = \boldsymbol{A}(\nabla_B \cdot \boldsymbol{B}) - (\boldsymbol{A} \cdot \nabla_B)\boldsymbol{B}$$

$$\begin{aligned} \Rightarrow \nabla \times (\boldsymbol{A} \times \boldsymbol{B}) &= \nabla_A \times (\boldsymbol{A} \times \boldsymbol{B}) + \nabla_B \times (\boldsymbol{A} \times \boldsymbol{B}) \\ &= (\boldsymbol{B} \cdot \nabla_A)\boldsymbol{A} - \boldsymbol{B}(\nabla_A \cdot \boldsymbol{A}) + \boldsymbol{A}(\nabla_B \cdot \boldsymbol{B}) - (\boldsymbol{A} \cdot \nabla_B)\boldsymbol{B} \\ &= (\boldsymbol{B} \cdot \nabla)\boldsymbol{A} - \boldsymbol{B}(\nabla \cdot \boldsymbol{A}) + \boldsymbol{A}(\nabla \cdot \boldsymbol{B}) - (\boldsymbol{A} \cdot \nabla)\boldsymbol{B} \end{aligned}$$

$$\therefore \nabla \times (\boldsymbol{A} \times \boldsymbol{B}) = (\boldsymbol{B} \cdot \nabla)\boldsymbol{A} - \boldsymbol{B}(\nabla \cdot \boldsymbol{A}) + \boldsymbol{A}(\nabla \cdot \boldsymbol{B}) - (\boldsymbol{A} \cdot \nabla)\boldsymbol{B}$$

(8) $\nabla(\boldsymbol{A} \cdot \boldsymbol{B}) = (\boldsymbol{B} \cdot \nabla)\boldsymbol{A} + \boldsymbol{B} \times (\nabla \times \boldsymbol{A}) + (\boldsymbol{A} \cdot \nabla)\boldsymbol{B} + \boldsymbol{A} \times (\nabla \times \boldsymbol{B})$

[증명]

(7) 관계식의 증명과 유사하므로 힌트만 제시한다.

$\nabla(\boldsymbol{A} \cdot \boldsymbol{B}) = \nabla_A(\boldsymbol{A} \cdot \boldsymbol{B}) + \nabla_B(\boldsymbol{A} \cdot \boldsymbol{B})$로 나누어 계산한다.

$\boldsymbol{A} \times (\nabla_B \times \boldsymbol{B})$와 $\boldsymbol{B} \times (\nabla_A \times \boldsymbol{A})$의 계산은 벡터 3중 곱의 *BAC-CAB* rule

$\boldsymbol{A} \times (\boldsymbol{B} \times \boldsymbol{C}) = \boldsymbol{B}(\boldsymbol{A} \cdot \boldsymbol{C}) - \boldsymbol{C}(\boldsymbol{A} \cdot \boldsymbol{B})$을 적용하여 계산한 다음 $\nabla_A(\boldsymbol{A} \cdot \boldsymbol{B})$와 $\nabla_B(\boldsymbol{A} \cdot \boldsymbol{B})$를 구한다.

(9) $\nabla \cdot (\boldsymbol{A} \times \boldsymbol{B}) = (\nabla \times \boldsymbol{A}) \cdot \boldsymbol{B} - (\nabla \times \boldsymbol{B}) \cdot \boldsymbol{A}$

[증명]

힌트: $\nabla_{AB} \cdot (\boldsymbol{A} \times \boldsymbol{B}) = \nabla_A \cdot (\boldsymbol{A} \times \boldsymbol{B}) + \nabla_B \cdot (\boldsymbol{A} \times \boldsymbol{B})$ ⇐스칼라 3중곱

$$= \boldsymbol{B} \cdot (\nabla_A \times \boldsymbol{A}) - \boldsymbol{A} \cdot (\nabla_A \times \boldsymbol{B})$$

■

2.6.2 이중 그래디언트 (델) 연산자 (double del operations)

$\Psi(x, y, z)$는 스칼라 함수, $\boldsymbol{A}(x, y, z)$는 벡터 함수라 할 때 앞에서 공부한 단일 그래디언트 (또는 델) 연산자는 $\nabla\Psi$, $\nabla \cdot \boldsymbol{A}$와 $\nabla \times \boldsymbol{A}$의 세 종류가 있다.
즉, 단일 델 연산자가 작용하는 함수와 결과 함수의 특성은 각각 다음과 같다.

$$\begin{cases} \nabla(\text{스칼라 함수}) = \textbf{벡터 }\text{함수} \\ \nabla \cdot (\textbf{벡터 }\text{함수}) = \text{스칼라 함수} \\ \nabla \times (\textbf{벡터 함수}) = \textbf{벡터 }\text{함수} \end{cases}$$

위의 단일 델 연산자의 특성은 ∇ 연산자는 스칼라 함수에만 적용하고 연산 결과는 벡터 함수가 된다. $\nabla \cdot$는 벡터 함수에만 적용하고 연산 결과는 스칼라 함수이며, $\nabla \times$ 연산자는 벡터 함수에 적용하고 연산 결과는 벡터 함수가 된다.

델 연산자 ∇를 이중으로 연산한 것을 이중 델 (그래디언트) 연산자라 하며 역학, 전자기학, 양자역학 등 물리학의 여러 현상을 설명하는데 매우 중요한 연산자 가운데 하나이다.

단일 델 연산자의 특성을 고려하면 이중 델 연산자를 적용할 수 있는 조합은 $\nabla\underbrace{(\nabla \cdot \boldsymbol{A})}_{\text{스칼라 함수}}$, $\nabla \cdot \underbrace{\nabla\Psi}_{\text{벡터 함수}}$, $\nabla \cdot \underbrace{\nabla \times \boldsymbol{A}}_{\text{벡터 함수}}$, $\nabla \times \underbrace{\nabla\Psi}_{\text{벡터 함수}}$, $\nabla \times \underbrace{(\nabla \times \boldsymbol{A})}_{\text{벡터 함수}}$ 등 5개의 종류가 있다.

이 중 첫 번 연산 $\nabla(\nabla \cdot \boldsymbol{A})$은 다섯 번째 연산 $\nabla \times (\nabla \times \boldsymbol{A})$에 포함되므로 이중 델 연산자를 정리하면 다음과 같이 4종류로 정리된다.

$$(1)\ \nabla \cdot \nabla\Psi \equiv \nabla^2\Psi = \frac{\partial^2\Psi}{\partial x^2} + \frac{\partial^2\Psi}{\partial y^2} + \frac{\partial^2\Psi}{\partial z^2}$$

$$(2)\ \nabla \times \nabla\Psi \equiv 0$$

$$(3)\ \nabla \cdot \nabla \times \boldsymbol{A} \equiv 0$$

$$(4)\ \nabla \times (\nabla \times \boldsymbol{A}) = \nabla(\nabla \cdot \boldsymbol{A}) - \nabla^2\boldsymbol{A}$$

위의 4종류의 이중 델 연산자의 대표적인 물리학 응용은 각각 다음과 같다.

(1) $\nabla \cdot \nabla \boldsymbol{\Psi} \equiv \nabla^2 \boldsymbol{\Psi}$을 라플라시안 (Laplacian) 연산자라 부르며 (간단히 라플라시안), 전자기파동 방정식, 슈뢰딩거 파동 방정식, 라플라스 방정식 등을 표현할 때 주로 사용된다.

(2) $\nabla \times \nabla \boldsymbol{\Psi} = 0$은 역학이나 정 전기학 (electro-statics) 등의 보존력과 스칼라 퍼텐셜 (scalar potential) 유도에 사용된다.

(3) $\nabla \cdot \nabla \times \boldsymbol{A} = 0$은 정 자기학 (magneto-statics) 등에 응용된다.
특히 자기장의 벡터 퍼텐셜 (vector potential) 유도에 유용하다.

(4) $\nabla \times (\nabla \times \boldsymbol{A}) = \nabla(\nabla \cdot \boldsymbol{A}) - \nabla^2 \boldsymbol{A}$는 맥스웰 방정식으로부터 파동 방정식 등을 유도할 때 응용되는 관계식이다.

(1) $\nabla \cdot \nabla \boldsymbol{\Psi} \equiv \nabla^2 \boldsymbol{\Psi}$: 라플라시안

데카르트 (x, y, z) 좌표계에서 $\nabla \cdot \nabla \boldsymbol{\Psi}$ 연산은 다음과 같이 주어진다.[26)]

$$\begin{aligned} \nabla \cdot \nabla \Psi &= \left(\hat{x}\frac{\partial}{\partial x} + \hat{y}\frac{\partial}{\partial y} + \hat{z}\frac{\partial}{\partial z}\right) \cdot \left(\hat{x}\frac{\partial}{\partial x} + \hat{y}\frac{\partial}{\partial y} + \hat{z}\frac{\partial}{\partial z}\right)\Psi \\ &= \frac{\partial^2 \Psi}{\partial x^2} + \frac{\partial^2 \Psi}{\partial y^2} + \frac{\partial^2 \Psi}{\partial z^2} \equiv \nabla^2 \Psi \end{aligned}$$

$\nabla \cdot \nabla \equiv \nabla^2$ 을 라플라시안 (Laplacian)이라 하며 다음과 같이 정의한다.

$$\nabla^2 \boldsymbol{\Psi} = \nabla \cdot \nabla \boldsymbol{\Psi} = \frac{\partial^2 \boldsymbol{\Psi}}{\partial x^2} + \frac{\partial^2 \boldsymbol{\Psi}}{\partial y^2} + \frac{\partial^2 \boldsymbol{\Psi}}{\partial z^2}$$

---

26) 데카르트 (x, y, z) 좌표계에서만 $\nabla \cdot \boldsymbol{A}$는 ∇ 연산자와 벡터 함수 $\boldsymbol{A}$의 스칼라 곱으로 간주할 수 있다. 그러나 구 좌표계와 원통 좌표계 등 곡선 좌표계에서는 길이 인자 (scale factor)를 고려하여 스칼라 곱을 계산하여야 한다.

[예제 2.21] 스칼라 함수 $\Psi(r)=\dfrac{K}{r}$ ($K=$ 상수)의 라플라시안 $\nabla^2\Psi$를 구하라.

[풀이]

$\nabla^2\Psi=\left(\dfrac{\partial^2}{\partial x^2}+\dfrac{\partial^2}{\partial y^2}+\dfrac{\partial^2}{\partial z^2}\right)\left(\dfrac{K}{r}\right)$을 계산한다. 먼저 첫째 항 $\dfrac{\partial^2}{\partial x^2}\left(\dfrac{1}{r}\right)$을 연쇄 법칙을 사용하여 계산하면 다음과 같다.

$$\frac{\partial^2}{\partial x^2}\left(\frac{1}{r}\right)=\frac{\partial}{\partial x}\left[\frac{\partial}{\partial x}\left(\frac{1}{r}\right)\right]=\frac{\partial}{\partial x}\left[\frac{\partial r}{\partial x}\frac{\partial}{\partial r}\left(\frac{1}{r}\right)\right]=\frac{\partial}{\partial x}\left[\frac{x}{r}\left(-\frac{1}{r^2}\right)\right]$$
$$=-\frac{\partial}{\partial x}\left(\frac{x}{r^3}\right)=-\left[\frac{1}{r^3}+x\frac{\partial}{\partial x}\left(\frac{1}{r^3}\right)\right]=-\left[\frac{1}{r^3}+x\frac{\partial r}{\partial x}\frac{\partial}{\partial r}\left(\frac{1}{r^3}\right)\right]$$
$$=-\left[\frac{1}{r^3}-3\frac{x^2}{r^5}\right]$$

여기서 $\dfrac{\partial r}{\partial x}=\dfrac{\partial\sqrt{x^2+y^2+x^2}}{\partial x}=\dfrac{x}{\sqrt{x^2+y^2+x^2}}=\dfrac{x}{r}$이다.

같은 방법으로 $\dfrac{\partial^2}{\partial y^2}\left(\dfrac{1}{r}\right)=-\left[\dfrac{1}{r^3}-3\dfrac{y^2}{r^5}\right]$과 $\dfrac{\partial^2}{\partial z^2}\left(\dfrac{1}{r}\right)=-\left[\dfrac{1}{r^3}-3\dfrac{z^2}{r^5}\right]$을 얻는다.

세 항을 모두 더하면 다음을 얻는다.

$$\left(\frac{\partial^2}{\partial x^2}+\frac{\partial^2}{\partial y^2}+\frac{\partial^2}{\partial z^2}\right)\left(\frac{1}{r}\right)=-\frac{3}{r^3}+3\frac{x^2+y^2+z^2}{r^5}$$
$$=-\frac{3}{r^3}+\frac{3}{r^3}=0$$

$$\therefore\ \nabla^2\Psi=\left(\frac{\partial^2}{\partial x^2}+\frac{\partial^2}{\partial y^2}+\frac{\partial^2}{\partial z^2}\right)\left(\frac{K}{r}\right)=0$$

■

[※ 참고]

$\nabla^2 \Psi = 0$:

라플라시안이 0이 되는 2계 편미분 방정식을 라플라스 방정식 (Laplace equation)이라 한다. 전자기학이나 역학 등에서 전위 및 중력 퍼텐셜 등을 다룰 때 사용한다.

$\nabla^2 \Psi = f(x, y, z)$:

라플라스 방정식의 우변에 함수 $f(x, y, z)$ 또는 상수 $(\neq 0)$가 있는 방정식을 푸아송 방정식 (Poisson equation)이라 하며 라플라스 방정식을 일반화한 방정식이다.
전자기학 등에서 전하 분포로 발생하는 전위를 구할 때 많이 사용한다.
이 경우 $f(x, y, z)$는 전하 밀도 $\rho(x, y, z)$이며 Ψ는 전위이다.

$\nabla^2 \Psi = \pm k^2 \Psi$:

이런 형의 방정식을 헬름홀츠 방정식 (Helmholtz equation)이라 한다.
맥스웰 파동 방정식이나 슈뢰딩거 파동 방정식 등 시간 종속 파동 방정식 (time-dependent wave equation))에서 시간 종속성을 제거한 시간 독립 파동 방정식을 헬름홀츠 방정식이라 한다.

(2) $\nabla \times \nabla \Psi \equiv 0$

[증명]

벡터 함수 $\boldsymbol{A}$에 대한 컬 연산 $\nabla \times \boldsymbol{A}$는 행렬식으로 다음과 같이 쓸 수 있다.

$$\nabla \times \boldsymbol{A} = \begin{vmatrix} \hat{x} & \hat{y} & \hat{z} \\ \frac{\partial}{\partial x} & \frac{\partial}{\partial y} & \frac{\partial}{\partial z} \\ A_x & A_y & A_z \end{vmatrix}$$

$$= \left(\frac{\partial A_z}{\partial y} - \frac{\partial A_y}{\partial z} \right) \hat{x} + \left(\frac{\partial A_x}{\partial z} - \frac{\partial A_z}{\partial x} \right) \hat{y} + \left(\frac{\partial A_y}{\partial x} - \frac{\partial A_x}{\partial y} \right) \hat{z}$$

벡터 함수를 $\boldsymbol{A} \equiv \nabla \Psi$라 두면 $\nabla \Psi = \hat{x}\dfrac{\partial \Psi}{\partial x} + \hat{y}\dfrac{\partial \Psi}{\partial y} + \hat{z}\dfrac{\partial \Psi}{\partial z} \equiv A_x \hat{x} + A_y \hat{y} + A_z \hat{z}$가 된다. 각 성분 $A_i = \dfrac{\partial \Psi}{\partial x_i}$ $(i = x, y, z)$을 위의 식 $\nabla \times \boldsymbol{A} \equiv \nabla \times \nabla \Psi$에 대입하면 다음을 얻는다.

$$\nabla \times \nabla \Psi = \begin{vmatrix} \hat{x} & \hat{y} & \hat{z} \\ \dfrac{\partial}{\partial x} & \dfrac{\partial}{\partial y} & \dfrac{\partial}{\partial z} \\ \dfrac{\partial \Psi}{\partial x} & \dfrac{\partial \Psi}{\partial y} & \dfrac{\partial \Psi}{\partial z} \end{vmatrix}$$

$$= \hat{x}\left(\frac{\partial^2 \Psi}{\partial y \partial z} - \frac{\partial^2 \Psi}{\partial z \partial y}\right) + \hat{y}\left(\frac{\partial^2 \Psi}{\partial z \partial x} - \frac{\partial^2 \Psi}{\partial x \partial z}\right) + \hat{z}\left(\frac{\partial^2 \Psi}{\partial x \partial y} - \frac{\partial^2 \Psi}{\partial y \partial x}\right)$$

스칼라 함수 Ψ가 정의역 내에서 연속이며 2계 편미분이 가능할 때 미분 순서는 무관하다. 즉, $\dfrac{\partial^2 \Psi}{\partial y \partial z} = \dfrac{\partial^2 \Psi}{\partial z \partial y}$, … 이므로 위의 계산 결과는 0이 된다.

$$\therefore \quad \boxed{\nabla \times \nabla \Psi = 0}$$

따라서 **임의의 스칼라 함수 Ψ의 curl-gradient는 항상 0이다.**

이 관계식은 역학 (classical mechanics)이나 정 전기학 (electrostatics) 등에서 보존력장 (conservative force field)을 기술할 때 유용하게 사용된다.

■

(3) $\nabla \cdot \nabla \times \boldsymbol{A} \equiv 0$

[증명]

$\nabla \cdot \nabla \times \boldsymbol{A}$은 일종의 스칼라 3중 곱으로 행렬식으로 표현하면 다음과 같다.

$$\nabla \cdot \nabla \times \boldsymbol{A} = \begin{vmatrix} \frac{\partial}{\partial x} & \frac{\partial}{\partial y} & \frac{\partial}{\partial z} \\ \frac{\partial}{\partial x} & \frac{\partial}{\partial y} & \frac{\partial}{\partial z} \\ A_x & A_y & A_z \end{vmatrix}$$

$$= \frac{\partial^2 A_z}{\partial x \partial y} - \frac{\partial^2 A_y}{\partial x \partial z} + \frac{\partial^2 A_x}{\partial y \partial z} - \frac{\partial^2 A_z}{\partial y \partial x} + \frac{\partial^2 A_y}{\partial z \partial x} - \frac{\partial^2 A_x}{\partial z \partial y}$$

벡터 함수 $\boldsymbol{A}$의 각 성분이 정의역 내에서 연속이며 2계 편미분이 가능할 때 미분 순서는 무관하다. 즉, $\frac{\partial^2 A_z}{\partial x \, \partial y} = \frac{\partial^2 A_z}{\partial y \, \partial x}$, $\cdots$ 이므로 위의 계산 결과는 0이 된다.

$$\therefore \boxed{\nabla \cdot \nabla \times \boldsymbol{A} \equiv 0}$$

즉, **임의의 벡터 함수 A의 divergence-curl은 항상 0이다.**
이 관계식은 정 자기학 (magneto-statics)에서 벡터 퍼텐셜의 유도에 유용하게 사용된다. ■

(4) $\nabla \times (\nabla \times \boldsymbol{A}) = \nabla(\nabla \cdot \boldsymbol{A}) - \nabla^2 \boldsymbol{A}$

[증명] *BAC-CAB* rule $\boldsymbol{A} \times (\boldsymbol{B} \times \boldsymbol{C}) = \boldsymbol{B}(\boldsymbol{A} \cdot \boldsymbol{C}) - \boldsymbol{C}(\boldsymbol{A} \cdot \boldsymbol{B})$을 적용한다.

$$\begin{aligned} \nabla \times (\nabla \times \boldsymbol{A}) &= \nabla(\nabla \cdot \boldsymbol{A}) - \nabla \cdot \nabla \boldsymbol{A} \\ &= \nabla(\nabla \cdot \boldsymbol{A}) - \nabla^2 \boldsymbol{A} \end{aligned}$$

$$\therefore \boxed{\nabla \times (\nabla \times \boldsymbol{A}) = \nabla(\nabla \cdot \boldsymbol{A}) - \nabla^2 \boldsymbol{A}}$$

위의 벡터 미분 연산자는 맥스웰 법칙으로부터 맥스웰 파동 방정식 (Maxwell wave equation)을 유도할 때 사용된다. ■

2.6.3 이중 그래디언트 (델) 연산자의 응용

2.6.2절에서 다룬 이중 델 연산자 가운데 라플라시안 연산자 ∇^2을 제외한 다음 세 개의 연산자 관계식의 물리학 응용에 대해 살펴본다.

$$\begin{cases} \nabla \times \nabla\Psi = 0 \\ \nabla \cdot \nabla \times \boldsymbol{A} = 0 \\ \nabla \times (\nabla \times \boldsymbol{A}) = \nabla(\nabla \cdot \boldsymbol{A}) - \nabla^2 \boldsymbol{A} \end{cases}$$

<u>(1) $\nabla \times \nabla\Psi = 0$과 보존력 관계식</u>

일반물리학에서 공부한 보존력장의 정의로부터 출발하여 보존력장 (conservative force field)에 대한 중요한 관계식들을 유도해보자.

<u>보존력의 정의 ①</u>:

힘 (force) $\boldsymbol{F}$가 시작점 1에서 끝점 2까지 물체에 한 일이 경로와 무관하고 시작점 1과 끝점 2에만 의존할 때 그 힘을 보존력이라 한다 (그림 2.18 참고). 즉,

$$W_{1\to 2} = \int_{1,\ 경로1}^{2} \boldsymbol{F} \cdot d\boldsymbol{r} = \int_{1,\ 경로2}^{2} \boldsymbol{F} \cdot d\boldsymbol{r}$$

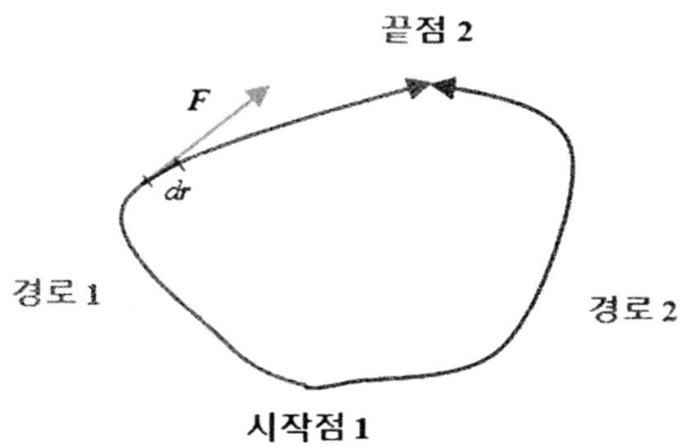

그림 2.18 보존력이 한 일의 경로.

이 관계식으로부터 보존력에 대한 두 번째 관계식을 유도해보자.

> **보존력의 정의 ②:**
>
> 힘 $\boldsymbol{F}$ 가 폐 경로를 따라 한 일의 합 (즉, 순환 적분)이 0일 때 그 힘을 보존력이라 한다. 즉, $\oint_{\text{폐경로}} \boldsymbol{F} \cdot d\boldsymbol{r} = 0$

[증명]

보존력의 정의 ① $W_{1\to 2} = \int_{1,\ \text{경로}1}^{2} \boldsymbol{F} \cdot d\boldsymbol{r} = \int_{1,\ \text{경로}2}^{2} \boldsymbol{F} \cdot d\boldsymbol{r}$에서 그림 2.19와 같이 경로 2의 적분 구간을 바꾸면 $\int_{1,\ \text{경로}2}^{2} \boldsymbol{F} \cdot d\boldsymbol{r} = -\int_{2,\ \text{경로}2}^{1} \boldsymbol{F} \cdot d\boldsymbol{r}$가 된다.

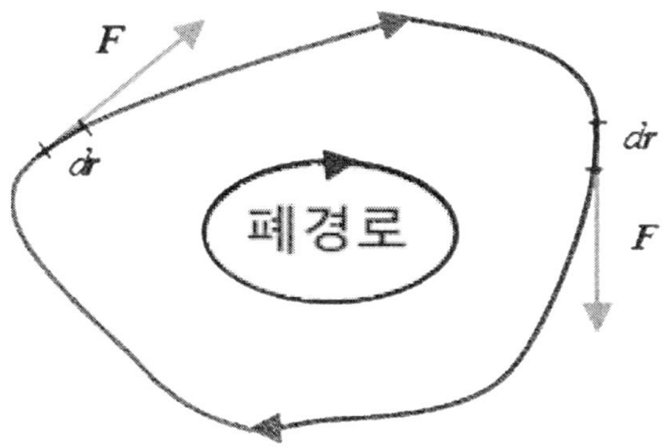

그림 2.19 폐 경로에서 보존력에 의한 일.

즉, $\int_{1,\ \text{경로}1}^{2} \boldsymbol{F} \cdot d\boldsymbol{r} + \int_{2,\ \text{경로}2}^{1} \boldsymbol{F} \cdot d\boldsymbol{r} = 0$이 된다.

$$\therefore \boxed{\oint_{\text{폐경로}} \boldsymbol{F} \cdot d\boldsymbol{r} = 0}$$

그림 2.19와 같이 보존력장에서 폐 경로에 대한 일의 순환 적분은 0이 된다. ■

보존력의 정의 ③:

힘 $\boldsymbol{F}$의 컬이 0이면 힘은 보존력이다.

(또는 보존력은 비 회전력 (irrotational force)이다.)

즉, $\nabla \times \boldsymbol{F} = 0$

[증명]

벡터 함수 $\boldsymbol{A}$에 대한 스토크스 (Stokes) 정리를 이용하자.

$$\int_S \nabla \times \boldsymbol{A} \cdot d\boldsymbol{s} = \oint_{\text{폐경로}} \boldsymbol{A} \cdot d\boldsymbol{r}$$

여기서, 적분 영역 S는 폐 경로로 둘러싸인 영역이며, $d\boldsymbol{s}$는 미소 면적 벡터, $d\boldsymbol{r}$은 닫힌 순환 경로 (폐 경로) 상의 미소 선분 벡터를 나타낸다.

보존력에 대한 정의 ②는 $\oint_{\text{폐경로}} \boldsymbol{F} \cdot d\boldsymbol{r} = 0$이므로 스토크스 정리를 사용한다.

$$\oint_{\text{폐경로}} \boldsymbol{F} \cdot d\boldsymbol{r} = \int_S \nabla \times \boldsymbol{F} \cdot d\boldsymbol{s} = 0$$

우변의 면적 적분이 항상 0이 되기 위해 피적분 함수 $\nabla \times \boldsymbol{F} = 0$이 되어야 한다.

$$\therefore \quad \boxed{\nabla \times \boldsymbol{F} = 0}$$

그림 2.19를 참고하면 보존력 $\boldsymbol{F}$의 회전 (순환)인 $\nabla \times \boldsymbol{F}$는 항상 0으로서 보존력은 비 회전력 (irrotational force)이다. ■

> <u>보존력의 정의 ④</u>:
> 힘 $\boldsymbol{F}$가 보존력이면 항상 스칼라 퍼텐셜 U로 힘을 표현할 수 있다.
> (또는 스칼라 퍼텐셜 U가 존재하면 힘은 보존력이다.)
> 즉, $\boldsymbol{F}=-\nabla U$이다.

[증명]

우리는 앞 절에서 어떤 스칼라 함수 Ψ의 컬-그래디언트는 항상 0임을 알았다. 즉, $\nabla\times\nabla\Psi\equiv 0$이다.
보존력에 대한 정의 ③은 $\nabla\times\boldsymbol{F}=0$이므로 힘 $\boldsymbol{F}$를 다음과 같이 정의한다.

$$\boldsymbol{F}=-\nabla U$$

여기서 U는 스칼라 함수이다.[27] 따라서 다음 관계식이 성립한다.

$$\nabla\times\boldsymbol{F}=\nabla\times(-\nabla U)=-\nabla\times\nabla U=0$$

$$\therefore\ \boxed{\boldsymbol{F}=-\nabla U}$$

여기서 음의 부호는 힘의 방향은 퍼텐셜 에너지 U를 감소시키는 방향으로 작용함을 뜻한다. ■

[참고] 대표적인 보존력의 예는 만유인력, 쿨롱 힘, 용수철에 작용하는 복원력 등이 있다. 마찰력 (frictional force)나 저항력과 같이 비 보존력 (non-conservative force)들은 어떤 퍼텐셜 함수로도 표현할 수 없다.

27) 퍼텐셜 에너지 U를 스칼라 퍼텐셜이라고도 부른다. 이는 자기장에서 벡터 퍼텐셜 $\boldsymbol{A}$와 대비된다.

◉ 보존력에 대한 여러 수학적인 표현들을 정리하면 다음과 같다.

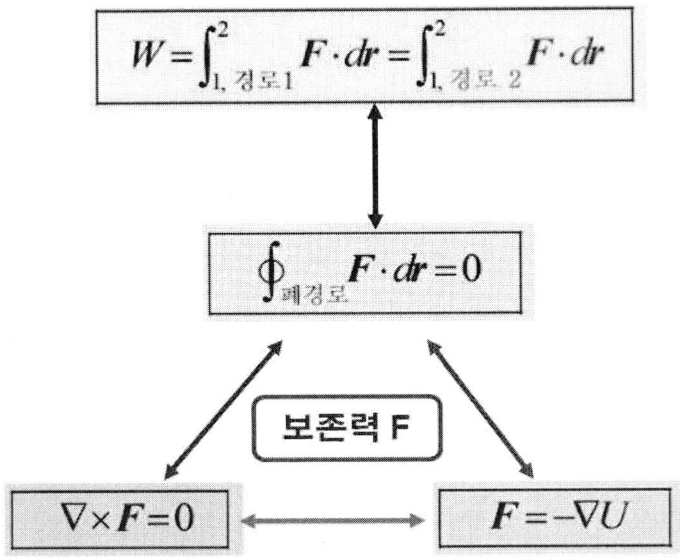

그림 2.20 보존력에 대한 미분 연산자 표현.

그림 2.20은 보존력에 대한 벡터 미분 연산자의 다양한 표현과 관계를 보여 준다.

① 보존력이 한 일은 경로에 무관하며 시작점과 끝점에만 의존한다.

$$W_{1\to2}=\int_{1,\ 경로1}^{2} \boldsymbol{F}\bullet d\boldsymbol{r}=\int_{1,\ 경로2}^{2} \boldsymbol{F}\bullet d\boldsymbol{r}$$

② 보존력장에서 일의 순환 적분은 0이다. 즉, $\oint_{폐경로} \boldsymbol{F}\bullet d\boldsymbol{r}=0$

③ 보존력 $\boldsymbol{F}$의 회전 (순환)은 항상 0이며 비 회전력이다. 즉, $\nabla\times\boldsymbol{F}=0$

④ 힘 $\boldsymbol{F}$가 보존력이면 항상 스칼라 퍼텐셜 U로 표현할 수 있다. 즉, $\boldsymbol{F}=-\nabla U$

(2) $\nabla \cdot \nabla \times A = 0$과 자기장의 벡터 퍼텐셜 유도

① **단계**: 패러데이 전자기 유도 법칙 (미분 형) $\nabla \times E = -\dfrac{\partial B}{\partial t}$을 생각하자.

양변에 발산 (divergence) 연산자를 취하면 다음과 같이 주어진다.

$$\text{좌변} = \nabla \cdot (\nabla \times E)$$

$$\text{우변} = -\nabla \cdot \left(\frac{\partial B}{\partial t}\right) = -\frac{\partial}{\partial t}(\nabla \cdot B)$$

임의의 벡터 함수 E에 대하여 $\nabla \cdot \nabla \times E = 0$이 성립하므로 좌변=우변=0이 된다.

$$\therefore \boxed{\nabla \cdot B = 0}$$

이 관계식은 맥스웰 방정식 가운데 하나인 자기장의 가우스 법칙과 같다.

② **단계**: ① 단계의 결과 $\nabla \cdot B = 0$와 임의의 벡터 함수 A에 대하여 $\nabla \cdot \nabla \times A = 0$의 관계식을 결합하면 자기유도 (magnetic induction) B는 새로운 벡터장 A와 다음과 같이 정의한다.

$$\therefore \boxed{B = \nabla \times A}$$

여기서 벡터장 A를 벡터 퍼텐셜 (vector potential)이라 부른다.

③ **단계**: 패러데이 법칙에 ② 단계의 결과 $B = \nabla \times A$를 대입하면 다음과 같다.

$$\nabla \times E = -\frac{\partial B}{\partial t} = -\frac{\partial}{\partial t}(\nabla \times A) = -\nabla \times \frac{\partial A}{\partial t}$$

$$\Rightarrow \nabla \times \left(\boldsymbol{E} + \frac{\partial \boldsymbol{A}}{\partial t} \right) = 0$$

앞 절에서 임의의 스칼라 함수 ϕ에 대해 $\nabla \times \nabla \phi \equiv 0$이므로 $\boldsymbol{E} + \frac{\partial \boldsymbol{A}}{\partial t} \equiv - \nabla \phi$라 두면 다음 관계식이 성립한다.

$$\therefore \boxed{\boldsymbol{E} = - \nabla \phi - \frac{\partial \boldsymbol{A}}{\partial t}}$$

여기서 $\phi(\boldsymbol{r})$은 (전기장의) 스칼라 퍼텐셜 (scalar potential)이라 하며, $\boldsymbol{A}(\boldsymbol{r}, t)$는 (자기장의) 벡터 퍼텐셜 (vector potential)이라 부른다.

$\nabla \phi$에 음(-)의 부호는 전기장 $\boldsymbol{E}$가 스칼라 퍼텐셜 ϕ가 감소하는 방향으로 향하는 것을 뜻한다.

일반적으로 전기장 $\boldsymbol{E}$는 정전기 스칼라 퍼텐셜 $\phi(\boldsymbol{r})$에 의해 형성되는 정전기장 $\boldsymbol{E} = - \nabla \phi$와 자기장의 벡터 퍼텐셜 $\boldsymbol{A}(\boldsymbol{r}, t)$의 시간 변화로 형성되는 전기장 $\boldsymbol{E} = - \frac{\partial \boldsymbol{A}}{\partial t}$의 합으로 주어진다.[28]

그림 2.21은 패러데이 전자기 유도 법칙으로부터 이중 델 연산자 관계식을 사용하여 스칼라 퍼텐셜과 벡터 퍼텐셜 관계를 유도하는 과정을 보여 주고 있다.

28) 벡터 퍼텐셜 $\boldsymbol{A}(\boldsymbol{r}, t)$의 공간 변화는 자기유도 $\boldsymbol{B} = \nabla \times \boldsymbol{A}$와 관련이 있으며, 시간 변화는 전기장 $\boldsymbol{E} = - \frac{\partial \boldsymbol{A}}{\partial t}$와 연관된다.

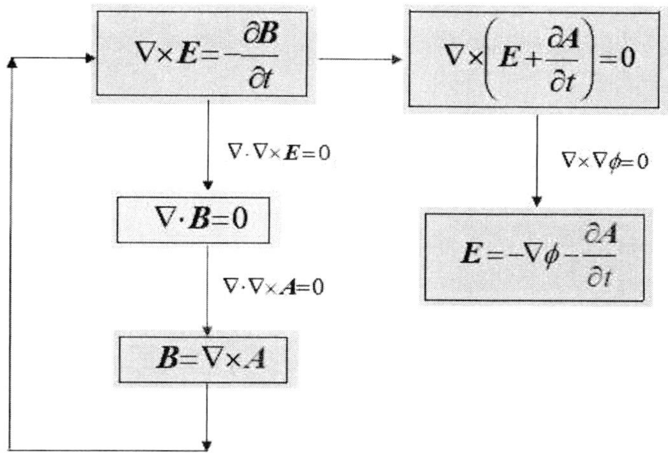

그림 2.21 패러데이 법칙과 스칼라 퍼텐셜 $\phi(r)$ 및 벡터 퍼텐셜 $\boldsymbol{A}(\boldsymbol{r}, t)$과 관계.

(3) $\nabla \times (\nabla \times A) = \nabla(\nabla \cdot A) - \nabla^2 A$ 와 파동 방정식 유도

자유 공간 (free space)을 가정하면 전하 밀도 $\rho = 0$, 전류 밀도 $J = 0$이므로 미분형 맥스웰 방정식은 다음과 같다.

$$\nabla \cdot \boldsymbol{E} = 0 \qquad \text{: 전기장의 가우스 법칙}$$

$$\nabla \cdot \boldsymbol{H} = 0 \qquad \text{: 자가장의 가우스 법칙}$$

$$\nabla \times \boldsymbol{E} = -\mu_o \frac{\partial \boldsymbol{H}}{\partial t} \qquad \text{: 패러데이 법칙}$$

$$\nabla \times \boldsymbol{H} = \epsilon_o \frac{\partial \boldsymbol{E}}{\partial t} \qquad \text{: 암페어 법칙}$$

여기서 ϵ_o은 자유 공간 (진공)에서의 유전율, μ_o는 진공에서의 투자율이다.

패러데이 전자기 유도 법칙의 양변에 $\nabla \times$ 연산을 취하면 다음과 같다.

$$\nabla \times (\nabla \times \boldsymbol{E}) = -\mu_o \nabla \times \frac{\partial \boldsymbol{H}}{\partial t} = -\mu_o \frac{\partial}{\partial t} \nabla \times \boldsymbol{H}$$

여기서 $\nabla \times$ 연산은 공간에 대한 미분 연산자이며 $\frac{\partial}{\partial t}$는 시간 미분 연산이므로 두 연산을 바꾸어도 무관하다. 위의 식 우변에 암페어 법칙을 대입하면

$$\nabla \times (\nabla \times \boldsymbol{E}) = -\mu_o \frac{\partial}{\partial t} \nabla \times \boldsymbol{H} \quad = -\mu_o \frac{\partial}{\partial t}\left(\epsilon_o \frac{\partial \boldsymbol{E}}{\partial t}\right) = -\epsilon_o \mu_o \frac{\partial^2 \boldsymbol{E}}{\partial t^2}$$

이 된다. 한편 위의 식 좌변은 다음 관계식이 성립한다.

$$\begin{aligned} \nabla \times (\nabla \times \boldsymbol{E}) &= \nabla(\nabla \cdot \boldsymbol{E}) - \nabla^2 \boldsymbol{E} \\ &= -\nabla^2 \boldsymbol{E} \quad \Leftarrow (\because \nabla \cdot \boldsymbol{E} = 0) \end{aligned}$$

따라서 전기장 $\boldsymbol{E}$에 대한 맥스웰 파동 방정식 (Maxwell wave equations)을 얻는다.

$$\therefore \quad \boxed{\nabla^2 \boldsymbol{E} - \frac{1}{c^2} \frac{\partial^2 \boldsymbol{E}}{\partial t^2} = 0}$$

여기서 $c = \frac{1}{\sqrt{\epsilon_o \mu_o}}$는 자유 공간 (진공)에서의 광속이다.

같은 방법으로 암페어 법칙 양변에 $\nabla \times$ 연산을 취하고 패러데이 전자기 유도 법칙을 대입하면 자기장 $\boldsymbol{H}$에 대한 맥스웰 파동 방정식을 얻을 수 있다.

$$\therefore \quad \boxed{\nabla^2 \boldsymbol{H} - \frac{1}{c^2} \frac{\partial^2 \boldsymbol{H}}{\partial t^2} = 0}$$

2.7 벡터 적분 (Vector Integrations)

2.7.1 선 적분 (line integrals)

벡터 선적분은 적분 변수가 벡터 선분 요소인 적분을 말한다.
즉, 위치 벡터 $\boldsymbol{r} = x\hat{x} + y\hat{y} + z\hat{z}$에 대한 미소 변화 $d\boldsymbol{r} = dx\hat{x} + dy\hat{y} + dz\hat{z}$을 적분 변수로 하는 적분이다.
스칼라 함수 $\phi(\boldsymbol{r})$과 벡터 함수 $\boldsymbol{A}(\boldsymbol{r})$에 대해 벡터 선적분은 다음과 같이 세 종류가 있다.

$$\int_C \phi(\boldsymbol{r})d\boldsymbol{r} = \hat{x}\int_C \phi(\boldsymbol{r})\,dx + \hat{y}\int_C \phi(\boldsymbol{r})\,dy + \hat{z}\int_C \phi(\boldsymbol{r})\,dz \equiv \textbf{벡터}$$

$$\int_C \boldsymbol{A}(\boldsymbol{r}) \cdot d\boldsymbol{r} = \int_C A_x\,dx + \int_C A_y\,dy + \int_C A_z\,dz \equiv \text{스칼라}$$

$$\begin{aligned}\int_C \boldsymbol{A}(\boldsymbol{r}) \times d\boldsymbol{r} &= \int_C \begin{vmatrix} \hat{x} & \hat{y} & \hat{z} \\ A_x & A_y & A_z \\ dx & dy & dz \end{vmatrix} \\ &= \hat{x}\int_C (A_y\,dz - A_z\,dy) + \hat{y}\int_C (A_z\,dx - A_x\,dz) \\ &\quad + \hat{z}\int_C (A_x\,dy - A_y\,dx) \equiv \textbf{벡터}\end{aligned}$$

여기서 적분 경로 C는 xyz공간의 임의의 두 점 사이의 경로이다. C가 단순 폐 경로 (simple closed path)이면 위의 적분들은 순환 적분 $\oint_C$ 이 된다.[29]
두 번째 선적분에서 벡터 함수 $\boldsymbol{A}(\boldsymbol{r})$가 입자에 작용하는 힘 $\boldsymbol{F}(\boldsymbol{r})$인 경우 선적분은 경로 C를 따라 한 일 W를 나타낸다. 즉, $W = \int_C \boldsymbol{F}(\boldsymbol{r}) \cdot d\boldsymbol{r}$이다.

29) 단순 폐 경로 (simple closed path) C는 어떤 영역에서도 경로가 교차해서 지나지 않는 폐 경로이다.

2.7.2 면 적분 (surface integrals)

벡터 면 적분은 적분 변수가 면적 요소인 적분을 말한다. 임의의 곡면 S에 대해 미소 면적 벡터 $\boldsymbol{ds}$를 $ds=\hat{n}ds=ds_x\hat{x}+ds_y\hat{y}+ds_z\hat{z}$를 적분 변수로 하는 적분이다. 여기서 $\hat{n}$은 미소 면적 요소 (differential area element)에 수직 또는 법선 (normal line)의 단위 벡터이다. $\boldsymbol{ds}$가 벡터이므로 각 미소 면적 성분은 $ds_x=\pm dydz$, $ds_y=\pm dzdx$, $ds_z=\pm dxdy$로 정의하며 $\pm$ 부호는 미소 면적 벡터 $\boldsymbol{ds}$의 방향과 일치하도록 선택한다.

스칼라 함수 $\phi(\boldsymbol{r})$과 벡터 함수 $\boldsymbol{A}(\boldsymbol{r})$의 벡터 면 적분은 다음과 같이 세 종류가 있다.

$$\int_S \phi(\boldsymbol{r})ds=\hat{x}\int_S \phi(\boldsymbol{r})ds_x+\hat{y}\int_S \phi(\boldsymbol{r})ds_y+\hat{z}\int_S \phi(\boldsymbol{r})ds_z \equiv \text{벡터}$$

$$\int_S \boldsymbol{A}(\boldsymbol{r})\bullet ds=\int_S A_x ds_x+\int_S A_y ds_y+\int_S A_z ds_z \equiv \text{스칼라}$$

$$\int_S \boldsymbol{A}(\boldsymbol{r})\times ds=\int_S \begin{vmatrix} \hat{x} & \hat{y} & \hat{z} \\ A_x & A_y & A_z \\ ds_x & ds_y & ds_z \end{vmatrix}$$

$$=\hat{x}\int_C (A_y ds_z-A_z ds_y)+\hat{y}\int_C (A_z ds_x-A_x ds_z)$$

$$+\hat{z}\int_C (A_x ds_y-A_y ds_x)\equiv \text{벡터}$$

여기서 S가 폐 곡면이면 위의 적분들은 순환 적분 $\oint_S$이 된다.

2.7.3 이중 적분 (double integrals)

앞에서 다룬 스칼라 함수나 벡터 함수의 면적 적분은 두 독립 변수에 대한 이중 적분과 관련이 된다. 물리학에서 자주 접하게 되는 이중 적분에 대해 간략하게 살펴보자.

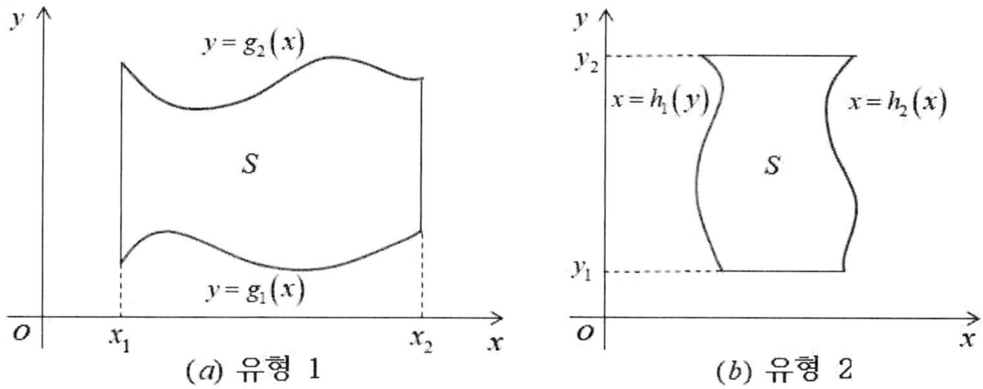

그림 2.22 이중 적분의 두 유형.

그림 2.22는 이중 적분의 두 가지 유형을 나타내며 주어진 문제에 맞는 유형을 선택하는 것이 중요하다. 이중 적분은 다음과 같은 형태로 주어진다.

$$\iint_S f(x, y)dx\,dy$$

- <u>유형 1의 이중 적분</u>

그림 2.22(a)와 같은 유형 1의 이중 적분은 x에 대한 적분 구간이 $x_1 \le x \le x_2$이며 y의 함수가 $g_1(x) \le y \le g_2(x)$로 둘러싸인 영역 S의 면적을 구하는 문제와 같다. 이 경우 이중 적분은 다음과 같다.

$$\iint_S f(x, y)dxdy = \int_{x=x_1}^{x_2}\left(\int_{y=g_1(x)}^{g_2(x)} f(x,y)dy\right)dx$$

즉, 피 적분 함수 $f(x, y)$의 변수 y의 범위를 $g_1(x) \le y \le g_2(x)$ 로 하여 y에 대해 적분한 다음 변수 x에 대해 적분한다.

- <u>유형 2의 이중 적분</u>

그림 2.22(b)와 유형 2의 이중 적분은 y에 대한 적분 구간이 $y_1 \le y \le y_2$이며 x의 함수가 $h_1(y) \le x \le h_2(y)$로 둘러싸인 영역 S의 면적을 구하는 문제와 같다. 이 경우 이중 적분은 다음과 같이 주어진다.

$$\iint_S f(x, y) dx\, dy = \int_{y=y_1}^{y_2} \left(\int_{x=h_1(y)}^{h_2(y)} f(x,y)\, dx \right) dy$$

즉, 피 적분 함수 $f(x, y)$의 변수 x의 범위를 $h_1(y) \le x \le h_2(y)$로 하여 x에 대해 적분한 다음 변수 y에 대해 적분한다.

유형 1의 결과와 유형 2의 이중 적분 결과가 같아야 하지만 문제 상황에 따라서 피적분 함수가 초월 함수 (transcendental function) 등으로 계산이 어려울 수도 있으므로 유형을 잘 선택하여 적분하는 것이 중요하다.

[예제 2.22] x 축과 y 축에 대한 관성 모멘트 (moments of inertia)[30]는 각각 다음의 이중 적분으로 정의된다.

$$I_x = \iint_S \rho(x, y)\, y^2\, dx\, dy,$$
$$I_y = \iint_S \rho(x, y)\, x^2\, dx\, dy$$

예제 2.22 그림과 같이 질량이 M, 반지름이 R인 얇고 균일한 디스크에 대해 y 축에 대한 관성 모멘트를 구하라. 여기서 $\rho(x, y)$는 균일한 면적밀도 (단위 면적당 질량)이다.

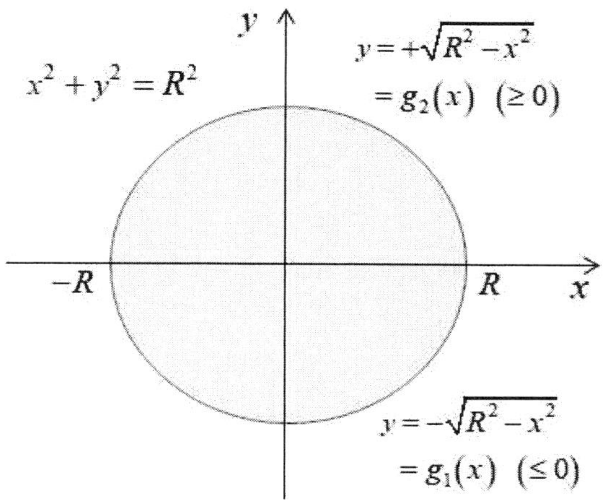

예제 2.22 그림.

[풀이]

균일한 디스크에 대해 밀도 $\rho(x, y)$는 상수이며 질량은 $M = \rho\pi R^2$이므로 $\rho(x, y) = \dfrac{M}{\pi R^2}$이다.

y 축에 대한 관성 모멘트는 정의에 따라 다음과 같이 주어진다.

---

30) 관성 모멘트 I는 강체의 회전 운동을 기술할 때 병진 운동의 관성 질량 m에 대응하는 물리량이다. 병진 운동의 운동 에너지는 $K_{병진} = \dfrac{1}{2}mv^2$이며 회전 운동 에너지는 $K_{회전} = \dfrac{1}{2}mv^2 = \dfrac{1}{2}m(r\omega)^2 = \dfrac{1}{2}I\omega^2$이다. 여기서 $I = mr^2$이며 r은 회전축에서 거리이며 ω는 각속도이다.

$$I_y = \iint_S \rho(x, y) x^2 dxdy = \frac{M}{\pi R^2} \iint_S x^2 dxdy$$

예제 2.22 그림을 참고하여 유형 1을 선택하면 적분 구간은 각각 $-R \le x \le R$와 $g_1(x) = -\sqrt{R^2 - y^2} \le y \le g_2(x) = \sqrt{R^2 - y^2}$ 가 된다. (대칭성에 의해 유형 2를 선택하더라도 같은 결과를 얻는다.)

$$I_y = \frac{M}{\pi R^2} \int_{x=-R}^{R} \left(\int_{g_1(x)}^{g_2(x)} x^2 \, dy \right) dx = \frac{M}{\pi R^2} \int_{x=-R}^{R} \left[x^2 \, y \right]_{g_1(x)}^{g_2(x)} dx$$

$$= \frac{M}{\pi R^2} \int_{x=-R}^{R} x^2 \left[g_2(x) - g_1(x) \right] dx = \frac{2M}{\pi R^2} \int_{x=-R}^{R} x^2 \sqrt{R^2 - x^2} \, dx$$

$x = R\sin\theta$로 치환하면 $dx = R\cos\theta \, d\theta$이며 적분 구간은 $-\frac{\pi}{2} \le \theta \le \frac{\pi}{2}$이 된다.

$$I_y = \frac{2M}{\pi R^2} \int_{x=-R}^{R} x^2 \sqrt{R^2 - x^2} \, dx = \frac{2M}{\pi R^2} \int_{\theta=-\frac{\pi}{2}}^{\frac{\pi}{2}} R^4 \sin^2\theta \cos^2\theta \, d\theta$$

$$= \frac{MR^2}{2\pi} \int_{-\frac{\pi}{2}}^{\frac{\pi}{2}} \sin^2 2\theta \, d\theta = \frac{MR^2}{4\pi} \int_{-\frac{\pi}{2}}^{\frac{\pi}{2}} (1 - \cos 4\theta) \, d\theta = \frac{M}{4} R^2$$

■

2.7.4 부피 적분 (volume integrals)

부피 적분은 적분 변수가 부피 요소인 적분이므로 앞의 선 적분과 면 적분에 비해 간단하다. 임의의 폐 곡면 S로 둘러싸인 부피 V의 미소 부피 요소 (differential volume element) $dv = dxdydz$를 적분 변수로 하는 적분이다.
스칼라 함수 $\phi(\boldsymbol{r})$과 벡터 함수 $\boldsymbol{A}(\boldsymbol{r})$에 대해 부피 적분은 다음과 같다.

$$\int_V \phi(\boldsymbol{r}) dv = \int_V \phi(\boldsymbol{r}) dxdydz \equiv \text{스칼라}$$

$$\int_V \boldsymbol{A}(\boldsymbol{r}) dv = \int_V \boldsymbol{A}(\boldsymbol{r}) dxdydz \equiv \textbf{벡터}$$

여기서 V는 폐 곡면 S로 둘러싸인 부피이다.

[예제 2.23] 위치 벡터 $\boldsymbol{r}$에 대한 다음 벡터 적분을 증명하라.

(1) $\oint_C \boldsymbol{r} \cdot d\boldsymbol{r} = 0,$

(2) $\oint_C \boldsymbol{r} \times d\boldsymbol{r} = 2\int_S d\boldsymbol{s},$

(3) $\oint_S \boldsymbol{r} \cdot d\boldsymbol{s} = 3\int_V dv$

여기서 (1), (2)의 C는 폐 경로이며 곡면 S는 C로 둘러싸인 면적이다.
(3)의 부피 V는 폐 곡면 S 내부의 부피이다.

[풀이]

(1) 위치 벡터는 $\boldsymbol{r} = x\hat{x} + y\hat{y} + z\hat{z}$이며 미소 변위는 $d\boldsymbol{r} = dx\hat{x} + dy\hat{y} + dz\hat{z}$이므로 $\boldsymbol{r} \cdot d\boldsymbol{r} = xdx + ydy + zdz$이다.

$$\oint_C \boldsymbol{r} \cdot d\boldsymbol{r} = \oint_C (x\,dx + y\,dy + z\,dx) = \frac{1}{2}\left[x^2 + y^2 + z^2\right]_{(x_o,\, y_o,\, z_o)\text{시작점}}^{(x_o,\, y_o,\, z_o)\text{끝점}} = 0$$

[별해] 스토크스 정리를 사용하자.

$$\oint_C \boldsymbol{r} \cdot d\boldsymbol{r} = \int_S \nabla \times \boldsymbol{r} \cdot d\boldsymbol{s}$$

한편 $\nabla \times \boldsymbol{r}$은 행렬식으로 구하면 다음과 같다.

$$\nabla \times \boldsymbol{r} = \begin{vmatrix} \hat{x} & \hat{y} & \hat{z} \\ \dfrac{\partial}{\partial x} & \dfrac{\partial}{\partial y} & \dfrac{\partial}{\partial z} \\ x & y & z \end{vmatrix} = 0$$

$$\therefore \oint_C \boldsymbol{r} \cdot d\boldsymbol{r} = 0$$

(2) $\oint_C \boldsymbol{r} \times d\boldsymbol{r}$을 행렬식으로 나타내면 다음과 같이 주어진다.

$$\oint_C \boldsymbol{r} \times d\boldsymbol{r} = \oint_C \begin{vmatrix} \hat{x} & \hat{y} & \hat{z} \\ x & y & z \\ dx & dy & dz \end{vmatrix}$$

예제 2.23 (2) 그림과 같이 $z = z_o$ =상수인 면에 작은 직사각형 폐 경로 Δc를 생각하자. $dz = 0$이므로 폐 경로 Δc에 대한 순환 적분 $\oint_{\Delta C} \boldsymbol{r} \times d\boldsymbol{r}$은 다음과 같이 주어진다.

$$\oint_{\Delta c} \boldsymbol{r} \times d\boldsymbol{r} = \oint_{\Delta c} \begin{vmatrix} \hat{x} & \hat{y} & \hat{z} \\ x & y & z_o \\ dx & dy & 0 \end{vmatrix}$$

$$= \hat{x}(-z_o)\oint_{\Delta c} dy + \hat{y}\, z_o \oint_{\Delta c} dx + \hat{z}\oint_{\Delta c}(x\,dy - ydx)$$

첫 번째와 두 번째 적분은 상수에 대한 순환 적분이므로 0이 된다.

즉, $\oint_{\Delta c} dy = [y]_{\text{시작점}}^{\text{끝점}} = 0$, $\oint_{\Delta c} dx = [x]_{\text{시작점}}^{\text{끝점}} = 0$이다.

세 번째 적분 $\oint_{\Delta c} \boldsymbol{r} \times d\boldsymbol{r} = \hat{z}\oint_{\Delta c}(x\,dy - ydx)$을 예제 2.23 (2) 그림과 같이 $\overrightarrow{AB}$, $\overrightarrow{BC}$, $\overrightarrow{CD}$, $\overrightarrow{DA}$ 의 4구간으로 나누어 계산하자.

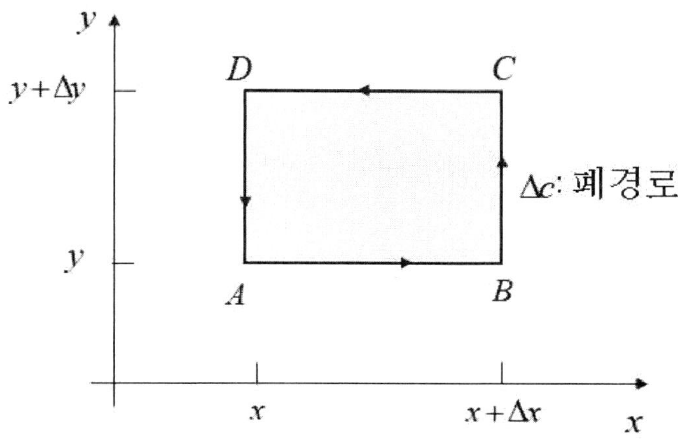

예제 2.23 (2) 그림.

<u>$\overrightarrow{AB}$ 구간 ($dy = 0$):</u>

$$\int_{\overrightarrow{AB}}(x\,dy - ydx) = \int_{(x,\,y)}^{(x+\Delta x,\,y)}(x\,dy - ydx) = -y\,[x]_{x}^{x+\Delta x} = -y\,\Delta x,$$

$\overrightarrow{BC}$ 구간 $(dx=0)$:

$$\int_{\overrightarrow{BC}}(x\,dy-y\,dx)=\int_{(x+\Delta x,\,y)}^{(x+\Delta x,\,y+\Delta y)}(x\,dy-y\,dx)$$

$$=(x+\Delta x)\,[y]_{y}^{y+\Delta y}=(x+\Delta x)\Delta y$$

$\overrightarrow{CD}$ 구간 $(dy=0)$:

$$\int_{\overrightarrow{CD}}(x\,dy-y\,dx)=\int_{(x+\Delta x,\,y+\Delta y)}^{(x,\,y+\Delta y)}(x\,dy-y\,dx)$$

$$=-(y+\Delta y)\,[x]_{x+\Delta x}^{x}=(y+\Delta y)\Delta x$$

$\overrightarrow{DA}$ 구간 $(dx=0)$:

$$\int_{\overrightarrow{DA}}(x\,dy-y\,dx)=\int_{(x,\,y+\Delta y)}^{(x,\,y)}(x\,dy-y\,dx)=x\,[y]_{y+\Delta y}^{y}=-x\Delta y$$

$\overrightarrow{AB}$, $\overrightarrow{BC}$, $\overrightarrow{CD}$, $\overrightarrow{DA}$ 의 4구간의 선적분의 합은 $2\Delta x\Delta y$이다.

$$\therefore\ \oint_{\Delta c}\boldsymbol{r}\times d\boldsymbol{r}=\hat{z}\oint_{\Delta c}(x\,dy-y\,dx)=2\Delta x\Delta y\,\hat{z}\equiv 2\Delta s_z\,\hat{z}$$

여기서 $\hat{z}$ 성분에 대한 미소 면적은 $\Delta s_z=\Delta x\Delta y$ 이다.
위의 결과는 xy 평면의 작은 폐 경로 Δc 에 대한 선 적분이므로 일반적으로 3차원 공간의 기울어진 평면 (tilted plane in space)에 대해 위의 결과는 다음과 같이 일반화할 수 있다.

$$\oint_{\Delta c} \boldsymbol{r} \times d\boldsymbol{r} = 2\Delta s\hat{n} \equiv 2\Delta s$$

여기서 $\hat{n}$은 기울어진 평면의 작은 폐 경로 Δc에 수직 (직교)한 단위 벡터이며 Δs는 미소 면적 요소이다.

그림 2.23은 예제 2.23 (2) 그림을 확장한 그림이다.

임의의 폐 경로 C로 둘러싸인 면적 S는 무수히 많은 직사각형의 작은 폐 경로 Δc_i $(i = 1, 2, 3, \cdots)$의 합과 같이 쓸 수 있다. 그림 2.23에서 보듯 매우 작은 인접한 직사각형 경로에 대한 선적분들은 서로 상쇄되어 사라지고 결과적으로 맨 바깥쪽 폐경로 C에 대한 적분과 같다. 즉.

$$\oint_C \boldsymbol{r} \times d\boldsymbol{r} = \sum_i \lim_{\Delta c_i \to 0} \oint_{\Delta c_i} \boldsymbol{r} \times d\boldsymbol{r} = \sum_i \lim_{\Delta s_i \to 0} 2\Delta s_i \equiv 2\int_S ds$$

$$\therefore \ \oint_C \boldsymbol{r} \times d\boldsymbol{r} = 2\int_S ds$$

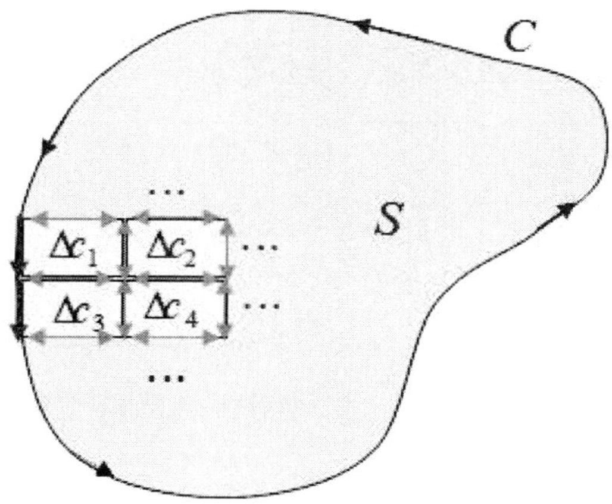

그림 2.23 임의의 폐 경로 C로 둘러싸인 면적 S와 인접한 수많은 작은 직사각형 폐 경로 Δc_i $(i = 1, 2, 3, \cdots)$.
맞닿은 선적분은 서로 상쇄된다.

(3) $\oint_S \boldsymbol{r} \cdot d\boldsymbol{s} = 3\int_V dv$를 증명하기 위해 그림 2.24와 같이 작은 직육면체로 구성된 미소 폐 곡면 ΔS와 미소 부피 $\Delta v = \Delta x \Delta y \Delta z$를 생각하자.

(x_o, y_o, z_o)를 중심으로 Δx, Δy, Δz 길이의 직육면체를 생각하면 6개의 미소 면적 벡터들이 있다. 미소 폐 곡면 ΔS에 대한 순환 적분 $\oint_{\Delta S} \boldsymbol{r} \cdot d\boldsymbol{s}$는 다음과 같이 쓸 수 있다.

$$\oint_{\Delta S} \boldsymbol{r} \cdot d\boldsymbol{s} = \oint_{\Delta S} (x\, ds_x + y\, ds_y + z\, ds_z)$$
$$= \int_{\text{앞+뒷면}} x\, dy\, dz + \int_{\text{오른쪽+왼쪽면}} y\, dx\, dz + \int_{\text{윗면+아랫면}} z\, dx\, dy$$

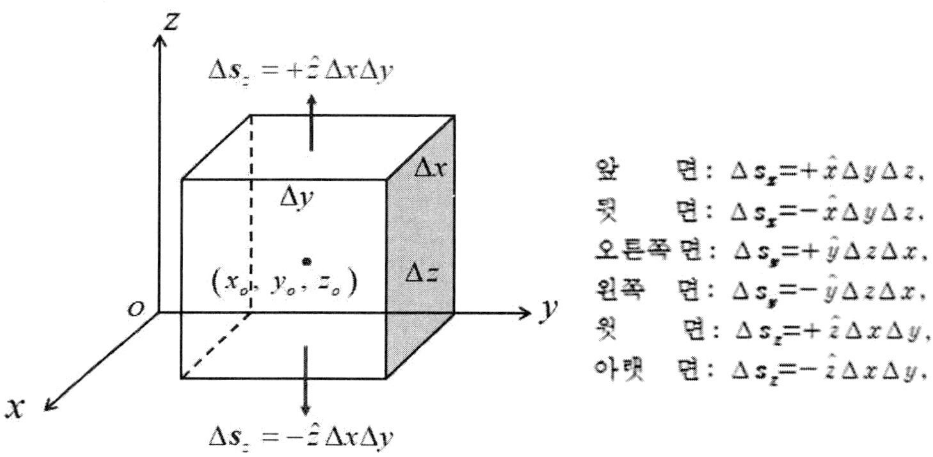

그림 2.24 미소 직육면체와 미소 면적 벡터.
그림에는 편의상 Δs_z만 그렸다.

그림 2.24의 그림을 참고하여 미소 면적 벡터의 방향을 고려하면 $\Delta s_{\text{앞면}} = +\hat{x}\Delta y \Delta z$, $\Delta s_{\text{뒷면}} = -\hat{x}\Delta y \Delta z$이므로 앞면과 뒷면에 대한 적분을 계산하면 다음과 같다.

$$\int_{앞+뒷면} x\,ds_x = \int_{앞면} x\,dy\,dz - \int_{뒷면} x\,dy\,dz$$

$$= \left(x + \frac{1}{2}\Delta x\right)\Delta y \Delta z - \left(x - \frac{1}{2}\Delta x\right)\Delta y \Delta z$$

$$= \Delta x \Delta y \Delta z$$

여기서 앞면의 위치는 $x + \frac{1}{2}\Delta x$인 반면 뒷면의 위치는 $x - \frac{1}{2}\Delta x$이다.

같은 방법으로 오른쪽 면과 왼쪽 면 그리고 윗면과 아랫면을 각각 계산한다.

$$\int_{오른쪽+왼쪽면} y\,ds_y = \int_{오른쪽면} y\,dz\,dx - \int_{왼쪽면} y\,dz\,dx$$

$$= \left(y + \frac{1}{2}\Delta y\right)\Delta z \Delta x - \left(y - \frac{1}{2}\Delta y\right)\Delta z \Delta x$$

$$= \Delta x \Delta y \Delta z$$

$$\int_{윗면+아랫면} z\,ds_z = \int_{윗면} z\,dx\,dy - \int_{아랫면} z\,dx\,dy$$

$$= \left(z + \frac{1}{2}\Delta z\right)\Delta x \Delta y - \left(z - \frac{1}{2}\Delta z\right)\Delta x \Delta y$$

$$= \Delta x \Delta y \Delta z$$

따라서 미소 직육면체 6개 면에 대한 적분의 합은 다음과 같이 주어진다.

$$\oint_{\Delta S} \boldsymbol{r} \cdot d\boldsymbol{s} = \oint_{\Delta S} (x\,ds_x + y\,ds_y + z\,ds_z)$$

$$= \int_{앞+뒷면} x\,dy\,dz + \int_{오른쪽+왼쪽면} y\,dx\,dz + \int_{윗면+아랫면} z\,dx\,dy$$

$$= 3\Delta x \Delta y \Delta z = 3\Delta v$$

여기서 미소 직육면체의 부피는 $\Delta v = \Delta x \Delta y \Delta z$이다.
이제 매우 작은 직육면체로 구성된 전체 폐 곡면 S로 둘러싸인 전체 부피 V에 대해 위의 계산을 확장하면 다음을 얻는다.

$$\therefore \oint_S \boldsymbol{r} \cdot d\boldsymbol{s} = 3\int_V dv$$

[별해]

순환 적분 $\oint_S \boldsymbol{r} \cdot d\boldsymbol{s}$에 대해 가우스의 발산 정리를 적용한다.

$$\oint_S \boldsymbol{r} \cdot d\boldsymbol{s} = \int_V \nabla \cdot \boldsymbol{r} dv$$

위치 벡터 $\boldsymbol{r} = x\hat{x} + y\hat{y} + z\hat{z}$에 대한 발산은 $\nabla \cdot \boldsymbol{r} = 3$이므로

$$\oint_S \boldsymbol{r} \cdot d\boldsymbol{s} = \int_V \nabla \cdot \boldsymbol{r} dv = 3\int_V dv$$

이 된다.

■

[참고] 벡터 적분 가운데 스칼라 곱 형태의 선적분과 면 적분이 물리학 응용에 더 유용하게 사용된다. 즉,

$$\int_C \boldsymbol{A}(\boldsymbol{r}) \cdot d\boldsymbol{r} = \int_C A_x dx + \int_C A_y dy + \int_C A_z dz \equiv \text{스칼라}$$

$$\int_S \boldsymbol{A}(\boldsymbol{r}) \cdot d\boldsymbol{s} = \int_S A_x ds_x + \int_S A_y ds_y + \int_S A_z ds_z \equiv \text{스칼라}$$

벡터 적분 가운데 스칼라 곱 형태의 선적분의 대표적인 응용은 보존력에서의 일과 관련이 있다.

① 벡터 함수 $\boldsymbol{A}$가 힘 $\boldsymbol{F}$인 경우 선 적분은 힘 $\boldsymbol{F}$가 경로 C를 따라 한 일 W와 같다.

$$W = \int_C \boldsymbol{F}(\boldsymbol{r}) \cdot d\boldsymbol{r} = \int_C F_x dx + \int_C F_y dy + \int_C F_z dz$$

힘 $\boldsymbol{F}$가 보존력의 경우 $\boldsymbol{F}(\boldsymbol{r}) = -\nabla U(\boldsymbol{r}) = -\left(\hat{x}\dfrac{\partial U}{\partial x} + \hat{y}\dfrac{\partial U}{\partial y} + \hat{z}\dfrac{\partial U}{\partial z}\right)$로 주어진다. 일 W에 대입하면 다음과 같이 성분으로 표현할 수 있다.

$$\begin{aligned} W &= \int_C \boldsymbol{F}(\boldsymbol{r}) \cdot d\boldsymbol{r} = \int_C F_x dx + \int_C F_y dy + \int_C F_z dz \\ &= -\int_C \frac{\partial U}{\partial x} dx - \int_C \frac{\partial U}{\partial y} dy - \int_C \frac{\partial U}{\partial z} dz \end{aligned}$$

한편 $\boldsymbol{F}(\boldsymbol{r}) = -\nabla U(\boldsymbol{r})$와 스칼라 퍼텐셜 U의 전 미분 $dU = \nabla U \cdot d\boldsymbol{r}$를 사용하면 일은 다음과 같다.

$$W = \int_C \boldsymbol{F}(\boldsymbol{r}) \cdot d\boldsymbol{r} = -\int_{\boldsymbol{r}_1}^{\boldsymbol{r}_2} \nabla U \cdot d\boldsymbol{r}$$

$$= -\int_{U(\boldsymbol{r}_1)}^{U(\boldsymbol{r}_2)} dU = -\left[U(\boldsymbol{r}_2) - U(\boldsymbol{r}_1) \right]$$

즉, 보존력의 경우 일은 항상 경로와 무관하며 시작점 $\boldsymbol{r}_1$과 끝점 $\boldsymbol{r}_2$에만 관계한다.

② 폐 경로 C 의 경우 보존력 $\boldsymbol{F}$가 한 일은 ①의 결과로부터 항상 0이 된다.

$$W = \oint_C \boldsymbol{F}(\boldsymbol{r}) \cdot d\boldsymbol{r} = -\oint_C dU = 0$$

폐 경로 C 의 스칼라 선적분 $\oint_C \boldsymbol{F}(\boldsymbol{r}) \cdot d\boldsymbol{r}$을 벡터장 $\boldsymbol{F}$ 의 회전 (순환, circulation)이라 한다. $W = \oint_C \boldsymbol{F}(\boldsymbol{r}) \cdot d\boldsymbol{r} = 0$을 스토크스 정리를 사용하면 다음과 같다.

$$W = \oint_C \boldsymbol{F}(\boldsymbol{r}) \cdot d\boldsymbol{r} = \int_S \nabla \times \boldsymbol{F}(\boldsymbol{r}) \cdot d\boldsymbol{s} = 0$$

$$\therefore \ \nabla \times \boldsymbol{F}(\boldsymbol{r}) = 0$$

즉, 보존력은 비 회전력 (irrotational force)이다.

한편, 보존력의 경우 $\boldsymbol{F}(\boldsymbol{r}) = -\nabla U(\boldsymbol{r})$이므로 2.6.2절에서 유도한 벡터 미분 연산자 관계식을 사용하면

$$\nabla \times \boldsymbol{F}(\boldsymbol{r}) = -\nabla \times \nabla U = 0$$

$$\therefore \ \nabla \times \nabla U = 0$$

이 되어 $\nabla \times \nabla U = 0$ 관계식이 증명된다.

2.7.5 그린의 정리 (Green's Theorem)

벡터 함수의 적분에서 중요한 정리 가운데 하나가 그린의 정리이다. 그린의 정리를 확장하면 스토크스 정리도 쉽게 증명할 수 있다.

그린의 정리:

그림 2.25와 같이 xy 평면상의 단순 폐 경로 (simple closed curve) C로 둘러싸인 면적 S 영역에서 정의되는 두 연속 함수 $P(x, y)$, $Q(x, y)$는 (모든) S 영역에서 연속인 편미분 (continuous partial derivatvies)이 존재할 때 다음 관계식이 성립한다.

$$\oint_C [Pdx + Qdy] = \iint_S \left[\frac{\partial Q}{\partial x} - \frac{\partial P}{\partial y} \right] dxdy$$

이 관계식을 그린의 정리 (Green's Theorem)라 한다.

여기서, 폐 경로 C는 반시계방향 (counterclockwise direction)이다.

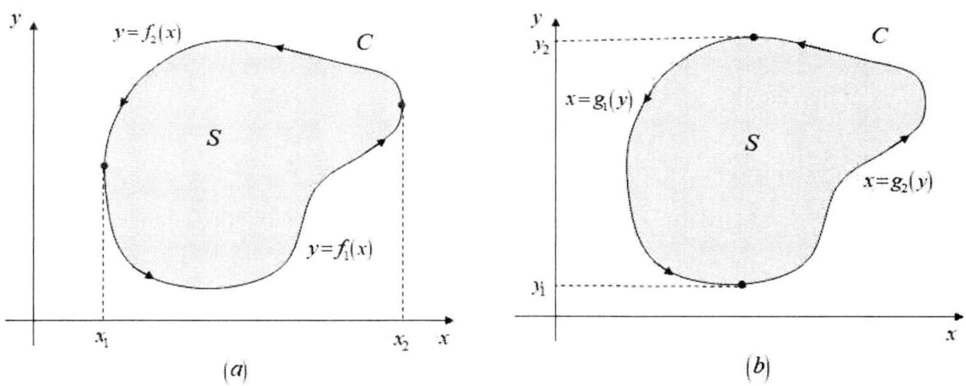

그림 2.25 xy 평면상의 폐 경로 C와 C로 둘러싸인 면적 S.

[증명]

그림 2.25(a)는 그림 2.22의 이중 적분의 두 유형 가운데 유형 1이며, 그림 2.25(b)는 유형 2에 해당한다.

그림 2.25(a)의 폐 경로 C는 두 함수 $y=f_1(x)$, $y=f_2(x)$의 합으로 구성된다. 유형 1의 이중 적분은 x에 대한 적분 구간이 $x_1 \le x \le x_2$이며 y의 함수가 $f_1(x) \le y \le f_2(x)$로 둘러싸인 영역 S의 면적을 구하는 문제와 같다.

그린 정리의 우변 두 번째 면 적분 $-\iint_S \frac{\partial P}{\partial y}dxdy$에 유형 1을 적용하자.

$$
\begin{aligned}
-\iint_S \frac{\partial P}{\partial y}dxdy &= -\int_{x_1}^{x_2}\int_{f_1(x)}^{f_2(x)} \frac{\partial P}{\partial y}dydx \\
&= -\int_{x_1}^{x_2}\left[P(x,\ f_2(x)) - P(x,\ f_1(x))\right]dx \\
&= \int_{x_1}^{x_2} P(x, f_1(x))dx + \int_{x_2}^{x_1} P(x, f_2(x))dx \Leftarrow \text{적분 구간 변경} \\
&= \oint_C P(x,y)dx
\end{aligned}
$$

비슷한 방법으로, 그림 2.25(b)의 폐 경로 C는 유형 2로 두 함수 $x=g_1(y)$, $x=g_2(y)$의 합으로 구성된다. 즉, 이중 적분은 y에 대한 적분 구간이 $y_1 \le y \le y_2$이며 x의 함수 구간은 $g_1(y) \le x \le g_2(y)$이다. 그린 정리의 우변 첫 번째 면 적분 $\iint_S \frac{\partial Q}{\partial x}dxdy$에 유형 2를 적용한다.

$$
\begin{aligned}
\iint_S \frac{\partial Q}{\partial x}dxdy &= \int_{y_1}^{y_2}\int_{g_1(y)}^{g_2(y)} \frac{\partial Q}{\partial x}dxdy \\
&= \int_{y_1}^{y_2}\left[Q(g_2(y),y) - Q(g_1(y),y)\right]dy
\end{aligned}
$$

위의 두 번째 항의 적분 구간을 바꾸면 $-\int_{y_1}^{y_2} Q(g_1(y), y)dy = \int_{y_2}^{y_1} Q(g_1(y), y)dy$이므로 순환 적분이 된다. 즉,

$$\iint_S \frac{\partial Q}{\partial x} dxdy = \int_{y_1}^{y_2} Q(g_2(y), y)dy + \int_{y_2}^{y_1} Q(g_1(y), y)dx$$
$$= \oint_C Q(x, y)dy$$

유형 1과 유형 2의 두 관계식을 더하면 그린 정리를 얻는다.

$$\therefore \oint_C [Pdx + Qdy] = \iint_S \left[\frac{\partial Q}{\partial x} - \frac{\partial P}{\partial y}\right] dxdy$$

■

[※ 주의]: 그린의 정리는 (특이점이 없는) 단순 폐 경로 C로 둘러싸인 면적 S 영역에서 두 연속 함수 $P(x, y)$, $Q(x, y)$와 S의 (모든) 영역에서 연속인 편미분이 존재할 때만 성립한다.

- **특이점 (singular points) 또는 홀 (holes)이 있는 경우의 그린 정리**

그림 2.26과 같이 폐 경로 C로 둘러싸인 면적 R 내에 특이점 (singular points)[31] 또는 홀 (holes)이 있는 경우 그린 정리가 성립하지 않는다.
특이점을 회피하여 그린 정리의 선 적분을 계산하기 위해 폐 경로 C를 그림 2.26과 같이 특이점을 감싸는 시계 방향의 작은 반경 r인 구간 C_1을 선택하면 그린 정리의 선 적분은 4개의 적분 구간으로 나누어질 수 있다. 즉, 폐 경로는 $C = C_o + \overrightarrow{AA'} + C_1 + \overrightarrow{B'B}$로 이루어진다. 이 경우 그린 정리의 선 적분은 다음과 같이

31) 특이점 (singular points)에서 함수는 무한대로 발산하며, 특이점이 없는 영역 R은 단순 영역이다. R 내의 모든 점은 정상점 (regular points)이며 연속인 편미분이 존재한다.

4개의 적분 구간으로 나누어진다.

$$\oint_C [Pdx + Qdy] = \int_{C_0} + \int_A^{A'} + \int_{C_1} + \int_{B'}^{B} [Pdx + Qdy]$$

두 번째와 네 번째의 선 적분 구간 $[A, A']$와 $[B', B]$은 서로 반대 방향이므로 두 적분은 상쇄된다. 따라서 특이점을 제외한 영역에서 그린의 정리가 성립한다.

$$\oint_C [Pdx + Qdy] = \int_{C_0} + \int_{C_1} [Pdx + Qdy] = \iint_S \left[\frac{\partial Q}{\partial x} - \frac{\partial P}{\partial y} \right] dxdy$$

즉, 특이점이나 홀 (holes)을 제외한 단순 연결 영역 (simple connected region)에서만 그린 정리가 성립한다.

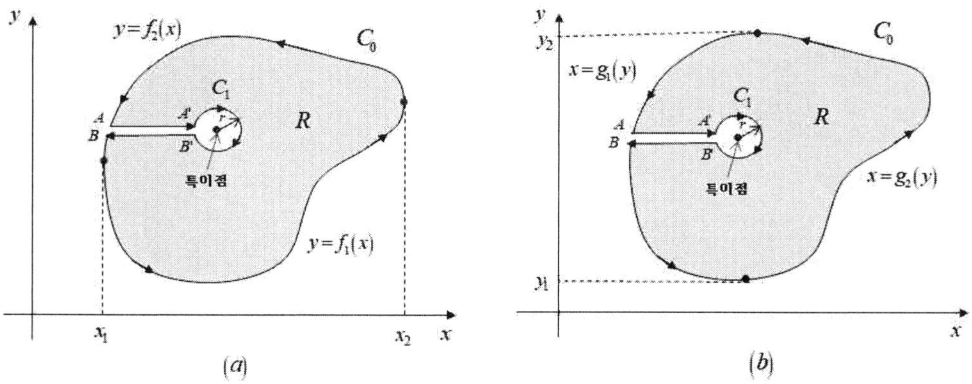

그림 2.26 xy 평면상의 폐 경로 C와 C로 둘러싸인 면적 R 내에 특이점이 있는 경우. 시계 방향의 작은 반경 r의 원형 경로 C_1 으로 특이점을 회피한다.

■

- **그린 정리의 응용: 힘과 일**

그린의 정리는 xy 평면상에서 힘과 일의 계산에 유용하게 사용할 수 있다. 힘 벡터를 $\boldsymbol{F}(x, y) = F_x(x, y)\hat{x} + F_y(x, y)\hat{y} \equiv P(x, y)\hat{x} + Q(x, y)\hat{y}$라 두고 미소 변위 벡터를 $d\boldsymbol{r} = dx\hat{x} + dy\hat{y}$로 두면 미소 일 변화는 다음과 같이 주어진다.

$$dW = \boldsymbol{F} \cdot d\boldsymbol{r} = F_x dx + F_y dy \equiv P dx + Q dy$$

xy 평면상의 폐 경로 C에 대한 일은 그린의 정리를 적용하면 다음과 같다.

$$\oint_C \boldsymbol{F} \cdot d\boldsymbol{r} = \oint_C \Big[\underbrace{F_x}_{P} dx + \underbrace{F_y}_{Q} dy \Big] = \iint_S \left[\frac{\partial F_y}{\partial x} - \frac{\partial F_x}{\partial y} \right] dx dy$$

한편, xy 평면에서 그린의 정리는 $\nabla \times \boldsymbol{F}$의 정의를 사용해서 표현할 수도 있다.

$$\nabla \times \boldsymbol{F} = \begin{vmatrix} \hat{x} & \hat{y} & \hat{z} \\ \dfrac{\partial}{\partial x} & \dfrac{\partial}{\partial y} & \dfrac{\partial}{\partial z} \\ F_x & F_y & 0 \end{vmatrix}$$

$$= -\frac{\partial F_y}{\partial z}\hat{x} + \frac{\partial F_x}{\partial z}\hat{y} + \left(\frac{\partial F_y}{\partial x} - \frac{\partial F_x}{\partial y} \right)\hat{z}$$

$$\Rightarrow \nabla \times \boldsymbol{F} \cdot \hat{z} = \frac{\partial F_y}{\partial x} - \frac{\partial F_x}{\partial y} \equiv (\nabla \times \boldsymbol{F})_z$$

위의 결과를 그리 정리에 대입하면 xy 평면에서의 스토크스 정리와 같다.

$$\therefore \oint_C \boldsymbol{F} \cdot d\boldsymbol{r} = \underbrace{\iint_S \left[\frac{\partial F_y}{\partial x} - \frac{\partial F_x}{\partial y} \right] dx dy}_{\text{그린의 정리}} \equiv \underbrace{\iint_S (\nabla \times \boldsymbol{F}) \cdot \hat{z}\, dx dy}_{\text{스토크스 정리}}$$

[예제 2.24] 그린 정리 응용: 면적 구하기

(1) xy 평면에서 단순 폐 경로 C로 둘러싸인 면적이 $S=\dfrac{1}{2}\oint_C(-ydx+xdy)$ 임을 보여라.

(2) (1)의 결과를 이용하여 $x=a\cos\theta$, $y=b\sin\theta$ $(a, b>0)$로 이루어진 타원의 면적을 구하라.

[풀이]

(1) $P(x, y)=-y$, $Q(x, y)=x$라 두면 $\dfrac{\partial P}{\partial y}=-1$, $\dfrac{\partial Q}{\partial x}=1$ 이므로 그린 정리를 적용한다.

$$\oint_C[Pdx+Qdy]=\iint_S\left[\frac{\partial Q}{\partial x}-\frac{\partial P}{\partial y}\right]dxdy$$

$$\Rightarrow\ \oint_C[-ydx+xdy]=\iint_S 2dxdy=2S$$

$$\therefore\ S=\frac{1}{2}\oint_C(-ydx+xdy)$$

(2) $x=a\cos\theta$, $y=b\sin\theta$라 두면 $dx=-a\sin\theta d\theta$, $dy=b\cos\theta d\theta$이다.

타원 방정식은 $\dfrac{x^2}{a^2}+\dfrac{y^2}{b^2}=1$이며 면적은 (1)에서 구한 공식을 사용한다.

$$\therefore\ S=\frac{1}{2}\oint_C(-ydx+xdy)=\frac{1}{2}\int_0^{2\pi}ab(\cos^2\theta+\sin^2\theta)d\theta=\pi ab$$

■

[예제 2.25] 그린 정리 응용: 면적 구하기

그림과 같은 도형 $OABO$의 면적을 구하라.

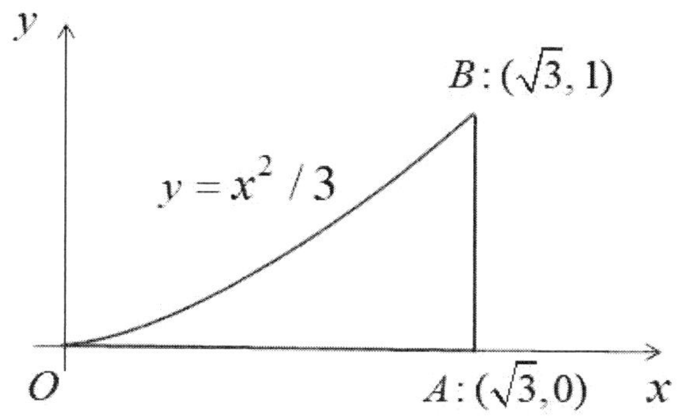

예제 2.25 그림.

[풀이]

예제 2.24 (1)에서 구한 단순 폐 경로 C로 둘러싸인 면적은 $S=\frac{1}{2}\oint_C(-y\,dx+x\,dy)$이다. 예제 2.25 그림에서 순방향 (반 시계 방향)의 폐 경로 C를 C: $OA\rightarrow AB\rightarrow BO$로 선택하고 각 구간에서 선 적분을 계산하자.

<u>OA 구간</u>: $(y=0\Rightarrow dy=0,\ 0\le x\le\sqrt{3})$

$$S_{OA}=\frac{1}{2}\int_{OA}(-ydx+xdy)=0$$

<u>AB 구간</u>: $(x=\sqrt{3}\Rightarrow dx=0,\ 0\le y\le 1)$

$$S_{AB}=\frac{1}{2}\int_{AB}(-ydx+xdy)=\frac{1}{2}\int_0^1\sqrt{3}\,dy=\frac{\sqrt{3}}{2}$$

<u>BO구간:</u> $\left(y=\frac{1}{3}x^2 \Rightarrow dy=\frac{2}{3}xdx\right)$

$$S_{BO}=\frac{1}{2}\int_{BO}(-y\,dx+x\,dy)=\frac{1}{2}\int_{BO}\left[-\frac{1}{3}x^2\,dx+\frac{2}{3}x^2\,dx\right]$$

$$=\frac{1}{2}\int_{\sqrt{3}}^{0}\left[\frac{1}{3}x^2dx\right]=-\frac{\sqrt{3}}{6}$$

$$\therefore\ S=S_{OA}+S_{AB}+S_{BO}=0+\frac{\sqrt{3}}{2}-\frac{\sqrt{3}}{6}=\frac{\sqrt{3}}{3}$$

[별해]

예제 2.25 그림의 면적은 함수 $y=\frac{1}{3}x^2$, $(0\le x\le\sqrt{3})$에 대한 적분을 사용하여도 그린 정리와 같은 값을 얻을 수 있다. 즉,

$$S=\int_0^{\sqrt{3}}ydx=\int_0^{\sqrt{3}}\frac{1}{3}x^2dx=\frac{\sqrt{3}}{3}$$

■

[예제 2.26] 그린 정리 응용: 무한 직선 도선의 전류와 자기장

$+z$ 방향으로 무한히 긴 직선 도선에 흐르는 상수 전류 I (전류 밀도 $\boldsymbol{J}=J\hat{z}$)에 의해 만들어지는 자기장 $\boldsymbol{H}$는 암페어 법칙을 사용하면 다음과 같이 주어진다. (예제 2.17 참고)

$$\boldsymbol{H}=\frac{I}{2\pi}\frac{-y\hat{x}+x\hat{y}}{x^2+y^2}\equiv H_x\hat{x}+H_y\hat{y}$$

(1) 예제 2.26 그림 (a)의 폐 경로 C_1에 대해 $\oint_{C_1}\boldsymbol{H}\cdot dl$을 구하고 그린 정리가 성립하는지 보여라.

(2) 예제 2.26 그림 (b)의 폐 경로 C_2에 대해 $\oint_{C_2}\boldsymbol{H}\cdot dl$을 구하고 그린 정리가 성립하는지 보여라.

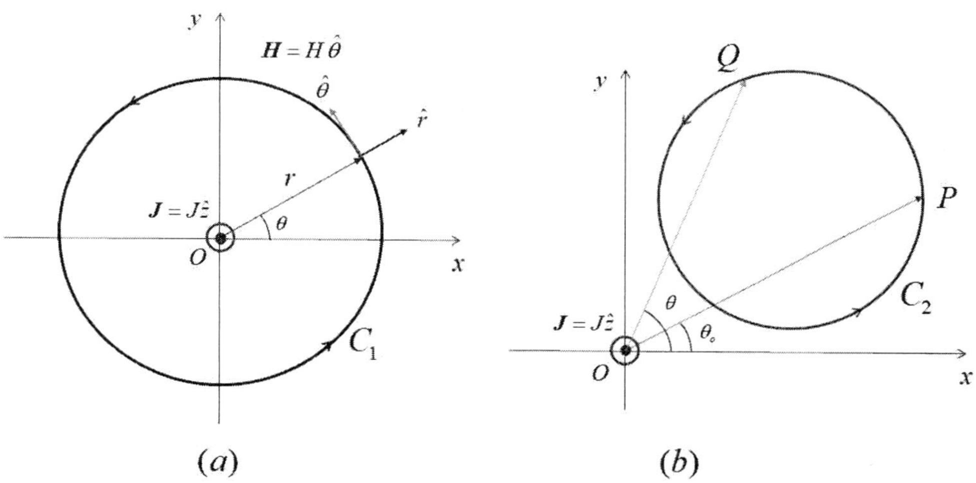

예제 2.26 그림. (a) 폐 경로 C_1 내에 전류 밀도가 포함된 경우,
(b) 폐 경로 C_2 내에 전류 밀도가 없는 경우.

[풀이]

(1) 예제 2.26 그림 (a)는 폐 경로 C_1 내부 (중심)에 $+z$ 방향으로 일정한 전류가 흐르고 있다. 즉, 폐 경로 C_1 내부에 회전 벡터장의 근원 (sink)인 전류 I가 존재한다.

$$\oint_{C_1} \boldsymbol{H} \cdot dl = \oint_{C_1} \left(H_x \hat{x} + H_y \hat{y}\right) \cdot \left(dx\,\hat{x} + dy\,\hat{y}\right)$$

$$= \oint_{C_1} \left(H_x dx + H_y dy\right) = \frac{I}{2\pi} \oint_{C_1} \frac{-y\,dx + x\,dy}{x^2 + y^2}$$

극 좌표계에서 $x = r\cos\theta$, $y = r\sin\theta$라 두면 $dx = -r\sin\theta\, d\theta$, $dy = r\cos\theta\, d\theta$이다. 예제 2.26 그림 (a)를 참고하면 폐 경로 C_1은 반시계방향이므로 $0 \le \theta \le 2\pi$이다.

$$\oint_{C_1} \boldsymbol{H} \cdot dl = \frac{I}{2\pi} \oint_{C_1} \frac{-y\,dx + x\,dy}{x^2 + y^2} = \frac{I}{2\pi} \oint_{C_1} \frac{r^2 \sin^2\theta + r^2 \cos^2\theta}{r^2} d\theta$$

$$= \frac{I}{2\pi} \int_0^{2\pi} d\theta = I$$

한편. 자기장 함수 $\boldsymbol{H}$는 **원점 $(0, 0)$에서 불연속 함수이며 불연속 편미분을 가지므로**[32] **원점 (특이점)을 포함한 폐 경로 C_1에서 그린의 정리가 성립하지 않는다.**

(2) 예제 2.26 그림 (b)는 폐 경로 C_2 내부에 전류가 흐르지 않음을 주의하자.

즉, 회전 장 $\nabla \times \boldsymbol{H}$를 만드는 근원 (싱크)이 폐 경로 C_2 내부에 존재하지 않으므로 암페어 법칙의 미분 형은 $\nabla \times \boldsymbol{H} = 0$이 된다.

예제 2.26 (1)과 같이 극좌표를 사용하면 폐 경로 C_2의 순환 적분 구간은 원을 따라 $P\widehat{Q}P$ 이므로 P점에서 $\theta = \theta_o$이며 반시계방향을 따라 한 바퀴 순환한 후 P점에서 $\theta = \theta_o$이다.

---

32) 원점 $(0, 0)$을 제외한 영역에서 자기장 함수와 편미분은 연속이지만, 원점 $(0, 0)$에서는 자기장과 편미분은 특이점을 갖는다.

$$\therefore \oint_{C_2} \boldsymbol{H} \cdot dl = \frac{I}{2\pi}\int_{\theta_o}^{\theta_o} d\theta = 0$$

[(2) 별해]

폐 경로 C_2 내부에 전류가 흐르지 않으므로 $\oint_{C_2} \boldsymbol{H} \cdot dl = I_{내부} = 0$이다.

한편, $H_x = \frac{I}{2\pi}\frac{-y}{x^2+y^2}$, $H_y = \frac{I}{2\pi}\frac{x}{x^2+y^2}$이므로 $\frac{\partial H_x}{\partial y} = \frac{\partial H_y}{\partial x} = \frac{y^2-x^2}{(x^2+y^2)^2}$이다.

원점 (0, 0)를 제외한 영역에서 자기장 함수 $\boldsymbol{H}$와 편미분은 $H_x =$ 연속, $H_y =$ 연속, $\frac{\partial H_x}{\partial y} =$ 연속, $\frac{\partial H_y}{\partial x} =$ 연속이므로 그린의 정리가 성립한다. 원점 (특이점)을 제외한 영역에서 $\nabla \times \boldsymbol{H} = 0$이 된다. 즉,

$$\nabla \times \boldsymbol{H} = \frac{I}{2\pi}\begin{vmatrix} \hat{x} & \hat{y} & \hat{z} \\ \frac{\partial}{\partial x} & \frac{\partial}{\partial y} & \frac{\partial}{\partial z} \\ \frac{-y}{x^2+y^2} & \frac{x}{x^2+y^2} & 0 \end{vmatrix} = \frac{I}{2\pi}\left[\frac{y^2-x^2}{(x^2+y^2)^2} - \frac{y^2-x^2}{(x^2+y^2)^2}\right]\hat{z} = 0$$

그린의 정리 또는 스토크스 정리를 적용하면 다음과 같이 주어진다.

$$\oint_{C_2} \boldsymbol{H} \cdot dl = \iint_S \underbrace{(\nabla \times \boldsymbol{H})}_{=0} \cdot \hat{z}\, dx\, dy = \iint_S \underbrace{\left(\frac{\partial H_y}{\partial x} - \frac{\partial H_x}{\partial y}\right)}_{=0} dx\, dy = 0$$

■

[예제 2.27] 그린 정리 응용

예제 2.27 그림과 같은 폐 경로 C: $\overrightarrow{AB} \to C_2 \to \overrightarrow{CD} \to C_1$ 를 따라 일을 한다. 물체에 가해진 힘은 다음과 같다.

$$(1)\ \boldsymbol{F} = -x\hat{x} - y\hat{y}, \qquad (2)\ \boldsymbol{F} = -y\hat{x} + x\hat{y}$$

각각의 힘이 한 일을 구하여 보존력 여부를 판별하고 보존력이 존재하는 경우 퍼텐셜 에너지 $U(x, y)$를 구하라.

[힌트] 그린의 정리를 이용하여 각각의 힘이 한 일을 다음 순서로 구하고 비교하라.

순서 *(i)*: 폐 경로 C에 대한 순환 적분 $W = \oint_C \boldsymbol{F} \cdot dl = \oint_C (F_x dx + F_y dy)$

순서 *(ii)*: C로 둘러싸인 면적 적분 $W = \iint_S \left(\frac{\partial F_y}{\partial x} - \frac{\partial F_x}{\partial y} \right) dx\,dy$ 을 계산하라.

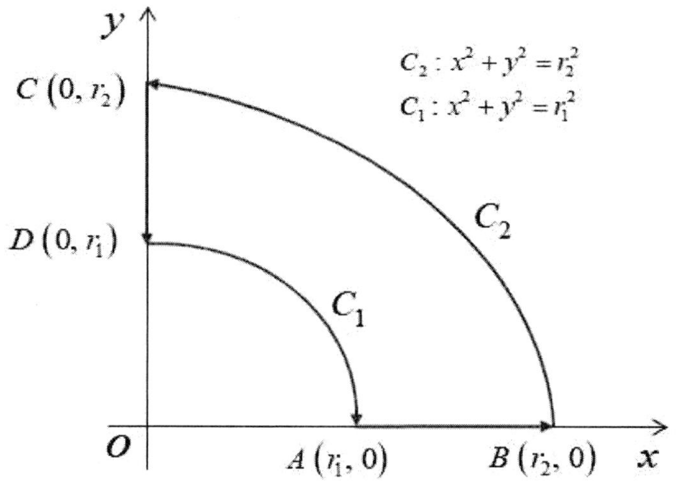

예제 2.27 그림.

[풀이]

일 $W=\oint_C \boldsymbol{F}\cdot d\boldsymbol{l}$은 순서 *(i)*과 순서 *(ii)*에 따라 다음과 같이 주어진다.

$$W=\oint_C \boldsymbol{F}\cdot d\boldsymbol{l}=\begin{cases}\oint_C (F_x dx+F_y dy) & :\text{ 순서 } (i)\\ \iint_S \left(\dfrac{\partial F_y}{\partial x}-\dfrac{\partial F_x}{\partial y}\right)dx\,dy & :\text{ 순서 } (ii)\end{cases}$$

즉, 순서 *(i)*은 폐 경로 C에 대한 순환 적분이며, 순서 *(ii)*는 C로 둘러싸인 면적 S에 대한 면적 적분이 된다. 예제 2.27 그림을 참고하면 폐 경로 C는 $\overrightarrow{AB}\rightarrow C_2\rightarrow\overrightarrow{CD}\rightarrow C_1$의 네 구간으로 나누어진다. 이제 주어진 힘에 대해 순서 *(i)*과 순서 *(ii)*의 적분을 각각 계산하여 결과를 비교해 보자.

(1) $\boldsymbol{F}=-x\hat{x}-y\hat{y}$

순서 *(i)* 계산: $W=\oint_C (F_x dx+F_y dy)=-\oint_C (x\,dx+y\,dy)$

- $\overrightarrow{AB}$ 구간 :

$r_1\le x\le r_2$, $y=0\Rightarrow dy=0$이므로 일 $W_{\overrightarrow{AB}}$는 다음과 같다.

$$W_{\overrightarrow{AB}}=-\int_{\overrightarrow{AB}} x\,dx=-\int_{r_1}^{r_2} x\,dx=-\frac{1}{2}\left(r_2^2-r_1^2\right)$$

- $\overrightarrow{BC}$ 또는 경로 C_2 구간 :

$x=r_2\cos\theta$, $y=r_2\sin\theta$로 치환하면 $dx=-r_2\sin\theta\,d\theta$, $dy=r_2\cos\theta\,d\theta$이므로 일 W_{C_2}는 다음과 같이 주어진다.

$$W_{C_2} = -\int_{C_2}(x\,dx + y\,dy) = -\int_{C_2}(-r_2^2\cos\theta\sin\theta\,d\theta + r_2^2\cos\theta\sin\theta\,d\theta) = 0$$

- $\overrightarrow{CD}$ 구간 :

$x = 0 \Rightarrow dx = 0$이므로 일 $W_{\overrightarrow{CD}}$는 다음과 같이 주어진다.

$$W_{\overrightarrow{CD}} = -\int_{\overrightarrow{CD}} y\,dy = -\int_{r_2}^{r_1} y\,dy = +\frac{1}{2}\left(r_2^2 - r_1^2\right)$$

- $\overrightarrow{DA}$ 또는 경로 C_1 구간 :

경로 C_2와 같이 $x = r_1\cos\theta$, $y = r_1\sin\theta$로 치환하면 $dx = -r_1\sin\theta\,d\theta$, $dy = r_1\cos\theta\,d\theta$이므로 일 W_{C_1}은 다음과 같다.

$$W_{C_1} = -\int_{C_1}(x\,dx + y\,dy) = -\int_{C_1}(-r_1^2\cos\theta\sin\theta\,d\theta + r_1^2\cos\theta\sin\theta\,d\theta) = 0$$

순서 *(i)*을 따라 폐 경로 C에 대한 순환 적분은 네 구간의 선적분을 모두 더하면 0이 된다. 즉,

$$W = \oint_C (F_x dx + F_y dy) = -\frac{1}{2}\left(r_2^2 - r_1^2\right) + \frac{1}{2}\left(r_2^2 - r_1^2\right) + 0 + 0 = 0$$

순서 *(ii)* 계산: $\boxed{W = \iint_S \left(\frac{\partial F_y}{\partial x} - \frac{\partial F_x}{\partial y}\right) dx\,dy}$

$\boldsymbol{F} = -x\hat{x} - y\hat{y}$이므로 $F_x = -x$, $F_y = -y \Rightarrow \dfrac{\partial F_y}{\partial x} = \dfrac{\partial F_x}{\partial y} = 0$이므로 그린 정리

에 따라 일은 0이 된다. 즉, $W=\iint_S\left(\frac{\partial F_y}{\partial x}-\frac{\partial F_x}{\partial y}\right)dxdy=0$이다.

전체 폐 경로 C에 대해 한 일과 그린 정리에 의한 면적 적분 모두 0이므로 $\boldsymbol{F}=-x\hat{x}-y\hat{y}$은 보존력이며 퍼텐셜 에너지 $U(x,y)$는 $\boldsymbol{F}=-\nabla U(x,y)$ 관계식으로부터 구할 수 있다.

$$\boldsymbol{F}=-\nabla U=-\frac{\partial U}{\partial x}\hat{x}-\frac{\partial U}{\partial y}\hat{y}\equiv -x\hat{x}-y\hat{y}$$

$$\Rightarrow \frac{\partial U}{\partial x}=x,\quad \frac{\partial U}{\partial y}=y$$

퍼텐셜 에너지 $U(x,y)$에 대한 첫 번째 편미분 방정식을 x에 대해 적분하면 다음과 같이 주어진다.

$$U(x,y)=\int x\,dx=\frac{1}{2}x^2+g(y)$$

여기서 $g(y)$는 적분 상수이다. 이 식을 두 번째 편미분 방정식에 대입하고 적분하여 $g(y)$를 구한다.

$$\frac{\partial U}{\partial y}=\frac{dg}{dy}=y$$

$$\Rightarrow g(y)=\frac{1}{2}y^2$$

$$\therefore\ U(x,y)=\frac{1}{2}x^2+\frac{1}{2}y^2=\frac{1}{2}r^2$$

따라서 힘 $\boldsymbol{F}=-x\hat{x}-y\hat{y}\equiv-\boldsymbol{r}=-r\hat{r}$는 xy 평면상의 인력 (예: 용수철의 복원력)이며 퍼텐셜 에너지는 $U(x,y)=\frac{1}{2}(x^2+y^2)=\frac{1}{2}r^2$이다.

(2) $\boldsymbol{F} = -y\hat{x} + x\hat{y}$

순서 *(i)* 계산: $W = \oint_C (F_x dx + F_y dy) = \oint_C (-y dx + x dy)$

• $\overrightarrow{AB}$ 구간 :

$r_1 \le x \le r_2$, $y = 0 \Rightarrow dy = 0$이므로 일 $W_{\overrightarrow{AB}}$는 다음과 같다.

$$W_{\overrightarrow{AB}} = \int_{\overrightarrow{AB}} (-y\,dx + x\,dy) = 0$$

• $\overrightarrow{BC}$ 또는 경로 C_2 구간 :

$x = r_2 \cos\theta$, $y = r_2 \sin\theta$로 치환하면 $dx = -r_2 \sin\theta\, d\theta$, $dy = r_2 \cos\theta\, d\theta$이며, 원호 C_2는 반시계방향이어서 적분 구간은 $0 \le \theta \le \dfrac{\pi}{2}$ 이다.

일 W_{C_2}는 다음과 같이 주어진다.

$$W_{C_2} = \int_{C_2} (-y\,dx + x\,dy) = \int_0^{\frac{\pi}{2}} (r_2^2 \sin^2\theta\, d\theta + r_2^2 \cos^2\theta\, d\theta) = r_2^2 \int_0^{\frac{\pi}{2}} d\theta = \frac{\pi}{2} r_2^2$$

• $\overrightarrow{CD}$ 구간 :

$x = 0 \Rightarrow dx = 0$이므로 일 $W_{\overrightarrow{CD}}$는 다음과 같이 주어진다.

$$W_{\overrightarrow{CD}} = \int_{\overrightarrow{CD}} (-y\,dx + x\,dy) = 0$$

• $\overrightarrow{DA}$ 또는 경로 C_1 구간 :

경로 C_2와 같이 $x = r_1\cos\theta$, $y = r_1\sin\theta$로 치환하면 $dx = -r_1\sin\theta d\theta$, $dy = r_1\cos\theta d\theta$이므로 일 W_{C_1}은 다음과 같다.

여기서 원호 C_1은 시계 방향이므로 θ의 적분 구간은 C_2와 반대이다.

$$W_{C_1} = \int_{C_1}(-y\,dx + x\,dy) = \int_{\frac{\pi}{2}}^{0}(r_1^2\sin^2\theta d\theta + r_1^2\cos^2\theta d\theta) = r_1^2\int_{\frac{\pi}{2}}^{0}d\theta = -\frac{\pi}{2}r_1^2$$

순서 *(i)*을 따라 폐 경로 C에 대한 순환 적분은 네 구간의 선적분을 모두 더하면 다음과 같이 주어진다.

$$W = \oint_C(-y\,dx + x\,dy) = 0 + \frac{\pi}{2}r_2^2 + 0 - \frac{\pi}{2}r_1^2 = \frac{\pi}{2}\left(r_2^2 - r_1^2\right)$$

순서 *(ii)* 계산: $W = \iint_S\left(\frac{\partial F_y}{\partial x} - \frac{\partial F_x}{\partial y}\right)dxdy$

$\boldsymbol{F} = -y\hat{x} + x\hat{y}$ 이므로 $F_x = -y$, $F_y = x \Rightarrow \frac{\partial F_y}{\partial x} = 1$, $\frac{\partial F_x}{\partial y} = -1$이므로 그린의 정리로부터 다음 관계식을 얻는다.

$$W = \oint_C \boldsymbol{F}\cdot d\boldsymbol{l} = \iint_S\left(\frac{\partial F_y}{\partial x} - \frac{\partial F_x}{\partial y}\right)dxdy = 2\iint_S dx\,dy \equiv \frac{\pi}{2}\left(r_2^2 - r_1^2\right)\ (\neq 0)$$

일 W는 원호 C_1, C_2와 $\overrightarrow{AB}$, $\overrightarrow{CD}$ 구간으로 둘러싸인 면적의 2배와 같다. 즉, $2\times$[원호 C_2의 면적 − 원호 C_1의 면적]이므로 순서 *(i)*과 순서 *(ii)*의 계산 결과에 따라 비 보존력 (즉, $W = \oint_C \boldsymbol{F}\cdot d\boldsymbol{l} \neq 0$)이므로 퍼텐셜 에너지가 존재하지 않는다.■

- <u>그린의 제1 정리와 제2 정리 (Green's First and Second Theorem)</u>

스칼라 함수 $f(\boldsymbol{r})$과 벡터 함수 $\boldsymbol{A}(\boldsymbol{r})$의 곱에 대한 발산 $\nabla \cdot (f\boldsymbol{A})$은 2.6절에서 다룬 단일 델 연산자 관계식에 의해 다음과 같이 주어진다.

$$\nabla \cdot (f\boldsymbol{A}) = (\nabla f) \cdot \boldsymbol{A} + f\nabla \cdot \boldsymbol{A}$$

스칼라 장 $g(\boldsymbol{r})$에 대해 벡터장을 $\boldsymbol{A} = \nabla g$라 두고 위의 관계식에 대입하면

$$\nabla \cdot (f\nabla g) = \nabla f \cdot \nabla g + f\nabla \cdot \nabla g = \nabla f \cdot \nabla g + f\nabla^2 g$$

을 얻는다. 양변을 전체 부피 V에 대한 적분을 취하면

$$\int_V \nabla \cdot (f\nabla g)dv = \int_V [\nabla f \cdot \nabla g + f\nabla^2 g]\, dv$$

와 같다. 좌변에 가우스의 발산 정리를 적용하면

$$\text{좌변} = \int_V \nabla \cdot (f\nabla g)dv = \oint_S (f\nabla g) \cdot d\boldsymbol{s}$$

이므로 다음과 같은 관계식을 얻는다.

$$\int_V \nabla \cdot (f\nabla g)dv = \int_V [\nabla f \cdot \nabla g + f\nabla^2 g]\, dv \equiv \oint_S f\nabla g \cdot d\boldsymbol{s}$$

이 관계식을 그린의 제1 정리라 한다.
두 스칼라 함수 f, g의 순서를 맞바꾸어 $f(\boldsymbol{r}) \leftrightarrow g(\boldsymbol{r})$로 쓰면 그린의 제1 정리는 다음과 같다.

$$\int_V \nabla \cdot (g \nabla f) dv = \int_V [\nabla g \cdot \nabla f + g \nabla^2 f] dv = \oint_S g \nabla f \cdot ds$$

두 스칼라 함수 f, g에 대한 2개의 그린 제1 정리를 빼면 다음과 같은 관계식을 얻는다.

$$\begin{aligned} &\int_V [\nabla \cdot (f \nabla g) - \nabla \cdot (g \nabla f)] dv \\ &= \int_V [f \nabla^2 g - g \nabla^2 f] dv \\ &= \oint_S [f \nabla g - g \nabla f] \cdot ds \end{aligned}$$

이 관계식을 그린의 제2 정리라 한다.

그린의 제2 정리는 파동 광학에서 빛의 회절 이론인 프레넬-키르히호프 적분 공식 (Fresnel-Kirchhoff integral formula) 등을 유도할 때 사용한다.

[예제 2.28] 그린의 제2 정리 응용: 빛의 회절 이론

두 파동함수 $\Psi(r, t)$와 $\Phi(r, t)$의 파동 방정식이 다음과 같이 주어진다.

$$\nabla^2 \Psi = \frac{1}{c^2}\frac{\partial^2 \Psi}{\partial t^2}, \quad \nabla^2 \Phi = \frac{1}{c^2}\frac{\partial^2 \Phi}{\partial t^2}$$

두 파동함수의 시간 조화 파동이 $\Psi(r, t) = U(r)e^{i\omega t}$, $\Phi(r, t) = V(r)e^{i\omega t}$로 주어진다고 하자. 여기서 c는 광속, $\omega(=kc)$는 각 진동수, k는 파수이다.

그린의 제2 정리를 이용하여 $\oint_S [U\nabla V - V\nabla U] \cdot ds = 0$임을 보여라.

[풀이]

두 파동함수의 시간 조화 파동이 $\Psi(r, t) = U(r)e^{i\omega t}$, $\Phi(r, t) = V(r)e^{i\omega t}$이며 변수 분리형이다. 공간과 시간에 대한 미분 연산을 하고, 이들을 파동 방정식에 대입하여 공통의 시간 항 $e^{i\omega t}$을 소거하면 다음과 같은 공간 만의 파동 방정식인 헬름홀츠 방정식을 얻는다.

$$\nabla^2 \Psi = \frac{1}{c^2}\frac{\partial^2 \Psi}{\partial t^2} \Rightarrow \nabla^2 U = -\frac{\omega^2}{c^2}U = -k^2 U$$
$$\nabla^2 \Phi = \frac{1}{c^2}\frac{\partial^2 \Phi}{\partial t^2} \Rightarrow \nabla^2 V = -\frac{\omega^2}{c^2}V = -k^2 V$$

그린의 제2 정리의 스칼라 함수 f, g를 $f \to U$, $g \to V$로 대체하면 다음과 같다.

$$\int_V \Big[\underbrace{U\nabla^2 V}_{=-k^2UV} - \underbrace{V\nabla^2 U}_{=-k^2UV}\Big] dv = \oint_S [U\nabla V - V\nabla U] \cdot ds$$

좌변 식에 헬름홀츠 파동 방정식을 대입하면 0이 된다.

$$\therefore \oint_S [U\nabla V - V\nabla U] \cdot ds = 0$$ ■

[부록 2.1] 벡터장 그림 (Vector Field Plots)

2장에서 벡터 함수 $\boldsymbol{A}(x, y, z) = A_x(x, y, z)\hat{x} + A_y(x, y, z)\hat{y} + A_z(x, y, z)\hat{z}$의 발산과 회전과 같은 다양한 벡터 미분 연산자의 계산과 응용을 공부하였다. 벡터 함수를 가시적인 도표로 나타내면 벡터 함수의 분포 (밀도)와 방향을 직관적으로 이해할 수가 있다. 역학이나 전자기학 또는 유체 역학에서 장의 개념을 이해하는데 중력장, 전기장, 자기장, 유체의 흐름 등을 역선 (force line)이나 장선 (field line)의 개념을 벡터로 가시적으로 나타낼 수가 있다. 또한, 전자기 파동의 편광 상태를 기술할 때도 유용하다.

부록 2.1에서는 간단하게 xy 평면에서 벡터 함수의 벡터 그림을 예로 들어 설명한다.

2차원 벡터 함수 $\boldsymbol{A}(x, y) = A_x(x, y)\hat{x} + A_y(x, y)\hat{y} \equiv f(x, y)\hat{x} + g(x, y)\hat{y}$ 가운데 가장 간단한 형태의 몇 개의 함수를 벡터 그림으로 나타내어보자. 주어진 벡터 함수 $\boldsymbol{A}(x, y) = f(x, y)\hat{x} + g(x, y)\hat{y}$를 Mathematica 프로그램으로 그리는 명령어는 다음과 같다.

```
VectorPlot[{f (x, y), g (x, y)}, {x, -2, 2}, {y, -2, 2}, VectorColorFunction → Hue,
벡터 플롯                                                 벡터 색깔 함수          색조
 VectorStyle → Blue, StreamPoints → 12]
 벡터 스타일     파랑   유선수
```

[예제 2.29] xy 평면에서 단위 벡터(장) $\boldsymbol{T}$와 $\boldsymbol{N}$이 있다.

다음 표를 완성하여 단위 벡터장의 그림을 그려라.

표의 벡터 표시에는 화살표의 방향 (↑,↖,←,↗)과 크기를 개략적으로 표시한다.

(1) $\boldsymbol{T} = -\sin\theta\,\hat{x} + \cos\theta\,\hat{y} = -\dfrac{y}{\sqrt{x^2+y^2}}\,\hat{x} + \dfrac{x}{\sqrt{x^2+y^2}}\,\hat{y}$

	θ	0	$\pi/4$	$\pi/2$	$3\pi/4$	π	$5\pi/4$	$3\pi/2$	$7\pi/4$	2π
T_x	$-\sin\theta$									
T_y	$\cos\theta$									
$\boldsymbol{T}$	벡터 표시									

(2) $\boldsymbol{N} = -\cos\theta\,\hat{x} - \sin\theta\,\hat{y} = -\dfrac{x}{\sqrt{x^2+y^2}}\,\hat{x} - \dfrac{y}{\sqrt{x^2+y^2}}\,\hat{y}$

	θ	0	$\pi/4$	$\pi/2$	$3\pi/4$	π	$5\pi/4$	$3\pi/2$	$7\pi/4$	2π
N_x	$-\cos\theta$									
N_y	$-\sin\theta$									
$\boldsymbol{N}$	벡터 표시									

[풀이]

(1) $\boldsymbol{T} = -\sin\theta\,\hat{x} + \cos\theta\,\hat{y} = -\dfrac{y}{\sqrt{x^2+y^2}}\,\hat{x} + \dfrac{x}{\sqrt{x^2+y^2}}\,\hat{y}$

	θ	0	$\pi/4$	$\pi/2$	$3\pi/4$	π	$5\pi/4$	$3\pi/2$	$7\pi/4$	2π
T_x	$-\sin\theta$	0	$-\frac{1}{\sqrt{2}}$	-1	$-\frac{1}{\sqrt{2}}$	0	$\frac{1}{\sqrt{2}}$	$+1$	$\frac{1}{\sqrt{2}}$	0
T_y	$\cos\theta$	$+1$	$\frac{1}{\sqrt{2}}$	0	$-\frac{1}{\sqrt{2}}$	-1	$-\frac{1}{\sqrt{2}}$	0	$\frac{1}{\sqrt{2}}$	$+1$
$\boldsymbol{T}$	벡터 표시	↑	↖	←	↙	↓	↘	→	↗	↑

표로부터 단위 벡터장 $\boldsymbol{T} = -\sin\theta\,\hat{x} + \cos\theta\,\hat{y} = -\frac{y}{\sqrt{x^2+y^2}}\,\hat{x} + \frac{x}{\sqrt{x^2+y^2}}\,\hat{y}$ 의 방향은 예제 2.29 (1) 그림과 같이 반시계방향의 접선 벡터임을 알 수 있다.

(2) $\boldsymbol{N} = -\cos\theta\,\hat{x} - \sin\theta\,\hat{y} = -\frac{x}{\sqrt{x^2+y^2}}\,\hat{x} - \frac{y}{\sqrt{x^2+y^2}}\,\hat{y}$

	θ	0	$\pi/4$	$\pi/2$	$3\pi/4$	π	$5\pi/4$	$3\pi/2$	$7\pi/4$	2π
N_x	$-\cos\theta$	-1	$-\frac{1}{\sqrt{2}}$	0	$\frac{1}{\sqrt{2}}$	$+1$	$\frac{1}{\sqrt{2}}$	0	$-\frac{1}{\sqrt{2}}$	-1
N_y	$-\sin\theta$	0	$-\frac{1}{\sqrt{2}}$	-1	$-\frac{1}{\sqrt{2}}$	0	$\frac{1}{\sqrt{2}}$	$+1$	$\frac{1}{\sqrt{2}}$	0
$\boldsymbol{N}$	벡터 표시	←	↙	↓	↘	→	↗	↑	↖	←

표로부터 단위 벡터장 $\boldsymbol{N} = -\cos\theta\,\hat{x} - \sin\theta\,\hat{y} = -\frac{x}{\sqrt{x^2+y^2}}\,\hat{x} - \frac{y}{\sqrt{x^2+y^2}}\,\hat{y}$ 의 방향은 예제 2.29 (2) 그림과 같이 구(원)의 중심을 향하는 벡터임을 알 수 있다.

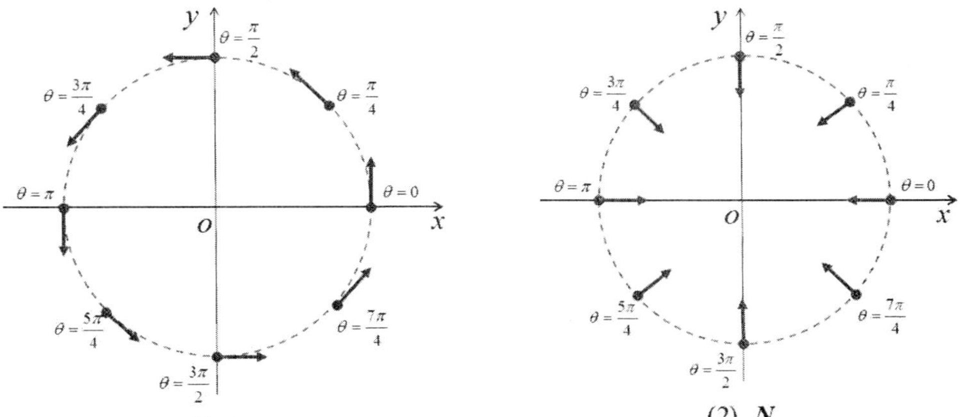

(1) $\boldsymbol{T}$ (2) $\boldsymbol{N}$

예제 2.29 (1) $\boldsymbol{T}$, (2) $\boldsymbol{N}$ 그림.

■

[예제 2.30] xy 평면에서 진동하며 $+z$ 방향으로 진행하는 전기장 파동이 다음과 같이 주어진다.

$$\boldsymbol{E}(z,t) = E_o\left[\hat{x}f(kz-\omega t)+\hat{y}g(kz-\omega t)\right] \equiv \boldsymbol{E}_x(z,t)+\boldsymbol{E}_y(z,t)$$

여기서 E_o는 상수 진폭, $f(kz-\omega t)$, $g(kz-\omega t)$는 파동 함수, k는 파수, ω는 각 진동수이 다. 다음과 같이 주어지는 파동 함수들의 편광 상태를 아래 표를 작성하여 구하라.

[힌트] 편광 상태를 조사하기 위해 $z=0$에서 파동 벡터의 시간 변화 값을 구한다. 각각의 시간 (ωt)에서 전기장 벡터를 그려서 표를 완성하고 편광 상태를 판별한다.

(1) $\boldsymbol{E}(z,t) = E_o\left[+\hat{x}\cos(kz-\omega t)+\hat{y}\sin(kz-\omega t)\right]$,

(2) $\boldsymbol{E}(z,t) = E_o\left[+\hat{x}\cos(kz-\omega t)-\hat{y}\sin(kz-\omega t)\right]$,

(3) $\boldsymbol{E}(z,t) = E_o\left[-\hat{x}\sin(kz-\omega t)+\hat{y}\cos(kz-\omega t)\right]$,

(4) $\boldsymbol{E}(z,t) = E_o\left[+\hat{x}\sin(kz-\omega t)+\hat{y}\cos(kz-\omega t)\right]$,

ωt	0	$\frac{\pi}{2}$	π	$\frac{3\pi}{2}$	2π
$\frac{\boldsymbol{E}(0,t)}{E_o}$					

[풀이]

전기장 벡터의 편광 상태를 구하기에 앞서 $|\boldsymbol{E}(z,t)|^2 = |\boldsymbol{E}_x(z,t)|^2 + |\boldsymbol{E}_y(z,t)|^2$을 구하여 원편광, 타원 편광 또는 직선 편광 여부를 확인한다.

(1)~(4)의 전기장 파동은 모두 $|\boldsymbol{E}(z,t)|^2 = E_o^2(f^2+g^2)$=상수이므로 원의 방정식이며 원편광 (circularly polarized wave)을 나타낸다.

파동 함수는 $+z$ 방향으로 진행하므로 $z=0$인 위치에서 관찰자가 광원을 바라볼 때 시간에 따른 전기장 벡터의 방향을 관측한다.

(1) $\underline{\boldsymbol{E}(z,t)=E_o\left[+\hat{x}\cos(kz-\omega t)+\hat{y}\sin(kz-\omega t)\right]}$

$z=0$ 을 대입하면 파동 함수는 $\dfrac{\boldsymbol{E}(0,t)}{E_o}=+\hat{x}\cos(\omega t)-\hat{y}\sin(\omega t)$ 이므로 시간 (ωt) 에 따른 전기장 벡터의 방향은 표와 같다.

ωt	0	$\dfrac{\pi}{2}$	π	$\dfrac{3\pi}{2}$	2π
$\dfrac{\boldsymbol{E}(0,t)}{E_o}$	$\hat{x}$ $(\rightarrow)$	$-\hat{y}$ $(\downarrow)$	$-\hat{x}$ $(\leftarrow)$	$\hat{y}$ $(\uparrow)$	$\hat{x}$ $(\rightarrow)$

예제 2.30 (1a) 그림은 관찰자가 $z=0$ 인 위치에서 광원을 바라볼 때 시간에 따른 전기장 벡터의 방향을 그린 그림이다. 2.30 (1b) 그림은 전기장 벡터의 궤적을 시간에 따라 xy 평면에 그린 것으로 시간 $t=0$ 일 때 $+\hat{x}$ 에서 출발하여 시계 방향 (clockwise direction)으로 회전하므로 우향 원편광 (Right Circular Polarized Wave: RCP Wave)이다.

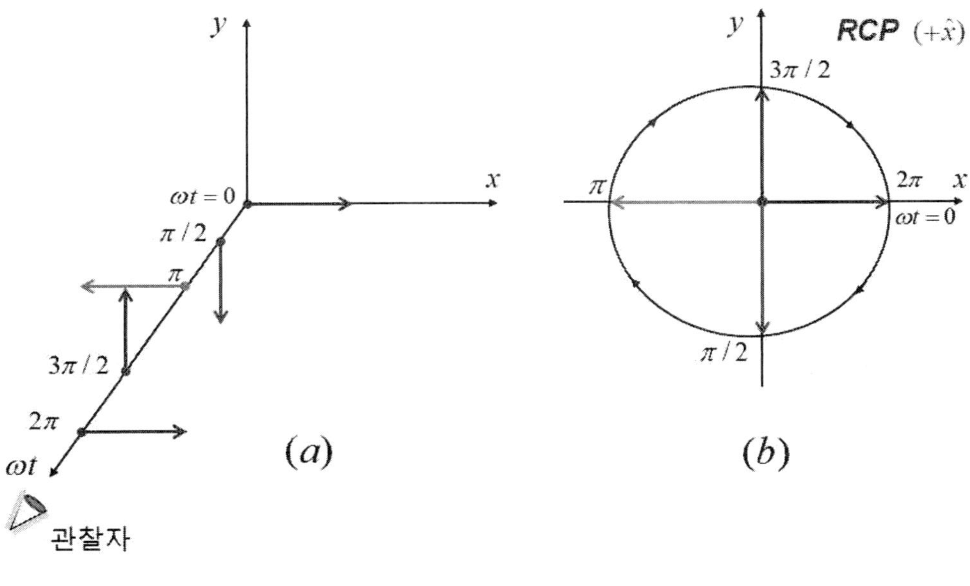

예제 2.30 (1) 그림.

(2) $\underline{\boldsymbol{E}(z,t) = E_o\left[+\hat{x}\cos(kz-\omega t) - \hat{y}\sin(kz-\omega t)\right]}$

$z=0$ 을 대입하면 파동 함수는 $\dfrac{\boldsymbol{E}(0,t)}{E_o} = +\hat{x}\cos(\omega t) + \hat{y}\sin(\omega t)$이므로 시간 (ωt) 에 따른 전기장 벡터의 방향은 표와 같다.

ωt	0	$\dfrac{\pi}{2}$	π	$\dfrac{3\pi}{2}$	2π
$\dfrac{\boldsymbol{E}(0,t)}{E_o}$	$\hat{x}$ (→)	$\hat{y}$ (↑)	$-\hat{x}$ (←)	$-\hat{y}$ (↓)	$\hat{x}$ (→)

예제 2.30 (2a) 그림은 관찰자가 $z=0$ 인 위치에서 광원을 바라볼 때 시간에 따른 전기장 벡터의 방향을 그린 그림이다. 2.30 (2b) 그림은 전기장 벡터의 궤적을 시간에 따라 xy 평면에 그린 것으로 시간 $t=0$ 일 때 $+\hat{x}$ 에서 출발하여 반시계방향 (counterclockwise direction)으로 회전하므로 좌향 원편광 (Left Circular Polarized Wave: LCP Wave)이다.

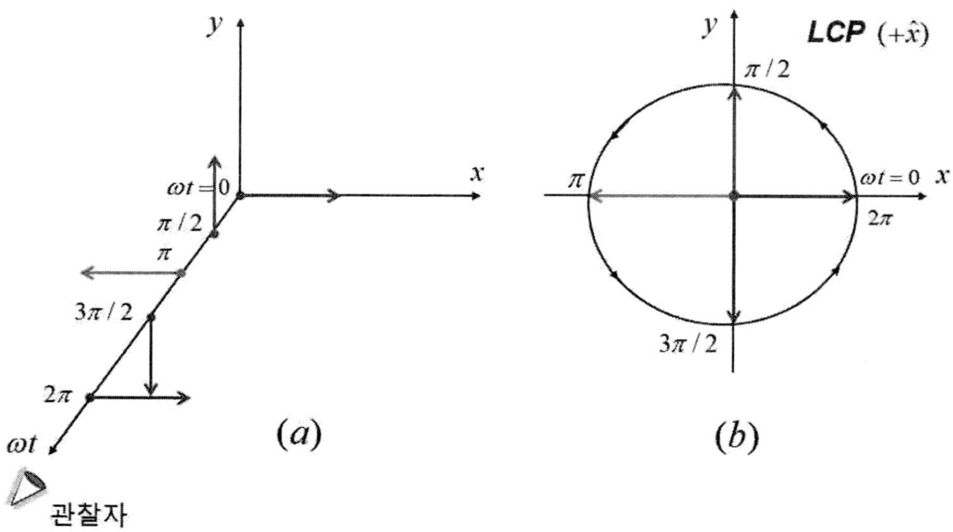

예제 2.30 (2) 그림.

(3) $\underline{\boldsymbol{E}(z,t) = E_o\left[-\hat{x}\sin(kz-\omega t) + \hat{y}\cos(kz-\omega t)\right]}$

$z=0$을 대입하면 파동 함수는 $\dfrac{\boldsymbol{E}(0,t)}{E_o} = +\hat{x}\sin(\omega t) + \hat{y}\cos(\omega t)$이므로 시간 (ωt)에 따른 전기장 벡터의 방향은 표와 같다.

ωt	0	$\dfrac{\pi}{2}$	π	$\dfrac{3\pi}{2}$	2π
$\dfrac{\boldsymbol{E}(0,t)}{E_o}$	$\hat{y}$ $(\uparrow)$	$\hat{x}$ $(\rightarrow)$	$-\hat{y}$ $(\downarrow)$	$-\hat{x}$ $(\leftarrow)$	$\hat{y}$ $(\uparrow)$

예제 2.30 (3a) 그림은 관찰자가 $z=0$인 위치에서 광원을 바라볼 때 시간에 따른 전기장 벡터의 방향을 그린 그림이다. 2.30 (3b) 그림은 전기장 벡터의 궤적을 시간에 따라 xy 평면에 그린 것으로 시간 $t=0$일 때 $+\hat{y}$에서 출발하여 시계 방향 (clockwise direction)으로 전기장 벡터가 회전하므로 우향 원편광 (Right Circular Polarized Wave: RCP Wave)이다.

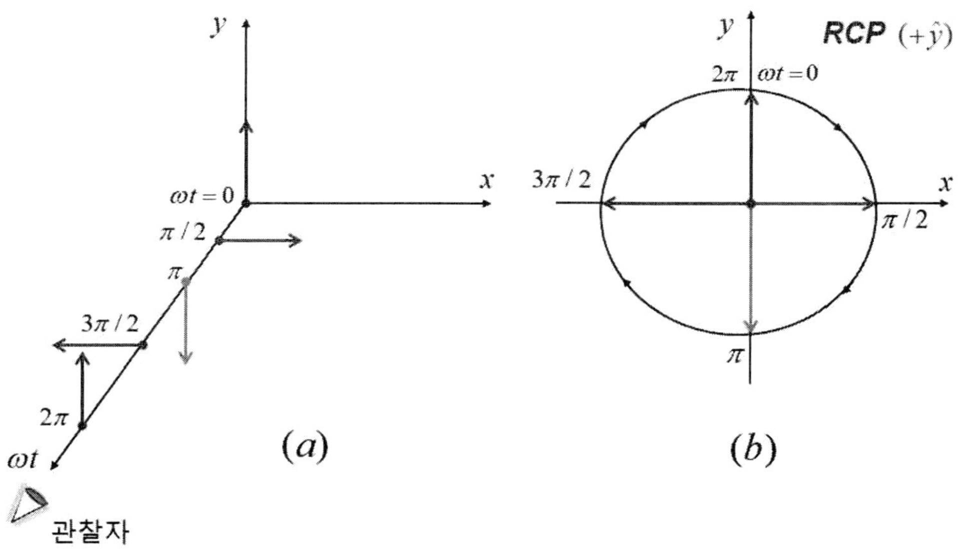

예제 2.30 (3) 그림.

(4) $\underline{\boldsymbol{E}(z,t) = E_o\left[+\hat{x}\sin(kz-\omega t)+\hat{y}\cos(kz-\omega t)\right]}$

$z=0$을 대입하면 파동 함수는 $\dfrac{\boldsymbol{E}(0,t)}{E_o} = -\hat{x}\sin(\omega t)+\hat{y}\cos(\omega t)$이므로 시간 (ωt)에 따른 전기장 벡터의 방향은 표와 같다.

ωt	0	$\dfrac{\pi}{2}$	π	$\dfrac{3\pi}{2}$	2π
$\dfrac{\boldsymbol{E}(0,t)}{E_o}$	$\hat{y}$ $(\uparrow)$	$-\hat{x}$ $(\leftarrow)$	$-\hat{y}$ $(\downarrow)$	$\hat{x}$ $(\rightarrow)$	$\hat{y}$ $(\uparrow)$

예제 2.30 (4a) 그림은 관찰자가 $z=0$인 위치에서 광원을 바라볼 때 시간에 따른 전기장 벡터의 방향을 그린 그림이다. 2.30 (4b) 그림은 전기장 벡터의 궤적을 시간에 따라 xy 평면에 그린 것으로 시간 $t=0$일 때 $+\hat{y}$에서 출발하여 반시계방향 (counterclockwise direction)으로 전기장 벡터가 회전하므로 좌향 원편광 (Left Circular Polarized Wave: LCP Wave)이다.

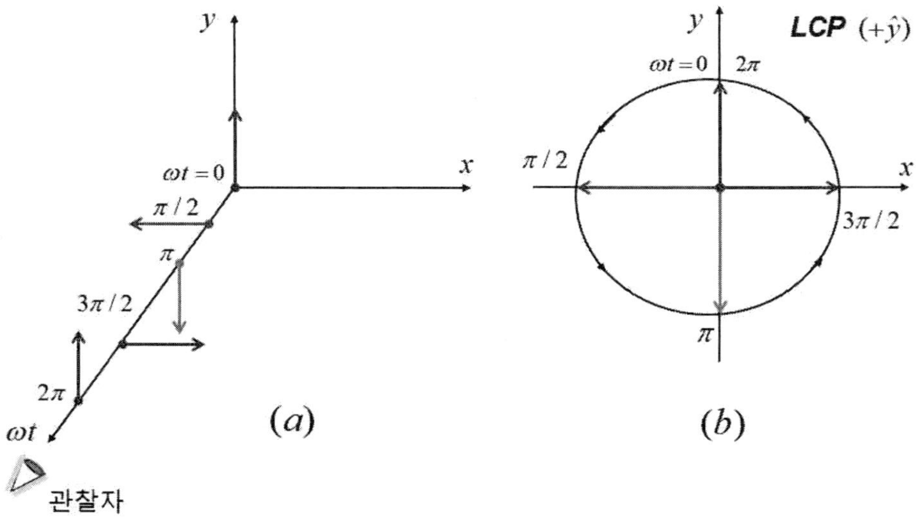

예제 2.30 (4) 그림. ■

[예제 2.31] 벡터 함수 $\boldsymbol{A}(x,y)=f(x,y)\hat{x}+g(x,y)\hat{y}$가 다음과 같이 주어질 때 벡터장의 그림을 그리고 $\nabla\cdot\boldsymbol{A}$와 $\nabla\times\boldsymbol{A}$를 표시하라.

(1) $\boldsymbol{A}(x,y)=x\hat{x}+y\hat{y}$, (2) $\boldsymbol{A}(x,y)=-x\hat{x}-y\hat{y}$,

(3) $\boldsymbol{A}(x,y)=-y\hat{x}+x\hat{y}$, (4) $\boldsymbol{A}(x,y)=+y\hat{x}-x\hat{y}$,

(5) $\boldsymbol{A}(x,y)=+x\hat{x}-y\hat{y}$, (6) $\boldsymbol{A}(x,y)=-x\hat{x}+y\hat{y}$,

(7) $\boldsymbol{A}(x,y)=+y\hat{x}+x\hat{y}$, (8) $\boldsymbol{A}(x,y)=-y\hat{x}-x\hat{y}$

[풀이] $\nabla\cdot\boldsymbol{A}=\dfrac{\partial A_x}{\partial x}+\dfrac{\partial A_y}{\partial y}$와 $\nabla\times\boldsymbol{A}=\left(\dfrac{\partial A_y}{\partial x}-\dfrac{\partial A_x}{\partial y}\right)\hat{z}$를 계산한다.

(1) 벡터 함수 $\boldsymbol{A}(x,y)=x\hat{x}+y\hat{y}$는 xy 평면에서 위치 벡터 $\boldsymbol{r}=x\hat{x}+y\hat{y}$과 같다. $\nabla\cdot\boldsymbol{A}=+2$로 (외부로) 발산하며, $\nabla\times\boldsymbol{A}=0$이 되어 비 회전 장이다. (예제 2.31 (1) 그림)

(2) $\boldsymbol{A}(x,y)=-x\hat{x}-y\hat{y}$는 위치 벡터 $\boldsymbol{r}=x\hat{x}+y\hat{y}$과 반대 방향이다. $\nabla\cdot\boldsymbol{A}=-2$로 (내부로) 수렴하며, $\nabla\times\boldsymbol{A}=0$이 되어 비 회전 장이다. (예제 2.31 (2) 그림)

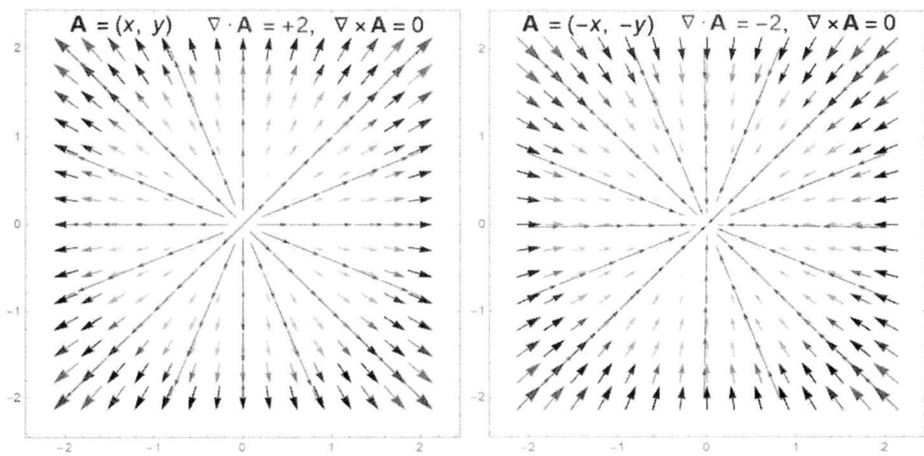

예제 2.31 (1)과 (2) 그림.

(3) 벡터 함수 $\boldsymbol{A}(x, y) = -y\hat{x} + x\hat{y}$의 $\nabla \cdot \boldsymbol{A} = \dfrac{\partial A_x}{\partial x} + \dfrac{\partial A_y}{\partial y} = 0$이므로 발산하는 벡터장이 아니다.

$\nabla \times \boldsymbol{A} = \left(\dfrac{\partial A_y}{\partial x} - \dfrac{\partial A_x}{\partial y}\right)\hat{z} = +2\hat{z}\,(>0)$이 되어 오른손 법칙에 따라 반시계방향 $(+\hat{z})$의 회전 (또는 순환)하는 벡터장이다. (예제 2.31 (3) 그림)

(4) 벡터 함수 $\boldsymbol{A}(x, y) = y\hat{x} - x\hat{y}$의 $\nabla \cdot \boldsymbol{A} = \dfrac{\partial A_x}{\partial x} + \dfrac{\partial A_y}{\partial y} = 0$이므로 발산하는 벡터장이 아니다. $\nabla \times \boldsymbol{A} = \left(\dfrac{\partial A_y}{\partial x} - \dfrac{\partial A_x}{\partial y}\right)\hat{z} = -2\hat{z}\,(<0)$이 되어 시계 방향 $(-\hat{z})$으로 회전 (순환)하는 벡터장이다. (예제 2.31 (4) 그림)

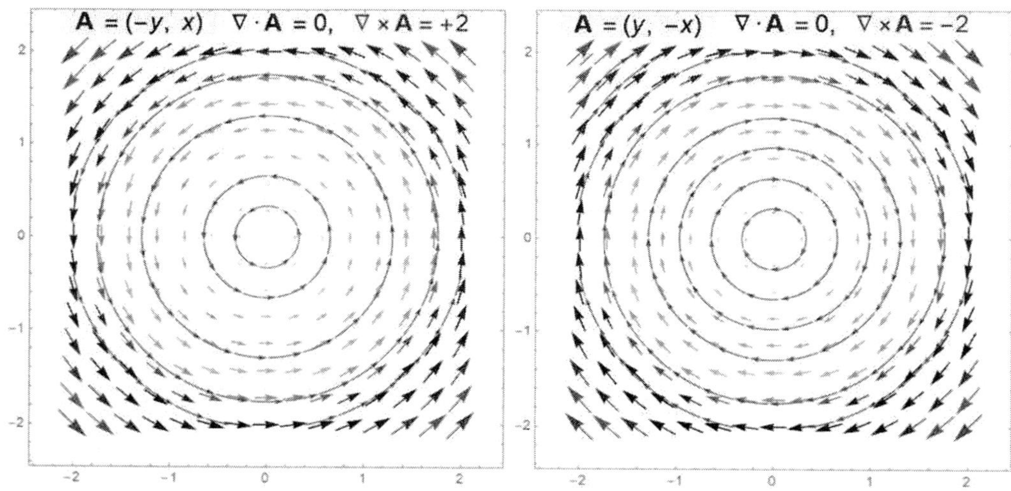

예제 2.31 (3)과 (4) 그림.

(5) $\boldsymbol{A}(x,y)=+x\hat{x}-y\hat{y}$는 $\nabla\cdot\boldsymbol{A}=\dfrac{\partial A_x}{\partial x}+\dfrac{\partial A_y}{\partial y}=0$이므로 발산하는 벡터장이 아니다. $\nabla\times\boldsymbol{A}=\left(\dfrac{\partial A_y}{\partial x}-\dfrac{\partial A_x}{\partial y}\right)\hat{z}=0$이 되어 비 회전 장이다.

전체적으로 볼 때 발산 (또는 수렴)하는 장도 아니며, 회전하는 장도 아닌 불 안정한 (unstable) 안장 점 (saddle point)을[33] 갖는 벡터장이다. (예제 2.31 (5) 그림)

(6) $\boldsymbol{A}(x,y)=-x\hat{x}+y\hat{y}$는 (5)와 같이 $\nabla\cdot\boldsymbol{A}=0$이며, $\nabla\times\boldsymbol{A}=0$이 되어 발산 (또는 수렴) 장 및 회전 장이 없는 불안정한 안장 점을 갖는 벡터장이며 (5)의 벡터장의 방향과는 반대 방향의 벡터 흐름을 갖는다. (예제 2.31 (6) 그림)

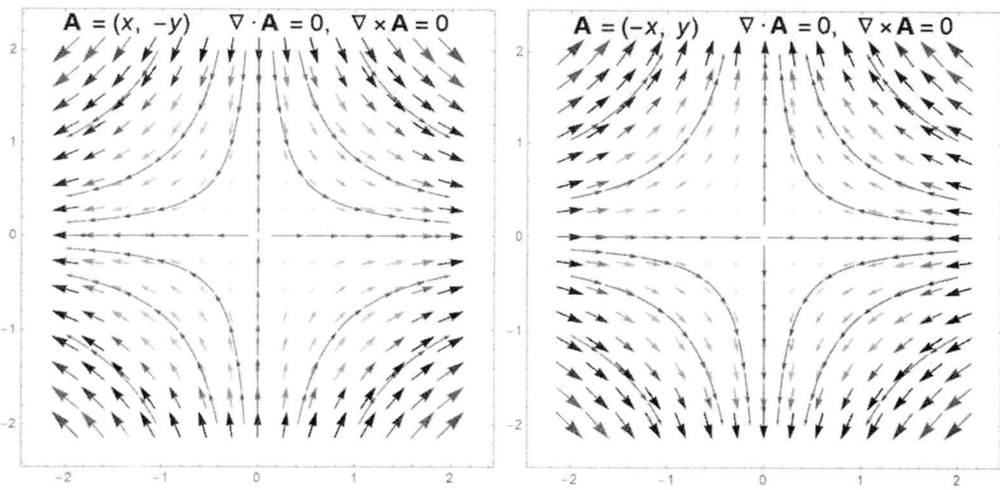

예제 2.31 (5)와 (6) 그림.

(5)와 (6)의 벡터장은 반대 부호를 갖는 벡터이므로 반대 방향의 벡터 흐름 (vector flows)을 나타낸다.

---

33) 새들 포인트 (saddle point)는 두 개의 변수를 갖는 함수가 한 변수에 대해서는 극소점을 가지지만 다른 변수에 대해서는 극대점을 가지는 점이며, 이를 안장 점이라 한다. 예를 들면, 말 안장과 같이 기수 앞뒤로는 아래로 오목한 극소점, 기수 좌우로는 위로 볼록한 극대점을 뜻한다. 안장 점은 항상 불안정 (unstable)한 점이다.

(7) $\boldsymbol{A}(x, y) = +y\hat{x} + x\hat{y}$는 $\nabla \cdot \boldsymbol{A} = \dfrac{\partial A_x}{\partial x} + \dfrac{\partial A_y}{\partial y} = 0$이므로 발산하는 벡터장이 아니다. 또한 $\nabla \times \boldsymbol{A} = \left(\dfrac{\partial A_y}{\partial x} - \dfrac{\partial A_x}{\partial y}\right)\hat{z} = 0$이 되어 비 회전 장이다.

전체적으로 볼 때 발산 (또는 수렴) 장 및 회전 장이 없는 안장 점을 갖는 벡터장이다. (예제 2.31 (7) 그림)

(8) $\boldsymbol{A}(x, y) = -y\hat{x} - x\hat{y}$은 (5)와 같이 $\nabla \cdot \boldsymbol{A} = \dfrac{\partial A_x}{\partial x} + \dfrac{\partial A_y}{\partial y} = 0$이므로 발산하는 벡터장이 아니다. 또한 $\nabla \times \boldsymbol{A} = \left(\dfrac{\partial A_y}{\partial x} - \dfrac{\partial A_x}{\partial y}\right)\hat{z} = 0$이 되어 비 회전 장이다.

발산 (또는 수렴) 장 및 회전 장이 없는 안장 점을 갖는 벡터장이다.
(예제 2.31 (8) 그림)

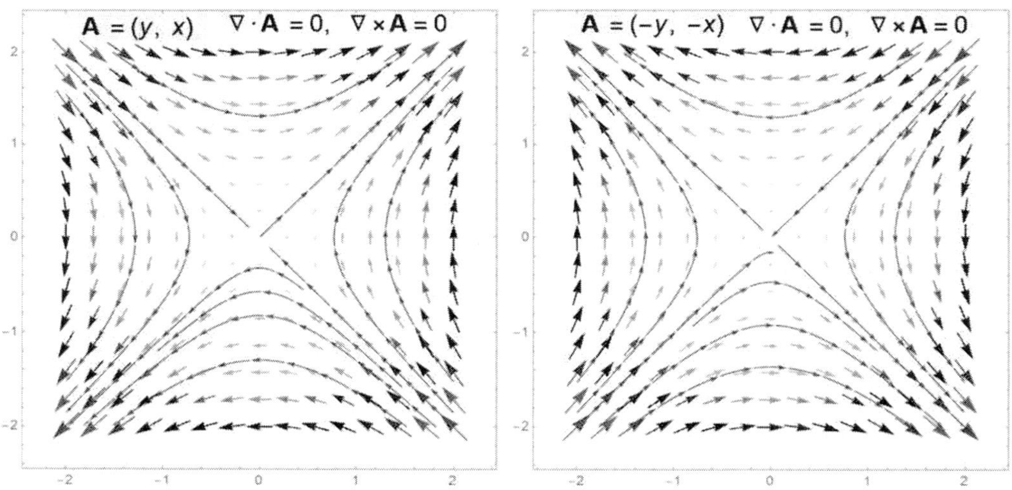

예제 2.31 (7)과와 (8) 그림.

(7)과 (8)의 벡터장은 반대 부호를 갖는 벡터이므로 반대 방향의 벡터 흐름 (vector flows)을 나타낸다.

■

[부록 2.2] 미분 기하학 (Differential Geometry)

미분 기하학에서 프레네-세레 공식 (Frenet-Serret formular)은 3차원 유크리드 공간 (Euclidean space) R^3에서 미분 가능한 곡선 궤적 C를 따라 운동하는 입자의 운동학을 기술하거나, 입자의 운동과 상관없이 곡선 C 자체의 기하학적 특성을 다룰 때 많이 사용한다.

- <u>프레네-세레 틀 (Frenet-Serret frame) 또는 $\boldsymbol{T}, \boldsymbol{N}, \boldsymbol{B}$ 틀</u>

입자의 위치 벡터 $\boldsymbol{r}(u)$가 그림 2.27(a)와 같이 곡선 C를 따라 운동한다. 여기서 u는 시간 t나 회전 각 θ와 같은 다양한 매개 변수를 나타낸다.

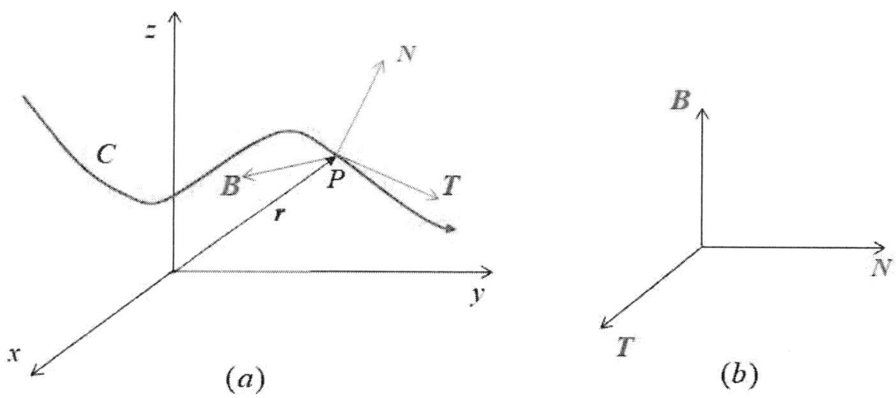

그림 2.27 곡선 C의 점 P에서 프레네-세레 틀의 단위 벡터의 정의.
(a) 접선 벡터 $\boldsymbol{T}$, 주법선 벡터 $\boldsymbol{N}$, 단위 종법선 벡터 $\boldsymbol{B}$,
(b) Frenet-Serret 좌표계 (또는 TNB 틀).

곡선 C의 한 점 P에서 단위접선 벡터 (unit tangent vector)를 $\boldsymbol{T}$, 단위 주 법선 벡터 (unit principal normal vector)를 $\boldsymbol{N}$, 단위 종법선 벡터 (unit binormal vector)를 $\boldsymbol{B}$라 하면 각 단위 벡터는 다음과 같이 정의된다.

$$T=\frac{dr}{ds},\quad N=R\frac{dT}{ds},\quad B=T\times N$$

여기서 미분 변수 ds는 점 P에서 곡선 C 위의 미소 호의 길이(differential arc length), $R=\frac{1}{\kappa}$은 점 P에서 곡률 반지름 (radius of curvature), $\kappa=\left|\frac{dT}{ds}\right|=\frac{1}{R}$는 곡률 (curvature),[34] $T\times N$의 $\times$는 벡터 곱이다.

세 개의 서로 직교하는 단위 벡터 T, N, B로 구성한 좌표 틀을 프레네-세레 틀(Frenet-Serret frame) 또는 (T, N, B)틀이라 한다.

프레네-세레 틀로부터 프레네-세레 정리는 다음과 같이 주어진다.

$$\frac{dT}{ds}=\kappa N,\quad \frac{dN}{ds}=-\kappa T+\tau B,\quad \frac{dB}{ds}=-\tau N$$

프레네-세레 정리의 증명은 [예제 2.33]을 참고한다.

34) 예를 들면, 반지름 r인 원의 곡률 반지름은 원 위의 모든 점에서 곡률 반지름은 r이며 곡률은 $\kappa=\frac{1}{r}$이다. 반지름이 무한대일 때 원은 직선이 되어 곡률은 0으로 접근한다. 반면에 바늘 끝처럼 뾰족한 부분은 곡률 반지름이 매우 작으나 곡률은 매우 큰 값을 갖는다.

[예제 2.32] 프레네-세레 틀

그림 2.27에서 곡선 C의 한 점 P에서 입자의 위치 벡터가 매개 변수 u의 함수로 $\boldsymbol{r}(u)=x(u)\hat{x}+y(u)\hat{y}+z(u)\hat{z}$로 주어진다.

프레네-세레 틀 $(\boldsymbol{T},\boldsymbol{N},\boldsymbol{B})$에 대해 다음을 증명하라.

(1) 접선 벡터 $\boldsymbol{T}=\dfrac{d\boldsymbol{r}(u)}{ds}$를 매개 변수 u에 대한 미분으로 나타내고 단위 벡터임을 보여라.

(2) 접선 벡터 $\boldsymbol{T}$와 위치 벡터 $\boldsymbol{r}$이 수직이 되는 조건은 무엇인가?

(3) 접선 벡터 $\boldsymbol{T}$의 미분 $\dfrac{d\boldsymbol{T}}{ds}$는 $\boldsymbol{T}$와 수직임을 보이고, $\boldsymbol{T}$에 수직인 단위 주법선 벡터 $\boldsymbol{N}$을 곡률 κ 또는 곡률 반지름 R로 나타내어라.

단, $\kappa=\left|\dfrac{d\boldsymbol{T}}{ds}\right|=\dfrac{1}{R}$는 점 P에서 곡률이다.

(4) 단위 종법선 벡터 $\boldsymbol{B}=\boldsymbol{T}\times\boldsymbol{N}$는 $\boldsymbol{T}$와 $\boldsymbol{N}$에 항상 수직임을 보여라.

[풀이]

(1) 곡선 C의 한 점 P에서 미소 호의 길이 ds는 $ds=\sqrt{(dx)^2+(dy)^2+(dz)^2}$로 주어진다. 매개 변수 u에 대해 각 성분의 미분은 다음과 같다.

$$dx(u)=\frac{dx}{du}du,\quad dy(u)=\frac{dy}{du}du,\quad dz(u)=\frac{dz}{du}du$$

따라서 미소 호의 길이 ds는 다음과 같이 주어진다.

$$\begin{aligned} ds &= \sqrt{(dx)^2+(dy)^2+(dz)^2} \\ &= \sqrt{\left(\frac{dx}{du}\right)^2+\left(\frac{dy}{du}\right)^2+\left(\frac{dz}{du}\right)^2}\,du \equiv h_u du \end{aligned}$$

여기서 h_u는 계량 계수 (metric coefficient) 또는 길이 인자 (scale factor)[35]로 다음과

같이 정의한다. (3장 직교 곡선 좌표계 참고)

$$h_u = \sqrt{\left(\frac{dx}{du}\right)^2 + \left(\frac{dy}{du}\right)^2 + \left(\frac{dz}{du}\right)^2}$$

곡선 C의 주어진 구간에서 전체 호의 길이는 $s(u) = \int_0^u ds(u)$가 된다.

$$s(u) = \int_0^u \sqrt{\left(\frac{dx}{du}\right)^2 + \left(\frac{dy}{du}\right)^2 + \left(\frac{dz}{du}\right)^2}\, du$$

[**참고**] 매개 변수 $u(=t)$가 시간인 경우 계량 계수 h_u는 속도 벡터의 크기 $\sqrt{\left(\frac{dx}{dt}\right)^2 + \left(\frac{dy}{dt}\right)^2 + \left(\frac{dz}{dt}\right)^2} \equiv |\boldsymbol{v}| = v$가 된다.

이 경우 호의 길이는 $s(t) = |\boldsymbol{v}|\, t = vt$이다.

접선 벡터 $\boldsymbol{T}$는 정의를 사용하면 다음과 같이 주어진다.

$$\boldsymbol{T} = \frac{d\boldsymbol{r}(u)}{ds} = \frac{1}{h_u}\frac{d\boldsymbol{r}}{du} = \frac{1}{h_u}\left(\frac{dx}{du}\,\hat{x} + \frac{dy}{du}\,\hat{y} + \frac{dz}{du}\,\hat{z}\right)$$

접선 벡터 $\boldsymbol{T}$의 크기는 다음과 같이 $|\boldsymbol{T}| = 1$이며 점 P에서 호의 길이 방향 s의 접선 벡터이다.

$$|\boldsymbol{T}| = \left|\frac{d\boldsymbol{r}(u)}{ds}\right| = \frac{1}{h_u}\sqrt{\left(\frac{dx}{du}\right)^2 + \left(\frac{dy}{du}\right)^2 + \left(\frac{dz}{du}\right)^2} = 1$$

---

35) 계량 계수는 직교 곡선 좌표계에서 일반화 좌표에 곱해서 길이의 차원이 되게 하는 계수이다. (3장)

(2) 접선 벡터와 위치 벡터 $\boldsymbol{r}$ 이 수직이 되는 조건은 $\boldsymbol{T} \cdot \boldsymbol{r} = 0$이다.

$$\begin{aligned}
\boldsymbol{T} \cdot \boldsymbol{r} &= \frac{d\boldsymbol{r}(u)}{ds} \cdot \boldsymbol{r} \\
&= \frac{1}{h_u}\left(\frac{dx}{du}\hat{x} + \frac{dy}{du}\hat{y} + \frac{dz}{du}\hat{z}\right) \cdot (x\hat{x} + y\hat{y} + z\hat{z}) \\
&= \frac{1}{h_u}\left(x\frac{dx}{du} + y\frac{dy}{du} + z\frac{dz}{du}\right) \\
&= \frac{1}{2h_u}\frac{d}{du}(x^2 + y^2 + z^2) = \frac{1}{2h_u}\frac{dr^2}{du}
\end{aligned}$$

따라서 $\boldsymbol{T} \cdot \boldsymbol{r} = 0$이 되는 조건은 $r^2 = x^2 + y^2 + z^2 =$상수 또는 $r = \sqrt{x^2 + y^2 + z^2} =$상수일 때이다. 즉, 반지름 r의 구면 (spherical surface)인 경우에만 접선 벡터 $\boldsymbol{T}$와 위치 벡터 (반지름 벡터) $\boldsymbol{r}$은 수직이다.

(3) 접선 벡터 $\boldsymbol{T}$는 (1)에서 구한 바와 같이 단위 벡터이므로 $\boldsymbol{T} \cdot \boldsymbol{T} = 1$이다. 양변을 호의 길이 s에 대해 미분하면 다음과 같다. (우변은 상수 1이므로 미분하면 0이다.)

$$\frac{d}{ds}(\boldsymbol{T} \cdot \boldsymbol{T}) = \frac{d\boldsymbol{T}}{ds} \cdot \boldsymbol{T} + \boldsymbol{T} \cdot \frac{d\boldsymbol{T}}{ds} = 2\boldsymbol{T} \cdot \frac{d\boldsymbol{T}}{ds} = 0$$

$$\therefore \ \boldsymbol{T} \perp \frac{d\boldsymbol{T}}{ds}$$

접선 벡터 $\boldsymbol{T}$에 수직인 주법선 벡터를 $\boldsymbol{N}$이라 하면 $\boldsymbol{N} \parallel \dfrac{d\boldsymbol{T}}{ds}$이다.

주법선 벡터 $\boldsymbol{N}$의 크기는 $\left|\dfrac{d\boldsymbol{T}}{ds}\right| \equiv \kappa = \dfrac{1}{R}$이므로 벡터 $\boldsymbol{N}$을 단위 벡터

로 만들기 위해 곡률 $\varkappa$로 나누면 단위 주법선 벡터가 된다.

$$\therefore \ \boldsymbol{N} = \frac{\dfrac{d\boldsymbol{T}}{ds}}{\left|\dfrac{d\boldsymbol{T}}{ds}\right|} \equiv \frac{1}{\varkappa}\frac{d\boldsymbol{T}}{ds} = R\frac{d\boldsymbol{T}}{ds}$$

또는

$$\therefore \ \frac{d\boldsymbol{T}}{ds} = \varkappa \boldsymbol{N} = \frac{1}{R}\boldsymbol{N}$$

(4) (단위) 접선 벡터 $\boldsymbol{T}$와 (단위) 주법선 벡터 $\boldsymbol{N}$에 항상 수직인 단위 종법선 벡터 $\boldsymbol{B} = \boldsymbol{T} \times \boldsymbol{N}$로 정의한다. 양변에 각각 스칼라 곱 $\boldsymbol{T}$와 $\boldsymbol{N}$을 연산하면 스칼라 3중 곱이므로 다음과 같이 주어진다.

$$\boldsymbol{T} \cdot \boldsymbol{B} = \boldsymbol{T} \cdot (\boldsymbol{T} \times \boldsymbol{N}) = \boldsymbol{N} \cdot (\boldsymbol{T} \times \boldsymbol{T}) = 0 \ \Rightarrow \ \boldsymbol{T} \perp \boldsymbol{B}$$

$$\boldsymbol{N} \cdot \boldsymbol{B} = \boldsymbol{N} \cdot (\boldsymbol{T} \times \boldsymbol{N}) = \boldsymbol{T} \cdot (\boldsymbol{N} \times \boldsymbol{N}) = 0 \ \Rightarrow \ \boldsymbol{N} \perp \boldsymbol{B}$$

$$\therefore \ \boxed{\boldsymbol{T} \perp \boldsymbol{N} \perp \boldsymbol{B}}$$

[참고] 세 개의 단위 벡터 $\boldsymbol{T}, \boldsymbol{N}, \boldsymbol{B}$는 서로 직교하는 벡터이며 프레네-세레 틀(Frenet-Serret frame) 또는 $(\boldsymbol{T}, \boldsymbol{N}, \boldsymbol{B})$틀을 구성한다. ■

[예제 2.33] 프레네-세레 정리 (또는 공식)

다음의 프레네-세레 공식을 유도하라.

(1) $\dfrac{dT}{ds}=\varkappa N$, (2) $\dfrac{dB}{ds}=-\tau N$, (3) $\dfrac{dN}{ds}=-\varkappa T+\tau B$

여기서 $\varkappa=\left|\dfrac{dT}{ds}\right|$는 곡선의 곡률이며, τ는 곡선의 비틀림 (torsion) 상수로서 T와 N으로 구성된 평면 (접촉 평면, osculating plane)으로 부터 얼마나 빨리 *비틀려서* 벗어나는지를 나타내는 스칼라값이며 $\tau=-N\cdot\dfrac{dB}{ds}=B\cdot\dfrac{dN}{ds}$로 정의된다.[36)]

[풀이]

(1) 예제 2.32 (3)에서 유도한 결과 $\dfrac{dT}{ds}=\varkappa N$와 같다.

(2) 단위 종법선 벡터 $B=T\times N$를 호의 길이에 대해 미분하면 다음과 같다.

$$\frac{dB}{ds}=\frac{d(T\times N)}{ds}=\frac{dT}{ds}\times N+T\times\frac{dN}{ds}=\varkappa\underbrace{N\times N}_{=0}+T\times\frac{dN}{ds}$$

$$\therefore\ \frac{dB}{ds}=T\times\frac{dN}{ds}$$

양변에 T와 스칼라 곱을 취하면 $T\cdot\dfrac{dB}{ds}=T\cdot\left(T\times\dfrac{dN}{ds}\right)=0$이므로 $T\perp\dfrac{dB}{ds}$이다. 한편 $B\cdot B=1$이므로 호의 길이에 대해 양변을 미분하면 $\dfrac{d}{ds}(B\cdot B)=2B\cdot\dfrac{dB}{ds}=0$이므로 $B\perp\dfrac{dB}{ds}$이다.

즉, 세 벡터 T, B, $\dfrac{dB}{ds}$는 모두 수직이므로 $T\perp\dfrac{dB}{ds}\perp B$이다.

36) 오른손 방향 곡선 (right-handed curve)의 비틀림은 $\tau>0$이며 왼손 방향 곡선은 $\tau<0$이다. $\tau=0$이며 곡률 $\varkappa\neq0$인 곡선은 접촉 평면상 (planar)에 존재한다.

한편 프레네-세레 틀 $(\boldsymbol{T}, \boldsymbol{N}, \boldsymbol{B})$는 직교 좌표계로 $\boldsymbol{T} \perp \boldsymbol{N} \perp \boldsymbol{B}$이므로 $\dfrac{d\boldsymbol{B}}{ds} \parallel \boldsymbol{N}$ 이다. 따라서 $\dfrac{d\boldsymbol{B}}{ds} \equiv \alpha \boldsymbol{N}$, ($\alpha$ =상수)라 두고 곡선의 비틀림 (torsion)의 정의 $\tau = -\boldsymbol{N} \cdot \dfrac{d\boldsymbol{B}}{ds}$ 를 사용한다.

$\dfrac{d\boldsymbol{B}}{ds} \equiv \alpha \boldsymbol{N}$ 양변에 벡터 $\boldsymbol{N}$과 스칼라 곱을 취하면 $\alpha = -\tau$이 된다.

$$\therefore \quad \frac{d\boldsymbol{B}}{ds} = -\tau \boldsymbol{N}$$

(3) 프레네-세레 틀 $(\boldsymbol{T}, \boldsymbol{N}, \boldsymbol{B})$의 단위 벡터의 벡터 곱은 오른손 법칙을 따르므로 $\boldsymbol{T} = \boldsymbol{N} \times \boldsymbol{B}$, $\boldsymbol{N} = \boldsymbol{B} \times \boldsymbol{T}$, $\boldsymbol{B} = \boldsymbol{T} \times \boldsymbol{N}$이 성립한다.

$\boldsymbol{N} = \boldsymbol{B} \times \boldsymbol{T}$의 양변을 호의 길이 s에 대해 미분하면 다음과 같이 주어진다.

$$\frac{d\boldsymbol{N}}{ds} = \frac{d(\boldsymbol{B} \times \boldsymbol{T})}{ds} = \frac{d\boldsymbol{B}}{ds} \times \boldsymbol{T} + \boldsymbol{B} \times \frac{d\boldsymbol{T}}{ds}$$

예제 2.32(3)의 $\dfrac{d\boldsymbol{T}}{ds} = \kappa \boldsymbol{N}$과 예제 2.33(2)의 $\dfrac{d\boldsymbol{B}}{ds} = -\tau \boldsymbol{N}$의 관계식을 사용하면 다음 관계식이 성립한다.

$$\begin{aligned} \frac{d\boldsymbol{N}}{ds} &= \frac{d\boldsymbol{B}}{ds} \times \boldsymbol{T} + \boldsymbol{B} \times \frac{d\boldsymbol{T}}{ds} \\ &\equiv -\tau \boldsymbol{N} \times \boldsymbol{T} + \kappa \boldsymbol{B} \times \boldsymbol{N} = \tau \boldsymbol{B} - \kappa \boldsymbol{T} \end{aligned}$$

$$\therefore \quad \frac{d\boldsymbol{N}}{ds} = -\kappa \boldsymbol{T} + \tau \boldsymbol{B}$$

■

※ 요약: 프레네-세레 장치 (Frenet-Serret apparatus)

프레네-세레 틀의 세 개의 직교 단위 벡터 $(\boldsymbol{T}, \boldsymbol{N}, \boldsymbol{B})$와 곡선의 곡률 $\varkappa$, 곡선의 비틀림 τ 등 다섯 개 물리량의 결합을 프레네-세레 장치라 한다.

- 단위접선 벡터: $\boldsymbol{T} = \dfrac{d\boldsymbol{r}(u)}{ds}$
- 단위 주법선 벡터: $\boldsymbol{N} = \dfrac{d\boldsymbol{T}}{ds} \Big/ \left|\dfrac{d\boldsymbol{T}}{ds}\right| \equiv \dfrac{1}{\varkappa}\dfrac{d\boldsymbol{T}}{ds}$
- 단위 종법선 벡터: $\boldsymbol{B} = \boldsymbol{T} \times \boldsymbol{N}$
- 곡률: $\varkappa = \left|\dfrac{d\boldsymbol{T}}{ds}\right|$
- 비틀림: $\tau = -\boldsymbol{N} \cdot \dfrac{d\boldsymbol{B}}{ds} = \boldsymbol{B} \cdot \dfrac{d\boldsymbol{N}}{ds}$

곡선의 곡률 $\varkappa$는 $\boldsymbol{T}$와 $\boldsymbol{N}$으로 구성된 평면 (접촉 평면)에서 곡선이 직선에서 벗어난 정도 $(\varkappa \neq 0)$를 나타내며, 비틀림 τ는 접촉 평면에서 이탈한 정도 $(\tau \neq 0)$를 측정한다. 곡률 $\varkappa$의 역수 $R = \dfrac{1}{\varkappa}$를 곡률 반경 (radius of curvature), 비틀림 τ의 역수 $\sigma = \dfrac{1}{\tau}$를 비틀림 반경 (radius of torsion)이라 한다. 프레네-세레 장치로부터 프레네-세레 정리는 다음과 같이 주어진다.

$$\frac{d\boldsymbol{T}}{ds} = \varkappa\boldsymbol{N}, \quad \frac{d\boldsymbol{N}}{ds} = -\varkappa\boldsymbol{T} + \tau\boldsymbol{B}, \quad \frac{d\boldsymbol{B}}{ds} = -\tau\boldsymbol{N}$$

행렬 방정식으로 표현하면 $\dfrac{d}{ds}\begin{pmatrix}\boldsymbol{T}\\ \boldsymbol{N}\\ \boldsymbol{B}\end{pmatrix} = \begin{pmatrix}0 & \varkappa & 0\\ -\varkappa & 0 & \tau\\ 0 & -\tau & 0\end{pmatrix}\begin{pmatrix}\boldsymbol{T}\\ \boldsymbol{N}\\ \boldsymbol{B}\end{pmatrix}$가 되며 3×3 행렬은 반대칭 행렬 (antisymmetric or skew symmetric matrix)이다.

프레네-세레 정리는 입자의 나선 운동, 상대성 이론, DNA 나선 구조, 콜레스테릭 액정(cholesteric liquid crystals)과 같은 카이랄 고분자 (chiral polymer) 재료의 구조 (리본, 튜브 형성) 연구 등 다양하게 응용된다.

[예제 2.34] 프레네-세레 정리 응용: 나선 운동

입자의 위치 벡터가 $\boldsymbol{r}(z) = a\cos(qz)\,\hat{x} + a\sin(qz)\hat{y} + bz\,\hat{z}$로 주어진다.[37] 입자의 궤적은 예제 2.34 그림과 같이 z축 방향으로 나선형 곡선이 된다. 다음의 프레네-세레 장치를 구하라.

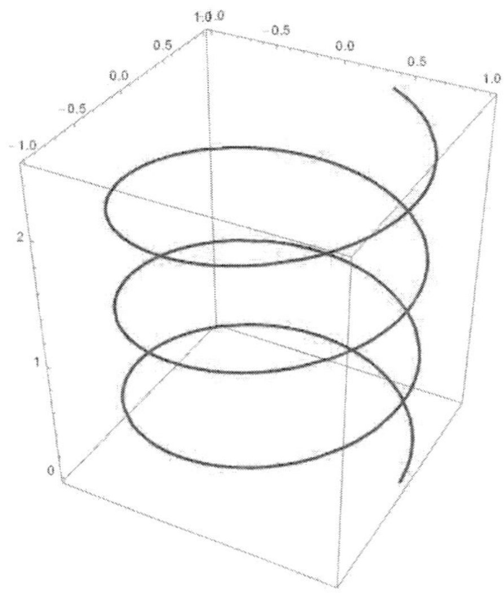

예제 2.34 그림.

(1) 단위접선 벡터 $\boldsymbol{T} = \dfrac{d\boldsymbol{r}(z)}{ds}$, (2) 단위 주법선 벡터 $\boldsymbol{N} = \dfrac{d\boldsymbol{T}}{ds} \Big/ \left| \dfrac{d\boldsymbol{T}}{ds} \right|$,

(3) 단위 종법선 벡터 $\boldsymbol{B} = \boldsymbol{T} \times \boldsymbol{N}$, (4) 곡률 $\varkappa = \left| \dfrac{d\boldsymbol{T}}{ds} \right|$,

(5) 비틀림 $\tau = -\boldsymbol{N} \cdot \dfrac{d\boldsymbol{B}}{ds} = \boldsymbol{B} \cdot \dfrac{d\boldsymbol{N}}{ds}$.

여기서 a, b, $q(\neq 0)$는 모두 0이 아닌 상수이며 ds는 미소 호의 길이이다.

---

37) 예제 2.34는 콜레스테릭 액정 분자의 모형으로 많이 사용된다. 예제는 우선성 (dextrorotary) 나선 구조이며 좌선성 (levorotary) 나선 구조는 $q \to -q$를 대체하면 된다.

[풀이]

프레네-세레 장치를 구하기 위해 먼저 호의 길이를 구하자.

위치 벡터를 $\boldsymbol{r}(z)=X(z)\hat{x}+Y(z)\hat{y}+Z(z)\hat{z}$ 라 두면 $X=a\cos(qz)$, $Y=a\sin(qz)$, $Z=bz$이다. 위치 벡터의 궤적은 xy 평면에서는 $X^2+Y^2=a^2$ 인 원형 궤도이며 z축으로 일정하게 증가한다. 즉, 반지름 a 인 원통 (cylinder) 표면에 z축을 따라 나선형 곡선 궤적이 된다. 각 성분의 미소 변위는 다음과 같다.

$$dX=-aq\sin(qz)dz,\ dY=aq\cos(qz)dz,\ dZ=bdz$$

따라서 미소 호의 길이 ds는 다음과 같이 주어진다.

$$\begin{aligned}ds&=\sqrt{(dX)^2+(dY)^2+(dZ)^2}=\sqrt{\left(\frac{dX}{dz}\right)^2+\left(\frac{dY}{dz}\right)^2+\left(\frac{dZ}{dz}\right)^2}\,dz\\&=\sqrt{(aq)^2+b^2}\,dz\end{aligned}$$

(1) **단위접선 벡터 $\boldsymbol{T}=\dfrac{d\boldsymbol{r}(z)}{ds}$:**

$$\begin{aligned}\boldsymbol{T}&=\frac{d\boldsymbol{r}(z)}{ds}=\frac{1}{\sqrt{(aq)^2+b^2}}\frac{d\boldsymbol{r}(z)}{dz}\\&=\frac{1}{\sqrt{(aq)^2+b^2}}\left[-aq\sin(qz)\hat{x}+aq\cos(qz)\hat{y}+b\hat{z})\right].\end{aligned}$$

$\boldsymbol{T}$의 크기는 $|\boldsymbol{T}|=1$이다. 단위접선 벡터 $\boldsymbol{T}$의 방향은 xy 평면에서 원의 접선 벡터(반시계방향) $aq\left(-\sin(qz)\hat{x}+\cos(qz)\hat{y}\right)$와 z축의 벡터 $b\hat{z}$과의 합성 벡터 방향이다.

[예제 2.29 (1) 그림의 벡터 $\boldsymbol{T}$ 참고.]

(2) **단위 주법선 벡터 $N = \frac{dT}{ds} / \left| \frac{dT}{ds} \right|$:**

$$\frac{dT}{ds} = \frac{1}{\sqrt{(aq)^2 + b^2}} \frac{dT}{dz} = -\frac{aq^2}{(aq)^2 + b^2} [\cos(qz)\hat{x} + \sin(qz)\hat{y}]$$

$\left| \frac{dT}{ds} \right| = \frac{aq^2}{(aq)^2 + b^2}$ 이므로 단위 주법선 벡터 N는 다음과 같이 주어진다.

$$N = \frac{dT}{ds} / \left| \frac{dT}{ds} \right| = -[\cos(qz)\hat{x} + \sin(qz)\hat{y}]$$

따라서 N의 크기는 $|N| = 1$이며 방향은 xy 평면의 중심을 향하는 (구심) 방향이다. [예제 2.29 (2) 그림의 벡터 N 참고.]

(3) **단위 종법선 벡터 $B = T \times N$:**

$$\begin{aligned} B &= T \times N \\ &= \frac{1}{\sqrt{(aq)^2 + b^2}} [-aq\sin(qz)\hat{x} + aq\cos(qz)\hat{y} + b\hat{z})] \\ &\qquad \times [-\cos(qz)\hat{x} - \sin(qz)\hat{y}] \\ &= \frac{1}{\sqrt{(aq)^2 + b^2}} [b\sin(qz)\hat{x} - b\cos(qz)\hat{y} + aq\hat{z})] \end{aligned}$$

B의 크기는 $|B| = 1$이다. xy 평면에서는 $\sin(qz)\hat{x} - \cos(qz)\hat{y}$ 방향, 즉 시계 방향의 접선 벡터이며, z축 벡터는 $aq\hat{z}$ 이므로 B의 방향은 두 합성 벡터 방향이다. 즉, 단위접선 벡터 $T \propto -\sin(qz)\hat{x} + \cos(qz)\hat{y}$의 방향인 반 시계 방향과 반대 (시계) 방향과 z축 벡터와의 벡터 합이 B의 방향이다.

(4) **곡률** $\varkappa = \left| \frac{d\mathbf{T}}{ds} \right|$:

나선형 궤적의 곡률 $\varkappa$는 (2)에서 구한 $\left| \frac{d\mathbf{T}}{ds} \right|$와 같다.

$$\varkappa = \left| \frac{d\mathbf{T}}{ds} \right| = \frac{aq^2}{(aq)^2 + b^2}$$

$b = 0$ (즉, $z = 0$인 xy 평면)인 경우 곡률은 $\varkappa = \frac{1}{a}$이며 곡률 반지름이 $a\left(= \frac{1}{\varkappa}\right)$인 원형 궤적이 된다. 즉, 위치 벡터는 $\mathbf{r}(z) = a\cos(qz)\hat{x} + a\sin(qz)\hat{y}$가 되어 나선 궤적은 사라지고 반지름이 a인 $X^2 + Y^2 = a^2$의 원형 궤적과 같다.

(5) **비틀림** $\tau = -\mathbf{N} \cdot \frac{d\mathbf{B}}{ds} = \mathbf{B} \cdot \frac{d\mathbf{N}}{ds}$:

(2)와 (3)에서 구한 결과를 이용하여 계산하면 비틀림은 다음과 같다.

$$\tau = -\mathbf{N} \cdot \frac{d\mathbf{B}}{ds} = -\frac{1}{\sqrt{(aq)^2 + b^2}} \mathbf{N} \cdot \frac{d\mathbf{B}}{dz} = \frac{bq}{(aq)^2 + b^2}$$

또는

$$\tau = \mathbf{B} \cdot \frac{d\mathbf{N}}{ds} = \frac{1}{\sqrt{(aq)^2 + b^2}} \mathbf{B} \cdot \frac{d\mathbf{N}}{dz} = \frac{bq}{(aq)^2 + b^2}$$

$b = 0$인 경우 비틀림은 $\tau = 0$이 되며, 위치 벡터는 $\mathbf{r}(z) = a\cos(qz)\hat{x} + a\sin(qz)\hat{y}$가 되어 나선 궤적은 사라지고 접촉 평면인 $(\mathbf{T}, \mathbf{N})$ 평면 또는 (x, y) 평면에서 원 궤적이다. 이 경우 단위 종법선 벡터는 기존의 단위 벡터 $\hat{z}\,(= \mathbf{B})$가 된다. ■

2장. 연 습 문 제

2.1 벡터의 기본 특성: 스칼라 (벡터) 곱, 스칼라 (벡터) 3중 곱

2.1 (1) 벡터 $\boldsymbol{A}=(a_1, a_2, a_3)$의 단위 벡터 $\hat{a}$를 세 성분 a_1, a_2, a_3로 나타내어라.

(2) 두 벡터 $\boldsymbol{A}=(a_1, a_2, a_3)$, $\boldsymbol{B}=(b_1, b_2, b_3)$에 수직인 단위 벡터 $\hat{c}$를 구하라.

2.2 두 벡터 $\boldsymbol{A}, \boldsymbol{B}$에 대하여 다음을 증명하라. 여기서 $A=|\boldsymbol{A}|$, $B=|\boldsymbol{B}|$이다.

(1) $\boldsymbol{A} \cdot \boldsymbol{B} \le AB$, (2) $|\boldsymbol{A}+\boldsymbol{B}| \le |\boldsymbol{A}|+|\boldsymbol{B}|$,

(3) $|\boldsymbol{A}\times\boldsymbol{B}|^2+|\boldsymbol{A}\cdot\boldsymbol{B}|^2=A^2B^2$

2.3 $(\boldsymbol{A} \cdot \boldsymbol{B})\boldsymbol{C}=\boldsymbol{A}\times\boldsymbol{B}$를 만족하는 벡터 $\boldsymbol{C}$ 가 있으며 $|\boldsymbol{C}|=1$을 만족한다.

(1) 두 벡터 $\boldsymbol{A}, \boldsymbol{B}$ 가 이루는 사이 각 θ를 구하라.

(2) 세 벡터 $\boldsymbol{A}, \boldsymbol{B}, \boldsymbol{C}$로 이루어진 직육면체의 부피는 얼마인가?

2.4 세 벡터 $\boldsymbol{A}, \boldsymbol{B}, \boldsymbol{C}$ 가 서로 수직이며 벡터 곱은 $\boldsymbol{A}\times\boldsymbol{B}=\gamma\boldsymbol{C}$, $\boldsymbol{B}\times\boldsymbol{C}=\alpha\boldsymbol{A}$, $\boldsymbol{C}\times\boldsymbol{A}=\beta\boldsymbol{B}$ 의 관계를 만족한다. 세 상수 $(\alpha, \beta, \gamma>0)$의 곱 $\alpha\beta\gamma$를 구하라.

2.5 벡터 $\boldsymbol{A}=A_x\hat{x}+A_y\hat{y}+A_z\hat{z}$, $\boldsymbol{B}=B_x\hat{x}+B_y\hat{y}+B_z\hat{z}$, $\boldsymbol{C}=C_x\hat{x}+C_y\hat{y}+C_z\hat{z}$ 에 대하여 다음 연산을 직접 계산하여 주어진 행렬식과 같음을 증명하라

(1) $\boldsymbol{A}\times\boldsymbol{B}=\begin{vmatrix}\hat{x} & \hat{y} & \hat{z}\\ A_x & A_y & A_z\\ B_x & B_y & B_z\end{vmatrix}$, (2) $\boldsymbol{A}\cdot(\boldsymbol{B}\times\boldsymbol{C})=\begin{vmatrix}A_x & A_y & A_z\\ B_x & B_y & B_z\\ C_x & C_y & C_z\end{vmatrix}$

2.6 벡터 $\boldsymbol{A}, \boldsymbol{B}, \boldsymbol{C}$가 서로 같은 평면 (coplanar plane)에 있을 때 다음 관계식을 증명하라.

(1) $\boldsymbol{A}\cdot(\boldsymbol{B}\times\boldsymbol{C})=0$, (2) $(\boldsymbol{A}\times\boldsymbol{B})\times(\boldsymbol{A}\times\boldsymbol{C})=0$

2.7 벡터 $\boldsymbol{A}, \boldsymbol{B}, \boldsymbol{C}$ 가 $\boldsymbol{C} = \boldsymbol{B} - \dfrac{\boldsymbol{A} \cdot \boldsymbol{B}}{|\boldsymbol{A}|^2}\boldsymbol{A}$ 관계식을 만족한다.

(1) 벡터 $\boldsymbol{C}$는 $\boldsymbol{A}$ 에 수직임을 보여라.

(2) 연습문제 2.6 (1)을 이용하여 벡터 $\boldsymbol{A}, \boldsymbol{B}, \boldsymbol{C}$ 가 서로 같은 평면에 있음을 보여라.

(3) 벡터 $\boldsymbol{A}, \boldsymbol{B}$가 이루는 각도가 θ일 때 $\sin\theta = \dfrac{C}{B}$ 임을 보여라.

[힌트: $\boldsymbol{A} \times \boldsymbol{C}$ 를 계산하고 (1)을 이용한다.]

2.8 벡터 $\boldsymbol{A}$ 와 단위 벡터 $\hat{x}$, $\hat{y}$, $\hat{z}$과의 다음 연산을 구하라.

$\hat{x} \times (\hat{x} \times \boldsymbol{A}) + \hat{y} \times (\hat{y} \times \boldsymbol{A}) + \hat{z} \times (\hat{z} \times \boldsymbol{A})$

2.9 (1) 세 벡터가 $\boldsymbol{A} + \boldsymbol{B} + \boldsymbol{C} = 0$일 때 $\boldsymbol{A} \times \boldsymbol{B} = \boldsymbol{B} \times \boldsymbol{C} = \boldsymbol{C} \times \boldsymbol{A}$임을 보여라.

(2) 연습문제 2.9(a) 그림과 같이 세 개의 힘 벡터가 (정적) 평형을 이루고 있을 때 (1)의 결과를 이용하여 세 힘의 평형 조건이 다음과 같음을 보여라.

$$\frac{F_1}{\sin\theta_1} = \frac{F_2}{\sin\theta_2} = \frac{F_3}{\sin\theta_3}$$

이 관계식을 라미의 정리 (Lami's theorem)라 한다.

(3) 연습문제 2.9(b) 그림의 좌표계를 이용하여 뉴턴의 제2 법칙을 적용하여 (2)의 라미의 정리를 유도하라.

[힌트: $\sum \boldsymbol{F}_x = 0$, $\sum \boldsymbol{F}_y = 0$을 이용하여 각 α, β 로 힘의 성분들을 표현한 다음 α, β의 삼각 함수를 θ_1, θ_2, θ_3의 삼각 함수로 변환한다. 다음의 삼각 함수 공식을 이용한다.

$$\sin\theta_1 = \sin(\pi - \alpha - \beta) = \sin\alpha\cos\beta + \cos\alpha\sin\beta = -\cos\theta_3\sin\theta_2 - \sin\theta_3\cos\theta_2 \,]$$

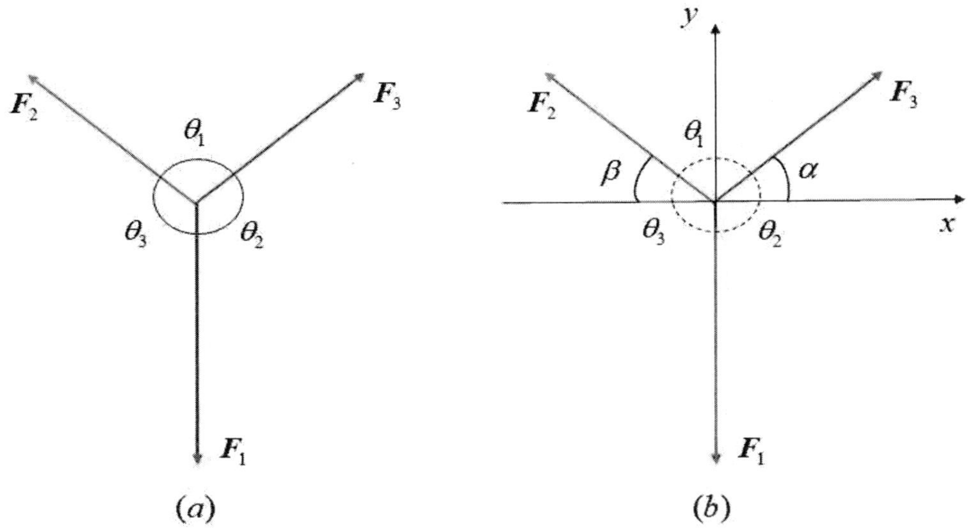

연습문제 2.9 그림.

2.10 연습문제 2.10 그림 (a)는 길이가 $2a$이며 균일한 선 전하 밀도 λ인 전하 분포로 P 점에 만들어지는 전기장 벡터 $\boldsymbol{E}$를 나타내고 있다.

그림 (b)는 길이가 $2a$인 도선에 흐르는 전류 I에 의해 P 점에 만들어지는 자기장 벡터 $\boldsymbol{B}$를 나타낸다.

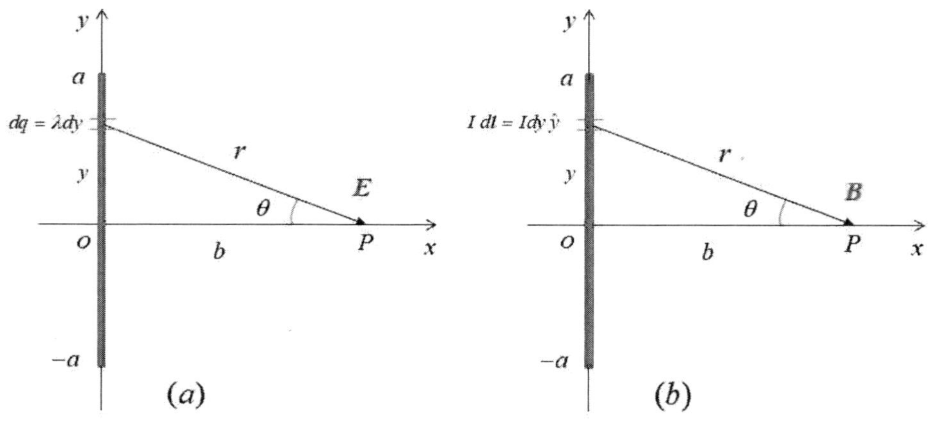

연습문제 2.10 그림

○ 쿨롱의 법칙 (Coulomb's law)에 의해 전기장 벡터 $\boldsymbol{E}$는 다음과 같이 주어진다.

$$E = \frac{1}{4\pi\epsilon_o}\int \frac{dq}{r^2}\hat{r} = \frac{1}{4\pi\epsilon_o}\int \frac{\lambda dy}{r^2}\hat{r}$$

여기서 ϵ_o 는 진공에서의 유전율, $dq\,(=\lambda dy)$는 미소 전하이며 총 전하는 $Q = 2a\lambda$ 이다.

○ 비오-사바르 법칙 (Biot-Savart's law)에 의해 자기장 벡터 $\boldsymbol{B}$ 는 다음과 같이 주어진다.

$$\boldsymbol{B} = \frac{\mu_o}{4\pi}\int \frac{I\,dl \times \hat{r}}{r^2} = \frac{\mu_o}{4\pi}\int \frac{Idy}{r^2}\hat{y} \times \hat{r}$$

여기서 μ_o 는 진공에서의 투자율이며, $dl\,(= dy\,\hat{y})$은 미소 선분 벡터이다.

(1) 전기장 벡터 $\boldsymbol{E}$ 의 각 성분을 쿨롱의 법칙을 사용하여 구하라.

(2) $a \to \infty$ 인 경우 전기장 벡터 $\boldsymbol{E}$ 의 크기는 얼마인가?

(3) 무한 직선 도선의 전하 (선 전하 밀도 λ)에 의한 전기장을 가우스 정리 또는 가우스 법칙 $\int_V \nabla \cdot \boldsymbol{E} dv = \oint_S \boldsymbol{E} \cdot ds = \frac{Q}{\epsilon_o}$ 로 구한 결과와 (2)의 결과를 비교하라.

(4) 자기장 벡터 $\boldsymbol{B}$ 의 각 성분을 비오-사바르 법칙을 사용하여 구하라.

(5) $a \to \infty$ 인 경우 자기장 벡터 $\boldsymbol{B}$ 의 크기는 얼마인가?

(6) 무한 직선 도선에 흐르는 전류 I 에 의한 자기장을 스토크스 정리 또는 암페어 법칙 $\int_S \nabla \times \boldsymbol{B} \cdot ds = \oint_C \boldsymbol{B} \cdot dl = \mu_o I$로 구한 결과와 (5)의 결과를 비교하라.

[힌트] 연습문제 2.10 그림을 참고하면, 단위 벡터는 $\hat{r} = \cos\theta\,\hat{x} - \sin\theta\,\hat{y}$이며 $r = \sqrt{b^2 + y^2}$ 이다. 적분은 $y = b\tan\theta$로 치환하여 계산한다.

2.2 벡터 함수의 미분

2.11 독립 변수가 σ인 스칼라 함수 $f(\sigma)$와 벡터 함수 $\boldsymbol{A}(\sigma)$, $\boldsymbol{B}(\sigma)$에 대해 다음 관계식을 증명하라.

(1) $\dfrac{d}{d\sigma}(f\boldsymbol{A}) = \dfrac{df}{d\sigma}\boldsymbol{A} + f\dfrac{d\boldsymbol{A}}{d\sigma}$

(2) $\dfrac{d}{d\sigma}(\boldsymbol{A}\bullet\boldsymbol{B}) = \dfrac{d\boldsymbol{A}}{d\sigma}\bullet\boldsymbol{B} + \boldsymbol{A}\bullet\dfrac{d\boldsymbol{B}}{d\sigma}$

[힌트: 도함수의 정의를 이용하거나 벡터 성분으로 나타내어 증명한다.]

2.12 xy 평면상에서 위치 벡터가 $\boldsymbol{r} = a\cos\omega t\,\hat{x} + b\sin\omega t\,\hat{y}$인 질량 m인 입자가 있다. 여기서 a, b, ω는 (양의) 상수이며 $a > b$이다.

(1) 입자의 운동이 타원 궤도 (ellipse)임을 보여라.

(2) 입자에 작용하는 힘 $\boldsymbol{F}$는 항상 원점을 향하고 있음을 보여라.

(3) 입자의 각운동량 $\boldsymbol{L} = \boldsymbol{r}\times\boldsymbol{p}$를 구하라. 단, $\boldsymbol{p} = m\boldsymbol{v}$는 선운동량이다.

(4) 각운동량 벡터의 시간 미분인 토크 $\boldsymbol{\tau} = \dfrac{d\boldsymbol{L}}{dt}$를 구하여 각운동량이 보존됨을 보여라.

(5) 토크의 다른 표현인 $\boldsymbol{\tau} = \boldsymbol{r}\times\boldsymbol{F}$를 구하여 (4)의 결과와 같음을 보여라.

2.13 입자의 위치 벡터가 $\boldsymbol{r}(t) = x(t)\,\hat{x} + y(t)\,\hat{y} + z(t)\,\hat{z}$이다.

(1) 위치 벡터의 크기 $r(t) = |\boldsymbol{r}(t)| = \sqrt{x^2+y^2+z^2}$가 일정한 경우 위치 벡터와 속도 벡터 $\boldsymbol{v}(t) = \dfrac{d\boldsymbol{r}}{dt}$는 서로 수직임을 보여라.

즉, $\boldsymbol{r}\bullet\boldsymbol{v} = 0$임을 보여라.

(2) 가속도 벡터 $\boldsymbol{a}(t)$와 속도 벡터 $\boldsymbol{v}(t)$가 서로 수직일 조건을 구하라.

2.14 입자의 위치 벡터가 (r, θ)로 $\boldsymbol{r}(t) = r(t)\cos\theta(t)\hat{x} + r(t)\sin\theta(t)\hat{y}$로 주어진다.

(1) 속도 벡터가 $\boldsymbol{v} = \left(\dfrac{dr}{dt}\cos\theta - r\sin\theta\dfrac{d\theta}{dt}\right)\hat{x} + \left(\dfrac{dr}{dt}\sin\theta + r\cos\theta\dfrac{d\theta}{dt}\right)\hat{y}$ 임을 보여라.

(2) 평면 극 좌표계 (r, θ)로 변환하여 $\boldsymbol{v} = \dfrac{dr}{dt}\hat{r} + r\dfrac{d\theta}{dt}\hat{\theta}$ 임을 보여라.

(3) (1)의 결과를 사용하여 가속도는

$$\boldsymbol{a} = \left[\left(\frac{d^2 r}{dt^2} - r\left(\frac{d\theta}{dt}\right)^2\right)\cos\theta - \left(r\frac{d^2\theta}{dt^2} + 2\frac{dr}{dt}\frac{d\theta}{dt}\right)\sin\theta\right]\hat{x} + \left[\left(\frac{d^2 r}{dt^2} - r\left(\frac{d\theta}{dt}\right)^2\right)\sin\theta + \left(r\frac{d^2\theta}{dt^2} + 2\frac{dr}{dt}\frac{d\theta}{dt}\right)\cos\theta\right]\hat{y}\}$$

임을 보여라.

(4) (3)의 가속도를 극 좌표계의 단위 벡터로 변환하여

$$\boldsymbol{a} = \left[\frac{d^2 r}{dt^2} - r\left(\frac{d\theta}{dt}\right)^2\right]\hat{r} + \left[r\frac{d^2\theta}{dt^2} + 2\frac{dr}{dt}\frac{d\theta}{dt}\right]\hat{\theta}$$ 임을 보여라.

(5) 위치 벡터는 극좌표로 $\boldsymbol{r}(t) = r(t)\hat{r}$ 로 표현할 수도 있다. 운동 좌표계를 사용하여 속도 $\boldsymbol{v} = \dfrac{d\boldsymbol{r}}{dt}$ 가 (2)에서 구한 속도 $\boldsymbol{v} = \dfrac{dr}{dt}\hat{r} + r\dfrac{d\theta}{dt}\hat{\theta}$ 와 같으며 가속도는 (4)에서 구한 결과와 같음을 보여라.

[힌트: $\dfrac{d\hat{r}}{dt} = \dfrac{d\theta}{dt}\hat{\theta}$, $\dfrac{d\hat{\theta}}{dt} = -\dfrac{d\theta}{dt}\hat{r}$]

2.15 평면 극 좌표계 (r, θ)에서 어떤 벡터 함수가 $\boldsymbol{A}(t) = A_r(t)\hat{r} + A_\theta(t)\hat{\theta}$와 같이 주어진다고 하자.

(1) $$\frac{d^2\boldsymbol{A}}{dt^2} = \hat{r}\left[\frac{d^2 A_r}{dt^2} - A_r\left(\frac{d\theta}{dt}\right)^2 - 2\frac{dA_\theta}{dt}\frac{d\theta}{dt} - A_\theta\frac{d^2\theta}{dt^2}\right] + \hat{\theta}\left[\frac{d^2 A_\theta}{dt^2} - A_\theta\left(\frac{d\theta}{dt}\right)^2 + 2\frac{dA_r}{dt}\frac{d\theta}{dt} + A_r\frac{d^2\theta}{dt^2}\right]$$

임을 보여라.

(2) (1)은 $\dfrac{d^2\boldsymbol{A}}{dt^2}=\hat{r}\left[\dfrac{d^2A_r}{dt^2}-A_r\left(\dfrac{d\theta}{dt}\right)^2-\dfrac{1}{A_\theta}\dfrac{d}{dt}\left(A_\theta^2\dfrac{d\theta}{dt}\right)\right]$

$$+\hat{\theta}\left[\frac{d^2A_\theta}{dt^2}-A_\theta\left(\frac{d\theta}{dt}\right)^2+\frac{1}{A_r}\frac{d}{dt}\left(A_r^2\frac{d\theta}{dt}\right]\right.$$

와 같음을 보여라. [힌트: $\dfrac{d\hat{r}}{dt}=\dfrac{d\theta}{dt}\hat{\theta}$, $\dfrac{d\hat{\theta}}{dt}=-\dfrac{d\theta}{dt}\hat{r}$]

2.16 균일한 자기장 $\boldsymbol{B}=B\hat{z}$ (B=상수) 내부에서 운동하는 질량 m인 양전하 $q(>0)$에 작용하는 자기력은 $\boldsymbol{F}=q\boldsymbol{v}\times\boldsymbol{B}$로 주어진다.

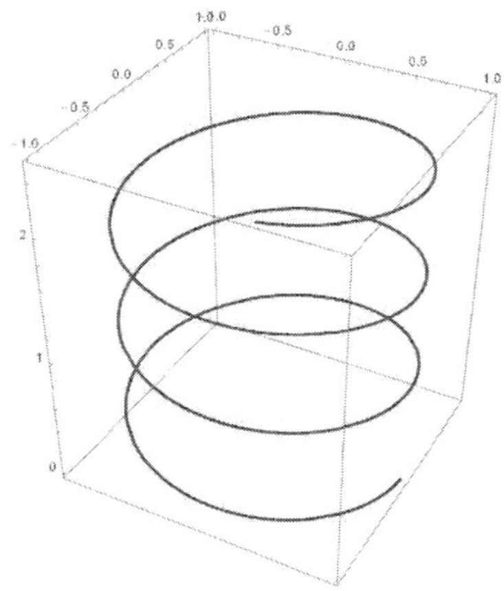

연습문제 2.16 그림.

(1) 양전하에 작용하는 자기력은 $\boldsymbol{F}=q\boldsymbol{v}\times\boldsymbol{B}$이다.
힘을 성분으로 나타내어라.

(2) (1)의 운동 방정식의 해를 구하면 위치 벡터와 속도는 다음과 같다.

$$\boldsymbol{r}(t)=r\cos(\omega t)\hat{x}-r\sin(\omega t)\hat{y}+v_o t\hat{z}$$

$$\boldsymbol{v}=v_x\hat{x}+v_y\hat{y}+v_o\hat{z}=\frac{dx}{dt}\hat{x}+\frac{dy}{dt}\hat{y}+\frac{dz}{dt}\hat{z}$$

여기서 r은 나선 운동의 반지름으로 상수이며, ω는 각속도이다.

$+z$ 방향의 속력은 $v_z = \dfrac{dz}{dt} \equiv v_o$이며 일정하다.

입자의 궤적 $\boldsymbol{r}(t)$는 연습문제 2.16 그림과 같은 나선 운동 (helical motion)을 한다. 해를 (1)의 힘 성분 (미분 방정식)에 대입하여 각속도 ω를 구하라.

(3) 시간 (ωt)에 따른 위치를 아래 표에 작성하고, 연습문제 2.16 (3) 그림의 xy 평면에 입자의 궤적을 그리고 반 시계 방향인지 시계 방향인지 구별하라. 같은 방법으로 $v_x v_y$ 평면에 속도의 궤적을 그려 방향을 구별하라.

ωt	$\omega t = 0$	$\omega t = \pi/2$	$\omega t = \pi$	$\omega t = 3\pi/2$	$\omega t = 2\pi$
x/r					
y/r					

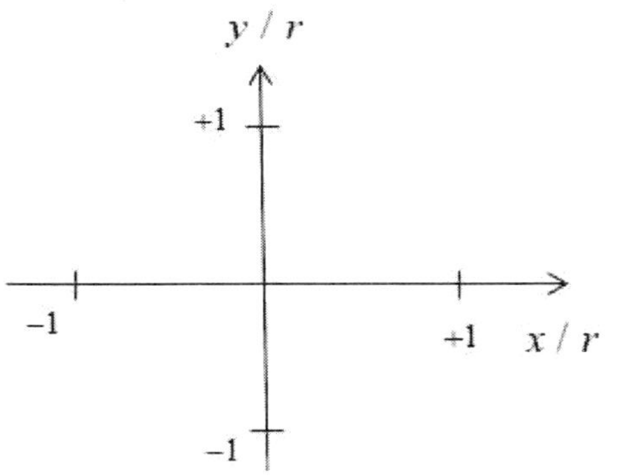

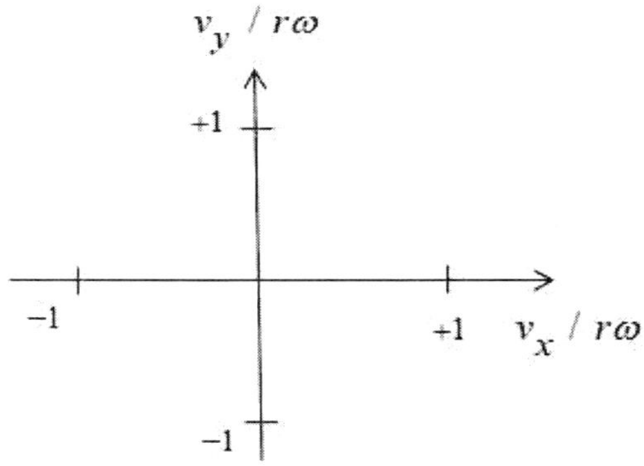

연습문제 2.16 (3) 그림.

2.17 [**선택 문제**]

연습문제 2.16과 같이 균일한 자기장 $\boldsymbol{B} = B\hat{z}$ (B=상수)에 질량 m인 양 전하 $q\,(>0)$의 위치 벡터가 $\boldsymbol{r}(t) = r\cos(\omega t)\,\hat{x} - r\sin(\omega t)\,\hat{y} + v_o t\,\hat{z}$ 이며 나선 운동한다. 여기서 r, ω, v_o는 0이 아닌 상수이다.

부록 2.2 미분 기하학과 [예제 2.32와 2.33]의 프레네-세레 정리를 참고하여 다음의 물리량을 구하라.

(1) 단위접선 벡터 $\boldsymbol{T} = \dfrac{d\boldsymbol{r}(t)}{ds}$, (2) 단위 법선 주 벡터 $\boldsymbol{N} = \dfrac{d\boldsymbol{T}}{ds} / \left| \dfrac{d\boldsymbol{T}}{ds} \right|$,

(3) 단위 종법선 벡터 $\boldsymbol{B} = \boldsymbol{T} \times \boldsymbol{N}$, (4) 곡률 $\varkappa = \left| \dfrac{d\boldsymbol{T}}{ds} \right|$,

(5) 비틀림 $\tau = -\boldsymbol{N} \cdot \dfrac{d\boldsymbol{B}}{ds} = \boldsymbol{B} \cdot \dfrac{d\boldsymbol{N}}{ds}$.

여기서 ds는 미소 호의 길이이다.

[힌트: $ds = \sqrt{(dx)^2 + (dy)^2 + (dz)^2} = \sqrt{\left(\dfrac{dx}{dt}\right)^2 + \left(\dfrac{dy}{dt}\right)^2 + \left(\dfrac{dz}{dt}\right)^2}\, dt$이다.]

2.18 xy 평면에서 진동하며 $+z$ 방향으로 진행하는 전기장 파동이 다음과 같이 주어진다.

(1) $\boldsymbol{E}(z,t) = E_o\left[+\hat{x}\sin(kz - \omega t) - \hat{y}\cos(kz - \omega t)\right]$,

(2) $\boldsymbol{E}(z,t) = E_o\left[-\hat{x}\sin(kz - \omega t) - \hat{y}\cos(kz - \omega t)\right]$,

(3) $\boldsymbol{E}(z,t) = E_o\left[-\hat{x}\cos(kz - \omega t) - \hat{y}\sin(kz - \omega t)\right]$,

(4) $\boldsymbol{E}(z,t) = E_o\left[-\hat{x}\cos(kz - \omega t) + \hat{y}\sin(kz - \omega t)\right]$

여기서 E_o는 상수 진폭, k는 파수, ω는 각 진동수이다.

4개의 전자기 파동의 편광 상태를 아래의 표를 작성하여 구하라.

[힌트] 편광 상태를 조사하기 위해 $z = 0$에서 파동 벡터의 시간 변화 값을 구하여 각각의 시간에서 전기장 벡터를 그려서 표를 완성하고 편광 상태를 판별한다. (1)~(4)의 전기장 파동은 모두 $|\boldsymbol{E}(z,t)|^2 = E_o^2$ =상수이며 원편광이다.

ωt	0	$\dfrac{\pi}{2}$	π	$\dfrac{3\pi}{2}$	2π
$\dfrac{\boldsymbol{E}(0,t)}{E_o}$					

2.3 그래디언트 (gradient; ▽)와 방향 도함수 (directional derivative), 2.4 다이버전스 (divergence: ▽ •), 2.5 커얼 (curl: ▽ ×)

2.19 미분 가능한 두 스칼라 함수 $f(x, y, z)$, $g(x, y, z)$가 있다.
$\nabla(fg) = g\nabla f + f\nabla g$임을 보여라. [힌트: ∇의 정의와 라이프니츠 규칙]

2.20 스칼라 함수가 다음과 같이 주어진다. 각각의 ∇f를 구하라.

(1) $f(x, y, z) = (x^2 + y^2 + z^2)^n = r^{2n}$ $(n > 0)$,

(2) $f(x, y, z) = \dfrac{1}{(x^2 + y^2 + z^2)^n} = r^{-2n}$ $(n > 0)$

2.21 위치 벡터 $\boldsymbol{r} = x\hat{x} + y\hat{y} + z\hat{z}$과 임의의 벡터 $\boldsymbol{A}$에 대해 다음을 증명하라.

(1) $\boldsymbol{A}$ =상수이면 $\nabla(\boldsymbol{A} \cdot \boldsymbol{r}) = \boldsymbol{A}$이다.

(2) $(\boldsymbol{A} \cdot \nabla)\boldsymbol{r} = \boldsymbol{A}$ 이다.

2.22 xy 평면에서 일정한 반지름 $r(=a)$로 등속 원운동 (uniformly circular motion)하는 질량 m인 입자가 있다. 입자에 작용하는 힘은 $\boldsymbol{F} = -F_o\hat{r}$이며 입자의 위치 벡터는 $\boldsymbol{r}(t) = r\cos(\omega t)\hat{x} + r\sin(\omega t)\hat{y}$이다.
여기서 $F_o(= mr\omega^2)$는 상수이며 ω는 각속도이다.

(1) 한 주기 $T\left(= \dfrac{2\pi}{\omega}\right)$ 동안 입자에 한 일이 $W = \oint_C \boldsymbol{F} \cdot d\boldsymbol{l} = 0$임을 보여라.

[힌트: $W = \oint_C \boldsymbol{F} \cdot d\boldsymbol{l} = \oint_C (F_x dx + F_y dy)$를 시간 적분으로 치환.]

(2) (1)의 결과를 이용하여 $\nabla \times \boldsymbol{F} = 0$ 임을 보여라. [힌트: 스토크스 정리.]

(3) $\nabla \cdot \boldsymbol{F} = -\dfrac{2F_o}{a}$ 임을 보여라.

(4) 퍼텐셜 에너지가 $U(x,y) = \dfrac{F_o}{2a}(x^2 + y^2)$임을 보여라.

2.23 xy 평면에서 일정한 반지름 $r(=a)$로 등속 원 운동하는 질량 m인 입자에 작용하는 힘이 $\boldsymbol{F} = F_t\hat{\theta}$인 경우를 가정하자.

입자의 위치 벡터는 $\boldsymbol{r}(t) = r\cos(\omega t)\hat{x} + r\sin(\omega t)\hat{y}$ 이다.

여기서 F_t는 접선 방향의 상수 힘이며 ω는 각속도이다.

(1) 한 주기 $T\left(=\dfrac{2\pi}{\omega}\right)$ 동안 입자에 한 일이 $W = \oint_C \boldsymbol{F} \cdot d\boldsymbol{l} = 2\pi a F_t\ (\neq 0)$ 임을 보여라. [힌트: $W = \oint_C (F_x dx + F_y dy)$를 시간 적분으로 치환.]

(2) $\nabla \times \boldsymbol{F} = \dfrac{2F_t}{a}\hat{z}$ 임을 보여라.

(3) (2)의 결과로부터 $\int_S \nabla \times \boldsymbol{F} \cdot d\boldsymbol{s} = 2\pi a F_t$ 임을 보여라.

[힌트: $d\boldsymbol{s} = ds_x\hat{x} + ds_y\hat{y} + ds_z\hat{z} = dydz\hat{x} + dzdx\hat{y} + dxdy\hat{z}$.]

(4) (2)와 (3)의 결과에 스토크스 정리를 적용하여 (1)을 증명하라.

(5) 토크는 $\boldsymbol{\tau} = \boldsymbol{r} \times \boldsymbol{F} = aF_t\hat{z}$ 임을 보여라.

2.24 xy 평면에서 위치 벡터가 $\boldsymbol{r}(t) = r\cos(\omega t)\hat{x} + r\sin(\omega t)\hat{y}$ 인 질량 m인 입자가 있다. 여기서 a, b, ω는 (양의) 상수이며 $a > b$이다.

입자는 연습문제 2.24 그림과 같이 타원 궤도 운동을 한다.

(1) 연습문제 2.22를 참고하여 입자의 운동 에너지 $T = \dfrac{1}{2}mv^2$를 구하라.

(2) 점 A에서 B까지 입자에 한 일 $W_{AB} = \int_A^B \boldsymbol{F} \cdot d\boldsymbol{r}$을 구하라.

(3) 점 A와 B의 운동 에너지 변화 $\Delta T = T_B - T_A$를 구하고 (2)의 결과와 비교하라. [힌트: 일-에너지 정리]

(4) 폐 경로 $A \to B \to C \to D \to A$에서 입자에 한 일 $W = \oint_A^B \boldsymbol{F} \cdot d\boldsymbol{r}$을 구하고 스토크스 정리를 사용하여 $\nabla \times \boldsymbol{F}$를 구하라.

(5) 보존력의 경우 퍼텐셜 에너지 V를 구하라. [힌트: $\boldsymbol{F}=-\nabla V$]

(6) 점 A와 B의 위치 에너지 변화 $\Delta V = V_B - V_A$를 구하고 (2)의 결과와 비교하여 에너지 보존 관계를 유도하라.

(7) (1)과 (5)의 관계식으로부터 전체 역학적 에너지 $T+V=E$를 구하고 에너지 보존 법칙이 성립함을 보여라.

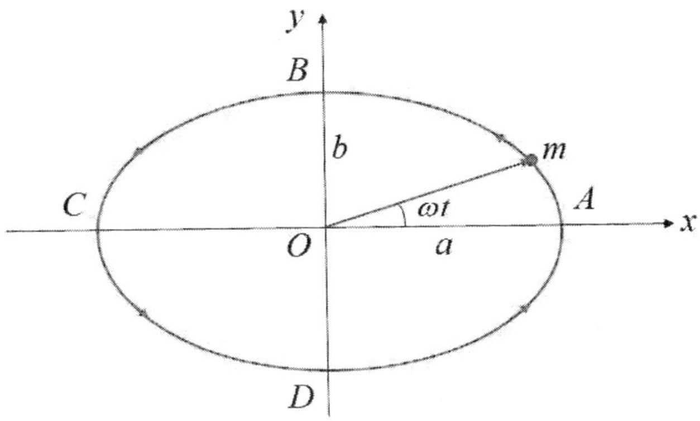

연습문제 2.24 그림.

2.25 연습문제 2.25 그림은 사극 자 렌즈 (quadrupole lens) 장치의 개략도이다.

$+V(x,y)$와 $-V(x,y)$의 전압이 걸린 전극이 그림과 같이 배열되어 있다. 여기서 전압 분포는 $V(x,y)=-\dfrac{1}{2}K(x^2-y^2)$로 주어지며 K는 상수이다.

(1) 사극 자 렌즈 내의 양전하 q가 받는 힘 $\boldsymbol{F}(x,y)=-q\nabla V$를 구하라.

(2) $\nabla \times \boldsymbol{F}$를 구하라.

(3) xy 평면에서 힘이 양전하에 한 일 $W=\oint_C \boldsymbol{F}\cdot dl$을 구하라.

(4) 등 전위면 (equipotential surface)과 전기력선 (electric force lines)을 그려라.

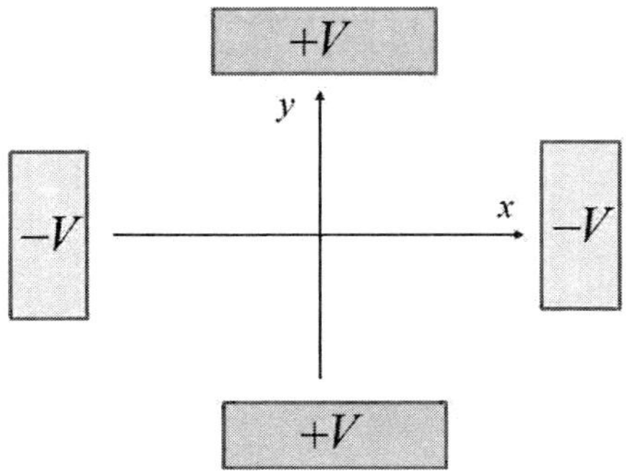

연습문제 2.25 그림.

2.26 중성 원자나 분자 사이의 퍼텐셜이 $V(r) = 4\epsilon\left[\left(\frac{\sigma}{r}\right)^{12} - \left(\frac{\sigma}{r}\right)^{6}\right]$로 주어진다.

여기서 ϵ은 퍼텐셜 우물의 깊이이며, σ는 입자 사이의 퍼텐셜이 0 이 되는 유한한 거리이며, r은 입자 간의 거리이다.

이러한 퍼텐셜을 레너드-존스 (Lennard-Jones) 퍼텐셜 또는 6-12 또는 12-6 퍼텐셜이라 한다.

(1) 힘 $\boldsymbol{F}$ 를 구하라.

(2) $\boldsymbol{F} = 0$이 되는 평형점의 위치 r_m을 구하라.

(3) 평형 위치에서 퍼텐셜 $V(r_m)$을 구하라.

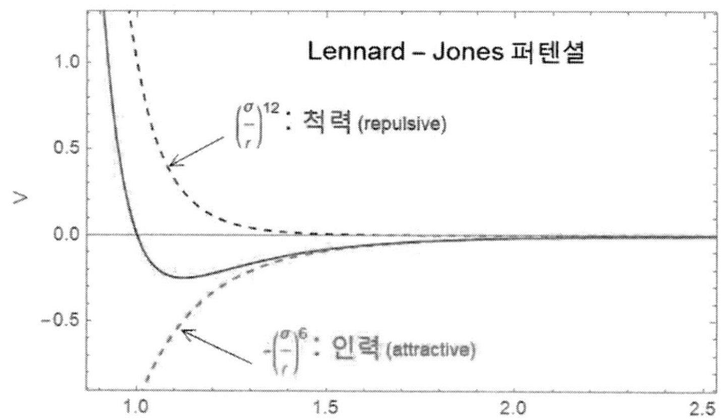

연습문제 2.26 그림.

2.27 자유 공간에서 $+z$ 방향으로 진행하는 (평면 파의) 전기장 파동이 다음과 같이 주어진다.

$$\boldsymbol{E}(z,t)=\hat{x}E_o\cos(kz-\omega t)$$

여기서 E_o는 상수의 진폭, k는 파수, $\omega(=kc)$는 각 진동수, c는 광속이다.

(1) 패러데이 법칙 $\nabla\times\boldsymbol{E}=-\dfrac{\partial\boldsymbol{B}}{\partial t}$을 사용하여 자기장 벡터 $\boldsymbol{B}(z,t)$를 구하라.

(2) 암페어 법칙 $\nabla\times\boldsymbol{B}=\dfrac{1}{c^2}\dfrac{\partial\boldsymbol{E}}{\partial t}$을 사용하여 자기장 벡터 $\boldsymbol{B}(z,t)$를 구하라.

(3) 자기장 $\boldsymbol{B}(z,t)$와 전기장 $\boldsymbol{E}(z,t)$의 크기 비 $\left|\dfrac{\boldsymbol{E}(z,t)}{\boldsymbol{B}(z,t)}\right|$를 구하라.

(4) 전자기파의 포인팅 벡터 $\boldsymbol{S}=\dfrac{1}{\mu_o}\boldsymbol{E}\times\boldsymbol{B}$를 구하라.

여기서 μ_o는 자유 공간의 투자율이다.

(5) 포인팅 벡터 $\boldsymbol{S}(z,t)$의 시간 평균 $<\boldsymbol{S}(z,t)>_{time}=\dfrac{1}{T}\displaystyle\int_0^T\boldsymbol{S}(z,t)\,dt$를 구하라. 여기서 $T=\dfrac{2\pi}{\omega}$는 주기, $c=\dfrac{1}{\sqrt{\epsilon_o\mu_o}}$는 광속이다.

[힌트: $\cos^2\theta=\dfrac{1+\cos(2\theta)}{2}$이며 $\cos(2\theta)$의 한 주기 적분은 0이다.]

2.6 벡터 미분 연산자들의 계산

2.28 (1) 미분 형 암페어 법칙 $\nabla \times \boldsymbol{H} = \boldsymbol{J} + \epsilon_o \dfrac{\partial \boldsymbol{E}}{\partial t}$ 와 가우스 법칙 $\nabla \cdot \boldsymbol{E} = \dfrac{\rho}{\epsilon_o}$ 을 사용하여 전류 밀도 $\boldsymbol{J}$ 와 전하 ρ 의 연속방정식 (continuity equation) $\nabla \cdot \boldsymbol{J} = -\dfrac{\partial \rho}{\partial t}$ 을 유도하라.

(2) (1)의 연속방정식에 가우스 정리를 적용하여 다음 관계를 보여라.

$$\oint_S \boldsymbol{J} \cdot d\boldsymbol{s} = -\frac{\partial Q}{\partial t} = -I \quad (Q\text{는 총 전하이며 } I\text{는 전류이다.})$$

2.29 임의의 상수 a, b와 임의의 단순 폐 경로 C에 대한 순환 적분이 다음과 같음을 보여라. [힌트: 그린의 정리 응용]

$$\oint_C (a\,dx + b\,dy) = 0$$

2.30 연습문제 2.30 그림과 같이 $x = a\cos^3\theta,\ y = a\sin^3\theta\ (a > 0,\ 0 \le \theta \le 2\pi)$로 둘러싸인 하이포사이크로이드 (hypocycloid)의 면적을 구하라.
[힌트: 그린의 정리 응용]

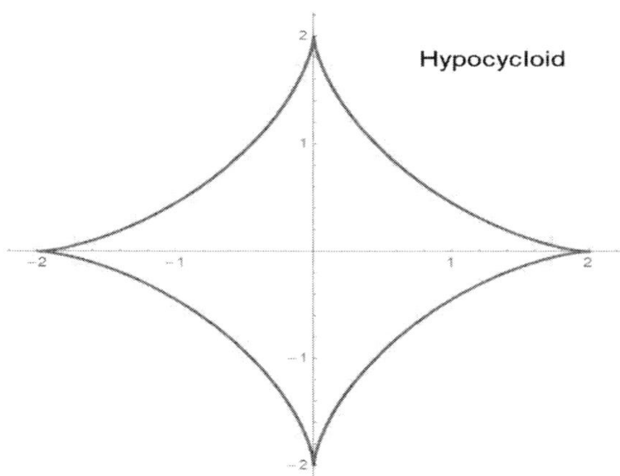

연습문제 2.30 그림. 하이포사이크로이드.

2.31 연습문제 2.31 그림과 같은 폐 경로 C: $\overrightarrow{AB} \to C_2 \to \overrightarrow{CD} \to C_1$를 따라 일을 한다. 물체에 가해진 힘은 다음과 같다.

(1) $\boldsymbol{F} = xy^2\hat{x} + x^2y\hat{y}$,

(2) $\boldsymbol{F} = -xy^2\hat{x} + x^2y\hat{y}$

각각의 힘이 한 일을 구하여 보존력 여부를 판별하고 보존력이 존재하는 경우 퍼텐셜 에너지 $U(x, y)$를 구하라.

그린의 정리를 이용하여 힘이 한 일을 다음 순서로 구하고 비교하라.

순서 *(i)*: 폐 경로 C에 대한 순환 적분 $W = \oint_C \boldsymbol{F} \cdot dl = \oint_C (F_x dx + F_y dy)$

순서 *(ii)*: 폐 경로 C로 둘러싸인 면적 적분 $W = \iint_S \left(\frac{\partial F_y}{\partial x} - \frac{\partial F_x}{\partial y} \right) dx dy$을 계산하라. (극좌표 $x = r\cos\theta$, $y = r\sin\theta$를 사용한다.)

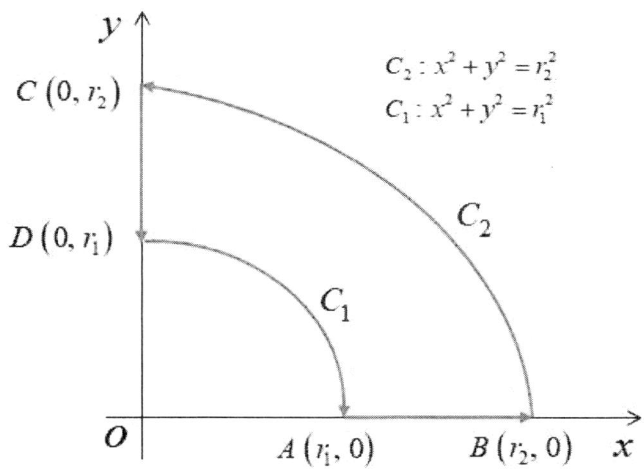

연습문제 2.31 그림.

3장

직교 곡선 좌표계

3.1 직교 곡선 좌표계

물리 현상을 다룰 때 적절한 기준틀 (reference frame)과 좌표계 (coordinate systems)를 선정하고 다루는 것은 주어진 물리 현상을 쉽게 이해하고 해석할 수 있는 기본이 된다. 3장에서는 수많은 직교 곡선 좌표계 (orthogonal curvilinear coordinate system) 가운데 보편적으로 많이 사용하는 데카르트 직교 좌표계 (rectangular coordinate system), 구(면) 좌표계 (spherical coordinate system), 원통 좌표계 (cylindrical coordinate system) 등을 공부한다.

주어진 물리적 상황에 따라 데카르트 직교 좌표계 (x, y, z) 보다는 다른 형태의 일반화 좌표계 (generalized coordinate system)를 사용하는 것이 편리할 때가 있다. 예를 들면, 인공위성과 같이 지구 주위의 운동을 다룰 때 지구 중심에서의 반지름 r, 극 각 θ, 방위각 ϕ로 이루어진 구 (또는 구면) 좌표 (r, θ, ϕ)를 사용하는 것이 편리하다. 또는 자기장 속에서 전하들의 나선 운동 (helical motion) 등을 다루는 경우 원통의 반지름 ρ, 방위각 ϕ, 높이 z로 이루어진 (ρ, ϕ, z)의 원통 좌표계가 더 편리하다. 데카르트 직교 좌표 (x, y, z)

와 구(면)좌표 (r, θ, ϕ), 원통 좌표 (ρ, ϕ, z)들을 통틀어 일반화 좌표 (generalized coordinates) $q_i\,(i=1,2,3,\ \cdots)$로 나타낸다. 여기서 주의할 것은 일반화 좌표 $q_i\,(i=1,2,3,\ \cdots)$는 길이의 차원이 아닐 수 있다. 예를 들면, (x, y, z) 좌표는 모두 길이의 차원이지만 극 각 θ, 방위각 ϕ 등은 각도로서 무 차원 (dimensionless)이며 길이의 차원이 아님을 주의하자.

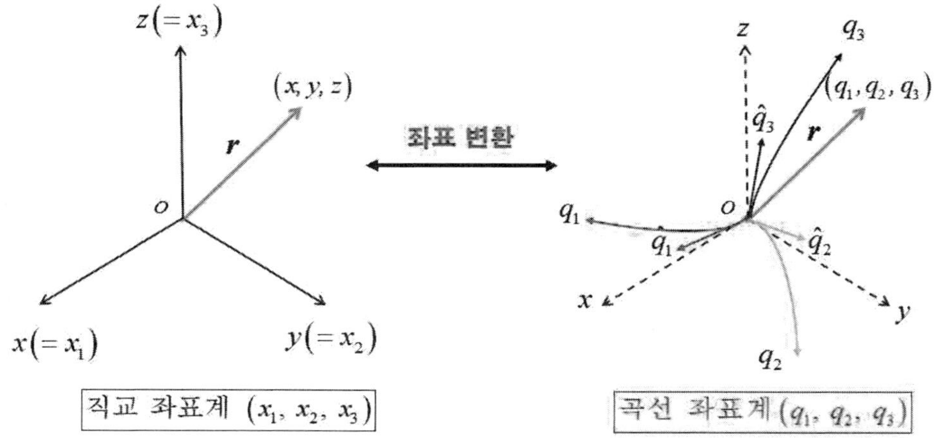

그림 3.1 직교 좌표계 (x_1, x_2, x_3)와 곡선 좌표계 (q_1, q_2, q_3)의 좌표 변환.

그림 3.1은 데카르트 직교 좌표계 $(x,\ y,\ z) \equiv (x_1,\ x_2,\ x_3)$와 일반화 곡선 좌표계 (q_1, q_2, q_3) 사이의 변환 관계를 나타낸다. 두 좌표계에서 위치 벡터 $\boldsymbol{r}$은 같은 벡터이지만 아래와 같이 서로 다르게 표현된다.

직교 좌표계		곡선 좌표계
$\boldsymbol{r}=\boldsymbol{r}(x,y,z)$		$\boldsymbol{r}=\boldsymbol{r}(q_1,q_2,q_3)$
$x=x_1=x(q_1,q_2,q_3)$	$\Leftrightarrow$	$q_1=q_1(x_1,x_2,x_3)$
$y=x_2=y(q_1,q_2,q_3)$		$q_2=q_2(x_1,x_2,x_3)$
$z=x_3=z(q_1,q_2,q_3)$		$q_3=q_3(x_1,x_2,x_3)$

즉, 직교 좌표 $(x,\ y,\ z) \equiv (x_1,\ x_2,\ x_3)$는 곡선 좌표 (q_1, q_2, q_3)의 함수로 변환되며, 역으로

도 변환이 된다. 이제 이들 사이의 좌표 변환 관계를 알아보자.

직교 좌표계에서 위치 벡터 $\boldsymbol{r} = \boldsymbol{r}(x_1, x_2, x_3)$의 미분 $d\boldsymbol{r}$은 다음과 같다.

$$d\boldsymbol{r} = dx\,\hat{x} + dy\,\hat{y} + dz\,\hat{z} \equiv dx_1\,\hat{x} + dx_2\,\hat{y} + dx_3\,\hat{z}$$

여기서 $x \equiv x_1$, $y \equiv x_2$, $z \equiv x_3$로 나타내기로 한다.

한편, 곡선 좌표계에서 위치 벡터는 $\boldsymbol{r} = \boldsymbol{r}(q_1, q_2, q_3)$로 표현되며, 직교 좌표 성분 x_i $(i = 1, 2, 3)$도 곡선 좌표의 함수 $x_i = x_i(q_1, q_2, q_3)$로 주어진다.

따라서 직교 좌표의 미소 변화 dx_i $(i = 1, 2, 3)$는 곡선 좌표의 함수이므로 전 미분 (total differential)을 사용하면 다음과 같이 주어진다.

$$\begin{aligned} dx &= \frac{\partial x}{\partial q_1}dq_1 + \frac{\partial x}{\partial q_2}dq_2 + \frac{\partial x}{\partial q_3}dq_3 \equiv \sum_{j=1}^{3}\frac{\partial x_1}{\partial q_j}dq_j \\ dy &= \frac{\partial y}{\partial q_1}dq_1 + \frac{\partial y}{\partial q_2}dq_2 + \frac{\partial y}{\partial q_3}dq_3 \equiv \sum_{j=1}^{3}\frac{\partial x_2}{\partial q_j}dq_j \\ dz &= \frac{\partial z}{\partial q_1}dq_1 + \frac{\partial z}{\partial q_2}dq_2 + \frac{\partial z}{\partial q_3}dq_3 \equiv \sum_{j=1}^{3}\frac{\partial x_3}{\partial q_j}dq_j \end{aligned}$$

$$\Rightarrow\ dx_i = \sum_{j=1}^{3}\frac{\partial x_i}{\partial q_j}dq_j,\ (i = 1, 2, 3)$$

[참고]; 아인슈타인의 합 규약 (Einstein's summation convention)

전 미분 등을 표현할 때 반복되는 아래 (또는 위) 첨자들의 $\sum$ 기호를 생략하여 표현하는 방법을 아인슈타인의 합 규약 (또는 아인슈타인 표기법)이라 한다.

예를 들면 위의 전 미분 dx_i $(i = 1, 2, 3)$는 다음과 같이 간략히 표현한다.

$$dx_i = \sum_{j=1}^{3}\frac{\partial x_i}{\partial q_j}dq_j \ \Leftrightarrow\ dx_i \equiv \frac{\partial x_i}{\partial q_j}dq_j\ \ (i = 1, 2, 3)$$

즉, $dx_i = \dfrac{\partial x_i}{\partial q_j}dq_j$의 우변 항의 반복되는 아래 첨자 j $(j = 1, 2, 3)$는 $\displaystyle\sum_{j=1}^{3}$ 기호를 의미한다.

- **곡선 좌표계와 자코비안 행렬** (Jacobian matrix)

데카르트 직교 좌표계 (x, y, z)에서 곡선 좌표계 (q_1, q_2, q_3)로 미분 변환 관계식을 행렬로 나타내면 다음과 같다. 단, 곡선 좌표계는 직교 좌표계가 아닐 수도 있음을 주의하자.

$$\begin{cases} dx = \dfrac{\partial x}{\partial q_1}dq_1 + \dfrac{\partial x}{\partial q_2}dq_2 + \dfrac{\partial x}{\partial q_3}dq_3 \\ dy = \dfrac{\partial y}{\partial q_1}dq_1 + \dfrac{\partial y}{\partial q_2}dq_2 + \dfrac{\partial y}{\partial q_3}dq_3 \\ dz = \dfrac{\partial z}{\partial q_1}dq_1 + \dfrac{\partial z}{\partial q_2}dq_2 + \dfrac{\partial z}{\partial q_3}dq_3 \end{cases} \quad \Leftrightarrow$$

$$\begin{pmatrix} dx \\ dy \\ dz \end{pmatrix} = \begin{pmatrix} \dfrac{\partial x}{\partial q_1} & \dfrac{\partial x}{\partial q_2} & \dfrac{\partial x}{\partial q_3} \\ \dfrac{\partial y}{\partial q_1} & \dfrac{\partial y}{\partial q_2} & \dfrac{\partial y}{\partial q_3} \\ \dfrac{\partial z}{\partial q_1} & \dfrac{\partial z}{\partial q_2} & \dfrac{\partial z}{\partial q_3} \end{pmatrix} \begin{pmatrix} dq_1 \\ dq_2 \\ dq_3 \end{pmatrix} \equiv J(q_1, q_2, q_3) \begin{pmatrix} dq_1 \\ dq_2 \\ dq_3 \end{pmatrix}$$

여기서, 3×3 행렬 $J(q_1, q_2, q_3)$를 자코비안 행렬 (Jacobian matrix)이라 한다.

$$J(q_1, q_2, q_3) \equiv \frac{\partial(x, y, z)}{\partial(q_1, q_2, q_3)} = \begin{pmatrix} \dfrac{\partial x}{\partial q_1} & \dfrac{\partial x}{\partial q_2} & \dfrac{\partial x}{\partial q_3} \\ \dfrac{\partial y}{\partial q_1} & \dfrac{\partial y}{\partial q_2} & \dfrac{\partial y}{\partial q_3} \\ \dfrac{\partial z}{\partial q_1} & \dfrac{\partial z}{\partial q_2} & \dfrac{\partial z}{\partial q_3} \end{pmatrix}$$

자코비안 행렬과 행렬식 (determinant)의 주요 특성에 대해서는 [부록 3.1]에서 자세히 다룬다. 자코비안 행렬은 저자에 따라 $J(q_1, q_2, q_3)$, $J(x, y, z\,;\, q_1, q_2, q_3)$ 또는 $\dfrac{\partial(x, y, z)}{\partial(q_1, q_2, q_3)}$ 등으로 표기하기도 한다.

• 곡선 좌표계와 계량 계수

데카르트 직교 좌표계에서 점 P의 위치 벡터 $\boldsymbol{r}$과 인접한 점 Q의 위치 벡터 $\boldsymbol{r}'$의 미소 변화는 $d\boldsymbol{r} = \boldsymbol{r}' - \boldsymbol{r}$이다. 두 인접한 점들 사이 거리의 제곱 dr^2은 다음과 같다.

$$\begin{aligned} dr^2 &= d\boldsymbol{r} \cdot d\boldsymbol{r} = \left(dx_1\hat{x} + dx_2\hat{y} + dx_3\hat{z}\right) \cdot \left(dx_1\hat{x} + dx_2\hat{y} + dx_3\hat{z}\right) \\ &= (dx_1)^2 + (dx_2)^2 + (dx_3)^2 \equiv \sum_{i=1}^{3}(dx_i)^2 \end{aligned}$$

데카르트 직교 좌표의 전 미분 dx_i $(i = 1, 2, 3)$는 곡선 좌표로 다음과 같이 표현된다.

$$dx_i = \frac{\partial x_i}{\partial q_1}dq_1 + \frac{\partial x_i}{\partial q_2}dq_2 + \frac{\partial x_i}{\partial q_3}dq_3 = \sum_{j=1}^{3}\frac{\partial x_i}{\partial q_j}dq_j \ (i = 1, 2, 3)$$

이들을 dr^2 에 대입하여 정리하면 다음과 같이 9개의 항의 합으로 분류된다.

$$\begin{aligned} dr^2 &= \sum_{i=1}^{3}(dx_i)^2 = \sum_{i=1}^{3}\left(\sum_{j=1}^{3}\frac{\partial x_i}{\partial q_j}dq_j\right)^2 \\ &= \sum_{i,\, j=1}^{3} h_{ij}^2 dq_i dq_j \equiv \sum_{i,\, j=1}^{3} g_{ij} dq_i dq_j \end{aligned}$$

여기서 g_{ij} 또는 h_{ij}^2를 계량 계수 (metric coefficient)[38]라 한다.

$$g_{ij} \equiv h_{ij}^2 = \frac{\partial x}{\partial q_i}\frac{\partial x}{\partial q_j} + \frac{\partial y}{\partial q_i}\frac{\partial y}{\partial q_j} + \frac{\partial z}{\partial q_i}\frac{\partial z}{\partial q_j},\ (i,\, j = 1, 2, 3)$$

---

38) 저자에 따라 계량 계수를 g_{ij} 또는 h_{ij}^2로 표기하기도 한다.

계량 계수는 $h_{ij}^2 = h_{ji}^2$ 또는 $g_{ij} = g_{ji}$로 i, j에 대해 대칭적이며, 3×3 행렬의 9개 성분 가운데 대칭 성분을 고려하면 6개의 독립 성분이 존재한다.
계량 계수를 성분으로 하는 계량 텐서 $(g_{ij}) \equiv (h_{ij}^2)$ $(i, j = 1, 2, 3)$는 행렬로 다음과 같이 대칭 행렬로 주어진다.

$$\begin{pmatrix} g_{11} & g_{12} & g_{13} \\ g_{12} & g_{22} & g_{23} \\ g_{13} & g_{23} & g_{33} \end{pmatrix} = \begin{pmatrix} h_{11}^2 & h_{12}^2 & h_{13}^2 \\ h_{12}^2 & h_{22}^2 & h_{23}^2 \\ h_{13}^2 & h_{23}^2 & h_{33}^2 \end{pmatrix}$$

[※ 참고]: 계량 텐서 $(h_{ij}^2) \equiv (g_{ij})$ $(i, j = 1, 2, 3)$와 행렬 곱 표현

두 인접한 점의 거리 제곱 dr^2을 행렬 곱으로 표현하면 다음과 같이 쓸 수 있다.

$$dr^2 = \sum_{i,\,j=1}^{3} h_{ij}^2 dq_i dq_j = \begin{pmatrix} dq_1 & dq_2 & dq_3 \end{pmatrix} \begin{pmatrix} h_{11}^2 & h_{12}^2 & h_{13}^2 \\ h_{12}^2 & h_{22}^2 & h_{23}^2 \\ h_{13}^2 & h_{23}^2 & h_{33}^2 \end{pmatrix} \begin{pmatrix} dq_1 \\ dq_2 \\ dq_3 \end{pmatrix}$$

여기서, 3×3 행렬 $(h_{ij}^2) \equiv (g_{ij})$ $(i, j = 1, 2, 3)$는 계량 계수 $g_{ij} \equiv h_{ij}^2$를 성분으로 하는 계량 텐서(metric tensor)이며, 대칭 행렬 (symmetric matrix)로 9개의 성분 가운데 6개의 성분이 독립적이다. $\begin{pmatrix} dq_1 & dq_2 & dq_3 \end{pmatrix}$는 1×3 행렬로 행 벡터 (row vector)이며 $\begin{pmatrix} dq_1 \\ dq_2 \\ dq_3 \end{pmatrix}$는 3×1 행렬로 열벡터 (column vector)이다.

계량 텐서 $(h_{ij}^2) \equiv (g_{ij})$ $(i, j = 1, 2, 3)$는 자코비안 행렬 $J(q_1, q_2, q_3)$와 전치 행렬 $[J(q_1, q_2, q_3)]^T$과의 행렬 곱으로 $(h_{ij}^2) = (g_{ij}) = [J(q_1, q_2, q_3)]^T J(q_1, q_2, q_3)$와 같이 주어진다. [연습문제 3.6, 3.7 참고]

- **곡선 좌표계의 길이 인자와 계량 계수**

데카르트 직교 좌표계를 곡선 좌표계로 변환하는데 필요한 길이 인자 (scale factor) 관계식을 알아보자.
곡선 좌표 q_i $(i=1,2,3)$는 각 θ 또는 ϕ와 같이 길이의 차원이 아닐 수도 있음을 고려하면 곡선 좌표계에서 위치 벡터는 다음과 같이 표현한다.

$$\boldsymbol{r} = \boldsymbol{r}\left(q_1, q_2, q_3\right) = h_1 q_1 \hat{q}_1 + h_2 q_2 \hat{q}_2 + h_3 q_3 \hat{q}_3$$

여기서 $\hat{q}_i$ $(i=1,2,3)$는 곡선 좌표계의 단위 벡터이며, h_i $(i=1,2,3)$는 길이 인자 (scale factor)이다. 데카르트 직교 좌표계에서 x, y, z 좌표들은 항상 길이의 차원이지만 곡선 좌표계의 좌표들 q_1, q_2, q_3는 길이의 차원이 아닐 수도 있으므로 길이 인자 h_i $(i=1,2,3)$를 곱한 $h_i q_i$ $(i=1,2,3)$는 항상 길이의 차원이다.
곡선 좌표계에서 위치 벡터의 미분은 다음과 같이 쓸 수 있다.

$$d\boldsymbol{r} = h_1 dq_1 \hat{q}_1 + h_2 dq_2 \hat{q}_2 + h_3 dq_3 \hat{q}_3 = \sum_{i=1}^{3} h_i dq_i \hat{q}_i$$

두 인접한 점들 사이 거리의 제곱 dr^2을 길이 인자로 표현하면 다음과 같다.

$$dr^2 = d\boldsymbol{r} \cdot d\boldsymbol{r} = \left(\sum_{i=1}^{3} h_i dq_i \hat{q}_i\right) \cdot \left(\sum_{j=1}^{3} h_j dq_j \hat{q}_j\right)$$

$$= \sum_{i,j=1}^{3} h_i h_j dq_i dq_j \hat{q}_i \cdot \hat{q}_j$$

한편, dr^2을 계량 계수 g_{ij} 또는 h_{ij}^2로 표현한 식은 다음과 같이 주어진다.

$$dr^2 = \sum_{i,j=1}^{3} h_{ij}^2 dq_i dq_j = \sum_{i,j=1}^{3} g_{ij} dq_i dq_j$$

dr^2의 두 식을 비교하면 계량 계수 $g_{ij} = h_{ij}^2$와 길이 인자 $h_i\,(i = 1, 2, 3)$의 관계식을 얻는다.

$$g_{ij} = h_{ij}^2 \equiv h_i h_j \hat{q}_i \cdot \hat{q}_j$$

여기서 $h_{ij}^2 \;\; (i, j = 1, 2, 3)$은 계량 계수이며 $h_i h_j$는 길이 인자 h_i와 h_j의 곱이며 $\hat{q}_i \cdot \hat{q}_j$는 곡선 좌표계의 단위 벡터의 스칼라 곱 (내적)이다.

• 곡선 직교 좌표계의 길이 인자와 계량 계수의 관계식

곡선 좌표계가 직교 좌표계 (orthogonal coordinate system)가 되기 위해서는 단위 벡터 $\hat{q}_i$, $\hat{q}_j$의 스칼라 곱과 벡터 곱은 다음을 만족한다.

$$\hat{q}_i \cdot \hat{q}_j = \delta_{ij} = \begin{cases} 1 & \text{for } i = j \\ 0 & \text{for } i \neq j \end{cases}, \quad (i, j = 1, 2, 3)$$

$$\hat{q}_i \times \hat{q}_j = \epsilon_{ijk} \hat{q}_k, \quad (i, j, k = 1, 2, 3)$$

여기서 δ_{ij}는 크로네커 델타함수 (Kronecker delta function)이며, ϵ_{ijk}는 레비치비타 함수(기호) (Levi-Civita symbol)이다. δ_{ij}는 두 벡터의 스칼라 곱을 나타낼 때 유용하며 ϵ_{ijk}는 벡터 곱을 연산할 때 편리하게 사용한다. ϵ_{ijk}는 다음과 같이 정의한다.

$$\epsilon_{ijk} = \begin{cases} +1 & \text{if (i,j,k) is (1,2,3), (2,3,1) or (3,1,2)} \\ -1 & \text{if } (i,j,k) \text{ is (2,1,3), (3,2,1) or (1,3,2)} \\ 0 & \text{otherwise (i = j or j = k or i = k or i = j = k)} \end{cases}$$

곡선 직교 좌표계의 단위 벡터들의 벡터 곱 $\hat{q}_i \times \hat{q}_j = \epsilon_{ijk}\hat{q}_k$는 레비치비타 기호의 정의를 사용하면 다음과 같이 주어진다.

$$\hat{q}_1 \times \hat{q}_2 = \hat{q}_3, \quad \hat{q}_2 \times \hat{q}_3 = \hat{q}_1, \quad \hat{q}_3 \times \hat{q}_1 = \hat{q}_2$$

$$\hat{q}_2 \times \hat{q}_1 = -\hat{q}_3, \quad \hat{q}_3 \times \hat{q}_2 = -\hat{q}_1, \quad \hat{q}_1 \times \hat{q}_3 = -\hat{q}_2$$

$$\hat{q}_1 \times \hat{q}_1 = \hat{q}_2 \times \hat{q}_2 = \hat{q}_3 \times \hat{q}_3 = 0$$

위의 벡터 곱 규칙을 따르는 직교 좌표계는 오른손 좌표계 (right-handed coordinate system)이다.

곡선 직교 좌표계의 단위 벡터들의 스칼라 곱은 $\hat{q}_i \cdot \hat{q}_j = \delta_{ij}$이므로 계량 계수와 길이 인자 관계식은 δ_{ij}를 이용해서 다음과 같이 축약해서 쓸 수 있다.

$$g_{ij} = h_{ij}^2 = h_i h_j \hat{q}_i \cdot \hat{q}_j \equiv h_i h_j \delta_{ij}, \quad (i, j = 1, 2, 3)$$

크로네커 델타함수 δ_{ij}의 값에 따라 계량 계수 $g_{ij} = h_{ij}^2$와 길이 인자 $h_i\ (i = 1, 2, 3)$에 대해 다음 관계식을 얻는다.

$$\begin{cases} g_{ij} = h_{ij}^2 = \dfrac{\partial x}{\partial q_i}\dfrac{\partial x}{\partial q_j} + \dfrac{\partial y}{\partial q_i}\dfrac{\partial y}{\partial q_j} + \dfrac{\partial z}{\partial q_i}\dfrac{\partial z}{\partial q_j} = 0 & \text{for } i \neq j \\ g_{ii} = h_{ii}^2 = \left(\dfrac{\partial x}{\partial q_i}\right)^2 + \left(\dfrac{\partial y}{\partial q_i}\right)^2 + \left(\dfrac{\partial z}{\partial q_i}\right)^2 \equiv h_i^2 & \text{for } i = j \end{cases}$$

따라서 데카르트 좌표계에서 곡선 직교 좌표계의 변환에 대한 길이 인자 $h_i (\equiv h_{ii})$는 다음과 같이 주어진다.

$$\therefore \ h_i = \sqrt{\left(\frac{\partial x}{\partial q_i}\right)^2 + \left(\frac{\partial y}{\partial q_i}\right)^2 + \left(\frac{\partial z}{\partial q_i}\right)^2}, \quad (i = 1, 2, 3)$$

위의 관계식에서 직교 곡선 좌표계에 대한 계량 행렬은 $(h_{ij}^2)=(g_{ij})\equiv(h_i h_j \delta_{ij})$이므로 다음과 같이 주어진다.

$$(h_{ij}^2)=(g_{ij})=\begin{pmatrix} h_{11}^2 & 0 & 0 \\ 0 & h_{22}^2 & 0 \\ 0 & 0 & h_{33}^2 \end{pmatrix} \equiv \begin{pmatrix} h_1^2 & 0 & 0 \\ 0 & h_2^2 & 0 \\ 0 & 0 & h_3^2 \end{pmatrix}$$

즉, 곡선 직교 좌표계에 대한 계량 행렬의 구성은 비 대각 성분 (off-diagonal elements)이 모두 0인 대각 행렬 (diagonal matrix)이며, 대각 성분 (diagonal elements)은 길이 인자의 제곱으로 표현된다.

길이 인자 $h_i\,(i=1,2,3)$를 사용하여 표 3.1과 같이 데카르트 직교 좌표계와 곡선 직교 좌표계의 선 요소 (line element), 면적 요소 (area elements)와 부피 요소 (volume element)들을 얻을 수 있다.

표 3.1 데카르트 직교 좌표계와 곡선 직교 좌표계의 선, 면적 및 부피 요소 관계.

	데카르트 직교 좌표계 $(x_1,\ x_2,\ x_3)$	곡선 직교 좌표계 $(q_1,\ q_2,\ q_3)$
선 요소 $dx_i\,(i=1,2,3)$	dx_i $(i=1,2,3)$	$h_i\,dq_i$ $(i=1,2,3)$
면적 요소 [39] $ds_{ij}(i \neq j)$	$dx_i\,dx_j$ $(i \neq j)$	$h_i h_j\,dq_i\,dq_j$ $(i \neq j)$
부피 요소 dv	$dx_1\,dx_2\,dx_3\,(=dx\,dy\,dz)$	$h_1 h_2 h_3\,dq_1\,dq_2\,dq_3$

39) 곡선 직교 좌표계에서 미소 면적 벡터는 다음과 같이 정의할 수도 있다.
$ds_{ij}\hat{q}_k=(h_i\,dq_i\,\hat{q}_i)\times(h_j\,dq_j\,\hat{q}_j)=\epsilon_{ijk}h_i h_j\,dq_i\,dq_j\,\hat{q}_k$, $(i,j,k=1,2,3)$ 여기서 ×는 벡터 곱이다.

표 3.1을 확장하면 데카르트 직교 좌표계와 곡선 직교 좌표계의 미소 변위 벡터는 각각 다음과 같이 쓸 수 있다.

$$d\boldsymbol{r} = \begin{cases} dx_1\hat{x}_1 + dx_2\hat{x}_2 + dx_3\hat{x}_3 = \sum_{i=1}^{3} dx_i\hat{x}_i \\ h_1 dq_1\hat{q}_1 + h_2 dq_2\hat{q}_2 + h_3 dq_3\hat{q}_3 = \sum_{i=1}^{3} h_i dq_i\hat{q}_i \end{cases}$$

미소 면적 벡터 $d\boldsymbol{s}$는 각각 다음과 같이 쓸 수 있다.

$$d\boldsymbol{s} = \begin{cases} dx_2 dx_3\hat{x}_1 + dx_3 dx_1\hat{x}_2 + dx_1 dx_2\hat{x}_3 \\ h_2 h_3 dq_2 dq_3\hat{q}_1 + h_3 h_1 dq_3 dq_1\hat{q}_2 + h_1 h_2 dq_1 dq_2\hat{q}_3 \end{cases}$$

또는, 레비치비타 기호 ϵ_{ijk}를 사용하면 축약해서 다음과 같이 표현된다.

$$d\boldsymbol{s} = \begin{cases} \sum_{i,j,k=1,2,3} \epsilon_{ijk} dx_i dx_j \hat{x}_k \\ \sum_{i,j,k=1,2,3} \epsilon_{ijk} h_i h_j dq_i dq_j \hat{q}_k \end{cases}$$

곡선 직교 좌표계에서는 $g_{ij} = h_{ij}^2 \equiv h_i h_j \hat{q}_i \cdot \hat{q}_j$이므로 인접한 두 점 사이의 거리 제곱 dr^2은 $dr^2 = \sum_{i=1}^{3} h_i^2 dq_i^2 = \sum_{i=1}^{3} h_{ii}^2 dq_i{}^2$와 같이 쓸 수 있으며, 행렬의 곱으로 표현하면 다음과 같이 주어진다.

$$dr^2 = (dq_1 \ \ dq_2 \ \ dq_3)\begin{pmatrix} h_1^2 & 0 & 0 \\ 0 & h_2^2 & 0 \\ 0 & 0 & h_3^2 \end{pmatrix}\begin{pmatrix} dq_1 \\ dq_2 \\ dq_3 \end{pmatrix}$$

여기서 $(dq_1 \ \ dq_2 \ \ dq_3)$는 1×3 행렬로 행 벡터이며 $\begin{pmatrix} dq_1 \\ dq_2 \\ dq_3 \end{pmatrix}$는 3×1 행렬로 열벡터이다.

- **곡선 직교 좌표계의 단위 벡터**

곡선 직교 좌표계에서 위치 벡터 $\boldsymbol{r}$을 q_1, q_2, q_3의 함수 또는 벡터 성분으로 나타내면 다음과 같다.

$$\boldsymbol{r} = \begin{cases} \boldsymbol{r}(q_1, q_2, q_3) \\ h_1 q_1 \hat{q}_1 + h_2 q_2 \hat{q}_2 + h_3 q_3 \hat{q}_3 \end{cases}$$

각 표현의 전 미분을 구하고 두 식을 비교하면 곡선 직교 좌표계의 단위 벡터 $\hat{q}_i$, $(i = 1, 2, 3)$를 구할 수 있다. 즉,

$$d\boldsymbol{r} = \begin{cases} \displaystyle\sum_{i=1}^{3} \frac{\partial \boldsymbol{r}}{\partial q_i} dq_i \\ \displaystyle\sum_{i=1}^{3} h_i dq_i \hat{q}_i \end{cases} \quad \Rightarrow \; h_i \hat{q}_i = \frac{\partial \boldsymbol{r}}{\partial q_i}$$

$$\therefore \; \boxed{\hat{q}_i = \frac{1}{h_i} \frac{\partial \boldsymbol{r}}{\partial q_i}}$$

이 관계식은 임의의 곡선 직교 좌표계의 단위 벡터를 구하는 데 필요한 유용한 식이다.

※ 참고 (선택): 미분 기하학에 의한 곡선 직교 좌표계의 단위 벡터 유도

[부록 2.2] 미분 기하학에서 다룬 프레네-세레 틀 (Frenet-Serret frame)을 이용하여 곡선 직교 좌표계의 단위접선 벡터 (또는 단위 벡터)를 구해보자. (x, y, z) 좌표계 내의 곡선 직교 좌표 (q_1, q_2, q_2)는 각각 좌표축의 세 곡선을 나타낸다.

곡선의 단위접선 벡터 (unit tangent vector)는 $\boldsymbol{T} = \dfrac{d\boldsymbol{r}}{ds}$로 정의되며, $\boldsymbol{r} = x(q_1, q_2, q_3)\hat{x} + y(q_1, q_2, q_3)\hat{y} + z(q_1, q_2, q_3)\hat{z}$는 위치 벡터, ds는 곡선 위의 임의의 점에서 미소 호의 길이 (differential arc length)이다. 편의상, $q_2 = c_2$, $q_3 = c_3$가 상수인 점에서 **곡선** q_1을 생각하면 $dq_2 = dq_3 = 0$이므로 호의 길이 ds_1은 다음과 같다.

$$ds_1 = \sqrt{(dx)^2 + (dy)^2 + (dz)^2}$$

$$= \sqrt{\left(\frac{\partial x}{\partial q_1}\right)^2 + \left(\frac{\partial y}{\partial q_1}\right)^2 + \left(\frac{\partial z}{\partial q_1}\right)^2}\, dq_1 \quad \Leftarrow (\because\ dq_2 = dq_3 = 0)$$

곡선 q_1의 단위접선 벡터 $\boldsymbol{T}_1 = \dfrac{d\boldsymbol{r}}{ds_1}$는 다음과 같이 주어진다.

$$\boldsymbol{T}_1 = \frac{d\boldsymbol{r}}{ds_1} = \frac{1}{\sqrt{\left(\frac{\partial x}{\partial q_1}\right)^2 + \left(\frac{\partial y}{\partial q_1}\right)^2 + \left(\frac{\partial z}{\partial q_1}\right)^2}} \frac{d\boldsymbol{r}}{dq_1}$$

$$= \frac{1}{\sqrt{\left(\frac{\partial x}{\partial q_1}\right)^2 + \left(\frac{\partial y}{\partial q_1}\right)^2 + \left(\frac{\partial z}{\partial q_1}\right)^2}} \left[\frac{dx}{dq_1}\hat{x} + \frac{dy}{dq_1}\hat{y} + \frac{dz}{dq_1}\hat{z}\right]$$

단위접선 벡터의 크기는 $|\boldsymbol{T}_1| = 1$임을 알 수 있다.

한편, 곡선 좌표계에서의 위치 벡터는 $\boldsymbol{r} = h_1 q_1 \hat{q}_1 + h_2 q_2 \hat{q}_2 + h_3 q_3 \hat{q}_3$이므로 $\dfrac{d\boldsymbol{r}}{dq_1} = h_1 \hat{q}_1$ 이다. 따라서 단위접선 벡터 $\boldsymbol{T}_1 = \dfrac{d\boldsymbol{r}}{ds_1}$는 다음과 같이 주어진다.

$$\boldsymbol{T}_1 = \frac{d\boldsymbol{r}}{ds_1} = \frac{1}{\sqrt{\left(\dfrac{\partial x}{\partial q_1}\right)^2 + \left(\dfrac{\partial y}{\partial q_1}\right)^2 + \left(\dfrac{\partial z}{\partial q_1}\right)^2}} \frac{d\boldsymbol{r}}{dq_1}$$

$$= \frac{h_1 \hat{q}_1}{\sqrt{\left(\dfrac{\partial x}{\partial q_1}\right)^2 + \left(\dfrac{\partial y}{\partial q_1}\right)^2 + \left(\dfrac{\partial z}{\partial q_1}\right)^2}}$$

단위접선 벡터의 크기가 $|\boldsymbol{T}_1| = 1$이므로 위의 식에서 길이 인자는 다음과 같다.

$$h_1 = \sqrt{\left(\frac{\partial x}{\partial q_1}\right)^2 + \left(\frac{\partial y}{\partial q_1}\right)^2 + \left(\frac{\partial z}{\partial q_1}\right)^2}$$

단위접선 벡터 $\boldsymbol{T}_1 = \dfrac{d\boldsymbol{r}}{ds_1}$의 두 결과로부터 곡선 직교 좌표계의 단위 벡터는 $\hat{q}_1 = \dfrac{1}{h_1}\dfrac{\partial \boldsymbol{r}}{\partial q_1}$로 주어진다.

같은 방법으로 곡선 q_2와 q_3의 단위접선 벡터도 구할 수 있다.

따라서 곡선 직교 좌표계의 단위 벡터와 길이 인자는 다음과 같이 주어진다.

$$\hat{q}_i = \frac{1}{h_i}\frac{\partial \boldsymbol{r}}{\partial q_i}, \quad (i = 1, 2, 3)$$

$$h_i = \sqrt{\left(\frac{\partial x}{\partial q_i}\right)^2 + \left(\frac{\partial y}{\partial q_i}\right)^2 + \left(\frac{\partial z}{\partial q_i}\right)^2}$$

[예제 3.1] 곡선 (직교) 좌표계: 계량 계수, 길이 인자와 단위 벡터

좌표 변환 관계식 $x = \alpha u + \beta v$, $y = \gamma u + \delta v$에 대해 다음을 구하라. 여기서 $u \equiv q_1$, $v \equiv q_2$이며 $\alpha, \beta, \gamma, \delta$는 상수이며 위치 벡터 $\boldsymbol{r}$은 $\boldsymbol{r} = x\hat{x} + y\hat{y}$이다.

(1) 자코비안 행렬 $J(u, v) = \dfrac{\partial(x, y)}{\partial(u, v)}$와 전치 행렬 $J(u, v)^T$의 행렬 곱 $J(u, v)^T J(u, v)$을 구하라.

(2) 데카르트 직교 좌표계의 미소 변위는 $d\boldsymbol{r} = d\boldsymbol{r}(q_1, q_2) = \sum_{i=1}^{2} \dfrac{\partial \boldsymbol{r}}{\partial q_i} dq_i$이다. $dr^2 = d\boldsymbol{r} \cdot d\boldsymbol{r}$을 사용하여 계량 계수 $g_{ij} = h_{ij}^2$을 유도하고 각 성분을 구하라.

(3) 곡선 좌표계의 미소 변위는 $dr = \sum_{i=1}^{2} h_i dq_i \hat{q}_i$이다. $dr^2 = d\boldsymbol{r} \cdot d\boldsymbol{r}$을 구하라. 여기서 $h_i\ (i = 1, 2)$는 길이 인자이며 $\hat{q}_i$는 단위 벡터이다.

(4) (2)과 (3)의 결과를 결합하여 h_{ij}^2와 길이 인자 h_i의 관계식을 구하라.

(5) 단위 벡터 $\hat{u} \equiv \hat{q}_1$, $\hat{v} \equiv \hat{q}_2$를 구하고 단위 벡터가 직교인 조건 $\hat{q}_i \cdot \hat{q}_j = \delta_{ij}$을 구하라.

(6) 곡선 좌표계가 직교 좌표계일 때 (4)의 결과로 길이 인자 $h_i\ (i = 1, 2)$를 구하라.

(7) (1)에서 구한 자코비안 행렬 곱 $[J(u, v)]^T J(u, v)$은 (2)에서 구한 계량 텐서 $(g_{ij}) \equiv (h_{ij}^2)$, $(i, j = 1, 2)$와 같음을 보여라.
또, 곡선 직교 좌표계에서는 어떻게 표현되는가?

[풀이]

(1) 좌표 변환 관계식 $x = \alpha u + \beta v$, $y = \gamma u + \delta v$에 대해 자코비안 행렬의 정의 $J(u, v) = \dfrac{\partial(x, y)}{\partial(u, v)}$를 사용하면 다음과 같이 주어진다.

$$J(u,v) = \frac{\partial(x, y)}{\partial(u, v)} = \begin{pmatrix} \dfrac{\partial x}{\partial u} & \dfrac{\partial x}{\partial v} \\ \dfrac{\partial y}{\partial u} & \dfrac{\partial y}{\partial v} \end{pmatrix} = \begin{pmatrix} \alpha & \beta \\ \gamma & \delta \end{pmatrix}$$

한편 좌표 변환 관계식에서 미소 변위 dx, dy를 행렬로 표현하여도 같은 결과를 얻는다. 즉,

$$\begin{cases} dx = \alpha\, du + \beta dv, \\ dy = \gamma\, du + \delta dv \end{cases} \Rightarrow \begin{pmatrix} dx \\ dy \end{pmatrix} = \begin{pmatrix} \alpha & \beta \\ \gamma & \delta \end{pmatrix} \begin{pmatrix} du \\ dv \end{pmatrix} \equiv J(u,v) \begin{pmatrix} du \\ dv \end{pmatrix}$$

자코비안 행렬의 전치 행렬 $J(u,v)^T$은 $J(u,v)^T = \begin{pmatrix} \dfrac{\partial x}{\partial u} & \dfrac{\partial y}{\partial u} \\ \dfrac{\partial x}{\partial v} & \dfrac{\partial y}{\partial v} \end{pmatrix} = \begin{pmatrix} \alpha & \gamma \\ \beta & \delta \end{pmatrix}$이므로 행렬 곱 $J(u,v)^T J(u,v)$은 다음과 같이 대칭 행렬로 주어진다.

$$J(u,v)^T J(u,v) = \begin{pmatrix} \alpha & \gamma \\ \beta & \delta \end{pmatrix} \begin{pmatrix} \alpha & \beta \\ \gamma & \delta \end{pmatrix} = \begin{pmatrix} \alpha^2 + \gamma^2 & \alpha\beta + \gamma\delta \\ \alpha\beta + \gamma\delta & \beta^2 + \delta^2 \end{pmatrix}$$

(2) 데카르트 직교 좌표계의 위치 벡터는 $\boldsymbol{r}(q_1, q_2) = x\hat{x} + y\hat{y}$이며 곡선 좌표 q_1, q_2의 함수이다. 미소 변위는 전 미분으로 $d\boldsymbol{r} = d\boldsymbol{r}(q_1, q_2) = \sum_{i=1}^{2} \frac{\partial \boldsymbol{r}}{\partial q_i} dq_i$ 이므로 $dr^2 = d\boldsymbol{r} \cdot d\boldsymbol{r}$은 다음과 같다.

$$\begin{aligned} dr^2 &= \sum_{i,j=1}^{2} \frac{\partial \boldsymbol{r}}{\partial q_i} \cdot \frac{\partial \boldsymbol{r}}{\partial q_j} dq_i dq_j \\ &= \sum_{i,j=1}^{2} \left(\frac{\partial x}{\partial q_i} \frac{\partial x}{\partial q_j} + \frac{\partial y}{\partial q_i} \frac{\partial y}{\partial q_j} \right) dq_i dq_j \equiv \sum_{i,j=1}^{2} h_{ij}^2 dq_i dq_j \end{aligned}$$

여기서 계량 계수 $g_{ij}=h_{ij}^2$는 다음과 같이 주어진다.

$$\therefore\ g_{ij}=h_{ij}^2=\frac{\partial x}{\partial q_i}\frac{\partial x}{\partial q_j}+\frac{\partial y}{\partial q_i}\frac{\partial y}{\partial q_j}$$

변환 관계식 $x=\alpha u+\beta v$, $y=\gamma u+\delta v$을 사용하면 $g_{ij}=h_{ij}^2$의 성분은 다음과 같다.

$$h_{11}^2=\alpha^2+\gamma^2,\qquad h_{12}^2=\alpha\beta+\gamma\delta,$$
$$h_{21}^2=\alpha\beta+\gamma\delta,\qquad h_{22}^2=\beta^2+\delta^2$$

여기서 $h_{12}^2=h_{21}^2$이다.

(3) 곡선 좌표계의 미소 변위는 $d\boldsymbol{r}=\sum_{i=1}^{2}h_i\,dq_i\,\hat{q}_i$ 이므로 $dr^2=d\boldsymbol{r}\cdot d\boldsymbol{r}$은 다음과 같다.

$$dr^2=\left(\sum_{i=1}^{2}h_i\,dq_i\,\hat{q}_i\right)\cdot\left(\sum_{j=1}^{2}h_j\,dq_j\,\hat{q}_j\right)=\sum_{i,j=1}^{2}h_ih_j\,dq_i\,dq_j\,\hat{q}_i\cdot\hat{q}_j$$

여기서 $h_i\,(i=1,2,3)$는 길이 인자이며 $\hat{q}_i$는 단위 벡터이다.

(4) (2)와 (3)의 결과를 결합하면 h_{ij}^2와 길이 인자 h_i의 관계식은 다음과 같다.

$$h_{ij}^2=h_ih_j\,\hat{q}_i\cdot\hat{q}_j=\frac{\partial x}{\partial q_i}\frac{\partial x}{\partial q_j}+\frac{\partial y}{\partial q_i}\frac{\partial y}{\partial q_j},\ \ (i,j=1,2)$$

(5) (2)와 (3)의 미소 변위 $d\boldsymbol{r}=\sum_{i=1}^{2}\frac{\partial \boldsymbol{r}}{\partial q_i}dq_i$와 $d\boldsymbol{r}=\sum_{i=1}^{2}h_i\,dq_i\,\hat{q}_i$를 비교하면

단위 벡터 $\hat{q}_i$는 다음과 같이 주어진다.

$$\hat{q}_i = \frac{1}{h_i}\frac{\partial \boldsymbol{r}}{\partial q_i} = \frac{1}{h_i}\left(\frac{\partial x}{\partial q_i}\hat{x} + \frac{\partial y}{\partial q_i}\hat{y}\right), \quad (i = 1, 2)$$

따라서 단위 벡터 $\hat{u} \equiv \hat{q}_1$, $\hat{v} \equiv \hat{q}_2$는 다음과 같이 주어진다.

$$\hat{q}_1 = \hat{u} = \frac{1}{h_u}\frac{\partial \boldsymbol{r}}{\partial u} = \frac{1}{h_u}\left(\frac{\partial x}{\partial u}\hat{x} + \frac{\partial y}{\partial u}\hat{y}\right) = \frac{1}{h_u}(\alpha\hat{x} + \gamma\hat{y})$$
$$\hat{q}_2 = \hat{v} = \frac{1}{h_v}\frac{\partial \boldsymbol{r}}{\partial v} = \frac{1}{h_v}\left(\frac{\partial x}{\partial v}\hat{x} + \frac{\partial y}{\partial v}\hat{y}\right) = \frac{1}{h_v}(\beta\hat{x} + \delta\hat{y})$$

단위 벡터가 직교인 조건은 $\hat{q}_i \cdot \hat{q}_j = \delta_{ij}$ 이므로 다음 관계식을 얻는다.

$$\hat{q}_1 \cdot \hat{q}_1 = \hat{u} \cdot \hat{u} = \frac{1}{h_u^2}(\alpha^2 + \gamma^2) = 1 \quad \Rightarrow \quad \therefore h_u = \sqrt{\alpha^2 + \gamma^2}$$
$$\hat{q}_2 \cdot \hat{q}_2 = \hat{v} \cdot \hat{v} = \frac{1}{h_v^2}(\beta^2 + \delta^2) = 1 \quad \Rightarrow \quad \therefore h_v = \sqrt{\beta^2 + \delta^2}$$
$$\hat{q}_1 \cdot \hat{q}_2 = \hat{u} \cdot \hat{v} = \frac{1}{h_u h_v}(\alpha\beta + \gamma\delta) = 0 \Rightarrow \quad \therefore \alpha\beta + \gamma\delta = 0$$

(6) 직교 좌표계에서 $\hat{q}_i \cdot \hat{q}_j = \delta_{ij}$ 이므로 (4)에서 길이 인자 h_i는 다음과 같다.

$$h_i = h_{ii} = \sqrt{\left(\frac{\partial x}{\partial q_i}\right)^2 + \left(\frac{\partial y}{\partial q_i}\right)^2}$$

따라서 길이 인자는 다음과 같이 주어진다.

$$h_1 = h_u = \sqrt{\left(\frac{\partial x}{\partial u}\right)^2 + \left(\frac{\partial y}{\partial u}\right)^2} = \sqrt{\alpha^2 + \gamma^2}\,,$$
$$h_2 = h_v = \sqrt{\left(\frac{\partial x}{\partial v}\right)^2 + \left(\frac{\partial y}{\partial v}\right)^2} = \sqrt{\beta^2 + \delta^2}$$

(7) (1)에서 구한 행렬의 곱 $J(u, v)^T J(u, v)$은 다음과 같다.

$$J(u, v)^T J(u, v) = \begin{pmatrix} \alpha & \gamma \\ \beta & \delta \end{pmatrix}\begin{pmatrix} \alpha & \beta \\ \gamma & \delta \end{pmatrix} = \begin{pmatrix} \alpha^2 + \gamma^2 & \alpha\beta + \gamma\delta \\ \alpha\beta + \gamma\delta & \beta^2 + \delta^2 \end{pmatrix}$$

한편, (2)에서 계량 계수의 성분을 사용하면 계량 텐서는 다음과 같이 주어진다.

$$(g_{ij}) \equiv (h_{ij}^2) = \begin{pmatrix} h_{11}^2 & h_{12}^2 \\ h_{21}^2 & h_{22}^2 \end{pmatrix} = \begin{pmatrix} \alpha^2 + \gamma^2 & \alpha\beta + \gamma\delta \\ \alpha\beta + \gamma\delta & \beta^2 + \delta^2 \end{pmatrix}$$

따라서 $[J(q_1, q_2)]^T J(q_1, q_2) = (g_{ij}) \equiv (h_{ij}^2)$, $(i, j = 1, 2)$ 이다.

(5)에서 구한 단위 벡터가 직교인 조건 $\alpha\beta + \gamma\delta = 0$을 사용하면 계량 텐서는 다음과 같다.

$$J(u, v)^T J(u, v) = \begin{pmatrix} \alpha^2 + \gamma^2 & 0 \\ 0 & \beta^2 + \delta^2 \end{pmatrix} = \begin{pmatrix} h_{11}^2 & 0 \\ 0 & h_{22}^2 \end{pmatrix} = \begin{pmatrix} h_1^2 & 0 \\ 0 & h_2^2 \end{pmatrix}$$

■

[예제 3.2] 2차원 극 좌표계 (Polar coordinate system)

2차원 극 좌표계의 좌표 변환 관계식 $x = r\cos\theta$, $y = r\sin\theta$에 대해 다음을 구하라. 극좌표 (r, θ)에서 $r = \sqrt{x^2 + y^2}$은 반지름, $\theta = \tan^{-1}\left(\frac{y}{x}\right)$는 극 각 (polar angle)이며 범위는 $0 \le r \le \infty$, $0 \le \theta \le 2\pi$이다.

위치 벡터 $\boldsymbol{r}$은 $\boldsymbol{r} = x\hat{x} + y\hat{y}$이며 $r \equiv q_1$, $\theta \equiv q_2$이다.

(1) 자코비안 행렬 $J(r,\theta) = \dfrac{\partial(x, y)}{\partial(r, \theta)}$과 전치 행렬 $J(r,\theta)^T$의 행렬 곱 $J(r,\theta)^T J(r,\theta)$를 구하라.

(2) 데카르트 직교 좌표계의 미소 변위는 $d\boldsymbol{r} = d\boldsymbol{r}(q_1, q_2) = \sum_{i=1}^{2} \dfrac{\partial \boldsymbol{r}}{\partial q_i} dq_i$이다.

$dr^2 = d\boldsymbol{r} \cdot d\boldsymbol{r}$을 사용하여 계량 계수 $g_{ij} = h_{ij}^2$을 유도하고 각 성분을 구하라. 계량 텐서 $(g_{ij}) \equiv (h_{ij}^2)$, $(i, j = 1, 2)$는 (1)의 자코비안 행렬 곱 $J(r,\theta)^T J(r,\theta)$와 같음을 보이고 길이 인자 $h_i \equiv h_{ii}\ (i = 1, 2)$를 구하라.

(3) $d\boldsymbol{r} = \sum_{i=1}^{2} \dfrac{\partial \boldsymbol{r}}{\partial q_i} dq_i$와 곡선 좌표계의 미소 변위 $d\boldsymbol{r} = \sum_{i=1}^{2} h_i\, dq_i\, \hat{q}_i$를 비교하여 단위 벡터 $\hat{q}_i$을 구하라. 단위 벡터가 직교인 조건 $\hat{q}_i \cdot \hat{q}_j = \delta_{ij}$을 사용하여 길이 인자 $h_i\ (i = 1, 2)$를 구하라.

(4) 자코비안 행렬식 (determinant)의 절댓값이 길이 인자의 곱 $h_1 h_2$와 같음을 보여라. 즉, $\| J(r,\theta) \| = |\det(J(r,\theta)| = h_1 h_2$이다.

[풀이]

(1) 자코비안 행렬의 정의 $J(u, v) = \dfrac{\partial(x, y)}{\partial(u, v)}$를 사용하면 다음과 같이 주어진다.

$$J(r,\theta) = \frac{\partial(x, y)}{\partial(r, \theta)} = \begin{pmatrix} \dfrac{\partial x}{\partial r} & \dfrac{\partial x}{\partial \theta} \\ \dfrac{\partial y}{\partial r} & \dfrac{\partial y}{\partial \theta} \end{pmatrix} = \begin{pmatrix} \cos\theta & -r\sin\theta \\ \sin\theta & r\cos\theta \end{pmatrix}$$

한편 좌표 변환 관계식에서 미소 변위 dx, dy를 행렬로 표현하여도 같은 결과를 얻는다. 즉,

$$\begin{cases} dx = \cos\theta\, dr - r\sin\theta\, d\theta, \\ dy = \sin\theta\, dr + r\cos\theta\, d\theta \end{cases}$$

$$\Rightarrow \begin{pmatrix} dx \\ dy \end{pmatrix} = \begin{pmatrix} \cos\theta & -r\sin\theta \\ \sin\theta & r\cos\theta \end{pmatrix} \begin{pmatrix} dr \\ d\theta \end{pmatrix} \equiv J(r,\theta) \begin{pmatrix} dr \\ d\theta \end{pmatrix}$$

자코비안 행렬의 전치 행렬 $J(r,\theta)^T$는 $J(r,\theta)^T = \begin{pmatrix} \cos\theta & \sin\theta \\ -r\sin\theta & r\cos\theta \end{pmatrix}$이므로 행렬 곱 $J(r,\theta)^T J(r,\theta)$은 다음과 같이 대각 행렬 (diagonal matrix)로 주어진다.

$$J(r,\theta)^T J(r,\theta) = \begin{pmatrix} \cos\theta & \sin\theta \\ -r\sin\theta & r\cos\theta \end{pmatrix} \begin{pmatrix} \cos\theta & -r\sin\theta \\ \sin\theta & r\cos\theta \end{pmatrix} = \begin{pmatrix} 1 & 0 \\ 0 & r^2 \end{pmatrix}$$

(2) 데카르트 직교 좌표계의 미소 변위는 $d\boldsymbol{r} = d\boldsymbol{r}(q_1, q_2) = \sum_{i=1}^{2} \frac{\partial \boldsymbol{r}}{\partial q_i} dq_i$이며 $\boldsymbol{r} = x\hat{x} + y\hat{y}$이므로 $dr^2 = d\boldsymbol{r} \cdot d\boldsymbol{r}$은 다음과 같다.

$$\begin{aligned} dr^2 &= \sum_{i,j=1}^{2} \frac{\partial \boldsymbol{r}}{\partial q_i} \cdot \frac{\partial \boldsymbol{r}}{\partial q_j} dq_i dq_j \\ &= \sum_{i,j=1}^{2} \left(\frac{\partial x}{\partial q_i} \frac{\partial x}{\partial q_j} + \frac{\partial y}{\partial q_i} \frac{\partial y}{\partial q_j} \right) dq_i dq_j \equiv \sum_{i,j=1}^{2} h_{ij}^2 dq_i dq_j \end{aligned}$$

계량 계수 $g_{ij} = h_{ij}^2$는 다음과 같이 주어진다.

$$\therefore\ g_{ij} = h_{ij}^2 = \frac{\partial x}{\partial q_i} \frac{\partial x}{\partial q_j} + \frac{\partial y}{\partial q_i} \frac{\partial y}{\partial q_j}$$

여기서 $r \equiv q_1$, $\theta \equiv q_2$이므로 계량 계수의 성분은 다음과 같다.

$$h_{11}^2 = \left(\frac{\partial x}{\partial r}\right)^2 + \left(\frac{\partial y}{\partial r}\right)^2 = 1, \qquad h_{12}^2 = \frac{\partial x}{\partial r}\frac{\partial x}{\partial \theta} + \frac{\partial y}{\partial r}\frac{\partial y}{\partial \theta} = 0$$

$$h_{21}^2 = h_{12}^2 = 0, \qquad h_{22}^2 = \left(\frac{\partial x}{\partial \theta}\right)^2 + \left(\frac{\partial y}{\partial \theta}\right)^2 = r^2$$

$h_{12}^2 = h_{21}^2 = 0$이므로 계량 텐서 $(g_{ij}) \equiv (h_{ij}^2)$, $(i, j = 1, 2)$는 다음과 같이 대각 행렬로 주어진다.

$$(g_{ij}) \equiv (h_{ij}^2) = \begin{pmatrix} h_{11}^2 & h_{12}^2 \\ h_{21}^2 & h_{22}^2 \end{pmatrix} = \begin{pmatrix} 1 & 0 \\ 0 & r^2 \end{pmatrix}$$

따라서 (1)의 결과와 비교하면 $[J(r, \theta)]^T J(r, \theta) = (g_{ij}) \equiv (h_{ij}^2)$이다.

한편, 길이 인자 $h_i \equiv h_{ii}$ $(i = 1, 2)$는 $h_1 = h_{11} = 1$, $h_2 = h_{22} = r$이다.

(3) $d\boldsymbol{r} = \sum_{i=1}^{2} \frac{\partial \boldsymbol{r}}{\partial q_i} dq_i$와 곡선 좌표계의 미소 변위 $d\boldsymbol{r} = \sum_{i=1}^{2} h_i dq_i \hat{q}_i$를 비교하면 단위 벡터 $\hat{q}_i$는 다음과 같다.

$$\hat{q}_i = \frac{1}{h_i}\frac{\partial \boldsymbol{r}}{\partial q_i} = \frac{1}{h_i}\left(\frac{\partial x}{\partial q_i}\hat{x} + \frac{\partial y}{\partial q_i}\hat{y}\right), \quad (i = 1, 2)$$

따라서 단위 벡터 $\hat{q}_1 \equiv \hat{r}$, $\hat{q}_2 \equiv \hat{\theta}$는 다음과 같이 주어진다.

$$\hat{q}_1 = \hat{r} = \frac{1}{h_r}\frac{\partial \boldsymbol{r}}{\partial r} = \frac{1}{h_r}\left(\frac{\partial x}{\partial r}\hat{x} + \frac{\partial y}{\partial r}\hat{y}\right) = \frac{1}{h_r}(\cos\theta\,\hat{x} + \sin\theta\,\hat{y})$$

$$\hat{q}_2 = \hat{\theta} = \frac{1}{h_\theta}\frac{\partial \boldsymbol{r}}{\partial \theta} = \frac{1}{h_\theta}\left(\frac{\partial x}{\partial \theta}\hat{x} + \frac{\partial y}{\partial \theta}\hat{y}\right) = \frac{1}{h_\theta}(-r\sin\theta\,\hat{x} + r\cos\theta\,\hat{y})$$

단위 벡터가 직교인 조건은 $\hat{q}_i \cdot \hat{q}_j = \delta_{ij}$이므로 다음 관계식을 얻는다.

$$\hat{q}_1 \cdot \hat{q}_1 = \hat{r} \cdot \hat{r} = \frac{1}{h_r^2} = 1 \quad \Rightarrow \therefore\ h_1 = h_r = 1$$

$$\hat{q}_2 \cdot \hat{q}_2 = \hat{\theta} \cdot \hat{\theta} = \frac{r^2}{h_\theta^2} = 1 \quad \Rightarrow \therefore\ h_2 = h_\theta = r$$

$$\hat{q}_1 \cdot \hat{q}_2 = \hat{r} \cdot \hat{\theta} = \frac{-r\cos\theta\sin\theta + r\cos\theta\sin\theta}{h_r h_\theta} = 0$$

극 좌표계의 단위 벡터는 직교하며, 길이 인자는 $h_r = 1$, $h_\theta = r$이다.

(4) 자코비안 행렬식 (determinant)을 구하면 다음과 같다.

$$\det(J(r,\theta)) = \begin{vmatrix} \frac{\partial x}{\partial r} & \frac{\partial x}{\partial \theta} \\ \frac{\partial y}{\partial r} & \frac{\partial y}{\partial \theta} \end{vmatrix} = \begin{vmatrix} \cos\theta & -r\sin\theta \\ \sin\theta & r\cos\theta \end{vmatrix} = r$$

일반적으로 행렬식은 음의 값을 가질 수도 있으므로 절댓값을 취하면 $\| J(r,\theta) \| = |\det(J(r,\theta)| = |r| = r\ (\geq 0)$이며 극 좌표계의 길이 인자의 곱 $h_r h_\theta = r$과 같다.

■

3.2 직교 곡선 좌표계의 벡터 미분 연산자 (Differential Vector Operators in Curvilinear Coordinate System)

3.2.1 그래디언트 (gradient), ∇f 유도

데카르트 좌표계에서 스칼라 함수 $f(x,y,z)$의 전 미분 (total differential)과 그래디언트 ∇f의 관계는 2장에서 다루었다. 전 미분 $df(x,y,z)$는 다음과 같이 주어진다.

$$\begin{aligned} df &= \frac{\partial f}{\partial x}dx + \frac{\partial f}{\partial y}dy + \frac{\partial f}{\partial z}dz \\ &= \left(\frac{\partial f}{\partial x}\hat{x} + \frac{\partial f}{\partial y}\hat{y} + \frac{\partial f}{\partial z}\hat{z}\right) \cdot (dx\hat{x} + dy\hat{y} + dz\hat{z}) \\ &= \nabla f \cdot d\boldsymbol{r} \end{aligned}$$

여기서 $\nabla f = \frac{\partial f}{\partial x}\hat{x} + \frac{\partial f}{\partial y}\hat{y} + \frac{\partial f}{\partial z}\hat{z}$이며 미소 변위는 $d\boldsymbol{r} = dx\hat{x} + dy\hat{y} + dz\hat{z}$이다. 곡선 직교 좌표계 (q_1, q_2, q_3)에서 스칼라 함수는 $f(q_1, q_2, q_3)$로 표현이 되며 전 미분은 다음과 같이 주어진다.

$$df = \frac{\partial f}{\partial q_1}dq_1 + \frac{\partial f}{\partial q_2}dq_2 + \frac{\partial f}{\partial q_3}dq_3$$

일반적으로 곡선 직교 좌표의 미분 $dq_i\ (i = 1, 2, 3)$는 길이의 차원이 아닐 수도 있으므로 길이 인자 h_i를 고려하면 미소 변위는 $d\boldsymbol{r} = h_1 dq_1 \hat{q}_1 + h_2 dq_2 \hat{q}_2 + h_3 dq_3 \hat{q}_3$이다. 따라서 스칼라 함수 $f(q_1, q_2, q_3)$의 전 미분에 대해서도 길이 인자와 직교 조건 $\hat{q}_i \cdot \hat{q}_j = \delta_{ij}$을 고려하면, 곡선 직교 좌표계 (q_1, q_2, q_3)에서 전 미분 df는 다음과 같이 주어진다.

$$
\begin{aligned}
df &= \frac{\partial f}{\partial q_1} dq_1 + \frac{\partial f}{\partial q_2} dq_2 + \frac{\partial f}{\partial q_3} dq_3 \\
&= \frac{1}{h_1} \frac{\partial f}{\partial q_1} h_1 dq_1 + \frac{1}{h_2} \frac{\partial f}{\partial q_2} h_2 dq_2 + \frac{1}{h_3} \frac{\partial f}{\partial q_3} h_3 dq_3 \\
&= \left(\frac{1}{h_1} \frac{\partial f}{\partial q_1} \hat{q}_1 + \frac{1}{h_2} \frac{\partial f}{\partial q_2} \hat{q}_2 + \frac{1}{h_3} \frac{\partial f}{\partial q_3} \hat{q}_3 \right) \\
&\bullet \left(h_1 dq_1 \hat{q}_1 + h_2 dq_2 \hat{q}_2 + h_3 dq_3 \hat{q}_3 \right) \\
&\equiv \nabla f \bullet d\boldsymbol{r}
\end{aligned}
$$

따라서 곡선 직교 좌표계 (q_1, q_2, q_3)에서 ∇f는 다음과 같이 주어진다.

$$
\therefore \quad \boxed{\nabla f = \frac{1}{h_1} \frac{\partial f}{\partial q_1} \hat{q}_1 + \frac{1}{h_2} \frac{\partial f}{\partial q_2} \hat{q}_2 + \frac{1}{h_3} \frac{\partial f}{\partial q_3} \hat{q}_3}
$$

3.2.2 다이버전스 (divergence): $\nabla \cdot A$ 유도

곡선 직교 좌표계에서 벡터 함수 $\boldsymbol{A}(q_1, q_2, q_3)$의 발산 (divergence)을 구하기 위해 $\boldsymbol{A}(q_1, q_2, q_3)$를 다음과 같이 변형하자.

$$\begin{aligned}\boldsymbol{A}(q_1, q_2, q_3) &= A_1\hat{q}_1 + A_2\hat{q}_2 + A_3\hat{q}_3 \\ &= (h_2h_3A_1)\frac{\hat{q}_1}{h_2h_3} + (h_1h_3A_2)\frac{\hat{q}_2}{h_1h_3} + (h_1h_2A_3)\frac{\hat{q}_3}{h_1h_2}\end{aligned}$$

벡터 함수 $\boldsymbol{A}(q_1, q_2, q_3)$의 발산 $\nabla \cdot \boldsymbol{A}$는 다음과 같이 세 개의 항으로 주어진다.

$$\begin{aligned}\nabla \cdot \boldsymbol{A} &= \underbrace{\nabla \cdot \left[(h_2h_3A_1)\frac{\hat{q}_1}{h_2h_3}\right]}_{\text{첫째 항}} \\ &\quad + \underbrace{\nabla \cdot \left[(h_1h_3A_2)\frac{\hat{q}_2}{h_1h_3}\right]}_{\text{둘째 항}} \\ &\quad + \underbrace{\nabla \cdot \left[(h_1h_2A_3)\frac{\hat{q}_3}{h_1h_2}\right]}_{\text{세째 항}}\end{aligned}$$

스칼라 함수 f와 벡터 함수 $\boldsymbol{A}$의 곱에 대한 벡터 항등식 $\nabla \cdot (f\boldsymbol{A}) = \nabla f \cdot \boldsymbol{A} + f\nabla \cdot \boldsymbol{A}$을 사용하여 위 식의 첫째 항의 $\nabla \cdot \boldsymbol{A}$를 계산하자.

<u>첫째 항:</u>

$$\nabla \cdot \left[(h_2h_3A_1)\frac{\hat{q}_1}{h_2h_3}\right] = \nabla(h_2h_3A_1) \cdot \frac{\hat{q}_1}{h_2h_3} + (h_2h_3A_1)\underbrace{\nabla \cdot \left(\frac{\hat{q}_1}{h_2h_3}\right)}_{=0}$$

여기서 우변의 둘째 항은 0이 된다. 즉,

$$(h_2 h_3 A_1)\nabla \cdot \left(\frac{\hat{q}_1}{h_2 h_3}\right) = 0$$

이 관계식의 증명은 예제 3.3을 참고하면 된다.

<u>첫째 항:</u> $\nabla \cdot \left[(h_2h_3A_1)\frac{\hat{q}_1}{h_2h_3}\right] = \frac{\hat{q}_1}{h_2h_3} \cdot \nabla(h_2h_3A_1)$

$h_2 h_3 A_1 \equiv f$인 스칼라 함수라 두고 ∇f의 정의에 대입하면 $\nabla(h_2h_3A_1) = \frac{1}{h_1}\frac{\partial(h_2h_3A_1)}{\partial q_1}\hat{q}_1 + \frac{1}{h_2}\frac{\partial(h_2h_3A_1)}{\partial q_2}\hat{q}_2 + \frac{1}{h_3}\frac{\partial(h_2h_3A_1)}{\partial q_3}\hat{q}_3$이므로 첫째 항은 직교 조건 $\hat{q}_i \cdot \hat{q}_j = \delta_{ij}$을 고려하면 다음과 같이 같이 주어진다.

$$\begin{aligned}\text{첫째 항} &= \nabla \cdot \left[(h_2h_3A_1)\frac{\hat{q}_1}{h_2h_3}\right] = \frac{\hat{q}_1}{h_2h_3} \cdot \nabla(h_2h_3A_1) \\ &= \frac{1}{h_1h_2h_3}\frac{\partial(h_2h_3A_1)}{\partial q_1}\end{aligned}$$

같은 방법으로 둘째 항과 셋째 항을 계산하면 다음과 같다.

$$\text{둘째 항} = \nabla \cdot \left[(h_3h_1A_2)\frac{\hat{q}_2}{h_3h_1}\right] = \frac{1}{h_1h_2h_3}\frac{\partial(h_3h_1A_2)}{\partial q_2}$$

$$\text{세째 항} = \nabla \cdot \left[(h_1h_2A_3)\frac{\hat{q}_3}{h_1h_2}\right] = \frac{1}{h_1h_2h_3}\frac{\partial(h_1h_2A_3)}{\partial q_3}$$

세 항을 모두 합하면 곡선 직교 좌표계에서 벡터 함수의 발산 $\nabla \cdot \boldsymbol{A}$를 얻는다.

$$\therefore \quad \boxed{\nabla \cdot \boldsymbol{A} = \frac{1}{h_1 h_2 h_3}\left[\frac{\partial}{\partial q_1}(h_2 h_3 A_1) + \frac{\partial}{\partial q_2}(h_1 h_3 A_2) + \frac{\partial}{\partial q_3}(h_1 h_2 A_3)\right]}$$

레비치비타 기호 ϵ_{ijk}를 사용하여 축약하면 다음과 같이 간단하게 표현할 수도 있다.

$$\nabla \cdot \boldsymbol{A} = \frac{1}{h_1 h_2 h_3} \sum_{i=1}^{3} \frac{|\epsilon_{ijk}|}{2} \frac{\partial}{\partial q_i}(A_i h_j h_k), \quad (j, k = 1, 2, 3)$$

여기서, $\sum$ 내의 $\frac{1}{2}$은 $|\epsilon_{ijk}| = |\epsilon_{ikj}|$, $(j \neq k)$이므로 q_i에 대한 편미분이 중복으로 표현되는 것을 방지하는 인자이다.

[예제 3.3] $\epsilon_{ijk} \nabla \cdot \left(\frac{\hat{q}_k}{h_i h_j} \right) = 0 \ (i, j = 1, 2, 3)$임을 증명하라.

여기서 $\epsilon_{ijk}\ (i, j = 1, 2, 3)$는 레비치비타 기호이다.

[풀이]

$\nabla f = \frac{1}{h_1} \frac{\partial f}{\partial q_1} \hat{q}_1 + \frac{1}{h_2} \frac{\partial f}{\partial q_2} \hat{q}_2 + \frac{1}{h_3} \frac{\partial f}{\partial q_3} \hat{q}_3$이므로 $f = q_1$을 대입하면 다음과 같다.

$$\nabla q_1 = \frac{1}{h_1} \frac{\partial q_1}{\partial q_1} \hat{q}_1 + \frac{1}{h_2} \frac{\partial q_1}{\partial q_2} \hat{q}_2 + \frac{1}{h_3} \frac{\partial q_1}{\partial q_3} \hat{q}_3 = \frac{1}{h_1} \hat{q}_1$$

같은 방법으로 $f = q_2$ 또는 $f = q_3$에 대해 $\nabla q_2 = \frac{1}{h_2} \hat{q}_2$, $\nabla q_3 = \frac{1}{h_3} \hat{q}_3$을 얻는다.

즉, $\nabla q_i = \frac{1}{h_i} \hat{q}_i \ (i = 1, 2, 3)$ 또는 단위 벡터는 $\hat{q}_i \equiv h_i \nabla q_i$이다.

단위 벡터들의 벡터 곱은 $\hat{q}_i \times \hat{q}_j = \epsilon_{ijk} \hat{q}_k$, $(i, j, k = 1, 2, 3)$이므로

$\nabla q_i \times \nabla q_j = \frac{1}{h_i h_j} \hat{q}_i \times \hat{q}_j = \epsilon_{ijk} \frac{\hat{q}_k}{h_i h_j}$ 이다.

따라서 $\nabla \cdot (\nabla q_i \times \nabla q_j) = \nabla \cdot \left(\epsilon_{ijk} \frac{\hat{q}_k}{h_i h_j} \right) = \epsilon_{ijk} \nabla \cdot \left(\frac{\hat{q}_k}{h_i h_j} \right) = 0$임을 보이면 된다.

$\boldsymbol{A} = \nabla q_i$, $\boldsymbol{B} = \nabla q_j$라 두고 벡터 항등식 $\nabla \cdot (\boldsymbol{A} \times \boldsymbol{B}) = \boldsymbol{B} \cdot \nabla \times \boldsymbol{A} - \boldsymbol{A} \cdot \nabla \times \boldsymbol{B}$와 $\nabla \times \nabla f = 0$을 이용하자.

$$\nabla \cdot (\nabla q_i \times \nabla q_j) = \nabla q_j \cdot \underbrace{(\nabla \times \nabla q_i)}_{\nabla \times \nabla f = 0} - \nabla q_i \cdot \underbrace{(\nabla \times \nabla q_j)}_{\nabla \times \nabla f = 0} = 0$$

$$\therefore \ \epsilon_{ijk} \nabla \cdot \left(\frac{\hat{q}_k}{h_i h_j} \right) = 0, \ (i, j, k = 1, 2, 3)$$

■

3.2.3 라플라시안 (Laplacian): $\nabla^2\Psi$ 유도

곡선 직교 좌표계에서 스칼라 함수 $\Psi(q_1, q_2, q_3)$의 라플라시안 $\nabla^2\Psi$을 구하여 보자. 3.2.2절에서 구한 스칼라 함수 Ψ의 $\nabla\Psi$와 벡터 함수 $\boldsymbol{A}$의 $\nabla\cdot\boldsymbol{A}$ 관계식을 이용한다.

$$\begin{aligned}\nabla^2\Psi &= \nabla\cdot\nabla\Psi \\ &= \nabla\cdot\left[\frac{1}{h_1}\frac{\partial\Psi}{\partial q_1}\hat{q_1} + \frac{1}{h_2}\frac{\partial\Psi}{\partial q_2}\hat{q_2} + \frac{1}{h_3}\frac{\partial\Psi}{\partial q_3}\hat{q_3}\right]\end{aligned}$$

$\dfrac{1}{h_1}\dfrac{\partial\Psi}{\partial q_1} = A_1$, $\dfrac{1}{h_2}\dfrac{\partial\Psi}{\partial q_2} = A_2$, $\dfrac{1}{h_3}\dfrac{\partial\Psi}{\partial q_3} = A_3$라 두면 위의 $\nabla^2\Psi$은 다음과 같다.

$$\nabla^2\Psi = \nabla\cdot\left[A_1\hat{q_1} + A_2\hat{q_2} + A_3\hat{q_3}\right] \equiv \nabla\cdot\boldsymbol{A}$$

즉, 이 식은 벡터 함수 $\boldsymbol{A}$의 $\nabla\cdot\boldsymbol{A}$와 같다. 3.2.2절에서 구한 $\nabla\cdot\boldsymbol{A}$는 다음과 같이 주어진다.

$$\nabla\cdot\boldsymbol{A} = \frac{1}{h_1h_2h_3}\left[\frac{\partial}{\partial q_1}(h_2h_3A_1) + \frac{\partial}{\partial q_2}(h_1h_3A_2) + \frac{\partial}{\partial q_3}(h_1h_2A_3)\right]$$

따라서 곡선 직교 좌표계의 라플라시안 $\nabla^2\Psi$을 얻는다.

$$\therefore\ \boxed{\nabla^2\Psi = \frac{1}{h_1h_2h_3}\left[\frac{\partial}{\partial q_1}\left(\frac{h_2h_3}{h_1}\frac{\partial\Psi}{\partial q_1}\right) + \frac{\partial}{\partial q_2}\left(\frac{h_1h_3}{h_2}\frac{\partial\Psi}{\partial q_2}\right) + \frac{\partial}{\partial q_3}\left(\frac{h_1h_2}{h_3}\frac{\partial\Psi}{\partial q_3}\right)\right]}$$

3.2.4 컬 (curl or rotation): $\nabla \times A$ 유도

곡선 직교 좌표계에서 벡터 함수 $\boldsymbol{A}$의 $\nabla \times \boldsymbol{A}$을 유도하면 다음과 같다.
$\boldsymbol{A}(q_1, q_2, q_3) = A_1 \hat{q}_1 + A_2 \hat{q}_2 + A_3 \hat{q}_3$라 두면 $\nabla \times \boldsymbol{A}$는 다음과 같이 세 항으로 주어진다.

$$\nabla \times \boldsymbol{A}(q_1, q_2, q_3) = \underbrace{\nabla \times (A_1 \hat{q}_1)}_{\text{첫째항}} + \underbrace{\nabla \times (A_2 \hat{q}_2)}_{\text{둘째항}} + \underbrace{\nabla \times (A_3 \hat{q}_3)}_{\text{세째항}}$$

3.2.2절에서 단위 벡터는 각각 $\hat{q}_1 = h_1 \nabla q_1$, $\hat{q}_2 = h_2 \nabla q_2$, $\hat{q}_3 = h_3 \nabla q_3$와 같이 주어진다.

<u>첫째 항에 대한 $\nabla \times (A_1 \hat{q}_1)$:</u>

$$\begin{aligned}\nabla \times (A_1 \hat{q}_1) &= \nabla \times (h_1 A_1 \nabla q_1) \Leftarrow (h_1 A_1 \equiv f : \text{스칼라함수}) \\ &= \nabla(h_1 A_1) \times \nabla q_1 + h_1 A_1 \nabla \times \nabla q_1 \\ &= \nabla(h_1 A_1) \times \nabla q_1 + 0 \quad (\because\ \nabla \times \nabla q_1 \equiv 0) \\ &= \nabla(h_1 A_1) \times \frac{\hat{q}_1}{h_1} \qquad (\because\ \hat{q}_1 = h_1 \nabla q_1)\end{aligned}$$

스칼라 함수 $f \equiv h_1 A_1$에 대한 ∇f는 $\nabla(h_1 A_1) = \sum_{i=1,2,3} \frac{1}{h_i} \frac{\partial(h_1 A_1)}{\partial q_i} \hat{q}_i$이므로 곡선 직교 좌표계의 단위 벡터 곱 $\hat{q}_i \times \hat{q}_j = \epsilon_{ijk} \hat{q}_k$, $(i, j, k = 1, 2, 3)$을 사용하면 다음 관계식을 얻는다.

$$\begin{aligned}\nabla \times (A_1 \hat{q}_1) &= \nabla(h_1 A_1) \times \frac{\hat{q}_1}{h_1} \\ &= \sum_{i=1,2,3} \frac{1}{h_i} \frac{\partial(h_1 A_1)}{\partial q_i} \hat{q}_i] \times \frac{\hat{q}_1}{h_1}\end{aligned}$$

$$\Rightarrow\ \nabla \times (A_1 \hat{q}_1) = + \frac{1}{h_1 h_3} \frac{\partial(h_1 A_1)}{\partial q_3} \hat{q}_2 - \frac{1}{h_1 h_2} \frac{\partial(h_1 A_1)}{\partial q_2} \hat{q}_3$$

같은 방법으로 둘째 항 $\nabla\times(A_2\hat{q}_2)$과 셋째 항 $\nabla\times(A_3\hat{q}_3)$은 다음과 같이 주어진다.

$$\nabla\times(A_2\hat{q}_2) = +\frac{1}{h_1h_2}\frac{\partial(h_2A_2)}{\partial q_1}\hat{q}_3 - \frac{1}{h_2h_3}\frac{\partial(h_2A_2)}{\partial q_3}\hat{q}_1$$

$$\nabla\times(A_3\hat{q}_3) = +\frac{1}{h_2h_3}\frac{\partial(h_3A_3)}{\partial q_2}\hat{q}_1 - \frac{1}{h_3h_1}\frac{\partial(h_3A_3)}{\partial q_1}\hat{q}_2$$

$\nabla\times\boldsymbol{A}(q_1, q_2, q_3) = \nabla\times(A_1\hat{q}_1) + \nabla\times(A_2\hat{q}_2) + \nabla\times(A_3\hat{q}_3)$이므로 세항들을 더하면 다음과 같이 주어진다.

$$\begin{aligned}\nabla\times\boldsymbol{A} &= \frac{\hat{q}_1}{h_2h_3}\left[\frac{\partial(h_3A_3)}{\partial q_2} - \frac{\partial(h_2A_2)}{\partial q_3}\right] \\ &+ \frac{\hat{q}_2}{h_3h_1}\left[\frac{\partial(h_1A_1)}{\partial q_3} - \frac{\partial(h_3A_3)}{\partial q_1}\right] \\ &+ \frac{\hat{q}_3}{h_1h_2}\left[\frac{\partial(h_2A_2)}{\partial q_1} - \frac{\partial(h_1A_1)}{\partial q_2}\right]\end{aligned}$$

또는 행렬식 (determinant)으로 간단하게 표현하면 다음과 같다.

$$\therefore\quad \boxed{\nabla\times\boldsymbol{A} = \frac{1}{h_1h_2h_3}\begin{vmatrix} h_1\hat{q}_1 & h_2\hat{q}_2 & h_3\hat{q}_3 \\ \frac{\partial}{\partial q_1} & \frac{\partial}{\partial q_2} & \frac{\partial}{\partial q_3} \\ h_1A_1 & h_2A_2 & h_3A_3 \end{vmatrix}}$$

이 결과는 레비치비타 기호로 축약해서 다음과 같이 표현할 수도 있다.

$$\nabla\times\boldsymbol{A} = \sum_{i=1}^{3}\epsilon_{ijk}\frac{\hat{q}_i}{h_jh_k}\frac{\partial}{\partial q_j}(h_kA_k), \quad (j, k = 1, 2, 3)$$

3.2.5 이중 델 연산자 (double del operators)

2장 벡터해석에서 공부한 이중 델 연산자는 다음과 같이 네 종류가 있다.

(1) $\nabla \cdot \nabla\Psi \equiv \nabla^2\Psi$

(2) $\nabla \times \nabla\Psi \equiv 0$

(3) $\nabla \cdot \nabla \times \boldsymbol{A} \equiv 0$

(4) $\nabla \times (\nabla \times \boldsymbol{A}) = \nabla(\nabla \cdot \boldsymbol{A}) - \nabla^2\boldsymbol{A}$

2장 벡터해석에서는 데카르트 직교 좌표계를 사용하여 위의 이중 델 연산자 관계식을 유도하였다. 곡선 직교 좌표계에서 스칼라 함수 $\Psi(q_1, q_2, q_3)$와 벡터 함수 $\boldsymbol{A}(q_1, q_2, q_3)$에 대한 이중 델 (그레디언트) 연산자 관계식을 구해보자.

이 가운데 (1)의 관계식은 3.2.3절에서 유도하였으므로 (2)와 (3)의 관계식을 예제 3.4에서 증명해보자.[40)]

> [예제 3.4]
> 곡선 직교 좌표계에서 스칼라 함수 $\Psi(q_1, q_2, q_3)$와 벡터 함수 $\boldsymbol{A}(q_1, q_2, q_3)$에 대한 다음의 이중 델 연산자 관계식이 성립함을 보여라.
> (1) $\nabla \times \nabla\Psi \equiv 0$, (2) $\nabla \cdot \nabla \times \boldsymbol{A} \equiv 0$

[증명]

(1) $\nabla\Psi = \boldsymbol{A}$라 두면 $\nabla\Psi$는 다음과 같이 주어진다.

$$\nabla\Psi = \sum_{k=1}^{3} \frac{1}{h_k}\frac{\partial\Psi}{\partial q_k}\hat{q}_k \equiv \sum_{k=1}^{3} A_k\,\hat{q}_k$$

40) (4)의 관계식 $\nabla \times (\nabla \times \boldsymbol{A}) = \nabla(\nabla \cdot \boldsymbol{A}) - \nabla^2\boldsymbol{A}$의 증명은 도전적인 독자들을 위해 남겨둔다.

여기서 $A_k = \frac{1}{h_k}\frac{\partial \Psi}{\partial q_k}$ 이다. 한편 $\nabla \times \boldsymbol{A}$ 는 3.2.4절에서 레비치비타 기호 ϵ_{ijk} 를 사용하면 다음과 같이 주어진다.

$$\nabla \times \boldsymbol{A} = \sum_{i=1}^{3} \epsilon_{ijk} \frac{\hat{q}_i}{h_j h_k} \frac{\partial}{\partial q_j}(h_k A_k), \quad (j, k = 1, 2, 3)$$

$\nabla \Psi = \boldsymbol{A}$이므로 $\nabla \times \nabla \Psi = \nabla \times \boldsymbol{A}$와 같다. 즉,

$$\nabla \times \nabla \Psi = \nabla \times \boldsymbol{A} = \sum_{i=1}^{3} \frac{\hat{q}_i}{h_j h_k} \epsilon_{ijk} \frac{\partial}{\partial q_j}(h_k A_k)$$

$$= \sum_{i=1}^{3} \frac{\hat{q}_i}{h_j h_k} \epsilon_{ijk} \frac{\partial^2 \Psi}{\partial q_j \partial q_k} \quad \Leftarrow A_k = \frac{1}{h_k}\frac{\partial \Psi}{\partial q_k}$$

$\epsilon_{ijk} = -\epsilon_{ikj}$이므로 위의 식은 다음과 같이 쓸 수 있다.

$$\begin{aligned}\nabla \times \nabla \Psi = \nabla \times \boldsymbol{A} &= \sum_{i=1}^{3} \frac{\hat{q}_i}{h_j h_k} \epsilon_{ijk} \frac{\partial^2 \Psi}{\partial q_j \partial q_k} \\ &= \sum_{i=1}^{3} \frac{\hat{q}_i}{h_j h_k} |\epsilon_{ijk}| \left[\frac{\partial^2 \Psi}{\partial q_j \partial q_k} - \frac{\partial^2 \Psi}{\partial q_k \partial q_j} \right], \quad (j \neq k)\end{aligned}$$

스칼라 함수 Ψ는 주어진 곡선 직교 좌표계의 주어진 영역에서 연속이며 2계 이상 편미분 가능한 경우 미분 순서와 무관하다.

즉, $\frac{\partial^2 \Psi}{\partial q_j \partial q_k} = \frac{\partial^2 \Psi}{\partial q_k \partial q_j}$, $(j \neq k)$이다.

$$\therefore \quad \boxed{\nabla \times \nabla \Psi \equiv 0}$$

(2) $\boldsymbol{B} = \nabla \times \boldsymbol{A}$라 두면 레비치비타 기호 ϵ_{ijk}를 사용하면 다음과 같이 주어진다.

$$\boldsymbol{B} = \nabla \times \boldsymbol{A} = \sum_{i=1}^{3} \frac{\hat{q}_i}{h_j h_k} \epsilon_{ijk} \frac{\partial (h_k A_k)}{\partial q_j} \equiv \sum_{i=1}^{3} B_i \hat{q}_i$$

여기서 $B_i = \dfrac{1}{h_j h_k} \epsilon_{ijk} \dfrac{\partial (h_k A_k)}{\partial q_j}, \quad (j, k = 1, 2, 3)$ 이다.

한편, $\nabla \cdot \nabla \times \boldsymbol{A} = \nabla \cdot \boldsymbol{B}$이므로 $\nabla \cdot \boldsymbol{B}$는 3.2.2절에서 레비치비타 기호 ϵ_{ijk}를 사용하면 다음과 같다.

$$\begin{aligned} \nabla \cdot \nabla \times \boldsymbol{A} = \nabla \cdot \boldsymbol{B} &= \frac{1}{h_1 h_2 h_3} \sum_{i=1}^{3} \frac{|\epsilon_{ijk}|}{2} \frac{\partial}{\partial q_i} (B_i h_j h_k) \\ &= \frac{1}{h_1 h_2 h_3} \sum_{i=1}^{3} \frac{|\epsilon_{ijk}|}{2} \frac{\partial}{\partial q_i} \left[\frac{1}{h_j h_k} \epsilon_{ijk} \frac{\partial (h_k A_k)}{\partial q_j} h_j h_k \right] \\ &= \frac{1}{h_1 h_2 h_3} \sum_{i=1}^{3} \frac{\epsilon_{ijk}}{2} \frac{\partial^2 (h_k A_k)}{\partial q_i \partial q_j}, \quad (j, k = 1, 2, 3) \end{aligned}$$

여기서 $|\epsilon_{ijk}| \epsilon_{ijk} = \epsilon_{ijk}$이다. $\epsilon_{ijk} = -\epsilon_{jik}$이므로 위의 식은 다음과 같이 주어진다.

$$\begin{aligned} \nabla \cdot \nabla \times \boldsymbol{A} &= \frac{1}{h_1 h_2 h_3} \sum_{i=1}^{3} \frac{\epsilon_{ijk}}{2} \frac{\partial^2}{\partial q_i \partial q_j} (h_k A_k) \\ &= \frac{1}{h_1 h_2 h_3} \sum_{i=1}^{3} \frac{|\epsilon_{ijk}|}{2} \left[\frac{\partial^2 (h_k A_k)}{\partial q_i \partial q_j} - \frac{\partial^2 (h_k A_k)}{\partial q_j \partial q_i} \right] \end{aligned}$$

모든 $i, j, k\ (= 1, 2, 3)$에 대해 항들을 계산하면 위의 식은 항상 0이 된다.

$$\therefore \boxed{\nabla \cdot \nabla \times \boldsymbol{A} \equiv 0}$$

■

◉ 요약:

곡선 직교 좌표계 (q_1, q_2, q_3)의 단위 벡터 $\hat{q}_i$와 길이 인자 h_i 및 스칼라 함수 $\Psi(q_1, q_2, q_3)$와 벡터 함수 $\boldsymbol{A}(q_1, q_2, q_3)$의 벡터 미분 연산자와 이중 델 연산자 관계식을 유도하였다.

- <u>단위 벡터 $\hat{q}_i$와 길이 인자 h_i</u>

$$\hat{q}_i = \frac{1}{h_i}\frac{\partial \boldsymbol{r}}{\partial q_i} = h_i \nabla q_i, \qquad h_i = \sqrt{\left(\frac{\partial x}{\partial q_i}\right)^2 + \left(\frac{\partial y}{\partial q_i}\right)^2 + \left(\frac{\partial z}{\partial q_i}\right)^2}, \quad (i = 1, 2, 3)$$

- <u>벡터 미분 연산자</u>

(1) $$\nabla \Psi = \frac{1}{h_1}\frac{\partial \Psi}{\partial q_1}\hat{q}_1 + \frac{1}{h_2}\frac{\partial \Psi}{\partial q_2}\hat{q}_2 + \frac{1}{h_3}\frac{\partial \Psi}{\partial q_3}\hat{q}_3$$

(2) $$\nabla \cdot \boldsymbol{A} = \frac{1}{h_1 h_2 h_3}\left[\frac{\partial}{\partial q_1}(h_2 h_3 A_1) + \frac{\partial}{\partial q_2}(h_1 h_3 A_2) + \frac{\partial}{\partial q_3}(h_1 h_2 A_3)\right]$$

(3) $$\nabla \times \boldsymbol{A} = \frac{1}{h_1 h_2 h_3}\begin{vmatrix} h_1 \hat{q}_1 & h_2 \hat{q}_2 & h_3 \hat{q}_3 \\ \dfrac{\partial}{\partial q_1} & \dfrac{\partial}{\partial q_2} & \dfrac{\partial}{\partial q_3} \\ h_1 A_1 & h_2 A_2 & h_3 A_3 \end{vmatrix}$$

(4) $$\nabla^2 \Psi = \frac{1}{h_1 h_2 h_3}\left[\frac{\partial}{\partial q_1}\left(\frac{h_2 h_3}{h_1}\frac{\partial \Psi}{\partial q_1}\right) + \frac{\partial}{\partial q_2}\left(\frac{h_1 h_3}{h_2}\frac{\partial \Psi}{\partial q_2}\right) + \frac{\partial}{\partial q_3}\left(\frac{h_1 h_2}{h_3}\frac{\partial \Psi}{\partial q_3}\right)\right]$$

- <u>이중 델 연산자</u>

(5) $\nabla \times \nabla \Psi \equiv 0$

(6) $\nabla \cdot \nabla \times \boldsymbol{A} \equiv 0$

(7) $\nabla \times (\nabla \times \boldsymbol{A}) = \nabla(\nabla \cdot \boldsymbol{A}) - \nabla^2 \boldsymbol{A}$

3.3 특수 좌표계 (Special Coordinate System)

물리학에서 대표적으로 많이 사용하는 직교 좌표계는 데카르트 좌표계 (Cartesian coordinate system), 원통 좌표계 (cylindrical coordinate system) 및 구(면) 좌표계 (spherical coordinate system) 등이 있다.

이들 특수 좌표계에 대해 앞에서 공부한 곡선 직교 좌표계 $(q_1,\ q_2,\ q_3)$의 단위 벡터 $\hat{q}_i$와 길이 인자 h_i 및 스칼라 함수 $\Psi(q_1,\ q_2,\ q_3)$와 벡터 함수 $\boldsymbol{A}(q_1,\ q_2,\ q_3)$의 벡터 미분 연산자와 이중 델 연산자 관계식 등을 자세히 알아본다.

3.3.1 데카르트 직교 좌표계 (Cartesian Coordinate System)

그림 3.2는 데카르트 직교 좌표계를 나타낸다.

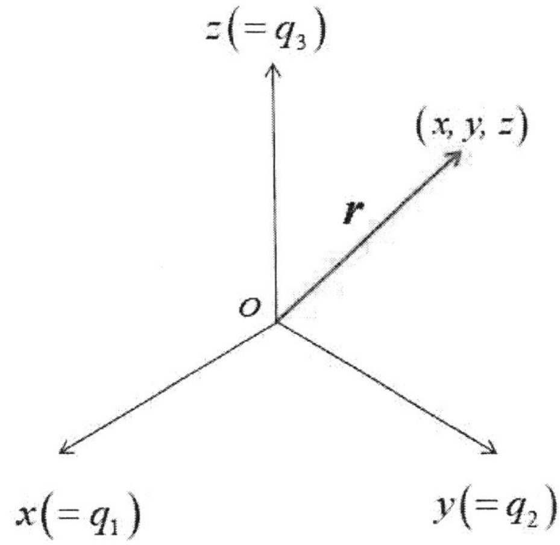

그림 3.2 데카르트 직교 좌표계.

길이 인자는 $h_i = \sqrt{\left(\dfrac{\partial x}{\partial q_i}\right)^2 + \left(\dfrac{\partial y}{\partial q_i}\right)^2 + \left(\dfrac{\partial z}{\partial q_i}\right)^2}$, $(i = 1, 2, 3)$이므로 데카르트 직교 좌표계에서 $q_1 = x$, $q_2 = y$, $q_3 = z$라 두면 길이 인자는 다음과 같이 주어진다.

$$h_1 = \sqrt{\left(\frac{\partial x}{\partial x}\right)^2 + \left(\frac{\partial y}{\partial x}\right)^2 + \left(\frac{\partial z}{\partial x}\right)^2} = 1,$$
$$h_2 = \sqrt{\left(\frac{\partial x}{\partial y}\right)^2 + \left(\frac{\partial y}{\partial y}\right)^2 + \left(\frac{\partial z}{\partial y}\right)^2} = 1,$$
$$h_3 = \sqrt{\left(\frac{\partial x}{\partial z}\right)^2 + \left(\frac{\partial y}{\partial z}\right)^2 + \left(\frac{\partial z}{\partial z}\right)^2} = 1$$

즉, 데카르트 직교 좌표 x, y, z는 모두 길이의 차원을 가지므로 길이 인자는 모두 1이 된다.

- **데카르트 직교 좌표계의 미분 연산자**

3.1절과 3.2절에서 구한 곡선 직교 좌표계 (q_1, q_2, q_3)의 벡터 미분 연산자 관계식으로부터 데카르트 직교 좌표계의 미분 연산자들은 다음과 같이 쓸 수 있다. $\Psi(x, y, z)$는 스칼라 함수이며 $\boldsymbol{A}(x, y, z) = A_x \hat{x} + A_y \hat{y} + A_z \hat{z}$는 벡터 함수이며 길이 인자는 모두 $h_1 = h_2 = h_3 = 1$이다.

$$\nabla \Psi = \hat{x}\frac{\partial \Psi}{\partial x} + \hat{y}\frac{\partial \Psi}{\partial y} + \hat{z}\frac{\partial \Psi}{\partial z}$$

$$\nabla \cdot \boldsymbol{A} = \frac{\partial A_x}{\partial x} + \frac{\partial A_y}{\partial y} + \frac{\partial A_z}{\partial z}$$

$$\nabla^2 \Psi = \frac{\partial^2 \Psi}{\partial x^2} + \frac{\partial^2 \Psi}{\partial y^2} + \frac{\partial^2 \Psi}{\partial z^2}$$

$$\nabla \times \boldsymbol{A} = \begin{vmatrix} \hat{x} & \hat{y} & \hat{z} \\ \dfrac{\partial}{\partial x} & \dfrac{\partial}{\partial y} & \dfrac{\partial}{\partial z} \\ A_x & A_y & A_z \end{vmatrix}$$

3.3.2 원통 좌표계 (Cylindrical Coordinate System)

그림 3.3은 원통 좌표계 (ρ, ϕ, z)를 나타낸다. 일반화 좌표는 $q_1 = \rho,\ q_2 = \phi,\ q_3 = z$이다.

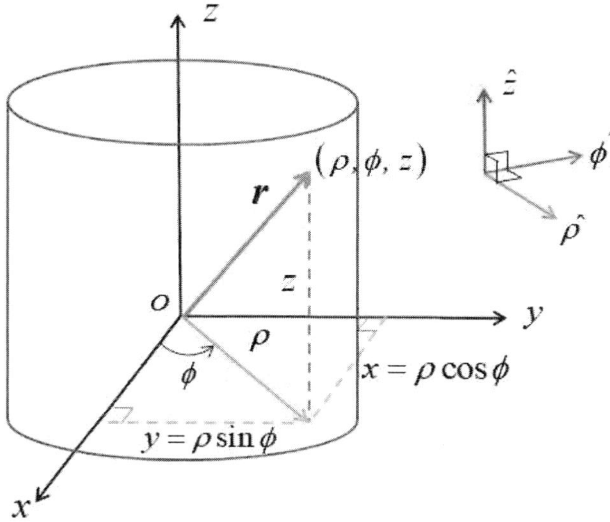

그림 3.3 원통 좌표계.

원통 좌표계의 일반화 좌표들의 명칭과 범위는 다음과 같다.

$$\begin{cases} \rho: \text{ 반지름 } (radius), & (0 \le \rho \le \infty) \\ \phi: \text{ 방위각 } (azimuthal\ angle), & (0 \le \phi \le 2\pi) \\ z: \text{ 높이 } z & (-\infty \le z \le \infty) \end{cases}$$

위치 벡터 $\boldsymbol{r}$의 $x,\ y,\ z$ 성분은 $x = \rho\cos\phi,\ y = \rho\sin\phi,\ z = z$ 이므로 원통 좌표계와 데카르트 좌표계의 변환 관계식은 다음과 같다.

$$\begin{cases} x = \rho\cos\phi \\ y = \rho\sin\phi \\ z = z \end{cases} \Leftrightarrow \begin{cases} \rho = \sqrt{x^2 + y^2} \\ \phi = \tan^{-1}\left(\dfrac{y}{x}\right) \\ z = z \end{cases}$$

- **원통 좌표의 계량 계수 (길이 인자)**

원통 좌표계의 일반화 좌표를 $q_1=\rho$, $q_2=\phi$, $q_3=z$라 두면 계량 계수 (metric coefficient) 또는 길이 인자 (scale factor)는 다음의 관계식으로 얻을 수 있다.

$$h_i=\sqrt{\left(\frac{\partial x}{\partial q_i}\right)^2+\left(\frac{\partial y}{\partial q_i}\right)^2+\left(\frac{\partial z}{\partial q_i}\right)^2}\quad (i=1,2,3)$$

원통 좌표계와 데카르트 좌표계의 변환 방정식 $x=\rho\cos\phi$, $y=\rho\sin\phi$, $z=z$을 사용하면 길이 인자는 다음과 같다.

$$\begin{aligned} h_1=h_\rho&=\sqrt{\left(\frac{\partial x}{\partial \rho}\right)^2+\left(\frac{\partial y}{\partial \rho}\right)^2+\left(\frac{\partial z}{\partial \rho}\right)^2}\\ &=\sqrt{(\cos\phi)^2+(\sin\phi)^2}=1\end{aligned}$$

$$\begin{aligned} h_2=h_\phi&=\sqrt{\left(\frac{\partial x}{\partial \phi}\right)^2+\left(\frac{\partial y}{\partial \phi}\right)^2+\left(\frac{\partial z}{\partial \phi}\right)^2}\\ &=\sqrt{(-\rho\sin\phi)^2+(\rho\cos\phi)^2}=\rho\end{aligned}$$

$$h_3=h_z=\sqrt{\left(\frac{\partial x}{\partial z}\right)^2+\left(\frac{\partial y}{\partial z}\right)^2+\left(\frac{\partial z}{\partial z}\right)^2}=1$$

$$\therefore\ \begin{cases} h_1=h_\rho=1\\ h_2=h_\phi=\rho\\ h_3=h_z=1\end{cases}$$

원통 좌표 $q_1=\rho$, $q_3=z$는 길이의 차원이므로 길이 인자는 각각 1이지만 $q_2=\phi$는 무차원의 방위각이므로 길이 인자는 $h_2=h_\phi=\rho$가 된다.

- **원통 좌표계의 부피 요소 (volume element)**

데카르트 좌표계에서 각 변의 길이가 dx, dy, dz인 직육면체의 부피 요소 (volume element)는 $dv = dxdydx$이다. 직육면체의 대각선의 길이 ds (또는 dr)의 제곱은 다음과 같다.

$$ds^2 = dx^2 + dy^2 + dz^2$$

이 식을 원통 좌표계로 바꾸어 보자. 변환 식 $x_i = x_i(\rho, \phi, z)\ (i = 1, 2, 3)$에서 각 변의 길이 요소 dx_i는 전 미분으로 나타내면 다음과 같다.

$$dx_i = \frac{\partial x_i}{\partial \rho} d\rho + \frac{\partial x_i}{\partial \phi} d\phi + \frac{\partial x_i}{\partial z} dz \quad (i = 1, 2, 3)$$

여기서 $x_1 = x$, $x_2 = y$, $x_3 = z$를 나타낸다. 데카르트 좌표계와 원통 좌표계의 변환 관계식 $x = \rho\cos\phi$, $y = \rho\sin\phi$, $z = z$을 사용하면 각 성분의 전 미분은 다음과 같이 주어진다.

$$dx = \frac{\partial x}{\partial \rho} d\rho + \frac{\partial x}{\partial \phi} d\phi + \frac{\partial x}{\partial z} dz = \cos\phi\, d\rho - \rho\sin\phi\, d\phi$$

$$dy = \frac{\partial y}{\partial \rho} d\rho + \frac{\partial y}{\partial \phi} d\phi + \frac{\partial y}{\partial z} dz = \sin\phi\, d\rho + \rho\cos\phi\, d\phi$$

$$dz = \frac{\partial z}{\partial \rho} d\rho + \frac{\partial z}{\partial \phi} d\phi + \frac{\partial z}{\partial z} dz = dz$$

이 관계식을 직육면체의 대각선의 길이 ds의 제곱 식에 대입하여 계산하면 다음 식을 얻는다.

$$ds^2 = (dx)^2 + (dy)^2 + (dz)^2 = (d\rho)^2 + (\rho\, d\phi)^2 + (dz)^2$$
$$\equiv (h_\rho d\rho)^2 + (h_\phi d\phi)^2 + (h_z dz)^2$$

여기서 $d\rho d\phi$, $d\rho dz$, $d\phi dz$와 같은 교차 항 (cross terms)의 계수들의 합은 모두 0이 된다. 이 식은 데카르트 직교 좌표계에서 각 변의 길이가 dx, dy, dz인 직육면체의 대각선의 길이 ds는 그림 3.4와 같이 원통 좌표계에서는 각 변의 길이가 $h_\rho d\rho = d\rho$, $h_\phi d\phi = \rho d\phi$, $h_z dz = dz$인 미소 직육면체의 대각선의 길이와 같다.

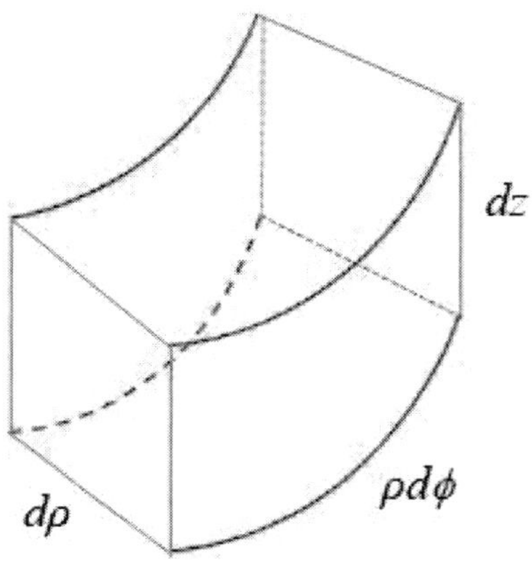

그림 3.4 원통 좌표계의 미소 직육면체.

따라서 원통 좌표계의 부피 요소는 다음과 같이 주어진다.

$$\therefore \ dv = (h_\rho d\rho)(h_\phi d\phi)(h_z dz)$$
$$= \rho d\rho d\phi dz$$

[참고] 자코비안 행렬식은 $\det(J(\rho, \phi, z)) = |J(\rho, \phi, z)| = h_\rho h_\phi h_z = \rho$이며, 길이 인자의 곱 $h_\rho h_\phi h_z$와 같다. 자세한 내용은 부록 3.1을 참고하면 된다.

[예제 3.5] (1) 원통 좌표계의 부피 요소로부터 반지름이 ρ, 높이 h인 원통의 부피를 구하라.
(2) 반지름이 ρ인 원통 표면의 면적 요소로부터 높이 h인 원통의 표면적을 구하라.

[풀이]

(1) 원통 좌표계의 부피 요소 $dv=\rho d\rho d\phi dz$를 적분하면 부피는 다음과 같이 주어진다.

$$V=\int_V dv=\int_{z=0}^{h}\int_{\phi=0}^{2\pi}\int_{\rho=0}^{\rho}\rho d\rho d\phi dz$$

$$=\int_{z=0}^{h}\int_{\phi=0}^{2\pi}\frac{\rho^2}{2}d\phi dz=\pi\rho^2\int_{z=0}^{h}dz$$

$$=\pi\rho^2 h$$

(2) 반지름이 ρ인 원통의 표면의 면적 요소는 $ds_\rho=h_\phi h_z d\phi dz=\rho d\phi dz$이며 면적 요소 ds_ρ의 아래 첨자 ρ는 미소 면적 벡터의 방향이 반지름 벡터 방향 $(\hat{\rho})$임을 나타낸다. 따라서 원통의 표면적은 다음과 같다.

$$S_\rho=\int_S ds_\rho=\int_{z=0}^{h}\int_{\phi=0}^{2\pi}\rho d\phi dz=2\pi\rho h$$

■

- **원통 좌표계의 단위 벡터**

원통 좌표계에서 위치 벡터는 그림 3.3을 참고하면 다음과 같다.

$$\boldsymbol{r} = x\hat{x} + y\hat{y} + z\hat{z} = \rho\cos\phi\hat{x} + \rho\sin\phi\hat{y} + z\hat{z}$$

3.1절에서 곡선 직교 좌표계의 단위 벡터 $\hat{q}_i$, $(i = 1, 2, 3)$는 다음 식과 같이 주어진다.

$$\hat{q}_i = \frac{1}{h_i}\frac{\partial \boldsymbol{r}}{\partial q_i}$$

일반화 좌표 $q_1 = \rho$, $q_2 = \phi$, $q_3 = z$와 길이 인자 $h_1 = 1$, $h_2 = \rho$, $h_3 = 1$을 사용하면 원통 좌표계의 단위 벡터를 데카르트 직교 단위 벡터의 함수로 구할 수 있다.

$$\hat{q}_1 = \hat{\rho} = \frac{\partial \boldsymbol{r}}{\partial \rho} = \cos\phi\,\hat{x} + \sin\phi\,\hat{y}$$

$$\hat{q}_2 = \hat{\phi} = \frac{1}{\rho}\frac{\partial \boldsymbol{r}}{\partial \phi} = -\sin\phi\,\hat{x} + \cos\phi\,\hat{y}$$

$$\hat{q}_3 = \hat{z} = \frac{\partial \boldsymbol{r}}{\partial z} = \hat{z}$$

원통 좌표계의 단위 벡터들의 벡터 곱은 $\hat{q}_i \times \hat{q}_j = \epsilon_{ijk}\,\hat{q}_k$, $(i, j, k = 1, 2, 3)$ 이며, 스칼라 곱은 $\hat{q}_i \cdot \hat{q}_j = \delta_{ij}$이 됨을 쉽게 증명할 수 있다. 즉, 원통 좌표계는 곡선 직교 좌표계의 일종이다.

한편, 반지름 방향의 단위 벡터 $\hat{\rho}$를 사용하면 위치 벡터는 다음과 같이 쓸 수도 있다.

$$\boldsymbol{r} = \underbrace{\rho\cos\phi\hat{x} + \rho\sin\phi\hat{y}}_{=\rho\hat{\rho}} + z\hat{z} \equiv \rho\hat{\rho} + z\hat{z}$$

[예제 3.6] 원통 좌표계의 단위 벡터 곱

원통 좌표계의 위치 벡터는 $\boldsymbol{r} = x\hat{x} + y\hat{y} + z\hat{z} = \rho\cos\phi\hat{x} + \rho\sin\phi\hat{y} + z\hat{z}$이다.

(1) 단위 벡터 $\hat{\rho}$, $\hat{\phi}$, $\hat{z}$를 $\hat{x}$, $\hat{y}$, $\hat{z}$로 나타내어라.

(2) 다음의 벡터 곱이 성립함을 보여라.

$$\hat{\rho} \times \hat{\phi} = \hat{z}, \quad \hat{\phi} \times \hat{z} = \hat{\rho}, \quad \hat{z} \times \hat{\rho} = \hat{\phi},$$

$$\hat{\rho} \times \hat{\rho} = \hat{\phi} \times \hat{\phi} = \hat{z} \times \hat{z} = 0$$

[풀이]

(1) 단위 벡터는 $\hat{q}_i = \dfrac{1}{h_i}\dfrac{\partial \boldsymbol{r}}{\partial q_i}$이므로 $\hat{\rho}$, $\hat{\phi}$, $\hat{z}$를 $\hat{x}$, $\hat{y}$, $\hat{z}$로 나타내면 다음과 같다.

$$\begin{aligned} \hat{q}_1 &= \hat{\rho} = \cos\phi\,\hat{x} + \sin\phi\,\hat{y} \\ \hat{q}_2 &= \hat{\phi} = -\sin\phi\,\hat{x} + \cos\phi\,\hat{y} \\ \hat{q}_3 &= \hat{z} \end{aligned}$$

(2) $\hat{\rho} \times \hat{\phi} = (\cos\phi\,\hat{x} + \sin\phi\,\hat{y}) \times (-\sin\phi\,\hat{x} + \cos\phi\,\hat{y}) = (\cos^2\phi + \sin^2\phi)\hat{z} = \hat{z}$

$\hat{\phi} \times \hat{z} = (-\sin\phi\,\hat{x} + \cos\phi\,\hat{y}) \times \hat{z} = +\sin\phi\hat{y} + \cos\phi\hat{x} = \hat{\rho}$

$\hat{z} \times \hat{\rho} = \hat{z} \times (\cos\phi\,\hat{x} + \sin\phi\,\hat{y}) = \cos\phi\,\hat{y} - \sin\phi\,\hat{x} = \hat{\phi}$

$$\begin{aligned} \hat{\rho} \times \hat{\rho} &= (\cos\phi\,\hat{x} + \sin\phi\,\hat{y}) \times (\cos\phi\,\hat{x} + \sin\phi\,\hat{y}) \\ &= (\cos\phi\sin\phi - \sin\phi\cos\phi)\hat{z} = 0 \end{aligned}$$

$$\begin{aligned} \hat{\phi} \times \hat{\phi} &= (-\sin\phi\,\hat{x} + \cos\phi\,\hat{y}) \times (-\sin\phi\,\hat{x} + \cos\phi\,\hat{y}) \\ &= (-\cos\phi\sin\phi + \sin\phi\cos\phi)\hat{z} = 0 \end{aligned}$$

$$\hat{z} \times \hat{z} = 0$$

즉, 원통 좌표계의 단위 벡터의 벡터 곱은 $\hat{q}_i \times \hat{q}_j = \epsilon_{ijk}\,\hat{q}_k$, $(i, j, k = 1, 2, 3)$이 성립한다. 같은 방법으로 스칼라 곱은 $\hat{q}_i \cdot \hat{q}_j = \delta_{ij}$이 된다. ■

[**예제 3.7**] 데카르트 좌표계의 단위 벡터 $\hat{x}$, $\hat{y}$, $\hat{z}$를 원통 좌표계의 단위 벡터 $\hat{\rho}$, $\hat{\phi}$, $\hat{z}$로 나타내어라.

[풀이]

데카르트 좌표계의 단위 벡터 $\hat{x}$, $\hat{y}$, $\hat{z}$를 원통 좌표계의 단위 벡터 $\hat{\rho}$, $\hat{\phi}$, $\hat{z}$로 나타내면 다음과 같다.

$$\begin{aligned}\hat{x} &= a_{11}\hat{\rho} + a_{12}\hat{\phi} + a_{13}\hat{z} \\ \hat{y} &= a_{21}\hat{\rho} + a_{22}\hat{\phi} + a_{23}\hat{z} \\ \hat{z} &= a_{31}\hat{\rho} + a_{32}\hat{\phi} + a_{33}\hat{z}\end{aligned}$$

여기서 a_{ij}, $(i, j = 1, 2, 3)$는 미지의 계수들이다. 양변에 원통 좌표계의 단위 벡터와 스칼라 곱을 연산하고 $\hat{q}_i \cdot \hat{q}_j = \delta_{ij}$을 사용하면 각 계수 a_{ij}, $(i, j = 1, 2, 3)$를 얻는다.

$$\begin{aligned}&a_{11} = \hat{x} \cdot \hat{\rho},\ a_{12} = \hat{x} \cdot \hat{\phi},\ a_{13} = \hat{x} \cdot \hat{z}, \\ &a_{21} = \hat{y} \cdot \hat{\rho},\ a_{22} = \hat{y} \cdot \hat{\phi},\ a_{23} = \hat{y} \cdot \hat{z}, \\ &a_{31} = \hat{z} \cdot \hat{\rho},\ a_{32} = \hat{z} \cdot \hat{\phi},\ a_{33} = \hat{z} \cdot \hat{z},\end{aligned}$$

원통 좌표계와 데카르트 좌표계의 단위 벡터와 스칼라 곱을 계산하면 다음과 같다.

$$\begin{aligned}&a_{11} = \hat{x} \cdot \hat{\rho} = \cos\phi,\ a_{12} = \hat{x} \cdot \hat{\phi} = -\sin\phi,\ a_{13} = \hat{x} \cdot \hat{z} = 0 \\ &a_{21} = \hat{y} \cdot \hat{\rho} = \sin\phi,\ a_{22} = \hat{y} \cdot \hat{\phi} = \cos\phi,\ a_{23} = \hat{y} \cdot \hat{z} = 0 \\ &a_{31} = \hat{z} \cdot \hat{\rho} = 0,\ a_{32} = \hat{z} \cdot \hat{\phi} = 0,\ a_{33} = \hat{z} \cdot \hat{z} = 1\end{aligned}$$

따라서 데카르트 직교 좌표계의 단위 벡터를 원통 좌표계의 단위 벡터로 나타내면 다음과 같이 주어진다.

$$\begin{aligned}\hat{x} &= \cos\phi\,\hat{\rho} - \sin\phi\,\hat{\phi} \\ \hat{y} &= \sin\phi\,\hat{\rho} + \cos\phi\,\hat{\phi} \\ \hat{z} &= \hat{z}\end{aligned}$$

■

[예제 3.8] 원통 좌표계와 데카르트 직교 좌표계의 회전 행렬

(1) 예제 3.7에서 원통 좌표계의 단위 벡터로 데카르트 좌표계의 단위 벡터를 구하는데 사용한 성분 (계수) $a_{ij}(i, j=1,2,3)$로 구성한 다음의 회전 행렬

$R(\phi) = \begin{pmatrix} a_{11} & a_{12} & a_{13} \\ a_{21} & a_{22} & a_{23} \\ a_{31} & a_{32} & a_{33} \end{pmatrix}$를 구하라.

(2) 데카르트 직교 좌표계의 단위 벡터로 나타낸 원통 좌표계의 단위 벡터로의 변환 (회전) 행렬 $R^T(\phi)$를 구하라. ($R^T(\phi)$는 $R(\phi)$의 전치 행렬이다.)

(3) 회전 행렬 $R(\phi)$와 전치 행렬 $R(\phi)^T$의 행렬식을 구하라.

(4) $RR^T = R^TR = \begin{pmatrix} 1 & 0 & 0 \\ 0 & 1 & 0 \\ 0 & 0 & 1 \end{pmatrix} = I$임을 보여라. I는 3×3 단위행렬이다.

[풀이]

(1) 예제 3.7의 성분 $a_{ij}(i, j=1,2,3)$를 참고하면 회전 행렬은 다음과 같다.

$$R(\phi) = \begin{pmatrix} a_{11} & a_{12} & a_{13} \\ a_{21} & a_{22} & a_{23} \\ a_{31} & a_{32} & a_{33} \end{pmatrix} = \begin{pmatrix} \cos\phi & -\sin\phi & 0 \\ \sin\phi & \cos\phi & 0 \\ 0 & 0 & 1 \end{pmatrix}$$

(2) 원통 좌표계의 단위 벡터를 데카르트 직교 단위 벡터의 함수로 나타내고, 예제 3.7의 행렬 요소 a_{ij}, $(i, j=1,2,3)$를 참고하면 다음과 같이 주어진다.

$$\begin{aligned} \hat{\rho} &= \frac{\partial \boldsymbol{r}}{\partial \rho} = \cos\phi\hat{x} + \sin\phi\hat{y} \equiv a_{11}\hat{x} + a_{21}\hat{y} \\ \hat{\phi} &= \frac{1}{\rho}\frac{\partial \boldsymbol{r}}{\partial \phi} = -\sin\phi\hat{x} + \cos\phi\hat{y} \equiv a_{12}\hat{x} + a_{22}\hat{y} \\ \hat{z} &= \frac{\partial \boldsymbol{r}}{\partial z} = \hat{z} \equiv a_{33}\hat{z} \end{aligned}$$

따라서 전치 행렬은 $R(\phi)^T=\begin{pmatrix}\cos\phi & \sin\phi & 0\\ -\sin\phi & \cos\phi & 0\\ 0 & 0 & 1\end{pmatrix}\equiv\begin{pmatrix}a_{11} & a_{21} & a_{31}\\ a_{12} & a_{22} & a_{32}\\ a_{13} & a_{23} & a_{33}\end{pmatrix}$와 같다.

$R^T(\phi)$는 회전 행렬 $R(\phi)$의 전치 행렬 (transpose matrix)이며, $R(-\phi)=R(\phi)^T$와 같다.

(3) 회전 행렬 $R(\phi)$와 전치 행렬 $R(\phi)^T$의 행렬식은 다음과 같다.

$$\det(R(\phi))=\begin{vmatrix}\cos\phi & -\sin\phi & 0\\ \sin\phi & \cos\phi & 0\\ 0 & 0 & 1\end{vmatrix}=\cos^2\phi+\sin^2\phi=1$$

$$\det(R(\phi)^T)=\begin{vmatrix}\cos\phi & \sin\phi & 0\\ -\sin\phi & \cos\phi & 0\\ 0 & 0 & 1\end{vmatrix}=\cos^2\phi+\sin^2\phi=1$$

(4) 두 행렬의 곱 RR^T와 R^TR을 계산하면 다음과 같이 주어진다.

$$\begin{aligned}RR^T &=\begin{pmatrix}\cos\phi & -\sin\phi & 0\\ \sin\phi & \cos\phi & 0\\ 0 & 0 & 1\end{pmatrix}\begin{pmatrix}\cos\phi & \sin\phi & 0\\ -\sin\phi & \cos\phi & 0\\ 0 & 0 & 1\end{pmatrix}\\ &=\begin{pmatrix}\cos^2\phi+\sin^2\phi & \cos\phi\sin\phi-\sin\phi\cos\phi & 0\\ \sin\phi\cos\phi-\cos\phi\sin\phi & \sin^2\phi+\cos^2\phi & 0\\ 0 & 0 & 1\end{pmatrix}\\ &=\begin{pmatrix}1 & 0 & 0\\ 0 & 1 & 0\\ 0 & 0 & 1\end{pmatrix}=I\end{aligned}$$

같은 방법으로 계산하면 $R^TR=I$ 이므로 $RR^T=R^TR=\begin{pmatrix}1 & 0 & 0\\ 0 & 1 & 0\\ 0 & 0 & 1\end{pmatrix}=I$이다.

따라서 회전 행렬 R의 역행렬을 R^{-1}라 하면 $R^T=R^{-1}$가 되므로 회전 행렬 R은 직교 행렬 (orthogonal matrix)이다. (직교 행렬에 대해 4장에서 자세히 다룬다.) ■

[예제 3.9] 원통 좌표계에서 단위 벡터의 시간 미분

데카르트 직교 좌표계는 고정 좌표계 (fixed coordinate system)이므로 단위 벡터 $\hat{x}, \hat{y}, \hat{z}$는 시간에 무관하다. 반면에 원통 좌표계는 운동 좌표계 (moving coordinate system)이며 단위 벡터 $\hat{\rho}(t)$와 $\hat{\phi}(t)$는 시간의 함수이다.

$\frac{d\hat{\rho}}{dt}, \frac{d\hat{\phi}}{dt}$을 구한 다음 단위 벡터 $\hat{\rho}, \hat{\phi}$로 나타내어라.

[주의]: $\hat{z}$은 데카르트 직교 좌표계의 단위 벡터이므로 시간에 무관하지만, (원통) 좌표 $z = z(t)$는 일반적으로 시간의 함수이다.

[풀이]

원통 좌표계의 단위 벡터들 $\hat{\rho}, \hat{\phi}$와 좌표 ρ, ϕ는 시간의 함수이다. 즉, $\rho = \rho(t), \ \phi = \phi(t), \ \hat{\rho} = \hat{\rho}(t), \ \hat{\phi} = \hat{\phi}(t)$이다.

원통 좌표계의 단위 벡터는 $\hat{\rho} = \cos\phi\,\hat{x} + \sin\phi\,\hat{y}, \ \hat{\phi} = -\sin\phi\,\hat{x} + \cos\phi\,\hat{y}, \ \hat{z} = \hat{z}$이므로 시간 미분은 다음과 같다.

$$\frac{d\hat{\rho}}{dt} = \frac{d}{dt}(\cos\phi\,\hat{x} + \sin\phi\,\hat{y}) = (-\sin\phi\,\hat{x} + \cos\phi\,\hat{y})\frac{d\phi}{dt} = \frac{d\phi}{dt}\hat{\phi}$$
$$\frac{d\hat{\phi}}{dt} = \frac{d}{dt}(-\sin\phi\,\hat{x} + \cos\phi\,\hat{y}) = -(\cos\phi\,\hat{x} + \sin\phi\,\hat{y})\frac{d\phi}{dt} = -\frac{d\phi}{dt}\hat{\rho}$$
$$\frac{d\hat{z}}{dt} = 0$$

$$\therefore \begin{cases} \dfrac{d\hat{\rho}}{dt} = \dfrac{d\phi}{dt}\hat{\phi} \\ \dfrac{d\hat{\phi}}{dt} = -\dfrac{d\phi}{dt}\hat{\rho} \\ \dfrac{d\hat{z}}{dt} = 0 \end{cases}$$

■

[예제 3.10] 스칼라 함수 Ψ와 벡터 함수 $\boldsymbol{A}$에 대해 원통 좌표계에서 다음 미분 연산자를 구하라. (1) $\nabla\Psi$, (2) $\nabla \cdot \boldsymbol{A}$, (3) $\nabla \times \boldsymbol{A}$, (4) $\nabla^2\Psi$를 구하라.

[풀이]

직교 곡선 좌표계의 벡터 미분 연산자는 다음과 같이 주어진다.

$$(1)\quad \nabla\Psi = \frac{1}{h_1}\frac{\partial\Psi}{\partial q_1}\hat{q}_1 + \frac{1}{h_2}\frac{\partial\Psi}{\partial q_2}\hat{q}_2 + \frac{1}{h_3}\frac{\partial\Psi}{\partial q_3}\hat{q}_3$$

$$(2)\quad \nabla \cdot \boldsymbol{A} = \frac{1}{h_1h_2h_3}\left[\frac{\partial}{\partial q_1}(h_2h_3A_1) + \frac{\partial}{\partial q_2}(h_1h_3A_2) + \frac{\partial}{\partial q_3}(h_1h_2A_3)\right]$$

$$(3)\quad \nabla\times\boldsymbol{A} = \frac{1}{h_1h_2h_3}\begin{vmatrix} h_1\hat{q}_1 & h_2\hat{q}_2 & h_3\hat{q}_3 \\ \dfrac{\partial}{\partial q_1} & \dfrac{\partial}{\partial q_2} & \dfrac{\partial}{\partial q_3} \\ h_1A_1 & h_2A_2 & h_3A_3 \end{vmatrix}$$

$$(4)\quad \nabla^2\Psi = \frac{1}{h_1h_2h_3}\left[\frac{\partial}{\partial q_1}\left(\frac{h_2h_3}{h_1}\frac{\partial\Psi}{\partial q_1}\right) + \frac{\partial}{\partial q_2}\left(\frac{h_1h_3}{h_2}\frac{\partial\Psi}{\partial q_2}\right) + \frac{\partial}{\partial q_3}\left(\frac{h_1h_2}{h_3}\frac{\partial\Psi}{\partial q_3}\right)\right]$$

원통 좌표계의 일반화 좌표 $q_1 = \rho,\ q_2 = \phi,\ q_3 = z$와 길이 인자 $h_1 = 1,\ h_2 = \rho,\ h_3 = 1$를 사용하면 원통 좌표계의 미분 연산자들은 다음과 같이 주어진다.

$$(1)\quad \nabla\Psi = \hat{\rho}\frac{\partial\Psi}{\partial\rho} + \hat{\phi}\frac{1}{\rho}\frac{\partial\Psi}{\partial\phi} + \hat{z}\frac{\partial\Psi}{\partial z}$$

$$(2)\quad \nabla \cdot \boldsymbol{A} = \frac{1}{\rho}\frac{\partial}{\partial\rho}(\rho A_\rho) + \frac{1}{\rho}\frac{\partial A_\phi}{\partial\phi} + \frac{\partial A_z}{\partial z}$$

$$(3)\quad \nabla\times\boldsymbol{A} = \frac{1}{\rho}\begin{vmatrix} \hat{\rho} & \rho\hat{\phi} & \hat{z} \\ \dfrac{\partial}{\partial\rho} & \dfrac{\partial}{\partial\phi} & \dfrac{\partial}{\partial z} \\ A_\rho & \rho A_\phi & A_z \end{vmatrix}$$

$$(4)\quad \nabla^2\Psi = \frac{1}{\rho}\frac{\partial}{\partial\rho}\left(\rho\frac{\partial\Psi}{\partial\rho}\right) + \frac{1}{\rho^2}\frac{\partial^2\Psi}{\partial\phi^2} + \frac{\partial^2\Psi}{\partial z^2}$$

■

3.3.3 구 좌표계(Spherical Coordinate System)

그림 3.5와 같은 구 (또는 구면) 좌표계 (r, θ, ϕ)에서 일반화 좌표는 $q_1 = r,\ q_2 = \theta,\ q_3 = \phi$이다. 일반화 좌표들의 명칭과 범위는 다음과 같다.

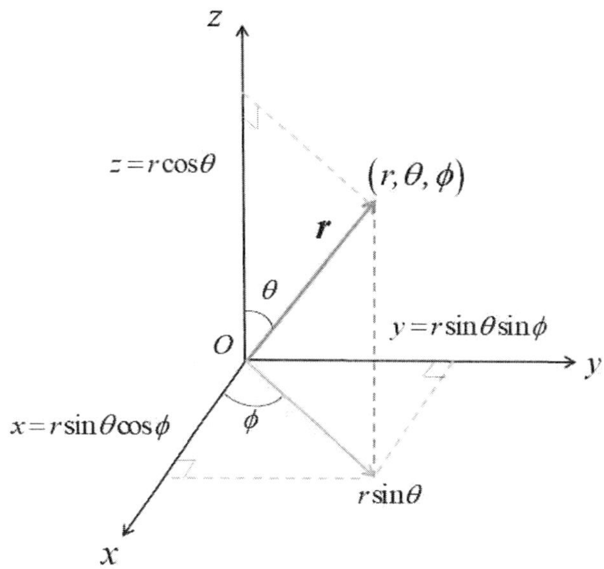

그림 3.5 구(면) 좌표계 (r, θ, ϕ).

$$\begin{cases} r: \text{ 반지름 } (radius), & (0 \le r \le \infty) \\ \theta: \text{ 극각 } (polar\ angle), & (0 \le \theta \le \pi) \\ \phi: \text{ 방위각 } (azimuthal\ angle), & (0 \le \phi \le 2\pi) \end{cases}$$

데카르트 직교 좌표계와 구 좌표계의 변환 관계식은 다음과 같다.

$$\begin{cases} x = r\sin\theta\cos\phi \\ y = r\sin\theta\sin\phi \\ z = r\cos\theta \end{cases} \iff \begin{cases} r = \sqrt{x^2 + y^2 + z^2} \\ \theta = \cos^{-1}\left(\dfrac{z}{r}\right) \\ \phi = \tan^{-1}\left(\dfrac{y}{x}\right) \end{cases}$$

- **구 좌표계의 길이 인자**

구 좌표계에서 $q_1 = r$, $q_2 = \theta$, $q_3 = \phi$라 두면 길이 인자는

$h_i = \sqrt{\left(\dfrac{\partial x}{\partial q_i}\right)^2 + \left(\dfrac{\partial y}{\partial q_i}\right)^2 + \left(\dfrac{\partial z}{\partial q_i}\right)^2}$ $(i = 1, 2, 3)$이므로 변환 관계식 $x = r\sin\theta\cos\phi$, $y = r\sin\theta\sin\phi$, $z = r\cos\theta$을 사용하여 길이 인자를 구하면 다음과 같다.

$$\begin{aligned} h_1 = h_r &= \sqrt{\left(\frac{\partial x}{\partial r}\right)^2 + \left(\frac{\partial y}{\partial r}\right)^2 + \left(\frac{\partial z}{\partial r}\right)^2} \\ &= \sqrt{(\sin\theta\cos\phi)^2 + (\sin\theta\sin\phi)^2 + (\cos\theta)^2} = 1 \end{aligned}$$

$$\begin{aligned} h_2 = h_\theta &= \sqrt{\left(\frac{\partial x}{\partial \theta}\right)^2 + \left(\frac{\partial y}{\partial \theta}\right)^2 + \left(\frac{\partial z}{\partial \theta}\right)^2} \\ &= \sqrt{(r\cos\theta\cos\phi)^2 + (r\cos\theta\sin\phi)^2 + (-r\sin\theta)^2} = r \end{aligned}$$

$$\begin{aligned} h_3 = h_\phi &= \sqrt{\left(\frac{\partial x}{\partial \phi}\right)^2 + \left(\frac{\partial y}{\partial \phi}\right)^2 + \left(\frac{\partial z}{\partial \phi}\right)^2} \\ &= \sqrt{(-r\sin\theta\sin\phi)^2 + (r\sin\theta\cos\phi)^2} = r\sin\theta \end{aligned}$$

$$\therefore \begin{cases} h_1 = h_r = 1 \\ h_2 = h_\theta = r \\ h_3 = h_\phi = r\sin\theta \end{cases}$$

- **구 좌표계의 부피 요소 (volume element)와 입체각 (solid angle)**

데카르트 직교 좌표계에서 각 변의 길이가 dx, dy, dz인 직육면체의 부피 요소는 $dv = dxdydx$이다. 이때 직육면체의 대각선의 길이 ds (또는 dr)의 제곱은 다음과 같다.

$$ds^2 = dx^2 + dy^2 + dz^2$$

이 식을 구 좌표계로 바꾸어 보자. 편의상 $x \rightarrow x_1$, $y \rightarrow x_2$, $z \rightarrow x_3$라 두면 변환 식 $x_i = x_i(r, \theta, \phi)$ $(i = 1, 2, 3)$에서 각 변의 길이 요소 dx_i는 다음과 같이 주어진다.

$$dx_i = \frac{\partial x_i}{\partial r}dr + \frac{\partial x_i}{\partial \theta}d\theta + \frac{\partial x_i}{\partial \phi}d\phi \ \ (i = 1, 2, 3)$$

데카르트 좌표계와 구 좌표계의 변환 관계식 $x = r\sin\theta\cos\phi$, $y = r\sin\theta\sin\phi, z = r\cos\theta$를 사용하면 을 사용하면 각 성분의 전 미분은 다음과 같이 주어진다.

$$\begin{aligned} dx &= \frac{\partial x}{\partial r}dr + \frac{\partial x}{\partial \theta}d\theta + \frac{\partial x}{\partial \phi}d\phi \\ &= \sin\theta\cos\phi\, dr + r\cos\theta\cos\phi\, d\theta - r\sin\theta\sin\phi\, d\phi \end{aligned}$$

$$\begin{aligned} dy &= \frac{\partial y}{\partial r}dr + \frac{\partial y}{\partial \theta}d\theta + \frac{\partial y}{\partial \phi}d\phi \\ &= \sin\theta\sin\phi\, dr + r\cos\theta\sin\phi\, d\theta + r\sin\theta\cos\phi\, d\phi \end{aligned}$$

$$\begin{aligned} dz &= \frac{\partial z}{\partial r}dr + \frac{\partial z}{\partial \theta}d\theta + \frac{\partial z}{\partial \phi}d\phi \\ &= \cos\theta\, dr - r\sin\theta d\theta \end{aligned}$$

이 관계식을 직육면체의 대각선의 길이 ds의 제곱 식에 대입하여 계산하면 다음 식을 얻는다.

$$\begin{aligned} ds^2 &= (dx)^2 + (dy)^2 + (dz)^2 \\ &= (dr)^2 + (rd\theta)^2 + (r\sin\theta\, d\phi)^2 \\ &\equiv (h_r\, dr)^2 + (h_\theta\, d\theta)^2 + (h_\phi\, d\phi)^2 \end{aligned}$$

여기서 길이 인자는 $h_r = 1$, $h_\theta = r$, $h_\phi = r\sin\theta$이며 $dr\,d\theta$, $dr\,d\phi$, $d\theta\, d\phi$와 같은 교차항 (cross terms)의 계수들의 합은 모두 0이 된다.

이 식은 데카르트 직교 좌표계에서 각 변의 길이가 dx, dy, dz인 직육면체의 대각선의 길이는 그림 3.6과 같이 구 좌표계에서는 각 변의 길이가 $h_r\, dr = dr$, $h_\theta\, d\theta = r\, d\theta$, $h_\phi\, d\phi = r\sin\phi\, d\phi$ 인 미소 직육면체의 대각선의 길이와 같다.

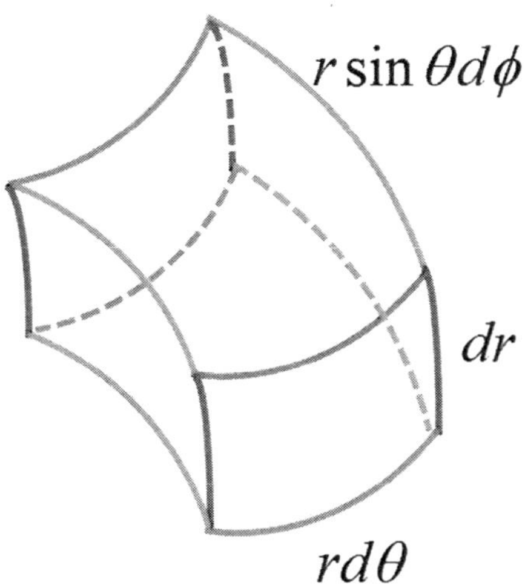

그림 3.6 구 좌표계에서 미소 직육면체.

따라서 구 좌표계의 부피 요소는 다음과 같이 주어진다.

$$dv = (h_r dr)(h_\theta d\theta)(h_\phi d\phi) = r^2 \sin\theta\, dr\, d\theta\, d\phi$$

[참고] 구 좌표계의 자코비안 행렬식 $\det(J(r,\theta,\phi)) = |J(r,\theta,\phi)|$는 길이 인자의 곱 $h_r h_\theta h_\phi$와 같다. 즉, $\det(J(r,\theta,\phi)) = |J(r,\theta,\phi)| = h_r h_\theta h_\phi = r^2 \sin\theta$이다.
자세한 내용은 부록 3.1을 참고하면 된다.

- **구 좌표계의 입체각**

구 좌표계의 부피 요소 $dv = r^2 \sin\theta\, dr\, d\theta\, d\phi$를 사용하여 입체각 (solid angle) $d\Omega$는 다음과 같이 정의한다. 평면의 각의 단위인 $[rad]$과 달리 입체각의 단위는 $[steradian \equiv sterad]$이다.

$$d\Omega \equiv \frac{1}{r^2}\frac{dv}{dr} = \sin\theta\, d\theta d\phi$$

> [예제 3.11]
> (1) 구 좌표계의 부피 요소로부터 반지름 r의 구의 부피 V를 구하라.
> (2) 반지름 r의 구 표면의 면적 요소로부터 구의 표면적을 구하라.
> (3) 구 좌표계의 입체각으로부터 3차원 공간의 전체 입체각 Ω 을 구하라.

[풀이]
(1) 구 좌표계의 부피 요소를 삼중 적분하면 구의 부피 V는 다음과 같다.

$$V = \iiint_V dv = \int_{\phi=0}^{2\pi}\int_{\theta=0}^{\pi}\int_{r=0}^{r} r^2 \sin\theta\, dr d\theta d\phi$$

$$= \int_{\phi=0}^{2\pi}\int_{\theta=0}^{\pi} \frac{r^3}{3}\sin\theta\, d\theta d\phi = \frac{r^3}{3}\int_{\phi=0}^{2\pi}[-\cos\theta]_{\theta=0}^{\pi} d\phi$$

$$= \frac{4}{3}\pi r^3$$

(2) 곡선 직교 좌표계의 미소 면적 벡터 ds 는 $ds_{ij} = ds_{ij}\hat{q}_k = (h_i dq_i \hat{q}_i) \times (h_j dq_j \hat{q}_j)$ 또는 $ds_{ij} = ds_{ij}\hat{q}_k = \epsilon_{ijk} h_i h_j dq_i dq_j \hat{q}_k$, $(i, j, k = 1, 2, 3)$ 로 주어진다.

반지름 r의 구 표면의 미소 면적 벡터 방향은 $\hat{q_1} = \hat{r}$ 이므로 미소 면적 벡터는 다음과 같다.

$$ds_{23} = ds_{23}\hat{q_1} = (h_2 dq_2 \hat{q}_2) \times (h_3 dq_3 \hat{q}_3) = h_2 h_3 dq_2 dq_3 \hat{q}_1$$

즉, $ds_r \hat{r} = ds_{23} \hat{r} = h_\theta h_\phi d\theta d\phi \hat{r} = r^2 \sin\theta d\theta d\phi \hat{r}$이다. 여기서 ds_r의 아래 첨자 r은 미소 면적 벡터의 방향이 반지름 벡터 방향 $\hat{r}$을 나타낸다. 따라서 구의 표면적은 다음과 같이 이중 적분으로 주어진다.

$$S = \int_{\phi=0}^{2\pi} \int_{\theta=0}^{\pi} r^2 \sin\theta d\theta d\phi = 4\pi r^2$$

(3) 입체각의 정의 $d\Omega = \sin\theta d\theta d\phi$를 사용하여 전체 극 각과 방위각에 대해 이중 적분하면 입체각을 얻는다.

$$\Omega = \int d\Omega = \int_{\phi=0}^{2\pi} \int_{\theta=0}^{\pi} \sin\theta d\theta d\phi = 4\pi\,[steradian]$$

즉, 3차원 공간의 전체 입체각은 $4\pi\,[sr,\ sterad]$이다.

※ **[참고]**: 2차원 평면에서 전체 (평면) 각은 $2\pi\,[rad]$이다.

■

- **구 좌표계의 단위 벡터**

그림 3.5를 참고하면 구 좌표계에서 위치 벡터는 다음과 같이 주어진다.

$$\begin{aligned} \boldsymbol{r} &= x\hat{x} + y\hat{y} + z\hat{z} \\ &= r\sin\theta\cos\phi\,\hat{x} + r\sin\theta\sin\phi\,\hat{y} + r\cos\theta\,\hat{z} \end{aligned}$$

3.1절에서 곡선 직교 좌표계의 단위 벡터는 다음과 같다.

$$\hat{q}_i = \frac{1}{h_i}\frac{\partial \boldsymbol{r}}{\partial q_i}$$

일반화 좌표 $q_1 = r$, $q_2 = \theta$, $q_3 = \phi$와 길이 인자 $h_1 = 1$, $h_2 = r$, $h_3 = r\sin\theta$를 사용하면 구 좌표계의 단위 벡터를 구할 수 있다.

$$\hat{q}_1 = \hat{r} = \frac{\partial \boldsymbol{r}}{\partial r} = \sin\theta\cos\phi\hat{x} + \sin\theta\sin\phi\,\hat{y} + \cos\theta\,\hat{z}$$

$$\hat{q}_2 = \hat{\theta} = \frac{1}{r}\frac{\partial \boldsymbol{r}}{\partial \theta} = \cos\theta\cos\phi\hat{x} + \cos\theta\sin\phi\,\hat{y} - \sin\theta\,\hat{z}$$

$$\hat{q}_3 = \hat{\phi} = \frac{1}{r\sin\theta}\frac{\partial \boldsymbol{r}}{\partial \phi} = -\sin\phi\hat{x} + \cos\phi\,\hat{y}$$

구 좌표계의 단위 벡터 $\hat{r}$을 사용하면 위치 벡터는 다음과 같이 쓸 수도 있다.

$$\begin{aligned} \boldsymbol{r} &= r\sin\theta\cos\phi\,\hat{x} + r\sin\theta\sin\phi\,\hat{y} + r\cos\theta\,\hat{z} \\ &= r\,\hat{r} \end{aligned}$$

[예제 3.12]

구 좌표계 단위 벡터의 함수로 데카르트 직교 좌표계의 단위 벡터를 구하라.

[풀이]

데카르트 직교 좌표계의 단위 벡터를 구 좌표계 단위 벡터로 다음과 같이 두자.

$$\hat{x} = a_{11}\hat{r} + a_{12}\hat{\theta} + a_{13}\hat{\phi}$$

$$\hat{y} = a_{21}\hat{r} + a_{22}\hat{\theta} + a_{23}\hat{\phi}$$

$$\hat{z} = a_{31}\hat{r} + a_{32}\hat{\theta} + a_{33}\hat{\phi}$$

여기서 a_{ij} $(i, j = 1, 2, 3)$는 미지의 계수들이다.

단위 벡터의 직교 조건 $\hat{q}_i \bullet \hat{q}_j = \delta_{ij}$을 사용하여 양변에 구 좌표계의 단위 벡터를 스칼라 곱을 연산하면 각 계수는 다음과 같이 주어진다.

$$a_{11} = \hat{x} \bullet \hat{r} = \sin\theta\cos\phi, \quad a_{12} = \hat{x} \bullet \hat{\theta} = \cos\theta\cos\phi, \quad a_{13} = \hat{x} \bullet \hat{\phi} = -\sin\phi,$$

$$a_{21} = \hat{y} \bullet \hat{r} = \sin\theta\sin\phi, \quad a_{22} = \hat{y} \bullet \hat{\theta} = \cos\theta\sin\phi, \quad a_{23} = \hat{y} \bullet \hat{\phi} = \cos\phi,$$

$$a_{31} = \hat{z} \bullet \hat{r} = \cos\theta, \quad a_{32} = \hat{z} \bullet \hat{\theta} = -\sin\theta, \quad a_{33} = \hat{z} \bullet \hat{\phi} = 0$$

따라서 데카르트 직교 좌표계의 단위 벡터를 구 좌표계의 단위 벡터로 나타내면 다음과 같다.

$$\hat{x} = \sin\theta\cos\phi\,\hat{r} + \cos\theta\cos\phi\,\hat{\theta} - \sin\phi\,\hat{\phi}$$

$$\hat{y} = \sin\theta\sin\phi\,\hat{r} + \cos\theta\sin\phi\,\hat{\theta} + \cos\phi\,\hat{\phi}$$

$$\hat{z} = \cos\theta\,\hat{r} \qquad - \sin\theta\,\hat{\theta}$$

■

[※참고]: 회전 행렬 (rotation matrix)과 직교 행렬 (orthogonal matrix)

예제 3.12에서 구한 데카르트 좌표계의 단위 벡터를 구하는데 사용한 성분 $a_{ij}(i, j=1, 2, 3)$로 구성한 3×3 행렬을 $R=(a_{ij})$, $(i, j=1, 2, 3)$이라 하면 행렬 R은 회전 행렬 (rotation matrix)이다. 즉,

$$R(\theta, \phi)=\begin{pmatrix} a_{11} & a_{12} & a_{13} \\ a_{21} & a_{22} & a_{23} \\ a_{31} & a_{32} & a_{33} \end{pmatrix}=\begin{pmatrix} \sin\theta\cos\phi & \cos\theta\cos\phi & -\sin\phi \\ \sin\theta\sin\phi & \cos\theta\sin\phi & \cos\phi \\ \cos\theta & -\sin\theta & 0 \end{pmatrix}$$

역으로, 데카르트 직교 좌표계의 단위 벡터의 함수로 구 좌표계의 단위 벡터를 나타내고, 이 행렬을 R^T(또는 $\tilde{R}$)라 두면 다음 행렬을 얻는다.

$$R^T(\theta, \phi)=\begin{pmatrix} a_{11} & a_{21} & a_{31} \\ a_{12} & a_{22} & a_{32} \\ a_{13} & a_{23} & a_{33} \end{pmatrix}=\begin{pmatrix} \sin\theta\cos\phi & \sin\theta\sin\phi & \cos\theta \\ \cos\theta\cos\phi & \cos\theta\sin\phi & -\sin\theta \\ -\sin\phi & \cos\phi & 0 \end{pmatrix}$$

즉, 행렬 R^T는 회전 행렬 $R=(a_{ij})$의 행렬 성분 a_{ij}를 전치 (transpose; 자리바꿈)한 행렬 (즉, $a_{ij}\rightarrow a_{ji}$)과 같으므로 행렬 $R^T=(a_{ji})$는 전치 행렬 (transpose matrix)이다. 여기서 위 첨자 T는 전치 행렬을 나타낸다.

이제 두 행렬의 곱을 연산하면 $RR^T=R^TR=\begin{pmatrix} 1 & 0 & 0 \\ 0 & 1 & 0 \\ 0 & 0 & 1 \end{pmatrix}=I$와 같다. 여기서 행렬 I는 3×3 단위행렬 (unit matrix)이다. 회전 행렬 R의 역행렬 (inverse matrix)을 R^{-1}라 하면 $R^T=R^{-1}$이 됨을 쉽게 보일 수 있다.

따라서 회전 행렬 R은 직교 행렬 (直交 行列; orthogonal matrix)이다.

(직교 행렬은 4장 행렬 연산에서 자세하게 다룬다.)

[예제 3.13] 구 좌표계의 단위 벡터 사이의 벡터 곱을 구하라.

(1) $\hat{r}\times\hat{\theta}$, (2) $\hat{\theta}\times\hat{\phi}$, (3) $\hat{\phi}\times\hat{r}$

[풀이]

(1) $$\hat{r}\times\hat{\theta}=(\sin\theta\cos\phi\hat{x}+\sin\theta\sin\phi\hat{y}+\cos\theta\,\hat{z})\times(\cos\theta\cos\phi\hat{x}+\cos\theta\sin\phi\hat{y}-\sin\theta\,\hat{z})$$

$$=\sin\theta\cos\theta\sin\phi\cos\phi\hat{z}+\sin^2\theta\cos\phi\hat{y}$$

$$-\sin\theta\cos\theta\sin\phi\cos\phi\hat{z}-\sin^2\theta\sin\phi\hat{x}$$

$$+\cos^2\theta\cos\phi\hat{y}-\cos^2\theta\sin\phi\hat{x}$$

$$=-\sin\phi\hat{x}+\cos\phi\hat{y}=\hat{\phi}$$

$$\therefore\ \hat{r}\times\hat{\theta}=\hat{\phi}$$

(2) $$\hat{\theta}\times\hat{\phi}=(\cos\theta\cos\phi\hat{x}+\cos\theta\sin\phi\hat{y}-\sin\theta\,\hat{z})\times(-\sin\phi\hat{x}+\cos\phi\hat{y})$$

$$=\cos\theta\cos^2\phi\hat{z}+\cos\theta\sin^2\phi\,\hat{z}+\sin\theta\sin\phi\hat{y}+\sin\theta\cos\phi\hat{x}$$

$$=\sin\theta\cos\phi\hat{x}+\sin\theta\sin\phi\hat{y}+\cos\theta\hat{z}=\hat{r}$$

$$\therefore\ \hat{\theta}\times\hat{\phi}=\hat{r}$$

(3) $$\hat{\phi}\times\hat{r}=(-\sin\phi\hat{x}+\cos\phi\hat{y})\times(\sin\theta\cos\phi\hat{x}+\sin\theta\sin\phi\hat{y}+\cos\theta\,\hat{z})$$

$$=-\sin\theta\sin^2\phi\hat{z}+\cos\theta\sin\phi\hat{y}-\sin\theta\cos^2\phi\hat{z}+\cos\theta\cos\phi\hat{x}$$

$$=\cos\theta\cos\phi\hat{x}+\cos\theta\sin\phi\hat{y}-\sin\theta\hat{z}=\hat{\theta}$$

$$\therefore\ \hat{\phi}\times\hat{r}=\hat{\theta}$$

■

[예제 3.14] 구 좌표계에서 단위 벡터의 시간 미분

데카르트 직교 좌표계는 고정 좌표계 (fixed coordinate system)이므로 단위 벡터 $\hat{x}$, $\hat{y}$, $\hat{z}$는 시간에 무관하다. 반면에 구 좌표계는 운동 좌표계 (moving coordinate system)로 단위 벡터들 $\hat{r}(t)$, $\hat{\theta}(t)$, $\hat{\phi}(t)$는 시간의 함수이며 좌표 $r(t)$, $\theta(t)$, $\phi(t)$ 역시 시간의 함수이다.

단위 벡터들의 시간 미분 $\frac{d\hat{r}}{dt}$, $\frac{d\hat{\theta}}{dt}$, $\frac{d\hat{\phi}}{dt}$을 구한 다음, 단위 벡터 $\hat{r}$, $\hat{\theta}$, $\hat{\phi}$로 나타내어라.

[풀이]

구 좌표계의 단위 벡터들은 다음과 같이 주어진다.

$$\hat{r} = \sin\theta\cos\phi\,\hat{x} + \sin\theta\sin\phi\,\hat{y} + \cos\theta\,\hat{z}$$

$$\hat{\theta} = \cos\theta\cos\phi\,\hat{x} + \cos\theta\sin\phi\,\hat{y} - \sin\theta\,\hat{z}$$

$$\hat{\phi} = -\sin\phi\,\hat{x} + \cos\phi\,\hat{y}$$

$\hat{x}$, $\hat{y}$, $\hat{z}$는 시간에 무관하므로 구 좌표계의 각 단위 벡터의 시간 미분을 구한다.

$$\hat{r} = \sin\theta\cos\phi\,\hat{x} + \sin\theta\sin\phi\,\hat{y} + \cos\theta\,\hat{z}$$

$$\begin{aligned}\frac{d\hat{r}}{dt} &= \left[\cos\theta\cos\phi\frac{d\theta}{dt} - \sin\theta\sin\phi\frac{d\phi}{dt}\right]\hat{x} \\ &\quad + \left[\cos\theta\sin\phi\frac{d\theta}{dt} + \sin\theta\cos\phi\frac{d\phi}{dt}\right]\hat{y} \\ &\quad - \sin\theta\frac{d\theta}{dt}\hat{z} \\ &= \left[\cos\theta\cos\phi\,\hat{x} + \cos\theta\sin\phi\,\hat{y} - \sin\theta\,\hat{z}\right]\frac{d\theta}{dt} \\ &\quad + \left[-\sin\theta\sin\phi\,\hat{x} + \sin\theta\cos\phi\,\hat{y}\right]\frac{d\phi}{dt}\end{aligned}$$

$$\frac{d\hat{r}}{dt} = \underbrace{\left[\cos\theta\cos\phi\,\hat{x} + \cos\theta\sin\phi\,\hat{y} - \sin\theta\,\hat{z}\right]}_{=\hat{\theta}}\frac{d\theta}{dt} + \underbrace{\left[-\sin\theta\sin\phi\,\hat{x} + \sin\theta\cos\phi\,\hat{y}\right]}_{=\sin\theta\,\hat{\phi}}\frac{d\phi}{dt}$$

$$= \frac{d\theta}{dt}\hat{\theta} + \sin\theta\frac{d\phi}{dt}\hat{\phi}$$

$$\therefore\ \frac{d\hat{r}}{dt} = \frac{d\theta}{dt}\hat{\theta} + \sin\theta\frac{d\phi}{dt}\hat{\phi}$$

$$\boxed{\hat{\theta} = \cos\theta\cos\phi\,\hat{x} + \cos\theta\sin\phi\,\hat{y} - \sin\theta\,\hat{z}}$$

$$\frac{d\hat{\theta}}{dt} = \left[-\sin\theta\cos\phi\frac{d\theta}{dt} - \cos\theta\sin\phi\frac{d\phi}{dt}\right]\hat{x} + \left[-\sin\theta\sin\phi\frac{d\theta}{dt} + \cos\theta\cos\phi\frac{d\phi}{dt}\right]\hat{y} - \cos\theta\frac{d\theta}{dt}\hat{z}$$

$$= \underbrace{\left[-\sin\theta\cos\phi\,\hat{x} - \sin\theta\sin\phi\,\hat{y} - \cos\theta\,\hat{z}\right]}_{-\hat{r}}\frac{d\theta}{dt} + \underbrace{\left[-\cos\theta\sin\phi\,\hat{x} + \cos\theta\cos\phi\,\hat{y}\right]}_{=\cos\theta\,\hat{\phi}}\frac{d\phi}{dt}$$

$$\therefore\ \frac{d\hat{\theta}}{dt} = -\frac{d\theta}{dt}\hat{r} + \cos\theta\frac{d\phi}{dt}\hat{\phi}$$

$$\boxed{\hat{\phi} = -\sin\phi\,\hat{x} + \cos\phi\,\hat{y}}$$

$$\frac{d\hat{\phi}}{dt} = -\cos\phi\frac{d\phi}{dt}\hat{x} - \sin\phi\frac{d\phi}{dt}\hat{y}$$

$$= -\left(\cos\phi\,\hat{x} + \sin\phi\,\hat{y}\right)\frac{d\phi}{dt}$$

$\cos\phi\,\hat{x} + \sin\phi\,\hat{y}$는 $\sin\theta\,\hat{r} + \cos\theta\,\hat{\theta}$을 계산하면 얻을 수 있다. 즉,

$$\sin\theta\,\hat{r}+\cos\theta\,\hat{\theta}=\cos\phi\,\hat{x}+\sin\phi\,\hat{y}$$

이므로 $\dfrac{d\hat{\phi}}{dt}$는 다음과 같이 정리된다.

$$\begin{aligned}\frac{d\hat{\phi}}{dt}&=-\left(\cos\phi\,\hat{x}+\sin\phi\,\hat{y}\right)\frac{d\phi}{dt}\\&=-\left(\sin\theta\,\hat{r}+\cos\theta\,\hat{\theta}\right)\frac{d\phi}{dt}\end{aligned}$$

$$\therefore\ \frac{d\hat{\phi}}{dt}=-\left(\sin\theta\,\hat{r}+\cos\theta\,\hat{\theta}\right)\frac{d\phi}{dt}$$

따라서 구 좌표계의 단위 벡터의 시간 미분은 다음과 같이 주어진다.

$$\begin{aligned}\frac{d\hat{r}}{dt}&=\frac{d\theta}{dt}\,\hat{\theta}+\sin\theta\,\frac{d\phi}{dt}\,\hat{\phi}\\\frac{d\hat{\theta}}{dt}&=-\frac{d\theta}{dt}\,\hat{r}+\cos\theta\frac{d\phi}{dt}\,\hat{\phi}\\\frac{d\hat{\phi}}{dt}&=-\left(\sin\theta\,\hat{r}+\cos\theta\,\hat{\theta}\right)\frac{d\phi}{dt}\end{aligned}$$

■

- **구 좌표계의 벡터 미분 연산자**

구 좌표계의 일반화 좌표를 $q_1 = r$, $q_2 = \theta$, $q_3 = \phi$라 두고 길이 인자 $h_1 = 1$, $h_2 = r$, $h_3 = r\sin\theta$를 사용하면 구 좌표계의 미분 연산자들을 구할 수 있다.

$$\nabla\Psi = \hat{r}\frac{\partial\Psi}{\partial r} + \hat{\theta}\frac{1}{r}\frac{\partial\Psi}{\partial\theta} + \hat{\phi}\frac{1}{r\sin\theta}\frac{\partial\Psi}{\partial\phi}$$

$$\nabla\cdot\boldsymbol{A} = \frac{1}{r^2\sin\theta}\left[\sin\theta\frac{\partial}{\partial r}\left(r^2 A_r\right) + r\frac{\partial}{\partial\theta}\left(\sin\theta A_\theta\right) + r\frac{\partial}{\partial\phi}A_\phi\right]$$

$$\nabla\times\boldsymbol{A} = \frac{1}{r^2\sin\theta}\begin{vmatrix} \hat{r} & r\hat{\theta} & r\sin\theta\hat{\phi} \\ \dfrac{\partial}{\partial r} & \dfrac{\partial}{\partial\theta} & \dfrac{\partial}{\partial\phi} \\ A_r & rA_\theta & r\sin\theta A_\phi \end{vmatrix}$$

$$\nabla^2\Psi = \frac{1}{r^2\sin\theta}\left[\sin\theta\frac{\partial}{\partial r}\left(r^2\frac{\partial\Psi}{\partial r}\right) + \frac{\partial}{\partial\theta}\left(\sin\theta\frac{\partial\Psi}{\partial\theta}\right) + \frac{1}{\sin\theta}\frac{\partial^2\Psi}{\partial\phi^2}\right]$$

여기서 $\Psi(r, \theta, \phi)$는 스칼라 함수이며, $\boldsymbol{A}(r, \theta, \phi) \equiv A_r\hat{r} + A_\theta\hat{\theta} + A_\phi\hat{\phi}$는 벡터 함수이다. $A_r(r, \theta, \phi)$, $A_\theta(r, \theta, \phi)$, $A_\phi(r, \theta, \phi)$는 벡터 함수 $\boldsymbol{A}(r, \theta, \phi)$의 각각 단위 벡터 $\hat{r}$, $\hat{\theta}$, $\hat{\phi}$의 성분이다.

3.4 곡선 직교 좌표계의 미분 연산자 응용

곡선 직교 좌표계에서 스칼라 함수와 벡터 함수의 미분 연산자는 수많은 물리학 문제를 해결하는데 매우 중요하다. 주어진 물리 문제를 쉽게 풀기 위해서 적절한 곡선 직교 좌표계를 선택하는 것이 요구된다.

미분 연산자의 대표적인 응용으로는 곡선 직교 좌표계에서 빛의 파동 방정식, 입자의 파동 방정식, 각운동량 연산자, 전자기학 문제 등이 있다.

본 절에서는 (1) 원통 좌표계, (2) 구 좌표계, (3) 데카르트 직교 좌표계 순으로 물리학의 중요 문제들을 선별하여 공부한다.

3.4.1 원통 좌표계 (Cylindrical Coordinate System)의 응용

> **[예제 3.15] 원통 좌표계에서 입자의 속도와 가속도**
>
> 원통 좌표계에서 어떤 입자의 위치 벡터는 $\boldsymbol{r} = \rho\cos\phi\hat{x} + \rho\sin\phi\hat{y} + z\hat{z}$로 주어진다. 속도와 가속도 벡터를 원통 좌표계의 단위 벡터들로 나타내어라.
>
> 단, 반지름 $\rho = \rho(t)$, 방위각 $\phi = \phi(t)$, $z = z(t)$이며 시간의 함수이다.

[풀이]

속도는 $\boldsymbol{v} = \dfrac{d\boldsymbol{r}}{dt}$이므로 다음과 같이 주어진다.

$$\begin{aligned}
\boldsymbol{v} &= \left(\frac{d\rho}{dt}\cos\phi - \rho\sin\phi\frac{d\phi}{dt}\right)\hat{x} + \left(\frac{d\rho}{dt}\sin\phi + \rho\cos\phi\frac{d\phi}{dt}\right)\hat{y} + \frac{dz}{dt}\hat{z} \\
&= \frac{d\rho}{dt}\underbrace{(\cos\phi\hat{x} + \sin\phi\hat{y})}_{=\hat{\rho}} + \rho\frac{d\phi}{dt}\underbrace{(-\sin\phi\hat{x} + \cos\phi\hat{y})}_{=\hat{\phi}} + \frac{dz}{dt}\hat{z} \\
&= \frac{d\rho}{dt}\hat{\rho} + \rho\frac{d\phi}{dt}\hat{\phi} + \frac{dz}{dt}\hat{z}
\end{aligned}$$

여기서 원통 좌표계의 단위 벡터 $\hat{\rho} = \cos\phi\hat{x} + \sin\phi\hat{y}$, $\hat{\phi} = -\sin\phi\hat{x} + \cos\phi\hat{y}$을 사용하였다.

$$\therefore \ \boldsymbol{v} = \frac{d\rho}{dt}\hat{\rho} + \rho\frac{d\phi}{dt}\hat{\phi} + \frac{dz}{dt}\hat{z}$$

가속도는 $\boldsymbol{a} = \frac{d\boldsymbol{v}}{dt} = \frac{d^2\boldsymbol{r}}{dt^2}$이므로 다음과 같이 주어진다.

$$\boldsymbol{a} = \frac{d^2\rho}{dt^2}\hat{\rho} + \frac{d\rho}{dt}\underbrace{\frac{d\hat{\rho}}{dt}}_{=\frac{d\phi}{dt}\hat{\phi}} + \frac{d\rho}{dt}\frac{d\phi}{dt}\hat{\phi} + \rho\frac{d^2\phi}{dt^2}\hat{\phi}$$

$$+\rho\frac{d\phi}{dt}\underbrace{\frac{d\hat{\phi}}{dt}}_{=-\frac{d\phi}{dt}\hat{\rho}} + \frac{d^2z}{dt^2}\hat{z} + \frac{dz}{dt}\underbrace{\frac{d\hat{z}}{dt}}_{=0}$$

$$= \frac{d^2\rho}{dt^2}\hat{\rho} + \frac{d\rho}{dt}\frac{d\phi}{dt}\hat{\phi} + \frac{d\rho}{dt}\frac{d\phi}{dt}\hat{\phi} + \rho\frac{d^2\phi}{dt^2}\hat{\phi} - \rho\left(\frac{d\phi}{dt}\right)^2\hat{\rho} + \frac{d^2z}{dt^2}\hat{z}$$

여기서 예제 3.9의 원통 좌표계의 단위 벡터들의 시간 미분 관계식 $\frac{d\hat{\rho}}{dt} = \frac{d\phi}{dt}\hat{\phi}$, $\frac{d\hat{\phi}}{dt} = -\frac{d\phi}{dt}\hat{\rho}$, $\frac{d\hat{z}}{dt} = 0$을 사용하였다. 가속도를 성분별로 정리하면 다음과 같다.

$$\therefore \ \boldsymbol{a} \equiv \left[\frac{d^2\rho}{dt^2} - \rho\left(\frac{d\phi}{dt}\right)^2\right]\hat{\rho} + \left[\rho\frac{d^2\phi}{dt^2} + 2\frac{d\rho}{dt}\frac{d\phi}{dt}\right]\hat{\phi} + \frac{d^2z}{dt^2}\hat{z}$$

가속도의 성분별 명칭은 다음과 같다.

- 정지 좌표계 (x, y, z)에서의 가속도: $\boldsymbol{a}$

- 운동 좌표계 (ρ, ϕ, z)의 $\hat{\rho}$ 방향 가속도

  $\dfrac{d^2\rho}{dt^2}$: 반지름 가속도

  $-\rho\left(\dfrac{d\phi}{dt}\right)^2 = -\rho\omega^2$: 구심 가속도 (centripetal acceleration)

- 운동 좌표계 (ρ, ϕ, z)의 $\hat{\phi}$ 방향 가속도

  $\rho\dfrac{d^2\phi}{dt^2} = \rho\alpha$: 가로 가속도 (transverse acceleration)

  $2\dfrac{d\rho}{dt}\dfrac{d\phi}{dt} = 2v\omega$: 코리오리 가속도(Coriolis acceleration)

- 운동 좌표계 (ρ, ϕ, z)의 $\hat{z}$ 방향 가속도

  $\dfrac{d^2z}{dt^2}$: z 방향의 가속도

■

[예제 3.16] **원통 좌표계의 파동 함수**

원통 좌표계 (ρ, ϕ, z)의 파동 함수가 $\Psi(\rho) = K\ln\left(\frac{\rho}{\rho_o}\right)$로 주어진다고 하자.

여기서, K와 ρ_o는 상수이다. (1) $\nabla\Psi$, (2) $\nabla^2\Psi$를 구하라.

[풀이]

(1) 원통 좌표계에서 $\nabla\Psi$는 다음과 같이 주어진다.

$$\nabla\Psi = \hat{\rho}\frac{\partial\Psi}{\partial\rho} + \hat{\phi}\frac{1}{\rho}\frac{\partial\Psi}{\partial\phi} + \hat{z}\frac{\partial\Psi}{\partial z}$$

파동 함수 $\Psi(\rho)$는 ρ만의 함수이므로 $\nabla\Psi$는 다음과 같다.

$$\nabla\Psi = \hat{\rho}\frac{\partial\Psi}{\partial\rho} = \hat{\rho}\frac{K}{\rho}$$

(2) 원통 좌표계에서 $\nabla^2\Psi$은 다음과 같이 주어진다.

$$\nabla^2\Psi = \frac{1}{\rho}\frac{\partial}{\partial\rho}\left(\rho\frac{\partial\Psi}{\partial\rho}\right) + \frac{1}{\rho^2}\frac{\partial^2\Psi}{\partial\phi^2} + \frac{\partial^2\Psi}{\partial z^2}$$

파동 함수 $\Psi(\rho)$는 ρ만의 함수이므로 $\nabla^2\Psi$은 다음과 같다.

$$\nabla^2\Psi = \frac{1}{\rho}\frac{\partial}{\partial\rho}\left(\rho\frac{\partial\Psi}{\partial\rho}\right) = \frac{1}{\rho}\frac{\partial}{\partial\rho}\left(\rho\frac{K}{\rho}\right) = \frac{1}{\rho}\frac{\partial K}{\partial\rho} = 0$$

즉, 파동 함수 $\Psi(\rho) = K\ln\left(\frac{\rho}{\rho_o}\right)$는 라플라스 방정식 $\nabla^2\Psi = 0$의 해가 된다.

■

[예제 3.17] 원통 좌표계의 벡터 퍼텐셜

원통 좌표계 (ρ, ϕ, z)에서 $+z$ 방향으로 무한히 긴 직선 도선에 흐르는 상수 전류 I에 의해 만들어지는 벡터 퍼텐셜을 $\boldsymbol{A}(\rho) = \hat{z}\,\dfrac{\mu_o I}{2\pi}\ln\left(\dfrac{1}{\rho}\right)$라고 하자.

여기서 μ_o는 진공에서의 투자율이며 ρ는 반지름이다.

(1) 자기장 $\boldsymbol{B} = \nabla \times \boldsymbol{A}$를 구하라.

(2) (1)에서 구한 자기장 벡터를 데카르트 직교 좌표계로 변환하여 예제 2.17 (또는 예제 2.26)의 결과와 같음을 보여라.

[풀이]

(1) 자기장 $\boldsymbol{B}$는 벡터 퍼텐셜 $\boldsymbol{A}$와 $\boldsymbol{B} = \nabla \times \boldsymbol{A}$의 관계식을 가지므로 원통 좌표계에서 다음과 같이 주어진다.

$$\boldsymbol{B} = \nabla \times \boldsymbol{A} = \frac{1}{\rho}\begin{vmatrix} \hat{\rho} & \rho\hat{\phi} & \hat{z} \\ \dfrac{\partial}{\partial\rho} & \dfrac{\partial}{\partial\phi} & \dfrac{\partial}{\partial z} \\ A_\rho & \rho A_\phi & A_z \end{vmatrix} = \frac{\mu_o I}{2\pi}\frac{1}{\rho}\begin{vmatrix} \hat{\rho} & \rho\hat{\phi} & \hat{z} \\ \dfrac{\partial}{\partial\rho} & \dfrac{\partial}{\partial\phi} & \dfrac{\partial}{\partial z} \\ 0 & 0 & \ln\left(\dfrac{1}{\rho}\right) \end{vmatrix}$$

$$= -\hat{\phi}\frac{\mu_o I}{2\pi}\frac{\partial}{\partial\rho}\ln\left(\frac{1}{\rho}\right) = \frac{\mu_o I}{2\pi\rho}\hat{\phi}$$

$$\therefore \quad B = \frac{\mu_o I}{2\pi\rho}\hat{\phi}$$

(2) 단위 벡터 $\hat{\phi}$과 반지름 ρ를 데카르트 직교 좌표로 나타내면 $\hat{\phi} = -\sin\phi\,\hat{x} + \cos\phi\,\hat{y}$

$x = \rho\cos\phi,\quad y = \rho\sin\phi,\quad \rho = \sqrt{x^2 + y^2}$ 이다.

$$\boldsymbol{B} = \frac{\mu_o I}{2\pi\rho}\hat{\phi} = \frac{\mu_o I}{2\pi\rho}\left(-\sin\phi\,\hat{x} + \cos\phi\,\hat{y}\right) = \frac{\mu_o I}{2\pi}\,\frac{-y\hat{x} + x\hat{y}}{x^2 + y^2} \equiv \mu_o \boldsymbol{H}$$

예제 2.17 (또는 예제 2.26)의 결과와 같다.

■

3.4.2 구 좌표계 (Spherical Coordinate System)의 응용

[예제 3.18] 구 좌표계에서 단위 벡터의 미분

구 좌표계에서 각 단위 벡터의 미분이 다음과 같음을 보여라.

(1) $\frac{d\hat{r}}{d\theta}=\hat{\theta}$, $\frac{d\hat{r}}{d\phi}=\sin\theta\hat{\phi}$, (2) $\frac{d\hat{\theta}}{d\theta}=-\hat{r}$, $\frac{d\hat{\theta}}{d\phi}=\cos\theta\hat{\phi}$,

(3) $\frac{d\hat{\phi}}{d\theta}=0$, $\frac{d\hat{\phi}}{d\phi}=-(\hat{r}\sin\theta+\hat{\theta}\cos\theta)$

[풀이]

구 좌표계의 단위 벡터들은 다음과 같다.

$$\begin{aligned}\hat{r} &= \sin\theta\cos\phi\hat{x}+\sin\theta\sin\phi\hat{y}+\cos\theta\hat{z}\\ \hat{\theta} &= \cos\theta\cos\phi\hat{x}+\cos\theta\sin\phi\hat{y}-\sin\theta\hat{z}\\ \hat{\phi} &= -\sin\phi\hat{x}+\cos\phi\hat{y}\end{aligned}$$

이들을 각각 θ와 ϕ에 대해 미분하면 다음의 결과를 얻는다.

(1) $$\frac{d\hat{r}}{d\theta}=\cos\theta\cos\phi\hat{x}+\cos\theta\sin\phi\hat{y}-\sin\theta\hat{z}=\hat{\theta},$$
$$\frac{d\hat{r}}{d\phi}=-\sin\theta\sin\phi\hat{x}+\sin\theta\cos\phi\hat{y}=\sin\theta\hat{\phi}$$

(2) $$\frac{d\hat{\theta}}{d\theta}=-\sin\theta\cos\phi\hat{x}-\sin\theta\sin\phi\hat{y}-\cos\theta\hat{z}=-\hat{r},$$
$$\frac{d\hat{\theta}}{d\phi}=-\cos\theta\sin\phi\hat{x}+\cos\theta\cos\phi\hat{y}=\cos\theta\hat{\phi}$$

(3) $$\frac{d\hat{\phi}}{d\theta}=\frac{d}{d\theta}(-\sin\phi\hat{x}+\cos\phi\hat{y})=0,$$
$$\frac{d\hat{\phi}}{d\phi}=-\cos\phi\hat{x}-\sin\phi\hat{y}=-(\hat{r}\sin\theta+\hat{\theta}\cos\theta)$$

■

[예제 3.19] 데카르트 직교 좌표의 미분과 구 좌표의 미분 관계식

데카르트 직교 좌표 x, y, z의 편미분을 구 좌표로 나타내면 다음과 같음을 보여라.

$$\frac{\partial}{\partial x} = \sin\theta\cos\phi\frac{\partial}{\partial r} + \cos\theta\cos\phi\frac{1}{r}\frac{\partial}{\partial\theta} - \frac{\sin\phi}{r\sin\theta}\frac{\partial}{\partial\phi},$$

$$\frac{\partial}{\partial y} = \sin\theta\sin\phi\frac{\partial}{\partial r} + \cos\theta\sin\phi\frac{1}{r}\frac{\partial}{\partial\theta} + \frac{\cos\phi}{r\sin\theta}\frac{\partial}{\partial\phi},$$

$$\frac{\partial}{\partial z} = \cos\theta\frac{\partial}{\partial r} - \sin\theta\frac{1}{r}\frac{\partial}{\partial\theta}$$

[풀이]

데카르트 직교 좌표계의 그래디언트 연산자 $\nabla \equiv \nabla_{xyz}$는 다음과 같다.

$$\nabla_{xyz} = \hat{x}\frac{\partial}{\partial x} + \hat{y}\frac{\partial}{\partial y} + \hat{z}\frac{\partial}{\partial z}$$

한편 구 좌표계에서 $\nabla = \nabla_{r\theta\phi}$ 연산자는 다음과 같이 주어진다.

$$\nabla_{r\theta\phi} = \hat{r}\frac{\partial}{\partial r} + \hat{\theta}\frac{1}{r}\frac{\partial}{\partial\theta} + \hat{\phi}\frac{1}{r\sin\theta}\frac{\partial}{\partial\phi}$$

구 좌표계의 단위 벡터들은 다음과 같다.

$$\begin{aligned}\hat{r} &= \sin\theta\cos\phi\hat{x} + \sin\theta\sin\phi\hat{y} + \cos\theta\hat{z} \\ \hat{\theta} &= \cos\theta\cos\phi\hat{x} + \cos\theta\sin\phi\hat{y} - \sin\theta\hat{z} \\ \hat{\phi} &= -\sin\phi\hat{x} + \cos\phi\hat{y}\end{aligned}$$

구 좌표계의 단위 벡터들을 $\nabla = \nabla_{r\theta\phi}$에 대입하여 정리하자.

$$
\begin{aligned}
\nabla_{r\theta\phi} &= \hat{r}\frac{\partial}{\partial r} + \hat{\theta}\frac{1}{r}\frac{\partial}{\partial\theta} + \hat{\phi}\frac{1}{r\sin\theta}\frac{\partial}{\partial\phi} \\
&= [\sin\theta\cos\phi\,\hat{x} + \sin\theta\sin\phi\,\hat{y} + \cos\theta\,\hat{z}]\frac{\partial}{\partial r} \\
&+ [\cos\theta\cos\phi\,\hat{x} + \cos\theta\sin\phi\,\hat{y} - \sin\theta\,\hat{z}]\frac{1}{r}\frac{\partial}{\partial\theta} \\
&+ [-\sin\phi\,\hat{x} + \cos\phi\,\hat{y}]\frac{1}{r\sin\theta}\frac{\partial}{\partial\phi}
\end{aligned}
$$

데카르트 직교 좌표의 단위 벡터 성분으로 재배열하면 다음과 같다.

$$
\begin{aligned}
\nabla_{r\theta\phi} &= \hat{x}\left[\sin\theta\cos\phi\frac{\partial}{\partial r} + \cos\theta\cos\phi\frac{1}{r}\frac{\partial}{\partial\theta} - \frac{\sin\phi}{r\sin\theta}\frac{\partial}{\partial\phi}\right] \\
&+ \hat{y}\left[\sin\theta\sin\phi\frac{\partial}{\partial r} + \cos\theta\sin\phi\frac{1}{r}\frac{\partial}{\partial\theta} + \frac{\cos\phi}{r\sin\theta}\frac{\partial}{\partial\phi}\right] \\
&+ \hat{z}\left[\cos\theta\frac{\partial}{\partial r} - \sin\theta\frac{1}{r}\frac{\partial}{\partial\theta}\right] \\
&\equiv \nabla_{xyz}
\end{aligned}
$$

따라서 $\nabla = \nabla_{xyz} = \nabla_{r\theta\phi}$ 이므로 두 관계식을 비교하면 다음 관계식이 증명된다.

$$
\begin{aligned}
\frac{\partial}{\partial x} &= \sin\theta\cos\phi\frac{\partial}{\partial r} + \cos\theta\cos\phi\frac{1}{r}\frac{\partial}{\partial\theta} - \frac{\sin\phi}{r\sin\theta}\frac{\partial}{\partial\phi}, \\
\frac{\partial}{\partial y} &= \sin\theta\sin\phi\frac{\partial}{\partial r} + \cos\theta\sin\phi\frac{1}{r}\frac{\partial}{\partial\theta} + \frac{\cos\phi}{r\sin\theta}\frac{\partial}{\partial\phi}, \\
\frac{\partial}{\partial z} &= \cos\theta\frac{\partial}{\partial r} - \sin\theta\frac{1}{r}\frac{\partial}{\partial\theta}
\end{aligned}
$$

■

[예제 3.20] 데카르트 직교 좌표계의 각운동량 연산자 관계식

(1) 고전 역학의 각운동량 벡터는 $\boldsymbol{L}=\boldsymbol{r}\times\boldsymbol{p}$로 정의된다.

데카르트 직교 좌표계의 각운동량 성분 L_i $(i=x,y,z)$를 구하라.

여기서 $\boldsymbol{r}$은 회전축에서 입자까지의 위치 벡터이며 $\boldsymbol{p}$는 선 운동량 벡터이다.

(2) 양자역학의 운동량 연산자가 $\boldsymbol{p}=-i\hbar\nabla=-i\hbar\left(\hat{x}\frac{\partial}{\partial x}+\hat{y}\frac{\partial}{\partial y}+\hat{z}\frac{\partial}{\partial z}\right)$로 주어진다. 데카르트 직교 좌표의 미분으로 각운동량 성분 L_i $(i=x,y,z)$를 구하라.

(3) 양자역학에서 두 연산자 A, B의 교환자 (commutator)는 $[A,B]\equiv AB-BA$로 정의한다. 위치 연산자 x_i $(i=1,2,3)$와 운동량 연산자 $p_i=-i\hbar\frac{\partial}{\partial x_i}$의 교환자가 $[x_i,p_j]=+i\hbar\delta_{ij}$임을 보여라. 여기서 δ_{ij}는 크로네커 델타 함수이다.

(4) 각운동량 연산자의 교환자는 $[L_i,L_j]\equiv i\hbar\epsilon_{ijk}L_k$가 됨을 보여라. 여기서 ϵ_{ijk}는 레비치비타 기호이다.

(5) (4)의 결과로부터 $\boldsymbol{L}\times\boldsymbol{L}=i\hbar\boldsymbol{L}$임을 보여라.

[풀이]

(1) 각운동량 벡터는 행렬식으로 나타내면 다음과 같이 주어진다.

$$\boldsymbol{L}=\boldsymbol{r}\times\boldsymbol{p}=\begin{vmatrix}\hat{x} & \hat{y} & \hat{z}\\ x & y & z\\ p_x & p_y & p_z\end{vmatrix}=\begin{pmatrix}yp_z-zp_y\\ zp_x-xp_z\\ xp_y-yp_x\end{pmatrix}\equiv\begin{pmatrix}L_x\\ L_y\\ L_z\end{pmatrix}$$

$$\therefore\ L_x=yp_z-zp_y,\quad L_y=zp_x-xp_z,\quad L_z=xp_y-yp_x$$

(2) 양자역학의 운동량 연산자는 다음과 같다.

$$\boldsymbol{p}=-i\hbar\nabla=-i\hbar\left(\hat{x}\frac{\partial}{\partial x}+\hat{y}\frac{\partial}{\partial y}+\hat{z}\frac{\partial}{\partial z}\right)\equiv\hat{x}p_x+\hat{y}p_y+\hat{z}p_z$$

운동량 연산자의 성분 p_i $(i=x,y,z)$를 (1)의 각운동량 성분 L_i $(i=x,y,z)$에 대입하면 다음 관계식을 얻는다.

$$\boldsymbol{L}=\begin{pmatrix} yp_z-zp_y \\ zp_x-xp_z \\ xp_y-yp_x \end{pmatrix}=-i\hbar\begin{pmatrix} y\dfrac{\partial}{\partial z}-z\dfrac{\partial}{\partial y} \\ z\dfrac{\partial}{\partial x}-x\dfrac{\partial}{\partial z} \\ x\dfrac{\partial}{\partial y}-y\dfrac{\partial}{\partial x} \end{pmatrix}=\begin{pmatrix} L_x \\ L_y \\ L_z \end{pmatrix}$$

$$\begin{aligned} \therefore\ \ L_x &=-i\hbar\left(y\frac{\partial}{\partial z}-z\frac{\partial}{\partial y}\right), \\ L_y &=-i\hbar\left(z\frac{\partial}{\partial x}-x\frac{\partial}{\partial z}\right), \\ L_z &=-i\hbar\left(x\frac{\partial}{\partial y}-y\frac{\partial}{\partial x}\right) \end{aligned}$$

(3) 위치 연산자 x와 운동량 연산자 $p_x=-i\hbar\dfrac{\partial}{\partial x}$의 교환자 (commutator)를 임의의 함수 $\Psi(x,y,z)$에 적용하면 다음과 같이 주어진다.

$$\begin{aligned} [x,p_x]\,\Psi(x,y,z) &=(xp_x-p_xx)\Psi \\ &=-i\hbar\left(x\frac{\partial\Psi}{\partial x}-\frac{\partial(x\Psi)}{\partial x}\right) \\ &=-i\hbar\left(x\frac{\partial\Psi}{\partial x}-\Psi-x\frac{\partial\Psi}{\partial x}\right) \\ &=+i\hbar\Psi(x,y,z) \end{aligned}$$

$$\therefore\ \ [x,p_x]=+i\hbar\ \ (\neq 0)$$

두 연산자 x, p_x는 비 교환적 (non-commute)이다.

즉, 위치 연산자와 운동량 연산자는 측정하는 순서에 따라 서로에게 영향을 미치며 두 물리량을 임의의 정확도 (arbitrary accuracy)로 동시에 측정할 수 없다.
같은 방법으로 나머지 연산자를 계산하면 다음과 같다.

$$[y, p_y] = [z, p_z] = +i\hbar\,(\neq 0)$$

한편, 다른 방향의 위치 연산자와 운동량 연산자의 교환자를 계산하면 0이 된다.
예를 들면, x, p_y 연산자의 교환자를 계산하면 다음과 같다.

$$\begin{aligned}[x, p_y]\Psi(x,y,z) &= (xp_y - p_y x)\Psi \\ &= -i\hbar\left(x\frac{\partial \Psi}{\partial y} - \frac{\partial (x\Psi)}{\partial y}\right) \\ &= -i\hbar\left(x\frac{\partial \Psi}{\partial y} - x\frac{\partial \Psi}{\partial y}\right) \\ &= 0\end{aligned}$$

같은 방법으로 서로 다른 방향의 위치 연산자와 운동량 연산자의 교환자를 계산하면 모두 0이 된다. 즉,

$$[x, p_z] = [y, p_x] = [y, p_z] = [z, p_x] = [z, p_y] = 0$$

이들을 종합하면 다음과 같이 위치 연산자와 운동량 연산자의 교환자는 크로네커 델타함수 δ_{ij}로 다음과 같이 주어진다.

$$\therefore\ [x_i, p_j] = +i\hbar\delta_{ij}\ \ (i, j = 1, 2, 3)$$

(4) 먼저 $[L_x, L_y]$ 연산자를 구하자.

$$
\begin{aligned}
[L_x, L_y]\Psi(x,y,z) &= (L_x L_y - L_y L_x)\Psi \\
&= -\hbar^2 \left[\begin{array}{l} \left(y\dfrac{\partial}{\partial z} - z\dfrac{\partial}{\partial y}\right)\left(z\dfrac{\partial\Psi}{\partial x} - x\dfrac{\partial\Psi}{\partial z}\right) \\ -\left(z\dfrac{\partial}{\partial x} - x\dfrac{\partial}{\partial z}\right)\left(y\dfrac{\partial\Psi}{\partial z} - z\dfrac{\partial\Psi}{\partial y}\right) \end{array} \right] \\
&= -\hbar^2 \left[y\frac{\partial\Psi}{\partial x} + yz\frac{\partial^2\Psi}{\partial z\,\partial x} - xy\frac{\partial^2\Psi}{\partial z^2} - z^2\frac{\partial^2\Psi}{\partial y\,\partial x} + xz\frac{\partial^2\Psi}{\partial y\,\partial z} \right] \\
&\quad + \hbar^2 \left[yz\frac{\partial^2\Psi}{\partial x\,\partial z} - z^2\frac{\partial^2\Psi}{\partial x\,\partial y} - xy\frac{\partial^2\Psi}{\partial z^2} + x\frac{\partial\Psi}{\partial y} + xz\frac{\partial^2\Psi}{\partial z\,\partial y} \right]
\end{aligned}
$$

임의의 함수 $\Psi(x, y, z)$가 주어진 영역에서 연속이며 2계 이상의 편미분이 가능한 경우 편미분의 순서는 무관하다. 즉, $\dfrac{\partial^2\Psi}{\partial x\,\partial y} = \dfrac{\partial^2\Psi}{\partial y\,\partial x}$, $\dfrac{\partial^2\Psi}{\partial y\,\partial z} = \dfrac{\partial^2\Psi}{\partial z\,\partial y}$, $\cdots$ 이므로 $[L_x, L_y]$ 연산자는 다음과 같다.

$$
\begin{aligned}
[L_x, L_y]\Psi(x,y,z) &= -\hbar^2\left(y\frac{\partial\Psi}{\partial x} - x\frac{\partial\Psi}{\partial y}\right) \\
&= -\hbar^2\left(y\frac{\partial}{\partial x} - x\frac{\partial}{\partial y}\right)\Psi \\
&\equiv i\hbar L_z \Psi
\end{aligned}
$$

$$\therefore [L_x, L_y] = i\hbar L_z$$

같은 방법으로 $[L_y, L_z]$와 $[L_z, L_x]$ 연산자를 계산하면 다음과 같이 주어진다.

$$[L_y, L_z] = i\hbar L_x$$

$$[L_z, L_x] = i\hbar L_y$$

따라서 각운동량 연산자의 교환자는 레비치비타 기호 ϵ_{ijk}로 다음과 같다.

$$\therefore\ [L_i, L_j] \equiv i\hbar \epsilon_{ijk} L_k$$

(5) 벡터 곱의 정의에 따라 $\boldsymbol{L} \times \boldsymbol{L}$은 다음과 같이 쓸 수 있다.

$$\begin{aligned}
\boldsymbol{L} \times \boldsymbol{L} &= \begin{vmatrix} \hat{x} & \hat{y} & \hat{z} \\ L_x & L_y & L_z \\ L_x & L_y & L_z \end{vmatrix} \\
&= \hat{x}(L_y L_z - L_z L_y) + \hat{y}(L_z L_x - L_x L_z) + \hat{z}(L_x L_y - L_y L_x) \\
&= \hat{x}[L_y, L_z] + \hat{y}[L_z, L_x] + \hat{z}[L_x, L_y] \\
&= i\hbar(\hat{x} L_x + \hat{y} L_y + \hat{z} L_z) \\
&\equiv i\hbar \boldsymbol{L}
\end{aligned}$$

여기서, 위 식의 둘째와 셋째 줄은 $[L_i, L_j] = L_i L_j - L_j L_i \equiv i\hbar \epsilon_{ijk} L_k$ 관계식을 사용하였으며, 각운동량 벡터는 $\boldsymbol{L} = L_x \hat{x} + L_y \hat{y} + L_z \hat{z}$이다.

$$\therefore\ \boldsymbol{L} \times \boldsymbol{L} = i\hbar \boldsymbol{L}$$ ■

[※ 주의]: 벡터해석에 따르면 같은 벡터 $\boldsymbol{A}$의 벡터 곱은 $\boldsymbol{A} \times \boldsymbol{A} = 0$이므로 위의 각운동량 벡터 $\boldsymbol{L}$의 벡터 곱의 관계식은 성립하지 않으나, 교환자 관계식 $[L_i, L_j] = i\hbar \epsilon_{ijk} L_k$를 연상기억 (mnemonic)하는 방법으로 이해하면 된다.[41]

---

41) 연상기억법 (mnemonic)은 예를 들면, 무지개의 스펙트럼 순서인 빨강 (Red), 주황 (Orange) 노랑 (Yellow), 초록 (Green), 파랑 (Blue), 남색 (Indigo), 보라 (Violet)의 앞글자를 배열하여 Roy G Biv로 기억하면 쉽게 기억할 수 있다.

[예제 3.21] 구 좌표계의 각운동량 연산자 관계식

예제 3.20에서 구한 각운동량 성분 L_i $(i=x,y,z)$는 구 좌표계에서 다음과 같음을 보여라.

(1) $L_x = -i\hbar\left(y\frac{\partial}{\partial z} - z\frac{\partial}{\partial y}\right) = i\hbar\left(\sin\phi\frac{\partial}{\partial\theta} + \cot\theta\cos\phi\frac{\partial}{\partial\phi}\right)$,

(2) $L_y = -i\hbar\left(z\frac{\partial}{\partial x} - x\frac{\partial}{\partial z}\right) = i\hbar\left(-\cos\phi\frac{\partial}{\partial\theta} + \cot\theta\sin\phi\frac{\partial}{\partial\phi}\right)$,

(3) $L_z = -i\hbar\left(x\frac{\partial}{\partial y} - y\frac{\partial}{\partial x}\right) = -i\hbar\frac{\partial}{\partial\phi}$

[풀이]

예제 3.19의 결과에서 데카르트 직교 좌표 x, y, z의 편미분을 구 좌표로 나타내면 다음과 같다.

$$\frac{\partial}{\partial x} = \sin\theta\cos\phi\frac{\partial}{\partial r} + \cos\theta\cos\phi\frac{1}{r}\frac{\partial}{\partial\theta} - \frac{\sin\phi}{r\sin\theta}\frac{\partial}{\partial\phi},$$

$$\frac{\partial}{\partial y} = \sin\theta\sin\phi\frac{\partial}{\partial r} + \cos\theta\sin\phi\frac{1}{r}\frac{\partial}{\partial\theta} + \frac{\cos\phi}{r\sin\theta}\frac{\partial}{\partial\phi},$$

$$\frac{\partial}{\partial z} = \cos\theta\frac{\partial}{\partial r} - \sin\theta\frac{1}{r}\frac{\partial}{\partial\theta}$$

한편, $x = r\sin\theta\cos\phi$, $y = r\sin\theta\sin\phi$, $z = r\cos\theta$이므로 데카르트 직교 좌표계의 각운동량 성분 L_i $(i=x,y,z)$에 대입하여 정리한다.

(1) $L_x = -i\hbar\left(y\frac{\partial}{\partial z} - z\frac{\partial}{\partial y}\right)$

$$= -i\hbar\left[\begin{array}{l} r\sin\theta\sin\phi\left(\cos\theta\frac{\partial}{\partial r} - \sin\theta\frac{1}{r}\frac{\partial}{\partial\theta}\right) \\ -r\cos\theta\left(\sin\theta\sin\phi\frac{\partial}{\partial r} + \cos\theta\sin\phi\frac{1}{r}\frac{\partial}{\partial\theta} + \frac{\cos\phi}{r\sin\theta}\frac{\partial}{\partial\phi}\right)\end{array}\right]$$

$$\therefore\ L_x = -i\hbar\left(y\frac{\partial}{\partial z} - z\frac{\partial}{\partial y}\right) = i\hbar\left(\sin\phi\frac{\partial}{\partial\theta} + \cot\theta\cos\phi\frac{\partial}{\partial\phi}\right)$$

여기서 $\cot\theta = \dfrac{\cos\theta}{\sin\theta}$ 이다.

(2) $L_y = -i\hbar\left(z\dfrac{\partial}{\partial x} - x\dfrac{\partial}{\partial z}\right)$

$$= -i\hbar\left[\begin{array}{l} r\cos\theta\left(\sin\theta\cos\phi\dfrac{\partial}{\partial r} + \cos\theta\cos\phi\dfrac{1}{r}\dfrac{\partial}{\partial\theta} - \dfrac{\sin\phi}{r\sin\theta}\dfrac{\partial}{\partial\phi}\right) \\ -r\sin\theta\cos\phi\left(\cos\theta\dfrac{\partial}{\partial r} - \sin\theta\dfrac{1}{r}\dfrac{\partial}{\partial\theta}\right) \end{array}\right]$$

$$= i\hbar\left(-\cos\phi\frac{\partial}{\partial\theta} + \cot\theta\sin\phi\frac{\partial}{\partial\phi}\right),$$

(3) $L_z = -i\hbar\left(x\dfrac{\partial}{\partial y} - y\dfrac{\partial}{\partial x}\right)$

$$= -i\hbar\left[\begin{array}{l} r\sin\theta\cos\phi\left(\sin\theta\sin\phi\dfrac{\partial}{\partial r} + \cos\theta\sin\phi\dfrac{1}{r}\dfrac{\partial}{\partial\theta} + \dfrac{\cos\phi}{r\sin\theta}\dfrac{\partial}{\partial\phi}\right) \\ -r\sin\theta\sin\phi\left(\sin\theta\cos\phi\dfrac{\partial}{\partial r} + \cos\theta\cos\phi\dfrac{1}{r}\dfrac{\partial}{\partial\theta} - \dfrac{\sin\phi}{r\sin\theta}\dfrac{\partial}{\partial\phi}\right) \end{array}\right]$$

$$= -i\hbar\frac{\partial}{\partial\phi}$$

따라서 각운동량 성분 $L_i\ (i = x, y, z)$은 구 좌표계에서 다음과 같이 주어진다.

$$\begin{aligned} L_x &= -i\hbar\left(y\frac{\partial}{\partial z} - z\frac{\partial}{\partial y}\right) = i\hbar\left(\sin\phi\frac{\partial}{\partial\theta} + \cot\theta\cos\phi\frac{\partial}{\partial\phi}\right), \\ L_y &= -i\hbar\left(z\frac{\partial}{\partial x} - x\frac{\partial}{\partial z}\right) = i\hbar\left(-\cos\phi\frac{\partial}{\partial\theta} + \cot\theta\sin\phi\frac{\partial}{\partial\phi}\right), \\ L_z &= -i\hbar\left(x\frac{\partial}{\partial y} - y\frac{\partial}{\partial x}\right) = -i\hbar\frac{\partial}{\partial\phi} \end{aligned}$$ ■

[예제 3.22] 구 좌표계의 각운동량 연산자 관계식

예제 3.21에서 구한 각운동량 성분 L_i $(i=x,y,z)$를 사용하여 다음 식을 증명하라.

(1) $L_+ = L_x + iL_y = \hbar e^{i\phi}\left(\frac{\partial}{\partial\theta} + i\cot\theta\frac{\partial}{\partial\phi}\right)$,

(2) $L_- = L_x - iL_y = -\hbar e^{-i\phi}\left(\frac{\partial}{\partial\theta} - i\cot\theta\frac{\partial}{\partial\phi}\right)$,

[풀이]

예제 3.21에서 구한 각운동량 성분은 다음과 같다.

$$L_x = i\hbar\left(\sin\phi\frac{\partial}{\partial\theta} + \cot\theta\cos\phi\frac{\partial}{\partial\phi}\right),$$
$$L_y = i\hbar\left(-\cos\phi\frac{\partial}{\partial\theta} + \cot\theta\sin\phi\frac{\partial}{\partial\phi}\right)$$

(1)
$$\begin{aligned} L_x + iL_y &= i\hbar\left(\sin\phi\frac{\partial}{\partial\theta} + \cot\theta\cos\phi\frac{\partial}{\partial\phi}\right) \\ &\quad -\hbar\left(-\cos\phi\frac{\partial}{\partial\theta} + \cot\theta\sin\phi\frac{\partial}{\partial\phi}\right) \\ &= \hbar\left[(\cos\phi + i\sin\phi)\frac{\partial}{\partial\theta} + i\cot\theta(\cos\phi + i\sin\phi)\frac{\partial}{\partial\phi}\right] \\ &= \hbar e^{i\phi}\left(\frac{\partial}{\partial\theta} + i\cot\theta\frac{\partial}{\partial\phi}\right), \end{aligned}$$

(2)
$$\begin{aligned} L_x - iL_y &= i\hbar\left(\sin\phi\frac{\partial}{\partial\theta} + \cot\theta\cos\phi\frac{\partial}{\partial\phi}\right) \\ &\quad +\hbar\left(-\cos\phi\frac{\partial}{\partial\theta} + \cot\theta\sin\phi\frac{\partial}{\partial\phi}\right) \\ &= -\hbar\left[(\cos\phi - i\sin\phi)\frac{\partial}{\partial\theta} + i\cot\theta(\cos\phi - i\sin\phi)\frac{\partial}{\partial\phi}\right] \\ &= -\hbar e^{-i\phi}\left(\frac{\partial}{\partial\theta} - i\cot\theta\frac{\partial}{\partial\phi}\right). \end{aligned}$$

■

[예제 3.23] 구 좌표계의 각운동량의 크기 제곱 $L^2 = \boldsymbol{L} \cdot \boldsymbol{L}$

(1) 양자역학의 각운동량 연산자 $\boldsymbol{L} = \boldsymbol{r} \times \boldsymbol{p} = -i\hbar \boldsymbol{r} \times \nabla$를 구좌표로 구하라.

(2) (1)의 결과로부터 $L^2 = \boldsymbol{L} \cdot \boldsymbol{L}$을 구좌표로 구하라.

[풀이]

(1) 구 좌표계에서 위치 벡터는 $\boldsymbol{r} = r\hat{r}$이며, 그래디언트 연산자는 다음과 같다.

$$\nabla = \hat{r}\frac{\partial}{\partial r} + \hat{\theta}\frac{1}{r}\frac{\partial}{\partial \theta} + \hat{\phi}\frac{1}{r\sin\theta}\frac{\partial}{\partial \phi}$$

각운동량 연산자는 $\boldsymbol{L} = \boldsymbol{r} \times \boldsymbol{p} = -i\hbar \boldsymbol{r} \times \nabla$이므로 다음과 같이 주어진다.

$$\begin{aligned}\boldsymbol{L} &= \boldsymbol{r} \times \boldsymbol{p} = -i\hbar \boldsymbol{r} \times \nabla \\ &= -i\hbar r\hat{r} \times \left(\hat{r}\frac{\partial}{\partial r} + \hat{\theta}\frac{1}{r}\frac{\partial}{\partial \theta} + \hat{\phi}\frac{1}{r\sin\theta}\frac{\partial}{\partial \phi}\right) \\ \therefore\ \boldsymbol{L} &= -i\hbar\left(\hat{\phi}\frac{\partial}{\partial \theta} - \hat{\theta}\frac{1}{\sin\theta}\frac{\partial}{\partial \phi}\right)\end{aligned}$$

여기서 구 좌표계의 단위 벡터의 벡터 곱은 예제 3.13에서 $\hat{r} \times \hat{r} = 0$, $\hat{r} \times \hat{\theta} = \hat{\phi}$, $\hat{r} \times \hat{\phi} = -\hat{\theta}$이다.

(2) $$L^2 = \boldsymbol{L} \cdot \boldsymbol{L} = \left[-i\hbar\left(\hat{\phi}\frac{\partial}{\partial \theta} - \hat{\theta}\frac{1}{\sin\theta}\frac{\partial}{\partial \phi}\right)\right] \cdot \left[-i\hbar\left(\hat{\phi}\frac{\partial}{\partial \theta} - \hat{\theta}\frac{1}{\sin\theta}\frac{\partial}{\partial \phi}\right)\right] +$$

$$= -\hbar^2\left[\begin{array}{l}\underbrace{\left(\hat{\phi}\frac{\partial}{\partial \theta}\right)\cdot\left(\hat{\phi}\frac{\partial}{\partial \theta}\right)}_{\text{첫째 항}} - \underbrace{\left(\hat{\phi}\frac{\partial}{\partial \theta}\right)\cdot\left(\hat{\theta}\frac{1}{\sin\theta}\frac{\partial}{\partial \phi}\right)}_{\text{둘째 항}} \\ -\underbrace{\left(\hat{\theta}\frac{1}{\sin\theta}\frac{\partial}{\partial \phi}\right)\cdot\left(\hat{\phi}\frac{\partial}{\partial \theta}\right)}_{\text{셋째 항}} + \underbrace{\left(\hat{\theta}\frac{1}{\sin\theta}\frac{\partial}{\partial \phi}\right)\cdot\left(\hat{\theta}\frac{1}{\sin\theta}\frac{\partial}{\partial \phi}\right)}_{\text{네째 항}}\end{array}\right]$$

$L^2 = \boldsymbol{L} \cdot \boldsymbol{L}$ 의 연산은 4개의 스칼라 곱을 포함하므로 편미분과 단위 벡터의 연산에 주의가 필요하다.

편의상 맨 앞의 공통 인자 $-\hbar^2$ 은 생략하고 계산한 후 나중에 고려한다.

또, 예제 3.18에서 유도한 구 좌표계의 단위 벡터의 미분 관계식을 이용한다.

$$\frac{d\hat{r}}{d\theta} = \hat{\theta}, \quad \frac{d\hat{r}}{d\phi} = \sin\theta\hat{\phi}, \quad \frac{d\hat{\theta}}{d\theta} = -\hat{r}, \quad \frac{d\hat{\theta}}{d\phi} = \cos\theta\hat{\phi},$$

$$\frac{d\hat{\phi}}{d\theta} = 0, \quad \frac{d\hat{\phi}}{d\phi} = -(\hat{r}\sin\theta + \hat{\theta}\cos\theta)$$

<u>첫째 항:</u>

$$\left(\hat{\phi}\frac{\partial}{\partial\theta}\right) \cdot \left(\hat{\phi}\frac{\partial}{\partial\theta}\right) = \hat{\phi} \cdot \underbrace{\frac{\partial\hat{\phi}}{\partial\theta}}_{=0}\frac{\partial}{\partial\theta} + \underbrace{\hat{\phi} \cdot \hat{\phi}}_{=1}\frac{\partial^2}{\partial\theta^2} = \frac{\partial^2}{\partial\theta^2}$$

<u>둘째 항:</u>

$$\left(\hat{\phi}\frac{\partial}{\partial\theta}\right) \cdot \left(\hat{\theta}\frac{1}{\sin\theta}\frac{\partial}{\partial\phi}\right)$$

$$= \hat{\phi} \cdot \underbrace{\frac{\partial\hat{\theta}}{\partial\theta}}_{=-\hat{r}}\frac{1}{\sin\theta}\frac{\partial}{\partial\phi} + \underbrace{\hat{\phi} \cdot \hat{\theta}}_{=0}\left[\frac{\partial}{\partial\theta}\left(\frac{1}{\sin\theta}\right)\frac{\partial}{\partial\phi} + \frac{1}{\sin\theta}\frac{\partial^2}{\partial\theta\partial\phi}\right]$$

$$= 0$$

<u>셋째 항:</u>

$$\left(\hat{\theta}\frac{1}{\sin\theta}\frac{\partial}{\partial\phi}\right) \cdot \left(\hat{\phi}\frac{\partial}{\partial\theta}\right) = \frac{1}{\sin\theta}\hat{\theta} \cdot \underbrace{\frac{\partial\hat{\phi}}{\partial\phi}}_{=-(\hat{r}\sin\theta + \hat{\theta}\cos\theta)}\frac{\partial}{\partial\theta} + \frac{1}{\sin\theta}\underbrace{\hat{\theta} \cdot \hat{\phi}}_{=0}\frac{\partial^2}{\partial\phi\partial\theta}$$

$$= -\frac{\cos\theta}{\sin\theta}\frac{\partial}{\partial\theta} = -\cot\theta\frac{\partial}{\partial\theta}$$

넷째 항:

$$\left(\hat{\theta}\frac{1}{\sin\theta}\frac{\partial}{\partial\phi}\right)\cdot\left(\hat{\theta}\frac{1}{\sin\theta}\frac{\partial}{\partial\phi}\right)$$

$$=\frac{1}{\sin\theta}\hat{\theta}\cdot\underbrace{\frac{\partial\hat{\theta}}{\partial\phi}}_{=\cos\theta\hat{\phi}}\frac{1}{\sin\theta}\frac{\partial}{\partial\phi}+\frac{1}{\sin^2\theta}\hat{\theta}\cdot\hat{\theta}\frac{\partial^2}{\partial\phi^2}$$

$$=\frac{1}{\sin^2\theta}\frac{\partial^2}{\partial\phi^2}$$

공통 인자 $-\hbar^2$ 을 고려하여 네 개 항들을 모두 더하면 구 좌표계에서 각운동량의 제곱 연산자를 얻는다.

$$L^2=-\hbar^2\left[\frac{\partial^2}{\partial\theta^2}+\cot\theta\frac{\partial}{\partial\theta}+\frac{1}{\sin^2\theta}\frac{\partial^2}{\partial\phi^2}\right]$$

또는

$$L^2=-\hbar^2\left[\frac{1}{\sin\theta}\frac{\partial}{\partial\theta}\left(\sin\theta\frac{\partial}{\partial\theta}\right)+\frac{1}{\sin^2\theta}\frac{\partial^2}{\partial\phi^2}\right]$$

[※ **주의**]: 데카르트 직교 좌표계에서 $L^2=\mathbf{L}\cdot\mathbf{L}=L_x^2+L_y^2+L_z^2$ 을 구하여도 같은 결과를 얻을 수 있다. (연습문제로 미룬다.)

[예제 3.24] 구 좌표계에서 전기 쌍극자

예제 3.24(1) 그림과 같이 구 좌표계의 z축에 거리가 d인 두 점 전하 $\pm q$가 배열된 전기 쌍극자 (electric dipole)가 있다.

(1) 원점 O에서 거리가 r인 점 P에서의 전위 (electric potential) $V(r, \theta, \phi)$를 구하고, $r \gg d$인 먼 거리를 가정하여 전위를 구하라.

(2) (1)의 결과를 이용하여 전기장 $\boldsymbol{E}$를 구하고 전기장에 대한 벡터 그림을 개략적으로 그리고 설명하라.

(3) $\nabla \cdot \boldsymbol{E}$를 구하라.

(4) $\nabla \times \boldsymbol{E}$를 구하라.

[풀이]

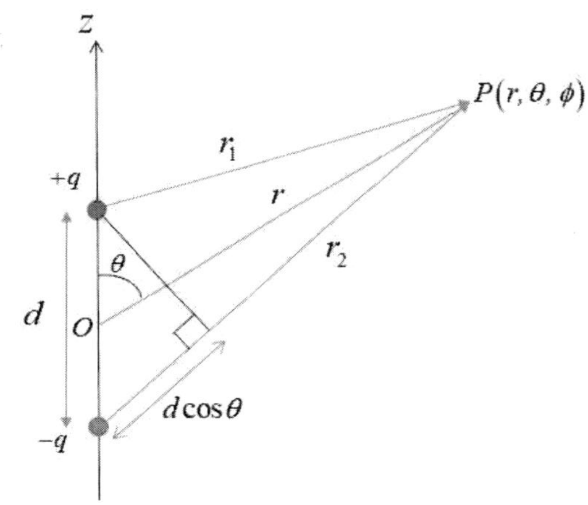

예제 3.24(1) 그림.

(1) 점 P에서 전위는 다음과 같이 주어진다.

$$V(r, \theta, \phi) = \frac{1}{4\pi\epsilon_o}\left(\frac{q}{r_1} - \frac{q}{r_2}\right) = \frac{q}{4\pi\epsilon_o}\frac{r_2 - r_1}{r_1 r_2}$$

예제 3.24(1) 그림을 참고하면 $r_2 - r_1 = d\cos\theta$이며 $r \gg d$인 먼 거리를 가정하면

$r_1, r_2 \simeq r$ 이므로 전위는 다음과 같이 주어진다.

$$V(r, \theta, \phi) = \frac{q}{4\pi\epsilon_o}\frac{r_2 - r_1}{r_1 r_2} \simeq \frac{qd}{4\pi\epsilon_o}\frac{\cos\theta}{r^2} = \frac{p}{4\pi\epsilon_o}\frac{\cos\theta}{r^2}$$

여기서 $p = qd$는 전기쌍극자 모멘트 (electric dipole moment)이다.

(2) 전기장 $\boldsymbol{E}$와 전위 $V(r, \theta, \phi)$의 관계는 $\boldsymbol{E} = -\nabla V$로 주어지므로 구 좌표계에서 전기장 $\boldsymbol{E}$는 다음과 같이 주어진다.

$$\begin{aligned}\boldsymbol{E} &= -\left(\hat{r}\frac{\partial V}{\partial r} + \hat{\theta}\frac{1}{r}\frac{\partial V}{\partial \theta} + \hat{\phi}\frac{1}{r\sin\theta}\frac{\partial V}{\partial \phi}\right) \\ &= -\frac{p}{4\pi\epsilon_o}\left[\hat{r}\frac{\partial}{\partial r}\left(\frac{\cos\theta}{r^2}\right) + \hat{\theta}\frac{1}{r}\frac{\partial}{\partial \theta}\left(\frac{\cos\theta}{r^2}\right) + \hat{\phi}\frac{1}{r\sin\theta}\frac{\partial}{\partial \phi}\left(\frac{\cos\theta}{r^2}\right)\right] \\ &= \frac{p}{4\pi\epsilon_o}\left[\hat{r}\frac{2\cos\theta}{r^3} + \hat{\theta}\frac{\sin\theta}{r^3}\right]\end{aligned}$$

한 개의 점 전하에 의한 전기장은 쿨롱 법칙에서 $E = \frac{q}{4\pi\epsilon_o}\frac{1}{r^2}$로 r의 역 제곱 법칙 (inverse square law)을 따르지만, 전기 쌍극자에 의한 전기장은 먼 거리에서 $E \sim \frac{1}{r^3}$에 비례한다. 이를 전기 쌍극자 장 (electric dipole field)이라 부른다. 전기 쌍극자 장은 r, θ만의 함수이며 $\hat{r}$, $\hat{\theta}$ 성분으로 구성된다.

예제 3.24(2) 그림은 전기 쌍극자 장의 벡터 그림을 나타낸다. 원점 O에서 P점까지 거리는 $90 \le r \le 100$ 으로 선택하였으며 극 각 $\theta = 0$은 전기 쌍극자의 북극 (north pole), $\theta = \pi$는 남극 (south pole), $\theta = \frac{\pi}{2}$는 적도 선을 나타낸다.

구 좌표계의 단위 벡터에서 $\theta=0$ (북극)인 경우 $\hat{r}=+\hat{z}$, $\theta=\dfrac{\pi}{2}$ (적도 선)의 경우는 $\hat{\theta}=-\hat{z}$, $\theta=\pi$ (남극)에서 $\hat{r}=-\hat{z}$과 같다.

$\theta=0$에서 전기 쌍극자 장은 $\boldsymbol{E}(r,\theta=0)=\dfrac{p}{4\pi\epsilon_o}\dfrac{2}{r^3}\hat{r}=+\dfrac{p}{4\pi\epsilon_o}\dfrac{2}{r^3}\hat{z}$ 이며 $+z$ 축 방향으로 발산하는 형태이다.

$\theta=\dfrac{\pi}{2}$에서는 $\boldsymbol{E}(r,\,\theta=\dfrac{\pi}{2})=\dfrac{p}{4\pi\epsilon_o}\dfrac{1}{r^3}\hat{\theta}=-\dfrac{p}{4\pi\epsilon_o}\dfrac{1}{r^3}\hat{z}$ 이며 전기 쌍극자 장의 성분은 $-\hat{z}$ 방향만 존재한다.

반면에 $\theta=\pi$에서는 $\boldsymbol{E}(r,\theta=\pi)=-\dfrac{p}{4\pi\epsilon_o}\dfrac{2}{r^3}\hat{z}$로 $-z$ 축 방향으로 수렴한다.

그 외의 θ에서는 $\boldsymbol{E}=\dfrac{p}{4\pi\epsilon_o}\left[\hat{r}\dfrac{2\cos\theta}{r^3}+\hat{\theta}\dfrac{\sin\theta}{r^3}\right]$에 따라 전기 쌍극자 장의 크기와 방향이 결정된다.

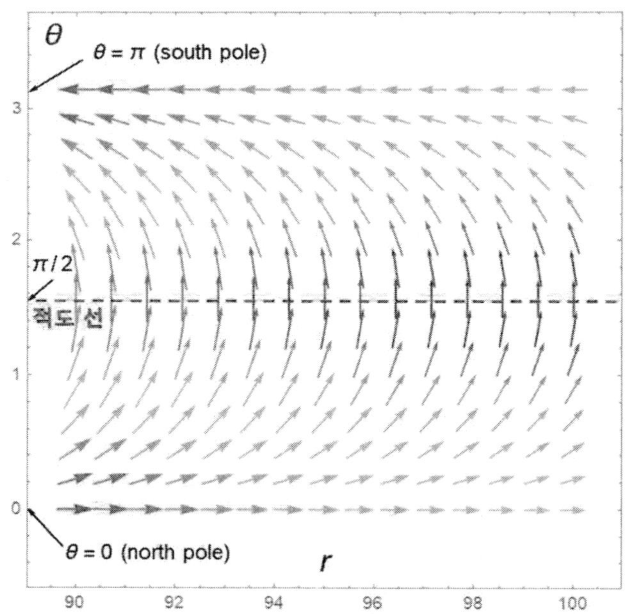

예제 3.24(2) 전기 쌍극자 장의 벡터 그림.

(3) 전기 쌍극자 장의 성분들은 $E_r = \frac{2p}{4\pi\epsilon_o}\frac{\cos\theta}{r^3}$, $E_\theta = \frac{p}{4\pi\epsilon_o}\frac{\sin\theta}{r^3}$, $E_\phi = 0$이므로 구 좌표계에서 $\nabla \cdot \boldsymbol{E}$는 다음과 같이 주어진다.

$$\nabla \cdot \boldsymbol{E} = \frac{1}{r^2\sin\theta}\left[\sin\theta\frac{\partial}{\partial r}\left(r^2E_r\right) + r\frac{\partial}{\partial\theta}\left(\sin\theta\, E_\theta\right) + r\frac{\partial}{\partial\phi}E_\phi\right]$$

$$= \frac{p}{4\pi\epsilon_o}\frac{1}{r^2\sin\theta}\left[\sin\theta\frac{\partial}{\partial r}\left(r^2\frac{2\cos\theta}{r^3}\right) + r\frac{\partial}{\partial\theta}\left(\sin\theta\frac{\sin\theta}{r^3}\right)\right]$$

$$= \frac{p}{4\pi\epsilon_o}\frac{1}{r^2\sin\theta}\left[-\frac{2\sin\theta\cos\theta}{r^2} + \frac{2\sin\theta\cos\theta}{r^2}\right] = 0$$

$$\therefore\ \nabla \cdot \boldsymbol{E} = 0$$

(4) 전기 쌍극자 장의 $\nabla \times \boldsymbol{E}$는 구 좌표계에서 다음과 같이 주어진다.

$$\nabla \times \boldsymbol{E} = \frac{1}{r^2\sin\theta}\begin{vmatrix} \hat{r} & r\hat{\theta} & r\sin\theta\,\hat{\phi} \\ \frac{\partial}{\partial r} & \frac{\partial}{\partial\theta} & \frac{\partial}{\partial\phi} \\ E_r & rE_\theta & r\sin\theta E_\phi \end{vmatrix}$$

$$= \frac{p}{4\pi\epsilon_o}\frac{1}{r^2\sin\theta}\begin{vmatrix} \hat{r} & r\hat{\theta} & r\sin\theta\,\hat{\phi} \\ \frac{\partial}{\partial r} & \frac{\partial}{\partial\theta} & \frac{\partial}{\partial\phi} \\ \frac{2\cos\theta}{r^3} & \frac{\sin\theta}{r^2} & 0 \end{vmatrix}$$

$$= \frac{p}{4\pi\epsilon_o}\frac{1}{r^2\sin\theta}r\sin\theta\,\hat{\phi}\left[\frac{\partial}{\partial r}\left(\frac{\sin\theta}{r^2}\right) - \frac{\partial}{\partial\theta}\left(\frac{2\cos\theta}{r^3}\right)\right]$$

$$= \frac{p}{4\pi\epsilon_o r}\hat{\phi}\left[-\frac{2\sin\theta}{r^3} + \frac{2\sin\theta}{r^3}\right] = 0$$

$$\therefore\ \nabla \times \boldsymbol{E} = 0$$

○ 전기 쌍극자 장은 비 회전 장 (irrotational field)이며 보존 장 (conservative field)이다. 즉, $\nabla \times E = 0$ (비 회전장), $E = -\nabla V$ (보존장)이다.

<u>※ 참고: 전기 쌍극자 장과 자기장의 유사성</u>

예제 3.24(3) 그림과 같이 전기 쌍극자에 의해 형성되는 전기장의 $\nabla \cdot E = 0$은 마치 자기 쌍극자에 의한 자기장이 $\nabla \cdot B = 0$와 같이 물리적으로 동등한 개념으로 생각할 수 있다.

자기 쌍극자의 N극에서 발산하는 자기 선속은 S극으로 수렴하는 것과 같은 개념으로 전기 쌍극자에 의해 $+q$의 점 전하에서 발산하는 전기 선속은 $-q$로 수렴하는 전기 선속의 크기는 같으며 부호는 반대이므로 $\nabla \cdot E = 0$이 된다.

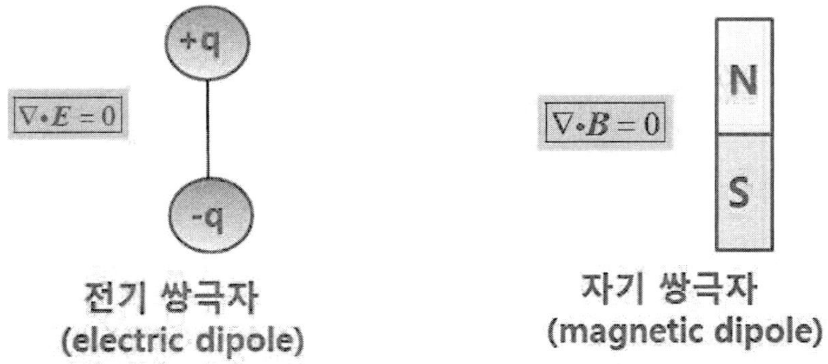

예제 3.24(3) 그림. 전기 쌍극자와 자기 쌍극자 비교.

3.4.3 데카르트 직교 좌표계의 응용

데카르트 직교 좌표계의 상대 위치 벡터 (relative position vector)와 관련된 미분 연산자는 물리학 응용의 중요한 부분 가운데 하나이다. 여기에는 뉴턴의 만유인력 법칙, 쿨롱의 전자기력 (Coulomb's law for electric force), 비오-사바르 법칙 (Biot-Savart law)에 의한 자기장 계산 등이 있다. 본 절에서는 대표적인 몇 개의 응용 예를 예제를 통해 다룬다.

[예제 3.25] 데카르트 직교 좌표계의 상대 위치 벡터와 미분 연산자

예제 3.25 그림과 같이 데카르트 직교 좌표계에서 원점 O에서 점 $Q(\boldsymbol{r}')$까지는 프라임 위치 벡터 (primed position vector) $\boldsymbol{r}' = x'\hat{x} + y'\hat{y} + z'\hat{z}$, 점 $P(\boldsymbol{r})$까지는 언프라임 위치 벡터 (unprimed position vector) $\boldsymbol{r} = x\hat{x} + y\hat{y} + z\hat{z}$, 상대 위치 벡터 (relative position vector)는 $\boldsymbol{R} = \boldsymbol{r} - \boldsymbol{r}'$로 주어진다.[42]

다음 벡터 미분 연산자 관계식을 증명하라.

여기서 ∇는 언프라임 좌표 x, y, z에 대한 미분 연산자, ∇'는 프라임 좌표 x', y', z'에 대한 미분 연산자를 나타내며, $R = |\boldsymbol{R}| = |\boldsymbol{r} - \boldsymbol{r}'|$이다.

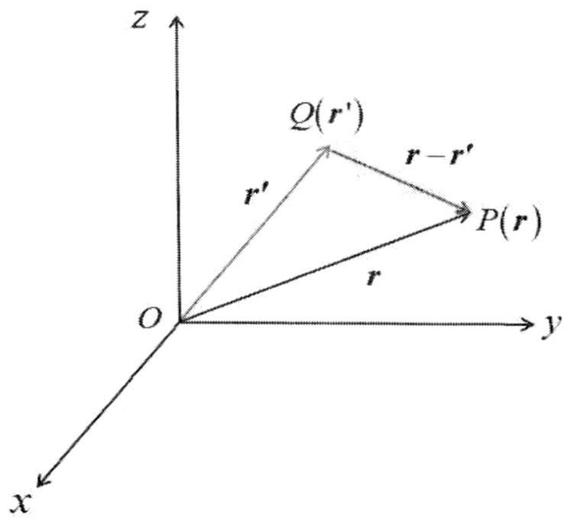

예제 3.25 그림.

42) 점 $Q(\boldsymbol{r}')$은 흔히 원천 점 (source point), 점 $P(\boldsymbol{r})$은 장점 (field point)이라 부른다.

(1) $\nabla|\boldsymbol{r}-\boldsymbol{r}'| = -\nabla'|\boldsymbol{r}-\boldsymbol{r}'| = \dfrac{\boldsymbol{r}-\boldsymbol{r}'}{|\boldsymbol{r}-\boldsymbol{r}'|}$

(2) 스칼라 함수 $f(R)=f(|\boldsymbol{r}-\boldsymbol{r}'|)$에 대해 $\nabla f(R) = -\nabla' f(R)$

(3) $\nabla\left(\dfrac{1}{|\boldsymbol{r}-\boldsymbol{r}'|}\right) = -\nabla'\left(\dfrac{1}{|\boldsymbol{r}-\boldsymbol{r}'|}\right) = -\dfrac{\boldsymbol{r}-\boldsymbol{r}'}{|\boldsymbol{r}-\boldsymbol{r}'|^3}$ for $\boldsymbol{r}\neq\boldsymbol{r}'$

(4) $\nabla\cdot\left(\dfrac{\boldsymbol{r}-\boldsymbol{r}'}{|\boldsymbol{r}-\boldsymbol{r}'|^3}\right) = \nabla'\cdot\left(\dfrac{\boldsymbol{r}-\boldsymbol{r}'}{|\boldsymbol{r}-\boldsymbol{r}'|^3}\right) = 0$ for $\boldsymbol{r}\neq\boldsymbol{r}'$

(5) (4)의 결과에 $\boldsymbol{r}=\boldsymbol{r}'$ 또는 $\boldsymbol{R}=0$을 포함하여 가우스 (발산) 정리를 적용하면 명백하게 모순이 된다. 이를 해결하기 위해 디락의 델타 함수 $\delta(\boldsymbol{r}-\boldsymbol{r}')$를 도입하면 모든 $\boldsymbol{R}=\boldsymbol{r}-\boldsymbol{r}'$에 대해 $\nabla\cdot\left(\dfrac{\boldsymbol{r}-\boldsymbol{r}'}{|\boldsymbol{r}-\boldsymbol{r}'|^3}\right)\equiv 4\pi\delta(\boldsymbol{r}-\boldsymbol{r}')$임을 보여라.

(6) $\nabla^2\left(\dfrac{1}{|\boldsymbol{r}-\boldsymbol{r}'|}\right) = \nabla'^2\left(\dfrac{1}{|\boldsymbol{r}-\boldsymbol{r}'|}\right) = -4\pi\delta(|\boldsymbol{r}-\boldsymbol{r}'|) = -4\pi\delta(|\boldsymbol{r}'-\boldsymbol{r}|)$

(7) $\nabla\times\left(\dfrac{\boldsymbol{r}-\boldsymbol{r}'}{|\boldsymbol{r}-\boldsymbol{r}'|^3}\right) = 0$

[풀이]

데카르트 직교 좌표계에서 언프라임 위치 벡터 (unprimed position vector)는 $\boldsymbol{r}=x\hat{x}+y\hat{y}+z\hat{z}$, 프라임 위치 벡터 (primed position vector)는 $\boldsymbol{r}'=x'\hat{x}+y'\hat{y}+z'\hat{z}$이다. 상대 위치 벡터 (relative position vector)는 $\boldsymbol{R}=\boldsymbol{r}-\boldsymbol{r}'$이며 $\boldsymbol{R}=\boldsymbol{r}-\boldsymbol{r}'=(x-x')\hat{x}+(y-y')\hat{y}+(z-z')\hat{z}$로 주어진다. $\boldsymbol{R}=\boldsymbol{r}-\boldsymbol{r}'$의 크기는 $R=|\boldsymbol{R}|=|\boldsymbol{r}-\boldsymbol{r}'|=\sqrt{(x-x')^2+(y-y')^2+(z-z')^2}$이다.

(1)과 (2)를 제외한 (3)~(7)에서 주어진 스칼라와 벡터 함수들은 $R=0$인 점, 즉 $\boldsymbol{r}=\boldsymbol{r}'$에서는 무한대로 발산하는 특이점 (singular point)으로 미분이 존재하지 않는다. 따라서 $R\neq 0$ 또는 $\boldsymbol{r}\neq\boldsymbol{r}'$를 가정한다.

(1) $\nabla|\boldsymbol{r}-\boldsymbol{r}'| = -\nabla'|\boldsymbol{r}-\boldsymbol{r}'| = \dfrac{\boldsymbol{r}-\boldsymbol{r}'}{|\boldsymbol{r}-\boldsymbol{r}'|}$ 임을 보여라.

상대 위치 벡터 $\boldsymbol{R} = \boldsymbol{r}-\boldsymbol{r}'$의 크기에 대한 그래디언트이므로 다음과 같다.

$$\nabla(|\boldsymbol{r}-\boldsymbol{r}'|) = \nabla R = \hat{x}\frac{\partial R}{\partial x} + \hat{y}\frac{\partial R}{\partial y} + \hat{z}\frac{\partial R}{\partial z}$$

우변의 첫째 항의 x에 대한 편미분을 연산하면 다음과 같이 주어진다.

$$\frac{\partial R}{\partial x} = \frac{\partial\sqrt{(x-x')^2+(y-y')^2+(z-z')^2}}{\partial x} = \frac{x-x'}{R}$$

같은 방법으로 나머지 항들은 다음과 같다.

$$\frac{\partial R}{\partial y} = \frac{\partial\sqrt{(x-x')^2+(y-y')^2+(z-z')^2}}{\partial y} = \frac{y-y'}{R}$$

$$\frac{\partial R}{\partial z} = \frac{\partial\sqrt{(x-x')^2+(y-y')^2+(z-z')^2}}{\partial z} = \frac{z-z'}{R}$$

세 항을 모두 대입하여 정리하면 다음과 같이 주어진다.

$$\begin{aligned}\therefore\ \nabla(|\boldsymbol{r}-\boldsymbol{r}'|) &= \hat{x}\frac{\partial R}{\partial x} + \hat{y}\frac{\partial R}{\partial y} + \hat{z}\frac{\partial R}{\partial z} \\ &= \frac{\hat{x}(x-x') + \hat{y}(y-y') + \hat{z}(z-z')}{R} \\ &= \hat{R} = \frac{\boldsymbol{r}-\boldsymbol{r}'}{|\boldsymbol{r}-\boldsymbol{r}'|}\end{aligned}$$

여기서 $\hat{R} = \dfrac{\boldsymbol{R}}{R}$ 은 상대 위치 벡터의 단위 벡터이다.

한편 프라임 좌표 (primed coordinates)에 대한 미분 연산자는 $\nabla' R$는 다음과 같다.

$$\nabla'(|\boldsymbol{r}-\boldsymbol{r}'|) = \nabla' R = \hat{x}\frac{\partial R}{\partial x'} + \hat{y}\frac{\partial R}{\partial y'} + \hat{z}\frac{\partial R}{\partial z'}$$

같은 방법으로 $\dfrac{\partial R}{\partial x'} = -\dfrac{x-x'}{R}$, $\dfrac{\partial R}{\partial y'} = -\dfrac{y-y'}{R}$, $\dfrac{\partial R}{\partial z'} = -\dfrac{z-z'}{R}$ 가 된다.

$$\therefore\ \nabla|\boldsymbol{r}-\boldsymbol{r}'| = -\nabla'|\boldsymbol{r}-\boldsymbol{r}'| = \frac{\boldsymbol{R}}{R} = \hat{R} = \frac{\boldsymbol{r}-\boldsymbol{r}'}{|\boldsymbol{r}-\boldsymbol{r}'|}$$

(2) 스칼라 함수 $f(R) = f(|\boldsymbol{r}-\boldsymbol{r}'|)$에 대해 $\nabla f(R) = -\nabla' f(R)$임을 보여라.

$$\begin{aligned}\nabla f(R) &= \hat{x}\frac{\partial f}{\partial x} + \hat{y}\frac{\partial f}{\partial y} + \hat{z}\frac{\partial f}{\partial z} \\ &= \hat{x}\frac{\partial f}{\partial R}\frac{\partial R}{\partial x} + \hat{y}\frac{\partial f}{\partial R}\frac{\partial R}{\partial y} + \hat{z}\frac{\partial f}{\partial R}\frac{\partial R}{\partial z} \\ &= \frac{df}{dR}\left(\hat{x}\frac{\partial R}{\partial x} + \hat{y}\frac{\partial R}{\partial y} + \hat{z}\frac{\partial R}{\partial z}\right)\end{aligned}$$

(1)에서 $\dfrac{\partial R}{\partial x} = \dfrac{x-x'}{R}$, $\dfrac{\partial R}{\partial y} = \dfrac{y-y'}{R}$, $\dfrac{\partial R}{\partial z} = \dfrac{z-z'}{R}$ 이므로 다음을 얻는다.

$$\begin{aligned}\nabla f(R) &= \frac{df}{dR}\left(\hat{x}\frac{\partial R}{\partial x} + \hat{y}\frac{\partial R}{\partial y} + \hat{z}\frac{\partial R}{\partial z}\right) \\ &= \frac{df}{dR}\frac{\boldsymbol{r}-\boldsymbol{r}'}{|\boldsymbol{r}-\boldsymbol{r}'|} = \frac{df}{dR}\hat{R}\end{aligned}$$

같은 방법으로 프라임 좌표에 대한 $\nabla' f(R)$을 연산하면 다음과 같이 주어진다.

$$\nabla' f(R) = \hat{x}\frac{\partial f}{\partial x'} + \hat{y}\frac{\partial f}{\partial y'} + \hat{z}\frac{\partial f}{\partial z'} = -\frac{df}{dR}\hat{R}$$

$$\therefore \quad \nabla f(R) = -\nabla' f(R) = \frac{df}{dR}\frac{\boldsymbol{r}-\boldsymbol{r}'}{|\boldsymbol{r}-\boldsymbol{r}'|} = \frac{df}{dR}\hat{R}$$

여기서 $\hat{R} = \dfrac{\boldsymbol{R}}{R} = \dfrac{\boldsymbol{r}-\boldsymbol{r}'}{|\boldsymbol{r}-\boldsymbol{r}'|}$ 은 상대 위치 벡터의 단위 벡터이다.

(3) $\nabla\left(\dfrac{1}{|\boldsymbol{r}-\boldsymbol{r}'|}\right) = -\nabla'\left(\dfrac{1}{|\boldsymbol{r}-\boldsymbol{r}'|}\right) = -\dfrac{\boldsymbol{r}-\boldsymbol{r}'}{|\boldsymbol{r}-\boldsymbol{r}'|^3}$ for $\boldsymbol{r} \neq \boldsymbol{r}'$ 임을 보여라.

$\nabla\left(\dfrac{1}{|\boldsymbol{r}-\boldsymbol{r}'|}\right) = \left[\hat{x}\dfrac{\partial}{\partial x} + \hat{y}\dfrac{\partial}{\partial y} + \hat{z}\dfrac{\partial}{\partial z}\right]\dfrac{1}{R}$ 이므로 우변의 첫째 항의 x 에 대한 편미분을 연쇄 법칙으로 연산한다. 즉,

$$\frac{\partial}{\partial x}\left(\frac{1}{R}\right) = \frac{\partial}{\partial R}\left(\frac{1}{R}\right)\frac{\partial R}{\partial x} = -\frac{1}{R^2}\frac{x-x'}{R} = -\frac{x-x'}{R^3}$$

같은 방법으로 둘째 항과 셋째 항을 계산하면 다음과 같다.

$$\frac{\partial}{\partial y}\frac{1}{\sqrt{(x-x')^2+(y-y')^2+(z-z')^2}} = -\frac{y-y'}{R^3},$$

$$\frac{\partial}{\partial z}\frac{1}{\sqrt{(x-x')^2+(y-y')^2+(z-z')^2}} = -\frac{z-z'}{R^3}$$

세 항을 모두 대입하여 정리하면 다음과 같이 주어진다.

$$\nabla\left(\frac{1}{|\boldsymbol{r}-\boldsymbol{r}'|}\right)=-\left[\hat{x}\,\frac{x-x'}{R^3}+\hat{y}\,\frac{y-y'}{R^3}+\hat{z}\,\frac{z-z'}{R^3}\right]=-\frac{\boldsymbol{r}-\boldsymbol{r}'}{|\boldsymbol{r}-\boldsymbol{r}'|^3}$$

같은 방법으로 프라임 좌표에 대한 미분 연산은 언프라임 좌표의 미분과 부호가 반대이므로 쉽게 계산할 수 있다.

$$\therefore\ \nabla\left(\frac{1}{|\boldsymbol{r}-\boldsymbol{r}'|}\right)=-\nabla'\left(\frac{1}{|\boldsymbol{r}-\boldsymbol{r}'|}\right)=-\frac{\boldsymbol{r}-\boldsymbol{r}'}{|\boldsymbol{r}-\boldsymbol{r}'|^3}\quad \text{for } \boldsymbol{r}\neq\boldsymbol{r}'$$

(4) $\nabla\cdot\left(\frac{\boldsymbol{r}-\boldsymbol{r}'}{|\boldsymbol{r}-\boldsymbol{r}'|^3}\right)=\nabla'\cdot\left(\frac{\boldsymbol{r}-\boldsymbol{r}'}{|\boldsymbol{r}-\boldsymbol{r}'|^3}\right)=0\quad \text{for } \boldsymbol{r}\neq\boldsymbol{r}'$임을 보여라.

$$\nabla\cdot\left(\frac{\boldsymbol{r}-\boldsymbol{r}'}{|\boldsymbol{r}-\boldsymbol{r}'|^3}\right)=\frac{\partial}{\partial x}\left(\frac{x-x'}{R^3}\right)+\frac{\partial}{\partial y}\left(\frac{y-y'}{R^3}\right)+\frac{\partial}{\partial z}\left(\frac{z-z'}{R^3}\right)$$

우변의 첫째 항의 편미분을 라이프니츠 규칙과 연쇄 법칙을 사용하여 계산하자.

$$\begin{aligned}\frac{\partial}{\partial x}\left(\frac{x-x'}{R^3}\right)&=\frac{1}{R^3}+(x-x')\frac{\partial}{\partial x}\left(\frac{1}{R^3}\right)\\&=\frac{1}{R^3}+(x-x')\frac{\partial}{\partial R}\left(\frac{1}{R^3}\right)\frac{\partial R}{\partial x}\\&=\frac{1}{R^3}-3(x-x')\frac{1}{R^4}\,\frac{x-x'}{R}\\&=\frac{1}{R^3}-3\frac{(x-x')^2}{R^5}\end{aligned}$$

같은 방법으로 둘째 항과 셋째 항을 계산하면 다음과 같이 주어진다.

$$\frac{\partial}{\partial y}\left(\frac{y-y'}{R^3}\right)=\frac{1}{R^3}-3\frac{(y-y')^2}{R^5},$$

$$\frac{\partial}{\partial z}\left(\frac{z-z'}{R^3}\right)=\frac{1}{R^3}-3\frac{(z-z')^2}{R^5}$$

$R \neq 0$ 또는 $\boldsymbol{r} \neq \boldsymbol{r}'$인 경우 위의 세 항을 더하여 정리하면 다음과 같다.

$$\nabla \cdot \left(\frac{\boldsymbol{r}-\boldsymbol{r}'}{|\boldsymbol{r}-\boldsymbol{r}'|^3}\right)=\frac{3}{R^3}-3\frac{(x-x')^2+(y-y')^2+(z-z')^2}{R^5}$$

$$=\frac{3}{R^3}-3\frac{R^2}{R^5}=0 \quad \text{for } \boldsymbol{r} \neq \boldsymbol{r}'$$

$$\therefore \quad \nabla \cdot \left(\frac{\boldsymbol{r}-\boldsymbol{r}'}{|\boldsymbol{r}-\boldsymbol{r}'|^3}\right)=0 \quad \text{for } \boldsymbol{r} \neq \boldsymbol{r}'$$

이제 프라임 좌표에 대한 $\nabla' \cdot \left(\frac{\boldsymbol{r}-\boldsymbol{r}'}{|\boldsymbol{r}-\boldsymbol{r}'|^3}\right)$는 다음과 같이 주어진다.

$$\nabla' \cdot \left(\frac{\boldsymbol{r}-\boldsymbol{r}'}{|\boldsymbol{r}-\boldsymbol{r}'|^3}\right)=\frac{\partial}{\partial x'}\left(\frac{x-x'}{R^3}\right)+\frac{\partial}{\partial y'}\left(\frac{y-y'}{R^3}\right)+\frac{\partial}{\partial z'}\left(\frac{z-z'}{R^3}\right)$$

언프라임 좌표와 같은 방법으로 첫째 항을 계산하면 다음 식을 얻는다.

$$\frac{\partial}{\partial x'}\left(\frac{x-x'}{R^3}\right)=-\frac{1}{R^3}+(x-x')\frac{\partial}{\partial x'}\left(\frac{1}{R^3}\right)$$

$$=-\frac{1}{R^3}+3\frac{(x-x')^2}{R^5}$$

언프라임 좌표의 미분과 비교하면 부호가 반대이다. 나머지 두 항의 결과도 부호가

반대이므로 세 항을 더하면 $\nabla' \cdot \left(\frac{\boldsymbol{r}-\boldsymbol{r}'}{|\boldsymbol{r}-\boldsymbol{r}'|^3}\right)=0$이 된다.

$$\therefore \nabla \cdot \left(\frac{\boldsymbol{r}-\boldsymbol{r}'}{|\boldsymbol{r}-\boldsymbol{r}'|^3}\right) = \nabla' \cdot \left(\frac{\boldsymbol{r}-\boldsymbol{r}'}{|\boldsymbol{r}-\boldsymbol{r}'|^3}\right) = 0 \qquad \text{for } \boldsymbol{r} \neq \boldsymbol{r}'$$

[※ 주의]: 이 관계식은 $\boldsymbol{r} \neq \boldsymbol{r}'$ 또는 $R \neq 0$인 경우, 즉, 특이점을 제외한 영역에만 타당한 식임을 주의하자.

(5) $\nabla \cdot \left(\frac{\boldsymbol{r}-\boldsymbol{r}'}{|\boldsymbol{r}-\boldsymbol{r}'|^3}\right) \equiv 4\pi\delta(\boldsymbol{r}-\boldsymbol{r}')$임을 보여라.

좌변 식에 반지름 $R = |\boldsymbol{r} - \boldsymbol{r}'|$=상수($>0$)의 구로 둘러싸인 부피 V와 폐 곡면 S에 대해 가우스 (발산) 정리를 적용하자.

$$\int_V \nabla \cdot \left(\frac{\boldsymbol{r}-\boldsymbol{r}'}{|\boldsymbol{r}-\boldsymbol{r}'|^3}\right) dv = \oint_S \left(\frac{\boldsymbol{r}-\boldsymbol{r}'}{|\boldsymbol{r}-\boldsymbol{r}'|^3}\right) \cdot ds = \oint_S \frac{\hat{R}}{R^2} \cdot \hat{R}\, ds$$

$$= \frac{1}{R^2} \oint_S ds = \frac{4\pi R^2}{R^2} = 4\pi$$

여기서 $\hat{R}$은 구의 폐 곡면 S 위의 미소 면적 벡터 ds의 단위 법선 벡터이다.

$$\therefore \int_V \nabla \cdot \left(\frac{\boldsymbol{r}-\boldsymbol{r}'}{|\boldsymbol{r}-\boldsymbol{r}'|^3}\right) dv = 4\pi \ (\neq 0)$$

$R = |\boldsymbol{R}| = 0$ 또는 $\boldsymbol{r} = \boldsymbol{r}'$을 포함하는 경우 $4\pi\ (\neq 0)$가 되어 (4)의 결과와 모순이 된다. 이를 해결하기 위해 디락의 델타 함수 (Dirac's delta funtion) $\delta(\boldsymbol{r}-\boldsymbol{r}')$를 도입하자.[43)]

43) 디락의 델타 함수는 6장 적분 변환의 일종인 푸리에 변환에서 자세하게 다룬다.

◉ **(3차원) 디락의 델타 함수:**

3차원에서 디락의 델타 함수 (Dirac's delta function)는 다음과 같이 정의한다.

$$\delta(\boldsymbol{r}-\boldsymbol{r}') \equiv \delta(x-x')\delta(y-y')\delta(z-z') = \begin{cases} \infty & \text{for } \boldsymbol{r}=\boldsymbol{r}', \\ 0 & \text{for } \boldsymbol{r}\neq\boldsymbol{r}' \end{cases}$$

$$\Rightarrow \int_V \delta(\boldsymbol{r}-\boldsymbol{r}')dv = 1$$

여기서 $dv = dx\,dy\,dz$는 미소 부피 요소이며 V는 전체 공간에 대한 부피이다. 디락의 델타 함수의 가장 중요한 특성 가운데 하나는 임의의 함수 $f(\boldsymbol{r})$에 대해 다음 관계식이 성립한다.

$$\int_V f(\boldsymbol{r})\delta(\boldsymbol{r}-\boldsymbol{r}')dv = f(\boldsymbol{r}') \text{ for } \forall f(\boldsymbol{r})$$

[참고] 2장에서 다룬 크로네커 델타 함수 $\delta_{ij} = \begin{cases} 1 & \text{for } i=i \\ 0 & \text{for } i\neq j \end{cases}$는 이산적인 함수 $(i, j = 1, 2, 3)$에 해당하지만, 디락의 델타 함수는 연속적인 함수 $(\boldsymbol{r}-\boldsymbol{r}')$에 해당한다.

따라서 디락의 델타 함수의 정의를 사용하여 (5)의 관계식을 $\nabla \cdot \left(\dfrac{\boldsymbol{r}-\boldsymbol{r}'}{|\boldsymbol{r}-\boldsymbol{r}'|^3}\right) \equiv 4\pi\delta(\boldsymbol{r}-\boldsymbol{r}')$라 두면 가우스 정리와의 모순이 해결된다. 즉,

$$\int_V \nabla \cdot \left(\frac{\boldsymbol{r}-\boldsymbol{r}'}{|\boldsymbol{r}-\boldsymbol{r}'|^3}\right)dv = \int_V 4\pi\delta(\boldsymbol{r}-\boldsymbol{r}')\,dv = 4\pi\int_V \delta(\boldsymbol{r}-\boldsymbol{r}')\,dv = 4\pi$$

$$\therefore \quad \boxed{\nabla \cdot \left(\frac{\boldsymbol{r}-\boldsymbol{r}'}{|\boldsymbol{r}-\boldsymbol{r}'|^3}\right) \equiv 4\pi\delta(\boldsymbol{r}-\boldsymbol{r}')}$$

(6) $\nabla^2\left(\frac{1}{|\boldsymbol{r}-\boldsymbol{r}'|}\right)=\nabla'^2\left(\frac{1}{|\boldsymbol{r}-\boldsymbol{r}'|}\right)=-4\pi\delta(|\boldsymbol{r}-\boldsymbol{r}'|)=-4\pi\delta(|\boldsymbol{r}'-\boldsymbol{r}|)$

라플라시안 연산자는 $\nabla^2=\nabla\cdot\nabla$이므로 (3)과 (4)의 결과를 사용한다.

$$(3):\ \nabla\left(\frac{1}{|\boldsymbol{r}-\boldsymbol{r}'|}\right)=-\nabla'\left(\frac{1}{|\boldsymbol{r}-\boldsymbol{r}'|}\right)=-\frac{\boldsymbol{r}-\boldsymbol{r}'}{|\boldsymbol{r}-\boldsymbol{r}'|^3}\quad \text{for } \boldsymbol{r}\neq\boldsymbol{r}'$$

$$(4):\ \nabla\cdot\left(\frac{\boldsymbol{r}-\boldsymbol{r}'}{|\boldsymbol{r}-\boldsymbol{r}'|^3}\right)=\nabla'\cdot\left(\frac{\boldsymbol{r}-\boldsymbol{r}'}{|\boldsymbol{r}-\boldsymbol{r}'|^3}\right)=0\quad \text{for } \boldsymbol{r}\neq\boldsymbol{r}'$$

$$\begin{aligned}\nabla^2\left(\frac{1}{|\boldsymbol{r}-\boldsymbol{r}'|}\right)&=\nabla\cdot\nabla\left(\frac{1}{|\boldsymbol{r}-\boldsymbol{r}'|}\right)\\&=\nabla\cdot\left(-\frac{\boldsymbol{r}-\boldsymbol{r}'}{|\boldsymbol{r}-\boldsymbol{r}'|^3}\right)\Leftarrow \text{(3)의 결과}\\&=-\nabla\cdot\left(\frac{\boldsymbol{r}-\boldsymbol{r}'}{|\boldsymbol{r}-\boldsymbol{r}'|^3}\right)=0\quad \text{for } \boldsymbol{r}\neq\boldsymbol{r}'\ \Leftarrow \text{(4)의 결과}\end{aligned}$$

$$\therefore\ \nabla^2\left(\frac{1}{|\boldsymbol{r}-\boldsymbol{r}'|}\right)=-\nabla\cdot\left(\frac{\boldsymbol{r}-\boldsymbol{r}'}{|\boldsymbol{r}-\boldsymbol{r}'|^3}\right)=0\quad \text{for } \boldsymbol{r}\neq\boldsymbol{r}'$$

한편, $\boldsymbol{r}=\boldsymbol{r}'$인 특이점을 포함하는 경우 (5)의 결과와 같이 특이점을 포함하는 반지름 $R=|\boldsymbol{r}-\boldsymbol{r}'|$=상수($>0$)의 구로 둘러싸인 부피 V와 폐 곡면 S에 대해 가우스 정리를 적용하면 $\nabla\cdot\left(\frac{\boldsymbol{r}-\boldsymbol{r}'}{|\boldsymbol{r}-\boldsymbol{r}'|^3}\right)=4\pi\delta(\boldsymbol{r}-\boldsymbol{r}')$이므로 다음을 얻는다.

$$\therefore\ \nabla^2\left(\frac{1}{|\boldsymbol{r}-\boldsymbol{r}'|}\right)=-\nabla\cdot\left(\frac{\boldsymbol{r}-\boldsymbol{r}'}{|\boldsymbol{r}-\boldsymbol{r}'|^3}\right)=-4\pi\delta(\boldsymbol{r}-\boldsymbol{r}')$$

한편 디락의 델타 함수는 우함수 (even function)이므로 $\delta(\boldsymbol{r}-\boldsymbol{r}')=\delta(\boldsymbol{r}'-\boldsymbol{r})$이다. 나머지 증명은 연습문제로 남긴다.

(7) $\nabla \times \left(\dfrac{\boldsymbol{r}-\boldsymbol{r}'}{|\boldsymbol{r}-\boldsymbol{r}'|^3} \right) = 0$ 임을 보여라.

데카르트 직교 좌표계의 $\nabla \times$ 연산자를 사용하여 직접 계산할 수도 있으나 (연습문제 3.44 참고) 벡터 미분 연산자의 항등식 $\nabla \times \nabla \Psi \equiv 0$을 이용하여 증명하자. (3)의 결과 $\dfrac{\boldsymbol{r}-\boldsymbol{r}'}{|\boldsymbol{r}-\boldsymbol{r}'|^3} = -\nabla\left(\dfrac{1}{|\boldsymbol{r}-\boldsymbol{r}'|} \right)$ for $\boldsymbol{r} \neq \boldsymbol{r}'$이므로 스칼라 함수를 $\Psi = -\dfrac{1}{|\boldsymbol{r}-\boldsymbol{r}'|}$ 라 두면 벡터 미분의 항등식 $\nabla \times \nabla \Psi \equiv 0$이 성립한다. 즉,

$$\nabla \times \left(\frac{\boldsymbol{r}-\boldsymbol{r}'}{|\boldsymbol{r}-\boldsymbol{r}'|^3} \right) = -\nabla \times \nabla\left(\frac{1}{|\boldsymbol{r}-\boldsymbol{r}'|} \right) \equiv \nabla \times \nabla \Psi \equiv 0 \quad \text{for } \boldsymbol{r} \neq \boldsymbol{r}'$$

$$\therefore\ \nabla \times \left(\frac{\boldsymbol{r}-\boldsymbol{r}'}{|\boldsymbol{r}-\boldsymbol{r}'|^3} \right) = 0$$

■

[예제 3.26] 상대 위치 벡터의 미분 연산자에 의한 쿨롱의 법칙

예제 3.26 그림과 같이 부피 V' 내부에 전하 밀도가 $\rho(\boldsymbol{r}')$인 연속 전하가 있다. 미소 부피 dv' $(=dx'dy'dz')$ 내의 미소 전하가 $dQ(\boldsymbol{r}')=\rho(\boldsymbol{r}')dv'$일 때 점 $P(\boldsymbol{r})$에서 미소 전기장 $d\boldsymbol{E}(\boldsymbol{r})$은 쿨롱의 법칙에 따라 $d\boldsymbol{E}(\boldsymbol{r})=\dfrac{1}{4\pi\epsilon_o}\dfrac{\boldsymbol{r}-\boldsymbol{r}'}{|\boldsymbol{r}-\boldsymbol{r}'|^3}dQ(\boldsymbol{r}')$로 주어진다.[44] 여기서 ϵ_o은 진공에서의 유전율이다. 부피 V' 내부의 전체 전하에 의한 점 $P(\boldsymbol{r})$에서 전기장은 다음과 같다.

$$\begin{aligned}\boldsymbol{E}(\boldsymbol{r}) &= \int_{V'} d\boldsymbol{E}(\boldsymbol{r}) = \frac{1}{4\pi\epsilon_o}\int_{V'}\frac{\boldsymbol{r}-\boldsymbol{r}'}{|\boldsymbol{r}-\boldsymbol{r}'|^3}dQ(\boldsymbol{r}') \\ &= \frac{1}{4\pi\epsilon_o}\int_{V'}\frac{\rho(\boldsymbol{r}')(\boldsymbol{r}-\boldsymbol{r}')}{|\boldsymbol{r}-\boldsymbol{r}'|^3}dv'\end{aligned}$$

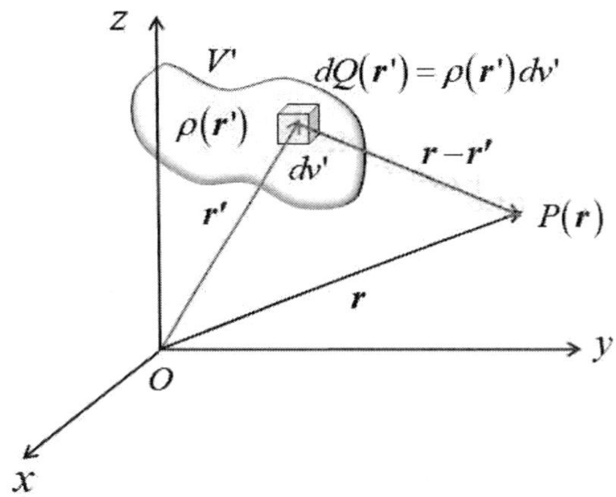

예제 3.26 그림.

예제 3.25의 결과를 이용하여 다음을 구하라.

(1) $\boldsymbol{E}(\boldsymbol{r})=-\nabla\phi(\boldsymbol{r})$에서 전기 스칼라 퍼텐셜 $\phi(\boldsymbol{r})$을 구하라.

(2) $\nabla\cdot\boldsymbol{E}(\boldsymbol{r})$을 구하라.

(3) 전기 스칼라 퍼텐셜 $\phi(\boldsymbol{r})$의 라플라시안 $\nabla^2\phi(\boldsymbol{r})$을 구하라.

(4) $\nabla\times\boldsymbol{E}(\boldsymbol{r})$를 구하라.

---

44) 전하 분포가 부피 전하 밀도일 때 미소 전하는 $dQ(\boldsymbol{r}')=\rho(\boldsymbol{r}')dv'$, 면적 전하 밀도 $\sigma(\boldsymbol{r}')$인 경우 $dQ(\boldsymbol{r}')=\sigma(\boldsymbol{r}')ds'$, 선 전하 밀도 $\lambda(\boldsymbol{r}')$인 경우 $dQ(\boldsymbol{r}')=\lambda(\boldsymbol{r}')dl'$이다. 여기서 ds', dl'는 각각 프라임 좌표에서 미소 면적과 미소 길이이다.

[풀이]

(1) $\boldsymbol{E}(\boldsymbol{r}) = -\nabla\phi(\boldsymbol{r})$에서 전기 스칼라 퍼텐셜 $\phi(\boldsymbol{r})$를 구하라.

쿨롱의 법칙과 예제 3.25 (3)의 결과 식을 이용한다.

$$\boldsymbol{E}(\boldsymbol{r}) = \frac{1}{4\pi\epsilon_o}\int_{V'} \frac{\boldsymbol{r}-\boldsymbol{r}'}{|\boldsymbol{r}-\boldsymbol{r}'|^3} dQ(\boldsymbol{r}') = \frac{1}{4\pi\epsilon_o}\int_{V'} \frac{\rho(\boldsymbol{r}')(\boldsymbol{r}-\boldsymbol{r}')}{|\boldsymbol{r}-\boldsymbol{r}'|^3} dv'$$

$$= -\frac{1}{4\pi\epsilon_o}\int_{V'} \rho(\boldsymbol{r}')\nabla\left(\frac{1}{|\boldsymbol{r}-\boldsymbol{r}'|}\right) dv'$$

$$= -\frac{1}{4\pi\epsilon_o}\nabla\int_{V'} \frac{\rho(\boldsymbol{r}')}{|\boldsymbol{r}-\boldsymbol{r}'|} dv' \equiv -\nabla\phi(\boldsymbol{r})$$

여기서 예제 3.25 (3)의 결과 식 $\nabla\left(\frac{1}{|\boldsymbol{r}-\boldsymbol{r}'|}\right) = -\frac{\boldsymbol{r}-\boldsymbol{r}'}{|\boldsymbol{r}-\boldsymbol{r}'|^3}$을 이용하였다.

∇ 연산자는 언프라임 좌표의 미분 연산자이며, 프라임 좌표의 부피 적분 $dv'(=dx'dy'dz')$과 전하 밀도 $\rho(\boldsymbol{r}')$와 무관하므로 적분 밖에서 연산한다. 즉, 전기 스칼라 퍼텐셜 $\phi(\boldsymbol{r})$는 다음과 같이 주어진다.

$$\therefore \quad \boxed{\phi(\boldsymbol{r}) = \frac{1}{4\pi\epsilon_o}\int_{V'} \frac{\rho(\boldsymbol{r}')}{|\boldsymbol{r}-\boldsymbol{r}'|} dv'}$$

(2) $\nabla \cdot \boldsymbol{E}(\boldsymbol{r})$을 구하라.

쿨롱의 법칙과 예제 3.25 (5)의 결과 식 $\nabla \cdot \left(\frac{\boldsymbol{r}-\boldsymbol{r}'}{|\boldsymbol{r}-\boldsymbol{r}'|^3}\right) \equiv 4\pi\delta(\boldsymbol{r}-\boldsymbol{r}')$을 이용하자.

$$\nabla \cdot \boldsymbol{E}(\boldsymbol{r}) = \frac{1}{4\pi\epsilon_o}\nabla \cdot \int_{V'} \frac{\rho(\boldsymbol{r}')(\boldsymbol{r}-\boldsymbol{r}')}{|\boldsymbol{r}-\boldsymbol{r}'|^3} dv'$$

$\nabla \cdot$ 연산자는 언프라임 좌표의 미분 연산자이므로 피적분 함수 내에서 연산하여도 무방하다. 즉,

$$\begin{aligned}\nabla \cdot \boldsymbol{E}(\boldsymbol{r}) &= \frac{1}{4\pi\epsilon_o}\nabla \cdot \int_{V'} \frac{\rho(\boldsymbol{r}')(\boldsymbol{r}-\boldsymbol{r}')}{|\boldsymbol{r}-\boldsymbol{r}'|^3}dv' \\ &= \frac{1}{4\pi\epsilon_o}\int_{V'}\rho(\boldsymbol{r}')\nabla \cdot \left(\frac{\boldsymbol{r}-\boldsymbol{r}'}{|\boldsymbol{r}-\boldsymbol{r}'|^3}\right)dv' \Leftarrow \text{예제 3.25 (5)} \\ &= \frac{1}{4\pi\epsilon_o}\int_{V'}\rho(\boldsymbol{r}')4\pi\delta(\boldsymbol{r}-\boldsymbol{r}')dv' \\ &= \frac{1}{\epsilon_o}\int_{V'}\rho(\boldsymbol{r}')\delta(\boldsymbol{r}-\boldsymbol{r}')dv' = \frac{1}{\epsilon_o}\rho(\boldsymbol{r})\end{aligned}$$

$$\therefore \boxed{\nabla \cdot \boldsymbol{E}(\boldsymbol{r}) = \frac{1}{\epsilon_o}\rho(\boldsymbol{r})}$$

여기서 디락의 델타 함수의 특성 $\int_{V'} f(\boldsymbol{r}')\,\delta(\boldsymbol{r}-\boldsymbol{r}')dv' = f(\boldsymbol{r})$ for $\forall\, f(\boldsymbol{r}')$을 사용하였다. 이 식은 전기장에 대한 미분 형 가우스 법칙임을 알 수 있다.

(3) <u>스칼라 퍼텐셜의 라플라시안 $\nabla^2\phi(\boldsymbol{r})$을 구하라.</u>

(2)의 결과 식에 (1)의 식 $\boldsymbol{E}(\boldsymbol{r}) = -\nabla\phi(\boldsymbol{r})$를 대입하면 다음을 얻는다.

$$\nabla \cdot \boldsymbol{E}(\boldsymbol{r}) = -\nabla \cdot \nabla\phi(\boldsymbol{r}) = -\nabla^2\phi(\boldsymbol{r}) \equiv \frac{1}{\epsilon_o}\rho(\boldsymbol{r})$$

즉, 전기 (스칼라) 퍼텐셜의 라플라시안은 다음과 같이 주어진다.

$$\therefore \quad \boxed{\nabla^2 \phi(\boldsymbol{r}) = -\frac{\rho(\boldsymbol{r})}{\epsilon_o}}$$

2장 벡터해석에서 언급한 바와 같이, 라플라스 방정식의 우변에 전하 밀도 함수 $\rho(\boldsymbol{r})$가 있는 푸아송 방정식 (Poisson equation)이 된다.

[※ 참고] 푸아송 방정식은 라플라스 방정식 $\nabla^2 \phi(\boldsymbol{r}) = 0$을 일반화한 방정식이다. 전자기학 등에서 전하 분포 $\rho(\boldsymbol{r})$로 발생하는 전위를 구할 때 사용한다.

(4) <u>$\nabla \times \boldsymbol{E}(\boldsymbol{r})$를 구하라.</u>

쿨롱의 법칙에 $\nabla \times \boldsymbol{E}(\boldsymbol{r})$를 취하고 예제 3.25 (7)의 결과 식 $\nabla \times \left(\frac{\boldsymbol{r}-\boldsymbol{r}'}{|\boldsymbol{r}-\boldsymbol{r}'|^3} \right) = 0$ 을 적용한다.

$$\nabla \times \boldsymbol{E}(\boldsymbol{r}) = \frac{1}{4\pi\epsilon_o} \nabla \times \int_{V'} \frac{\rho(\boldsymbol{r}')(\boldsymbol{r}-\boldsymbol{r}')}{|\boldsymbol{r}-\boldsymbol{r}'|^3} dv'$$

$$= \frac{1}{4\pi\epsilon_o} \int_{V'} \rho(\boldsymbol{r}') \nabla \times \left(\frac{\boldsymbol{r}-\boldsymbol{r}'}{|\boldsymbol{r}-\boldsymbol{r}'|^3} \right) dv' = 0$$

$$\therefore \quad \boxed{\nabla \times \boldsymbol{E}(\boldsymbol{r}) = 0}$$

즉, 쿨롱의 법칙으로 주어지는 전기장은 보존 장이며 비 회전 장이다.

■

[예제 3.27] 상대 위치 벡터에 의한 비오-사바르 법칙과 자기장

예제 3.27 그림과 같이 단면적이 A인 도선에 정상전류 (steady current) I가 흐르고 있다. 도선의 미소 길이 벡터 $d\boldsymbol{l}'$에 흐르는 전류에 의해 점 $P(\boldsymbol{r})$의 미소 자기장 $d\boldsymbol{B}(\boldsymbol{r})$은 비오-사바르 법칙 (Biot-Savart law)에 따라 다음과 같이 주어진다.

$$d\boldsymbol{B}(\boldsymbol{r}) = \frac{\mu_o}{4\pi}\frac{Id\boldsymbol{l}' \times (\boldsymbol{r}-\boldsymbol{r}')}{|\boldsymbol{r}-\boldsymbol{r}'|^3} = \frac{\mu_o}{4\pi}\frac{\boldsymbol{J} \times (\boldsymbol{r}-\boldsymbol{r}')}{|\boldsymbol{r}-\boldsymbol{r}'|^3}dv'$$

여기서, 전류 밀도 $J(\boldsymbol{r}')$는 전류 I와 $I = JA$의 관계식에서 $I(\boldsymbol{r}')d\boldsymbol{l}' = J(\boldsymbol{r}')Ad\boldsymbol{l}' = \boldsymbol{J}(\boldsymbol{r}')dv'$가 되고 $dv' = Adl'$는 도선의 미소 부피이며, 전류 밀도 벡터 $\boldsymbol{J}(\boldsymbol{r}')$의 방향은 미소 길이 벡터 $d\boldsymbol{l}'$과 같으며, μ_o는 진공에서의 투자율이다. 경로 C'를 따라 흐르는 미소 전류 요소 $Id\boldsymbol{l}' = \boldsymbol{J}dv'$에 의한 점 $P(\boldsymbol{r})$에서 자기장은 다음과 같이 주어진다.

$$\boldsymbol{B}(\boldsymbol{r}) = \int_{C'} d\boldsymbol{B}(\boldsymbol{r}) = \frac{\mu_o}{4\pi}\int_{C'}\frac{I(\boldsymbol{r}')d\boldsymbol{l}' \times (\boldsymbol{r}-\boldsymbol{r}')}{|\boldsymbol{r}-\boldsymbol{r}'|^3}$$

$$= \frac{\mu_o}{4\pi}\int_{V'}\frac{\boldsymbol{J}(\boldsymbol{r}') \times (\boldsymbol{r}-\boldsymbol{r}')}{|\boldsymbol{r}-\boldsymbol{r}'|^3}dv'$$

예제 3.25의 결과를 이용하여 임의의 점 $P(\boldsymbol{r})$에서 다음을 구하라.

(1) $\boldsymbol{B}(\boldsymbol{r}) = \nabla \times \boldsymbol{A}(\boldsymbol{r})$에서 자기장의 벡터 퍼텐셜 $\boldsymbol{A}(\boldsymbol{r})$를 구하라.
예제 3.26의 전기장의 스칼라 퍼텐셜 $\phi(\boldsymbol{r})$과 비교하라.

(2) $\nabla \cdot \boldsymbol{B}(\boldsymbol{r})$를 구하라.

(3) $\nabla \times \boldsymbol{B}(\boldsymbol{r})$를 구하라.

(4) (3)의 결과를 사용하여 적분 형 암페어 법칙을 구하라.

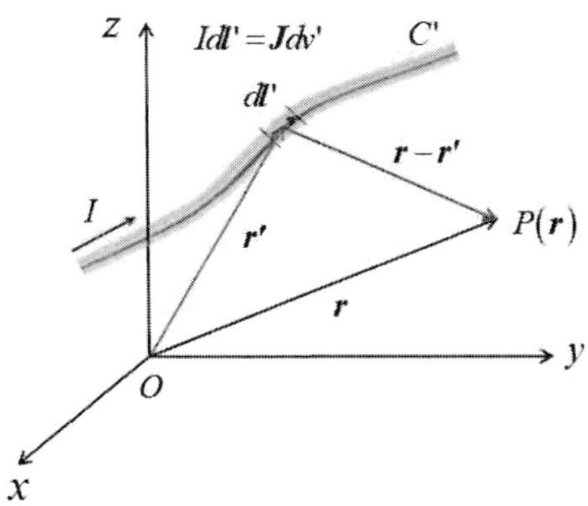

예제 3.27 그림.

[풀이]

(1) $B(r) = \nabla \times A(r)$에서 자기장의 벡터 퍼텐셜 $A(r)$를 구하라.

자기장 $B(r)$에 대한 비오-사바르 법칙에 예제 3.25의 (3)의 결과 식을 이용한다.

$$B(r) = \frac{\mu_o}{4\pi}\int_{V'} \frac{J(r') \times (r-r')}{|r-r'|^3} dv'$$

$$= -\frac{\mu_o}{4\pi}\int_{V'} J(r') \times \nabla\left(\frac{1}{|r-r'|}\right) dv'$$

여기서 예제 3.25의 (3)의 결과 식 $\nabla\left(\frac{1}{|r-r'|}\right) = -\frac{r-r'}{|r-r'|^3}$ for $r \neq r'$을 이용하였다. 자기장 B의 피적분 함수 가운데 스칼라 함수는 $\frac{1}{|r-r'|} \equiv f$, 벡터 함수는 $J(r') \equiv A$라 두자. 2장 벡터해석에서 다룬 스칼라 함수 f와 벡터 함수 A의 관계식 $\nabla \times (fA) = (\nabla f) \times A + f\nabla \times A$를 사용하면 다음 관계식을 얻는다.

$$\nabla \times \frac{J(r')}{|r-r'|} = -J(r') \times \nabla\left(\frac{1}{|r-r'|}\right) + \frac{1}{|r-r'|} \underbrace{\nabla \times J(r')}_{=0}$$

$$= -J(r') \times \nabla\left(\frac{1}{|r-r'|}\right)$$

여기서, 우변 둘째 항의 $\nabla \times J(r')$ 연산자는 언프라임 좌표 $r = (x, y, z)$에 대한 미분 연산자이며, 원천 전류 밀도 (source current density) $J(r')$은 프라임 좌표 $r' = (x', y', z')$의 함수이므로 0이 된다.
위의 관계식을 자기장 $B(r)$에 대입하여 정리하면 다음 관계식을 얻는다.

$$
\begin{aligned}
\boldsymbol{B}(\boldsymbol{r}) &= -\frac{\mu_o}{4\pi}\int_{V'} \boldsymbol{J}(\boldsymbol{r}') \times \nabla\left(\frac{1}{|\boldsymbol{r}-\boldsymbol{r}'|}\right) dv' \\
&= \frac{\mu_o}{4\pi}\int_{V'} \nabla \times \left(\frac{\boldsymbol{J}(\boldsymbol{r}')}{|\boldsymbol{r}-\boldsymbol{r}'|}\right) dv' \\
&= \frac{\mu_o}{4\pi} \nabla \times \int_{V'} \frac{\boldsymbol{J}(\boldsymbol{r}')}{|\boldsymbol{r}-\boldsymbol{r}'|}\, dv'
\end{aligned}
$$

여기서 $\nabla \times$ 연산자는 언프라임 좌표 $\boldsymbol{r} = (x, y, z)$에 대한 미분 연산자이므로 프라임 좌표에 대한 적분 밖으로 옮겨서 연산하여도 무방하다.

따라서 벡터 퍼텐셜 $\boldsymbol{A}(\boldsymbol{r})$와 자기장의 관계식 $\boldsymbol{B}(\boldsymbol{r}) = \nabla \times \boldsymbol{A}(\boldsymbol{r})$를 사용하면 벡터 퍼텐셜은 다음과 같이 주어진다.

$$
\therefore \quad \boxed{\boldsymbol{A}(\boldsymbol{r}) = \frac{\mu_o}{4\pi}\int_{V'} \frac{\boldsymbol{J}(\boldsymbol{r}')}{|\boldsymbol{r}-\boldsymbol{r}'|}\, dv'}
$$

가 된다.

한편 전기장의 스칼라 퍼텐셜 $\phi(\boldsymbol{r})$은 예제 3.26 (1)에서 다음과 같이 주어진다.

$$
\boxed{\phi(\boldsymbol{r}) = \frac{1}{4\pi\epsilon_o}\int_{V'} \frac{\rho(\boldsymbol{r}')}{|\boldsymbol{r}-\boldsymbol{r}'|}\, dv'}
$$

전기장의 스칼라 퍼텐셜 $\phi(\boldsymbol{r})$과 자기장의 벡터 퍼텐셜 $\boldsymbol{A}(\boldsymbol{r})$은 각각 원천 전하 밀도 (스칼라) $\rho(\boldsymbol{r}')$와 원천 전류 밀도 (벡터) $\boldsymbol{J}(\boldsymbol{r}')$의 분포 함수에 비례하며 상대 위치 벡터의 크기 $R = |\boldsymbol{r}-\boldsymbol{r}'|$에 반비례한다. 벡터 퍼텐셜 $\boldsymbol{A}(\boldsymbol{r})$의 방향은 전류 밀도 $\boldsymbol{J}(\boldsymbol{r}')$와 같은 방향이다.

(2) $\nabla \cdot \boldsymbol{B}(\boldsymbol{r})$를 구하라.

$$\nabla \cdot \boldsymbol{B}(\boldsymbol{r}) = \frac{\mu_o}{4\pi} \nabla \cdot \int_{V'} \frac{\boldsymbol{J}(\boldsymbol{r}') \times (\boldsymbol{r}-\boldsymbol{r}')}{|\boldsymbol{r}-\boldsymbol{r}'|^3} dv'$$

$$= \frac{\mu_o}{4\pi} \int_{V'} \nabla \cdot \left(\boldsymbol{J}(\boldsymbol{r}') \times \frac{\boldsymbol{r}-\boldsymbol{r}'}{|\boldsymbol{r}-\boldsymbol{r}'|^3} \right) dv'$$

여기서 $\nabla \cdot$ 연산자는 언프라임에 대한 미분 연산자이며 피적분 함수는 프라임 좌표의 적분이므로 $\nabla \cdot$ 연산자는 적분 내로 이동하여도 무방하다.

$\nabla \cdot \boldsymbol{B}(\boldsymbol{r})$의 우변 피적분 함수 가운데 두 벡터 함수를 각각 $\boldsymbol{J}(\boldsymbol{r}') \equiv \boldsymbol{F}$, $\dfrac{\boldsymbol{r}-\boldsymbol{r}'}{|\boldsymbol{r}-\boldsymbol{r}'|^3} \equiv \boldsymbol{G}$라 두자.

벡터 관계식 $\nabla \cdot (\boldsymbol{F} \times \boldsymbol{G}) = (\nabla \times \boldsymbol{F}) \cdot \boldsymbol{G} - (\nabla \times \boldsymbol{G}) \cdot \boldsymbol{F}$을 사용하여 피적분 함수를 연산하면 다음과 같이 주어진다.

$$\nabla \cdot \boldsymbol{B}(\boldsymbol{r}) = \frac{\mu_o}{4\pi} \int_{V'} \nabla \cdot \left(\boldsymbol{J}(\boldsymbol{r}') \times \frac{\boldsymbol{r}-\boldsymbol{r}'}{|\boldsymbol{r}-\boldsymbol{r}'|^3} \right) dv'$$

$$= \frac{\mu_o}{4\pi} \int_{V'} \begin{bmatrix} (\nabla \times \boldsymbol{J}(\boldsymbol{r}')) \cdot \dfrac{\boldsymbol{r}-\boldsymbol{r}'}{|\boldsymbol{r}-\boldsymbol{r}'|^3} \\ -\left(\nabla \times \dfrac{\boldsymbol{r}-\boldsymbol{r}'}{|\boldsymbol{r}-\boldsymbol{r}'|^3} \right) \cdot \boldsymbol{J}(\boldsymbol{r}') \end{bmatrix} dv' \equiv 0$$

여기서 우변 첫째 항의 $\nabla \times \boldsymbol{J}(\boldsymbol{r}')$ 연산자는 언프라임 좌표 $\boldsymbol{r}$에 대한 미분 연산자이며 전류 밀도 $\boldsymbol{J}(\boldsymbol{r}')$은 프라임 좌표 $\boldsymbol{r}'$의 함수이므로 $\nabla \times \boldsymbol{J}(\boldsymbol{r}') = 0$이며, 둘째 항은 예제 3.25의 (7)의 결과 식에 따라 $\nabla \times \left(\dfrac{\boldsymbol{r}-\boldsymbol{r}'}{|\boldsymbol{r}-\boldsymbol{r}'|^3} \right) = 0$이 된다.

$\therefore$ $\boxed{\nabla \cdot \boldsymbol{B}(\boldsymbol{r}) = 0}$ (자기장에 대한 가우스 법칙)

[별해]

벡터 퍼텐셜 $\boldsymbol{A}(\boldsymbol{r})$와 자기장의 관계식 $\boldsymbol{B}(\boldsymbol{r}) = \nabla \times \boldsymbol{A}(\boldsymbol{r})$를 사용하고 또 벡터 항등식 $\nabla \cdot \nabla \times \boldsymbol{A} \equiv 0$을 이용하면 같은 결과를 얻는다.

$$\therefore \boxed{\nabla \cdot \boldsymbol{B}(\boldsymbol{r}) = 0}$$

(3) $\nabla \times \boldsymbol{B}(\boldsymbol{r})$를 구하라.

$$\nabla \times \boldsymbol{B}(\boldsymbol{r}) = \frac{\mu_o}{4\pi} \nabla \times \int_{V'} \frac{\boldsymbol{J}(\boldsymbol{r}') \times (\boldsymbol{r}-\boldsymbol{r}')}{|\boldsymbol{r}-\boldsymbol{r}'|^3} dv'$$

$$= \frac{\mu_o}{4\pi} \int_{V'} \nabla \times \left(\boldsymbol{J}(\boldsymbol{r}') \times \frac{\boldsymbol{r}-\boldsymbol{r}'}{|\boldsymbol{r}-\boldsymbol{r}'|^3}\right) dv'$$

$\nabla \times \boldsymbol{B}(\boldsymbol{r})$의 우변 피적분 함수 가운데 두 벡터 함수를 각각 $\boldsymbol{J}(\boldsymbol{r}') \equiv \boldsymbol{F}$, $\dfrac{\boldsymbol{r}-\boldsymbol{r}'}{|\boldsymbol{r}-\boldsymbol{r}'|^3} \equiv \boldsymbol{G}$라 두자. 피적분 함수는 다음의 벡터 관계식을 사용한다.

$$\nabla \times (\boldsymbol{F} \times \boldsymbol{G}) = (\boldsymbol{G} \cdot \nabla)\boldsymbol{F} - \boldsymbol{G}(\nabla \cdot \boldsymbol{F}) + \boldsymbol{F}(\nabla \cdot \boldsymbol{G}) - (\boldsymbol{F} \cdot \nabla)\boldsymbol{G}$$

따라서 피적분 함수는 다음과 같이 네 개의 항으로 구성된다.

$$\nabla \times \left(\boldsymbol{J}(\boldsymbol{r}') \times \frac{\boldsymbol{r}-\boldsymbol{r}'}{|\boldsymbol{r}-\boldsymbol{r}'|^3}\right) = \left(\frac{\boldsymbol{r}-\boldsymbol{r}'}{|\boldsymbol{r}-\boldsymbol{r}'|^3} \cdot \nabla\right)\boldsymbol{J}(\boldsymbol{r}') - \frac{\boldsymbol{r}-\boldsymbol{r}'}{|\boldsymbol{r}-\boldsymbol{r}'|^3}(\nabla \cdot \boldsymbol{J}(\boldsymbol{r}'))$$
$$+ \boldsymbol{J}(\boldsymbol{r}')\left(\nabla \cdot \frac{\boldsymbol{r}-\boldsymbol{r}'}{|\boldsymbol{r}-\boldsymbol{r}'|^3}\right) - (\boldsymbol{J}(\boldsymbol{r}') \cdot \nabla)\frac{\boldsymbol{r}-\boldsymbol{r}'}{|\boldsymbol{r}-\boldsymbol{r}'|^3}$$

여기서 ∇와 $\nabla \cdot$ 연산자는 언프라임 좌표 $\boldsymbol{r}$에 대한 미분 연산자이며 전류 밀도 $\boldsymbol{J}(\boldsymbol{r}')$은 프라임 좌표 $\boldsymbol{r}'$의 함수이므로 벡터 관계식의 네 개항 중 첫째 항과 둘째 항은 0이 된다. 즉, $\nabla \boldsymbol{J}(\boldsymbol{r}')=0$, $\nabla \cdot \boldsymbol{J}(\boldsymbol{r}')=0$이다.
따라서 피적분 함수는 다음과 같은 두 개항으로 구성된다.

$$\nabla \times \left(\boldsymbol{J}(\boldsymbol{r}') \times \frac{\boldsymbol{r}-\boldsymbol{r}'}{|\boldsymbol{r}-\boldsymbol{r}'|^3} \right) = \boldsymbol{J}(\boldsymbol{r}') \left(\nabla \cdot \frac{\boldsymbol{r}-\boldsymbol{r}'}{|\boldsymbol{r}-\boldsymbol{r}'|^3} \right) - (\boldsymbol{J}(\boldsymbol{r}') \cdot \nabla) \frac{\boldsymbol{r}-\boldsymbol{r}'}{|\boldsymbol{r}-\boldsymbol{r}'|^3}$$

우변 첫째 항은 예제 3.25 (5)의 결과 식 $\nabla \cdot \left(\frac{\boldsymbol{r}-\boldsymbol{r}'}{|\boldsymbol{r}-\boldsymbol{r}'|^3} \right) = 4\pi\delta(\boldsymbol{r}-\boldsymbol{r}')$을 사용하면 다음과 같이 주어진다.

$$\boldsymbol{J}(\boldsymbol{r}') \left(\nabla \cdot \frac{\boldsymbol{r}-\boldsymbol{r}'}{|\boldsymbol{r}-\boldsymbol{r}'|^3} \right) = \boldsymbol{J}(\boldsymbol{r}') 4\pi \delta(\boldsymbol{r}-\boldsymbol{r}')$$

이 관계식을 $\nabla \times \boldsymbol{B}(\boldsymbol{r})$에 대입하면 다음과 같은 중요한 결과를 얻는다.

$$\begin{aligned}
\nabla \times \boldsymbol{B}(\boldsymbol{r}) &= \frac{\mu_o}{4\pi} \int_{V'} \nabla \times \left(\boldsymbol{J}(\boldsymbol{r}') \times \frac{\boldsymbol{r}-\boldsymbol{r}'}{|\boldsymbol{r}-\boldsymbol{r}'|^3} \right) dv' \\
&= \frac{\mu_o}{4\pi} \int_{V'} \boldsymbol{J}(\boldsymbol{r}') \left(\nabla \cdot \frac{\boldsymbol{r}-\boldsymbol{r}'}{|\boldsymbol{r}-\boldsymbol{r}'|^3} \right) dv' \\
&= \frac{\mu_o}{4\pi} \int_{V'} \boldsymbol{J}(\boldsymbol{r}') 4\pi \delta(\boldsymbol{r}-\boldsymbol{r}') dv' \equiv \mu_o \boldsymbol{J}(\boldsymbol{r})
\end{aligned}$$

$$\therefore \quad \boxed{\nabla \times \boldsymbol{B}(\boldsymbol{r}) = \mu_o \boldsymbol{J}(\boldsymbol{r})}$$

이 식은 잘 알려진 암페어 법칙 (Ampere law)이다.

남은 문제는 피적분 함수의 우변 둘째 항의 적분 계산

$\int_{V'} (\boldsymbol{J}(\boldsymbol{r}') \cdot \nabla) \frac{\boldsymbol{r}-\boldsymbol{r}'}{|\boldsymbol{r}-\boldsymbol{r}'|^3} dv' \equiv 0$이 됨을 보이는 것이 중요하다.

[증명] (선택)

부피 적분은 프라임 좌표의 적분이므로 언프라임 좌표의 미분 연산자 ∇를 프라임 좌표의 미분 연산자 ∇'로 바꾸어 생각하자. 예제 3.25 (2)는 임의의 스칼라 함수 $f(R) = f(|\boldsymbol{r}-\boldsymbol{r}'|)$에 대해 $\nabla f(R) = -\nabla' f(R)$이다.

즉, $\nabla = -\nabla'$ 관계식을 사용하여 피적분 함수의 우변 둘째 항을 계산한다.

$$(\boldsymbol{J}(\boldsymbol{r}') \cdot \nabla) \frac{\boldsymbol{r}-\boldsymbol{r}'}{|\boldsymbol{r}-\boldsymbol{r}'|^3} = -(\boldsymbol{J}(\boldsymbol{r}') \cdot \nabla') \frac{\boldsymbol{r}-\boldsymbol{r}'}{|\boldsymbol{r}-\boldsymbol{r}'|^3}$$

위의 관계식에서 상대 위치 벡터를 성분으로 나타내면 다음과 같다.

$$(\boldsymbol{J}(\boldsymbol{r}') \cdot \nabla) \frac{\boldsymbol{r}-\boldsymbol{r}'}{|\boldsymbol{r}-\boldsymbol{r}'|^3} = -(\boldsymbol{J}(\boldsymbol{r}') \cdot \nabla') \frac{\boldsymbol{r}-\boldsymbol{r}'}{|\boldsymbol{r}-\boldsymbol{r}'|^3}$$

$$= -(\boldsymbol{J}(\boldsymbol{r}') \cdot \nabla') \frac{\boldsymbol{R}}{R^3} = -(\boldsymbol{J}(\boldsymbol{r}') \cdot \nabla') \frac{R_x \hat{x} + R_y \hat{y} + R_z \hat{z}}{R^3}$$

여기서 상대 위치 벡터는 $\boldsymbol{R} = \boldsymbol{r}-\boldsymbol{r}' = (x-x')\hat{x} + (y-y')\hat{y} + (z-z)\hat{z}$이며 각각의 성분은 $R_x = x-x'$, $R_y = y-y'$, $R_z = z-z$ 이다.

위의 관계식 가운데, x 성분을 먼저 고려하면 다음과 같다.

$$-\left[(\boldsymbol{J}(\boldsymbol{r}') \cdot \nabla') \frac{\boldsymbol{R}}{R^3}\right]_x = -(\boldsymbol{J}(\boldsymbol{r}') \cdot \nabla') \frac{R_x}{R^3}$$

위의 식에서 스칼라 함수를 $\frac{R_x}{R^3} \equiv f$, 벡터 함수를 $\boldsymbol{J}(\boldsymbol{r}') \equiv \boldsymbol{A}$라 두고 벡터 관계식

$\nabla \cdot (fA) = \nabla f \cdot A + f\nabla \cdot A$을 이용하면 다음과 같이 쓸 수 있다.

$$-\left[(J(r') \cdot \nabla')\frac{R}{R^3}\right]_x = -(J(r') \cdot \nabla')\frac{R_x}{R^3}$$

$$= \frac{R_x}{R^3}\underbrace{\nabla' \cdot J(r')}_{=0} - \nabla' \cdot \left(J(r')\frac{R_x}{R^3}\right)$$

비오-사바르 법칙에서 다루는 전류는 정상전류 (steady current)를 가정하므로 연속 방정식은 $\nabla' \cdot J(r') = 0$임을 주의하자.[45] 즉, 위의 관계식은 간단히 다음과 같다.

$$-\left[(J(r') \cdot \nabla')\frac{R}{R^3}\right]_x = -\nabla' \cdot \left(J(r')\frac{R_x}{R^3}\right)$$

이 관계식을 $\nabla \times B(r)$의 x 성분에 대입하면 다음과 같이 주어진다.

$$[\nabla \times B(r)]_x = -\frac{\mu_o}{4\pi}\int_{V'}\left[(J(r') \cdot \nabla')\frac{R}{R^3}\right]_x dv'$$

$$= -\frac{\mu_o}{4\pi}\int_{V'}\nabla' \cdot \left(J(r')\frac{R_x}{R^3}\right)dv'$$

위의 식에 가우스 (발산) 정리, $\int_V \nabla \cdot A\, dv = \oint_S A \cdot ds$를 적용하면 다음과 같다. (즉, $\nabla \cdot A$의 부피 V에 대한 적분은 V를 감싸는 폐 곡면 S에 대한 벡터 A의 순환 적분과 같다.)

---

45) 정상전류가 아닌 경우 연속방정식은 $\nabla' \cdot J(r') = -\frac{\partial \rho(r')}{\partial t}$가 된다.

$$[\nabla \times B(r)]_x = -\frac{\mu_o}{4\pi}\int_{V'} \nabla' \cdot \left(J(r')\frac{R_x}{R^3}\right)dv'$$

$$= -\frac{\mu_o}{4\pi}\oint_{S'} \frac{R_x}{R^3} J(r') \cdot ds'$$

여기서 예제 3.27 그림을 참고하면 부피 V'와 면적 S'은 자기장의 원천인 전류 밀도 $J(r')$를 내부에 완전히 포함할 정도로 크지만, 관측 지점인 장점 (field point) $P(r)$까지 상대 위치 벡터의 크기 (거리)의 $\sim R^3$에 비해 매우 작다고 가정하면 (즉, $\sim R_x S'/R^3 \ll 1$), 위의 폐 곡면 S'에 대한 순환 적분은 0이 된다.

따라서 같은 방법으로 $\nabla \times B(r)$의 y, z 성분에 대해서도 계산하면 0이 된다.

위의 결과를 종합하면 자기장 $B(r)$의 중요한 법칙을 얻는다.

$$\therefore \boxed{\nabla \times B(r) = \mu_o J(r)}$$

이 관계식은 비오-사바르 법칙 (Biot-Savart law)으로부터 정상전류에 대해 유도한 암페어 법칙 (Ampere law)이 된다.

■

[부록 3.1] 좌표 변환과 자코비안 행렬 (Coordinate Transforms and Jacobian Matrix)

A. 변수 변환 (change of variables)과 자코비안 행렬 (Jacobian matrix)

물리학의 많은 문제는 단일 변수의 1차원 적분 $\int_R f(x)dx$만 아니라 2차원의 이중 적분 $\iint_R f(x,y)dxdy$, 3차원의 삼중 적분 $\iiint_R f(x,y,z)dxdydz$ 또는 $\int \cdots \iiint_R f(x_1, x_2, x_3, \cdots, x_n)dx_1 dx_2 dx_3 \cdots dx_n$과 같은 n차원 다중 적분 (multiple integrals) 등으로 이루어진 경우들이 많다. 여기서 R은 적분 영역을 뜻한다. 1차원 적분을 수월하게 계산하기 위해 치환 적분을 사용하는 것과 비슷하게 2차원 이상의 다중 적분을 쉽게 구할 수 있는 변수 변환 (change of variables) 또는 좌표 변환 (coordinates transformation)과 자코비안 행렬 (Jacobian matrix)에 대해 알아보자.

A.1 자코비안 행렬의 정의

먼저 두 변수 (x, y)의 이중 적분 $\iint_R f(x,y)dxdy$에 대한 변수 변환을 생각하자. 적분 영역 R의 두 변수 (x, y)를 변환 적분 영역 S의 새로운 변수 (u, v)를 고려하면 두 변수 x와 y는 새로운 변수 u와 v의 함수로 주어진다.

영역 R의 임의의 점 (x, y)는 변환 영역 S의 한 점 (u, v)에 1 대 1 대응 (one-to-one correspondence)하며, 점 (u, v)를 점 (x, y)의 사상 (寫像, mapping)이라 한다. 사상이란 렌즈와 같은 광학계를 통하여 물체 점 (x, y)가 스크린에 상 점 (u, v)가 맺히는 것과 유사한 개념이다. x와 y는 u와 v의 함수이므로 다음의 변환 식이 성립한다.

$$\begin{cases} x = x(u, v) \\ y = y(u, v) \end{cases}$$

x와 y는 u와 v의 함수이므로 전 미분을 구하면 다음과 같다.

$$\begin{cases} dx = \dfrac{\partial x}{\partial u}du + \dfrac{\partial x}{\partial v}dv \\ dy = \dfrac{\partial y}{\partial u}du + \dfrac{\partial y}{\partial v}dv \end{cases}$$

이 식을 행렬로 나타내면 다음과 같이 주어진다.

$$\begin{pmatrix} dx \\ dy \end{pmatrix} = \begin{pmatrix} \dfrac{\partial x}{\partial u} & \dfrac{\partial x}{\partial v} \\ \dfrac{\partial y}{\partial u} & \dfrac{\partial y}{\partial v} \end{pmatrix} \begin{pmatrix} du \\ dv \end{pmatrix} \equiv \begin{pmatrix} x_u & x_v \\ y_u & y_v \end{pmatrix} \begin{pmatrix} du \\ dv \end{pmatrix} = J(u, v) \begin{pmatrix} du \\ dv \end{pmatrix}$$

여기서 $\dfrac{\partial x}{\partial u} \equiv x_u$, $\dfrac{\partial x}{\partial v} \equiv x_v$, $\cdots$ 등의 편 미분의 축약 기호를 사용한다.

2×2 행렬 $J(u,v)$는 영역 R에서 영역 S의 변환 행렬이며, 자코비안 행렬 (Jacobian matrix)이라 한다. 즉,

$$\therefore \; J(u, v) = \begin{pmatrix} \dfrac{\partial x}{\partial u} & \dfrac{\partial x}{\partial v} \\ \dfrac{\partial y}{\partial u} & \dfrac{\partial y}{\partial v} \end{pmatrix} \equiv \begin{pmatrix} x_u & x_v \\ y_u & y_v \end{pmatrix} \equiv \frac{\partial(x, y)}{\partial(u, v)}$$

저자에 따라 자코비안 행렬을 $J(u,v)$ 또는 $\dfrac{\partial(x, y)}{\partial(u, v)}$로 다양하게 표현하고 있음을 주의하자.

역으로, 영역 S에서 영역 R로 (역) 변수 변환을 하면 다음과 같다.

$$\begin{cases} u = u(x, y) \\ v = v(x, y) \end{cases}$$

즉, u와 v는 x와 y의 함수이므로 전 미분을 구하면 다음과 같다.

$$\begin{cases} du = \dfrac{\partial u}{\partial x}dx + \dfrac{\partial u}{\partial y}dy \\ dv = \dfrac{\partial v}{\partial x}dx + \dfrac{\partial v}{\partial y}dy \end{cases}$$

이 식을 행렬로 나타내면 다음과 같이 주어진다.

$$\begin{pmatrix} du \\ dv \end{pmatrix} = \begin{pmatrix} \dfrac{\partial u}{\partial x} & \dfrac{\partial u}{\partial y} \\ \dfrac{\partial v}{\partial x} & \dfrac{\partial v}{\partial y} \end{pmatrix} \begin{pmatrix} dx \\ dy \end{pmatrix} \equiv \begin{pmatrix} u_x & u_y \\ v_x & v_y \end{pmatrix} \begin{pmatrix} dx \\ dy \end{pmatrix} = J(x, y) \begin{pmatrix} dx \\ dy \end{pmatrix} = \frac{\partial(u, v)}{\partial(x, y)} \begin{pmatrix} dx \\ dy \end{pmatrix}$$

여기서 $\dfrac{\partial u}{\partial x} \equiv u_x$, $\dfrac{\partial u}{\partial y} \equiv u_y$, $\cdots$ 등을 나타낸다.

영역 S에서 영역 R로 역변환의 자코비안 행렬 $J(x,y)$는 다음과 같이 주어진다.

$$\therefore \ J(x, y) = \begin{pmatrix} \dfrac{\partial u}{\partial x} & \dfrac{\partial u}{\partial y} \\ \dfrac{\partial v}{\partial x} & \dfrac{\partial v}{\partial y} \end{pmatrix} \equiv \begin{pmatrix} u_x & u_y \\ v_x & v_y \end{pmatrix} = \frac{\partial(u, v)}{\partial(x, y)}$$

앞에서 다룬 이 변수 변환에 대한 자코비안 행렬 관계식 $J(u,v)$와 $J(x,y)$는 다 변수 변환에 대해서도 쉽게 확장할 수 있다.

예를 들면, 3차원 영역 R의 세 변수 (x, y, z)에 대해 변환 영역 S의 새로운 변수 (u, v, w)로 변환이 가능할 때 변환 관계식은 다음과 같다.

$$\begin{cases} x = x(u, v, w) \\ y = y(u, v, w) \\ z = z(u, v, w) \end{cases}$$

세 변수 (x, y, z)에 대해 전 미분을 구하고 행렬로 나타내면 다음과 같이 주어진다.

$$\begin{pmatrix} dx \\ dy \\ dx \end{pmatrix} = \begin{pmatrix} x_u & x_v & x_w \\ y_u & y_v & y_w \\ z_u & z_v & z_w \end{pmatrix} \begin{pmatrix} du \\ dv \\ dw \end{pmatrix} \equiv J(u, v, w) \begin{pmatrix} du \\ dv \\ dw \end{pmatrix} = \frac{\partial(x, y, z)}{\partial(u, v, w)} \begin{pmatrix} du \\ dv \\ dw \end{pmatrix}$$

3차원 영역 R에서 변환 영역 S의 자코비안 행렬 $J(u, v, w)$는 다음과 같이 정의한다.

$$\therefore \quad J(u, v, w) = \begin{pmatrix} x_u & x_v & x_w \\ y_u & y_v & y_w \\ z_u & z_v & z_w \end{pmatrix} \equiv \frac{\partial(x, y, z)}{\partial(u, v, w)}$$

여기서 $x_u = \dfrac{\partial x}{\partial u}$, $y_v = \dfrac{\partial y}{\partial v}$, $z_w = \dfrac{\partial z}{\partial w}$, $\cdots$ 등을 나타낸다.

같은 방법으로 3차원 영역 S에서 영역 R로 역변환의 자코비안 행렬 $J(x, y, z)$는 다음과 같이 주어진다.

$$\therefore \quad J(x, y, z) = \begin{pmatrix} u_x & u_y & u_z \\ v_x & v_y & v_z \\ w_x & w_y & w_z \end{pmatrix} \equiv \frac{\partial(u, v, w)}{\partial(x, y, z)}$$

A.2 자코비안 행렬의 특성

자코비안 행렬의 특성을 알아보기 위해 간단히 이 변수 변환에 대해 살펴보자. A.1에서 영역 $R \Leftrightarrow S$의 변환을 자코비안 행렬에 의한 변환 관계식들은 다음과 같다.

$$\begin{pmatrix} dx \\ dy \end{pmatrix} = J(u, v) \begin{pmatrix} du \\ dv \end{pmatrix}$$

$$\begin{pmatrix} du \\ dv \end{pmatrix} = J(x, y) \begin{pmatrix} dx \\ dy \end{pmatrix}$$

첫 번째 식을 두 번째 식에 대입하면 다음과 같다.

$$\begin{pmatrix} du \\ dv \end{pmatrix} = J(x,y)\begin{pmatrix} dx \\ dy \end{pmatrix} = J(x,y)\,J(u,v)\begin{pmatrix} du \\ dv \end{pmatrix}$$

양변의 열벡터 $\begin{pmatrix} du \\ dv \end{pmatrix}$가 같으므로 $J(x,y)J(u,v) = I = \begin{pmatrix} 1 & 0 \\ 0 & 1 \end{pmatrix}$가 된다. 같은 방법으로 두 번째 식을 첫 번째 식에 대입하면 $J(u,v)J(x,y) = I = \begin{pmatrix} 1 & 0 \\ 0 & 1 \end{pmatrix}$을 얻는다. 여기서 I는 2×2 단위행렬이다.

즉, 두 자코비안 행렬 $J(u,v)$와 $J(x,y)$의 행렬 곱은 교환적이며 단위행렬이 된다.

$$J(u,v)\,J(x,y) = J(x,y)\,J(u,v) = I = \begin{pmatrix} 1 & 0 \\ 0 & 1 \end{pmatrix}$$

또는

$$\frac{\partial(x,y)}{\partial(u,v)}\,\frac{\partial(u,v)}{\partial(x,y)} = \frac{\partial(u,v)}{\partial(x,y)}\,\frac{\partial(x,y)}{\partial(u,v)} = I = \begin{pmatrix} 1 & 0 \\ 0 & 1 \end{pmatrix}$$

이 결과로부터 두 자코비안 행렬 $J(u,v)$와 $J(x,y)$는 서로 역행렬 (inverse matrix)임은 자명하다. 즉,

$$\therefore \begin{cases} J(x,y) = J^{-1}(u,v) \\ J(u,v) = J^{-1}(x,y) \end{cases}$$

3차원 영역 $R \Leftrightarrow S$의 자코비안 행렬 $J(x,y,z)$와 $J(u,v,w)$에 대해서도 같은 관계식이 성립한다.

$$\therefore \begin{cases} J(x,y,z) = J^{-1}(u,v,w) \\ J(u,v,w) = J^{-1}(x,y,z) \end{cases}$$

[예제 3.28] 자코비안 행렬 관계식

(1) 두 자코비안 행렬 $J(u, v)$와 $J(x, y)$의 역행렬 관계식 $J(x, y)=J^{-1}(u, v)$을 사용하여 두 행렬 성분 사이의 관계를 구하라.

(2) $J(u, v)=J^{-1}(x, y)$을 사용하여 두 행렬 성분 사이의 관계를 구하라.

(3) (1)과 (2)의 관계식을 사용하여 두 자코비안 행렬의 행렬식 (determinant)의 곱은 $\det(J(x, y))\det(J(u, v)= |J(x, y)||J(u, v)|=1$임을 보여라.

[풀이]

(1) 자코비안 행렬 $J(u, v)=\begin{pmatrix} x_u & x_v \\ y_u & y_v \end{pmatrix}$의 역행렬은 다음과 같이 주어진다.

$$J^{-1}(u, v)=\frac{1}{\det(J(u, v))}\begin{pmatrix} y_v & -x_v \\ -y_u & x_u \end{pmatrix}$$

여기서 행렬식은 $\det(J(u, v))\equiv |J(u, v)|=x_u y_v - x_v y_u = \frac{\partial x}{\partial u}\frac{\partial y}{\partial v}-\frac{\partial x}{\partial v}\frac{\partial y}{\partial u}$ 이다.

한편 $J(x, y)=J^{-1}(u, v)$이므로 다음 식이 성립한다.

$$J^{-1}(u, v)=J(x, y)=\begin{pmatrix} u_x & u_y \\ v_x & v_y \end{pmatrix}$$

위의 두 행렬을 비교하면 행렬 성분 사이의 관계를 얻는다. 즉,

$$x_u =+|J(u, v)|v_y, \qquad x_v =-|J(u, v)|u_y,$$

$$y_u =-|J(u, v)|v_x, \qquad y_v =+|J(u, v)|u_x$$

여기서 행렬식은 $|J(u, v)|=x_u y_v - x_v y_u$이다.

(2) 자코비안 행렬 $J(x, y) = \begin{pmatrix} u_x & u_y \\ v_x & v_y \end{pmatrix}$ 의 역행렬은 다음과 같이 주어진다.

$$J^{-1}(x, y) = \frac{1}{\det(J(x, y))} \begin{pmatrix} v_y & -u_y \\ -v_x & u_x \end{pmatrix}$$

여기서 행렬식은 $\det(J(x, y)) = |J(x, y)| = u_x v_y - v_x u_y$ 이다.

한편 $J^{-1}(x, y) = J(u, v)$ 이므로 다음 식이 성립한다.

$$J^{-1}(x, y) = J(u, v) = \begin{pmatrix} x_u & x_v \\ y_u & y_v \end{pmatrix}$$

위의 두 행렬을 비교하면 행렬 성분 사이의 관계를 얻는다. 즉,

$$\begin{aligned} u_x &= +|J(x, y)| y_v, & u_y &= -|J(x, y)| x_v, \\ v_x &= -|J(x, y)| y_u, & v_y &= +|J(x, y)| x_u \end{aligned}$$

(3) (2)의 행렬 성분 관계식을 (1)의 관계식에 대입하여 정리하면 다음 관계식을 얻는다.

$$\begin{aligned} x_u &= +|J(u, v)| v_y = +|J(u, v)||J(x, y)| x_u \Rightarrow |J(u, v)||J(x, y)| = 1 \\ x_v &= -|J(u, v)| u_y = +|J(u, v)||J(x, y)| x_v \Rightarrow |J(u, v)||J(x, y)| = 1 \\ y_u &= -|J(u, v)| v_x = +|J(u, v)||J(x, y)| y_u \Rightarrow |J(u, v)||J(x, y)| = 1 \\ y_v &= +|J(u, v)| u_x = +|J(u, v)||J(x, y)| y_v \Rightarrow |J(u, v)||J(x, y)| = 1 \end{aligned}$$

위의 결과로부터 두 자코비안 행렬식의 곱은 항상 1이 된다.

$$\therefore \ |J(u, v)||J(x, y)| = 1 \quad \text{또는} \quad |J(u, v)| = \frac{1}{|J(x, y)|}$$

■

○ 자코비안 행렬의 특성 요약

① 영역 $R \Leftrightarrow S$ 변환의 두 자코비안 행렬 $J(u,v)=\dfrac{\partial(x,y)}{\partial(u,v)}$와 $J(x,y)=\dfrac{\partial(u,v)}{\partial(x,y)}$의 행렬 곱은 교환적이며, 단위행렬 I가 된다.

$$J(u,v)J(x,y)=J(x,y)J(u,v)=\begin{pmatrix}1 & 0\\0 & 1\end{pmatrix}=I$$

② ①의 결과로부터 자코비안 행렬 $J(u,v)$와 $J(x,y)$는 서로 역행렬이다.

$$J(x,y)=J^{-1}(u,v) \;\;\Leftrightarrow\;\; J(u,v)=J^{-1}(x,y)$$

③ 자코비안 행렬의 행렬식의 곱은 1이다.

$$\det(J(x,y))\det(J(u,v)=|J(x,y)||J(u,v)|=1$$

[참고] 자코비안 행렬식은 저자에 따라 다음과 같이 다양한 표현으로 쓸 수 있다.

$$\det(J(u,v))=|J(u,v)|=\left|\frac{\partial(x,y)}{\partial(u,v)}\right|=\begin{vmatrix}\dfrac{\partial x}{\partial u} & \dfrac{\partial x}{\partial v}\\ \dfrac{\partial y}{\partial u} & \dfrac{\partial y}{\partial v}\end{vmatrix}$$

$$=\begin{vmatrix}x_u & x_v\\ y_u & y_v\end{vmatrix}=x_u y_v-x_v y_u=\frac{\partial x}{\partial u}\frac{\partial y}{\partial v}-\frac{\partial x}{\partial v}\frac{\partial y}{\partial u}$$

※ 2 변수 함수에 대한 자코비안 행렬의 특성은 다변수 함수에 대해 쉽게 확장할 수 있다.

B. 다중 적분 (multiple Integration)과 변수 변환 (change of variables)

본 절에서는 앞에서 다룬 자코비안 행렬의 특성을 이용하여 2중 적분과 3중 적분 등의 다중 적분에 어떻게 활용하는지 살펴본다.

B.1 2중 적분 $\iint_R f(x,y)dxdy$

적분 영역 R의 두 변수 (x, y)에 대한 2중적분 $\iint_R f(x,y)dxdy$를 변환 적분 영역 S의 새로운 변수 (u, v)로 변환하면 이중 적분은 어떻게 변환되는지 알아보자.

그림 3.7과 같이 uv 평면의 적분 영역 S 내에 미소 직사각형 $ABCD$를 생각하자. uv 평면의 미소 변위 벡터 $\overrightarrow{AB}$와 $\overrightarrow{AC}$에 대해 적분 영역 R 내의 1 대 1 대응 벡터 $\overrightarrow{A'B'}$와 $\overrightarrow{A'C'}$를 구해보자.

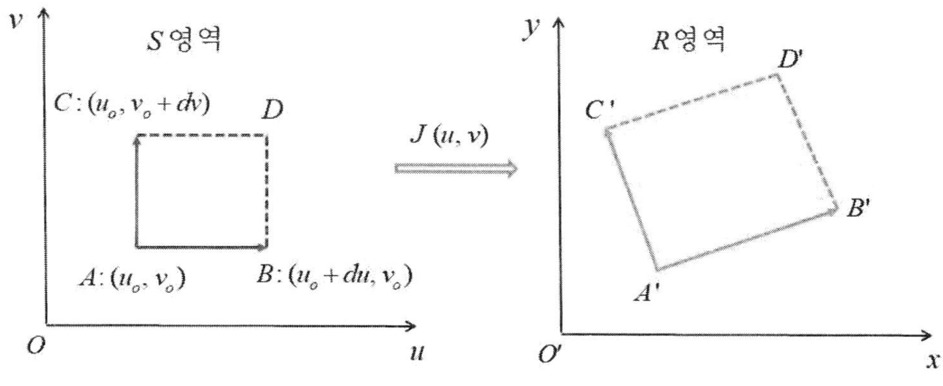

그림 3.7 미소 직육면체의 변환.

<u>(i) S 영역: $\overrightarrow{AB}$ $\Rightarrow$ R 영역: $\overrightarrow{A'B'}$</u>

점 A에서 점 B까지 벡터는 $\overrightarrow{AB} = \overrightarrow{OB} - \overrightarrow{OA} = (u_o + du,\ v_o) - (u_o,\ v_o) \equiv (du,\ 0)$가

된다. uv 평면의 미소 벡터 변화 $\overrightarrow{AB}=(du,\ 0)\equiv \boldsymbol{du}$에 대응하는 xy 평면의 벡터 $\overrightarrow{A'B'}$를 구하자.

점 $A(u_o, v_o)$의 1 대 1 대응점 A'는 A' : $(x(u_o, v_o),\ y(u_o, v_o))$이며 점 B: (u_o+du, v_o)의 1 대 1 대응점 B'는 B' : $[x(u_o+du, v_o),\ y(u_o+du, v_o)]$가 되므로 $\overrightarrow{A'B'}=\overrightarrow{O'B'}-\overrightarrow{O'A'}=[x(u_o+du,\ v_o)-x(u_o,\ v_o),\ \ y(u_o+du,\ v_o)-y(u_o,\ v_o)]$가 된다.

$x(u_o+du,\ v_o)$와 $y(u_o+du,\ v_o)$를 $(u_o,\ v_o)$ 근방에서 테일러 전개하면 다음과 같다.

$$x(u_o+du,\ v_o)=x(u_o,\ v_o)+\frac{\partial x}{\partial u}du+O(du),$$
$$y(u_o+du,\ v_o)=y(u_o,\ v_o)+\frac{\partial y}{\partial u}du+O(du)$$

여기서 $O(du)$는 2계 이상의 편미분과 2차 이상의 du 항을 포함하는 나머지 항이다. uv 평면에서 u 방향의 미소 변화 $du\rightarrow 0$인 경우 $O(du)\rightarrow 0$이 되며 테일러 급수전개는 근사적으로 $x(u_o+du,\ v_o)\simeq x(u_o,\ v_o)+\dfrac{\partial x}{\partial u}du$와 $y(u_o+du,\ v_o)\simeq y(u_o,\ v_o)+\dfrac{\partial y}{\partial u}du$가 된다. 따라서 uv 평면의 미소 벡터 변화 $\overrightarrow{AB}=(du,\ 0)\equiv \boldsymbol{du}$에 대응하는 xy 평면의 미소 벡터 변화 $\overrightarrow{A'B'}$는 선형 근사적으로 다음과 같이 주어진다.

$$\overrightarrow{A'B'}=\left(\frac{\partial x}{\partial u}du,\ \ \frac{\partial y}{\partial u}du\right)\equiv d\boldsymbol{x}$$

여기서 편의상 $\overrightarrow{A'B'}=d\boldsymbol{x}$라 둔다. 따라서 다음의 1 대 1 대응 관계를 얻는다.

$$S\text{ 영역: }\overrightarrow{AB}=(du,\ 0)\equiv \boldsymbol{du}\quad\Rightarrow\quad R\text{ 영역: }\overrightarrow{A'B'}=\left(\frac{\partial x}{\partial u}du,\ \ \frac{\partial y}{\partial u}du\right)\equiv d\boldsymbol{x}$$

(ii) S 영역: $\overrightarrow{AC} \Rightarrow R$ 영역: $\overrightarrow{A'C'}$

같은 방법으로 $A \to C$ 벡터는 $\overrightarrow{AC} = \overrightarrow{OC} - \overrightarrow{OA} = (u_o,\ v_o + dv) - (u_o,\ v_o) \equiv (0,\ dv)$가 된다. 이제 uv 평면의 미소 벡터 변화 $\overrightarrow{AC} = (0,\ dv) \equiv \boldsymbol{dv}$에 대한 xy 평면의 벡터 변화 $\overrightarrow{A'C'}$를 구하자.

점 A'는 점 $A(u_o, v_o)$에 1 대 1 대응하므로 $A' : (x(u_o, v_o),\ y(u_o, v_o))$이며 점 $C: (u_o, v_o + dv)$의 1 대 1 대응점 C'는 $C' : [x(u_o, v_o + dv),\ y(u_o, v_o + dv)]$가 되므로 $\overrightarrow{A'C'} = \overrightarrow{O'C'} - \overrightarrow{O'A'} = [x(u_o,\ v_o + dv) - x(u_o,\ v_o),\ y(u_o,\ v_o + dv) - y(u_o,\ v_o)]$이다. $x(u_o,\ v_o + dv)$와 $y(u_o,\ v_o + dv)$를 $(u_o,\ v_o)$ 근방에서 테일러 전개하면 다음과 같다.

$$x(u_o,\ v_o + dv) = x(u_o,\ v_o) + \frac{\partial x}{\partial v} dv + O(dv),$$
$$y(u_o,\ v_o + dv) = y(u_o,\ v_o) + \frac{\partial y}{\partial v} du + O(dv)$$

uv 평면에서 v방향의 미소 변화 $dv \to 0$인 경우 $O(du) \to 0$이 되며 테일러 전개는 근사적으로 $x(u_o,\ v_o + dv) \simeq x(u_o,\ v_o) + \frac{\partial x}{\partial v} dv$와 $y(u_o,\ v_o + dv) \simeq y(u_o,\ v_o) + \frac{\partial y}{\partial v} dv$가 된다. 따라서 uv 평면의 미소 벡터 변화 $\overrightarrow{AC} = (0,\ dv) \equiv \boldsymbol{dv}$에 대응하는 xy 평면의 미소 벡터 변화 $\overrightarrow{A'C'}$는 선형 근사적으로 다음과 같이 주어진다.

$$\overrightarrow{A'C'} = \left(\frac{\partial x}{\partial v} dv,\ \ \frac{\partial y}{\partial v} dv \right) \equiv \boldsymbol{dy}$$

여기서 편의상 $\overrightarrow{A'C'} \equiv \boldsymbol{dy}$라 둔다. 따라서 다음의 1 대 1 대응 관계를 얻는다.

$$S \text{ 영역: } \overrightarrow{AC} = (0,\ dv) \equiv \boldsymbol{dv} \quad \Rightarrow \quad R \text{ 영역: } \overrightarrow{A'C'} = \left(\frac{\partial x}{\partial v} dv,\ \ \frac{\partial y}{\partial v} dv \right) = \boldsymbol{dy}$$

(iii) S 영역 ⇒ R 영역으로의 미소 면적의 변환

그림 3.7을 참고하면 S 영역의 미소 면적 벡터는 두 벡터 $\overrightarrow{AB}$와 $\overrightarrow{AC}$의 벡터 곱과 같다.

$$\overrightarrow{AB} \times \overrightarrow{AC} = d\boldsymbol{u} \times d\boldsymbol{v} = \begin{vmatrix} \hat{u} & \hat{v} & \hat{z} \\ du & 0 & 0 \\ 0 & dv & 0 \end{vmatrix} = dudv\,\hat{z}$$

따라서 S 영역의 미소 면적은 $|\overrightarrow{AB} \times \overrightarrow{AC}| = |d\boldsymbol{u} \times d\boldsymbol{v}| = du\,dv$로 주어진다.

R 영역에서 미소 면적 벡터는 두 벡터 $\overrightarrow{A'B'} = \left(\frac{\partial x}{\partial u}du,\ \frac{\partial y}{\partial u}du\right) \equiv d\boldsymbol{x}$ 와 $\overrightarrow{A'C'} = \left(\frac{\partial x}{\partial v}dv,\ \frac{\partial y}{\partial v}dv\right) \equiv d\boldsymbol{y}$ 의 벡터 곱과 같다.

$$\overrightarrow{A'B'} \times \overrightarrow{A'C'} = d\boldsymbol{x} \times d\boldsymbol{y} \equiv \begin{vmatrix} \hat{x} & \hat{y} & \hat{z} \\ \frac{\partial x}{\partial u}du & \frac{\partial y}{\partial u}du & 0 \\ \frac{\partial x}{\partial v}dv & \frac{\partial y}{\partial v}dv & 0 \end{vmatrix}$$

$$= \left(\frac{\partial x}{\partial u}\frac{\partial y}{\partial v} - \frac{\partial x}{\partial v}\frac{\partial y}{\partial u}\right)du\,dv\,\hat{z} \equiv \det(J(u,v))du\,dv\,\hat{z}$$

여기서 $\frac{\partial x}{\partial u}\frac{\partial y}{\partial v} - \frac{\partial x}{\partial v}\frac{\partial y}{\partial u} \equiv \det(J(u,v))$이며 자코비안 행렬식이 된다.

R과 S 영역의 미소 면적은 크기가 $dxdy > 0$과 $dudv > 0$ 이며 양의 값을 가지지만 자코비안 행렬식은 음의 값, 즉 $\det(J(u,v)) < 0$일 수도 있으므로, 미소 면적 변환은 위의 식의 양변의 절댓값을 취하여야 하며 $|\overrightarrow{A'B'} \times \overrightarrow{A'C'}| = |d\boldsymbol{x} \times d\boldsymbol{y}| \equiv dxdy$이다.

$$\therefore\ \ dx\,dy = \left| \begin{vmatrix} x_u & x_v \\ y_u & y_v \end{vmatrix} \right| \equiv |\det(J(u,v))|\,du\,dv$$

여기서 $|\det(J(u,v))|$는 면적 변환의 크기 인자 (scale factor)라 부르며, 자코비안 행렬식 $\det(J(u,v)) = |J(u,v)|$이 아니라, 행렬식의 절댓값 $|\det(J(u,v))| = \| J(u,v) \|$임을 유의하자.

[※주의]:

곡선 직교 좌표계의 변환에서 살펴본 바와 같이 데카르트 좌표 x, y는 길이의 차원이므로 $dxdy$는 면적의 차원이다. 그러나 변환 공간의 변수 u 또는 v는 길이의 차원이 아닐 수도 있으므로 $dudv$는 (실제) 면적의 차원이 아닐 수도 있다. 그러나 $|\det(J(u,v))|\, du\, dv = \| J(u,v) \|\, du\, dv$는 면적의 차원이 된다.

한편, 변수 u와 v가 길이의 차원인 경우 $dudv$는 면적의 차원이며 $|\det(J(u,v))|$는 영역 $S(u,v)$의 미소 면적 $dudv$가 영역 $R(x,y)$로 사상 (mapping)의 결과 미소 면적 $dxdy$는 크기 인자 $|\det(J(u,v))| = \| J(u,v) \|$ 만큼 확대 또는 축소됨을 의미한다.

한편, 자코비안 행렬식의 특성 $\det(J(x,y))\det(J(u,v)) = |J(x,y)|\,|J(u,v)| = 1$ 또는 $\det(J(x,y)) = \dfrac{1}{\det(J(u,v))}$을 사용하면 R과 S 영역 사이의 미소 면적 변환 관계식을 얻는다.

$$dxdy = |\det(J(u,v))|\, du\, dv = \frac{du\, dv}{|\det(J(x,y))|}$$

$$\therefore \begin{cases} dxdy = |\det(J(u,v))|\, du\, dv \\ dudv = |\det(J(x,y))|\, dx\, dy \end{cases}$$

위의 미소 면적에 대한 변환 관계식을 사용하면 적분 영역 R의 두 변수 (x,y)에 대한 이중 적분 $\iint_R f(x,y)dxdy$을 변환 적분 영역 S의 새로운 변수 (u,v)에 대한 이중 적분으로 변환할 수 있다.

$$\therefore \boxed{\iint_R f(x,y)dxdy \equiv \iint_S f(x(u,v),y(u,v)) \parallel J(u,v) \parallel dudv}$$

여기서 $\parallel J(u,v) \parallel = |\det(J(u,v))|$는 자코비안 행렬식의 절댓값이다.
또는 역 변환하면 다음의 이중 적분도 가능하다.

$$\therefore \boxed{\iint_S f(u,v)\,du\,dv \equiv \iint_R f(u(x,y),\, v(x,y)) \parallel J(x,y) \parallel dx\,dy}$$

B.2 3중 적분 $\iiint_R f(x, y, z)dxdydz$

앞의 이중 적분에서 다룬 방법을 확장하면 3중 적분 이상의 다중 적분에 대한 변수 변환 관계식을 유도할 수 있다.

3중적분 $\iiint_R f(x, y, z)dxdydz$에서 적분 영역 R의 세 변수 (x, y, z)를 변환 적분 영역 S의 새로운 변수 (u, v, w)로 변환하면 3중적분은 어떻게 변환되는지 알아보자. R 영역의 3차원 변수 (x, y, z)에 대해 S 영역의 새로운 변수 (u, v, w)로 변환이 가능할 때 변환 관계식은 $\begin{cases} x = x(u, v, w) \\ y = y(u, v, w) \\ z = z(u, v, w) \end{cases}$이므로 자코비안 행렬 $J(u, v, w)$은 다음과 같다.

$$J(u, v, w) = \begin{pmatrix} x_u & x_v & x_w \\ y_u & y_v & y_w \\ z_u & z_v & z_w \end{pmatrix} \equiv \frac{\partial(x, y, z)}{\partial(u, v, w)}$$

3차원 공간 (u, v, w)에서 한 점 (u_o, v_o, w_o)에 대해 밑변의 두 미소 변위 벡터 $\boldsymbol{du} = (du,\ 0,\ 0)$와 $\boldsymbol{dv} = (0,\ dv,\ 0)$ 및 높이 미소 벡터 $\boldsymbol{dw} = (0,\ 0,\ dw)$로 구성된 미소 부피는 스칼라 삼중 곱과 같다. 즉,

$$\boldsymbol{du} \times \boldsymbol{dv} \cdot \boldsymbol{dw} = \begin{vmatrix} du & 0 & 0 \\ 0 & dv & 0 \\ 0 & 0 & dw \end{vmatrix} = dudvdw$$

[참고]: 예제 2.4에서 세 벡터 $\boldsymbol{A}, \boldsymbol{B}, \boldsymbol{C}$로 이루어진 평행 6면체의 부피는 스칼라 3중곱의 절댓값 $|\boldsymbol{A} \cdot (\boldsymbol{B} \times \boldsymbol{C})| = |\boldsymbol{C} \cdot (\boldsymbol{A} \times \boldsymbol{B})| = |\boldsymbol{B} \cdot (\boldsymbol{C} \times \boldsymbol{A})|$와 같다.

S 영역의 세 개의 미소 벡터 $\boldsymbol{du} = (du,\ 0,\ 0)$, $\boldsymbol{dv} = (0,\ dv,\ 0)$와 $\boldsymbol{dw} = (0,\ 0,\ dw)$에 대한 R 영역의 미소 벡터들은 $du, dv, dw \to 0$ 근사에서 테일러 전개하면 다음과 같이 주어진다.

$$\begin{array}{lcl} \boxed{S \text{ 영역}} & \Rightarrow & \boxed{R \text{ 영역}} \\ \boldsymbol{du} = (du,\ 0,\ 0) & \Rightarrow & \boldsymbol{dx} = \left(\dfrac{\partial x}{\partial u}du,\ \dfrac{\partial y}{\partial u}du,\ \dfrac{\partial z}{\partial u}du\right) \\ \boldsymbol{dv} = (0,\ dv,\ 0) & \Rightarrow & \boldsymbol{dy} = \left(\dfrac{\partial x}{\partial v}dv,\ \dfrac{\partial y}{\partial v}dv,\ \dfrac{\partial z}{\partial v}dv\right) \\ \boldsymbol{dw} = (0,\ 0,\ dw) & \Rightarrow & \boldsymbol{dz} = \left(\dfrac{\partial x}{\partial w}dw,\ \dfrac{\partial y}{\partial w}dw,\ \dfrac{\partial z}{\partial w}dw\right) \end{array}$$

따라서 R 영역의 미소 부피 변화는 세 미소 벡터 $\boldsymbol{dx}, \boldsymbol{dy}, \boldsymbol{dz}$로 이루어진 평행 사변형의 부피이므로 다음과 같이 주어진다.

$$\boldsymbol{dx} \times \boldsymbol{dy} \cdot \boldsymbol{dz} = \begin{vmatrix} x_u du & y_u du & z_u du \\ x_v dv & y_v dv & z_v dv \\ x_w dw & y_w dw & z_w dw \end{vmatrix} = \begin{vmatrix} x_u & y_u & z_u \\ x_v & y_v & z_v \\ x_w & y_w & z_w \end{vmatrix} dudvdw$$

위 식의 가장 우변 행렬식은 자코비안 행렬 $J(u, v, w)$의 전치 행렬 (transpose matrix) $J(u, v, w)^T$의 행렬식과 같다. 행렬식 관계식에서 $\det(J(u, v, w)^T) = \det(J(u, v, w))$이므로 위의 관계식은 다음과 같이 쓸 수 있다.

$$d\boldsymbol{x} \times d\boldsymbol{y} \bullet d\boldsymbol{z} = \begin{vmatrix} x_u & x_v & x_w \\ y_u & y_v & y_w \\ z_u & z_v & z_w \end{vmatrix} dudvdw \equiv \det(J(u,v,w))dudvdw$$

데카르트 직교 좌표계의 미소 부피는 양의 값으로 $dxdydz > 0$이며 또한 $dudvdw > 0$이지만 자코비안 행렬식은 $\det(J(u, v, w)) < 0$일 수도 있으므로, 미소 부피 변환은 위의 식의 양변의 절댓값을 취하여야 한다.

$$\therefore \; dxdydz = \left| \begin{vmatrix} x_u & x_v & x_w \\ y_u & y_v & y_w \\ z_u & z_v & z_w \end{vmatrix} \right| dudvdw \equiv |\det(J(u,v,w))|dudvdw$$

여기서 $|d\boldsymbol{x} \times d\boldsymbol{y} \bullet d\boldsymbol{z}| = dxdydz \; (>0)$ 이다. 일반적으로 $dudvdw > 0$이지만 부피의 차원이 아닐 수도 있으므로 $|\det(J(u,v,w))| = \| J(u,v,w) \|$ 와 $dudvdw$의 곱은 항상 부피의 차원이 된다.

위의 미소 부피에 대한 관계식을 사용하면 적분 영역 R의 세 변수 (x, y, z)에 대한 3중 적분 $\iiint_R f(x,y,z)dxdydz$을 변환 적분 영역 S의 새로운 변수 (u, v, w)에 대한 3중 적분으로 변환할 수 있다.

$$\therefore \; \boxed{\begin{aligned} &\iiint_R f(x,y,z)\,dxdydz \\ &= \iiint_S f(x(u,v,w), y(u,v,w), z(u,v,w)) \, \| J(u,v,w) \| \, dudvdw \end{aligned}}$$

여기서 $\| J(u,v,w) \| = |\det(J(u,v,w))|$는 자코비안 행렬식의 절댓값이다.

[예제 3.29] 자코비안 행렬식과 면적 변환

변수 변환 $\begin{cases} x = u+v \\ y = u-v \end{cases}$ 와 역변환 $\begin{cases} u = \dfrac{1}{2}(x+y) \\ v = \dfrac{1}{2}(x-y) \end{cases}$ 을 생각하자.

(1) 예제 그림 3.29 (a)와 같이 uv 평면의 단위 정사각형 $OABC$를 xy 평면의 변환 (사상)을 그리고, 자코비안 행렬을 구하여 면적의 크기 인자를 구하라.

(2) 예제 그림 3.29 (b)와 같이 xy 평면의 단위 정사각형 $O'A'B'C'$를 uv 평면의 변환 (사상)을 그리고, 자코비안 행렬을 구하여 면적의 크기 인자를 구하라.

(3) (1)과 (2)의 자코비안 행렬의 곱은 단위행렬이며, 두 행렬식의 곱은 1이 됨을 보여라.

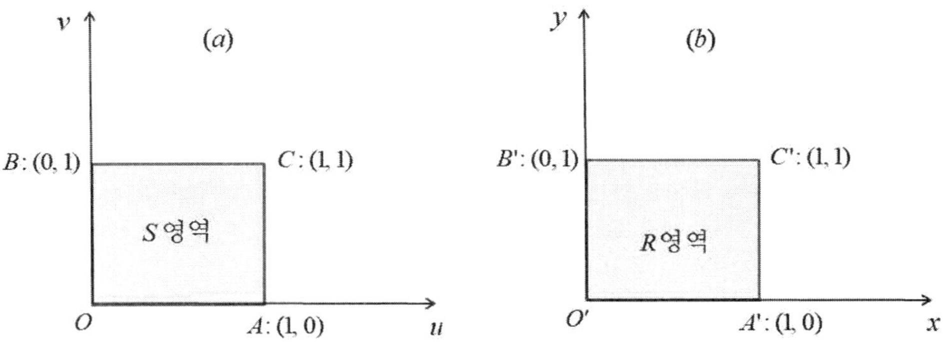

예제 그림 3.29

[풀이]

(1) uv 평면의 각 점 O, A, B, C에 대응하는 xy 평면의 각 점 O', A', B', C'는 다음 표와 같다.

$(u,\ v)$	(x, y)
$O(0, 0)$	$O'(0, 0)$
$A(1, 0)$	$A'(1, 1)$
$B(0, 1)$	$B'(1, -1)$
$C(1, 1)$	$C'(2, 0)$

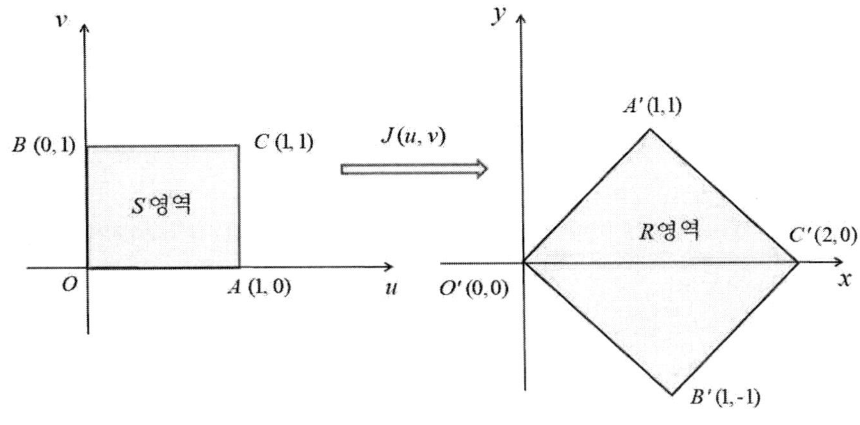

예제 그림 3.29 (1)

uv 평면 (S 영역)의 단위 정사각형은 예제 그림 3.29 (1)과 같이 xy 평면 (R 영역)의 평행 사변형으로 (확대) 변환된다. 변환된 xy 평면의 면적은 uv 평면의 면적 1의 2배가 된다. 이를 자코비안 행렬 관계식으로 나타내어보자.

변수 변환 식 $\begin{cases} x = u+v \\ y = u-v \end{cases}$에 대해 전 미분을 취하고 행렬로 나타내면 다음과 같다.

$$\begin{cases} dx = \dfrac{\partial x}{\partial u}du + \dfrac{\partial x}{\partial v}dv = du + dv \\ dy = \dfrac{\partial y}{\partial u}du + \dfrac{\partial y}{\partial v}dv = du - dv \end{cases}$$

$$\Rightarrow \begin{pmatrix} dx \\ dy \end{pmatrix} = \begin{pmatrix} \dfrac{\partial x}{\partial u} & \dfrac{\partial x}{\partial v} \\ \dfrac{\partial y}{\partial u} & \dfrac{\partial y}{\partial v} \end{pmatrix} \begin{pmatrix} du \\ dv \end{pmatrix} \equiv \begin{pmatrix} 1 & 1 \\ 1 & -1 \end{pmatrix} \begin{pmatrix} du \\ dv \end{pmatrix} = J(u,v) \begin{pmatrix} du \\ dv \end{pmatrix}$$

여기서 자코비안 행렬 $J(u,v)$는 다음과 같이 주어진다.

$$J(u,v) = \begin{pmatrix} \dfrac{\partial x}{\partial u} & \dfrac{\partial x}{\partial v} \\ \dfrac{\partial y}{\partial u} & \dfrac{\partial y}{\partial v} \end{pmatrix} = \begin{pmatrix} 1 & 1 \\ 1 & -1 \end{pmatrix}$$

영역 $S(u,v)$의 미소 면적 $dudv$가 영역 $R(x,y)$로 사상 (mapping) 결과인 미소 면적 $dxdy$는 다음과 같이 변환된다.

$$dxdy = |\det(J(u,v))| du\,dv = 2dudv$$

여기서 행렬식은 $\det(J(u,v)) = -2$이다. 이 관계식은 영역 $R(x,y)$의 미소 면적 $dxdy$는 영역 $S(u,v)$의 미소 면적 $dudv$에 비해 배율 (또는 크기 인자) $|\det(J(u,v))| = 2$ 만큼 확대됨을 의미한다.

(2) xy 평면의 각 점 O, A, B, C에 대응하는 uv 평면의 각 점 O', A', B', C'는 다음 표와 같다.

(x, y)	(u, v)
$O(0,0)$	$O'(0,0)$
$A(1,0)$	$A'(\frac{1}{2}, \frac{1}{2})$
$B(0,1)$	$B'(\frac{1}{2}, -\frac{1}{2})$
$C(1,1)$	$C'(1,0)$

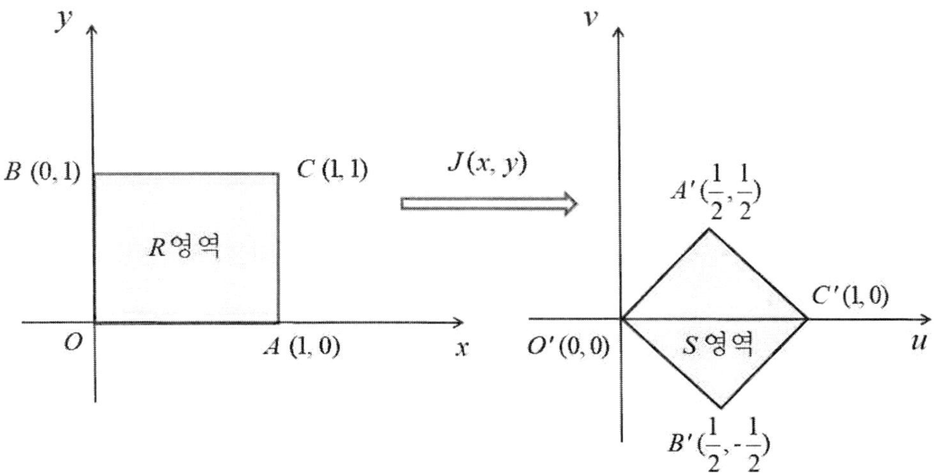

예제 그림 3.29 (2)

예제 그림 3.29 (2)와 같이 xy 평면 (R 영역)의 단위 정사각형은 uv 평면 (S 영역)의 평행 사변형으로 축소 변환된다. 변환된 uv 평면의 면적은 xy 평면의 면적 1의 반이 된다. 이를 자코비안 행렬 관계식으로 나타내어보자.

변수 변환 관계식은 $\begin{cases} u = \dfrac{1}{2}(x+y) \\ v = \dfrac{1}{2}(x-y) \end{cases}$ 대해 전 미분을 취하고 행렬로 나타내면 다음과 같다.

$$\begin{cases} du = \dfrac{\partial u}{\partial x}dx + \dfrac{\partial u}{\partial y}dy = \dfrac{1}{2}dx + \dfrac{1}{2}dy \\ dv = \dfrac{\partial v}{\partial x}dx + \dfrac{\partial v}{\partial y}dy = \dfrac{1}{2}dx - \dfrac{1}{2}dy \end{cases}$$

$$\Rightarrow \begin{pmatrix} du \\ dv \end{pmatrix} = \begin{pmatrix} \dfrac{1}{2} & \dfrac{1}{2} \\ \dfrac{1}{2} & -\dfrac{1}{2} \end{pmatrix} \begin{pmatrix} dx \\ dy \end{pmatrix} = J(x, y) \begin{pmatrix} dx \\ dy \end{pmatrix}$$

여기서 자코비안 행렬 $J(x,y)$는 다음과 같이 주어진다.

$$J(x, y) = \begin{pmatrix} \dfrac{\partial u}{\partial x} & \dfrac{\partial u}{\partial y} \\ \dfrac{\partial v}{\partial x} & \dfrac{\partial v}{\partial y} \end{pmatrix} \equiv \begin{pmatrix} \dfrac{1}{2} & \dfrac{1}{2} \\ \dfrac{1}{2} & -\dfrac{1}{2} \end{pmatrix}$$

영역 $R(x, y)$의 미소 면적 $dxdy$가 영역 $S(u, v)$로 사상 결과 미소 면적 $dudv$는 다음과 같이 변환된다.

$$dudv = |\det(J(x, y))|\, dxdy = \frac{1}{2}dxdy$$

여기서 자코비안 행렬 $J(x,y)$의 행렬식은 $\det(J(x,y)) = -\dfrac{1}{2}$ 이다. 이 관계식은 미소

면적 $dudv$는 미소 면적 $dxdy$에 비해 배율 (또는 크기 인자) $|\det(J(x, y))| = \frac{1}{2}$ 만큼 축소됨을 의미한다.

(3) (1)과 (2)의 자코비안 행렬은 각각 다음과 같이 주어진다.

$$J(u, v) = \begin{pmatrix} \frac{\partial x}{\partial u} & \frac{\partial x}{\partial v} \\ \frac{\partial y}{\partial u} & \frac{\partial y}{\partial v} \end{pmatrix} = \begin{pmatrix} 1 & 1 \\ 1 & -1 \end{pmatrix}$$

$$J(x, y) = \begin{pmatrix} \frac{\partial u}{\partial x} & \frac{\partial u}{\partial y} \\ \frac{\partial v}{\partial x} & \frac{\partial v}{\partial y} \end{pmatrix} \equiv \begin{pmatrix} \frac{1}{2} & \frac{1}{2} \\ \frac{1}{2} & -\frac{1}{2} \end{pmatrix}$$

두 행렬의 곱을 계산하면 $J(u, v)J(x, y) = J(x, y)J(u, v) = \begin{pmatrix} 1 & 0 \\ 0 & 1 \end{pmatrix} = I$로 단위 행렬이 된다.

또한, 자코비안 행렬의 행렬식의 곱은 $\det(J(x, y))\det(J(u, v)) = \left(-\frac{1}{2}\right)(-2) = 1$ 이다.

■

C. 자코비안 행렬과 직교 곡선 좌표 변환 관계

앞 절에서 다룬 자코비안 행렬의 특성을 이용하여 직교 곡선 좌표계와 자코비안 행렬과의 관계에 대해 살펴보자. 본 절에서는 대표적으로 2차원 극 좌표계 (polar coordinate system), 원통 좌표계 (cylindrical coordinate system), 구 좌표계 (spherical coordinate system)를 다룬다.

C.1 극 좌표계 (polar coordinate system)

데카르트 직교 좌표계 $R(x, y)$와 2차원 극 좌표계 $S(r, \theta)$사이의 변환을 생각하자. 변환 관계식은 다음과 같이 주어진다.

$$\begin{cases} x = x(r, \theta) \\ y = y(r, \theta) \end{cases} \quad \text{또는} \quad \begin{cases} x = r\cos\theta \\ y = r\sin\theta \end{cases}$$

$R(x, y) \Rightarrow S(r, \theta)$ 변환 관계식에 대해 전 미분을 취하고 행렬로 나타내면 다음과 같다.

$$\begin{pmatrix} dx \\ dy \end{pmatrix} = \begin{pmatrix} \dfrac{\partial x}{\partial r} & \dfrac{\partial x}{\partial \theta} \\ \dfrac{\partial y}{\partial r} & \dfrac{\partial y}{\partial \theta} \end{pmatrix} \begin{pmatrix} dr \\ d\theta \end{pmatrix} \equiv \begin{pmatrix} \cos\theta & -r\sin\theta \\ \sin\theta & r\cos\theta \end{pmatrix} \begin{pmatrix} dr \\ d\theta \end{pmatrix} = J(r, \theta) \begin{pmatrix} dr \\ d\theta \end{pmatrix}$$

여기서 자코비안 행렬 $J(r, \theta)$와 행렬식 $\det(J(r, \theta))$는 다음과 같이 주어진다.

$$J(r, \theta) = \begin{pmatrix} \dfrac{\partial x}{\partial r} & \dfrac{\partial x}{\partial \theta} \\ \dfrac{\partial y}{\partial r} & \dfrac{\partial y}{\partial \theta} \end{pmatrix} = \begin{pmatrix} \cos\theta & -r\sin\theta \\ \sin\theta & r\cos\theta \end{pmatrix},$$

$$\det(J(r, \theta)) = \begin{vmatrix} \cos\theta & -r\sin\theta \\ \sin\theta & r\cos\theta \end{vmatrix} = r$$

영역 $R(x, y)$의 미소 면적 $dxdy$와 영역 $S(r, \theta)$의 미소 면적 관계식은 다음과 같다.

$$dxdy = |\det(J(r,\theta))|drd\theta = |r|drd\theta = rdrd\theta$$

$dxdy$는 면적의 차원이지만 $drd\theta$는 면적의 차원이 아니므로 $|\det(J(r,\theta)| = |r| = r$을 곱하면 $dxdy = rdrd\theta$이 되어 면적의 차원을 갖는다.

즉, 자코비안 행렬식의 절댓값은 무 차원의 새 변수 $d\theta$를 길이의 차원으로 만들어 주는 길이 인자와 같다.

[예제 3.30] 극 좌표계의 자코비안 행렬식

극 좌표계의 변수 변환 관계식 $\begin{cases} x = r\cos\theta \\ y = r\sin\theta \end{cases}$ 또는 $\begin{cases} r = \sqrt{x^2+y^2} \\ \theta = \tan^{-1}\left(\dfrac{y}{x}\right) \end{cases}$ 을 사용하여 다음을 구하라.

(1) 자코비안 행렬 $J(x, y)$를 구하여 자코비안 행렬식 $\det(J(x, y))$를 구하라.

(2) 자코비안 행렬 $J(r, \theta)$를 구하여 자코비안 행렬식 $\det(J(r, \theta))$를 구하라.

(3) $J(x, y)J(r, \theta) = I$이며 $\det(J(x, y)) = \dfrac{1}{\det(J(r, \theta))}$ 임을 보여라.

[풀이]

(1) 극 좌표계의 변수 변환 관계식 $\begin{cases} r = \sqrt{x^2+y^2} \\ \theta = \tan^{-1}\left(\dfrac{y}{x}\right) \end{cases}$을 사용하면 자코비안 행렬 $J(x, y)$는 다음과 같이 주어진다.

$$J(x, y) = \begin{pmatrix} \dfrac{\partial r}{\partial x} & \dfrac{\partial r}{\partial y} \\ \dfrac{\partial \theta}{\partial x} & \dfrac{\partial \theta}{\partial y} \end{pmatrix} = \begin{pmatrix} \dfrac{x}{\sqrt{x^2+y^2}} & \dfrac{y}{\sqrt{x^2+y^2}} \\ \dfrac{-y}{x^2+y^2} & \dfrac{x}{x^2+y^2} \end{pmatrix}$$

자코비안 행렬의 행렬식은 다음과 같다.

$$\det(J(x, y)) = \frac{1}{\sqrt{x^2+y^2}} = \frac{1}{r}$$

(2) 극 좌표계의 변수 변환 관계식 $\begin{cases} x = r\cos\theta \\ y = r\sin\theta \end{cases}$ 을 사용하면 자코비안 행렬 $J(r, \theta)$ 는 다음과 같다.

$$J(r,\theta)=\begin{pmatrix}\dfrac{\partial x}{\partial r} & \dfrac{\partial x}{\partial \theta}\\ \dfrac{\partial y}{\partial r} & \dfrac{\partial y}{\partial \theta}\end{pmatrix}=\begin{pmatrix}\cos\theta & -r\sin\theta\\ \sin\theta & r\cos\theta\end{pmatrix}$$

자코비안 행렬의 행렬식은 다음과 같다.

$$\det(J(r,\theta))=r\cos^2\theta+r\sin^2\theta=r$$

(3) (1)에서 구한 자코비안 행렬 $J(x,y)$를 극좌표 r, θ로 변환하면 다음과 같이 주어진다.

$$J(x,y)=\begin{pmatrix}\dfrac{x}{\sqrt{x^2+y^2}} & \dfrac{y}{\sqrt{x^2+y^2}}\\ -\dfrac{y}{x^2+y^2} & \dfrac{x}{x^2+y^2}\end{pmatrix}=\begin{pmatrix}\cos\theta & \sin\theta\\ -\dfrac{\sin\theta}{r} & \dfrac{\cos\theta}{r}\end{pmatrix}$$

두 자코비안 행렬 $J(x,y)$와 $J(r,\theta)$의 행렬 곱은 다음과 같이 주어진다

$$J(x,y)\,J(r,\theta)=\begin{pmatrix}1 & 0\\ 0 & 1\end{pmatrix}=I$$

또한 $\det(J(x,y))\det(J(r,\theta))=1$이므로 다음 관계를 얻는다.

$$\det(J(x,y))=\frac{1}{\det(J(r,\theta))}$$

■

[예제 3.31] 극 좌표계의 자코비안 행렬식과 이중 적분

이중 적분 $\iint_R dxdy$을 변수 변환 $\begin{cases} x = r\cos\theta \\ y = r\sin\theta \end{cases}$을 사용하여 구하라. 단, 영역 R은 예제 그림 3.31 (a)와 같이 xy 평면의 일 사분면에 각각 반지름이 2와 4인 원과 선분 $\overline{AC}$ 와 $\overline{BD}$ 로 둘러싸인 내부 영역이다. 즉, $4 \le x^2 + y^2 \le 16, \quad x, y \ge 0$ 이다.

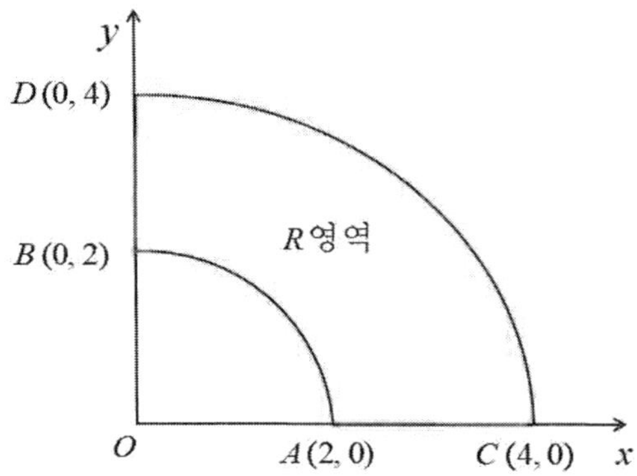

예제 그림 3.31 (a).

[풀이]

변수 변환 $\begin{cases} x = r\cos\theta \\ y = r\sin\theta \end{cases}$에 대한 자코비안 행렬 $J(r, \theta)$는 다음과 같다.

$$J(r, \theta) = \begin{pmatrix} \dfrac{\partial x}{\partial r} & \dfrac{\partial x}{\partial \theta} \\ \dfrac{\partial y}{\partial r} & \dfrac{\partial y}{\partial \theta} \end{pmatrix} = \begin{pmatrix} \cos\theta & -r\sin\theta \\ \sin\theta & r\cos\theta \end{pmatrix}$$

자코비안 행렬 $J(r, \theta)$의 행렬식은 $\det(J(r, \theta)) = r$이다. 한편 영역 $R(x, y)$의 적분 구간 $4 \le x^2 + y^2 \le 16, \quad x, y \ge 0$ 을 변환 영역 $S(r, \theta)$로 나타내면 예제 그림 3.31 (b)와 같이 주어진다.

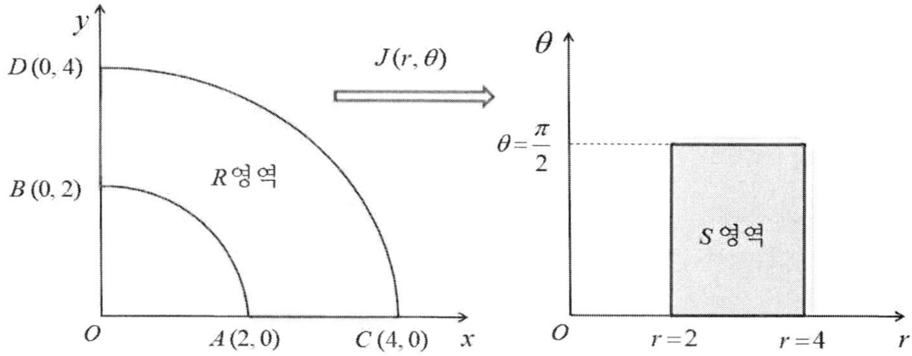

예제 그림 3.31 (b).

적분 영역 R의 이중 적분 $\iint_R f(x,y)dxdy$는 자코비안 행렬 $J(r,\theta)$와 변환 적분 영역 S의 새로운 변수 (r, θ)에 대한 이중 적분으로 변환하여 계산한다. 즉,

$$\iint_R dxdy = \iint_S \| J(r,\theta) \| \, drd\theta$$

$$= \int_{\theta=0}^{\frac{\pi}{2}} \int_{r=2}^{4} r\,dr\,d\theta = \frac{\pi}{2} \left[\frac{r^2}{2} \right]_{r=2}^{r=4} = 3\pi$$

여기서 $\| J(u,v) \| = |\det(J(u,v))| = |r| = r\ (\geq 0)$는 자코비안 행렬식의 절댓값이다.

■

C.2 원통 좌표계 (cylindrical coordinate system)

그림 3.3과 같이 데카르트 직교 좌표계 $R(x, y, z)$와 원통 좌표계 $S(\rho, \phi, z)$사이의 변환을 생각하자. 변환 관계식은 다음과 같다.

$$\begin{cases} x = x(\rho, \phi) \\ y = y(\rho, \phi) \\ z = z(z) \end{cases} \quad \text{또는} \quad \begin{cases} x = \rho\cos\phi \\ y = \rho\sin\phi \\ z = z \end{cases}$$

$R(x, y, z) \Rightarrow S(\rho, \phi, z)$ 변환의 자코비안 행렬 $J(\rho, \phi, z)$는 다음과 같이 주어진다.

$$J(\rho, \phi, z) = \begin{pmatrix} \frac{\partial x}{\partial \rho} & \frac{\partial x}{\partial \phi} & \frac{\partial x}{\partial z} \\ \frac{\partial y}{\partial \rho} & \frac{\partial y}{\partial \phi} & \frac{\partial y}{\partial z} \\ \frac{\partial z}{\partial \rho} & \frac{\partial z}{\partial \phi} & \frac{\partial z}{\partial z} \end{pmatrix} = \begin{pmatrix} \cos\phi & -\rho\sin\phi & 0 \\ \sin\phi & \rho\cos\phi & 0 \\ 0 & 0 & 1 \end{pmatrix}$$

자코비안 행렬식 $\det(J(\rho, \phi, z)) = |J(\rho, \phi, z)|$는 다음과 같다.

$$\det(J(\rho, \phi, z)) = \begin{vmatrix} \cos\phi & -\rho\sin\phi & 0 \\ \sin\phi & \rho\cos\phi & 0 \\ 0 & 0 & 1 \end{vmatrix} = \rho\cos^2\phi + \rho\sin^2\phi = \rho$$

데카르트 직교 좌표계의 부피 요소 $dxdydz$와 원통 좌표계에서 미소 부피는 자코비안 행렬식 $\det(J(\rho, \phi, z)) = |J(\rho, \phi, z)|$와 다음의 관계로 주어진다.

$$dxdydz = |\det(J(\rho, \phi, z))| d\rho d\phi dz = \rho d\rho d\phi dz$$

이 결과는 3.3.2에서 다룬 원통 좌표계에서 부피 요소 $dv = (h_\rho d\rho)(h_\phi d\phi)(h_z dz)$와 같은 결과임을 주목하자. 즉,

$$dv = dxdydz = (h_\rho d\rho)(h_\phi d\phi)(h_z dz) = h_\rho h_\phi h_z d\rho d\phi dz = \rho d\rho d\phi dz$$

따라서 자코비안 행렬식 $\det(J(\rho, \phi, z)) = |J(\rho, \phi, z)|$의 절댓값은 원통 좌표계의 세 길이 인자의 곱과 같다.

$$\therefore \quad \boxed{|\det(J(\rho, \phi, z))| = ||J(\rho, \phi, z)|| = h_\rho h_\phi h_z = (1)(\rho)(1) = \rho}$$

[예제 3.32] 원통 좌표계의 자코비안 행렬식

원통 좌표계의 변수 변환 관계식 $\begin{cases} x = \rho\cos\phi \\ y = \rho\sin\phi \\ z = z \end{cases}$ 또는 $\begin{cases} \rho = \sqrt{x^2+y^2} \\ \phi = \tan^{-1}\left(\dfrac{y}{x}\right) \\ z = z \end{cases}$ 을 사용하여 다음을 구하라.

(1) 자코비안 행렬 $J(x, y, z)$를 구하여 자코비안 행렬식 $\det(J(x, y, z))$를 구하라.

(2) 자코비안 행렬 $J(\rho, \phi, z)$를 구하여 자코비안 행렬식 $\det(J(\rho, \phi, z))$를 구하라.

(3) $J(x, y, z)J(\rho, \phi, z) = I$ 이며 $\det(J(x, y, z)) = \dfrac{1}{\det(J(\rho, \phi, z))}$ 임을 보여라.

[풀이]

(1) 원통 좌표계의 변수 변환 관계식을 사용하면 자코비안 행렬 $J(x, y, z)$는 다음과 같이 주어진다.

$$J(x,y,z) = \begin{pmatrix} \dfrac{\partial\rho}{\partial x} & \dfrac{\partial\rho}{\partial y} & \dfrac{\partial\rho}{\partial z} \\ \dfrac{\partial\phi}{\partial x} & \dfrac{\partial\phi}{\partial y} & \dfrac{\partial\phi}{\partial z} \\ \dfrac{\partial z}{\partial x} & \dfrac{\partial z}{\partial y} & \dfrac{\partial z}{\partial z} \end{pmatrix} = \begin{pmatrix} \dfrac{x}{\sqrt{x^2+y^2}} & \dfrac{y}{\sqrt{x^2+y^2}} & 0 \\ -\dfrac{y}{x^2+y^2} & \dfrac{x}{x^2+y^2} & 0 \\ 0 & 0 & 1 \end{pmatrix}$$

자코비안 행렬 $J(x, y, z)$의 행렬식을 계산하면 다음과 같다.

$$\det(J(x, y, z)) = \frac{1}{\sqrt{x^2+y^2}} = \frac{1}{\rho}$$

(2) 원통 좌표계의 변수 변환 관계식을 사용하면 자코비안 행렬 $J(\rho, \phi, z)$는 다음과 같이 주어진다.

$$J(\rho, \phi, z) = \begin{pmatrix} \frac{\partial x}{\partial \rho} & \frac{\partial x}{\partial \phi} & \frac{\partial x}{\partial z} \\ \frac{\partial y}{\partial \rho} & \frac{\partial y}{\partial \phi} & \frac{\partial y}{\partial z} \\ \frac{\partial z}{\partial \rho} & \frac{\partial z}{\partial \phi} & \frac{\partial z}{\partial z} \end{pmatrix} = \begin{pmatrix} \cos\phi & -\rho\sin\phi & 0 \\ \sin\phi & \rho\cos\phi & 0 \\ 0 & 0 & 1 \end{pmatrix}$$

자코비안 행렬 $J(\rho, \phi, z)$의 행렬식을 계산하면 다음과 같다.

$$\det(J(\rho, \phi, z)) = \rho\cos^2\phi + \rho\sin^2\phi = \rho$$

(3) (1)에서 구한 $J(x, y, z)$는 원통 좌표계의 변수 변환 관계식을 사용하여 원통 좌표 ρ, ϕ, z로 바꾸면 다음과 같이 주어진다.

$$J(x, y, z) = \begin{pmatrix} \frac{x}{\sqrt{x^2+y^2}} & \frac{y}{\sqrt{x^2+y^2}} & 0 \\ -\frac{y}{x^2+y^2} & \frac{x}{x^2+y^2} & 0 \\ 0 & 0 & 1 \end{pmatrix} = \begin{pmatrix} \cos\phi & \sin\phi & 0 \\ -\frac{\sin\phi}{\rho} & \frac{\cos\phi}{\rho} & 0 \\ 0 & 0 & 1 \end{pmatrix}$$

따라서 (2)에서 구한 자코비안 행렬 $J(\rho, \phi, z)$과의 행렬 곱을 계산하면 다음 관계식이 성립한다.

$$J(x, y, z)J(\rho, \phi, z) = J(\rho, \phi, z)J(x, y, z) = \begin{pmatrix} 1 & 0 & 0 \\ 0 & 1 & 0 \\ 0 & 0 & 1 \end{pmatrix} = I$$

또한, 자코비안 행렬식은 각각 $\det(J(x, y, z)) = \frac{1}{\rho}$와 $\det(J(\rho, \phi, z)) = \rho$이므로

$\det(J(x,t))\det(J(r, \theta)) = 1$ 이므로 $\det(J(x, y)) = \frac{1}{\det(J(r, \theta))}$ 가 된다.

■

C.3 구 좌표계 (spherical coordinate system)

그림 3.5의 구 좌표계 (r, θ, ϕ)에서 데카르트 직교 좌표계 $R(x, y, z)$와 구 좌표계 $S(r, \theta, \phi)$ 사이의 변환을 생각하자.
데카르트 직교 좌표계와 구 좌표계의 변환 관계식은 다음과 같다.

$$\begin{cases} x = r\sin\theta\cos\phi \\ y = r\sin\theta\sin\phi \\ z = r\cos\theta \end{cases} \Leftrightarrow \begin{cases} r = \sqrt{x^2 + y^2 + z^2} \\ \theta = \cos^{-1}\left(\dfrac{z}{r}\right) \\ \phi = \tan^{-1}\left(\dfrac{y}{x}\right) \end{cases}$$

$R(x, y, z) \Rightarrow S(r, \theta, \phi)$ 변환의 자코비안 행렬 $J(r, \theta, \phi)$는 다음과 같이 주어진다.

$$J(r, \theta, \phi) = \begin{pmatrix} \dfrac{\partial x}{\partial r} & \dfrac{\partial x}{\partial \theta} & \dfrac{\partial x}{\partial \phi} \\ \dfrac{\partial y}{\partial r} & \dfrac{\partial y}{\partial \theta} & \dfrac{\partial y}{\partial \phi} \\ \dfrac{\partial z}{\partial r} & \dfrac{\partial z}{\partial \theta} & \dfrac{\partial z}{\partial \phi} \end{pmatrix}$$

$$= \begin{pmatrix} \sin\theta\cos\phi & r\cos\theta\cos\phi & -r\sin\theta\sin\phi \\ \sin\theta\sin\phi & r\cos\theta\sin\phi & r\sin\theta\cos\phi \\ \cos\theta & -r\sin\theta & 0 \end{pmatrix}$$

자코비안 행렬식 $\det(J(r, \theta, \phi)) = |J(r, \theta, \phi)|$를 구하면 다음과 같다.

$$\det(J(r, \theta, \phi)) = \begin{vmatrix} \sin\theta\sin\phi & r\cos\theta\cos\phi & -r\sin\theta\sin\phi \\ \sin\theta\sin\phi & r\cos\theta\sin\phi & r\sin\theta\cos\phi \\ \cos\theta & -r\sin\theta & 0 \end{vmatrix}$$

$$= r^2\sin\theta$$

여기서 반경 r, 극 각 θ, 방위각 ϕ의 범위는 각각 $0 \le r \le \infty$, $0 \le \theta \le \pi$, $0 \le \phi \le 2\pi$

이다. 데카르트 직교 좌표계의 부피 요소 $dxdydz$와 구 좌표계에서 미소 부피는 자코비안 행렬식 $\det(J(r,\theta,\phi)) = |J(r,\theta,\phi)|$의 절댓값과 다음의 관계가 성립한다.

$$dxdydz = |\det(J(r,\theta,\phi))|\,dr\,d\theta\,d\phi = r^2\sin\theta\,dr\,d\theta\,d\phi$$

이 결과는 3.3.3에서 다룬 구 좌표계에서 부피 요소 $dv = (h_r\,dr)(h_\theta\,d\theta)(h_\phi\,d\phi)$와 같은 결과임을 주목하자. 즉,

$$\begin{aligned} dv = dxdydz &\equiv (h_r\,dr)(h_\theta\,d\theta)(h_\phi\,d\phi) \\ &= h_r\,h_\theta\,h_\phi\,dr\,d\theta\,d\phi = r^2\sin\theta\,dr\,d\theta\,d\phi \end{aligned}$$

따라서 자코비안 행렬식 $\det(J(r,\theta,\phi)) = |J(r,\theta,\phi)|$의 절댓값은 구 좌표계의 세 길이 인자의 곱과 같다.

$$\therefore \boxed{\begin{aligned} &|\det(J(r,\theta,\phi))| = ||J(r,\theta,\phi)|| \\ &= h_r\,h_\theta\,h_\phi = (1)(r)(r\sin\theta) = r^2\sin\theta \end{aligned}}$$

[예제 3.33] 구 좌표계의 자코비안 행렬식

구 좌표계의 변수 변환 관계식

$$\begin{cases} x = r\sin\theta\cos\phi \\ y = r\sin\theta\sin\phi \\ z = r\cos\theta \end{cases} \quad \text{또는} \quad \begin{cases} r = \sqrt{x^2+y^2+z^2} \\ \theta = \cos^{-1}\left(\dfrac{z}{\sqrt{x^2+y^2+z^2}}\right) \\ \phi = \tan^{-1}\left(\dfrac{y}{x}\right) \end{cases}$$

을 사용하여 다음을 구하라.

(1) 자코비안 행렬 $J(x, y, z)$를 구하고 자코비안 행렬식 $\det(J(x, y, z))$를 구하라.

(2) 자코비안 행렬 $J(r, \theta, \phi)$를 구하고 자코비안 행렬식 $\det(J(r, \theta, \phi))$를 구하라.

(3) $J(x, y, z)J(r, \theta, \phi)) = I$ 이며 $\det(J(x, y, z)) = \dfrac{1}{\det(J(r, \theta, \phi))}$ 임을 보여라.

[풀이]

(1) 구 좌표계의 변수 변환 관계식을 사용하면 자코비안 행렬 $J(x, y, z)$는 다음과 같이 주어진다.

$$J(x, y, z) = \begin{pmatrix} \dfrac{\partial r}{\partial x} & \dfrac{\partial r}{\partial y} & \dfrac{\partial r}{\partial z} \\ \dfrac{\partial \theta}{\partial x} & \dfrac{\partial \theta}{\partial y} & \dfrac{\partial \theta}{\partial z} \\ \dfrac{\partial \phi}{\partial x} & \dfrac{\partial \phi}{\partial y} & \dfrac{\partial \phi}{\partial z} \end{pmatrix}$$

$$= \begin{pmatrix} \dfrac{x}{\sqrt{x^2+y^2+z^2}} & \dfrac{y}{\sqrt{x^2+y^2+z^2}} & \dfrac{z}{\sqrt{x^2+y^2+z^2}} \\ \dfrac{xz}{r^3\sqrt{1-z^2/r^2}} & \dfrac{yz}{r^3\sqrt{1-z^2/r^2}} & \dfrac{z^2-r^2}{r^3\sqrt{1-z^2/r^2}} \\ -\dfrac{y}{x^2+y^2} & \dfrac{x}{x^2+y^2} & 0 \end{pmatrix}$$

여기서 $r=\sqrt{x^2+y^2+z^2}$ 을 나타낸다.

자코비안 행렬 $J(x, y, z)$를 구 좌표계의 변수 변환 관계식을 사용하여 구좌표 r, θ, ϕ로 바꾸면 다음과 같이 주어진다.

$$J(x, y, z)=\begin{pmatrix} \dfrac{x}{\sqrt{x^2+y^2+z^2}} & \dfrac{y}{\sqrt{x^2+y^2+z^2}} & \dfrac{z}{\sqrt{x^2+y^2+z^2}} \\ \dfrac{xz}{r^3\sqrt{1-z^2/r^2}} & \dfrac{yz}{r^3\sqrt{1-z^2/r^2}} & \dfrac{z^2-r^2}{r^3\sqrt{1-z^2/r^2}} \\ -\dfrac{y}{x^2+y^2} & \dfrac{x}{x^2+y^2} & 0 \end{pmatrix}$$

$$=\begin{pmatrix} \sin\theta\cos\phi & \sin\theta\sin\phi & \cos\theta \\ \dfrac{\cos\theta\cos\phi}{r} & \dfrac{\cos\theta\sin\phi}{r} & -\dfrac{\sin\theta}{r} \\ -\dfrac{\sin\phi}{r\sin\theta} & \dfrac{\cos\phi}{r\sin\theta} & 0 \end{pmatrix}$$

자코비안 행렬 $J(x, y, z)$의 행렬식은 다음과 같이 주어진다.

$$\det(J(x, y, z))=\frac{1}{r^2\sin\theta}$$

(2) 구 좌표계의 변수 변환 관계식을 사용하면 자코비안 행렬 $J(r, \theta, \phi)$는 다음과 같이 주어진다.

$$J(r, \theta, \phi)=\begin{pmatrix} \dfrac{\partial x}{\partial r} & \dfrac{\partial x}{\partial \theta} & \dfrac{\partial x}{\partial \phi} \\ \dfrac{\partial y}{\partial r} & \dfrac{\partial y}{\partial \theta} & \dfrac{\partial y}{\partial \phi} \\ \dfrac{\partial z}{\partial r} & \dfrac{\partial z}{\partial \theta} & \dfrac{\partial z}{\partial \phi} \end{pmatrix}=\begin{pmatrix} \sin\theta\cos\phi & r\cos\theta\cos\phi & -r\sin\theta\sin\phi \\ \sin\theta\sin\phi & r\cos\theta\sin\phi & r\sin\theta\cos\phi \\ \cos\theta & -r\sin\theta & 0 \end{pmatrix}$$

자코비안 행렬식 $\det(J(r,\theta,\phi)) = |J(r,\theta,\phi)|$는 다음과 같다.

$$\det(J(r,\theta,\phi)) = \begin{vmatrix} \sin\theta\sin\phi & r\cos\theta\cos\phi & -r\sin\theta\sin\phi \\ \sin\theta\sin\phi & r\cos\theta\sin\phi & r\sin\theta\cos\phi \\ \cos\theta & -r\sin\theta & 0 \end{vmatrix}$$

$$= r^2\sin\theta$$

(3) (1)과 (2)에서 구한 두 자코비안 행렬식은 각각 $\det(J(x,y,z)) = \dfrac{1}{r^2\sin\theta}$와 $\det(J(r,\theta,\phi)) = r^2\sin\theta$이므로 다음 관계식이 성립한다.

$$\det(J(x,y,z))\det(J(r,\theta,\phi)) = 1$$

또는

$$\det(J(x,y,z)) = \frac{1}{\det(J(r,\theta,\phi))}$$

한편, 두 자코비안 행렬 $J(x,y,z)$와 $J(r,\theta,\phi)$의 행렬 곱을 계산하면 다음과 같다.

$$J(x,y,z)J(r,\theta,\phi) = J(r,\theta,\phi)J(x,y,z) = \begin{pmatrix} 1 & 0 & 0 \\ 0 & 1 & 0 \\ 0 & 0 & 1 \end{pmatrix} = I$$

즉, 두 자코비안 행렬 $J(x,y,z)$와 $J(r,\theta,\phi)$는 서로 역행렬이다.

■

3장. 연 습 문 제

3.1 직교 곡선 좌표계

3.1 (1) 데카르트 직교 좌표계의 미소 변위는 $d\boldsymbol{r} = d\boldsymbol{r}(q_1, q_2, q_3) = \sum_{i=1}^{3} \frac{\partial \boldsymbol{r}}{\partial q_i} dq_i$ 로 주어진다. $dr^2 = d\boldsymbol{r} \cdot d\boldsymbol{r}$ 을 사용하여 계량 계수 $g_{ij} = h_{ij}^2$ 를 유도하라.

(2) 곡선 좌표계의 미소 변위는 $dr = \sum_{i=1}^{3} h_i dq_i \hat{q}_i$ 이다. $dr^2 = d\boldsymbol{r} \cdot d\boldsymbol{r}$ 을 구하라.
여기서 h_i $(i = 1, 2, 3)$는 길이 인자이며 $\hat{q}_i$는 단위 벡터이다.

(3) (1)과 (2)의 결과를 결합하여 h_{ij}^2와 길이 인자 h_i의 관계식을 구하라.

(4) 곡선 좌표계가 직교 좌표계일 때 길이 인자 h_i $(i = 1, 2, 3)$ 와 단위 벡터 $\hat{q}_i$를 구하라.

※ 연습문제 3.2~3.5는 대표적인 곡선 직교 좌표계를 나타낸다.
연습문제 3.2~3.5의 각각의 직교 좌표계에 대해 다음을 구하라.

(1) 길이 인자 (scale factor) h_u, h_v, h_z를 구하라.

(2) 위치 벡터 $\boldsymbol{r} = x\hat{x} + y\hat{y} + z\hat{z}$의 미분 $d\boldsymbol{r}$을 du, dv, dz로 나타내어라.

(3) 단위 벡터 $\hat{u}$, $\hat{v}$, $\hat{z}$를 구하라.

(4) 단위 벡터들의 내적과 외적을 구하여 직교 좌표계임을 보여라.

(5) (2)에서 구한 $d\boldsymbol{r}$을 사용하여 $dr^2 = d\boldsymbol{r} \cdot d\boldsymbol{r}$을 길이 인자 h_u, h_v, h_z 와 du, dv, dz 로 나타내어라.

(6) 자코비안 행렬 $J(u, v, z) = \frac{\partial(x, y, z)}{\partial(u, v, z)}$ 를 구하고 미소 부피 $dv = dxdydz$ 는 $dv = |\det(J(u, v, z))| du dv dz = h_u h_v h_z du dv dz$임을 보여라.

3.2 포물선 원통형 좌표계 (parabolic cylindrical coordinate system) (u, v, z)의 변환 관계식은 $x = \frac{1}{2}(u^2 - v^2)$, $y = uv$, $z = z$ 이다.

3.3 타원형 원통 좌표계 (elliptic cylindrical coordinate system) $(u,\ v,\ z)$의 변환 관계식은

$x = a\cosh u \cos v$, $y = a\sinh u \sin v$, $z = z$ 이다.

여기서 a는 상수이며, $0 \le u < \infty$, $0 \le v \le 2\pi$, $-\infty < z < \infty$ 이다.

변환 관계식으로부터 xy 평면에 u와 v에 대해 각각 다음 관계식을 얻는다.

$$\frac{x^2}{a^2\cosh^2 u} + \frac{y^2}{a^2\sinh^2 u} = 1 \text{ (Ellipse, 타원)},$$

$$\frac{x^2}{a^2\cos^2 v} - \frac{y^2}{a^2\sin^2 v} = 1 \text{ (Hyperbola, 쌍곡선)}$$

3.4 포물선 좌표계 (paraboloidal coordinate system) $(u,\ v,\ \phi)$의 변환 관계식은

$x = uv\cos\phi$, $y = uv\sin\phi$, $z = \dfrac{1}{2}(u^2 - v^2)$ 이다.

3.5 양극성 좌표계 (bipolar coordinate system) $(u,\ v)$의 변환 관계식은

$x = \dfrac{a\sinh u}{\cosh u + \cos v}$, $y = \dfrac{a\sin v}{\cosh u + \cos v}$ 이다.

여기서 a는 상수이며, $-\infty < u < \infty$, $0 \le v \le 2\pi$ 이다.

단, 위의 (6)번 문항은 양극성 좌표계의 미소 면적 $ds = dxdy$를 du, dv로 구하라.

3.6 데카르트 직교 좌표계의 위치 벡터 $\boldsymbol{r} = (x, y, z) \equiv (x_1, x_2, x_3)$와 곡선 좌표계의 위치 벡터 $\boldsymbol{q} = (u,\ v,\ w) \equiv (q_1,\ q_2,\ q_3)$ 사이의 미분 변환을 생각하자.

단, 곡선 좌표계는 직교 좌표계가 아닐 수도 있음을 고려하라.

(1) 벡터 $\boldsymbol{r} = (x_1, x_2, x_3)$에서 벡터 $\boldsymbol{q} = (q_1,\ q_2,\ q_3)$로 미분 변환 관계식을 $d\boldsymbol{r} = J(q_1, q_2, q_3)\,d\boldsymbol{q}$라 할 때 자코비안 행렬 $J(q_1, q_2, q_3) = \dfrac{\partial(x,\ y,\ z)}{\partial(q_1,\ q_2,\ q_3)}$을 구하라.

(2) 벡터 $\boldsymbol{q} = (q_1,\ q_2,\ q_3)$에서 벡터 $\boldsymbol{r} = (x_1, x_2, x_3)$로 미분 변환 관계식을 $d\boldsymbol{q} = J(x, y, z)\,d\boldsymbol{r}$라 할 때 자코비안 행렬 $J(x, y, z) = \dfrac{\partial(q_1,\ q_2,\ q_3)}{\partial(x, y, z)}$을 구하라.

여기서 $d\boldsymbol{q} = \begin{pmatrix} dq_1 \\ dq_2 \\ dq_3 \end{pmatrix}$ 와 $d\boldsymbol{r} = \begin{pmatrix} dx \\ dy \\ dz \end{pmatrix}$ 는 각각의 좌표계의 미분 열벡터이다.

[힌트: $x_i = x_i(q_1, q_2, q_3)$ 와 $q_i = q_i(x_1, x_2, x_3)$ 의 전 미분을 구하여 행렬 형태로 나타낸다.]

(3) 미분 변환 $(x, y, z) \Leftrightarrow (q_1, q_2, q_3)$의 두 자코비안 행렬 $J(x, y, z) = \dfrac{\partial(q_1, q_2, q_3)}{\partial(x, y, z)}$ 와 $J(q_1, q_2, q_3) = \dfrac{\partial(x, y, z)}{\partial(q_1, q_2, q_3)}$ 의 두 행렬의 곱은 3×3 단위행렬이 되며, 두 자코비안 행렬의 곱은 교환적임을 보여라.

[힌트: $d\boldsymbol{r} = J(q_1, q_2, q_3)\, d\boldsymbol{q}$와 $d\boldsymbol{q} = J(x, y, z)\, d\boldsymbol{r}$의 관계식을 이용한다.]

3.7 데카르트 직교 좌표계 $(x, y, z) \equiv (x_1, x_2, x_3)$는 새 변수 $(u, v, w) \equiv (q_1, q_2, q_3)$의 함수로 주어진다. 즉, $x_i = x_i(u, v, w) = x_i(q_1, q_2, q_3)$ $(i = 1, 2, 3)$이며 미분은 $dx_i = \sum_{j=1}^{3} \dfrac{\partial x_i}{\partial q_j} dq_j$ $(i = 1, 2, 3)$이다. 두 인접한 점 사이의 미소 거리 제곱 dr^2 은 $dr^2 = \sum_{i=1}^{3} (dx_i)^2 = \sum_{i=1}^{3} \left(\sum_{j=1}^{3} \dfrac{\partial x_i}{\partial q_j} dq_j \right)^2 = \sum_{i,j=1}^{3} h_{ij}^2 dq_i dq_j$ 로 주어진다.

계량 텐서 (h_{ij}^2) $(i, j = 1, 2, 3)$는 자코비안 행렬 $J(q_1, q_2, q_3)$와 전치 행렬 $[J(q_1, q_2, q_3)]^T$의 행렬 곱 $[J(q_1, q_2, q_3)]^T J(q_1, q_2, q_3)$로 주어짐을 보여라.

즉, $(h_{ij}^2) = [J(q_1, q_2, q_3)]^T J(q_1, q_2, q_3)$, $(i, j = 1, 2, 3)$이다.

3.8 곡선 직교 좌표계 (q_1, q_2, q_3)의 자코비안 행렬 $J(q_1, q_2, q_3)$와 전치 행렬 $[J(q_1, q_2, q_3)]^T$의 행렬 곱 $[J(q_1, q_2, q_3)]^T J(q_1, q_2, q_3)$을 구하라.

단, 곡선 직교 좌표계 (q_1, q_2, q_3)의 직교 조건은 $\hat{q}_i \cdot \hat{q}_j = \delta_{ij}$ 이다.

3.2 직교 곡선 좌표계의 벡터 미분 연산

3.9 곡선 직교 좌표계 (q_1, q_2, q_3)의 벡터 함수가 $\boldsymbol{A}(q_1, q_2, q_3) = \sum_{i=1}^{3} A_i \hat{q}_i$로 주어질 때

$$\nabla \cdot \boldsymbol{A} = \frac{1}{h_1 h_2 h_3} \sum_{i=1}^{3} \frac{|\epsilon_{ijk}|}{2} \frac{\partial}{\partial q_i}(A_i h_j h_k), \quad (j, k = 1, 2, 3) \text{ 이다.}$$

여기서 ϵ_{ijk}는 레비치비타 기호이다. $\nabla \cdot \boldsymbol{A}$를 축약 기호를 풀어서 표현하라.

3.10 곡선 직교 좌표계 (q_1, q_2, q_3)의 벡터 함수가 $\boldsymbol{A}(q_1, q_2, q_3) = \sum_{i=1}^{3} A_i \hat{q}_i$로 주어질 때

$$\nabla \times \boldsymbol{A} = \sum_{i=1}^{3} \epsilon_{ijk} \frac{\hat{q}_i}{h_j h_k} \frac{\partial}{\partial q_j}(h_k A_k), \quad (j, k = 1, 2, 3) \text{ 이다.}$$

여기서 ϵ_{ijk}는 레비치비타 기호이다.

(1) $\nabla \times \boldsymbol{A}$를 단위 벡터의 성분별로 분해하여 표현하라.

(2) (1)의 결과를 행렬로 표현하라.

> ※ 연습문제 3.11~3.14는 연습문제 3.2~3.5에서 다룬 대표적인 곡선 직교 좌표계 (q_1, q_2, q_3)를 나타낸다. 스칼라 함수 $\Psi(q_1, q_2, q_3)$와 벡터 함수 $\boldsymbol{A}(q_1, q_2, q_3) = A_1 \hat{q}_1 + A_2 \hat{q}_2 + A_3 \hat{q}_3$에 대하여 다음의 벡터 미분 연산자를 구하라. [힌트: 연습문제 3.2~3.5의 문제를 참고한다.]
>
> (1) $\nabla \Psi$, (2) $\nabla \cdot \boldsymbol{A}$, (3) $\nabla \times \boldsymbol{A}$, (4) $\nabla^2 \Psi$

3.11 포물선 원통형 좌표계 (u, v, z): $x = \frac{1}{2}(u^2 - v^2)$, $y = uv$, $z = z$

3.12 타원형 원통 좌표계 (u, v, z): $x = a \cosh u \cos v$, $y = a \sinh u \sin v$, $z = z$
(a는 상수이며 $0 \le u < \infty$, $0 \le v \le 2\pi$, $-\infty < z < \infty$ 이다.)

3.13 포물선 좌표계 (u, v, ϕ) : $x = uv\cos\phi$, $y = uv\sin\phi$, $z = \frac{1}{2}(u^2 - v^2)$

3.14 양극성 좌표계 (u, v) : $x = \frac{a\sinh u}{\cosh u + \cos v}$, $y = \frac{a\sin v}{\cosh u + \cos v}$

(a는 상수이며 $-\infty < u < \infty$, $0 \le v \le 2\pi$이다.

3.3 특수 좌표계 (Special Coordinate System)

3.3.1 직각 데카르트 좌표계 (Cartesian Coordinate System)

3.15 데카르트 직교 좌표계 $(x, y, z) \equiv (q_1, q_2, q_3)$의 미소 직육면체의 미소 면적 벡터 ds는 $ds_{ij} = ds_{ij}\hat{q}_k = (h_i dq_i \hat{q}_i) \times (h_j dq_j \hat{q}_j)$, $(i, j, k = 1, 2, 3)$ 또는 $ds_{ij} = ds_{ij}\hat{q}_k = \epsilon_{ijk} h_i h_j dq_i dq_j \hat{q}_k$, $(i, j, k = 1, 2, 3)$로 주어진다.
$ds_{23} = ds_{23}\hat{x}$, $ds_{31} = ds_{31}\hat{y}$, $ds_{12} = ds_{12}\hat{z}$의 세 면적을 구하라.
단, $ds_{ij} = -ds_{ji}$ $(i \neq j)$이다.

3.3.2 원통 좌표계 (Cylindrical Coordinate System)

3.16 원통 좌표계에서 각 단위 벡터의 미분이 다음과 같음을 보여라.

(1) $\frac{d\hat{\rho}}{d\phi} = \hat{\phi}$, $\frac{d\hat{\phi}}{d\phi} = -\hat{\rho}$, $\frac{d\hat{z}}{d\phi} = 0$ (2) $\frac{d\hat{\rho}}{d\rho} = \frac{d\hat{\phi}}{d\rho} = \frac{d\hat{z}}{d\rho} = 0$,

(3) $\frac{d\hat{\rho}}{dz} = \frac{d\hat{\phi}}{dz} = \frac{d\hat{z}}{dz} = 0$

3.17 원통 좌표계에서 어떤 입자의 위치 벡터는 $\boldsymbol{r}(t) = \rho\hat{\rho} + z\hat{z}$로 주어진다.
(1) 속도 $\boldsymbol{v}$와 (2) 가속도 벡터 $\boldsymbol{a}$를 원통 좌표계의 단위 벡터로 나타내어라.

3.18 데카르트 직교 좌표계의 위치 벡터는 $\boldsymbol{r} = x\hat{x} + y\hat{y} + z\hat{z}$이며 원통 좌표계에서는 $\boldsymbol{r} = \rho\hat{\rho} + z\hat{z}$이다.

다음의 벡터 연산 (1) $\nabla \cdot \boldsymbol{r}$과 (2) $\nabla \times \boldsymbol{r}$을 두 좌표계에서 구하고 서로 같음을 보여라.

3.19 질량 m인 강체가 일정한 각속도 $\boldsymbol{\omega} = \omega\hat{z}$로 고정된 z축 주위를 회전하고 있다. (1) 속도 $\boldsymbol{v} = \boldsymbol{\omega} \times \boldsymbol{r}$와 (2) $\nabla \times \boldsymbol{v}$를 데카르트 직교 좌표계와 원통 좌표계에서 구하고 서로 같음을 보여라.

3.20 원통 좌표계 $(q_1, q_2, q_3) \equiv (\rho, \phi, z)$의 미소 직육면체의 미소 면적 벡터 $d\boldsymbol{s}$는 $d\boldsymbol{s}_{ij} = ds_{ij}\hat{q}_k = (h_i dq_i \hat{q}_i) \times (h_j dq_j \hat{q}_j) = \epsilon_{ijk} h_i h_j dq_i dq_j \hat{q}_k$, $(i, j, k = 1, 2, 3)$로 주어진다. $d\boldsymbol{s}_{23} = ds_{23}\hat{\rho}$, $d\boldsymbol{s}_{31} = ds_{31}\hat{\phi}$, $d\boldsymbol{s}_{12} = ds_{12}\hat{z}$의 세 면적을 구하라. 단, $d\boldsymbol{s}_{ij} = -d\boldsymbol{s}_{ji}$ $(i \neq j)$이다.

3.3.3 구 좌표계 (Spherical Coordinate System)

3.21 구 좌표계에서 각 단위 벡터의 미분이 $\dfrac{d\hat{r}}{d\theta} = \hat{\theta}$, $\dfrac{d\hat{r}}{d\phi} = \sin\theta\hat{\phi}$, $\dfrac{d\hat{\theta}}{d\theta} = -\hat{r}$, $\dfrac{d\hat{\theta}}{d\phi} = \cos\theta\hat{\phi}$, $\dfrac{d\hat{\phi}}{d\theta} = 0$, $\dfrac{d\hat{\phi}}{d\phi} = -(\hat{r}\sin\theta + \hat{\theta}\cos\theta)$와 같이 주어진다.

이 관계식을 이용하여 각 단위 벡터의 시간 미분이 다음과 같음을 보여라.

(1) $\dfrac{d\hat{r}}{dt} = \dfrac{d\theta}{dt}\hat{\theta} + \sin\theta\dfrac{d\phi}{dt}\hat{\phi}$, (2) $\dfrac{d\hat{\theta}}{dt} = -\dfrac{d\theta}{dt}\hat{r} + \cos\theta\dfrac{d\phi}{dt}\hat{\phi}$,

(3) $\dfrac{d\hat{\phi}}{dt} = -(\sin\theta\hat{r} + \cos\theta\hat{\theta})\dfrac{d\phi}{dt}$

[힌트: 단위 벡터들은 θ와 ϕ의 함수이므로 전 미분을 구한 다음 시간 미분을 계산한다.]

3.22 (1) 입자의 위치 벡터가 $\boldsymbol{r} = r\sin\theta\cos\phi\,\hat{x} + r\sin\theta\sin\phi\,\hat{y} + r\cos\theta\,\hat{z}$로 주어질 때 속도 $\boldsymbol{v}$를 구 좌표 (r, θ, ϕ)와 단위 벡터 $\hat{r}, \hat{\theta}, \hat{\phi}$로 구하라.

(2) 입자의 위치 벡터가 $\boldsymbol{r} = r\hat{r}$로 주어질 때 속도 $\boldsymbol{v}$를 구 좌표와 단위 벡터로 구하고 (1)과 같음을 보여라. [힌트: 연습문제 3.21 참고]

(3) 가속도 $\boldsymbol{a}$를 구 좌표와 구 좌표계의 단위 벡터로 나타내어라.

3.23 데카르트 직교 좌표계의 위치 벡터는 $\boldsymbol{r} = x\hat{x} + y\hat{y} + z\hat{z}$이며 구 좌표계에서는 $\boldsymbol{r} = r\hat{r}$이다. 다음의 벡터 연산 (1) $\nabla \cdot \boldsymbol{r}$과 (2) $\nabla \times \boldsymbol{r}$을 두 좌표계에서 구하고 서로 같음을 보여라.

3.24 질량 m인 강체가 일정한 각속도 $\boldsymbol{\omega} = \omega\hat{z}$로 고정된 z축 주위를 회전하고 있다. 다음의 벡터 연산 (1) 속도 $\boldsymbol{v} = \boldsymbol{\omega} \times \boldsymbol{r}$과 (2) $\nabla \times \boldsymbol{v}$를 데카르트 직교 좌표계와 구 좌표계에서 구하고 서로 같음을 보여라.

3.25 구 좌표계 $(q_1, q_2, q_3) \equiv (r, \theta, \phi)$의 미소 직육면체의 미소 면적 벡터 $d\boldsymbol{s}$는 $d\boldsymbol{s}_{ij} = ds_{ij}\hat{q}_k = (h_i dq_i\,\hat{q}_i) \times (h_j dq_j\,\hat{q}_j) = \epsilon_{ijk} h_i h_j dq_i dq_j\,\hat{q}_k$, $(i, j, k = 1, 2, 3)$로 주어진다. $d\boldsymbol{s}_{23} = ds_{23}\hat{r}$, $d\boldsymbol{s}_{31} = ds_{31}\hat{\theta}$, $d\boldsymbol{s}_{12} = ds_{12}\hat{\phi}$의 세 면적을 구하라. 단, $d\boldsymbol{s}_{ij} = -d\boldsymbol{s}_{ji}$ $(i \neq j)$이다.

3.4 직교 좌표계의 벡터 미분 연산자 응용

3.4.1 원통 좌표계의 응용

3.26 데카르트 직교 좌표계의 편미분을 원통 좌표의 편미분으로 나타내면 다음과 같음을 보여라.

$$\frac{\partial}{\partial x} = \cos\phi\frac{\partial}{\partial\rho} - \frac{\sin\phi}{\rho}\frac{\partial}{\partial\phi}, \quad \frac{\partial}{\partial y} = \sin\phi\frac{\partial}{\partial\rho} + \frac{\cos\phi}{\rho}\frac{\partial}{\partial\phi}, \quad \frac{\partial}{\partial z} = \frac{\partial}{\partial z}$$

3.27 원통 좌표계의 편미분을 데카르트 직교 좌표의 편미분으로 나타내면 다음과 같음을 보여라.

$$\begin{cases} \dfrac{\partial}{\partial \rho} = \cos\phi \dfrac{\partial}{\partial x} + \sin\phi \dfrac{\partial}{\partial y} = \dfrac{x}{\sqrt{x^2+y^2}} \dfrac{\partial}{\partial x} + \dfrac{y}{\sqrt{x^2+y^2}} \dfrac{\partial}{\partial y} \\ \dfrac{\partial}{\partial \phi} = \rho \left(-\sin\phi \dfrac{\partial}{\partial x} + \cos\phi \dfrac{\partial}{\partial y} \right) = -y \dfrac{\partial}{\partial x} + x \dfrac{\partial}{\partial y} \\ \dfrac{\partial}{\partial z} = \dfrac{\partial}{\partial z} \end{cases}$$

3.28 데카르트 직교 좌표계의 각운동량 성분은 $L_x = -i\hbar \left(y \dfrac{\partial}{\partial z} - z \dfrac{\partial}{\partial y} \right)$, $L_y = -i\hbar \left(z \dfrac{\partial}{\partial x} - x \dfrac{\partial}{\partial z} \right), L_z = -i\hbar \left(x \dfrac{\partial}{\partial y} - y \dfrac{\partial}{\partial x} \right)$로 주어진다.

원통 좌표계의 각운동량 성분 L_i $(i = x, y, z)$가 다음과 같음을 보여라.

$$L_x = i\hbar \left[\cos\phi \frac{z}{\rho} \frac{\partial}{\partial \phi} + \sin\phi \left(z \frac{\partial}{\partial \rho} - \rho \frac{\partial}{\partial z} \right) \right],$$

$$L_y = i\hbar \left[\sin\phi \frac{z}{\rho} \frac{\partial}{\partial \phi} - \cos\phi \left(z \frac{\partial}{\partial \rho} - \rho \frac{\partial}{\partial z} \right) \right],$$

$$L_z = -i\hbar \frac{\partial}{\partial \phi}$$

3.29 원통 좌표계의 각운동량 벡터는 $\boldsymbol{L}_{\rho\phi z} = -i\hbar \boldsymbol{r} \times \nabla_{\rho\phi z}$로 주어진다.

여기서 위치 벡터는 $\boldsymbol{r} = \rho\hat{\rho} + z\hat{z}$ 이다.

(1) $\boldsymbol{L}_{\rho\phi z} = L_\rho \hat{\rho} + L_\phi \hat{\phi} + L_z \hat{z}$ 로 두면 각운동량의 성분은 다음과 같음을 보여라.

$$L_\rho = i\hbar \frac{z}{\rho} \frac{\partial}{\partial \phi}, \quad L_\phi = -i\hbar \left(z \frac{\partial}{\partial \rho} - \rho \frac{\partial}{\partial z} \right), \quad L_z = -i\hbar \frac{\partial}{\partial \phi}$$

(2) 연습문제 3.28의 각운동량의 데카르트 성분 L_x, L_y를 L_ρ, L_ϕ로 표현하라.

(3) $L_+ = L_x + iL_y$, $L_- = L_x - iL_y$를 L_ρ, L_ϕ로 나타내어라.

3.30 자기장이 $\boldsymbol{B}(x, y, z) = \dfrac{\mu_o I}{2\pi} \dfrac{-y\hat{x} + x\hat{y}}{x^2 + y^2}$로 주어진다.

단, μ_o는 진공에서의 투자율, I는 전류이다. 원통 좌표계 (ρ, ϕ, z)에서 다음을 구하라.

(1) $\boldsymbol{B}(\rho, \phi, z)$, (2) $\nabla \cdot \boldsymbol{B}(\rho, \phi, z)$,
(3) $\boldsymbol{B} = \nabla \times \boldsymbol{A}$ 를 만족하는 벡터 퍼텐셜 $\boldsymbol{A}(\rho)$,
(4) $\nabla \times \boldsymbol{B}$ [힌트: 스토크스 정리 $\int_S \nabla \times \boldsymbol{B} \cdot d\boldsymbol{s} = \oint_C \boldsymbol{B} \cdot d\boldsymbol{l}$ 을 사용한다.]

3.31 원통 좌표계에서 벡터장이 $\boldsymbol{A}(\rho, \phi) = A_\rho(\rho, \phi)\hat{\rho} + A_\phi(\rho, \phi)\hat{\phi}$로 주어진다. $\nabla \times \boldsymbol{A}$ 는 z 성분만을 가짐을 보여라.

3.32 원통 좌표계 (ρ, ϕ, z)의 스칼라 함수가 $\Psi(\rho) = \dfrac{K}{\rho}$로 주어진다.
여기서, K는 상수이다. 다음 벡터 연산을 구하라.
(1) $\nabla\Psi$, (2) $\nabla^2\Psi$, (3) $\nabla \times \nabla\Psi$ (원통 좌표계로 직접 계산한다.)

3.33 원통 좌표계에서 z 축 방향으로 진행하는 자기장 파동이 $\boldsymbol{H}(\rho, \phi, z, t) = \dfrac{a}{\rho} H_o e^{i(kz - \omega t)} \hat{\phi}$일 때 전기장 파동 $\boldsymbol{E}(\rho, \phi, z, t)$을 $\boldsymbol{H}(\rho, \phi, z, t)$와 같은 형식으로 구하라. 여기서 a와 H_o는 상수이며 k는 파수, $\omega = kc$는 각진동수, $c = \dfrac{1}{\sqrt{\epsilon_o \mu_o}}$는 광속이다.

3.34 동축 케이블 내 $(a \le \rho \le b)$에서 z 축 방향으로 전자기 파동이 진행하고 있다. 여기서 내부 도체의 반경은 a, 외부 도체의 반경 b이다.
전기장 파동은 $\boldsymbol{E} = \hat{\rho}\dfrac{a}{\rho}E_o e^{i(kz - \omega t)} \equiv \hat{\rho}E_\rho(\rho)e^{i(kz - \omega t)}$이며, 자기장 파동은 $\boldsymbol{H} = \hat{\phi}\dfrac{a}{\rho}H_o e^{i(kz - \omega t)} \equiv \hat{\phi}H_\phi(\rho)e^{i(kz - \omega t)}$이다.
여기서 a는 동축 케이블 내부 도체의 반지름, ρ는 동축 케이블 중심에서의 반지름 $(a \le \rho \le b)$, E_o, H_o는 각각 전기장과 자기장의 진폭이며 k는 파수, ω는 각진동수이다.
다음의 관계식을 구하라.

(1) Faraday 전자기 유도 법칙 $\nabla\times\boldsymbol{E}=-\dfrac{\partial \boldsymbol{B}}{\partial t}$,

(2) Ampere 법칙 $\nabla\times\boldsymbol{B}=\dfrac{1}{c^2}\dfrac{\partial \boldsymbol{E}}{\partial t}$이 성립하기 위한 E_o와 H_o의 관계식을 구하라.

[힌트: $\boldsymbol{B}=\mu_o\boldsymbol{H}$, $\omega=kc$, 광속은 $c=\dfrac{1}{\sqrt{\epsilon_o\mu_o}}$이다.]

(3) (1)과 (2)의 관계식을 사용하여 전기장과 자기장의 파동 방정식을 구하라.

[힌트: $\nabla\times(\nabla\times\boldsymbol{E})=\nabla(\nabla\cdot\boldsymbol{E})-\nabla^2\boldsymbol{E}$ 관계식을 사용한다.]

(4) 포인팅 벡터가 $\boldsymbol{S}\equiv\boldsymbol{E}\times\boldsymbol{H}$일 때 연속방정식은 $\nabla\cdot\boldsymbol{S}=-\dfrac{\partial u}{\partial t}$로 주어진다.

전자기파동의 에너지 밀도 u를 구하라.

3.35 원통 좌표계 (ρ, ϕ, z)에서 헬름홀츠 파동 방정식은 $\nabla^2\Psi+k^2\Psi=0$을 만족한다. 여기서 $\Psi=\Psi(\rho,\phi,z)$는 시간 독립 파동 함수이며, k는 상수이다.

(1) 원통 좌표계에서 파동 방정식을 표현하라.

(2) 파동 함수를 $\Psi(\rho,\phi,z)=R(\rho)\Phi(\phi)Z(z)\equiv e^{im\phi}e^{lz}R(\rho)$라 두고 변수 분리하여 반지름 파동 함수 $R(\rho)$은 베셀 미분 방정식 (Bessel differential equation)

$\rho\dfrac{d}{d\rho}\left(\rho\dfrac{dR}{d\rho}\right)+\left(n^2\rho^2-m^2\right)R=0$이 됨을 보여라.

여기서 $k^2+l^2=n^2$이며 ϕ, z에 대한 파동 함수는 $\Phi(\phi)=e^{im\phi}$, $Z(z)=e^{lz}$이며 l, m은 상수이다.

(3) (2)의 반지름 파동 함수를 $R\rightarrow y$, $n\rho\rightarrow x$로 치환하여 표준형 베셀 미분 방정식 $x^2\dfrac{d^2y}{dx^2}+x\dfrac{dy}{dx}+\left(x^2-m^2\right)y=0$이 됨을 보여라.

3.4.2 구 좌표계의 응용/
3.4.3 데카르트 직교 좌표계의 응용

3.36 구 좌표계의 편미분을 데카르트 직교 좌표의 편미분으로 나타내면 다음과 같음을 보여라.

$$\frac{\partial}{\partial r}=\sin\theta\cos\phi\frac{\partial}{\partial x}+\sin\theta\sin\phi\frac{\partial}{\partial y}+\cos\theta\frac{\partial}{\partial z},$$
$$\frac{\partial}{\partial \theta}=r\left(\cos\theta\cos\phi\frac{\partial}{\partial x}+\cos\theta\sin\phi\frac{\partial}{\partial y}-\sin\theta\frac{\partial}{\partial z}\right),$$
$$\frac{\partial}{\partial \phi}=r\sin\theta\left(-\sin\phi\frac{\partial}{\partial x}+\cos\phi\frac{\partial}{\partial y}\right)$$

3.37 구 좌표계의 각운동량 벡터가 $\boldsymbol{L}=-i\hbar\left(\hat{\phi}\frac{\partial}{\partial\theta}-\hat{\theta}\frac{1}{\sin\theta}\frac{\partial}{\partial\phi}\right)$로 주어진다.

구 좌표계의 각운동량 벡터를 사용하여 데카르트 직교 좌표계의 각운동량 벡터 $\boldsymbol{L}=L_x\hat{x}+L_y\hat{y}+L_z\hat{z}$을 구하라.

3.38 데카르트 직교 좌표계에서 각운동량 벡터 $\boldsymbol{L}=L_x\hat{x}+L_y\hat{y}+L_z\hat{z}$의 크기 제곱 $L^2=\boldsymbol{L}\cdot\boldsymbol{L}=L_x^2+L_y^2+L_z^2$을 구 좌표로 구하라.

3.39 중력이나 쿨롱의 전기력과 같은 중심력은 구 좌표계에서 $\boldsymbol{F}(r)=\frac{K}{r^2}\hat{r}$로 주어진다.

여기서 K는 상수이다.

(1) $\nabla\cdot\boldsymbol{F}(r)=0$ for $\quad r\neq 0$임을 보여라.

(2) $r=0$을 포함하는 반지름 $R(>0)$의 구 표면과 부피 V에 대해 가우스의 발산 정리를 적용하면 (1)의 (원점을 제외한) 결과와 모순된다.
이를 해결하기 위해 디락의 델타 함수 $\delta(\boldsymbol{r})$를 도입하여 (1)의 결과를 수정하라.

3.40 (1) 예제 3.24의 전기 쌍극자의 전위는 $V(r,\theta,\phi)=\dfrac{1}{4\pi\epsilon_o}\dfrac{\boldsymbol{p}\cdot\hat{r}}{r^2}$ 로 주어진다.

여기서 전기 쌍극자 모멘트는 $\boldsymbol{p}=qd\,\hat{z}\equiv p\,\hat{z}$이며 d는 두 점 전하 $\pm q$ 사이의 거리이며 $p=qd$이다.

전기장 $\boldsymbol{E}(x,y,z)=E_x\hat{x}+E_y\hat{y}+E_z\hat{z}$의 성분 E_x, E_y, E_z를 데카르트 좌표로 구한 다음 구 좌표로 표현하라.

(2) 전기 쌍극자 장이 $\boldsymbol{E}(\boldsymbol{r})=\dfrac{1}{4\pi\epsilon_o}\dfrac{3(\boldsymbol{p}\cdot\hat{r})\hat{r}-\boldsymbol{p}}{r^3}$로 주어질 때 전기장 성분 E_r, E_θ, E_ϕ와 E_x, E_y, E_z로 구하라.

3.41 벡터장 $\boldsymbol{A}$와 위치 벡터 $\boldsymbol{r}$에 대해 다음 벡터 미분 연산을 구하라.

(1) 데카르트 직교 좌표계에서 $(\boldsymbol{A}\cdot\nabla)\boldsymbol{r}$,

(2) 구 좌표계에서 $(\boldsymbol{A}\cdot\nabla)\boldsymbol{r}$,

(3) 원통 좌표계에서 $(\boldsymbol{A}\cdot\nabla)\boldsymbol{r}$

3.42 자기 쌍극자 모멘트가 $\boldsymbol{m}=m\hat{z}$일 때 자기 벡터 퍼텐셜이 $\boldsymbol{A}=\dfrac{\mu_o}{4\pi}\dfrac{\boldsymbol{m}\times\boldsymbol{r}}{r^3}$로 주어진다. 자기유도 $\boldsymbol{B}=\nabla\times\boldsymbol{A}$를 다음의 경우에 대해 구하라.

(1) B_x, B_y, B_z, (2) B_r, B_θ, B_ϕ,

(3) 자기 쌍극자 장 $\boldsymbol{B}(\boldsymbol{r})=\dfrac{\mu_o}{4\pi}\dfrac{3(\boldsymbol{m}\cdot\hat{r})\hat{r}-\boldsymbol{m}}{r^3}$는 (1) 또는 (2)의 결과와 같음을 보여라. [힌트: 연습문제 3.40 (2)와 비교하라.]

3.43 구대칭의 전하 분포 밀도 $\rho(r)$에 의한 전기장이 $\boldsymbol{E}(r)=\dfrac{\rho_o}{\epsilon_o}\left(\dfrac{r}{3}-\dfrac{r^3}{5a^2}\right)\hat{r}$로 주어진다. 여기서 ρ_o, ϵ_o, a는 상수이다.

(1) 전하 밀도 $\rho(r)$, (2) 전위 $V(r)$, (3) $\nabla^2 V$를 구하라.
[힌트: 전기장에 대한 가우스 법칙 사용한다.]

3.44 $\nabla\times\boldsymbol{A}=\begin{vmatrix}\hat{x} & \hat{y} & \hat{z}\\ \dfrac{\partial}{\partial x} & \dfrac{\partial}{\partial y} & \dfrac{\partial}{\partial z}\\ A_x & A_y & A_z\end{vmatrix}$를 이용하여 $\nabla\times\left(\dfrac{\boldsymbol{r}-\boldsymbol{r}'}{|\boldsymbol{r}-\boldsymbol{r}'|^3}\right)=0$를 증명하라.

[예제 3.25 (7) 참고]

3.45 상대 위치 벡터의 크기는 $R=\sqrt{(x-x')^2+(y-y')^2+(z-z')^2}$ 이며 ∇ 는 x, y, z 에 대한 미분 연산자, ∇' 은 x', y', z' 에 대한 미분 연산자이다. 다음 관계식을 구하라.

(1) $\nabla\left(\dfrac{1}{R^2}\right)$, (2) $\nabla'\left(\dfrac{1}{R^2}\right)$

4장
행렬 연산

4.1 행렬의 정의 및 기본 연산

행렬 (行列; matrix)과 행렬 연산 (行列 演算; matrix operation)은 과학과 공학 및 경제학 등 매우 다양한 분야에서 응용되고 있다. 1857년 수학자인 케일리 (A. Cayley)는 선형 연립 방정식 (線型 聯立 方程式; linear simultaneous equations)을 간편하게 표현하는 방법으로 행렬의 개념을 처음 도입하였다. 자연계나 실제 세계에서 일어나는 현상들을 수식으로 모형화할 때 여러 개의 방정식을 동시에 만족하는 해를 구해야 하는데 이들 해를 구하는 방법 가운데 가장 대표적인 것이 선형 대수학 (線型 代數學; linear algebra)이다. 선형 대수학은 주로 벡터, 행렬, 행렬식, 벡터 공간과 선형 변환 등을 다룬다. 수학과 공학의 가장 대표적인 응용 분야 가운데 하나인 선형 대수학에서 미지수가 2개 이상인 연립 방정식 (聯立 方程式; simultaneous equations)이나 2개 이상의 독립 변수로 정의되는 함수들을 기술하기 위해서는 행렬 연산이 매우 유용하다. 행렬 연산이 물리학에서 크게 주목받게 된 것은, 1920년대에 불확정성 원리 (uncertainty principle)로 유명한 하이젠베르그 (Heisenberg)가 양자역학 quantum mechanics)에서 행렬을 도입하면서부터이다. 현재, 행렬 연산은 고전 역학 (classical mechanics), 전자기학 (electromagnetism), 광학 (optics), 양자역학 등의 거의 모든 물리학 분야의 물리 현상들을 기술할 때 유용하게 사용된다. 예를 들면, 고전 역학에서 강체의 회전 (motion of rigid body), 고체 물리학 (solid state physics)의 유전율 텐서 (dielectric tensor), 광학에서 파동의 편광 (polarization of light)이나 전자기파의 굴절과 반사 (refraction and reflection), 기하 광학 (幾何 光學; geometric optics)에서 렌즈 (lens)를 통한 빛의 결상 (結像; imaging) 등을 기술하는데 사용할 수 있다.

4장에서 행렬의 정의와 특성과 행렬 연산 및 물리학의 응용 등에 대해 다루도록 한다.

• 행렬의 정의

행렬 (matrix)은 수 (number), 기호 (symbol) 또는 수식 (expression) 등을 괄호 안에 n개의 행(行; row)과 m개의 열 (列; column)로 배열한 직사각형 배열(rectangular array)을 뜻한다. $n \times m$ 행렬 ("n by m matrix"라 읽음)은 그림 4.1과 같이 표현한다.

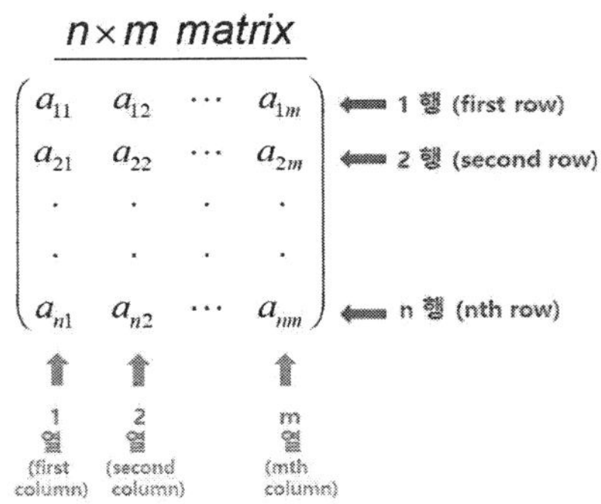

그림 4.1 $n \times m$ 행렬의 정의.

행렬에서 a_{ij} $(i = 1, 2, \cdots, n; j = 1, 2, \cdots, m)$를 i행, j열의 행렬 요소 (element of matrix)라 한다. 위의 행렬은 간단하게, $A \equiv (a_{ij})_{n \times m}$으로 표기하기도 한다.

• 정사각형 행렬 (square matrix):

그림 4.2와 같이 행과 열의 개수가 같은 $n \times n$ 행렬을 정사각형 행렬 (square matrix)라 하며, n은 행렬의 차수 (order of matrix)라 한다.

n×n square matrix

$$A=\begin{pmatrix} a_{11} & a_{12} & \cdots & a_{1n} \\ a_{21} & a_{22} & \cdots & a_{2n} \\ \cdot & \cdot & \cdot & \cdot \\ \cdot & \cdot & \cdot & \cdot \\ a_{n1} & a_{n2} & \cdots & a_{nn} \end{pmatrix}$$

그림 4.2 $n \times n$ 정사각형 행렬.

- **열 벡터와 행 벡터 행렬** (column vector and row vector):

그림 4.3과 같이 한 개의 행만을 갖는 $1 \times n$ 행렬을 행 행렬 또는 행 벡터 (row vector)라고 하며, 한 개의 열만을 갖는 $n \times 1$ 행렬을 열 행렬 또는 열벡터 (row vector)라 한다.

***1×n matrix:* 행벡터 (*row vector*)**

$$A=(a_1,\quad a_2,\quad \cdots,\quad a_n)$$

***n×1 matrix*: 열 벡터 (*column vector*)**

$$A=\begin{pmatrix} a_1 \\ a_2 \\ \cdot \\ \cdot \\ \cdot \\ a_n \end{pmatrix}$$

그림 4.3 $1 \times n$ 행렬과 $n \times 1$ 행렬.

2장에서 언급한 바와 같이, 행렬은 랭크 2인 텐서이며, 벡터는 랭크 1인 텐서임을 기억하면, $1 \times n$ (행)행렬 또는 $n \times 1$ (열) 행렬들은 텐서 기호로 a_i $(i=1,2,\cdots,n)$로 표기되며 랭크 1인 벡터임을 알 수 있다. 행 벡터와 열벡터가 아닌 행렬의 텐서 표현은 a_{ij} $(i=1,2,\cdots,n;\, j=1,2,\cdots,m)$이다.

● **행렬의 상등** (相等; equality of two matrices):

2개의 $n \times m$ 행렬 $A = (a_{ij})_{n \times m}$와 $B = (b_{ij})_{n \times m}$의 행렬 요소들이 $a_{ij} = b_{ij}$ $(i = 1, 2, \cdots n;\ j = 1, 2, \cdots, m)$일 때 두 행렬 A와 B는 서로 같다. 즉, $A = B$이다.

● **행렬의 덧셈** (addition of matrices)**과 뺄셈** (subtraction of matrices):

$n \times m$ 행렬 $A = (a_{ij})_{n \times m}$와 $B = (b_{ij})_{n \times m}$의 덧셈은 $A + B = (a_{ij} + b_{ij})_{n \times m}$이다.
뺄셈은 $A - B = A + (-1)B$이므로 $A - B = (a_{ij} - b_{ij})_{n \times m}$이다.
여기서 $-B = (-1)B$이며 스칼라 (-1)을 행렬 B에 곱한 것과 같다. 두 행렬의 크기가 다른 경우 (즉, $n \times m \neq n' \times m'$) 덧셈과 뺄셈은 정의되지 않는다.

[예제 4.1] 다음 행렬들의 덧셈 $A + B$와 뺄셈 $A - B$를 구하라.

(1) $A = \begin{pmatrix} 1 & 2 \\ 3 & 4 \end{pmatrix}$, $B = \begin{pmatrix} -2 & 4 \\ 5 & 2 \end{pmatrix}$ (2) $A = \begin{pmatrix} 1 & 2 \\ 3 & 4 \end{pmatrix}$, $B = \begin{pmatrix} 2 & 3 & 5 \\ -1 & 2 & 4 \\ 3 & 0 & 1 \end{pmatrix}$

[풀이]

(1) $A + B = \begin{pmatrix} 1 & 2 \\ 3 & 4 \end{pmatrix} + \begin{pmatrix} -2 & 4 \\ 5 & 2 \end{pmatrix} = \begin{pmatrix} 1-2 & 2+4 \\ 3+5 & 4+2 \end{pmatrix} = \begin{pmatrix} -1 & 6 \\ 8 & 6 \end{pmatrix}$,

$A - B = \begin{pmatrix} 1 & 2 \\ 3 & 4 \end{pmatrix} - \begin{pmatrix} -2 & 4 \\ 5 & 2 \end{pmatrix} = \begin{pmatrix} 1+2 & 2-4 \\ 3-5 & 4-2 \end{pmatrix} = \begin{pmatrix} 3 & -2 \\ -2 & 2 \end{pmatrix}$

(2) $A = \begin{pmatrix} 1 & 2 \\ 3 & 4 \end{pmatrix}$, $B = \begin{pmatrix} 2 & 3 & 5 \\ -1 & 2 & 4 \\ 3 & 0 & 1 \end{pmatrix}$

두 행렬의 크기 (행과 열의 수)가 다르므로 덧셈과 뺄셈은 정의되지 않는다. ■

• **행렬의 스칼라 곱** (scalar multiple of matrix):

그림 4.4와 같이 $n \times m$ 행렬에 스칼라 (상수) c를 곱하면 모든 행렬 요소 a_{ij} 에 상수 c를 곱한 행렬과 같다.

행렬의 스칼라 곱

$$cA = \begin{pmatrix} ca_{11} & ca_{12} & \cdots & ca_{1m} \\ ca_{21} & ca_{22} & \cdots & ca_{2m} \\ \cdot & \cdot & \cdot & \cdot \\ \cdot & \cdot & \cdot & \cdot \\ ca_{n1} & ca_{n2} & \cdots & ca_{nm} \end{pmatrix} \Leftrightarrow cA = \left(ca_{ij}\right)_{nm}$$

c: a scalar

그림 4.4 행렬의 스칼라 곱.

[예제 4.2] 다음 두 행렬 $A = \begin{pmatrix} 1 & 2 \\ 3 & 4 \end{pmatrix}$, $B = \begin{pmatrix} -2 & 4 \\ 5 & 2 \end{pmatrix}$의 스칼라 곱 $2A$와 $B \times 3$을 구하라.

[풀이]

$$2A = 2\begin{pmatrix} 1 & 2 \\ 3 & 4 \end{pmatrix} = \begin{pmatrix} 2 & 4 \\ 6 & 8 \end{pmatrix},$$

$$B \times 3 = \begin{pmatrix} -2 & 4 \\ 5 & 2 \end{pmatrix} \times 3 = \begin{pmatrix} -6 & 12 \\ 15 & 6 \end{pmatrix}.$$

■

• **행렬의 곱셈** (multiplication of matrices):

$n \times p$ 행렬 $A = \left(a_{ij}\right)_{n \times p}$와 $p \times m$ 행렬 $B = \left(b_{ij}\right)_{p \times m}$의 곱 AB는 그림 4.5와 같이 정의되며 AB의 크기는 $n \times m$이 된다.

matrix multiplication 행렬의 곱

$$AB=\begin{pmatrix} a_{11} & a_{12} & \cdots & a_{1p} \\ a_{21} & a_{22} & \cdots & a_{2p} \\ \cdot & \cdot & \cdot & \cdot \\ \cdot & \cdot & \cdot & \cdot \\ a_{n1} & a_{n2} & \cdots & a_{np} \end{pmatrix}\begin{pmatrix} b_{11} & b_{12} & \cdots & b_{1m} \\ b_{21} & b_{22} & \cdots & b_{2m} \\ \cdot & \cdot & \cdot & \cdot \\ \cdot & \cdot & \cdot & \cdot \\ b_{p1} & b_{p2} & \cdots & b_{pm} \end{pmatrix}$$

$$=\begin{pmatrix} a_{11}b_{11}+a_{12}b_{21}+\cdots+a_{1p}b_{p1} & \cdots & \cdots & a_{11}b_{1m}+a_{12}b_{2m}+\cdots+a_{1p}b_{pm} \\ a_{21}b_{11}+a_{22}b_{21}+\cdots+a_{2p}b_{p1} & \cdots & \cdots & a_{21}b_{1m}+a_{22}b_{2m}+\cdots+a_{2p}b_{pm} \\ \cdot & \cdot & \cdot & \cdot \\ \cdot & \cdot & \cdot & \cdot \\ a_{n1}b_{11}+a_{n2}b_{21}+\cdots+a_{np}b_{p1} & \cdots & \cdots & a_{n1}b_{1m}+a_{n2}b_{2m}+\cdots+a_{np}b_{pm} \end{pmatrix}$$

$$\Rightarrow \boxed{AB=\left(\sum_{k=1}^{p} a_{ik}b_{kj}\right)_{n\times m}}$$

그림 4.5 두 행렬의 곱셈.

[**주의**]: 두 행렬의 곱 $C=AB$는 행렬 $A=(a_{ij})_{n\times p}$의 열의 개수 (number of columns) p와 행렬 $B=(b_{ij})_{p\times m}$의 행의 개수 (number of rows) p가 같을 때만 정의되며 결과 행렬은 $n\times m$ 행렬이 된다. 행렬 $C=AB$의 행렬 요소는 다음과 같이 주어진다.

$$\boxed{c_{ij}=\sum_{k=1}^{p} a_{ik}b_{kj}}$$

[정리 (Theorem)]

행렬 A, B, C 가 각각 $A=(a_{ij})_{n\times p}$, $B=(b_{ij})_{p\times r}$, $C=(c_{ij})_{r\times m}$ 이면 다음의 법칙이 성립한다.

1. **결합 법칙** (associative law): $\boxed{A(BC)=(AB)C}$
2. **분배 법칙** (distributive law): $\boxed{A(B+C)=AB+AC}$

만약 $(B+C)A$ 가 성립하는 경우 분배 법칙은 $(B+C)A=BA+CA$ 이 된다.

각각의 법칙에 대한 증명은 생략한다.

[예제 4.3] 다음 2×2 행렬의 곱 $C=AB$를 구하라.

$$A=\begin{pmatrix} a_{11} & a_{12} \\ a_{21} & a_{22} \end{pmatrix},\quad B=\begin{pmatrix} b_{11} & b_{12} \\ b_{21} & b_{22} \end{pmatrix}$$

[풀이]

$$\begin{aligned} C=AB &= \begin{pmatrix} a_{11} & a_{12} \\ a_{21} & a_{22} \end{pmatrix}\begin{pmatrix} b_{11} & b_{12} \\ b_{21} & b_{22} \end{pmatrix} \\ &= \begin{pmatrix} a_{11}b_{11}+a_{12}b_{21} & a_{11}b_{12}+a_{12}b_{22} \\ a_{21}b_{11}+a_{22}b_{21} & a_{21}b_{12}+a_{22}b_{22} \end{pmatrix} \\ &\equiv \begin{pmatrix} c_{11} & c_{12} \\ c_{21} & c_{22} \end{pmatrix} \end{aligned}$$

행렬 C의 행렬 요소들은

$$c_{11}=a_{11}b_{11}+a_{12}b_{21},\ \ c_{12}=a_{11}b_{12}+a_{12}b_{22}$$

$$c_{21}=a_{21}b_{11}+a_{22}b_{21},\ \ c_{22}=a_{21}b_{12}+a_{22}b_{22}$$

이며 $c_{ij}=a_{i1}b_{1j}+a_{i2}b_{2j}=\sum_{k=1}^{2}a_{ik}b_{kj}$가 된다. ■

위의 [예제 4.3]의 결과를 $n\times n$ 인 두 정사각형 행렬 A, B에 확장하여 적용하면 행렬 곱 $C=AB$의 행렬 요소들은 다음과 같다.

$$c_{ij}=a_{i1}b_{1j}+a_{i2}b_{2j}+\cdots+a_{in}b_{nj}=\sum_{k=1}^{n}a_{ik}b_{kj}\quad (i,j=1,2,3,\ \cdots,n)$$

[예제 4.4] 다음 2×2 행렬의 곱 $C=AB$와 $D=BA$를 구하고 $C=D$인지 보여라.

(1) $A=\begin{pmatrix}1 & 2\\ 3 & 4\end{pmatrix},\ B=\begin{pmatrix}-2 & 3\\ 5 & 1\end{pmatrix}$

(2) $A=\begin{pmatrix}2 & 3\\ 3 & 2\\ 5 & 7\end{pmatrix},\ B=\begin{pmatrix}-2 & 3\\ 5 & 1\end{pmatrix}$

[풀이]

(1) $$C=AB=\begin{pmatrix}1 & 2\\ 3 & 4\end{pmatrix}\begin{pmatrix}-2 & 3\\ 5 & 1\end{pmatrix}=\begin{pmatrix}1\cdot(-2)+2\cdot 5 & 1\cdot 3+2\cdot 1\\ 3\cdot(-2)+4\cdot 5 & 3\cdot 3+4\cdot 1\end{pmatrix}=\begin{pmatrix}8 & 5\\ 14 & 13\end{pmatrix}.$$

$$D=BA=\begin{pmatrix}-2 & 3\\ 5 & 1\end{pmatrix}\begin{pmatrix}1 & 2\\ 3 & 4\end{pmatrix}=\begin{pmatrix}-2\cdot 1+3\cdot 3 & -2\cdot 2+3\cdot 4\\ 5\cdot 1+1\cdot 3 & 5\cdot 2+1\cdot 4\end{pmatrix}=\begin{pmatrix}7 & 8\\ 8 & 14\end{pmatrix}$$

위의 결과로부터 $C\neq D$이다. 따라서, 일반적으로 두 행렬의 곱에 대한 교환 법칙은 성립되지 않는다. 즉, $AB\neq BA$임을 알 수 있다.

(2) $$C=AB=\begin{pmatrix}2 & 3\\ 3 & 2\\ 5 & 7\end{pmatrix}\begin{pmatrix}-2 & 3\\ 5 & 1\end{pmatrix}=\begin{pmatrix}2\cdot(-2)+3\cdot 5 & 2\cdot 3+3\cdot 1\\ 3\cdot(-2)+2\cdot 5 & 3\cdot 3+2\cdot 1\\ 5\cdot(-2)+7\cdot 5 & 5\cdot 3+7\cdot 1\end{pmatrix}$$
$$=\begin{pmatrix}11 & 9\\ 4 & 11\\ 25 & 22\end{pmatrix}.$$

행렬 $A=(a_{ij})_{3\times 2}$의 열의 개수 (number of columns) $p=2$와 행렬 $B=(b_{ij})_{2\times 2}$의 행의 개수 (number of rows) $p=2$가 같으므로 두 행렬의 곱은 정의되며 $C=(c_{ij})_{3\times 2}$ 행렬이 된다.

그러나 $D=BA=\begin{pmatrix}-2 & 3\\ 5 & 1\end{pmatrix}\begin{pmatrix}2 & 3\\ 3 & 2\\ 5 & 7\end{pmatrix}$의 경우 $B=(b_{ij})_{2\times 2}$의 열의 개수 2와 행렬 $A=(a_{ij})_{3\times 2}$의 행의 개수 3이 다르므로 행렬 곱 $D=BA$는 정의되지 않는다.

■

[예제 4.5] 2×2 행렬 $A=\begin{pmatrix} a_{11} & a_{12} \\ a_{21} & a_{22} \end{pmatrix}$, $B=\begin{pmatrix} b_{11} & b_{12} \\ b_{21} & b_{22} \end{pmatrix}$가 있다.

스칼라 (상수) c에 대하여 $(cA)B=c(AB)=A(cB)$가 성립함을 보여라.

[풀이]

$$AB=\begin{pmatrix} a_{11} & a_{12} \\ a_{21} & a_{22} \end{pmatrix}\begin{pmatrix} b_{11} & b_{12} \\ b_{21} & b_{22} \end{pmatrix}=\begin{pmatrix} a_{11}b_{11}+a_{12}b_{21} & a_{11}b_{12}+a_{12}b_{22} \\ a_{21}b_{11}+a_{22}b_{21} & a_{21}b_{12}+a_{22}b_{22} \end{pmatrix},$$

$$(cA)B=\begin{pmatrix} ca_{11} & ca_{12} \\ ca_{21} & ca_{22} \end{pmatrix}\begin{pmatrix} b_{11} & b_{12} \\ b_{21} & b_{22} \end{pmatrix}=\begin{pmatrix} ca_{11}b_{11}+ca_{12}b_{21} & ca_{11}b_{12}+ca_{12}b_{22} \\ ca_{21}b_{11}+ca_{22}b_{21} & ca_{21}b_{12}+ca_{22}b_{22} \end{pmatrix}$$

이므로

$$\begin{aligned}(cA)B&=\begin{pmatrix} ca_{11}b_{11}+ca_{12}b_{21} & ca_{11}b_{12}+ca_{12}b_{22} \\ ca_{21}b_{11}+ca_{22}b_{21} & ca_{21}b_{12}+ca_{22}b_{22} \end{pmatrix}\\ &=c\begin{pmatrix} a_{11}b_{11}+a_{12}b_{21} & a_{11}b_{12}+a_{12}b_{22} \\ a_{21}b_{11}+a_{22}b_{21} & a_{21}b_{12}+a_{22}b_{22} \end{pmatrix}\\ &\equiv c(AB)\end{aligned}$$

$$\therefore\ (cA)B=c(AB)$$

한편 $$\begin{aligned}(cA)B&=\begin{pmatrix} ca_{11}b_{11}+ca_{12}b_{21} & ca_{11}b_{12}+ca_{12}b_{22} \\ ca_{21}b_{11}+ca_{22}b_{21} & ca_{21}b_{12}+ca_{22}b_{22} \end{pmatrix}\\ &=\begin{pmatrix} a_{11}(cb_{11})+a_{12}(cb_{21}) & a_{11}(cb_{12})+a_{12}(cb_{22}) \\ a_{21}(cb_{11})+a_{22}(cb_{21}) & a_{21}(cb_{12})+a_{22}(cb_{22}) \end{pmatrix}\\ &\equiv A(cB)\end{aligned}$$

이다.

$$\therefore (cA)B=c(AB)=A(cB)$$ ■

- **전치 행렬** (transpose matrix)

그림 4.6과 같이 $n \times m$ 직사각형 행렬 $A = (a_{ij})_{n \times m}$의 전치 행렬 (轉置 行列; 자리바꿈 행렬)은 행과 열을 바꾼 행렬이다. 즉, $A^T \equiv \widetilde{A} \equiv (a_{ji})_{m \times n}$이며 $m \times n$ 직사각형 행렬이 된다. 여기서 행렬 $A = (a_{ij})_{n \times m}$에 오른쪽 위 첨자 T 또는 물결 모양 (tilde 기호: $\tilde{}$)는 전치 행렬의 기호로 흔히 사용한다.

$n \times m$ matrix A

$$A = \begin{pmatrix} a_{11} & a_{12} & \cdots & a_{1n} \\ a_{21} & a_{22} & \cdots & a_{2n} \\ \cdot & \cdot & \cdot & \cdot \\ \cdot & \cdot & \cdot & \cdot \\ a_{n1} & a_{n2} & \cdots & a_{nm} \end{pmatrix}$$

Transpose $(m \times n)$ matrix $A^T = \tilde{A}$

$$A^T = \tilde{A} = \begin{pmatrix} a_{11} & a_{21} & \cdots & a_{n1} \\ a_{12} & a_{22} & \cdots & a_{n2} \\ \cdot & \cdot & \cdot & \cdot \\ \cdot & \cdot & \cdot & \cdot \\ a_{1n} & a_{2n} & \cdots & a_{mn} \end{pmatrix}$$

그림 4.6 $n \times m$ 행렬 $A = (a_{ij})_{n \times m}$과 전치 행렬 $A^T = \widetilde{A} = (a_{ji})_{m \times n}$.

[**예제** 4.6] 다음 행렬의 전치 행렬을 구하라.

(1) $A=\begin{pmatrix}1&2&3\\4&5&6\\7&8&9\end{pmatrix}$ (2) $B=(1\ \ 2\ \ 3)$ (3) $C=\begin{pmatrix}1\\2\\3\end{pmatrix}$

[풀이]

(1) $A^T=\begin{pmatrix}1&4&7\\2&5&8\\3&6&9\end{pmatrix}$ (2) $B^T=\widetilde{B}=\begin{pmatrix}1\\2\\3\end{pmatrix}$ (3) $C^T=\widetilde{C}=(1\ \ 2\ \ 3)$

즉, 1×3 행렬 (또는 행 벡터) B의 전치 행렬은 3×1 행렬 (또는 열 벡터) B^T와 같다. 같은 방법으로 3×1 행렬 C의 전치 행렬은 1×3 행렬 C^T가 된다. ■

- **전치 행렬의 특성** (properties of transpose matrix)

전치 행렬의 주요 특성은 다음과 같다.

전치 행렬의 특성

$(i)\ (A^T)^T=A$

$(ii)\ (A+B)^T=A^T+B^T$

$(iii)\ (AB)^T=B^TA^T$

$(iv)\ (cA)^T=cA^T\ (c:\ constant)$

크기가 같은 세 개의 행렬 A, B, C에 대해 특성 (ii)와 (iii)은

$$(A+B+C)^T=A^T+B^T+C^T$$
$$(ABC)^T=(A(BC))^T=(BC)^TA^T=C^TB^TA^T$$

와 같이 확장하여 쓸 수 있다.

[예제 4.7] 두 행렬 $A=(a_1\ a_2\ a_3)$, $B=\begin{pmatrix} b_1 \\ b_2 \\ b_3 \end{pmatrix}$에 대하여 다음 행렬 연산을 구하라.

(1) A^TA, (2) B^TB, (3) $A+B^T$, (4) A^T+B.

[풀이]

(1) $A^TA=\begin{pmatrix} a_1 \\ a_2 \\ a_3 \end{pmatrix}(a_1\ a_2\ a_3)=\begin{pmatrix} a_1a_1 & a_1a_2 & a_1a_3 \\ a_2a_1 & a_2a_2 & a_2a_3 \\ a_3a_1 & a_3a_2 & a_3a_3 \end{pmatrix}.$

3×1 행렬 (열벡터) A^T와 1×3 행렬 (행 벡터) A의 곱은 3×3 행렬이 된다.

(2) $B^TB=(b_1\ \ b_2\ \ b_3)\begin{pmatrix} b_1 \\ b_2 \\ b_3 \end{pmatrix}=b_1^2+b_2^2+b_3^2.$

1×3 행렬 (행 벡터) B^T와 3×1 행렬 (열벡터) B의 곱은 벡터 크기의 제곱과 같다.

(3) $A+B^T=(a_1\ a_2\ a_3)+(b_1\ b_2\ b_3)=(a_1+b_1\ \ a_2+b_2\ \ a_3+b_3).$

두 개의 1×3 행렬 (행 벡터)의 합은 두 행 벡터의 각 성분의 합과 같다.

(4) $A^T+B=\begin{pmatrix} a_1 \\ a_2 \\ a_3 \end{pmatrix}+\begin{pmatrix} b_1 \\ b_2 \\ b_3 \end{pmatrix}=\begin{pmatrix} a_1+b_1 \\ a_2+b_2 \\ a_3+b_3 \end{pmatrix}.$

두 개의 3×1 행렬 (열벡터)의 합은 두 열벡터의 각 성분의 합과 같다.

■

[예제 4.8] 두 행렬 $A=\begin{pmatrix} a_{11} & a_{12} \\ a_{21} & a_{22} \end{pmatrix}$, $B=\begin{pmatrix} b_{11} & b_{12} \\ b_{21} & b_{22} \end{pmatrix}$ 에 대하여

(1) $(AB)^T$와 (2) $B^T A^T$를 구하고 (1)과 (2)가 같은지 확인하라.

[풀이]

(1) $$AB=\begin{pmatrix} a_{11} & a_{12} \\ a_{21} & a_{22} \end{pmatrix}\begin{pmatrix} b_{11} & b_{12} \\ b_{21} & b_{22} \end{pmatrix}$$

$$=\begin{pmatrix} a_{11}b_{11}+a_{12}b_{21} & a_{11}b_{12}+a_{12}b_{22} \\ a_{21}b_{11}+a_{22}b_{21} & a_{21}b_{12}+a_{22}b_{22} \end{pmatrix}$$

$$\therefore (AB)^T=\begin{pmatrix} a_{11}b_{11}+a_{12}b_{21} & a_{21}b_{11}+a_{22}b_{21} \\ a_{11}b_{12}+a_{12}b_{22} & a_{21}b_{12}+a_{22}b_{22} \end{pmatrix}$$

(2) $$B^T=\begin{pmatrix} b_{11} & b_{21} \\ b_{12} & b_{22} \end{pmatrix}, \quad A^T=\begin{pmatrix} a_{11} & a_{21} \\ a_{12} & a_{22} \end{pmatrix}$$

$$\therefore B^T A^T=\begin{pmatrix} b_{11} & b_{21} \\ b_{12} & b_{22} \end{pmatrix}\begin{pmatrix} a_{11} & a_{21} \\ a_{12} & a_{22} \end{pmatrix}$$

$$=\begin{pmatrix} b_{11}a_{11}+b_{21}a_{12} & b_{11}a_{21}+b_{21}a_{22} \\ b_{12}a_{11}+b_{22}a_{12} & b_{12}a_{21}+b_{22}a_{22} \end{pmatrix}$$

$$=\begin{pmatrix} a_{11}b_{11}+a_{12}b_{21} & a_{21}b_{11}+a_{22}b_{21} \\ a_{11}b_{12}+a_{12}b_{22} & a_{21}b_{12}+a_{22}b_{22} \end{pmatrix}\equiv (AB)^T$$

$$\therefore \boxed{(AB)^T=B^T A^T}$$

■

[예제 4.8]을 임의의 $n\times n$ 정사각형 행렬에 대해서도 확장하여 증명할 수 있다.

- **대각 행렬과 단위행렬** (diagonal matrix and identity matrix):

그림 4.7과 같이 $n\times n$ 정사각형 행렬 $A=(a_{ij})_{n\times n}$의 대각 성분 (diagonal elements)을 제외한 모든 비 대각 성분 (off-diagonal elements)이 0인 행렬 (즉, $a_{ij}=0$ for $i\neq j$)을 대각 행렬 (diagonal matrix)이라 한다.
특히, 대각 행렬의 대각 요소가 모두 1인 행렬을 단위행렬 (identity matrix) I라 한다.

diagonal matrix 대각 행렬	*identity matrix I* 단위 행렬
$A=\begin{pmatrix} a_{11} & 0 & \cdots & 0 \\ 0 & a_{22} & \cdots & 0 \\ \cdot & \cdot & \cdot & \cdot \\ \cdot & \cdot & \cdot & \cdot \\ 0 & 0 & \cdots & a_{nn} \end{pmatrix}$	$I=\begin{pmatrix} 1 & 0 & \cdots & 0 \\ 0 & 1 & \cdots & 0 \\ \cdot & \cdot & \cdot & \cdot \\ \cdot & \cdot & \cdot & \cdot \\ 0 & 0 & \cdots & 1 \end{pmatrix}_{n\times n}$

그림 4.7 $n\times n$ 대각 행렬과 단위행렬.

> [예제 4.9] $A=\begin{pmatrix} a & b \\ c & d \end{pmatrix}$와 $I=\begin{pmatrix} 1 & 0 \\ 0 & 1 \end{pmatrix}$에 대해 $AI=IA=A$임을 보여라.

[풀이]

$$AI=\begin{pmatrix} a & b \\ c & d \end{pmatrix}\begin{pmatrix} 1 & 0 \\ 0 & 1 \end{pmatrix}=\begin{pmatrix} a & b \\ c & d \end{pmatrix}=A$$
$$IA=\begin{pmatrix} 1 & 0 \\ 0 & 1 \end{pmatrix}\begin{pmatrix} a & b \\ c & d \end{pmatrix}=\begin{pmatrix} a & b \\ c & d \end{pmatrix}=A$$

$\therefore\ AI=IA=A.$

[주의]: [예제 4.9]를 임의의 $n\times n$ 정사각형 행렬 A와 $n\times n$ 단위행렬 I의 곱셈으로 확장하여도 $\boxed{AI=IA=A}$가 되며 교환 법칙이 성립한다.

- **스칼라 행렬** (scalar matrix):

대각 행렬의 모든 대각 요소가 $a_{11} = a_{22} = \cdots = a_{nn} \equiv c(scalar)$ 인 행렬을 스칼라 행렬이라 하며, 스칼라 행렬은 cI 로 주어진다. 여기서 c 는 상수 (스칼라)이다.

> **[예제 4.10]** 같은 크기의 두 정사각형 행렬 A, B 가 스칼라 행렬일 때 $AB = BA$ 임을 보여라.

[풀이]

간단히 두 스칼라 행렬 A, B 를 3×3 스칼라 행렬이라 하자.

$$A = c_1\begin{pmatrix}1&0&0\\0&1&0\\0&0&1\end{pmatrix},\quad B = c_2\begin{pmatrix}1&0&0\\0&1&0\\0&0&1\end{pmatrix}$$

라 두면

$$AB = c_1\begin{pmatrix}1&0&0\\0&1&0\\0&0&1\end{pmatrix} c_2\begin{pmatrix}1&0&0\\0&1&0\\0&0&1\end{pmatrix} = c_1c_2\begin{pmatrix}1&0&0\\0&1&0\\0&0&1\end{pmatrix}\begin{pmatrix}1&0&0\\0&1&0\\0&0&1\end{pmatrix}$$

$$= c_1c_2\begin{pmatrix}1&0&0\\0&1&0\\0&0&1\end{pmatrix} = c_1c_2 I$$

$$BA = c_2\begin{pmatrix}1&0&0\\0&1&0\\0&0&1\end{pmatrix} c_1\begin{pmatrix}1&0&0\\0&1&0\\0&0&1\end{pmatrix} = c_1c_2\begin{pmatrix}1&0&0\\0&1&0\\0&0&1\end{pmatrix}\begin{pmatrix}1&0&0\\0&1&0\\0&0&1\end{pmatrix}$$

$$= c_1c_2\begin{pmatrix}1&0&0\\0&1&0\\0&0&1\end{pmatrix} = c_1c_2 I$$

$$\therefore AB = BA$$

크기가 $n\times n$ 임의의 두 스칼라 행렬 A, B 에 대해서도 쉽게 증명이 된다.

■

• **정사각형 행렬의 트레이스** (Trace): **대각 성분의 합**

$n \times n$ 정사각형 행렬 A의 대각 성분의 합 (sum of diagonal elements)을 트레이스 (trace)라 하며 $Tr(A)$ 또는 $tr(A)$로 나타내며 다음과 같이 정의한다.

$$Tr(A) = tr(A) \equiv \sum_{i=1}^{n} a_{ii} = a_{11} + a_{22} + \cdots + a_{nn}$$

• **트레이스의 특성** (properties of trace):

$n \times n$ 정사각형 행렬 A, B, C에 대하여 다음 특성을 만족한다.

- $Tr(AB) = Tr(BA)$
- $Tr(ABC) = Tr(CAB) = Tr(BCA)$

[예제 4.11] 2×2 행렬 $A = \begin{pmatrix} a_{11} & a_{12} \\ a_{21} & a_{22} \end{pmatrix}$, $B = \begin{pmatrix} b_{11} & b_{12} \\ b_{21} & b_{22} \end{pmatrix}$에 대하여 다음을 증명하라.

(1) $Tr(AB) = Tr(BA)$,

(2) $Tr\left[(AB)^T\right] = Tr\left[B^T A^T\right]$ 임을 보이고 (1)의 결과와 같은지 검증하라.

[풀이]

(1) $AB = \begin{pmatrix} a_{11} & a_{12} \\ a_{21} & a_{22} \end{pmatrix} \begin{pmatrix} b_{11} & b_{12} \\ b_{21} & b_{22} \end{pmatrix}$

$$= \begin{pmatrix} a_{11}b_{11} + a_{12}b_{21} & a_{11}b_{12} + a_{12}b_{22} \\ a_{21}b_{11} + a_{22}b_{21} & a_{21}b_{12} + a_{22}b_{22} \end{pmatrix}$$

$$BA = \begin{pmatrix} b_{11} & b_{12} \\ b_{21} & b_{22} \end{pmatrix}\begin{pmatrix} a_{11} & a_{12} \\ a_{21} & a_{22} \end{pmatrix}$$

$$= \begin{pmatrix} b_{11}a_{11}+b_{12}a_{21} & b_{11}a_{12}+b_{12}a_{22} \\ b_{21}a_{11}+b_{22}a_{21} & b_{21}a_{12}+b_{22}a_{22} \end{pmatrix}$$

$$\Rightarrow Tr(AB) = a_{11}b_{11}+a_{12}b_{21}+a_{21}b_{12}+a_{22}b_{22}$$

$$\Rightarrow Tr(BA) = b_{11}a_{11}+b_{12}a_{21}+b_{21}a_{12}+b_{22}a_{22}$$
$$= a_{11}b_{11}+a_{12}b_{21}+a_{21}b_{12}+a_{22}b_{22}$$

$$\therefore\ Tr(AB) = Tr(BA)$$

(2) 예제 4.8의 결과를 사용하면

$$(AB)^T = \begin{pmatrix} a_{11}b_{11}+a_{12}b_{21} & a_{21}b_{11}+a_{22}b_{21} \\ a_{11}b_{12}+a_{12}b_{22} & a_{21}b_{12}+a_{22}b_{22} \end{pmatrix}$$

$$B^TA^T = \begin{pmatrix} b_{11} & b_{21} \\ b_{12} & b_{22} \end{pmatrix}\begin{pmatrix} a_{11} & a_{21} \\ a_{12} & a_{22} \end{pmatrix}$$

$$= \begin{pmatrix} b_{11}a_{11}+b_{21}a_{12} & b_{11}a_{21}+b_{21}a_{22} \\ b_{12}a_{11}+b_{22}a_{12} & b_{12}a_{21}+b_{22}a_{22} \end{pmatrix}$$

$$\equiv \begin{pmatrix} a_{11}b_{11}+a_{12}b_{21} & a_{21}b_{11}+a_{22}b_{21} \\ a_{11}b_{12}+a_{12}b_{22} & a_{21}b_{12}+a_{22}b_{22} \end{pmatrix} \equiv (AB)^T$$

이므로 $Tr\left[(AB)^T\right] = Tr\left[B^TA^T\right]$ 이다. (1)의 결과와 비교하면

$$\therefore\ Tr\left[(AB)^T\right] = Tr\left[B^TA^T\right] = Tr(AB) = Tr(BA)$$

가 된다. 즉, 두 행렬의 곱 AB와 전치 행렬 $(AB)^T$의 트레이스가 같은 이유는 트레이스는 대각 성분의 합이므로 전치 행렬 $(AB)^T$의 비 대각 성분은 AB와 다르지만, 대각 성분의 합은 AB와 같기 때문이다. ■

• 대칭 행렬과 반 대칭 행렬 (symmetric and antisymmetric matrices)

$n \times n$ 정사각형 행렬 A와 전치 행렬 (transpose matrix) $A^T(=\widetilde{A})$가 $A^T = A$인 경우 행렬 A를 대칭 행렬 (對稱 行列; symmetric matrix)이라 하며 비 대각 성분은 $a_{ij} = a_{ji}$, $(i \neq j)$로 서로 같다.

한편, $A^T = -A$인 경우 행렬 A를 반 대칭 행렬 (反對稱 行列; antisymmetric matrix)이라 하며 비 대각 성분은 $a_{ij} = -a_{ji}$, $(i \neq j)$로 부호가 반대이다. 반 대칭 행렬의 경우 대각 성분 (diagonal element)은 $a_{ii} = -a_{ii}$이므로 $a_{ii} = 0$이다.

> **[예제 4.12]** 임의의 2×2 정사각형 행렬 $A = \begin{pmatrix} a & b \\ c & d \end{pmatrix}$가 있다.
>
> (1) 대칭 행렬인 조건과 대칭 행렬 $A_{대칭}$,
>
> (2) 반 대칭 행렬인 조건과 반 대칭 행렬 $A_{반대칭}$ 을 구하라.

[풀이]

(1) $A = \begin{pmatrix} a & b \\ c & d \end{pmatrix}$가 대칭 행렬이 되려면 $A^T = A$이므로

$$A^T = \begin{pmatrix} a & c \\ b & d \end{pmatrix} \equiv A = \begin{pmatrix} a & b \\ c & d \end{pmatrix} \Rightarrow \therefore\ b = c$$

$$\therefore\ \boxed{A_{대칭} = \begin{pmatrix} a & b \\ b & d \end{pmatrix}}$$

(2) $A = \begin{pmatrix} a & b \\ c & d \end{pmatrix}$가 반 대칭 행렬이 되려면 $A^T = -A$이므로

$$A^T = \begin{pmatrix} a & c \\ b & d \end{pmatrix} \equiv -A = -\begin{pmatrix} a & b \\ c & d \end{pmatrix}$$

$$A^T + A = 0 \Rightarrow \begin{pmatrix} 2a & b+c \\ b+c & 2d \end{pmatrix} = 0$$

$$\therefore\ a = d = 0 \text{ and } b = -c$$

$$\therefore\ \boxed{A_{반대칭} = \begin{pmatrix} 0 & b \\ -b & 0 \end{pmatrix}}$$

■

[**예제** 4.13] 임의의 2×2 정사각형 행렬 $A=\begin{pmatrix} a & b \\ c & d \end{pmatrix}$가 있다.

(1) $\frac{1}{2}(A+A^T)$는 대칭 행렬 $A_{\text{대칭}}$,

(2) $\frac{1}{2}(A-A^T)$는 반 대칭 행렬 $A_{\text{반대칭}}$,

(3) $A_{\text{대칭}}+A_{\text{반대칭}}=A$임을 보여라.

[**풀이**]

(1) $\frac{1}{2}(A+A^T)=\frac{1}{2}\left[\begin{pmatrix} a & b \\ c & d \end{pmatrix}+\begin{pmatrix} a & c \\ b & d \end{pmatrix}\right]=\frac{1}{2}\begin{pmatrix} 2a & b+c \\ b+c & 2d \end{pmatrix}\equiv A_{\text{대칭}}$

비 대각 성분은 같으므로 대칭 행렬이다.

(2) $\frac{1}{2}(A-A^T)=\frac{1}{2}\left[\begin{pmatrix} a & b \\ c & d \end{pmatrix}-\begin{pmatrix} a & c \\ b & d \end{pmatrix}\right]=\frac{1}{2}\begin{pmatrix} 0 & b-c \\ -(b-c) & 0 \end{pmatrix}\equiv A_{\text{반대칭}}$

대각 성분은 모두 0이며 비 대각 성분은 부호가 반대이므로 반 대칭 행렬이다.

(3) $A_{\text{대칭}}+A_{\text{반대칭}}=\frac{1}{2}\begin{pmatrix} 2a & b+c \\ b+c & 2d \end{pmatrix}+\frac{1}{2}\begin{pmatrix} 0 & b-c \\ c-b & 0 \end{pmatrix}$

$$=\begin{pmatrix} a & b \\ c & d \end{pmatrix}\equiv A$$

$\therefore$ $\boxed{A=A_{\text{대칭}}+A_{\text{반대칭}}}$ ■

[**정리**] 임의의 정사각형 행렬 A는 항상 대칭 행렬 $A_{\text{대칭}}$과 반 대칭 행렬 $A_{\text{반대칭}}$의 합으로 주어진다. 즉,

$$A=\underbrace{\frac{1}{2}(A+A^T)}_{\text{대칭 행렬}}+\underbrace{\frac{1}{2}(A-A^T)}_{\text{반 대칭 행렬}}$$

4.2 행렬식 (行列式; Determinant of Square Matrix)

행렬식은 4.3절에서 다루는 역행렬 (逆行列; inverse matrix)뿐만 아니라 선형 대수학 등의 응용에 있어 매우 중요하다. 행렬식은 $n \times n$ 정사각형 행렬에서만 정의되며 det(A) 또는 $|A|$로 표기한다. 여기서, $|A|$는 절댓값 (absolute value)이 아님을 주의하자. 행렬식의 개념을 쉽게 이해하기 위해 1×1, 2×2와 3×3 행렬 등의 간단한 정사각형 행렬의 행렬식을 이해하고, 이를 확장하여 4×4 이상의 행렬식에 대해 알아보자.

- **1×1 정사각형 행렬의 행렬식**

$A = (a)$인 1×1 행렬의 행렬식은 $\det(A) = |A| = |a| = a$로 표기한다.
예를 들면, $A = (-3)$인 행렬의 행렬식은 $\det(A) = |-3| = -3$이다. 즉, 절댓값 부호와 다름을 유의한다.

- **2×2 정사각형 행렬의 행렬식**

$A = \begin{pmatrix} a_{11} & a_{12} \\ a_{21} & a_{22} \end{pmatrix}$ 또는 $A = \begin{pmatrix} a & b \\ c & d \end{pmatrix}$인 2×2 행렬의 행렬식은 다음과 같이 주어진다.

$$\det(A) = \begin{vmatrix} a_{11} & a_{12} \\ a_{21} & a_{22} \end{vmatrix} = a_{11}a_{22} - a_{12}a_{21}$$

또는

$$\det(A) = \begin{vmatrix} a & b \\ c & d \end{vmatrix} = ad - bc$$

[예제 4.14] (1) $A=\begin{pmatrix}1 & 2\\ 3 & 4\end{pmatrix}$의 행렬식을 구하라.

(2) $\begin{vmatrix}1-\lambda & 2\\ 3 & 4-\lambda\end{vmatrix}=0$의 행렬식을 만족하는 λ를 구하라.

[풀이]

(1) $|A|=\begin{vmatrix}1 & 2\\ 3 & 4\end{vmatrix}=1\cdot 4-2\cdot 3=-2.$

(2) $\begin{vmatrix}1-\lambda & 2\\ 3 & 4-\lambda\end{vmatrix}=0 \Rightarrow (1-\lambda)(4-\lambda)-2\cdot 3=0$

$$\lambda^2-5\lambda-2=0 \Rightarrow \therefore \lambda=\frac{5\pm\sqrt{33}}{2}.$$

■

- **3×3 정사각형 행렬의 행렬식**

3×3 행렬 $A=\begin{pmatrix}a_{11} & a_{12} & a_{13}\\ a_{21} & a_{22} & a_{23}\\ a_{31} & a_{32} & a_{33}\end{pmatrix}$의 행렬식은 그림 4.8과 같이 Sarrus 규칙을 사용하면 쉽게 구할 수 있다. 행렬식 (기호 | |) 우변에 3×3 행렬의 1열과 2열을 차례로 배열한 다음 왼쪽 위에서 오른쪽 아래로 사선을 따라서 세 행렬 요소를 차례로 곱하여 + 부호를 택하고, 오른쪽 위에서 왼쪽 아래로 사선을 따라서 세 행렬 요소를 차례로 곱하고 − 부호를 택한 다음 여섯 개의 항들을 모두 더하면 행렬식이 얻어진다.
즉, Sarrus 규칙을 사용하여 구한 행렬식을 정리하면 다음과 같다.

$$\det(A)=\begin{vmatrix}a_{11} & a_{12} & a_{13}\\ a_{21} & a_{22} & a_{23}\\ a_{31} & a_{32} & a_{33}\end{vmatrix}$$

$$=+a_{11}a_{22}a_{33}+a_{12}a_{23}a_{31}+a_{13}a_{21}a_{32}$$
$$-a_{13}a_{22}a_{31}-a_{12}a_{21}a_{33}-a_{11}a_{23}a_{32}$$

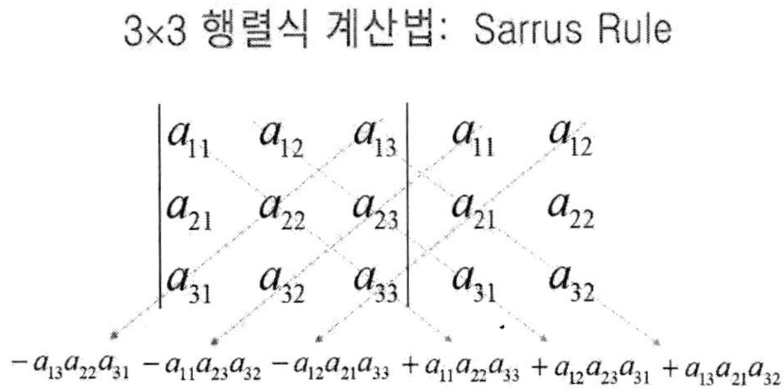

그림 4.8 3×3 행렬의 행렬식 구하는 방법.

Sarrus 규칙으로 구한 3×3 행렬의 행렬식을 인수분해 (factorization or factoring)하여 2×2 행렬의 소 행렬식 (minor determinant)으로 나타내어보자. 편의상, 1행의 행렬 요소인 a_{11}, a_{12}, a_{13} 로 인수 분해하여 2×2 소 행렬식으로 나타내면 다음과 같다.

$$\det(A) = \begin{vmatrix} a_{11} & a_{12} & a_{13} \\ a_{21} & a_{22} & a_{23} \\ a_{31} & a_{32} & a_{33} \end{vmatrix}$$

$$= a_{11}(a_{22}\,a_{33} - a_{23}\,a_{32}) + a_{12}(a_{23}a_{31} - a_{21}a_{33}) + a_{13}(a_{21}\,a_{32} - a_{22}\,a_{31})$$

$$= a_{11}\begin{vmatrix} a_{22} & a_{23} \\ a_{32} & a_{33} \end{vmatrix} - a_{12}\begin{vmatrix} a_{21} & a_{23} \\ a_{31} & a_{33} \end{vmatrix} + a_{13}\begin{vmatrix} a_{21} & a_{22} \\ a_{31} & a_{32} \end{vmatrix}$$

$$\equiv a_{11}C_{11} + a_{12}C_{12} + a_{13}C_{13}$$

여기서 2×2 행렬식 C_{11}, C_{12}, C_{13}을 여인수 (cofactor)라 한다.

즉, 행렬 요소 a_{11}, a_{12}, a_{13}에 대한 여인수는 각각 다음과 같다.

$$C_{11} = +\begin{vmatrix} a_{22} & a_{23} \\ a_{32} & a_{33} \end{vmatrix} = (-1)^{1+1}M_{11} \equiv +M_{11},$$

$$C_{12} = -\begin{vmatrix} a_{21} & a_{23} \\ a_{31} & a_{33} \end{vmatrix} = (-1)^{1+2}M_{12} \equiv -M_{12},$$

$$C_{13} = +\begin{vmatrix} a_{21} & a_{22} \\ a_{31} & a_{32} \end{vmatrix} = (-1)^{1+3}M_{13} \equiv +M_{13}$$

여인수 C_{ij} 에서 ± 부호를 제외한 소 행렬식을 M_{ij} 라 한다.

위의 예와 같이 Sarrus 규칙을 사용하여 구한 3×3 행렬의 행렬식은 1행의 행렬 요소인 a_{11}, a_{12}, a_{13} 로 인수 분해하여 구할 수도 있지만, 2행의 행렬 요소 a_{21}, a_{22}, a_{23} 로 인수 분해하여 여인수 C_{21}, C_{22}, C_{23} 의 2×2 소 행렬식으로

$$\det(A) = a_{21}C_{21} + a_{22}C_{22} + a_{23}C_{23}$$

구할 수도 있다. 또 다른 방법으로 3행, 1열, 2열 또는 3열의 행렬 요소로 인수 분해하여 구할 수도 있으나 그 결과는 모두 같음을 알 수 있다. 이때 행렬 요소 a_{ij}의 여인수 C_{ij} 와 소 행렬식 M_{ij} 의 관계는 다음과 같다.

$$C_{ij} = (-1)^{i+j} M_{ij}$$

즉, 여인수 C_{ij} 는 부호가 있는 소 행렬식 (signed minor determinant)이다.

[주의]: Sarrus 규칙은 3×3 행렬의 행렬식을 쉽게 기억하는 하나의 방법일 뿐이며 4×4 이상의 행렬에는 적용할 수 없음을 주의하자.

• $n \times n$ 정사각형 행렬의 여인수 C_{ij} 와 소 행렬식 M_{ij} 구하기

이제 임의의 정사각형 행렬의 행렬식을 구하는 일반적인 방법에 대해 알아보자. $n \times n$ 행렬에서 행렬 요소 a_{ij}의 여인수는 $C_{ij} = (-1)^{i+j} M_{ij}$ 로 주어진다. 소 행렬식 M_{ij} 는 $n \times n$ 행렬 A 에서 i 행과 j 열을 소거한 부분 행렬 (submatrix)의 행렬식으로부터 얻을 수 있으며, $n \times n$ 행렬의 여인수는 $n \times n \left(= n^2\right)$ 개 존재한다. 따라서, 행렬 요소 a_{ij}의 여인수 $C_{ij} = (-1)^{i+j} M_{ij}$ 는 부호가 있는 소 행렬식이다.

간단히, 4×4 행렬에 대해 여인수의 부호와 소 행렬식을 구해보자. 여인수

$C_{ij} = (-1)^{i+j} M_{ij}$ 의 부호는 $(-1)^{i+j}$ 로 그림 4.9와 같이 주어진다.

Signs of cofactor C_{ij} : $(-1)^{i+j}$

$$\begin{pmatrix} a_{11} & a_{12} & a_{13} & a_{14} \\ a_{21} & a_{22} & a_{23} & a_{24} \\ a_{31} & a_{32} & a_{33} & a_{34} \\ a_{41} & a_{42} & a_{43} & a_{44} \end{pmatrix} \Rightarrow \begin{pmatrix} + & - & + & - \\ - & + & - & + \\ + & - & + & - \\ - & + & - & + \end{pmatrix}$$

그림 4.9 여인수 $C_{ij} = (-1)^{i+j} M_{ij}$의 부호.

여인수 $C_{ij} = (-1)^{i+j} M_{ij}$의 부호가 결정되면 소 행렬식 M_{ij} 는 i 행과 j 열을 각각 소거한 부분 행렬 (submatrix)의 행렬식이 된다.

예를 들면, M_{22} 는 2행 $(a_{21} \quad a_{22} \quad a_{23} \quad a_{24})$과 2열 $(a_{12} \quad a_{22} \quad a_{32} \quad a_{42})^T$ 을 지우고 남는 3×3 (부분) 행렬의 행렬식이 소 행렬식 M_{22} 가 된다.

$$M_{22} : \begin{vmatrix} a_{11} & a_{12} & a_{13} & a_{14} \\ a_{21} & a_{22} & a_{23} & a_{24} \\ a_{31} & a_{32} & a_{33} & a_{34} \\ a_{41} & a_{42} & a_{43} & a_{44} \end{vmatrix} \quad \Rightarrow M_{22} = \begin{vmatrix} a_{11} & a_{13} & a_{14} \\ a_{31} & a_{33} & a_{34} \\ a_{41} & a_{43} & a_{44} \end{vmatrix}$$

같은 방법으로 소 행렬식 M_{31} 은 3행 $(a_{31} \quad a_{32} \quad a_{33} \quad a_{34})$과 1열 $(a_{11} \quad a_{21} \quad a_{31} \quad a_{41})^T$ 을 지우고 남는 3×3 (부분) 행렬의 행렬식이 소 행렬식 M_{31} 이 된다.

$$M_{31} : \begin{vmatrix} a_{11} & a_{12} & a_{13} & a_{14} \\ a_{21} & a_{22} & a_{23} & a_{24} \\ a_{31} & a_{32} & a_{33} & a_{34} \\ a_{41} & a_{42} & a_{43} & a_{44} \end{vmatrix} \quad \Rightarrow M_{31} = \begin{vmatrix} a_{12} & a_{13} & a_{14} \\ a_{22} & a_{23} & a_{24} \\ a_{42} & a_{43} & a_{44} \end{vmatrix}$$

- $n \times n$ 정사각형 행렬의 여인수 전개에 의한 행렬식 (라플라스 전개)
  (Method of cofactor expansion: Laplace expansion)

일반적으로 $n \times n$ 행렬의 행렬식은 i 행 $(1 \le i \le n)$ 또는 j 열 $(1 \le j \le n)$의 여인수 전개 (cofactor expansion)에 의해 다음과 같이 구할 수 있다.

<u>i행의 여인수 전개에 의한 행렬식</u>

$$\det(A) = |a_{ij}|_{n \times n} = a_{i1}C_{i1} + a_{i2}C_{i2} + \cdots + a_{in}C_{in} = \sum_{k=1}^{n} a_{ik}C_{ik} \Leftarrow i\text{행}$$

<u>j열의 여인수 전개에 의한 행렬식</u>

$$\det(A) = |a_{ij}|_{n \times n} = a_{1j}C_{1j} + a_{2j}C_{2j} + \cdots + a_{nj}C_{nj} = \sum_{k=1}^{n} a_{kj}C_{kj} \Leftarrow j\text{열}$$

즉, i 행의 행렬 요소 $(a_{i1},\ a_{i2}, \cdots,\ a_{in})$에 각각의 여인수 $(C_{i1},\ C_{i2}, \cdots,\ C_{in})$를 곱하여 모두 더하여 구할 수도 있으며, j 열의 행렬 요소 $(a_{1j},\ a_{2j}, \cdots,\ a_{nj})^T$에 각각의 여인수 $(C_{1j},\ C_{2j}, \cdots,\ C_{nj})^T$를 곱하여 모두 더하는 방법도 있으나 행렬식의 결과는 모두 같다. 이 방법을 라플라스 전개 (Laplace expansion)라 한다.
따라서 $n \times n$ 행렬의 행렬식은 $i\,(=1, 2, \cdots, n)$ 행의 여인수 전개로 n개, $j\,(=1, 2, \cdots, n)$ 열의 여인수 전개로 n개, 즉 $2n$ 개의 행렬식을 구할 수 있으나 결과는 모두 같으므로, 그 가운데 편리한 한 개의 방법으로 구하면 된다.

[주의] i 행의 행렬 요소 $(a_{i1},\ a_{i2}, \cdots,\ a_{in})$에 $j\ (i \ne j)$ 행의 여인수 $(C_{j1},\ C_{j2}, \cdots,\ C_{jn})$를 각각 곱하여 모두 더하면 $a_{i1}C_{j1} + a_{i2}C_{j2} + \cdots + a_{in}C_{jn} = \sum_{k=1}^{n} a_{ik}C_{jk} = 0,\ (i \ne j)$이 된다.
또한, i 열의 행렬 요소 $(a_{1i},\ a_{2i}, \cdots,\ a_{ni})^T$에 $j\ (i \ne j)$ 열의 여인수 $(C_{1j},\ C_{2j}, \cdots,\ C_{nj})^T$를 각각 곱하여 모두 더하면 $a_{1i}C_{1j} + a_{2i}C_{2j} + \cdots + a_{ni}C_{nj} = \sum_{k=1}^{n} a_{ki}C_{kj} = 0$이 된다.

[**예제 4.15**] 2×2 행렬 $A=\begin{pmatrix} a_{11} & a_{12} \\ a_{21} & a_{22} \end{pmatrix}$가 있다.

(1) 여인수를 구하고 라플라스 전개로부터 행렬식을 모두 구하고 비교하라.

(2) $a_{i1}C_{j1}+a_{i2}C_{j2}=\sum_{k=1}^{2}a_{ik}C_{jk}=0,\ \ (i\neq j)$ 임을 보여라.

(3) $a_{1i}C_{1j}+a_{2i}C_{2j}=\sum_{k=1}^{2}a_{ki}C_{kj}=0,\ \ (i\neq j)$ 임을 보여라.

[풀이]

(1) 여인수의 정의 $C_{ij}=(-1)^{i+j}M_{ij}$와 소 행렬식 정의로부터

$$
\begin{aligned}
C_{11}&=(-1)^{1+1}M_{11}=+\left|a_{22}\right|=+a_{22},\\
C_{12}&=(-1)^{1+2}M_{12}=-\left|a_{21}\right|=-a_{21},\\
C_{21}&=(-1)^{2+1}M_{21}=-\left|a_{12}\right|=-a_{12},\\
C_{22}&=(-1)^{2+2}M_{22}=+\left|a_{11}\right|=+a_{11}
\end{aligned}
$$

총 4개의 여인수를 얻는다. 여인수를 이용하여 행렬식을 구하는 방법은 1행, 2행, 1열 또는 2열 여인수 전개 등을 사용하여 구할 수 있다.

$$1.\ \det(A)=\begin{vmatrix} a_{11} & a_{12} \\ a_{21} & a_{22} \end{vmatrix}=a_{11}C_{11}+a_{12}C_{12}=a_{11}a_{22}-a_{12}a_{21}\ \Leftarrow 1\text{행 전개}$$

$$2.\ \det(A)=\begin{vmatrix} a_{11} & a_{12} \\ a_{21} & a_{22} \end{vmatrix}=a_{21}C_{21}+a_{22}C_{22}=a_{11}a_{22}-a_{12}a_{21}\ \Leftarrow 2\text{행 전개}$$

$$3.\ \det(A)=\begin{vmatrix} a_{11} & a_{12} \\ a_{21} & a_{22} \end{vmatrix}=a_{11}C_{11}+a_{21}C_{21}=a_{11}a_{22}-a_{12}a_{21}\ \Leftarrow 1\text{열 전개}$$

$$4.\ \det(A)=\begin{vmatrix} a_{11} & a_{12} \\ a_{21} & a_{22} \end{vmatrix}=a_{12}C_{12}+a_{22}C_{22}=a_{11}a_{22}-a_{12}a_{21}\ \Leftarrow 2\text{행 전개}$$

여인수 전개 방법으로 구한 4개의 2×2 행렬식은 모두 같음을 알 수 있다.

(2) $\underline{a_{i1}C_{j1}+a_{i2}C_{j2}=\sum_{k=1}^{2}a_{ik}C_{jk}=0, \quad (i\neq j)}$

$\underline{i=1,\ j=2:}$

$a_{11}C_{21}+a_{12}C_{22}=-a_{11}a_{12}+a_{12}a_{11}=0,$

$\underline{i=2,\ j=1:}$

$a_{21}C_{11}+a_{22}C_{12}=+a_{21}a_{22}-a_{22}a_{21}=0$

$$\therefore\ a_{i1}C_{j1}+a_{i2}C_{j2}=\sum_{k=1}^{2}a_{ik}C_{jk}=0, \quad (i\neq j)$$

(3) $\underline{a_{1i}C_{1j}+a_{2i}C_{2j}=\sum_{k=1}^{2}a_{ki}C_{kj}=0, \quad (i\neq j)}$

$\underline{i=1,\ j=2:}$

$a_{11}C_{12}+a_{21}C_{22}=-a_{11}a_{21}+a_{21}a_{11}=0,$

$\underline{i=2,\ j=1:}$

$a_{12}C_{11}+a_{22}C_{21}=+a_{12}a_{22}-a_{22}a_{12}=0$

$$\therefore\ a_{1i}C_{1j}+a_{2i}C_{2j}=\sum_{k=1}^{2}a_{ki}C_{kj}=0, \quad (i\neq j)$$ ■

[**예제 4.16**] 3×3 행렬 $A=\begin{pmatrix} a_{11} & a_{12} & a_{13} \\ a_{21} & a_{22} & a_{23} \\ a_{31} & a_{32} & a_{33} \end{pmatrix}$의 여인수를 구하고 라플라스 전개로부터 행렬식을 모두 구하고 비교하라.

[풀이]

여인수의 정의 $C_{ij}=(-1)^{i+j}M_{ij}$와 소 행렬식 정의로부터

$$C_{11}=(-1)^{1+1}M_{11}=+\begin{vmatrix} a_{22} & a_{23} \\ a_{32} & a_{33} \end{vmatrix}=+a_{22}a_{33}-a_{23}a_{32},$$

$$C_{12}=(-1)^{1+2}M_{12}=-\begin{vmatrix} a_{21} & a_{23} \\ a_{31} & a_{33} \end{vmatrix}=-(a_{21}a_{33}-a_{23}a_{31}),$$

$$C_{13}=(-1)^{1+3}M_{13}=+\begin{vmatrix} a_{21} & a_{22} \\ a_{31} & a_{32} \end{vmatrix}=+a_{21}a_{32}-a_{22}a_{31},$$

$$C_{21}=(-1)^{2+1}M_{21}=-\begin{vmatrix} a_{12} & a_{13} \\ a_{32} & a_{33} \end{vmatrix}=-(a_{12}a_{33}-a_{13}a_{32}),$$

$$\vdots$$

$$C_{33}=(-1)^{3+3}M_{33}=+\begin{vmatrix} a_{11} & a_{12} \\ a_{21} & a_{22} \end{vmatrix}=+a_{11}a_{22}-a_{12}a_{21}$$

총 9개의 여인수를 얻는다. 여인수를 이용하여 행렬식을 구하는 방법은 1행, 2행, 3행, 1열, 2열 또는 3열 여인수 전개 등을 사용하면 총 6개의 방법이 있다.

i행의 여인수 전개에 의한 행렬식

$$\det(A)=\begin{vmatrix} a_{11} & a_{12} & a_{13} \\ a_{21} & a_{22} & a_{23} \\ a_{31} & a_{32} & a_{33} \end{vmatrix}=a_{11}C_{11}+a_{12}C_{12}+a_{13}C_{13} \Leftarrow \text{1행 전개}$$

$$\det(A)=\begin{vmatrix} a_{11} & a_{12} & a_{13} \\ a_{21} & a_{22} & a_{23} \\ a_{31} & a_{32} & a_{33} \end{vmatrix}=a_{21}C_{21}+a_{22}C_{22}+a_{23}C_{23} \Leftarrow \text{2행 전개}$$

$$\det(A)=\begin{vmatrix} a_{11} & a_{12} & a_{13} \\ a_{21} & a_{22} & a_{23} \\ a_{31} & a_{32} & a_{33} \end{vmatrix}=a_{31}C_{31}+a_{32}C_{32}+a_{33}C_{33} \Leftarrow \text{3행 전개}$$

*j*열의 여인수 전개에 의한 행렬식

$$\det(A)=\begin{vmatrix} a_{11} & a_{12} & a_{13} \\ a_{21} & a_{22} & a_{23} \\ a_{31} & a_{32} & a_{33} \end{vmatrix}=a_{11}C_{11}+a_{21}C_{21}+a_{31}C_{31} \Leftarrow 1\text{열 전개}$$

$$\det(A)=\begin{vmatrix} a_{11} & a_{12} & a_{13} \\ a_{21} & a_{22} & a_{23} \\ a_{31} & a_{32} & a_{33} \end{vmatrix}=a_{12}C_{12}+a_{22}C_{22}+a_{32}C_{32} \Leftarrow 2\text{열 전개}$$

$$\det(A)=\begin{vmatrix} a_{11} & a_{12} & a_{13} \\ a_{21} & a_{22} & a_{23} \\ a_{31} & a_{32} & a_{33} \end{vmatrix}=a_{13}C_{13}+a_{23}C_{23}+a_{33}C_{33} \Leftarrow 3\text{열 전개}$$

이 가운데 어떤 방법으로 행렬식을 구하여도 Sarrus 규칙으로 구한 결과와 같음을 알 수 있다. 1행 여인수 전개를 예를 들면 행렬식은 다음과 같다.

1행 여인수 전개에 의한 방법

$$\det(A)=\begin{vmatrix} a_{11} & a_{12} & a_{13} \\ a_{21} & a_{22} & a_{23} \\ a_{31} & a_{32} & a_{33} \end{vmatrix}=a_{11}C_{11}+a_{12}C_{12}+a_{13}C_{13}$$

$$=a_{11}\begin{vmatrix} a_{22} & a_{23} \\ a_{32} & a_{33} \end{vmatrix}-a_{12}\begin{vmatrix} a_{21} & a_{23} \\ a_{31} & a_{33} \end{vmatrix}+a_{13}\begin{vmatrix} a_{21} & a_{22} \\ a_{31} & a_{32} \end{vmatrix}$$

$$=a_{11}(a_{22}a_{33}-a_{23}a_{32})+a_{12}(a_{23}a_{31}-a_{21}a_{33})+a_{13}(a_{21}a_{32}-a_{22}a_{31})$$

이 결과는 Sarrus 규칙으로 구한 행렬식과 같다. ■

- **행렬식의 특성** (properties of determinants)

$n \times n$ 행렬 A에 대한 행렬식은 다음과 같은 다양한 특성을 갖는다.

1. 전치 행렬 (transpose matrix) A^T의 행렬식과 행렬식 $\det(A)$는 같다.
   즉, $\det(A^T) = \det(A)$.

2. 행렬 A의 임의의 두 행 또는 두 열이 같으면 $\det(A) = 0$이다.

3. 행렬 A의 임의의 한 행 또는 한 열이 모두 0이면 $\det(A) = 0$이다.

4. 행렬 A의 임의의 두 행 또는 두 열을 맞바꾼 (interchanging) 행렬을
   B라 하면 $\det(B) = -\det(A)$와 같다.

5. 행렬 A의 임의의 한 행 또는 한 열에 0이 아닌 상수 $c(\neq 0)$를 곱한
   행렬을 B라 하면 $\det(B) = c\det(A)$와 같다.

6. 두 $n \times n$ 행렬 A와 B에 대해 $\det(AB) = \det(A)\det(B)$이다.
   즉, 두 행렬의 곱 AB의 행렬식 $|AB|$은 두 행렬식의 곱 $|A||B|$와 같다.

7. 행렬 A의 한 행 (또는 한 열)에 0이 아닌 상수 $k(\neq 0)$를 곱한 후
   다른 행 (또는 열)에 더하여도 행렬식은 같다.

8. 행렬 A의 스칼라 곱 (scalar multiple of matrix) kA $(k \neq 0)$의 행렬식은
   $|kA| = k^n|A|$ 이다.

행렬식의 여러 특성에 대한 일반적인 증명은 생략하고 가장 간단한 2×2 행렬에 대한 예제를 풀어서 행렬식의 특성을 이해하자.

1. 전치 행렬 (transpose matrix) A^T의 행렬식과 행렬식 $\det(A)$는 같다.
   즉, $\det(A^T) = \det(A)$.

> **[예제 4.17]** $A = \begin{pmatrix} a_{11} & a_{12} \\ a_{21} & a_{22} \end{pmatrix}$와 전치 행렬 A^T의 행렬식이 같음을 보여라.

[풀이]

$$A = \begin{pmatrix} a_{11} & a_{12} \\ a_{21} & a_{22} \end{pmatrix} \Rightarrow |A| = a_{11}a_{22} - a_{12}a_{21}$$

$$A^T = \begin{pmatrix} a_{11} & a_{21} \\ a_{12} & a_{22} \end{pmatrix} \Rightarrow |A^T| = a_{11}a_{22} - a_{21}a_{12}$$

$$\therefore |A^T| = |A|.$$

■

2. $n \times n$ 행렬 A의 임의의 두 행 또는 두 열이 같으면 $\det(A) = 0$이다.

> **[예제 4.18]** 1행과 2행이 같은 $A = \begin{pmatrix} a & b \\ a & b \end{pmatrix}$의 행렬식을 구하라.

[풀이]

$$\det(A) = \begin{vmatrix} a & b \\ a & b \end{vmatrix} = ab - ba = 0.$$

■

3. 행렬 A의 임의의 한 행 또는 한 열이 모두 0이면 $\det(A) = 0$이다.

> **[예제 4.19]** 2행이 모두 0인 $A = \begin{pmatrix} a & b \\ 0 & 0 \end{pmatrix}$의 행렬식을 구하라.

[풀이] $\det(A) = \begin{vmatrix} a & b \\ 0 & 0 \end{vmatrix} = a \cdot 0 - b \cdot 0 = 0.$ ■

4. 행렬 A의 임의의 두 행 또는 두 열을 맞바꾼 (interchanging) 행렬을 B라 하면 $\det(B)=-\det(A)$와 같다.

[**예제 4.20**] 두 행을 맞바꾼 행렬 $A=\begin{pmatrix} a & b \\ c & d \end{pmatrix}$와 $B=\begin{pmatrix} c & d \\ a & b \end{pmatrix}$의 행렬식을 구하고 $\lvert B\rvert=-\lvert A\rvert$임을 보여라.

[**풀이**]

$$A=\begin{pmatrix} a & b \\ c & d \end{pmatrix} \Rightarrow \lvert A\rvert = ad-bc$$

$$B=\begin{pmatrix} c & d \\ a & b \end{pmatrix} \Rightarrow \lvert B\rvert = bc-ad=-\lvert A\rvert$$

$$\therefore \lvert B\rvert=-\lvert A\rvert.$$

■

5. 행렬 A의 임의의 한 행 또는 한 열에 0이 아닌 상수 $c(\neq 0)$를 곱한 행렬을 B라 하면 $\det(B)=c\det(A)$와 같다.

[**증명**]

$n\times n$ 행렬 A를 i행에 대해 여인수 전개하면 행렬식 $\det(A)$는

$$\det(A)=a_{i1}C_{i1}+a_{i2}C_{i2}+\cdots+a_{in}C_{in}$$

이다. $n\times n$ 행렬 A의 i행에 0 이 아닌 상수 $c(\neq 0)$를 곱한 행렬을 B라 하면 i행에 대해 행렬 B를 여인수 전개하면 행렬식 $\det(B)$는 다음과 같다.

$$\begin{aligned}\det(B) &= (ca_{i1})C_{i1} + (ca_{i2})C_{i2} + \cdots + (ca_{in})C_{in} \\ &= c(a_{i1}C_{i1} + a_{i2}C_{i2} + \ + a_{in}C_{in}) \\ &\equiv c\det(A).\end{aligned}$$

■

6\. 두 $n \times n$ 행렬 A와 B에 대해 $\det(AB) = \det(A)\det(B)$이다.
즉, 두 행렬의 곱 AB의 행렬식 $|AB|$는 두 행렬식의 곱 $|A||B|$와 같다.

> **[예제 4.21]** 두 행렬 $A = \begin{pmatrix} a & b \\ c & d \end{pmatrix}$와 $B = \begin{pmatrix} e & f \\ g & h \end{pmatrix}$가 있다.
> (1) $\det(AB) = \det(A)\det(B)$ 임을 보여라.
> (2) $\det(A+B) \neq \det(A) + \det(B)$가 되는 조건을 구하라.

[풀이]

(1) $AB = \begin{pmatrix} a & b \\ c & d \end{pmatrix}\begin{pmatrix} e & f \\ g & h \end{pmatrix} = \begin{pmatrix} ae+bg & af+bh \\ ce+dg & cf+dh \end{pmatrix}$

$\Rightarrow \det(AB) = (ae+bg)(cf+dh) - (af+bh)(ce+dg)$

$\Rightarrow \det(A) = ad - bc$
$\quad \det(B) = eh - fg$

$\Rightarrow \det(A)\det(B) = (ad-bc)(eh-fg)$

$$\begin{aligned}\Rightarrow \det(AB) &= aecf + aedh + bgcf + bgdh \\ &\quad - (afce + afdg + bhce + bhdg) \\ &= aedh - afdg + bgcf - bhce \\ &= ad(eh-fg) + bc(fg-eh) \\ &= ad\det(B) - bc\det(B) \\ &= (ad-bc)\det(B) = \det(A)\det(B)\end{aligned}$$

$\therefore \ \det(AB) = \det(A)\det(B)$

(2) $A+B=\begin{pmatrix} a & b \\ c & d \end{pmatrix}+\begin{pmatrix} e & f \\ g & h \end{pmatrix}=\begin{pmatrix} a+e & b+f \\ c+g & d+h \end{pmatrix}$

$$\begin{aligned}\Rightarrow \det(A+B) &= (a+e)(d+h)-(b+f)(c+g) \\ &= ad+ah+ed+eh-(bc+bg+fc+fg) \\ &= (ad-bc)+(eh-fg)+ah+ed-(bg+fc) \\ &= \det(A)+\det(B)+ah+ed-(bg+fc)\end{aligned}$$

$\therefore\ ah+ed-(bg+fc)\neq 0$ 인 경우 $\det(A+B)\neq\det(A)+\det(B)$ 가 된다.

■

※ **[주의]**: 일반적으로 행렬식의 6번의 특성과 달리 $\det(A+B)\neq\det(A)+\det(B)$ 이다.

7. 행렬 A의 한 행 (또는 한 열)에 0이 아닌 상수 $k(\neq 0)$를 곱한 후 다른 행 (또는 열)에 더하여도 행렬식은 같다.

> **[예제 4.22]** 행렬 $A=\begin{pmatrix} a & b \\ c & d \end{pmatrix}$의 1행에 상수 $k_1(\neq 0)$을 곱한 행을 2행에 더한 행렬은 $B_1=\begin{pmatrix} a & b \\ c+k_1a & d+k_1b \end{pmatrix}$이다. 행렬 A의 2열에 상수 $k_2(\neq 0)$를 곱한 열을 1열에 더한 행렬은 $B_2=\begin{pmatrix} a+k_2b & b \\ c+k_2d & d \end{pmatrix}$이다.
> $\det(A)=\det(B_1)=\det(B_2)$임을 보여라.

[풀이]

$A=\begin{pmatrix} a & b \\ c & d \end{pmatrix}\Rightarrow |A|=ad-bc$

$B_1=\begin{pmatrix} a & b \\ c+k_1a & d+k_1b \end{pmatrix}$

$$\Rightarrow |B_1| = \det\begin{pmatrix} a & b \\ c+k_1 a & d+k_1 b \end{pmatrix} = a(d+k_1 b) - b(c+k_1\ a)$$
$$= ad - bc = |A|$$

$$B_2 = \begin{pmatrix} a+k_2 b & b \\ c+k_2 d & d \end{pmatrix}$$

$$\Rightarrow |B_2| = \begin{vmatrix} a+k_2 b & b \\ c+k_2 d & d \end{vmatrix} = (a+k_2 b)d - b(c+k_2 d)$$
$$= ad - bc = |A|$$

$$\therefore\ |B_1| = |B_2| = |A|.$$

■

8. 행렬 A의 스칼라 곱 (scalar multiple of matrix) kA $(k \neq 0)$의 행렬식은 $|kA| = k^n |A|$ 이다.

> **[예제 4.23]** 2×2 행렬 $A = \begin{pmatrix} a & b \\ c & d \end{pmatrix}$의 스칼라 곱 $kA = \begin{pmatrix} ka & kb \\ kc & kd \end{pmatrix}$, $(k \neq 0)$의 행렬식 $|kA|$를 구하라.

[풀이]

$$kA = \begin{pmatrix} ka & kb \\ kc & kd \end{pmatrix}$$

$$\Rightarrow |kA| = \begin{vmatrix} ka & kb \\ kc & kd \end{vmatrix} = (ka)(kd) - (kb)(kc) = k^2(ad-bc) = k^2|A|.$$

즉, 2×2 행렬은 $n=2$ 이므로 $|kA| = k^2|A|$ 이다.

■

지금까지 살펴본 행렬식의 8개의 특성을 2×2 행렬의 예제뿐만 아니라 임의의 $n\times n$ 행렬의 행렬식에도 적용할 수 있다.

4.3 역행렬 (逆行列; Inverse of Square Matrix)

실수 계 (real number system)에서 0이 아닌 실수 a에 대하여 $ab=ba=1$를 만족하는 실수 b가 존재할 때, b를 실수 a의 역수 (multiplicative inverse of a)라 하며 $b=a^{-1}=\dfrac{1}{a}$로 나타낸다. 즉, 실수 a가 $a\neq 0$인 경우에만 a의 역수가 존재한다.

비특이 행렬과 특이 행렬:
$n\times n$ 행렬 A에 대해 행렬식이 $\det(A)=\|A\|\neq 0$ 인 행렬 A를 비특이 행렬 (non-singular matrix)라 하며 $\det(A)=\|A\|=0$ 인 행렬을 특이 행렬 (singular matrix)라 한다. 즉, $$\det(A)=\|A\|\begin{cases}\neq 0 & :\text{비특이 행렬}\\ =0 & :\text{특이 행렬}\end{cases}$$

비특이 행렬 A에 대해 $AB=BA=I$ (I : $n\times n$ 단위행렬)을 만족하는 $n\times n$ 행렬 B가 존재할 때 행렬 B를 행렬 A의 역행렬 (inverse matrix of A)이라 하며 $B\equiv A^{-1}$로 나타낸다. 즉, 비특이 행렬 A인 경우에만 역행렬 $B\equiv A^{-1}$가 존재한다.

[**주의**]: 실수 계의 역수와 달리, 역행렬 A^{-1}는 $A^{-1}\neq\dfrac{1}{A}$ 임을 주의하자.

[**예제 4.24**] 행렬 $A=\begin{pmatrix}a & b\\ 0 & 0\end{pmatrix}$의 역행렬 $B=A^{-1}=\begin{pmatrix}e & f\\ g & h\end{pmatrix}$가 존재하는지 보여라.

[**풀이**] 역행렬 $B=A^{-1}=\begin{pmatrix}e & f\\ g & h\end{pmatrix}$ 가 존재하면 $AB=BA=I$를 만족한다.

$$\Rightarrow AB=\begin{pmatrix}a & b\\ 0 & 0\end{pmatrix}\begin{pmatrix}e & f\\ g & h\end{pmatrix}=\begin{pmatrix}ae+bg & af+bh\\ 0 & 0\end{pmatrix}\neq I=\begin{pmatrix}1 & 0\\ 0 & 1\end{pmatrix}$$

이므로 역행렬이 존재하지 않으며 행렬 A는 특이 행렬이다. ■

- **여인수 행렬** (cofactor matrix)

그림 4.10과 같이 $n \times n$ 행렬 A의 여인수 $C_{ij} = (-1)^{i+j} M_{ij}$를 행렬 요소로 하는 $n \times n$ 행렬을 여인수 행렬 $Cof(A)$라 한다.

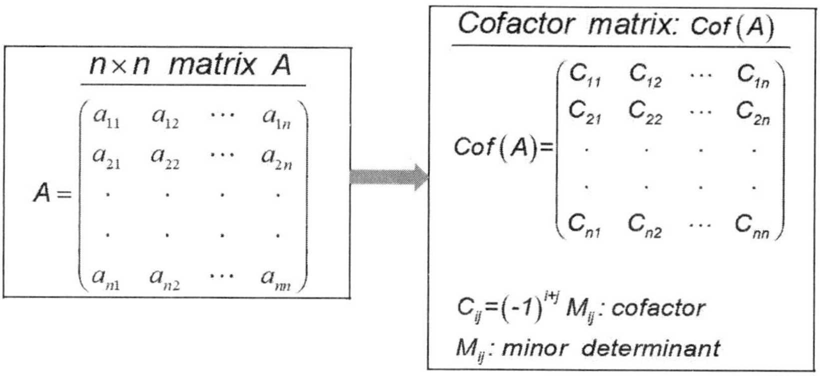

그림 4.10 $n \times n$ 행렬 A와 여인수 행렬 $Cof(A)$.

- **수반 행렬** (隨伴 行列; adjoint matrix)

그림 4.11과 같이 $n \times n$ 행렬 A의 여인수 행렬의 전치 행렬 (轉置 行列; transpose matrix)을 수반 행렬 (adjoint matrix) $Adj(A)$라 한다.

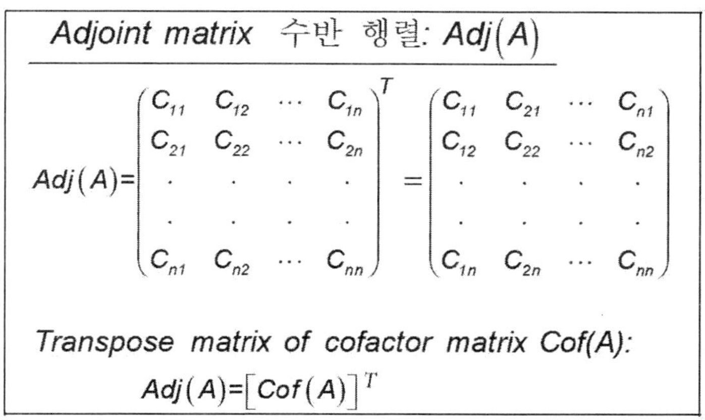

그림 4.11 수반 행렬 $Adj(A)$의 정의.

- **자기(자체) 수반 행렬 (自己 (自體) 隨伴 行列; self-adjoint matrix)**

$n \times n$ 행렬 A의 수반 행렬 (adjoint matrix) $Adj(A)$가 원래 행렬 A와 같은 경우, 즉, $Adj(A) = A$이 경우 A를 자체 (또는 자기) 수반 행렬이라 한다.

> **[예제 4.25]** 2×2 행렬 $A = \begin{pmatrix} a_{11} & a_{12} \\ a_{21} & a_{22} \end{pmatrix}$가 있다.
>
> (1) 여인수 행렬과 수반 행렬을 구하라.
>
> (2) 자기 수반 행렬이 되는 조건과 행렬 A을 구하라.

[풀이]

(1) $A = \begin{pmatrix} a_{11} & a_{12} \\ a_{21} & a_{22} \end{pmatrix}$의 여인수는

$$\begin{aligned} C_{11} &= (-1)^{1+1} M_{11} = + a_{22} \\ C_{12} &= (-1)^{1+2} M_{12} = - a_{21} \\ C_{21} &= (-1)^{2+1} M_{21} = - a_{12} \\ C_{22} &= (-1)^{2+2} M_{22} = + a_{11} \end{aligned}$$

이므로 여인수 행렬 $Cof(A)$는

$$Cof(A) = \begin{pmatrix} C_{11} & C_{12} \\ C_{21} & C_{22} \end{pmatrix} = \begin{pmatrix} a_{22} & -a_{21} \\ -a_{12} & a_{11} \end{pmatrix}$$

가 된다. 따라서 수반 행렬 $Adj(A)$은 $Cof(A)$의 전치 행렬과 같다.

$$\therefore \; Adj(A) = [Cof(A)]^T = \begin{pmatrix} C_{11} & C_{12} \\ C_{21} & C_{22} \end{pmatrix}^T = \begin{pmatrix} a_{22} & -a_{12} \\ -a_{21} & a_{11} \end{pmatrix}$$

(2) 자기 수반 행렬의 조건은 $Adj(A)=A$ 이므로

$$Adj(A)=\begin{pmatrix} a_{22} & -a_{12} \\ -a_{21} & a_{11} \end{pmatrix} \equiv A=\begin{pmatrix} a_{11} & a_{12} \\ a_{21} & a_{22} \end{pmatrix}$$

$$\Rightarrow a_{11}=a_{22}, \quad a_{12}=a_{21}=0$$

$$\Rightarrow \therefore \boxed{A=a_{11}\begin{pmatrix} 1 & 0 \\ 0 & 1 \end{pmatrix}=a_{11}I=a_{22}I}$$

■

- **역행렬 구하기 (逆行列; Inverse matrix)**

역행렬은 뒤에서 다루는 선형 연립 방정식의 해를 구하거나 고유치 문제 등 행렬 연산과 응용에 매우 중요한 공식이므로 잘 이해할 필요가 있다.

$n\times n$ 행렬 A가 비특이 행렬 $\det(A)=|A|\neq 0$ 인 경우 역행렬은 다음과 같이 주어진다.[46)]

$$\boxed{A^{-1}=\frac{1}{|A|}Adj(A)=\frac{1}{\det(A)}Adj(A)}$$

[증명]

간단하게 3×3 행렬 A에 대해 증명해보자. $A\,Adj(A)\equiv B$로 두고 연산하면

$$B=A\,Adj(A)=\begin{pmatrix} a_{11} & a_{12} & a_{13} \\ a_{21} & a_{22} & a_{23} \\ a_{31} & a_{32} & a_{33} \end{pmatrix}\begin{pmatrix} C_{11} & C_{21} & C_{31} \\ C_{12} & C_{22} & C_{32} \\ C_{13} & C_{23} & C_{33} \end{pmatrix}$$

$$\equiv\begin{pmatrix} b_{11} & b_{12} & b_{13} \\ b_{21} & b_{22} & b_{23} \\ b_{31} & b_{32} & b_{33} \end{pmatrix}$$

46) $n\times n$ 행렬 A의 역행렬이 존재할 필요충분조건 (necessary and sufficient condition)은 A가 비특이 행렬 (non-singular matrix), 즉, $\det(A)\neq 0$ 이다.

여기서, 대각선 성분들은

$$b_{11} = a_{11}C_{11} + a_{12}C_{12} + a_{13}C_{13} \equiv \det(A) \Leftarrow 1\text{행 여인수 전개}$$

$$b_{22} = a_{21}C_{21} + a_{22}C_{22} + a_{23}C_{23} \equiv \det(A) \Leftarrow 2\text{행 여인수 전개}$$

$$b_{33} = a_{31}C_{31} + a_{32}C_{32} + a_{33}C_{33} \equiv \det(A) \Leftarrow 3\text{행 여인수 전개}$$

이며 모두 행렬식 $\det(A) = |A|$ 와 같다.

반면에 비대각선 성분 (off-diagonal elements) b_{ij} $(i \neq j)$는 모두 0이 된다. 행렬식의 라플라스 전개와 예제 4.15에서 살펴본 바와 같이 i 행의 행렬 요소 $(a_{i1}, a_{i2}, \cdots, a_{in})$에 j $(i \neq j)$ 행의 여인수 $(C_{j1}, C_{j2}, \cdots, C_{jn})$를 각각 곱하여 모두 더하면

$$b_{ij} \equiv a_{i1}C_{j1} + a_{i2}C_{j2} + a_{i3}C_{j3} = \sum_{k=1}^{3} a_{ik}C_{jk} = 0, \quad (i \neq j)$$

이 된다. 따라서

$$B = A\,Adj(A) \equiv \begin{pmatrix} b_{11} & b_{12} & b_{13} \\ b_{21} & b_{22} & b_{23} \\ b_{31} & b_{32} & b_{33} \end{pmatrix} = \begin{pmatrix} \det(A) & 0 & 0 \\ 0 & \det(A) & 0 \\ 0 & 0 & \det(A) \end{pmatrix}$$

$$= \det(A)\begin{pmatrix} 1 & 0 & 0 \\ 0 & 1 & 0 \\ 0 & 0 & 1 \end{pmatrix} \equiv \det(A)I$$

$\det(A)$는 상수 (스칼라)이므로 양변에 $\dfrac{A^{-1}}{\det(A)}$을 곱하여 연산하면

$$\text{좌변} = \frac{A^{-1}}{\det(A)}B = \frac{A^{-1}A}{\det(A)}Adj(A) = \frac{1}{\det(A)}Adj(A)$$

$$\text{우변} = A^{-1}I = A^{-1}$$

$$\therefore \quad \boxed{A^{-1} = \frac{1}{\det(A)}Adj(A)}$$

■

[**예제 4.26**] 비특이 행렬 (non-singular matrix) $A=\begin{pmatrix} a_{11} & a_{12} \\ a_{21} & a_{22} \end{pmatrix}$가 있다.

(1) 역행렬 A^{-1}를 구하라.

(2) $AA^{-1}=A^{-1}A=I$ 임을 보여라. 단, I는 2×2 단위행렬이다.

[**풀이**]

(1) 예제 4.25의 결과를 이용하면 수반 행렬과 행렬식은 각각

$$Adj(A)=[Cof(A)]^T=\begin{pmatrix} C_{11} & C_{12} \\ C_{21} & C_{22} \end{pmatrix}^T=\begin{pmatrix} a_{22} & -a_{12} \\ -a_{21} & a_{11} \end{pmatrix}$$

$$\det(A)=a_{11}a_{22}-a_{12}a_{21}$$

이다. 역행렬의 공식을 사용하면

$$\therefore\ A^{-1}=\frac{Adj(A)}{\det(A)}=\frac{1}{a_{11}a_{22}-a_{12}a_{21}}\begin{pmatrix} a_{22} & -a_{12} \\ -a_{21} & a_{11} \end{pmatrix}$$

(2) $$\begin{aligned} AA^{-1}&=\frac{1}{a_{11}a_{22}-a_{12}a_{21}}\begin{pmatrix} a_{11} & a_{12} \\ a_{21} & a_{22} \end{pmatrix}\begin{pmatrix} a_{22} & -a_{12} \\ -a_{21} & a_{11} \end{pmatrix} \\ &=\frac{1}{a_{11}a_{22}-a_{12}a_{21}}\begin{pmatrix} a_{11}a_{22}-a_{12}a_{21} & -a_{11}a_{12}+a_{12}a_{11} \\ a_{21}a_{22}-a_{22}a_{21} & a_{11}a_{22}-a_{12}a_{21} \end{pmatrix} \\ &=\begin{pmatrix} 1 & 0 \\ 0 & 1 \end{pmatrix}=I \end{aligned}$$

같은 방법으로

$$\begin{aligned} A^{-1}A&=\frac{1}{a_{11}a_{22}-a_{12}a_{21}}\begin{pmatrix} a_{22} & -a_{12} \\ -a_{21} & a_{11} \end{pmatrix}\begin{pmatrix} a_{11} & a_{12} \\ a_{21} & a_{22} \end{pmatrix} \\ &=\frac{1}{a_{11}a_{22}-a_{12}a_{21}}\begin{pmatrix} a_{22}a_{11}-a_{12}a_{21} & a_{22}a_{12}-a_{12}a_{22} \\ -a_{21}a_{11}+a_{11}a_{21} & -a_{12}a_{21}+a_{11}a_{22} \end{pmatrix} \\ &=\begin{pmatrix} 1 & 0 \\ 0 & 1 \end{pmatrix}=I \end{aligned}$$

$$\therefore AA^{-1}=A^{-1}A=I$$

■

[예제 4.27] $A=\begin{pmatrix}1&2&3\\4&5&6\\7&8&9\end{pmatrix}$의 역행렬 A^{-1}를 구하라.

[풀이]

$$|A| = 1\begin{vmatrix}5&6\\8&9\end{vmatrix} - 2\begin{vmatrix}4&6\\7&9\end{vmatrix} + 3\begin{vmatrix}4&5\\7&8\end{vmatrix}$$

$$= (45-48) - 2(36-42) + 3(32-35) = 0$$

이므로 행렬 A는 특이 행렬이다.

따라서 역행렬 A^{-1}는 존재하지 않는다. ■

[예제 4.28] 대각 행렬 (diagonal matrix) $A=\begin{pmatrix}a&0&0\\0&b&0\\0&0&c\end{pmatrix}$, $(abc\neq 0)$의

역행렬 A^{-1}를 구하고 $AA^{-1}=A^{-1}A=I$ 임을 보여라.

[풀이] $|A|=\begin{vmatrix}a&0&0\\0&b&0\\0&0&c\end{vmatrix}=abc\,(\neq 0)$ 이므로 비특이 행렬이다. 여인수를 구하면

$$C_{11}=+\begin{vmatrix}b&0\\0&c\end{vmatrix}=bc,\quad C_{12}=-\begin{vmatrix}0&0\\0&c\end{vmatrix}=0,\quad C_{13}=+\begin{vmatrix}0&b\\0&0\end{vmatrix}=0$$
$$C_{21}=-\begin{vmatrix}0&0\\0&c\end{vmatrix}=0,\quad C_{22}=+\begin{vmatrix}a&0\\0&c\end{vmatrix}=ac,\quad C_{23}=-\begin{vmatrix}a&0\\0&0\end{vmatrix}=0$$
$$C_{31}=+\begin{vmatrix}0&0\\b&0\end{vmatrix}=0,\quad C_{32}=-\begin{vmatrix}a&0\\0&0\end{vmatrix}=0,\quad C_{33}=+\begin{vmatrix}a&0\\0&b\end{vmatrix}=ab$$

이므로 수반 행렬 $Adj(A)$은

$$\therefore\ Adj(A)=Cof(A)^T=\begin{pmatrix}C_{11}&C_{21}&C_{31}\\C_{12}&C_{22}&C_{32}\\C_{13}&C_{23}&C_{33}\end{pmatrix}=\begin{pmatrix}bc&0&0\\0&ac&0\\0&0&ab\end{pmatrix}$$

$$\therefore\ A^{-1} = \frac{Adj(A)}{\det(A)} = \frac{1}{abc}\begin{pmatrix} bc & 0 & 0 \\ 0 & ac & 0 \\ 0 & 0 & ab \end{pmatrix} = \begin{pmatrix} \frac{1}{a} & 0 & 0 \\ 0 & \frac{1}{b} & 0 \\ 0 & 0 & \frac{1}{c} \end{pmatrix}$$

$$\Rightarrow AA^{-1} = \begin{pmatrix} a & 0 & 0 \\ 0 & b & 0 \\ 0 & 0 & c \end{pmatrix}\begin{pmatrix} \frac{1}{a} & 0 & 0 \\ 0 & \frac{1}{b} & 0 \\ 0 & 0 & \frac{1}{c} \end{pmatrix} = \begin{pmatrix} 1 & 0 & 0 \\ 0 & 1 & 0 \\ 0 & 0 & 1 \end{pmatrix} = I$$

$$\Rightarrow A^{-1}A = \begin{pmatrix} \frac{1}{a} & 0 & 0 \\ 0 & \frac{1}{b} & 0 \\ 0 & 0 & \frac{1}{c} \end{pmatrix}\begin{pmatrix} a & 0 & 0 \\ 0 & b & 0 \\ 0 & 0 & c \end{pmatrix} = \begin{pmatrix} 1 & 0 & 0 \\ 0 & 1 & 0 \\ 0 & 0 & 1 \end{pmatrix} = I$$

$$\therefore AA^{-1} = A^{-1}A = I$$

■

- **역행렬의 특성**

$n \times n$ 행렬 A, B가 비특이 행렬 (non-singular matrices)일 때 역행렬은 다음의 특성들을 만족한다.

(1) $(A^{-1})^{-1} = A$

(2) $(AB)^{-1} = B^{-1}A^{-1}$

(3) $(A^T)^{-1} = (A^{-1})^T$

[증명]

(1) $(A^{-1})^{-1} = A$:

비특이 행렬 A의 역행렬을 $A^{-1} = B$라 두면

$$AA^{-1} = A^{-1}A = I \Rightarrow AB = BA = I \quad (\because A^{-1} = B)$$

한편, 위의 관계식에 두 행렬의 곱에 대한 행렬식 특성

$$\det(AB) = \det(A)\det(B)$$

을 이용하면 $AB = I \Rightarrow \det(I) = 1$이므로 $\det(AB) = \det(A)\det(B) = 1$이 된다. 따라서 $\det(B) \neq 0$이며 행렬 B 역시 비특이 행렬이므로 역행렬 B^{-1}가 존재한다. 이제,

$$BB^{-1} = I \Rightarrow A^{-1}B^{-1} = I \quad (\because A^{-1} = B)$$

이므로 양변의 왼쪽에 A를 곱하여 연산하면

좌변 $= AA^{-1}B^{-1} = IB^{-1} = B^{-1}$

우변 $= AI = A$

이므로 $B^{-1} = A$이다. $B = A^{-1}$를 대입하면

$$\therefore\ (A^{-1})^{-1} = A$$

<u>(2) $(AB)^{-1} = B^{-1}A^{-1}$:</u>

$(AB)^{-1}$는 (AB)의 역행렬이므로

$$(AB)(AB)^{-1} = I$$

이다. 양변의 왼쪽에 A^{-1}를 곱하고 결합 법칙 $A(BC) = (AB)C$를 적용하면

$A^{-1}(AB)(AB)^{-1} = A^{-1}I$

$\Rightarrow$ 좌변 $= A^{-1}(AB)(AB)^{-1} = (A^{-1}A)B(AB)^{-1}$

$= IB(AB)^{-1} = B(AB)^{-1}$

우변 $= A^{-1}I = A^{-1}$

$\Rightarrow B(AB)^{-1} = A^{-1}$

위 식 양변의 왼쪽에 B^{-1}를 곱하고 연산하면

좌변 $= B^{-1}B(AB)^{-1} = I(AB)^{-1} = (AB)^{-1}$

우변 $= B^{-1}A^{-1}$

$$\therefore\ (AB)^{-1} = B^{-1}A^{-1}$$

(3) $(A^T)^{-1} = (A^{-1})^T$:

간단히 2×2 비특이 행렬 $A = \begin{pmatrix} a_{11} & a_{12} \\ a_{21} & a_{22} \end{pmatrix}$에 대해 증명하자.

좌변의 $(A^T)^{-1}$를 먼저 계산하자.

$$A^T = \begin{pmatrix} a_{11} & a_{21} \\ a_{12} & a_{22} \end{pmatrix} \Rightarrow |A^T| = a_{11}a_{22} - a_{12}a_{21} \equiv |A|$$

$$\Rightarrow C_{11} = a_{22},\ C_{12} = -a_{12},\ C_{21} = -a_{21},\ C_{22} = a_{11}$$

$$Cof(A^T) = \begin{pmatrix} a_{22} & -a_{12} \\ -a_{21} & a_{11} \end{pmatrix}$$

$$\Rightarrow Adj(A^T) = \begin{pmatrix} a_{22} & -a_{21} \\ -a_{12} & a_{11} \end{pmatrix}$$

$$\therefore\ (A^T)^{-1} = \frac{Adj(A)}{|A|} = \begin{pmatrix} \dfrac{a_{22}}{|A|} & -\dfrac{a_{21}}{|A|} \\ -\dfrac{a_{12}}{|A|} & \dfrac{a_{11}}{|A|} \end{pmatrix}$$

한편, 우변의 $(A^{-1})^T$을 계산하면

$$A^{-1} = \frac{1}{a_{11}a_{22} - a_{12}a_{21}} \begin{pmatrix} a_{22} & -a_{12} \\ -a_{21} & a_{11} \end{pmatrix} = \begin{pmatrix} \dfrac{a_{22}}{|A|} & -\dfrac{a_{12}}{|A|} \\ -\dfrac{a_{21}}{|A|} & \dfrac{a_{11}}{|A|} \end{pmatrix}$$

$$\therefore\ (A^{-1})^T = \begin{pmatrix} \dfrac{a_{22}}{|A|} & -\dfrac{a_{21}}{|A|} \\ -\dfrac{a_{12}}{|A|} & \dfrac{a_{11}}{|A|} \end{pmatrix}$$

이다.

$$\therefore\ (A^T)^{-1} = (A^{-1})^T$$

■

4.4 연립 선형 방정식 (聯立 線型 方程式; Simultaneous Linear Equations)

4.3절에서 다룬 행렬식과 역행렬은 연립 선형 방정식의 해를 구하는 데 유용하게 사용된다. n 개의 미지수 (unknowns) $x_1, x_2, \cdots, x_n$ 으로 구성된 n 개의 연립 선형 방정식을 생각하자.

$$\begin{aligned} a_{11}x_1 + a_{12}x_2 + \cdots + a_{1n}x_n &= b_1 \\ a_{21}x_1 + a_{22}x_2 + \cdots + a_{2n}x_n &= b_2 \\ &\vdots \\ a_{n1}x_1 + a_{n2}x_2 + \cdots + a_{nn}x_n &= b_n \end{aligned}$$

여기서, $a_{ij}\,(i, j = 1, 2, \cdots, n)$는 계수 (coefficients)이며 우변의 $b_k\ (k = 1, 2, \cdots, n)$는 상수이다. 위의 n 개의 연립 선형 방정식을 행렬 형태 (matrix form)의 방정식으로 나타내면 편리하다. 즉, 행렬 방정식은 다음과 같이 표현할 수 있다.

$$\boxed{AX = B}$$

$$A = \begin{pmatrix} a_{11} & a_{12} & \cdots & a_{1n} \\ a_{21} & a_{22} & \cdots & a_{2n} \\ \cdots & \cdots & \cdots & \cdots \\ a_{n1} & a_{n2} & \cdots & a_{nn} \end{pmatrix}$$

$$\boldsymbol{X} = \begin{pmatrix} x_1 \\ x_2 \\ \vdots \\ x_n \end{pmatrix}, \qquad \boldsymbol{B} = \begin{pmatrix} b_1 \\ b_2 \\ \vdots \\ b_n \end{pmatrix}$$

여기서 행렬 A는 n^2 개의 계수 $a_{ij}\,(i, j = 1, 2, \cdots, n)$로 구성된 $n \times n$ 행렬이며, 열벡터 (column vector) $\boldsymbol{X}$와 $\boldsymbol{B}$ 는 각각 n 개의 미지수 $x_1, x_2, \cdots, x_n$과 상수 $b_1, b_2, \cdots, b_n$로 구성한 $n \times 1$ 열벡터이다.

행렬 방정식 (matrix equation) $AX = B$ 에서 모든 상수 $b_k = 0$ $(k = 1, 2, \cdots, n)$인 방정식 (즉, $B = 0$)을 제차 (homogeneous) 연립 선형 방정식이라 한다.
그 외의 경우 (즉, 하나 이상의 상수가 $b_k \neq 0 \Rightarrow B \neq 0$)는 비 제차 (non-homogeneous) 연립 선형 방정식이라 한다.

$$AX = B \begin{cases} \neq 0 & : \text{비제차 방정식} \\ = 0 & : \text{제차 방정식} \end{cases}$$

- **비 제차 행렬 방정식의 해**
  (Solution for nonhomogeneous matrix equation)

행렬 A가 비특이 행렬 (non-singular)인 경우,[47] 비 제차 행렬 방정식 $AX = B$ $(B \neq 0)$의 해 X는 양변의 왼쪽에 A^{-1}를 곱하여 연산하면 다음과 같이 주어진다.

$$A^{-1}(AX) = A^{-1}B \quad \Rightarrow (A^{-1}A)X = A^{-1}B$$

$$\Rightarrow \ IX = A^{-1}B$$

$$\therefore \ X = A^{-1}B$$

여기서 행렬 A의 역행렬이 존재할 때 해가 정의됨을 주의한다.

47) 행렬 A가 $\det(A) = |A| \neq 0$인 비특이 행렬일 때만 역행렬이 존재한다.

[예제 4.29] (1) 연립 선형 방정식 $\begin{cases} a_{11}x_1 + a_{12}x_2 = b_1 \\ a_{21}x_1 + a_{22}x_2 = b_2 \end{cases}$ 을 행렬 형태 $AX = B$로 나타내어라. 여기서, $a_{ij}\,(i, j = 1, 2)$는 계수, $b_k\,(k = 1, 2)$는 상수이며 x, y는 미지수이다.

(2) 비 제차 행렬 방정식의 해 $X = \begin{pmatrix} x_1 \\ x_2 \end{pmatrix}$를 구하라.

단, 행렬 A는 비특이 행렬이며 $B \neq 0$로 가정한다.

[풀이]

(1) 선형 연립 방정식을 행렬 방정식 $AX = B$ 로 표현하면 다음과 같다.

$$A = \begin{pmatrix} a_{11} & a_{12} \\ a_{21} & a_{22} \end{pmatrix}, \quad X = \begin{pmatrix} x_1 \\ x_2 \end{pmatrix}, \quad B = \begin{pmatrix} b_1 \\ b_2 \end{pmatrix}$$

(2) 비 제차 행렬 방정식이므로 $B \neq 0$ 이다. 행렬 A는 비특이 행렬이므로 해는 $X = A^{-1}B$ 가 된다. 행렬 A의 역행렬을 구하고 해에 대입하면

$$A^{-1} = \frac{1}{|A|}\begin{pmatrix} a_{22} & -a_{12} \\ -a_{21} & a_{11} \end{pmatrix} = \frac{1}{a_{11}a_{22} - a_{12}a_{21}}\begin{pmatrix} a_{22} & -a_{12} \\ -a_{21} & a_{11} \end{pmatrix}$$

$$\Rightarrow X = A^{-1}B = \frac{1}{a_{11}a_{22} - a_{12}a_{21}}\begin{pmatrix} a_{22} & -a_{12} \\ -a_{21} & a_{11} \end{pmatrix}\begin{pmatrix} b_1 \\ b_2 \end{pmatrix}$$

$$= \frac{1}{a_{11}a_{22} - a_{12}a_{21}}\begin{pmatrix} a_{22}b_1 - a_{12}b_2 \\ a_{11}b_2 - a_{21}b_1 \end{pmatrix} \equiv \begin{pmatrix} x_1 \\ x_2 \end{pmatrix}$$

$$\therefore \; x_1 = \frac{a_{22}b_1 - a_{12}b_2}{a_{11}a_{22} - a_{12}a_{21}}$$

$$x_2 = \frac{a_{11}b_2 - a_{21}b_1}{a_{11}a_{22} - a_{12}a_{21}}$$

■

- **크래머의 공식** (Cramer's Rule)

n 개의 연립 선형 방정식의 해를 구하는 방법을 보다 체계적으로 알아보자. 예제 4.29에서 $n=2$ 개의 연립 선형 방정식 $\begin{cases} a_{11}x_1 + a_{12}x_2 = b_1 \\ a_{21}x_1 + a_{22}x_2 = b_2 \end{cases}$ 의 해는

$$x_1 = \frac{a_{22}b_1 - a_{12}b_2}{a_{11}a_{22} - a_{12}a_{21}}, \quad x_2 = \frac{a_{11}b_2 - a_{21}b_1}{a_{11}a_{22} - a_{12}a_{21}}$$

임을 알았다. 이 해를 행렬식 (determinants) 형태로 나타내보자.

$$x_1 = \frac{a_{22}b_1 - a_{12}b_2}{a_{11}a_{22} - a_{12}a_{21}} = \frac{\begin{vmatrix} b_1 & a_{12} \\ b_2 & a_{22} \end{vmatrix}}{\begin{vmatrix} a_{11} & a_{12} \\ a_{21} & a_{22} \end{vmatrix}} \equiv \frac{|A_1|}{|A|},$$

$$x_2 = \frac{a_{11}b_2 - a_{21}b_1}{a_{11}a_{22} - a_{12}a_{21}} = \frac{\begin{vmatrix} a_{11} & b_1 \\ a_{21} & b_2 \end{vmatrix}}{\begin{vmatrix} a_{11} & a_{12} \\ a_{21} & a_{22} \end{vmatrix}} \equiv \frac{|A_2|}{|A|},$$

여기서 행렬식 $|A_1|$ 과 $|A_2|$ 는 행렬식 $|A|$ 에서 $j\ (=1,\ 2)$ 열을 따라 성분 $a_{1j},\ a_{2j}$ 을 각각 열벡터 $\boldsymbol{B}$ 의 성분 b_1, b_2 로 대체한 행렬식 $|A_j|$ 이다. 즉, $|A_1| = \begin{vmatrix} b_1 & a_{12} \\ b_2 & a_{22} \end{vmatrix}$, $|A_2| = \begin{vmatrix} a_{11} & b_1 \\ a_{21} & b_2 \end{vmatrix}$ 로 주어진다.

이 공식을 **크래머의 공식** (Cramer's rule)이라 한다.

크래머 공식은 n 개의 연립 선형 방정식에도 다음과 같이 확장할 수 있다.

$$\boxed{X = A^{-1}B} \quad \Rightarrow \quad \boxed{x_k = \frac{|A_k|}{|A|}}$$

$$|A_k| = \begin{vmatrix} a_{11} & a_{12} & \cdots & a_{1k-1} & b_1 & a_{1k} & \cdots & a_{1n} \\ a_{21} & a_{22} & \cdots & a_{2k-1} & b_2 & a_{2k} & \cdots & a_{2n} \\ \vdots & \vdots & \cdots & \vdots & \vdots & \vdots & \vdots & \vdots \\ a_{n1} & a_{n2} & \cdots & a_{nk-1} & b_n & a_{nk} & \cdots & a_{nn} \end{vmatrix}$$

[예제 4.30] 미지수가 3개인 연립 방정식 $\begin{cases} a_{11}x_1 + a_{12}x_2 + a_{13}x_3 = b_1 \\ a_{21}x_1 + a_{22}x_2 + a_{23}x_3 = b_2 \\ a_{31}x_1 + a_{32}x_2 + a_{33}x_3 = b_3 \end{cases}$ 을

행렬 방정식 $AX = B$로 나타내고 해 X로부터 크래머의 공식을 유도하라. 단, $|A| \neq 0$ 이다.

[풀이] 행렬 방정식 $AX = B$는

$$\begin{pmatrix} a_{11} & a_{12} & a_{13} \\ a_{21} & a_{22} & a_{23} \\ a_{31} & a_{32} & a_{33} \end{pmatrix}\begin{pmatrix} x_1 \\ x_2 \\ x_3 \end{pmatrix} = \begin{pmatrix} b_1 \\ b_2 \\ b_3 \end{pmatrix}$$

로 주어진다. 해는 $X = A^{-1}B = \dfrac{Adj(A)}{|A|}B = \dfrac{Cof(A)^T}{|A|}B$ 이므로

$$\begin{pmatrix} x_1 \\ x_2 \\ x_3 \end{pmatrix} = \frac{1}{|A|}\begin{pmatrix} C_{11} & C_{12} & C_{13} \\ C_{21} & C_{22} & C_{23} \\ C_{31} & C_{32} & C_{33} \end{pmatrix}^T \begin{pmatrix} b_1 \\ b_2 \\ b_3 \end{pmatrix}$$

$$= \frac{1}{|A|}\begin{pmatrix} C_{11} & C_{21} & C_{31} \\ C_{12} & C_{22} & C_{32} \\ C_{13} & C_{23} & C_{33} \end{pmatrix}\begin{pmatrix} b_1 \\ b_2 \\ b_3 \end{pmatrix} = \frac{1}{|A|}\begin{pmatrix} C_{11}b_1 + C_{21}b_2 + C_{31}b_3 \\ C_{12}b_1 + C_{22}b_2 + C_{32}b_3 \\ C_{13}b_1 + C_{23}b_2 + C_{33}b_3 \end{pmatrix}$$

$$x_1 = \frac{1}{|A|}(C_{11}b_1 + C_{21}b_2 + C_{31}b_3) = \frac{1}{|A|}(b_1M_{11} - b_2M_{21} + b_3M_{31})$$

$$= \frac{1}{|A|}\left\{b_1\begin{vmatrix} a_{22} & a_{23} \\ a_{32} & a_{33} \end{vmatrix} - b_2\begin{vmatrix} a_{12} & a_{13} \\ a_{32} & a_{33} \end{vmatrix} + b_3\begin{vmatrix} a_{12} & a_{13} \\ a_{22} & a_{23} \end{vmatrix}\right\}$$

$$\therefore \quad x_1 = \frac{1}{|A|}\begin{vmatrix} b_1 & a_{12} & a_{13} \\ b_2 & a_{22} & a_{23} \\ b_3 & a_{32} & a_{33} \end{vmatrix} \equiv \frac{|A_1|}{|A|}$$

여기서 해 x_1의 분자 $b_1C_{11} + b_2C_{21} + b_3C_{31}$은 행렬식 $|A_1|$의 여인수 전개와 같으며 $|A_1|$은 행렬식 $|A|$에서 1열의 성분 a_{11}, a_{21}, a_{31}을 각각 열벡터 성분 b_1, b_2, b_3로 대체한 행렬식이 된다. 같은 방법으로 나머지 해도 구할 수 있다.

$$\therefore \quad x_2 = \frac{1}{|A|}\begin{vmatrix} a_{11} & b_1 & a_{13} \\ a_{21} & b_2 & a_{23} \\ a_{31} & b_3 & a_{33} \end{vmatrix} \equiv \frac{|A_2|}{|A|}$$

$$x_3 = \frac{1}{|A|}\begin{vmatrix} a_{11} & a_{12} & b_1 \\ a_{21} & a_{22} & b_2 \\ a_{31} & a_{32} & b_3 \end{vmatrix} \equiv \frac{|A_3|}{|A|}$$

■

[예제 4.31] 미지수가 3개인 연립 방정식 $\begin{pmatrix} 1 & 1 & 1 \\ 1 & 2 & 1 \\ 1 & 1 & 3 \end{pmatrix} \begin{pmatrix} x_1 \\ x_2 \\ x_3 \end{pmatrix} = \begin{pmatrix} 1 \\ 2 \\ 3 \end{pmatrix}$ 의 해를 구하라.

[풀이]

$A = \begin{pmatrix} 1 & 1 & 1 \\ 1 & 2 & 1 \\ 1 & 1 & 3 \end{pmatrix}$, $\boldsymbol{X} = \begin{pmatrix} x_1 \\ x_2 \\ x_3 \end{pmatrix}$, $\boldsymbol{B} = \begin{pmatrix} 1 \\ 2 \\ 3 \end{pmatrix}$ 라 두면 해는 $\boldsymbol{X} = A^{-1}\boldsymbol{B}$ 이다.

$\det(A) = |A| = 2$ 이므로 Cramer 공식을 사용하면 해는

$$x_1 = \frac{1}{|A|}\begin{vmatrix} 1 & 1 & 1 \\ 2 & 2 & 1 \\ 3 & 1 & 3 \end{vmatrix} = -1,$$

$$x_2 = \frac{1}{|A|}\begin{vmatrix} 1 & 1 & 1 \\ 1 & 2 & 1 \\ 1 & 3 & 3 \end{vmatrix} = +1,$$

$$x_3 = \frac{1}{|A|}\begin{vmatrix} 1 & 1 & 1 \\ 1 & 2 & 2 \\ 1 & 1 & 3 \end{vmatrix} = +1$$

■

- **제차 행렬 방정식 $AX=0$의 해**
  (Solution for homogeneous matrix equation)

앞에서 다룬 비 제차 행렬 방정식 ($\boldsymbol{B}\neq 0$)과 달리 제차 행렬 방정식의 경우 (즉, $\boldsymbol{B}=0$)에는 주의가 필요하다.
예를 들면, 미지수 x에 대한 대수 방정식 $ax=0$이 성립하는 경우는 $x=0$이거나 상수 $a=0$ 또는 $x=a=0$인 경우이다.
그러나 제차 행렬 방정식 $A\boldsymbol{X}=0$에 대해 열벡터 $\boldsymbol{X}=(x_1,\ x_2,\cdots,x_n)^T=0$이 되는 경우는 모든 해가 $x_1=x_2=x_3=\cdots=x_n=0$이 되므로 물리적으로 의미가 없는 해 (trivial solution)가 된다.
따라서, $\boldsymbol{X}\neq 0$인 경우 행렬 방정식 $A\boldsymbol{X}=0$이 성립하기 위해서는 행렬 $A=0$이 아니라 행렬식 $\det(A)=|A|=0$이 되어야만 한다.
즉, $\boldsymbol{X}\neq 0$이면서 행렬 $A=0$인 경우 연립 선형 방정식이 의미가 없기 때문이다.

> $AX=0$의 해
>
> (i) 비특이 행렬 ($\det(\mathrm{A})=|\mathrm{A}|\neq 0$)일 때
>
> $X=0$: 무의미한 해
>
> (ii) $\mathrm{X}\neq 0$인 조건
>
> $\det(A)=|A|=0$: 특이 행렬

제차 행렬 방정식의 해를 구하는 방법은 4.5절에서 다루는 물리계의 고유치 (eigenvalue)와 고유 벡터 (eigenvector)를 구하는 문제와 연관이 있어서 물리적으로 중요하며 잘 이해할 필요가 있다.

[예제 4.32] (1) 행렬 A가 비특이 행렬 (nonsingular matrix)인 경우 제차 행렬 방정식 $AX=0$의 해는 $X=0$ (trivial solution)임을 보여라.

(2) 제차 행렬 방정식 $AX=\begin{pmatrix} a_{11} & a_{12} \\ a_{21} & a_{22} \end{pmatrix}\begin{pmatrix} x_1 \\ x_2 \end{pmatrix}=0$ 의 해가 $X\neq 0$ 인 경우 $\det(A)=0$ 임을 보여라.

[풀이]

(1) 행렬 A가 비특이 행렬이라 가정하면 행렬식은 $\det(A)\neq 0$이며 역행렬 A^{-1}가 존재한다. 제차 행렬 방정식 양변에 A^{-1}을 곱하고 연산하면 다음과 같다.

$$A^{-1}(AX)=A^{-1}0$$

$$\Rightarrow (A^{-1}A)X=IX=X=A^{-1}0=0 \qquad \therefore\ X=0$$

즉, 행렬 A가 비특이 행렬인 경우 물리적으로 의미가 없는 해가 된다.

(2) $X\neq 0$ 인 경우 즉, $x_1\neq 0,\ x_2\neq 0$ 를 가정하고 연립 방정식의 해를 대수적으로 구하면

$$a_{11}x_1+a_{12}x_2=0, \quad a_{21}x_1+a_{22}x_2=0$$

$$\Rightarrow x_1=-\frac{a_{12}}{a_{11}}x_2\equiv -\frac{a_{22}}{a_{21}}x_2$$

가 된다. 따라서 $x_1\neq 0,\ x_2\neq 0$ 이므로 $a_{11}a_{22}=a_{12}a_{21}$ 이다.

$$\therefore \det(A)=a_{11}a_{22}-a_{12}a_{21}\equiv 0$$

즉, $X\neq 0$ 인 경우 제차 행렬 방정식 $AX=0$ 이 성립하기 위해서는 행렬식 $\det(A)=|A|=0$ 이다. ■

4.5 선형 변환과 고유치 문제 (線型 變換과 固有値 問題; Linear Transformation and Eigenvalue Problem)

4.4 절에서 연립 선형 방정식 (simultaneous linear equations)에 대해 알아보았다. 이 개념을 확장하여 벡터 공간 (vector space)에서 벡터의 변환 (vector transformation)으로 시야를 넓혀보자.

- **연립 선형 방정식과 선형 변환의 유사성**

연립 선형 방정식 $AX = X'$의 구조를 살펴보면 n 차원 벡터 공간 (n dimensional vector space)에서 어떤 벡터 X를 다른 벡터 X'으로 선형 변환 (linear transformation) $AX = X'$ 한 것과 같다. 정리하면 다음 표와 같다.

Linear Transformation ⇔ Simultaneous Linear Equations

$$\underbrace{A}_{Matrix}\ \underbrace{X}_{\substack{Column\\Vector}} = \underbrace{X'}_{\substack{Column\\Vector}}$$

where

$$A=\begin{pmatrix} a_{11} & a_{12} & \cdots & a_{1n} \\ a_{21} & a_{22} & \cdots & a_{2n} \\ \cdot & \cdot & \cdot & \cdot \\ \cdot & \cdot & \cdot & \cdot \\ a_{n1} & a_{n2} & \cdots & a_{nn} \end{pmatrix} : n\times n \text{ transform matrix,}$$

$$X=\begin{pmatrix} x_1 \\ x_2 \\ \cdot \\ \cdot \\ x_n \end{pmatrix} : \text{old (column) vector} \quad \& \quad X'=\begin{pmatrix} x'_1 \\ x'_2 \\ \cdot \\ \cdot \\ x'_n \end{pmatrix} : \text{new (transformed) vector}$$

즉, n개의 연립 선형 방정식의 문제는 관점을 달리 해석하면 n 차원 벡터 공간에서 임의의 열벡터 $X = (x_1,\ x_2,\ \cdots, x_n)^T$ 에 $n\times n$ 행렬 A를 연산한 결과 다른 열벡터 $X' = (x_1{}',\ x_2{}',\ \cdots, x_n{}')^T$ 로 선형 변환한 결과와 같다. 여기서 위 첨자 T는 전치

(transposition) 행렬을 뜻한다.

예를 들면, 3차원 실수 공간 (real space)에서 어떤 벡터는 $\boldsymbol{X}=(x_1,\ x_2,\ x_3)^T=\begin{pmatrix}x_1\\x_2\\x_3\end{pmatrix}$와 같은 3×1 열벡터로 나타낼 수 있다. 이 벡터에 3×3 행렬 A를 연산 (演算; operation)하면 결과적으로 다른 (변환) 벡터 $\boldsymbol{X}'=(x_1{}',\ x_2{}',\ x_3{}')^T=\begin{pmatrix}x_1{}'\\x_2{}'\\x_3{}'\end{pmatrix}$로 선형 변환이 가능하다.

행렬 연산은 다음과 같은 선형성 (linearity of matrix operation) $A(c_1\boldsymbol{X}_1+c_2\boldsymbol{X}_2)=c_1A\boldsymbol{X}_1+c_2A\boldsymbol{X}_2$ $(c_1,\ c_2$: 상수$)$을 만족하므로 행렬 A를 벡터 공간의 선형 연산자 (線型 演算子; linear operator)라 한다. 그림 4.12는 선형 연산자 A의 연산에 의한 벡터 변환 관계 $A\boldsymbol{X}=\boldsymbol{X}'$를 나타낸다.

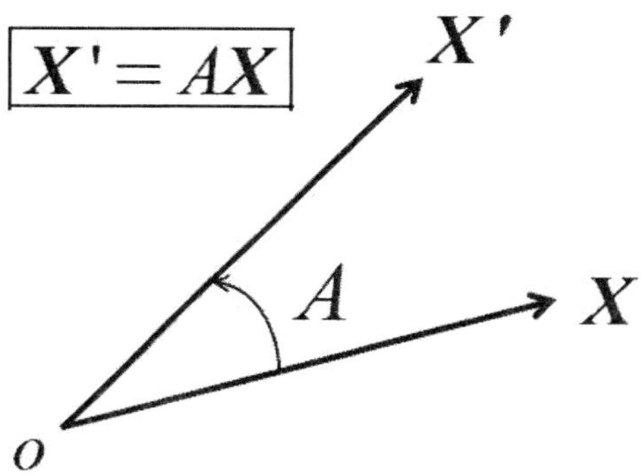

그림 4.12 벡터 변환 관계.

[**예제 4.33**] 3차원 직교 좌표계에서 다음의 행렬에 의해 벡터 변환할 때 각 행렬 연산자는 어떤 연산자인지 설명하라.

(1) $R(\theta)=\begin{pmatrix}\cos\theta & -\sin\theta & 0\\ \sin\theta & \cos\theta & 0\\ 0 & 0 & 1\end{pmatrix}$

(2) $P=\begin{pmatrix}-1 & 0 & 0\\ 0 & -1 & 0\\ 0 & 0 & -1\end{pmatrix}$

[풀이]

(1) 3차원 벡터 공간에서 임의의 벡터를 $\boldsymbol{X}=(x, y, z)^T$, 변환 벡터를 $\boldsymbol{X}'=(x', y', z')^T$라 두고 벡터 변환 방정식 $R\boldsymbol{X}=\boldsymbol{X}'$을 연산하자.

$$R(\theta)\boldsymbol{X}=\boldsymbol{X}' \Rightarrow \begin{pmatrix}\cos\theta & -\sin\theta & 0\\ \sin\theta & \cos\theta & 0\\ 0 & 0 & 1\end{pmatrix}\begin{pmatrix}x\\ y\\ z\end{pmatrix}=\begin{pmatrix}x'\\ y'\\ z'\end{pmatrix}$$

$$\therefore \begin{cases}x'=x\cos\theta-y\sin\theta\\ y'=x\sin\theta+y\cos\theta\\ z'=z\end{cases}$$

즉, 변환 벡터 $\boldsymbol{X}'$는 벡터 $\boldsymbol{X}$를 $z(=z')$축을 중심으로 시계 방향으로 각 θ 만큼 회전시킨 벡터이며 $R(\theta)$는 $z(=z')$축에 대한 회전 행렬이다.

(2) (1)과 같은 방법으로 벡터 변환 방정식 $P\boldsymbol{X}=\boldsymbol{X}'$을 연산하면

$$\begin{pmatrix}-1 & 0 & 0\\ 0 & -1 & 0\\ 0 & 0 & -1\end{pmatrix}\begin{pmatrix}x\\ y\\ z\end{pmatrix}=\begin{pmatrix}x'\\ y'\\ z'\end{pmatrix} \quad \therefore \begin{cases}x'=-x\\ y'=-y\\ z'=-z\end{cases}$$

즉, 연산자 P는 원점에 대해 벡터 $\boldsymbol{X}$를 π만큼 반전한 벡터 $\boldsymbol{X}'(=-\boldsymbol{X})$와 같다.

■

- **고윳값과 고유 벡터 (eigenvalue and eigenvector)**

일반적으로 벡터 X가 $n\times n$ 행렬 연산자 A에 의해 선형 변환을 하면 다른 벡터 X'으로 변환이 된다. 즉, $AX = X'$이며 $X \neq X'$이다. 그러나, 특별한 경우 변환 벡터 X'가 원래의 벡터 X와 같은 방향 (평행 또는 반대 평행)인 경우가 있다. 이때 변환 벡터 $X' \equiv \lambda X$ 가 될 때 원 벡터 X를 고유 벡터 (eigenvector)라 하며 상수 λ를 행렬 연산자 A의 고유치 (또는 고윳값, eigenvalue)라 한다. 이를 수식으로 표현하면 다음과 같다.

고유치 문제 (Eigenvalue Problem)

$$\underbrace{A}_{\text{행렬}}\ \underbrace{X}_{\text{고유벡터}} \equiv \underbrace{\lambda}_{\text{고윳값}}\ \underbrace{I\ X}_{\text{고유벡터}}$$

⇕

$(A-\lambda I)X = 0$: **제차 방정식**

$\Rightarrow$ $X \neq 0$인 해를 가질 조건:

$\Rightarrow$ $\det(A-\lambda I)=0$: **특성 방정식**

여기서 정사각 행렬 I는 $n\times n$ 단위행렬이다.
이를 고유치 (또는 고윳값) 문제 (固有値 問題; eigenvalue problem)라 한다.
고유치 문제의 핵심은 특성 방정식 (characteristic equation)이라 부르는 $\det(A-\lambda I) = |A-\lambda I| = 0$를 풀어서 $n\times n$ 행렬 연산자 A의 고윳값 $\lambda\,(=\lambda_1,\ \lambda_2,\ \lambda_3,\ \cdots,\ \lambda_n)$와 각 고윳값 $\lambda_i\,(i=1,2,3,\ \cdots,n)$에 대한 고유 벡터 $X_i = (x_1,\ x_2,\ \cdots,\ x_n)^T$ 를 구하는 것이다.[48)]

고유치 문제는 물리학에 널리 응용되며 매우 중요한 문제 가운데 하나이다. 예를 들면, 역학계의 용수철 진동, 강체의 회전 문제, 전자기학의 파동, 양자역학의 입자 결합 상태에 대한 에너지 스펙트럼 등을 다루는데 필수적이라 할 수 있다.

---

48) 고윳값과 고유 벡터는 각각 특성값 (characteristic value)과 특성 벡터 (characteristic vector)라고 도 부른다.

고윳값과 행렬과의 대표적인 관계는 다음과 같다.

고윳값과 행렬과의 관계

1. 임의의 $n \times n$ 행렬 A의 고윳값들의 합은 행렬 A의 trace와 같다.

$$\sum_{i=1}^{n} \lambda_i = Tr(A)$$

2. 임의의 $n \times n$ 행렬 A의 고윳값들의 곱은 행렬 A의 행렬식과 같다.

$$\prod_{i=1}^{n} \lambda_i = \det(A)$$

고윳값과 행렬 A의 관계식은 증명 없이 아래의 예제들을 통하여 살펴본다.

[예제 4.34] 행렬 $A = \begin{pmatrix} -5 & 2 \\ 2 & -2 \end{pmatrix}$에 대해 다음을 구하라.

(1) 고윳값 λ를 구하라.

(2) 고윳값들의 합과 곱은 각각 $Tr(A)$와 $\det(A)$와 같음을 보여라.

(3) 고윳값들에 대한 고유 벡터 $\boldsymbol{X}$를 구하라.

[풀이]

(1) 고유치 문제 $A\boldsymbol{X} = \lambda I \boldsymbol{X}$ 에서 고유 벡터 $\boldsymbol{X}$가 물리적으로 의미가 있는 해 $\boldsymbol{X} \neq 0$ 가 되기 위해 특성 방정식 $|A - \lambda I| = 0$ 이어야 한다.

$$|A - \lambda I| = \left| \begin{pmatrix} -5 & 2 \\ 2 & -2 \end{pmatrix} - \lambda \begin{pmatrix} 1 & 0 \\ 0 & 1 \end{pmatrix} \right| = \begin{vmatrix} -5-\lambda & 2 \\ 2 & -2-\lambda \end{vmatrix} = 0$$

$$\Rightarrow (5+\lambda)(2+\lambda) - 4 = 0 \quad \Rightarrow \lambda^2 + 7\lambda + 6 = 0$$

$$\Rightarrow (\lambda+1)(\lambda+6) = 0$$

$$\therefore \ \lambda_1 = -1, \ \lambda_2 = -6$$

(2) 행렬 연산자 A의 트레이스와 행렬식은 각각

$$Tr(A) = -5-2 = -7,$$
$$\det(A) = (-5)(-2)-(2)(2) = 6$$

이다. (1)에서 구한 고윳값 $\lambda_1 = -1$, $\lambda_2 = -6$의 합과 곱을 구하고 $Tr(A)$, $\det(A)$와 비교하면 각각 다음과 같다.

$$\sum_{i=1}^{2} \lambda_i = -1-6 = -7 \equiv Tr(A)$$
$$\prod_{i=1}^{2} \lambda_i = (-1)(-6) = 6 \equiv \det(A)$$

즉, 고윳값들의 합과 곱은 각각 $Tr(A)$와 $\det(A)$와 같다.

(3) 고유 벡터 $X = \begin{pmatrix} x_1 \\ x_2 \end{pmatrix}$를 구하기 위해 각각의 고윳값을 고유치 방정식 $AX = \lambda IX$에 대입한다.

<u>(i) $\lambda_1 = -1$인 경우</u>

$$\begin{pmatrix} -5 & 2 \\ 2 & -2 \end{pmatrix}\begin{pmatrix} x_1 \\ x_2 \end{pmatrix} - \lambda_1 \begin{pmatrix} 1 & 0 \\ 0 & 1 \end{pmatrix}\begin{pmatrix} x_1 \\ x_2 \end{pmatrix} = 0$$

$$\Rightarrow \begin{pmatrix} -4 & 2 \\ 2 & -1 \end{pmatrix}\begin{pmatrix} x_1 \\ x_2 \end{pmatrix} = 0 \Rightarrow \begin{cases} -4x_1 + 2x_2 = 0 \\ 2x_1 - x_2 = 0 \end{cases}$$

$$\Rightarrow x_2 = 2x_1$$

편의상, $x_1 = 1$로 두면 $x_2 = 2x_1 = 2$가 된다.

따라서 고윳값 $\lambda_1 = -1$에 대한 고유 벡터 $\boldsymbol{X}_1 = \begin{pmatrix} x_1 \\ x_2 \end{pmatrix}$은 $\boldsymbol{X}_1 = \begin{pmatrix} 1 \\ 2 \end{pmatrix}$가 된다.

고윳값 $\lambda_1 = -1$에 대해 고유치 방정식 $A\boldsymbol{X}_1 = \lambda_1 I\boldsymbol{X}_1$이 성립하는지 확인해보자.

$$\begin{pmatrix} -5 & 2 \\ 2 & -2 \end{pmatrix}\begin{pmatrix} 1 \\ 2 \end{pmatrix} = -\begin{pmatrix} 1 & 0 \\ 0 & 1 \end{pmatrix}\begin{pmatrix} 1 \\ 2 \end{pmatrix}$$

$$\Rightarrow \text{좌변} = \begin{pmatrix} -5+4 \\ 2-4 \end{pmatrix} = \begin{pmatrix} -1 \\ -2 \end{pmatrix} = -1\begin{pmatrix} 1 \\ 2 \end{pmatrix}$$

$$\Rightarrow \text{우변} = -1\begin{pmatrix} 1 \\ 2 \end{pmatrix}$$

$$\therefore\ AX_1 = \lambda_1 X_1$$

<u>(ii) $\lambda_2 = -6$인 경우</u>

$$\begin{pmatrix} -5 & 2 \\ 2 & -2 \end{pmatrix}\begin{pmatrix} x_1 \\ x_2 \end{pmatrix} - \lambda_2\begin{pmatrix} 1 & 0 \\ 0 & 1 \end{pmatrix}\begin{pmatrix} x_1 \\ x_2 \end{pmatrix} = 0$$

$$\Rightarrow \begin{pmatrix} 1 & 2 \\ 2 & 4 \end{pmatrix}\begin{pmatrix} x_1 \\ x_2 \end{pmatrix} = 0 \ \Rightarrow \ \begin{cases} x_1 + 2x_2 = 0 \\ 2x_1 + 4x_2 = 0 \end{cases}$$

$$\Rightarrow x_1 = -2x_2$$

편의상, $x_2 = 1$로 두면 $x_1 = -2x_2 = -2$가 된다. 따라서 고윳값 $\lambda_2 = -6$에 대한 고유 벡터 $\boldsymbol{X}_2 = \begin{pmatrix} x_1 \\ x_2 \end{pmatrix}$은 $\boldsymbol{X}_2 = \begin{pmatrix} -2 \\ 1 \end{pmatrix}$가 된다.

고윳값 $\lambda_2 = -6$에 대해서도 (i) $\lambda_1 = -1$의 경우와 같은 방법으로 고유치 방정식 $A\boldsymbol{X}_2 = \lambda_2 I\boldsymbol{X}_2$이 성립함을 알 수 있다. ■

[예제 4.35] 양자역학의 파울리 스핀 행렬 (Pauli's spin matrices)은 다음과 같이 정의된다. 각각의 스핀 행렬의 고윳값과 고유 벡터를 구하라.

(1) $\sigma_1 \equiv \sigma_x = \begin{pmatrix} 0 & 1 \\ 1 & 0 \end{pmatrix}$, (2) $\sigma_2 \equiv \sigma_y = \begin{pmatrix} 0 & -i \\ +i & 0 \end{pmatrix}$,

(3) $\sigma_3 \equiv \sigma_z = \begin{pmatrix} 1 & 0 \\ 0 & -1 \end{pmatrix}$, (4) 각각의 파울리 스핀 행렬의 고윳값들의 합과 곱은 각각 $Tr(A)$와 $\det(A)$와 같음을 보여라.

[풀이]

파울리 스핀 행렬의 고유치 문제는 $\sigma_j \boldsymbol{X} = \lambda I \boldsymbol{X}$ $(j = x, y, z \text{ or } 1, 2, 3)$에서 고유 벡터 $\boldsymbol{X} = \begin{pmatrix} x \\ y \end{pmatrix}$가 물리적으로 의미가 있는 해 $\boldsymbol{X} \neq 0$를 가지기 위해 특성 방정식 $|\sigma_j - \lambda I| = 0$ $(j = x, y, z \text{ or } 1, 2, 3)$이어야 한다.

(1) $\sigma_x = \begin{pmatrix} 0 & 1 \\ 1 & 0 \end{pmatrix}$의 고유치와 고유 벡터:

$$|\sigma_x - \lambda I| = \begin{vmatrix} -\lambda & 1 \\ 1 & -\lambda \end{vmatrix} = \lambda^2 - 1 = 0$$

$$\therefore \ \lambda_1 = +1, \quad \lambda_2 = -1$$

$\sigma_x = \begin{pmatrix} 0 & 1 \\ 1 & 0 \end{pmatrix}$의 고윳값은 부호가 반대인 두 실근 $\lambda_1 = +1$, $\lambda_2 = -1$이 된다.

(i) 고윳값 $\lambda_1 = +1$

$$\begin{pmatrix} 0 & 1 \\ 1 & 0 \end{pmatrix}\begin{pmatrix} x \\ y \end{pmatrix} = +1\begin{pmatrix} x \\ y \end{pmatrix} \Rightarrow x = y$$

∴ (규격화된) 고유 벡터:

$$\boldsymbol{X}_1 = \frac{1}{\sqrt{2}}\begin{pmatrix} 1 \\ 1 \end{pmatrix}$$

(ii) 고윳값 $\lambda_2 = -1$

$$\begin{pmatrix} 0 & 1 \\ 1 & 0 \end{pmatrix}\begin{pmatrix} x \\ y \end{pmatrix} = -1\begin{pmatrix} x \\ y \end{pmatrix} \Rightarrow x = -y$$

∴ (규격화된) 고유 벡터:

$$\boldsymbol{X}_2 = \frac{1}{\sqrt{2}}\begin{pmatrix} 1 \\ -1 \end{pmatrix}$$

(2) $\sigma_y = \begin{pmatrix} 0 & -i \\ +i & 0 \end{pmatrix}$의 고유치와 고유 벡터:

$$|\sigma_y - \lambda I| = \begin{vmatrix} -\lambda & -i \\ i & -\lambda \end{vmatrix} = \lambda^2 - 1 = 0$$

$$\therefore \lambda_1 = +1,\ \lambda_2 = -1$$

$\sigma_y = \begin{pmatrix} 0 & -i \\ +i & 0 \end{pmatrix}$의 고윳값은 부호가 반대인 두 실근 $\lambda_1 = +1$, $\lambda_2 = -1$이 된다.

(i) 고윳값 $\lambda_1 = +1$

$$\begin{pmatrix} 0 & -i \\ i & 0 \end{pmatrix}\begin{pmatrix} x \\ y \end{pmatrix} = +1\begin{pmatrix} x \\ y \end{pmatrix} \Rightarrow y = ix$$

∴ (규격화된) 고유 벡터 :

$$\boxed{\boldsymbol{X}_1 = \frac{1}{\sqrt{2}}\begin{pmatrix} 1 \\ i \end{pmatrix}}$$

(ii) 고윳값 $\lambda_2 = -1$

$$\begin{pmatrix} 0 & -i \\ i & 0 \end{pmatrix}\begin{pmatrix} x \\ y \end{pmatrix} = -1\begin{pmatrix} x \\ y \end{pmatrix} \Rightarrow y = -ix$$

∴ (규격화된) 고유 벡터 :

$$\boxed{\boldsymbol{X}_2 = \frac{1}{\sqrt{2}}\begin{pmatrix} 1 \\ -i \end{pmatrix}}$$

(3) $\sigma_z = \begin{pmatrix} 1 & 0 \\ 0 & -1 \end{pmatrix}$의 고유치와 고유 벡터:

$$|\sigma_z - \lambda I| = \begin{vmatrix} 1-\lambda & 0 \\ 0 & -1-\lambda \end{vmatrix} = \lambda^2 - 1 = 0$$

$$\therefore \lambda_1 = +1,\ \lambda_2 = -1$$

$\sigma_z = \begin{pmatrix} 1 & 0 \\ 0 & -1 \end{pmatrix}$의 고윳값은 부호가 반대인 두 실근 $\lambda_1 = +1$, $\lambda_2 = -1$이 된다.

(i) 고윳값 $\lambda_1 = +1$

$$\begin{pmatrix} 1 & 0 \\ 0 & -1 \end{pmatrix}\begin{pmatrix} x \\ y \end{pmatrix} = +1\begin{pmatrix} x \\ y \end{pmatrix}$$

$\Rightarrow x = x,\ y = 0$

$\therefore$ (규격화된) 고유 벡터 :

$$\boxed{\boldsymbol{X}_1 = \begin{pmatrix} 1 \\ 0 \end{pmatrix}}$$

(ii) 고윳값 $\lambda_2 = -1$

$$\begin{pmatrix} 1 & 0 \\ 0 & -1 \end{pmatrix}\begin{pmatrix} x \\ y \end{pmatrix} = -1\begin{pmatrix} x \\ y \end{pmatrix}$$

$\Rightarrow x = 0,\ y = y$

$\therefore$ (규격화된) 고유 벡터 :

$$\boxed{\boldsymbol{X}_2 = \begin{pmatrix} 0 \\ 1 \end{pmatrix}}$$

(4) 3개의 파울리 스핀 행렬의 고윳값은 모두 $\lambda_1 = +1$, $\lambda_2 = -1$로 같으며 트레이스와 행렬식은 $Tr(\sigma_i) = 0$ 와 $\det(\sigma_i) = -1$ 이다.

$$\sum_{i=1}^{2} \lambda_i = (+1) + (-1) = 0 \equiv Tr(A)$$
$$\prod_{i=1}^{2} \lambda_i = (+1)(-1) = -1 \equiv \det(A)$$

■

예제 4.35를 통하여 3개의 파울리 스핀 행렬의 고윳값은 모두 $\lambda_1 = +1$, $\lambda_2 = -1$로 같으며 $\sum_{i=1}^{2}\lambda_i = Tr(\sigma_j)$, $\prod_{i=1}^{2}\lambda_i = \det(\sigma_j)$, $(j=1,2,3)$ 임을 알 수 있다.

파울리 스핀 행렬의 고윳값과 고유 벡터를 정리하면 다음 표와 같다.

파울리 스핀 행렬	고유 벡터	고윳값
$\sigma_1 \equiv \sigma_x = \begin{pmatrix} 0 & 1 \\ 1 & 0 \end{pmatrix}$	$X_1 = \frac{1}{\sqrt{2}}\begin{pmatrix} 1 \\ 1 \end{pmatrix}$, $X_2 = \frac{1}{\sqrt{2}}\begin{pmatrix} 1 \\ -1 \end{pmatrix}$	$\lambda_1 = +1$, $\lambda_2 = -1$
$\sigma_2 \equiv \sigma_y = \begin{pmatrix} 0 & -i \\ +i & 0 \end{pmatrix}$	$X_1 = \frac{1}{\sqrt{2}}\begin{pmatrix} 1 \\ i \end{pmatrix}$, $X_2 = \frac{1}{\sqrt{2}}\begin{pmatrix} 1 \\ -i \end{pmatrix}$	
$\sigma_3 \equiv \sigma_z = \begin{pmatrix} 1 & 0 \\ 0 & -1 \end{pmatrix}$	$X_1 = \begin{pmatrix} 1 \\ 0 \end{pmatrix}$, $X_2 = \begin{pmatrix} 0 \\ 0 \end{pmatrix}$	

파울리 스핀 행렬은 4.7절에서 다루는 행렬지수 (matrix exponential)의 맥크로린 전개와 선형 연립 미분 방정식 (systems of linear differential equations)의 해를 구할 때 유용하게 사용된다.

특별히 원자의 2 상태 계 (two state system)의 해밀토니안 연산자 (Hamiltonian operator)는 파울리 스핀 행렬의 선형 결합으로 나타낼 수 있으며, 시간 종속 슈뢰딩거 방정식의 해를 행렬지수 전개로 구하는데 파울리 스핀 행렬 기법 (Pauli spin matrix formalism)은 매우 유용하다.

파울리 스핀 행렬의 중요한 특성은 다음과 같으며 자세한 증명은 연습문제로 미룬다.

◉ 파울리 스핀 행렬 (Pauli's spin matrices)의 특성

(1) $\sigma_j^{-1} = \sigma_j \ (j=1,2,3)$ 또는 $\sigma_j^2 = I \equiv \sigma_0$, 여기서 σ_0는 단위행렬이다.

(2) $\sigma_0\sigma_j = \sigma_j \ (j=1,2,3)$,

(3) $\sigma_j\sigma_k = \delta_{jk}\sigma_0 + i\epsilon_{jkl}\sigma_l$, $(j,k,l=1,2,3)$, $(i=\sqrt{-1})$

여기서 δ_{jk}는 크로네커 델타 함수 (Kronecker delta function),

ϵ_{jkl}은 레비치비타 기호 (Levi-Civita symbol)이다.

(4) $\sigma_j\sigma_k - \sigma_k\sigma_j = 2i\epsilon_{jkl}\sigma_l$ 또는 $[\sigma_j, \sigma_k] = 2i\epsilon_{jkl}\sigma_l$

[예제 4.36] 파울리 스핀 행렬의 응용

임의의 2×2 행렬 $A=\begin{pmatrix} a & b \\ c & d \end{pmatrix}$는 파울리 스핀 행렬 $\sigma_1=\begin{pmatrix} 0 & 1 \\ 1 & 0 \end{pmatrix}$, $\sigma_2=\begin{pmatrix} 0 & -i \\ +i & 0 \end{pmatrix}$, $\sigma_3=\begin{pmatrix} 1 & 0 \\ 0 & -1 \end{pmatrix}$와 단위행렬 $I\equiv\sigma_0=\begin{pmatrix} 1 & 0 \\ 0 & 1 \end{pmatrix}$의 선형 결합 (linear combination)으로 $A=c_0\sigma_0+c_1\sigma_1+c_2\sigma_2+c_3\sigma_3$로 표현될 수 있음을 보이고 계수 c_j $(j=0,1,2,3)$를 구하라.

[풀이]

$$A=\begin{pmatrix} a & b \\ c & d \end{pmatrix}\equiv c_0\sigma_0+c_1\sigma_1+c_2\sigma_2+c_3\sigma_3$$

라 두고 각 행렬을 대입하여 계산하면 다음과 같다.

$$\begin{aligned} A=\begin{pmatrix} a & b \\ c & d \end{pmatrix} &\equiv c_0\begin{pmatrix} 1 & 0 \\ 0 & 1 \end{pmatrix}+c_1\begin{pmatrix} 0 & 1 \\ 1 & 0 \end{pmatrix}+c_2\begin{pmatrix} 0 & -i \\ +i & 0 \end{pmatrix}+c_3\begin{pmatrix} 1 & 0 \\ 0 & -1 \end{pmatrix} \\ &= \begin{pmatrix} c_0+c_3 & c_1-ic_2 \\ c_1+ic_2 & c_0-c_3 \end{pmatrix} \\ &\Rightarrow c_0=\frac{a+d}{2},\ \ c_1=\frac{b+c}{2},\ \ c_2=i\frac{b-c}{2},\ \ c_3=\frac{a-d}{2} \end{aligned}$$

$$\therefore \quad \boxed{\begin{pmatrix} a & b \\ c & d \end{pmatrix}\equiv\frac{a+d}{2}\begin{pmatrix} 1 & 0 \\ 0 & 1 \end{pmatrix}+\frac{b+c}{2}\begin{pmatrix} 0 & 1 \\ 1 & 0 \end{pmatrix}+i\frac{b-c}{2}\begin{pmatrix} 0 & -i \\ +i & 0 \end{pmatrix}+\frac{a-d}{2}\begin{pmatrix} 1 & 0 \\ 0 & -1 \end{pmatrix}}$$

즉, 임의의 2×2 행렬은 파울리 스핀 행렬과 단위행렬의 선형 결합으로 나타낼 수 있다.

■

[예제 4.37] 그림과 같은 결합 용수철-질량 계 (coupled spring-mass system)의 운동 방정식은 뉴턴의 제2 법칙을 사용하면 다음과 같이 주어진다.

$$\begin{cases} m_1 \dfrac{d^2x_1}{dt^2} = -k_1x_1 + k_2(x_2 - x_1) = -(k+k')x_1 + k'x_2 \\ m_2 \dfrac{d^2x_2}{dt^2} = -k_3x_2 - k_2(x_2 - x_1) = -(k+k')x_2 + k'x_1 \end{cases}$$

여기서, 용수철 상수는 $k_1 = k_3 = k,\ k_2 = k'$ 이며, 질량은 $m_1 = m_2 = m$ 이다.

(1) 운동 방정식을 행렬 방정식 $\dfrac{d^2X}{dt^2} = AX$로 나타내어라.

여기서 해 $\boldsymbol{X}(t) = \begin{pmatrix} x_1(t) \\ x_2(t) \end{pmatrix}$는 열벡터이며 A는 2×2 행렬이다.

(2) $\boldsymbol{X}(t) = \begin{pmatrix} x_{10} \\ x_{20} \end{pmatrix} e^{i\omega t} \equiv \boldsymbol{X}_0 e^{i\omega t}$라 두고 고유치 방정식을 사용하여 고윳값과 고유 벡터를 구하라. 여기서 $\boldsymbol{X}_o = \begin{pmatrix} x_{10} \\ x_{20} \end{pmatrix}$는 상수 벡터이며 ω는 각 진동수이다.

(3) 고윳값들의 합과 곱은 각각 $Tr(A)$와 $\det(A)$와 같음을 보여라.

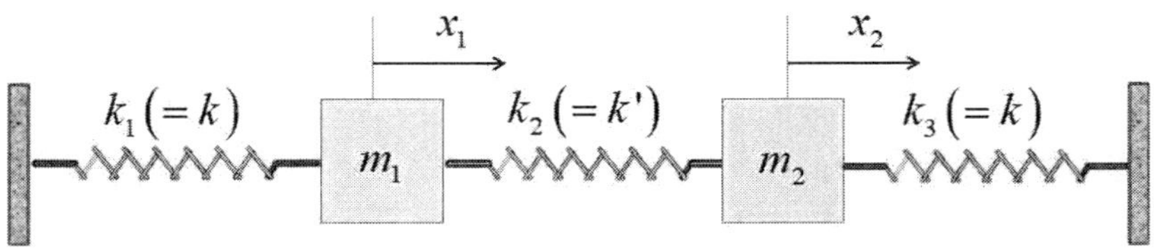

예제 4.37 그림.

[풀이]

(1) 결합 용수철-질량 계의 운동 방정식을 행렬 방정식으로 나타내자.

두 해 $x_1,\ x_2$를 열벡터 $\boldsymbol{X} = \begin{pmatrix} x_1 \\ x_2 \end{pmatrix}$로 두고, 가속도 벡터를 $\dfrac{d^2X}{dt^2} = \begin{pmatrix} \ddot{x}_1 \\ \ddot{x}_2 \end{pmatrix}$로 나타내자.

여기서 $\ddot{x}_j\ (j=1, 2)$는 시간에 대한 2계 미분을 뜻한다.

따라서 뉴턴의 운동 방정식을 행렬 방정식으로 나타내면 다음과 같다.

$$\frac{d^2X}{dt^2}=\begin{pmatrix}\ddot{x}_1\\ \ddot{x}_2\end{pmatrix}=\begin{pmatrix}-\dfrac{k+k'}{m} & \dfrac{k'}{m}\\ \dfrac{k'}{m} & -\dfrac{k+k'}{m}\end{pmatrix}\begin{pmatrix}x_1\\ x_2\end{pmatrix}\equiv AX$$

여기서 $A=\begin{pmatrix}-\dfrac{k+k'}{m} & \dfrac{k'}{m}\\ \dfrac{k'}{m} & -\dfrac{k+k'}{m}\end{pmatrix}$는 2×2 행렬이다.

(2) 결합 용수철-질량 계의 운동은 주기적인 진동이 예상되므로 시도해 (trial solution)를 $\boldsymbol{X}(t)=\begin{pmatrix}x_{10}\\ x_{20}\end{pmatrix}e^{i\omega t}\equiv \boldsymbol{X}_0\,e^{i\omega t}$라 두자. 여기서 ω는 고유치와 관계되는 각 진동수이며 $\boldsymbol{X}_0$는 진폭과 관계되는 고유 벡터이다. 시도 해를 행렬 방정식에 대입하면

$$\text{좌변}=\frac{d^2\boldsymbol{X}}{dt^2}=\begin{pmatrix}\ddot{x}_1\\ \ddot{x}_2\end{pmatrix}=-\omega^2\begin{pmatrix}x_{10}\\ x_{20}\end{pmatrix}e^{i\omega t}=-\omega^2\boldsymbol{X}_0\,e^{i\omega t},$$

$$\text{우변}=A\boldsymbol{X}=\begin{pmatrix}-\dfrac{k+k'}{m} & \dfrac{k'}{m}\\ \dfrac{k'}{m} & -\dfrac{k+k'}{m}\end{pmatrix}\begin{pmatrix}x_{10}\\ x_{20}\end{pmatrix}e^{i\omega t}=A\boldsymbol{X}_0\,e^{i\omega t}$$

이다. 양변의 공통 인자 $e^{i\omega t}$를 소거하면

$$\boxed{A\boldsymbol{X}_0=-\omega^2 I\boldsymbol{X}_0\equiv\lambda I\boldsymbol{X}_0}$$

가 되어 전형적인 고유치 문제가 된다. 여기서 $\boldsymbol{X}_0=\begin{pmatrix}x_{10}\\ x_{20}\end{pmatrix}$는 고유 벡터이며 $\lambda=-\omega^2$는 고윳값이다. 물리적으로 의미 있는 해 $\boldsymbol{X}_0=\begin{pmatrix}x_{10}\\ x_{20}\end{pmatrix}\neq 0$를 가지기 위한 조건은 특성 방정식 $|A-\lambda I|=0$이므로

$$|A-\lambda I|=\begin{vmatrix} -\dfrac{k+k'}{m}-\lambda & \dfrac{k'}{m} \\ \dfrac{k'}{m} & -\dfrac{k+k'}{m}-\lambda \end{vmatrix}=0$$

$$\Rightarrow \lambda^2+2\frac{k+k'}{m}\lambda+\left(\frac{k+k'}{m}\right)^2-\left(\frac{k'}{m}\right)^2=0$$

을 얻는다. $\lambda=-\omega^2$ 임을 염두에 두면 두 개의 고윳값은

$$\lambda_1=-\frac{k}{m}=-\omega_1^2 \Rightarrow \quad \therefore \omega_1^{\pm}=\pm\sqrt{\frac{k}{m}}$$

$$\lambda_2=-\frac{k+2k'}{m}=-\omega_2^2 \Rightarrow \therefore \omega_2^{\pm}=\pm\sqrt{\frac{k+2k'}{m}}$$

가 된다. 즉, 두 개의 고윳값 λ_1, λ_2 에 대해 부호가 다른 네 개의 (고유) 각 진동수 $\omega_1^{\pm}$, $\omega_2^{\pm}$ 를 얻는다.

이제 고유 벡터를 구하자. 고유치 방정식 $A\boldsymbol{X}_0=-\omega^2 I\boldsymbol{X}_0=\lambda I\boldsymbol{X}_0$ 을 사용하여 결합 용수철-질량 계의 운동 방정식을 나타내면

$$\begin{pmatrix} -\dfrac{k+k'}{m} & \dfrac{k'}{m} \\ \dfrac{k'}{m} & -\dfrac{k+k'}{m} \end{pmatrix}\begin{pmatrix} x_{10} \\ x_{20} \end{pmatrix}=-\omega^2\begin{pmatrix} x_{10} \\ x_{20} \end{pmatrix}=\lambda\begin{pmatrix} x_{10} \\ x_{20} \end{pmatrix}$$

또는
$$\begin{cases} -\dfrac{k+k'}{m}x_{10}+\dfrac{k'}{m}x_{20}=-\omega^2 x_{10}\equiv\lambda x_{10} \\ \dfrac{k'}{m}x_{10}-\dfrac{k+k'}{m}x_{20}=-\omega^2 x_{20}\equiv\lambda x_{20} \end{cases}$$

가 된다. 운동 방정식을 사용하여 각 고윳값에 대한 고유 벡터를 구하자.

$(i)\ \lambda_1 = \omega_1^2 = -\dfrac{k}{m}$ 인 경우

$$\begin{cases} -\dfrac{k+k'}{m}x_{10} + \dfrac{k'}{m}x_{20} = -\dfrac{k}{m}x_{10} \\ \dfrac{k'}{m}x_{10} - \dfrac{k+k'}{m}x_{20} = -\dfrac{k}{m}x_{20} \end{cases}$$

$$\therefore\ \boxed{x_{10} = x_{20}}$$

이므로 규격화된 고유 벡터는

$$\therefore\ \boxed{\boldsymbol{X}_0{}^{(1)} = \begin{pmatrix} x_{10} \\ x_{10} \end{pmatrix} = \frac{1}{\sqrt{2}}\begin{pmatrix} 1 \\ 1 \end{pmatrix}}$$

이다. 이 경우 두 물체의 변위는 같은 방향 (같은 위상)의 운동 (in-phase motion)을 하며 (고유) 각 진동수는 $\omega_1^{\pm} = \pm\sqrt{\dfrac{k}{m}}$ 이다.

$(ii)\ \lambda_2 = \omega_2^2 = -\dfrac{k+2k'}{m}$ 인 경우

$$\begin{cases} -\dfrac{k+k'}{m}x_{10} + \dfrac{k'}{m}x_{20} = -\dfrac{k+2k'}{m}x_{10} \\ +\dfrac{k'}{m}x_{10} - \dfrac{k+k'}{m}x_{20} = -\dfrac{k+2k'}{m}x_{20} \end{cases}$$

$$\therefore\ \boxed{x_{10} = -x_{20}}$$

이므로 규격화된 고유 벡터는

$$\therefore \quad \boxed{\boldsymbol{X}_0^{(2)} = \begin{pmatrix} x_{10} \\ -x_{10} \end{pmatrix} = \frac{1}{\sqrt{2}}\begin{pmatrix} 1 \\ -1 \end{pmatrix}}$$

이다. 이 경우 두 물체의 변위는 서로 반대 방향 (180° 위상)의 운동 (out of phase motion)을 하며 (고유) 각 진동수는 $\omega_2^{\pm} = \pm\sqrt{\dfrac{k+2k'}{m}}$ 이다.

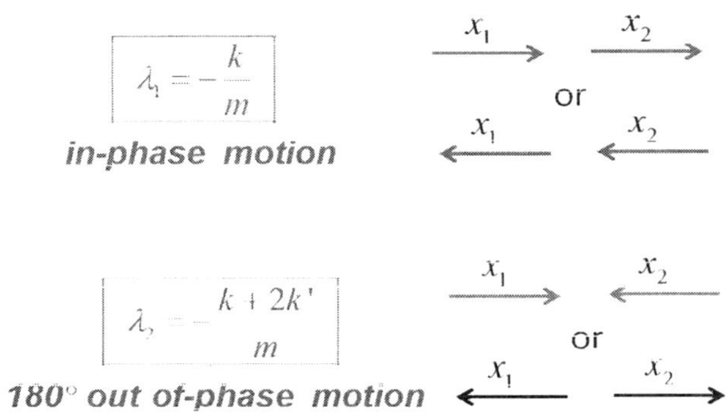

(3) 행렬 A의 $Tr(A)$, $\det(A)$는 각각 다음과 같다.

$$Tr(A) = -2\frac{k+k'}{m},$$

$$\det(A) = \left(-\frac{k+k'}{m}\right)^2 - \left(\frac{k'}{m}\right)^2 = \frac{k(k+2k')}{m^2}$$

한편, 고윳값들은 $\lambda_1 = -\dfrac{k}{m}$ 와 $\lambda_2 = -\dfrac{k+2k'}{m}$ 이므로 합과 곱은 각각

$$\sum_{i=1}^{2} \lambda_i = \left(-\frac{k}{m}\right) + \left(-\frac{k+2k'}{m}\right) = -2\frac{k+k'}{m} \equiv Tr(A)$$

$$\prod_{i=1}^{2} \lambda_i = \left(-\frac{k}{m}\right)\left(-\frac{k+2k'}{m}\right) = \frac{k(k+2k')}{m^2} \equiv \det(A)$$

가 된다.

■

◉ **케일리-해밀턴 정리 (Cayley-Hamilton theorem) [선택 (optional)]**

실수 또는 복소수의 $n\times n$ 행렬 A의 고유치 λ에 대한 특성 방정식이

$$p(\lambda)=\det(\lambda I-A)=\lambda^n+c_{n-1}\lambda^{n-1}+\cdots+c_1\lambda+c_0=0$$

일 때[49] 고유치 λ 대신 행렬 A를 대입한 특성 다항식을 케일리-해밀턴 정리라 한다. 즉,

$$p(A)=A^n+c_{n-1}A^{n-1}+\cdots+c_1A+c_0I=0$$

와 같다. 여기서 I는 $n\times n$ 단위행렬이며 $c_j\,(j=0,1,2,\cdots,n-1)$는 상수이다.

케일리-해밀턴 정리는 고급 선형 대수학에서 복잡한 행렬 연산을 간단하게 계산하거나 역행렬을 구할 때 빠르고 정확하게 계산할 수 있다.

· 케일리-해밀터 정리에 의한 역행렬 구하기

특성 다항식 $p(A)$의 양변(좌측)에 역행렬 A^{-1}를 곱하여 연산하면

$$A^{-1}p(A)=A^{-1}A^n+c_{n-1}A^{-1}A^{n-1}+\cdots+c_1A^{-1}A+c_0A^{-1}I$$

$$=(A^{-1}A)A^{n-1}+c_{n-1}(A^{-1}A)A^{n-2}+\cdots+c_1A^{-1}A+c_0A^{-1}I$$

$$=A^{n-1}+c_{n-1}A^{n-2}+\cdots+c_1I+c_0A^{-1}=0$$

$$\therefore\ A^{-1}=-\frac{1}{c_0}\left(A^{n-1}+c_{n-1}A^{n-2}+\cdots+c_1I\right)\quad(\text{단, } c_0\neq 0).$$

케일리-해밀턴 정리의 증명은 다소 복잡하지만 본 교재의 범위를 벗어남으로 생략하고 쉬운 예제를 통하여 유용성을 알아보자.

---

49) 지금까지 다룬 특성 방정식 $\det(A-\lambda I)=0$ 과 달리 $p(\lambda)=\det(\lambda I-A)$ 로 쓴 것은 모닉 다항식 (monic polynomial), 즉, 최고 차 항 λ^n 의 계수를 $c_n=+1$ 로 만들기 위함이다.
즉, $p(\lambda)=\det(\lambda I-A)=\lambda^n+c_{n-1}\lambda^{n-1}+\cdots+c_1\lambda^1+c_0\lambda^0=0$ 이다.

[예제 4.38] 케일리-해밀턴 정리의 응용 [선택]

2×2 행렬 $A = \begin{pmatrix} a & b \\ c & d \end{pmatrix}$이 있다. 여기서 행렬 요소 a, b, c, d는 실수 또는 복소수이며 비특이 행렬 (즉, $\det(A) = |A| \neq 0$)을 가정한다.

(1) 고윳값 λ에 대한 특성 방정식을 $Tr(A)$와 $\det(A) = |A|$로 나타내어라.

(2) 행렬 연산 A^2, $Tr(A)$, $\det(A)$ 등을 직접 계산하여 케일리-해밀턴 정리 $p(A) = A^2 - Tr(A)A + \det(A)I = 0$ 와 같음을 보여라.

(3) 케일리-해밀턴 정리를 사용하여 $A^2 = AA$을 계산하고, (2)에서 직접 계산한 결과와 같은지 검증하라.

(4) 케일리-해밀턴 정리를 사용하여 역행렬 A^{-1}을 구하라.

(5) A^3과 A^4을 상수 $Tr(A)$, $\det(A) = |A|$와 행렬 A와 I로 나타내어라.

[풀이]

(1) 고윳값 λ에 대한 특성 방정식은

$$p(\lambda) = \det(\lambda I - A) = \begin{vmatrix} \lambda - a & b \\ c & \lambda - d \end{vmatrix} = 0$$

$$\Rightarrow p(\lambda) = (\lambda - a)(\lambda - d) - bc = 0$$

$$\Rightarrow p(\lambda) = \lambda^2 - (a+d)\lambda + (ad - bc) = 0$$

이다. 행렬의 트레이스 (trace)와 행렬식은 $Tr(A) = a + d$와 $\det(A) = ad - bc$ 이므로 특성 방정식은 다음과 같다.

$$\therefore\ p(\lambda) = \lambda^2 - Tr(A)\lambda + \det(A) = 0$$

(2) 케일리-해밀턴 정리에 따르면 고유치 λ 대신 행렬 A를 대입한 특성 다항식이

$$p(A) = A^2 - Tr(A)A + \det(A)I = 0$$

임을 보이면 된다.

$$A^2 = \begin{pmatrix} a & b \\ c & d \end{pmatrix}\begin{pmatrix} a & b \\ c & d \end{pmatrix} = \begin{pmatrix} a^2+bc & b(a+d) \\ c(a+d) & bc+d^2 \end{pmatrix}$$

$$Tr(A)A = (a+d)\begin{pmatrix} a & b \\ c & d \end{pmatrix} = \begin{pmatrix} a(a+d) & b(a+d) \\ c(a+d) & d(a+d) \end{pmatrix}$$

$$\det(A)I = (ad-bc)\begin{pmatrix} 1 & 0 \\ 0 & 1 \end{pmatrix} = \begin{pmatrix} ad-bc & 0 \\ 0 & ad-bc \end{pmatrix}$$

이므로 특성 다항식에 대입하면

$$\begin{aligned} p(A) &= A^2 - Tr(A)A + \det(A)I \\ &= \begin{pmatrix} a^2+bc & b(a+d) \\ c(a+d) & bc+d^2 \end{pmatrix} - \begin{pmatrix} a(a+d) & b(a+d) \\ c(a+d) & d(a+d) \end{pmatrix} + \begin{pmatrix} ad-bc & 0 \\ 0 & ad-bc \end{pmatrix} \\ &= \begin{pmatrix} 0 & 0 \\ 0 & 0 \end{pmatrix} \equiv \mathbf{0} \end{aligned}$$

가 되어 케일리-해밀턴 정리가 증명된다. 여기서 마지막 식의 우변의 $\mathbf{0}$ 은 2×2 영 행렬 (zero matrix)을 나타낸다.

(3) $p(A) = A^2 - Tr(A)A + \det(A)I = 0$ 에서 $A^2 = Tr(A)A - \det(A)I$ 이므로

$$\begin{aligned} A^2 &= Tr(A)A - \det(A)I \\ &= (a+d)\begin{pmatrix} a & b \\ c & d \end{pmatrix} - (ad-bc)\begin{pmatrix} 1 & 0 \\ 0 & 1 \end{pmatrix} \end{aligned}$$

$$A^2 = (a+d)\begin{pmatrix} a & b \\ c & d \end{pmatrix} - (ad-bc)\begin{pmatrix} 1 & 0 \\ 0 & 1 \end{pmatrix}$$

$$= \begin{pmatrix} a(a+d) & b(a+d) \\ c(a+d) & d(a+d) \end{pmatrix} - \begin{pmatrix} ad-bc & 0 \\ 0 & ad-bc \end{pmatrix}$$

$$= \begin{pmatrix} a^2+bc & b(a+d) \\ c(a+d) & d^2+bc \end{pmatrix}$$

가 되어 (2)에서 직접 계산한 A^2과 같다.

(4) 케일리-해밀턴 정리를 사용하여 역행렬 A^{-1}을 구하기 위해 특성 다항식 양변의 왼쪽에 A^{-1}를 곱하여 연산하면

$$A^{-1}p(A) = A^{-1}A^2 - Tr(A)A^{-1}A + \det(A)A^{-1}I$$

$$= A - Tr(A)I + \det(A)A^{-1} = 0$$

가 된다. 따라서 역행렬은

$$A^{-1} = \frac{1}{\det(A)}[Tr(A)I - A]$$

$$= \frac{1}{\det(A)}\left[Tr(A)\begin{pmatrix} 1 & 0 \\ 0 & 1 \end{pmatrix} - \begin{pmatrix} a & b \\ c & d \end{pmatrix}\right]$$

$$= \frac{1}{\det(A)}\left[\begin{pmatrix} a+d & 0 \\ 0 & a+d \end{pmatrix} - \begin{pmatrix} a & b \\ c & d \end{pmatrix}\right]$$

$$= \frac{1}{\det(A)}\begin{pmatrix} d & -b \\ -c & a \end{pmatrix}$$

가 되며 예제 4.26 (1)의 방법으로 구한 역행렬 A^{-1}과 같다.

(5) A^3을 구하기 위해 A^3을 인수 분해하면 $A^3 = AA^2$이므로 (3)의 결과 식 $A^2 = Tr(A)A - \det(A)I$을 연속으로 대입하면

$$\begin{aligned} A^3 &= AA^2 = A[Tr(A)A - \det(A)I] \\ &= Tr(A)A^2 - \det(A)AI \\ &= Tr(A)[Tr(A)A - \det(A)I] - \det(A)AI \\ &= [Tr(A)]^2 A - Tr(A)\det(A)I - \det(A)A \\ &= \{[Tr(A)]^2 - \det(A)\}A - Tr(A)\det(A)I \end{aligned}$$

$$\therefore \boxed{A^3 = \{[Tr(A)]^2 - \det(A)\}A - Tr(A)\det(A)I}$$

가 된다. 여기서 $Tr(A) = a + d$와 $\det(A) = |A| = ad - bc$는 상수이다.

같은 방법으로 $A^4 = AA^3$ 또는 $A^4 = A^2A^2$을 연산하면

$$\boxed{A^4 = \{[Tr(A)]^3 - 2Tr(A)|A|\}A - \{[Tr(A)]^2|A| - |A|^2\}I}$$

을 얻을 수 있다.

행렬 곱 A^3과 A^4 연산은 직접 계산하지 않더라도 행렬 A, 단위행렬 I와 상수인 $Tr(A)$와 $\det(A) = |A|$를 연산하면 쉽게 얻어진다. ■

[※주의] 예제 4.38의 결과들은 2×2 행렬에서만 적용됨을 유의하자.

◉ 처음 몇 개의 $n \times n$ 행렬 A에 대한 케일리-해밀턴 정리

증명 없이 처음 몇 개의 $n \times n$ 행렬 A에 대한 특성 다항식 $p(A) = A^n + c_{n-1}A^{n-1} + \cdots + c_1 A + c_0 I_n = 0$을 정리하면 다음과 같다. 여기서 I_n은 $n \times n$ 단위행렬이다.

- **2×2 행렬 A**

$$p(A) = A^2 - Tr(A)A + \det(A)I_2 = 0$$

또는

$$p(A) = A^2 - Tr(A)A + \frac{1}{2}\left[(Tr(A))^2 - Tr(A^2)\right]I_2 = 0$$

여기서, $\frac{1}{2}\left[(Tr(A))^2 - Tr(A^2)\right] = \det(A)$가 되며 2×2 행렬에서만 성립한다.

- **3×3 행렬 A**

$$p(A) = A^3 - Tr(A)A^2 + \frac{1}{2}\left[(Tr(A))^2 - Tr(A^2)\right]A - \det(A)I_3 = 0$$

- **4×4 행렬 A**

$$p(A) = A^4 - Tr(A)A^3 + \frac{1}{2}\left[(Tr(A))^2 - Tr(A^2)\right]A^2$$
$$- \frac{1}{6}\left[(Tr(A))^3 - 3Tr(A^2)Tr(A) + 2Tr(A^3)\right]A + \det(A)I_4 = 0$$

위의 케일리-해밀턴 정리의 특성 다항식 $p(A) = 0$을 이용하여 역행렬과 행렬 곱 등의 다양한 연산을 간단하게 계산할 수가 있다.

4.6 직교 행렬 (Orthogonal Matrices)

본 절에서는 고정된 (데카르트) 직각 좌표계 (fixed Cartesian coordinates) (x, y, z)에 대해 원점 O는 같으면서 임의의 각으로 회전한 직각 좌표계 (oriented Cartesian coordinates) (x', y', z')의 회전에 대해 알아본다.

- **방향 여현** (directional cosines)

그림 4.13과 같은 두 좌표계를 생각하자. 여기서 편의상 고정 좌표들을 $x \equiv x_1$, $y \equiv x_2$, $z \equiv x_3$, 회전 좌표들을 $x' \equiv x_1{}'$, $y' \equiv x_2{}'$, $z' \equiv x_3{}'$라 하자.

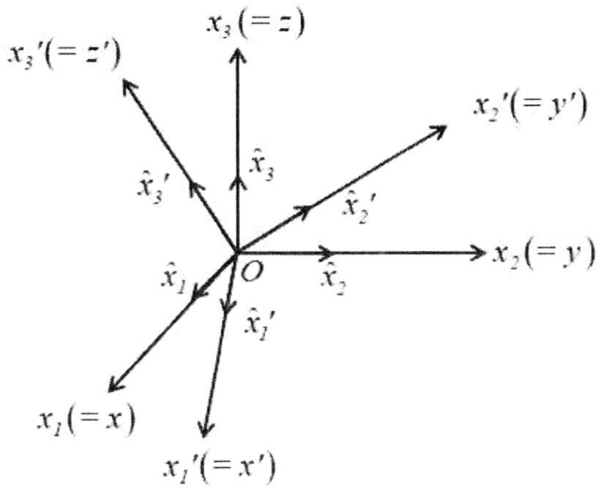

그림 4.13 좌표계의 회전.

회전 좌표계의 단위 벡터 $\hat{x}_1{}'$, $\hat{x}_2{}'$, $\hat{x}_3{}'$와 고정 좌표계의 단위 벡터 $\hat{x}_1$, $\hat{x}_2$, $\hat{x}_3$들이 이루는 방향 여현 (directional cosines)을 $\cos(\hat{x}_i{}', \hat{x}_j) \equiv a_{ij}$ $(i, j = 1, 2, 3)$로 표현하자. 여기서 $\cos(\hat{x}_i{}', \hat{x}_j)$은 $x_i{}'$축과 x_j 축이 이루는 각의 cosine을 나타내며 a_{ij}는 행렬 요소를 나타낸다. 회전 좌표계의 단위 벡터는 고정 좌표계의 단위 벡터와 방향 여현과의 선형 결합으로 다음과 같이 주어진다.

$$\hat{x}_1' = \hat{x}_1 \cos(\hat{x}_1', \hat{x}_1) + \hat{x}_2 \cos(\hat{x}_1', \hat{x}_2) + \hat{x}_3 \cos(\hat{x}_1', \hat{x}_3)$$

$$\hat{x}_2' = \hat{x}_1 \cos(\hat{x}_2', \hat{x}_1) + \hat{x}_2 \cos(\hat{x}_2', \hat{x}_2) + \hat{x}_3 \cos(\hat{x}_2', \hat{x}_3)$$

$$\hat{x}_3' = \hat{x}_1 \cos(\hat{x}_3', \hat{x}_1) + \hat{x}_2 \cos(\hat{x}_3', \hat{x}_2) + \hat{x}_3 \cos(\hat{x}_3', \hat{x}_3)$$

또는 간단하게

$$\hat{x}_i' = \sum_{j=1}^{3} \hat{x}_j \cos(\hat{x}_i', \hat{x}_j), \quad (i = 1, 2, 3)$$

로 표현할 수 있다. 방향 여현을 행렬 요소로 간주하여 $\cos(\hat{x}_i', \hat{x}_j) \equiv a_{ij}$ $(i, j = 1, 2, 3)$ 로 나타내면

$$\hat{x}_1' = \hat{x}_1 a_{11} + \hat{x}_2 a_{12} + \hat{x}_3 a_{13}$$

$$\hat{x}_2' = \hat{x}_1 a_{21} + \hat{x}_2 a_{22} + \hat{x}_3 a_{23}$$

$$\hat{x}_3' = \hat{x}_1 a_{31} + \hat{x}_2 a_{32} + \hat{x}_3 a_{33}$$

또는

$$\hat{x}' = \sum_{j=1}^{3} \hat{x}_j a_{ij}, \quad (i = 1, 2, 3)$$

가 된다. 역으로, 고정 좌표계의 단위 벡터 $\hat{x}_1$, $\hat{x}_2$, $\hat{x}_3$ 들은 회전 좌표계의 단위 벡터 $\hat{x}_1'$, $\hat{x}_2'$, $\hat{x}_3'$ 로 나타낼 수도 있다.

$$\hat{x}_1 = \hat{x}_1' a_{11} + \hat{x}_2' a_{21} + \hat{x}_3' a_{31}$$

$$\hat{x}_2 = \hat{x}_1' a_{12} + \hat{x}_2' a_{22} + \hat{x}_3' a_{32}$$

$$\hat{x}_3 = \hat{x}_1' a_{13} + \hat{x}_2' a_{23} + \hat{x}_3' a_{33}$$

또는

$$\hat{x}_i = \sum_{j=1}^{3} \hat{x}_j{}' \, a_{ji}\,, \; (i=1,2,3)$$

이다. 여기서 방향 여현 $\cos(\hat{x}_i{}', \hat{x}_j) \equiv a_{ij} \; (i, j=1,2,3)$ 와 $\cos(\hat{x}_j{}', \hat{x}_i) \equiv a_{ji} \; (i, j=1,2,3)$ 에서 첫 번째 아래 첨자 (first subscript)는 회전 좌표계 (primed coordinates)의 단위 벡터를, 두 번째 아래 첨자 (second subscript)는 고정 좌표계 (unprimed coordinates)의 단위 벡터를 나타낸다.

- **벡터 응용** (applications to vectors)

앞에서 회전 좌표계의 단위 벡터 $\hat{x}_1{}'$, $\hat{x}_2{}'$, $\hat{x}_3{}'$ 와 고정 좌표계의 단위 벡터 $\hat{x}_1$, $\hat{x}_2$, $\hat{x}_3$ 들의 변환 관계식을 방향 여현으로 나타내었다. 이 관계식을 임의의 벡터 $\boldsymbol{A}$ 에 대해 적용하여 보자. 고정 좌표계의 벡터 $\boldsymbol{A}$ 와 회전 좌표계의 벡터 $\boldsymbol{A}'$ 를 각각의 단위 벡터로 나타내면 다음과 같다.

$$\begin{cases} \boldsymbol{A}(x_1, x_2, x_3) = A_{x_1}\hat{x}_1 + A_{x_2}\hat{x}_2 + A_{x_3}\hat{x}_3 \\ \boldsymbol{A}'(x_1{}', x_2{}', x_3{}') = A'_{x_1{}'}\hat{x}_1{}' + A'_{x_2{}'}\hat{x}_2{}' + A'_{x_3{}'}\hat{x}_3{}' \end{cases}$$

고정 좌표계의 벡터 $\boldsymbol{A}$ 와 회전 좌표계의 벡터 $\boldsymbol{A}'$ 는 수학적 표현만 다를 뿐이지 근본적으로 같은 벡터이다. 즉, $\boldsymbol{A} = \boldsymbol{A}'$ 이다. 단위 벡터들의 변환 식 $\hat{x}_i = \sum_{j=1}^{3} \hat{x}_j{}' \, a_{ji}$, $(i=1,2,3)$ 를 대입하면

$$\begin{aligned} \boldsymbol{A}(x_1, x_2, x_3) &= A_{x_1}\hat{x}_1 + A_{x_2}\hat{x}_2 + A_{x_3}\hat{x}_3 \\ &= A_{x_1}\left(a_{11}\hat{x}_1{}' + a_{21}\hat{x}_1{}' + a_{31}\hat{x}_1{}'\right) \\ &\quad + A_{x_2}\left(a_{12}\hat{x}_1{}' + a_{22}\hat{x}_1{}' + a_{32}\hat{x}_1{}'\right) \\ &\quad + A_{x_3}\left(a_{13}\hat{x}_1{}' + a_{23}\hat{x}_1{}' + a_{33}\hat{x}_1{}'\right) \end{aligned}$$

이므로 회전 좌표계의 단위 벡터들로 정리하면

$$\boldsymbol{A}(x_1, x_2, x_3) \equiv A'_{x_1'}\hat{x}_1' + A'_{x_2'}\hat{x}_2' + A'_{x_3'}\hat{x}_3' = \boldsymbol{A}'(x_1', x_2', x_3')$$

가 된다. 여기서 회전 좌표계의 벡터 성분은

$$A'_{x_1'} = a_{11}A_{x_1} + a_{12}A_{x_2} + a_{13}A_{x_3}$$

$$A'_{x_2'} = a_{21}A_{x_1} + a_{22}A_{x_2} + a_{23}A_{x_3}$$

$$A'_{x_3'} = a_{31}A_{x_1} + a_{32}A_{x_2} + a_{33}A_{x_3}$$

또는

$$A'_{x_i'} = \sum_{j=1}^{3} a_{ij}A_{x_j}, \quad (i=1,2,3)$$

와 같다. 같은 방법으로 고정 좌표계에서 벡터 성분으로 변환하면

$$A_{x_i} = \sum_{j=1}^{3} a_{ji}A'_{x_j'}, \quad (i=1,2,3)$$

가 된다.

벡터 $\boldsymbol{A}$와 $\boldsymbol{A}'$은 임의의 벡터이므로 입자의 위치 벡터로 바꾸어 생각하자.

위의 관계식을 위치 벡터 (position vector) $\boldsymbol{r} = \begin{pmatrix} x \\ y \\ z \end{pmatrix} = \begin{pmatrix} x_1 \\ x_2 \\ x_3 \end{pmatrix}$와 $\boldsymbol{r}' = \begin{pmatrix} x' \\ y' \\ z' \end{pmatrix} = \begin{pmatrix} x_1' \\ x_2' \\ x_3' \end{pmatrix}$에 대해 적용하면 회전 좌표계의 벡터 성분은

$$\begin{cases} x_1' = a_{11}x_1 + a_{12}x_2 + a_{13}x_3 \\ x_2' = a_{21}x_1 + a_{22}x_2 + a_{23}x_3 \\ x_3' = a_{31}x_1 + a_{32}x_2 + a_{33}x_3 \end{cases} \Leftrightarrow \boxed{x_i' = \sum_{j=1}^{3} a_{ij}x_j, \quad (i=1,2,3)}$$

가 된다. 위치 벡터의 변환 $\boldsymbol{r}=\begin{pmatrix}x\\y\\z\end{pmatrix} \Rightarrow \boldsymbol{r}'=\begin{pmatrix}x'\\y'\\z'\end{pmatrix}$을 행렬 방정식으로 나타내면

$$\begin{pmatrix}x'\\y'\\z'\end{pmatrix}=\begin{pmatrix}a_{11} & a_{12} & a_{13}\\a_{21} & a_{22} & a_{23}\\a_{31} & a_{32} & a_{33}\end{pmatrix}\begin{pmatrix}x\\y\\z\end{pmatrix} \quad \Leftrightarrow \quad \boxed{\boldsymbol{r}'=R\boldsymbol{r}}$$

와 같다. 여기서 고정 좌표계에서 회전 좌표계 $(\boldsymbol{r} \Rightarrow \boldsymbol{r}')$의 회전 행렬 R은

$$R=\begin{pmatrix}a_{11} & a_{12} & a_{13}\\a_{21} & a_{22} & a_{23}\\a_{31} & a_{32} & a_{33}\end{pmatrix}$$

이며 행렬 요소는 $a_{ij}=\cos(\hat{x}_i{}', \hat{x}_j),\quad (i, j=1,2,3)$로 방향 여현과 같다.

같은 방법으로 회전 좌표계에서 고정 좌표계로의 위치 벡터 변환 $\boldsymbol{r}' \Rightarrow \boldsymbol{r}$을 행렬 방정식으로 나타내면

$$\begin{pmatrix}x\\y\\z\end{pmatrix}=\begin{pmatrix}a_{11} & a_{21} & a_{31}\\a_{12} & a_{22} & a_{32}\\a_{13} & a_{23} & a_{33}\end{pmatrix}\begin{pmatrix}x'\\y'\\z'\end{pmatrix} \quad \Leftrightarrow \quad \boxed{\boldsymbol{r}=R^T\boldsymbol{r}'}$$

와 같다. 여기서 R^T는 회전 행렬 R의 전치 행렬이다.

그림 4.14는 각 좌표계에서의 위치 벡터를 나타낸다. 위치 벡터 $\boldsymbol{r}=(x_1, x_2, x_3)^T$와 $\boldsymbol{r}'=(x_1{}', x_2{}', x_3{}')^T$의 길이는 좌표계와 상관없이 같으므로 각 좌표계에서 길이의 제곱을 구하면 각각

$$\begin{aligned}|\boldsymbol{r}'|^2 &= \sum_{i=1}^{3} x'^2_i = \sum_{i=1}^{3}\left(\sum_{j=1}^{3} a_{ij}x_j\right)\left(\sum_{k=1}^{3} a_{ik}x_k\right)\\ &= \sum_{j,k=1}^{3} x_j x_k \sum_{i=1}^{3} a_{ij}a_{ik}\end{aligned}$$

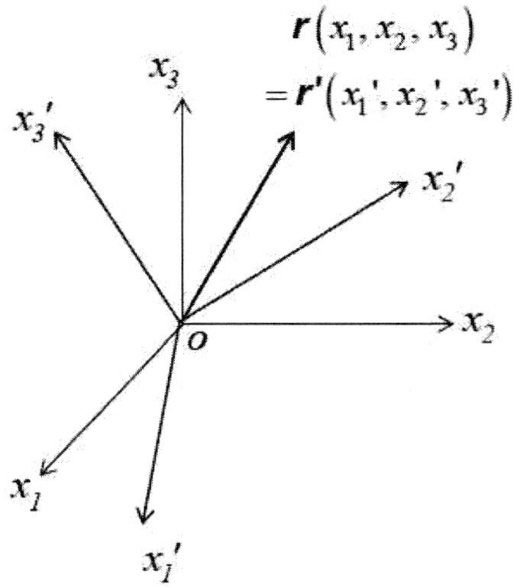

그림 4.14 고정 좌표계와
회전 좌표계의 위치 벡터.

$$|\boldsymbol{r}|^2 = \sum_{i=1}^{3} x_i^2 = \sum_{i=1}^{3}\left(\sum_{j=1}^{3} a_{ji} x_j{}'\right)\left(\sum_{k=1}^{3} a_{ki} x_k{}'\right)$$
$$= \sum_{j,k=1}^{3} x_j{}' x_k{}' \sum_{i=1}^{3} a_{ji} a_{ki}$$

가 된다. 각 좌표계에서 위치 벡터 길이의 제곱은 같으므로 $|\boldsymbol{r}'|^2 = |\boldsymbol{r}|^2$ 또는 $\sum_{i=1}^{3} x'^2_i = \sum_{i=1}^{3} x_i^2$ 관계식이 성립하여야 한다.

두 관계식이 모든 점에서 성립하려면 $\sum_{i=1}^{3} a_{ij} a_{ik} = \delta_{jk}$ 와 $\sum_{i=1}^{3} a_{ji} a_{ki} = \delta_{jk}$ 이어야 한다. 즉,

$$|\boldsymbol{r}'|^2 = \sum_{i=1}^{3} x'^2_i = \sum_{j,k=1}^{3} x_j x_k \sum_{i=1}^{3} a_{ij} a_{ik} = \sum_{j,k=1}^{3} x_j x_k \delta_{jk} = \sum_{j=1}^{3} x_j^2 = |\boldsymbol{r}|^2$$

$$|\boldsymbol{r}|^2 = \sum_{i=1}^{3} x_i^2 = \sum_{j,k=1}^{3} x_j{}' x_k{}' \sum_{i=1}^{3} a_{ji} a_{ki} = \sum_{j,k=1}^{3} x_j{}' x_k{}' \delta_{jk} = \sum_{j=1}^{3} x_j{}'^2 = |\boldsymbol{r}'|^2$$

가 되어 좌표계의 회전 (座標系 回轉; rotation of coordinate system)에 대해 위치 벡터의 길이가 불변 (不變; invariant)이다. 따라서 위의 관계식

$$\sum_{i=1}^{3} a_{ij} a_{ik} = \sum_{i=1}^{3} a_{ji} a_{ki} = \delta_{jk}, \quad (j, k = 1, 2, 3)$$

을 회전 행렬 R의 **직교 조건** (直交 條件; orthogonality condition)이라 하며, 이때 회전 행렬을 **직교 행렬** (orthogonal matrix)이라 한다.

• 회전 행렬의 전치 행렬과 역행렬 관계 (Transpose and Inverse Matrices of rotation matrix)

회전 행렬 R의 전치 행렬 R^T이 역행렬 R^{-1}과 같음을 다음 예제 4.39를 통해 알아보자.

[예제 4.39] 회전 행렬 $R = \begin{pmatrix} a_{11} & a_{12} & a_{13} \\ a_{21} & a_{22} & a_{23} \\ a_{31} & a_{32} & a_{33} \end{pmatrix}$의 직교 조건은 $\sum_{i=1}^{3} a_{ij} a_{ik} = \sum_{i=1}^{3} a_{ji} a_{ki} = \delta_{jk}$ $(j, k = 1, 2, 3)$이다.

(1) 직교 조건을 사용하여 $R^T R = R R^T = I$가 됨을 보여라.

(2) $R^T R = R R^T = I$를 사용하여 $R^T = R^{-1}$임을 보여라.

(3) 위치 벡터의 변환 관계식 $\boldsymbol{r}' = R\boldsymbol{r}$와 $\boldsymbol{r} = R^T \boldsymbol{r}'$을 이용하여 $R^T = R^{-1}$임을 보여라.

[풀이]

(1) 회전 행렬 R의 전치 행렬 R^T는 다음과 같이 주어진다.

$$R = \begin{pmatrix} a_{11} & a_{12} & a_{13} \\ a_{21} & a_{22} & a_{23} \\ a_{31} & a_{32} & a_{33} \end{pmatrix}, \qquad \widetilde{R} = R^T = \begin{pmatrix} a_{11} & a_{21} & a_{31} \\ a_{12} & a_{22} & a_{32} \\ a_{13} & a_{23} & a_{33} \end{pmatrix}$$

행렬 곱 R^TR을 연산하면

$$R^TR=\begin{pmatrix} a_{11} & a_{21} & a_{31} \\ a_{12} & a_{22} & a_{32} \\ a_{13} & a_{23} & a_{33} \end{pmatrix}\begin{pmatrix} a_{11} & a_{12} & a_{13} \\ a_{21} & a_{22} & a_{23} \\ a_{31} & a_{32} & a_{33} \end{pmatrix} \equiv (c_{jk})_{3\times 3}$$

가 되며, 행렬 요소 c_{jk} $(j,k=1,2,3)$는 $c_{jk}=\sum_{i=1}^{3}a_{ij}a_{ik}$이므로 직교 조건 $c_{jk}=\sum_{i=1}^{3}a_{ij}a_{ik}=\delta_{jk}$, $(j,k=1,2,3)$을 사용하면

$$R^TR\equiv (c_{jk})_{3\times 3}=(\delta_{jk})_{3\times 3}=\begin{pmatrix} 1 & 0 & 0 \\ 0 & 1 & 0 \\ 0 & 0 & 1 \end{pmatrix}=I$$

를 얻는다.

같은 방법으로 행렬 곱 RR^T를 연산하면

$$RR^T=\begin{pmatrix} a_{11} & a_{12} & a_{13} \\ a_{21} & a_{22} & a_{23} \\ a_{31} & a_{32} & a_{33} \end{pmatrix}\begin{pmatrix} a_{11} & a_{21} & a_{31} \\ a_{12} & a_{22} & a_{32} \\ a_{13} & a_{23} & a_{33} \end{pmatrix} \equiv (d_{jk})_{3\times 3}$$

이며, 행렬 요소 d_{jk} $(j,k=1,2,3)$는 $d_{jk}=\sum_{i=1}^{3}a_{ji}a_{ki}$이므로 직교 조건 $d_{jk}=\sum_{i=1}^{3}a_{ji}a_{ki}=\delta_{jk}$, $(j,k=1,2,3)$을 사용하면

$$RR^T\equiv (d_{jk})_{3\times 3}=(\delta_{jk})_{3\times 3}=\begin{pmatrix} 1 & 0 & 0 \\ 0 & 1 & 0 \\ 0 & 0 & 1 \end{pmatrix}=I$$

가 된다.

$$\therefore \quad \boxed{R^T R = RR^T = I}$$

[다른 방법]: 회전 행렬 R의 전치 행렬 R^T의 행렬 곱과 직교 조건을 사용하지 않고도 위의 관계를 구할 수 있다. (3)의 위치 벡터의 변환 관계식 $\boldsymbol{r}' = R\boldsymbol{r}$ 와 $\boldsymbol{r} = R^T\boldsymbol{r}'$을 이용하자. 먼저 $\boldsymbol{r}'$을 $\boldsymbol{r}$에 대입하면 $\boldsymbol{r} = R^T\boldsymbol{r}' = R^T R\boldsymbol{r} \equiv \boldsymbol{r}$ 이므로 $R^T R = I$이다. 같은 방법으로 $\boldsymbol{r}$을 $\boldsymbol{r}'$에 대입하면 $\boldsymbol{r}' = R\boldsymbol{r} = RR^T\boldsymbol{r}' \equiv \boldsymbol{r}'$ 이므로 $RR^T = I$가 성립한다.

(2) $R^T R = I$와 $RR^T = I$를 사용하자.

먼저 $R^T R = I$의 양변 우측에 역행렬 R^{-1}를 곱하고 행렬 곱의 결합 법칙을 사용하여 연산하면

$$\text{좌변} = (R^T R)R^{-1} = R^T(RR^{-1}) = R^T I = R^T$$

$$\text{우변} = IR^{-1} = R^{-1}$$

$$\therefore \quad \boxed{R^T = R^{-1}}$$

한편, $RR^T = I$의 양변 좌측에 R^{-1}를 곱하고 결합 법칙을 사용하여 연산하면

$$\text{좌변} = R^{-1}(RR^T) = (R^{-1}R)R^T = IR^T = R^T$$

$$\text{우변} = R^{-1}I = R^{-1}$$

$$\therefore \quad \boxed{R^T = R^{-1}}$$

를 얻는다. 따라서 **회전 행렬 R의 전치 행렬 R^T는 역행렬 R^{-1}와 같다.**

(3) 위치 벡터의 변환 관계식 $\boldsymbol{r}'=R\boldsymbol{r}$ 와 $\boldsymbol{r}=R^T\boldsymbol{r}'$을 이용하자.

먼저 $\boldsymbol{r}'=R\boldsymbol{r}$ 의 양변 좌측에 역행렬 R^{-1}을 곱하고 결합 법칙을 사용하면

$$R^{-1}\,\boldsymbol{r}'=R^{-1}(R\boldsymbol{r})=(R^{-1}R)\boldsymbol{r}=I\boldsymbol{r}=\boldsymbol{r}$$

$$\Rightarrow\ \boldsymbol{r}=R^{-1}\,\boldsymbol{r}'\equiv R^T\boldsymbol{r}'\quad(\because\ \boldsymbol{r}=R^T\boldsymbol{r}')$$

이므로 $R^{-1}=R^T$가 된다. 한편, $\boldsymbol{r}=R^T\boldsymbol{r}'$의 양변 좌측에 $\left(R^T\right)^{-1}$를 곱하면

$$\left(R^T\right)^{-1}\boldsymbol{r}=\left(R^T\right)^{-1}\left(R^T\,\boldsymbol{r}'\right)=I\boldsymbol{r}'=\boldsymbol{r}'$$

$$\Rightarrow\ \boldsymbol{r}'=\left(R^T\right)^{-1}\boldsymbol{r}\equiv R\boldsymbol{r}\quad(\because\ \boldsymbol{r}'=R\boldsymbol{r})$$

$$\Rightarrow\ \left(R^T\right)^{-1}=R$$

이므로 $R^T=R^{-1}$가 된다.

■

회전 행렬 R의 관계식 $R^T=R^{-1}$는 회전 행렬의 직교 조건에서 얻은 결과로 $R^TR=RR^T=I$ 를 직교 행렬 조건 (orthogonal matrix condition)이라 한다. 이때의 회전 행렬 R을 **직교 행렬** (orthogonal matrix)이라 한다.

[**예제** 4.40] 그림과 같이 2차원 고정 좌표계 (unprimed coordinate) (x, y)를 원점 O를 회전축으로 반시계방향 (counter clockwise) 방향으로 θ만큼 회전하여 2차원 회전 (프라임) 좌표계 (primed coordinate) (x', y')로 만들었다.

좌표계가 회전하여도 위치 벡터 $\boldsymbol{r}$과 $\boldsymbol{r}'$은 고정 (fixed) 되어있다고 가정한다.

(1) 좌표 변환 $\begin{pmatrix} x' \\ y' \end{pmatrix} = R(\theta)\begin{pmatrix} x \\ y \end{pmatrix}$에서 2차원 회전 행렬 $R(\theta) = (a_{ij})_{2 \times 2}$ 를 구하라.

여기서 a_{ij}는 방향 여현이다.

(2) $R(\theta)$가 $\sum_{i=1}^{2} a_{ij}a_{ik} = \delta_{jk}$ 또는 $\sum_{i=1}^{2} a_{ji}a_{ki} = \delta_{jk}$, $(j, k = 1, 2)$의 직교 조건을 만족함을 보여라.

(3) $R^T R = RR^T = I$임을 보여라.

(4) $R(\theta)$의 역행렬을 구하여 $R^T = R^{-1}$임을 보여라.

(5) 회전 행렬 $R(\theta)$의 고윳값과 고유 벡터를 구하라.

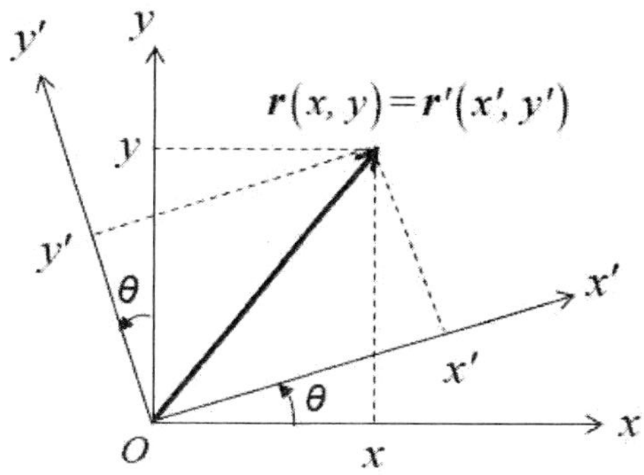

예제 4.40 그림.

[풀이]

(1) 예제 4.40 그림을 참고하여 고정 좌표계와 회전 좌표계의 변환 식을

$$
\begin{aligned}
x' &= a_{11}x + a_{12}y \\
y' &= a_{21}x + a_{22}y
\end{aligned}
$$

라 두면 성분 요소 또는 방향 여현은 다음과 같이 주어진다.

$$
\begin{aligned}
a_{11} &= \cos(x', x) = \cos\theta, \\
a_{12} &= \cos(x', y) = \cos\left(\frac{\pi}{2} - \theta\right) = \sin\theta,
\end{aligned}
$$

$$a_{21} = \cos(y', x) = \cos\left(\frac{\pi}{2} + \theta\right) = -\sin\theta,$$
$$a_{22} = \cos(y', y) = \cos\theta$$

이므로 변환 관계식은

$$\begin{cases} x' = a_{11}x + a_{12}y = \quad x\cos\theta + y\sin\theta \\ y' = a_{21}x + a_{22}y = -x\sin\theta + y\cos\theta \end{cases}$$

$$\Rightarrow \boldsymbol{r}' = \begin{pmatrix} x' \\ y' \end{pmatrix} = R(\theta)\boldsymbol{r} = R(\theta)\begin{pmatrix} x \\ y \end{pmatrix}$$

이다. 여기서 회전 행렬 $R(\theta)$는 다음과 같다.

$$R(\theta) = \begin{pmatrix} \cos\theta & \sin\theta \\ -\sin\theta & \cos\theta \end{pmatrix}$$

(2) 회전 행렬 $R(\theta)$의 직교 조건 $\sum_{i=1}^{2} a_{ij}a_{ik} = \delta_{jk}$, $(j, k = 1, 2)$을 사용하면

$$\begin{aligned}
\delta_{11}: &\quad a_{11}a_{11} + a_{21}a_{21} = \cos^2\theta + (-\sin\theta)^2 = 1 \\
\delta_{12}: &\quad a_{11}a_{12} + a_{21}a_{22} = \cos\theta\sin\theta - \sin\theta\cos\theta = 0 \\
\delta_{21}: &\quad a_{12}a_{11} + a_{22}a_{21} = \cos\theta\sin\theta - \sin\theta\cos\theta = 0 \\
\delta_{22}: &\quad a_{12}a_{12} + a_{22}a_{22} = \sin^2\theta + \cos^2\theta = 1
\end{aligned}$$

이 되어 직교 조건을 만족한다.

또 다른 직교 조건 $\sum_{i=1}^{2} a_{ji}a_{ki} = \delta_{jk}$, $(j, k = 1, 2)$에 대해서도 계산하면

$$\begin{aligned}
\delta_{11}: &\quad a_{11}a_{11} + a_{12}a_{12} = \cos^2\theta + \sin^2\theta = 1 \\
\delta_{12}: &\quad a_{11}a_{21} + a_{12}a_{22} = \cos\theta(-\sin\theta) + \sin\theta\cos\theta = 0
\end{aligned}$$

$$\delta_{21}: \quad a_{21}a_{11}+a_{22}a_{12}=-\sin\theta\cos\theta+\cos\theta\sin\theta=0$$
$$\delta_{22}: \quad a_{21}a_{21}+a_{22}a_{22}=(-\sin\theta)^2+\cos^2\theta=1$$

와 같이 직교 조건이 성립한다.

(3) 행렬 곱 R^TR와 RR^T을 계산하면

$$R^TR=\begin{pmatrix}\cos\theta & -\sin\theta\\ \sin\theta & \cos\theta\end{pmatrix}\begin{pmatrix}\cos\theta & \sin\theta\\ -\sin\theta & \cos\theta\end{pmatrix}$$
$$=\begin{pmatrix}\cos^2\theta+\sin^2\theta & \cos\theta\sin\theta-\cos\theta\sin\theta\\ \cos\theta\sin\theta-\cos\theta\sin\theta & \cos^2\theta+\sin^2\theta\end{pmatrix}=\begin{pmatrix}1 & 0\\ 0 & 1\end{pmatrix}=I$$

$$RR^T=\begin{pmatrix}\cos\theta & \sin\theta\\ -\sin\theta & \cos\theta\end{pmatrix}\begin{pmatrix}\cos\theta & -\sin\theta\\ \sin\theta & \cos\theta\end{pmatrix}$$
$$=\begin{pmatrix}\cos^2\theta+\sin^2\theta & -\cos\theta\sin\theta+\cos\theta\sin\theta\\ -\cos\theta\sin\theta+\cos\theta\sin\theta & \cos^2\theta+\sin^2\theta\end{pmatrix}=\begin{pmatrix}1 & 0\\ 0 & 1\end{pmatrix}=I$$

$$\therefore\ R^TR=RR^T=I$$

(4) $R(\theta)$의 역행렬은 $R^{-1}=\dfrac{Adj(R)}{\det(R)}=\dfrac{Cof(R)^T}{\det(R)}$이다.

행렬식은 $\det(R)=|R|=\cos^2\theta+\sin^2\theta=1$이며 여인수를 구하면 다음과 같다.

$$C_{11}=(-1)^{1+1}\cos\theta=\cos\theta, \quad C_{12}=(-1)^{1+2}(-\sin\theta)=\sin\theta$$
$$C_{21}=(-1)^{2+1}\sin\theta=-\sin\theta,\ C_{22}=(-1)^{2+2}\cos\theta=\cos\theta$$

여인수를 이용하면 $R(\theta)$의 역행렬은 다음과 같이 주어진다.

$$R^{-1}=\frac{1}{|R|}\begin{pmatrix}C_{11} & C_{12}\\ C_{21} & C_{22}\end{pmatrix}^T=\begin{pmatrix}\cos\theta & -\sin\theta\\ \sin\theta & \cos\theta\end{pmatrix}\equiv R^T$$

$$\therefore\ R^{-1} = R^T = \begin{pmatrix} \cos\theta & -\sin\theta \\ \sin\theta & \cos\theta \end{pmatrix}$$

즉, $R^T = R^{-1}$를 만족하므로 2차원 회전 행렬 $R(\theta)$는 직교 행렬이다.

(5) 고유치 방정식 $|R(\theta) - \lambda I| = 0$을 사용하여 고유치 λ를 구한다.

$$\begin{vmatrix} \cos\theta - \lambda & \sin\theta \\ -\sin\theta & \cos\theta - \lambda \end{vmatrix} = \lambda^2 - 2\cos\theta\,\lambda + 1 = 0$$

$$\therefore\ \begin{cases} \lambda_1 = \cos\theta + \sqrt{\cos^2\theta - 1} = \cos\theta + i\sin\theta \equiv e^{+i\theta} \\ \lambda_2 = \cos\theta - \sqrt{\cos^2\theta - 1} = \cos\theta - i\sin\theta \equiv e^{-i\theta} \end{cases}$$

여기서 고유치 $\lambda_1 = e^{+i\theta}$는 반시계방향으로 회전하는 (길이가 1인) 위상자(phasor)와 같으며 고유치 $\lambda_2 = e^{-i\theta}$는 시계 방향으로 회전하는 위상자와 같다. 고유치에 해당하는 (규격화된) 고유 벡터 $\boldsymbol{r} = \begin{pmatrix} x \\ y \end{pmatrix}$는 다음과 같다.

<u>$(i)\ \lambda_1 = \cos\theta + i\sin\theta \quad (= e^{+i\theta})$</u>

$$R(\theta)\boldsymbol{r} = \lambda_1 \boldsymbol{r}$$

$$\begin{cases} x\cos\theta + y\sin\theta = (\cos\theta + i\sin\theta)x \\ -x\sin\theta + y\cos\theta = (\cos\theta + i\sin\theta)y \end{cases}$$

$$\Rightarrow y = ix$$

$$\therefore\ \boldsymbol{r}_1 = \begin{pmatrix} x \\ y \end{pmatrix} = \frac{1}{\sqrt{2}}\begin{pmatrix} 1 \\ i \end{pmatrix}$$

$\underline{(ii)\ \lambda_2 = \cos\theta - i\sin\theta \quad (=e^{-i\theta})}$

$$R(\theta)\boldsymbol{r} = \lambda_2 \boldsymbol{r}$$

$$\begin{cases} x\cos\theta + y\sin\theta = (\cos\theta - i\sin\theta)x \\ -x\sin\theta + y\cos\theta = (\cos\theta - i\sin\theta)y \end{cases}$$

$$\Rightarrow y = -ix$$

$$\therefore\ \boldsymbol{r}_2 = \begin{pmatrix} x \\ y \end{pmatrix} = \frac{1}{\sqrt{2}}\begin{pmatrix} 1 \\ -i \end{pmatrix}$$

회전 행렬 $R(\theta)$ 의 고유 벡터 $\boldsymbol{r}_1 = \frac{1}{\sqrt{2}}\begin{pmatrix} 1 \\ i \end{pmatrix}$ 는 xy 평면에서 z 를 회전축으로 반시계방향 $(+\theta)$ 으로 회전하는 고윳값 $\lambda_1 = e^{+i\theta}$ 에 해당하며, $\boldsymbol{r}_2 = \frac{1}{\sqrt{2}}\begin{pmatrix} 1 \\ -i \end{pmatrix}$ 는 시계 방향 $(-\theta)$ 으로 회전하는 고윳값 $\lambda_2 = e^{-i\theta}$ 에 해당한다. ■

※ 참고: 2차원 회전 행렬 $R(\theta)$ 의 고유 벡터와 원편광과의 유사성

회전 행렬의 고유 벡터는 전자기 파동의 원편광 벡터 (circular polarization vector)와 매우 유사하다. 전기장의 편광을 존스 벡터 (Jones vector) $\boldsymbol{E} = \begin{pmatrix} E_x \\ E_y \end{pmatrix}$ 로 표시하면,

- 우향 원편광 (right circularly polarized light (RCP)): $\boldsymbol{E}_{RCP} = \frac{1}{\sqrt{2}}\begin{pmatrix} 1 \\ -i \end{pmatrix} E_o$,
- 좌향 원편광 (left circularly polarized light (LCP)): $\boldsymbol{E}_{LCP} = \frac{1}{\sqrt{2}}\begin{pmatrix} 1 \\ i \end{pmatrix} E_o$

로 기술한다.[50] 여기서 E_o는 입사광의 진폭 (amplitude of incident wave)이며 $\frac{1}{\sqrt{2}}$ 은 규격화 상수이다.

---

50) 우향 원편광과 좌향 원편광의 존스 벡터 표기는 저자에 따라 달리 표현되지만, 본 교재에서는 광원을 바라볼 때 전기장의 시계 방향 회전 $\frac{1}{\sqrt{2}}\begin{pmatrix} 1 \\ -i \end{pmatrix}$ 을 우향 원편광으로 표기한다.

4.7 에르미트 행렬과 유니터리 행렬 (Hermite Matrices and Unitary Matrices)

지금까지 우리가 다룬 행렬 요소들은 대부분 실수 (real number)를 가정하였다. 고전 물리 (classical physics)의 범주에서는 실수의 행렬 요소들로 문제들을 풀어도 무방하다. 그러나, 양자역학 (quantum mechanics)에서 다루는 시간 종속 슈뢰딩거 파동 방정식 (time-dependent Schrodinger wave equation) 등에는 파동 함수와 변수들이 흔히 복소수 (複素數; complex)로 표현된다.

앞에서 다룬 실수 요소들로 구성된 정사각 행렬들은 대칭 행렬 (對稱 行列; symmetric matrices), 반 대칭 행렬 (反對稱 行列; antisymmetric or skew-symmetric matrices) 및 직교 행렬(直交 行列; orthogonal matrices)들이 있으며 그림 4.15와 같이 분류한다.

실수 정사각 행렬 (Real Square Matrices)

대칭 행렬 (symmetric)	$A^T = A \Leftrightarrow a_{ij} = a_{ji}$
반대칭 행렬 (antisymmetric)	$A^T = -A \Leftrightarrow a_{ij} = -a_{ji}$
직교 행렬 (orthogonal)	$A^T = A^{-1}$

그림 4.15 실수 정사각 행렬의 종류.

실수 정사각 행렬 (real square matrices)의 종류와 유사하게 1 대 1 대응하는 복소수 정사각 행렬 (complex square matrices)의 명칭이 있으나, 양자역학 또는 행렬 역학을 처음 접하는 독자들에게는 생소하고 어려우므로 잘 이해할 필요가 있다.

- **복소수 행렬과 복소 공액 행렬 (複素數 行列, 複素 共軛 行列; Complex matrix and its complex conjugate matrix)**

세 종류의 실수 정사각 행렬을 일반화하여 복소수 정사각 행렬 (complex square matrices)를 정의하자. 복소수 정사각 행렬 $A=\left(a_{ij}\right)$의 행렬 요소 a_{ij} 들을 복소수라 하면 복소 공액 (켤레) 행렬 (complex conjugate matrix)을 $A^*=\left(a_{ij}^*\right)$로 표기한다. 여기서 $*$는 복소 공액 (켤레 복소수)를 나타낸다. 예를 들면, $a_{12}=5+3i$의 켤레 복소수는 $a_{12}^*=5-3i$이며 허수 $i=\sqrt{-1}$이다. 특히, 복소 공액 행렬 $A^*=\left(a_{ij}^*\right)$의 전치 행렬 (transpose matrix)을 에르미트 수반 행렬 (Hermite adjoint matrix)라 하며 양자역학에서 자주 사용되는 행렬이다. 그림 4.16은 복소 공액 행렬과 에르미트 수반 행렬 관계를 나타낸다. 에르미트 수반 행렬 $A^\dagger$의 위 첨자 †는 행렬 A의 전치 행렬 A^T의 복소 공액 (또는 복소 공액 행렬 A^*의 전치 행렬)을 나타낸다. 에르미트 행렬의 위첨자 †는 단도 (짧은 칼) 모양으로 대거 (dagger)라고 읽는다.

복소수 정사각 행렬 (Complex Square Matrices)	
복소 공액 행렬 (complex conjugate matrix)	$A^*=\left(a_{ij}^*\right)_{n\times n}$
에르미트 수반 행렬 (Hermite adjoint matrix)	$A^\dagger=\left(A^T\right)^*=\left(a_{ji}^*\right)_{n\times n}$

그림 4.16 복소 공액 행렬과 에르미트 수반 행렬의 정의.

에르미트 수반 행렬의 정의로부터 세 종류의 실수 정사각 행렬에 대응하는 복소수 정사각 행렬을 정리하면 다음과 같다. (그림 4.17 참고)

- 복소수 정사각 행렬 H에 대해 $H^\dagger=H$인 행렬 H를 에르미트 행렬 (Hermite matrix)이라 하며, 실수 정사각 행렬의 대칭 행렬에 해당한다.

- $H^\dagger = -H$ 인 행렬 H를 반 대칭 에르미트 행렬 (antisymmetric Hermite matrix)이라 하며, 실수 정사각 행렬의 반 대칭 행렬에 대응한다.

- 복소수 행렬 U가 $U^\dagger = U^{-1}$ 를 만족하는 행렬 U를 하나 행렬 (또는 유니터리 행렬; unitary matrix)이라 부르며, 실수 정사각 행렬의 직교 행렬 (orthogonal matrix)에 해당한다.

양자역학 또는 행렬 역학 (matrix mechanics)등에 사용되는 행렬들은 대개 에르미트 행렬로 구성된다.
에르미트 행렬 조건 $(H^\dagger = H)$을 만족하는 행렬을 허미션 (Hermitian)이라 하며, 에르미트 행렬은 그 특성으로 인해 자기 수반 행렬 (self-adjoint matrix)이라고도 한다.

물리학에 사용되는 복소수 행렬은 대부분 수반 행렬, 에르미트 (자기 수반) 행렬 또는 하나 행렬과 관련된다.

복소수 정사각 행렬 (Complex Square Matrices)

에르미트 행렬 (Hermite matrix)	$H^\dagger = H$
반대칭 에르미트 행렬 (antisymmetric Hermite matrix)	$H^\dagger = -H$
하나 행렬 (Unitary matrix)	$U^\dagger = U^{-1}$

그림 4.17 에르미트 수반 행렬의 종류.

[예제 4.41] 에르미트 행렬 (Hermite matrix) $H=\begin{pmatrix} a & b \\ c & d \end{pmatrix}$가 있다.

(1) 대각 성분 a, d는 실수임을 보여라.

(2) 비 대각 성분 b, c는 서로 복소 공액 (켤레 복소수)임을 보여라.

[풀이]

(1) 복소수 행렬 H가 에르미트 행렬이므로 $H=H^{\dagger}=\left(H^{*}\right)^{T}$ 이다.

$$H=H^{\dagger} \Rightarrow \begin{pmatrix} a & b \\ c & d \end{pmatrix}=\begin{pmatrix} a^{*} & c^{*} \\ b^{*} & d^{*} \end{pmatrix}$$

대각 성분 (diagonal components)을 비교하면 $a=a^{*}$, $d=d^{*}$ 이므로 복소수를 $a=\mathrm{Re}[a]+i\,\mathrm{Im}[a]$ 와 $d=\mathrm{Re}[d]+i\,\mathrm{Im}[d]$ 로 나타내자. 여기서 Re[•] 은 실수부 (real part), Im[•] 은 허수부 (imaginary part)를 뜻한다.

$$\mathrm{Re}[a]+i\,\mathrm{Im}[a]=\mathrm{Re}[a]-i\,\mathrm{Im}[a] \Rightarrow 2i\,\mathrm{Im}[a]=0 \quad \therefore\ \mathrm{Im}[a]=0$$

$$\mathrm{Re}[d]+i\,\mathrm{Im}[d]=\mathrm{Re}[d]-i\,\mathrm{Im}[d] \Rightarrow 2i\,\mathrm{Im}[d]=0 \quad \therefore\ \mathrm{Im}[d]=0$$

이므로 대각 성분 a, d는 실수이다.

(2) 비 대각 성분 (off-diagonal components)은 $b=c^{*}$, $c=b^{*}$ 이므로 b, c는 서로 복소 공액이다. ■

예제 4.41을 $n\times n$ 행렬 $H=\left(a_{ij}\right)_{n\times n}$로 확장하면 에르미트 행렬의 정의 $H=H^{\dagger}=\left(H^{*}\right)^{T} \Leftrightarrow \left(a_{ij}\right)=\left(a_{ji}^{*}\right)$에서 대각 성분은 $a_{ii}=a_{ii}^{*}$ 이므로 실수가 되며, 비 대각 성분은 $a_{ij}=a_{ji}^{*}$ $(i\neq j)$로 전치 행렬 요소들은 서로 복소 공액이다.

[**예제 4.42**] (1) 복소수 행렬 $H=\begin{pmatrix} a & b+ic \\ b-ic & d \end{pmatrix}$은 에르미트 행렬임을 보이고 고윳값은 항상 실수임을 보여라. 여기서 a, b, c, d는 실수이다.

(2) 에르미트 행렬 H의 행렬식은 항상 실수이다.

[풀이]

(1) 복소수 행렬 H의 에르미트 수반 행렬 (Hermite adjoint matrix) $H^\dagger = (H^*)^T$을 구하면

$$H^\dagger = (H^*)^T = \begin{pmatrix} a & b+ic \\ b-ic & d \end{pmatrix} \equiv H$$

이므로 에르미트 행렬의 조건 $H = H^\dagger = (H^*)^T$를 만족한다.

에르미트 행렬 H의 고유 벡터를 $\boldsymbol{X}$, 고윳값을 λ라 하면 고유치 방정식은

$$H\boldsymbol{X} = \lambda \boldsymbol{X}$$

이다. 고유 벡터 $\boldsymbol{X} \neq 0$인 조건은 $|H-\lambda I| = 0$를 만족해야 한다.

$$|H-\lambda I| = \begin{vmatrix} a-\lambda & b+ic \\ b-ic & d-\lambda \end{vmatrix} = 0$$

$$\Rightarrow (a-\lambda)(d-\lambda) - (b^2+c^2)$$

$$= \lambda^2 - (a+d)\lambda + ad - (b^2+c^2) = 0$$

$$\therefore \lambda = \frac{(a+d) \pm \sqrt{(a+d)^2 - 4ad + 4(b^2+c^2)}}{2}$$

$$= \frac{(a+d) \pm \sqrt{(a-d)^2 + 4(b^2+c^2)}}{2}$$

a, b, c, d는 실수이며 두 개의 고윳값 λ의 $\sqrt{\ }$ 안은 항상 양수이므로 에르미트 행렬 H의 고윳값은 항상 실수이다.

(2) 에르미트 행렬의 행렬식은

$$|H| = \begin{vmatrix} a & b+ic \\ b-ic & d \end{vmatrix} = ad-(b+ic)(b-ic) = ad-\left(b^2+c^2\right)$$

이므로 에르미트 행렬의 행렬식은 항상 실수이다.

■

[예제 4.43] Hermite 행렬 H의 고유치 방정식 $HX = \lambda X$의 고윳값 λ는 항상 실수임을 보여라. 여기서 X는 고유 벡터이다.

[풀이]

고유치 방정식 $HX = \lambda X$의 양변에 대거 (†, dagger=complex conjugate and transpose)를 취하고 두 행렬 연산자의 곱의 특성 $(A^* B^*)^T = B^{*T} A^{*T} \Rightarrow (AB)^\dagger = B^\dagger A^\dagger$을 이용하면

$$(HX)^\dagger = (\lambda X)^\dagger \quad \Rightarrow \begin{cases} \text{좌변} = (HX)^\dagger = X^\dagger H^\dagger \\ \text{우변} = (\lambda X)^\dagger = \lambda^* X^\dagger \end{cases}$$

이므로 $X^\dagger H^\dagger = \lambda^* X^\dagger$ 이며 고윳값 λ와 λ^*는 상수이다.
$X^\dagger H^\dagger = \lambda^* X^\dagger$의 양변 오른쪽에 X를 곱하면

$$X^\dagger H^\dagger X = \lambda^* X^\dagger X$$

를 얻으며 $H^\dagger = H$이므로 위의 식은

$$X^\dagger H^\dagger X = X^\dagger H X = \lambda^* X^\dagger X$$

가 된다. 한편 고유치 방정식 $HX = \lambda X$의 양변의 왼쪽에 $X^\dagger$를 곱하면

$$X^\dagger H X = X^\dagger \lambda X = \lambda X^\dagger X$$

를 얻는다. 위의 두 식을 비교하면 $\lambda^* = \lambda$이므로 고유치 λ는 실수이다.
즉, Hermite 행렬 H의 고유치는 항상 실수이다.

■

[예제 4.44] 에르미트 행렬이 아닐 수도 있는 임의의 행렬

$H=\begin{pmatrix} a & b \\ c & d \end{pmatrix}$, $(a, b, c, d:$ 복소수)와 $H^{\dagger}$ $(=H^{*T})$ 인 행렬이 있다.

(1) $H+H^{\dagger}$ 는 에르미트 행렬 (Hermitian)이 됨을 보여라.

(2) $H-H^{\dagger}$ 는 반대칭 에르미트 행렬 (antisymmetric Hermitian) 임을 보여라.

[풀이]

(1) 에르미트 행렬이 아닐 수도 있는 행렬 $H=\begin{pmatrix} a & b \\ c & d \end{pmatrix}$에 대해 $H^{\dagger}$를 구하면

$H^{\dagger}=\begin{pmatrix} a^* & c^* \\ b^* & d^* \end{pmatrix}$이므로 $H+H^{\dagger}$를 연산하면 다음과 같다.

$$H+H^{\dagger}=\begin{pmatrix} a+a^* & b+c^* \\ c+b^* & d+d^* \end{pmatrix}$$

대각 성분은 각각

$$a+a^* = (\mathrm{Re}[a]+i\,\mathrm{Im}[a])+(\mathrm{Re}[a]-i\,\mathrm{Im}[a])=2\mathrm{Re}[a]$$

$$d+d^* = (\mathrm{Re}[d]+i\,\mathrm{Im}[d])+(\mathrm{Re}[d]-i\,\mathrm{Im}[d])=2\mathrm{Re}[d]$$

이므로 실수이다. 비 대각 성분은

$$\begin{aligned} b+c^* &= (\mathrm{Re}[b]+i\,\mathrm{Im}[b])+(\mathrm{Re}[c]-i\,\mathrm{Im}[c]) \\ &= \mathrm{Re}[b+c]+i\,\mathrm{Im}[b-c] \end{aligned}$$

$$\begin{aligned} c+b^* &= (\mathrm{Re}[c]+i\,\mathrm{Im}[c])+(\mathrm{Re}[b]-i\,\mathrm{Im}[b]) \\ &= \mathrm{Re}[b+c]-i\,\mathrm{Im}[b-c] \end{aligned}$$

이며 서로 복소 공액이다. 즉, $b+c^* = (b^*+c)^*$ 이다.

따라서 $H+H^\dagger$ 는

$$H+H^\dagger=\begin{pmatrix} a+a^* & b+c^* \\ c+b^* & d+d^* \end{pmatrix}$$

$$=\begin{pmatrix} 2\mathrm{Re}[a] & \mathrm{Re}[b+c]+i\,\mathrm{Im}[b-c] \\ \mathrm{Re}[b+c]-i\,\mathrm{Im}[b-c] & 2\mathrm{Re}[d] \end{pmatrix}$$

가 된다. 예제 4.41에서 에르미트 행렬의 대각 성분은 실수이며 비 대각 성분은 서로 복소 공액이므로 $(H+H^\dagger)^\dagger=H+H^\dagger$ 가 되어 에르미트 행렬이다.

(2) $H-H^\dagger=\begin{pmatrix} a-a^* & b-c^* \\ c-b^* & d-d^* \end{pmatrix}$ 이므로 대각 성분과 비 대각 성분을 계산하면

$$a-a^*=(\mathrm{Re}[a]+i\,\mathrm{Im}[a])-(\mathrm{Re}[a]-i\,\mathrm{Im}[a])=2i\,\mathrm{Im}[a]$$

$$d-d^*=(\mathrm{Re}[d]+i\,\mathrm{Im}[d])-(\mathrm{Re}[d]-i\,\mathrm{Im}[d])=2i\,\mathrm{Im}[d]$$

$$\begin{aligned} b-c^* &=(\mathrm{Re}[b]+i\,\mathrm{Im}[b])-(\mathrm{Re}[c]-i\,\mathrm{Im}[c])] \\ &=\mathrm{Re}[b-c]+i\,\mathrm{Im}[b+c] \end{aligned}$$

$$\begin{aligned} c-b^* &=(\mathrm{Re}[c]+i\,\mathrm{Im}[c])-(\mathrm{Re}[b]-i\,\mathrm{Im}[b])] \\ &=-\mathrm{Re}[b-c]+i\,\mathrm{Im}[b+c] \end{aligned}$$

이므로

$$H-H^\dagger=\begin{pmatrix} a-a^* & b-c^* \\ c-b^* & d-d^* \end{pmatrix}$$

$$=\begin{pmatrix} 2i\,\mathrm{Im}[a] & \mathrm{Re}[b-c]+i\,\mathrm{Im}[b+c] \\ -\mathrm{Re}[b-c]+i\,\mathrm{Im}[b+c] & 2i\,\mathrm{Im}[d] \end{pmatrix}$$

이다. $(H-H^\dagger)^\dagger=-(H-H^\dagger)$ 이므로 $H-H^\dagger$ 는 반 대칭 에르미트 행렬이 된다.

■

[예제 4.45]

(1) 모든 Hermite 행렬 H에 대해 $HH^{\dagger}=H^{\dagger}H$임을 보여라.

(2) $n\times n$인 두 Hermite 행렬 A, B에 대해 $(AB)^{\dagger}=B^{\dagger}A^{\dagger}$임을 보여라.

(3) 두 Hermite 행렬의 행렬 곱 AB가 허미션 (Hermitian)이 되는 조건을 구하라.

[풀이]

(1) 에르미트 행렬 H에 대해 $H^{\dagger}=H$ 이므로 $HH^{\dagger}=HH=H^{\dagger}H$ 이다.

(2) 두 Hermite 행렬 A, B의 곱 AB에 대거 (†)를 계산하면 다음과 같다.

$$(AB)^{\dagger}=\left((AB)^{T}\right)^{*}=\left(B^{T}A^{T}\right)^{*}=(B^{T})^{*}(A^{T})^{*}=B^{\dagger}A^{\dagger}$$

$$\therefore\ (AB)^{\dagger}=B^{\dagger}A^{\dagger}$$

(3) $(AB)^{\dagger}=B^{\dagger}A^{\dagger}$ 이며 또한 $A^{\dagger}=A$, $B^{\dagger}=B$이다.

$$(AB)^{\dagger}=B^{\dagger}A^{\dagger}=BA \ \Leftarrow \text{각 행렬의 허미션 조건}$$

한편, 두 행렬의 곱 AB가 허미션이 되려면

$$(AB)^{\dagger}=AB \ \Leftarrow \text{행렬곱의 허미션 조건}$$

이다. 위의 두 식으로부터 두 행렬 곱의 허미션이 되는 조건은 $AB=BA$이다.

■

위의 예제를 일반화하면 행렬 A가 에르미트 행렬이면 A^{n} (n: 정수)도 에르미트 행렬이 됨을 보일 수 있다.

• 복소수 (정사각) 행렬의 고유치와 행렬식
(Eigenvalues and determinants of Complex Matrices)

앞에서 다룬 세 복소수 행렬인 에르미트 행렬, 반 대칭 에르미트 행렬, 하나 행렬의 고유치와 행렬식에 대해 다음 정리가 성립한다.

정리 1. Hermite 행렬의 고유치는 실수이다. 정리 2. 반 대칭 Hermite 행렬의 고유치는 순 허수 또는 0이다. 정리 3. 하나 행렬 (직교 행렬)의 고유치 절댓값의 제곱은 1이다. 정리 4. 하나 행렬 (직교 행렬)의 행렬식의 절댓값은 1이다.

각각의 정리를 증명해보자.

정리 1. Hermite 행렬의 고유치는 실수이다.

[증명]

A를 $n \times n$ 에르미트 행렬이라 하고 고유치 방정식 $AX = \lambda X$를 생각하자. 여기서 X는 고유 벡터, λ는 고윳값이다. 고유치 방정식 양변의 좌측에 $X^\dagger$를 곱하면 $X^\dagger(AX) = X^\dagger(\lambda X) = \lambda X^\dagger X$가 된다.

고유 벡터 X를 $n \times 1$ 열벡터라 하면 $X^\dagger \left(= (X^*)^T\right)$는 $1 \times n$ 행 벡터가 되므로 두 벡터의 곱 $X^\dagger X$은

$$X^\dagger X = \left(x_1^*, x_2^*, \cdots, x_n^*\right)\begin{pmatrix} x_1 \\ x_2 \\ \vdots \\ x_n \end{pmatrix} = x_1^* x_1 + x_2^* x_2 + \cdots + x_n^* x_n$$

$$= |x_1|^2 + |x_2|^2 + \cdots + |x_n|^2 = \text{실수}\,(real)$$

가 되며 실수이다.

한편 $X^\dagger(AX) = X^\dagger(\lambda X) = \lambda X^\dagger X$ 이므로 고윳값은

$$\lambda = \frac{X^{\dagger}(AX)}{X^{\dagger}X}$$

이다. 분모 $X^{\dagger}X$는 실수이므로 분자 $X^{\dagger}(AX)$가 실수이면 고윳값 역시 실수가 된다. 분자는 $X^{\dagger}(AX) = \lambda X^{\dagger}X$ = 고윳값×실수 = 수(number)이므로 전치 (transpose) 하여 계산하여도 무방하다. 즉, $X^{\dagger}(AX) = \left(X^{\dagger}(AX)\right)^T$ 이다. $X^{\dagger} = (X^*)^T$ 이며 에르미트 행렬 A는 $A^{\dagger} = A$이므로 $A^{\dagger} = (A^*)^T = A$ 또는 $A^* = A^T$ 를 이용하면

$$X^{\dagger}(AX) = \left(X^{\dagger}(AX)\right)^T = (AX)^T (X^{\dagger})^T = X^T A^T X^*$$
$$= X^T A^* X^* = \left(X^{\dagger}(AX)\right)^* \quad \Leftarrow \because X^T = (X^{\dagger})^*$$

따라서 $X^{\dagger}(AX) = \left(X^{\dagger}(AX)\right)^*$ 이므로 $X^{\dagger}(AX)$는 실수이다. 고윳값 λ의 분모와 분자 모두 실수가 되므로 Hermite 행렬의 고윳값은 실수이다. ■

<u>정리 2. 반 대칭 Hermite 행렬의 고유치는 순 허수 또는 0이다.</u>

[증명]

정리 1에서 고윳값은 $\lambda = \dfrac{X^{\dagger}(AX)}{X^{\dagger}X}$로 주어진다. A를 반 대칭 에르미트 행렬이라 하면 $A^{\dagger} = -A \Rightarrow A^T = -A^*$ 이다. 고윳값의 분모 $X^{\dagger}X$는 실수이므로 분자 $X^{\dagger}(AX)$를 반 대칭 에르미트 행렬 A에 대해 계산하면

$$X^{\dagger}(AX) = \left(X^{\dagger}(AX)\right)^T = (AX)^T (X^{\dagger})^T = X^T A^T X^*$$
$$= -X^T A^* X^* = -\left(X^{\dagger}(AX)\right)^* \quad \Leftarrow (\because A^T = -A^*)$$

이다. 즉 고윳값의 분자는 $X^{\dagger}(AX) = -\left(X^{\dagger}(AX)\right)^*$ 이므로 $a+bi = -(a+bi)^*$

$=-a+bi$ (a, b: 실수) 형태가 되어 실수부는 $a=0$이며 허수부는 0 또는 순 허수를 갖는다. 따라서 반 대칭 Hermite 행렬의 고유치는 순 허수 또는 0이다. ■

<u>정리 3. 하나 행렬 (직교 행렬)의 고유치 절댓값의 제곱은 1이다.</u>

[증명]

A를 하나 행렬이라 하자. 고유치 방정식 $AX=\lambda X$의 양변에 대거 (dagger)를 취한 방정식 $(AX)^\dagger$를 계산하면 $(AX)^\dagger=(AX)^{*T}=(\lambda X)^{*T}=\lambda^* X^{*T}=\lambda^* X^\dagger$가 되므로

$$\begin{cases}(AX)^\dagger=\lambda^* X^\dagger \\ AX=\lambda X\end{cases}$$

을 얻는다. 위 두 식의 좌변과 좌변, 우변과 우변을 각각 곱하면 $(AX)^\dagger(AX)=\lambda^*\lambda X^\dagger X=|\lambda|^2 X^\dagger X$이 된다. A가 하나 행렬이므로 $A^\dagger=A^{-1}$을 염두에 두고 좌변 항을 계산하면

$$\begin{aligned}\text{좌변}&=(AX)^\dagger(AX)=(A^*X^*)^T(AX)\\&=(X^{*T}A^{*T})(AX)=X^\dagger(A^\dagger A)X \Leftarrow (A^\dagger=A^{-1})\\&=X^\dagger(A^{-1}A)X=X^\dagger X \Leftarrow (A^{-1}A=I)\end{aligned}$$

가 된다. 한편 우변 항은 $|\lambda|^2 X^\dagger X$이므로 $X^\dagger X=|\lambda|^2 X^\dagger X$이다. $X^\dagger X\neq 0$이므로 하나 행렬 (직교 행렬)의 고유치 절댓값의 제곱은 $|\lambda|^2=1$이다.

■

정리 4. 하나 행렬 (직교 행렬)의 행렬식의 절댓값은 1이다.

[증명]

하나 행렬 U는 정의에 따라 $U^{\dagger}=U^{-1}$이므로 $UU^{-1}=UU^{\dagger}=I$이다. 여기서 I는 단위행렬이다. 단위행렬의 행렬식은 1이므로 이 식의 행렬식은

$$1=\det(UU^{-1})=\det(UU^{\dagger})=\det(U)\det(U^{\dagger})$$
$$=\det(U)\det(U^{*})=\det(U)[\det(U)]^{*}=|\det(U)|^{2}$$
$$\therefore\ |\det(U)|=1$$

여기서 $|\bullet|$는 행렬식이 아니라 절댓값을 나타낸다.

※ **주의**: 하나 행렬 U의 행렬식 $\det(U)$는 복소수일 수도 있으나 행렬식의 절댓값은 $|\det(U)|=1$이다.

■

[예제 4.46] 다음 행렬들의 명칭과 고윳값을 구하고 고윳값의 특성을 위의 복소수 행렬의 고유치에 대한 정리와 비교하라.

(1) $H=\begin{pmatrix} 4 & 1-3i \\ 1+3i & 7 \end{pmatrix}$, (2) $A=\begin{pmatrix} 3i & 2+i \\ -2+i & -i \end{pmatrix}$,

(3) $U=\begin{pmatrix} \frac{1}{2}i & \frac{\sqrt{3}}{2} \\ \frac{\sqrt{3}}{2} & \frac{1}{2}i \end{pmatrix}$

[풀이]

각 행렬의 에르미트 수반 행렬을 구하여 판별하자.

(1) $H^{\dagger}=\begin{pmatrix} 4 & 1-3i \\ 1+3i & 7 \end{pmatrix} \equiv H$ 이므로 에르미트 행렬이다.

특성 방정식으로부터 고윳값은 다음과 같이 주어진다.

$$|H-\lambda I|=\begin{vmatrix} 4-\lambda & 1-3i \\ 1+3i & 7-\lambda \end{vmatrix}=0 \Rightarrow \lambda^2-11\lambda+18=0$$

$\therefore \lambda=2, 9:$ 실수

즉, 에르미트 행렬의 고유치는 실수이다.

(2) $A^{\dagger}=\begin{pmatrix} -3i & -2-i \\ 2-i & +i \end{pmatrix}=-A$ 이므로 반 대칭 에르미트 행렬이다.

특성 방정식으로부터 고윳값은 다음과 같이 주어진다.

$$|A-\lambda I|=0 \Rightarrow \begin{vmatrix} 3i-\lambda & 2+i \\ -2+i & -i-\lambda \end{vmatrix}= \lambda^2-2i\lambda+8=0$$

$\therefore \lambda=4i, -2i:$ 순허수

즉, 반 대칭 Hermite 행렬의 고유치는 순 허수 (또는 0)이다.

(3) $U=\begin{pmatrix} \frac{1}{2}i & \frac{\sqrt{3}}{2} \\ \frac{\sqrt{3}}{2} & \frac{1}{2}i \end{pmatrix} \Rightarrow U^{\dagger}=\begin{pmatrix} -\frac{1}{2}i & \frac{\sqrt{3}}{2} \\ \frac{\sqrt{3}}{2} & -\frac{1}{2}i \end{pmatrix}$ 이므로 에르미트 행렬도 반 대칭 에르미트 행렬도 아니다.

행렬식은 $\det(U)=-1$ 이므로 역행렬을 구하면 다음과 같다.

$$U^{-1}=\frac{1}{\det(U)}\begin{pmatrix} \frac{1}{2}i & \frac{-\sqrt{3}}{2} \\ \frac{-\sqrt{3}}{2} & \frac{1}{2}i \end{pmatrix}=\begin{pmatrix} -\frac{1}{2}i & \frac{\sqrt{3}}{2} \\ \frac{\sqrt{3}}{2} & -\frac{1}{2}i \end{pmatrix}\equiv U^{\dagger}$$

$U^{\dagger}=U^{-1}$ 이므로 하나 행렬이다. 즉, $UU^{\dagger}=UU^{-1}=I$ 이다.

고윳값은 다음과 같이 주어진다.

$$|U-\lambda I|=0 \Rightarrow \begin{vmatrix} \frac{1}{2}i-\lambda & \frac{\sqrt{3}}{2} \\ \frac{\sqrt{3}}{2} & \frac{1}{2}i-\lambda \end{vmatrix}=0 \Rightarrow \lambda^2-i\lambda-1=0$$

$$\therefore \lambda=\frac{i\pm\sqrt{3}}{2}$$

하나 행렬의 고윳값의 절댓값 제곱을 구하면 다음과 같다.

$$|\lambda|^2=\left|\frac{i\pm\sqrt{3}}{2}\right|^2=\frac{1}{4}+\frac{3}{4}=1$$

즉, 하나 행렬 (직교 행렬)의 고유치 절댓값의 제곱은 1이다.

■

4.8 행렬지수와 선형 연립 미분 방정식

미적분학에서 지수 함수 (exponential function) $e^{\pm ax}$의 맥크로린 전개 (멱급수 전개)와 유사하게 행렬지수 (matrix exponential)도 행렬함수 (행렬의 멱수)로 맥크로린 전개가 가능하다. 특별히 행렬지수는 선형 연립 미분 방정식 (systems of linear differential equations)의 해를 구할 때 유용하게 사용된다.

$n\times n$ 정사각 (실수 또는 복소수) 행렬 A에 대해 지수 e^{tA}는 맥크로린 전개 (Maclaurin series)로 다음과 같이 전개할 수 있다.

$$e^{tA} = I + tA + \frac{1}{2!}(tA)^2 + \frac{1}{3!}(tA)^3 + \cdots \equiv \sum_{n=0}^{\infty} \frac{1}{n!}(tA)^n$$

여기서 I는 $n\times n$ 단위행렬이며, t는 계수이다.

$n\times n$ (실수 또는 복소수) 행렬 A와 B에 대해 행렬지수의 주요 특성은 다음과 같다. 자세한 증명은 연습문제에서 다룬다. (힌트: 행렬지수를 멱급수 전개하고 각 행렬의 주어진 특성을 이용하면 쉽게 증명할 수 있다.)

○ **행렬지수의 주요 특성:**

(1) $e^0 = I,\ \dfrac{de^{tA}}{dt} = Ae^{tA},\ e^{A^T} = (e^A)^T,\quad e^{A^*} = (e^A)^*,\quad e^A e^{-A} = I$

(2) $AB = BA$ (즉, A와 B는 교환적)이면 $e^A e^B = e^{A+B}$이 성립한다.[51)]

(2) 행렬 B가 비특이 행렬 (즉, $\det(B) \neq 0$)인 경우 $e^{BAB^{-1}} = Be^A B^{-1}$이다.

(3) 행렬 A가 대칭 행렬이면 e^A도 대칭 행렬이다. 즉, $(e^A)^T = e^{A^T} = e^A$ 이다.

(4) 행렬 A가 반 대칭 행렬이면 e^A는 **직교 행렬** (orthogonal matrix)이다.

---

51) $AB \neq BA$인 경우 (즉, A와 B는 비 교환적)이면 $e^A e^B \neq e^{A+B}$이 되며 e^{A+B}를 계산하기 위해 Baker-Campbell-Hausdorff (BCH) 공식을 사용하여야 한다.

○ **행렬지수의 주요 특성:**

(5) 행렬 A가 에르미트 행렬 (Hermitian)이면 e^A도 에르미트 행렬이다.

(6) 행렬 A가 반 대칭 에르미트 행렬 (anti-Hermitian)이면 e^A는 **하나 행렬** (unitary matrix)이다.

(7) 행렬지수의 행렬식 (Jacob's 공식):

임의의 복소 정사각 행렬 A에 대해 $\det(e^A) = e^{Tr(A)}$가 성립한다.

행렬의 지수에 대한 기본적인 특성을 다음 몇 개의 예제를 통하여 알아보자.

[예제 4.47] $n \times n$ 행렬 A에 대해 다음의 행렬지수를 증명하라.

(1) $e^0 = I$, (2) $\dfrac{de^{tA}}{dt} = Ae^{tA}$, (3) $e^{A^T} = (e^A)^T$,

(4) $e^{A^*} = (e^A)^*$ (5) $e^A e^{-A} = I$

[풀이]

(1) 행렬의 지수 전개 $e^{tA} = I + tA + \dfrac{1}{2!}(tA)^2 + \dfrac{1}{3!}(tA)^3 + \cdots$ 에서 $t=0$ 또는

$A=0$을 대입하면 $e^0 = I$ 이 된다.

(2) $e^{tA} = I + tA + \dfrac{1}{2!}(tA)^2 + \dfrac{1}{3!}(tA)^3 + \dfrac{1}{4!}(tA)^4 + \cdots$

$$\Rightarrow \frac{de^{tA}}{dt} = A + tA^2 + \frac{t^2}{2!}A^3 + \frac{t^3}{3!}A^4 + \cdots$$
$$= A\left[I + tA + \frac{1}{2!}(tA)^2 + \frac{1}{3!}(tA)^3 + \frac{1}{4!}(tA)^4 + \cdots\right]$$
$$\equiv Ae^{tA}$$

$$\therefore \frac{de^{tA}}{dt} = Ae^{tA}$$

(3) $e^{A^T} = I + A^T + \frac{1}{2!}(A^T)^2 + \frac{1}{3!}(A^T)^3 + \frac{1}{4!}(A^T)^4 + \cdots$ 이며 전치 행렬의 특성 $(A^T + B^T) = (A+B)^T$ 와 $A = B$ 인 경우 $A^T B^T = (BA)^T \Rightarrow (A^T)^2 = (A^2)^T$, $(A^T)^3 = (A^3)^T$, $\cdots, (A^T)^n = (A^n)^T$ 을 이용하면

$$\begin{aligned} e^{A^T} &= I + A^T + \frac{1}{2!}(A^T)^2 + \frac{1}{3!}(A^T)^3 + \frac{1}{4!}(A^T)^4 + \cdots \\ &= \left[I + A + \frac{1}{2!}A^2 + \frac{1}{3!}A^3 + \frac{1}{4!}A^4 + \cdots \right]^T \\ &= (e^A)^T \end{aligned}$$

$$\therefore e^{A^T} = (e^A)^T$$

(4) 전치 행렬의 특성과 같이 행렬의 복소 공액 특성 $(A^* + B^*) = (A+B)^*$ 와 $A = B$ 인 경우 $A^* B^* = (BA)^* \Rightarrow (A^*)^2 = (A^2)^*$, $(A^*)^3 = (A^3)^*$, $\cdots, (A^*)^n = (A^n)^*$ 를 이용하면 (3)의 맥크로린 전개 과정에서 $A^T \Rightarrow A^*$ 를 대입한 결과와 같다.

$$\therefore e^{A^*} = (e^A)^*$$

(5) 행렬 A 와 $-A$ 는 교환적이므로 지수 함수의 대수 법칙 $e^A e^{-A} \equiv e^{(A-A)}$ 이 성립한다. $A - A = 0$ 이므로 $e^A e^{-A} = e^0 = I$ 이 된다.

■

[**예제 4.48**] 대각 행렬 $A=\begin{pmatrix}\lambda_1 & 0\\ 0 & \lambda_2\end{pmatrix}$에 대해 e^A를 구하라.

[풀이]

$A=\begin{pmatrix}\lambda_1 & 0\\ 0 & \lambda_2\end{pmatrix}$가 대각 행렬이므로 행렬의 곱을 계산하면

$$A^2=\begin{pmatrix}\lambda_1 & 0\\ 0 & \lambda_2\end{pmatrix}\begin{pmatrix}\lambda_1 & 0\\ 0 & \lambda_2\end{pmatrix}=\begin{pmatrix}\lambda_1^2 & 0\\ 0 & \lambda_2^2\end{pmatrix},$$

$$A^3=AA^2=\begin{pmatrix}\lambda_1 & 0\\ 0 & \lambda_2\end{pmatrix}\begin{pmatrix}\lambda_1^2 & 0\\ 0 & \lambda_2^2\end{pmatrix}=\begin{pmatrix}\lambda_1^3 & 0\\ 0 & \lambda_2^3\end{pmatrix},$$

$$\vdots$$

$$\Rightarrow A^n=\begin{pmatrix}\lambda_1^n & 0\\ 0 & \lambda_2^n\end{pmatrix}$$

이므로 e^A의 맥크로린 전개는

$$\begin{aligned}e^A &= I+A+\frac{A^2}{2!}+\frac{A^3}{3!}+\cdots\\ &=\begin{pmatrix}1 & 0\\ 0 & 1\end{pmatrix}+\begin{pmatrix}\lambda_1 & 0\\ 0 & \lambda_2\end{pmatrix}+\frac{1}{2!}\begin{pmatrix}\lambda_1^2 & 0\\ 0 & \lambda_2^2\end{pmatrix}+\frac{1}{3!}\begin{pmatrix}\lambda_1^3 & 0\\ 0 & \lambda_2^3\end{pmatrix}+\cdots\\ &=\begin{pmatrix}\displaystyle\sum_{n=0}^{\infty}\frac{1}{n!}\lambda_1^n & 0\\ 0 & \displaystyle\sum_{n=0}^{\infty}\frac{1}{n!}\lambda_2^n\end{pmatrix}\equiv\begin{pmatrix}e^{\lambda_1} & 0\\ 0 & e^{\lambda_2}\end{pmatrix}\end{aligned}$$

$$\therefore\quad \boxed{e^A=\exp\left[\begin{pmatrix}\lambda_1 & 0\\ 0 & \lambda_2\end{pmatrix}\right]=\begin{pmatrix}e^{\lambda_1} & 0\\ 0 & e^{\lambda_2}\end{pmatrix}}$$

■

[예제 4.49] 파울리 스핀 행렬에 대한 $e^{i\theta\sigma_j}$ 구하기

다음의 파울리 스핀 행렬에 대한 행렬지수 $e^{i\theta\sigma_j}$ $(j=0,1,2,3)$를 구하라.

(1) $\sigma_x \equiv \sigma_1 = \begin{pmatrix} 0 & 1 \\ 1 & 0 \end{pmatrix}$, (2) $\sigma_y \equiv \sigma_2 = \begin{pmatrix} 0 & -i \\ +i & 0 \end{pmatrix}$,

(3) $\sigma_z \equiv \sigma_3 = \begin{pmatrix} 1 & 0 \\ 0 & -1 \end{pmatrix}$, (4) 단위행렬 $I = \begin{pmatrix} 1 & 0 \\ 0 & 1 \end{pmatrix} \equiv \sigma_0$

[풀이]

파울리 스핀 행렬지수 $e^{i\theta\sigma_j}$를 구하기 위해 파울리 스핀 행렬의 특성을 이용하여 σ_j $(j=0,1,2,3)$의 거듭제곱 σ_j^n $(n=0,1,2,3,\cdots)$을 구한다.

파울리 스핀 행렬의 제곱은 $\sigma_j^2 = \sigma_0 \equiv I$ 이므로 회귀적으로 다음과 같이 주어진다.

$$\sigma_j^3 = \sigma_j\sigma_j^2 = \sigma_j\sigma_0 \equiv \sigma_j, \qquad \sigma_j^4 = \sigma_j\sigma_j^3 = \sigma_j\sigma_j \equiv \sigma_0,$$
$$\sigma_j^5 = \sigma_j\sigma_j^4 = \sigma_j\sigma_0 \equiv \sigma_j \qquad \sigma_j^6 = \sigma_j\sigma_j^5 = \sigma_j\sigma_j \equiv \sigma_0,$$
$$\vdots$$

즉, $\sigma_j^{2n} = \sigma_0 \equiv I$, $\sigma_j^{2n+1} = \sigma_j$ $(n=0,1,2,3,\cdots)$ 이다.

파울리 행렬의 지수 $e^{i\theta\sigma_j}$를 맥크로린 전개하면

$$\begin{aligned} e^{i\theta\sigma_j} &= I + i\theta\sigma_j + \frac{(i\theta\sigma_j)^2}{2!} + \frac{(i\theta\sigma_j)^3}{3!} + \frac{(i\theta\sigma_j)^4}{4!} + \cdots \\ &= I + i\theta\sigma_j + \frac{(i\theta)^2}{2!}I + \frac{(i\theta)^3}{3!}\sigma_j + \frac{(i\theta)^4}{4!}I + \cdots \\ &= \underbrace{I\left(1 - \frac{\theta^2}{2!} + \frac{\theta^4}{4!} - \cdots\right)}_{\text{실수부}} + \underbrace{i\sigma_j\left(\theta - \frac{\theta^3}{3!} + \frac{\theta^5}{5!} - \cdots\right)}_{\text{허수부}} \end{aligned}$$

가 되며 지수 $e^{i\theta\sigma_j}$ 전개의 실수부와 허수부를 정리하면 각각 다음과 같다.

$$\begin{cases} \text{Re}: \ I\left(1-\dfrac{\theta^2}{2!}+\dfrac{\theta^4}{4!}-\cdots\right)=I\cos\theta \\ \text{Im}: \ \sigma_j\left(\theta-\dfrac{\theta^3}{3!}+\dfrac{\theta^5}{5!}-\cdots\right)=\sigma_j\sin\theta \end{cases}$$

$$\therefore \quad \boxed{e^{i\theta\sigma_j}\equiv I\cos\theta+i\sigma_j\sin\theta} \quad (j=1,2,3)$$

(1) $\sigma_x \equiv \sigma_1 = \begin{pmatrix} 0 & 1 \\ 1 & 0 \end{pmatrix}$

$$e^{i\theta\sigma_1}=\exp\left[i\theta\begin{pmatrix} 0 & 1 \\ 1 & 0 \end{pmatrix}\right]=I\cos\theta+i\sigma_1\sin\theta$$

$$=\cos\theta\begin{pmatrix} 1 & 0 \\ 0 & 1 \end{pmatrix}+i\sin\theta\begin{pmatrix} 0 & 1 \\ 1 & 0 \end{pmatrix}=\begin{pmatrix} \cos\theta & 0 \\ 0 & \cos\theta \end{pmatrix}+\begin{pmatrix} 0 & i\sin\theta \\ i\sin\theta & 0 \end{pmatrix}$$

$$=\begin{pmatrix} \cos\theta & i\sin\theta \\ i\sin\theta & \cos\theta \end{pmatrix}$$

$$\therefore \quad \boxed{e^{i\theta\sigma_1}=\exp\left[i\theta\begin{pmatrix} 0 & 1 \\ 1 & 0 \end{pmatrix}\right]=\begin{pmatrix} \cos\theta & i\sin\theta \\ i\sin\theta & \cos\theta \end{pmatrix}}$$

(2) $\sigma_y \equiv \sigma_2 = \begin{pmatrix} 0 & -i \\ +i & 0 \end{pmatrix}$

$$e^{i\theta\sigma_2}=\exp\left[i\theta\begin{pmatrix} 0 & -i \\ i & 0 \end{pmatrix}\right]=I\cos\theta+i\sigma_2\sin\theta$$

$$=\cos\theta\begin{pmatrix} 1 & 0 \\ 0 & 1 \end{pmatrix}+i\sin\theta\begin{pmatrix} 0 & -i \\ i & 0 \end{pmatrix}=\begin{pmatrix} \cos\theta & \sin\theta \\ -\sin\theta & \cos\theta \end{pmatrix}$$

$$\therefore \quad \boxed{e^{i\theta\sigma_2}=\exp\left[i\theta\begin{pmatrix} 0 & -i \\ i & 0 \end{pmatrix}\right]=\begin{pmatrix} \cos\theta & \sin\theta \\ -\sin\theta & \cos\theta \end{pmatrix}}$$

(3) $\sigma_z \equiv \sigma_3 = \begin{pmatrix} 1 & 0 \\ 0 & -1 \end{pmatrix}$

$$e^{i\theta\sigma_3} = \exp\left[i\theta\begin{pmatrix} 1 & 0 \\ 0 & -1 \end{pmatrix}\right] = I\cos\theta + i\sigma_3\sin\theta$$

$$= \cos\theta\begin{pmatrix} 1 & 0 \\ 0 & 1 \end{pmatrix} + i\sin\theta\begin{pmatrix} 1 & 0 \\ 0 & -1 \end{pmatrix} = \begin{pmatrix} \cos\theta & 0 \\ 0 & \cos\theta \end{pmatrix} + \begin{pmatrix} i\sin\theta & 0 \\ 0 & -i\sin\theta \end{pmatrix}$$

$$= \begin{pmatrix} \cos\theta + i\sin\theta & 0 \\ 0 & \cos\theta - i\sin\theta \end{pmatrix} = \begin{pmatrix} e^{i\theta} & 0 \\ 0 & e^{-i\theta} \end{pmatrix}$$

$$\therefore \boxed{e^{i\theta\sigma_3} = \exp\left[i\theta\begin{pmatrix} 1 & 0 \\ 0 & -1 \end{pmatrix}\right] = \begin{pmatrix} e^{i\theta} & 0 \\ 0 & e^{-i\theta} \end{pmatrix}}.$$

(4) $\sigma_0 = \begin{pmatrix} 1 & 0 \\ 0 & 1 \end{pmatrix} \equiv I$

단위행렬 $I \equiv \sigma_0 = \begin{pmatrix} 1 & 0 \\ 0 & 1 \end{pmatrix}$ 의 거듭제곱은 $\sigma_0^n = \sigma_0 \equiv I$ $(n = 0, 1, 2, 3, \cdots)$이므로 행렬의 지수 $e^{i\theta\sigma_0}$ 를 맥크로린 전개하면

$$e^{i\theta\sigma_0} = \exp\left[i\theta\begin{pmatrix} 1 & 0 \\ 0 & 1 \end{pmatrix}\right] = I + i\theta I + \frac{(i\theta I)^2}{2!} + \frac{(i\theta I)^3}{3!} + \frac{(i\theta I)^4}{4!} + \cdots$$

$$= I\left[1 + i\theta + \frac{(i\theta)^2}{2!} + \frac{(i\theta)^3}{3!} + \frac{(i\theta)^4}{4!} + \cdots\right] = I\,e^{i\theta} = \begin{pmatrix} e^{i\theta} & 0 \\ 0 & e^{i\theta} \end{pmatrix}$$

$$\therefore \boxed{e^{i\theta\sigma_0} = \exp\left[i\theta\begin{pmatrix} 1 & 0 \\ 0 & 1 \end{pmatrix}\right] = \begin{pmatrix} e^{i\theta} & 0 \\ 0 & e^{i\theta} \end{pmatrix}}.$$

■

예제 4.49의 파울리 스핀 행렬에 대한 행렬지수 $e^{i\theta\sigma_j}$와 $e^{\alpha\sigma_j}$ $(j=0,1,2,3)$를 정리하여 표 4.1에 나타내었다. 여기서 θ와 α는 실수이다. 행렬지수 $e^{\alpha\sigma_j}$ $(j=0,1,2,3)$에 대한 유도는 연습문제로 미룬다.

파울리 스핀 행렬 \ 행렬 지수	$\exp\left[i\theta\sigma_j\right]$	$\exp\left[\alpha\sigma_j\right]$
$\sigma_0=\begin{pmatrix}1&0\\0&1\end{pmatrix}$	$\begin{pmatrix}e^{i\theta}&0\\0&e^{i\theta}\end{pmatrix}$	$\begin{pmatrix}e^{\alpha}&0\\0&e^{\alpha}\end{pmatrix}$
$\sigma_1=\begin{pmatrix}0&1\\1&0\end{pmatrix}$	$\begin{pmatrix}\cos\theta&i\sin\theta\\i\sin\theta&\cos\theta\end{pmatrix}$	$\begin{pmatrix}\cosh\alpha&\sinh\alpha\\\sinh\alpha&\cosh\alpha\end{pmatrix}$
$\sigma_2=\begin{pmatrix}0&-i\\+i&0\end{pmatrix}$	$\begin{pmatrix}\cos\theta&\sin\theta\\-\sin\theta&\cos\theta\end{pmatrix}$	$\begin{pmatrix}\cosh\alpha&-i\sinh\alpha\\i\sinh\alpha&\cosh\alpha\end{pmatrix}$
$\sigma_3=\begin{pmatrix}1&0\\0&-1\end{pmatrix}$	$\begin{pmatrix}e^{i\theta}&0\\0&e^{-i\theta}\end{pmatrix}$	$\begin{pmatrix}e^{\alpha}&0\\0&e^{-\alpha}\end{pmatrix}$

표 4.1 파울리 스핀 행렬의 지수 함수.

※ **주의**: 표 4.1의 두 번째 열의 행렬지수 $e^{i\theta\sigma_j}$와 세 번째 열의 행렬지수 $e^{\alpha\sigma_j}$ $(j=0,1,2,3)$는 $i\theta \Leftrightarrow \alpha$ 또는 $\theta \Leftrightarrow -i\alpha$로 치환하여도 얻어진다.

[예제 4.50] $P=\omega\begin{pmatrix} 0 & 1 \\ -1 & 0 \end{pmatrix}$에 대해 $\frac{d\boldsymbol{X}}{dt}=P\boldsymbol{X}$인 연립 미분 방정식의 해를 구하라. 여기서 ω는 상수, 해는 $\boldsymbol{X}=\begin{pmatrix} x \\ y \end{pmatrix}$이며 $\boldsymbol{X}(0)=\begin{pmatrix} x(0) \\ y(0) \end{pmatrix}$는 초기조건이다.

[풀이]

$\frac{d\boldsymbol{X}}{dt}=P\boldsymbol{X}$를 변수 분리 (separation of variables)하고 양변을 적분하면

$$\frac{d\boldsymbol{X}}{\boldsymbol{X}}=P\,dt \Rightarrow \int_{X(0)}^{X(t)}\frac{d\boldsymbol{X}}{\boldsymbol{X}}=\int_0^t P\,dt$$

$$\Rightarrow \ln\left[\frac{\boldsymbol{X}(t)}{\boldsymbol{X}(0)}\right]=Pt \quad \Rightarrow \therefore\ \boldsymbol{X}(t)=e^{Pt}\boldsymbol{X}(0)$$

이다. 해는 행렬지수로

$$\boldsymbol{X}(t)=e^{Pt}\boldsymbol{X}(0)=\exp\left[\omega t\begin{pmatrix} 0 & 1 \\ -1 & 0 \end{pmatrix}\right]\boldsymbol{X}(0)$$

로 주어진다. $Pt=\omega t\begin{pmatrix} 0 & 1 \\ -1 & 0 \end{pmatrix}$를 파울리 스핀 행렬로 나타내면 $i\sigma_2=\begin{pmatrix} 0 & 1 \\ -1 & 0 \end{pmatrix}$이므로 $Pt=\omega t\begin{pmatrix} 0 & 1 \\ -1 & 0 \end{pmatrix}\equiv i\omega t\sigma_2$와 같다. $(Pt)^n$을 계산하면

$$(Pt)^2=(i\omega t)^2\sigma_2^2=-(\omega t)^2\sigma_0,$$

$$(Pt)^3=(Pt)(Pt)^2=i\omega t\sigma_2\left(-(\omega t)^2\sigma_0\right)=-i(\omega t)^3\sigma_2,$$

$$(Pt)^4=(Pt)(Pt)^3=i\omega t\sigma_2\left(-i(\omega t)^3\sigma_2\right)=+(\omega t)^4\sigma_0$$

$$(Pt)^5=(Pt)(Pt)^4=i\omega t\sigma_2\left((\omega t)^4\sigma_0\right)=+i(\omega t)^5\sigma_2$$

$$\vdots$$

$$\therefore\ (Pt)^{2n} = (-1)^n (\omega t)^{2n} I,$$

$$(Pt)^{2n+1} = (-1)^n i(\omega t)^{2n+1} \sigma_2 \ \ (n=0,1,2,\cdots)$$

이다. 따라서 행렬지수 e^{Pt} 의 맥크로린 전개는 다음과 같다.

$$\Rightarrow e^{Pt} = \sum_{n=0}^{\infty} \frac{(Pt)^n}{n!} = \sigma_0 + i\omega t\sigma_2 - \frac{(\omega t)^2}{2!}\sigma_0 - i\frac{(\omega t)^3}{3!}\sigma_2 + \frac{(\omega t)^4}{4!}\sigma_0 + \cdots$$

$$= \underbrace{\sigma_0\left[1 - \frac{(\omega t)^2}{2!} + \frac{(\omega t)^4}{4!} - \cdots\right]}_{\text{실수부}} + \underbrace{i\,\sigma_2\left[(\omega t) - \frac{(\omega t)^3}{3!} + \frac{(\omega t)^5}{5!} - \cdots\right]}_{\text{허수부}}$$

$$= \sigma_0 \cos\omega t + i\sigma_2 \sin\omega t = \cos\omega t \begin{pmatrix} 1 & 0 \\ 0 & 1 \end{pmatrix} + i\sin\omega t \begin{pmatrix} 0 & -i \\ i & 0 \end{pmatrix}$$

$$= \begin{pmatrix} \cos\omega t & \sin\omega t \\ -\sin\omega t & \cos\omega t \end{pmatrix}$$

가 된다. 따라서 일반 해는 $\boldsymbol{X}(t) = e^{Pt}\boldsymbol{X}(0) \Leftrightarrow \begin{pmatrix} x(t) \\ y(t) \end{pmatrix} = e^{Pt}\begin{pmatrix} x(0) \\ y(0) \end{pmatrix}$ 이므로

$$\therefore\ \begin{cases} x(t) = x(0)\cos\omega t + y(0)\sin\omega t \\ y(t) = -x(0)\sin\omega t + y(0)\cos\omega t \end{cases}$$

로 주어진다. 여기서 $x(0)$와 $y(0)$는 $t=0$ 에서 초기조건이다. ■

※ **참고**: 예제 4.50의 선형 연립 미분 방정식은 $\frac{dx}{dt} = +\omega y,\ \frac{dy}{dt} = -\omega x$ 이며 x 또는 y를 각각 소거하면 $\frac{d^2x}{dt^2} + \omega^2 x = 0,\ \frac{d^2y}{dt^2} + \omega^2 y = 0$ 가 되어 2차원 단조화 운동 방정식과 같다.

[예제 4.51] $P=\alpha\begin{pmatrix}0 & 1\\ 1 & 0\end{pmatrix}$ 에 대해 $\dfrac{dX}{dt}=PX$ 인 선형 연립 미분 방정식의 해를 구하라. 여기서 α 는 양의 실수, 해는 $\boldsymbol{X}=\begin{pmatrix}x\\ y\end{pmatrix}$ 이며 $\boldsymbol{X}(0)=\begin{pmatrix}x(0)\\ y(0)\end{pmatrix}$ 는 초기조건이다.

[풀이]

예제 4.50과 같이 변수 분리하고 적분하면 연립 미분 방정식의 해는

$$\boldsymbol{X}(t)=e^{Pt}\boldsymbol{X}(0)=\exp\left[\alpha t\begin{pmatrix}0 & 1\\ 1 & 0\end{pmatrix}\right]\boldsymbol{X}(0)$$

로 주어진다. $Pt=\alpha t\begin{pmatrix}0 & 1\\ 1 & 0\end{pmatrix}=\alpha t\sigma_1$ 에 대한 행렬지수를 구한다. 여기서 파울리 스핀 행렬 $\sigma_1=\begin{pmatrix}0 & 1\\ 1 & 0\end{pmatrix}$ 이다. 행렬지수 e^{Pt} 를 맥크로린 전개하기 위해 $(Pt)^n$ 을 계산하면

$$(Pt)^2=(\alpha t)^2{\sigma_1}^2=(\alpha t)^2\sigma_0,$$

$$(Pt)^3=(Pt)(Pt)^2=(\alpha t)^3\sigma_1\sigma_0=(\alpha t)^3\sigma_1,$$

$$(Pt)^4=(Pt)Pt)^3=(\alpha t)^4\sigma_1^2=(\alpha t)^4\sigma_0$$

$$\vdots$$

$$\therefore\ (Pt)^{2n}=(\alpha t)^{2n}\sigma_0,\quad (Pt)^{2n+1}=(\alpha t)^{2n+1}\sigma_1\ (n=0,1,2,\cdots)$$

이므로 행렬지수는

$$e^{Pt}=\sum_{n=0}^{\infty}\frac{(Pt)^n}{n!}=\sigma_0+(\alpha t)\sigma_1+\frac{(\alpha t)^2}{2!}\sigma_0+\frac{(\alpha t)^3}{3!}\sigma_1+\frac{(\alpha t)^4}{4!}\sigma_0+\cdots \text{이}$$

$$=\sigma_0\left[1+\frac{(\alpha t)^2}{2!}+\frac{(\alpha t)^4}{4!}+\cdots\right]+\sigma_1\left[(\alpha t)+\frac{(\alpha t)^3}{3!}+\frac{(\alpha t)^5}{5!}-\cdots\right]$$

$$=\sigma_0\cosh(\alpha t)+\sigma_1\sinh(\alpha t)$$

가 된다. 여기서

$$\cosh(\alpha t) = 1 + \frac{(\alpha t)^2}{2!} + \frac{(\alpha t)^4}{4!} + \cdots$$
$$\sinh(\alpha t) = (\alpha t) + \frac{(\alpha t)^3}{3!} + \frac{(\alpha t)^5}{5!} - \cdots$$

이다. 행렬지수를 행렬로 나타내면

$$e^{Pt} = \sigma_0 \cosh(\alpha t) + \sigma_1 \sinh(\alpha t) = \cosh(\alpha t)\begin{pmatrix}1 & 0\\0 & 1\end{pmatrix} + \sinh(\alpha t)\begin{pmatrix}0 & 1\\1 & 0\end{pmatrix}$$
$$= \begin{pmatrix}\cosh(\alpha t) & \sinh(\alpha t)\\ \sinh(\alpha t) & \cosh(\alpha t)\end{pmatrix}$$

가 된다. 따라서 일반 해는 $\boldsymbol{X}(t) = e^{Pt}\boldsymbol{X}(0) \Leftrightarrow \begin{pmatrix}x(t)\\y(t)\end{pmatrix} = e^{Pt}\begin{pmatrix}x(0)\\y(0)\end{pmatrix}$ 이므로

$$\therefore \begin{cases} x(t) = x(0)\cosh(\alpha t) + y(0)\sinh(\alpha t) \\ y(t) = x(0)\sinh(\alpha t) + y(0)\cosh(\alpha t) \end{cases}$$

로 주어진다. 여기서 $x(0)$와 $y(0)$는 $t=0$에서 초기조건이다.

■

※ **참고**: 예제 4.51의 선형 연립 미분 방정식은 $\frac{dx}{dt} = \alpha y$, $\frac{dy}{dt} = \alpha x$이며 x 또는 y를 각각 소거하면 $\frac{d^2x}{dt^2} - \alpha^2 x = 0$, $\frac{d^2y}{dt^2} - \alpha^2 y = 0$과 같다.

● 파울리 행렬지수와 선형 연립 미분 방정식 응용: 선택 (Optional)

예제 4.50과 4.51은 단일 (single) 파울리 스핀 행렬과 연관된 선형 연립 미분 방정식 (linear simultaneous differential equations)의 해석 해를 행렬지수를 이용하여 구하는 방법에 대해 알아보았다.

단일 행렬지수의 경우 표 4.1의 파울리 스핀 행렬의 지수 함수를 활용하면 연립 미분 방정식의 해석 해를 쉽게 구할 수 있다.

그러나 일반적인 선형 연립 미분 방정식은 다수의 파울리 행렬의 선형 결합 형태로 구성되는 경우가 많다. 이 경우 선형 연립 미분 방정식의 해를 어떻게 구하여야 하는지 예제 4.52를 통하여 알아본다.

> **[예제 4.52]** 1계 선형 연립 미분 방정식 $\begin{cases} \dfrac{dx}{dt} = Ax + By \\ \dfrac{dy}{dt} = Cx + Dy \end{cases}$ 는 행렬 방정식으로
>
> $\dfrac{d\boldsymbol{X}}{dt} = P\boldsymbol{X}$ 또는 $\dfrac{d}{dt}\begin{pmatrix} x \\ y \end{pmatrix} = \begin{pmatrix} A & B \\ C & D \end{pmatrix}\begin{pmatrix} x \\ y \end{pmatrix}$로 표현할 수 있다.
>
> 1계 선형 연립 미분 방정식의 해 $\boldsymbol{X}(t)$를 파울리 행렬지수 형식으로 구하라.
>
> 여기서 $\boldsymbol{X}(t) = \begin{pmatrix} x(t) \\ y(t) \end{pmatrix}$는 2×1 열벡터이며 $x(t)$, $y(t)$는 시간 t의 함수로 주어지는 해이다. $P = \begin{pmatrix} A & B \\ C & D \end{pmatrix}$는 일반적으로 복소수 행렬이며 시간에 무관하다고 가정한다.

[풀이] 예제 4.50, 4.51과 같이 $\dfrac{d\boldsymbol{X}}{dt} = P\boldsymbol{X}$를 변수 분리하고 양변을 적분한다.

$$\frac{d\boldsymbol{X}}{\boldsymbol{X}} = P\,dt \Rightarrow \int_{X(0)}^{X(t)} \frac{d\boldsymbol{X}}{\boldsymbol{X}} = \int_0^t P\,dt$$

$$\Rightarrow \ln\left[\frac{\boldsymbol{X}(t)}{\boldsymbol{X}(0)}\right] = Pt$$

$$\therefore\ \boldsymbol{X}(t) = e^{Pt}\boldsymbol{X}(0) = \exp\left[\begin{pmatrix} A & B \\ C & D \end{pmatrix} t\right]\boldsymbol{X}(0)$$

예제 4.36에서 임의의 2×2 복소수 행렬 $P=\begin{pmatrix} A & B \\ C & D \end{pmatrix}$는 파울리 스핀 행렬 $\sigma_x \equiv \sigma_1 = \begin{pmatrix} 0 & 1 \\ 1 & 0 \end{pmatrix}$, $\sigma_y \equiv \sigma_2 = \begin{pmatrix} 0 & -i \\ +i & 0 \end{pmatrix}$, $\sigma_z \equiv \sigma_3 = \begin{pmatrix} 1 & 0 \\ 0 & -1 \end{pmatrix}$와 단위행렬 $I \equiv \sigma_0 = \begin{pmatrix} 1 & 0 \\ 0 & 1 \end{pmatrix}$의 선형 결합으로 $P = c_0\sigma_0 + c_1\sigma_1 + c_2\sigma_2 + c_3\sigma_3$로 표현될 수 있음을 알았다. 이때 각각의 계수는 $c_j = \frac{1}{2}Tr(P\sigma_j)$, $(j=0,1,2,3)$와 같으며

$$c_0 = \frac{A+D}{2},\ \ c_1 = \frac{B+C}{2},\ \ c_2 = i\frac{B-C}{2},\ \ c_3 = \frac{A-D}{2}$$

로 주어진다. 따라서 선형 연립 미분 방정식 $\frac{d\boldsymbol{X}}{dt} = P\boldsymbol{X}$의 전형적인 해인 열벡터 $\boldsymbol{X}(t)$는 파울리 행렬의 지수 형태로 다음과 같이 쓸 수 있다.

$$\begin{aligned}
\therefore\ X(t) &= e^{Pt}\boldsymbol{X}(0) = \exp\left[\begin{pmatrix} A & B \\ C & D \end{pmatrix}t\right]\boldsymbol{X}(0) \\
&\equiv \exp\left[\left(c_0\sigma_0 + c_1\sigma_1 + c_2\sigma_2 + c_3\sigma_3\right)t\right]\boldsymbol{X}(0) \\
&= \exp\left[\left(c_0\sigma_0 + \sum_{j=1}^{3} c_j\sigma_j\right)t\right]\boldsymbol{X}(0)
\end{aligned}$$

여기서 $\boldsymbol{X}(0)$는 시간 $t=0$에서 초기조건이다. ■

※ **주의 1**: [예제 4.52]에서 행렬 요소 A, B, C, D가 (일반적으로) 복소수이면 각 계수 c_j $(j=0,1,2,3)$도 복소수 $c_j = \mathrm{Re}[c_j] + i\,\mathrm{Im}[c_j] \equiv \alpha_j + i\theta_j$ 로 표현된다. 여기서 $\alpha_j = \mathrm{Re}[c_j]$는 실수이며 $i\theta_j = i\,\mathrm{Im}[c_j]$는 순 허수이다.

행렬 요소 A, B, C, D가 최대 8개의 값을 가질 수 있으므로 계수 또한 최대 8개의 값을 가진다. 즉, 2×2 복소수 행렬 $P=\begin{pmatrix} A & B \\ C & D \end{pmatrix}$로 기술되는 물리계는 최대 8개의 물리적 특성을 기술할 수 있다.

※ **주의 2**: 예제 4.52의 선형 연립 미분 방정식의 해 $\boldsymbol{X}(t)$는 행렬지수 형태로 표현한 형식적인 해 (formal solution)이지만 닫힌 형태의 해석해 (closed form of analytic solution)는 아니다. 대수학에서 흔히 알고 있는 바와 같이, 임의의 수 또는 변수 x, y가 $xy=yx$와 같이 교환 법칙이 성립할 때 지수 함수의 대수 관계식 $\exp[x+y]=\exp[x]\exp[y]$이 성립한다.

그러나 두 연산자 또는 두 행렬의 곱 PQ가 비 교환 (non-commutative)인 경우 (즉, $[P, Q]\neq 0$), 지수 함수의 대수 법칙은 성립하지 않는다.[52)]

52) 비 교환적인 두 연산자 또는 행렬의 행렬지수에 대한 대수 법칙의 정리를 Baker-Campbell-Hausdorff (BCH) 공식이라 한다.

◉ Baker-Campbell-Hausdorff (BCH) 공식: 선택 (Optional)

Baker-Campbell-Hausdorff (BCH) 공식은 두 연산자 또는 두 행렬의 지수 곱 (product of two exponentials of operators or matrices)을 계산하는 유용한 방법을 제시한다.
BCH 공식은 양자역학, (양자) 광학 또는 리 군론 (Lie group theory) 등 물리와 수학 등 여러 분야에서 광범위하게 응용된다.
$n \times n$ 행렬 P, Q 또는 연산자 P, Q가 비 교환 (즉, $[P, Q] \neq 0$)인 경우 다음의 BCH (Baker-Campbell-Hausdorff) 관계식이 성립한다.

$$\exp[P]\exp[Q] \equiv \exp[R],$$

$$R = P + Q + \frac{1}{2}[P, Q] + \frac{1}{12}[P, [P, Q]] - \frac{1}{12}[Q, [P, Q]] + \frac{1}{24}[P, [Q, [P, Q]]] + \cdots$$

위의 관계식에서 P, Q가 교환 법칙 $[P, Q] = PQ - QP = 0$이 성립하는 경우, BCH 공식의 모든 교환자는 $[P, Q] = 0$이 되므로 $R = P + Q$가 되어 기존의 지수 함수의 대수 법칙 $\exp[P]\exp[Q] = \exp[P+Q]$이 성립한다.

※ **예제 4.52의 선형 연립 미분 방정식의 닫힌 해석해: 선택 (Optional)**

예제 4.52의 선형 연립 미분 방정식의 해는 파울리 행렬지수로 나타내면

$$\boldsymbol{X}(t) = \exp\left[\begin{pmatrix} A & B \\ C & D \end{pmatrix} t\right] \boldsymbol{X}(0) = \exp\left[c_0 t \sigma_0 + \sum_{j=1}^{3} c_j t \sigma_j\right] \boldsymbol{X}(0)$$

와 같이 주어진다. 여기서 $\boldsymbol{X}(t) = \begin{pmatrix} x(t) \\ y(t) \end{pmatrix}$는 해이며 $\boldsymbol{X}(0)$는 시간 $t=0$에서 초기조건이다. 닫힌 형태의 해석해 (closed form of analytic solution)를 얻기 위해 다음과 같은 물리량을 정의하자.

- **파울리 (스핀) 벡터:**
  $\boldsymbol{\sigma} \equiv (\sigma_1,\ \sigma_2,\ \sigma_3) = \sigma_1 \hat{x} + \sigma_2 \hat{y} + \sigma_3 \hat{z}$
- **파울리 축 (또는 회전) 벡터** (Pauli axis or rotation vector):
  $\boldsymbol{c} \equiv (c_1,\ c_2,\ c_3) = c_1 \hat{x} + c_2 \hat{y} + c_3 \hat{z} \equiv |\boldsymbol{c}|\hat{c}$
- **파울리 축 벡터 $\boldsymbol{c}$의 크기:**
  $c = |\boldsymbol{c}| = \sqrt{|c_1|^2 + |c_2|^2 + |c_3|^2}$

여기서 $\hat{c} \equiv \dfrac{\boldsymbol{c}}{|\boldsymbol{c}|}$는 단위 벡터이며, 파울리 축 벡터 $\boldsymbol{c}$의 크기는 계수 $c_1,\ c_2,\ c_3$가 일반적으로 복소수이므로 $c = |\boldsymbol{c}| \left(= \sqrt{\boldsymbol{c}^* \cdot \boldsymbol{c}} = \sqrt{|\boldsymbol{c}|^2}\right)$이다. 선형 연립 미분 방정식의 해는 파울리 벡터 $\boldsymbol{\sigma}$와 파울리 축 벡터 $\boldsymbol{c}$로 나타내면 다음과 같다.

$$\boldsymbol{X}(t) = \exp\left[\begin{pmatrix} A & B \\ C & D \end{pmatrix} t\right] \boldsymbol{X}(0) = \exp\left[c_0 t \sigma_0 + t\boldsymbol{c} \cdot \boldsymbol{\sigma}\right] \boldsymbol{X}(0)$$

파울리 스핀 행렬의 교환자 특성은 $[\sigma_j, \sigma_k] = 2i\epsilon_{jkl}\sigma_l (\neq 0),\ (j, k, l = 1, 2, 3)$와 $[\sigma_0, \sigma_j] = 0,\ (j = 1, 2, 3)$이며, $i = \sqrt{-1}$이다.

즉, 단위행렬 σ_0 는 모든 파울리 행렬 $\sigma_j (j \neq 0)$ 와 교환적이므로 행렬지수의 BCH (Baker-Campbell-Hausdorff) 정리에 따라 기존의 지수 함수의 대수 법칙

$$\exp[c_0 t \sigma_0 + t \boldsymbol{c} \cdot \boldsymbol{\sigma}] \equiv \exp[c_0 t \sigma_0] \exp[t \boldsymbol{c} \cdot \boldsymbol{\sigma}]$$

이 성립한다. 첫 번 행렬지수는 예제 4.49에서 $e^{c_0 t \sigma_0} = \exp\left[c_0 t \begin{pmatrix} 1 & 0 \\ 0 & 1 \end{pmatrix}\right] = \begin{pmatrix} e^{c_0 t} & 0 \\ 0 & e^{c_0 t} \end{pmatrix}$ 이다. 두 번째 행렬지수를 맥크로린 전개하기 위해 연습문제 4.5 (2)의 관계식

$$(\boldsymbol{c} \cdot \boldsymbol{\sigma})^{2n} = |\boldsymbol{c}|^{2n} \sigma_0, \quad (n = 0, 1, 2, 3, \cdots)$$
$$(\boldsymbol{c} \cdot \boldsymbol{\sigma})^{2n+1} = |\boldsymbol{c}|^{2n} (\boldsymbol{c} \cdot \boldsymbol{\sigma}) = |\boldsymbol{c}|^{2n+1} (\hat{c} \cdot \boldsymbol{\sigma})$$

을 사용한다. 두 번째 행렬지수 $\exp[t \boldsymbol{c} \cdot \boldsymbol{\sigma}]$ 를 맥크로린 전개하면

$$\begin{aligned}
\exp[t \boldsymbol{c} \cdot \boldsymbol{\sigma}] &= \sum_{n=0}^{\infty} \frac{(t \boldsymbol{c} \cdot \boldsymbol{\sigma})^n}{n!} \\
&= \sigma_0 \left[1 + \frac{(ct)^2}{2!} + \frac{(ct)^4}{4!} + \cdots\right] \\
&\quad + \hat{c} \cdot \boldsymbol{\sigma} \left[ct + \frac{(ct)^3}{3!} + \frac{(ct)^5}{5!} + \cdots\right] \\
&\equiv \sigma_0 \cosh(ct) + \frac{\boldsymbol{c}}{c} \cdot \boldsymbol{\sigma} \sinh(ct)
\end{aligned}$$

이며 $\hat{c} = \boldsymbol{c}/|\boldsymbol{c}|$ 이다. 따라서 선형 연립 미분 방정식의 닫힌 해석 해는 다음과 같다.

$$\begin{aligned}
\boldsymbol{X}(t) &= \exp[c_0 t \sigma_0 + t \boldsymbol{c} \cdot \boldsymbol{\sigma}] \boldsymbol{X}(0) \\
&= e^{c_0 t \sigma_0} \left[\sigma_0 \cosh(ct) + \left(\frac{\boldsymbol{c}}{c} \cdot \boldsymbol{\sigma}\right) \sinh(ct)\right]
\end{aligned}$$

단힌 해석 해를 행렬 형태로 나타내면 $\boldsymbol{c} \cdot \boldsymbol{\sigma} = \sum_{j=1}^{3} c_j \sigma_j$ 이므로 다음과 같다.

$$\begin{aligned} \boldsymbol{X}(t) &= e^{c_0 t \sigma_0}\left[\sigma_0 \cosh(ct) + \left(\frac{\boldsymbol{c}}{c} \cdot \boldsymbol{\sigma}\right)\sinh(ct)\right]\boldsymbol{X}(0) \\ &= e^{c_0 t}\begin{pmatrix} \cosh(ct) + \dfrac{c_3}{c}\sinh(ct) & \dfrac{c_1 - i c_2}{c}\sinh(ct) \\ \dfrac{c_1 + i c_2}{c}\sinh(ct) & \cosh(ct) - \dfrac{c_3}{c}\sinh(ct) \end{pmatrix}\boldsymbol{X}(0) \end{aligned}$$

한편, 계수가 복소수인 경우 $c_0 \equiv i a_0$ 와 파울리 축 벡터 $\boldsymbol{c} \equiv i \boldsymbol{a}$ 로 두면 $\cosh(i at) = \cos(at)$, $\sinh(i at) = i \sin(at)$ 이므로 해는

$$\begin{aligned} \boldsymbol{X}(t) &= \exp\left[i a_0 t \sigma_0 + i t \boldsymbol{a} \cdot \boldsymbol{\sigma}\right]\boldsymbol{X}(0) \\ &= e^{i a_0 t \sigma_0}\left[\sigma_0 \cos(at) + i\left(\frac{\boldsymbol{a}}{a} \cdot \boldsymbol{\sigma}\right)\sin(at)\right]\boldsymbol{X}(0) \end{aligned}$$

이다. 여기서 파울리 축 벡터는 $\boldsymbol{a} = (a_1, a_2, a_3) = |\boldsymbol{a}|\hat{a}$ 이며 크기는 $a = |\boldsymbol{a}| = \sqrt{|a_1|^2 + |a_2|^2 + |a_3|^2}$ 이다. $\boldsymbol{a} \cdot \boldsymbol{\sigma} = \sum_{j=1}^{3} a_j \sigma_j$ 이므로 행렬 형태로 나타내면 다음과 같다.

$$\begin{aligned} \boldsymbol{X}(t) &= e^{i a_0 t \sigma_0}\left[\sigma_0 \cos(at) + i\left(\frac{\boldsymbol{a}}{a} \cdot \boldsymbol{\sigma}\right)\sin(at)\right]\boldsymbol{X}(0) \\ &= e^{i a_0 t \sigma_0}\begin{pmatrix} \cos(at) + i\dfrac{a_3}{a}\sin(at) & i\dfrac{a_1 - i a_2}{a}\sin(at) \\ i\dfrac{a_1 + i a_2}{a}\sin(at) & \cos(at) - i\dfrac{a_3}{a}\sin(at) \end{pmatrix}\boldsymbol{X}(0) \end{aligned}$$

4.9 벡터 공간 (Vector Space)과 행렬의 대각화

앞에서 정사각 행렬의 고유치와 고유 벡터들에 대해 살펴보았다. 이제 고유치와 고유 벡터들로 구성된 벡터 공간의 특성에 대해 살펴보고, 행렬을 대각 행렬로 만드는 방법과 응용에 대해 알아보자.

> $n \times n$ 행렬 A의 고유 벡터가 n차원 (n-dimension) 실(수)공간 (real space) $\boldsymbol{R}^n$이나 복소수 공간 (complex space) $\boldsymbol{C}^n$을 구성하는 기저 벡터 (基底; basis vector)인 경우 행렬 A를 대각화 (對角化; diagonalization)하여 대각 행렬로 만들 수 있다.

3차원 공간은 실수로 구성된 실공간 $\boldsymbol{R}^3$이며, 이 공간을 구성하기 위해 3개의 직교 규격화 (直交 規格化; ortho-normalization) 벡터 $\hat{x}\,(=\hat{x}_1)$, $\hat{y}\,(=\hat{x}_2)$, $\hat{z}\,(=\hat{x}_3)$가 필요하다. 세 개의 단위 벡터를 $\boldsymbol{R}^3$ 공간의 기저 벡터 (basis vector) 또는 기저 (basis)라 한다. $\boldsymbol{R}^3$ 공간의 모든 벡터는 기저 벡터의 선형 결합 (線型 結合; linear combination)으로 나타낼 수 있다. 예를 들면 위치 벡터는 $\boldsymbol{r} = x\hat{x} + y\hat{y} + z\hat{z}$로 표현되며 이를 세 단위 벡터의 선형 결합이라 한다. 만약 $\boldsymbol{r} = x\hat{x} + y\hat{y} + z\hat{z} = 0$이 되는 유일한 경우는 $x = y = z = 0$일 때이며, 이 조건을 만족하는 세 개의 기저 벡터는 선형 독립 (線型 獨立; linear independence)이다. 이제 이 개념들을 n차원 벡터 공간 (실공간 $\boldsymbol{R}^n$ 또는 복소수 공간 $\boldsymbol{C}^n$) 또는 n개의 함수 공간으로 확장해 보자.

- 선형 결합 (Linear Combination)

n차원 벡터 공간 $\boldsymbol{V}^n$ $(\boldsymbol{R}^n$ or $\boldsymbol{C}^n)$을 구성하는 n개의 벡터 집합 (set) $\{\boldsymbol{V}_1, \boldsymbol{V}_2, \cdots, \boldsymbol{V}_n\}$에 대해 $\alpha_1\boldsymbol{V}_1 + \alpha_2\boldsymbol{V}_2 + \cdots + \alpha_n\boldsymbol{V}_n$을 **선형 결합**이라 한다. 여기서 $\alpha_1, \alpha_2, \cdots, \alpha_n$는 실수 또는 복소수이다. 선형 결합은 벡터뿐만 아니라 함수들의 집합에 대해서도 사용한다. 예를 들면 n개의 함수 $f_1(x), f_2(x), \cdots, f_n(x)$에 대한 선형 결합은 $\alpha_1 f_1(x) + \alpha_2 f_2(x) + \cdots + \alpha_n f_n(x)$으로 표현한다.

- **선형 독립** (Linear Independence)

n개의 벡터 집합의 선형 결합이 0인 경우, 즉 $\alpha_1 \boldsymbol{V}_1 + \alpha_2 \boldsymbol{V}_2 + \cdots + \alpha_n \boldsymbol{V}_n = 0$에 대해 $\alpha_1 = \alpha_2 = \cdots = \alpha_n = 0$을 만족할 때 $\boldsymbol{V}_1, \boldsymbol{V}_2, \cdots, \boldsymbol{V}_n$들은 **선형 독립**이라 한다. $\alpha_i\,(i = 1, 2, \cdots, n)$ 가운데 하나라도 0이 아니면 $\boldsymbol{V}_1, \boldsymbol{V}_2, \cdots, \boldsymbol{V}_n$들은 **선형 종속** (線型從屬; linear dependence)이 된다.

선형 독립은 벡터뿐만 아니라 함수들의 집합에 대해서도 사용한다. 예를 들면 n개의 함수 $f_1(x), f_2(x), \cdots, f_n(x)$에 대한 선형 결합이 $\alpha_1 f_1(x) + \alpha_2 f_2(x) + \cdots + \alpha_n f_n(x) = 0$일 때 $\alpha_1 = \alpha_2 = \cdots = \alpha_n = 0$을 만족하면 함수들은 선형 독립이라 하며, 그 외에는 선형 종속이 된다.

[예제 4.53] 함수의 선형 독립[53)]

(1) 두 삼각 함수 $\sin x$, $\cos x$는 선형 독립임을 보여라.

(2) 두 지수 함수 e^x, e^{2x}는 선형 독립임을 보여라.

[풀이]

(1) 두 삼각 함수 $\sin x$, $\cos x$의 선형 결합이 $\alpha \sin x + \beta \cos x = 0$을 만족하는 경우는 모든 x에 대해 $\alpha = \beta = 0$일 때이다. 따라서 두 함수 $\sin x$, $\cos x$는 선형 독립이다.

(2) 두 지수 함수 e^x, e^{2x}의 선형 결합을 $\alpha e^x + \beta e^{2x} = 0$라 두자. 양변을 x에 대해 미분하면 $\alpha e^x + 2\beta e^{2x} = 0$이 된다. 두 번째 식에서 첫 번째 식을 빼면 $\beta e^{2x} = 0$이므로 모든 x에 대해 $\beta = 0$이 된다. 또한 $\beta = 0$에 대해 $\alpha e^x = 0$이므로 모든 x에 대해 $\alpha = 0$이 된다. 따라서 $\alpha = \beta = 0$이므로 두 지수 함수 e^x, e^{2x}는 선형 독립이다. ■

53) 두 함수 $f_1(x)$, $f_2(x)$의 선형 독립인 필요 충분 조건인 론스키안 (Wronskian) $W(f_1, f_2) \neq 0$을 사용할 수도 있다. 5장 미분 방정식에서 자세히 다룬다.

- **벡터 공간의 차원** (Dimensionality of Vector Space)

벡터 공간이 n 개의 선형 독립인 벡터 $V_1, V_2, \cdots, V_n$을 가질 때 벡터 공간은 n 차원 공간 (n-dimensional space)이라 한다.
n 차원 벡터 공간의 임의의 벡터 V 는 선형 독립인 벡터 $V_1, V_2, \cdots, V_n$의 선형 결합 $V = \alpha_1 V_1 + \alpha_2 V_2 + \cdots + \alpha_n V_n$ 으로 나타낼 수 있다.

- **기저 벡터** (Basis or basis vector)

n 차원 벡터 공간 V^n을 구성하는 n 개의 선형 독립인 벡터 집합 (vector set) $\{V_1, V_2, \cdots, V_n\}$을 기저 (基底; basis) 또는 기저 벡터 (basis vector)라 한다.
예를 들면 3차원 벡터 공간 V^3의 세 벡터 $V_1 = \begin{pmatrix} 1 \\ 0 \\ 0 \end{pmatrix} \equiv \hat{x}$, $V_2 = \begin{pmatrix} 0 \\ 1 \\ 0 \end{pmatrix} \equiv \hat{y}$, $V_3 = \begin{pmatrix} 0 \\ 0 \\ 1 \end{pmatrix} \equiv \hat{z}$ 는 선형 독립이며 3차원 공간을 구성하는 기저 벡터 (단위 벡터)이다.

- **벡터의 내적** (Inner Product of Vectors)

n 차원 벡터 공간의 두 벡터 V_i, V_j 의 내적 (inner product)을 $\langle V_i | V_j \rangle$ 로 정의하자.
내적 $\langle V_i | V_j \rangle$ 은 상수이며 다음 특성을 갖는다. 여기서 α, β 는 복소수이다.

(1) $\langle V_i | V_j \rangle \geq 0$

(2) $\langle V_i | V_j \rangle = \langle V_j | V_i \rangle^*$

(3) $\langle V_i | \alpha V_j + \beta V_k \rangle = \alpha \langle V_i | V_j \rangle + \beta \langle V_i | V_k \rangle$

(4) $\langle \alpha V_i + \beta V_j | V_k \rangle = \alpha^* \langle V_i | V_k \rangle + \beta^* \langle V_j | V_k \rangle$

특성 (4)는 (2)와 (3)의 특성을 사용하면 쉽게 증명된다.

$$\langle \alpha \boldsymbol{V}_i + \beta \boldsymbol{V}_j | \boldsymbol{V}_k \rangle = \langle \boldsymbol{V}_k | \alpha \boldsymbol{V}_i + \beta \boldsymbol{V}_j \rangle^* \qquad \Leftarrow (2)$$

$$= [\alpha \langle \boldsymbol{V}_k | \boldsymbol{V}_i \rangle + \beta \langle \boldsymbol{V}_k | \boldsymbol{V}_j \rangle]^* \qquad \Leftarrow (3)$$

$$= \alpha^* \langle \boldsymbol{V}_k | \boldsymbol{V}_i \rangle^* + \beta^* \langle \boldsymbol{V}_k | \boldsymbol{V}_j \rangle^*$$

$$= \alpha^* \langle \boldsymbol{V}_i | \boldsymbol{V}_k \rangle + \beta^* \langle \boldsymbol{V}_j | \boldsymbol{V}_k \rangle \qquad \Leftarrow (2)$$

$$\therefore \ \langle \alpha \boldsymbol{V}_i + \beta \boldsymbol{V}_j | \boldsymbol{V}_k \rangle = \alpha^* \langle \boldsymbol{V}_i | \boldsymbol{V}_k \rangle + \beta^* \langle \boldsymbol{V}_j | \boldsymbol{V}_k \rangle$$

- **벡터의 길이** (Length of vector): **놈** (Norm)

벡터 $\boldsymbol{V}_i$ 의 길이 (length) 또는 놈 (norm)은 $\| \boldsymbol{V}_i \| = \sqrt{\langle \boldsymbol{V}_i | \boldsymbol{V}_i \rangle}$ 와 같이 정의한다. 3차원 공간에서 벡터 $\boldsymbol{A}$의 크기는 $|\boldsymbol{A}| = \sqrt{\boldsymbol{A} \cdot \boldsymbol{A}} = \sqrt{A_x^2 + A_y^2 + A_z^2}$ 와 같이 절댓값 기호로 표기하지만, 일반적으로 n차원 벡터 공간 V^n 에서는 길이 (length or norm)는 흔히 $\| \boldsymbol{V}_i \| = \sqrt{\langle \boldsymbol{V}_i | \boldsymbol{V}_i \rangle}$ 로 표현한다.

[**예제** 4.54] 벡터 $\alpha \boldsymbol{V}_i$ 의 놈 (norm)은 $\| \alpha \boldsymbol{V}_i \| = |\alpha| \, \| \boldsymbol{V}_i \|$ 임을 보여라. 단, α는 복소수이다.

[**풀이**] 벡터 $\alpha \boldsymbol{V}_i$ 의 놈의 정의와 벡터 내적의 특성 (3)과 (4)를 사용한다.

$$\| \alpha \boldsymbol{V}_i \| = \sqrt{\langle \alpha \boldsymbol{V}_i | \alpha \boldsymbol{V}_i \rangle} = \sqrt{\alpha^* \alpha \langle \boldsymbol{V}_i | \boldsymbol{V}_i \rangle}$$

$$= \sqrt{|\alpha|^2 \langle \boldsymbol{V}_i | \boldsymbol{V}_i \rangle} = |\alpha| \sqrt{\langle \boldsymbol{V}_i | \boldsymbol{V}_i \rangle}$$

$$\equiv |\alpha| \, \| \boldsymbol{V}_i \|$$

■

- **함수의 내적과 길이 (놈)**

복소 공간의 두 함수 $f(x)$, $g(x)$ 의 내적은 $\langle f(x)|g(x)\rangle \equiv \int f^*(x)g(x)dx$ 로 정의한다. 벡터의 길이 (norm)의 정의와 같이 함수의 길이 (norm)도

$$\| f(x) \| = \sqrt{\langle f(x)|f(x)\rangle} = \sqrt{\int |f(x)|^2 dx}$$

와 같이 정의한다.

- **직교 규격화 벡터** (Orthonormal Vector)

n 개의 선형 독립인 벡터 집합 $\{\boldsymbol{V}_1, \boldsymbol{V}_2, \cdots, \boldsymbol{V}_n\}$ 의 내적이

$$\langle \boldsymbol{V}_i | \boldsymbol{V}_j \rangle = \delta_{ij} = \begin{cases} 1 & \text{for } i = j \\ 0 & \text{for } i \neq j \end{cases}$$

인 경우 벡터 $\boldsymbol{V}_1, \boldsymbol{V}_2, \cdots, \boldsymbol{V}_n$ 을 직교 규격화 벡터 (直交 規格化; orthonormal vectors)라 한다. n 차원 공간의 단위 벡터 (열벡터) $\boldsymbol{e}_1 = (1, 0, 0, \cdots, 0)^T$, $\boldsymbol{e}_2 = (0, 1, 0, \cdots, 0)^T$, $\cdots$ $\boldsymbol{e}_n = (0, 0, 0, \cdots, 1)^T$ 는 각각 크기 (길이)가 1인 벡터들로 직교 규격화된 기저 벡터들 (orthonormal basis vectors)이다. 여기서 위 첨자 T 는 전치 행렬을 뜻한다.

- **직교 규격화 벡터의 완전성** (Completeness of Orthonormal Vectors)

n 개의 선형 독립인 벡터 $\boldsymbol{V}_1, \boldsymbol{V}_2, \cdots, \boldsymbol{V}_n$ 이 직교 규격화 벡터라면 n 차원 공간을 구성하는데 완전성 (完全性; completeness)을 가진다고 한다.
예를 들면, 3차원 실공간 $\boldsymbol{R}^3$ 의 단위 벡터 (열벡터) $\boldsymbol{e}_1 = (1, 0, 0)^T$, $\boldsymbol{e}_2 = (0, 1, 0)^T$, $\boldsymbol{e}_3 = (0, 0, 1)^T$ 는 3차원 공간을 완전(complete)하게 구성하는 기저 (벡터)이다.

- **디락의 브라-켓 기호 (Dirac's Bra-Ket Notation)**

영국의 이론물리학자 디락 (P. A. M. Dirac)이 고안한 브라-켓 (bra-ket) 기호는 양자역학을 기술하는 매우 유용한 표기법이다.
괄호 〈 〉를 뜻하는 bracket에서 왼쪽 괄호 < |를 **브라 (bra) 벡터**, 오른쪽 괄호 | >를 **켓 (ket) 벡터**라 부른다.
예를 들면, 앞에서 다룬 벡터의 내적 $\langle \boldsymbol{V}_i | \boldsymbol{V}_j \rangle$에서 $< \boldsymbol{V}_i |$를 브라 벡터 (bra vector), $| \boldsymbol{V}_j >$를 켓 벡터 (ket vector)라 한다.
벡터 표기와 같이 3차원 공간에서 두 복소수 함수의 적분 $\int f^*(\boldsymbol{r})g(\boldsymbol{r})\, d^3r$은 디락의 표기법으로 쓰면 복소수 공간의 두 함수 $f(x)$, $g(x)$의 내적과 같다.

$$\langle f(\boldsymbol{r}) | g(\boldsymbol{r}) \rangle \equiv \int f^*(\boldsymbol{r})g(\boldsymbol{r})d^3r$$

즉, 피적분 함수 $f^*(\boldsymbol{r})g(\boldsymbol{r})$에서 $f(\boldsymbol{r})^*$는 브라 벡터로 $g(\boldsymbol{r})$은 켓 벡터로 표기한다.

$$f^*(\boldsymbol{r}) \Rightarrow \; < f| : \boldsymbol{bra}$$
$$g(\boldsymbol{r}) \;\; \Rightarrow \; |g> : \boldsymbol{ket}$$

n차원 공간에서 직교 규격화된 기저 벡터 $\boldsymbol{V}_1, \boldsymbol{V}_2, \cdots, \boldsymbol{V}_n$의 선형 결합은 디락의 기호로

$$\begin{aligned} \boldsymbol{V} &= \alpha_1 \boldsymbol{V}_1 + \alpha_2 \boldsymbol{V}_2 + \cdots + \alpha_n \boldsymbol{V}_n \\ &\equiv \alpha_1 | V_1 > + \alpha_2 | V_2 > + \cdots + \alpha_n | V_n > \end{aligned}$$

또는 간단히

$$\boldsymbol{V} \equiv |V> \; = \alpha_1 |1> + \alpha_2 |2> + \cdots + \alpha_n |n>$$

으로 쓰기도 한다. 여기서 벡터의 성분 $\alpha_i\,(i=1, 2, \cdots, n)$는 일반적으로 복소수이다. i번째 켓 벡터 (단위 벡터)는 i번째 성분만 1이며 나머지는 모두 0인 $n\times 1$ 열벡터

(column vector)로 $V_i = |i> = \begin{pmatrix} 0 \\ 0 \\ \vdots \\ 1 \\ \vdots \\ 0 \end{pmatrix} = (0, 0, \cdots, 1, \cdots, 0)^T$ 로 표기한다.

한편 켓 벡터 $V \equiv |V>$의 복소 공액 (컬레 복소수) 벡터는 브라 벡터이며

$$V^* \equiv < V| = \alpha_1^* V_1^* + \alpha_2^* V_2^* + \cdots + \alpha_n^* V_n^*$$

$$= \alpha_1^* < V_1| + \alpha_2^* < V_2| + \cdots + \alpha_n^* < V_n|$$

또는 간단히

$$V^* \equiv < V| = \alpha_1^* < 1| + \alpha_2^* < 2| + \cdots + \alpha_n^* < n|$$

로 표현한다. 여기서 i번째 브라 벡터는 $< V_i| = < i| = (0, 0, \cdots, 1, \cdots, 0)$로 $1\times n$ 행벡터 (row vector)이며 i번째 성분만 1이며 나머지는 모두 0인 벡터이다.

정리하면 n차원 (복소수) 공간 V^n에서 직교 규격화된 기저 벡터 $V_1, V_2, \cdots, V_n$의 선형 결합에 의한 브라 벡터와 켓 벡터는 다음과 같이 표현한다.

$$|V> = \sum_{i=1}^{n} \alpha_i |i> = \begin{pmatrix} \alpha_1 \\ \alpha_2 \\ \vdots \\ \alpha_n \end{pmatrix}$$

$$< V| = \sum_{i=1}^{n} \alpha_i^* < i| = (\alpha_1^*, \alpha_2^*, \cdots, \alpha_n^*)$$

[**예제 4.55**] n차원 벡터 공간에서 켓 벡터가 $|V> = \sum_{i=1}^{n} \alpha_i |i>$로 주어진다.

(1) 벡터의 내적 $\langle V|V\rangle$을 구하라.

(2) 벡터의 내적 $\langle j|V\rangle$, $(j=1, 2, \cdots, n)$을 사용하여 α_i를 구하라.

(3) α_i를 사용하여 $|V> = I|V>$임을 보여라.

여기서 $I = \sum_{i=1}^{n} |i><i|$ 는 항등 연산자 (identity operator)이다.

[풀이]

(1) 브라 벡터와 켓 벡터는 각각 $< V| = \sum_{i=1}^{n} \alpha_i^* < i|$, $|V> = \sum_{j=1}^{n} \alpha_j |j>$ 이므로

$$\langle V|V\rangle = \sum_{i,j=1}^{n} \alpha_i^* < i|\alpha_j|j> = \sum_{i,j=1}^{n} \alpha_i^* \alpha_j \underbrace{<i|j>}_{\delta_{ij}}$$

$$= \sum_{i,j=1}^{n} \alpha_i^* \alpha_j \delta_{ij} = \sum_{i=1}^{n} \alpha_i^* \alpha_i = \sum_{i=1}^{n} |\alpha_i|^2$$

(2) 켓 벡터는 $|V> = \sum_{i=1}^{n} \alpha_i |i>$이므로 브라 벡터 $\langle j|$와 내적 연산을 하면

$$\langle j|V\rangle = < j| \sum_{i=1}^{n} \alpha_i |i> = \sum_{i=1}^{n} \alpha_i \underbrace{< j|i >}_{\delta_{ij}} = \sum_{i=1}^{n} \alpha_i \delta_{ij} = \alpha_j$$

$$\Rightarrow \therefore \alpha_i = \langle i|V\rangle$$

(3) $\alpha_i = \langle i|V\rangle$ 이므로 $|V> = \sum_{i=1}^{n} \alpha_i |i> = \sum_{i=1}^{n} \underbrace{\langle i|V\rangle}_{\alpha_i} |i>$가 된다.

내적 $\alpha_i = \langle i|V\rangle$는 상수 (number)이므로 위치를 바꾸어 연산하여도 무방하다.

$$|V> \ = \sum_{i=1}^{n} \underbrace{\langle i|V\rangle}_{\text{상수}} |i> \ = \sum_{i=1}^{n} |i> \ \underbrace{\langle i|V\rangle}_{\text{상수}} = \underbrace{\sum_{i=1}^{n} |i> \langle i|}_{\text{항등 연산자}} |V> \ \equiv I|V>$$

따라서 $I = \sum_{i=1}^{n} |i><i|$ 는 항등 연산자이며 켓 벡터 $|V>$에 항등 연산자를 연산하면 원래의 켓 벡터 $|V>$가 된다. ■

※ 디락의 브라-켓 표기 [예]: 수소 원자의 파동 함수와 에너지 준위

그림 4.18과 같이 수소 원자 (hydrogen atom)의 각 에너지 준위 (energy levels)의 직교 규격화된 파동 함수 (orthonormalized wave function)를 $\psi_n(\boldsymbol{r}) \equiv |n>$ $(n=1, 2, \cdots)$라 두면 직교 규격화 조건 $\int \psi_m^* \psi_n d^3 r \equiv <m|n> \ = \delta_{mn}$을 만족한다. 전체 파동 함수는 $|\Psi> \ = \sum_{n=1}^{\infty} c_n |n>$로 표현하며 c_n은 n 번째 에너지 준위에서 입자(전자)를 발견할 확률 진폭 (確率 振幅; probability amplitude)이며 절대 치 제곱 (absolute square value) $|c_n|^2$은 전자를 발견할 확률이며 3차원 공간의 전자 분포 모양을 나타내며 이를 전자구름 (electron cloud) 또는 오비탈 (orbital)이라 한다.

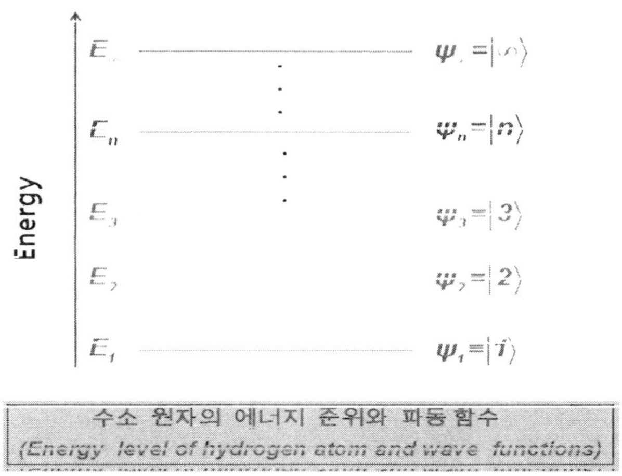

그림 4.18 수소 원자의 에너지 준위와 파동함수.

- **선형 연산자 (線型 演算子; Linear Operators)**

선형 연산자 A는 벡터 공간 V^n의 어떤 벡터 V에 연산하여 다른 벡터 V'로 변환하는 역할을 한다. 즉, $V' = AV \Rightarrow |V'> = A|V>$와 같은 변환을 선형 변환 (線型 變換; linear transformation)이라 하며 A를 선형 연산자 (線型 演算子; linear operator)라 한다. 즉, 선형 연산자 A는 켓 벡터 (ket vector) $|V>$를 다른 켓 벡터 $|V'>$로 변환한다. 같은 방법으로 브라 벡터 (bra vector) $<V|$에 대해서는 $<V'| = <V|A$가 성립한다. 선형 연산자 A와 B의 주요 특성은 다음과 같다. 여기서 α, β는 복소수이다.

(1) $A\alpha|V_i> = \alpha A|V_i>$

(2) $A[\alpha|V_i> + \beta|V_j>] = \alpha A|V_i> + \beta A|V_j>$

(3) $<V_i|\alpha A = <V_i|A\alpha$

(4) $[<V_i|\alpha + <V_j|\beta]A = <V_i|A\alpha + <V_j|A\beta$

(5) $(A+B)|V_i> = A|V_i> + B|V_i>$

(6) $(AB)|V_i> = A(B|V_i>)$

- **선형 연산자 A, B의 교환자 (交換子; Commutator)**

양자역학이나 벡터 공간에서 파동 함수나 벡터에 가해지는 선형 연산자 A, B의 연산순서는 매우 중요하다. 일반적으로 $AB|V> \neq BA|V>$이므로

$$[A, B] \equiv AB - BA$$

를 두 선형 연산자 A, B의 교환자 (commutator)라 한다. 임의의 파동함수 $\Psi \Rightarrow |\Psi>$에 대하여 교환자 연산은 디락의 표기법으로 나타내면

$$[A,\ B]\Psi = AB\Psi - BA\Psi \quad \Leftrightarrow \quad [A,\ B]|\Psi> \ = AB|\Psi> - BA|\Psi>$$

와 같이 쓸 수 있다.

> **[예제 4.56] 선형 연산자의 교환자**
>
> 양자역학에서 1차원 운동량 연산자 (linear momentum operator)는 $p_x = -i\hbar\dfrac{\partial}{\partial x}$로 주어진다. 위치 연산자 x와 운동량 연산자의 교환자 $\left[x,\ p_x\right]|\Psi(x)>$를 구하라. 여기서 $|\Psi(x)>$는 파동 함수 또는 켓 벡터이다.

[풀이] 파동 함수 $|\Psi(x)>$에 대해 교환자 연산을 하면

$$\begin{aligned}\left[x,\ p_x\right]|\Psi(x)> \ &= x\,p_x|\Psi(x)> - p_x\,x|\Psi(x)> \\ &= -i\hbar x\frac{\partial|\Psi(x)>}{\partial x} + i\hbar\frac{\partial}{\partial x}(x|\Psi(x)>) \\ &= -i\hbar x\frac{\partial|\Psi(x)>}{\partial x} + i\hbar|\Psi(x)> + i\hbar x\frac{\partial|\Psi(x)>}{\partial x} \\ &= i\hbar|\Psi(x)>\end{aligned}$$

$$\Rightarrow \ \left[x,\ p_x\right]|\Psi(x)> \ = i\hbar|\Psi(x)>$$

$$\therefore \ \left[x,\ p_x\right] \equiv i\hbar \ (\neq 0)$$

위치 연산자 x와 운동량 연산자 p_x의 교환자가 0이 아님은 어떤 물리량을 먼저 측정하느냐에 따라 계의 상태가 달라져서 나중 측정하는 물리량이 달라지는 것을 의미한다. 이들 두 연산자를 동시에 확정적인 (certainty) 정밀도로 측정할 수 없다는 것을 뜻한다. 이것은 하이젠베르크의 불확정성 원리 (Heisenberg's uncertainty principle) $\Delta x\,\Delta p \geq \hbar$와 관련된다. ■

- **선형 연산자 A, B의 행렬 요소** (Matrix Elements of Linear Operators)

n차원 벡터 공간의 직교 규격화 기저 벡터를 켓 벡터 $|i>$, $(i=1,2,\cdots,n)$라 하면 직교 규격화 조건 $<i|j>=\delta_{ij}$이 성립한다. 임의의 벡터는 $|V>=\sum_{j=1}^{n}\alpha_j|j>$로 주어지며 $\alpha_j=<j|V>$이다. 이제 선형 연산자 A에 의한 선형 변환 방정식 (linear transformation equation) $|V'>=A|V>$를 생각하자. 선형 변환된 (켓) 벡터 $|V'>$ 역시 n차원 벡터 공간의 직교 규격화 기저 벡터에 의한 선형 결합으로 주어지므로 $|V'>=\sum_{k=1}^{n}\beta_k|k>$라 둘 수 있다. 따라서 선형 변환된 (켓) 벡터 $|V'>$의 두 방정식은 각각

$$\begin{cases} |V'>=A|V>=A\sum_{j=1}^{n}\alpha_j|j>=\sum_{j=1}^{n}\alpha_j A|j> \\ |V'>=\sum_{k=1}^{n}\beta_k|k> \end{cases}$$

이다. 위의 두 식에 브라 벡터 $<i|$와 내적을 취하면

$$\begin{cases} <i|V'>=\sum_{j=1}^{n}\alpha_j<i|A|j>\equiv\sum_{j=1}^{n}A_{ij}\alpha_j \\ <i|V'>=\sum_{k=1}^{n}\beta_k<i|k>=\sum_{k=1}^{n}\beta_k\delta_{ik}=\beta_i \end{cases}$$

가 된다. 여기서 $A_{ij}\equiv<i|A|j>$는 선형 연산자 A의 행렬 요소 (matrix element)가 된다. 두 내적 식을 비교하면

$$\therefore\ \boxed{\beta_i=\sum_{j=1}^{n}A_{ij}\alpha_j}\quad(i,j=1,2,\cdots,n)$$

선형 연산자 A에 의한 벡터의 선형 변환 방정식 $|V'\rangle = A|V\rangle$를 행렬 방정식으로 표현하면 그림 4.19와 같다.

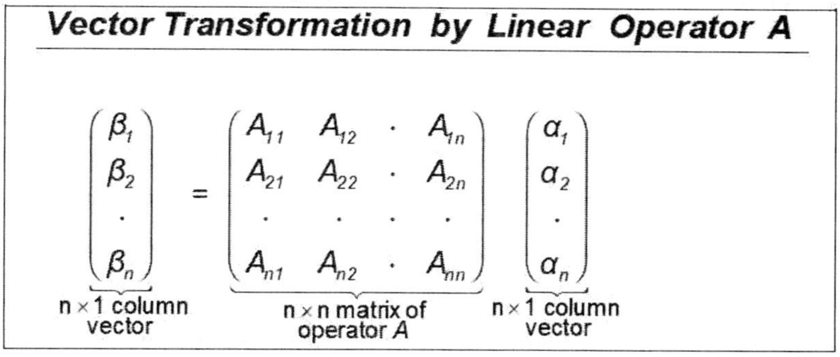

그림 4.19 벡터의 선형 변환과 행렬 방정식의 관계.

- **고유 벡터와 대각 행렬** (Eigenvectors and Diagonalization of Matrices)

n차원 벡터 공간에서 선형 연산자에 의한 벡터의 선형 변환은 행렬 방정식과 같음을 알았다. 이제 정사각 행렬 A의 고유치와 고유 벡터들의 특성에 대해 알아보자.

앞에서 살펴본 바와 같이 고유 벡터들이 기저 벡터가 되려면 선형 결합과 선형 독립성, 완전성 (completeness), 직교 조건 등을 만족해야 한다.

정사각 행렬 A의 고유 벡터 $X_i \equiv |X_i\rangle$, $(i=1,2,\cdots,n)$가 기저 벡터가 되는 직교 (규격화) 조건은 $X_i^{\dagger}X_j = \delta_{ij}$ 또는 $\langle X_i|X_j\rangle = \delta_{ij}$, $(i,j=1,2,\cdots,n)$ 이다.

$n\times n$ 행렬 A의 고유 벡터가 n차원 실공간 R^n이나 복소수 공간 C^n을 구성하는 기저 벡터의 경우 행렬 A를 대각화 (對角化; diagonalization)하여 대각 행렬 (diagonal matrix)로 만들 수 있다.

※ **주의**: 모든 정사각 행렬들의 고유 벡터가 기저 벡터가 아닐 수도 있음을 주의하자. 이 경우 대각 행렬을 만들 수 없다.

- **대각 행렬을 만드는 과정**

대각 행렬을 만드는 원리를 이해하기 위해 2×2 행렬 $A=\begin{pmatrix} a & b \\ c & d \end{pmatrix}$의 고유치 λ_1, λ_2와 각각의 고유 벡터 (열벡터) $\boldsymbol{X}_1=\begin{pmatrix} x_1 \\ y_1 \end{pmatrix}$, $\boldsymbol{X}_2=\begin{pmatrix} x_2 \\ y_2 \end{pmatrix}$를 생각하자. 이때 고유 벡터들은 기저 벡터라 가정한다. 고유치 방정식은

$$A\boldsymbol{X}_1=\lambda_1\boldsymbol{X}_1 \Leftrightarrow \begin{pmatrix} a & b \\ c & d \end{pmatrix}\begin{pmatrix} x_1 \\ y_1 \end{pmatrix}=\lambda_1\begin{pmatrix} x_1 \\ y_1 \end{pmatrix}$$

$$A\boldsymbol{X}_2=\lambda_2\boldsymbol{X}_2 \Leftrightarrow \begin{pmatrix} a & b \\ c & d \end{pmatrix}\begin{pmatrix} x_2 \\ y_2 \end{pmatrix}=\lambda_2\begin{pmatrix} x_2 \\ y_2 \end{pmatrix}$$

을 만족한다. 이제 고유 벡터 (열벡터) $\boldsymbol{X}_1=\begin{pmatrix} x_1 \\ y_1 \end{pmatrix}$, $\boldsymbol{X}_2=\begin{pmatrix} x_2 \\ y_2 \end{pmatrix}$로 구성한 2×2 행렬을 $X=[\boldsymbol{X}_1\ \boldsymbol{X}_2]=\begin{pmatrix} x_1 & x_2 \\ y_1 & y_2 \end{pmatrix}$라 하자. 두 행렬의 곱 AX는

$$AX=A[\boldsymbol{X}_1\ \boldsymbol{X}_2]=[A\boldsymbol{X}_1\ A\boldsymbol{X}_2]=[\lambda_1\boldsymbol{X}_1\ \lambda_2\boldsymbol{X}_2]=\begin{pmatrix} \lambda_1 x_1 & \lambda_2 x_2 \\ \lambda_1 y_1 & \lambda_2 y_2 \end{pmatrix}$$

가 된다. 이 관계식은 $AX=\begin{pmatrix} a & b \\ c & d \end{pmatrix}\begin{pmatrix} x_1 & x_2 \\ y_1 & y_2 \end{pmatrix}$를 직접 연산하여 각 행렬 요소에 고유치 방정식의 결과 식을 대입하여도 얻을 수도 있다.

이 식의 양변의 왼쪽에 역행렬 X^{-1}을 곱하자. 역행렬이 존재하기 위해 행렬 X는 비특이 행렬로 $\det(X)\neq 0$라 가정한다. 역행렬 X^{-1}는

$$X^{-1}=\frac{1}{|X|}\begin{pmatrix} y_2 & -x_2 \\ -y_1 & x_1 \end{pmatrix}=\frac{1}{y_2x_1-x_2y_1}\begin{pmatrix} y_2 & -x_2 \\ -y_1 & x_1 \end{pmatrix}$$

이다. 대각 행렬 (diagonal matrix)을 $D \equiv X^{-1}AX$ 라 두면

$$D = X^{-1}\begin{pmatrix} \lambda_1 x_1 & \lambda_2 x_2 \\ \lambda_1 y_1 & \lambda_2 y_2 \end{pmatrix} = \frac{1}{y_2 x_1 - x_2 y_1}\begin{pmatrix} y_2 & -x_2 \\ -y_1 & x_1 \end{pmatrix}\begin{pmatrix} \lambda_1 x_1 & \lambda_2 x_2 \\ \lambda_1 y_1 & \lambda_2 y_2 \end{pmatrix}$$

$$= \frac{1}{y_2 x_1 - x_2 y_1}\begin{pmatrix} \lambda_1 (y_2 x_1 - x_2 y_1) & \lambda_2 (y_2 x_2 - x_2 y_2) \\ \lambda_1 (-y_1 x_1 + x_1 y_1) & \lambda_2 (-y_1 x_2 + x_1 y_2) \end{pmatrix}$$

$$\equiv \begin{pmatrix} \lambda_1 & 0 \\ 0 & \lambda_2 \end{pmatrix}$$

가 되어 대각 행렬이 얻어진다.
따라서 대각 행렬의 대각 성분은 두 고유치로 구성됨을 알 수 있다.

같은 방법으로 3×3 행렬 A의 고유치 $\lambda_1, \lambda_2, \lambda_3$와 그에 해당하는 고유 벡터 $\boldsymbol{X}_1 = \begin{pmatrix} x_1 \\ y_1 \\ z_1 \end{pmatrix}$, $\boldsymbol{X}_2 = \begin{pmatrix} x_2 \\ y_2 \\ z_2 \end{pmatrix}$, $\boldsymbol{X}_3 = \begin{pmatrix} x_3 \\ y_3 \\ z_3 \end{pmatrix}$를 3차원 기저 벡터라 가정한다. 기저 벡터이므로 직교 조건은 $\boldsymbol{X}_i^{\dagger}\boldsymbol{X}_j = \delta_{ij}$ 또는 $\langle \boldsymbol{X}_i | \boldsymbol{X}_j \rangle = \delta_{ij}$가 됨은 자명하다. 3개의 기저 벡터로 구성된 3×3 행렬 $X = [\boldsymbol{X}_1\ \boldsymbol{X}_2\ \boldsymbol{X}_3] = \begin{pmatrix} x_1 & x_2 & x_3 \\ y_1 & y_2 & y_3 \\ z_1 & z_2 & z_3 \end{pmatrix}$를 사용하여 2×2 행렬과 같은 방법으로 3×3 행렬 A의 대각 행렬을 구할 수 있다. 요약하면 2×2와 3×3 행렬 A의 대각 행렬은 그림 4.20과 같이 주어진다.

2×2 대각 행렬 *(Diagonal Matrix) D*	**3×3 대각 행렬 *(Diagonal Matrix) D***
$D = X^{-1}AX = \begin{pmatrix} \lambda_1 & 0 \\ 0 & \lambda_2 \end{pmatrix}$	$D = X^{-1}AX = \begin{pmatrix} \lambda_1 & 0 & 0 \\ 0 & \lambda_2 & 0 \\ 0 & 0 & \lambda_3 \end{pmatrix}$

그림 4.20 행렬 A와 대각 행렬 D.

[예제 4.57] 파울리 스핀 행렬의 대각 행렬

다음 파울리 스핀 행렬의 고윳값과 고유 벡터를 구하여 기저 벡터인지 검증한 후 대각 행렬을 구하라.

(1) $\sigma_1 = \begin{pmatrix} 0 & 1 \\ 1 & 0 \end{pmatrix}$, (2) $\sigma_2 = \begin{pmatrix} 0 & -i \\ +i & 0 \end{pmatrix}$, (3) $\sigma_3 = \begin{pmatrix} 1 & 0 \\ 0 & -1 \end{pmatrix}$

[풀이]

예제 4.35에서 풀어본 바와 같이 파울리 스핀 행렬의 고유치 문제는 $\sigma_j \boldsymbol{X} = \lambda \boldsymbol{X}$ $(j=1,2,3)$에서 특성 방정식 $|\sigma_j - \lambda I| = 0$ $(j=1,2,3)$을 풀어 고유치를 구한다. 각 고유치에 대한 (규격화된) 고유 벡터는 고유치 방정식을 사용하여 구한다.

(1) $|\sigma_1 - \lambda I| = \begin{vmatrix} -\lambda & 1 \\ 1 & -\lambda \end{vmatrix} = \lambda^2 - 1 = 0 \quad \therefore \lambda_1 = +1,\ \lambda_2 = -1$

(i) $\lambda_1 = +1$

$\begin{pmatrix} 0 & 1 \\ 1 & 0 \end{pmatrix}\begin{pmatrix} x \\ y \end{pmatrix} = +1\begin{pmatrix} x \\ y \end{pmatrix} \Rightarrow x = y$

$\therefore$ 고유 벡터 $\boldsymbol{X}_1 = \frac{1}{\sqrt{2}}\begin{pmatrix} 1 \\ 1 \end{pmatrix}$

(ii) $\lambda_2 = -1$

$\begin{pmatrix} 0 & 1 \\ 1 & 0 \end{pmatrix}\begin{pmatrix} x \\ y \end{pmatrix} = -1\begin{pmatrix} x \\ y \end{pmatrix} \Rightarrow x = -y$

$\therefore$ 고유 벡터 $\boldsymbol{X}_2 = \frac{1}{\sqrt{2}}\begin{pmatrix} 1 \\ -1 \end{pmatrix}$.

고유 벡터 $\boldsymbol{X}_1$, $\boldsymbol{X}_2$가 기저 벡터인지 검증하기 위해 직교 조건 $\boldsymbol{X}_i^\dagger \boldsymbol{X}_j = \delta_{ij}$을 사용하면 $\boldsymbol{X}_1 = \frac{1}{\sqrt{2}}\begin{pmatrix} 1 \\ 1 \end{pmatrix}$, $\boldsymbol{X}_2 = \frac{1}{\sqrt{2}}\begin{pmatrix} 1 \\ -1 \end{pmatrix}$는 기저 벡터임을 쉽게 증명할 수 있다.

$$\boldsymbol{X}_1^\dagger \boldsymbol{X}_1 = \frac{1}{\sqrt{2}}(1,1)\frac{1}{\sqrt{2}}\begin{pmatrix} 1 \\ 1 \end{pmatrix} = \frac{1}{2}(1+1) = 1$$
$$\boldsymbol{X}_2^\dagger \boldsymbol{X}_2 = \frac{1}{\sqrt{2}}(1,-1)\frac{1}{\sqrt{2}}\begin{pmatrix} 1 \\ -1 \end{pmatrix} = \frac{1}{2}(1+1) = 1$$

$$\boldsymbol{X}_1^\dagger \boldsymbol{X}_2 = \frac{1}{\sqrt{2}}(1, 1)\frac{1}{\sqrt{2}}\begin{pmatrix} 1 \\ -1 \end{pmatrix} = \frac{1}{2}(1-1) = 0$$
$$\boldsymbol{X}_2^\dagger \boldsymbol{X}_1 = \frac{1}{\sqrt{2}}(1, -1)\frac{1}{\sqrt{2}}\begin{pmatrix} 1 \\ 1 \end{pmatrix} = \frac{1}{2}(1-1) = 0$$

$$\therefore \ \boldsymbol{X}_i^\dagger \boldsymbol{X}_j = \delta_{ij}, \ (i, j = 1, 2)$$

따라서 고유 벡터로 구성한 행렬은 $X = [\boldsymbol{X}_1 \ \ \boldsymbol{X}_2] = \frac{1}{\sqrt{2}}\begin{pmatrix} 1 & 1 \\ 1 & -1 \end{pmatrix}$ 이며 역행렬은 $X^{-1} = \frac{1}{\sqrt{2}}\begin{pmatrix} 1 & 1 \\ 1 & -1 \end{pmatrix}$ 이다. 파울리 행렬 $\sigma_1 = \begin{pmatrix} 0 & 1 \\ 1 & 0 \end{pmatrix}$의 대각 행렬 D_1은

$$D_1 = X^{-1}\sigma_1 X = \frac{1}{2}\begin{pmatrix} 1 & 1 \\ 1 & -1 \end{pmatrix}\begin{pmatrix} 0 & 1 \\ 1 & 0 \end{pmatrix}\begin{pmatrix} 1 & 1 \\ 1 & -1 \end{pmatrix} = \begin{pmatrix} 1 & 0 \\ 0 & -1 \end{pmatrix}$$

가 된다. 즉, 대각 성분은 고윳값 $\lambda_1 = 1, \ \lambda_2 = -1$로 구성된다.

(2) $|\sigma_2 - \lambda I| = \begin{vmatrix} -\lambda & -i \\ i & -\lambda \end{vmatrix} = \lambda^2 - 1 = 0$

$\therefore \lambda_1 = +1, \ \lambda_2 = -1$

규격화 고유 벡터는 다음과 같다.

(i) $\lambda_1 = +1$

$$\begin{pmatrix} 0 & -i \\ i & 0 \end{pmatrix}\begin{pmatrix} x \\ y \end{pmatrix} = +1\begin{pmatrix} x \\ y \end{pmatrix} \Rightarrow y = ix$$

$\therefore$ 고유 벡터 $\boldsymbol{X}_1 = \frac{1}{\sqrt{2}}\begin{pmatrix} 1 \\ i \end{pmatrix}$

(ii) $\lambda_1 = -1$

$$\begin{pmatrix} 0 & -i \\ i & 0 \end{pmatrix}\begin{pmatrix} x \\ y \end{pmatrix} = -1\begin{pmatrix} x \\ y \end{pmatrix} \Rightarrow y = -ix$$

$\therefore$ 고유 벡터 $\boldsymbol{X}_2 = \frac{1}{\sqrt{2}}\begin{pmatrix} 1 \\ -i \end{pmatrix}$

고유 벡터 $\boldsymbol{X}_1$, $\boldsymbol{X}_2$가 기저 벡터인지 검증하기 위해 직교 조건 $\boldsymbol{X}_i^{\dagger}\boldsymbol{X}_j = \delta_{ij}$을 사용하자.

$$\boldsymbol{X}_1^{\dagger}\boldsymbol{X}_1 = \frac{1}{\sqrt{2}}(1,-i)\frac{1}{\sqrt{2}}\begin{pmatrix}1\\+i\end{pmatrix} = \frac{1}{2}(1-i^2) = 1$$

$$\boldsymbol{X}_2^{\dagger}\boldsymbol{X}_2 = \frac{1}{\sqrt{2}}(1,+i)\frac{1}{\sqrt{2}}\begin{pmatrix}1\\-i\end{pmatrix} = \frac{1}{2}(1-i^2) = 1$$

$$\boldsymbol{X}_1^{\dagger}\boldsymbol{X}_2 = \frac{1}{\sqrt{2}}(1,-i)\frac{1}{\sqrt{2}}\begin{pmatrix}1\\-i\end{pmatrix} = \frac{1}{2}(1+i^2) = 0$$

$$\boldsymbol{X}_2^{\dagger}\boldsymbol{X}_1 = \frac{1}{\sqrt{2}}(1,+i)\frac{1}{\sqrt{2}}\begin{pmatrix}1\\+i\end{pmatrix} = \frac{1}{2}(1+i^2) = 0$$

$$\therefore\ \boldsymbol{X}_i^{\dagger}\boldsymbol{X}_j = \delta_{ij},\ \ (i, j = 1, 2)$$

고유 벡터 $\boldsymbol{X}_1 = \frac{1}{\sqrt{2}}\begin{pmatrix}1\\i\end{pmatrix}$, $\boldsymbol{X}_2 = \frac{1}{\sqrt{2}}\begin{pmatrix}1\\-i\end{pmatrix}$는 기저 벡터이므로 고유 벡터로 구성한 행렬은 $X = [\boldsymbol{X}_1\ \boldsymbol{X}_2] = \frac{1}{\sqrt{2}}\begin{pmatrix}1 & 1\\+i & -i\end{pmatrix}$이며 역행렬은 $X^{-1} = \frac{1}{\sqrt{2}}\begin{pmatrix}1 & -i\\1 & i\end{pmatrix}$이다.

파울리 행렬 $\sigma_2 = \begin{pmatrix}0 & -i\\+i & 0\end{pmatrix}$의 대각 행렬 D_2는

$$D_2 = X^{-1}\sigma_2 X = \frac{1}{2}\begin{pmatrix}1 & -i\\1 & i\end{pmatrix}\begin{pmatrix}0 & -i\\i & 0\end{pmatrix}\begin{pmatrix}1 & 1\\i & -i\end{pmatrix} = \begin{pmatrix}1 & 0\\0 & -1\end{pmatrix}$$

가 된다. 즉, 대각 성분은 고윳값 $\lambda_1 = 1$, $\lambda_2 = -1$로 구성된다.

(3) $|\sigma_3 - \lambda I| = \begin{vmatrix}1-\lambda & 0\\0 & -1-\lambda\end{vmatrix} = \lambda^2 - 1 = 0$

$\therefore \lambda_1 = +1,\ \lambda_2 = -1$

규격화 고유 벡터는 다음과 같다.

(i) $\lambda_1 = +1$

$$\begin{pmatrix}1 & 0\\0 & -1\end{pmatrix}\begin{pmatrix}x\\y\end{pmatrix} = +1\begin{pmatrix}x\\y\end{pmatrix} \Rightarrow y = 0$$

$\therefore$ 고유 벡터 $\boldsymbol{X}_1 = \begin{pmatrix}1\\0\end{pmatrix}$

(ii) $\lambda_2 = -1$

$$\begin{pmatrix}1 & 0\\0 & -1\end{pmatrix}\begin{pmatrix}x\\y\end{pmatrix} = -1\begin{pmatrix}x\\y\end{pmatrix} \Rightarrow x = 0$$

$\therefore$ 고유 벡터 $\boldsymbol{X}_2 = \begin{pmatrix}0\\1\end{pmatrix}$.

고유 벡터 $\boldsymbol{X}_1$, $\boldsymbol{X}_2$ 가 기저 벡터임은 쉽게 증명할 수 있다. 즉, 고유 벡터는 각각 단위 벡터 $\hat{x} = \begin{pmatrix}1\\0\end{pmatrix}$, $\hat{y} = \begin{pmatrix}0\\1\end{pmatrix}$ 이며 서로 직교한다.

고유 벡터 $\boldsymbol{X}_1 = \begin{pmatrix}1\\0\end{pmatrix}$, $\boldsymbol{X}_2 = \begin{pmatrix}0\\1\end{pmatrix}$ 는 기저 벡터이므로 고유 벡터로 구성한 행렬은 $X = [\boldsymbol{X}_1\ \boldsymbol{X}_2] = \begin{pmatrix}1 & 0\\0 & 1\end{pmatrix} \equiv I$ 이며 역행렬은 $X^{-1} = \begin{pmatrix}1 & 0\\0 & 1\end{pmatrix} \equiv I$ 이다. 파울리 행렬 $\sigma_3 = \begin{pmatrix}1 & 0\\0 & -1\end{pmatrix}$ 의 대각 행렬 D_3 는

$$D_3 = X^{-1}\sigma_3 X = \begin{pmatrix}1 & 0\\0 & 1\end{pmatrix}\begin{pmatrix}1 & 0\\0 & -1\end{pmatrix}\begin{pmatrix}1 & 0\\0 & 1\end{pmatrix} = \begin{pmatrix}1 & 0\\0 & -1\end{pmatrix}$$

가 된다. 즉, 대각 성분은 고윳값 $\lambda_1 = 1$, $\lambda_2 = -1$ 로 구성된다.

3개의 파울리 스핀 행렬의 고윳값은 모두 $\lambda_1 = 1, \lambda_2 = -1$ 이며 대각 행렬들은 같은 대각 행렬 $D_i = \begin{pmatrix}\lambda_1 & 0\\0 & \lambda_2\end{pmatrix} = \begin{pmatrix}1 & 0\\0 & -1\end{pmatrix}$ $(i = 1, 2, 3)$ 을 갖는다.

■

• 대각 행렬의 중요성

임의의 정사각 행렬 A를 대각 행렬로 만드는 중요한 이유 가운데 하나는 행렬함수 (matrix function) $f(A)$의 계산이나 행렬 A와 역행렬 A^{-1}의 n승 곱 A^n과 $(A^{-1})^n$ 등의 계산 등에 유용하게 사용할 수 있다는 점이다.
이러한 대각 행렬의 특성을 이용하여 복잡한 선형 변환을 단순화하거나 연립 미분 방정식의 해를 단순화하여 쉽게 구할 수 있다. 또 대각 행렬은 양자역학계의 에너지 준위와 파동 함수의 계산에도 필수적인 도구로 사용된다.
몇 개의 예제를 통하여 대각 행렬의 유용성을 알아보자.

[예제 4.58] 대각 행렬 응용

3×3 정사각 행렬 A의 대각 행렬은 $D = X^{-1}AX = \begin{pmatrix} \lambda_1 & 0 & 0 \\ 0 & \lambda_2 & 0 \\ 0 & 0 & \lambda_3 \end{pmatrix}$와 같이 주어진다.

여기서 $\lambda_1\lambda_2\lambda_3 \neq 0$이며 3×3 행렬 X는 비특이 행렬이다.

다음 관계식을 증명하라.

(1) $D^n = X^{-1}A^nX$, (n: 정수) (2) $A^n = XD^nX^{-1}$,

(3) $A^{-1} = XD^{-1}X^{-1}$, (4) $(A^{-1})^n = X(D^{-1})^nX^{-1}$,

(5) D^{-1}, $(D^{-1})^n$, D^n을 구하라.

[풀이]

(1) $$\begin{aligned} D^2 &= (X^{-1}AX^2) = (X^{-1}AX)(X^{-1}AX) \\ &= X^{-1}A\underbrace{XX^{-1}}_{=I}AX = X^{-1}A^2X, \end{aligned}$$

$$\begin{aligned} D^3 &= D^2D = (X^{-1}A^2X)(X^{-1}AX) \\ &= X^{-1}A^2\underbrace{XX^{-1}}_{=I}AX = X^{-1}A^3X \end{aligned}$$

$$D^4 = D^3D = (X^{-1}A^3X)(X^{-1}AX) = X^{-1}A^4X$$

$$\vdots$$

$\therefore$ $\boxed{D^n = X^{-1}A^nX}$

(2) $D^n = X^{-1}A^nX \;\Rightarrow\; XD^n = A^nX \;\Rightarrow\; \therefore \boxed{A^n = XD^nX^{-1}}$

(3) $D = X^{-1}AX \;\Rightarrow\; XD = AX \;\Rightarrow A = XDX^{-1}$

$$\begin{aligned} A^{-1} &= \left(XDX^{-1}\right)^{-1} = \left(DX^{-1}\right)^{-1}X^{-1} = (X^{-1})^{-1}D^{-1}X^{-1} \\ &= XD^{-1}X^{-1} \end{aligned}$$

$\therefore$ $\boxed{A^{-1} = XD^{-1}X^{-1}}$

(4) $$\begin{aligned} (A^{-1})^2 &= (XD^{-1}X^{-1})^2 = (XD^{-1}X^{-1})(XD^{-1}X^{-1}) \\ &= XD^{-1}\underbrace{X^{-1}X}_{=I}D^{-1}X^{-1} = X(D^{-1})^2X^{-1}, \end{aligned}$$

$$\begin{aligned} (A^{-1})^3 &= (A^{-1})^2A^{-1} = \left(X(D^{-1})^2X^{-1}\right)(XD^{-1}X^{-1}) \\ &= X(D^{-1})^2\underbrace{X^{-1}X}_{=I}D^{-1}X^{-1} = X(D^{-1})^3X^{-1} \end{aligned}$$

$$(A^{-1})^4 = (A^{-1})^3A^{-1} = \left(X(D^{-1})^3X^{-1}\right)(XD^{-1}X^{-1}) = X(D^{-1})^4X^{-1}$$

$$\vdots$$

$\therefore$ $\boxed{(A^{-1})^n = X(D^{-1})^nX^{-1}}$

(5) 대각 행렬 $D = X^{-1}AX = \begin{pmatrix} \lambda_1 & 0 & 0 \\ 0 & \lambda_2 & 0 \\ 0 & 0 & \lambda_3 \end{pmatrix}$의 행렬식은 $\det(D) = \lambda_1\lambda_2\lambda_3 \;(\neq 0)$이다.

역행렬은 $D^{-1} = Adj(D)/\det(D)$이므로

$$D^{-1} = \frac{Adj(D)}{\det(D)} = \frac{1}{\lambda_1 \lambda_2 \lambda_3} \begin{pmatrix} \lambda_2 \lambda_3 & 0 & 0 \\ 0 & \lambda_1 \lambda_3 & 0 \\ 0 & 0 & \lambda_1 \lambda_2 \end{pmatrix}$$

$$\therefore \quad D^{-1} = \begin{pmatrix} 1/\lambda_1 & 0 & 0 \\ 0 & 1/\lambda_2 & 0 \\ 0 & 0 & 1/\lambda_3 \end{pmatrix}$$

$$\Rightarrow (D^{-1})^2 = \begin{pmatrix} 1/\lambda_1 & 0 & 0 \\ 0 & 1/\lambda_2 & 0 \\ 0 & 0 & 1/\lambda_3 \end{pmatrix} \begin{pmatrix} 1/\lambda_1 & 0 & 0 \\ 0 & 1/\lambda_2 & 0 \\ 0 & 0 & 1/\lambda_3 \end{pmatrix}$$

$$= \begin{pmatrix} 1/\lambda_1^2 & 0 & 0 \\ 0 & 1/\lambda_2^2 & 0 \\ 0 & 0 & 1/\lambda_3^2 \end{pmatrix}$$

$$\vdots$$

$$\therefore \quad (D^{-1})^n = \begin{pmatrix} 1/\lambda_1^n & 0 & 0 \\ 0 & 1/\lambda_2^n & 0 \\ 0 & 0 & 1/\lambda_3^n \end{pmatrix}$$

$$D^2 = \begin{pmatrix} \lambda_1 & 0 & 0 \\ 0 & \lambda_2 & 0 \\ 0 & 0 & \lambda_3 \end{pmatrix} \begin{pmatrix} \lambda_1 & 0 & 0 \\ 0 & \lambda_2 & 0 \\ 0 & 0 & \lambda_3 \end{pmatrix} = \begin{pmatrix} \lambda_1^2 & 0 & 0 \\ 0 & \lambda_2^2 & 0 \\ 0 & 0 & \lambda_3^2 \end{pmatrix}$$

$$D^3 = D^2 D = \begin{pmatrix} \lambda_1^2 & 0 & 0 \\ 0 & \lambda_2^2 & 0 \\ 0 & 0 & \lambda_3^2 \end{pmatrix} \begin{pmatrix} \lambda_1 & 0 & 0 \\ 0 & \lambda_2 & 0 \\ 0 & 0 & \lambda_3 \end{pmatrix} = \begin{pmatrix} \lambda_1^3 & 0 & 0 \\ 0 & \lambda_2^3 & 0 \\ 0 & 0 & \lambda_3^3 \end{pmatrix}$$

$$\vdots$$

$$\therefore \quad D^n = \begin{pmatrix} \lambda_1^n & 0 & 0 \\ 0 & \lambda_2^n & 0 \\ 0 & 0 & \lambda_3^n \end{pmatrix}$$

■

[예제 4.59] 대각 행렬과 행렬지수

행렬 $A=\begin{pmatrix} a & b \\ -b & a \end{pmatrix}$가 있다. 단, a, b는 실수이며 $b \neq 0$이다.

(1) 대각 행렬 $D=X^{-1}AX$를 구하라. 여기서 행렬 $X=[\boldsymbol{X}_1\ \boldsymbol{X}_2]$는 행렬 A의 고유 벡터 $\boldsymbol{X}_i=\begin{pmatrix} x_i \\ y_i \end{pmatrix}$, $(i=1,2)$로 구성한 2×2 행렬이다.

(2) $Tr(D)$와 $\det(D)$를 구하고 이들을 $Tr(A)$와 $\det(A)$ 또는 고윳값 λ_i $(i=1,2)$로 나타내어라.

(3) 행렬지수 e^D를 ① 맥크로린 전개와 ② 파울리 행렬지수를 사용하여 각각 구하라.

(4) 행렬지수 e^A를 ① $A=XDX^{-1}$를 이용한 맥크로린 전개와 ② 파울리 행렬지수를 사용하여 각각 구하라.

[풀이]

(1) 행렬 $A=\begin{pmatrix} a & b \\ -b & a \end{pmatrix}$의 고윳값은 특성 방정식 $|A-\lambda I|=0$을 사용한다.

$\begin{vmatrix} a-\lambda & b \\ -b & a-\lambda \end{vmatrix}=0$이므로 $(a-\lambda)^2+b^2=0 \Rightarrow \lambda^2-2a\lambda+a^2+b^2=0$이다.

고윳값은 $\lambda_1=a+ib$, $\lambda_2=a-ib$이다. 고유 벡터를 $\boldsymbol{X}_i=\begin{pmatrix} x_i \\ y_i \end{pmatrix}$, $(i=1,2)$라 두고 각각의 고윳값에 대해 고유치 방정식 $A\boldsymbol{X}_i=\lambda_i\boldsymbol{X}_i$를 적용하면 규격화된 고유 벡터는 $\boldsymbol{X}_1=\frac{1}{\sqrt{2}}\begin{pmatrix} 1 \\ i \end{pmatrix}$, $\boldsymbol{X}_2=\frac{1}{\sqrt{2}}\begin{pmatrix} 1 \\ -i \end{pmatrix}$이다.

2×2 행렬 $X=[\boldsymbol{X}_1\ \boldsymbol{X}_2]$와 역행렬 X^{-1}는

$$X=[\boldsymbol{X}_1\ \boldsymbol{X}_2]\equiv\frac{1}{\sqrt{2}}\begin{pmatrix} 1 & 1 \\ i & -i \end{pmatrix},\quad X^{-1}=\frac{Adj(X)}{\det(X)}=\frac{1}{\sqrt{2}}\begin{pmatrix} 1 & -i \\ 1 & +i \end{pmatrix}$$

이다. 따라서 대각 행렬 $D=X^{-1}AX$는

$$D = X^{-1}AX = \frac{1}{\sqrt{2}}\begin{pmatrix} 1 & -i \\ 1 & +i \end{pmatrix}\begin{pmatrix} a & b \\ -b & a \end{pmatrix}\frac{1}{\sqrt{2}}\begin{pmatrix} 1 & 1 \\ i & -i \end{pmatrix}$$
$$= \begin{pmatrix} a+bi & 0 \\ 0 & a-bi \end{pmatrix} \equiv \begin{pmatrix} \lambda_1 & 0 \\ 0 & \lambda_2 \end{pmatrix}$$

가 된다. 즉, 대각 행렬의 대각 성분은 고윳값으로 구성된다.

(2) $Tr(D) = \lambda_1 + \lambda_2$, $\det(D) = \lambda_1\lambda_2$ 이다. 한편 행렬 A의 $Tr(A) = 2a$, $\det(A) = a^2 + b^2$ 이며 고윳값 $\lambda_1 = a + ib$, $\lambda_2 = a - ib$로 나타내면 $Tr(A) = 2a \equiv \lambda_1 + \lambda_2$, $\det(A) = a^2 + b^2 \equiv \lambda_1 \lambda_2$ 이다.

$$\therefore\ Tr(D) \equiv Tr(A) = \lambda_1 + \lambda_2,$$
$$\det(D) \equiv \det(A) = \lambda_1 \lambda_2$$

(3) ① <u>맥크로린 전개</u>

대각 행렬 $D = \begin{pmatrix} \lambda_1 & 0 \\ 0 & \lambda_2 \end{pmatrix}$의 n승 곱은 $D^n = \begin{pmatrix} \lambda_1^n & 0 \\ 0 & \lambda_2^n \end{pmatrix}$이므로 e^D를 맥크로린 전개하면

$$e^D = \sum_{n=0}^{\infty} \frac{D^n}{n!} = \sum_{n=0}^{\infty} \frac{1}{n!}\begin{pmatrix} \lambda_1^n & 0 \\ 0 & \lambda_2^n \end{pmatrix}$$
$$= \begin{pmatrix} \sum_{n=0}^{\infty} \frac{\lambda_1^n}{n!} & 0 \\ 0 & \sum_{n=0}^{\infty} \frac{\lambda_2^n}{n!} \end{pmatrix} = \begin{pmatrix} e^{\lambda_1} & 0 \\ 0 & e^{\lambda_2} \end{pmatrix}$$
$$\equiv e^a \begin{pmatrix} e^{ib} & 0 \\ 0 & e^{-ib} \end{pmatrix}$$

가 된다. 여기서 $\sum_{n=0}^{\infty} \frac{\lambda_i^n}{n!} \equiv e^{\lambda_i}$, $(i = 1, 2)$ 이다.

<u>② 파울리 행렬지수</u>

대각 행렬 $D=\begin{pmatrix}\lambda_1 & 0\\ 0 & \lambda_2\end{pmatrix}$를 파울리 행렬로 나타내면

$$\begin{aligned}D=\begin{pmatrix}\lambda_1 & 0\\ 0 & \lambda_2\end{pmatrix}&=\frac{\lambda_1+\lambda_2}{2}\begin{pmatrix}1 & 0\\ 0 & 1\end{pmatrix}+\frac{\lambda_1-\lambda_2}{2}\begin{pmatrix}1 & 0\\ 0 & -1\end{pmatrix}\\ &=\frac{\lambda_1+\lambda_2}{2}\sigma_0+\frac{\lambda_1-\lambda_2}{2}\sigma_3\end{aligned}$$

이므로 행렬지수 e^D는 파울리 행렬지수를 사용하면

$$e^D=\exp\left[\frac{\lambda_1+\lambda_2}{2}\sigma_0+\frac{\lambda_1-\lambda_2}{2}\sigma_3\right]$$

이다. 파울리 행렬 σ_0와 σ_3는 교환적이므로 지수 함수의 대수 법칙

$$\begin{aligned}e^D&=\exp\left[\frac{\lambda_1+\lambda_2}{2}\sigma_0+\frac{\lambda_1-\lambda_2}{2}\sigma_3\right]\\ &=\exp\left[\frac{\lambda_1+\lambda_2}{2}\sigma_0\right]\exp\left[\frac{\lambda_1-\lambda_2}{2}\sigma_3\right]\end{aligned}$$

이 성립한다. 각각의 파울리 행렬지수는

$$\exp\left[\frac{\lambda_1+\lambda_2}{2}\sigma_0\right]=\exp\left[\frac{\lambda_1+\lambda_2}{2}\begin{pmatrix}1 & 0\\ 0 & 1\end{pmatrix}\right]=\begin{pmatrix}e^{(\lambda_1+\lambda_2)/2} & 0\\ 0 & e^{(\lambda_1+\lambda_2)/2}\end{pmatrix},$$

$$\exp\left[\frac{\lambda_1-\lambda_2}{2}\sigma_3\right]=\exp\left[\frac{\lambda_1-\lambda_2}{2}\begin{pmatrix}1 & 0\\ 0 & -1\end{pmatrix}\right]=\begin{pmatrix}e^{(\lambda_1-\lambda_2)/2} & 0\\ 0 & e^{-(\lambda_1-\lambda_2)/2}\end{pmatrix}$$

이므로

$$e^D = \exp\left[\frac{\lambda_1+\lambda_2}{2}\sigma_0\right]\exp\left[\frac{\lambda_1-\lambda_2}{2}\sigma_3\right]$$

$$= \begin{pmatrix} e^{(\lambda_1+\lambda_2)/2} & 0 \\ 0 & e^{(\lambda_1+\lambda_2)/2} \end{pmatrix}\begin{pmatrix} e^{(\lambda_1-\lambda_2)/2} & 0 \\ 0 & e^{-(\lambda_1-\lambda_2)/2} \end{pmatrix} = \begin{pmatrix} e^{\lambda_1} & 0 \\ 0 & e^{\lambda_2} \end{pmatrix}$$

$$\therefore\ e^D = \exp\left[\begin{pmatrix} \lambda_1 & 0 \\ 0 & \lambda_2 \end{pmatrix}\right] = \begin{pmatrix} e^{\lambda_1} & 0 \\ 0 & e^{\lambda_2} \end{pmatrix} \equiv e^a\begin{pmatrix} e^{ib} & 0 \\ 0 & e^{-ib} \end{pmatrix}$$

(4) ① <u>$A = XDX^{-1}$를 이용한 맥크로린 전개</u>

$A^n = (XDX^{-1})^n = XD^nX^{-1}$과 $D^n = \begin{pmatrix} \lambda_1^n & 0 \\ 0 & \lambda_2^n \end{pmatrix}$을 사용한다.

행렬지수 e^A를 맥클로린 전개하면 $e^A = \sum_{n=0}^{\infty} \frac{A^n}{n!}$ 이므로

$$e^A = \sum_{n=0}^{\infty} \frac{(XDX^{-1})^n}{n!} = X\left(\sum_{n=0}^{\infty} \frac{D^n}{n!}\right)X^{-1}$$

$$= Xe^D X^{-1} = \frac{1}{\sqrt{2}}\begin{pmatrix} 1 & 1 \\ i & -i \end{pmatrix}\begin{pmatrix} e^{\lambda_1} & 0 \\ 0 & e^{\lambda_2} \end{pmatrix}\frac{1}{\sqrt{2}}\begin{pmatrix} 1 & -i \\ 1 & +i \end{pmatrix}$$

$$= \frac{1}{2}\begin{pmatrix} e^{\lambda_1}+e^{\lambda_2} & -i\left(e^{\lambda_1}-e^{\lambda_2}\right) \\ i\left(e^{\lambda_1}-e^{\lambda_2}\right) & e^{\lambda_1}+e^{\lambda_2} \end{pmatrix}$$

이다. 고윳값 $\lambda_1 = a+ib$, $\lambda_2 = a-ib$을 대입하여 정리하면 다음과 같다.

$$\therefore\ e^A = \frac{1}{2}\begin{pmatrix} e^{\lambda_1}+e^{\lambda_2} & -i\left(e^{\lambda_1}-e^{\lambda_2}\right) \\ i\left(e^{\lambda_1}-e^{\lambda_2}\right) & e^{\lambda_1}+e^{\lambda_2} \end{pmatrix}$$

$$\equiv e^a\begin{pmatrix} \cos b & \sin b \\ -\sin b & \cos b \end{pmatrix}$$

<u>② 파울리 행렬지수</u>

행렬 $A=\begin{pmatrix} a & b \\ -b & a \end{pmatrix}$를 파울리 행렬로 나타내면

$$A=\begin{pmatrix} a & b \\ -b & a \end{pmatrix}=a\begin{pmatrix} 1 & 0 \\ 0 & 1 \end{pmatrix}+ib\begin{pmatrix} 0 & -i \\ +i & 0 \end{pmatrix}=a\sigma_0+ib\sigma_2$$

여기서 파울리 행렬은 $\sigma_0=\begin{pmatrix} 1 & 0 \\ 0 & 1 \end{pmatrix}$, $\sigma_2=\begin{pmatrix} 0 & -i \\ +i & 0 \end{pmatrix}$이다.

행렬지수 e^A를 파울리 행렬지수를 사용하면 $e^A=e^{a\sigma_0+ib\sigma_2}$이다.

한편 파울리 행렬 σ_0와 σ_2는 교환적이므로 지수 함수의 대수 법칙 $e^A=e^{a\sigma_0+ib\sigma_2}=e^{a\sigma_0}e^{ib\sigma_2}$이 성립한다. 각각의 파울리 행렬지수는

$$e^{a\sigma_0}=\begin{pmatrix} e^a & 0 \\ 0 & e^a \end{pmatrix},\quad e^{ib\sigma_2}=\exp\left[ib\begin{pmatrix} 0 & -i \\ i & 0 \end{pmatrix}\right]=\begin{pmatrix} \cos b & \sin b \\ -\sin b & \cos b \end{pmatrix}$$

이므로

$$\therefore\ e^A=e^{a\sigma_0}e^{ib\sigma_2}=e^a\begin{pmatrix} \cos b & \sin b \\ -\sin b & \cos b \end{pmatrix}$$

① 맥크로린 전개와 ② 파울리 행렬지수를 사용하여 구한 결과는 같다. ■

4장. 연 습 문 제

4.1 행렬의 기초 (Fundamentals of Matrices)

4.1 두 열벡터 $\boldsymbol{r}_1 = \begin{pmatrix} \cos\theta \\ \sin\theta \end{pmatrix}$, $\boldsymbol{r}_2 = \begin{pmatrix} \sin\theta \\ -\cos\theta \end{pmatrix}$에 대해 행렬 $A = \boldsymbol{r}_1\boldsymbol{r}_1^T + \boldsymbol{r}_2\boldsymbol{r}_2^T$를 구하라. 여기서 위 첨자 T는 전치 행렬을 뜻한다.

4.2 두 행렬 $A = (x_1\ x_2\ x_3)$, $B = \begin{pmatrix} y_1 \\ y_2 \\ y_3 \end{pmatrix}$에 대하여 다음 행렬 연산을 구하라.

(1) A^TA, (2) AA^T,

(3) B^TB, (4) BB^T,

(5) $A + B^T$, (6) $A^T + B$,

(7) $(A + B^T)(A^T + B)$, (8) $(A^T + B)(A + B^T)$

4.3 파울리 스핀 행렬은 $\sigma_0 = \begin{pmatrix} 1 & 0 \\ 0 & 1 \end{pmatrix}$, $\sigma_1 = \sigma_x = \begin{pmatrix} 0 & 1 \\ 1 & 0 \end{pmatrix}$, $\sigma_2 = \sigma_y = \begin{pmatrix} 0 & -i \\ +i & 0 \end{pmatrix}$, $\sigma_3 = \sigma_z = \begin{pmatrix} 1 & 0 \\ 0 & -1 \end{pmatrix}$와 같이 정의되며, σ_0은 단위행렬이다. 다음 관계식을 보여라.

(1) ${\sigma_j}^2 = \sigma_0$, $(j = 0, 1, 2, 3)$

(2) $\sigma_j\sigma_k = \delta_{jk}\sigma_0 + i\epsilon_{jkl}\sigma_l$, $(i = \sqrt{-1})$. 여기서 $j, k, l = 1, 2, 3$이며 δ_{jk}는 크로네커 델타 함수, ϵ_{jkl}은 레비치비타 기호이다.

(3) $\sigma_j\sigma_k - \sigma_k\sigma_j = 2i\epsilon_{jkl}\sigma_l$ 또는 $[\sigma_j, \sigma_k] = 2i\epsilon_{jkl}\sigma_l$이며 $\sigma_j\sigma_k + \sigma_k\sigma_j = 2\delta_{jk}\sigma_0$이다.

(4) 2×2 행렬 $A = \begin{pmatrix} z & x - iy \\ x + iy & -z \end{pmatrix}$를 $\sigma_i\ (i = x, y, z)$로 나타내어라.

(5) 행렬의 곱 A^2을 ① 행렬 곱 AA를 직접 계산하여 구하고, ② (4)와 (1), (2)를 이용하여 파울리 스핀 행렬의 곱으로 구하라.

(6) A^{2n}, A^{2n+1} $(n = 1, 2, 3, \cdots)$을 구하라. 편의상 $x^2 + y^2 + z^2 \equiv r^2$로 두자.

4.4 임의의 2×2 행렬 $M=\begin{pmatrix} A & B \\ C & D \end{pmatrix}$이 있다. 행렬 요소 A, B, C, D는 실수 또는 복소수이다.

(1) M을 파울리 스핀 행렬 σ_j, $(j=0, 1, 2, 3)$의 선형 결합으로 나타내어라.

(2) M의 대칭 행렬을 구하고 파울리 스핀 행렬로 나타내어라.

(3) M의 반 대칭 행렬을 구하고 파울리 스핀 행렬로 나타내어라.

(4) (3)과 (4)의 결과로부터 파울리 스핀 행렬을 대칭 행렬과 반 대칭 행렬로 분류하라.

4.5 연습문제 4.4의 임의의 2×2 행렬은 $M=c_0\sigma_0+c_1\sigma_1+c_2\sigma_2+c_3\sigma_3$와 같이 주어진다. 파울리 스핀 벡터 $\boldsymbol{\sigma}\equiv(\sigma_1,\ \sigma_2,\ \sigma_3)=\sigma_1\hat{x}+\sigma_2\hat{y}+\sigma_3\hat{z}$와 계수 c_1, c_2, c_3로 구성한 파울리 축 벡터 $\boldsymbol{c}\equiv(c_1,\ c_2,\ c_3)=c_1\hat{x}+c_2\hat{y}+c_3\hat{z}\equiv|\boldsymbol{c}|\hat{c}$를 정의하면 행렬은 $M\equiv c_0\sigma_0+\boldsymbol{c}\cdot\boldsymbol{\sigma}$ 또는 $M=c_0\sigma_0+|\boldsymbol{c}|\hat{c}\cdot\boldsymbol{\sigma}$로 주어진다. 여기서, $|\boldsymbol{c}|=\sqrt{|c_1|^2+|c_2|^2+|c_3|^2}$는 벡터 $\boldsymbol{c}$의 크기이며 $\hat{c}$은 단위 벡터이다. 다음 관계식을 증명하라.

(1) 예제 4.36에서 구한 상수 계수 c_j는 $c_j=\dfrac{1}{2}Tr(P\sigma_j)$와 같음을 보여라.

(2) $(\boldsymbol{c}\cdot\boldsymbol{\sigma})^{2n}=|\boldsymbol{c}|^{2n}\sigma_0$,
$(\boldsymbol{c}\cdot\boldsymbol{\sigma})^{2n+1}=|\boldsymbol{c}|^{2n}(\boldsymbol{c}\cdot\boldsymbol{\sigma})=|\boldsymbol{c}|^{2n+1}(\hat{c}\cdot\boldsymbol{\sigma})$, $(n=1, 2, 3, \cdots)$

(3) $M^2=(c_0^2+|\boldsymbol{c}|^2)\sigma_0+2c_0\boldsymbol{c}\cdot\boldsymbol{\sigma}$ 또는 $M^2=(c_0^2+|\boldsymbol{c}|^2)\sigma_0+2c_0|\boldsymbol{c}|\hat{c}\cdot\boldsymbol{\sigma}$,

(4) $M^3=(c_0^3+3c_0|\boldsymbol{c}|^2)\sigma_0+(3c_0^2+|\boldsymbol{c}|^2)\boldsymbol{c}\cdot\boldsymbol{\sigma}$,

(5) $M^4=(c_0^4+6c_0^2|\boldsymbol{c}|^2+|\boldsymbol{c}|^4)\sigma_0+(4c_0^3+4c_0|\boldsymbol{c}|^2)\boldsymbol{c}\cdot\boldsymbol{\sigma}$,

(6) $M^5=(c_0^5+10c_0^3|\boldsymbol{c}|^2+5c_0|\boldsymbol{c}|^4)\sigma_0+(5c_0^4+10c_0^2|\boldsymbol{c}|^2+|\boldsymbol{c}|^4)\boldsymbol{c}\cdot\boldsymbol{\sigma}$,

[힌트: M^{2n}, M^{2n+1} $(n=1, 2, 3, \cdots)$에서 σ_0와 $\boldsymbol{c}\cdot\boldsymbol{\sigma}$ 항의 이항 계수는 파스칼의 삼각형 (Pascal's triangle)과 같다.

즉, $\begin{pmatrix} n \\ r \end{pmatrix}c_0^r|\boldsymbol{c}|^{n-r}=\dfrac{n!}{r!\,(n-r)!}c_0^r|\boldsymbol{c}|^{n-r}$, $0\le r\le n$이다.]

4.6 $n \times n$ 실수 행렬 A는 대칭 행렬이며, B는 반 대칭 행렬이다. 임의의 $n \times n$ 실수 행렬 P에 대해 다음 관계를 증명하라.

(1) $P^T AP =$ 대칭 행렬, (2) $P^T BP =$ 반대칭 행렬

4.7 회전 행렬 $R(\theta)=\begin{pmatrix} \cos\theta & \sin\theta \\ -\sin\theta & \cos\theta \end{pmatrix}$에 대해 다음의 관계식을 증명하라.

(1) $R(\alpha)R(\beta) = R(\alpha+\beta)$, [힌트: 오일러 공식을 이용]

(2) $R(\alpha)R(\beta)R(\gamma)$를 구하고 $\alpha+\beta+\gamma=\pi$일 때 $R(\alpha)R(\beta)R(\gamma) = -\begin{pmatrix} 1 & 0 \\ 0 & 1 \end{pmatrix}$,

(3) $R^n(\theta) = R(n\theta)$

4.8 다음 행렬 방정식을 만족하는 2×2 행렬 $A \sim F$를 구하라.

(1) $A\begin{pmatrix} 1 \\ 1 \end{pmatrix} = \begin{pmatrix} 1 \\ -1 \end{pmatrix}$, $A\begin{pmatrix} 1 \\ i \end{pmatrix} = \begin{pmatrix} 1 \\ -i \end{pmatrix}$, (2) $B\begin{pmatrix} 1 \\ 1 \end{pmatrix} = \begin{pmatrix} 1 \\ +i \end{pmatrix}$, $B\begin{pmatrix} 1 \\ -1 \end{pmatrix} = \begin{pmatrix} 1 \\ -i \end{pmatrix}$,

(3) $C\begin{pmatrix} 1 \\ 0 \end{pmatrix} = \begin{pmatrix} 1 \\ +i \end{pmatrix}$, $C\begin{pmatrix} 0 \\ 1 \end{pmatrix} = i\begin{pmatrix} 1 \\ -i \end{pmatrix}$, (4) $D\begin{pmatrix} 1 \\ 0 \end{pmatrix} = \begin{pmatrix} 0 \\ 1 \end{pmatrix}$, $D\begin{pmatrix} 0 \\ 1 \end{pmatrix} = \begin{pmatrix} 1 \\ 0 \end{pmatrix}$,

(5) $E\begin{pmatrix} 1 \\ i \end{pmatrix} = \begin{pmatrix} 1 \\ -i \end{pmatrix}$, $E\begin{pmatrix} 1 \\ -i \end{pmatrix} = \begin{pmatrix} 1 \\ i \end{pmatrix}$, (6) $F\begin{pmatrix} 1 \\ i \end{pmatrix} = \begin{pmatrix} 1 \\ i \end{pmatrix}$, $F\begin{pmatrix} 1 \\ -i \end{pmatrix} = -\begin{pmatrix} 1 \\ -i \end{pmatrix}$

4.9 $n \times n$ 행렬 A, B는 대칭 행렬이며, C, D는 반 대칭 행렬이다. 다음의 행렬 연산이 대칭 행렬인지 또는 반 대칭 행렬인지 판별하라.

(1) $AB-BA$, (2) $AB+BA$, (3) $CD-DC$,
(4) $CD+DC$, (5) $AC-CA$, (6) $AC+CA$

4.10 $n \times n$ 행렬 A, B는 대칭 행렬이며, C, D는 반 대칭 행렬이다. 다음의 전치 행렬과 관련된 트레이스 (trace)를 전치 행렬이 아닌 행렬 A, B, C, D로 나타내어라.

(1) $Tr\left[(AB)^T\right]$, (2) $Tr\left[(CD)^T\right]$, (3) $Tr\left[(AC)^T\right]$,
(4) $Tr\left[(AB^T)^T\right]$, (5) $Tr\left[(AC^T)^T\right]$, (6) $Tr\left[(ABC)^T\right]$,

(7) $Tr\left[(ACD)^T\right]$, (8) $Tr\left[A(BC)^T\right]$, (9) $Tr\left[A(CD)^T\right]$

4.11 곡선 직교 좌표계에서 벡터 함수 $\boldsymbol{A} = A_1\hat{q}_1 + A_2\hat{q}_2 + A_3\hat{q}_3$에 대해

$\nabla \times \boldsymbol{A} = \sum_{i=1}^{3} \epsilon_{ijk} \frac{\hat{q}_i}{h_j h_k} \frac{\partial}{\partial q_j}(h_k A_k)$, $(j, k = 1, 2, 3)$로 주어진다. $\nabla \times \boldsymbol{A}$를 행렬

관계식 $\nabla \times \boldsymbol{A} = M\begin{pmatrix} h_1 A_1 \\ h_2 A_2 \\ h_3 A_3 \end{pmatrix}$으로 표현할 때 3×3 행렬 M을 구하라.

4.12 $n \times n$ 행렬 A, B, C에 대해 다음 교환자 관계식이 성립함을 보여라.

(1) $[A, A] = 0$, (2) $[A, B] = -[B, A]$,

(3) $[A, BC] = [A, B]C + B[A, C]$, (4) $[A, B^T] = [B, A^T]^T$

4.2 행렬식 (Determinant of Square Matrix)

4.13 행렬 $A = \begin{pmatrix} a & b \\ c & d \end{pmatrix}$에 대한 행렬식이 $\begin{vmatrix} a-x & b \\ c & d-x \end{vmatrix} = 0$와 같이 주어진다.

미지수 x를 구하고 행렬 A의 $Tr(A)$와 $\det(A)$로 나타내어라.

4.14 $n \times n$ 행렬 A의 대칭 행렬 $\frac{1}{2}(A + A^T)$와 반 대칭 행렬 $\frac{1}{2}(A - A^T)$을

곱한 행렬의 트레이스 (trace)를 구하라.

4.15 행렬 $\begin{pmatrix} 1 & 2 & 1 \\ -1 & 0 & 3 \\ 1 & 2 & 2 \end{pmatrix}$의 행렬식을 여인수 전개로 구하라.

4.16 (1) 연립 방정식 $\begin{cases} f(x)c_1 + g(x)c_2 = 0 \\ f'(x)c_1 + g'(x)c_2 = 0 \end{cases}$을 $A(f, g)\begin{pmatrix} c_1 \\ c_2 \end{pmatrix} = 0$ 형태의

행렬 방정식으로 나타낼 때 행렬 $A(f, g)$를 구하라.

여기서 $f'(x)=\dfrac{df}{dx}$, $g'(x)=\dfrac{dg}{dx}$ 이며 c_1, c_2 는 상수이다.

(2) 함수 $f(x)$, $g(x)$ 와 상수 c_1, c_2 모두 0이 아닌 경우 연립 방정식을 풀어 함수 $f(x)$, $g(x)$ 와 미분 함수 $f'(x)$, $g'(x)$ 사이의 관계식을 구하고 행렬 $A(f, g)$ 의 행렬식 (determinant)으로 나타내어라.

(3) (2)의 결과로부터 열벡터 $\boldsymbol{c}=\begin{pmatrix} c_1 \\ c_2 \end{pmatrix} \neq 0$ 인 경우 행렬식 $\det(A)=0$ 이며 두 함수 $f(x)$, $g(x)$ 는 선형 종속임을 보여라.

[힌트: 특이 행렬 (singular matrix)과 론스키안 (Wronskian)]

4.17 벡터 함수 $\boldsymbol{A}$ 의 벡터 연산 $\nabla \times \boldsymbol{A}$ 는 직교 곡선 좌표계에서 다음과 같이 주어진다. 각 벡터 연산의 행렬식을 구하여 $\nabla \times \boldsymbol{A}$ 를 표현하라.

(1) $$\nabla \times \boldsymbol{A} = \frac{1}{h_1 h_2 h_3}\begin{vmatrix} h_1\hat{q}_1 & h_2\hat{q}_2 & h_3\hat{q}_3 \\ \dfrac{\partial}{\partial q_1} & \dfrac{\partial}{\partial q_2} & \dfrac{\partial}{\partial q_3} \\ h_1 A_1 & h_2 A_2 & h_3 A_3 \end{vmatrix},$$

(2) $$\nabla \times \boldsymbol{A} = \frac{1}{\rho}\begin{vmatrix} \hat{\rho} & \rho\hat{\phi} & \hat{z} \\ \dfrac{\partial}{\partial \rho} & \dfrac{\partial}{\partial \phi} & \dfrac{\partial}{\partial z} \\ A_\rho & \rho A_\phi & A_z \end{vmatrix},$$

(3) $$\nabla \times \boldsymbol{A} = \frac{1}{r^2\sin\theta}\begin{vmatrix} \hat{r} & r\hat{\theta} & r\sin\theta\hat{\phi} \\ \dfrac{\partial}{\partial r} & \dfrac{\partial}{\partial \theta} & \dfrac{\partial}{\partial \phi} \\ A_r & rA_\theta & r\sin\theta A_\phi \end{vmatrix}$$

4.18 다음 자코비안 행렬의 행렬식을 구하라.

(1) $$J_1 = \begin{pmatrix} \sin\theta\cos\phi & r\cos\theta\cos\phi & -r\sin\theta\sin\phi \\ \sin\theta\sin\phi & r\cos\theta\sin\phi & r\sin\theta\cos\phi \\ \cos\theta & -r\sin\theta & 0 \end{pmatrix},$$

(2) $J_2 = \begin{pmatrix} \sin\theta\cos\phi & \sin\theta\sin\phi & \cos\theta \\ \dfrac{\cos\theta\cos\phi}{r} & \dfrac{\cos\theta\sin\phi}{r} & -\dfrac{\sin\theta}{r} \\ -\dfrac{\sin\phi}{r\sin\theta} & \dfrac{\cos\phi}{r\sin\theta} & 0 \end{pmatrix}$,

(3) $J_3 = \begin{pmatrix} \cos\phi & -\rho\sin\phi & 0 \\ \sin\phi & \rho\cos\phi & 0 \\ 0 & 0 & 1 \end{pmatrix}$, (4) $J_4 = \begin{pmatrix} \cos\phi & \sin\phi & 0 \\ -\dfrac{\sin\phi}{\rho} & \dfrac{\cos\phi}{\rho} & 0 \\ 0 & 0 & 1 \end{pmatrix}$

(5) 두 자코비안 행렬의 곱 $J_1 J_2$ 와 $J_3 J_4$ 의 행렬식을 각각 구하라.

4.3 역행렬 (Inverse of Square Matrix)

4.19 다음 행렬의 역행렬을 구하고, 역행렬은 연습문제 4.18의 어떤 행렬과 같은가?

(1) $A = \begin{pmatrix} \sin\theta\cos\phi & r\cos\theta\cos\phi & -r\sin\theta\sin\phi \\ \sin\theta\sin\phi & r\cos\theta\sin\phi & r\sin\theta\cos\phi \\ \cos\theta & -r\sin\theta & 0 \end{pmatrix}$,

(2) $B = \begin{pmatrix} \cos\phi & -\rho\sin\phi & 0 \\ \sin\phi & \rho\cos\phi & 0 \\ 0 & 0 & 1 \end{pmatrix}$

4.20 비특이 행렬 $A = \begin{pmatrix} a_{11} & a_{12} \\ a_{21} & a_{22} \end{pmatrix}$가 있다.

(1) A^{-1}를 구하고 $|A^{-1}| = \dfrac{1}{|A|}$ 또는 $|A||A^{-1}| = 1$ 임을 보여라.

(2) $(A^{-1})^{-1} = A$ 임을 보여라.

4.21 비특이 행렬 $A = \begin{pmatrix} a & 0 & 0 \\ 0 & b & 0 \\ 0 & 0 & c \end{pmatrix}$의 자기 수반 행렬을 구하라. 단, $a, b, c \neq 0$ 이다.

4.22 비특이 행렬 $A=\begin{pmatrix} a & 0 \\ 0 & d \end{pmatrix}$와 $R=\begin{pmatrix} \cos\theta & \sin\theta \\ -\sin\theta & \cos\theta \end{pmatrix}$에 대해 다음을 구하라.

(1) $B=RAR^T$, (2) $\det(A)=\det(B)$, (3) B^{-1},

(4) $\det(B^{-1})=\dfrac{1}{\det(B)}$, (5) $tr(A)=tr(B)$, (6) $tr(A^{-1})=tr(B^{-1})$

4.23 (1) 불투과성 텐서 (impermeability tensor) $\eta=\begin{pmatrix} 1/\epsilon_1 & 0 & 0 \\ 0 & 1/\epsilon_2 & 0 \\ 0 & 0 & 1/\epsilon_3 \end{pmatrix}$의 역행렬을 구하라. 단, ϵ_1, ϵ_2, ϵ_3는 0이 아닌 주축의 유전율 상수이다.

(2) $\boldsymbol{E}=\dfrac{1}{\epsilon_o}\eta\boldsymbol{D}$를 $\boldsymbol{D}=\epsilon\boldsymbol{E}$ 형태로 나타내어라. 여기서 $\boldsymbol{E}$는 전기장, $\boldsymbol{D}$는 전기 변위 벡터, $\eta=\epsilon_o\epsilon^{-1}$이며 ϵ_o은 진공의 유전율, ϵ은 유전율 텐서이다.

4.4 연립 선형 방정식 (Simultaneous Linear equations)

4.24 그림과 같이 질량을 무시할 수 있는 세 개의 줄에 작용하는 세 힘 $\boldsymbol{T}_1$, $\boldsymbol{T}_2$, mg이 정적 평형을 유지하고 있다.

(1) 뉴턴의 운동 법칙을 사용하여 운동 방정식을 행렬 방정식 $A\boldsymbol{T}=\boldsymbol{B}$로 나타내어라. 여기서 A는 행렬, $\boldsymbol{B}$는 열벡터, $\boldsymbol{T}=\begin{pmatrix} T_1 \\ T_2 \end{pmatrix}$는 장력 벡터이다.

(2) 해를 $\boldsymbol{T}=A^{-1}\boldsymbol{B}$를 사용하여 구하라.

(3) $A\boldsymbol{T}=\boldsymbol{B}$에서 크래머 공식을 이용하여 장력 $\boldsymbol{T}_1$, $\boldsymbol{T}_2$를 구하라.

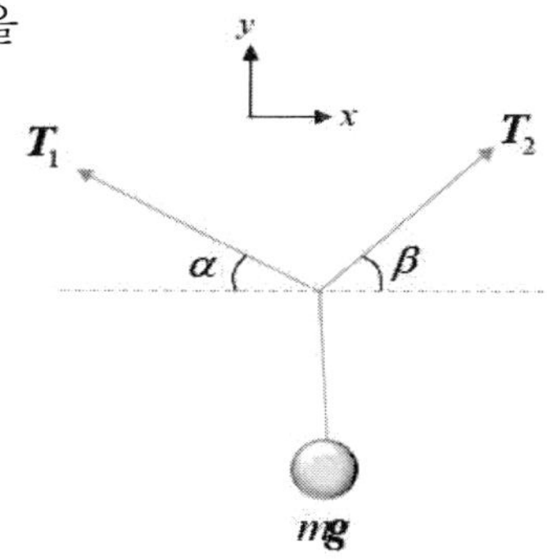

연습문제 4.24 그림.

4.25 (1) 그림과 같은 직류회로에 키르히호프 법칙을 적용하여 회로 방정식을 옴의 법칙에 대한 행렬 방정식 $RI = \boldsymbol{V}$ 로 나타내어라.

여기서 R은 저항과 관련된 행렬, I, V는 각각 전류와 전압의 열벡터이다.

(2) 회로를 흐르는 전류 I_1, I_2, I_3을 크래머 공식을 사용하여 구하라.

(3) 전류 I_1, I_2, I_3을 $\boldsymbol{I} = R^{-1}\boldsymbol{V}$를 사용하여 구하라.

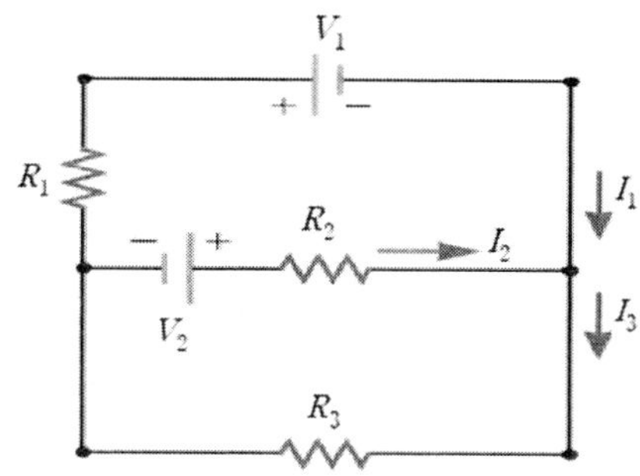

연습문제 4.25 그림.

4.5 선형 변환과 고유치 문제

4.26 행렬 $A = \begin{pmatrix} a & b \\ -b & a \end{pmatrix}$가 있다. 단, a, b는 실수이며 $b \neq 0$이다.

(1) 고윳값과 (2) 규격화된 고유 벡터들을 구하라.

(3) $Tr(A)$와 $\det(A)$를 고윳값으로 나타내어라.

4.27 행렬 $A = \begin{pmatrix} a & b \\ -b & a \end{pmatrix}$에 대한 제차 행렬 방정식 $A\boldsymbol{X} = 0$가 있다. 단, a, b는 실수이며 $b \neq 0$이다. $\boldsymbol{X} \neq 0$이 되는 조건을 구하라.

4.28 비특이 (회전) 행렬 $A = \begin{pmatrix} \cos\theta & \sin\theta & 0 \\ -\sin\theta & \cos\theta & 0 \\ 0 & 0 & 1 \end{pmatrix}$가 있다.

(1) 고윳값을 구하라. (2) 고윳값에 대한 고유 벡터를 구하라.

(3) 고윳값들의 합과 곱은 각각 $Tr(A)$와 $\det(A)$와 같음을 보여라.

4.29 어떤 강체의 관성 모멘트 텐서가 $J=\frac{1}{2}\begin{pmatrix} J_1+J_2 & J_1-J_2 & 0 \\ J_1-J_2 & J_1+J_2 & 0 \\ 0 & 0 & 2J_3 \end{pmatrix}$로

주어진다. 단, $J_1 \neq J_2$, $(J_1, J_2 > 0)$이다.

(1) 고윳값과 (2) 고유 벡터를 구하라.

[힌트: 수직축 정리에 따라 $J_3 = J_1 + J_2$이다.]

(3) 고윳값들의 합과 곱은 각각 $Tr(J)$와 $\det(J)$와 같음을 보여라.

4.30 **케일리-해밀턴 정리의 응용: [선택]**

2×2 행렬 $A=\begin{pmatrix} a & b \\ c & d \end{pmatrix}$이 있다. 여기서 행렬 요소 a, b, c, d는 실수 또는 복소수이며 비특이 행렬 $(\det(A)=|A|\neq 0)$을 가정한다.

(1) 역행렬 A^{-1}과 $(A^{-1})^2$을 케일리-해밀턴 정리를 사용하지 않고 직접 계산하여 구하라.

(2) 역행렬 A^{-1}의 고윳값을 μ라 하면 특성 방정식 $p(\mu)=\det(\mu I - A^{-1})=0$은 $\mu^2 - \frac{Tr(A)}{|A|}\mu + \frac{1}{|A|} = 0$ 임을 보여라.

(3) 역행렬 A^{-1}의 고윳값이 $\mu(A^{-1}) = \frac{Tr(A)\pm\sqrt{Tr^2(A)-4|A|}}{2|A|} = \frac{\lambda(A)}{|A|}$ 임을 보여라. 여기서 $\lambda(A)$는 행렬 A의 고윳값이다.

(4) 역행렬 A^{-1}에 대해 케일리-해밀턴 정리

$p(A^{-1}) = (A^{-1})^2 - \frac{Tr(A)}{|A|}A^{-1} + \frac{I}{|A|} = 0$가 성립함을 보여라.

여기서 I는 2×2 단위행렬이며 우변의 0은 영 행렬이다.

(5) 케일리-해밀턴 정리로부터 $(A^{-1})^2$을 구하여 (1) 또는 (4)에서 구한 결과와 같음을 보여라. [힌트: 예제 4.38을 참고하라.]

4.31 **체비셰프 다항식** (Chebyshev polynomials): **[선택]**

행렬 $A=\begin{pmatrix} a & b \\ c & d \end{pmatrix}$의 $Tr(A)=a+d\equiv 2x$와 $\det(A)=ad-bc\equiv 1$인 행렬이 있다. 여기서 $x\equiv\cos\theta$, $(-1\le x\le 1)$이다.

(1) 고윳값 λ의 특성 방정식을 쓰고 고윳값을 구하라.

(2) 케일리-해밀턴 정리를 이용하여 $A^N=U_{N-1}(x)A-U_{N-2}I$임을 증명하라. 여기서 $U_N(x)$은 제2종의 체비셰프 다항식 (second kind of Chebyshev polynomials)이며 $N=0,1,2,3,\cdots$ 이며 처음 몇 개의 다항식은 다음과 같다.

$$U_0(x)=1,\quad U_1(x)=2x,\quad U_2(x)=4x^2-1,\quad U_3(x)=8x^3-4x,$$
$$U_4(x)=16x^4-12x^2+1,\quad U_5(x)=32x^5-32x^3+6x,\ \cdots$$

(3) (2)에서 구한 제2종의 체비셰프 다항식은 $U_N(x)=\dfrac{\sin(N+1)\theta}{\sin\theta}$와 같음을 보여라.

(4) 제2종의 체비셰프 다항식의 회귀 관계식(recurrence relation)은 $U_N(x)=2x\,U_{N-1}(x)-U_{N-2}(x)$, $(N=2,3,4,\cdots)$임을 보여라. 단, 초기조건은 $U_0(x)=1$, $U_1(x)=2x$이다.

4.32 연습문제 4.32 그림은 결합 조화 진동자를 나타낸다.

용수철 상수는 $k_1=k_2=k$이며, 질량은 $m_1=m_2=m$이라 한다.

(1) 결합 진동자의 운동 방정식을 라그랑지 운동 방정식 $\dfrac{d}{dt}\left(\dfrac{\partial L}{\partial \dot{x}_i}\right)-\dfrac{\partial L}{\partial x_i}=0$ $(i=1,2)$을 사용하여 구하라.

여기서 $\dot{x}_i\equiv\dfrac{dx_i}{dt}$이며 $L=T-V$는 계의 라그랑지안, T는 운동 에너지, V는 위치 에너지이다.

(2) (1)에서 구한 운동 방정식을 행렬 방정식 $\dfrac{d^2\boldsymbol{X}}{dt^2}=A\boldsymbol{X}$로 나타내고 고유치 방정식을 사용하여 고윳값과 고유 벡터를 구하라.

여기서 $X=\begin{pmatrix} x_1 \\ x_2 \end{pmatrix}$는 열벡터이며 x_1, x_2는 두 해이다.

(3) 고윳값들의 합과 곱은 각각 $Tr(A)$와 $\det(A)$와 같음을 보여라.

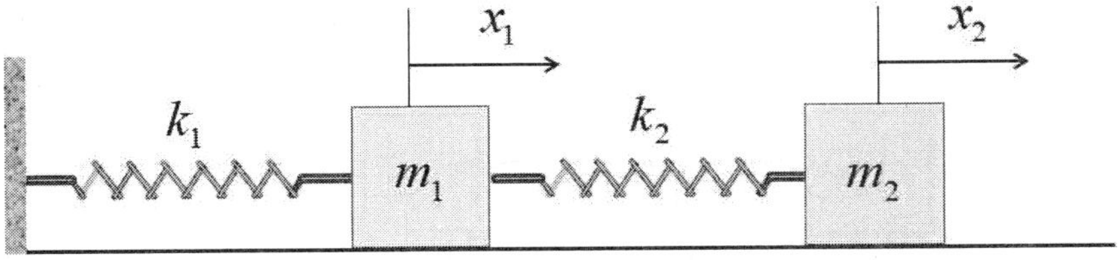

연습문제 4.32 그림.

4.6 직교 행렬 (Orthogonal Matrices)

4.33 $n\times n$ 직교 행렬 A의 행렬식은 $\det(A)=\pm 1$임을 보여라.

4.34 (1) 행렬 $A=\begin{pmatrix} \cos\theta & \sin\theta & 0 \\ -\sin\theta & \cos\theta & 0 \\ 0 & 0 & 1 \end{pmatrix}$가 비특이 행렬임을 보여라.

(2) 역행렬 A^{-1}와 전치 행렬 A^T를 구하고 서로 같음을 보여라.
[힌트: 직교 행렬 조건]

(3) 행렬 A에 대해 A^TA와 AA^T를 직접 계산하여 직교 조건

$\sum_{i=1}^{3} a_{ij}a_{ik} = \sum_{i=1}^{3} a_{ji}a_{ki} = \delta_{jk}\ (j, k=1, 2, 3)$이 성립하는지 보여라.

여기서 $a_{ij}\ (i, j=1, 2, 3)$는 행렬 A의 성분이다.

4.35 구 좌표계의 자코비안 행렬은 $J=\begin{pmatrix} \sin\theta\cos\phi & r\cos\theta\cos\phi & -r\sin\theta\sin\phi \\ \sin\theta\sin\phi & r\cos\theta\sin\phi & r\sin\theta\cos\phi \\ \cos\theta & -r\sin\theta & 0 \end{pmatrix}$

로 주어진다. [힌트: 예제 3.34 참고]

(1) 역행렬 J^{-1}와 전치 행렬 J^T를 구하라.

(2) (1)의 결과를 사용하여 자코비안 행렬의 직교 행렬 여부를 판별하라.

(3) $J^T J$를 계량 텐서 $g = (g_{ij}\delta_{ij}) = (h_{ij}^2 \delta_{ij})$, $(i, j = 1, 2, 3)$ 로 구하라.

여기서 직교 곡선 좌표계에서 길이 인자는 $h_{ii} = h_i\ (i = 1, 2, 3)$ 이다.

[힌트: 연습문제 3.6~3.8 참고.]

(4) J^T 와 J^{-1} 의 관계식을 g 또는 g^{-1} 로 표현하라.

4.7 에르미트 행렬과 유니터리 행렬

4.36 행렬 $A = \begin{pmatrix} a & b \\ c & d \end{pmatrix}$는 하나 행렬 (unitary matrix)이다. 여기서 행렬 요소 a, b, c, d 는 복소수이다.

(1) $AA^\dagger = A^\dagger A = I$를 사용하여 $|a|^2 = |d|^2$, $|b|^2 = |c|^2$ 와 $\mathrm{Im}[ac^* + bd^*] = \mathrm{Im}[ab^* + cd^*] = 0$ 임을 보여라.

(2) $A^\dagger = A^{-1}$ 관계식을 사용하여 $a = \det(A)d^*$, $b = -\det(A)c^*$, $c = -\det(A)b^*$, $d = \det(A)a^*$임을 보여라. 단, $\det(A) \neq 0$ 이다.

(3) (2)의 결과를 사용하여 $|\det(A)|^2 = 1$ 임을 보여라.

여기서, $|\bullet|$는 행렬식이 아니라 절댓값을 나타낸다.

4.37 파울리 스핀 행렬에 대한 $e^{\alpha\sigma_j}$ 구하기

파울리 스핀 행렬에 대한 행렬지수 $e^{\alpha\sigma_j}$ $(j = 0, 1, 2, 3)$가 다음과 같음을 보여라. 단, α는 실수이다. [힌트: 예제 4.49 참고]

(1) $\sigma_0 = \begin{pmatrix} 1 & 0 \\ 0 & 1 \end{pmatrix} \equiv I \Rightarrow e^{\alpha\sigma_0} = \begin{pmatrix} e^\alpha & 0 \\ 0 & e^\alpha \end{pmatrix}$,

(2) $\sigma_1 = \begin{pmatrix} 0 & 1 \\ 1 & 0 \end{pmatrix} \Rightarrow e^{\alpha\sigma_1} = \begin{pmatrix} \cosh\alpha & \sinh\alpha \\ \sinh\alpha & \cosh\alpha \end{pmatrix}$,

(3) $\sigma_2 = \begin{pmatrix} 0 & -i \\ +i & 0 \end{pmatrix} \Rightarrow e^{\alpha\sigma_2} = \begin{pmatrix} \cosh\alpha & -i\sinh\alpha \\ i\sinh\alpha & \cosh\alpha \end{pmatrix}$,

(4) $\sigma_3 = \begin{pmatrix} 1 & 0 \\ 0 & -1 \end{pmatrix} \Rightarrow e^{\alpha\sigma_3} = \begin{pmatrix} e^\alpha & 0 \\ 0 & e^{-\alpha} \end{pmatrix}$.

4.38 $P = i\omega\begin{pmatrix} 0 & 1 \\ 1 & 0 \end{pmatrix}$에 대해 $\dfrac{d\boldsymbol{X}}{dt} = P\boldsymbol{X}$인 연립 미분 방정식의 해를 구하라.

여기서 ω는 상수이며 해는 $\boldsymbol{X} = \begin{pmatrix} x \\ y \end{pmatrix}$이며, 초기조건은 $\boldsymbol{X}(0) = \begin{pmatrix} x_o \\ y_o \end{pmatrix}$이다.

[힌트: $e^{i\theta\sigma_j} = \sigma_0\cos\theta + i\sigma_j\sin\theta \quad (j = 0, 1, 2, 3)$]

4.39 행렬 $P = \begin{pmatrix} a & b \\ -b & a \end{pmatrix}$에 대해 미분 방정식 $\dfrac{d\boldsymbol{X}}{dt} = P\boldsymbol{X}$의 해 $\boldsymbol{X} = \begin{pmatrix} x \\ y \end{pmatrix}$를

구하라. 단, a, b는 실수이며 $b \neq 0$이다. 단, 초기조건은 $\boldsymbol{X}(0) = \begin{pmatrix} x_o \\ y_o \end{pmatrix}$이다.

4.40 $P = \begin{pmatrix} -\alpha & i\omega \\ i\omega & -\alpha \end{pmatrix}$에 대해 $\dfrac{d\boldsymbol{X}}{dt} = P\boldsymbol{X}$인 연립 미분 방정식의 해를 구하라.

여기서 α, $\omega\ (>0)$는 상수이며 해는 $\boldsymbol{X} = \begin{pmatrix} x \\ y \end{pmatrix}$이며, $x(0)$와 $y(0)$는 $t = 0$에서 초기조건이다.

4.41 2 상태 계 (two state system)의 해밀토니안 연산자 H는

$H = \begin{pmatrix} \epsilon_1 & \beta - i\gamma \\ \beta + i\gamma & \epsilon_2 \end{pmatrix}$로 주어진다. 여기서 ϵ_1, ϵ_2, β, γ는 에너지 차원의 실수이다.

(1) 해밀토니안 H는 에르미트 행렬이며, 행렬식은 실수임을 보여라.

(2) 해밀토니안을 파울리 행렬 $\sigma_i\ (i = 0, 1, 2, 3)$의 선형 결합으로

$H = \alpha\sigma_0 + \beta\sigma_1 + \gamma\sigma_2 + \delta\sigma_3$와 같이 쓸 때 실수의 상수 α, δ를 구하라.

(3) 시간 독립 슈뢰딩거 방정식이 $H\boldsymbol{\Psi} = E\boldsymbol{\Psi}$일 때 2 상태 계의 허용 에너지 준위인 고윳값 E를 $\alpha, \beta, \gamma, \delta$로 구하고 실수임을 보여라.

여기서 $\boldsymbol{\Psi} = \begin{pmatrix} \Psi_1 \\ \Psi_2 \end{pmatrix}$는 파동함수 Ψ_1, Ψ_2로 구성한 고유 벡터이다.

(4) $Tr(H)$와 $\det(H)$를 (3)에서 구한 고윳값 E로 나타내어라.

4.42 2 상태 계의 시간 종속 슈뢰딩거 방정식은 $i\hbar\frac{d\boldsymbol{\Psi}}{dt}=H\boldsymbol{\Psi}$ 이다.

여기서 해밀토니안 연산자 H는 $H=\begin{pmatrix}\alpha+\delta & \beta-i\gamma\\ \beta+i\gamma & \alpha-\delta\end{pmatrix}$이며 α, β, γ, δ는 에너지 차원의 상수 (실수)이다. [연습문제 4.41 참고]

(1) 초기조건 $\boldsymbol{\Psi}(0)$을 사용하면 형식 해 (formal solution)는

$$\boldsymbol{\Psi}(t)=e^{-i\frac{H}{\hbar}t}\boldsymbol{\Psi}(0)\equiv U(t)\boldsymbol{\Psi}(0)$$

로 주어짐을 보여라. 여기서 $U(t)$는 시간 진화 연산자 (time evolution operator)이며 지수 연산자이다.

(2) 에르미트 행렬 H에 대해 $U(t)$는 하나 행렬임을 보여라.

(3) Sylvester **정리: [선택]**

$n\times n$ 행렬 H가 서로 다른 고윳값 λ_j, $(j=1,2,3,\cdots,n)$을 갖는 경우 행렬함수 $f(H)$는

$$f(H)=\sum_{i=1}^{n}f(\lambda_i)\prod_{\substack{j=1\\ j\neq i}}^{n}\frac{H-\lambda_j\sigma_0}{\lambda_i-\lambda_j}$$

로 주어진다. Sylvester 정리를 사용하여 $U(t)=\begin{pmatrix}U_{11}(t) & U_{12}(t)\\ U_{21}(t) & U_{22}(t)\end{pmatrix}$를 구하라. 여기서 $U_{ij}(t)$, $(i,j=1,2)$는 행렬 요소이다.

계산의 편의를 위해 $\sqrt{\beta^2+\gamma^2+\delta^2}\equiv\hbar\Omega$로 둔다.

(4) (3)에서 구한 $U(t)=\begin{pmatrix}U_{11}(t) & U_{12}(t)\\ U_{21}(t) & U_{22}(t)\end{pmatrix}$가 하나 행렬임을 보여라.

(5) $U(t)$의 고유치 Λ_1, Λ_2를 구하고 $Tr(U)$와 $\det(U)$를 행렬 H의 고윳값 λ_1, λ_2 또는 Λ_1, Λ_2로 나타내어라.

4.43 연습문제 4.42에서 다룬 2 상태 계의 시간 종속 슈뢰딩거 방정식은 $i\hbar\frac{d\boldsymbol{\Psi}}{dt}=H\boldsymbol{\Psi}$ 이다. 여기서 해밀토니안 연산자 H는 $H=\begin{pmatrix}\alpha+\delta & \beta-i\gamma\\ \beta+i\gamma & \alpha-\delta\end{pmatrix}$이며 α, β, γ, δ는 에너지 차원의 상수 (실수)이다.

(1) 파울리 스핀 행렬지수를 도입하여 닫힌 해석해 $\boldsymbol{\Psi}(t)$를 구하고, 연습문제 4.42 (3)의 Sylvester 정리를 사용하여 구한 해와 비교하라.

(2) 시간 $t=0$에서의 초기조건이 $\boldsymbol{\Psi}(0)=\begin{pmatrix}\Psi_1(0)\\ \Psi_2(0)\end{pmatrix}=\begin{pmatrix}1\\0\end{pmatrix}$일 때 각 준위에서 확률 $P_1(t)=|\Psi_1(t)|^2$, $P_2(t)=|\Psi_2(t)|^2$을 구하여 $P_1(t)+P_2(t)=1$이 됨을 보여라.

4.44 **행렬지수의 특성:** 다음의 행렬지수의 여러 특성을 증명하라.

단, 모든 행렬은 $n\times n$ 행렬이다.

(1) 행렬 B가 비특이 행렬 (즉, $\det(B)\neq 0$)인 경우 $e^{BAB^{-1}}=Be^{A}B^{-1}$이다.

(2) 행렬 A가 대칭 행렬이면 e^A도 대칭 행렬이다. 즉, $(e^A)^T=e^{A^T}=e^A$이다.

(3) 행렬 A가 반 대칭 행렬이면 e^A는 **직교 행렬** (orthogonal matrix)이다.

(4) 행렬 A가 에르미트 행렬 (Hermitian)이면 e^A도 에르미트 행렬이다.

(5) 행렬 A가 반 대칭 에르미트 행렬 (anti-Hermitian)이면 e^A는 **하나 행렬** (unitary matrix)이다.

(6) **행렬지수의 행렬식** (Jacob's **공식**):

임의의 복소수 정사각 행렬 A에 대해 $\det(e^A)=e^{Tr(A)}$가 성립한다.

연습문제 4.42에서 구한 시간 진화 연산자 $f(H)\equiv U(t)=e^{-i\frac{H}{\hbar}t}$에 대해 Jacobi 공식 $\det(U)=\det(e^{-iHt/\hbar})=e^{-i\,Tr(H)\,t/\hbar}$이 성립함을 보여라.

4.8 벡터 공간 (Vector Space)과 행렬의 대각화 (Diagonalization of Matrix)

4.45 임의의 복소수 행렬 $A=\begin{pmatrix} a & b \\ c & d \end{pmatrix}$가 있다.

(1) 고윳값 λ_i, $(i=1,2)$와 고유 벡터 $\boldsymbol{X}_i = \begin{pmatrix} x_i \\ y_i \end{pmatrix}$를 구하라.

(2) 2×2 행렬 $X=[\boldsymbol{X}_1\ \boldsymbol{X}_2] \equiv \begin{pmatrix} x_1 & x_2 \\ y_1 & y_2 \end{pmatrix}$에 대해 대각 행렬 $D=X^{-1}AX$를 구하라.

(3) 역행렬 A^{-1}를 대각 행렬 $D=X^{-1}AX$를 사용하여 구하라.

4.46 임의의 복소수 행렬 $A=\begin{pmatrix} a & b \\ c & d \end{pmatrix}$에 대해 연습문제 4.45에서 구한 행렬 $X=[\boldsymbol{X}_1\ \boldsymbol{X}_2] \equiv \begin{pmatrix} x_1 & x_2 \\ y_1 & y_2 \end{pmatrix}$와 대각 행렬 $D=X^{-1}AX$를 사용하여 다음의 행렬 지수 관계식을 구하라.

(1) 행렬지수 e^D를 파울리 행렬지수를 사용하여 구하라.

(2) 행렬지수 e^D를 맥크로린 전개를 사용하여 구하라.

(3) 행렬지수 e^A를 $A=XDX^{-1}$을 이용하여 구하고 연습문제 4.42 (3)의 Sylvester 정리와 같은지 비교하라.

4.47 관성 모멘트 텐서는 $J=\dfrac{1}{2}\begin{pmatrix} J_1+J_2 & J_1-J_2 & 0 \\ J_1-J_2 & J_1+J_2 & 0 \\ 0 & 0 & 2J_3 \end{pmatrix}$로 주어진다.

연습문제 4.29의 고윳값 λ_i와 고유 벡터 $\boldsymbol{X}_i$ $(i=1,2,3)$를 사용하여 다음을 구하라.

(1) 대각 행렬 D를 구하라. [힌트: $D=X^{-1}JX$, $X=[\boldsymbol{X}_1\ \boldsymbol{X}_2\ \boldsymbol{X}_3]$]

(2) 행렬지수 e^D를 구하라.

(3) 관성 모멘트 텐서의 행렬지수 e^J를 구하라.

4.48 연습문제 4.28의 비특이 (회전) 행렬 $A=\begin{pmatrix} \cos\theta & \sin\theta & 0 \\ -\sin\theta & \cos\theta & 0 \\ 0 & 0 & 1 \end{pmatrix}$가 있다.

(1) 대각 행렬 D를 구하라.

(2) $Tr(D)$와 $\det(D)$를 구하고 $Tr(A)$와 $\det(A)$ 또는 고윳값 λ_i $(i=1,2)$로 나타내어라.

(3) 행렬지수 e^D를 맥크로린 전개를 사용하여 구하라.

(4) $A=XDX^{-1}$를 이용하여 A^n을 구하라.

(5) A^n을 이용하여 행렬지수 e^A를 구하라.

(6) 행렬지수 e^A를 $A=XDX^{-1}$를 이용하여 구하라.

(7) (5)와 (6)의 결과를 비교하여 다음 관계식을 증명하라.

$$\sum_{n=0}^{\infty}\frac{\cos(n\theta)}{n!}=e^{\cos\theta}\cos(\sin\theta),$$
$$\sum_{n=0}^{\infty}\frac{\sin(n\theta)}{n!}=e^{\cos\theta}\sin(\sin\theta),$$
$$\sum_{n=0}^{\infty}\frac{1}{n!}=e^1\equiv e,$$

또는 $\displaystyle\sum_{n=0}\frac{e^{in\theta}}{n!}=e^{e^{i\theta}}$ 이며 $e^{e^{i\theta}}\equiv\exp[\exp(i\,\theta)]$ 이다.

4.49 브라 벡터 $<V|$에 항등 연산자 (identity operator) $I=\sum_{i=1}^{n}|i><i|$를 연산하여 $<V|I=<V|$ 임을 보여라.

5장
미분 방정식

5.1 서론

물리학에서 다루는 많은 물리 현상과 문제들은 대부분 미분 방정식 (differential equation)으로 기술된다. 뉴턴의 제2 법칙, RLC 회로에 대한 키르히호프 법칙, 맥스웰의 빛의 파동 방정식 및 입자의 파동 방정식을 기술하는 슈뢰딩거 파동 방정식 등이 대표적인 미분 방정식들이다. 가장 기초적인 미분 방정식의 예는 입자의 변위 $\boldsymbol{r}$을 시간에 대해 한번 미분하면 속도 $\boldsymbol{v}=\dfrac{d\boldsymbol{r}}{dt}$이며, 두 번 미분은 가속도 $\boldsymbol{a}=\dfrac{d\boldsymbol{v}}{dt}=\dfrac{d}{dt}\left(\dfrac{d\boldsymbol{r}}{dt}\right)=\dfrac{d^2\boldsymbol{r}}{dt^2}$가 된다. 뉴턴의 운동 법칙 (인과법칙)을 적용하면 입자에 가해지는 힘 $\boldsymbol{F}$(원인)에 의해 질량 m인 입자는 $m\boldsymbol{a}$ (결과)의 운동을 하므로 방정식은 $\boldsymbol{F}=m\boldsymbol{a}=m\dfrac{d\boldsymbol{v}}{dt}=m\dfrac{d^2\boldsymbol{r}}{dt^2}$가 된다. 이 방정식은 속도 $\boldsymbol{v}$에 대해서는 1계 미분 방정식 (first-order differential equation)이지만, 변위 $\boldsymbol{r}$에 대해서는 2계 미분 방정식 (second-order differential equation)이 된다.

5장에서는 물리학 분야 전반에 나타나는 수많은 미분 방정식을 유도하는 과정을 공부하고, 그 해를 구하는 여러 방법론에 대해 다루도록 한다.

물리 현상들을 다루는 수학적 모형 (미분 방정식)은 보통 아래와 같은 순서로 구성한다.

- **물리 현상의 수학적 모형 (미분 방정식)**

1. 물리계를 변화시키는 변수들을 규정한다. 2. 경험법칙을 포함하는 합리적인 가정들을 세운다. 3. 2번의 가정에 맞는 미분 방정식을 만든다. 4. 초기조건 (initial condition)이나 경계 조건 (boundary condition)을 사용하여 미분 방정식의 해 (solution)를 구한다. 5. 해를 물리적으로 해석하고 관측 (실험)한 결과 (데이터)와 비교하고 물리적 의미를 분석한다.

간단한 예로 박테리아의 번식에 의한 개체 수 증가에 대한 수학적 모형을 살펴보자.

1. **변수 설정:** 박테리아가 시간 t에 따라 번식하는 개체 수를 $y(t)$라 하자.
2. **합리적인 가정:** 개체 수 변화율 $\frac{dy}{dt}$는 현재의 개체 수 $y(t)$에 비례한다고 가정한다.
3. **미분 방정식 구성 (setup):** $\frac{dy}{dt} = ky$, $k(>0)$는 비례상수이다.
4. **초기조건과 미분 방정식의 해 :** 초기조건 $y(t=0) = y_o$을 고려한 해 $y(t) = y_o e^{kt}$를 구한다.
5. **물리적 해석과 실험 데이터와 비교 분석:** 개체 수 $y(t)$는 지수적으로 증가한다. 실험 데이터와 해를 곡선 맞춤 (curve fitting)하여 비례상수 k 등을 구한다.

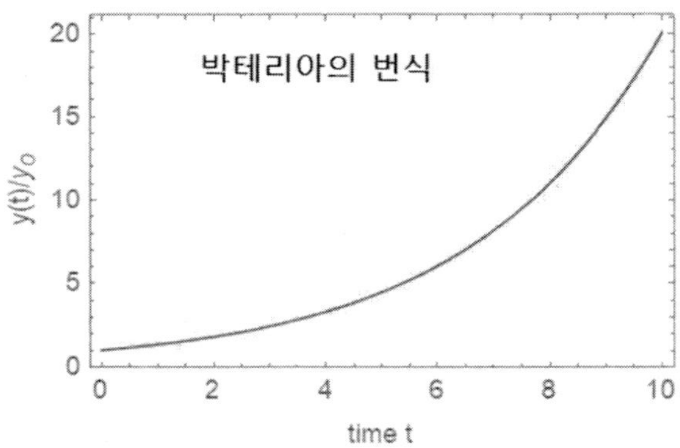

5.2 미분 방정식의 분류

본 절에서는 미분 방정식을 미분의 형태, 계 (order), 차수 (degree), 선형과 비선형 (linear and nonlinear)에 따라 분류하는 방법과 미분 방정식의 해 (solution)의 종류에 대해 살펴본다.

5.2.1 미분 형태에 의한 분류

미분 방정식은 상 미분으로만 구성된 상미분 방정식 (ordinary differential equation: ODE)과 편미분으로 구성된 편미분 방정식 (partial differential equation: PDE)으로 분류한다. 즉, 상미분 방정식은 1개의 독립 변수에 대해 1개 이상의 종속 변수 (함수)에 대한 상 미분을 포함하는 방정식을 뜻한다. 예를 들면, 1개의 독립 변수 x에 대해 2개의 종속 변수 (함수) $f(x)$와 $g(x)$에 대해 상 미분으로 구성된 방정식 $\frac{df}{dx}+2\frac{dg}{dx}=5$ 또는 $\frac{d^2f}{dx^2}+2\frac{df}{dx}+3f=5$와 같은 형태를 상미분 방정식 (ODE)이라 한다.

한편, 편미분 방정식은 2개 이상의 독립 변수에 대해 1개 이상의 종속 변수 (함수)의 편미분을 포함하는 미분 방정식을 뜻한다. 예를 들면, 네 개의 독립 변수 x, y, z, t에 대해 종속 변수 (함수) $f(x, y, z, t)$의 편미분으로 구성된 방정식 $\frac{\partial^2 f}{\partial x^2}+\frac{\partial^2 f}{\partial y^2}+\frac{\partial^2 f}{\partial z^2}=0$ 또는 $\frac{\partial^2 f}{\partial x^2}-\frac{1}{c^2}\frac{\partial^2 f}{\partial t^2}=0$ 등을 편미분 방정식 (PDE)이라 한다.

5.2.2 계 (order)에 의한 분류

상 미분 또는 편미분 형태의 미분 방정식에서 가장 높은 도함수의 계 (order)로 분류한다. 예를 들면 도함수 $\frac{d^nf}{dx^n}$은 x에 대한 n계의 상 미분 함수 (nth-order ordinary derivative)라 한다. 예를 들면, 미분 방정식 $\frac{d^2f}{dx^2}+2\frac{df}{dx}+3f=0$은 상미분 방정식이며 최고 도함수의 계수는 2이므로 2계 상미분 방정식 (2nd-order ODE)이며, $\frac{\partial^3 f}{\partial x^3}+2\frac{\partial^2 f}{\partial x^2}+3f=0$은 3계 편미분 방정식 (3rd-order PDE)으로 분류한다.

5.2.3 차수 (degree)에 의한 분류

미분 방정식에서 도함수가 분수 멱 수 (fractional power)를 포함하는 경우 그 도함수를 정수의 멱 수로 유리화한 다음, 가장 높은 도함수의 계의 멱 수로 분류한다.

[예제 5.1] 다음 미분 방정식의 명칭을 분류하라.

(1) $\frac{d^3f}{dx^3}+2\sqrt{\frac{df}{dx}}=0$, (2) $\left(\frac{d^2f}{dx^2}\right)^3+2\left(\frac{df}{dx}\right)^4-5f=0$

[풀이]

(1) 도함수 $\sqrt{\frac{df}{dx}}$ 의 분수 멱 수는 $\frac{1}{2}$ 이므로 우변으로 이항하여 유리화하면

$$\frac{d^3f}{dx^2}=-2\sqrt{\frac{df}{dx}} \Rightarrow \left(\frac{d^3f}{dx^2}\right)^2=4\frac{df}{dx}$$

가 된다. 따라서 가장 높은 도함수의 계수는 3이며 멱 수는 2이므로 미분 방정식은 3계 2차 상미분 방정식 (ODE of order three and degree two)이다.

(2) 미분 방정식은 정수로 유리화되어 있으므로 가장 높은 계수는 2이며 멱 수는 3이므로 2계 3차 상미분 방정식 (ODE of order two and degree three)이다.

■

5.2.4 선형과 비선형 미분 방정식에 의한 분류

- **선형 미분 방정식** (linear differential equation)

선형 미분 방정식은 다음 조건을 만족한다.

(1) 종속 변수 $y(x)$와 y의 모든 도함수의 멱 수는 1차 (first degree)이다.

(2) 각 계수 (coefficients) $a_i(x)$, $(i = 0, 1, 2, \cdots, n)$와 우변의 함수 $f(x)$는 독립 변수 x만의 함수이다.

위의 조건을 만족하는 n계 선형 미분 방정식 (nth-order linear differential equation)은

$$a_n(x)\frac{d^n y}{dx^n} + a_{n-1}(x)\frac{d^{n-1}y}{dx^{n-1}} + \cdots + a_1(x)\frac{dy}{dx} + a_0(x)y = f(x)$$

와 같이 주어진다.

- **비선형 미분 방정식** (nonlinear differential equation)

선형 미분 방정식의 조건을 만족하지 않는 방정식은 비선형 미분 방정식이다.

[예제 5.2] 다음 미분 방정식의 명칭을 분류하라.

(1) $2x^2\frac{d^3y}{dx^3} + 3x^3\frac{d^2y}{dx^2} + 5\frac{dy}{dx} = x^4$, (2) $y\frac{d^3y}{dx^3} + 3x^3\frac{d^2y}{dx^2} + 5\frac{dy}{dx} = y^2$,

(3) $\frac{d^2y}{dx^2} + 2y\sin x = 3x^2$, (4) $\frac{d^2\theta}{dt^2} + \sin\theta = 0$

[풀이]

(1) 각 계수 $a_i(x)$, $(i = 0, 1, 2, 3)$는 $a_3(x) = 2x^2$, $a_2(x) = 3x^3$, $a_1(x) = 5$, $a_0(x) = 0$

이며 $f(x)=x^4$ 로 모두 독립 변수 x 만의 함수이므로 3계 선형 미분 방정식이다.

(2) 계수 $a_3=y$, $f(x)=y^2$ 로 비선형이므로 3계 비선형 미분 방정식이다.

(3) 계수들은 $a_2(x)=1$, $a_1(x)=0$, $a_0(x)=2\sin x$ 이며 $f(x)=3x^2$ 으로 모두 독립 변수 x 만의 함수이므로 2계 선형 미분 방정식이다.

(4) $\sin\theta$ 를 맥크로린 전개하면 $\frac{d^2\theta}{dt^2}+\sin\theta=\frac{d^2\theta}{dt^2}+\left(\theta-\frac{1}{3!}\theta^3+\frac{1}{5!}\theta^5+\cdots\right)=0$ 이며 종속 변수 $\theta(t)$의 비선형 함수를 포함하므로 2계 비선형 미분 방정식이다. ■

5.2.5 미분 방정식의 해의 종류

미분 방정식의 해를 $y=y(x)$ 라 하면 해의 종류는 다음과 같이 분류한다.

- **양의 해** (explicit solution)**와 음의 해** (implicit solution)

  미분 방정식의 해가 $y=f(x)$ 와 같이 독립 변수 x만의 함수로 명백하게 표현되는 형태를 양의 해, $F(x,y)=0$ 와 같이 구성된 해를 음의 해라 부른다.

- **일반 해**(general solution), **특별 해**(particular solution), **특이해** (singular solution)

  n계 미분 방정식에 대해 독립 변수 x와 해 y가 n개의 적분 상수 c_i $(i=1,2,\cdots,n)$와 함께 $F(x,y;c_1,c_2,\cdots,c_n)=0$ 형태로 주어지는 해는 일반 해이다.
  경계 조건이나 초기조건으로 적분 상수들을 소거한 해 $F(x,y)=0$ 는 특별 해이다.
  한편, 일반해로부터 구할 수 없는 미분 방정식의 해를 특이해라 한다.

[**예제** 5.3] 미분 방정식 $\frac{dy}{dx} = x\sqrt{y}$ 는 1계 2차 선형 미분 방정식이다.

(1) 변수 분리하고 양변을 적분하여 일반 해를 구하라.

(2) 경계조건으로 $y(x=0)=4$ 를 사용하여 특별 해를 구하라.

(3) $y=0$ 는 미분 방정식을 만족한다. 어떤 해인지 분류하라.

[**풀이**]

(1) 양변을 변수 분리하고 양변을 적분하면

$$\frac{dy}{dx} = x\sqrt{y} \Rightarrow \frac{dy}{\sqrt{y}} = xdx \Rightarrow \int \frac{dy}{\sqrt{y}} = \int xdx$$

$$\Rightarrow 2\sqrt{y} = \frac{x^2}{2} + c' \Rightarrow y = \left(\frac{x^2}{4} + c\right)^2, \ (c = \frac{c'}{2}; \text{적분 상수})$$

적분 상수 c 를 포함하는 일반 해 $y = \left(\frac{x^2}{4} + c\right)^2$ 를 얻는다.

(2) 경계조건으로 $x=0$ 일 때 $y=4$ 를 대입하면 적분 상수 $c=2$ 이므로 해는

$y = \left(\frac{x^2}{4} + 2\right)^2$ 가 되며 특별 해이다.

(3) 미분 방정식 $\frac{dy}{dx} = x\sqrt{y}$ 는 $y=0$ 을 대입하여도 만족하므로 $y=0$ 도 해가 되지만

일반 해 $y = \left(\frac{x^2}{4} + c\right)^2$ 를 사용하면 얻을 수 없는 해이므로 특이 해이다.

■

5.3 1계 미분 방정식 (First-order Differential Equation)

본 절에서는 1계 미분 방정식의 종류를 분류하고 각각의 해를 구하는 방법을 물리학의 예제들을 통하여 알아본다. 1계 미분 방정식은 다음과 같이 6종류로 분류할 수 있다.

(1) 변수 분리형 미분 방정식 (separable differential equation),
(2) 동차형 미분 방정식 (homogeneous differential equation),
(3) 완전 (또는 정확) 미분 방정식 (exact differential equation),
(4) 적분 인자에 의한 완전 미분 방정식으로 변환,
(5) 선형 1계 미분 방정식 (linear first-order differential equation)
(6) 선형 1계 미분 방정식으로 치환되는 비선형 미분 방정식

5.3.1 변수 분리형 미분 방정식 (Separable Differential Equation)

변수 분리형 미분 방정식은 미분 방정식 가운데 가장 간단한 형태의 방정식으로 다음과 같은 형식을 갖는다.

$$g(y)\frac{dy}{dx}+f(x)=0$$

독립 변수 x와 종속 변수 y의 함수로 변수 분리 (separation of variables)하면

$$g(y)dy+f(x)dx=0$$

이므로 일반 해는 양변을 적분하면

$$\int g(y)dy+\int f(x)dx=c$$

가 된다. 여기서 c는 적분 상수이다. ■

[예제 5.4] 원자핵의 방사능 붕괴

원자의 개수 $N(t)$에 대한 방사능 붕괴는 $\frac{dN}{dt}=-\lambda N$와 같이 주어진다.

(1) 초기조건으로 원자의 개수가 $N(t=0)=N_o$일 때 (특별) 해를 구하라.

(2) 원자핵이 반으로 줄어드는 반감기 (half-life) $t_{1/2}$을 구하라. 여기서 λ는 붕괴 상수 (decay constant)이며 평균 수명 $\tau\left(=\frac{1}{\lambda}\right)$의 역수이다.

[풀이]

(1) 변수 분리형 1계 미분 방정식이므로 변수 분리하고 적분하면

$$\frac{dN}{N}=-\lambda dt \Rightarrow \int \frac{dN}{N}=-\int \lambda dt \Rightarrow \ln N=-\lambda t+c$$

이므로 일반 해 $N(t)=e^c e^{-\lambda t}$를 얻는다. 초기조건 $N(t=0)=N_o$을 대입하면 $N(t=0)=e^c \equiv N_o$가 된다. 따라서 특별해는

$$N(t)=N_o e^{-\lambda t}$$

이며 지수적으로 감소한다.

(2) 반감기 (half-life) $t_{1/2}$일 때 원자핵의 개수는 $N(t_{1/2})=\frac{N_o}{2}$이므로

$$N(t_{1/2})=N_o e^{-\lambda t_{1/2}}=\frac{N_o}{2} \Rightarrow -\lambda t_{1/2}=\ln\left(\frac{1}{2}\right)$$

$$\therefore\ t_{1/2}=\frac{\ln 2}{\lambda}\simeq\frac{0.693}{\lambda}=0.693\tau$$

■

[예제 5.5] 지구 탈출 속력 구하기

질량 m인 로켓이 지표면 $r=R$에서 수직 방향으로 우주로 발사된다.

(1) 뉴턴의 만유인력 법칙 $F(r)=-\dfrac{GMm}{r^2}$을 변수 분리형 미분 방정식으로 나타내어라. 단, G는 만유인력 상수, M은 지구의 질량, r은 지구의 중심에서 로켓까지의 거리이다.

(2) 일반 해를 구하고 지표면 $r=R$에서 탈출 속력 (escape velocity) $v=v_{esc}$을 사용하여 특별 해를 구하고 탈출 속력을 구하라.

[풀이]

(1) 뉴턴의 운동 법칙은 $F(r)=-\dfrac{GMm}{r^2}\equiv ma$이며 가속도 $a=\dfrac{dv}{dt}$를 사용하면

$$ma=m\frac{dv}{dt}=-\frac{GMm}{r^2} \quad \text{또는} \quad \frac{dv}{dt}=-\frac{GM}{r^2}$$

이 된다. 우변은 r만의 함수이므로 좌변을 연쇄 규칙을 사용하면 $\dfrac{dv}{dt}=\dfrac{dv}{dt}\dfrac{dr}{dr}=\dfrac{dv}{dr}\dfrac{dr}{dt}=v\dfrac{dv}{dr}$이 된다. 즉, $\dfrac{dv}{dt}=v\dfrac{dv}{dr}=-\dfrac{GM}{r^2}$이므로 뉴턴의 만유인력은

$$\therefore\ v\frac{dv}{dr}=-\frac{GM}{r^2}$$

이 되어 변수 분리형 미분 방정식을 얻는다.

(2) 일반 해를 구하기 위해 변수 분리하고 양변을 적분하면 $\int v\,dv=-\int\dfrac{GM}{r^2}dr$이므로 일반 해는

$$\frac{1}{2}v^2 = \frac{GM}{r} + C$$

이다. 여기서 C는 적분 상수이다. 지표면 $r = R$에서 탈출 속력 $v = v_{esc}$을 사용하면 $\frac{1}{2}v_{esc}^2 = \frac{GM}{R} + C$이 되며 적분 상수 $C = \frac{1}{2}v_{esc}^2 - \frac{GM}{R}$가 되므로 특별해는

$$v^2 = v_{esc}^2 - \frac{2GM}{R} + \frac{2GM}{r}$$

가 된다. 로켓의 속력이 $v = 0$이 되면 로켓은 멈추고 지구 중력에 의해 지구로 되돌아오게 된다. 이때 거리 r은

$$r = \frac{R}{1 - \frac{Rv_{esc}^2}{2GM}}$$

이 된다. 지표면에서 중력 가속도는 $g = \frac{GM}{R^2}$이므로 거리 r은

$$\therefore\ r = \frac{R}{1 - \frac{v_{esc}^2}{2gR}}$$

이 된다. 지구를 완전히 탈출하는 경우 $r \to \infty$이므로 탈출 속력은 다음과 같다.

$$\therefore\ v_{esc} = \sqrt{2gR} \simeq 11.2\ \text{km/s}$$

■

[예제 5.6] 자유 낙하 물체의 종말 속력 구하기[54)]

질량 m인 물체가 일정한 중력장 속에서 속력에 비례하는 저항력을 받으며 자유 낙하할 때 운동 방정식은 $m\frac{dv}{dt}=mg-bv$로 주어진다. 여기서 b는 비례상수이다. 해를 구하고 물체의 종말 속력을 구하라.

[풀이]

미분 방정식은 $\frac{dv}{dt}=g-\frac{b}{m}v$로 변수 분리형이며 $\frac{dv}{dt}=g-\frac{b}{m}v=-\frac{b}{m}\left(v-\frac{mg}{b}\right)$로 쓸 수 있다. 변수 분리하고 초기조건 ($v(0)=0$)을 대입하여 적분하면

$$\frac{dv}{v-\frac{mg}{b}}=-\frac{b}{m}dt \Rightarrow \int_0^v \frac{dv}{v-\frac{mg}{b}}=-\frac{b}{m}\int_0^t dt$$

$$\Rightarrow \left|\ln\left(v-\frac{mg}{b}\right)\right|_0^v=-\frac{b}{m}t$$

이므로 속력은

$$\therefore\ v(t)=\frac{mg}{b}\left(1-e^{-\frac{b}{m}t}\right)$$

가 된다. 속력은 지수 함수적으로 증가하여 정상상태에 도달한다. 시간 $t\to\infty$ 인 정상상태 (steady state)에서 종말 속력 (terminal speed) $v(\infty)$는 다음과 같다.

$$\therefore\ v(\infty)=\frac{mg}{b}$$

■

54) 예제 5.6은 5.3.5에서 다루는 선형 1계 미분 방정식으로도 해를 구할 수 있다.

5.3.2 동차 미분 방정식 (Homogeneous Differential Equation)

동차 함수 (homogeneous function) $f(x, y)$는 실수 n에 대하여 $f(\alpha x, \alpha y) = \alpha^n f(x, y)$인 경우 함수 $f(x, y)$는 차수 (degree) n인 동차 함수로 정의한다.

> 함수 $f(x, y)$와 $g(x, y)$가 같은 차수의 동차 함수일 때 1계 미분 방정식 $f(x, y)dx + g(x, y)dy = 0$을 동차 미분 방정식이라 한다.

> **[예제 5.7] 동차 함수**
>
> 다음 함수들이 동차 함수인지 보이고, 동차 함수의 경우 차수를 구하라.
>
> (1) $f(x, y) = 2x^2 y^3 - 3xy^4$, (2) $f(x, y) = 2xy^3 - 5x$

[풀이]

(1) 함수 $f(x, y)$에 $x \rightarrow \alpha x,\ y \rightarrow \alpha y$를 대입하여 정리하면

$$\begin{aligned} f(\alpha x, \alpha y) &= 2(\alpha x)^2 (\alpha y)^3 - 3(\alpha x)(\alpha y)^4 = 2\alpha^5 x^2 y^3 - 3\alpha^5 x y^4 \\ &= \alpha^5 (2x^2 y^3 - 2xy^4) \equiv \alpha^5 f(x, y) \end{aligned}$$

이므로 5차의 동차 함수 (homogeneous function of degree 5)이다.

(2) (1)과 같은 방법으로 정리하면

$$f(\alpha x, \alpha y) = 2(\alpha x)(\alpha y)^3 - 5(\alpha x) = 2\alpha^4 x^2 y^3 - 5\alpha x \neq \alpha^n f(x, y)$$

이므로 동차 함수가 아니다. ■

[예제 5.8] 동차 미분 방정식

동차 미분 방정식 $f(x, y)dx + g(x, y)dy = 0$ 은 항상 변수 분리형 미분 방정식으로 치환할 수 있음을 보여라.

[풀이]

$y = ux$ 로 치환하자. 여기서 u 는 새로운 종속 변수이다. 양변을 미분하면 $dy = udx + xdu$ 이므로 동차 미분 방정식에 대입하면

$$f(x, ux)dx + g(x, ux)\underbrace{(udx + xdu)}_{dy} = 0$$

$$\Rightarrow [f(x, ux) + ug(x, ux)]dx + xg(x, ux)du = 0$$

$$\Rightarrow \frac{dx}{x} = -\frac{g(x, ux)}{f(x, ux) + ug(x, ux)}du$$

가 된다. 함수 $f(x, y)$ 와 $g(x, y)$ 가 n 차의 동차 함수라 하면

$$f(x, ux) = f(x \times 1, x \times u) = x^n f(1, u) \Leftarrow \alpha \equiv x$$
$$g(x, ux) = g(x \times 1, x \times u) = x^n g(1, u) \Leftarrow \alpha \equiv x$$

가 된다.

$$\frac{dx}{x} = -\frac{g(x, ux)}{f(x, ux) + ug(x, ux)}du = -\frac{g(1, u)}{f(1, u) + ug(1, u)}du$$

$$\therefore \frac{dx}{x} = -\frac{g(1, u)}{f(1, u) + ug(1, u)}du \equiv F(u)du$$

따라서 동차 미분 방정식은 항상 변수 분리형 미분 방정식으로 치환할 수 있다. ■

[예제 5.9] 동차 미분 방정식

미분 방정식 $2xy\dfrac{dy}{dx}-y^2+x^2=0$ 이 동차 미분 방정식임을 보이고 해를 구하라.

[풀이]

$x \rightarrow \alpha x,\ y \rightarrow \alpha y$ 를 대입하면 미분 방정식은 $\alpha=2$ 인 2차의 동차 미분 방정식이다. 원 식은

$$\frac{dy}{dx}=\frac{y}{2x}-\frac{x}{2y}$$

가 된다. $y=ux$ 또는 $u=\dfrac{y}{x}$ 로 치환하면

$$\text{좌변}=\frac{dy}{dx}=u+x\frac{du}{dx}$$
$$\text{우변}=\frac{u}{2}-\frac{1}{2u}$$
$$\Rightarrow u+x\frac{du}{dx}=\frac{u}{2}-\frac{1}{2u}$$

이 되므로 변수 분리형 미분 방정식으로 정리하면

$$\frac{2u}{1+u^2}du=-\frac{1}{x}dx$$

이 된다. 양변을 적분하면

$$\int\frac{2u}{1+u^2}du=-\int\frac{1}{x}dx \Rightarrow \ln(1+u^2)=-\ln|x|+c'$$

이며 해는 $1+u^2 = \frac{e^{c'}}{x} \equiv \frac{c}{x}$ $(c = e^{c'} \neq 0)$가 된다. $u = \frac{y}{x}$ 를 대입하면

$$1+\left(\frac{y}{x}\right)^2 = \frac{c}{x} \Rightarrow x^2 + y^2 = cx$$

인 음의 해 (implicit solution)를 얻는다. 정리하면 다음과 같다.

$$\left(x-\frac{c}{2}\right)^2 + y^2 = \left(\frac{c}{2}\right)^2$$

중심 $\left(\frac{c}{2}, 0\right)$, 반지름 $\frac{c}{2}$인 원의 방정식 (circle equation)을 얻는다. 해는 원주의 임의의 점 (x, y)이 된다. ■

- **동차 미분 방정식이 아닌 경우**

$\frac{dy}{dx} = \frac{Ax+By+C}{ax+bx+c}$ $(C \neq 0, c \neq 0)$는 동차 미분 방정식이 아니다. $x = X+h$, $y = Y+k$로 치환하면 $dx = dX$, $dy = dY$이므로

$$\frac{dy}{dx} = \frac{dY}{dX} = \frac{AX+BY+(Ah+Bk+C)}{aX+bY+(ah+bk+c)}$$

가 된다. 분모와 분자의 상수항을 $Ah+Bk+C = 0$, $ah+bk+c = 0$라 두면 미분 방정식은 $\frac{dY}{dX} = \frac{AX+BY}{aX+bY}$가 되어 동차 미분 방정식이 된다. X, Y에 대해 미분 방정식을 풀어서 원래의 변수 $x(= X+h)$, $y(= Y+k)$로 치환하여 해를 구한다.

[예제 5.10] 동차 미분 방정식이 아닌 $(x-y+1)\frac{dy}{dx}=x+y+3$에 대하여

(1) 동차 미분 방정식으로 치환하고, (2) 해를 구하라.

[풀이]

(1) 원 식은 $\frac{dy}{dx}=\frac{x+y+3}{x-y+1}$ 이며 $x=X+h$, $y=Y+k$로 치환하면 $dx=dX$, $dy=dY$이므로

$$\frac{dy}{dx}=\frac{dY}{dX}=\frac{X+Y+(h+k+3)}{X-Y+(h-k+1)}$$

가 된다. 분모와 분자의 괄호 안의 상수항을 $h+k+3=0$, $h-k+1=0$라 두면 $h=-2$, $k=-1$이 된다. 따라서 치환한 미분 방정식은

$$\frac{dY}{dX}=\frac{X+Y}{X-Y}$$

가 되어 동차 미분 방정식이 된다.

(2) $Y=UX$로 치환하면 $dY=UdX+XdU$이므로 동차 미분 방정식의 좌변과 우변은

$$\begin{cases} 좌변=\dfrac{dY}{dX}=U+X\dfrac{dU}{dX} \\ 우변=\dfrac{X+Y}{X-Y}=\dfrac{1+U}{1-U} \end{cases}$$

$$\Rightarrow X\frac{dU}{dX}=\frac{1+U^2}{1-U}$$

$$\Rightarrow \frac{dX}{X}=\frac{1-U}{1+U^2}dU$$

가 된다. 양변을 적분하면

$$\int \frac{dX}{X} = \underbrace{\int \frac{1}{1+U^2}dU}_{\text{적분 I}} - \underbrace{\int \frac{U}{1+U^2}dU}_{\text{적분 II}}$$

이다. 적분 I은 $U=\tan\theta \Rightarrow dU=\sec^2\theta d\theta$로 치환하면 각각의 적분은

$$\text{좌변} = \int \frac{dX}{X} = \ln(X)$$

$$\text{적분 I} = \int \frac{1}{1+U^2}dU = \int \frac{\sec^2\theta}{\sec^2\theta}d\theta$$

$$= \theta = \tan^{-1}U = \tan^{-1}\left(\frac{Y}{X}\right)$$

$$\text{적분 II} = \int \frac{-U}{1+U^2}dU = -\frac{1}{2}\ln(1+U^2)$$

$$= -\frac{1}{2}\ln\left(\frac{X^2+Y^2}{X^2}\right) = -\frac{1}{2}\ln(X^2+Y^2) + \frac{1}{2}\ln(X^2)$$

$$= -\frac{1}{2}\ln(X^2+Y^2) + \ln(X)$$

가 된다. 좌변=적분 I+적분 II+C이므로 정리하면

$$\ln(X^2+Y^2) = 2\tan^{-1}\left(\frac{Y}{X}\right) + C$$

의 음의 해를 얻는다. 이제 원래의 변수 $x=X-2$, $y=Y-1$로 나타내면 해는 다음과 같다.

$$\therefore\ \ln\left[(x+2)^2+(y+1)^2\right] = 2\tan^{-1}\left(\frac{y+1}{x+2}\right) + C$$

■

[**예제 5.11**] 미분 방정식 $\dfrac{dy}{dx}=\dfrac{x+\alpha y}{\alpha(x+\alpha y+\beta)}$, $(\alpha\neq 0,\ \beta\neq 0)$이 있다.

(1) 동차 미분 방정식으로 치환하고, (2) 해를 구하라.

[풀이]

(1) 예제 5.10과 같은 방법으로 $x=X+h$, $y=Y+k$로 치환하면 $dx=dX$, $dy=dY$이므로

$$\frac{dy}{dx}=\frac{dY}{dX}=\frac{X+\alpha Y+(h+\alpha k)}{\alpha(X+\alpha Y)+\alpha(h+\alpha k+\beta)}$$

가 된다. 분모와 분자의 괄호 안의 상수항을 $h+\alpha k=0$, $\alpha(h+\alpha k+\beta)=0$으로 두면 $\alpha\neq 0$, $\beta\neq 0$인 조건에서는 h와 k의 해를 구할 수 없다.
즉, $h+\alpha k=0 \Rightarrow \alpha\beta=0$이 되어 $\alpha\neq 0$, $\beta\neq 0$와 모순이 된다.
이를 해결하기 위해 $x+\alpha y=u$라 치환하면 $dx+\alpha dy=du$ 이므로

$$\text{좌변}=\frac{dy}{dx}=\frac{1}{\alpha}\left(\frac{du}{dx}-1\right)$$

$$\text{우변}=\frac{u}{\alpha(u+\beta)}$$

가 된다. 위의 식을 정리하면 치환한 미분 방정식은

$$\frac{du}{dx}=1+\frac{u}{u+\beta}=\frac{2u+\beta}{u+\beta}$$

가 되어 동차 미분 방정식이며 변수 분리형 미분 방정식이 된다.

(2) 변수 분리하여 적분하면

$$\int \frac{u}{u+\frac{\beta}{2}}du + \int \frac{\beta}{u+\frac{\beta}{2}}du = \int 2dx$$

이다. 적분 공식

$$\int \frac{u}{u+a}du = u - a\ln(u+a) + c$$

$$\int \frac{1}{u+a}du = \ln(u+a) + c$$

를 이용하여 계산하면

$$u + \frac{\beta}{2}\ln\left(u + \frac{\beta}{2}\right) = 2x + C$$

의 음의 해를 얻는다. $u = x + \alpha y$를 대입하면

$$\therefore \ \frac{\beta}{2}\ln\left(x + \alpha y + \frac{\beta}{2}\right) = x - \alpha y + C$$

를 얻는다.

■

5.3.3 완전 미분 방정식 (Exact Differential Equation)

2 변수 함수 $u(x, y)$ 에 대하여 $du = \frac{\partial u}{\partial x}dx + \frac{\partial u}{\partial y}dy$를 완전 미분 (exact differential) 또는 전 미분 (total differential)이라 부른다. 1계 미분 방정식 $f(x,y)dx + g(x,y)dy = 0$ 의 좌변이 $du = \frac{\partial u}{\partial x}dx + \frac{\partial u}{\partial y}dy$ 형태의 완전 미분일 때, 이 미분 방정식을 완전 (또는 전) 미분 방정식이라 한다. 즉, $du = 0$ 이므로 해는 $u(x, y) = C =$ 상수이며 일반 해 (음의 해)로 주어진다. 완전 미분 방정식의 정의에 따라

$$du = \frac{\partial u}{\partial x}dx + \frac{\partial u}{\partial y}dy \equiv f(x, y)dx + g(x, y)dy = 0$$

이므로 양변을 비교하면 $\frac{\partial u}{\partial x} = f(x, y)$, $\frac{\partial u}{\partial y} = g(x, y)$ 가 된다.

2 변수 함수 $u(x, y)$ 가 주어진 (x, y) 영역 안에서 연속이며 2계 편미분이 가능하다고 가정하면 $\frac{\partial^2 u}{\partial x \partial y} = \frac{\partial^2 u}{\partial y \partial x}$ 가 성립한다. 한편, 2 변수 함수 $f(x, y)$와 $g(x, y)$가 주어진 (x, y) 영역 안에서 연속이며 1계 편미분이 가능하다고 가정하면 위의 결과는

$$\begin{cases} \dfrac{\partial^2 u}{\partial y \partial x} = \dfrac{\partial f}{\partial y} \\ \dfrac{\partial^2 u}{\partial x \partial y} = \dfrac{\partial g}{\partial x} \end{cases}$$

이므로 다음의 완전 미분 방정식의 필요 충분 조건을 얻는다.

$$\boxed{\frac{\partial f}{\partial y} = \frac{\partial g}{\partial x}}$$

- **완전 미분 방정식의 해 구하기**

완전 미분 방정식의 필요 충분 조건을 사용하여 주어진 1계 미분 방정식이 완전 미분 방정식인지를 확인하고 일반 해 $u(x, y) = C$를 구한다.
앞에서 구한 전 미분에 관계식

$$\frac{\partial u}{\partial x} = f(x, y), \quad \frac{\partial u}{\partial y} = g(x, y)$$

가운데 하나를 먼저 사용하여 해의 대략적인 형태를 구한다.

예를 들면 $\frac{\partial u}{\partial x} = f(x, y)$을 사용하여 x에 대해 적분하면

$$\textbf{1단계 :} \quad \frac{\partial u}{\partial x} = f(x, y) \implies u(x, y) = \int f(x, y)\,dx + h(y)$$

을 얻는다. 여기서 우변의 적분은 x에 대한 적분으로 y는 상수 취급을 하며 적분 상수는 $h(y)$가 된다. 1 단계 과정으로 일반 해 $u(x, y) = C$에 대한 대략적인 함수 형태를 얻었으므로 두 번째 관계식 $\frac{\partial u}{\partial y} = g(x, y)$를 사용한다. 즉,

$$\textbf{2단계 :} \quad \frac{\partial u}{\partial y} = g(x, y) \implies \frac{\partial u}{\partial y} = \frac{\partial}{\partial y}\int f(x, y)dx + \frac{dh(y)}{dy} \equiv g(x, y)$$

을 얻는다. 여기서 적분 상수 $h(y)$는 y만의 함수이므로 상 미분으로 나타낸다.
2단계 관계식으로부터 $\frac{dh(y)}{dy}$를 y에 대하여 적분하여 $h(y)$를 구하고, 1단계에 대입하면 완전 미분 방정식의 일반 해 $u(x, y) = C$가 얻어진다.

[예제 5.12] 완전 미분 방정식

1계 미분 방정식 $(x^3+3xy^2)dx+(y^3+3x^2y)dy=0$이 완전 미분 방정식인지 판별하고 해를 구하라.

[풀이]

$f(x,y)=x^3+3xy^2,\ \ g(x,y)=y^3+3x^2y$라 두자.

완전 미분 방정식의 필요 충분 조건에 따라 $\dfrac{\partial f}{\partial y}=6xy,\ \dfrac{\partial g}{\partial x}=6xy \Rightarrow \dfrac{\partial f}{\partial y}=\dfrac{\partial g}{\partial x}$이므로 완전 미분 방정식이다.

$$\begin{cases} \dfrac{\partial u}{\partial x}=f(x,y)=x^3+3xy^2 \\ \dfrac{\partial u}{\partial y}=g(x,y)=y^3+3x^2y \end{cases}$$

먼저 첫 번째 관계식 $\dfrac{\partial u}{\partial x}=f(x,y)$을 x에 대해 적분하면

$$u(x,y)=\int f(x,y)dx+h(y)=\frac{x^4}{4}+\frac{3}{2}x^2y^2+h(y)$$

를 얻는다. 여기서 적분 상수는 $h(y)$가 된다. 이 식을 두 번째 관계식 $\dfrac{\partial u}{\partial y}=g(x,y)$에 대입하여 적분 상수 $h(y)$를 구한다.

$$\frac{\partial u}{\partial y}=3x^2y+\frac{dh(y)}{dy}\equiv g(x,y)=y^3+3x^2y$$

$$\Rightarrow \frac{dh(y)}{dy}=y^3\ \Rightarrow h(y)=\int y^3dy=\frac{y^4}{4}$$

적분 상수 $h(y)$를 대입하면 완전 미분 방정식의 일반 해 (음의 해)는

$$u(x, y) = \frac{x^4}{4} + \frac{3}{2}x^2y^2 + \frac{y^4}{4} \equiv C'$$

또는

$$u(x, y) = x^4 + 6x^2y^2 + y^4 \equiv C$$

가 된다.

■

[**주의**] 예제 5.12는 3차의 동차 미분 방정식도 되므로 동차 미분 방정식의 풀이를 사용하여도 같은 결과를 얻는다.

> **[예제 5.13] 완전 미분 방정식**
>
> 1계 미분 방정식 $(\cos x \sin x - xy^2)dx + y(1-x^2)dy = 0$이 완전 미분 방정식인지 판별하고 해를 구하라.

[**풀이**]

$f(x,y) = \cos x \sin x - xy^2$, $g(x,y) = y(1-x^2)$라 두자.

$\dfrac{\partial f}{\partial y} = -2xy$, $\dfrac{\partial g}{\partial x} = -2xy \Rightarrow \dfrac{\partial f}{\partial y} = \dfrac{\partial g}{\partial x}$이므로 완전 미분 방정식이다.

$$\begin{cases} \dfrac{\partial u}{\partial x} = f(x,y) = \cos x \sin x - xy^2 \\ \dfrac{\partial u}{\partial y} = g(x,y) = y(1-x^2) \end{cases}$$

첫 번째 관계식 $\dfrac{\partial u}{\partial x} = f(x, y)$ 보다 두 번째 관계식 $\dfrac{\partial u}{\partial y} = g(x, y)$을 y에 대해 적분하는 것이 수월해 보이므로 $\dfrac{\partial u}{\partial y} = g(x, y)$를 y에 대해 적분하면

$$u(x, y) = \int g(x,y)dy + h(x) = \frac{y^2}{2}(1-x^2) + h(x)$$

을 얻는다. 여기서 적분 상수는 $h(x)$가 된다. 이 식을 첫 번째 관계식에 대입하여 적분 상수 $h(x)$를 구한다.

$$\frac{\partial u}{\partial x} = -xy^2 + \frac{dh(x)}{dx}$$
$$\equiv f(x,y) = \cos x \sin x - xy^2$$
$$\Rightarrow \frac{dh(x)}{dx} = \cos x \sin x$$
$$\Rightarrow h(x) = \int \cos x \sin x dx = \frac{\sin^2 x}{2}$$

적분 상수 $h(x)$를 대입하면 완전 미분 방정식의 일반 해 (음의 해)는

$$u(x, y) = \frac{y^2}{2}(1-x^2) + \frac{\sin^2 x}{2} = C'$$

또는

$$u(x, y) = y^2(1-x^2) + \sin^2 x = C$$

가 된다.

■

5.3.4 적분 인자와 완전 미분 방정식

완전 미분 방정식이 아닌 1계 미분 방정식 $f(x,y)\,dx+g(x,y)\,dy=0$을 생각하자. 완전 미분 방정식이 아닌 조건은 $\dfrac{\partial f}{\partial y}\neq\dfrac{\partial g}{\partial x}$이다. 이 미분 방정식에 적당한 적분 인자(integral factor) $\lambda(x,y)$를 양변에 곱하면 완전 미분 방정식을 만들 수 있다. 즉,

$$\underbrace{\lambda(x,y)f(x,y)}_{F(x,y)}dx+\underbrace{\lambda(x,y)g(x,y)}_{G(x,y)}dy=0$$

은 완전 미분 방정식이 된다. 여기서

$$\begin{cases}\dfrac{\partial u}{\partial x}=\lambda(x,y)f(x,y)\equiv F(x,y)\\[2mm]\dfrac{\partial u}{\partial y}=\lambda(x,y)g(x,y)\equiv G(x,y)\end{cases}$$

라 두면 5.3.3과 같은 방법으로 해를 구할 수 있다. 함수 $f(x,y)$와 $g(x,y)$에 적분 인자 $\lambda(x,y)$를 곱한 함수 $F(x,y)$와 $G(x,y)$ 역시 주어진 (x,y) 영역 안에서 연속이며 1계 편미분이 가능하다고 가정하면 완전 미분 방정식의 필요 충분 조건은

$$\frac{\partial F}{\partial y}=\frac{\partial G}{\partial x}$$

가 된다. 이 조건을 사용하면 적분 인자 $\lambda(x,y)$에 대한 편미분 방정식을 얻는다.

$$\boxed{\frac{\partial\lambda}{\partial y}f+\lambda\frac{\partial f}{\partial y}=\frac{\partial\lambda}{\partial x}g+\lambda\frac{\partial g}{\partial x}}$$

일반적으로 $\lambda(x,y)$에 대한 위의 미분 방정식의 해를 구하기 어려우므로 다음과 같은

두 종류의 특수한 경우 $(i)\ \frac{\partial\lambda}{\partial y}=0$와 $(ii)\ \frac{\partial\lambda}{\partial x}=0$를 고려한다.

$(i)\ \frac{\partial\lambda}{\partial y}=0$인 경우 (즉, $\lambda=\lambda(x)$)

적분 인자는 x만의 함수 $\lambda=\lambda(x)$이므로 적분 인자 $\lambda(x, y)$에 대한 편미분 방정식은

$$\lambda\frac{\partial f}{\partial y}=\frac{d\lambda}{dx}g+\lambda\frac{\partial g}{\partial x} \Rightarrow \frac{d\lambda}{dx}\equiv\frac{\lambda}{g}\left(\frac{\partial f}{\partial y}-\frac{\partial g}{\partial x}\right)$$

가 되며 $\lambda(x)$에 대한 변수 분리형 미분 방정식이 된다. 주어진 미분 방정식이 완전 미분 방정식이 아닌 경우 $\frac{\partial f}{\partial y}-\frac{\partial g}{\partial x}\neq 0$임을 주의하자. 변수 분리하여 적분하면

$$\frac{d\lambda}{\lambda}=\frac{1}{g}\left(\frac{\partial f}{\partial y}-\frac{\partial g}{\partial x}\right)dx\equiv R(x)dx$$

$$\Rightarrow\int\frac{d\lambda}{\lambda}=\int R(x)dx$$

$$\Rightarrow\ln\lambda(x)=\int R(x)dx$$

이므로 적분 인자는

$$\therefore\ \boxed{\lambda(x)=\exp\left[\int R(x)dx\right]=\exp\left[\int\frac{1}{g}\left(\frac{\partial f}{\partial y}-\frac{\partial g}{\partial x}\right)dx\right]}$$

가 된다.

$(ii)\ \dfrac{\partial \lambda}{\partial x}=0$인 경우 (즉, $\lambda=\lambda(y)$)

적분 인자는 y만의 함수 $\lambda=\lambda(y)$이므로 적분 인자 $\lambda(x, y)$에 대한 편미분 방정식은

$$\frac{d\lambda}{dy} f+\lambda \frac{\partial f}{\partial y}=\lambda \frac{\partial g}{\partial x} \Rightarrow \frac{d\lambda}{dy}=\frac{\lambda}{f}\left(\frac{\partial g}{\partial x}-\frac{\partial f}{\partial y}\right)$$

가 되며 $\lambda(y)$에 대한 변수 분리형 미분 방정식이 된다. 주어진 미분 방정식이 완전 미분 방정식이 아닌 경우 $\dfrac{\partial f}{\partial y}-\dfrac{\partial g}{\partial x} \neq 0$임을 주의하자. 변수 분리하여 적분하면

$$\begin{aligned}
&\frac{d\lambda}{\lambda}=\frac{1}{f}\left(\frac{\partial g}{\partial x}-\frac{\partial f}{\partial y}\right) dy \equiv Q(y) dy \\
&\Rightarrow \int \frac{d\lambda}{\lambda}=\int Q(y) dy \\
&\Rightarrow \ln \lambda(y)=\int Q(y) dy
\end{aligned}$$

이므로 적분 인자는

$$\therefore \boxed{\lambda(y)=\exp\left[\int Q(y) dy\right]=\exp\left[\int \frac{1}{f}\left(\frac{\partial g}{\partial x}-\frac{\partial f}{\partial y}\right) dy\right]}$$

가 된다.

[예제 5.13] 적분 인자

(1) 1계 미분 방정식 $2\sin(y^2)dx + xy\cos(y^2)dy = 0$ 이 완전 미분 방정식인지 판별하고, 아닌 경우 적분 인자를 구하여 완전 미분 방정식을 만들어라.
(2) 해를 구하라.

[풀이]

(1) $f(x,y) = 2\sin(y^2)$, $g(x,y) = xy\cos(y^2)$ 라 두면 $\dfrac{\partial f}{\partial y} = 4y\cos(y^2)$,
$\dfrac{\partial g}{\partial x} = y\cos(y^2)$ 이며 $\dfrac{\partial f}{\partial y} - \dfrac{\partial g}{\partial x} = 3y\cos(y^2) \neq 0$ 이므로 주어진 미분 방정식은 완전 미분 방정식이 아니다. 적분 인자 $\lambda(x)$는

$$\frac{d\lambda}{\lambda} = \frac{1}{g}\left(\frac{\partial f}{\partial y} - \frac{\partial g}{\partial x}\right)dx = \frac{3}{x}dx$$

$$\Rightarrow \int \frac{d\lambda}{\lambda} = \int \frac{3}{x}dx \;\Rightarrow\; \ln\lambda(x) = 3\ln x = \ln x^3$$

$$\therefore \lambda(x) = x^3$$

이다. 적분 인자 $\lambda(x) = x^3$ 을 주어진 미분 방정식에 곱하면

$$\underbrace{2x^3\sin(y^2)}_{F(x,y)}dx + \underbrace{x^4y\cos(y^2)}_{G(x,y)}dy = 0$$

가 된다. $F(x,y) = 2x^3\sin(y^2)$, $G(x,y) = x^4y\cos(y^2)$이므로 완전 미분 방정식의 필요 충분 조건 $\dfrac{\partial F}{\partial y} = \dfrac{\partial G}{\partial x} = 4x^3y\cos(y^2)$ 을 만족한다.

(2) 완전 미분 방정식의 해는 완전 미분 관계식

$$\begin{cases} \dfrac{\partial u}{\partial x} = F(x,y) = 2x^3 \sin(y^2) \\ \dfrac{\partial u}{\partial y} = G(x,y) = x^4 y \cos(y^2) \end{cases}$$

를 사용한다. 첫 번째 관계식이 적분이 쉬우므로 계산하면

$$u(x, y) = \int F(x, y)dx + h(y) = \frac{1}{2}x^4 \sin(y^2) + h(y)$$

이 된다. 여기서 $h(y)$는 적분 상수이다. 이 식을 두 번째 관계식에 대입하면

$$\begin{cases} \dfrac{\partial u}{\partial y} = x^4 y \cos(y^2) + \dfrac{dh}{dy} \\ \dfrac{\partial u}{\partial y} = G(x,y) = x^4 y \cos(y^2) \end{cases}$$

$$\Rightarrow \frac{dh}{dy} = 0 \qquad \therefore\ h(y) = 0$$

을 얻는다. 따라서 일반 해 (음의 해)는

$$u(x, y) = \frac{1}{2}x^4 \sin(y^2) = C$$

이다. ■

[**주의**] 위의 적분 상수 $h(y)$는 $\dfrac{dh}{dy} = 0 \Rightarrow h(y) = \text{const.}$ 이지만 완전 미분 방정식의 일반 해 $u(x, y)$의 우변의 상수 C에 또 다른 적분 상수 $h(y) = c$를 더하더라도 상수이므로 $h(y) = 0$으로 두어도 무방하다.

[예제 5.14] 적분 인자

(1) 1계 미분 방정식 $2xydx+(3x^2+4y)dy=0$ 을 완전 미분 방정식으로 만드는 적분 인자를 구하라.

(2) 해를 구하라.

[풀이]

(1) $f(x,y)=2xy,\ \ g(x,y)=3x^2+4y$ 라 두면 $\dfrac{\partial f}{\partial y}=2x,\ \ \dfrac{\partial g}{\partial x}=6x$ 이며 $\dfrac{\partial g}{\partial x}-\dfrac{\partial f}{\partial y}=4x\neq 0$ 이므로 완전 미분 방정식이 아니다. 적분 인자는 다음과 같다.

$$\frac{d\lambda}{\lambda}=\frac{1}{f}\left(\frac{\partial g}{\partial x}-\frac{\partial f}{\partial y}\right)dy=\frac{2}{y}dy\Rightarrow\int\frac{d\lambda}{\lambda}=\int\frac{2}{y}dy$$

$$\Rightarrow \ln\lambda(y)=2\ln y=\ln y^2$$

$$\therefore\ \lambda(y)=y^2$$

가 된다. 적분 인자 $\lambda(y)=y^2$ 을 주어진 미분 방정식에 곱하면

$$\underbrace{2xy^3}_{F(x,y)}dx+\underbrace{(3x^2y^2+4y^3)}_{G(x,y)}dy=0$$

가 된다. $F(x,y)=2xy^3,\ G(x,y)=3x^2y^2+4y^3$ 이므로

$$\frac{\partial F}{\partial y}=6xy^2=\frac{\partial G}{\partial x}$$

가 되어 완전 미분 방정식의 필요 충분 조건 $\dfrac{\partial F}{\partial y}=\dfrac{\partial G}{\partial x}$ 을 만족한다.

(2) 완전 미분 방정식의 해는 완전 미분 관계식

$$\begin{cases} \dfrac{\partial u}{\partial x} = F(x,y) = 2xy^3 \\ \dfrac{\partial u}{\partial y} = G(x,y) = 3x^2y^2 + 4y^3 \end{cases}$$

을 사용한다. 첫 번째 관계식을 사용하여 적분하면

$$u(x, y) = \int F(x, y)dx + h(y) = x^2y^3 + h(y)$$

이 된다. 이 식을 두 번째 관계식에 대입하면

$$\begin{cases} \dfrac{\partial u}{\partial y} = 3x^2y^2 + \dfrac{dh}{dy} \\ \dfrac{\partial u}{\partial y} = G(x,y) = 3x^2y^2 + 4y^3 \end{cases}$$

$$\Rightarrow \frac{dh}{dy} = 4y^3 \quad \therefore\ h(y) = y^4$$

을 얻는다. 따라서 일반 해 (음의 해)는 다음과 같이 주어진다.

$$u(x, y) = x^2y^3 + y^4 = C$$

■

[예제 5.15] 여러 개의 적분 인자

1계 미분 방정식 $ydx-xdy=0$ 의 가능한 적분 인자를 구하고 완전 미분 방정식의 해를 구하라.

[풀이]

$f(x,y)=y,\ g(x,y)=-x$ 라 두면 $\dfrac{\partial f}{\partial y}=1,\ \dfrac{\partial g}{\partial x}=-1$ 이며 $\dfrac{\partial f}{\partial y}\neq\dfrac{\partial g}{\partial x}$ 이 되어 완전 미분 방정식이 아니다. $\dfrac{\partial f}{\partial y}-\dfrac{\partial g}{\partial x}=2(\neq 0)$ 또는 $\dfrac{\partial g}{\partial x}-\dfrac{\partial f}{\partial y}=-2(\neq 0)$ 이므로 적분 인자는 다음과 같이 다수가 존재한다.

$$(i)\ \frac{d\lambda}{\lambda}=\frac{1}{f}\left(\frac{\partial g}{\partial x}-\frac{\partial f}{\partial y}\right)dy=-\frac{2}{y}dy$$

$$\int\frac{d\lambda}{\lambda}=-\int\frac{2}{y}dy \Rightarrow \ln\lambda=-\ln y^2$$

$$\therefore\ \lambda(y)=\frac{1}{y^2}$$

적분 인자는 $\lambda(y)=\dfrac{1}{y^2}$ 이며 주어진 미분 방정식에 곱하면 $\dfrac{dx}{y}-\dfrac{xdy}{y^2}=0$ 이며 완전 미분 방정식임을 알 수 있다. $u=\dfrac{x}{y}$ 로 치환하면 $du=\dfrac{dx}{y}-\dfrac{xdy}{y^2}=0$이므로 해는

$$u(x,y)=\frac{x}{y}=c'$$

$$\therefore\ y=cx$$

이며 해는 직선을 나타낸다. $\lambda(y)=\dfrac{1}{y^2}$ 외의 다른 적분 인자는 다음과 같다.

$$(ii)\ \frac{d\lambda}{\lambda} = \frac{1}{g}\left(\frac{\partial f}{\partial y} - \frac{\partial g}{\partial x}\right)dx = -\frac{2}{x}dx$$

$$\int \frac{d\lambda}{\lambda} = -\int \frac{2}{x}dx \Rightarrow \ln\lambda = -\ln x^2$$

$$\therefore\ \lambda(x) = \frac{1}{x^2}$$

적분 인자 $\lambda(x) = \frac{1}{x^2}$를 주어진 미분 방정식에 곱하면 $\frac{y\,dx}{x^2} - \frac{dy}{x} = 0$이며 완전 미분 방정식임을 알 수 있다. $u = -\frac{y}{x}$로 치환하면 $du = \frac{y\,dx}{x^2} - \frac{dy}{x} = 0$이므로 해는 $u(x, y) = -\frac{y}{x} \equiv -c$ 또는 $y = cx$가 되어 (i) $\lambda(y) = \frac{1}{y^2}$ 경우와 같은 해를 갖는다.

적분 인자 $\lambda(y) = \frac{1}{y^2}$와 $\lambda(x) = \frac{1}{x^2}$ 외에도 1계 미분 방정식 $y\,dx - x\,dy = 0$의 또 다른 적분 인자들은

$$\lambda(x, y) = \begin{cases} \dfrac{1}{xy} & \Rightarrow \ln\left(\dfrac{y}{x}\right) = c' \quad \Rightarrow \therefore\ y = cx \\ \dfrac{1}{x^2 + y^2} & \Rightarrow \tan^{-1}\left(\dfrac{y}{x}\right) = c' \Rightarrow \therefore\ y = cx \\ \qquad\vdots & \end{cases}$$

와 같이 다양한 적분 인자를 가질 수 있으나 해는 모두 같음을 알 수 있다.

■

[※ **주의**] 예제 5.13과 예제 5.14의 적분 인자는 각각 $\lambda(x)$ 또는 $\lambda(y)$ 형으로 주어진다. 그러나 예제 5.15와 같은 미분 방정식의 경우 $\lambda(x, y)$와 같이 다양한 x, y 함수의 적분 인자도 가능하다.

5.3.5 선형 1계 미분 방정식 (Linear First-order Differential Equation)

선형 1계 미분 방정식은 선형 시스템 (linear system)을 다루는데 매우 중요하다. 예를 들면, 속력에 비례하는 저항력을 가지는 공기나 유체에서 자유 낙하 물체의 속력 $v(t)$을 기술하거나 RC 회로를 흐르는 전하 $q(t)$ 또는 RL 회로를 흐르는 전류 $I(t)$에 대한 미분 방정식은 모두 선형 1계 미분 방정식의 좋은 예이다.

- **선형 1계 미분 방정식의 표준형** (standard form)

그림 5.1은 선형 시스템의 구조를 나타낸다. 외부 입력 (input) $Q(x)$가 가해지면 선형 시스템은 $P(x)$의 반응 또는 응답 (response)을 거쳐 $y(x)$의 출력 (output)을 낸다.

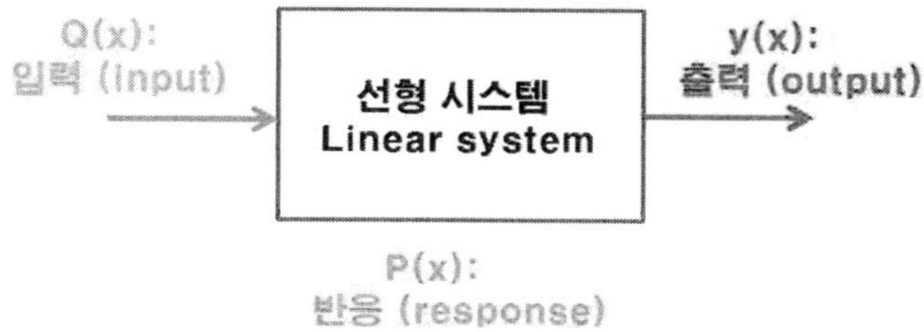

그림 5.1 선형 시스템의 기본 구조.

선형 시스템을 기술하는 1계 미분 방정식의 표준형은 다음과 같이 주어진다.

$$\frac{dy}{dx}+P(x)y=Q(x)$$

입력 또는 원천 항 (driving or source term) $Q(x)$가 $Q(x)=0$인 경우를 제차 (homogeneous) 선형 미분 방정식이라 하며, $Q(x)\neq 0$인 경우를 비 제차 (non-homogeneous) 선형 미분 방정식이라 한다.[55]

55) homogeneous는 5.3.2에서 다룬 동차(同次; homogeneous) 방정식과 5.3.5의 제차(齊次; homogeneous) 미분 방정식에도 같이 사용하므로 용어를 구분할 필요가 있다.

- **비 제차 선형 1계 미분 방정식의 해: 적분 인자로 구하기**

<u>$(i)\ Q(x)=0$인 경우</u>

$Q(x)=0$ 인 경우 제차 선형 1계 미분 방정식은

$$\frac{dy}{dx}+P(x)y=0$$

이며 변수 분리형 미분 방정식이다. 변수 분리하고 양변을 적분하면 해는 다음과 같이 주어진다.

$$\int\frac{dy}{y}=-\int P(x)\,dx \Rightarrow \ln y(x)=-\int P(x)\,dx+C'$$

$$\therefore\ y(x)=Ce^{-\int P(x)\,dx}$$

여기서 C는 적분 상수이다.

<u>$(ii)\ Q(x)\neq 0$인 경우</u>

비 제차 선형 1계 미분 방정식의 해를 5.3.4에서 다룬 적분 인자 방법으로 구하여 보자. $Q(x)\neq 0$인 1계 선형 미분 방정식을 $f(x,y)\,dx+g(x,y)\,dy=0$ 형으로 변형하면

$$\frac{dy}{dx}+P(x)y=Q(x) \Rightarrow \underbrace{[P(x)y-Q(x)]}_{f(x,y)}dx+\underbrace{1}_{g(x,y)}dy=0$$

와 같다. 여기서 $f(x,y)=[P(x)y-Q(x)]$, $g(x,y)=1$ 이다. 완전 미분 방정식 여부를 확인하면 $\frac{\partial f}{\partial y}=P(x)\neq\frac{\partial g}{\partial x}=0$ 이다. 즉, $P(x)=0$ 인 경우를 제외하면 완전 미분 방정식

이 아님을 알 수 있다. $\dfrac{\partial f}{\partial y}-\dfrac{\partial g}{\partial x}=P(x)\ (\neq 0)$ 이므로 적분 인자를 구하면

$$\frac{d\lambda}{\lambda}=\frac{1}{g}\left(\frac{\partial f}{\partial y}-\frac{\partial g}{\partial x}\right)dx=P(x)\,dx \quad \Rightarrow \ln(\lambda)=\int P(x)dx$$

이므로 적분 인자는

$$\therefore\ \lambda(x)=\exp\left[\int P(x)dx\right]$$

이다. 적분 인자를 1계 선형 미분 방정식의 양변에 곱하면

$$\underbrace{e^{\int P(x)dx}[P(x)y-Q(x)]}_{F(x,y)}dx+\underbrace{e^{\int P(x)dx}}_{G(x,y)}dy=0$$

가 된다. $F(x,y)=e^{\int P(x)dx}[P(x)y-Q(x)]$, $G(x,y)=e^{\int P(x)dx}dy$ 에 대해 $\dfrac{\partial F}{\partial y}=e^{\int P(x)dx}P(x)=\dfrac{\partial G}{\partial x}$ 이므로 완전 미분 방정식의 필요 충분 조건 $\dfrac{\partial F}{\partial y}=\dfrac{\partial G}{\partial x}$ 을 만족한다.

완전 미분 방정식의 해는 완전 미분 관계식을 적용한다.

$$\begin{cases}\dfrac{\partial u}{\partial x}=F(x,y)=e^{\int P(x)dx}[P(x)y-Q(x)]\\[2mm]\dfrac{\partial u}{\partial y}=G(x,y)=e^{\int P(x)dx}\end{cases}$$

첫 번째 관계식은 x 에 대해 적분하기가 어려워 보이므로 두 번째 관계식을 사용하여 적분한다.

$$u(x, y) = \int G(x, y)dy + h(x) = \int e^{\int P(x)dx} dy + h(x)$$

$$= ye^{\int P(x)dx} + h(x)$$

이 식을 x에 대해 연쇄 규칙을 사용하여 편 미분 $\frac{\partial u}{\partial x}$을 구하면

$$\frac{\partial u}{\partial x} = yP(x)e^{\int P(x)dx} + \frac{dh}{dx}$$

이며 첫 번째 관계식과 비교하여 적분 상수 $h(x)$를 구한다.

$$\frac{dh}{dx} = -Q(x)e^{\int P(x)dx} \quad \Rightarrow \quad \therefore\ h(x) = -\int Q(x)e^{\int P(x)dx} dx$$

적분 상수 $h(x)$를 대입하면 음의 해

$$u(x, y) = ye^{\int P(x)dx} - \int Q(x)e^{\int P(x)dx} dx \equiv C$$

를 얻는다. 여기서 C는 적분 상수이다. 위의 결과를 선형 시스템의 출력 $y(x)$에 대해 정리하면 선형 1계 미분 방정식의 일반 해를 얻는다.

$$\therefore \quad \boxed{y(x) = e^{-\int P(x)dx}\left[\int Q(x)\, e^{+\int P(x)dx} dx + C\right]}$$

※ **주의**: 위의 선형 1계 미분 방정식의 일반 해는 (i) $Q(x) = 0$인 경우의 해와 (ii) $Q(x) \neq 0$ 인 경우의 해의 합으로 주어진다.

[예제 5.16] 선형 1계 미분 방정식: 속력에 비례하는 공기 저항력

균일한 중력장 내에서 자유 낙하 물체의 속력에 비례하는 저항력이 작용하는 경우 물체의 운동 방정식은 $m\frac{dv}{dt} = mg - bv$ 로 주어진다.

초기조건이 $v(0) = 0$ 일 때 속력 $v(t)$ 와 종말 속력 $v(t \to \infty)$ 를 구하라.

단, m 은 질량, g 는 중력 가속도, b 는 저항력에 대한 비례상수이다.

[풀이]

운동 방정식은 표준형으로 $\frac{dv}{dt} + \frac{b}{m}v = g$ 이므로 $P(t) = \frac{b}{m}$, $Q(t) = g$ 이다.

선형 1계 미분 방정식의 일반 해는

$$v(t) = e^{-\int P(t)dt}\left[\int Q(t)\, e^{+\int P(t)dt}dt + C\right] = e^{-\frac{b}{m}t}\left[\int g\, e^{+\frac{b}{m}t}dt + C\right]$$

$$= e^{-\frac{b}{m}t}\left[\frac{mg}{b}e^{+\frac{b}{m}t} + C\right] = \frac{mg}{b} + Ce^{-\frac{b}{m}t}$$

이다. 초기조건 $v(0) = 0$ 을 사용하면 적분 상수는 $C = -\frac{mg}{b}$ 이므로 특별해는

$$\therefore \ v(t) = \frac{mg}{b}\left[1 - e^{-bt/m}\right]$$

이다. $t \to \infty$ 일 때 정상상태 (steady state)에 도달하며, 종말 속력 (terminal speed)은 다음과 같이 주어진다.

$$\therefore \ v(t \to \infty) = \frac{mg}{b}$$

■

[예제 5.17] 선형 1계 미분 방정식: RC 회로

$V = V_o$ 의 직류 전압이 연결된 직렬 RC 회로에 흐르는 전하 $q(t)$ 에 대한 미분 방정식은 $R\dfrac{dq}{dt} + \dfrac{q}{C} = V_o$ 로 주어진다. 초기조건이 $q(0) = 0$ 일 때 전하 $q(t)$ 를 구하라. 단, R은 저항, C는 전기용량이다.

[풀이] 전하 $q(t)$ 에 대한 선형 1계 미분 방정식을 표준형으로 나타내면 $\dfrac{dq}{dt} + \dfrac{q}{RC} = \dfrac{V_o}{R}$ 이다. $P(t) = \dfrac{1}{RC}$, $Q(t) = \dfrac{V_o}{R}$ 라 두면 일반 해는

$$q(t) = e^{-\int P(t)dt}\left[\int Q(t)\, e^{+\int P(t)dt} dt + c'\right]$$

$$= e^{-\frac{t}{RC}}\left[\frac{V_o}{R}\int e^{+\frac{t}{RC}} dt + c'\right] = e^{-\frac{t}{RC}}\left[CV_o e^{+\frac{t}{RC}} + c'\right]$$

$$\therefore\ q(t) = CV_o + c' e^{-\frac{t}{RC}}$$

로 주어진다. 여기서 c' 은 적분 상수이다. 초기조건 $q(0) = 0$ 을 적용하면 $c' = -CV_o$ 가 되므로 전하 $q(t)$ 에 대한 특별해는

$$\therefore\ q(t) = CV_o\left(1 - e^{-t/RC}\right) \equiv Q_o\left(1 - e^{-t/\tau}\right)$$

로 주어진다. 여기서, $Q_o = CV_o$ 는 축전기에 전압 V_o 에 의해 충전되는 최대 전하이며, $\tau = RC$ 는 시 상수 (time constant) 또는 특성 시간 (characteristic time)이다.
RC 회로에 흐르는 전하 $q(t)$ 는 지수적으로 증가하여 정상상태 (steady state) 전하 Q_o 에 도달한다.

■

[예제 5.18] 선형 1계 미분 방정식: RL 직렬 회로

$V(t) = V_o e^{i\omega t}$의 교류 전압이 연결된 RL 직렬 회로에 흐르는 전류 $I(t)$의 미분 방정식은 $L\frac{dI}{dt}+RI= V_o e^{i\omega t}$ 로 주어진다.

초기조건이 $I(0)=0$일 때 전류 $I(t)$와 정상상태의 전류 $I_{정상상태}(t)$를 구하라.

단, R은 저항, L은 인덕턴스, V_o은 최대 전압이며 ω는 교류 전압의 각 진동수이다.

[풀이]

전류 $I(t)$에 대한 미분 방정식을 선형 1계 미분 방정식의 표준형으로 나타내면

$$\frac{dI}{dt}+\frac{R}{L}I=\frac{V_o}{L}e^{i\omega t}$$

이다. $P(t)=\frac{R}{L}$, $Q(t)=\frac{V_o}{L}e^{i\omega t}$ 라 두면 일반 해는

$$\begin{aligned} I(t) &= e^{-\int P(t)dt}\left[\int Q(t)\, e^{+\int P(t)dt}dt+c'\right] \\ &= e^{-\frac{R}{L}t}\left[\int \frac{V_o}{L}e^{i\omega t}\, e^{+\frac{R}{L}t}dt+c'\right] \\ &= e^{-\frac{R}{L}t}\left[\frac{V_o}{R+i\omega L}\exp\left[\left(i\omega+\frac{R}{L}\right)t\right]+c'\right] \\ \Rightarrow\ \therefore\ I(t) &= \frac{V_o}{R+i\omega L}e^{i\omega t}+c'e^{-\frac{R}{L}t} \end{aligned}$$

로 주어진다. 여기서 c'은 적분 상수이다. 초기조건 $I(0)=0$을 일반 해에 대입하면 적분 상수는 $c'=-\frac{V_o}{R+i\omega L}$이 되므로 전류 (특별해)는 다음과 같이 주어진다.

$$I(t) = \frac{V_o}{R+i\omega L}\left[e^{i\omega t} - e^{-t/\tau}\right] = \frac{V_o}{Z}\left[e^{i\omega t} - e^{-t/\tau}\right]$$

여기서 $Z = R + i\omega L \equiv R + iX_L$은 RL 직렬 회로의 임피던스 (impedance), $X_L = \omega L$은 유도성 리액턴스 (inductive reactance)이며 $\tau = L/R$은 시 상수 또는 특성 시간이다. 시간 $t \to \infty$인 정상상태에서는 $e^{-t/\tau} \to 0$이므로 정상상태의 전류는 $I_{정상상태}(t) = \frac{V_o}{R+i\omega L}e^{i\omega t} = \frac{V_o}{Z}e^{i\omega t}$가 된다. 정상상태의 전류 항이 $\frac{1}{Z} = \frac{1}{R+i\omega L}$ 형태의 복소수이므로 유리화하면 다음과 같이 쓸 수 있다.

$$\begin{aligned} I_{정상상태}(t) &= \frac{V_o}{R+i\omega L}e^{i\omega t} = \frac{R-i\omega L}{R^2+(\omega L)^2}V_o e^{i\omega t} \\ &= \frac{1}{\sqrt{R^2+(\omega L)^2}}\frac{R-i\omega L}{\sqrt{R^2+(\omega L)^2}}V_o e^{i\omega t} \\ &= \frac{\cos\phi - i\sin\phi}{\sqrt{R^2+(\omega L)^2}}V_o e^{i\omega t} = \frac{V_o}{\sqrt{R^2+(\omega L)^2}}e^{i(\omega t-\phi)} \\ &\equiv I(\omega)e^{i(\omega t-\phi)} \end{aligned}$$

여기서 $\cos\phi = \frac{R}{\sqrt{R^2+(\omega L)^2}}$, $\sin\phi = \frac{\omega L}{\sqrt{R^2+(\omega L)^2}}$ 또는 위상은 $\phi = \tan^{-1}\left(\frac{\omega L}{R}\right)$이며 최대 전류는 $I_o(\omega) = \frac{V_o}{\sqrt{R^2+(\omega L)^2}} \equiv \frac{V_o}{|Z|}$이며 각 진동수 ω의 함수이다. ■

5.3.6 비선형 1계 미분 방정식 (Nonlinear First-order Differential Equation): 선형 1계 미분 방정식으로 치환 가능

본 절에서는 선형 1계 미분 방정식으로 치환 가능한 비선형 1계 미분 방정식을 알아본다. 대표적인 비선형 미분 방정식은 다음과 같이 3종류로 분류한다.

(1) 베르누이 미분 방정식 (Bernoulli differential equation): $\dfrac{dy}{dx}+P(x)y=Q(x)y^n$ $(n:$ 실수$)$
(2) 리카티 방정식 (Ricatti equation): $\dfrac{dy}{dx}+P(x)y=Q(x)y^2+R(x)$
(3) 클레로 방정식 (Clairaut equation): $y=xy'+f(y'),\quad \left(y'\equiv\dfrac{dy}{dx}\right)$

(1) 베르누이 미분 방정식 (Bernoulli differential equation)

베르누이 (비선형) 미분 방정식의 표준형은

$$\frac{dy}{dx}+P(x)y=Q(x)y^n,\quad (n:\text{ 실수})$$

와 같이 주어진다.

$n=0$ 인 경우는 5.3.5의 선형 1계 미분 방정식 $\dfrac{dy}{dx}+P(x)y=Q(x)$와 같으므로 적분 인자를 사용하여 해를 구할 수 있다. 한편, $n=1$ 인 경우는 변수 분리형 미분 방정식 $\dfrac{dy}{dx}+[P(x)-Q(x)]y=0$ 이 되므로 해는 쉽게 구할 수 있다. $n=0$ 과 $n=1$ 인 경우는 베르누이 방정식이 아니므로 논외로 한다.

$n\neq 0$이며 $n\neq 1$ 인 경우 베르누이 방정식의 해가 $y=0$ 인 경우는 물리적으로 무의미

한 해 (trivial solution)이므로 $y \neq 0$를 가정한다. 양변을 y^n으로 나누면 베르누이 방정식은 다음과 같이 변형된다.

$$y^{-n}\frac{dy}{dx}+P(x)y^{1-n}=Q(x)$$

이제 $w=y^{1-n}$으로 치환하면 $dw=(1-n)y^{-n}\,dy$이므로

$$\frac{dw}{dx}=(1-n)y^{-n}\frac{dy}{dx} \Rightarrow y^{-n}\frac{dy}{dx}=\frac{1}{1-n}\frac{dw}{dx}$$

이다. 베르누이 방정식에 대입하여 정리하면

$$\boxed{\frac{dw}{dx}+(1-n)P(x)w=(1-n)Q(x)}$$

가 되어 $w(x)$에 대한 (비 제차) 선형 1계 미분 방정식과 같은 형태가 된다.

즉, 베르누이 방정식은 $w=y^{1-n}$으로 치환하면 (비 제차) 선형 1계 미분 방정식이 되므로 일반 해 $w(x)$는 5.3.5에서 적분 인자를 이용한 해에서 바로 구할 수 있다.

$$w(x)=e^{-(1-n)\int P(x)dx}\left[(1-n)\int Q(x)\,e^{+(1-n)\int P(x)dx}dx+C\right]$$

끝으로 $w=y^{1-n}$을 사용하여 비선형 미분 방정식 (베르누이 방정식)의 일반 해 $y(x)=w^{\frac{1}{1-n}}$를 구하면 된다.

[예제 5.19] 인구 증가에 대한 논리 방정식 (Logistic equation for population growth): 베르누이 미분 방정식

시간에 따른 인구수를 $y(t)$ 라 하면 인구 증가에 대한 논리 방정식은

$$\underbrace{\frac{dy}{dt}}_{\text{인구 증가율}} = \underbrace{Py}_{\text{출생 인구}} - \underbrace{Qy^2}_{\text{사망 인구}}$$

와 같이 주어진다. 여기서 P 는 평균 출생률 (average birth rate), Q 는 평균 사망률 (average death rate)이다. 초기조건으로 $y(0)=y_o$ 를 사용하여 해를 구하고 인구 증감에 대해 분석하라.

[풀이]

인구 증가에 대한 논리 방정식은 $n=2$ 인 베르누이 방정식과 같다.

$w=y^{1-n}=y^{-1}$ 라 두면 $dw=-y^{-2}dy \Rightarrow \dfrac{dw}{dt}=-y^{-2}\dfrac{dy}{dt}$ 이므로 논리 방정식에 대입하여 정리하면

$$\frac{dw}{dt}=-y^{-2}\frac{dy}{dt}=-y^{-2}(Py-Qy^2)$$

$$=-Py^{-1}+Q\equiv -Pw+Q$$

$$\therefore\ \frac{dw}{dt}+Pw=Q$$

와 같이 선형 1계 미분 방정식이 된다. 일반 해는

$$w(t)=e^{-\int P(t)dt}\left[\int Q(t)\,e^{+\int P(t)dt}dt+C\right]$$

$$=e^{-Pt}\left[\frac{Q}{P}e^{+Pt}+C\right]=\frac{Q}{P}+Ce^{-Pt}$$

가 되며 인구수는 $w=y^{-1}$를 사용하면

$$\therefore\ y=w(t)^{-1}=\frac{1}{\frac{Q}{P}+Ce^{-Pt}}$$

가 된다. 초기조건으로 $y(0)=y_o$를 사용하면 적분 상수 C는 $y_o=\frac{1}{\frac{Q}{P}+C}$이므로

$C=\frac{1}{y_o}-\frac{Q}{P}$가 된다. 따라서 특별해는

$$\boxed{y(t)=\frac{1}{\frac{Q}{P}+\left(\frac{1}{y_o}-\frac{Q}{P}\right)e^{-Pt}}}$$

이다. 평균 출생률 P와 평균 사망률 Q를 사용하여 인구 증가에 대해 시늉내기(simulation)할 수도 있지만, 다음과 같이 초기의 인구수와 정상상태의 인구수로 나타낼 수도 있다. 정상상태에서의 인구수를 $y(t\to\infty)\equiv y_\infty$라 두면 위 식에서 $y(t\to\infty)=y_\infty=\frac{P}{Q}$이므로 특별해는

$$y(t)=\frac{1}{\frac{1}{y_\infty}+\left(\frac{1}{y_o}-\frac{1}{y_\infty}\right)e^{-Pt}}$$

또는

$$y(t)=\frac{y_o y_\infty}{y_o+(y_\infty-y_o)e^{-Pt}}$$

와 같이 표현할 수도 있다.

인구 증가에 대한 논리 방정식의 해를 다음과 같은 특별한 경우에 대해 생각해 보자.

첫째, $Q = 0$ 인 경우 (즉, 사망률이 없고 출생률만 있는 경우), 특별해는 $y(t) = y_o e^{+Pt}$ 가 되어 인구는 기하급수적으로 증가하며 이 법칙을 인구 증가에 대한 맬더스 법칙(Malthus law)이라 한다.

둘째, $Qy_o > P$인 경우 (즉, $y_o > y_\infty$ 인 경우), 특별해는 예제 그림 5.19와 같이 인구는 단조 감소 (monotonic decrease)한다. 이러한 예는 전쟁, 코로나, 흑사병과 같은 전염병 또는 기근 등이 발생하여 초기의 출생 인구수보다 사망자 수가 매우 큰 경우 일어난다.

셋째, $Qy_o < P$인 경우 (즉, $y_o < y_\infty$ 인 경우), 특별해는 예제 그림 5.19와 같이 인구는 단조 증가 (monotonic increase)한다. 이때 증가 곡선은 S자 형 곡선(S-shaped curve)을 나타낸다. 예로서 6.25 전쟁이 끝난 후 1차 베이비 붐 세대 (1955~1963)의 인구가 폭발적으로 증가한 경우 등이 해당한다.

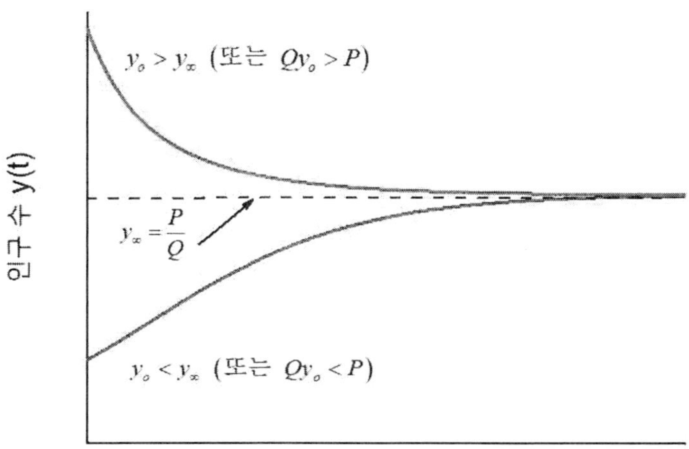

예제 5.19 그림. 인구 변화에 대한 논리 방정식의 해.

■

(2) 리카티 미분 방정식 (Ricatti differential equation)

리카티 미분 방정식의 표준형은

$$\frac{dy}{dx}+P(x)y=Q(x)y^2+R(x)$$

와 같이 주어진다.

$R(x)=0$ 인 경우는 $n=2$ 인 베르누이 방정식과 같다. 리카티 미분 방정식의 해는 알고 있는 특별 해를 $y_1(x)$이라 하면 일반 해는 $y(x)=y_1(x)+u(x)$ 로 둔다. 일반 해를 리카티 방정식에 대입하면

$$\begin{aligned}\frac{dy}{dx}&=\underbrace{\frac{dy_1}{dx}}_{\text{특별해}}+\frac{du}{dx}=Q(x)y^2+R(x)-P(x)y\\&=Q(x)(y_1+u)^2+R(x)-P(x)(y_1+u)\\&=\underbrace{\left(Q(x)y_1^2+R(x)-P(x)y_1\right)}_{\text{특별해}}+Q(x)(2y_1u+u^2)-P(x)u\end{aligned}$$

이다. 특별해 $y_1(x)$ 에 대한 리카티 방정식은

$$\underbrace{\frac{dy_1}{dx}}_{\text{특별해}}=\underbrace{\left(Q(x)y_1^2+R(x)-P(x)y_1\right)}_{\text{특별해}}$$

이므로 $u(x)$ 에 대한 미분 방정식은

$$\frac{du}{dx}+\left[P(x)-2y_1Q(x)\right]u=Q(x)u^2$$

가 된다. 즉, $n=2$ 에 대한 베르누이 방정식으로 변환된다. 이제 $w=u^{1-n}=u^{-1}$ 로

치환하면 $dw = -u^{-2}\,du$가 되므로 위의 베르누이 방정식에 대입하여 정리하면

$$\frac{dw}{dx} + \left[2Q(x)y_1 - P(x)\right]w = -Q(x)$$

가 되어 선형 1계 미분 방정식으로 변환된다. 일반 해 $w(x)$를 구한 다음 $w = u^{-1}$를 사용하여 $u = w^{-1}$를 얻는다. 따라서 리카티 미분 방정식의 최종 해는 다음과 같다.

$$y(x) = y_1(x) + u(x) = y_1(x) + w^{-1}(x)$$

리카티 미분 방정식의 해를 구하는 방법은 다음과 같이 복잡한 과정을 거친다.
첫째 과정으로, 리카티 방정식의 형태를 보고 시행착오 (trial and error) 과정 또는 경험적으로 리카티 방정식을 만족하는 특별 해 $y_1(x)$를 구하는 것이 중요하다.
두 번째 과정으로 일반 해를 $y(x) = y_1(x) + u(x)$라 두고 $u(x)$에 대한 미분 방정식 ($n = 2$인 베르누이 미분 방정식)을 유도한다.
셋째 과정으로 $w = u^{1-n} = u^{-1}$로 치환하여 베르누이 방정식을 선형 1계 미분 방정식으로 변환하여 해를 구한다. 풀이 과정을 도식화하면 다음과 같다.

$$\frac{dy}{dx} + P(x)y = Q(x)y^2 + R(x) \quad \Rightarrow \quad y = \underbrace{y_1(x)}_{\text{특별해}} + u(x)$$

$$\Downarrow$$

$$\frac{du}{dx} + \left[P(x) - 2y_1Q(x)\right]u = Q(x)u^2 \quad (n = 2\text{: 베르누이 미분 방정식})$$

$$\Downarrow$$

$$\left[w = u^{1-n} = u^{-1} \text{ 치환}\right]$$

$$\frac{dw}{dx} + \left[2y_1Q(x) - P(x)\right]w = -Q(x) \quad (\text{선형 1계 미분 방정식})$$

$$\Downarrow$$

$$\therefore\ y(x) = y_1(x) + u(x) = y_1(x) + w^{-1}(x)$$

[예제 5.20] 리카티 (미분) 방정식

비선형 1계 미분 방정식이 $\dfrac{dy}{dx}=2-2xy+y^2$ 과 같이 주어진다. 해를 구하라.

[풀이]

미분 방정식은 $P(x)=2x$, $Q(x)=1$, $R(x)=2$ 인 리카티 방정식이다. 시행착오 과정을 거쳐 특별 해를 $y_1(x)=2x$ 라 두면 리카티 방정식을 만족한다. 일반 해를 $y(x)=y_1(x)+u(x)=2x+u(x)$ 라 두고 대입하여 정리하면 $n=2$ 인 베르누이 방정식 $\dfrac{du}{dx}-2xu=u^2$ 을 얻는다. $w=u^{1-n}=u^{-1}$ 로 치환하면 $dw=-u^{-2}du$ 이므로 정리하면 $\dfrac{dw}{dx}+2xw=-1$ 와 같은 선형 1계 미분 방정식을 얻는다. 일반 해는

$$
\begin{aligned}
w(x) &= e^{-\int 2x dx}\left[-\int e^{+\int 2x dx} dx + C\right] \\
&= e^{-x^2}\left[C-\int e^{x^2} dx\right]
\end{aligned}
$$

가 된다. 여기서 적분 함수 $\int e^{x^2} dx$ 는 대수 함수로 표현할 수 없는 함수로 초월 함수 (transcendental function)[56] 이다. 일반 해는 $y(x)=2x+u(x)=2x+w^{-1}(x)$ 이므로

$$
y(x)=2x+w^{-1}(x)=2x+\frac{e^{x^2}}{C-\int e^{x^2} dx}
$$

와 같이 주어진다.

■

56) 다항 함수 또는 대수 함수로 표현할 수 없는 함수를 초월 함수라 한다. 대표적으로 지수 함수, 로그 함수, 삼각 함수, 쌍곡선 함수, 역 삼각 함수, 역 쌍곡선 함수 등이 있다.

[예제 5.21] 리카티 방정식: 속력의 제곱에 비례하는 저항력

속력의 제곱에 비례하는 저항력을 갖는 유체에서 자유 낙하 물체에 대한 뉴턴의 운동 방정식은 $m\dfrac{dv}{dt}=mg-bv^2$으로 주어진다. 초기조건이 $v(0)=0$일 때 속력 $v(t)$와 종말 속력 $v(t\to\infty)$를 구하라.
단, m은 질량, g는 중력 가속도, b는 저항력에 대한 비례상수이다.

[풀이]

운동 방정식은 $\dfrac{dv}{dt}=g-\dfrac{b}{m}v^2$이며 계수들은 $P(x)=0$, $Q(x)=-\dfrac{b}{m}$, $R(x)=g$인 리카티 방정식이다. 특별 해를 $v_1=\sqrt{\dfrac{mg}{b}}$라 하면 방정식을 만족한다. 일반 해를 $v(t)=v_1+u(t)=\sqrt{\dfrac{mg}{b}}+u(t)$라 두고 대입하면

$$\frac{dv}{dt}=\frac{du}{dt}=g-\frac{b}{m}\left(\sqrt{\frac{mg}{b}}+u\right)^2=-2\sqrt{\frac{bg}{m}}\,u-\frac{b}{m}u^2$$

$$\therefore\ \frac{du}{dt}+2\sqrt{\frac{bg}{m}}\,u=-\frac{b}{m}u^2$$

가 되며 $n=2$인 베르누이 방정식이다. $w=u^{1-n}=u^{-1}$로 치환하면 $w(t)$에 대한 선형 1계 미분 방정식과 일반 해를 얻는다.

$$\frac{dw}{dt}-2\sqrt{\frac{bg}{m}}\,w=\frac{b}{m}$$

$$\Rightarrow\ w(t)=e^{2\sqrt{bg/m}\,t}\left[\int\frac{b}{m}e^{-2\sqrt{bg/m}\,t}dt+C\right]$$

$$=Ce^{2\sqrt{bg/m}\,t}-\frac{1}{2}\sqrt{\frac{b}{mg}}$$

속력 $v(t)=\sqrt{\frac{mg}{b}}+u(t)=\sqrt{\frac{mg}{b}}+w^{-1}(t)$ 이므로 일반 해는

$$v(t)=\sqrt{\frac{mg}{b}}+u(t)=\sqrt{\frac{mg}{b}}+\frac{1}{Ce^{2\sqrt{bg/m}\,t}-\frac{1}{2}\sqrt{\frac{b}{mg}}}$$

가 된다. 초기조건 $v(0)=0$ 을 적용하면 적분 상수는 $C=-\frac{1}{2}\sqrt{\frac{b}{mg}}$ 이므로 정리하면

$$v(t)=\sqrt{\frac{mg}{b}}\,\frac{e^{2\sqrt{bg/m}\,t}-1}{e^{2\sqrt{bg/m}\,t}+1}$$

을 얻는다. 위의 해는 $\frac{e^{2x}-1}{e^{2x}+1}$ 형태이므로 분모와 분자에 각각 e^{-x} 를 곱하면 $\frac{e^{x}-e^{-x}}{e^{x}+e^{-x}}=\tanh x$ 와 같으므로, 또 다른 표현 식으로 $v(t)=\sqrt{\frac{mg}{b}}\tanh\left(\sqrt{\frac{bg}{m}}\,t\right)$ 로 나타낼 수도 있다. 한편 $t\to\infty$ 일 때 $\tanh\left(\sqrt{\frac{bg}{m}}\,t\right)\to 1$ 가 되므로 종말 속력은 $v(t\to\infty)=\sqrt{\frac{mg}{b}}\equiv v_\infty$ 로 주어진다. 따라서 속력 v^2 에 비례하는 공기 저항력을 받으며 자유 낙하 물체의 속력은

$$\therefore\ v(t)=\sqrt{\frac{mg}{b}}\tanh\left(\sqrt{\frac{bg}{m}}\,t\right)\equiv v_\infty\tanh\left(\sqrt{\frac{bg}{m}}\,t\right)$$

가 된다.[57) ■

57) 예제 5.21의 리카티 방정식은 변수 분리형이므로 $\frac{dy}{dt}=a-by^2=(\sqrt{a}+\sqrt{b}\,y)(\sqrt{a}-\sqrt{b}\,y)$ 형태로 변환하여 계산하여도 같은 결과를 얻을 수 있다.

[참고] 예제 5.16에서 속력 v^1에 비례하는 공기 저항력을 받으며 자유 낙하 물체의 속력은 $v(t) = \frac{mg}{b}\left(1 - e^{-\frac{b}{m}t}\right) \equiv v_\infty \left(1 - e^{-\frac{b}{m}t}\right)$이며 시간에 따라 지수적으로 증가하여 정상상태 $(t \to \infty)$인 종말 속력 $v(t \to \infty) = \frac{mg}{b} \equiv v_\infty$에 도달한다. 반면에 예제 5.21의 속력의 제곱 (v^2)에 비례하는 공기 저항력에 대해 자유 낙하하는 물체의 속력은 $v(t) = \sqrt{\frac{mg}{b}} \tanh\left(\sqrt{\frac{bg}{m}}\, t\right) \equiv v_\infty \tanh\left(\sqrt{\frac{bg}{m}}\, t\right)$가 되며 종말 속력은 $v(t \to \infty) = \sqrt{\frac{mg}{b}} \equiv v_\infty$이다.

예제 5.21 그림에서 이들 두 저항력에 대한 자유 낙하 물체의 속력 변화를 비교하였다. 두 경우 공기 저항력의 비례상수 b의 차원이 다르지만 $v(t \to \infty) \equiv v_\infty$를 같은 최댓값으로 할 때 속력에 대한 변화를 비교하였다.

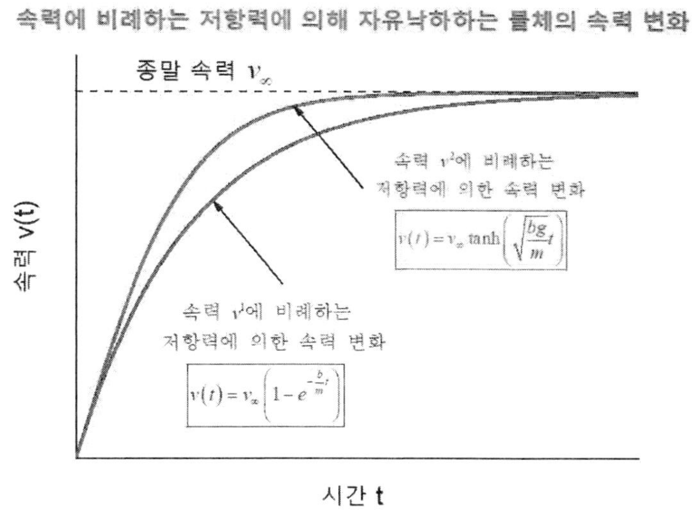

예제 5.21 그림.

(3) 클레로 미분 방정식 (Clairaut differential equation)

클레로 미분 방정식의 표준형은

$$y = xy' + f(y')$$

와 같이 주어진다. 여기서 $y' = \dfrac{dy}{dx}$ 이다. 해를 구하기 위해 양변을 x 에 대해 미분하면

$$y' = y' + xy'' + \frac{df(y')}{dx} = y' + xy'' + \frac{df(y')}{dy'}y'' \quad \Leftarrow \text{[연쇄 규칙 사용]}$$

이므로 클레로 방정식은

$$y''\left[x + \frac{df(y')}{dy'}\right] = 0$$

와 같이 변환된다. 클레로 미분 방정식의 해는 ① $y'' = 0$ 와 (또는) ② $\dfrac{df(y')}{dy'} + x = 0$ 인 경우에 만족하므로 각각의 해를 구해보자.

<u>① $y'' = 0$ 경우</u>

해는 $y(x) = ax + b$ 와 같이 직선 방정식이 된다. 여기서 a, b 는 상수이다. 클레로 방정식은 1계 미분 방정식이므로 일반 해는 1개의 적분 상수만 필요한데 2개의 상수 a, b 를 가지므로 하나를 소거할 필요가 있다. 해를 클레로 방정식에 대입하면 $y' = a$ 이므로 $ax + b = ax + f(a)$ 에서 $b = f(a)$ 가 된다. 상수 b 를 소거하면 일반 해는 다음과 같다.

$$\therefore \ y(x) = ax + f(a)$$

② $\dfrac{df(y')}{dy'}+x=0$ 경우

$y'=\dfrac{dy}{dx}\equiv t$로 치환하면 $x=-\dfrac{df(y')}{dy'}=-\dfrac{df(t)}{dt}$가 된다. 한편 원래의 클레로 미분 방정식은 $y=xy'+f(y')=xt+f(t)$와 같다. 즉, 클레로 방정식은

$$\begin{cases} x=-\dfrac{df(t)}{dt} \\ y=f(t)-t\dfrac{df(t)}{dt} \end{cases}$$

와 같이 t를 매개 변수로 하는 매개 변수 방정식 (parametric equations)[58]으로 변환된다. $x(t)$와 $y(t)$에서 t를 소거하면 상수가 없는 특이해 (singular solution)을 얻는다. 특이해는 ①에서 얻은 일반 해 $y(x)=ax+f(a)$에서는 얻을 수 없는 해이다.

58) 매개 변수 방정식의 간단한 예는 xy 평면에서 입자의 운동 $x(t)=r\cos\omega t$, $y(t)=r\sin\omega t$ 이다. $x(t)$, $y(t)$는 t가 매개 변수이며 t를 소거하면 $x^2(t)+y^2(t)=r^2$ 인 원운동을 한다.

[예제 5.22] 클레로 미분 방정식

비선형 1계 미분 방정식 $y = xy' + (y')^2$의 해를 구하라. 단, $y' = \dfrac{dy}{dx}$이다.

[풀이]

$f(y') = (y')^2$인 클레로 미분 방정식이다. 양변을 x에 대해 미분하면 다음과 같다.

$$y = xy' + (y')^2 \Rightarrow y' = y' + xy'' + 2y'y''$$

$$\therefore\ y''[x + 2y'] = 0$$

① $y'' = 0$ 경우

해는 $y(x) = ax + b$와 같이 직선 방정식이 된다. 여기서 a, b는 상수이다. 해를 클레로 방정식에 대입하면 $y' = a$이므로 $ax + b = ax + f(a)$에서 $b = f(a) = a^2$이 된다. 상수 b를 소거하면 일반 해는 다음과 같다.

$$y(x) = ax + a^2$$

② $x + 2y' = 0$ 경우

$y' = t$로 치환하면 $x = -2y' = -2t$가 된다. 이 식을 클레로 방정식에 대입하면 $y = xy' + (y')^2 \Rightarrow y = xt + t^2 = -2t^2 + t^2 = -t^2$와 같다. 즉, 클레로 방정식은

$$\begin{cases} x = -2t \\ y = -t^2 \end{cases}$$

가 되어 t를 매개 변수로 하는 매개 변수 방정식이 된다. $t = -\dfrac{x}{2}$이므로 y에 t를 대입하여

소거하면 특이해 (sigular solution)를 얻는다.

$$\therefore\ y = -\frac{x^2}{4}$$

[**별해**] ②는 $\frac{dy}{dx} = -\frac{x}{2}$이므로 변수 분리한 다음 양변을 적분하면 $y = -\frac{x^2}{4} + c$를 얻는다. 이때 적분 상수 c는 일관성을 위해 0으로 둔다.

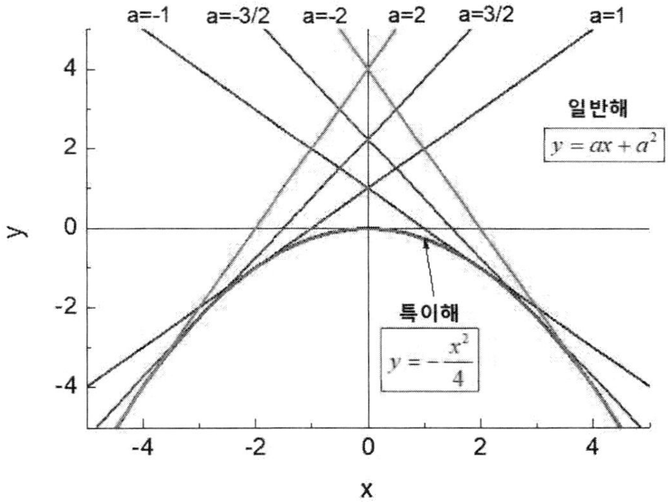

예제 5.22 그림.

예제 5.22 그림은 ①의 일반 해인 직선 그래프와 ②의 특이 해인 포물선 그래프이다. 일반 해의 적분 상수 a는 직선의 기울기를 나타내며 이를 다양하게 변화하면 특이 해인 포물선의 접선을 이룬다는 사실이다. 즉, 일반해로는 특이 해를 직접 구할 수는 없지만 특이해 곡선의 포락선 (envelope)과 연결된다. 특이 해와 일반 해의 접점 (contact point) (x_c, y_c)는 두 해를 같게 두면 $(x_c, y_c) = (-2a, -a^2)$이 된다. 예제 5.22 그림과 같이 모든 a에 대해 $y_c = -a^2 \le 0$이며, $x_c = -2a$로 직선의 기울기 a와 반대 부호를 갖는다.

■

[예제 5.23] 클레로 방정식: 케플러의 조화 법칙

비선형 1계 미분 방정식 $y = xy' - K(y')^3$ 의 해를 구하라. 단, $K = \dfrac{GM}{27\pi^2}$ 이며 G는 만유인력 상수, M은 태양의 질량이다. 이 방정식의 특이해가 케플러의 조화 법칙 $T^2 = \dfrac{4\pi^2}{GM}R^3$을 만족한다고 할 때 y와 x는 주기 T와 행성의 공전 반지름 R과 어떻게 대응하는가? 일반 해의 물리적 의미는 무엇인지 상상해 보자.

[풀이] 클레로 방정식의 풀이 방법을 사용하면 $y''[x - 3K(y')^2] = 0$을 얻는다.

① $y'' = 0$ 경우

해는 $y(x) = ax + b$ 이며 상수 b를 소거하면 일반 해는 $y(x) = ax - Ka^3$ 이다.

② $x - 3K(y')^2 = 0$ 경우

$y' = \sqrt{\dfrac{x}{3K}}$ 이므로 클레로 방정식에 대입하면 특이해 $y = \dfrac{2}{3\sqrt{3K}}x^{3/2}$을 얻는다. 양변을 제곱하면 $y^2 = \dfrac{4}{27K}x^3 = \dfrac{4\pi^2}{GM}x^3$이 된다. 변수를 $y \equiv T$, $x \equiv R$로 치환하면 일반 해와 특이해는 각각 다음과 같이 주어진다.

$$\begin{cases} T = aR - \dfrac{GM}{27\pi^2}a^3 : \text{ 일반해} \\ T^2 = \dfrac{4\pi^2}{GM}R^3 \quad : \text{ 특이해} \end{cases}$$

여기서 특이해는 케플러의 제3 법칙 (조화의 법칙)과 같으며 일반 해의 물리적 의미는 독자들의 창의적인 상상력에 맡긴다. ■

5.4 2계 미분 방정식 (Second-order Differential Equation)

물리학에서 다루는 미분 방정식은 대부분 1계 또는 2계 미분 방정식으로 구성되는 경우가 많다. 본 절에서는 2계 미분 방정식을 포함하는 고계 미분 방정식을 이해하는데 필수적인 개념인 선형 독립과 론스키 행렬식 (Wronski determinant) 또는 론스키안 (Wronskian)과의 관계에 대해 살펴보고 여러 종류의 2계 미분 방정식의 해를 구하는 방법에 대해 자세히 살펴본다.

5.4.1 고계 선형 미분 방정식의 기초 (Introduction to Higher-order Linear Differential Equation)

5.2.4에서 다룬 바와 같이 선형 n계 미분 방정식 (linear nth-order differential equation)은 다음과 같이 정의한다.

$$a_n(x)\frac{d^n y}{dx^n}+a_{n-1}(x)\frac{d^{n-1}y}{dx^{n-1}}+\cdots+a_1(x)\frac{dy}{dx}+a_0 y=f(x)$$

위의 선형 n계 미분 방정식의 분류 방법은 각각 다음과 같다.

① 계수 $a_i(x)$ $(i=0, 1, 2, \cdots, n)$에 의한 분류

모든 계수 $a_i(x)=$ 상수일 때의 미분 방정식을 상수 계수 (constant coefficients) 선형 미분 방정식이라 하며, $a_i(x)=$ 변수일 때 변수 계수 (variable coefficients) 선형 미분 방정식이라 한다.

② 함수 $f(x)$에 의한 분류

$f(x)=0$일 때의 미분 방정식을 제차 (homogeneous) 선형 미분 방정식이라 하며,

$f(x) \neq 0$ 일 때 비 제차 (non-homogeneous) 선형 미분 방정식이라 한다.

③ 함수 $f(x)$에 의한 해의 분류

$f(x) = 0$ 일 때 해를 보완해 (complementary solution) $y_c(x)$라 하며, $f(x) \neq 0$ 일 때 해를 특별해 (particular solution) $y_p(x)$라 한다.
따라서 선형 미분 방정식의 보완해 $y_c(x)$와 특별해 $y_p(x)$의 선형 결합 (linear combination) $y(x) = y_c(x) + y_p(x)$을 일반 해 (general solutions)라 한다.

● 제차 n계 선형 미분 방정식의 해와 중첩의 원리

제차 선형 n계 미분 방정식 ($f(x) = 0$)의 해를 $y_1, y_2, \cdots, y_n$이라 하면 다음과 같은 선형 결합 또는 중첩의 원리 (principle of superposition)에 의한 해도 제차 선형 n계 미분 방정식의 해가 된다.

$$y = c_1 y_1 + c_2 y_2 + \cdots + c_n y_n$$

여기서 c_i $(i = 1, 2, \cdots, n)$는 임의의 상수이다.
[※ **주의**] 일반적으로 비선형 미분 방정식의 해는 중첩의 원리가 성립하지 않는다.

● 선형 독립 (Linear Independence)

함수들의 집합 $\{f_1(x), f_2(x), \cdots, f_n(x)\}$에서 함수들의 선형 결합 식을 $c_1 f_1(x) + c_2 f_2(x) + \cdots + c_n f_n(x) = 0$이라 할 때, 임의의 x에 대해 이 식이 성립하기 위한 조건이 $c_1 = c_2 = \cdots = c_n = 0$인 경우, 즉, 모든 상수가 $c_i = 0$ $(i = 1, 2, \cdots, n)$일 때 함수들의 집합 $\{f_1(x), f_2(x), \cdots, f_n(x)\}$을 선형 독립 (linear independence)이라 한다.
한 개 이상의 상수가 0이 아닌 경우 함수들은 선형 종속 (linear dependence)이 된다.

[예제 5.24] **선형 독립과 선형 종속**

(1) 두 함수 $f_1(x)$와 $f_2(x)$가 선형 종속이면 두 함수는 비례함을 보여라.

즉, 한 함수는 다른 함수의 상수($\neq 0$) 곱과 같다.

(2) 두 지수 함수 e^x와 e^{2x}의 선형 독립 여부를 판별하라.

(3) 두 삼각 함수 $\sin x$와 $\cos x$의 선형 독립 여부를 판별하라.

[풀이]

(1) 두 함수 $f_1(x)$와 $f_2(x)$의 선형 결합 식 $c_1 f_1(x) + c_2 f_2(x) = 0$에서 두 함수가 선형 종속이면 0이 아닌 상수가 1개 이상 존재한다. 예를 들어 $c_1 \neq 0$라 가정하면 선형 결합 식에서 $f_1(x) = -\frac{c_2}{c_1} f_2(x) \propto f_2(x)$로 두 함수는 선형 독립적이지 않고 종속적이다. 즉, 두 함수는 비례하므로 선형 종속이다.

(2) 두 함수의 선형 결합 식 $c_1 e^x + c_2 e^{2x} = 0$과 x에 대한 한번 미분한 식은 각각

$$\begin{cases} c_1 e^x + c_2 e^{2x} = 0 \\ c_1 e^x + 2c_2 e^{2x} = 0 \end{cases}$$

과 같다. 두 식을 행렬 형태로 나타내면

$$\begin{pmatrix} e^x & e^{2x} \\ e^x & 2e^{2x} \end{pmatrix} \begin{pmatrix} c_1 \\ c_2 \end{pmatrix} = 0$$

이다. 위의 행렬 관계식에서 열벡터 (column vector)가 $\begin{pmatrix} c_1 \\ c_2 \end{pmatrix} \neq 0$인 조건, 즉 두 상수 모두 $c_1 = c_2 = 0$이 아닌 의미 있는 해를 가지는 조건은 2×2 행렬의 행렬식 (determinant)이 0이어야 한다.[59] 행렬식을 계산하면 모든 x에 대해

$$\begin{vmatrix} e^x & e^{2x} \\ e^x & 2e^{2x} \end{vmatrix} = 2e^{3x} - e^{3x} = e^{3x} \neq 0$$

이 성립한다. 즉, 행렬식이 0이 아니므로 2×2 행렬은 비특이 행렬 (non-singular matrix)이며, $c_1 = c_2 = 0$ 이 된다.

따라서 두 지수 함수 e^x 와 e^{2x} 는 선형 독립이다.

(3) (2)와 같은 방법으로 두 삼각 함수의 선형 결합 식 $c_1 \sin x + c_2 \cos x = 0$과 x 에 대한 한번 미분한 식은 각각 다음과 같이 주어진다.

$$\begin{cases} c_1 \sin x + c_2 \cos x = 0 \\ c_1 \cos x - c_2 \sin x = 0 \end{cases}$$

두 식을 행렬 형태로 나타내면 다음과 같다.

$$\begin{pmatrix} \sin x & \cos x \\ \cos x & -\sin x \end{pmatrix} \begin{pmatrix} c_1 \\ c_2 \end{pmatrix} = 0$$

행렬식을 계산하면 모든 x 에 대해

$$\begin{vmatrix} \sin x & \cos x \\ \cos x & -\sin x \end{vmatrix} = -\sin^2 x - \cos^2 x = -1 \neq 0$$

이 성립한다. 즉, 행렬식이 0이 아니므로 비특이 행렬이며, $c_1 = c_2 = 0$ 이 된다.

따라서 두 삼각 함수 $\sin x$와 $\cos x$는 선형 독립이다. ■

주의: 예제 5.24 (2)와 (3)의 풀이 과정은 아래에서 다루는 론스키안 행렬과 연관된다.

---

59) 4장 행렬 이론에서, $n\times n$ 행렬 A와 $n\times 1$ 열벡터 $\boldsymbol{X}$ 로 구성된 행렬 관계식 $A\boldsymbol{X} = 0$ 에서 $\boldsymbol{X} \neq 0$ 인 조건은 행렬식 $\det(A) = |\boldsymbol{A}| = 0$ 이어야 한다. 즉, 행렬 A는 특이 행렬이다.

• 론스키안 (Wronskian)의 정의

함수들의 집합 $\{f_1(x), f_2(x), \cdots, f_n(x)\}$에서 각 함수는 x에 대해 최소 $n-1$계 도함수를 가진다고 가정할 때 론스키안 또는 론스키 행렬식 (Wronski determinant)은 다음과 같이 정의한다.

$$W(f_1, f_2, \cdots, f_n) = \begin{vmatrix} f_1 & f_2 & \cdots & f_n \\ f_1^{(1)} & f_2^{(1)} & \cdots & f_n^{(1)} \\ \cdots & \cdots & \cdots & \cdots \\ f_1^{(n-1)} & f_2^{(n-1)} & \cdots & f_n^{(n-1)} \end{vmatrix}$$

여기서 $f_i^{(r)} \equiv \dfrac{d^r f_i(x)}{dx^r}$ $(i = 1, 2, \cdots, n;\ r = 0, 1, 2, \cdots, n-1)$이며 $f_i^{(0)} \equiv f_i(x)$이다.

즉, 론스키안은 1행에는 n개의 함수들이 차례로 위치하며 2행에는 1행의 1계 도함수, 3행에는 2계 도함수, $\cdots$, n행에는 $n-1$계 도함수로 배열된 $n \times n$ 행렬식이다.

> **• 선형 독립의 필요 충분 조건**
>
> 함수 $f_1(x), f_2(x), \cdots, f_n(x)$가 선형 독립인 필요 충분 조건은 론스키안이 0이 아니다. 즉, $W \neq 0$이다.

[증명]

간단히 $n=2$인 경우에 대해 모순 법으로 증명한다.

론스키안 $W(f_1, f_2) \neq 0$이며 두 함수 $f_1(x)$, $f_2(x)$는 선형 종속이라 가정하자.

두 함수 $f_1(x)$와 $f_2(x)$의 선형 결합 식과 x에 대해 한번 미분 식은 각각

$$c_1 f_1(x) + c_2 f_2(x) = 0$$
$$c_1 f_1^{(1)}(x) + c_2 f_2^{(1)}(x) = 0$$

이다. 두 식을 행렬 형태로 나타내면 다음과 같다.

$$\begin{pmatrix} f_1(x) & f_2(x) \\ f_1^{(1)}(x) & f_2^{(1)}(x) \end{pmatrix}\begin{pmatrix} c_1 \\ c_2 \end{pmatrix} = 0$$

두 함수가 선형 종속이면 0이 아닌 상수가 1개 이상 존재한다.

즉, $c_1 \neq 0$ and/or $c_2 \neq 0$ 이다. 행렬 방정식에서 의미 있는 해 (non-trivial solution) $\begin{pmatrix} c_1 \\ c_2 \end{pmatrix} \neq 0$ 를 가지려면 론스키 행렬식 (Wronski determinant) $W(f_1, f_2) = 0$ 이어야 한다. 이것은 론스키안 $W(f_1, f_2) \neq 0$ 이라는 가정과 모순 (contradiction)이다.

따라서 두 함수 $f_1(x)$와 $f_2(x)$는 선형 독립이다.

■

[예제 5.25] 선형 독립과 선형 종속

다음 함수들의 선형 독립 여부를 판별하라.

(1) $f_1(x) = \sin x$, $f_2(x) = \cos x$ (2) $f_1(x) = \ln x$, $f_2(x) = x\ln x$

(3) $f_1(x) = 1$, $f_2(x) = x$, $f_3(x) = x^2$

(4) $f_1(x) = e^{\alpha x}$, $f_2(x) = e^{\beta x}$가 선형 종속인 조건을 구하라.

[풀이]

함수들이 선형 독립인 필요 충분 조건은 론스키안 W가 0이 아니므로 W를 계산하여 선형 독립 여부를 판정한다.

(1) $W = \begin{vmatrix} \sin x & \cos x \\ \cos x & -\sin x \end{vmatrix} = -\sin^2 x - \cos^2 x = -1 \neq 0$이므로

$f_1(x) = \sin x$와 $f_2(x) = \cos x$는 선형 독립이다.

(2) $W = \begin{vmatrix} \ln x & x\ln x \\ \dfrac{1}{x} & 1 + \ln x \end{vmatrix} = \ln^2 x + \ln x - \ln x = \ln^2 x \neq 0$이므로

두 함수 $f_1(x) = \ln x$, $f_2(x) = x\ln x$는 선형 독립이다

(3) $W = \begin{vmatrix} 1 & x & x^2 \\ 0 & 1 & 2x \\ 0 & 0 & 2 \end{vmatrix} = 2 \neq 0$ 이므로

$f_1(x) = 1$, $f_2(x) = x$, $f_3(x) = x^2$은 선형 독립이다.

(4) $W = \begin{vmatrix} e^{\alpha x} & e^{\beta x} \\ \alpha e^{\alpha x} & \beta e^{\beta x} \end{vmatrix} = (\beta - \alpha)e^{(\alpha + \beta)x}$ 이며, 두 함수가 선형 종속이 되려면 $W = 0$ 이므로 $\alpha = \beta$ 이다. 즉, 두 지수 함수는 같다.

■

5.4.2 선형 2계 미분 방정식의 두 번째 해 구하기: 론스키안 이중 적분법 (A Second Solution: Wronskian Double Integral Method)

선형 2계 제차 미분 방정식

$$y'' + P(x)y' + Q(x)y = 0$$

의 두 해 $y_1(x)$, $y_2(x)$를 선형 독립인 해라 두자. 론스키안은

$$W = \begin{vmatrix} y_1 & y_2 \\ y_1' & y_2' \end{vmatrix} = y_1 y_2' - y_2 y_1'$$

이다. 론스키안을 x에 대해 미분하면

$$W' = \frac{dW}{dx} = y_1' y_2' + y_1 y_2'' - y_2' y_1' - y_2 y_1'' = y_1 y_2'' - y_2 y_1''$$

가 된다. y_1'', y_2'' 대신에 선형 2계 제차 미분 방정식을 대입하여 정리하면 다음과 같다.

$$\begin{aligned} \frac{dW}{dx} &= y_1 y_2'' - y_2 y_1'' \\ &= y_1 \left[-P(x) y_2' - Q(x) y_2 \right] - y_2 \left[-P(x) y_1' - Q(x) y_1 \right] \\ &= -\left(y_1 y_2' - y_2 y_1' \right) P(x) = -P(x) W \end{aligned}$$

$$\therefore \frac{dW}{dx} = -P(x) W$$

론스키안 W에 대해 변수 분리형 미분 방정식이므로 해는 다음과 같이 주어진다.

$$W = Ce^{-\int P(x)dx}$$

이 해를 아벨의 공식 (Abel's formula)이라 한다. 일관성을 잃지 않고 적분 상수 $C=1$로 두어도 무방하다. 한편 론스키안은

$$W = y_1 y_2{}' - y_2 y_1{}' \equiv y_1^2 \frac{d}{dx}\left(\frac{y_2}{y_1}\right)$$

로 쓸 수 있다. 따라서 아벨의 공식과 결합하면

$$W = y_1^2 \frac{d}{dx}\left(\frac{y_2}{y_1}\right) = e^{-\int P(x)dx}$$

이므로 변수 분리하여 적분하면

$$y_2 = y_1 \int \frac{W(x)}{y_1^2} dx = y_1 \int \frac{e^{-\int P(x)dx}}{y_1^2} dx$$

가 된다. 여기서 적분 상수는 $C=1$로 두었다.

$y_1(x)$를 알고 있는 해 (known solution)라 하면 두 번째 해 (second solution) $y_2(x)$를 구할 수 있다.

이 방법을 **론스키안 이중 적분법** (Wronskian double integral method)이라 한다.

따라서 선형 2계 제차 미분 방정식의 일반 해는 다음과 같다.

$$\begin{aligned} y(x) &= c_1 y_1(x) + c_2 y_2(x) \\ &= c_1 y_1(x) + c_2 y_1 \int \frac{e^{-\int P(x)dx}}{y_1^2} dx \end{aligned}$$

[예제 5.26] 선형 2계 제차 미분 방정식의 두 번째 해 구하기

(1) $y'' + k^2 y = 0$ (k: 상수)의 첫 번째 해가 $y_1(x) = \sin kx$ 일 때 두 번째 해 $y_2(x)$와 일반 해를 구하라.

(2) $x^2 y'' - 3xy' + k^2 y = 0$ (k: 상수)의 첫 번째 해가 $y_1(x) = x^2$ 일 때 상수 k^2 과 두 번째 해 $y_2(x)$ 및 일반 해를 구하라. 단, $x \neq 0$ 이다.

[풀이]

선형 2계 제차 미분 방정식의 표준형은 $y'' + P(x)y' + Q(x)y = 0$ 이다.

(1) $P(x) = 0$ 이므로 $e^{-\int P(x)dx} = 1$ 이며 두 번째 해 $y_2(x)$는 론스키안 이중 적분법 공식을 사용하면 다음과 같이 주어진다.

$$y_2(x) = y_1 \int \frac{e^{-\int P(x)dx}}{y_1^2} dx$$

$$= \sin kx \int \frac{1}{\sin^2 kx} dx = -\sin kx \frac{\cot kx}{k} = -\frac{1}{k}\cos kx$$

$$\therefore\ y_2(x) = -\frac{1}{k}\cos kx$$

두 해 $y_1(x)$, $y_2(x)$의 선형 독립 여부를 판별하기 위해 론스키안을 구하면

$$W = \begin{vmatrix} \sin kx & -\frac{1}{k}\cos kx \\ k\cos kx & \sin kx \end{vmatrix} = \sin^2 kx + \cos^2 kx = 1 \neq 0$$

이므로 선형 독립이다. 따라서 일반 해는 다음과 같다.

$$y(x) = c_1 y_1(x) + c_2{}' y_2(x) = c_1 \sin kx - c_2{}' \frac{1}{k} \cos kx$$

$$\therefore\ y(x) = c_1 \sin kx + c_2 \cos kx$$

(2) 첫 번째 해 $y_1(x)=x^2$을 미분 방정식 $x^2 y_1'' - 3xy_1' + k^2 y_1 = 0$에 대입하면 $2x^2 - 6x^2 + k^2 x^2 = 0$이므로 $k^2 = 4$가 된다.

$x \neq 0$이므로 $x^2 y'' - 3xy' + k^2 y = 0$은 표준형으로 $y'' - \dfrac{3}{x} y' + \dfrac{k^2}{x^2} y = 0$가 되며

$P(x) = -\dfrac{3}{x}$ 이므로 론스키안은 아벨의 공식을 사용하면

$$W(x) = e^{-\int P(x)dx} = e^{\ln x^3} = x^3$$

이 된다. 첫 번째 해 $y_1(x)=x^2$에 대해 두 번째 해 $y_2(x)$는 론스키안 이중 적분법 공식을 사용하면 다음과 같이 주어진다.

$$y_2(x) = y_1 \int \frac{e^{-\int P(x)dx}}{y_1^2} dx = x^2 \int \frac{x^3}{x^4} dx = x^2 \ln x$$

두 해 $y_1(x)$, $y_2(x)$의 론스키안을 구하면

$$W = \begin{vmatrix} x^2 & x^2 \ln x \\ 2x & x + 2x \ln x \end{vmatrix} = x^3 \neq 0$$

이므로 선형 독립이다. (아벨의 공식으로 구한 결과와 같다.)
따라서 일반 해는 다음과 같다.

$$\therefore\ y(x) = c_1 y_1(x) + c_2 y_2(x) = c_1 x^2 + c_2 x^2 \ln x$$

■

5.4.3 상수 계수의 제차 n계 미분 방정식: 보완해 (Homogeneous Linear Equations with Constant Coefficients)

5.4.1에서 다룬 바와 같이 상수 계수의 제차 선형 n계 미분 방정식은 다음과 같이 주어진다.

$$a_n \frac{d^n y}{dx^n} + a_{n-1} \frac{d^{n-1} y}{dx^{n-1}} + \cdots + a_1 \frac{dy}{dx} + a_0 y = 0$$

여기서 계수 a_i $(i = 0, 1, 2, \cdots, n)$는 모두 상수이며, 우변 $f(x) = 0$이므로 제차 방정식이며 해는 보완해 (complementary solution) $y_c(x)$라 부른다.

● **상수 계수의 1계 제차 미분 방정식**

보완 해의 형태를 알아보기 위해 상수 계수의 1계 제차 미분 방정식을 생각하자.

$$a_1 \frac{dy}{dx} + a_0 y = 0$$

단, a_0, a_1은 상수 계수이며 $a_1 \neq 0$을 가정한다. 표준형으로 변환하면 다음과 같다.

$$a_1 \frac{dy}{dx} + a_0 y = 0 \Rightarrow \frac{dy}{dx} + \frac{a_0}{a_1} y = 0$$

$$\therefore \ \frac{dy}{dx} + ay = 0$$

여기서 $a = \dfrac{a_0}{a_1}$이다. 변수 분리형 미분 방정식이므로 해는

$$y(x) = e^{-ax}$$

와 같이 지수 함수 형태를 가진다.
따라서 상수 계수의 제차 선형 n계 미분 방정식의 해도 $y(x) = e^{\lambda x}$와 같은 지수 함수로 유추할 수 있다.

● 상수 계수의 2계 제차 미분 방정식

상수 계수의 2계 제차 미분 방정식

$$\frac{d^2 y}{dx^2} + a\frac{dy}{dx} + by = 0$$

을 생각하자. 여기서 a, b는 상수 계수이다. 상수 계수 1계 미분 방정식의 해가 지수 함수 형태를 가지므로 2계 미분 방정식의 해를 $y = e^{\lambda x}$라 두자.
$y' = \lambda e^{\lambda x}$, $y'' = \lambda^2 e^{\lambda x}$ 이므로 대입하면

$$[\lambda^2 + a\lambda + b]e^{\lambda x} = 0$$

을 얻는다. 모든 실수 x에 대해 $e^{\lambda x} \neq 0$이므로 위의 식은

$$\lambda^2 + a\lambda + b = 0$$

가 된다. 이 식을 특성 방정식 (characteristic equation)이라 하며, 상수 계수의 2계 선형 미분 방정식과 같은 선형 계 (linear system)를 특징짓는 중요한 식이다.
특성 방정식의 근 λ는 다음과 같이 주어진다.

$$\begin{cases} \lambda_1 = \dfrac{-a+\sqrt{a^2-4b}}{2} \\ \lambda_2 = \dfrac{-a-\sqrt{a^2-4b}}{2} \end{cases}$$

따라서 상수 계수의 2계 선형 미분 방정식의 해는

$$\begin{cases} y_1 = e^{\lambda_1 x} \\ y_2 = e^{\lambda_2 x} \end{cases}$$

가 된다. 상수 a, b는 실수이므로 특성 방정식의 근은 다음과 같이 세 경우로 분류할 수 있다.

① $a^2 - 4b > 0$인 경우: 서로 다른 두 실근 (two distinct real roots)
② $a^2 - 4b < 0$인 경우: 복소 공액 (또는 켤레) 근 (complex conjugate roots)
③ $a^2 - 4b = 0$인 경우: 실수의 중근 (real double roots)

① $a^2 - 4b > 0$인 경우: 서로 다른 두 실근 (two distinct real roots)

두 근은 $\lambda_1 \neq \lambda_2$이며 실수이므로 두 해는

$$\begin{cases} y_1 = e^{\lambda_1 x} \\ y_2 = e^{\lambda_2 x} \end{cases}$$

가 된다. 두 해의 선형 독립 여부를 알아보기 위해 론스키안을 계산하면

$$W(y_1, y_2) = \begin{vmatrix} e^{\lambda_1 x} & e^{\lambda_2 x} \\ \lambda_1 e^{\lambda_1 x} & \lambda_2 e^{\lambda_2 x} \end{vmatrix} = (\lambda_2 - \lambda_1)e^{(\lambda_1 + \lambda_2)x} \neq 0 \quad (\because \lambda_2 - \lambda_1 \neq 0)$$

이므로 두 해는 선형 독립이다. 따라서 서로 다른 두 실근의 경우 일반 해는

$$\boxed{y(x)=c_1 y_1(x)+c_2 y_2(x)=c_1 e^{\lambda_1 x}+c_2 e^{\lambda_2 x}}$$

가 된다.

② $a^2-4b<0$ **인 경우: 복소 공액 (켤레) 근** (complex conjugate roots)

두 개의 복소 공액 근을

$$\begin{cases} \lambda_1=\dfrac{-a+\sqrt{a^2-4b}}{2}\equiv p+iq \\ \lambda_2=\dfrac{-a-\sqrt{a^2-4b}}{2}\equiv p-iq \end{cases}$$

라 두자. 여기서 $p=-\dfrac{a}{2}$, $q=\dfrac{\sqrt{4b-a^2}}{2}(>0)$이며 실수이다.

오일러 공식 (Euler's formula) $e^{\pm iqx}=\cos qx\pm i\sin qx$를 사용하면 두 해는

$$\begin{cases} y_1=e^{\lambda_1 x}=e^{(p+iq)x}=e^{px}(\cos qx+i\sin qx) \\ y_2=e^{\lambda_2 x}=e^{(p-iq)x}=e^{px}(\cos qx-i\sin qx) \end{cases}$$

가 된다. 두 해가 선형 독립인지 판별하기 위해 론스키안을 계산하면

$$\begin{aligned} W(y_1, y_2) &= \begin{vmatrix} e^{\lambda_1 x} & e^{\lambda_2 x} \\ \lambda_1 e^{\lambda_1 x} & \lambda_2 e^{\lambda_2 x} \end{vmatrix}=(\lambda_2-\lambda_1)e^{(\lambda_1+\lambda_2)x} \\ &=-2iqe^{2px}\neq 0 \quad (\because\ q\neq 0) \end{aligned}$$

이다. 따라서 일반 해는

$$\begin{aligned}y(x) &= c_1 e^{\lambda_1 x} + c_2 e^{\lambda_2 x} \\ &= c_1 e^{px}(\cos qx + i\sin qx) + c_2 e^{px}(\cos qx - i\sin qx) \\ &= e^{px}\left[c_1(\cos qx + i\sin qx) + c_2(\cos qx - i\sin qx)\right] \\ &= e^{px}\left[(c_1+c_2)\cos qx + i(c_1-c_2)\sin qx\right] \\ &\equiv e^{px}\left[A\cos qx + B\sin qx\right]\end{aligned}$$

이 되며, $A = c_1 + c_2$, $B = i(c_1 - c_2)$는 상수이다.

따라서 두 복소 공액 근의 경우 일반 해는 다음과 같다.

$$\boxed{y(x) = e^{px}(A\cos qx + B\sin qx)}$$

③ $a^2 - 4b = 0$인 경우: 실수의 중근 (real double roots)

실수의 중근 $\lambda_1 = \lambda_2 = -\frac{a}{2}$을 가지므로 두 해는 $y_1 = e^{\lambda_1 x} = e^{-\frac{a}{2}x}$와 $y_2 = e^{\lambda_2 x} = e^{-\frac{a}{2}x}$이며 $y_1 = y_2$이므로 선형 종속이다. 첫 번째 해를 $y_1 = e^{\lambda_1 x} = e^{-\frac{a}{2}x}$라 두면 선형 독립인 두 번째 해 y_2를 론스키안 이중 적분법을 사용하여 구하자. 주어진 미분 방정식이 $\frac{d^2y}{dx^2} + a\frac{dy}{dx} + by = 0$이므로 $P(x) = a$이므로 두 번째 해는

$$y_2 = y_1 \int \frac{e^{-\int P(x)dx}}{y_1^2}dx = e^{-\frac{a}{2}x}\int \frac{e^{-ax}}{e^{-ax}}dx = xe^{-\frac{a}{2}x}$$

$$\therefore \ y_2 = xe^{-\frac{a}{2}x}$$

로 주어진다.

첫 번째 해 $y_1 = e^{-\frac{a}{2}x}$와 두 번째 해 $y_2 = xe^{-\frac{a}{2}x}$의 론스키안을 구하면

$$W(y_1, y_2) = \begin{vmatrix} e^{-\frac{a}{2}x} & xe^{-\frac{a}{2}x} \\ -\frac{a}{2}e^{-\frac{a}{2}x} & \left(1-\frac{a}{2}x\right)e^{-\frac{a}{2}x} \end{vmatrix} = e^{-ax} \neq 0$$

이므로 선형 독립이다.

따라서 실수 중근의 경우 일반 해는 다음과 같다.

$$\boxed{y(x) = c_1 e^{-\frac{a}{2}x} + c_2 xe^{-\frac{a}{2}x} = e^{-\frac{a}{2}x}(c_1 + c_2 x)}$$

[예제 5.27] 선형 2계 제차 미분 방정식

질량-용수철 계와 RLC 직렬 회로에 대한 미분 방정식이 다음과 같이 주어진다.

$$\begin{cases} m\dfrac{d^2x}{dt^2}+b\dfrac{dx}{dt}+kx=0 \ : & \text{질량}-\text{용수철 계} \\ L\dfrac{d^2q}{dt^2}+R\dfrac{dq}{dt}+\dfrac{1}{C}q=0: & RLC\text{직렬 회로} \end{cases}$$

여기서, 질량-용수철 계의 x는 평형 위치에서의 변위, m은 질량, b는 마찰과 관련한 상수, k는 용수철 상수이며, RLC 직렬 회로에서 q는 전하, L은 인덕턴스, R은 저항, C는 전기용량이다.

이들의 표준형 미분 방정식은

$$\frac{d^2y}{dt^2}+2\gamma\frac{dy}{dt}+\omega^2 y=0$$

로 주어진다. 여기서 $\begin{cases} 2\gamma=b/m, & \omega^2=k/m \ : & \text{질량}-\text{용수철 계} \\ 2\gamma=R/L, & \omega^2=1/LC: & RLC\text{직렬 회로} \end{cases}$

이다. 초기조건 $y(0)=A$, $\left[\dfrac{dy}{dt}\right]_{t=0}=0$을 사용하여 표준형 미분 방정식의 보완해 $y(t)$를 구하라.

[풀이]

표준형 선형 2계 제차 미분 방정식의 해를 $y=e^{\lambda t}$라 하면 특성 방정식 $\lambda^2+2\gamma\lambda+\omega^2=0$의 근은 $\lambda=-\gamma\pm\sqrt{\gamma^2-\omega^2}$로 주어지며 특성 방정식의 근은 $\sqrt{\gamma^2-\omega^2}$의 값에 따라 세 경우로 나누어 생각할 수 있다.

① $\gamma^2-\omega^2>0$인 경우: 서로 다른 두 실근 (two distinct real roots)

$\sqrt{\gamma^2-\omega^2}\equiv\omega_1$라 두면[60] 일반 해는 다음과 같이 주어진다.

60) $\omega_1=\sqrt{\gamma^2-\omega^2}$은 각 진동수가 아님을 주의하자.

$$y(t) = e^{-\gamma t}\left(c_1 e^{\omega_1 t} + c_2 e^{-\omega_1 t}\right)$$

초기조건 $y(0) = A$, $\left[\dfrac{dy}{dt}\right]_{t=0} = 0$을 사용하여 계산하면 적분 상수는

$$C_1 = \frac{\omega_1 + \gamma}{2\omega_1}A, \quad C_2 = \frac{\omega_1 - \gamma}{2\omega_1}A$$

이므로 일반 해에 대입하여 정리하면 서로 다른 두 실근의 경우 보완해는

$$\therefore \boxed{y(t) = Ae^{-\gamma t}\left(\cosh\omega_1 t + \frac{\gamma}{\omega_1}\sinh\omega_1 t\right)}$$

가 된다. 여기서 $\cosh x = \left(e^x + e^{-x}\right)/2$, $\sinh x = \left(e^x - e^{-x}\right)/2$ 이다.

② $\omega^2 - \gamma^2 > 0$ 인 경우: 복소 공액 (또는 켤레) 근 (complex conjugate roots)

특성 방정식의 근을 $\lambda = -\gamma \pm \sqrt{\gamma^2 - \omega^2} = -\gamma \pm i\sqrt{\omega^2 - \gamma^2} \equiv -\gamma \pm i\omega'$ 라 두자. 여기서 $\omega' = \sqrt{\omega^2 - \gamma^2}$ (>0)은 ①의 $\omega_1 = \sqrt{\gamma^2 - \omega^2}$ 과 달리 각 진동수 (angular frequency)이다. 두 복소 공액 근에 대한 일반 해는

$$y(t) = e^{-\gamma t}\left(c_1 e^{i\omega' t} + c_2 e^{-i\omega' t}\right)$$

이다. 초기조건 $y(0) = A$, $\left[\dfrac{dy}{dt}\right]_{t=0} = 0$을 사용하여 계산하면 적분 상수는

$$C_1 = \frac{i\omega' + \gamma}{2i\omega'}A, \quad C_2 = \frac{i\omega' - \gamma}{2i\omega'}A$$

이다. 적분 상수를 대입하여 정리하면 복소 공액 근의 경우 보완해는 다음과 같다.

$$\therefore \quad \boxed{y(t) = Ae^{-\gamma t}\left(\cos\omega' t + \frac{\gamma}{\omega'}\sin\omega' t\right)}$$

③ $\omega^2 - \gamma^2 = 0$ 인 경우: **실수의 중근** (real double roots)

실수의 중근 $\lambda_1 = \lambda_2 = -\gamma$ 을 가지므로 첫 번째 해를 $y_1 = e^{\lambda_1 t} = e^{-\gamma t}$ 라 하면 선형 독립인 두 번째 해 y_2 를 론스키안 이중 적분법을 사용하여 구하자. 두 번째 해는

$$y_2 = y_1 \int \frac{e^{-\int P(t)dt}}{y_1^2} dt = e^{-\gamma t} \int \frac{e^{-2\gamma t}}{e^{-2\gamma t}} dt = t e^{-\gamma t}$$

$$\therefore \ y_2 = t e^{-\gamma t}$$

가 된다. 실수의 중근에 대한 일반 해는

$$y(t) = e^{-\gamma t}(c_1 + c_2 t)$$

이므로 초기조건 $y(0) = A$, $\left[\dfrac{dy}{dt}\right]_{t=0} = 0$을 사용하여 계산하면 적분 상수는 $C_1 = A$, $C_2 = \gamma A$ 이므로 실수 중근의 보완해는

$$\therefore \quad \boxed{y(t) = Ae^{-\gamma t}(1 + \gamma t)}$$

가 된다.

질량-용수철 계와 RLC 직렬 회로에 대한 계수는 각각

$$\begin{cases} 2\gamma = b/m, & \omega^2 = k/m \ : \ \text{질량}-\text{용수철 계} \\ 2\gamma = R/L, & \omega^2 = 1/LC: \ RLC\text{직렬 회로} \end{cases}$$

와 같이 주어지므로 해당 계수들을 위의 세 종류의 해에 대입하면 두 선형 물리계의 해를 구할 수 있다. ■

[※ 참고] 예제 5.27은 감쇠 단진자 운동 방정식에 대한 특성 방정식으로부터 세 종류의 해를 구하였으나, 6장에서 다루는 라플라스 변환 (Laplace transform)을 사용하여도 해를 구할 수 있으며 해는

$$y(t) = Ae^{-\gamma t}\left(\cos\omega' t + \frac{\gamma}{\omega'}\sin\omega' t\right)$$

로 유일하게 주어진다. 여기서 $\omega' = \sqrt{\omega^2 - \gamma^2}$ 이다. 라플라스 변환에 의한 위의 해는 마치 특성 방정식의 복소 공액 근에 대한 해처럼 보이지만, 특성 방정식으로 구한 세 종류의 보완해

$$\begin{cases} y(t) = Ae^{-\gamma t}\left(\cosh\omega_1 t + \dfrac{\gamma}{\omega_1}\sinh\omega_1 t\right) \\ y(t) = Ae^{-\gamma t}\left(\cos\omega' t + \dfrac{\gamma}{\omega'}\sin\omega' t\right) \\ y(t) = Ae^{-\gamma t}(1 + \gamma t) \end{cases}$$

와 같음을 쉽게 증명할 수 있다.

• 상수 계수의 n계 제차 미분 방정식의 해

상수 계수의 n계 제차 미분 방정식 $a_n \dfrac{d^n y}{dx^n} + a_{n-1}\dfrac{d^{n-1}y}{dx^{n-1}} + \cdots + a_1 \dfrac{dy}{dx} + a_0 y = 0$ 을 생각하자. 여기서 계수 $a_i\ (i = 0, 1, 2, \cdots, n)$는 상수이다. 2계 제차 미분 방정식과 같이 시도 해를 $y = e^{\lambda x}$라 두자. $y^{(1)} = \lambda e^{\lambda x}$, $y^{(2)} = \lambda^2 e^{\lambda x}$, $\cdots$, $y^{(n)} = \lambda^n e^{\lambda x}$을 대입하면 $\left[a_n \lambda^n + a_{n-1}\lambda^{n-1} + \cdots + a_1 \lambda + a_0\right] e^{\lambda x} = 0$가 된다. 모든 x에 대해 $e^{\lambda x} \neq 0$이므로 특성 방정식 $a_n \lambda^n + a_{n-1}\lambda^{n-1} + \cdots + a_1 \lambda + a_0 = 0$을 얻는다. 2계 미분 방정식과 유사하게 특성 방정식의 근의 종류에 따라 해를 구할 수 있다.

<u>*(i)* 모든 근이 서로 다른 실근을 가지는 경우 (즉, $\lambda_1 \neq \lambda_2 \neq \lambda_3 \neq \cdots \neq \lambda_n$: 실수)</u>

모두 근이 서로 다른 실근을 가지는 경우 해 $y_k = e^{\lambda_k x}\ (k = 1, 2, 3, \cdots, n)$는 선형 독립이다. 따라서 일반 해는 $y = c_1 e^{\lambda_1 x} + c_2 e^{\lambda_2 x} + \cdots + c_n e^{\lambda_n x}$로 주어진다.

<u>*(ii)* k개의 근이 서로 같은 경우 (즉, $\lambda_1 = \lambda_2 = \lambda_3 = \cdots = \lambda_k$, $\lambda_{k+1} \neq \lambda_{k+2} \neq \cdots \neq \lambda_n$)</u>

k개의 근이 서로 같으므로 2계 미분 방정식의 론스키안 이중 적분법을 반복 적용한다. 첫 번째 해 $y_1 = e^{\lambda_1 x}$에 대해 두 번째 해 $y_2 = x e^{\lambda_1 x}$는 선형 독립이다. 두 번째 해에 대해 세 번째 해 $y_3 = x^2 e^{\lambda_1 x}$도 선형 독립이다. 같은 방법으로 k 번째 해는 $y_k = x^{k-1} e^{\lambda_1 x}$이다. 한편 나머지 근들은 서로 다른 실근을 가지므로 해는 $y_{l(>k)} = e^{\lambda_l x}\ (l = k+1, k+2, \cdots, n)$이 된다. 따라서 일반 해는 다음과 같다.

$$y = \left(c_1 + c_2 x + c_3 x^2 + \cdots + c_k x^{k-1}\right) e^{\lambda_1 x} + c_{k+1} e^{\lambda_{k+1} x} + c_{k+2} e^{\lambda_{k+2} x} + \cdots + c_n e^{\lambda_n x}$$

[예제 5.28] 선형 n계 제차 미분 방정식

선형 4계 미분 방정식의 보완해 $y(t)$를 구하라.

$$\frac{d^4y}{dt^4}+2\omega^2\frac{d^2y}{dt^2}+\omega^4y=0$$

여기서, $\omega(>0)$는 실수이다.

[풀이]

시도 해를 $y=e^{\lambda t}$라 두고 4계 미분 방정식에 대입하면

$$(\lambda^4+2\omega^2\lambda^2+\omega^4)e^{\lambda t}=0$$

$$\Rightarrow \lambda^4+2\omega^2\lambda^2+\omega^4=0 \quad (\because e^{\lambda t}\neq 0)$$

$$\therefore (\lambda^2+\omega^2)^2=0$$

특성 방정식은 4차 방정식으로 4개의 근을 가지며 각각 2개의 중근을 갖는다. 즉,

$$\lambda_1=\lambda_2=i\omega, \quad \lambda_3=\lambda_4=-i\omega$$

중근 $\lambda_1=\lambda_2=i\omega$에 대한 선형 독립인 두 해는 론스키안 이중 적분법을 사용하면 $y_1=e^{i\omega t}$와 $y_2=te^{i\omega t}$가 된다. 같은 방법으로 중근 $\lambda_3=\lambda_4=-i\omega$에 대한 선형 독립인 두 해는 론스키안 이중 적분법을 사용하면 $y_3=e^{-i\omega t}$와 $y_4=te^{-i\omega t}$가 된다.
따라서 일반 해는 다음과 같이 주어진다.

$$\begin{aligned} y&=c_1y_1+c_2y_2+c_3y_3+c_4y_4 \\ &=(c_1+c_2t)e^{i\omega t}+(c_3+c_4t)e^{-i\omega t} \end{aligned}$$

또는

$$y=(A+Bt\cos\omega t)+(C+Dt\sin\omega t)$$ ■

5.4.4 비 제차 선형 2계 미분 방정식의 특별 해 구하기
(Particular Solutions of Nonhomogeneous Linear Equations)

본 절에서는 비 제차 선형 2계 미분 방정식의 특별해 (particular solution)를 구하는 방법에 대해 살펴본다. 특별해는 제차 선형 2계 미분 방정식의 우변에 선형 시스템을 작동하게 하는 구동 함수 (driving function) $f(x)$에 대응하는 해를 뜻한다. 특별 해를 구하는 방법은 상수 계수 또는 변수 계수에 따라 풀이 방법이 달라질 수 있다. 상수 계수의 경우 대표적으로 미정 계수법 (method of undetermined coefficients)과 미분 연산자법 (differential operator method)을 사용한다. 일반적으로 변수 계수의 경우 미정 계수법과 미분 연산자법을 사용하기 어렵다. 이 경우 매개 변수 변환법 (variation of parameters)을 사용하여 특별 해를 구할 수 있다.

(1) **미정 계수법** (method of undetermined coefficients): **상수 계수**

상수 계수의 제차 2계 미분 방정식 $\dfrac{d^2y}{dx^2}+a\dfrac{dy}{dx}+by=f(x)$을 생각하자.

여기서 a와 b는 상수 계수이다. 미정 계수법을 적용할 수 있는 함수 $f(x)$를 표 5.1에 정리하였다.

미정 계수법 적용이 가능한 함수 $f(x)$	$f(x)$의 예
상수 (constant)	$c=$상수
다항식 (polynomial)	$2x^3+3x^2+4x+5$
지수 함수 (exponential function)	$2e^{\alpha x}$, $3e^{-\beta x}$
사인, 코사인 함수 (sine, cosine function)	$5\sin 2x$, $-4\cos 3x$
위의 함수들의 합과 곱 (finite sums and products of above functions)	$2x^3e^x+3\sin 2x+e^{-3x}\cos 2x$

표 5.1 미정 계수법 적용이 가능한 함수와 예.

[※ **주의**] 미정 계수법을 적용할 수 없는 함수로는 $f(x)=\ln x$, $\tan x$, $\sin^{-1}x$, $\cos^{-1}x$ 등이 있다.

표 5.1과 같이 미정 계수법을 적용할 수 있는 함수 $f(x)$에 대해 특별해 $y_p(x)$의 형태를 표 5.2에 정리하였다. 여기서 상수 C, D, C_i, D_i $(i=0,1,2,\cdots,n)$를 미정 계수(undetermined coefficients)라 한다. 특별해 $y_p(x)$와 함수 $f(x)$를 상수 계수 2계 미분 방정식에 대입하여 좌변과 우변의 항들을 직접 비교하여 미정 계수를 구한다.

미정 계수법 적용이 가능한 함수 $f(x)$	특별해 $y_p(x)$
상수	$C=$ 상수
x^n $(n=1,2,\cdots,n)$	$C_n x^n + C_{n-1}x^{n-1}+\cdots+C_1 x+C_0$
$\cos kx$ or $\sin kx$	$C\cos kx+D\sin kx$
e^{ax}	Ce^{ax}
$e^{ax}\cos kx$ or $e^{ax}\sin kx$	$e^{ax}(C\cos kx+D\sin kx)$
$x^n e^{ax}$	$e^{ax}\left(C_n x^n + C_{n-1}x^{n-1}+\cdots+C_1 x+C_0\right)$
$x^n\cos kx$ or $x^n\sin kx$	$\begin{pmatrix}C_n x^n + C_{n-1}x^{n-1} \\ +\cdots+C_1 x+C_0\end{pmatrix}\cos kx + \begin{pmatrix}D_n x^n + D_{n-1}x^{n-1} \\ +\cdots+D_1 x+D_0\end{pmatrix}\sin kx$

표 5.2 미정 계수법에 따른 특별해 $y_p(x)$.

상수 계수이며 제차 $(f(x)=0)$ 2계 미분 방정식의 해를 보완해 $y_c(x)$라 하며

$$\frac{d^2 y_c}{dx^2}+a\frac{dy_c}{dx}+by_c=0$$

을 만족한다. 반면에 상수 계수이며 비 제차 $(f(x)\neq 0)$ 2계 미분 방정식의 특별해 $y_p(x)$는

$$\frac{d^2 y_p}{dx^2}+a\frac{dy_p}{dx}+by_p=f(x)$$

를 만족한다. 따라서 일반 해는 보완해 $y_c(x)$와 특별해 $y_p(x)$의 합으로 주어진다.

$$\therefore\ y(x)=y_c(x)+y_p(x)$$

[예제 5.29] 미정 계수법

다음 미분 방정식의 일반 해 $y(t)$를 구하라.

(1) $\dfrac{d^2y}{dx^2}+4y=8x^2$, (2) $\dfrac{d^2y}{dx^2}+4y=x\cos x$

[풀이]

(1) 제차 미분 방정식 $\dfrac{d^2y}{dx^2}+4y=0$의 해를 $y=e^{\lambda x}$라 두면 특성 방정식은 $\lambda^2+4=0$이 되며 근은 $\lambda_1=2i$와 $\lambda_2=-2i$이다. 보완해는

$$y_c(x)=c_1e^{2ix}+c_2e^{-2ix}$$

또는 오일러 공식을 사용하면

$$y_c(x)=A\cos 2x+B\sin 2x$$

가 된다. 상수 c_1, c_2 또는 A, B는 초기조건으로 결정되는 상수이다. $f(x)=8x^2$이므로 미정 계수법을 사용하면 특별해는

$$y_p=Cx^2+Dx+E$$

로 둘 수 있다. 여기서 C, D, E는 미정 계수 (undetermined coefficients)이다. 특별해 y_p와 $y_p'=2Cx+D$, $y_p''=2C$를 비 제차 미분 방정식에 대입하면

$$2C+4(Cx^2+Dx+E)=8x^2$$

$$\Rightarrow 4Cx^2+4Dx+2C+4E=8x^2$$

와 같은 대수 방정식을 얻는다. 좌변과 우변의 x의 멱 수의 계수를 비교하면

$$\begin{aligned} x^2 &: 4C=8 && \Rightarrow \therefore C=2 \\ x^1 &: 4D=0 && \Rightarrow \therefore D=0 \\ x^0 &: 2C+4E=0 && \Rightarrow \therefore E=-1 \end{aligned}$$

$$\therefore y_p = Cx^2 + Dx + E = 2x^2 - 1$$

일반 해는 보완해와 특별 해의 합이므로 다음과 같다.

$$y = y_c + y_p = A\cos 2x + B\sin 2x + 2x^2 - 1$$

(2) 제차 미분 방정식의 특성 방정식은 $\lambda^2 + 4 = 0$ 이며 근은 $\lambda_1 = 2i$ 와 $\lambda_2 = -2i$ 이므로 보완해는 (1)의 결과와 같다.

$$y_c(x) = A\cos 2x + B\sin 2x$$

한편 $f(x) = x\cos x$ 이므로 특별해는 표 5.2를 참고하여

$$y_p = (Cx+D)\cos x + (Ex+F)\sin x$$

라 두면 도함수 y_p', y_p''는

$$\begin{aligned} y_p' &= C\cos x - (Cx+D)\sin x + E\sin x + (Ex+F)\cos x \\ &= (Ex+C+F)\cos x + (E-D-Cx)\sin x \\ y_p'' &= E\cos x - (Ex+C+F)\sin x - C\sin x + (E-D-Cx)\cos x \\ &= (2E-D-Cx)\cos x - (Ex+2C+F)\sin x \end{aligned}$$

이다. 비 제차 미분 방정식 $\frac{d^2 y_p}{dx^2}+4y_p=x\cos x$에 대입하여 정리하면

$$\text{좌변}=(3Cx+3D+2E)\cos x+(3Ex+3F-2C)\sin x$$
$$\text{우변}=x\cos x$$

가 된다. 좌변의 $\cos x$와 $\sin x$ 항의 계수와 우변의 $\cos x$ 항의 계수를 비교하면 미정 계수는 다음과 같다.

$$\boxed{\cos x}\ :\ 3Cx+3D+2E=x \Rightarrow \therefore\ C=\frac{1}{3},\ D=E=0$$

$$\boxed{\sin x}\ :\ 3Ex+3F-2C=0 \Rightarrow \therefore\ F=\frac{2}{3}C=\frac{2}{9}$$

따라서 특별해는

$$\begin{aligned} y_p &= (Cx+D)\cos x+(Ex+F)\sin x \\ &= \frac{1}{3}x\cos x+\frac{2}{9}\sin x \end{aligned}$$

이다. 일반 해 $y=y_c+y_p$는

$$y=A\cos 2x+B\sin 2x+\frac{1}{3}x\cos x+\frac{2}{9}\sin x$$

가 된다. ■

(2) 미분 연산자법 (differential operator method): 상수 계수

미분 연산자법도 미정 계수법과 같이 상수 계수의 비 제차 미분 방정식의 특별 해를 구하는 방법이다. 미분 연산자법의 원리를 잘 이해한다면 미정 계수법보다 더 쉽고 빠르게 특별 해를 구할 수가 있다.

어떤 함수 $f(x)$에 대한 미분 (도함수)을 $\dfrac{df}{dx}$로 나타낼 때 미분 기호 $\dfrac{d}{dx} \equiv D$를 미분 연산자 (differential operator)로 정의한다. 즉,

$$\frac{df}{dx} \equiv Df(x)$$

미분 연산자의 적용 예는 $Dy = \dfrac{dy}{dx}$, $De^{\alpha x} = \alpha e^{\alpha x}$, $D\sin kx = k\cos kx, \cdots$ 등이 있다. 고계 도함수 (higher-order derivatives)도 아래의 방법으로 쉽게 확장할 수 있다. 2계 도함수의 경우 미분 연산자를 연속으로 두 번 적용하면

$$\frac{d^2y}{dx^2} = \frac{d}{dx}\left(\frac{dy}{dx}\right) = \frac{d}{dx}(Dy) = D\frac{d}{dx}y = DDy \equiv D^2 y$$

가 된다. 같은 방법으로 3계 이상의 고계 도함수도 연속으로 적용하면

$$\frac{d^3y}{dx^3} = \frac{d^2}{dx^2}\left(\frac{dy}{dx}\right) = \frac{d^2}{dx^2}(Dy) = D\frac{d^2y}{dx^2} = DD^2 y \equiv D^3 y$$

$$\vdots$$

$$\therefore \quad \frac{d^ny}{dx^n} \equiv D^n y$$

와 같이 표현할 수 있다.

상수 계수 (a_i $(i=0, 1, 2, \cdots, n)$ = 상수)의 n계 비 제차 미분 방정식

$$a_n \frac{d^n y}{dx^n} + a_{n-1} \frac{d^{n-1} y}{dx^{n-1}} + \cdots + a_1 \frac{dy}{dx} + a_0 y = f(x)$$

은 미분 연산자를 사용하면

$$\left(a_n D^n + a_{n-1} D^{n-1} + \cdots + a_1 D + a_0\right) y = f(x)$$

$$\Downarrow$$

$$\therefore \ L(D) y \equiv f(x)$$

와 같이 쓸 수 있다. 여기서 $L(D)$는 (상수 계수의) n계 선형 미분 연산자 (linear differential operator)이며 다음과 같이 주어진다.

$$L(D) \equiv a_n D^n + a_{n-1} D^{n-1} + \cdots + a_1 D + a_0$$

따라서 미분 연산자법을 사용한 특별해 $y_p(x)$는 형식적으로 매우 간단하게

$$\boxed{y_p(x) \equiv \frac{f(x)}{L(D)}}$$

와 같이 주어진다.
남은 문제는 n계 선형 미분 연산자 $L(D)$와 함수 $f(x)$의 유형에 따라 특별 해를 구하는 방법을 이해하는 것이다.

- **미분 연산자의 교환 특성**

(*i*) 상수 계수의 미분 연산자의 인수분해 인자들은 교환적 (commutative)이다.

예를 들면, 상수 계수 미분 방정식 $y''+5y'+6y=f(x)$을 미분 연산자로 나타내면 $(D^2+5D+6)y=f(x)$이다. 선형 미분 연산자는 $L(D)=D^2+5D+6$이며 인수분해 (factorization)하면 $L(D)=D^2+5D+6=\begin{cases}(D+3)(D+2)\\(D+2)(D+3)\end{cases}$가 되어 인수분해 인자들은 교환적이다.

(*ii*) 변수 계수의 미분 연산자 인자들은 일반적으로 비 교환적 (non-commutative)이다.

예를 들면, 변수 계수의 선형 미분 연산자 $(D+x)(D-x)y$와 $(D-x)(D+x)y$는 비 교환적이다. 두 연산자를 차례대로 계산하면

$$\begin{aligned}(D+x)(D-x)y &= D^2y-D(xy)+xDy-x^2y\\ &= D^2y-y-xDy+xDy-x^2y \quad (\because\ D(xy)=y+xDy)\\ &= D^2y-(1+x^2)y\end{aligned}$$

$$\therefore\ (D+x)(D-x)y=D^2y-(1+x^2)y$$

$$\begin{aligned}(D-x)(D+x)y &= D^2y+D(xy)-xDy-x^2y\\ &= D^2y+y+xDy-xDy-x^2y\\ &= D^2y+(1-x^2)y\end{aligned}$$

$$\therefore\ (D-x)(D+x)y=D^2y+(1-x^2)y$$

따라서 $(D+x)(D-x)y\neq(D-x)(D+x)y$이므로 비 교환적이다.

[예제 5.30] 변수 계수의 미분 연산자

다음 변수 계수의 미분 연산자 방정식을 계산하라.

(1) $(D+x)(D-x)\sin x$,

(2) $(D-x)(D+x)\sin x$

(3) (1)과 (2)는 비 교환적임을 보여라.

[풀이]

(1) $(D+x)(D-x)\sin x = D^2\sin x - D(x\sin x) + xD\sin x - x^2\sin x$

$$= -\sin x - \sin x - x\cos x + x\cos x - x^2\sin x$$

$$= -(x^2+2)\sin x$$

(2) $(D-x)(D+x)\sin x = D^2\sin x + D(x\sin x) - xD\sin x - x^2\sin x$

$$= -\sin x + \sin x + x\cos x - x\cos x - x^2\sin x$$

$$= -x^2\sin x$$

(3) (1)과 (2)의 결과로부터 $(D+x)(D-x)\sin x \neq (D-x)(D+x)\sin x$이므로 비 교환적이다.

■

[예제 5.31] 미분 연산자와 교환자 (commutator)

입자의 파동 함수가 $\Psi(x,t)=\Psi_o e^{\frac{i}{\hbar}(px-Et)}$ 와 같이 주어진다.

여기서 $E=i\hbar\frac{\partial}{\partial t}$는 에너지 연산자, $p=-i\hbar\frac{\partial}{\partial x}$는 운동량 연산자이다.

위치 연산자 x와 운동량 연산자 p의 교환자 $[x, p]\Psi(x,t)$를 계산하라.

여기서, 두 연산자 A, B에 대한 교환자는 $[A, B]\equiv AB-BA$로 정의한다.

[풀이]

위치 연산자 x와 운동량 연산자 p의 교환자 $[x, p]\Psi(x,t)$는 다음과 같다.

$$
\begin{aligned}
[x, p]\Psi &= (xp-px)\Psi = xp\Psi - p(x\Psi) \\
&= x\left(-i\hbar\frac{\partial\Psi}{\partial x}\right)+i\hbar\frac{\partial}{\partial x}(x\Psi) \\
&= x\left(-i\hbar\frac{\partial\Psi}{\partial x}\right)+i\hbar\left(\Psi+x\frac{\partial\Psi}{\partial x}\right) \\
&= i\hbar\Psi
\end{aligned}
$$

임의의 파동함수 Ψ에 대해 위치 연산자 x와 운동량 연산자 p의 교환자 관계식은

$$\therefore\ [x, p]=i\hbar$$

와 같이 주어지며 두 연산자는 비 교환적이다.

■

◉ 미분 연산자에 의한 특별해 구하기

상수 계수 (a_i $(i=0, 1, 2, \cdots, n)$ = 상수)의 n계 비 제차 미분 방정식은 미분 연산자법을 사용하면 $L(D)y = f(x)$로 주어진다. 여기서 $L(D)$는 (상수 계수의) n계 선형 미분 연산자이며 $L(D) \equiv a_n D^n + a_{n-1} D^{n-1} + \cdots + a_1 D + a_0$이다. 특별해 $y_p(x)$는

$$y_p(x) \equiv \frac{f(x)}{L(D)}$$

로 주어진다. 몇 가지 유형에 대한 특별 해를 구하는 방법을 알아보자.

(I) $\dfrac{dy}{dx} = f(x)$ 형

이 형태의 미분 방정식은 변수 분리형으로 쉽게 특별 해를 구할 수 있다. 한편 미분 연산자법으로 특별해는 아래 도식과 같이 $y_p = \dfrac{f(x)}{D} = D^{-1} f(x)$가 된다.

$\dfrac{dy}{dx} = f(x)$ 형	$\Rightarrow$	$y_p = \int f(x)dx$
$\Downarrow$		$\Updownarrow$
$Dy = f(x)$	$\Rightarrow$	$y_p = \dfrac{f(x)}{D} \equiv D^{-1} f(x)$

$$\therefore \quad \boxed{y_p = \frac{f(x)}{D} \equiv D^{-1} f(x) = \int f(x)dx}$$

따라서 미분 연산자 (differential operator) D의 역수 $\dfrac{1}{D} \equiv D^{-1}$는 적분 연산자 (integral operator)와 같다.

(II) $\dfrac{dy}{dx} - \alpha y = f(x)$ 형

이 형태의 미분 방정식은 5.3.5에서 다룬 비 제차 선형 1계 미분 방정식이므로 특별해는 적분 인자를 사용하면 $y_p = e^{\alpha x}\int f(x)e^{-\alpha x}dx$가 됨을 알 수 있다.

한편 미분 연산자 방정식은 $(D-\alpha)y_p = f(x)$이므로 특별해는 $y_p = \dfrac{f(x)}{D-\alpha}$이며 해를 구하는 과정은 아래 도식과 같이 주어진다.

$\dfrac{dy}{dx} - \alpha y = f(x)$ 형	$\Rightarrow$	$y_p = e^{\alpha x}\int f(x)e^{-\alpha x}dx$
$\Downarrow$		$\Updownarrow$
$(D-\alpha)y = f(x)$	$\Rightarrow$	$y_p = \dfrac{f(x)}{D-\alpha}$

$$\therefore \quad y_p = \frac{f(x)}{D-\alpha} = e^{+\alpha x}\int f(x)e^{-\alpha x}dx$$

따라서 미분 연산자 $D-\alpha$의 역수 연산 $\dfrac{f(x)}{D-\alpha} = (D-\alpha)^{-1}f(x)$는 함수 $f(x)$에 $e^{-\alpha x}$를 곱한 피적분 함수 $f(x)e^{-\alpha x}$를 적분하고, 적분 연산자 밖에 $e^{+\alpha x}$를 곱한다.

[예제 5.32] 미분 연산자법을 사용한 특별해

다음 미분 방정식의 특별 해를 미분 연산자법으로 구하라. 단, α, β는 상수이다.

(1) $\dfrac{d^2y}{dx^2}-(\alpha+\beta)\dfrac{dy}{dx}+\alpha\beta y=f(x)$

(2) $\dfrac{d^2y}{dx^2}-2\alpha\dfrac{dy}{dx}+\alpha^2 y=f(x)$

[풀이]

(1) 미분 방정식을 미분 연산자로 나타내고 인수 분해하면

$$\left[D^2-(\alpha+\beta)D+\alpha\beta\right]y=f(x) \Rightarrow (D-\alpha)(D-\beta)y=f(x)$$

$$\Rightarrow \quad y_p=\frac{f(x)}{(D-\alpha)(D-\beta)}=\frac{1}{\alpha-\beta}\left[\frac{f(x)}{D-\alpha}-\frac{f(x)}{D-\beta}\right]$$

가 된다. (II)형의 미분 방정식이므로 특별해는 다음과 같이 주어진다.

$$\therefore \ y_p=\frac{1}{\alpha-\beta}\left[\frac{f(x)}{D-\alpha}-\frac{f(x)}{D-\beta}\right]$$

$$=\frac{1}{\alpha-\beta}\left[e^{\alpha x}\int f(x)e^{-\alpha x}dx-e^{\beta x}\int f(x)e^{-\beta x}dx\right]$$

(2) 미분 방정식을 미분 연산자로 나타내고 인수 분해하면

$$\left[D^2-2\alpha D+\alpha^2\right]y=f(x) \Rightarrow (D-\alpha)^2y=f(x)$$

$$\Rightarrow \quad y_p=\frac{f(x)}{(D-\alpha)^2}=\frac{1}{D-\alpha}\left[\frac{f(x)}{D-\alpha}\right]$$

가 된다. $\dfrac{1}{D-\alpha}$가 제곱 형태로 주어지므로 $\left[\dfrac{f(x)}{D-\alpha}\right]\equiv g(x)$라 두면 특별해는

$$y_p = \frac{1}{D-\alpha}\left[\frac{f(x)}{D-\alpha}\right] \equiv \frac{g(x)}{D-\alpha}$$

로 치환된다. $g(x) = \left[\frac{f(x)}{D-\alpha}\right]$는 (II)형이므로 $g(x) = \left[\frac{f(x)}{D-\alpha}\right] = e^{\alpha x}\int f(x)e^{-\alpha x}dx$가 된다. 따라서 특별해는

$$y_p = \frac{g(x)}{D-\alpha} = e^{\alpha x}\int g(x)e^{-\alpha x}dx$$

이다. 이제 $g(x)$를 대입하여 계산하면 특별해는 다음과 같이 주어진다.

$$y_p = \frac{g(x)}{D-\alpha} = e^{\alpha x}\int g(x)e^{-\alpha x}dx \equiv e^{\alpha x}\int\left[e^{\alpha x}\int f(x)e^{-\alpha x}dx\right]e^{-\alpha x}dx$$

$$= e^{\alpha x}\int\left[\int f(x)e^{-\alpha x}dx\right]dx = e^{\alpha x}\iint f(x)e^{-\alpha x}(dx)^2$$

$$\therefore\ y_p = \frac{f(x)}{(D-\alpha)^2} = \frac{1}{D-\alpha}\left[\frac{f(x)}{D-\alpha}\right] = e^{\alpha x}\iint f(x)e^{-\alpha x}(dx)^2$$

■

[참고] 예제 5.32의 결과를 일반화하면 미분 방정식 $(D-\alpha)^n y = f(x)$의 특별해는

$$y_p = \frac{f(x)}{(D-\alpha)^n} = e^{\alpha x}\int_1\int_2\cdots\int_n f(x)e^{-\alpha x}(dx)^n$$

와 같이 주어진다.

(III) $\dfrac{f(x)}{D-\alpha} \equiv \dfrac{x^n}{D-\alpha}$ 형

이 형태의 미분 방정식은 $\dfrac{dy}{dx} - \alpha y = f(x) \equiv x^n$이다. 5.3.5에서 다룬 비 제차 선형 1계 미분 방정식이므로 적분 인자를 사용한다. $P(x) = -\alpha$, $Q(x) = f(x) = x^n$이므로 특별해는

$$y_p(x) = e^{-\int P(x)dx} \int Q(x)\, e^{+\int P(x)dx} dx$$
$$= e^{\alpha x} \int f(x) e^{-\alpha x} dx = e^{\alpha x} \int x^n e^{-\alpha x} dx$$

이다. 부분 적분 (integral by parts)을 연속으로 적용하여 특별 해를 구한다.

$$y_p = e^{\alpha x} \int x^n e^{-\alpha x} dx = e^{\alpha x} \left[-\frac{1}{\alpha} e^{-\alpha x} x^n + \frac{n}{\alpha} \int x^{n-1} e^{-\alpha x} dx \right]$$
$$= -\frac{x^n}{\alpha} + \frac{n}{\alpha} e^{\alpha x} \int x^{n-1} e^{-\alpha x} dx$$
$$= -\frac{x^n}{\alpha} + \frac{n}{\alpha} e^{\alpha x} \left[-\frac{1}{\alpha} e^{-\alpha x} x^{n-1} + \frac{n-1}{\alpha} \int x^{n-2} e^{-\alpha x} dx \right]$$
$$= -\frac{1}{\alpha} x^n - \frac{n}{\alpha^2} x^{n-1} + \frac{n(n-1)}{\alpha^2} e^{\alpha x} \int x^{n-2} e^{-\alpha x} dx$$
$$\vdots$$

$$\therefore\ y_p = e^{\alpha x} \int x^n e^{-\alpha x} dx$$
$$= -\frac{1}{\alpha} \left[x^n + \frac{n}{\alpha} x^{n-1} + \frac{n(n-1)}{\alpha^2} x^{n-2} + \cdots + \frac{n!}{\alpha^n} \right]$$

[별해] 미분 연산자의 이항 전개

$x<1$인 경우 $\frac{1}{1\pm x}$는 이항 정리를 사용하면 $\frac{1}{1\pm x}=1\mp x+x^2\mp x^3+\cdots$이다.

$y_p=\frac{f(x)}{D-\alpha}=\frac{x^n}{D-\alpha}$에서 미분 연산자 D는 $D<1$로 가정하고 이항 전개하면

$$y_p=\frac{x^n}{D-\alpha}=-\frac{1}{\alpha}\frac{x^n}{1-\frac{D}{\alpha}}=-\frac{1}{\alpha}\left[1+\frac{D}{\alpha}+\left(\frac{D}{\alpha}\right)^2+\left(\frac{D}{\alpha}\right)^3+\cdots\right]x^n$$

가 된다. $Dx^n=nx^{n-1}$, $D^2x^n=n(n-1)x^{n-2}$, $\cdots$, $D^nx^n=n!$이므로

$$\begin{aligned} y_p &=-\frac{1}{\alpha}\left[1+\frac{D}{\alpha}+\left(\frac{D}{\alpha}\right)^2+\left(\frac{D}{\alpha}\right)^3+\cdots\right]x^n \\ &=-\frac{1}{\alpha}\left[x^n+\frac{1}{\alpha}Dx^n+\frac{1}{\alpha^2}D^2x^n+\frac{1}{\alpha^3}D^3x^n+\cdots\right] \\ &=-\frac{1}{\alpha}\left[x^n+\frac{n}{\alpha}x^{n-1}+\frac{n(n-1)}{\alpha^2}x^{n-2}+\cdots+\frac{n!}{\alpha^n}\right] \end{aligned}$$

가 되어 같은 결과를 얻는다. 여기서 $D^{n+1}x^n=D^{n+2}x^n=D^{n+3}x^n=\cdots=0$이다.

[예제 5.33] 미분 연산자법 등을 사용한 특별해

다음 미분 방정식의 특별 해를 ① 미분 연산자법, ② 미정 계수법, ③ 적분 인자 방법으로 구하고 비교하라.

(1) $\dfrac{dy}{dx}+4y=x^2$, (2) $\dfrac{d^2y}{dx^2}+4y=x^2$, (3) $\dfrac{d^2y}{dx^2}+\dfrac{dy}{dx}=x^2$

단, ③ 적분 인자 방법은 (1)과 (3)의 미분 방정식 경우에만 가능하다.

[질문] (3)의 경우 (1), (2)와 같은 미정 계수법을 사용할 수 없는 이유를 설명하고 해결책을 제시하라.

[풀이]

(1) **① 미분 연산자법:** $(D+4)y=x^2 \Rightarrow y_p=\dfrac{x^2}{D+4}$이므로 미분 연산자를 이항 전개하면 특별해는 다음과 같이 주어진다.

$$y_p=\frac{x^2}{D+4}=\frac{x^2}{4\left(1+\dfrac{D}{4}\right)}$$

$$=\frac{1}{4}\left[1-\frac{D}{4}+\left(\frac{D}{4}\right)^2-\left(\frac{D}{4}\right)^3+\cdots\right]x^2$$

$$=\frac{1}{4}\left[x^2-\frac{1}{2}x+\frac{1}{8}\right]=\frac{x^2}{4}-\frac{1}{8}x+\frac{1}{32}$$

② 미정 계수법:

$f(x)=x^2$이므로 특별 해를 $y_p=Ax^2+Bx+C$라 두면 $y_p'=2Ax+B$, 이므로 미분 방정식에 대입하고 좌변과 우변의 x의 멱 수를 비교한다.

$$\frac{dy}{dx}+4y=x^2 \Rightarrow 2Ax+B+4(Ax^2+Bx+C)=x^2$$

$$4Ax^2+(2A+4B)x+B+4C\equiv x^2$$

$$x^2 :\ 4A=1 \qquad \Rightarrow A=\frac{1}{4}$$

$$x^1 :\ 2A+4B=0 \quad \Rightarrow B=-\frac{1}{8}$$

$$x^0 :\ B+4C=0 \qquad \Rightarrow C=\frac{1}{32}$$

$$\therefore\ y_p=Ax^2+Bx+C=\frac{x^2}{4}-\frac{1}{8}x+\frac{1}{32}$$

③ 적분 인자:

비 제차 선형 1계 미분 방정식이므로 적분 인자를 사용한다.

$P(x)=4,\ Q(x)=f(x)=x^2$ 이므로 특별해는 적분 인자를 사용하고 부분 적분을 사용하여 구한다.

$$y_p=e^{-\int P(x)dx}\int Q(x)\,e^{+\int P(x)dx}dx$$

$$=e^{-4x}\int x^2e^{4x}dx$$

$$=e^{-4x}\left[\frac{e^{4x}}{4}x^2-\frac{1}{2}\int xe^{4x}dx\right]$$

$$=e^{-4x}\left[\frac{e^{4x}}{4}x^2-\frac{e^{4x}}{8}x+\frac{1}{8}\int e^{4x}dx\right]$$

$$=\frac{x^2}{4}-\frac{1}{8}x+\frac{1}{32}$$

① 미분 연산자법, ② 미정 계수법 또는 ③ 적분 인자로 구한 특별해는 모두 같다.

(2) ① <u>미분 연산자법:</u>

$(D^2+4)y=x^2 \Rightarrow y_p=\dfrac{x^2}{D^2+4}$ 이므로 미분 연산자를 이항 전개하면 특별해는 다음과 같이 주어진다.

$$y_p=\frac{x^2}{D^2+4}=\frac{x^2}{4\left(1+\frac{D^2}{4}\right)}$$
$$=\frac{1}{4}\left[1-\frac{D^2}{4}+\left(\frac{D^2}{4}\right)^2-\left(\frac{D^2}{4}\right)^3+\cdots\right]x^2$$
$$=\frac{1}{4}\left[x^2-\frac{1}{2}\right]=\frac{x^2}{4}-\frac{1}{8}$$

② <u>미정 계수법:</u>

$f(x)=x^2$ 이므로 특별 해를 $y_p=Ax^2+Bx+C$ 라 두면 $y_p'=2Ax+B$, $y_p''=2A$ 이므로 미분 방정식에 대입하고 좌변과 우변의 x 의 멱 수를 비교한다.

$$4Ax^2+4Bx+2A+4C=x^2$$
$$\Downarrow$$
$$x^2 : 4A=1 \quad \Rightarrow A=\frac{1}{4}$$
$$x^1 : 4B=0 \quad \Rightarrow B=0$$
$$x^0 : 2A+4C=0 \Rightarrow C=-\frac{1}{8}$$
$$\therefore\ y_p=Ax^2+Bx+C=\frac{x^2}{4}-\frac{1}{8}$$

① 미분 연산자법과 ② 미정 계수법으로 구한 특별해는 같다.

(2)의 미분 방정식은 비 제차 선형 1계 미분 방정식으로 치환을 할 수 없으므로 적분 인자를 사용할 수 없다.

(3) <u>① 미분 연산자법:</u> $(D^2+D)y=x^2 \Rightarrow y_p = \dfrac{x^2}{D^2+D} = \dfrac{x^2}{D(D+1)}$ 이므로 특별해는

$$y_p = \frac{1}{D}\left[\frac{x^2}{D+1}\right] = \frac{1}{D}\left[\frac{x^2}{1+D}\right]$$
$$= \frac{1}{D}\left[1-D+D^2-D^3+\cdots\right]x^2$$
$$= \frac{1}{D}(x^2-2x+2)$$

이다. $\dfrac{1}{D} \equiv D^{-1}$는 적분 연산자이므로 특별해는 다음과 같다.

$$\therefore\ y_p = \frac{1}{D}(x^2-2x+2) = \int (x^2-2x+2)dx = \frac{x^3}{3} - x^2 + 2x$$

<u>② 미정 계수법:</u>

$f(x)=x^2$ 이므로 특별 해를 (1)과 (2)와 같이 $y_p = Ax^2+Bx+C$ 라 두면
$y_p' = 2Ax+B$, $y_p'' = 2A$ 이므로 미분 방정식에 대입하여 비교하면 모순이 생긴다!

$$y''+y'=x^2 \ \Rightarrow\ 2A+2Ax+B=x^2$$

즉, 특별 해를 $y_p = Ax^2+Bx+C$ 로 두는 경우 좌변에는 x^2 항이 사라지므로 우변 $f(x)=x^2$ 항과 비교 대상의 함수가 없어지는 모순이 생긴다.
이를 해결하기 위해 특별 해의 멱 수를 한 차수 올려서 $y_p = Ax^3+Bx^2+Cx+D$ 라 두자. $y_p' = 3Ax^2+2Bx+C$, $y_p'' = 6Ax+2B$ 를 미분 방정식에 대입하고 양변의 x 의 멱 수를 비교한다.

$$\underbrace{6Ax+2B}_{y''}+\underbrace{3Ax^2+2Bx+C}_{y'}=x^2$$

$$x^2 : 3A=1 \qquad \Rightarrow A=\frac{1}{3}$$
$$x^1 : 6A+2B=0 \quad \Rightarrow B=-1$$
$$x^0 : 2B+C=0 \quad \Rightarrow C=2$$

미정 계수법을 사용한 특별해는

$$\therefore\ y_p=Ax^3+Bx^2+Cx+D=\frac{x^3}{3}-x^2+2x$$

가 된다. 여기서 미정 계수 D는 기여가 없으므로 $D=0$이다.

<u>③ 적분 인자:</u> $y'\equiv u$로 치환하면 $y''+y'=x^2 \Rightarrow u'+u=x^2$가 되어 $u(x)$에 대한 비 제차 선형 1계 미분 방정식이다. 즉, $P(x)=1$, $Q(x)=x^2$이므로 특별해 u_p는 적분 인자를 사용하고 부분 적분을 사용하여 구한다.

$$u_p=e^{-\int P(x)dx}\int Q(x)\,e^{+\int P(x)dx}dx$$
$$=e^{-x}\int x^2e^x dx=x^2-2x+2$$

$\frac{dy_p}{dx}=u_p$이므로 적분 인자를 사용한 특별해 y_p는 다음과 같다.

$$\therefore\ y_p=\int u_p dx=\int (x^2-2x+2)dx=\frac{x^3}{3}-x^2+2x$$

① 미분 연산자법, ② 미정 계수법, ③ 적분 인자로 구한 특별해는 모두 같다. ■

(IV) $f(x) = e^{\alpha x}$ 형

상수 계수 (a_i ($i = 0, 1, 2, \cdots, n$) = 상수)의 n계 비 제차 미분 방정식을 미분 연산자로 나타내면

$$L(D)y \equiv \left[a_n D^n + a_{n-1} D^{n-1} + \cdots + a_1 D + a_0\right] y = f(x) = e^{\alpha x}$$

로 주어진다. 여기서 $L(D)$는 (상수 계수의) n계 선형 미분 연산자이다.
먼저 미정 계수법을 사용하여 특별 해를 구해보자. $f(x) = e^{\alpha x}$이므로 $y_p = Ae^{\alpha x}$라 두면 $Dy_p = \alpha A e^{\alpha x}$, $D^2 y_p = \alpha^2 A e^{\alpha x}$, $\cdots$, $D^n y_p = \alpha^n A e^{\alpha x}$가 된다.

$$\begin{aligned} L(D)y_p &\equiv \left[a_n D^n + a_{n-1} D^{n-1} + \cdots + a_1 D + a_0\right] A e^{\alpha x} \\ &= \left[a_n \alpha^n + a_{n-1} \alpha^{n-1} + \cdots + a_1 \alpha + a_0\right] A e^{\alpha x} \equiv f(x) = e^{\alpha x} \end{aligned}$$

$$\Rightarrow \ \therefore \ A = \frac{1}{a_n \alpha^n + a_{n-1} \alpha^{n-1} + \cdots + a_1 \alpha + a_0} \equiv \frac{1}{L(\alpha)}$$

$$\therefore \ y_p = Ae^{\alpha x} = \frac{e^{\alpha x}}{a_n \alpha^n + a_{n-1} \alpha^{n-1} + \cdots + a_1 \alpha + a_0} \equiv \frac{e^{\alpha x}}{L(\alpha)}$$

따라서 $f(x) = e^{\alpha x}$인 경우 미분 연산자법을 사용한 특별해 $y_p(x)$는

$$\boxed{y_p(x) \equiv \frac{e^{\alpha x}}{L(D)} = \frac{e^{\alpha x}}{L(\alpha)}}$$

와 같이 주어진다. 즉, $f(x) = e^{\alpha x}$인 경우 미분 연산자를 $D \to \alpha$로 대체하면 된다.

[예제 5.34] 미분 연산자법을 사용한 특별해

다음 미분 방정식의 특별 해를 미분 연산자법을 사용하여 구하라.

(1) $\dfrac{dy}{dx}+\beta y=e^{\alpha x}$, (2) $\dfrac{d^2y}{dx^2}+\dfrac{dy}{dx}=e^{\alpha x}$, $(\alpha \neq 0, -1)$

(3) $\dfrac{d^2y}{dx^2}+a\dfrac{dy}{dx}+by=e^{\alpha x}$

(1)과 (2)의 경우 적분 인자를 사용한 방법과 비교하라.

[풀이]

(1) **미분 연산자법:**

$f(x)=e^{\alpha x}$ 이므로 $D\rightarrow\alpha$ 를 대입하면 특별해는 다음과 같이 주어진다.

$$(D+\beta)y=e^{\alpha x} \Rightarrow \therefore\ y_p=\frac{e^{\alpha x}}{D+\beta}=\frac{e^{\alpha x}}{\alpha+\beta}$$

적분 인자:

1계 미분 방정식이므로 적분 인자를 사용하면 특별해는 다음과 같다.

$$\therefore\ y_p=e^{-\beta x}\int e^{\alpha x}e^{\beta x}dx=\frac{e^{-\beta x}e^{(\alpha+\beta)x}}{\alpha+\beta}=\frac{e^{\alpha x}}{\alpha+\beta}$$

미분 연산자법과 적분 인자로 구한 특별해는 같다.

(2) **미분 연산자법:**

$f(x)=e^{\alpha x}$ 이므로 $D\rightarrow\alpha$ 를 대입하여 특별 해를 구한다.

$$\frac{d^2y}{dx^2}+\frac{dy}{dx}=e^{\alpha x} \Rightarrow (D^2+D)y=e^{\alpha x}$$

$$\therefore\ y_p = \frac{e^{\alpha x}}{D^2 + D} = \frac{e^{\alpha x}}{\alpha^2 + \alpha}$$

여기서 $\alpha \neq 0, -1$이다.

<u>적분 인자:</u>

$\dfrac{dy}{dx} = u$로 치환하면 u에 대한 1계 미분 방정식이 되므로 적분 인자를 사용한다.

$$\frac{du}{dx} + u = e^{\alpha x} \ \Rightarrow\ u_p = e^{-x}\int e^{\alpha x} e^{x} dx = \frac{e^{\alpha x}}{\alpha + 1}$$

$\dfrac{dy}{dx} = u \Rightarrow y_p = \displaystyle\int u_p dx$를 사용하면 특별해 y_p를 얻는다.

$$\therefore\ y_p = \int u_p dx = \int \frac{e^{\alpha x}}{\alpha + 1} dx = \frac{e^{\alpha x}}{\alpha(\alpha + 1)}$$

미분 연산자로 구한 결과와 같다.

(3) **<u>미분 연산자법:</u>**

$f(x) = e^{\alpha x}$이므로 $D \rightarrow \alpha$를 대입하면 특별해는 다음과 같다.

$$\frac{d^2y}{dx^2} + a\frac{dy}{dx} + by = e^{\alpha x} \ \Rightarrow\ (D^2 + aD + b)y = e^{\alpha x}$$

$$\therefore\ y_p = \frac{e^{\alpha x}}{D^2 + aD + b} = \frac{e^{\alpha x}}{\alpha^2 + a\alpha + b}$$

(3)의 2계 미분 방정식은 1계 미분 방정식으로 치환이 어려우므로 적분 인자를 사용할 수 없다. ■

(V) $f(x) = e^{\alpha x} g(x)$ 형

상수 계수 (a_i $(i = 0, 1, 2, \cdots, n)$ = 상수)의 n계 비 제차 미분 방정식은

$$L(D)y \equiv \left[a_n D^n + a_{n-1} D^{n-1} + \cdots + a_1 D + a_0\right] y = f(x) = e^{\alpha x} g(x)$$

와 같이 주어진다. $L(D)$는 (상수 계수의) n계 선형 미분 연산자이며

$$L(D) = a_n (D - \beta_1)(D - \beta_2) \cdots (D - \beta_m) \equiv a_n \prod_{j=1}^{m} (D - \beta_j)$$

와 같이 인수분해가 된다고 가정한다. 여기서 $\beta_i \neq \beta_j$, $(i \neq j,\ \ i, j = 1, 2, \cdots, m)$이다.

한편 $\dfrac{1}{L(D)}$은 부분 분수의 합으로 다음과 같이 쓸 수 있다.

$$\frac{1}{L(D)} = \frac{C_1}{D - \beta_1} + \frac{C_2}{D - \beta_2} + \cdots + \frac{C_m}{D - \beta_m} \equiv \sum_{k=1}^{m} \frac{C_k}{D - \beta_k}$$

여기서 계수 C_k, $(k = 1, 2, \cdots, m)$는 헤비사이드 부분 분수 법 (Heaviside partial fraction method)을 사용하면 다음과 같이 주어진다.

$$C_k = \left.\frac{D - \beta_k}{L(D)}\right|_{D \to \beta_k} \equiv \left.\frac{D - \beta_k}{a_n \prod_{j=1}^{m} (D - \beta_j)}\right|_{D \to \beta_k}$$

여기서 $\beta_j \neq \beta_k$, $(j \neq k,\ \ j, k = 1, 2, \cdots, m)$이다.

n계 비 제차 미분 방정식의 특별해는 $y_p = \dfrac{e^{\alpha x} g(x)}{L(D)}$이므로

$$y_p = \frac{e^{\alpha x} g(x)}{L(D)} = \left[\frac{C_1}{D-\beta_1} + \frac{C_2}{D-\beta_2} + \cdots + \frac{C_m}{D-\beta_m} \right] e^{\alpha x} g(x)$$

$$\equiv \sum_{k=1}^{m} \frac{C_k}{D-\beta_k} e^{\alpha x} g(x)$$

가 된다. 특별 해의 k 번째 항의 연산은 (II) 형의 공식 $y_p = \frac{f(x)}{D-\alpha} = e^{\alpha x} \int f(x) e^{-\alpha x} dx$ 을 이용하면

$$C_k \frac{e^{\alpha x} g(x)}{D-\beta_k} = C_k e^{\beta_k x} \int e^{\alpha x} g(x) e^{-\beta_k x} dx$$

$$= C_k e^{\beta_k x} \int e^{-(\beta_k - \alpha)x} g(x) dx$$

$$= C_k e^{+\alpha x} \underline{e^{+(\beta_k - \alpha)x}} \int \underline{e^{-(\beta_k - \alpha)x}} g(x) dx$$

$$= C_k e^{\alpha x} \left[\frac{g(x)}{D-(\beta_k - \alpha)} \right] \quad \Leftarrow \text{(II) 형}$$

$$\equiv C_k e^{\alpha x} \left[\frac{g(x)}{(D+\alpha) - \beta_k} \right] \quad \Leftarrow D \to D+\alpha$$

와 같이 주어진다. k 번째 항의 연산 결과는 분모의 미분 연산자 D 대신에 $e^{\alpha x}$ 의 지수 α 를 $D \to D+\alpha$ 로 더한 다음 지수 함수 $e^{\alpha x}$ 를 제외한 함수 $g(x)$ 에만 연산한다.

$$\therefore \quad \boxed{y_p = \sum_{k=1}^{m} C_k \frac{e^{\alpha x} g(x)}{D-\beta_k} = e^{\alpha x} \sum_{k=1}^{m} C_k \left[\frac{g(x)}{(D+\alpha) - \beta_k} \right]}$$

따라서 $f(x) = e^{\alpha x} g(x)$ 형태의 특별해는 $D \to D+\alpha$ 로 치환한 미분 연산자를 지수 함수 $e^{\alpha x}$ 를 제외한 함수 $g(x)$ 에만 적용하여 구한다.

[예제 5.35] 미분 연산자법을 사용한 특별해

다음 미분 방정식의 특별 해를 미분 연산자법을 사용하여 구하라.

(1) $\dfrac{dy}{dx}+\beta y=e^{\alpha x}x$, (2) $\dfrac{d^2y}{dx^2}+a\dfrac{dy}{dx}+by=e^{\alpha x}x$,

(3) $\dfrac{d^2y}{dx^2}+\dfrac{dy}{dx}=e^{\alpha x}x \quad (\alpha \neq -1)$

[풀이]

$f(x)=e^{\alpha x}g(x)=e^{\alpha x}x$ 인 (V)형이므로 $D \to D+\alpha$ 를 대입하여 특별 해를 구한다.

(1) 미분 연산자법을 사용하면 특별해는

$$(D+\beta)y=e^{\alpha x}x \implies$$

$$y_p=\frac{e^{\alpha x}x}{D+\beta}=e^{\alpha x}\left[\frac{x}{D+\alpha+\beta}\right] \qquad \Leftarrow D \to D+\alpha$$

$$=e^{\alpha x}\left[e^{-(\alpha+\beta)x}\int xe^{+(\alpha+\beta)x}dx\right] \qquad \Leftarrow \text{부분 적분 사용}$$

$$=e^{\alpha x}\left[e^{-(\alpha+\beta)x}\left(\frac{e^{+(\alpha+\beta)x}}{\alpha+\beta}x-\frac{1}{\alpha+\beta}\int e^{+(\alpha+\beta)x}dx\right)\right]$$

$$=e^{\alpha x}\left(\frac{x}{\alpha+\beta}-\frac{1}{(\alpha+\beta)^2}\right)$$

$$\therefore\ y_p=\frac{e^{\alpha x}x}{D+\beta}=e^{\alpha x}\left(\frac{x}{\alpha+\beta}-\frac{1}{(\alpha+\beta)^2}\right)$$

(2) $\dfrac{d^2y}{dx^2}+a\dfrac{dy}{dx}+by=e^{\alpha x}x \implies (D^2+aD+b)y=e^{\alpha x}x$ 이므로 특별해는

$$y_p=\frac{e^{\alpha x}x}{D^2+aD+b}=e^{\alpha x}\left[\frac{x}{(D+\alpha)^2+a(D+\alpha)+b}\right] \quad (\Leftarrow D\to D+\alpha)$$

$$=e^{\alpha x}\left[\frac{x}{D^2+(2\alpha+a)D+\alpha^2+a\alpha+b}\right]$$

$$=\frac{e^{\alpha x}}{\alpha^2+a\alpha+b}\left[\frac{x}{1+\dfrac{(2\alpha+a)D+D^2}{\alpha^2+a\alpha+b}}\right] \Leftarrow \text{미분 연산자의 이항 전개}$$

$$=\frac{e^{\alpha x}}{\alpha^2+a\alpha+b}\left[1-\frac{2\alpha+a}{\alpha^2+a\alpha+b}D-\frac{1}{\alpha^2+a\alpha+b}D^2+\cdots\right]x$$

$$\therefore\ y_p=\frac{e^{\alpha x}x}{D^2+aD+b}=\frac{e^{\alpha x}}{\alpha^2+a\alpha+b}\left[x-\frac{2\alpha+a}{\alpha^2+a\alpha+b}\right]$$

(3) $\dfrac{d^2y}{dx^2}+\dfrac{dy}{dx}=e^{\alpha x}x \Rightarrow (D^2+D)y=e^{\alpha x}x$ 이므로 특별해는

$$y_p=\frac{e^{\alpha x}x}{D^2+D}=e^{\alpha x}\left[\frac{x}{(D+\alpha)^2+(D+\alpha)}\right] \quad (\Leftarrow D\to D+\alpha)$$

$$=e^{\alpha x}\left[\frac{x}{D^2+(2\alpha+1)D+\alpha^2+\alpha}\right] \Leftarrow \text{미분 연산자의 이항 전개}$$

$$=\frac{e^{\alpha x}}{\alpha^2+\alpha}\left[1-\frac{2\alpha+1}{\alpha^2+\alpha}D-\frac{1}{\alpha^2+\alpha}D^2+\cdots\right]x$$

$$\therefore\ y_p=\frac{e^{\alpha x}x}{D^2+D}=\frac{e^{\alpha x}}{\alpha^2+\alpha}\left(x-\frac{2\alpha+1}{\alpha^2+\alpha}\right)$$

[별해] $\dfrac{dy}{dx}=u$로 치환하면 u에 대한 1계 미분 방정식이 되므로 적분 인자를 사용한다.

$$\frac{du}{dx}+u=e^{ax}x \Rightarrow$$

$$u_p=e^{-x}\int e^{ax}xe^{x}dx=e^{-x}\int e^{(a+1)x}x\,dx$$

$$=e^{-x}\left[\frac{e^{(a+1)x}}{a+1}x-\frac{1}{a+1}\int e^{(a+1)x}dx\right]$$

$$=\frac{e^{ax}}{a+1}x-\frac{e^{ax}}{(a+1)^2}$$

$$\Rightarrow\ y_p=\int u_p\,dx=\int\left[\frac{e^{ax}}{a+1}x-\frac{e^{ax}}{(a+1)^2}\right]dx$$

부분 적분을 사용하여 계산하면 다음과 같이 주어진다.

$$\therefore\ y_p=\frac{e^{ax}}{a^2+a}\left(x-\frac{2a+1}{a^2+a}\right)$$

미분 연산자법과 같은 결과를 얻는다. ■

(VI) $f(x)=\begin{cases}\sin kx\\ \cos kx\end{cases}$ 형

$f(x)=\begin{cases}\sin kx\\ \cos kx\end{cases}$ 형의 비 제차 미분 방정식의 특별 해는 오일러 공식을 사용한다.

$$e^{ikx}=\cos kx+i\sin kx \equiv \mathrm{Re}\left[e^{ikx}\right]+i\,\mathrm{Im}\left[e^{ikx}\right]$$

여기서 $\mathrm{Re}\left[e^{ikx}\right]=\cos \mathrm{kx}$는 지수 함수 e^{ikx}의 실수부이며 $\mathrm{Im}\left[e^{ikx}\right]=\sin \mathrm{kx}$는 허수부이다. 앞에서 (IV) $f(x)=e^{ax}$ 형인 경우 $L(D)y=e^{ax} \Rightarrow y_p=\dfrac{e^{ax}}{L(D)}\equiv\dfrac{e^{ax}}{L(a)}$ 이므로 $f(x)=\begin{cases}\sin kx \equiv \mathrm{Im}[e^{ikx}]\\ \cos kx \equiv \mathrm{Re}[e^{ikx}]\end{cases}$ 인 경우 $a\rightarrow ik$ 즉, $D\rightarrow ik$를 대입하면 특별 해를 얻는다.

$$\therefore \quad \boxed{\begin{aligned} y_p &= \frac{\sin kx}{L(D)}=\mathrm{Im}\left[\frac{e^{ikx}}{L(D)}\right]=\mathrm{Im}\left[\frac{e^{ikx}}{L(ik)}\right] \\ y_p &= \frac{\cos kx}{L(D)}=\mathrm{Re}\left[\frac{e^{ikx}}{L(D)}\right]=\mathrm{Re}\left[\frac{e^{ikx}}{L(ik)}\right]\end{aligned}}$$

여기서, 상수 계수의 n계 선형 미분 연산자 $L(D)$는 $L(ik)\neq 0$ 이어야 한다.

[예제 5.36] 미분 연산자법을 사용한 특별해

다음 1계 미분 방정식의 특별 해를 미분 연산자법을 사용하여 구하라.

$$(1)\ \frac{dy}{dt}+py=q_o\sin\omega t,\quad (2)\ \frac{dy}{dt}+py=q_o\cos\omega t$$

여기서 p, q_o, ω는 실수이다. 위의 방정식들은 RC 교류 회로나 RL 교류 회로에 자주 등장하는 미분 방정식이다.

[풀이]

(1) $\frac{dy}{dt}+py=q_o\sin\omega t \Rightarrow (D+p)y=q_o\sin\omega t$

$$\Rightarrow y_p=\frac{q_o\sin\omega t}{D+p}=\mathrm{Im}\left[\frac{q_o e^{i\omega t}}{D+p}\right]=\mathrm{Im}\left[\frac{q_o e^{i\omega t}}{i\omega+p}\right]\ (\Leftarrow D\to i\omega)$$

$$=\mathrm{Im}\left[\frac{q_o e^{i\omega t}}{i\omega+p}\right]=\mathrm{Im}\left[\frac{q_o(p-i\omega)e^{i\omega t}}{p^2+\omega^2}\right]=\frac{q_o}{p^2+\omega^2}(p\sin\omega t-\omega\cos\omega t)$$

위의 특별해는 삼각 함수의 합과 차의 공식 $\sin(\alpha\pm\beta)=\sin\alpha\cos\beta\pm\cos\alpha\sin\beta$을 이용하여 간단하게 표현할 수 있다.

$$\begin{aligned}y_p&=\frac{q_o}{\sqrt{p^2+\omega^2}}\left(\frac{p}{\sqrt{p^2+\omega^2}}\sin\omega t-\frac{\omega}{\sqrt{p^2+\omega^2}}\cos\omega t\right)\\&=\frac{q_o}{\sqrt{p^2+\omega^2}}(\sin\omega t\cos\phi-\cos\omega t\sin\phi)\\&\equiv\frac{q_o}{\sqrt{p^2+\omega^2}}\sin(\omega t-\phi)\end{aligned}$$

$$\therefore\ \begin{cases}y_p=\dfrac{q_o}{\sqrt{p^2+\omega^2}}\sin(\omega t-\phi)\\ \phi=\tan^{-1}\left(\dfrac{\omega}{p}\right):\ \text{위상 (phase)}\end{cases}$$

(2) $\frac{dy}{dt} + py = q_o \cos\omega t \Rightarrow (D+p)y = q_o \cos\omega t$

$$\Rightarrow y_p = \frac{q_o \cos\omega t}{D+p} = \mathrm{Re}\left[\frac{q_o e^{i\omega t}}{D+p}\right] = \mathrm{Re}\left[\frac{q_o e^{i\omega t}}{i\omega + p}\right]$$

$$= \mathrm{Re}\left[\frac{q_o e^{i\omega t}}{i\omega + p}\right] = \mathrm{Re}\left[\frac{q_o (p - i\omega) e^{i\omega t}}{p^2 + \omega^2}\right]$$

$$= \frac{q_o}{p^2 + \omega^2}(p\cos\omega t + \omega \sin\omega t)$$

삼각 함수의 합과 차의 공식 $\cos(\alpha \pm \beta) = \cos\alpha\cos\beta \mp \sin\alpha\cos\beta$을 이용하면

$$\begin{aligned} y_p &= \frac{q_o}{p^2+\omega^2}(p\cos\omega t + \omega\sin\omega t) \\ &= \frac{q_o}{\sqrt{p^2+\omega^2}}\left(\frac{p}{\sqrt{p^2+\omega^2}}\cos\omega t + \frac{\omega}{\sqrt{p^2+\omega^2}}\sin\omega t\right) \\ &= \frac{q_o}{\sqrt{p^2+\omega^2}}(\cos\omega t\cos\phi + \sin\omega t\sin\phi) \\ &= \frac{q_o}{\sqrt{p^2+\omega^2}}\cos(\omega t - \phi) \end{aligned}$$

$$\therefore \begin{cases} y_p = \dfrac{q_o}{\sqrt{p^2+\omega^2}}\cos(\omega t - \phi) \\ \phi = \tan^{-1}\left(\dfrac{\omega}{p}\right) : \text{ 위상 (phase)} \end{cases}$$

(1)과 (2)의 특별해는 각각 입력 $q_o \sin\omega t$ 나 $q_o \cos\omega t$ 에 대해 선형 시스템의 반응 (응답) 시간 $(\tau = 1/p)$으로 인해 출력 $y_p(t)$는 입력 신호에 대해 ϕ 만큼 위상이 지연되며, 진폭은 외부 각 진동수 ω 의 함수가 됨을 알 수 있다.

■

[예제 5.37] 미분 연산자법을 사용한 특별해

다음 2계 미분 방정식의 특별 해를 미분 연산자법을 사용하여 구하라.

(1) $\dfrac{d^2y}{dt^2}+\omega_o^2 y = f_o \sin\omega t$, (2) $\dfrac{d^2y}{dt^2}+2\gamma\dfrac{dy}{dx}+\omega_o^2 y = f_o \sin\omega t$,

(3) $\dfrac{d^2y}{dt^2}+\omega_o^2 y = f_o \sin\omega_o t$ (불능 형)

여기서 ω_o, ω, f_o 는 상수이다. 위의 미분 방정식들은 질량-용수철 계와 RLC 교류 회로와 같은 선형 계의 공진(명) 현상을 다루는데 중요한 방정식이다.

[풀이]

(1) $\dfrac{d^2y}{dt^2}+\omega_o^2 y = f_o \sin\omega t \Rightarrow \left(D^2+\omega_o^2\right)y = f_o \sin\omega t$

$$\Rightarrow y_p = \frac{f_o \sin\omega t}{D^2+\omega_o^2} = \mathrm{Im}\left[\frac{f_o e^{i\omega t}}{D^2+\omega_o^2}\right] = \mathrm{Im}\left[\frac{f_o e^{i\omega t}}{(i\omega)^2+\omega_o^2}\right] \quad (\Leftarrow D \to i\omega)$$

$$= \mathrm{Im}\left[\frac{f_o e^{i\omega t}}{\omega_o^2-\omega^2}\right]$$

$$\therefore\ y_p(t) = \frac{f_o}{\omega_o^2-\omega^2}\sin\omega t$$

(2) $\dfrac{d^2y}{dt^2}+2\gamma\dfrac{dy}{dt}+\omega_o^2 y = f_o \sin\omega t \Rightarrow \left(D^2+2\gamma D+\omega_o^2\right)y = f_o \sin\omega t$

$$\Rightarrow y_p = \frac{f_o \sin\omega t}{D^2+2\gamma D+\omega_o^2} = \mathrm{Im}\left[\frac{f_o e^{i\omega t}}{D^2+2\gamma D+\omega_o^2}\right] \quad (\Leftarrow D \to i\omega)$$

$$= \mathrm{Im}\left[\frac{f_o e^{i\omega t}}{(i\omega)^2+2\gamma(i\omega)+\omega_o^2}\right] = \mathrm{Im}\left[\frac{f_o e^{i\omega t}}{\omega_o^2-\omega^2+2i\gamma\omega}\right]$$

$$\Rightarrow y_p = \mathrm{Im}\left[\frac{f_o e^{i\omega t}}{\omega_o^2 - \omega^2 + 2i\gamma\omega}\right]$$

$$= \mathrm{Im}\left[\frac{f_o\left(\omega_o^2 - \omega^2 - 2i\gamma\omega\right)e^{i\omega t}}{\left(\omega_o^2 - \omega^2\right)^2 + 4\gamma^2\omega^2}\right]$$

편의상 $a \equiv \omega_o^2 - \omega^2$, $b \equiv 2\gamma\omega$라 두면 특별해는

$$y_p = \mathrm{Im}\left[\frac{f_o\left(\omega_o^2 - \omega^2 - 2i\gamma\omega\right)e^{i\omega t}}{\left(\omega_o^2 - \omega^2\right)^2 + 4\gamma^2\omega^2}\right] \equiv \mathrm{Im}\left[\frac{f_o(a - ib)e^{i\omega t}}{a^2 + b^2}\right]$$

가 된다. 삼각 함수 정리를 사용하여 정리하면 특별해는 다음과 같다.

$$y_p = \mathrm{Im}\left[\frac{f_o(a - ib)e^{i\omega t}}{a^2 + b^2}\right] = \frac{f_o}{a^2 + b^2}(a\sin\omega t - b\cos\omega t)$$

$$= \frac{f_o}{\sqrt{a^2 + b^2}}\left(\frac{a}{\sqrt{a^2 + b^2}}\sin\omega t - \frac{b}{\sqrt{a^2 + b^2}}\cos\omega t\right)$$

$$= \frac{f_o}{\sqrt{a^2 + b^2}}(\sin\omega t\cos\phi - \cos\omega t\sin\phi)$$

$$\equiv \frac{f_o}{\sqrt{a^2 + b^2}}\sin(\omega t - \phi)$$

여기서 삼각 함수 공식 $\sin(\alpha \pm \beta) = \sin\alpha\cos\beta \pm \cos\alpha\sin\beta$을 사용하였으며 $\frac{a}{\sqrt{a^2 + b^2}} = \cos\phi$, $\frac{b}{\sqrt{a^2 + b^2}} = \sin\phi$이며 $\phi = \tan^{-1}\left(\frac{b}{a}\right)$는 위상이다.

이제 a, b를 원래의 변수로 변환하면 질량-용수철 계와 RLC 교류 회로와 같은 선형계의 특별 해를 얻는다.

$$y_p(t) = \frac{f_o}{\sqrt{\left(\omega_o^2 - \omega^2\right)^2 + 4\gamma^2\omega^2}} \sin(\omega t - \phi)$$

$$\equiv A(\omega)\sin(\omega t - \phi)$$

$$A(\omega) = \frac{f_o}{\sqrt{\left(\omega_o^2 - \omega^2\right)^2 + 4\gamma^2\omega^2}} \text{ : 진폭 (amplitude)}$$

$$\phi = \tan^{-1}\left(\frac{2\gamma\omega}{\omega_o^2 - \omega^2}\right) \text{ : 위상 (phase)}$$

진폭 $A(\omega)$는 각 진동수 ω의 함수이며 공진 진동수 ω_o 근방에서 공명 현상이 일어나며 $\omega \to \omega_o$일 때 최대 진폭은 $A(\omega = \omega_o) = \dfrac{f_o}{2\gamma\omega_o}$가 되며 위상은 $\phi = \pi/2$가 된다.

(3) $\dfrac{d^2y}{dt^2} + \omega_o^2 y = f_o \sin\omega_o t \implies \left(D^2 + \omega_o^2\right)y = f_o \sin\omega_o t$

$$\implies y_p = \frac{f_o \sin\omega_o t}{D^2 + \omega_o^2} = \mathrm{Im}\left[\frac{f_o e^{i\omega_o t}}{D^2 + \omega_o^2}\right]$$

미분 연산자법에 따라 (VI)형에 해당하여 $D \to i\omega_o$를 대입하면 분모는 0이 되어 불능[61]이므로 기존의 방법으로는 해를 구할 수 없다.

해결책으로 분모를 인수분해하면 $D^2 + \omega_o^2 = (D - i\omega)(D + i\omega)$이다. $D \to i\omega_o$를 대입하면 첫 번째 항은 $(D - i\omega) = 0$ 이지만, 두 번째 항은 $(D + i\omega) = 2i\omega\ (\neq 0)$이므로 두 번째 항을 먼저 연산을 한다. 그다음 연산으로 첫 번 항은 (II)형에서 다룬 공식 $y_p = \dfrac{f(x)}{D - \alpha} = e^{\alpha x}\displaystyle\int f(x)e^{-\alpha x}dx$을 적용하여 해를 구한다.

---

61) 1차 방정식 $ax = b$ 에서 $a = 0$, $b \neq 0$ 인 경우 해 x를 구할 수 없으므로 불능 (impossible) (즉, $x = \dfrac{b}{0}$ $(b \neq 0)$)이다. $a = 0$, $b = 0$ 인 경우 (즉, $\dfrac{0}{0}$) 해가 무한히 많아 정할 수 없으므로 부정 (indeterminate)이 된다.

$$y_p = \mathrm{Im}\left[\frac{f_o e^{i\omega_o t}}{D^2+\omega_o^2}\right] = \mathrm{Im}\left[\frac{f_o e^{i\omega_o t}}{(D-i\omega_o)(D+i\omega_o)}\right]$$

$$= \mathrm{Im}\left[\frac{f_o}{(D-i\omega_o)} \times \frac{e^{i\omega_o t}}{(D+i\omega_o)}\right] = \mathrm{Im}\left[\frac{f_o}{(D-i\omega_o)} \times \frac{e^{i\omega_o t}}{(2i\omega_o)}\right]$$

$$= \mathrm{Im}\left[\frac{f_o}{2i\omega_o}\frac{e^{i\omega_o t}}{(D-i\omega_o)}\right] = \mathrm{Im}\left[\frac{f_o}{2i\omega_o} e^{+i\omega_o t}\int e^{i\omega_o t} e^{-i\omega_o t} dt\right] \quad (\Leftarrow (\mathrm{II})\text{ 형})$$

$$= \mathrm{Im}\left[\frac{f_o}{2i\omega_o} t e^{+i\omega_o t}\right]$$

$$\therefore \quad \boxed{y_p = \mathrm{Im}\left[\frac{f_o e^{i\omega_o t}}{D^2+\omega_o^2}\right] \equiv -\frac{f_o}{2\omega_o} t\cos\omega_o \mathrm{t}}$$

■

(3) 매개 변수 변환법 (method of variation of parameters): 변수 계수

앞의 두 절에서 상수 계수 (constant variable)의 비 제차 미분 방정식의 특별 해를 구하는 방법으로 (1) 미정 계수법 (method of undetermined coefficients)과 (2) 미분 연산자법 (method of differential operator)에 대해 알아보았다. 미정 계수법과 미분 연산자법의 경우 함수 $f(x)$가 상수, 다항식, 지수 함수, 간단한 삼각 함수 및 그들의 곱과 합 등의 비교적 간단한 경우에만 적용할 수 있는 한계가 있다. 상수 계수가 아닌 변수 계수 (variable coefficients) $a_i(x)$ $(i=0,1,2,\cdots,n)$ 인 경우에는 위의 두 방법을 사용할 수가 없다. 반면에 매개 변수 변환법 (method of variation of parameters)은 ① 변수 계수뿐만 아니라, ② 어떤 함수 $f(x)$ 에도 제한 없이 특별 해를 구할 수 있다는 장점이 있다.

본 절에서는 변수 계수의 비 제차 미분 방정식 가운데 대표적으로 1계 미분 방정식과 2계 미분 방정식에 대해 매개 변수 변환법을 사용하여 특별 해를 구하는 방법에 대해 알아본다.

◉ 1계 선형 비 제차 미분 방정식: 매개 변수 변환법

매개 변수 변환법의 개념을 이해하기 위해 1계 선형 비 제차 미분 방정식을 생각하자.

$$\frac{dy}{dx}+P(x)y=Q(x)$$

여기서 $P(x)$는 선형 시스템의 반응 (response)과 관련한 함수로서 변수 계수이며, $Q(x)$는 선형 시스템에 가해지는 입력이다.

$Q(x)=0$인 경우 제차 방정식이며 변수 분리형이므로 해는 $y=e^{-\int P(x)\,dx}$이다. $Q(x)\neq 0$는 비 제차 방정식이며 해는 5.3.5에서 다룬 적분 인자 (integrating factor)를 사용하여 해를 구할 수 있다. 일반 해는 다음과 같이 주어진다.

$$y(x) = e^{-\int P(x)\,dx}\left[\int Q(x)\, e^{+\int P(x)\,dx}\,dx + C\right]$$
$$\equiv y_p(x) + y_c(x)$$

여기서 C는 상수이다. 위의 일반 해는 $Q(x)=0$인 경우의 보완해 $y_c(x)$와 $Q(x)\neq 0$일 때의 특별해 $y_p(x)$의 합으로 주어진다.

일반 해를 분석해보면 특별해 $y_p(x)$와 보완해 $y_c(x)$의 형태는 공통 인자로 $\exp\left[-\int P(x)\,dx\right] \equiv y_1(x)$ 항을 가지고 있음을 알 수 있다. 즉, 보완해 $y_c(x)$의 상수 C와 특별해 $y_p(x)$의 변수 함수 $\int Q(x)\, e^{+\int P(x)dx}\,dx \equiv u(x)$가 서로 다를 뿐이다.

바꾸어 말하면 일반 해를 분해하면

$$\boxed{y(x) = y_p(x) + y_c(x) \equiv u(x)\,y_1(x) + C y_1(x)}$$

$$\Rightarrow \begin{cases} y_c(x) = C y_1 = C e^{-\int P(x)\,dx} \\ y_p(x) = u(x)\,y_1(x) = e^{-\int P(x)\,dx}\int Q(x)\, e^{+\int P(x)dx}\,dx \end{cases}$$

와 같은 구조로 구성되어 있다.

> **※ 매개 변수 변환법의 핵심:**
> 특별해 $y_p(x)$를 구하기 위해 보완해 $y_c(x) = C y_1$의 상수 C를 매개 변수 함수 $u(x)$로 치환하여 $y_p(x) = u(x)\,y_1$로 두고 비 제차 미분 방정식에 대입하여 특별 해를 구한다.

이제 1계 선형 비 제차 미분 방정식의 해를 적분 인자를 사용하지 않고 매개 변수 변환법으로 다시 구해보자.

<u>*(i)* $Q(x)=0$ 인 경우: 보완해</u>

$Q(x)=0$인 경우 $\dfrac{dy}{dx}+P(x)y=0$이 되어 변수 분리형이므로 해를 $y_1(x)$라 두면

$$\frac{dy_1}{dx}+P(x)y_1=0 \quad \Rightarrow \int\frac{dy_1}{y_1}=-\int P(x)dx$$

$$\therefore \ y_1(x)=\exp\left[-\int P(x)dx\right]$$

이다. 따라서 보완해는

$$y_c(x)=Cy_1=C\exp\left[-\int P(x)dx\right]$$

가 된다. 여기서 C는 상수이다.

<u>*(ii)* $Q(x)\neq 0$ 인 경우: 특별해</u>

$Q(x)\neq 0$ 인 경우 매개 변수 변환법에 따라 보완 해의 상수를 $C\rightarrow u(x)$로 치환하고 특별 해를 $y_p(x)\equiv u(x)y_1(x)$라 두자.

$$\frac{dy_p}{dx}=\frac{du}{dx}y_1+u\frac{dy_1}{dx}$$

이므로 비 제차 미분 방정식 $\dfrac{dy_p}{dx}+P(x)y_p=Q(x)$에 대입하고 정리하면

$$\frac{d(u\,y_1)}{dx} + P(x)(u\,y_1) = Q(x)$$

$$\Rightarrow \frac{du}{dx}y_1 + u\frac{dy_1}{dx} + P(x)u\,y_1 = Q(x)$$

$$\Rightarrow u\underbrace{\left(\frac{dy_1}{dx} + P(x)y_1\right)}_{=0} + \frac{du}{dx}y_1 = Q(x)$$

$$\therefore \frac{du}{dx} = \frac{Q(x)}{y_1}$$

매개 변수 $u(x)$에 대한 1계 미분 방정식은 변수 분리형이므로 $u(x)$는

$$\begin{aligned} u(x) &= \int \frac{Q(x)}{y_1}dx \\ &= \int Q(x)\exp\left[+\int P(x)\,dx\right]dx \end{aligned}$$

가 된다. 여기서 $y_1 = \exp\left[-\int P(x)\,dx\right]$이다.

따라서 특별해 $y_p(x) = u(x)\,y_1(x)$는 다음과 같이 주어진다.

$$y_p(x) = u(x)y_1(x) = e^{-\int P(x)\,dx}\int Q(x)\,e^{+\int P(x)\,dx}dx$$

일반 해는 $y(x) = y_p(x) + y_c(x) = u(x)\,y_1(x) + Cy_1(x)$이므로 적분 인자를 사용하여 구한 해와 같다.

$$\begin{aligned} y(x) &= y_p(x) + y_c(x) \\ &= e^{-\int P(x)\,dx}\left[\int Q(x)\,e^{+\int P(x)\,dx}dx + C\right] \end{aligned}$$

◉ 2계 선형 비 제차 미분 방정식: 매개 변수 변환법

2계 선형 미분 방정식 $\dfrac{d^2y}{dx^2}+P(x)\dfrac{dy}{dx}+Q(x)y=f(x)$을 생각하자. 여기서, $P(x)$와 $Q(x)$는 변수 계수이며, $f(x)\neq 0$인 경우 비 제차 미분 방정식이다.

(i) $f(x)=0$인 경우: 보완해

$f(x)=0$인 제차 미분 방정식의 두 선형 독립 해를 $y_1(x)$, $y_2(x)$라 하면 두 해는 각각 다음의 제차 미분 방정식 $y_i''+P(x)y_i'+Q(x)y_i=0$, $(i=1,2)$을 만족한다.

$$\frac{d^2y_j}{dx^2}+P(x)\frac{dy_j}{dx}+Q(x)y_j=0,\ (j=1,2)$$

또한, 두 해가 선형 독립인 필요 충분 조건은 론스키안 $W(y_1,y_2)=y_1y_2'-y_1'y_2\neq 0$를 만족한다. 따라서 제차 미분 방정식의 일반 해 (보완해)는 다음과 같이 주어진다.

$$y_c(x)=C_1y_1(x)+C_2y_2(x)$$

(ii) $f(x)\neq 0$인 경우: 특별해

2계 비 제차 선형 미분 방정식의 특별 해 $y_p(x)$를 구하는 방법은 제차 미분 방정식의 보완 해 $y_c(x)$의 상수 C_1, C_2를 각각 매개 변수 $u_1(x)$, $u_2(x)$로 치환하여 해를 구한다.

$$y_p(x)=u_1(x)y_1(x)+u_2(x)y_2(x)$$

이제 매개 변수 함수 $u_1(x)$, $u_2(x)$를 구하는 방법을 알아보자.

● 매개 변수 함수 유도 과정

① 특별 해의 1계 미분을 구한다.

$$\frac{dy_p}{dx} = \underline{\frac{du_1}{dx}y_1} + u_1\frac{dy_1}{dx} + \underline{\frac{du_2}{dx}y_2} + u_2\frac{dy_2}{dx}$$

$$= \underbrace{\left[\frac{du_1}{dx}y_1 + \frac{du_2}{dx}y_2\right]}_{=0} + u_1\frac{dy_1}{dx} + u_2\frac{dy_2}{dx}$$

위의 식에서 [•] = 0을 만족하는 매개 변수 $u_1(x)$, $u_2(x)$를 구한다. 이 경우

$$\therefore \frac{du_1}{dx}y_1 + \frac{du_2}{dx}y_2 = 0 \qquad (1)$$

가 된다. 따라서 특별 해의 1계 미분은 간단히 다음과 같다.

$$\frac{dy_p}{dx} = u_1\frac{dy_1}{dx} + u_2\frac{dy_2}{dx} \qquad (2)$$

② 식 (2)를 미분하여 2계 미분을 구한다.

$$\frac{d^2y_p}{dx^2} = \frac{du_1}{dx}\frac{dy_1}{dx} + \frac{du_2}{dx}\frac{dy_2}{dx} + u_1\frac{d^2y_1}{dx^2} + u_2\frac{d^2y_2}{dx^2} \qquad (3)$$

③ 식 (2)와 식 (3)과 특별해 y_p를 비 제차 미분 방정식에 대입하여 정리한다.

$$\frac{d^2 y_p}{dx^2} + P(x)\frac{dy_p}{dx} + Q(x)y_p = f(x)$$

$$\Rightarrow \left[\frac{du_1}{dx}\frac{dy_1}{dx} + \frac{du_2}{dx}\frac{dy_2}{dx} + u_1\frac{d^2 y_1}{dx^2} + u_2\frac{d^2 y_2}{dx^2} \right]$$

$$+ P(x)\left[u_1\frac{dy_1}{dx} + u_2\frac{dy_2}{dx} \right] + Q(x)\left[u_1 y_1 + u_2 y_2 \right] = f(x)$$

y_1, y_2는 2계 제차 미분 방정식의 해가 되므로

$$u_1\underbrace{\left[\frac{d^2 y_1}{dx^2} + P(x)\frac{dy_1}{dx} + Q(x)y_1 \right]}_{=0} + u_2\underbrace{\left[\frac{d^2 y_2}{dx^2} + P(x)\frac{dy_2}{dx} + Q(x)y_2 \right]}_{=0}$$

$$+ \left[\frac{du_1}{dx}\frac{dy_1}{dx} + \frac{du_2}{dx}\frac{dy_2}{dx} \right] = f(x)$$

$$\therefore \ \frac{du_1}{dx}\frac{dy_1}{dx} + \frac{du_2}{dx}\frac{dy_2}{dx} = f(x) \qquad (4)$$

④ 끝으로 식 (1)과 (4)로부터 매개 변수 $u_1(x)$, $u_2(x)$에 대한 연립 미분 방정식을 얻는다.

$$\begin{cases} \dfrac{du_1}{dx}y_1 + \dfrac{du_2}{dx}y_2 = 0 \\ \dfrac{du_1}{dx}\dfrac{dy_1}{dx} + \dfrac{du_2}{dx}\dfrac{dy_2}{dx} = f(x) \end{cases}$$

$\dfrac{du_j}{dx} \equiv u_j'$, $\dfrac{dy_j}{dx} \equiv y_j'$ $(j = 1, 2)$로 두고 연립 미분 방정식을 행렬로 나타내면

$$\begin{pmatrix} y_1 & y_2 \\ y_1' & y_2' \end{pmatrix}\begin{pmatrix} u_1' \\ u_2' \end{pmatrix} = \begin{pmatrix} 0 \\ f(x) \end{pmatrix}$$

와 같다. 크래머 공식을 적용하여 매개 변수 $u_1(x)$, $u_2(x)$를 구하자.

$$u_1' \equiv \frac{du_1}{dx} = \frac{\begin{vmatrix} 0 & y_2 \\ f(x) & y_2' \end{vmatrix}}{\begin{vmatrix} y_1 & y_2 \\ y_1' & y_2' \end{vmatrix}} = -\frac{y_2 f(x)}{W}$$

$$u_2' \equiv \frac{du_2}{dx} = \frac{\begin{vmatrix} y_1 & 0 \\ y_1' & f(x) \end{vmatrix}}{\begin{vmatrix} y_1 & y_2 \\ y_1' & y_2' \end{vmatrix}} = \frac{y_1 f(x)}{W}$$

여기서 $W = y_1 y_2' - y_1' y_2 \ (\neq 0)$는 론스키안이다.

변수 분리형 미분 방정식이므로 $u_1(x)$, $u_2(x)$는 다음과 같이 주어진다.

$$u_1(x) = -\int \frac{y_2 f(x)}{W} dx, \quad u_2(x) = +\int \frac{y_1 f(x)}{W} dx$$

따라서 매개 변수 변환법을 사용한 특별해는 $y_p(x) = u_1(x) y_1 + u_2(x) y_2$ 이므로

$$y_p(x) = -y_1 \int \frac{y_2 f(x)}{W} dx + y_2 \int \frac{y_1 f(x)}{W} dx$$

가 된다. 2계 선형 비 제차 미분 방정식의 일반 해는 다음과 같다.

$$y(x) = y_c + y_p = C_1 y_1 + C_2 y_2 + u_1 y_1 + u_2 y_2$$

[예제 5.38] **매개 변수 변환법을 사용한 특별해**

다음 2계 미분 방정식의 특별 해를 매개 변수 변환법을 사용하여 구하라.

(1) $\dfrac{d^2y}{dt^2}+\omega_o^2 y=f_o \sin\omega t$, (2) $\dfrac{d^2y}{dt^2}+\omega_o^2 y=f_o \sin\omega_o t$

여기서 ω_o, ω, f_o는 상수이다. 위의 미분 방정식들은 질량-용수철 계와 *RLC* 교류 회로와 같은 선형 계의 공진(명) 현상을 다루는데 중요한 방정식이다.

※ [예제 5.37]의 미분 연산자법의 해와 비교하라.

[풀이]

(1) 제차 미분 방정식의 특성 방정식에서 $\lambda^2+\omega_o^2=0 \Rightarrow \lambda_1=+i\omega_o$, $\lambda_2=-i\omega_o$이므로 두 해를 각각 $y_1(t)=\cos\omega_o t$와 $y_2(t)=\sin\omega_o t$로 두자.

론스키안은 $W=y_1y_2'-y_1'y_2=\omega_o(\neq 0)$이므로 두 해는 선형 독립이다.

보완해는 $y_c(t)=C_1y_1(t)+C_2y_2(t)=C_1\cos\omega_o t+C_2\sin\omega_o t$이므로 매개 변수 변환법에 따라 비 제차 방정식의 특별 해를 $y_p(t)=u_1(t)y_1(t)+u_2(t)y_2(t)$로 두자.

매개 변수 함수 $u_1(t)$, $u_2(t)$는 각각 다음과 같이 주어진다.

$$u_1(t)=-\int\frac{y_2f(t)}{W}dt=-\frac{f_o}{\omega_o}\int\sin\omega_o t\,\sin\omega t\,dt$$

$$=-\frac{f_o}{2\omega_o}\left[\frac{\sin(\omega-\omega_0)t}{\omega-\omega_0}-\frac{\sin(\omega+\omega_0)t}{\omega+\omega_0}\right]$$

$$u_2(t)=+\int\frac{y_1f(t)}{W}dt=\frac{f_o}{\omega_o}\int\cos\omega_o t\,\sin\omega t\,dt$$

$$=-\frac{f_o}{2\omega_o}\left[\frac{\cos(\omega-\omega_0)t}{\omega-\omega_0}+\frac{\cos(\omega+\omega_0)t}{\omega+\omega_0}\right]$$

여기서 피적분 함수는 다음의 삼각 함수의 곱셈 정리를 사용하여 적분하였다.

$$\sin\alpha\sin\beta = -\frac{1}{2}[\cos(\alpha+\beta)-\cos(\alpha-\beta)],$$
$$\cos\alpha\sin\beta = \frac{1}{2}[\sin(\alpha+\beta)-\sin(\alpha-\beta)].$$

특별해는 다음과 같이 주어진다.

$$\begin{aligned}y_p(t) &= u_1(t)y_1(t)+u_2(t)y_2(t) = u_1(t)\cos\omega_o t + u_2(t)\sin\omega_o t \\ &= -\frac{f_o}{2\omega_o}\left[\frac{\sin(\omega-\omega_0)t}{\omega-\omega_0} - \frac{\sin(\omega+\omega_0)t}{\omega+\omega_0}\right]\cos\omega_o t \\ &\quad -\frac{f_o}{2\omega_o}\left[\frac{\cos(\omega-\omega_0)t}{\omega-\omega_0} + \frac{\cos(\omega+\omega_0)t}{\omega+\omega_0}\right]\sin\omega_o t\end{aligned}$$

위의 특별 해를 삼각 함수의 곱셈 정리 $\cos\alpha\sin\beta = \frac{1}{2}[\sin(\alpha+\beta)-\sin(\alpha-\beta)]$를 사용하여 다시 정리하면 다음과 같은 최종 결과를 얻는다.

$$\begin{aligned}y_p(t) &= -\frac{f_o}{2\omega_o}\left[\begin{array}{l}\dfrac{\sin(\omega-\omega_0)t\,\cos\omega_o t + \cos(\omega-\omega_0)t\,\sin\omega_o t}{\omega-\omega_0} \\ +\dfrac{\cos(\omega+\omega_0)t\,\sin\omega_o t - \sin(\omega+\omega_0)t\,\cos\omega_o t}{\omega+\omega_0}\end{array}\right] \\ &= -\frac{f_o}{2\omega_o}\left[\frac{\sin\omega t}{\omega-\omega_0} - \frac{\sin\omega t}{\omega+\omega_0}\right] = \frac{f_o}{\omega_o^2-\omega^2}\sin\omega t\end{aligned}$$

$$\therefore \quad \boxed{y_p(t) = \frac{f_o}{\omega_o^2-\omega^2}\sin\omega t}$$

이 결과는 예제 5.37 (1)의 미분 연산자법으로 구한 결과와 같음을 주목하자.

(2) 제차 미분 방정식의 두 독립 해는 $y_1(t) = \cos\omega_o t$와 $y_2(t) = \sin\omega_o t$로 예제 5.38 (1)과 같다. 론스키안 역시 $W(y_1, y_2) = \omega_o (\neq 0)$이다. 우변의 함수가 (1)과 달리 $f(t) = f_o \sin\omega_o t$ 임을 주의하자. 매개 변수들은 각각 다음과 같이 주어진다.

$$u_1(t) = -\int \frac{y_2 f(t)}{W} dt = -\frac{f_o}{\omega_o} \int \sin\omega_o t \sin\omega_o t \, dt$$

$$= -\frac{f_o}{\omega_o} \int \frac{1 - \cos 2\omega_o t}{2} dt \quad \Leftarrow (\theta = \omega_o t,\ d\theta = \omega_o dt)$$

$$= -\frac{f_o}{2\omega_o^2} [\omega_0 t - \sin\omega_0 t \cos\omega_0 t]$$

$$u_2(t) = +\int \frac{y_1 f(t)}{W} dt = \frac{f_o}{\omega_o} \int \cos\omega_o t \sin\omega_o t \, dt$$

$$= -\frac{f_o}{2\omega_o^2} \cos^2\omega_0 t$$

매개 변수 함수 $u_1(t)$, $u_2(t)$를 특별해 $y_p(t) = u_1(t) y_1(t) + u_2(t) y_2(t)$에 대입하여 정리하면 다음과 같은 결과를 얻는다.

$$y_p(t) = u_1(t) \cos\omega_o t + u_2(t) \sin\omega_o t$$

$$= -\frac{f_o}{2\omega_o^2} [\omega_o t - \sin\omega_o t \cos\omega_0 t] \cos\omega_o t - \frac{f_o}{2\omega_o^2} \cos^2\omega_0 t \sin\omega_o t$$

$$= -\frac{f_o}{2\omega_o} t \cos\omega_o t$$

$$\therefore \quad \boxed{y_p = -\frac{f_o}{2\omega_o} t \cos\omega_o t}$$

이 결과는 예제 5.37 (3)의 미분 연산자법으로 구한 결과와 같다. ■

[예제 5.39] 매개 변수 변환법을 사용한 특별해

다음 2계 미분 방정식의 특별 해를 매개 변수 변환법을 사용하여 구하고 일반 해를 구하라.

(1) $\dfrac{d^2y}{dx^2}+y=\sec x$,　　(2) $\dfrac{d^2y}{dx^2}-4\dfrac{dy}{dx}+4y=(x+1)e^{2x}$

[풀이]

(1) 제차 미분 방정식의 특성 방정식은 $\lambda^2+1=0$이며 근은 $\lambda_1=i$, $\lambda_2=-i$이므로 두 해를 $y_1=\cos x$, $y_2=\sin x$라 두자.

론스키안은 $W(y_1,y_2)=1(\neq 0)$이므로 두 해는 선형 독립이다.

따라서 보완해는 $y_c=c_1y_1+c_2y_2=c_1\cos x+c_2\sin x$이다.

특별해는 매개 변수 변환법에 따라 $y_p=u_1(x)\cos x+u_2(x)\sin x$가 된다.

매개 변수 함수 $u_1(x)$, $u_2(x)$는 다음과 같이 주어진다.

$$
\begin{aligned}
u_1(x) &= -\int \frac{y_2 f(x)}{W}dx = -\int \sin x \sec x\, dx \\
&= -\int \tan x\, dx = \ln|\cos x| \\
u_2(x) &= \int \frac{y_1 f(x)}{W}dx = \int \cos x \sec x\, dx = x
\end{aligned}
$$

특별해 y_p와 일반 해 $y(x)$는 각각 다음과 같다.

$$\therefore\ y_p=u_1(x)\cos x+u_2(x)\sin x=\cos x\ln|\cos x|+x\sin x$$

$$
\begin{aligned}
\therefore\ y &= y_c+y_p=c_1\cos x+c_2\sin x+\cos x\ln|\cos x|+x\sin x \\
&= (c_1+\ln|\cos x|)\cos x+(c_2+x)\sin x
\end{aligned}
$$

(2) 제차 미분 방정식의 특성 방정식은 $\lambda^2 - 4\lambda + 4 = 0 \Rightarrow (\lambda - 2)^2 = 0$이며 $\lambda_1 = \lambda_2 = 2$로 중근이다. 중근에 대한 첫 번째 해를 $y_1 = e^{\lambda_1 x} = e^{2x}$라 하면 선형 독립인 두 번째 해 y_2는 론스키안 이중 적분법을 사용하여 구할 수 있다.

미분 방정식 $y'' - 4y' + 4y = 0$에서 $P(x) = -4$이므로 두 번째 해는

$$y_2 = y_1 \int \frac{e^{-\int P(x)dx}}{y_1^2} dx = e^{2x} \int \frac{e^{4x}}{e^{4x}} dx = xe^{2x} \Rightarrow \therefore \ y_2 = xe^{2x}$$

론스키안을 구하면 $W = e^{-\int P(x)dx} = e^{4x} \ (\neq 0)$이므로 선형 독립이다. 실수 중근의 경우 보완 해는 $y_c(x) = c_1 y_1 + c_2 y_2 = c_1 e^{2x} + c_2 xe^{2x}$가 된다.

특별해는 매개 변수 변환법에 따라 $y_p(x) = u_1(x)e^{2x} + u_2(x)xe^{2x}$가 된다. 매개 변수 함수 $u_1(x)$, $u_2(x)$는 다음과 같이 주어진다.

$$u_1(x) = -\int \frac{y_2 f(x)}{W} dx = -\int \frac{x(x+1)e^{4x}}{e^{4x}} dx = -\frac{x^3}{3} - \frac{x^2}{2}$$

$$u_2(x) = \int \frac{y_1 f(x)}{W} dx = \int \frac{(x+1)e^{4x}}{e^{4x}} dx = \frac{x^2}{2} + x$$

따라서 특별해 $y_p = u_1 e^{2x} + u_2 xe^{2x}$와 일반 해 $y = y_c + y_p$는 다음과 같이 주어진다.

$$\begin{aligned} \therefore \ y_p(x) &= \left(-\frac{x^3}{3} - \frac{x^2}{2}\right)e^{2x} + \left(\frac{x^2}{2} + x\right)xe^{2x} \\ &= \left(\frac{x^3}{6} + \frac{x^2}{2}\right)e^{2x} \end{aligned}$$

$$\therefore \ y(x) = y_c(x) + y_p(x) = \left(c_1 + c_2 x + \frac{x^3}{6} + \frac{x^2}{2}\right)e^{2x}$$

■

◉ 2계 선형 제차 미분 방정식의 두 번째 해 구하기: 매개 변수 변환법

2계 선형 제차 미분 방정식 $\dfrac{d^2y}{dx^2}+P(x)\dfrac{dy}{dx}+Q(x)y=0$의 첫 번째 해 $y_1(x)$를 알고 있을 때 매개 변수 변환법을 사용하여 두 번째 해 $y_2(x)$를 구할 수 있다.
두 번째 해를 매개 변수 변환법으로 $y_2(x)\equiv u_1(x)y_1(x)$라 두고 도함수를 구하면

$$\begin{cases} y_2{}'=u_1{}'y_1+u_1y_1{}', \\ y_2{}''=u_1{}''y_1+2u_1{}'y_1{}'+u_1y_1{}'' \end{cases}$$

와 같다. 이들을 미분 방정식에 대입하면 매개 변수 $u_1(x)$에 대한 미분 방정식을 얻는다.

$$\begin{aligned} & y_2{}''+P(x)y_2{}'+Q(x)y_2=0 \\ \Rightarrow\ & \left[u_1{}''y_1+2u_1{}'y_1{}'+u_1y_1{}''\right]+P(x)\left[u_1{}'y_1+u_1y_1{}'\right]+Q(x)u_1y_1=0 \\ \Rightarrow\ & \underbrace{\left[y_1{}''+P(x)y_1{}'+Q(x)y_1\right]}_{=0}u_1+y_1u_1{}''+\left[2y_1{}'+P(x)y_1\right]u_1{}'=0 \\ \therefore\ & y_1u_1{}''+\left[2y_1{}'+P(x)y_1\right]u_1{}'=0 \end{aligned}$$

여기서 첫 번째 해 $y_1(x)$는 $y_1{}''+P(x)y_1{}'+Q(x)y_1=0$을 만족한다. 매개 변수 함수 $u_1(x)$에 대한 미분 방정식은 변수 분리형이다. $u_1{}'\equiv v_1$으로 치환하면 $u_1{}''=\dfrac{dv_1}{dx}$이므로 변수 분리하여 적분한다.

$$\begin{aligned} & y_1\frac{dv_1}{dx}+\left[2y_1{}'+P(x)y_1\right]v_1=0 \\ \Rightarrow\ & \int\frac{dv_1}{v_1}+\int\left[\frac{2y_1{}'}{y_1}+P(x)\right]dx=0 \end{aligned}$$

위 식의 두 번째 적분을 계산하면

$$\int \frac{2y_1'}{y_1}dx = \int 2\frac{d\ln|y_1|}{dx}dx = 2\ln|y_1| = \ln y_1^2$$

이므로 매개 변수 $u_1(x)$는 다음과 같이 주어진다.

$$\ln v_1 + \ln y_1^2 + \int P(x)dx = 0 \Rightarrow \ln(v_1 y_1^2) = -\int P(x)dx$$

$$\Rightarrow v_1 \equiv \frac{du_1}{dx} = \frac{1}{y_1^2} e^{-\int P(x)dx}$$

$$\therefore\ u_1(x) = \int \frac{1}{y_1^2} e^{-\int P(x)dx} dx$$

따라서 매개 변수 변환법을 사용하여 두 번째 해 $y_2(x)$는 다음과 같다.

$$\therefore\ \boxed{y_2(x) = u_1(x)y_1 = y_1 \int \frac{e^{-\int P(x)dx}}{y_1^2}dx}$$

선형 2계 제차 미분 방정식의 일반 해는 $y(x) = c_1 y_1(x) + c_2 y_2(x)$이다.

$$y(x) = c_1 y_1(x) + c_2 y_1 \int \frac{e^{-\int P(x)dx}}{y_1^2}dx$$

※ **[주의]** 매개 변수 변환법을 사용한 두 번째 해는 5.4.2절에서 다룬 론스키안 이중 적분법 (Wronskian double integral method)의 결과와 같음을 주목하자.

[예제 5.40] 매개 변수 변환법을 사용한 두 번째 해 구하기

다음 2계 미분 방정식의 첫 번째 해 $y_1(x)$가 주어질 때, 두 번째 해 $y_2(x)$를 매개 변수 변환법을 사용하여 구하고 보완 해를 구하라.

(1) $\dfrac{d^2y}{dx^2}+ky=0,\quad y_1(x)=\cos kx,$

(2) $x^2y''-xy'+y=0,\quad y_1=x,\quad (x>0)$

(3) $x^2y''-4xy'+6y=0,\quad y_1=x^2\quad (x\neq 0)$

[풀이]

(1) $P(x)=0$ 이므로 $e^{-\int P(x)dx}=1$ 이다. 매개 변수 변환법을 사용하면 두 번째 해는

$$y_2=y_1\int\frac{e^{-\int P(x)dx}}{y_1^2}dx=\cos kx\int\frac{1}{\cos^2 kx}dx$$

$$=\frac{1}{k}\cos kx\tan kx=\frac{1}{k}\sin kx$$

가 된다. 두 해의 론스키안을 구하면

$$W=\begin{vmatrix}\cos kx & \frac{1}{k}\sin kx\\ -k\sin kx & \cos kx\end{vmatrix}=\cos^2 kx+\sin^2 kx=1(\neq 0)$$

이므로 두 해는 선형 독립이다. 따라서 보완 해는 다음과 같다.

$$y_c=c_1\cos kx+c_2{}'\frac{1}{k}\sin kx=c_1\cos kx+c_2\sin kx\quad\left(c_2=\frac{c_2{}'}{k}\right)$$

(2) $x>0$ 이므로 양변을 x^2 으로 나누면 표준형 미분 방정식은 $y''-\frac{1}{x}y'+\frac{1}{x^2}y=0$ 이 되며 $P(x)=-\frac{1}{x}$ 이므로 $e^{-\int P(x)dx}=e^{\ln x}=x$ 이 된다. 두 번째 해는

$$y_2=y_1\int\frac{e^{-\int P(x)dx}}{y_1^2}dx=x\int\frac{x}{x^2}dx=x\ln x$$

이다. 두 해의 론스키안을 구하면 $W=\begin{vmatrix} x & x\ln x \\ 1 & 1+\ln x\end{vmatrix}=x\ (\neq 0)$ 이므로 두 해는 선형 독립이다. 따라서 보완해는 $y_c=c_1x+c_2x\ln x$ 가 된다.

(3) $x>0$ 이므로 양변을 x^2 으로 나누면 표준형 미분 방정식 $y''-\frac{4}{x}y'+\frac{6}{x^2}y=0$ 이 되며 $P(x)=-\frac{4}{x}$ 이므로 $e^{-\int P(x)dx}=e^{4\ln x}=x^4$ 이 된다. 두 번째 해는

$$y_2=y_1\int\frac{e^{-\int P(x)dx}}{y_1^2}dx=x^2\int\frac{x^4}{x^4}dx=x^3$$

이다. 두 해의 론스키안을 구하면 $W=\begin{vmatrix} x^2 & x^3 \\ 2x & 3x^2\end{vmatrix}=x^4\ (\neq 0)$ 이므로 두 해는 선형 독립이다. 따라서 보완해는 $y_c=c_1x^2+c_2x^3$ 가 된다.

■

※ **[주의]** (1)~(3)에서 구한 두 해의 론스키안 $W(y_1,y_2)$는 아벨의 공식 $W=e^{-\int P(x)dx}$ 와 같다.

5.4.5 변수 계수의 2계 선형 제차 미분 방정식: 코오시-오일러 방정식 (Homogeneous Second-order Differential Equations with Variable Coefficients: Cauchy-Euler Equations)

지금까지 공부한 2계 미분 방정식은 주로 상수 계수 (constant variables)의 방정식에 대해 다루었다. 그러나 물리학 또는 공학에서 접하는 많은 미분 방정식은 변수 계수 (variable coefficients)의 미분 방정식인 경우가 많다. 변수 계수의 미분 방정식의 해는 일반적으로 해석 해를 구하기가 어려우므로 라플라스 변환법 (Laplace transform)이나 멱급수 방법 (power series method) 등을 사용하여 구하여야 한다.

변수 계수의 미분 방정식 가운데 예외적으로 대수 해 (algebraic solution)를 갖는 코오시-오일러 미분 방정식 (Cauchy-Euler equation) 또는 간단히 오일러 방정식이 있다. 오일러 방정식은 다음과 같이 주어진다.

$$a_n x^n \frac{d^n y}{dx^n} + a_{n-1} x^{n-1} \frac{d^{n-1} y}{dx^{n-1}} + \cdots + a_1 x \frac{dy}{dx} + a_0 y = f(x)$$

여기서 a_i $(i = 0, 1, 2, \cdots, n)$는 상수이다.

오일러 방정식의 특징은 k계 도함수 $\dfrac{d^k y}{dx^k}$, $(k = 0, 1, 2, \cdots, n)$의 변수 계수는 항상 $a_k x^k$로 구성된다는 점이다. 오일러 방정식은 $x = 0$에서 특이점이 되므로 구간 $0 < x < \infty$을 가정한다.[62] 본 절에서는 간단히 제차 2계 오일러 방정식에 대해 살펴보자.

$$a_2 x^2 \frac{d^2 y}{dx^2} + a_1 x \frac{dy}{dx} + a_0 y = 0, \quad (a_2 \neq 0)$$

여기서 상수 $a_2 \neq 0$이며 $0 < x < \infty$이므로 $a_2 x^2 \neq 0$이 된다.

---

62) $-\infty < x < 0$ 구간에서 해는 오일러 방정식을 $x \to -t$로 치환하여 구할 수 있다.

a_2 또는 $a_2 x^2$으로 나눈 오일러 방정식을 표준형이라 한다.

$$x^2 \frac{d^2 y}{dx^2} + \alpha x \frac{dy}{dx} + \beta y = 0$$

또는

$$\frac{d^2 y}{dx^2} + \frac{\alpha}{x} \frac{dy}{dx} + \frac{\beta}{x^2} y = 0$$

이다. 여기서 $\alpha = \frac{a_1}{a_2}$, $\beta = \frac{a_0}{a_2}$는 상수이다.

(1) 오일러 방정식의 보완해 구하기

오일러 방정식의 해를 구하기 위해 시도 해를 $y = x^m$라 두자. 멱 수 m은 (양 또는 음의) 실수 또는 복소수를 가질 수 있다. 시도 해의 1계와 2계 도함수는

$$\frac{dy}{dx} = mx^{m-1}, \quad \frac{d^2 y}{dx^2} = m(m-1)x^{m-2}$$

이므로 오일러 방정식에 대입하여 정리하면

$$[m(m-1) + \alpha m + \beta]x^m = 0 \implies [m^2 + (\alpha - 1)m + \beta]x^m = 0$$

가 된다. $0 < x < \infty$ 구간에서 해 $y = x^m$ $(\neq 0)$을 만족하는 멱 수 m은

$$\boxed{m^2 + (\alpha - 1)m + \beta = 0}$$

이다. 이 식은 멱 수 m을 결정하는 방정식이므로 보조 방정식 (auxiliary equation)

또는 결정 방정식 (indicial equation)이라 한다. 멱 수 m에 대한 2차 방정식이므로 근은

$$m_1 = \frac{1-\alpha+\sqrt{(\alpha-1)^2-4\beta}}{2},$$
$$m_2 = \frac{1-\alpha-\sqrt{(\alpha-1)^2-4\beta}}{2}$$

이다. 멱 수 m의 근은 5.4.3절에서 다룬 상수 계수의 2계 미분 방정식의 특성 방정식과 같은 방법으로 다룰 수가 있으며 다음과 같이 세 경우로 분류할 수 있다.

① $(\alpha-1)^2 > 4\beta$ 인 경우: 서로 다른 두 실근 (two distinct real roots)
② $(\alpha-1)^2 < 4\beta$ 인 경우: 복소 공액 (켤레) 근 (complex conjugate roots)
③ $(\alpha-1)^2 = 4\beta$ 인 경우: 실수의 중근 (real double roots)

오일러 방정식의 형식적인 해는 $y_1 = x^{m_1}$, $y_2 = x^{m_2}$이지만, 근의 종류에 따라 선형 독립인 두 해는 각각 다음과 같은 형태로 주어진다.

① $(\alpha-1)^2 > 4\beta$ 인 경우: 서로 다른 두 실근 (two distinct real roots)

두 근은 $m_1 \neq m_2$이며 실수이므로 두 해는

$$\begin{cases} y_1 = x^{m_1} \\ y_2 = x^{m_2} \end{cases}$$

가 된다. 두 해의 론스키안을 계산하면

$$W(y_1, y_2) = \begin{vmatrix} x^{m_1} & x^{m_2} \\ m_1 x^{m_1-1} & m_2 x^{m_2-1} \end{vmatrix} = (m_2 - m_1)\, x^{m_1+m_2-1} \; (\neq 0)$$

이므로 두 해는 선형 독립이다. 따라서 서로 다른 두 실근의 경우 일반 해는 다음과 같다.

$$y(x)=c_1 y_1(x)+c_2 y_2(x)=c_1 x^{m_1}+c_2 x^{m_2}$$

② $(\alpha-1)^2<4\beta$ 인 경우: 복소 공액 (켤레) 근 (complex conjugate roots)

두 개의 복소 공액 근을 $\begin{cases} m_1=p+iq \\ m_2=p-iq \end{cases}$ 라 두자.

여기서 $p=\dfrac{1-\alpha}{2}$, $q=\dfrac{\sqrt{4\beta-(\alpha-1)^2}}{2}(>0)$이며 실수이다.

오일러 방정식의 형식적인 두 해는 $y_1(x)=x^{m_1}=x^{p+iq}$, $y_2(x)=x^{m_2}=x^{p-iq}$이다. $x^{iq}\equiv e^{i\theta}$라 두고 양변에 로그를 취하면 $\theta=q\ln x$가 되므로 $x^{iq}=e^{i\theta}=e^{iq\ln x}$가 된다. 오일러 공식을 사용하면 $x^{\pm iq\ln x}=\cos(q\ln x)\pm i\sin(q\ln x)$이므로 복소수 형태의 두 해는 다음과 같다.

$$\begin{cases} y_1=x^{m_1}=x^{(p+iq)x}=x^p[\cos(q\ln x)+i\sin(q\ln x)] \\ y_2=x^{m_2}=x^{(p-iq)x}=x^p[\cos(q\ln x)-i\sin(q\ln x)] \end{cases}$$

일반 해 $y=c_1y_1+c_2y_2$도 복소수 형태이므로 실수 형태로 변환하는 것이 편리하다.

$$\begin{aligned} y&=c_1y_1+c_2y_2=c_1x^{p+iq}+c_2x^{p-iq} \\ &=c_1x^p[\cos(q\ln x)+i\sin(q\ln x)]+c_2x^p[\cos(q\ln x)-i\sin(q\ln x)] \\ &=x^p[(c_1+c_2)\cos(q\ln x)+i(c_1-c_2)\sin(q\ln x)] \\ &=x^p[C\cos(q\ln x)+D\sin(q\ln x)]\equiv Cy_1(x)+Dy_2(x) \end{aligned}$$

이다. 여기서 $C_1 = c_1 + c_2$, $C_2 = i(c_1 - c_2)$는 상수이다. 실수 형태의 두 해는

$$\begin{cases} y_1 = x^p \cos(q\ln x) \\ y_2 = x^p \sin(q\ln x) \end{cases}$$

가 된다. 두 해가 선형 독립인지 판별하기 위해 론스키안을 계산하면

$$W = \begin{vmatrix} x^p \cos(q\ln x) & x^p \sin(q\ln x) \\ x^{p-1}[p\cos(q\ln x) - q\sin(q\ln x)] & x^{p-1}[p\sin(q\ln x) + q\cos(q\ln x)] \end{vmatrix}$$

$$= qx^{2p-1} \neq 0 \quad (\because\ q > 0,\ x > 0)$$

이므로 두 해는 선형 독립이다. 따라서 두 복소 공액 근의 경우 일반 해는 다음과 같다.

$$\begin{aligned} y &= Cy_1 + Dy_2 \\ &= x^p\,[C\cos(q\ln x) + D\sin(q\ln x)] \end{aligned}$$

③ $(\alpha-1)^2 = 4\beta$ 인 경우: 실수의 중근 (real double roots)

실수의 중근 $m_1 = m_2 = \dfrac{1-\alpha}{2}$을 가지므로 두 해는 $y_1 = y_2 = x^{\frac{1-\alpha}{2}} \equiv x^{m_1}$이며 선형 종속이다. 첫 번째 해를 $y_1 = x^{\frac{1-\alpha}{2}} = x^{m_1}$라 하면 선형 독립인 두 번째 해 y_2를 론스키안 이중 적분법을 사용하여 구하자. $x > 0$에 대해 오일러 방정식의 표준형은 $\dfrac{d^2y}{dx^2} + \dfrac{\alpha}{x}\dfrac{dy}{dx} + \dfrac{\beta}{x^2}y = 0$이므로 $P(x) = \dfrac{\alpha}{x}$이다.

아벨의 공식을 사용하면 론스키안은 다음과 같이 주어진다.

$$W = e^{-\int P(x)dx} = e^{-\alpha \ln x} = x^{-\alpha}$$

따라서 두 번째 해는 론스키안 이중 적분법 공식을 사용하여 다음과 같이 주어진다.

$$y_2 = y_1 \int \frac{e^{-\int P(x)dx}}{y_1^2} dx = x^{\frac{1-\alpha}{2}} \int \frac{x^{-\alpha}}{x^{1-\alpha}} dx = x^{\frac{1-\alpha}{2}} \ln x$$

$$\therefore \ y_2 = x^{\frac{1-\alpha}{2}} \ln x = x^{m_1} \ln x$$

첫 번째 해 $y_1 = x^{\frac{1-\alpha}{2}} = x^{m_1}$와 두 번째 해 $y_2 = x^{\frac{1-\alpha}{2}} \ln x = x^{m_1} \ln x$의 론스키안을 구하면

$$W(y_1, y_2) = \begin{vmatrix} x^{m_1} & x^{m_1} \ln x \\ m_1 x^{m_1 - 1} & m_1 x^{m_1 - 1} \ln x + x^{m_1 - 1} \end{vmatrix} = x^{2m_1 - 1} \neq 0$$

이므로 선형 독립이다. 한편, $m_1 = \dfrac{1-\alpha}{2}$이므로 론스키안은 $W = x^{2m_1 - 1} = x^{-\alpha}\ (\neq 0)$가 되어 아벨의 공식으로 구한 값과 같다. 따라서 실수 중근의 경우 일반 해는 다음과 같이 주어진다.

$$\begin{aligned} y(x) &= c_1 y_1(x) + c_2 y_2(x) \\ &= c_1 x^{m_1} + c_2 x^{m_1} \ln x = x^{\frac{1-\alpha}{2}} (c_1 + c_2 \ln x) \end{aligned}$$

[예제 5.41] 코오시-오일러 방정식의 보완해 구하기

다음 오일러 방정식의 해를 구하라. 단, $x>0$ 이다.

(1) $x^2y''-4xy'+6y=0$, (2) $x^2y''-xy'+y=0$, (3) $x^2y''+2xy'+y=0$

[풀이]

오일러 방정식의 해를 $y=x^m$ 로 두면 결정 방정식은 $m^2+(\alpha-1)m+\beta=0$ 이며 근은 $m=\dfrac{1-\alpha\pm\sqrt{(\alpha-1)^2-4\beta}}{2}$ 로 주어진다. 근의 종류를 주어진 방정식의 α, β를 대입하여 판별한다.

(1) $x^2y''-4xy'+6y=0 \Rightarrow \alpha=-4$, $\beta=6$이므로 $m_1=2$, $m_2=3$의 두 실근을 얻는다. 두 해는 $y_1=x^{m_1}=x^2$, $y_2=x^{m_2}=x^3$ 이다. 두 해의 론스키안을 계산하면

$$W(y_1,y_2)=\begin{vmatrix} x^{m_1} & x^{m_2} \\ m_1x^{m_1-1} & m_2x^{m_2-1}\end{vmatrix}$$

$$=(m_2-m_1)x^{m_1+m_2-1}=x^4\neq 0 \quad (\because\ m_2\neq m_1,\ x>0)$$

이므로 두 해는 선형 독립이다. 일반 해는 다음과 같다.

$$\therefore\ y=c_1y_1+c_2y_2=c_1x^2+c_2x^3$$

(2) $x^2y''-xy'+y=0 \Rightarrow \alpha=-1$, $\beta=1$이므로 $m_1=m_2=1$의 중근을 얻는다. 첫 번째 해는 $y_1=x^{m_1}=x$ 이므로 두 번째 해 y_2 는 론스키안 이중 적분법을 사용하여 구한다. 오일러 방정식은 $x>0$이므로 표준형은 $\dfrac{d^2y}{dx^2}-\dfrac{1}{x}\dfrac{dy}{dx}+\dfrac{1}{x^2}y=0$이 되므로 $P(x)=-\dfrac{1}{x}$ 이다. $e^{-\int P(x)dx}=e^{\ln x}=x$이므로 두 번째 해는 다음과 같이 주어진다.

$$y_2 = y_1 \int \frac{e^{-\int P(x)dx}}{y_1^2} dx = x \int \frac{x}{x^2} dx = x \ln x$$

론스키안은 $W = x \neq 0$ 이므로 두 해는 선형 독립이다. 일반 해는 다음과 같다.

$$\therefore\ y = c_1 y_1 + c_2 y_2 = c_1 x + c_2 x \ln x$$

(3) $x^2 y'' + 2xy' + y = 0 \Rightarrow \alpha = 2,\ \beta = 1$ 이므로 $m_1 = \dfrac{-1+i\sqrt{3}}{2},\ \ m_2 = \dfrac{-1-i\sqrt{3}}{2}$ 의 복소 공액 근을 얻는다. $m = p \pm iq$ 라 두면 $p = -\dfrac{1}{2},\ \ q = \dfrac{\sqrt{3}}{2}$ 이므로 실수 형태의 두 해는 $y_1 = x^{-\frac{1}{2}} \cos(\dfrac{\sqrt{3}}{2} \ln x),\ y_2 = x^{-\frac{1}{2}} \sin(\dfrac{\sqrt{3}}{2} \ln x)$ 가 된다.

두 해가 선형 독립인지 판별하기 위해 론스키안을 계산하면

$$W = \begin{vmatrix} x^p \cos(q \ln x) & x^p \sin(q \ln x) \\ x^{p-1}[p\cos(q\ln x) - q\sin(q\ln x)] & x^{p-1}[p\sin(q\ln x) + q\cos(q\ln x)] \end{vmatrix}$$

$$= q x^{2p-1} = \frac{\sqrt{3}}{2} x^{-2} \neq 0 \quad (\because\ q > 0,\ x > 0)$$

이므로 두 해는 선형 독립이다. 따라서 두 복소 공액 근의 경우 일반 해는

$$\therefore\ y(x) = x^{-\frac{1}{2}} \left[C\cos\left(\frac{\sqrt{3}}{2} \ln x\right) + D\sin\left(\frac{\sqrt{3}}{2} \ln x\right) \right]$$

로 주어진다. ■

(2) 오일러 방정식의 특별해 구하기

비 제차 ($g(x) \neq 0$) 오일러 방정식을 생각하자.

$$x^2 \frac{d^2 y}{dx^2} + \alpha x \frac{dy}{dx} + \beta y = g(x)$$

$x > 0$이므로 양변을 x^2으로 나누어 표준형 오일러 방정식으로 나타내면

$$\frac{d^2 y}{dx^2} + \frac{\alpha}{x} \frac{dy}{dx} + \frac{\beta}{x^2} y = \frac{g(x)}{x^2} \equiv f(x)$$

가 된다. 여기서 $f(x) = \dfrac{g(x)}{x^2}$ 임을 주의하자. 비 제차 ($g(x) \neq 0$) 오일러 방정식의 특별해는 5.4.4절의 매개 변수 변환법을 적용하여 구한다.

매개 변수 함수 u_1, u_2에 대해 특별해는 $y_p(x) = u_1 y_1 + u_2 y_2$이므로

$$\begin{aligned} y_p(x) &= u_1 y_1 + u_2 y_2 \\ &= -y_1 \int \frac{y_2 f(x)}{W} dx + y_2 \int \frac{y_1 f(x)}{W} dx \end{aligned}$$

가 된다. 여기서 y_1, y_2는 제차 오일러 방정식의 선형 독립인 해이며, 론스키안 $W(y_1, y_2)(\neq 0)$을 계산하고 $f(x) = \dfrac{g(x)}{x^2}$를 대입하여 특별 해를 구한다.

[예제 5.42] 코오시-오일러 방정식의 특별해

다음 오일러 방정식의 특별 해를 구하라. 단, $x>0$ 이다.

(1) $x^2y''+2xy'-2y=x^n$, $(n\neq 1,\ n\neq -2)$ (2) $x^2y''+2xy'-2y=x$,

(3) $x^2y''+2xy'-2y=\dfrac{1}{x^2}$

[풀이]

$x>0$이므로 오일러 방정식은 $y''+\dfrac{2}{x}y'-\dfrac{2}{x^2}y\equiv f(x)$가 된다. 여기서 우변의 비 제차 함수 $f(x)$는 원래의 오일러 방정식 우변의 함수를 x^2으로 나눈 것임을 주의하자. 오일러 방정식의 해를 $y=x^m$라 두면 결정 방정식은 $m^2+(\alpha-1)m+\beta=0$이며 근은 $m=\dfrac{1-\alpha\pm\sqrt{(\alpha-1)^2-4\beta}}{2}$로 주어진다. 근의 종류를 주어진 방정식의 α, β를 대입하여 판별한다. (1)~(3)의 제차 오일러 방정식은 모두 $y''+\dfrac{2}{x}y'-\dfrac{2}{x^2}y=0$이므로 $\alpha=2$, $\beta=-2$이다. 결정 방정식의 근은 $m_1=1$, $m_2=-2$의 두 실근을 얻는다. 두 해는 $y_1=x^{m_1}=x$, $y_2=x^{m_2}=x^{-2}$이다. 두 해의 론스키안을 계산하면

$$W(y_1,y_2)=\begin{vmatrix} x^{m_1} & x^{m_2} \\ m_1x^{m_1-1} & m_2x^{m_2-1}\end{vmatrix}$$

$$=(m_2-m_1)x^{m_1+m_2-1}=-\frac{3}{x^2}\neq 0 \quad (\because\ m_2\neq m_1,\ x>0)$$

이므로 두 해는 선형 독립이다. 보완해는

$$y_c=c_1y_1+c_2y_2=c_1x-c_2x^{-2}$$

이다. 특별해는 매개 변수 변환법을 사용하면 다음과 같이 주어진다.

$$\begin{aligned} y_p(x) &= u_1(x)y_1 + u_2(x)y_2 \\ &= -y_1\int \frac{y_2 f(x)}{W}dx + y_2\int \frac{y_1 f(x)}{W}dx \end{aligned}$$

(1) $y'' + \dfrac{2}{x}y' - \dfrac{2}{x^2}y = x^{n-2} \equiv f(x)$

보완해 $y_1 = x$, $y_2 = x^{-2}$, 론스키안 $W(y_1, y_2) = -\dfrac{3}{x^2}$ 과 $f(x) = x^{n-2}$ 을 대입하면 매개 변수는 다음과 같이 주어진다.

$$u_1(x) = -\int \frac{y_2 f(x)}{W}dx = \frac{1}{3}\int x^{n-2}dx = \frac{x^{n-1}}{3(n-1)}$$

$$u_2(x) = \int \frac{y_1 f(x)}{W}dx = -\frac{1}{3}\int x^{n+1}dx = -\frac{x^{n+2}}{3(n+2)}$$

따라서 특별해는 다음과 같다. 단, $n \neq 1$, $n \neq -2$ 이다.

$$\begin{aligned} y_p(x) &= u_1(x)y_1 + u_2(x)y_2 \\ &= \frac{x^n}{3(n-1)} - \frac{x^n}{3(n+2)} = \frac{x^n}{(n-1)(n+2)} \end{aligned}$$

$$\therefore\ y_p(x) = \frac{x^n}{(n-1)(n+2)}$$

(2) $y'' + \dfrac{2}{x}y' - \dfrac{2}{x^2}y = \dfrac{1}{x} \equiv f(x)$

$y_1 = x$, $y_2 = x^{-2}$, $W(y_1, y_2) = -\dfrac{3}{x^2}$ 과 $f(x) = \dfrac{1}{x}$ 을 대입하면 매개 변수는

$$u_1(x) = -\int \frac{y_2 f(x)}{W} dx = \frac{1}{3}\int \frac{1}{x} dx = \frac{1}{3}\ln x$$

$$u_2(x) = \int \frac{y_1 f(x)}{W} dx = -\frac{1}{3}\int x^2 dx = -\frac{x^3}{9}$$

이므로 특별해는 다음과 같다.

$$y_p(x) = u_1(x)y_1 + u_2(x)y_2 = \frac{x^n}{3(n-1)} - \frac{x^n}{3(n+2)} = \frac{x}{3}\ln x - \frac{x}{9}$$

$$\therefore\ y_p(x) = \frac{x}{3}\left(\ln x - \frac{1}{3}\right)$$

(3) $\underline{y'' + \frac{2}{x}y' - \frac{2}{x^2}y = \frac{1}{x^4} \equiv f(x)}$

$y_1 = x$, $y_2 = x^{-2}$, $W(y_1, y_2) = -\frac{3}{x^2}$과 $f(x) = \frac{1}{x^4}$을 대입하면 매개 변수는

$$u_1(x) = -\int \frac{y_2 f(x)}{W} dx = \frac{1}{3}\int x^{-4} dx = -\frac{1}{9x^3}$$

$$u_2(x) = \int \frac{y_1 f(x)}{W} dx = -\frac{1}{3}\int \frac{1}{x} dx = -\frac{1}{3}\ln x$$

이므로 특별해는 다음과 같이 주어진다.

$$y_p(x) = u_1(x)y_1 + u_2(x)y_2 = -\frac{1}{9x^2} - \frac{1}{3x^2}\ln x$$

$$\therefore\ y_p(x) = -\frac{1}{9x^2}(1 + 3\ln x)$$

■

5장. 연 습 문 제

5.2 미분 방정식의 분류

5.1 다음 미분 방정식을 계수, 차수, 선형/비선형, 상/편미분 등으로 분류하라.

(1) $\dfrac{dy}{dx}-2(y)^{1/3}=x$, (2) $\dfrac{\partial^2 y}{\partial x^2}-\dfrac{1}{c^2}\dfrac{\partial^2 y}{\partial t^2}=0$, (3) $\dfrac{d^2y}{dx^2}+y\sin x=0$,

(4) $\dfrac{d^2\theta}{dx^2}+x\sin\theta=0$, (5) $\dfrac{\partial^2 f}{\partial x^2}+x\dfrac{\partial^2 f}{\partial y^2}=0$, (6) $\dfrac{d^3y}{dx^3}-3\left(\dfrac{dy}{dx}\right)^4+xy=0$

5.2 다음과 같이 주어진 해를 만족하는 미분 방정식을 구하라.

(1) $y=ce^{-2x}$, (2) $y=c_1e^{i\omega t}+c_2e^{-i\omega t}$, (3) $y=c_1e^{\alpha x}+c_2e^{-\alpha x}$,

(4) $y=c_1+c_2\ln x$, (5) $y=c_1x+c_2x^2$, (6) $y=c_1\sin kx+c_2\cos kx$,

(7) $y=\dfrac{mg}{b}\left(1-e^{-\frac{b}{m}x}\right)$, ($b$, m, g : 상수) (8) $y=xe^{1+cx}$

[힌트: 적분 상수의 개수를 참고하여 1계 또는 2계 도함수를 계산한 후 적분 상수를 소거하여 미분 방정식을 구한다.]

5.3.1 변수 분리형

5.3 다음의 변수 분리형 미분 방정식의 해를 구하라.

(1) $\dfrac{dy}{dx}=c_1\sin x+c_2\cos x$, (2) $\dfrac{dy}{dx}=\dfrac{y}{1+x}$, (3) $\dfrac{dy}{dx}=y^2-1$,

(4) $\dfrac{dy}{dx}=y-y^2$, (5) $\dfrac{dy}{dx}=e^{\alpha x+\beta y}$, (6) $\dfrac{dy}{dx}=\dfrac{y}{1+x}$,

(7) $x\dfrac{dy}{dx}=\dfrac{1+2x}{y}$, (8) $\dfrac{dy}{dx}=x+y+1$, (힌트 : $u=x+y+1$로 치환)

5.3.2 동차 미분 방정식

5.4 다음의 동차 또는 비 동차 미분 방정식을 풀어라.

(1) $(x-y)dx+xdy=0$, (2) $(x+y)dx+xdy=0$, (3) $\frac{dy}{dx}=\frac{x}{y}+\frac{y}{x}$,

(4) $\frac{dy}{dx}=-\frac{y}{x+y}$, (5) $\frac{dy}{dx}=\frac{y}{x}+e^{-\frac{y}{x}}$, (6) $x^2y\,dx+(x^3\pm y^3)\,dy=0$,

(7) $x^3y\,dx+(x^4\pm y^4)\,dy=0$, [(6), (7) 힌트: dx 의 계수가 간단하므로 $x\equiv uy$]

(8) $\frac{dy}{dx}=\frac{x+2y}{2(x+2y+2)}$, [힌트: $x+2y\equiv u$]

(9) $\frac{dy}{dx}=\frac{x-y}{x+y}$, (10) $\frac{dy}{dx}=\frac{x-y-3}{x+y-1}$

5.3.3~4 완전 미분 방정식

5.5 다음의 미분 방정식이 완전 미분 방정식이 되는 미지수 c를 구하라.

(1) $(2x-y\sin(xy)+cy^4)dx-(20xy^3+x\sin(xy))dy=0$,

(2) $(2xy^2+ye^x)dx+(2x^2y+ce^x-1)dy=0$,

(3) $(6xy^3+\cos y)dx+(cx^2y^2-x\sin y)dy=0$,

(4) $(\sin y-y\sin x)dx+(\cos x+cx\cos y-y)dy=0$

5.6 다음 미분 방정식이 완전 미분 방정식인지 판별하고, 완전 미분 방정식이 아닌 경우 적분 인자를 구하고 해를 구하라.

(1) $(x+y)dx+x\ln x dy=0$, (2) $6xydx+(4y+9x^2)dy=0$,

(3) $(xy+y^2+y)dx+(x+2y)dy=0$, (4) $(3x+2y^2)dx+2xydy=0$

(5) $(x-y)dx-(x+y)dy=0$, [연습문제 5.4 (9) 참고]

(6) $(x-y-3)dx-(x+y-1)dy=0$ [연습문제 5.4 (10) 참고]

5.7 [예제 5.9]의 동차 미분 방정식 $2xy\dfrac{dy}{dx}-y^2+x^2=0$을 완전 미분 방정식으로 만드는 적분 인자를 구하고 해를 구하라. 예제 5.9의 결과와 비교하라.

5.8 $y\,dx-x\,dy=0$의 적분 인자가 (1) $\lambda=\dfrac{1}{xy}$와 (2) $\lambda=\dfrac{1}{x^2+y^2}$일 때 각각의 해를 구하라. [힌트: $\displaystyle\int\frac{y}{x^2+y^2}dx=\tan^{-1}\left(\frac{x}{y}\right)$, $\dfrac{d}{dy}\tan^{-1}\left(\dfrac{x}{y}\right)=-\dfrac{x}{x^2+y^2}$.]

5.9 변수 분리형 미분 방정식 $f(y)dy=g(x)dx$는 완전 미분 방정식임을 보여라.

5.3.5 선형 1계 미분 방정식

5.10 미분 방정식 $[a(x)y-b(x)]dx+dy=0$이 있다.

(1) 완전 미분 방정식으로 만들어 주는 적분 인자를 구하라.

(2) 해를 구하라.

5.11 다음 선형 1계 미분 방정식의 해를 구하라.

(1) $\dfrac{dy}{dx}-\dfrac{y}{x}=x^2e^x$, (2) $\dfrac{dy}{dx}+3xy=x$, (3) $x\dfrac{dy}{dx}+2y=\ln x+e^x$,

(4) $(x+1)\dfrac{dy}{dx}+y=\ln x$, (5) $(x^2-1)\dfrac{dy}{dx}+2y=(x+1)^2$

5.12 RC 회로의 전하 q에 대한 미분 방정식이 $\dfrac{dq}{dt}+\dfrac{q}{\tau}=I_o\cos\omega t$로 주어진다. 여기서 $\tau=RC$는 시 상수 (time constant), I_o는 최대 전류, $Q_o=I_o\tau=I_oRC$ 또는 $Q_o=V_oC$는 최대 충전 전하이며 초기조건은 $q(0)=0$이다.

(1) 전하 q에 대한 일반 해 $q(t)=q_c(t)+q_p(t)$를 적분 인자 법으로 구하고 보완해

$q_c(t)$와 특별해 $q_p(t)$의 시간 의존성을 설명하라.

(2) 미정 계수법으로 특별해 $q_p(t)$를 구하라.

(3) 미분 연산자법으로 특별해 $q_p(t)$를 구하라.

(4) (1)~(3)의 특별해 $q_p(t)$를 $\cos(\omega t-\phi)$ 형태로 나타내어라. ϕ는 무엇인지 설명하라.

5.13 뉴턴의 냉각법칙 (Newton's law of cooling)에 따르면 건물 내부의 온도 $y(t)$의 변화율은 미분 방정식 $\frac{dy}{dt}=-k[y-T(t)]$로 주어진다. 여기서 $T(t)$는 건물 외부의 온도 변화이며 $T(t)=T_o+T_1\sin\omega t$이며, T_o, T_1, ω는 상수이다.

(1) 일반 해를 매개 변수 변환법으로 구하라.

(2) 특별 해를 $y_p=A+B\cos\omega t+C\sin\omega t$라 두고 미정 계수를 구하라.

(3) 특별 해를 미분 연산자법으로 구하라.

5.3.6 비선형 1계 미분 방정식

5.14 다음 베르누이 방정식의 해를 구하라.

(1) $\frac{dy}{dx}+\frac{y}{x}=xy^2$, (2) $\frac{dy}{dx}-y=e^x y^2$, (3) $\frac{dy}{dx}+y=xy^3$,

(4) $\frac{dy}{dx}-\left(1+\frac{1}{x}\right)y=y^2$, (5) $\frac{dy}{dx}-\frac{y^2}{x^2}=\frac{y}{x}$, (6) $\frac{dy}{dx}+xy=xy^2$

5.15 다음 리카티 방정식의 해를 구하라.

(1) $\frac{dy}{dx}=-3-2y+y^2$, (특별해 : $y_1=3$)

(2) $\frac{dy}{dx}=4x^2+\frac{y}{x}-y^2$, (특별해 : $y_1=2x$)

(3) $\frac{dy}{dx}=e^{2x}+(1-2e^x)y+y^2$, (특별해 : $y_1=e^x$)

(4) $\dfrac{dy}{dx}=a^2-b^2y^2$, $\left(\text{특별해}: y_1=\dfrac{a}{b},\ \text{초기조건}: y(0)=0\right)$

5.16 **변수 분리형 비선형 미분 방정식**

(1) 인구 증가에 대한 베르누이 방정식은 $\dfrac{dy}{dt}=Py-Qy^2$ 로 주어진다.

여기서 P는 평균 출생률, Q는 평균 사망률로 상수이다. 초기조건으로 $y(0)=y_o$를 사용하여 변수 분리형으로 해를 구하라. [예제 5.19 참고]

(2) 속력의 제곱에 비례하는 저항력에 대한 뉴턴의 운동 방정식은 리카티 방정식 $\dfrac{dv}{dt}=g-kv^2$ 으로 주어진다. 초기조건이 $v(0)=0$ 일 때 속력 $v(t)$ 와 종말 속력 $v(t\to\infty)$ 를 변수 분리 방법으로 구하라. 단, g는 중력 가속도, k 는 저항력과 관계된 비례상수이다. [예제 5.21 참고]

5.17 다음의 클레로 방정식의 해를 구하라. 단, $K>0$ 이다.

(1) $y=x\dfrac{dy}{dx}+K\left(\dfrac{dy}{dx}\right)^2$, (2) $y=x\dfrac{dy}{dx}+K\left(\dfrac{dy}{dx}\right)^{-1}$,

(3) $y=x\dfrac{dy}{dx}+K\left(\dfrac{dy}{dx}\right)^{-2}$, (4) $y=x\dfrac{dy}{dx}+K\left(\dfrac{dy}{dx}\right)^{-3}$,

(5) $y=x\dfrac{dy}{dx}-K\ln\left(\dfrac{dy}{dx}\right)$

5.4 2계 선형 미분 방정식

5.4.1 고계 선형 미분 방정식의 기초

5.18 다음 함수들의 론스키안을 구하고 선형 독립 여부를 판별하라.

(1) $f_1(x)=\sin 2x,\ f_2(x)=\sin x\cos x$,

(2) $f_1(x)=\sin^2 x,\ f_2(x)=\cos^2 x-\sin^2 x$,

(3) $f_1(x)=e^{imx}$, $f_2(x)=e^{inx}$ $(m \neq n)$,

(4) $f_1(x)=e^{\alpha x}\sin\beta x$, $f_2(x)=e^{\alpha x}\cos\beta x$ $(\beta \neq 0)$,

(5) $f_1(x)=2$, $f_2(x)=\cos^2 x$, $f_3(x)=\sin^2 x$,

(6) $f_1(x)=e^x$, $f_2(x)=xe^x$, $f_3(x)=x^2e^x$.

5.19 다음의 2계 미분 방정식 $a_2(x)y''+a_1(x)y'+a_0(x)y=0$의 해를 y_1, y_2라 하자. 단, $a_2(x) \neq 0$이다.

(1) 두 해의 론스키안 $W(y_1, y_2)$으로부터 $a_2(x)\dfrac{dW}{dx}+a_1(x)W=0$임을 보여라.

(2) 아벨의 공식을 유도하라.

(3) $(1-x^2)y''-2xy'+xy=0$의 두 해를 y_1, y_2라하고 론스키안을 구하라. 단, $x^2 \neq 1$ 이다.

5.20 어떤 함수 $f(x)$는 미분 가능하며 $f(x) \neq 0$라고 하자. $f(x)$와 $xf(x)$는 선형 독립 여부를 판별하라.

5.21 선형 2계 미분 방정식 $a_2(x)y''+a_1(x)y'+a_0(x)y=f(x)$이 있다. 입력 $f_1(x)$일 때 해가 y_1이며, 입력 $f_2(x)$일 때 해가 y_2이다. 해 y_1+y_2의 입력은 얼마인가?

5.4.2 2계 미분 방정식의 두 번째 해 구하기

5.22 2계 제차 미분 방정식 $y''+P(x)y'+Q(x)y=0$의 첫 번째 해가 y_1일 때 두 번째 해 y_2는 $y_2=y_1\displaystyle\int \frac{e^{-\int P(x)dx}}{y_1^2}dx$로 주어진다.

(1) y_2의 도함수를 구하여 미분 방정식이 성립함을 보여라.

(2) 론스키안 $W(y_1, y_2)$를 구하고, 두 해 y_1, y_2가 선형 독립임을 보여라.

5.23 다음 2계 미분 방정식의 첫 번째 해 y_1에 대해 두 번째 해 y_2를 구하라.

(1) $y'' + \alpha y' = 0,\ y_1 = \beta,$ (2) $y'' - 2\alpha y' + \alpha^2 y = 0,\ y_1 = e^{\alpha x},$

(3) $y'' - \alpha^2 y = 0,\ y_1 = e^{\alpha x},$ (4) $y'' - (\alpha + \beta)y' + \alpha\beta y = 0,\ y_1 = e^{\alpha x},$

5.4.3 상수 계수의 제차 2계 미분 방정식: 보완해

5.24 다음 미분 방정식들의 보완 해를 구하라.

(1) $y'' + \alpha^2 y = 0\ (\alpha : \text{실수}),$ (2) $y'' - \beta^2 y = 0\ (\beta : \text{실수}),$

(3) $y'' + \alpha y' + \dfrac{\beta^2}{4} y = 0\ (\alpha > \beta),$ (4) $y'' + \alpha y' + \dfrac{\beta^2}{4} y = 0\ (\alpha < \beta),$

(5) $y'' + \alpha y' + \dfrac{\beta^2}{4} y = 0,\ (\alpha = \beta)$

5.25 미분 방정식 $y'' + Py' + Qy = 0$의 두 해가 다음과 같이 주어질 때 P, Q를 α, β 등으로 구하라.

(1) $y_1 = e^{\alpha x},\quad y_2 = xe^{\alpha x}$ (α는 실수),

(2) $y_1 = \cos\alpha x,\quad y_2 = \sin\alpha x,$ (α는 실수),

(3) $y_1 = e^{\alpha x},\ y_2 = e^{\beta x},\ (\alpha \neq \beta)$

5.4.4 비 제차 2계 미분 방정식: 특별해

(1) 미정 계수법

5.26 미정 계수법을 사용하여 다음의 미분 방정식의 특별 해를 구하라.

(1) $y'' + y = ax + b\sin x$, (힌트: $y_p = Ax + B + Cx\cos x + Dx\sin x$)

(2) $y'' + y = a\cos x + b\sin x,$ (3) $y'' + 4y = a\cos x + b\sin x,$

(4) $y'' + y = ax\cos x,$ (5) $y'' + y = bx\sin x,$

(6) $y'' + y = a\sin^2 x$, (7) $y'' + y = b\cos^2 x$,

(8) $y'' + y = a\cos x \sin x$, (9) $y'' - y = a\sin^2 x$, (10) $y'' + y = ae^{-bx}$

(2) 미분 연산자법

5.27 양자역학에서 운동량 연산자는 $p = -i\hbar\dfrac{\partial}{\partial x}$로 주어진다.

교환자를 $[x, p] = xp - px$로 정의할 때 $[x, p]\sin x$를 연산하라.

5.28 다음 미분 방정식의 특별 해를 미분 연산자법을 사용하여 구하라.

(1) $y'' + y = \sin 2x$, (2) $y'' + y' + y = \sin 2x$,

(3) $y'' + y = \cos x$, (불능 형) (4) $y'' + y' + y = xe^{2x}$,

(5) $y'' + 4y = x^2$, (6) $y'' + y = x^2$

5.29 다음 (불능 형) 미분 방정식의 특별 해를 미분 연산자법을 사용하여 구하라.

(1) $\dfrac{d^2y}{dt^2} + \omega_o^2 y = f_o \cos\omega_o t$, (2) $\dfrac{d^2y}{dt^2} + \alpha y = f_o e^{-\alpha t}$

(3) 매개 변수 변환법

5.30 다음 미분 방정식들의 특별 해를 매개 변수 변환법으로 구하라.

(1) $y'' - 4y' + 4y = (x+1)e^{2x}$, (2) $y'' + y = \sin x$,

(3) $y'' + y = \cos^2 x$, (4) $y'' + y = \tan x$,

(5) $y'' - y = \cos x$, (6) $y'' - 4y' + 4y = (12x^2 - 6x)e^{2x}$.

5.31 (1) $x^2y'' - xy' + y = 4x\ln x$의 보완해가 $y_1 = x$, $y_2 = x\ln x$일 때 특별 해를 구하라.

(2) $x^2y'' - 4xy' + 6y = \dfrac{1}{x}$의 보완해가 $y_1 = x^2$, $y_2 = x^3$일 때 특별 해를 구하라.

5.32 3계 미분 방정식 $\frac{d^3y}{dx^3} - \frac{dy}{dx} = xe^x$의 일반 해를 다음 과정으로 구하라.

(1) 보완해 y_c를 구하라. [힌트: $\frac{dy}{dx} \equiv u$라 치환하여 $u(x)$에 대한 2계 미분 방정식과 보완 해를 얻은 다음, $y = \int u(x)dx$를 계산한다.]

(2) $u(x)$에 대한 2계 미분 방정식을 미정 계수법으로 특별해 u_p를 구하여, 특별해 y_p를 구하라. [힌트: 시도 해를 $u_p = (Ax^2 + Bx + C)e^x$로 둔다.]

(3) 매개 변수 변환법으로 특별해 y_p를 구하라.

(4) $\frac{dy}{dx} = u$로 치환하지 않고 3계 미분 방정식에 대해 직접 미분 연산자법으로 특별해 y_p를 구하라.

(5) (2)~(4)에서 구한 특별 해의 차이점을 설명하라.

5.4.5 변수 계수의 2계 선형 제차 미분 방정식: 코오시-오일러 방정식

5.33 (1) 코오시-오일러 미분 방정식 (변수 계수) $x^2\frac{d^2y}{dx^2} + \alpha x\frac{dy}{dx} + \beta y = 0$은 $x = e^t$로 치환하면 상수 계수 미분 방정식 $\frac{d^2y}{dt^2} + (\alpha - 1)\frac{dy}{dt} + \beta y = 0$이 됨을 보여라. 단, $x > 0$이다.

(2) $x = e^t$로 치환하면 상수 계수 미분 방정식이 된다. 특성 방정식을 사용하여 (*i*) 서로 다른 두 실근, (*ii*) 복소 공액 근, (*iii*) 중 근을 가지는 조건들을 α와 β로 나타내어라.

(3) 변수 계수 오일러 방정식의 해 $y = y(x)$와 $x = e^t$로 치환한 상수 계수의 해 $y = y(t)$가 같음을 보여라. [힌트: $x = e^t \Leftrightarrow t = \ln x$]

5.34 **변수 계수의 미분 방정식**

다음 코오시-오일러 방정식의 해를 구하라. 단, $x>0$ 이다.

(1) $x^2y''-2y=0$,

(2) $4x^2y''+y=0$,

(3) $x^2y''+y=0$,

(4) $x^2y''+xy'+y=0$,

(5) $x^2y''+xy'-y=0$,

(6) $x^2y''+xy'-4y=0$,

(7) $x^2y''-xy'=0$,

(8) $x^2y''-xy'+y=0$,

(9) $x^2y''-xy'+2y=0$,

(10) $x^2y''+2xy'=0$,

(11) $4x^2y''+8xy'+y=0$,

(12) $x^2y''+2xy'+y=0$

5.35 (1) $x^2y''-3xy'+4y=0$ 의 한 해가 $y_1=x^2$ 일 때 두 번째 해를 구하라.

(2) 두 해의 론스키안을 구하라. 단, $x>0$ 이다.

5.36 (1) 오일러 방정식 $x^2y''+ky=0$ 의 해가 진동해 (oscillatory solution)를 가지기 위한 상수 k 의 범위를 구하라. 단, $x>0$ 이다.

(2) 그때의 해를 구하라.

찾아보기

ㄹ

ㅁ

ㅂ

ㅇ

ㅈ

ㅊ

ㅋ

ㅌ

ㅍ

ㅎ

수리물리학 I

초판 1쇄 인쇄 | 2025년 8월 25일
초판 1쇄 발행 | 2025년 8월 30일

지은이 | 곽종훈
펴낸이 | 조승식
펴낸곳 | (주)도서출판 북스힐

등 록 | 1998년 7월 28일 제 22-457호
주 소 | 서울시 강북구 한천로 153길 17
전 화 | (02) 994-0071
팩 스 | (02) 994-0073

홈페이지 | www.bookshill.com
이메일 | bookshill@bookshill.com

정가 38,000원

ISBN 979-11-5971-708-6

Published by bookshill, Inc. Printed in Korea.